Gentechnische Methoden

Monika Jansohn, Sophie Rothhämel (Hrsg.)

Gentechnische Methoden

Eine Sammlung von Arbeitsanleitungen für das molekularbiologische Labor

5. Auflage

Mit Beiträgen von
Achim Aigner, Tanja Arndt, Stefan Bade, Tobias Bopp, Ute Dechert, Andreas Frey,
Hans-Heiner Gorris, Josef Hermanns, Monika Jansohn, Matthias Klein, Susanne Kneitz,
Christoph Krettler, Monika Lichtinger, Gerd Moeckel, Cornel Mülhardt, Arnd Petersen,
Christoph Reinhart, Carolina Rio Bártulos, Niels Röckendorf, Sophie Rothhämel, Henning Schmidt,
Martin Schröder, Michael Teifel, Hella Tappe, Korden Walter, Sabine Wolf

Spektrum
AKADEMISCHER VERLAG

Weitere Informationen zum Buch finden Sie unter www.spektrum-verlag.de/978-3-8274-2429-7

Wichtiger Hinweis für den Benutzer

Der Verlag, die Herausgeber und die Autoren haben alle Sorgfalt walten lassen, um vollständige und akkurate Informationen in diesem Buch zu publizieren. Der Verlag übernimmt weder Garantie noch die juristische Verantwortung oder irgendeine Haftung für die Nutzung dieser Informationen, für deren Wirtschaftlichkeit oder fehlerfreie Funktion für einen bestimmten Zweck. Der Verlag übernimmt keine Gewähr dafür, dass die beschriebenen Verfahren, Programme usw. frei von Schutzrechten Dritter sind. Die Wiedergabe von Gebrauchsnamen, Handelsnamen, Warenbezeichnungen usw. in diesem Buch berechtigt auch ohne besondere Kennzeichnung nicht zu der Annahme, dass solche Namen im Sinne der Warenzeichen- und Markenschutz-Gesetzgebung als frei zu betrachten wären und daher von jedermann benutzt werden dürften.

Bibliografische Information der Deutschen Nationalbibliothek
Die Deutsche Nationalbibliothek verzeichnet diese Publikation in der Deutschen Nationalbibliografie; detaillierte bibliografische Daten sind im Internet über http://dnb.d-nb.de abrufbar.

Springer ist ein Unternehmen von Springer Science+Business Media
springer.de

5. Auflage 2012
© Spektrum Akademischer Verlag Heidelberg 2012
Spektrum Akademischer Verlag ist ein Imprint von Springer

12 13 14 15 16   5 4 3 2 1

Planung und Lektorat: Dr. Ulrich G. Moltmann, Martina Mechler
Register: Bärbel Häcker
Satz: TypoStudio Tobias Schaedla, Heidelberg
Umschlaggestaltung: SpieszDesign, Neu-Ulm
Titelfotografie: © Paolo Toscani (Fotolia)

ISBN 978-3-8274-2429-7

Vorwort

Lieber Leser, lieber Nutzer,
wie funktioniert doch gleich die Methode, die dringend benötigte Ergebnisse liefern kann? Welches Verfahren ist für ein Experiment am besten geeignet? Welche Kontrollen sind sinnvoll? Warum muss dieser Puffer angesetzt werden, und wie genau war das noch mal mit der Reihenfolge im Pipettierschema? Diese Fragen begegnen uns täglich im Labor und eine unkomplizierte Antwort wäre wirklich hilfreich.

Das vorliegende Buch bietet eine ausgewählte Sammlung an Arbeitsmethoden der Molekularbiologie bzw. Biotechnologie, um die täglichen Hürden der Laborarbeit zu meistern. Es richtet sich an Bachelor-, Master- oder Diplomstudenten, die zum ersten Mal eine PCR ansetzen, an Technische Assistenten oder Laboranten, die eine neue Methode im Labor etablieren, sowie an erfahrene Wissenschaftler, die nur schnell mal nachschlagen wollen. Und natürlich richtet sich dieses Buch in gleichem Maße an Vertreter beiderlei Geschlechts, auch wenn wir im Hinblick auf die Lesbarkeit auf die ausdrückliche Erwähnung der weiblichen Form verzichten.

Die Autoren dieses Buches geben ihre Erfahrung aus dem aktuellen Laboralltag weiter. Manche Autoren sind seit vielen Jahren in Lehre und Ausbildung tätig, andere in der Industrie oder Forschung beschäftigt. Die hier beschriebenen Methoden und Rezepte werden zum Teil seit Jahren erfolgreich angewendet, andere hingegen wurden erst kürzlich etabliert.

Wir empfehlen, die Kapitel immer als Ganzes zu lesen. Alle Abschnitte enthalten eine allgemeine theoretische Einleitung und einen praktischen Teil. Letzterer stellt verallgemeinerte Protokolle vor, die durch Hilfestellungen zur Optimierung und Anpassung für kompliziertere Fragestellungen ergänzt werden. Besonderen Wert haben wir auf Sicherheitshinweise und mögliche Fehlerquellen gelegt. Alle Angaben und Hinweise zu den Herstellern sind als Vorschläge zu sehen, die im Einzelfall modifiziert werden können.

Gegenüber der letzten Auflage hat sich einiges verändert. Wir haben die Kapitel zu RNAi, Bioinformatik und zu Microarrays deutlich ausgebaut. Ein Kapitel zur Fixierung und Aufbereitung von Gewebe wurde neu aufgenommen. Die Autoren haben alle Abschnitte gründlich überarbeitet, wofür wir ihnen an dieser Stelle herzlich danken!

Es ist das Ziel dieses Buches, den interessierten Nutzer anzuleiten und zu unterstützen, um erfolgreich und engagiert die gewünschten Experimente durchzuführen.

Wir wünschen gutes Gelingen!
Monika Jansohn und Sophie Rothhämel
New York und Detroit im Juli 2011

Autorenverzeichnis

Prof. Dr. Achim Aigner
Rudolf-Boehm-Institut für
Pharmakologie und Toxikologie
Abteilung Klinische Pharmako-
logie
Härtelstraße 16-18
D - 04107 Leipzig

Dr. Tanja Arndt
Medizinische Hochschule Hannover
Carl-Neuberg-Straße 1
D - 30625 Hannover

Dr. Steffen Bade
Forschungszentrum Borstel
Abteilung Pneumologie
Mukosale Immunologie und
Diagnostik
Parkallee 22
D - 23845 Borstel

Tobias Bopp
Institut für Immunologie
Universität Mainz
Hochhaus am Augustusplatz
D - 55131 Mainz

Dr. Ing. Ute Dechert
B•R•A•I•N AG
Darmstädter Straße 34
D - 64673 Zwingenberg

PD Dr. Andreas Frey
Forschungszentrum Borstel
Laborgruppe Mukosaimmunologie
Parkallee 22
D - 23845 Borstel

Dr. Hans-Heiner Gorris
Institut für Analytische Chemie,
Chemo- und Biosensorik
Universität Regensburg
Universitätsstr. 31
D - 93040 Regensburg

Dr. Josef Hermanns
Biologische Heilmittel Heel GmbH
Dr. Reckewegstraße 2-4
D - 76532 Baden-Baden

Dr. Monika Jansohn
Grandview Drive 1709
Rochester Hills, MI 48306
USA

Dr. Matthias Klein
Institut für Immunologie
der Universitätsmedizin der JGU
Mainz
Obere Zahlbacher Str. 67
D - 55131 Mainz

Dr. Susanne Kneitz
Institut für Virologie und
Immunbiologie
IZKF Würzburg
Versbacher Str. 7
D - 97078 Würzburg

Christoph Krettler
Mühlstr. 43a
D - 65760 Eschborn

Dr. Monika Lichtinger
3 Concordia Street
The Quays, Flat 43
Leeds LS1 4ES
UK

Prof. Dr. Gerd Moeckel
Fakultät für Informatik
Fachhochschule Heidelberg
Ludwig-Guttmann-Straße 6
D - 69123 Heidelberg

Dr. Cornel Mülhardt
F. Hoffmann-La Roche AG
Grenzacherstraße 124
CH - 4070 Basel

PD Dr. Arnd Petersen
Forschungszentrum Borstel
Laborgruppe Biochemische und
Molekulare Allergologie
Parkallee 22
D - 23845 Borstel

Dr. Christoph Reinhart
Heidestr. 154
60385 Frankfurt am Main

Dr. Carolina Rió Bártulos
Fachbereich Biologie
AG Kroth, M611
Universität Konstanz
D - 78457 Konstanz

Dr. Niels Röckendorf
Forschungszentrum Borstel
Abteilung Pneumologie
Mukosale Immunologie und
Diagnostik
Parkallee 22
D - 23845 Borstel

Dr. Sophie Rothhämel
Albert Einstein College of Medicine
Department of Developmental and
Molecular Biology
1300 Morris Park Avenue
Bronx, NY 10461
USA

Prof. Dr. Henning Schmidt
Institut für Genetik
Technische Universität Braunschweig
Spielmannstr. 7
D - 38106 Braunschweig

Dr. Martin Schröder
University of Durham
School of Biological and Biomedical
Sciences
South Road
Durham DH1 3LE
UK

Dr. Michael Teifel
Zentaris GmbH
Drug Discovery - Pharmacology &
Toxicology
Weismüllerstraße 50
D - 60314 Frankfurt/Main

Dr. Hella Tappe
BIOTechnikum
Flad Flad Communication GmbH
Thomas-Flad-Weg 1
D - 90562 Heroldsberg

Dr. Korden Walter
Hügelstr. 3
D - 65203 Wiesbaden

PD Dr.-Ing. Sabine Wolf
Esplora GmbH
c/o Institut für Biochemie
Petersenstraße 22
D - 64287 Darmstadt

Abkürzungsverzeichnis

A	Ampere	cDNA	*complementary* DNA
Abschn.	Abschnitt	CDNB	1-Chloro-2,4-dinitrobenzol
A	Adenosin	CHIP	Chromatin-Immunopräzipitation
Ac$_2$O	Essigsäureanhydrid	Ci	Curie
AK	Antikörper	CIP	*calf intestine phosphatase*, alkalische Phosphatase aus Kälberdarm
Ala	Alanin		
amp	Ampicillin	CLUSTALW	Programm für die Berechnung multipler Sequenzvergleiche
AMPPD	Adamantyl-1,2-dioxethanarylphosphat		
AMV	Avian Myeloblastosis Virus	4-CN	4-Chlornaphthol
AP	alkalische Phosphatase	COS.7-Zellen	SV40-transformierte Zellinie von Affennierenzellen (CV1)
APS	Ammoniumperoxodisulfat		
Apo E	Apolipoprotein E	CP	Carboxypeptidase
Arg	Arginin	cpm	*counts per minute*
AS	Aminosäure(n)	CTAB	Cetyltrimethylammoniumbromid
Asn	Asparagin	CTP	Cytidintriphosphat
Asp	Aspartat	Cys	Cystein
ATP	Adenosin-5'-triphosphat	d	Tag
b	Base(n)	Da	Dalton
BAC	*bacterial artificial chromosome*	DAB	3,3'- Diaminobenzidin
BCA	Bichinchonin-Säure	DABSCl	4-Dimethylamino-azobenzol-4-sulfonylchlorid
BCIP	3-Brom-4-chlor-3-indolylphosphat, p-Toluidinsalz		
		dAMP	Desoxyadenosin-5'-monosphat
β-Gal	β-Galactosidase	dATP	Desoxyadenosin-5'-triphosphat
BHK 21	Hamsternierenfibroblasten, Klon 21	DC-Chol	3[N-(N,N-Dimethylaminoethan)-carbamoyl]-cholesterin
bidest.	bidestilliert		
BLAST	*Basic Alignment Search Tool*; Programm für den Vergleich einer Ausgangssequenz gegen Sequenzdatenbanken	dCTP	Desoxycytidin-5'-triphosphat
		DDAB	Dimethyldioctadecylammoniumbromid
		DDBJ	DNA Databank of Japan
Bluo-Gal	5-Bromoindolyl-β-D-galactopyranosid	ddH$_2$O	zweifach destilliertes Wasser
β-ME	β-Mercaptoethanol	ddPCR	Differential Display PCR
BMM	*buffered minimal methanol*	2 DE	zweidimensionale Polyacrylamid-Gelelektrophorese
BMG	*buffered minimal glycerol*		
BN-PAGE	Blue-Native-Polyacrylamid-Gelelektrophorese	DEAE	Diethylaminoethyl
		DEPC	Diethylpyrocarbonat
BNPS	3-Brom-3-methyl-2-(2-nitrophenly-mercapto)-3H-indol	dest.	destilliert
		dGTP	Desoxyguanosin-5'-triphosphat
bp	Basenpaar(e)	DICP	Diisocarbodiimid
BPB	Bromphenolblau	DIG	Digoxigenin
BrCN	Bromcyan	Disk-Elek-trophorese	diskontinuerliche Elektrophorese
BSA	Rinderserumalbumin		
C	Cytidin	dITP	Desoxyinosin-5'-triphosphat
cAMP	cyclisches Adenosinmonophosphat	DNA	*desoxyribonucleic acid* (Desoxyribonucleinsäure)
CAPS	Cyclohexylaminopropansulfonsäure		
CAT	Chloramphenicol-Acetyltransferase	DNase	Desoxyribonuclease
CBS	Citrat gepufferte Salzlösung	ddNTP	2',3'-Didesoxyribonucleosid-5'-triphosphat

DGGE	denaturierende Gradientengelelektrophorese	gent	Gentamycin
DMF	N,N-Dimethylformamid	GFP	grünfluoreszierendes Protein
DMS	Dimethylsulfat	Gln	Glutamin
DMSO	Dimethylsulfoxid	Glu	Glutamat
DMRIE	1,2-Dimyristyloxypropyl-3-dimethyl-hydroxyethylammoniumbromid	Gly	Glycin
		GST	Glutathion-S-Transferase
dNTP	2'-Desoxyribonucleosid-5'-triphosphat	GTP	Guanosintriphosphat
DOC	Desoxycholat	h	Stunde
DOGS	Dioctadecylamidoglycylspermidin, Transfectam	HAT-Medium	hypoxanthin-, aminopterin- und thymidinhaltiges Medium
DOPE	Dioleyl-phosphatidyl-ethanolamin	HBS	HEPES gepufferte Salzlösung
DOSPER	1,3-Dioleyloxy-2-(6-carboxyspermyl)-propylamid	HeLa	Zellinie aus einem Cervixkarzinom
		HEPES	4-(2-Hydroxyethyl)-1-piperazinethan-sulfonat
DOTAP	N-[1-(2,3-Dioleyloxy)propyl]-N,N,N-trimethylammoniumethylsulfat		
		HFM	Hogness modified freezing medium
DOTMA	1,2-Dioleyloxypropyl-3-trimethyl-ammoniumbromid	HGMPRC	Human Genome Mapping Project Resource Center
ds	doppelsträngig	His	Histidin
DTE	Dithiocrythrol	hnRNA	heterogene nucleäre RNA
DTT	Dithiothreitol	HOBt	N-Hydroxybenzotriazol
dTTP	Desoxythymidin-5'-triphosphat	HPLC	*high performance liquid chromatography*
E	Extinktion	HRP	Meerrettichperoxidase
EBI	European Bioinformatics Institute	HSB	*high salt buffer*
EDTA	Ethylendiamintetraacetat	hsDNA	Heringsperma-DNA
EI-PCR	*enzymatic inverse* PCR	HUVEC	humane Nabelschnurendothelzellen
ELISA	*enzyme-linked immuno sorbent assay*	i.a.	im Allgemeinen
EMBL	European Molecular Biology Laboratory	IARC	International Agency Research Center
ER	endoplasmatisches Retikulum	I.D.	Innendurchmesser
ESI	Elektrospray Ionisation	IEF	isoelektrische Fokussierung
EST	*Expressed Sequence Tags*	Ile	Isoleucin
EtBr	Ethidiumbromid	IPG	immobilisierte pH-Gradienten
f	femto	IPTG	Isopropylthiogalactosid
F	Farad	k	Kilo-
FACS	*fluorescence activated cell sorter*	kan	Kanamycin
FASTA	Programm für den Vergleich einer Ausgangssequenz gegen Sequenzdatenbanken	kb	Kilobasen
		KS	Kalbsserum
		l	Liter
FCS/FKS	fötales Kälberserum	IκB	Inhibitor κ
FGF-BP	Fibroblastenwachstumsfator bindendes Protein	Kap.	Kapitel
		KNL	kationisiertes Nylon 6,6
fl.	flüssig	LB	Luria broth
FMOC	Fluorenylmethylchloroformiat	LD	lethale Dosis
FPLC	*fast protein liquid chromatography*	Leu	Leucin
FRET	Fluoresence Resonance Energy Transfer	LM-Agarose	Low Melting Agarose
g	Gramm	LPLL	Lipopoly-L-Lysin
g	Erdbeschleunigung	LPS	Lipopolysaccharid
G	Guanosin	LR-PCR	long range PCR
G-418	Aminoglycosidantibiotikum Geneticin	Luc	Luciferase
GCG	Genetics Computer Group der Universität Wisconsin, USA	LUV	große unilamellare Vesikel
		Lys	Lysin

m	Milli-
μ	mikro
M	molar
MALDI	matrixunterstütze Laser-Desorption/Ionisation
MD	Minimal Dextrose
MeOH	Methanol
MeIm	N-Methylimidazol
MES	2-Morpholinoethansulfonsäure
Met	Methionin
MeV	Megaelektronenvolt
Milli-Q-H$_2$O	durch eine Millipore-Anlage gereinigtes Wasser
min	Minute(n)
MLV	multilamellare Vesikel
MM	Minimal Methanol
MMLV	Moloney Murine Leukemia Virus
moi	*multiplicity of infection*, Mengenverhältnis Phagen/Bakterien
MOPS	3-Morpholinopropansulfonsäure
mRNA	Messenger-RNA
MS	Massenspektrometrie
MTT	3-(4,5-dimethylthiazol-2-yl)-2,5-diphenyl-tetra-zoliumbromid
NBT	Nitrotetrazoliumblauchlorid, 3,3'-(3,3'-Dimethoxy-4,4'-biphenylen)bis-[2-(p-nitrophenyl)-5-phenyl-2H-tetrazoliumchlorid]
NC	Nitrocellulose
NCBI	National Center for Biotechnology Information
NCS/NKS	Neugeborenen-Kälberserum
NfκB	*nuclear factor* κB, Transkriptionsfaktor
NIH	National Institute of Health
NL	neutrales Nylon 6,6
NLM	National Library of Medicine
NMP	N-Methylpyrrolidon
NTB	*nick translation buffer*
OBt	Ester mit N-Hydroxybenzotriazol
OMIM	Online Mendelian Inheritance in Man
ONPG	ortho-Nitrophenyl-β-D-Galactopyranosid
OPA	Orthophthaldialdehyd
ORF	*open reading frame*
p	Pico-
p.a.	*pro analysi*
PAA	Polyacrylamid
PAC	Phage Artificial Chromosome
PAGE	Polyacrylamid-Gelelektrophorese
PAP	Peroxidase-anti-Peroxidase
PASA	PCR-allelspezifische Amplifikation

PBS	*phosphate buffered saline* = phosphatgepufferte Salzlösung
PBST	PBS mit Tween
PCR	polymerase chain reaction, Polymerase-Kettenreaktion
PDB	Proteindatenbank
PE	Polyethylen
PEG	Polyethylenglykol
PFAM	Protein families
PFGE	Puls Feld Gelektrophorese
Pfp	Pentafluorphenyl
PFTE	Polyfluortetraethylen (Teflon)
pfu	plaquebildende Einheit
Phe	Phenylalanin
PIC	Phenylisocyanat
PITC	Phenylisothiocyanat
PMSF	Phenylmethylsulfonylfluorid
Ponceau S	3-Hydroxy-4-[2-sulfo-4-(sulfo-phenylazo)phenylazo]-2,7-naphthalindisulfonsäure
PP	Polypropylen
PRINTS	Protein Fingerprints Database
Pro	Prolin
PRODOM	Protein Domain Database
PROSITE	Protein Sites Database, Proteinfamilien- und Proteindomänendatenbank
PTH	Phenylthiohydantoin
PVDF	Polyvinylidenfluorid
RACE	*rapid amplification of* cDNA *ends*
RC-PCR	*recombinant circle* PCR
Rf-Werte	Relative mobility-Werte
rlu	relative Lichteinheiten
RNA	*ribonucleic acid* (Ribonucleinsäure)
RNase	Ribonuclease
RPC	*reversed phase chromatography*
R-PCR	*recombination* PCR
RP-HPLC	*reversed phase* HPLC
rpm	Umdrehungen pro Minute
rRNA	ribosomale RNA
RSB	*residual salt buffer*
RSB/K	RSB mit KCl
RT	Raumtemperatur
RT-PCR	Reverse Transkriptase PCR
s	Sekunde
SANBI	South African National Bioinformatics Institute
SDS	Natriumdodecylsulfat
Ser	Serin
SMART	Simple Modular Architecture Research
SNP	*singel nucleotide polymorphism*
snRNA	kleine nucleäre RNA

SOE-PCR	*splicing by overlap extension* PCR	T_m	DNA-Schmelztemperatur
SRS	Sequence retrieval system	Tris	Tris(hydroxymethyl)aminomethan
ss	einzelsträngig	tRNA	Transfer-RNA
SSC	*sodium salt citrate*, Natriumcitrat	Trp	Tryptophan
SSCP	*single-strand conformation polymorphism*	Tyr	Tyrosin
STACK	Sequence Tag Alignment and Consensus	U	*unit* (Einheit für Enzymmenge)
	Knowledge Database; eine *expressed*	ÜN	über Nacht
	sequence tags-(EST)-Datenbank	ÜNK	Übernachtkultur
SUV	kleine unilamellare Vesikel	URL	*uniform resource locators*
SV40	Simian Virus 40	USE	*unique site elimination*, Eliminierung eines
T	Thymidin		Selektionsmarkers
TAE	Tris-Acetat-EDTA-Puffer	UTP	Uridintriphosphat
TB	*terrific broth*	UV	Ultraviolett
TBE	Trisbase mit Borsäure und EDTA	V	Volt
TBP	TATA Bindungsprotein	Val	Valin
TBS	Tris-gepufferte Salzlösung	VA RNA	virusassoziierte RNA
TBST	TBS mit Tween	VDR	Vanadylribonucleosidkomplex
TCA	Trichloressigsäure	W	Watt
TE	Tris-EDTA	Xaa	beliebige Aminosäure
TEMED	N,N,N',N'-Tetramethylethylendiamin	XC	Xylencyanol
TESS	*transcription element search software*	X-Gal	5-Brom-4-chlor-3-indolyl-β-D-
tet	Tetracyclin		galactopyranosid
TFA	Trifluoressigsäure	YAC	yeast artificial chromosomes = künstliche
Thr	Threonin		Hefechromosomen
TIBS	Triisobutylsilan	YNB	yeast nitrogen base
TIGR	The Institute of Genome Research	YPD	yeast peptone dextrose
TLE	Tris-EDTA mit LiCl	YPDS	yeast extract peptone dextrose sorbitol
TLC	Thinlayerchromatography;	YT	yeast tryptone
	Dünnschichtchromatographie	ZV	Zellvolumen

Inhalt

---

* Hier angegeben sind die Autoren der aktuellen Auflage.
  Sie haben als Vorlage für die grundlegende Überarbeitung
  das entsprechende Kapitel der 4. Auflage dieses Buches
  ergänzt (Spektrum Akademischer Verlag, 2007), in der die
  früheren Autoren genannt sind.

---

* Hier angegeben sind die Autoren der aktuellen Auflage.
  Sie haben als Vorlage für die grundlegende Überarbeitung
  das entsprechende Kapitel der 4. Auflage dieses Buches
  ergänzt (Spektrum Akademischer Verlag, 2007), in der die
  früheren Autoren genannt sind.

---

* Hier angegeben sind die Autoren der aktuellen Auflage.
   Sie haben als Vorlage für die grundlegende Überarbeitung
   das entsprechende Kapitel der 4. Auflage dieses Buches
   ergänzt (Spektrum Akademischer Verlag, 2007), in der die
   früheren Autoren genannt sind.

---

* Hier angegeben sind die Autoren der aktuellen Auflage.
    Sie haben als Vorlage für die grundlegende Überarbeitung
    das entsprechende Kapitel der 4. Auflage dieses Buches
    ergänzt (Spektrum Akademischer Verlag, 2007), in der die
    früheren Autoren genannt sind.

---

* Hier angegeben sind die Autoren der aktuellen Auflage.
   Sie haben als Vorlage für die grundlegende Überarbeitung
   das entsprechende Kapitel der 4. Auflage dieses Buches
   ergänzt (Spektrum Akademischer Verlag, 2007), in der die
   früheren Autoren genannt sind.

11 Detektion von mRNA und Protein *in situ*
(Tanja Arndt, Sophie Rothhämel*)

12 Transfektion von Säugerzellen
(Michael Teifel)

---

* Hier angegeben sind die Autoren der aktuellen Auflage.
Sie haben als Vorlage für die grundlegende Überarbeitung
das entsprechende Kapitel der 4. Auflage dieses Buches
ergänzt (Spektrum Akademischer Verlag, 2007), in der die
früheren Autoren genannt sind.

---

* Hier angegeben sind die Autoren der aktuellen Auflage.
Sie haben als Vorlage für die grundlegende Überarbeitung
das entsprechende Kapitel der 4. Auflage dieses Buches
ergänzt (Spektrum Akademischer Verlag, 2007), in der die
früheren Autoren genannt sind.

---

* Hier angegeben sind die Autoren der aktuellen Auflage.
  Sie haben als Vorlage für die grundlegende Überarbeitung
  das entsprechende Kapitel der 4. Auflage dieses Buches
  ergänzt (Spektrum Akademischer Verlag, 2007), in der die
  früheren Autoren genannt sind.

* Hier angegeben sind die Autoren der aktuellen Auflage.
Sie haben als Vorlage für die grundlegende Überarbeitung
das entsprechende Kapitel der 4. Auflage dieses Buches
ergänzt (Spektrum Akademischer Verlag, 2007), in der die
früheren Autoren genannt sind.

---

* Hier angegeben sind die Autoren der aktuellen Auflage.
Sie haben als Vorlage für die grundlegende Überarbeitung
das entsprechende Kapitel der 4. Auflage dieses Buches
ergänzt (Spektrum Akademischer Verlag, 2007), in der die
früheren Autoren genannt sind.

1 Allgemeine Methoden

(Carolina Río Bártulos, Hella Tappe, Sophie Rothhämel)

Molekularbiologisches wie biochemisches Arbeiten verlangt eine exzellente Beherrschung der Methoden in Theorie und Praxis. Neben diesen Grundvoraussetzungen spielt die experimentelle Erfahrung eine besondere Rolle. Dem Anfänger misslingt oft ein Experiment, das ein erfahrener Mitarbeiter ohne Probleme durchführt. Experimentelles Können ist die Konsequenz von Veranlagung und permanentem Üben.

Im ersten Kapitel werden die Grundvoraussetzung für sorgfältiges Arbeiten im Labor beschrieben. Die Hinweise auf Routinemethoden erheben keinerlei Anspruch auf Vollständigkeit, da sie sonst den Rahmen des Buches sprengen würden. Theoretische Kenntnisse sollten als Ergänzung den jeweiligen Lehrbüchern entnommen werden, die praktischen Hinweise den Spezialvorschriften. Nach den einzelnen Kapiteln wird auf Übersichtsartikel oder Fachbücher hingewiesen.

1.1 Absorptionsmessungen

Absorptionsmessungen werden zur schnellen Konzentrationsbestimmung von Proteinen oder Nucleinsäuren benutzt. In vielen Fällen kann auch die Reinheit der isolierten Makromoleküle anhand des Absorptionsspektrums abgeschätzt werden. Absorptionsvorgänge im sichtbaren Bereich oder im UV-Bereich beruhen auf Elektronenübergängen im Makromolekül.

Durch die Absorption der elektromagnetischen Strahlung nimmt die Intensität eines Lichtstrahls beim Durchlaufen einer transparenten Substanz ab. Das Ausmaß der Absorption wird als Extinktion E bezeichnet. Die Extinktion ist proportional der Konzentration c der absorbierenden Substanz und der durchlaufenen Schichtdicke d. Durch die Einführung eines Proportionalitätsfaktors ε, den man als Molaren Extinktionskoeffizienten bezeichnet, wird daraus eine Gleichung, das Lambert-Beersche-Gesetz:

$$E - \varepsilon \times c \times d.$$

Berücksichtigt man, dass die Intensität des einstrahlenden Lichtes I_0 einer gegebenen Wellenlänge exponentiell längs des Weges abnimmt, gilt auch:

$$\text{Log } I_0/I = E = \varepsilon \times c \times d.$$

I_0 = Intensität des eingestrahlten Lichts
I = Intensität des gemessenen Lichts
E = Extinktion
ε = Molarer Extinktionskoeffizient $[l \times mol^{-1} \times cm^{-1}]$
d = Länge der Messstrecke (Küvette) [cm]
c = Konzentration der absorbierenden Moleküle $[mol \times l^{-1}]$

Anstelle der Absorption kann auch die prozentuale Transmission T % angegeben werden, welche dem Wert $100 \times I/I_0$ entspricht. Eine Extinktion von 1 entspricht somit einer Transmission von 10 %.

Bei Absorptionsmessungen ist darauf zu achten, dass das Lambert-Beersche-Gesetz nur für ideale Lösungen gilt. Hohe Konzentrationen von Makromolekülen führen oft zur Aggregatbildung und verursachen Abweichungen von ε. Außerdem wird die Intensität des gemessenen Lichtes so gering, dass elektronische Störeffekte stark in Erscheinung treten (z.B. thermisches Rauschen). Auf der anderen Seite muss die untere Nachweisgrenze für Messungen bei niedriger Konzentration berücksichtigt werden. Bei den üblichen Spektralphotometern kann man im Bereich von E = 0,05–1,5 hinreichend genau messen. Im langwelligen Messbereich können Küvetten aus Glas oder Kunststoff benutzt werden. Für Messungen im UV-Bereich (ca. 200–400 nm) müssen Küvetten aus Quarz verwendet werden, da Glas oder Kunststoff bei dieser Wellenlänge absorbieren. Generell werden gelöste Nucleinsäuren und Proteine bei der Absorptionsmessung im Vergleich zu dem betreffenden Lösungsmittel bzw. Puffer als Nullwert (*blank*) gemessen.

Literatur

Freifelder, D. (1982): Physical Biochemistry. W.H. Freemann and Company, San Francisco, 494–572.
Segel, H. (1976): Biochemical Calculations. John Wiley & Sons, New York, 324–353.

1.1.1   Absorptionsmessung im UV-Bereich

Das Absorptionsspektrum von Makromolekülen wird bestimmt durch ihre chemische Struktur und das Lösungsmittel. Im Wellenlängenbereich von ca. 200–400 nm finden entweder π-π*- oder n-π*-Übergänge statt. In der Regel ist die Übergangswahrscheinlichkeit für n-π*-Übergänge wesentlich höher und liefert damit größere Werte für ϵ.

Der pH-Wert und die Polarität des umgebenden Lösungsmittels können sowohl die Wellenlänge des Absorptionsmaximums als auch den molaren Extinktionskoeffizienten beeinflussen. n-π*-Übergänge können z.B. bei Aminogruppen durch Protonierung unterdrückt werden. Beim Übergang von unpolaren in polare Medien verschiebt sich das Absorptionsmaximum polarer Makromoleküle in Richtung kürzerer Wellenlängen für n-π*-Übergänge und zu längeren Wellenlängen für π-π*-Übergänge. Auch Nachbargruppeneffekte können die UV-Spektren von Proteinen oder Nucleinsäuren beträchtlich beeinflussen. Zum Beispiel ist der Absorptionskoeffizient eines Nucleotids, das in eine einzelsträngige Nucleinsäure eingebaut ist, wesentlich geringer als der des gleichen monomeren Nucleotids (Hypochromie). Bei einer doppelsträngigen Nucleinsäure ist dieser Effekt noch ausgeprägter.

Die Konzentrationsbestimmung von Nucleinsäuren erfolgt bei 260 nm. Dabei gilt folgender Zusammenhang: Einer Extinktion von 1 entsprechen 50 µg $\times$ ml^{-1} doppelsträngige DNA, 40 µg $\times$ ml^{-1} RNA und 33 µg $\times$ ml^{-1} Oligonucleotid. Die höheren Konzentrationen doppelsträngiger DNA im Vergleich zu einzelsträngigen Nucleinsäuren bei gleicher Extinktion beruht auf dem hyperchromen Effekt. Die teilweise Überlagerung der Absorptionen von Nucleinsäuren bei 260 nm und Proteinen bei 280 nm kann dazu genutzt werden, die Reinheit einer Nucleinsäurepräparation abzuschätzen. Der Quotient E_{260}/E_{280} einer sauberen Nucleinsäurepräparation sollte hierbei zwischen 1,8 und 2 liegen. Es muss jedoch beachtet werden, dass der Quotient abhängig von pH-Wert und Ionenstärke der zu messenden Lösung ist. Ein Quotient E_{260}/E_{280} von 1,5 gemessen in reinem Wasser mit einem pH-Wert von 5,5 verschiebt sich auf 2 bei Verwendung einer leicht alkalischen Pufferlösung (z.B. 3 mM Na_2HPO_4, pH 8,5).

Zur Abschätzung der Proteinkonzentration nutzt man die Absorption der aromatischen Aminosäuren Tyrosin, Phenylalanin und Tryptophan bei 280 nm. Eine exaktere Konzentrationsbestimmung eines reinen Proteins ist dann möglich, wenn der Absorptionskoeffizient des betreffenden Proteins bei einer definierten Wellenlänge bekannt ist. Für Immunglobulin G beispielsweise gilt, dass eine 1 %ige Lösung (10 mg $\times$ ml^{-1}) eine Extinktion von 11,4 bei 280 nm aufweist.

Die UV-Absorptionsspektroskopie wird z.B. zur Abschätzung von Konzentrationen in Zellextrakten benutzt. Man bestimmt meist die Absorption bei verschiedenen Wellenlängen und errechnet daraus die Konzentration mithilfe von mathematischen Formeln, die für eine statistische Verteilung von Aminosäuren oder Nucleotiden innerhalb des jeweiligen Makromoleküls gelten. Für Proteinbestimmungen in Zellextrakten ergibt sich die folgende Formel, die einen empirischen Zusammenhang darstellt:

$$1,55\, E_{280} - 0,76\, E_{260} = \text{Proteinkonzentration [mg} \times \text{ml}^{-1}].$$

Nachteilig ist bei dieser Bestimmung, dass nur aromatische Aminosäuren im Bereich zwischen 260 und 280 nm absorbieren und die Messung für Proteine mit einem extrem hohen oder niedrigen Gehalt an aromatischen Aminosäuren sehr ungenau wird. Bei Wellenlängen unter 230 nm absorbieren die Peptidbindungen, womit solche Fehler stark verringert werden. Allerdings absorbieren auch viele Puffersubstanzen in diesem Bereich. Die Näherungsformel hierfür lautet:

$14{,}4\ E_{215} - E_{225} =$ Proteinkonzentration [mg $\times$ ml^{-1}].

Alternativ werden Proteinkonzentrationen mithilfe des Bradford-Test (Bradford, 1976) im Photometer bestimmt. Verschiedene Hersteller bieten dieses Reagenz samt guten Versuchsprotokollen an.

Literatur

Lottspeich, F., Zorbas, H. (1998): Bioanalytik. Spektrum Akademischer Verlag.
Bradford, M. M. (1976): A rapid and sensitive method for the quantification of microgram quantities of protein using the priciple of protein-dye binding. Anal. Biochem. Bd. 72, 248-254.
Wilfinger, W.W., Mackey, K., Chomczynski, P. (1997): Effect of pH and Ionic Strength on the Spectrophotometric Assessment of Nucleic Acid Purity. Biotechniques, 22 (3): 474–476, 478–481.

1.1.2 Absorptionsmessung im sichtbaren Bereich

Absorptionsmessungen im sichtbaren Bereich können meist nur mit chemisch modifizierten Makromolekülen durchgeführt werden. Nur wenige Proteine und keine Nucleinsäuren absorbieren im sichtbaren Bereich des Spektrums. Diese Methode ist für die Messung von Enzymkinetiken wichtig, da hierbei oft chromophore Substrate eingesetzt werden können. Zur Konzentrationsmessung von Makromolekülen kann das Verfahren genutzt werden, wenn die Proteine oder Nucleinsäuren mit chromophoren Substanzen chemisch markiert sind (Beispiel Bradford-Test. Abschn. 1.1.1).

1.1.3 Trübungsmessung

Unter Trübung versteht man die Ablenkung von Licht an in einem Medium suspendierten kleinen Teilchen. Die Trübungsmessung kann als Bestimmungsmethode zur Abschätzung der Bakterienkonzentration eingesetzt werden, wenn die Organismenzahl größer als 10^6 pro ml ist. Für eine detaillierte Diskussion unterschiedlicher Messmethoden und der möglichen Fehlerquellen siehe Näveke und Tepper (1979).

In der Praxis misst man die Trübung bei 546 nm (Hg-Linie) oder bei 600 nm durch die Bestimmung der scheinbaren Extinktion (optische Dichte) der Probe im Vergleich zu Puffer bzw. Nährmedium als Nullwert (*blank*). Falls die Bestimmung nicht genau sein muss, kann man von folgender Näherung ausgehen:

$1\ E_{600} \sim 8 \times 10^8$ Zellen $\times$ ml^{-1}

Diese Abschätzung gilt relativ gut für *E. coli*. Da jedoch die Methodik sehr störanfällig ist, muss für andere Organismen anhand einer Verdünnungsreihe eine Eichkurve aufgestellt werden. Dazu muss vorerst in einem Plattentest die Lebendkeimzahl bestimmt werden (Abschn. 1.11.2.4). Da man erst oberhalb 10^6 Organismen pro ml mit hinreichender Genauigkeit messen kann, muss die Verdünnungsreihe in mehreren Stufen erstellt werden.

Literatur

Näveke, R., Tepper, K.P. (1979): Einführung in die mikrobiologischen Arbeitsmethoden. Gustav Fischer, Stuttgart.

1.1.4 Fluoreszenzmessung

Die Fluoreszenzspektroskopie ist prinzipiell eine Emissionsspektroskopie. Einige organische Moleküle können durch Absorption von UV- und sichtbarem Licht elektronisch angeregt werden. Sie relaxieren unter Aussendung von Licht höherer Wellenlänge, d.h. sie kehren in ihren Grundzustand zurück. Intensität und Wellenlänge des emittierten Lichts hängen von dem Fluorophor selbst und auch von der Art seiner Umgebung ab. Da nur wenige Chromophore auch gleichzeitig Fluorophore sind, stören Puffersubstanzen bei Fluoreszenzmessungen selten.

Bei Messungen an Proteinen wird oft die Aminosäure Tryptophan als natürlicher Fluorophor benutzt. Die Fluoreszenz des Tryptophans hängt vom pH-Wert und der Polarität des Lösungsmittels sowie von Nachbargruppeneffekten ab. Beim Übergang von polaren Lösungsmitteln zu unpolaren verschiebt sich das Emissionsmaximum zu kürzeren Wellenlängen und die Intensität des emittierten Lichts nimmt zu.

Proteine und Nucleinsäuren können aber auch mit chemischen Fluorophoren modifiziert werden wenn z.B. die Eigenfluoreszenz nicht ausreicht oder, wie bei Nucleinsäuren, nicht vorhanden ist. Ein Spezialfall der Fluoreszenzspektroskopie ist die Abstandsmessung zwischen zwei verschiedenen Fluorophoren durch strahlungslose Energieübertragungsmechanismen.

1.2 Radioaktivitätsmessung

Der Umgang mit radioaktiven Isotopen findet in der Molekularbiologie häufig Anwendung. Ein sicherer und gewissenhafter Umgang mit Radioaktivität setzt eine praktische Einweisung voraus! Es müssen theoretische Grundkenntnisse über das verwendete Isotop vorhanden sein, da diese für die jeweils zu treffenden Sicherheitsmaßnahmen unabdingbar sind.

In Tab. 1–1 sind die wichtigsten Eigenschaften der in der Molekularbiologie gebräuchlichsten Isotope zusammengefasst. Zur quantitativen Messung radioaktiver Proben wird fast ausschließlich die Szintillation benutzt. Bei dieser Technik wird die Energie von Strahlungsquanten in Licht umgewandelt und die Anzahl und Intensität der Lichtimpulse über die Zeit gemessen.

Die radioaktive Probe befindet sich meist auf einem Trägermaterial (Glasfaserfilter, Nitrocellulosefilter) und wird in einem Glas- oder Plastikröhrchen mit 2–5 ml der Szintillationslösung überschichtet. Als Szintillationslösung kann z.B. eine Lösung von 0,4 % (v/v) Diphenyloxazol in Toluol benutzt werden. Das Toluol absorbiert dabei den größten Teil der frei werdenden Energie der radioaktiven Probe und überträgt sie auf den Fluorophor Diphenyloxazol, der diese Energie durch Fluoreszenz teilweise in sichtbares Licht umsetzt. Diese Lichtimpulse werden mit Sekundärelektronenvervielfachern gemessen und registriert.

Wenn die radioaktive Probe nicht auf einem Trägermaterial getrocknet werden kann, sondern in wässriger Lösung gemessen werden soll, muss eine mit Wasser mischbare Szintillationslösung benutzt werden. Solche Szintillationslösungen ersetzen das Toluol z.B. durch Dioxan. Wässrige Proben können in einer Mischung bis zu einem Volumen von ca. 20 % des Gesamtvolumens gelöst werden. Allerdings verringert Wasser die Zählausbeute erheblich, was aber durch Zusätze wie Naphtalin plus Detergenzien (z.B. Triton X-100) abgeschwächt werden kann. Solche Gemische sind als Szintillationscocktails für wässrige Proben von verschiedenen Herstellern kommerziell erhältlich.

Ein bei Szintillationsmessungen oft auftretendes Problem ist die Verringerung der Quantenausbeute der Fluoreszenz durch chemische und physikalische Effekte. Dieses Quenching verringert die Zählausbeute erheblich. Chemische Substanzen, welche die Fluoreszenz verringern können, sind z.B. Wasser, Salze, Sauerstoff, Peroxide und chlorierte Kohlenwasserstoffe. Physikalische Quencheffekte beruhen z.B. auf farbigen Verbindungen, die das vom Fluorophor abgegebene Licht absorbieren können. Besonders ausgeprägt sind diese Effekte bei gelben, roten oder braunen Substanzen.

Tab. 1–1: Eigenschaften der gebräuchlichsten Isotope

Radionuklid	^{32}P	^{33}P	^{35}S	^{14}C	^{3}H
Halbwertszeit	14,29 Tage	25,4 Tage	87,4 Tage	5730 Jahre	12,3 Jahre
Strahlung	Elektronen (β^-)	β^-	β^-	β^-	β^-
Mittlere Energie (MeV*)	0,69	0,085	0,053	0,049	0,0057
Maximale Energie (MeV)	1,71	0,249	0,167	0,156	0,0186
Maximale Reichweite** in Luft	6 m	46 cm	24 cm	22 cm	6 mm
Maximale Reichweite** in Wasser/Gewebe	8 mm	0,42 mm	0,32 mm	0,28 mm	0,006 mm
Abschirmung	Plexiglas, Blei***	Plexiglas	Plexiglas	Plexiglas	Keine

* MeV = Megaelektronenvolt. Ein Elektronenvolt (eV) ist die Energie, die ein Elektron bei der Beschleunigung durch eine Potenzialdifferenz von 1 Volt aufnimmt; ein eV entspricht $1{,}6 \times 10^{-19}$ Joule.

** Diese Werte werden nur von einem Bruchteil der Teilchen mit jeweils maximaler Energie erreicht.

*** Bei ^{32}P ist darauf zu achten, dass wegen auftretender Bremsstrahlung (Röntgenstrahlung!) in Materialien mit hoher Kernladungszahl keine bleihaltigen Plexigläser verwendet werden dürfen. Zur vollständigen Abschirmung der Strahlung darf eine zusätzliche Bleiabschirmung nur hinter einer Plexiglasabschirmung angebracht werden.

Literatur

Berger, S.L., Kimmel, A.R. (1987): Guide to Molecular Cloning Techniques. Methods in Enzymology, Volume 152, Academic Press.
Freifelder, D. (1982): Physical Biochemistry. W.H. Freemann and Company, San Francisco, 129–168.

1.3 Autoradiographie und Fluorographie

Die Autoradiographie dient zum empfindlichen Nachweis von radioaktiv markierten Nucleinsäuren oder Proteinen nach gelelektrophoretischen Trennungen oder Übertragung auf Filtermaterialien. Sie beruht auf der Schwärzung eines Röntgenfilms durch die energiereiche Strahlung radioaktiver Proben. Eine typische Anordnung zur Autoradiographie ist in Abb. 1–1 gezeigt. Das Gel oder das Filtermaterial mit den radioaktiven Proben befindet sich in einer lichtdichten Box. Der Röntgenfilm wird darin mittels einer Schaumgummiplatte plan auf das Gel oder das Filtermaterial aufgepresst. Wenn die radioaktiven Proben mit einem sehr energiereichen Strahler markiert sind (z.B. ^{32}P), kann die Empfindlichkeit des autoradiographischen Nachweises durch eine Verstärkerfolie, die zwischen Film und Schaumgummiplatte gelegt wird, ca. fünf- bis zehnfach gesteigert werden. Energiereiche Elektronen von harten β-Strahlern durchdringen den Film und werden erst in der Verstärkerfolie vollständig absorbiert. Dort regen sie eine feste phosphoreszierende Verbindung elektronisch an. Das bei der anschließenden Relaxation ausgestrahlte Licht belichtet wiederum den Röntgenfilm. Da die Quantenausbeute der Fluoreszenz und Phosphoreszenz temperaturabhängig ist, wird eine weitere Erhöhung der Empfindlichkeit durch Kühlen der gesamten in Abb. 1–1 gezeigten Apparatur auf ca. –80 °C erreicht. Die Exponierzeiten liegen dann für eine ^{32}P-markierte Verbindung mit ca. 5.000 cpm bei 12–24 h.

Bei der Verwendung von β-Strahlern niedriger Energie, wie z.B. Tritium (^{3}H), lässt sich die Empfindlichkeit der Autoradiographie durch im Gel gelöste oder auf das Filter aufgetragene Fluorophore erheblich steigern (bis zu 50-fach). Bei dieser Fluorographie wird das Gel mit der Lösung eines Fluorophors (z.B. Diphenyloxazol in Dimethylsulfoxid) getränkt, anschließend getrocknet und wie in Abschn. 1.2 bei der

Abb. 1–1: Autoradiographie mit einer Verstärkerfolie. In einer lichtdichten Box, die mit Schaumgummi ausgekleidet ist, wird das in Haushaltsfolie eingeschlagene Gel eingepasst. Der Röntgenfilm wird auf das Gel gelegt und obenauf schließlich die Verstärkerfolie gelegt.

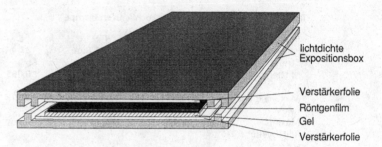

lichtdichte Expositionsbox

Verstärkerfolie
Röntgenfilm
Gel
Verstärkerfolie

Autoradiographie beschrieben exponiert. Gelöste Fluorophore für die Fluorographie sind auch kommerziell erhältlich (z.B. ^{3}H-Enhance, New England Nuclear).

Literatur

Freifelder, D. (1982): Physical Biochemistry. W.H. Freemann and Company, San Francisco, 169–192.

1.4 Zentrifugationstechniken

Zentrifugationstechniken lassen sich prinzipiell in die präparativen und die analytischen Techniken einteilen. Während die analytische Zentrifugation Informationen über das Molekulargewicht, die Dichte und die Form von Makromolekülen liefert, dient die präparative Zentrifugation der Isolierung, Konzentrierung und Reinigung von Makromolekülen im größeren Maßstab. Beide Methoden beruhen auf der Bewegung von Makromolekülen in Abhängigkeit von der Zentrifugalkraft, die für die Auswertung der Experimente mit einer künstlich erzeugten Schwerkraft gleichgesetzt werden kann. Bei einer Zentrifugation ist die Wanderungsgeschwindigkeit eines Makromoleküls proportional der Stärke des Kraftfeldes, d.h.

$$V = \omega^2 \times s \times r$$

r = Radius des Rotors [cm]
ω = Winkelgeschwindigkeit [s^{-1}]
V = Wanderungsgeschwindigkeit [cm $\times$ s^{-1}]
s = Proportionalitätsfaktor [s]

Die Einheit des Proportionalitätsfaktors s ist die Sekunde [s]. Für viele Biomoleküle liegt s im Bereich von 10^{-13}–10^{-11} Sekunden. Um die Exponenten zu vermeiden, wird s meistens in Svedberg-Einheiten [S] angegeben, wobei 1S 10^{-13} Sekunden entspricht. Die Wanderungsgeschwindigkeit wird durch entgegengerichtete Kräfte verringert (Auftrieb des Makromoleküls im Puffer, Reibung). Die Proportionalitätskonstante s wird auch Sedimentationskoeffizient genannt; sie wird nur durch die Eigenschaften des Makromoleküls und des Lösungsmittels bestimmt und ist damit für jedes Makromolekül eine charakteristische Größe. Der Sedimentationskoeffizient kann mit folgender Formel berechnet werden:

$$s = m \times (1 - vd) \times f^{-1}$$

m = Masse des Makromoleküls [g]
v = partielles spezifisches Volumen der Makromoleküle [cm^3 $\times$ g^{-1}]
d = Dichte des Lösungsmittels [g $\times$ cm^{-3}]
f = Reibungskoeffizient [g $\times$ s^{-1}]

Die Zentrifugalkraft F wird als Vielfaches der Erdbeschleunigung g angegeben und ist abhängig von der Drehzahl und vom Radius des Rotors. Sie lässt sich nach der folgenden Formel berechnen:

$$F = 1,12 \times 10^{-5} \, rpm^2 \times r$$

F = Zentrifugalkraft als Vielfaches von g [cm × s^{-2}]
rpm = Umdrehungen pro min
r = Radius des Rotors [cm]

Bei der Angabe des Radius muss definiert sein, ob es sich um den minimalen, den mittleren oder den maximalen Radius eines Rotors handelt, da der Abstand zwischen der Drehachse und dem oberen Rand des Zentrifugenröhrchens teilweise von dem Abstand zwischen der Drehachse und dem Boden des Röhrchens abweichen kann. In der Praxis liefern die Hersteller der Zentrifugen entsprechende Tabellen, in denen die Drehzahl und die Zentrifugalkraft angegeben wird, so dass der Anwender ausreichende Hilfestellung für die Durchführung der Experiemente bekommt.

Für die präparative Zentrifugation stehen zwei gebräuchliche Methoden zur Verfügung: die Sedimentation, bei der sich die Makromoleküle als Niederschlag am Boden des Zentrifugenröhrchens absetzen, und die Trennung von Makromolekülen in Dichtegradienten. Bei der Sedimentation werden Makromoleküle aufgrund ihrer Form und Masse getrennt. Wenn man die Zentrifugation beliebig lange fortsetzen würde, würden sich schließlich alle Makromoleküle oder Partikel am Boden des Zentrifugenröhrchens absetzen. Bei Dichtegradienten besteht das Lösungsmittel z.B. aus einer Zucker- oder Cäsiumchloridlösung, deren Dichte zum Boden des Röhrchens hin zunimmt. Die gelösten Makromoleküle werden zu Beginn der Zentrifugation auf die Gradientenlösung geschichtet. Sie wandern während der Zentrifugation so weit in den Gradienten hinein, bis sie eine Position erreichen, an der die Dichte des umgebenden Gradienten genau ihrer Dichte entspricht. Hier heben sich die angreifenden Kräfte auf. Die Makromoleküle verändern ihre Position im Gradienten nicht mehr.

Literatur

Cooper, T.G. (1981): Biochemische Arbeitsmethoden. Walter de Gruyter, Berlin, 292–332.

1.5 Steriles Arbeiten

Die Prinzipien des sterilen Arbeitens müssen in einem Grundlagenkurs erlernt werden. Dies ist für Biologen selbstverständlich, nicht aber für Chemiker, die oft ohne jede biologische Ausbildung mit molekulargenetischen Arbeiten beginnen. Im Folgenden geht es um die Möglichkeiten, infektiöse Partikel aus einem Experiment zu halten. Damit ist jedoch keine DNA-Sterilität erreicht. D.h. auch wenn ein Partikel nicht mehr infektiös ist, kann seine DNA möglicherweise noch nachgewiesen werden und evtl. Experimente beeinflussen. Die nachfolgenden kurzen Hinweise folgen den Ausführungen von Drews (1983), Näveke (1979), Schlegel (1992) und Lindl (2002).

Literatur

Drews, G. (1983): Mikrobiologisches Praktikum. Springer, Berlin.
Schlegel, H.G. (1992): Allgemeine Mikrobiologie. Thieme, Stuttgart
Näveke, R., Tepper, K.P. (1979): Einführung in die mikrobiologischen Arbeitsmethoden. Gustav Fischer, Stuttgart.
Lindl, T. (2002): Zellkultur und Gewebekultur. 5. Aufl. Spektrum, Heidelberg.

1.5.1 Sterilisation

Der Vorgang der Sterilisation führt zur Abwesenheit von vermehrungsfähigen oder infektiösen Partikeln, wie Mirkoorganismen, Viren oder Phagen. Dies ist Voraussetzung für die Verwendung von Kulturgefäßen, Nährlösungen und Arbeitsgeräten zum Arbeiten mit Reinkulturen. Die Sterilisation kann durch trockene Heißluft (Backen), durch Dampf (Autoklavieren) oder die Filtration erfolgen. Die Höhe der Sterilisationstemperaturen richtet sich nach den infektiösen Einheiten mit der höchsten Hitzeresistenz, so werden adsorbierte Sporen z.B. erst durch 30-minütiges Erhitzen bei Temperaturen von 170–180 °C abgetötet.

Die Sterilisation in gespanntem Dampf wird zumeist im Autoklaven bei 1 bar Überdruck und 121 °C für ca. 20 min durchgeführt (Prinzip des Dampfdrucktopfes). Für kleinere Mengen kann man auch einen Dampfdruckkochtopf verwenden, der in Anschaffung und Betrieb wesentlich billiger als ein Autoklav ist. Ebenfalls geeignet ist Aufkochen in der Mikrowelle für einige Minuten, wobei Flüssigkeiten jedoch leicht überkochen. Diese Sterilisation eignet sich vor allem für Nährlösungen, Gerätschaften und andere Naturalien, die ein Erhitzen auf 180 °C nicht vertragen. Thermoindikatoren in Form von speziellen Klebebändern werden zur Sterilisationskontrolle verwendet, da sie bei entsprechend hoher Temperatur und ausreichender Expositionszeit einen Farbumschlag zeigen. Gerade beim Autoklavieren von Nährlösungen muss beachtet werden, dass Zucker leicht verbrennen (karamellisieren) und dann ggf. nicht mehr als Energiequelle im Medium enthalten sind.

Lösungen mit hitzesensitiven Stoffen oder Gase können auch durch Filtrieren entkeimt werden. Hierbei werden die Medien durch Filter entsprechender Porengröße (in der Regel 0,2 μm) filtriert und in sterilen Gefäßen gesammelt. Während man früher häufig Keramik- oder Sinterglasfilter verwendete, werden heute fast nur noch Einweg-Cellulose- oder Nylonfilter benutzt. Nur zur Entkeimung von Gasen ist die Filterkerze noch im Gebrauch. Auch die feinsten Filter (Porengröße 0,1–0,15 μm) halten kleine Viren und besonders Phagen nicht zurück.

Hitzebeständige Gegenstände, wie z.B. Glaspipetten und Glaskolben, werden durch trockene Hitze in einem Sterilisationsschrank bei 160–180 °C für 2–3 h sterilisiert. Mithilfe der Sterilisation durch ionisierende Strahlung (Röntgen bzw. Gammastrahlung) werden hitzeempfindliche Materialien wie z.B. Kulturgefäße aus Plastik keimfrei gemacht. Dies geschieht in der Regel nicht im Labor sondern beim Produzenten der Plastikgeräte.

Die Sterilisation von Oberflächen erfolgt entweder durch die Anwendung ultravioletter Strahlung (Sicherheitswerkbänke) oder mit geeigneten Desinfektionsmitteln. Wegen des geringen Durchdringungsvermögens der UV-Strahlen lassen sich aber staub- und schmutzbedeckte Gegenstände kaum sterilisieren, zudem stört jedes schattenwerfende Objekt. Aufgrund der Gefährdung von Haut und Augen darf die ultraviolette Strahlung natürlich nicht während des Experimentierens eingesetzt werden.

Im Gegensatz zur Sterilisation wird bei der Desinfektion häufig nur eine Reduktion vermehrungsfähiger Keime erzielt. Breite Anwendung zur Handdesinfektion und zur Behandlung von Oberflächen finden alkoholische Lösungen. Hierbei ist zu beachten, dass wasserfreie Alkohole eine geringere desinfizierende Wirkung aufweisen als 70–77 %ige (v/v) Lösungen und dass das weniger flüchtige Isopropanol gegenüber Ethanol vorzuziehen ist. Weiterhin sind eine Vielzahl von Desinfektionsmitteln käuflich zu erwerben, die Seifen, anionische Detergenzien, quartäre Ammoniumverbindungen, Halogene, Wasserstoffperoxid, Phenolderivate etc. enthalten können.

1.5.2 Steriles Arbeiten

Unabhängig davon, ob ein Organismus pathogen oder apathogen ist, sollte in einem molekularbiologischen Labor stets nach den Prinzipien der bestmöglichen Keimfreiheit gearbeitet werden. Die größten Gefahrenquellen für Sterilität sind übermäßige Belüftungen, zu viele Personen in einem Raum, Sprechen oder Husten/Niesen über der Reinkultur während der Arbeit, nicht beseitigte alte Kulturen und unsaubere

Arbeitstische und Geräte. Das Tragen von Schutzkleidung ist für ein mikrobiologisches Labor obligatorisch. Das Arbeiten an Sicherheitswerkbänken bietet sich an.

Umgang mit sterilen Gegenständen, Gebrauch der Impföse, Überimpfen von Kulturen und Abflammen können an dieser Stelle nicht detailliert ausgeführt werden. Bevor man mit einem gentechnischen Experiment beginnt, muss steriles Arbeiten in einem Praktikum oder mithilfe eines Betreuers erlernt werden. Für Chemiker ist die Teilnahme an einem biologischen Grundlagenpraktikum unbedingt zu empfehlen. Generell gilt, dass die Berührung von Gefäßinnenseiten und –rändern zu vermeiden ist. Sie sollten weder mit Personen noch mit der Werkbank oder untereinander in Kontakt kommen. Auch das Einbringen von Staub- bzw. Fremdpartikeln sollte auf ein Minimum reduziert werden.

1.5.3 Silikonisieren von Glasgeräten

Zur Isolierung und Sequenzierung von DNA (Kap. 3 und Anhang A1) und Sequenzierung von RNA (Kap. 4) sind silikonisierte Glasgeräte empfehlenswert. Folgendes Protokoll ist vornehmlich auf die Verwendung der Geräte für die RNA-Isolierung in Kap. 4 ausgerichtet.

Materialien
- Chlortrimethylsilan oder Dichlordimethylsilan
- Vakuumpumpe
- Exsiccator

Durchführung
- Im Abzug arbeiten
- die Glasgeräte und ein Becherglas mit 1–3 ml Chlortrimethylsilan oder Dichlordimethylsilan in einen Exsikkator stellen
- den Exsikkator an eine Vakuumpumpe anschließen und so lange Vakuum ziehen, bis das Silan zu sieden beginnt
- Verbindung zur Vakuumpumpe schließen und den Exsikkator so lange evakuiert lassen, bis das flüssige Silan verschwunden ist
- Exsikkator belüften, öffnen und einige Minuten stehen lassen, um verbliebene Silandämpfe zu entfernen
- wenn gewünscht, die silikonisierten Glasgeräte ausbacken oder autoklavieren.

Literatur

Ausubel, F.M., Brent, R., Kingston, R.E., Moore, D.D., Seidman, J.G., Smith, J.A., Struhl, K. (1993): Current Protocols in Molecular Biology. John Wiley & Sons, New York, A.3B.1–A.3B.2.

Sambrook, J., Fritsch, E.F., Maniatis, T. (1989): Molecular Cloning – A Laboratory Manual. 2nd ed. Cold Spring Harbor Laboratory Press, Cold Spring Harbor, New York.

1.6 Phenolextraktion

Die Phenolisierung ist die Standard-Extraktionsmethode, um Proteine aus Nucleinsäurelösungen zu entfernen. Modern ist in vielen Fällen die Verwendung von Ionenaustauschmaterialien zur Isolierung von DNA und RNA. Trotzdem findet das Phenolisieren als zuverlässige, schnelle und kostengünstige Alternative noch breite Anwendung.

Phenol ist ein sehr guter Wasserstoffbrückenbildner und kann gleichzeitig hydrophobe Wechselwirkungen mit Aminosäure-Seitenketten ausbilden. So dissoziiert Phenol Protein-/Nucleinsäure-Komplexe in die einzelnen Komponenten. Die Proteine werden denaturiert und reichern sich in der Phenolphase an (Abschn. 5.1.1.2).

Für biochemische Zwecke sollte man nur farbloses und solubilisiertes Phenol benutzen. Sowohl kristallines wie rötlich verfärbtes Phenol muss destilliert werden, eine sehr unangenehme Prozedur, die man tunlichst vermeiden sollte. Verfärbtes Phenol enthält Chinone, welche die Phosphodiesterbindung hydrolysieren und DNA oder RNA quervernetzen können. Vor Gebrauch muss das Phenol mit einer wässrigen Pufferlösung auf einen pH-Wert von über 7,8 äquilibriert werden, da sonst die DNA in die Phenolphase übergeht. Es ist zu empfehlen fertige Phenollösungen aus dem Handel für die DNA/RNA-Extraktion zu verwenden.

Um Proteinverunreinigungen aus Nucleinsäurelösungen zu entfernen, benutzt man ein Gemisch aus 25 Teilen Phenol, 24 Teilen Chloroform und 1 Teil Isoamylalkohol (PCI). Die Lösungen sind mit einem Tris/EDTA-Puffer auf einen pH-Wert von 7,5–8 äquilibriert. Zu einem Volumen Nucleinsäurelösung wird ein gleiches Volumen PCI gegeben, gründlich gemischt und für 10 min in der Tischzentrifuge bei maximaler Geschwindigkeit zentrifugiert. Während Chloroform Proteine denaturiert und die Phasentrennung erleichtert, verhindert Isoamylalkohol das Schäumen und das Ausbilden einer intensiven Interphase. Eine breite Interphase, welche das Erkennen der Phasengrenze erschwert, bildet sich auch aus, wenn der Proteingehalt in der Lösung besonders hoch ist. In solchen Fällen wird nur die untere Hälfte der Phenolphase abgezogen, neues Phenol zugegeben und der Extraktionsvorgang wiederholt, bis die Interphase verschwindet. Ist die Phasengrenze deutlich zu erkennen, kann die obere Phase mit der Nucleinsäure in ein neues Reaktionsgefäß überführt werden. Um letzte Phenolreste aus der Lösung zu entfernen, kann der beschriebene Vorgang mit Chloroform wiederholt werden. Zuletzt wird die Nucleinsäure zur weiteren Aufreinigung und zur Volumenreduktion präzipitiert (Abschn. 1.7).

Vorsicht: Phenol wirkt stark ätzend und gefährdet besonders Haut, Schleimhäute und Augen. Mit Phenol niemals ohne Handschuhe und Schutzbrille arbeiten. Phenolverätzungen müssen zuerst mit sehr viel Wasser und dann mit 0,1 M $NaHCO_3$-Lösung gespült werden. Phenolische Lösung nie mit dem Mund pipettieren! Immer unter einem Abzug arbeiten!

Literatur

Sambrook, J., Fritsch, E.F., Maniatis, T. (1989): Molecular Cloning. A Laboratory Manual. Cold Spring Harbor Laboratory Press.
Berger, S.L., Kimmel, A.R. (1987): Guide to Molecular Cloning Techniques. Methods in Enzymology, Volume 152, Academic Press.

1.7 Fällungsmethoden

Jede Fällungsmethode geht davon aus, dass der gesuchte Stoff entweder quantitativ ausgefällt wird oder auch quantitativ in Lösung bleiben soll. Während man die Fällung mit Ethanol, Isopropanol, Polyethylenglycol, Cetyltriethylammoniumbromid und Trichloressigsäure zumeist für Nucleinsäure anwendet, wird Ammoniumsulfat selektiv für Proteinfällungen (Abschn. 1.12.2) benutzt.

In der Praxis erhält man zumeist eine Verteilung des gesuchten Stoffs zwischen fester und flüssiger Phase, deren Quotient vom Löslichkeitsprodukt der entsprechenden Substanz bestimmt wird. Die Löslichkeit eines Makromoleküls, z.B. eines Proteins oder einer Nucleinsäure, hängt zudem von vielen weiteren

Parametern ab (z.B. Wassergehalt). Fällungsprotokolle sind deshalb zumeist durch die Empirie bestimmt. Man tut gut daran, sie peinlich genau nachzuarbeiten. Fällungen sind besonders in Bezug auf die Partikelgröße kinetisch kontrolliert. Falls die Fällungsreaktionen zu rasch verlaufen, erhält man ein schlecht filtrier- oder zentrifugierbares Material. Für Fällungsreaktionen, besonders Ammoniumsulfatfällungen von Proteinen, braucht man Geduld.

1.7.1 Präzipitation von Nucleinsäuren

Grundsätzlich können RNA und DNA aus salzhaltigen wässrigen Lösungen durch Zugabe von Alkohol präzipitiert werden. Es existiert eine Reihe von Varianten dieser klassischen Technik, deren Wahl sich nach der Art der zu präzipitierenden Probe und deren Verwendungszweck orientiert.

Eine grundsätzliche Methode, die sich für DNA und RNA anwenden lässt, ist die Zugabe 1/10 Volumens einer 3 M Natriumacetatlösung, pH 5,5 und 2,5 Volumen 100 % Ethanol. Zur Präzipitation von Oligonucleotiden empfiehlt sich zusätzlich die Verwendung von 1/10 Volumen einer 1 M Magnesiumchloridlösung. Die Probe wird danach gut durchmischt, die Fällung findet bei –20 °C statt (2 h bis über Nacht). Bei tieferen Temperaturen (–70 °C bzw. in einem Gemisch aus Trockeneis und Ethanol) genügen 30 min. Die Dauer der Fällung richtet sich nach der Konzentration der zu präzipitierenden Nucleinsäurelösung. Bei hohen Konzentrationen, wie sie beispielsweise bei Plasmidpräparationen erhalten werden können, ist eine Inkubation für wenige Minuten bei Zimmertemperatur oder auf Eis ausreichend. Die Probe wird anschließend typischerweise bei 12.000–17.000 × g und 4 °C für 10 min zentrifugiert. An dieser Stelle muss beachtet werden, dass zur Isolierung hochmolekularer DNA bei niedrigeren g-Zahlen zentrifugiert wird, bzw. in den entsprechenden Protokollen teilweise ganz auf die Zentrifugation verzichtet wird. Der Überstand wird verworfen (weggegossen).

Das erhaltene Präzipitat wird mit 2,5 Volumen 70 %igem Ethanol gewaschen (zugeben, aber NICHT! mischen), erneut für 5 min zentrifugiert, kurz an der Luft getrocknet und in einem geeigneten Puffer aufgenommen. Grundsätzlich eignet sich hierfür DEPC-behandeltes Wasser (Abschn. 7.1.3.1) für RNA und TE-Puffer (1 mM EDTA, 10 mM Tris, pH 8,0) für DNA.

Anstelle von Natriumacetat eignen sich eine Reihe weiterer Salze zur Präzipitation, z.B. die Zugabe von 0,5 Volumen einer 7,5 M Ammoniumacetatlösung. Die Verwendung von Ammoniumacetat hat den Vorteil, dass die Präzipitation von dNTPs minimiert wird. Nachteilig ist, dass Phosphorylierungs- und Tailing-Reaktionen durch restliche Ammoniumionen inhibiert werden können. Weitere Salze, speziell zur Präzipitation von RNA, werden je nach Verwendungszweck eingesetzt. Einige Protokolle verwenden 1/10 Volumen einer 8 M LiCl-Lösung zur Präzipitation von RNA, Lithiumionen können aber reverse Transkriptionen hemmen. 1/10 Volumen einer 3 M Kaliumacetatlösung, pH 5,5, wird häufig zur RNA-Präzipitation vor in vitro-Translationen eingesetzt. Hierbei muss jedoch beachtet werden, dass Kaliumionen mit Dodecylsulfat in SDS-haltigen Lösungen unlösliches Kaliumdodecylsulfat bilden. Speziell zur Präzipitation aus SDS-haltigen Lösungen eignen sich Natriumsalze wie Natriumacetat oder 1/25 Volumen einer 5 M NaCl-Lösung, da unter diesen Bedingungen SDS weitgehend löslich bleibt.

Anstelle von 2,5 Volumen Ethanol kann 0,6–1 Volumen reines Isopropanol verwendet werden. Das entstehende Gesamtvolumen der Lösung wird so reduziert. Jedoch tendieren die in der Lösung befindlichen Salze in Gegenwart von Isopropanol zur Copräzipitation. Bei Verwendung von Isopropanol darf keinesfalls der anschließende Waschschritt mit 70–80 %igem Ethanol ausgelassen werden.

Für die Präzipitation aus Nucleinsäurelösungen niedriger Konzentration (≤ 1 µg $\times$ ml^{-1}) empfiehlt sich der Zusatz von inerten Trägermaterialien (Carrier). Da saubere Präzipitate, die weniger als 2 µg Nucleinsäuren enthalten, mit dem bloßen Auge nicht mehr sichtbar sind, bietet der Einsatz von Carriern, neben der Erhöhung der Ausbeute an präzipitiertem Material, auch gewisse psychologische Vorteile. Einige Firmen bieten aus diesem Grund sogar farbige Trägermaterialien an. Ein einfaches Mittel ist der

Zusatz von 50 µg × ml^{-1} tRNA aus Hefe oder Bakterien. Ebenso kann DNA, beispielsweise aus Fisch-spermien, verwendet werden. Es leuchtet ein, dass dadurch eine spätere Konzentrationsbestimmung nicht mehr sinnvoll ist, ebenso können Hybridisierungsreaktionen aller Art beeinträchtigt werden. Eine Alternative bietet der Einsatz von 20 µg × ml^{-1} Glykogen aus einer 20 mg × ml^{-1} Stammlösung. Ein häufig empfohlener Träger ist lineares Polyacrylamid. Da die Herstellung einer solchen Polymer-lösung arbeitsintensiv ist, zudem mit giftigen Substanzen gearbeitet werden muss und entsprechende Produkte kommerziell erhältlich sind, sei an dieser Stelle auf die Beschreibung von Hengen (1996) verwiesen.

Literatur

Berger, S.L., Kimmel, A.R. (1987): Guide to Molecular Cloning Techniques. Methods in Enzymology, Volume 152, Academic Press.
Hengen, P. (1996): Carriers for Precipitating Nucleic Acids. Trends in Biochemical Sciences, 21, 224–225.

1.8 Säulenchromatographische Trennverfahren für kleine Mengen Nucleinsäuren

Um kleine Mengen an DNA oder RNA von niedermolekularen Verunreinigungen wie Salzen oder Nuc-leotiden zu trennen, lassen sich kleine selbstgefertigte Säulen mit Molekularsieb- oder Ionenaustauscher-materialien verwenden. Von verschiedenen Herstellern gibt es für diese Anwendungen eine Reihe von Kits zur Aufreinigung von z.B. PCR-Produkten usw. (Qiagen, VWR).

1.8.1 Ionenaustauschchromatographie an DEAE (Diethylaminoethyl)-Cellulose

Mithilfe dieses Verfahrens werden Oligodesoxynucleotide nach der Phosphorylierung ihrer 5'-terminalen Hydroxylgruppe von nicht umgesetztem α-^{32}P-markiertem dATP getrennt.

Materialien
- Oligonucleotid (Phosphorylierungsansatz, Abschn. 1.9.1.1)
- 1 ml-Einwegspritze
- silikonisierte Glaswolle
- DEAE (Diethylaminoethyl)-Cellulose (z.B. DE-52-Säulenmaterial, vorgequollen und in TE-Puffer sus-pendiert)
- TE-Puffer: 10 mM Tris-HCl, pH 8,0, 1 mM EDTA
- TE-Puffer mit 0,2 M NaCl
- TE-Puffer mit 1 M NaCl

Durchführung
- Untere Öffnung der Einwegspritze mit silikonisierter Glaswolle verschließen
- DE-52-Säulenmaterial in die Spritze (Säule) füllen (Säulenbettvolumen: ca. 400 µl)
- Säule mit 2 ml TE-Puffer waschen
- Oligonucleotidlösung (Phosphorylierungsansatz) auf die Säule auftragen
- Säule mit 2 ml TE-Puffer und dann mit 5 ml TE-Puffer/0,2 M NaCl waschen

- Oligonucleotide mit 2 ml TE-Puffer/1 M NaCl eluieren; Eluat in 0,5 ml-Portionen in 5 ml-Gefäßen sammeln
- Radioaktivität (Cerenkov-Strahlung) der einzelnen Fraktionen bestimmen
- die markierten Oligonucleotide können direkt in Hybridisierungen eingesetzt werden (Abschn. 10.2).

1.8.2 Gelpermeationschromatographie an Sephadex G-50 oder G-100

Diese Methode dient zur Abtrennung ^{32}P-markierter doppelsträngiger DNA von nicht eingebauten Nucleosidtriphosphaten nach Nick-Translationen bzw. nach der „Synthese mit zufälligen Primern" (ramdom priming).

Materialien

- DNA aus Nick-Translation (Abschn. 1.9.2), *random priming* (Abschn.1.9.3) oder aus der cDNA-Synthese (Abschn. 5.1.1)
- Pasteur-Pipette
- Sephadex G-50-Säulenmaterial
- silikonisierte Glaswolle
- TE-Puffer, pH 8,0: 10 mM Tris-HCl, pH 8,0, 1 mM EDTA
- 3 M NH$_4$OAc, pH 5,3
- Ethanol p.a.
- 70 % (v/v) Ethanol

Durchführung

- Säulenmaterial über Nacht bei RT vorquellen lassen oder ca. 50 ml vorgequollenes Material bei 4°C lagern
- 15 min bei 1 bar autoklavieren, auf RT abkühlen lassen und 5 min unter Vakuum entgasen
- Öffnung der Pasteur-Pipette mit Glaswolle verschließen
- Säulenmaterial in die Pipette (Säule) füllen (Säulenbettvolumen: ca. 400 µl)
- Säule mit TE-Puffer waschen
- TE-Puffer bis zur Oberkante des Säulenbetts ablaufen lassen
- DNA auf die Säule auftragen
- DNA mit H$_2$O eluieren; Eluat in Fraktionen zu 500 µl sammeln
- durch Messung der Cerenkov-Strahlung ein Elutionsprofil erstellen (Abb. 1–2)
- DNA-haltige Fraktionen vereinigen, auf 0,3 M NH$_4$OAc einstellen und ein 2,5-faches Volumen Ethanol p.a. zugeben, um die DNA zu fällen
- 30 min bei –80 °C oder mindestens 2 h bei –20 °C stehen lassen
- 20 min bei 4 °C in der Tischzentrifuge zentrifugieren und Überstände vorsichtig mit Gilson-Pipette abziehen
- Präzipitate mit je 1 ml –20 °C kaltem 70 %igem Ethanol waschen
- 10 min bei 4 °C in der Tischzentrifuge zentrifugieren, Überstände abziehen (s.o.) und Präzipitate in der Vakuumzentrifuge trocknen
- Präzipitate in gewünschtem Puffer aufnehmen und bei –20 °C aufbewahren.

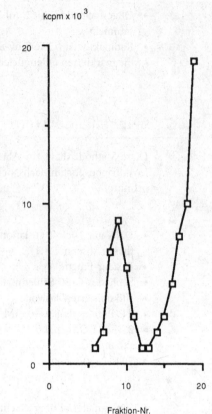

kcpm x 10^3

Abb. 1–2: Trennung von DNA und [α-^{32}P]dNTP über Sephadex G-50-Gelpermeationschromatographie. Die radioaktiv markierte DNA wird ab ca. Fraktion 7 eluiert. Ab ca. Fraktion 12 folgt das [α-^{32}P]dNTP.

1.9   Markierung von Nucleinsäuren

Einzel- wie doppelsträngige DNA-Fragmente und Oligonucleotide lassen sich mit radioaktiven Verbindungen und mit Farbstoffen markieren. Die Wahl der jeweiligen Methode wird von der Länge und der Zusammensetzung der DNA-Fragmente, von den experimentellen Voraussetzungen und der geforderten Nachweisempfindlichkeit bestimmt. Der Erfolg einer Hybridisierung hängt z.B. oft von der Qualität der Markierung einer Sonde ab (Kap. 10 und Kap. 11). Nachfolgend werden gängige Methoden der DNA-Markierung geschildert.

1.9.1   Endmarkierung von DNA

1.9.1.1   5′-Phosphorylierungen von DNA

Die radioaktive Markierung einzelsträngiger Hybridisierproben (Abschn. 10.2) oder von DNA zur Sequenzierung nach Maxam-Gilbert (Kap. A1) erfolgt mithilfe von γ-^{32}P-markiertem ATP. Dabei wird durch das Enzym T4-Polynucleotidkinase die γ-Phosphatgruppe des ATP auf die 5′-terminale Hydroxylgruppe des Oligodesoxynucleotids bzw. der DNA übertragen.

🧪 *Materialien*

- 5'-dephosphoryliertes Oligonucleotid (in H_2O) bzw. 5'-dephosphorylierte DNA (in Puffer nach Restriktionsenzymhydrolyse)
- [γ-^{32}P]-ATP (spezifische Aktivität > 5.000 Ci × mmol^{-1}, 10 mCi × ml^{-1})
- T4-Polynucleotidkinase
- 10 × Polynucleotidkinase-Puffer: 0,5 M Tris-HCl, pH 9,5, 0,1 M $MgCl_2$ und 50 mM DTT

alternativ:
- Materialien entweder für DEAE-Cellulose-Ionenaustauschchromatographie des Oligonucleotid (Abschn. 1.8.1)
- oder zur Extraktion und Fällung der DNA (Abschn. 1.6 und 1.7): 0,5 M EDTA, Phenol (mit TE-Puffer gesättigt), Chloroform/Isoamylalkohol (24/1; v/v), Ethanol p.a., 3 M NaOAc, pH 4,8, 70 % (v/v) Ethanol

✏️ *Durchführung*

- In ein 1,5 ml-Reaktionsgefäß pipettieren: 10–30 pmol Oligonucleotid bzw. 1–50 pmol DNA, bis zu 50 pmol [γ-^{32}P]-ATP, 2 U Polynucleotidkinase, H_2O *ad* 30 μl
- Ansatz 30 min bei 37 °C inkubieren.

Weitere Durchführung bei der Verwendung eines Oligonucleotids
- Enzym durch Inkubation für 2 min bei 80 °C inaktivieren
- markiertes Oligonucleotid durch Ionenaustauschchromatographie an DEAE-Cellulose reinigen (Abschn. 1.8.1).

Weitere Durchführung bei der Verwendung von DNA
- 2 ml 0,5 M EDTA zufügen
- zur Entfernung des Enzyms je einmal mit gleichen Volumen Phenol und Chloroform/Isoamylalkohol extrahieren (Abschn. 1.6 und 1.7)
- zur Phasentrennung jeweils 1 min in der Tischzentrifuge bei maximaler Geschwindigkeit zentrifugieren und wässrige Phase (oben) jeweils in ein frisches Reaktionsgefäß überführen
- zur Fällung der markierten DNA den Ansatz mit 0,1 Volumen 3 M NaOAc und einem zweifachen Volumen Ethanol p.a. versetzen, mischen und 30 min bei –80 °C belassen
- DNA 15 min in der Tischzentrifuge bei maximaler Geschwindigkeit präzipitieren, Überstand abgießen und Präzipitat fünfmal mit je 0,5 ml 70 %igem Ethanol waschen
- nach den Waschschritten jeweils 5 min in der Tischzentrifuge zentrifugieren und Überstand mit Pipette abnehmen
- Präzipitat trocknen und zur Maxam-Gilbert-Sequenzierung (Kap. A1) einsetzen.

Literatur

Richardson, C.C. (1965): Phosphorylation of Nucleic Acid by an Enzyme from T4 Bacteriophage-Infected *Escherichia coli*. Proc. Natl. Acad. Sci. USA 54, 158–165.

1.9.1.2 3'-Endmarkierung von DNA

DNA mit 5'-überstehenden Enden kann durch eine Variante der Auffüllreaktion mithilfe des Klenow-Fragments der *E. coli*-DNA-Polymerase I an den 3'-Enden oder nur an einem 3'-Ende radioaktiv markiert werden (Abb. 1-3). Man braucht dazu die zwei [α-^{32}P]-Desoxynucleosidtriphosphate, die zu der jeweiligen ersten Base der 5'-Einzelstrangenden komplementär sind (Markierung an beiden 3'-Enden), oder nur eines davon (Markierung an nur einem 3'-Ende).

$$\begin{array}{ccc}
\text{••••pApTpCpApGpGpA 5}' & [\alpha\text{-}^{32}\text{P]dATP} & \text{••••pApTpCpApGpGpA 5}' \\
\text{••••pT}_{\text{OH}}\ 3' & \xrightarrow{\hspace{3cm}} & \text{••••pTpA}^*_{\text{OH}}\ 3' \\
 & \text{Klenow-Fragment} & \\
 & \text{der } E.\ coli\text{-DNA-} & \\
 & \text{Polymerase I} &
\end{array}$$

Abb. 1–3: Schema zur 3'-Endmarkierung von DNA mit 5'-überstehenden Enden. In dem gezeigten Beispiel enthält das erste Nucleotid, das im 5'-überstehenden Ende einzelsträngig vorliegt, ein T. Die Markierung des 3'-Endes muss mit dem dazu komplementären $[\alpha\text{-}^{32}\text{P]dNTP}$, also $[\alpha\text{-}^{32}\text{P]dATP}$, erfolgen.

Materialien

- DNA mit 5'-überstehenden Enden (in H_2O oder TE-Puffer)
- TE-Puffer: Abschn. 1.8.1
- Klenow-Fragment der DNA-Polymerase I aus *E. coli*
- $[\alpha\text{-}^{32}\text{P]}$-dNTP(s) (spez. Aktivität: 3.000 Ci $\times$ mmol^{-1}; 3 pmol $\times$ µl^{-1})
- 10 $\times$ Klenow-Puffer: 0,5 M Tris-HCl, pH 7,2, 0,1 M $MgSO_4$, 1 mM DTT, 0,5 mg BSA $\times$ ml^{-1}
- 3 M NaOAc, pH 4,8
- Ethanol p.a.
- 70 % (v/v) Ethanol

Durchführung

- In ein 1,5 ml-Reaktionsgefäß pipettieren: 10 pmol DNA, 10 µl 10 $\times$ Klenow-Puffer, 8 µl $[\alpha\text{-}^{32}\text{P]}$-dNTP, 5 U Klenow-Fragment, H_2O *ad* 100 µl
- Ansatz 1 h bei 20 °C inkubieren
- zur Präzipitation der DNA 0,1 Volumen 3 M NaOAc und ein zweifaches Volumen Ethanol p.a. zufügen, mischen und 30 min bei –80 °C lagern
- DNA 15 min in der Tischzentrifuge bei maximaler Geschwindigkeit präzipitieren, Überstand abgießen
- Präzipitat zweimal mit je 0,5–1 ml 70 %igem Ethanol waschen; nach jedem Waschschritt jeweils 5 min zentrifugieren und Überstand mit Pipette abnehmen
- Präzipitat trocknen und in einem für den jeweiligen Verwendungszweck geeigneten Puffer, z.B. TE-Puffer lösen.

1.9.2   Radioaktive Markierung von DNA durch Nick-Translation

Der Einbau von ^{32}P-markierten Desoxyribonucleosidmonophosphaten in DNA wird durch die 5'→3'-Exonuclease- sowie die 3'→5'-Polymeraseaktivität der DNA-Polymerase I aus *E. coli* katalysiert (Rigby, 1977). Geringe Mengen an DNase I reichen aus, um Einzelstrangbrüche (Nicks) als Polymerisationsstartpunkte in die DNA einzuführen.

Materialien

- 10 $\times$ Nick-Translationspuffer: 500 mM Tris-HCl, pH 7,2, 100 mM $MgSO_4$, 1 mM DTT, 500 µg BSA $\times$ ml^{-1} (Pentax-Fraktion V); Puffer portioniert bei –20 °C aufbewahren
- je 1 mM Stammlösung von dTTP, dGTP, dATP und dCTP
- zwei oder drei verschiedene $[\alpha\text{-}^{32}\text{P]}$-dNTPs (spez. Aktivität: je 3.000 Ci $\times$ mmol^{-1}; 10 mCi $\times$ ml^{-1})
- DNase I (400 pg $\times$ ml^{-1})
- DNA-Polymerase I (5 U $\times$ µl^{-1}; Roche Diagnostics GmbH)

- TE-Puffer: 10 mM Tris-HCl pH 8,0, 1 mM EDTA (Abschn. 1.8.1)
- 50–100 ng Plasmid-DNA in H_2O bzw. TE-Puffer (Vektor mit kloniertem Fragment) oder 100–300 ng isoliertes DNA-Fragment in H_2O bzw. TE-Puffer
- 0,5 M EDTA, pH 8,0
- tRNA (10 mg × ml^{-1})

alternativ:
- Materialien zur TCA-Präzipitation (Abschn. 5.1.4)
- Materialien zur Sephadex G-100- oder G-50-Chromatographie (Abschn. 1.8.2)
- Materialien zur Ethanolpräzipitation mit einer Ammoniumsulfatlösung (Abschn. 1.12.2)

Durchführung

- 50–100 ng Plasmid-DNA oder entsprechend 100–300 ng eines isolierten DNA-Fragments in einem 1,5 ml-Reaktionsgefäß vorlegen
- 2–3 µl 10 × Nick-Translationspuffer zufügen
- 50–100 µCi [α-^{32}P]-dNTPs zugeben (es empfiehlt sich hier, mit zwei oder drei verschiedenen Nucleotiden zu markieren, um eine möglichst hohe spezifische Aktivität zu erzielen)
- nichtmarkierte dNTPs zusetzen, sodass eine Endkonzentration von 0,05 mM erreicht wird; hierzu entsprechend die dNTPs, die nicht zur radioaktiven Markierung eingesetzt wurden, verwenden .
- Gesamtvolumen mit H_2O auf 17–27 µl einstellen
- 1–2 µl DNase I zugeben, Ansatz 10 s in der Tischzentrifuge bei maximaler Geschwindigkeit zentrifugieren
- Ansatz 1 min bei RT stehen lassen
- 2 µl (10 U) DNA-Polymerase I zugeben
- 1 h bei 12–14 °C inkubieren
- Reaktion mit 2 µl 0,5 M EDTA abstoppen und Ansatz mit 5 µl tRNA-Lösung versetzen
- 1 µl-Probe für die Bestimmung der ^{32}P-Inkorporation entnehmen und eine TCA-Präzipitation (Abschn. 5.1.4) durchführen
- nicht eingebaute Nucleotide über Sephadex G-100- oder G-50-Chromatographie Abschn. 1.8.2) oder über Ethanolpräzipitation mit einer Ammoniumsulfatlösung (Abschn. 1.12.2) abtrennen.

Trouble Shooting

Ein Problem, das bei der Markierung von kleineren DNA-Fragmenten (kleiner als 400 bp) oft auftritt, ist die starke Degradierung der DNA. Dadurch entstehen zu kurze DNA-Fragmente (kleiner als 100 bp), die eine sehr schlechte oder unspezifische Hybridisierung hervorrufen. Man sollte deshalb die Probe nach der erstmaligen Markierung mittels einer alkalischen Gelelektrophorese (denaturierend, Abschn. 2.1.1) analysieren, um die Verteilung der Fragmentlängen zu kontrollieren. Falls nötig, müssen das Verhältnis DNase I zu Fragmentmenge und die Inkubationszeit optimiert werden, da die Qualität der Hybridisierungsprobe einer der wichtigsten Parameter der Hybridisierungsreaktion ist.

Eine zuverlässigere Methode, ein kleineres DNA-Fragment zu markieren, stellt neben der Phosphorylierung des freien 5'-Terminus (Abschn. 1.9.1.1) die Auffüllreaktion von überstehenden Enden (Fill-in-Reaktion) mithilfe der Enzyme Klenow-Polymerase oder T4-Polymerase dar (Sambrook et al., 1989).

Literatur

Sambrook, J., Fritsch, E.F., Maniatis, T. (1989): Molecular Cloning –A Laboratory Manual. 2nd ed. Cold Spring Harbor Laboratory Press, Cold Spring Harbor, New York.

Rigby, P.W., Dieckmann, M., Rhodes, C., Berg, P. (1977): Labeling deoxyribonucleic acid to high specific activity in vitro by nick translation with DNA-polymerase I. J. Mol. Biol. 113(1), 237–251.

1.9.3 Markierung von DNA-Fragmenten durch *random priming*

Mithilfe einer modifizierten Methode von Feinberg und Vogelstein (1984) können DNA-Fragmente von 100 bp bis zu mehreren 1.000 bp Länge sowohl radioaktiv als auch nichtradioaktiv markiert werden. Nach Denaturierung des zu markierenden DNA-Doppelstrangs und Zugabe der Reaktionspartner werden Hexanucleotide statistischer Zusammensetzung als Primer hybridisiert. Anschließend erfolgt die Markierung bei der Synthese eines neuen Doppelstrangs. Die Reaktion erfolgt mithilfe des Klenow-Fragments der DNA-Polymerase I, in Gegenwart eines Desoxynucleotidgemisches sowie des entsprechend markierten Nucleotidabschnitts. Die so erzeugten DNA-Sonden müssen im Anschluss nicht mehr gereinigt werden. Es sollten aber isolierte DNA-Fragmente ohne Vektoranteile für die Markierung eingesetzt werden. Im Folgenden wird die zuerst entwickelte radioaktive Markierung beschrieben.

Materialien

- 7 µl DNA-Fragment (20–50 ng)
- OL-Puffer: 1 mM Tris-HCl, pH 7,5, 1 mM EDTA, 1,8 mg $\times$ ml^{-1} Hexanucleotidgemisch (90 U pro ml)
- DTM-Puffer: 250 mM Tris-HCl, pH 7,5, 25 mM MgCl$_2$, 50 mM β-Mercaptoethanol, je 100 µM dCTP, dGTP, dTTP
- LS-Puffer: 25 µl HEPES, pH 6,6, 25 µl DTM-Puffer, 7 µl OL-Puffer
- Klenow-Fragment (2 U$\times$ µl^{-1})
- BSA-Lösung: 10 mg $\times$ ml^{-1}
- [α-^{32}P]-dATP-Lösung: 10 µCi $\times$ µl^{-1}

Durchführung

In ein 1,5 ml-Reaktionsgefäß pipettieren:
- 7 µl DNA-Fragment (20–50 ng)
- 11,5 µl LS-Puffer
- 1 µl BSA-Lösung
- 5 µl [α-^{32}P]-dATP-Lösung
- 0,5 µl Klenow-Fragment

Dieser Reaktionsansatz wird für eine radioaktiven Markierung 5–8 h bei RT inkubiert. Anschließend muss die Einbaurate des radioaktiven Nucleotids sowie die spezifische Aktivität der Probe bestimmt werden (Abschn. 1.2). Danach kann die Probe direkt zur Hybridisierung (Abschn. 10.2) eingesetzt werden.

Eine nichtradioaktive Markierung kann prinzipiell auf die gleiche Weise erfolgen. Allerdings wird dann gewöhnlich eine größere Menge DNA für eine Markierungsreaktion eingesetzt (100 ng–1 µg, über Nacht), da nichtradioaktive Sonden über einen längeren Zeitraum bei –20 °C gelagert werden können. Das radioaktive Nucleotid wird entsprechend durch ein nichtradioaktives Nucleotid ersetzt. Die Konzentrationen der anderen Reaktionspartner werden entsprechend geändert.

Zur Bestimmung der Konzentration markierter DNA muss eine serielle Verdünnung der Probe auf eine Nylonmembran getüpfelt werden (Abschn. 10.1.4). Als Standard dient eine Verdünnungsreihe entsprechend markierter DNA mit bekannter Konzentration. Die Membran wird anschließend fixiert und die Detektion der markierten Sonde erfolgt je nach verwendetem System der nichtradioaktiven Markierung. Die Hersteller von Systemen für die nichtradioaktive Hybridisierung und Detektion von Nucleinsäuren bieten sowohl Markierungsreagenzien als auch markierte Nucleinsäurestandards an.

Literatur

Feinberg, A.P., Vogelstein, B. (1984): A Technique for Radiolabeling DNA Restriction Endonuclease Fragments to High Specific Activity. Anal. Biochem. 137, 266–267.
Keller, G.H. (1989): DNA Probes. Stockten Press, New York.
The DIG System User's Guide for Filter Hybridization (1995): Boehringer Mannheim GmbH Biochemica.

1.10 Dephosphorylierung von DNA

Die Dephosphorylierung erfolgt mit alkalischer Phosphatase. Die Inkubationsbedingungen hängen davon ab, ob DNA mit 5'- oder 3'-überstehenden Enden bzw. mit glatten Enden dephosphoryliert werden soll.

Materialien

- TE-Puffer, pH 8,0: 10 mM Tris-HCl, 1 mM EDTA (Abschn. 1.8.1)
- DNA (in TE-Puffer oder nach Restriktionsenzymhydrolyse)
- alkalische Phosphatase
- Phenol (mit TE-Puffer gesättigt)
- Chloroform/Isoamylalkohol (24/1) (v/v)
- 3 M NaOAc, pH 4,8
- Ethanol p.a.
- 70 % (v/v) Ethanol

Durchführung

- In einem 1,5 ml-Reaktionsgefäß maximal 10 pmol DNA und 0,1 U alkalische Phosphatase in 50 µl TE-Puffer wie folgt inkubieren: DNA mit 5'-überstehenden Enden 30 min bei 37 °C, DNA mit 3'-überstehenden oder glatten Ende 15 min bei 37 °C und dann 15 min bei 56 °C
- zur Entfernung des Enzyms je zweimal mit je einem gleichen Volumen Phenol und Chloroform/Isoamylalkohol extrahieren (Abschn. 1.6)
- DNA mit Ethanol präzipitieren und waschen (Abschn. 1.7)
- DNA in einem für den Verwendungszweck geeigneten Puffer aufnehmen, z.B. TE-Puffer, pH 8,0.

Alternative Durchführung

Verschiedene Hersteller bieten das Enzym aus verschiedenen Organismen an. Einige Enzyme können durch eine Inkubation bei 65 °C für 15 min inaktiviert werden. Die dephosphorylierte DNA kann gleich weiterverwendet werden, Phenolextraktion und Präzipitation entfallen. Die Firma MBI Fermentas empfiehlt den Einsatz von 1 U Alkalische Phosphatase pro 1 pmol 5'-Enden bei 37 °C für 30 min direkt im Restriktionsansatz. 1 µg lineare doppelsträngige DNA der Größe 1.000 bp entspricht 1,52 pmol, verfügt somit über 3,04 pmol freie Enden.

1.11 Arbeiten mit *Escherichia coli*

Escherichia coli (*E. coli*) findet breite Verwendung in der Molekularbiologie. Es existiert eine Vielzahl verschiedener Stämme mit unterschiedlichen Genotypen und Phänotypen, die spezifischen Verwendungszwecken dienen (Tab. 1–2). Dank rascher Vermehrung unter einfachen Bedingungen bereitet die Kultivierung dieses Bakteriums dem Anfänger in den seltensten Fällen Probleme. Der Umgang muss aber sehr sorgfältig sein, um Kontaminationen mit anderen *E. coli*-Stämmen zu vermeiden.

Zur Planung eines jeden gentechnischen Experiments, sei es auch scheinbar noch so einfach, gehört die Frage, welcher Stamm für welchen Zweck dienlich ist. An dieser Stelle kann selbstverständlich kein vollständiger Überblick über Bakteriengenetik gegeben werden. Es sollen lediglich einige besonders kritische Punkte angesprochen werden, deren Beachtung einen Großteil möglicher Fehlerquellen schon im Vorfeld eines Experiments ausschalten können.

Tab. 1–2: Wichtige genetische Eigenschaften von *E. coli*

Mutation	Beschreibung	Auswirkung
dam	Defekte Adenin-Methylase	Keine Adeninmethylierung innerhalb der Sequenz GATC
dcm	Defekte Cytosin-Methylase	Keine Cytosinmethylierung innerhalb der Sequenz CC(A/T)GG
endA	Mutierte Endonuklease	Verbessert die Qualität isolierter Plasmid-DNA
F	F-Plasmid	Oft Träger von Genen, z.B. *LacIq*ΔM15
hflA	High frequency of lysogeny. Mutation inaktiviert Protease.	Führt zur Stabilisierung des für den lysogenen Zustand von Lambda-Phagen wichtigen Proteins cII
hsdR, hsdS	Defekte im *Eco*KI-Restriktionssystem	*HsdR*(r_k^-,m_k^+): Restriktion negativ, Methylierung positiv *HsdS20*(r_B^-,m_B^-): Restriktion und Methylierung negativ
laclq	Mutierter Promoter des *lacI* Gens	Überproduktion des lac-Repressors inhibiert lac Promoter
lacZ	Mutation des β-Galaktosidasegens	Verwertung von Lactose nicht möglich, Zellen können X-Gal ebenfalls nicht hydrolysieren
lacZΔM15	Deletion im β-Galaktosidasegen führt zur Bildung eines inaktiven carboxyterminalen Fragment des Enzyms	Kann sich mit ebenfalls inaktivem aminoterminalen Fragment des Enzyms (plasmidcodiert) zusammenlagern und aktives Enzym rekonstituieren (α-Komplementation)
lacZΔU169, ΔX111, ΔX74	Bei allen Mutanten ist gesamtes lac-Operon zusammen mit verschiedenen Anteilen flankierender DNA-Sequenzen deletiert	Verwertung von Lactose nicht möglich, Zellen mit dem Defekt ΔX111 benötigen Prolin im Nährmedium
Lon	Defekte Protease	Lon-defiziente Stämme werden bevorzugt für die Proteinexpression verwendet
mcrA	Mutation in Restriktionssystem (modified cytosine restriction)	Verhindert das Schneiden methylierter DNA der Sequenz GmCGC
mcrB	Mutation in Restriktionssystem (modified cytosine restriction)	Verhindert das Schneiden methylierter DNA der Sequenz AGmCT
Mrr	Mutation in Restriktionssystem	Verhindert das Schneiden methylierter DNA der Sequenz GmAC und CmAG
RecA	Defektes Rekombinationssystem	Es findet keine homologe Rekombination statt, wichtig für das Einschleußen von DNA mit Sequenzwiederholungen
relA	Zellen bilden keinen „stringent factor"	RNA Synthese kann bei blockierter Proteinsynthese stattfinden
rpoH	Fehlender „heatshock" Transcriptionsfaktor	Verhindert die Expression einiger hitzeschock-induzierter Proteasen
rpsL	Mutation des Proteins S12 der 30S ribosomalen Untereinheit	Verleiht Resistenz gegen Streptomycin
sub B, sub C, sub G, sup L, sup M, sub N, sup O	Suppressor Mutationen	Stopp-Codons UAA und UAG führen zum Einbau von Aminosäuren
sub D, sub E, sup F	Suppressor Mutationen	Stopp-Codon UAG führt zum Einbau von Aminosäuren
Tn5	Transposon	Trägt Resistenzgen gegen Kanamycin
Tn10	Transposon	Trägt Resistenzgen gegen Tetracyclin
(80)	Lambdoider Prophage	In manchen Stämmen Träger der *lacZ*ΔM15-Mutation

1.11.1 Kultivierung von *E. coli*

Das Standardmedium für die Kultivierung von *E. coli* ist LB-MEDIUM (*lysogeny broth*). Daneben existieren eine Reihe von Varianten mit gesteigerten Nährstoffkonzentrationen, in denen entsprechend höhere Zelldichten erreicht werden (YT, Super-Medium, Tab. 1–3). Dies kann für präparative Anwendungen wie Plasmidisolierung (Abschn. 3.2) und Proteinexpression (Abschn. 14.2) vorteilhaft sein. Es sollten entsprechend kleinere Volumina an Nährlösung beimpft werden, um die Proteinbiosynthese zu begünstigen. Bei der Verwendung von Antibiotika zur Selektion ist deren spezifische Halbwertszeit zu beachten.

Lösungen müssen nach dem Ansetzen autoklaviert werden. Für das Gießen von Agarplatten werden dem LB-MEDIUM noch $15 \text{ g} \times l^{-1}$ Agar vor dem Autoklavieren hinzugefügt. Für LB-MEDIUM existieren noch eine Reihe von Varianten, welche sich in NaCl-Konzentration und pH-Wert unterscheiden. Oft wird empfohlen, den pH-Wert des Nährmediums vor dem Autoklavieren mit 1 N NaOH auf 7,0 einzustellen. Antibiotika können den Medien nach dem Erkalten oder unmittelbar vor Gebrauch als konzentrierte Lösungen zugegeben werden. Für die Herstellung von LB-Agarplatten muss die Lösung bei der Zugabe des Antibiotikums auf ca. 50–55 °C abgekühlt sein. Alternativ können Antibiotika oder andere Substanzen wie Isopropylthiogalactosid (IPTG) und X-Gal mithilfe eines Drigalski-Spatels vor Gebrauch auf den Platten verteilt werden. Das Volumen der zu verteilenden Lösung darf nicht zu klein sein, was auch beim Beimpfen der Platten beachtet werden muss (100–200 µl pro 90 mm Petrischale).

In aller Regel werden die beimpften Platten über Nacht bei 37 °C inkubiert. Gewünschte Klone werden mithilfe einer Impföse in 3–5 ml frisches Flüssigmedium überführt und unter Schütteln bei 37 °C über Nacht expandiert. Diese Vorkulturen können dann 1:100–1:1.000 in frischem Nährmedium verdünnt und weiter kultiviert werden. Zur Aufbewahrung werden bebrütete Agarplatten mit gängigem Nescofilm oder Parafilm versiegelt. Diese können bei 4 °C einige Wochen gelagert werden. Dauerkulturen erhält man durch Zusatz von 15–50 % (v/v) sterilem Glycerin direkt zu einer frischen Vorkultur. Dadurch bleibt sie bei −70 °C bis −80 °C mehrere Jahre haltbar. Um einen Abstrich von einer Dauerkultur zu machen, ist es nicht notwendig, sogar schädlich, diese aufzutauen. Es ist ausreichend, mit einer Impföse über die Oberfläche der gefrorenen Kultur zu streichen und danach einen Abstrich auf einer LB-Agarplatte (ggf. mit Antibiotikum) zu machen.

Literatur

Süßmuth, R., Eberspächer, J., Haag, R., Springer, W. (1999): Mikrobiologisch-Biochemisches Praktikum. Georg Thieme Verlag, Stuttgart.

Sambrook, J., Fritsch, E.F., Maniatis, T. (1989): Molecular Cloning. A Laboratory Manual. Cold Spring Harbor Laboratory Press.

1.11.2 Antibiotika

Die Konzentrationen der Antibiotika (Tab. 1–4) stellen Richtlinien dar und sind in starkem Maße abhängig von dem zu selektierenden Plasmid. Für Plasmide mit hoher Kopienzahl, wie z.B. die häufig verwendete pUC-Serie, sind höhere Konzentrationen an Antibiotika erforderlich als für Plasmide mit wenigen Kopien pro Zelle (z.B. pBR322).

Die Stammlösungen werden grundsätzlich bei −20 °C aufbewahrt. Insbesondere Ampicillin ist gegenüber wiederholtem Einfrieren und Auftauen sehr empfindlich, was durch Verwendung von $50 \text{ mg} \times ml^{-1}$ Ampicillin in 50 % (v/v) Ethanol oder das stabilere Derivat Carbenicillin vermieden werden kann. Bei Plattenkulturen fallen alte und unbrauchbare Chargen von Ampicillin dadurch auf, dass winzige „Satelliten" in der Umgebung der Bakterienklone wachsen.

Tab. 1–3: Zusammensetzung der gebräuchlichsten Nährmedien für *E. coli*

	LB	2 X YT	Super-Medium
Hefeextrakt	$5\,g \times l^{-1}$	$10\,g \times l^{-1}$	$15\,g \times l^{-1}$
Trypton/Pepton aus Casein	$10\,g \times l^{-1}$	$16\,g \times l^{-1}$	$25\,g \times l^{-1}$
NaCl	$5\,g \times l^{-1}$	$5\,g \times l^{-1}$	$5\,g \times l^{-1}$

Tab. 1–4: Wichtige Antibiotika zur Selektion von *E. coli*

Antibotikum	Wirkungsweise	Stammlösung	Eingesetzte Konzentration
Ampicillin	blockiert die Zellwandsynthese	$50\,mg \times ml^{-1}$ in H_2O	50–$100\,\mu g \times ml^{-1}$
Carbenicillin	blockiert die Zellwandsynthese	$50\,mg \times ml^{-1}$ in H_2O	50–$100\,\mu g \times ml^{-1}$
Chloramphenicol	inhibiert die Proteinbiosynthese	$34\,mg \times ml^{-1}$ in Ethanol	25–$170\,\mu g \times ml^{-1}$
Kanamycin	inhibiert die Proteinbiosynthese	$50\,mg \times ml^{-1}$ in H_2O	10–$50\,\mu g \times ml^{-1}$
Streptomycin	inhibiert die Proteinbiosynthese	$50\,mg \times ml^{-1}$ in H_2O	10–$50\,\mu g \times ml^{-1}$
Tetracyclin	inhibiert die Proteinbiosynthese	$5\,mg \times ml^{-1}$ in Ethanol	10–$50\,\mu g \times ml^{-1}$

Literatur

Sambrook, J., Fritsch, E.F., Maniatis, T. (1989): Molecular Cloning. A Laboratory Manual. Cold Spring Harbor Laboratory Press.

1.11.2.1 Genetische Marker

Konventionsgemäß beziehen sich die Beschreibungen des Genotyps von *E. coli*-Stämmen auf defekte Gene. Für nicht aufgeführte Gene sind bei dem betreffenden Stamm keine Mutationen bekannt.

In der Tab. 1–4 finden sich exemplarisch einige besonders wichtige Gene von *E. coli*. Gene werden durch klein geschriebene Kürzel aus drei Buchstaben symbolisiert, Deletionen durch ein vorangestelltes Δ. Diese beobachtbaren Merkmale werden ihrerseits als Phänotyp bezeichnet. So steht beispielsweise das Symbol *proAB* für Mutationen im Stoffwechsel der Aminosäure Prolin, was zur Folge hat, dass der betreffende Bakterienstamm auf das Vorhandensein von Prolin im Nährmedium angewiesen ist.

Literatur

Mary K.B. Berlyn (1998): Linkage Map of *Escherichia coli* K-12, Edition 10: The Traditional Map. Mikrobiology and Molecular Biology Reviews, 62, 814–984.
Ausführliche Informationen und Verweise bietet das „*E. coli* Genetic Stock Center" (CGSC) der Yale-Universität im Internet unter: http://cgsc.biology.yale.edu/

1.11.2.2 Restriktions-Modifikationssysteme von *E. coli*

Fast alle gebräuchlichen Laborstämme von *E. coli* sind Abkömmlinge der Wildtyp-Isolate *E. coli* K12 oder *E. coli* B, denen die ursprünglichen Typ II Restriktionssysteme wie EcoRI fehlen. Die Stämme sind jedoch abhängig vom betreffenden Genotyp durchaus in der Lage, eingeschleuste DNA zu modifizieren und sogar zu zerstören. Um solchen unliebsamen Überraschungen vorzubeugen, werden im Folgenden die beiden wichtigen Systeme *dam-* und *dcm*-Methylasen beschrieben.

Durch die *dam*-Methylierungsaktivität (DNA-Adenin-Methylase) wird Adenin in der Sequenz GATC zu 6-Methyladenin methyliert. Die *dcm*-Methylase (DNA-Cytosin-Methylase) modifiziert das innere Cytosin in der Sequenz CC(A/T)GG zu 5-Methylcytosin. Diese Sequenzen sind in den Schnittstellen einer Vielzahl von Restriktionsendonucleasen enthalten. Das kann dazu führen, dass DNA, die in *dam*⁺/*dcm*⁺-Bakterien vermehrt wurde, sich infolge der Methylierung nicht mehr schneiden lässt. Beispielsweise kann durch eine *dam*-Methylierung die Sequenz GATC nicht mehr mit Mbo I geschnitten werden, wohl aber durch das Isoschizomer Sau 3AI, da dieses Enzym unabhängig vom Methylierungsmuster schneidet.

Die Mehrheit aller Laborstämme von *E. coli* tragen beide Gene. Die eingeschleusten DNA-Moleküle werden jedoch nicht alle in gleichem Ausmaß methyliert. In Fällen, in denen *dam/dcm*-Methylierungen ein Problem darstellen und kein methylierungsunempfindliches Isoschizomer existiert, kann auf *dam*⁻/*dcm*⁻-Doppelmutanten zurückgegriffen werden (z.B ER2 738, New England BioLabs). Es sollte jedoch vermieden werden, DNA aus *dam*⁺/*dcm*⁺-Stämmen in *dam*⁻/*dcm*⁻-Stämme einzuschleusen, da dies zu stark reduzierten Transformationseffizienzen führt, hervorgerufen durch Replikationsstopp bzw. Abbau der modifizierten DNA.

Informationen über *dcm-* und *dam*-defiziente Stämme findet man bei „The *E. coli* Index" http://ecoli. bham.ac.uk. Die Firma New England BioLabs unterhält eine Datenbank über Restriktionsenzyme, die auch die Methylierungssensitivität der Erkennungssequenzen beinhaltet http://rebase.neb.com/rebase/rebase.html.

Außer den wohlbekannten und in der Molekularbiologie vielverwendeten Typ-II-Restriktionssystemen verfügt *E. coli* noch über weitere Restriktions-Modifikationssysteme. Sie können abhängig von Sequenz und Herkunft der eingeschleusten Fremd-DNA zu deren Zerstörung führen.

Das *Eco*KI-Restriktionssystem wird codiert durch die *hsRMS* Gene und hydrolysiert DNA, die innerhalb der Erkennungssequenzen ACC(N6)GTGC und GCA(N6) nicht durch Adeninmethylierung geschützt ist. McrA, McrBC (*modified cytosine restriction*) und Mrr (*methylated adenine recognition and restriction*) schneiden DNA nur, wenn sie innerhalb spezifischer Sequenzen methyliert ist. McrA und McrB erkennen dabei Methylcytosine in der Sequenz CpG, welche oft in regulatorisch wichtigen Sequenzabschnitten von Säugern und Pflanzen vorkommen. Das Klonieren genomischer DNA aus solchen Organismen sollte also in *E. coli*-Stämme erfolgen, die Defekte in den Mcr- und Mrr-Genen aufweisen.

1.11.2.3 Der Gebrauch des genetischen Codes

Es existieren 64 verschiedene Codons, von denen drei als Terminationssignale der Proteinbiosynthese dienen (UAA, UAG, UGA) und 61 für die Codierung von 20 Aminosäuren verwendet werden. Methionin und Tryptophan besitzen jeweils nur ein einziges Codon, das andere Extrem bilden Arginin, Leucin und Serin, denen jeweils sechs Codons (synonyme Codons) zur Verfügung stehen. Die Verwendung dieser synonymen Codons erfolgt nun nicht rein statistisch, sondern es zeigen sich speziesspezifische Unterschiede im Gebrauch der Codons (*codon usage*). Für Codons, die selten benutzt werden, verfügt der entsprechende Organismus über geringe Mengen an tRNAs, was unweigerlich zu Engpässen bei der Proteinbiosynthese führen muss. Bei der Expression eines für die betreffende Spezies fremden Proteins ist die Übereinstimmung des Codongebrauchs beider Spezies wichtig. Die seltensten Codons in *E. coli* sind AGA/AGG (Arginin), AUA (Isoleucin), CUA (Leucin) und CCC (Prolin). Die Expression eines Proteins, beispielsweise aus Maus oder Mensch, kann bei Vorhandensein vieler dieser für *E. coli* seltenen Codons unmöglich werden. Als klassischer Ausweg dient die mühsame Mutation der betreffenden Codons in ein häufiger benutztes Synonym oder die Verwendung einer anderen Spezies. Dies ist nicht immer erwünscht, insbesondere wenn es um die Untersuchung posttranslationaler Modifikationen geht. Neuerdings sind Stämme von *E. coli* erhältlich, die Plasmide tragen, welche über zusätzliche Gene für seltene tRNAs verfügen (BL21-CodonPlus der Firma Stratagene). Deren Verwendung stellt eine wertvolle Alternative zu den oben angesprochenen Möglichkeiten dar. Eine Übersicht über den Codongebrauch verschiedener Spezies bietet die *codon usage database* (www.kazusa.or.jp/codon).

1.11.2.4 Keimzahlbestimmungen

Keimzahlen von *E. coli* können durch Ausstreichen entsprechender Verdünnungen der Bakteriensuspension auf Agarplatten vorgenommen werden. Die Auszählung der gewachsenen Kolonien unter Berücksichtigung des Verdünnungsfaktors (Spatelplattenverfahren) ergibt die ursprüngliche Bakterienkonzentration. Alternativ kann ein definiertes Volumen einer verdünnten keimhaltigen Lösung mit noch flüssigem LB-Agar (50 °C) vermischt und in Petrischalen gegossen werden (Kochsches Plattengussverfahren).

Eine photometrische Abschätzung von Keimzahlen kann mithilfe einer Trübungsmessung vorgenommen werden. Hierbei misst man die durch Lichtstreuung hervorgerufene scheinbare Extinktion einer keimhaltigen Lösung bei 600 nm gegen steriles Nährmedium als Referenz. Für *E. coli* gilt als grobe Näherung:

$1\ E_{600} \sim 8 \times 10^8$ Zellen $\times$ ml^{-1}.

Für *Pichia pastoris* gilt entsprechend (Kap. 15):

$1\ E_{600} \sim 5 \times 10^7$ Zellen $\times$ ml^{-1}.

Trübungsmessungen verlaufen nur bis zu einer E_{600} von maximal 0,3–0,4 linear mit der Keimzahl. Grund hierfür ist die Tatsache, dass Licht, das an einer Zelle gestreut wurde, bei hohen Keimzahlen erneut an einer anderen Zelle zurück in den Lichtweg des Photometers gestreut werden kann. Unter solchen Bedingungen werden zu niedrige Extinktionen gemessen. Es ist ebenfalls erwähnenswert, dass Spatelplattenverfahren und Kochsches Plattengussverfahren nur lebende Zellen erfassen, da nur diese zu einem Klon heranwachsen können. Die Trübungsmessungen erfassen naturgemäß auch tote Zellen. Bei frischen Kulturen ist dieser Unterschied vernachlässigbar. Für Experimente, bei denen mit definierten Zellzahlen gearbeitet werden muss, empfiehlt es sich dennoch, vorab Trübungsmessung und Lebendkeimzahlbestimmung durchzuführen und miteinander in Beziehung zu setzen.

Literatur

Bast, E. (2001): Mikrobiologische Methoden. 2. Aufl. Spektrum Akademischer Verlag, Heidelberg.
Süßmuth, R., Eberspächer, J., Haag, R., Springer, W. (1999): Mikrobiologisch-Biochemisches Praktikum. Georg Thieme Verlag, Stuttgart.

1.12 Proteinisolierung

Nur nach guter Reinigung von Proteinen können diese untersucht, ihre Wechselwirkungen charakterisiert und enzymatische Mechanismen aufgeklärt werden. Wissenschaftlich abgeleitete Hypothesen lassen sich nur mit ausreichend sauber gereinigtem Protein erstellen. Fragen nach der dreidimensionalen Struktur des Proteins, nach der Kinetik der Wechselwirkungen mit Liganden, nach möglichen Bindungspartnern oder der Herstellung von Antikörpern sind ohne sauberes Protein gar nicht zu beantworten.

Auch wenn sich durch die Möglichkeiten der Biotechnologie einige Verfahren zur Expression und Reinigung von Proteinen stark verbessert haben, so ist der Erfolg der Reinigung immer noch vom Protein selbst abhängig. Die Variationsmöglichkeiten der Proteineigenschaften in ihrer Löslichkeit, Größe, Raumstruktur oder posttranslationaler Modifikationen machen die Reinigung von Proteinen in bestimmter

Weise immer noch einzigartig. Wichtig für eine erfolgreiche Reinigung ist eine möglichst weitgehende Sammlung von Information über das Protein. Hier helfen die im Kapitel „Bioinformatik" (Kap. 20) angegebenen Datenbanken.

Sequenzdaten geben Aufschluss über den theoretischen isoelektrischen Punkt, mögliche posttranslationale Modifikationen, eventuelle Liganden oder potenzielle Funktionen. Alle diese Daten können sich direkt auf die Reinigung auswirken: Liganden stabilisieren Proteine während der Reinigung und posttranslationale Modifikationen ermöglichen die Reinigung durch Affinitätsmaterialien.

Durch ihre Aminosäurenzusammensetzung besitzen Proteine basische oder saure Eigenschaften. Die Nettoladung der Proteine hängt vom pH-Wert der umgebenden Lösung ab. Sie ist bei niedrigem pH-Wert positiv und bei hohem pH-Wert negativ und zeigt am isoelektrischen Punkt die Nettoladung Null. Der isoelektrische Punkt ist entscheidend für die Trennung über die Ionenaustauschchromatographie.

Grundsätzlich werden bei der Isolierung von Proteinen Reinigungsmethoden geschickt kombiniert, um ein bestimmtes Protein in homogener Form zu erhalten. Die Wiederholung gleicher Trennprinzipien führt nur selten zum Erfolg. Einen grundlegenden Überblick der Vorgehensweise bei der Proteinreinigung gibt Abb. 1–4.

Literatur

Coligan J., Dunn B.M., Ploegh H.L., Speicher D.W., Wingfield P.T. (Hrsg.) (1995): Current Protocols in Protein Science Volume 1. John Wiley & Sons, New York, Kap. 6, 8, 9.
Deutscher M.S. (1990): Principles in Protein Purification. Methods Enzymol. 182.
Scopes, R.K. (1987): Protein Purification, Principles and Practice. 2nd ed. Springer Verlag, New York.

1.12.1 Chromatographische Verfahren

In den meisten beschriebenen Proteinreinigungen stehen die chromatographischen Verfahren im Vordergrund, dabei wird der Säulenchromatographie oft der Vorzug gegeben. Sie bietet gegenüber der so genannten *batch*-Adsorption durch die höhere Bodenzahl (theoretische Größe) eine verbesserte Auflösung. Der Gebrauch geschlossener Säulensysteme liefert endotoxin- und pyrogenfreies Protein, das in der Zellkultur eingesetzt werden kann. Mit modernen FPLC-Anlagen (*fast protein liquid chromatography*) lassen sich wichtige analytische Messgrößen wie pH-Wert, Temperatur, Säulendruck, Absorption bei verschiedenen Wellenlängen (220, 260, 280 nm), Leitfähigkeit und technischer Gradient aufzeichnen. Dadurch wird die Analytik der Trennung vollständiger und die Reproduzierbarkeit verbessert. Es existieren bereits viele fertig gepackte und getestete Säulen für alle hier angeführten Arten der Proteintrennung. Ebenso gibt es für die Zusammenstellung eigener Affinitätsmaterialien Ausgangssubstanzen, die eine sehr einfache chemische Kopplung der Bindungspartner an eine Gelmatrix zulassen.

Prinzipiell lässt sich aber eine Proteinauftrennung über eine Säulenchromatographie auch ohne moderne Ausstattung durchführen. Im Grunde benötigt man dafür eine Säule mit dem für die Proteinaufreinigung notwendigen Material. Eine Pumpe sorgt für den konstanten Fluss des Puffers über die Säule und übernimmt den Auftrag der Proteinprobe. Falls durch einen Gradienten (z.B. Änderung der Ionenstärke oder des pH-Wertes) das Protein wieder eluiert wird, muss noch ein System für die Mischung des Gradienten vorgeschaltet werden.

Am Ausgang der Säule wird das eluierte Protein durch die Messung der Absorption bei 280 nm detektiert. Zur Unterscheidung der Proteine wird die starke Absorption der aromatischen Seitenketten bei 280 nm ausgenutzt (Abschn. 1.1.1). Es kann aber auch bei 220 nm gemessen werden, hier absorbiert die Peptidbindung. Daher sind beide Wellenlängen zur Detektion von Proteinen in Lösung abhängig von den einzelnen Proteinen und von der Zusammensetzung der Lösung. Auch sollte man nicht übersehen, dass manche Pufferlösungen und andere verunreinigende Moleküle, z.B. Nucleinsäuren oder tRNA, ein Signal bei 280 nm bzw. 220 nm erzeugen können.

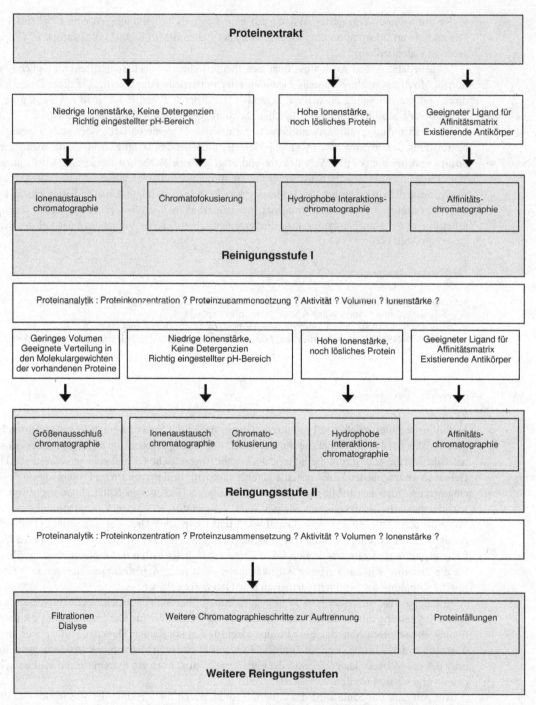

Abb. 1–4: Entscheidungshilfen und schematisierter Ablauf einer Proteinreinigung. Die Aufstellung hilft bei der Planung der Proteinreinigung durch die verschiedenen Reinigungsstufen. Vor Beginn der Arbeiten ist es wichtig, Infomationen über das Protein zu sammeln: Molekulargewicht, isoelektrischer Punkt, posttranslationale Modifikationen, Kenntnisse über die Stabilität, Aktivitätstests, mögliche Bindungspartner, eventuelle Verunreinigungen, mögliche Abbauprodukte. Datenbanken sind hier extrem hilfreich (Kap. 20). Diese Informationen entscheiden im Wesentlichen über die Strategie bei der Reinigung. Eine Reinigung kann über etliche Stufen erfolgen und es ist wichtig, in jeder Stufe das physikochemische Trennprinzip zu ändern.

Das von der Säule gelöste Protein wird in Fraktionen gesammelt und die einzelnen Fraktionen auf den Gehalt an Protein und evtl. auf seine Aktivität hin untersucht. Mit diesen Informationen kann man den Proteingehalt jeder einzelnen Fraktion angeben, die ein Entscheidungskriterium für die erzielte Reinheit bzw. Anreicherung durch diesen Reinigungsschritt ist.

Generell sollte man die Fraktionsgröße so wählen, dass die erzielte Auflösung der Säule nicht durch zu große Fraktionen erniedrigt wird. Der Weg der Proteinlösung nach der Säulentrennung bis zur Detektion und anschließenden Fraktionierung sollte so kurz wie möglich sein, um eine unnötige Vermischung des Produkts zu minimieren. Ansonsten kann dies die auf der Säule erreichte Auflösung wieder deutlich erniedrigen.

1.12.1.1 Ionenaustauschchromatographie

Die Ionenaustauschchromatographie ist die am häufigsten gebrauchte Technik für die Reinigung von Proteinen und Peptiden. Sie ist gut auflösend, birgt eine hohe Kapazität, ist einfach anwendbar und gut reproduzierbar.

Bei der Ionenaustauschchromatographie binden Proteine aufgrund elektrostatischer Wechselwirkungen mit entgegengesetzt geladenen Gruppen des Ionenaustauschers an das Säulenmaterial. Trägt das Säulenmaterial positiv geladene Gruppen, spricht man vom Anionenaustauscher, umgekehrt bei negativ geladenen Gruppen vom Kationenaustauscher. Ausmaß und Stärke der Bindung eines Proteins sind abhängig von der Ladungsdichte des Trennmaterials, dem pH-Wert und der Ionenstärke des Puffers sowie dem isoelektrischen Punkt des Proteins. Je nach pH-Wert ist ein Protein positiv oder negativ geladen. Sinkt der pH-Wert, werden Proteine immer stärker protoniert und ihre positive Ladung steigt. Steigt hingegen der pH-Wert an, so nimmt die negative Ladung der Proteine zu. Am isoelektrischen Punkt besitzt ein Protein die Nettoladung Null, hier gleichen sich positive und negative Ladungen aus. In einem elektrischen Feld würde ein solches Protein dann nicht mehr wandern. Proteine zeigen am isoelektrischen Punkt oft ihre geringste Löslichkeit. Dies bedeutet aber nicht, dass Proteine nicht an einen Ionenaustauscher binden, denn bereits eine Ansammlung geladener Seitenketten der Aminosäuren kann für eine Bindung an den Ionenaustauscher ausreichen.

Die an die Ionenaustauschmaterialien gebundenen Proteine können durch eine Änderung im pH-Wert eluiert werden. Damit werden die Nettoladungen der Proteine und die Ladung der Ionenaustauscher verändert, bis die elektrostatischen Wechselwirkungen aufgehoben sind und das Protein vom Ionenaustauscher dissoziiert. Bei einem Ionengradienten werden die gebundenen Proteine durch die immer höher werdende Konzentration von Ionen im Puffer vom Ionenaustauschmaterial verdrängt. Ein positiver Begleiteffekt ist die Konzentrierung der Proteine während der Elution durch einen Gradienten.

Auch die Chromatofokusierung ist eine Form der Ionenaustauschchromatographie. Hier werden die Proteine an ein Trennmaterial mit verschiedenen positiv geladenen Funktionen gebunden. Das gebundene Protein wird über einen polyanionischen Puffer wieder von der Säule gelöst. In der Lösung bildet sich an der Säule ein pH-Gradient und Proteine eluieren von der Säule, wenn der pH-Wert ihrem isoelektrischen Punkt entspricht.

Bei der Ionenaustauschchromatographie kann das Probenvolumen ein Vielfaches des Säulenvolumens betragen, ohne einen Einfluss auf die Auflösung in der Chromatographie zu haben. Die Reinigungsfaktoren können erheblich über denen der Gelpermeationschromatographie (Abschn. 1.12.1.2) liegen. Der Reinigungsfaktor ist in der Proteinreinigung definiert als Quotient aus dem Gehalt an spezifischem Protein vor und nach der Trennung über einen Reinigungsschritt. Die spezifische Menge eines Proteins ist die Menge des zu reinigenden Proteins (ermittelt durch einen Aktivitäts- oder einen proteinspezifischen Bindungstest) bezogen auf die gesamte Proteinmenge. Für die Ionenaustauschchromatographie – wie für alle Arten der Proteinreinigung – sollte bekannt sein, bei welchen pH-Werten und Pufferbedingungen das zu reinigende Protein stabil ist. Die Probe wird dann auf die Säule, die mit einem Puffer niederer Ionenstärke äquilibriert ist, aufgetragen. Danach wird durch einen Gradientenmischer die Ionenstärke im Puffer erhöht und das Protein eluiert.

Mit den modernen Trennmaterialien sind Fließgeschwindigkeiten von 150–300 cm × h^{-1} möglich, ohne einen negativen Einfluss auf die Auflösung zu haben. Mit einigen Trennmaterialien kann man mit Fließgeschwindigkeiten bis zu 800 cm × h^{-1} arbeiten, hier ist nur die Leistung der Pumpe im Labormaßstab limitierend. In der Regel haben Ionenaustauschmaterialien sehr hohe Kapazitäten in der Proteinbindung. Sie reichen bis zu 50–100 mg Protein pro ml Austauschmaterial.

Materialien

- Säule, die an die Proteinmenge mit dem ausgewählten Trennmedium angepasst ist
- Pufferlösungen, abhängig vom Protein, über 0,2 µm-Filterporen filtriert und entgast
- eventuell Vorrichtung zur Erzeugung eines Gradienten (besser ist eine komplette Chromatographieanlage)
- Pumpe
- UV-Detektor
- Fraktionensammler
- 1–3 M NaCl
- 1 M NaOH
- 0,02 % (w/v) Natriumazidlösung oder 20 % (v/v) Ethanol

Durchführung

- Die Auswahl des Ionenaustauschmaterials richtet sich in erster Linie nach den spezifischen Anforderungen in der Applikation, den isoelektrischen Punkten der gelösten Proteine und ihren Molekulargewichten. Proteine mit Molekülmassen über 10^6 Da binden meist schlecht an Ionenaustauscher und eluieren bereits im Ausschlussvolumen der Säule. Zur Auswahl des Ionentauschers kann in einem Pilotexperiment die Bindung der Proteine in Abhängigkeit des pH-Wertes und der Ionenstärke untersucht werden. Hierzu werden geringe Mengen der Proteinlösung bei verschiedenen pH-Werten und Ionenstärken an die Ionenaustauschmaterialien gebunden. Anschließend werden die Überstände und die eluierten Proteinproben auf ihre Proteinkonzentration und die Aktivität des Proteins getestet. Eine hohe Auflösung in der Trennung kann in der Regel mit den starken Austauschergruppen der Q- und S-Typen erreicht werden (Tab. 1–5). Trennmedien mit kleiner Partikelgröße erhöhen die Effizienz in der Trennung, bauen aber einen hohen Gegendruck auf und sind deshalb zur Auftrennung von Zellaufschlüssen weniger geeignet. Restliche Zellpartikel oder Zelldebris können leicht zu Präzipitationen führen und die Säule verstopfen. Für solche Proteinlösungen sind Trennmedien mit größeren Partikeldimensionen besser geeignet.
- Die Größe der Säule richtet sich nach der erforderlichen Trennleistung und der Proteinmenge. Die Ionenaustauschchromatographie wird in der Regel mit kurzen Säulen und großem Durchmesser durchgeführt. Eine Säulenlänge, die dem vier- bis fünffachen des Säulendurchmessers entspricht, ist für viele Anwendungen ausreichend. Längere Säulen können für sehr komplexe Proteinmischungen notwendig werden.
- Das Volumen der Säule bzw. des Trennmediums richtet sich nach der Proteinmenge. Erfahrungsgemäß zeigen Ionenaustauscher bei einer Beladung von 10–20 % ihrer maximalen Proteinbindung das beste Trennverhalten. Bei höherer Beladung kann sich die Auflösung verschlechtern.
- Die Fließgeschwindigkeiten für die Säule richten sich nach den Angaben der Hersteller für das verwendete Trennmaterial. Hier können lineare Fließgeschwindigkeiten von 150 cm × h^{-1} (150 ml × h^{-1} × cm^{-2}) und mehr für eine Trennung eingestellt werden. Für einige der angeführten Materialien sind die Fließgeschwindigkeiten deutlich höher, was man aus den Angaben der Hersteller entnehmen kann.
- Vor einer Trennung wird das Säulenmaterial nach den Herstellerangaben vorbereitet. Falls die Säule selber gegossen wird, ist darauf zu achten, sie in einem Vorgang zu gießen. Wie bei allen anderen Arten der Chromatographie ist die Qualität des gegossenen Gelbetts entscheidend für eine vernünftige und reproduzierbare Trennung der Proteine. Die Fließgeschwindigkeit, mit der die Säule gepackt wird, ist auch die maximale Fließgeschwindigkeit während der Probenbeladung und der Trennung. Höhere

Fließgeschwindigkeiten führen zur Komprimierung des Materials. Die Säule wird dann montiert und an die Chromatographieanlage angeschlossen.

- Die Säule mit dem drei- bis fünffachen des Säulenvolumens mit Startpuffer niederer Ionenstärke äquilibrieren.
- Die Proteinlösung vorsichtig auf die Oberfläche des Säulenmaterials auftragen. Moderne Chromatographieanlagen führen diese Schritte automatisch und reproduzierbar durch. Eine Filtration

Tab. 1–5: Auswahl von Säulenmaterial für die Ionenaustauschchromatographie

Säulenmaterial	Funktionelle Gruppen	Eigenschaft	Durchschnittliche Partikelgröße [µm]
Anionenaustauscher			
MonoQ	Quarternary ammonium $-CH_2N^+(CH_3)_3$	starker Austauscher	10
Q Sepharose High Performance	Quarternary ammonium $-CH_2N^+(CH_3)_3$	starker Austauscher	34
Q Sepharose FF	Quarternary ammonium $-CH_2N^+(CH_3)_3$	starker Austauscher	90
Streamline DEAE	Dethylaminoethyl $-OCH_2CH_2N^+(C_2H_5)_2$ $CH_2CH(OH)CH_3$	schwacher Austauscher	200
Macro Prep high Q	Quarternary ammonium $-CH_2N^+(CH_3)_3$	starker Austauscher	10, 50
Toyopearl QAE-550C	Diethy-(2-hydroxy-Propyl)aminoethyl	starker Austauscher	100
Toyopearl Super Q-650C	Quarternary ammonium $-CH_2N^+(CH_3)_3$	starker Austauscher	100
Toyopearl Super Q 650M	Quarternary ammonium $-CH_2N^+(CH_3)_3$	starker Austauscher	65
Toyopearl Super Q-650S	Quarternary ammonium $-CH_2N^+(CH_3)_3$	starker Austauscher	35
Protein-Pak Q HR	Quarternary ammonium $-CH_2N^+(CH_3)_3$	starker Austauscher	8, 15, 40
Q-Hyper D	Quarternary ammonium $-CH_2N^+(CH_3)_3$	starker Austauscher	10, 20, 35, 60
EMD Fractogel DEAE	Dethylaminoethyl $-OCH_2CH_2N^+(C_2H_5)_2$ $CH_2CH(OH)CH_3$	schwacher Austauscher	40–90
EMD Fractogel TMAE	Triethylammonium	starker Austauscher	40–90
Kationenaustauscher			
MonoS	Methylsulphonat $-CH_2SO_3^-$	starker Austauscher	10
SP Sepharose High Performance	Sulphopropyl $-CH_2CH_2CH_2SO_3^-$	starker Austauscher	34
SP Sepharose FF	Sulphopropyl	starker Austauscher	90
SP Sepharose Big Beads	Sulphopropyl	starker Austauscher	200
Streamline SP	Sulphopropyl	starker Austauscher	200
Macro Prep high S	Sulphopropyl	starker Austauscher	10, 50
Toyopearl SP-550C	Sulphopropyl	starker Austauscher	100
Toyopearl Super SP-650C	Sulphopropyl	starker Austauscher	100
Toyopearl Super SP-650M	Sulphopropyl	starker Austauscher	65
Toyopearl Super SP-650S	Sulphopropyl	starker Austauscher	35
Protein-Pak SP HR	Sulphopropyl	starker Austauscher	8, 15, 40
S-Hyper D	Sulphopropyl	starker Austauscher	10, 20, 35, 60
EMD Fractogel SO3 M	Sulphopropyl	starker Austauscher	40–90
EMD Fractogel CM	Carboxymethyl $-OCH_2COO^-$	schwacher Austauscher	40–90

(0,2 oder 0,45 µm Poren) oder eine Zentrifugation vor dem Auftragen kann Molekülaggregate oder größere Partikel aus der Lösung entfernen und somit Probleme beim Beladen der Säule verhindern.

- Alle Schritte der Chromatographie bei der gleichen Fließgeschwindigkeit durchführen.
- Nach dem Auftrag der Proteinprobe mit dem Startpuffer die Säule so lange spülen, bis die gemessene Absorption am UV-Detektor wieder auf den Ausgangswert zurückgeht und stabil bleibt.
- Die gebundenen Proteine von der Säule eluieren; dazu allmählich und kontinuierlich die Ionenstärke oder den pH-Wert ändern. Das Gradientenvolumen sollte mindestens dem fünffachen des Säulenbett-volumens entsprechen. Man kann zur Trennung einen linearen Salzgradienten nehmen, der sich leicht über einen Gradientenmischer herstellen lässt.
- Mit UV-Detektor die eluierten Proteine detektieren und im Fraktionensammler fraktionieren; eine vernünftige Fraktionsgröße ist 1/100 des Gradientenvolumens.
- Nach Abschluss des Gradienten die Säule zur Regenerierung noch mit einem Säulenvolumen 1–3 M NaCl und 1 M NaOH spülen und in 0,02 % (w/v) Natriumazidlösung oder 20 % Ethanollösung lagern.

Trouble Shooting

Eine schlechte Auflösung in der Ionenaustauschchromatographie kann mehrere Gründe haben.

- Ein zu flacher Gradient führt zu einer unscharfen Elution der Proteine und einer Verbreiterung der Peaks. Ein steiler Gradient oder ein Plateau im Gradient schaffen hier Abhilfe.
- Die schlechte Auflösung kann auch auf ein zu großes Probenvolumen mit während des Experiments stark schwankenden Pufferbedingungen zurückzuführen sein.
- Auch eine zu hohe Viskosität der Probe könnte der Grund für eine schlechte Auflösung sein. Hier hilft meist Verdünnen bzw. Erniedrigen der Proteinkonzentration in der Probe.
- Wie bei allen anderen Methoden in der Proteinreinigung ist es notwendig, die Säulen sauber zu halten. Mikrobielles Wachstum, präzipitiertes Protein oder Lipide können die Auflösung ebenfalls herabsetzen. Die mit dem Trennmaterial angegebenen Methoden zur Reinigung und Regeneration der Säule sollten durchgeführt und eingehalten werden. Aggregiertes Protein sollte durch Zentrifugation oder Filtration entfernt werden. Die Packung kann durch einen Lauf mit Aceton überprüft werden. Bei einer gut gepackten Säule sollte sich der Peak nicht verformen und die Peakbreite während des Laufs etwas zunehmen.
- Falls die Packung der Säule schlecht ist hilft nur, sie neu zu packen und darauf achten, dass in einem Arbeitsgang gepackt wird und keine Temperaturänderungen auftreten.
- Ein Verstopfen der Säule ist oft auf Lipoproteine oder Proteinaggregate zurückzuführen; hier hilft eventuell eine Filtration oder eine Präzipitation mit 10 % Dextransulfat oder 3 % Polyvinylpyrrolidon (Abschn. 1.7.1, Fällung geringer Konzentrationen an Nucleinsäuren mit *Carrier*, siehe Angaben des Herstellers).
- Proteine können auf der Säule auch durch das Entfernen von stabilisierenden Agenzien während der Chromatographie präzipitieren; hier kann man den eluierenden Puffer zur Stabilisierung des Proteins verändern, z.B. durch Veränderung des pH-Wertes.

1.12.1.2 Gelpermeationschromatographie

Die Gelpermeations- oder Größenausschlusschromatographie trennt gelöste Proteine nach ihrem Stokes-Radius. Dieser verhält sich bei globulären Proteinen proportional zum Molekulargewicht. Das Trennmedium besteht aus quervernetzten, hydrophilen Makromolekülen, wie z.B. Dextran, Agarose oder Acrylderivate. Die Poren des Trennmediums sind zu klein für hochmolekulare Proteine, die deshalb nicht in die Matrix eindringen können und in der Pufferlösung außerhalb der Matrix bleiben. Kleine Moleküle hingegen, die in das Gel diffundieren können, werden erst später von der Säule eluiert. Die erhältlichen Trennmedien sind auf bestimmte Molekulargewichtsbereiche zugeschnitten (Tab. 1–6). Damit lässt sich durch die Wahl des Trennmediums die Gelpermeationschromatographie in einem gewissen Umfang an das Reinigungsproblem anpassen.

Tab. 1–6: Beispiele für Säulenmaterialen für die Gelpermeationchromatographie

Säulenmaterial	Trennbereich (Molekularmasse)
Toyopearl HW40 S	100–10 000
Superdex 30 prep grade	200–10 000
Toyopearl HW 50SI	400–80 000
Sephacryl S100HR	1000–100 000
Toyopearl HW55S	1000–700 000
Superdex 75	3000–70 000
Sephacryl S-200 HR	5000–250 000
Superose 6	5000–5 000 000
Fractogel EMD BioSEC	5000–1 000 000
Superdex 200	10 000–600 000
Sephahacryl S-300 HR	10 000–1 500 000
Sephahacryl S-400 HR	20 000–8 000 000
Sephahacryl S-500 HR	20 000–30 000 000
Toyoperl HW65 S	50 000–5 000 000
Toyopearl 75 S	500 000–50 000 000

Ein großer Vorteil der Gelpermeationschromatographie liegt in ihrem Einsatz zum schnellen und effektiven Pufferwechsel von Proteinlösungen. In diesem Fall kann man das Auftragsvolumen der Proteinlösung bis zu einem Drittel des Säulenvolumens erhöhen und die Säule auch unter einem höheren Fluss betreiben, was zeitaufwändige Dialysen erspart.

Nachteilig sind die niedrigen Fließgeschwindigkeiten und die begrenzte Auftragsmenge von Protein auf die Säule. Die meist schlechte Auflösung resultiert in oft niedrigen Reinigungsfaktoren von etwa drei bis sechs. Das Probenvolumen ist begrenzt und sollte für eine vernünftige Trennung 3 % des Säulenvolumens nicht überschreiten. Diese Art der Chromatographie verdünnt die Probe um mindestens einen Faktor 3. Die Gelpermeationschromatographie hat in der Proteinreinigung keinen hohen Stellenwert.

Materialien
- Säule, die an die Proteinmenge mit dem ausgewählten Trennmedium angepasst ist
- Pufferlösungen, abhängig vom Protein, über 0,2 µm-Filterporen filtriert und entgast
- Pumpe
- UV-Detektor
- Fraktionensammler
- 1 M NaOH
- 0,02 % (w/v) Natriumazidlösung oder 20 % (v/v) Ethanol

Durchführung
- Die Größe der Säule richtet sich nach der erforderlichen Trennleistung und der Proteinmenge bzw. dem Auftragsvolumen. Das Volumen der Säule sollte im 30–100-fachen des Volumens der Proteinlösung liegen. Die Länge der Säule sollte das 20–40-fache ihres Durchmessers haben.
- Die Proteinkonzentration sollte sich im Bereich bis 30 mg × ml^{-1} bewegen.
- Die Fließgeschwindigkeiten richten sich nach den Angaben der Hersteller für das verwendete Trennmaterial, sollten aber 30 cm × h^{-1} (30 ml × h^{-1} × cm^{-2}) nicht überschreiten. Für einige der angeführten Materialien sind die Fließgeschwindigkeiten deutlich geringer.
- Vor einer Trennung das Säulenmaterial nach Herstellerangaben vorbereiten; falls die Säule selber gegossen wird, ist darauf zu achten, sie in einem Arbeitsschritt zu gießen; die Qualität des Gelbetts ist entscheidend für eine vernünftige Trennung der Proteine.
- Die Säule senkrecht montieren und an die Chromatographieanlage anschließen.

- Die Säule mit dem drei- bis fünffachen des Säulenvolumens mit Elutionspuffer äquilibrieren.
- Die Proteinlösung vorsichtig auf die Oberfläche des Säulenmaterials auftragen; moderne Chromatographieanlagen führen diese Schritte automatisch und reproduzierbar durch.
- Die Fließgeschwindigkeit einstellen und mit dem Elutionspuffer die Proteine isocratisch (in einem Puffersystem ohne Änderungen in der Ionenstärke) von der Säule eluieren.
- Der UV-Detektor charakterisiert die im Fraktionensammler aufgefangenen Proteine; eine vernünftige Fraktionsgröße ist 1/100 des Säulenvolumens.
- Nach der Trennung die Säule mit einem Säulenvolumen 1 M NaOH spülen; in 0,02 % (w/v) Natriumazidlösung oder 20 % (v/v) Ethanollösung lagern.

☀ *Trouble Shooting*

- Schlechte Auflösung und unsymmetrische Peaks sind meist auf eine schlechte Packung des Säulenmaterials zurückzuführen. Die Packung kann durch einen Lauf mit Dextranblau und/oder Aceton überprüft werden. Bei einer gut gepackten Säule sollte sich der Peak nicht verformen und die Peakbreite während des Laufs etwas zunehmen.
- Auch ein schlechter Auftrag der Proteinlösung kann sich negativ auf die Auflösung und die Peakform auswirken. Hier hilft nur viel Übung oder eine gute Chromatographieanlage.
- Die schlechte Auflösung kann auch auf ein zu großes Probenvolumen für die Säule zurückzuführen sein. Desgleichen ist eine hohe Viskosität der Probe Grund für ungenügende Auflösung; hier hilft meist Verdünnen bzw. Erniedrigen der Proteinkonzentration.
- Falls die Packung der Säule schlecht ist, hilft nur erneutes Packen. Dabei darauf achten, dass die Säule in einem Arbeitsgang gepackt wird und keine Temperaturänderungen auftreten.
- Ein Verstopfen der Säule ist oft auf Lipoproteine oder Proteinaggregate zurückzuführen; hier hilft eventuell eine Filtration oder eine Präzipitation mit 10 % Dextransulfat oder 3 % Polyvinylpyrrolidon (Abschn. 1.7.1, Fällung geringer Konzentrationen an Nucleinsäuren mit *Carrier*, siehe Angaben des Herstellers).
- Proteine können auf der Säule auch durch das Entfernen von stabilisierenden Agenzien während der Chromatographie präzipitieren; hier kann man den eluierenden Puffer zur Stabilisierung des Proteins verändern z.B. durch Veränderung des pH-Wertes.
- Um ionische Wechselwirkungen zwischen dem Protein und dem Trennmaterial zu reduzieren, sollte die Ionenstärke des Puffers mindestens 0,05 M betragen. Zu hohe Ionenstärken sollten ebenfalls vermieden werden, da sie hydrophobe Wechselwirkungen mit dem Trennmaterial verstärken können.

1.12.1.3 Hydrophobe Chromatographie

Proteine können aufgrund hydrophober Wechselwirkungen mit dem Säulenmaterial getrennt werden. Die aliphatischen oder aromatischen Seitenketten der Aminosäuren treten dabei mit den aliphatischen (C4–C18) Kohlenwasserstoffketten oder aromatischen Resten des Säulenmaterials in Wechselwirkung. Dieser Vorgang ist abhängig von der Hydrophilität des verwendeten Elutionsmaterials: je höher die Ionenstärke, desto stärker sind hydrophobe Interaktionen, die dann durch ein Ansteigen der Hydrophobizität des Elutionsmittels wieder gelöst werden. Daher findet die hydrophobe Chromatographie meist ihren Platz im Reinigungsschema eines Proteins nach einer Salzfraktionierung, d.h. nachdem der Salzgehalt der Lösung durch einen Gradienten erhöht wurde.

Die Zusammensetzung des Elutionsgradienten hängt von der Art des verwendeten Säulenmaterials und den hydrophoben Eigenschaften des Proteins ab. Von stark hydrophoben Säulenmaterialien (C18) werden die Proteine mit einem Acetonitril- bzw. Isopropanolgradienten eluiert, bei schwächer hydrophoben Materialien (Phenylagarose) benutzt man einen absteigenden Gradienten von Ammoniumsulfat. Einige Proteine lassen sich erst durch einen gleichzeitig ansteigenden Gradienten von Ethylenglykol von der Säule lösen. Da hohe Konzentrationen organischer Lösungsmittel viele Enzyme denaturieren, ist die zweite Methode oftmals vorzuziehen.

🍶 *Materialien*
- Säule, die an die Proteinmenge mit dem ausgewählten Trennmedium angepasst ist
- Pufferlösungen, abhängig vom Protein, über 0,2 μm-Filterporen filtriert und entgast
- eventuell Vorrichtung zur Erzeugung eines Gradienten (besser ist eine komplette Chromatographieanlage)
- Pumpe
- UV-Detektor
- Fraktionensammler

🖊 *Durchführung*
- Die Anhaltswerte für die Säulendimensionen, Kapazität des Trennmediums und Probenauftrag entsprechen denen unter Ionenaustauschchromatographie (Abschn. 1.12.1.1) beschriebenen.
- Eluiert werden die Proteine durch eine Erhöhung der Hydrophobizität im Elutionsmittel oder eine Erniedrigung der Salzkonzentration; bei den schwach hydrophoben Materialien, die meist in der präparativen Proteinchromatographie eingesetzt werden, wird das Protein mit einem absteigenden Ammoniumsulfatgradienten (2–0 M) in einem geeigneten Puffer von der Säule gelöst. Die Elution von stark bindendem Protein lässt sich mit einem gleichzeitig ansteigenden Gradienten von Ethylenglykol bewirken.
- Nach der Elution die Säulenmaterialien nach den Angaben der Hersteller reinigen und regenerieren.

💣 *Trouble Shooting*
- Falls Proteine sehr stark an das Säulenmaterial binden und sich auch in Gegenwart von Ethylenglykol nicht eluieren lassen, kann die Elution durch die Zugabe von nichtionischen Detergenzien (bis 1 %) und eventuell einer gleichzeitigen Absenkung der Temperatur auf 4 °C erreicht werden.
- Die Packung der Säule ist für ein reproduzierbares Arbeiten und die Auflösung wichtig.
- Es ist notwendig, die Säule sauber zu halten. Mikrobielles Wachstum, präzipitiertes Protein oder Lipide können die Auflösung herabsetzen.
- Die mit dem Trennmaterial angegebenen Methoden zur Reinigung und Regeneration der Säule sollten durchgeführt und eingehalten werden. Aggregiertes Protein sollte durch Zentrifugation oder Filtration vor der Chromatographie entfernt werden.

1.12.1.4 Affinitätschromatographie

Die Affinitätschromatographie greift auf eine spezifische Wechselwirkung eines Liganden mit einem Protein zurück. Daher muss der Ligand kovalent an das Chromatographiematerial gebunden werden und danach noch seine biospezifische Aktivität behalten (Tab. 1–7). Genauso wichtig ist eine Methode, um das gebundene Protein wieder aktiv von der Oberfläche zu dissoziieren. Der Ligand sollte in einem idealen Fall für die zu bindende Substanz eine Affinität mit einer Dissoziationskonstanten von 10^{-4}–10^{-8} M besitzen. Eine Dissoziationskonstante von 10^{-4} M ist charakteristisch für Wechselwirkung von schwachen Inhibitoren mit Enzymen. Bei Wechselwirkungen mit Dissoziationskonstanten kleiner als 10^{-8} M wird die Dissoziation zum Problem. Hier sind die Bindungen so stark, dass die Elution von der Säule oft mit einer Inaktivierung des Proteins einhergeht.

Zur Affinitätschromatographie gehören auch eine ganze Reihe von den so genannten *tags* (Etikett, Schildchen), die in der Proteinreinigung eingesetzt werden. Viele der Proteine werden mit diesen *tags* versehen (Abschn. 14.2 und 14.3), um die Reinigung unproblematisch durchführen zu können und mit einem Affinitätsschritt genügend aktives Material für weitere Experimente zu erhalten. Diese *tags* werden gentechnisch amino- oder carboxyterminal an die entsprechenden Gene kloniert. Damit erhält man ein Fusionsprotein, das im günstigen Fall stark exprimiert wird und sich in einem Schritt gut reinigen lässt.

Tab. 1–7: Beispiele für Liganden, die in der Affinitätschromatographie Anwendung finden

Biospezifischer Ligand	Spezifität
Protein A	Fc-Teil von IgG
Con A	terminale α-D-Glucopyranosyl, α-D-Mannopyranosyl-Reste
Weizenkeim-Lectin	N-Acetyl-D-Glucosamin
Poly(U)	Nucleinsäuren-mRNA mit poly(A)-Sequenzen
Poly(A)	Nucleinsäuren mit Poly(U)-Sequenzen
Lysin	Plasminogen, ribosomale RNA
Blue Sepharose	Enzyme mit Nucleotid-Kofaktoren z.B. Adenylat-Kinase
5'-AMP	Enzyme mit NAD^+ als Kofaktor oder ATP-abhängige Kinasen
2',5'-ADP	Enzyme mit $NADP^+$ als Kofaktor
Glutathione	GST-Fusionsproteine
Streptavidin	Strep-tag
Antikörper	Antigen

Materialien

- Säule, die an die Proteinmenge mit dem ausgewählten Trennmedium angepasst ist
- Pufferlösungen, abhängig vom Protein, über 0,2 μm-Filterporen filtriert und entgast
- eventuell Vorrichtung zur Erzeugung eines Gradienten (besser ist eine komplette Chromatographieanlage)
- Pumpe
- UV-Detektor
- Fraktionensammler

Durchführung

- Die Affinitätschromatographie ist versuchsintensiv. Bei selbst hergestellten Materialien müssen die Bedingungen für die effektive Bindung und erfolgreiche Elution ausgetestet werden. Einfacher gestaltet es sich mit käuflichen Affinitätsmaterialien, hier sind die Bedingungen etabliert und den beiliegenden Anleitungen zu entnehmen.
- Die Kapazität der Affinitätsmaterialien ist abhängig von der Art des Liganden, der chemischen Kopplung und dem Trägermaterial. Die spezifische Wechselwirkung resultiert in oft sehr hohen Reinigungsfaktoren.
- Da die Wechselwirkungen zwischen Säulenmaterial und dem gebundenen Protein meist sehr stark sind, reichen für die Chromatographie kurze Säulen mit einem großen Durchmesser aus.
- Die Fließgeschwindigkeit hängt stark vom verwendeten Säulenmaterial ab und sollte in Vorversuchen getestet werden. Für Affinitätsreinigungen über Protein A sind Fließgeschwindigkeiten von 300 cm × h^{-1} keine Seltenheit.
- Nach dem Auftrag der Probe die Säule so lange weiter spülen, bis die Absorption sinkt und stabil bleibt; eine Erhöhung der Ionenstärke hilft manchmal, unspezifisch gebundenes Protein abzulösen.
- Zur Ablösung der gebundenen Proteine gibt es mehrere Möglichkeiten. Neben der Affinitätselution mit gelösten spezifischen Liganden werden auch Puffer mit hoher Ionenstärke, starke Änderungen im pH-Wert, die Zugabe von denaturierenden Substanzen wie Harnstoff oder Guanidiniumhydrochlorid sowie chaotrope Ionen genutzt.
- Nach der Chromatographie die Säulenmaterialien nach Herstellerangaben regenerieren.

Trouble Shooting

Besonders bei selbst hergestellten Affinitätsmaterialien sind Kontrollen enorm wichtig. Die Kontrollen müssen die Spezifität der Wechselwirkung zeigen und sind anhängig von der verwendeten Affinitätsmatrix. Unspezifische Wechselwirkungen mit der Matrix lassen sich durch den Gebrauch anderer Trägermaterialien einschränken.

1.12.2 Fällung

Gelöste Proteine lassen sich fällen, z.B. durch die Änderung der Ionenstärke, des pH-Wertes, durch die Zugabe organischer Lösungsmittel oder gelöster Polymere. Eine weitere Methode ist die Ausfällung durch hohe Salzkonzentrationen. Hierbei konkurrieren gelöste Ionen mit gelösten Proteinen um Wassermoleküle. Ist die Konzentration der Ionen hoch, werden freie Wassermoleküle knapp und die Proteine verlieren ihre Solvathülle. Dadurch wird ihre Löslichkeit in Wasser vermindert. Proteine, die ausgeprägt hydrophobe Domänen besitzen, fallen bei geringeren Salzkonzentrationen aus als hydrophile Proteine. Traditionell wird für die Proteinfällung Ammoniumsulfat in Konzentrationen zwischen 2 und 3,5 M eingesetzt. Der Reinigungsfaktor ist aber oft unbefriedigend (ca. 2–3) und die Verluste durch die geringe Auflösung nicht unerheblich. Proteinsuspensionen in Ammoniumsulfat sind aber oft sehr stabil und können über Monate bei 4 °C gelagert werden.

 Materialien

- Ammoniumsulfat p.a. (auf eventuelle Verunreinigungen wie z.B. Schwermetalle achten; eventuell 0,5 mM EDTA zugeben)
- Puffer, abhängig vom Protein
- Magnetrührer
- Zentrifuge

Durchführung

- Die Fällung bei 4 °C durchführen
- Ammoniumsulfat abwiegen (Scopes, 1987; Tab. 1–8)
- Proteinlösung in einem geeignetem Gefäß mit Rührfisch vorlegen und auf dem Magnetrührer rühren (Schaumbildung vermeiden)
- Ammoniumsulfat in kleinen Portionen in einem Zeitraum von 1 h zugeben
- Suspension noch 30 min rühren, dann 20 min bei 10.000 × g zentrifugieren
- Überstand dekantieren und den Niederschlag in möglichst geringem Volumen lösen.

 Trouble Shooting

Stark verdünnte Proteinlösungen sollten vor einer Fällung konzentriert werden. Die Ausgangskonzentration der Proteinlösung sollte nicht unter $1 \text{ mg} \times \text{ml}^{-1}$ liegen. Zusätze wie Polyethylenglykol, Glycerin oder Zucker sollten sich nicht in der Lösung befinden.

Literatur

Cooper T.G. (1981): Biochemische Arbeitsmethoden. Walter de Gruyter, Berlin, 350.
Methods in Enzymology, Volume 1 (1968), Academic Press, 76.
Scopes, R.K. (1987): Protein Purification, Principles and Practice. 2nd ed. Springer Verlag, New York.

Tab. 1–8: Nomogramm zur Bestimmung der Ammoniumsulfat-Menge zur Einstellung einer gewählten Konzentration (in % der Sättigung). Eine gesättigte Lösung enthält 4,1 bzw. 3,9 mol x l^{-1} Ammoniumsulfat bei 25 °C bzw. bei 4 °C. Die Anfangs- und Endkonzentration ist in den senkrechten bzw. waagrechten Zeilen angegeben. Am Schnittpunkt beider Zeilen findet man eine Menge Ammoniumsulfat in Gramm, die pro Liter einer Lösung mit bestimmter Anfangskonzentration hinzugefügt werden muss, um die gewählte Endkonzentration zu erreichen (Cooper 1981 und Methods Enzymol.)

		Endkonzentration Ammoniumsulfat (% Sättigung)															
		10	20	25	30	33	35	40	45	50	55	60	65	70	75	80	90	100
Anfangskonzentration Ammoniumsulfat (% Sättigung)		Zuzugebendes Ammoniumsulfat (g/l)																
	0	56	114	144	176	196	209	243	277	313	351	390	430	472	516	561	662	767
	10		57	86	118	137	150	183	216	251	288	326	365	406	449	494	592	694
	20			29	59	78	91	123	155	189	225	262	300	340	382	424	520	619
	25				30	49	61	93	125	158	193	230	267	307	348	390	485	583
	30					19	30	62	94	127	162	198	235	273	314	356	449	546
	33						12	43	74	107	142	177	214	252	292	333	426	522
	35							31	63	94	129	164	200	238	278	319	411	506
	40								31	63	97	132	168	205	245	285	375	469
	45									32	65	99	134	171	210	250	339	431
	50										33	66	101	137	176	214	302	392
	55											33	67	103	141	179	264	353
	60												34	69	105	143	227	314
	65													34	70	107	190	275
	70														35	72	153	237
	75															36	115	198
	80																77	157
	90																	79

2 Gelelektrophoresen

(Ute Dechert)

Die Wanderung geladener Teilchen im elektrischen Feld wird zur Trennung komplexer Gemische von Biomolekülen ausgenutzt. Die Trennmethoden werden unter dem Begriff Elektrophorese zusammengefasst. Da die meisten Biomoleküle Ladungen tragen, gehören Elektrophoresen zu den wichtigsten analytischen Methoden. Für die Untersuchung und Charakterisierung komplexer Mischungen sowie zur Überprüfung ihrer Einheitlichkeit sind sie unentbehrlich. Die wesentlichen Unterschiede in den Trennungsmethoden ergeben sich aus dem für jedes Biomolekül charakteristischem Verhältnis von Ladung zu Masse bzw. aus ihrer Molekülgröße und -form.

Bei den Elektrophoresen unterscheidet man trägerfreie und trägergebundene Systeme. Dieses Kapitel behandelt nur trägergebundene Systeme, sog. Gelelektrophoresen. Hier erfolgt die Separierung der einzelnen Substanzen nicht nur durch ihre Ladung, sondern zusätzlich durch einen Siebeffekt des Gels (Trägermaterials) aufgrund von Größe und Gestalt der zu trennenden Moleküle. Für die meisten Trennprobleme wird Celluloseacetat, Stärke, Agarose oder Polyacrylamid als Träger verwendet.

Die elektrophoretische Beweglichkeit von geladenen Teilchen hängt ab von

- der Gesamt-Nettoladung des Moleküls
- der Größe und Gestalt des Moleküls
- der Porengröße des Trägers
- pH-Wert, Temperatur und Ionenstärke des Puffers
- der elektrischen Feldstärke.

Gelelektrophoresen können kontinuierlich oder diskontinuierlich durchgeführt werden. Beim letzteren Verfahren, kurz Disk-Elektrophorese, ist das Trägermaterial in Bezug auf die Gelzusammensetzung diskontinuierlich aufgebaut. Es erfolgt so eine Konzentrierung der Probe zu einer sehr schmalen Startbande.

Nachfolgend werden Polyacrylamid-Gelelektrophoresen für Proteine (Abschn. 2.1), Nachweismethoden für Proteine (Abschn. 2.2), Gelelektrophoresen für Nucleinsäuren (Abschn. 2.3), die Anfärbung von Nucleinsäuren in Gelen (Abschn. 2.4) und die Elution von Nucleinsäuren aus Gelen (Abschn. 2.5) behandelt.

Unabhängig von der verwendeten Gelelektrophorese erfolgt eine Größenanalyse/Quantifizierung der aufgetrennten Makromoleküle durch Vergleich mit im Gel aufgetragenen Standardproteinen bzw. Standard-DNA-Molekülen bekannter Menge/Größe. Diese Marker sind von verschiedenen Herstellern zu beziehen und sollten immer mitgeführt werden.

Literatur

Cooper, T.G. (1981): Biochemische Arbeitsmethoden. Walter de Gruyter, Berlin.
Lottspeich, F., Zorbas, H. (Hrsg.) (1998): Bioanalytik. Spektrum Akademischer Verlag, Heidelberg, Berlin.

2.1 Polyacrylamid-Gelelektrophorese (PAGE)

Das grundlegende Prinzip aller elektrophoretischen Trenntechniken für Proteine ist deren Wanderung in einem elektrischen Feld. Physikalische Effekte wie Konvektion und Diffusion werden durch die Verwendung von polymeren Matrizes umgangen. Polyacrylamid als Trägermaterial für die Gelelektrophorese besitzt das höchste Auflösungsvermögen. Dies gilt nicht nur für DNA-Fragmente, sondern auch für Proteine, zu deren Analyse es heute nahezu ausschließlich verwendet wird. Lediglich Proteine mit einem Molekulargewicht über 500 kDa, z.B. Immunglobuline, werden mittels Agarose-Gelelektrophorese analysiert. Das dreidimensionale Netzwerk des Polyacrylamids wird durch die radikalische Polymerisation des monomeren Acrylamids und eines quervernetzenden bifunktionellen Reagenzes aufgebaut. Meist kommt dafür N,N'-Methylenbisacrylsäureamid zum Einsatz.

Die Porengröße ist in einem weiten Bereich variabel. Die Acrylamidkonzentration kann zwischen 2 % und 30 % (w/v) variieren. Im Netzwerk des Polyacrylamids werden große Moleküle stärker retardiert als kleine (größenabhängige Trennung). Bei niedrigen Acrylamidkonzentrationen ist der molekulare Siebeffekt gering. So überwiegt eine Trennung aufgrund des Verhältnisses von Masse zu Ladung.

Techniken, die sich die Ladung des Polypeptids für eine Trennung zunutze machen, finden nur bei der isoelektrischen Fokussierung Anwendung (Abschn. 2.1.6). Durch extreme pH-Werte in den kathodischen bzw. anodischen Pufferreservoirs sowie einen pH-Gradienten innerhalb der Gelmatrix wandern die sauren und basischen Proteine nicht aus dem Gel heraus. Die Proteine bewegen sich innerhalb des Gels bei einer variablen Wanderungsgeschwindigkeit abhängig von ihrem eigentlichen Verhältnis von Ladung zu Masse. Die Ladung des Proteins vermindert sich während des Laufes, da das Molekül Zonen erreicht, in denen sich der pH-Wert im Gel dem pI-Wert des Proteins annähert. Am isoelektrischen Punkt pI ist die Nettoladung null, da das Polypeptid bei diesem Wert gleich viele negative und positive Ladungen aufweist. Diese Methoden trennen die Proteine unter nativen Bedingungen. Das kann eventuell Aufschluß über eine spezifische, elektrophoretisch getrennte Komponente mit biologischer Aktivität geben.

Bei der denaturierenden isoelektrischen Fokussierung werden die Proteine in einem speziellen Probenpuffer denaturiert und in einem harnstoffhaltigen Polyacrylamidgel getrennt. Hierdurch werden die Seitenketten der Aminosäuren, die zum pI-Wert eines Proteins beisteuern, maximal exponiert. Proteine, deren pI-Wert oberhalb des pH-Wertes des Gels liegt, können im Kathodenpuffer verloren gehen und somit nicht getrennt werden. Dies wird durch einen Zusatz von geladenen Substanzen, wie z.B. SDS (Natriumdodecylsulfat), behoben. Durch dieses Detergenz werden die Proteine solubilisiert und denaturiert. Unabhängig vom ursprünglichen sauren oder basischen pI-Wert des Polypeptides wird eine negative Gesamtladung eingeführt. So besitzt das Polypeptid ein einheitliches Verhältnis von Ladung zu Masse. Dadurch hängt die elektrophoretische Beweglichkeit allein von der Größe des Moleküls und der Porengröße des Gels ab.

Für Proteine gibt es keine allgemeine Wanderungsrichtung, da sie nicht negativ geladen sind wie z.B. DNA-Moleküle. Durch Zusatz des negativ geladenen Detergenz SDS erhalten alle Proteine die gleiche negative Ladung. Die Wanderungsrichtung ist dann zur Anode hin.

Die Porengröße eines Gels wird durch das Verhältnis der Konzentrationen von Acrylamidmonomer und Quervernetzungsreagenz bestimmt. Häufig entspricht die Angabe einfach dem Gehalt an Acrylamid in Gewichtsprozent. Die Gele enthalten zwischen 3 % und 30 % (w/v) Acrylamid, was etwa einer Porengröße zwischen 0,5 und 0,2 nm Durchmesser entspricht. Niederprozentige Acrylamidgele haben also weite Poren und setzen der Wanderung großer Moleküle wenig Widerstand entgegen. Durch kontinuierliche Veränderung der Acrylamidkonzentration in der Polymerisationslösung erhält man so genannte Porengradientengele. Sie dienen z.B. zur Ermittlung der Moleküldurchmesser von nativen Proteinen oder zur Auftrennung von komplexen Proteingemischen mit großen Molekulargewichtsbereichen.

Liegen die elektrophoretischen Beweglichkeiten der Proteine in einem engen Bereich, so kann durch Verwendung unterschiedlicher Puffersysteme in Kathodenpuffer und Gelpuffer vor der eigentlichen Trennung im Trenngel eine Konzentrierung im Sammelgel erfolgen. Man erzielt eine scharfe Bande nahezu unabhängig vom Volumen der aufgetragenen Probe. Diese Technik wird als diskontinuierliche Gelelektrophorese bezeichnet. Die Diskontinuität bezieht sich auf vier Parameter: Gelstruktur, pH-Wert und Ionenstärke der Puffer sowie Art der Ionen im Gel- und Elektrodenpuffer.

Bei der sich durch Anwendungsbreite und Einfachheit auszeichnenden kontinuierlichen Gelelektrophorese wird sowohl bei der Herstellung des Gels als auch bei der Elektrophorese der gleiche Puffer verwendet. Dadurch sind nicht zwei unterschiedliche Gele (Sammel- und Trenngel) erforderlich. Zudem werden bei der kontinuierlichen Gelelektrophorese weniger Artefakte beobachtet. Das trifft insbesondere für Proteine zu, die zuvor quervernetzt wurden. Im Vergleich zur diskontinuierlichen Gelelektrophorese kann jedoch keine vergleichbar hohe Auflösung der Proteinbanden erzielt werden.

Trouble Shooting

Die folgenden Punkte gelten für alle Protein-Gelelektrophoresen. Spezielle Probleme sind bei den einzelnen Elektrophoresen aufgeführt.

Materialien

- Ammoniumperoxodisulfatlösung (APS) sollte stets frisch angesetzt werden. Mit einer alten Lösung tritt eventuell keine oder nur eine verzögerte Polymerisation ein.
- Acrylamidstammlösungen sollten nach der Zubereitung lichtgeschützt bei 4 °C aufbewahrt werden, um eine Polymerisation zu vermeiden. Acrylamidlösungen hydrolysieren langsam unter Bildung von Acrylsäure und Ammoniak und sollten somit nicht länger als 30 Tage aufbewahrt werden.
- Da es sich bei dem Acrylamidmonomer um ein starkes Neurotoxin handelt, müssen bei der Herstellung von Stamm- wie auch Arbeitslösungen entsprechende Sicherheitsvorkehrungen getroffen werden. Es sollte ganz auf den Umgang mit festem Acrylamid verzichtet und auf handelsübliche fertige Stammlösungen zurückgegriffen werden.
- Die Lösungen zur Herstellung von Trenn- und Sammelgel sowie eventuell die SDS-Lösung sollten vor der Zugabe der Reaktionsstarter (APS, TEMED) im Wasserstrahlvakuum vorsichtig entgast werden. Zuviel gelöster Luftsauerstoff verzögert ebenfalls eine Polymerisierung.
- Auch bei SDS sollte auf handelsübliche, fertige 10 %ige Stammlösungen zurückgegriffen werden, da es sich bei festem, feinpulvrigem SDS um eine gesundheitsschädliche Substanz handelt.
- Bei der Herstellung von Stamm- und Arbeitslösungen sollten entsprechende Sicherheitsvorkehrungen getroffen werden.

Durchführung

- Das Gel polymerisiert nicht: Bei der Gelzubereitung wurde TEMED oder APS weggelassen; die verwendete APS-Lösung war zu alt (neu angesetzte APS-Lösung verwenden; eventuell APS-Konzentration erhöhen); die Lösungen für die Gelzubereitung enthalten zuviel gelösten Sauerstoff (s.o., länger entgasen, besonders wenn kalte Lösungen verwendet wurden).
- Das Gel polymerisiert zu schnell oder es reißt während der Polymerisation (meist bei Gelen mit hoher Acrylamidkonzentration): APS-Menge verringern oder kalte Lösungen für die Gelzubereitung verwenden.
- Das Gel löst sich von den Platten: In der Regel wurden die Glasplatten nicht ausreichend gesäubert.
- Die Proteine wandern nicht in das Sammelgel ein: Die Polarität der Elektroden wurde verwechselt oder das Gelsystem ist für die Proteine ungeeignet.
- Die Proteinbanden sind diffus: Die Probe enthält zuviel Salz oder der Trenngelpuffer bzw. das Trenngel wurden falsch angesetzt.
- Gleiche Proteinbanden treten in allen Spuren auf, auch in solchen, die nicht mit Probenmaterial beladen wurden: Proben- und/oder Elektrodenpuffer sind kontaminiert.
- *Smiling*-Effekt: Proteinproben in den äußeren Gelspuren wandern langsamer als Proben in der Mitte des Gels. Dies wird von einer ungleichmäßigen Erwärmung des Gels verursacht und kann z.B. durch eine erhöhte Wärmeableitung verhindert werden, indem die untere Pufferkammer vollständig mit Laufpuffer gefüllt wird (je nach verwendetem Apparatesystem), die Elektrophorese zwischen 10 °C und 20 °C betrieben bzw. der untere Puffer mittels Magnetrührer gerührt wird. Des Weiteren kann die Wärmeentwicklung durch eine Elektrophorese bei verminderter Stromstärke reduziert werden.
- Proteinbanden zeigen vertikale Streifen: Probenmenge reduzieren oder die Elektrophorese bei geringerer Stromstärke (ca. 25 %) durchführen. Die Streifen können auch durch präzipitiertes Protein verursacht werden, das durch Zentrifugation der Proben vor dem Auftrag entfernt werden kann.

- Das Tragen von Handschuhen ist besonders empfehlenswert, wenn geringe Proteinmengen mittels Silberfärbung nachgewiesen werden sollen. Durch Keratine können artifizielle Proteinspots (pH-Bereich 5–8, Molekulargewichtsbereich 50–65 kDa) hervorgerufen werden.

Literatur

Coligan, J.E., Dunn, B.M., Ploegh, H.L., Speicher, D.W., Wingfield, P.T. (Hrsg.) (1995, 1996): Current Protocols in Protein Science. John Wiley & Sons, New York.

Hames, B.D., Rickwood, D. (Hrsg.) (1990): Gel Electrophoresis of Proteins: A Practical Approach. IRL Press at OUP, Oxford.

Kellner, R., Lottspeich, F., Meyer, H.E. (Hrsg.) (1999): Microcharacterization of Proteins. VCH, Weinheim.

2.1.1   Diskontinuierliche SDS-Gelelektrophorese

Bei der eindimensionalen Gelelektrophorese unter denaturierenden Bedingungen nach Laemmli (1970) werden die Proteine in Gegenwart von 0,1 % (w/v) Natriumdodecylsulfat (SDS) aufgrund ihres Molekulargewichtes in Richtung Anode getrennt. Die Polypeptide werden bei der Probenvorbereitung in SDS-Probenpuffer hitzedenaturiert. Durch den Zusatz des anionischen Detergenz wird die Eigenladung der Proteine so effektiv überdeckt, dass anionische Mizellen mit konstanter Nettoladung pro Masseneinheit entstehen (ca. 1,4 g SDS pro g Protein). Niedermolekulare Thiole wie β-Mercaptoethanol (β-ME) oder Dithiothreitol (DTT) im Probenpuffer bewirken eine Reduzierung von Disulfidbrücken in den Polypeptidketten. Häufig schützt man diese reduzierten SH-Gruppen noch durch eine darauffolgende Alkylierung mit Iodacetamid oder Iodessigsäure.

Diese Elektrophorese eignet sich zur Ermittlung der molekularen Masse von Proteinen, da sich bei der Trennung im restriktiven Polyacrylamidgel eine lineare Beziehung zwischen dem Logarithmus des Molekulargewichts und der relativen Wanderungsstrecke einer SDS-Polypeptid-Mizelle ergibt.

Mithilfe von Markerproteinen lassen sich über eine Eichkurve die Molekulargewichte der Proteine ermitteln. Bei der Überprüfung der Proteine auf Einheitlichkeit muss beachtet werden, dass Oligomere durch die Denaturierungsbedingungen in ihre konstituierenden Polypeptidketten getrennt werden. Da diese Polypeptidketten unterschiedliche molekulare Massen aufweisen können, sind Verunreinigungen der Proteine in solchen Fällen nur vorgetäuscht.

Im diskontinuierlichen System passiert die Probe zunächst ein Sammelgel mit großer Polyacrylamid-Porenweite. Der Sammelgelpuffer enthält Chloridionen, deren elektrophoretische Wanderungsgeschwindigkeit größer ist als die der Proteinprobe. Der Elektrophoresepuffer hingegen enthält Glycinionen, deren elektrophoretische Wanderungsgeschwindigkeit geringer ist. Die Proteine „stapeln" sich entsprechend ihrer Geschwindigkeit im Feldstärkegradienten zwischen Ionen mit einer niedrigen (Glycinionen) und einer hohen Mobilität (Chloridionen). Dieses Nettoresultat wird als *stacking*-Effekt bezeichnet. Somit wird eine Vortrennung und Aufkonzentrierung erreicht, was sich in einer scharfen Proteinbande äußert. Das Trenngel besitzt eine geringere Porenweite, eine höhere Salzkonzentration sowie einen höheren pH-Wert im Vergleich zum Sammelgel. Beim Einwandern der Proben in das Trenngel tritt eine weitere Verschärfung der Zone ein. Die großen Proteine werden an dieser „Gelgrenze" zunächst zurückgehalten, sodass die Glycinionen passieren können. Im Puffersystem des Trenngels löst sich dann der Proteinstapel auf und die Proteine werden aufgrund ihrer molekularen Größe getrennt.

Diverse Hersteller (z.B. Bio-Rad, Invitrogen GmbH) bieten bereits fertige (*pre-cast*) Minigele zur Vertikal-Gelelektrophorese an. Neben Tris-HCl-Systemen finden Bis-Tris-, Tris-Acetat-, Tris-Glycin- wie auch Tricine-Puffersysteme eine verstärkte Anwendung. Neben *pre-cast* Gelsystemen mit einer einheitlichen Polyacrylamidkonzentration im Trenngel (z.B. 6, 8, 10, 12 und 18 %), stehen z.B. lineare Gradientengele zur Verfügung, die Bereiche von 3–8 %, 4–12 % oder 10–20 % Polyacrylamid abdecken. Diese große Systemvielfalt ermöglicht somit die Wahl eines spezifischen Lösungsansatzes für das jeweilige Analyseproblem. Trotz begrenzter Haltbarkeit (einige Wochen bis zu einem Jahr) und vergleichsweise hohen Kosten (ca. 18 € pro Gel) zeigen diese Fertiggele eindeutige Vorteile hinsichtlich Zeitaufwand und Reproduzierbarkeit, insbesondere bei einem hohen Durchsatz an zu analysierenden Proben.

Das folgende Protokoll gilt für vertikale Plattengele.

Materialien

Für alle folgenden Protokolle sollte Milli-Q-gereinigtes Wasser (Milli-Q-H_2O oder äquivalente Qualität) verwendet werden. 15 ml Trenngel bzw. 5 ml Sammelgel sind ausreichend für Geldimensionen von 0,75 mm × 16 cm × 16 cm (Vertikal-Gelelektrophoreseapparatur: Protean II 16 cm, Bio-Rad; SE 400 Vertical Unit oder SE 600 Ruby, GE Healthcare); für dickere Gele und für Minigele müssen die Volumina und die angelegten Stromstärken entsprechend angepasst werden (bei gleicher Spannung fließt bei dickeren Gelen nach dem Ohmschen Gesetzt weniger Strom V= I × R); Minigele (z.B. Mini-Protean II, Bio-Rad; SE 250/260, GE Healthcare) werden vermehrt eingesetzt, da hierbei eine Kombination von Geschwindigkeit der Trennung und hohem Auflösungsvermögen auftritt; die in Tab. 2–1 in Klammern angegebenen Mengen sind für Minigele der Dimension 0,75 mm × 7,3 cm × 8,3 cm berechnet.

- 30 % (w/v) Acrylamid: 30 g Acrylamid, 0,8 g N,N'-Methylenbisacrylamid (2 × crystallized Grade) ad 100 ml H_2O
- Trenngelpuffer: 1 M Tris-HCl, pH 8,8
- Sammelgelpuffer: 1 M Tris-HCl, pH 6,8
- 10 % (w/v) Ammoniumperoxodisulfat (APS): 0,2 g APS ad 2 ml H_2O
- 10 % (w/v) Natriumdodecylsulfat (SDS): 10 g SDS ad 100 ml H_2O
- TEMED (N,N,N',N'-Tetramethylethylendiamin)
- 10 × Elektrodenpuffer: 144 g Glycin, 30 g Tris-Base, 10 g SDS ad 1 l H_2O; ergibt nach dem Auffüllen mit Wasser pH 8,9
- Bromphenolblau: gesättigt, in 0,1 % Ethanol
- Isopropanol
- optional: Ethanol
- 3 × Probenauftragspuffer: 1,75 ml Sammelgelpuffer, 1,5 ml Glycerin, 5 ml 10 % (w/v) SDS, 0,5 ml β-Mercaptoethanol, 1,25 ml Bromphenolblau
- Vertikal-Gelelektrophorese-Apparatur mit Glasplatten, Abstandhaltern sowie Taschenschablonen
- Stromgeber

In Tab. 2–1 ist die Zusammensetzung des Sammelgels sowie von Trenngelen mit unterschiedlicher Acrylamidkonzentration aufgeführt. Mit diesen Gelen wird ein großer Trennbereich (12–200 kDa) abgedeckt; für spezielle Auflösungen kann die optimale Gelkonzentration ausgewählt werden. Anhaltspunkte für die Trennbereiche der Gele sind Tab. 2–2 zu entnehmen.

Tab. 2–1: Zusammensetzung von Gelen unterschiedlicher Acrylamidkonzentration für die diskontinuierliche SDS-Gelelektrophorese. Die in Klammern angegebenen Mengen sind für Minigele der Dimension 0,75 mm × 7,3 cm × 8,3 cm berechnet

Gelzusammensetzung	Acrylamidkonzentration				
	Sammelgel	Trenngel			
	5%	7,5%	10%	12,5%	15%
30% Acrylamid [ml]	0,833 (0,333)	3,750 (1,250)	5,000 (1,667)	6,250 (2,083)	7,500 (2,500)
Trenngelpuffer [ml]	0,625 (0,250)	5,625 (1,875)	5,625 (1,875)	5,625 (1,875)	5,625 (1,875)
H_2O [ml]	3,462 (1,385)	5,343 (1,781)	4,093 (1,364)	2,843 (0,948)	1,593 (0,531)
10% SDS [µl]	50 (20)	150 (50)	150 (50)	150 (50)	150 (50)
10% APS [µl]	25 (10)	120 (40)	120 (40)	120 (40)	120 (40)
TEMED [µl]	5 (2)	12 (4)	12 (4)	12 (4)	12 (4)

Tab. 2–2: Trennbereiche von Polyacrylamidgelen für SDS-denaturierte Proteine

Acrylamid-konzentration [%]	Molekularmasse [kDa]
5	60 – 200
10	16 – 70
15	12 – 45

Durchführung

Herstellung des Polyacrylamidgels

- Zwei Glasplatten gründlich reinigen, mit Wasser spülen und die dem Gel zugewandten Plattenseiten mit einem in Ethanol getränkten, fusselfreien, weichen Tuch (Kimwipe o.ä.) entfetten
- gemäß den Angaben des Herstellers der Elektrophoreseapparatur die Glasplatten mit den 0,75 mm-Abstandhaltern zu einem Sandwich zusammenbauen und in die vorgesehene Halterung zum Gießen des Gels einklemmen
- Dichtigkeit der Gelkassette durch Einfüllen von Wasser überprüfen; anschließend das Wasser wieder vollständig aus der Kammer entfernen (letzte Tropfen lassen sich mithilfe von Filterpapieren entfernen)
- Taschenschablone in die Gelkassette einsetzen und auf der vorderen Glasplatte den unteren Rand der Probentaschen mit einem Filzschreiber markieren, anschließend die Schablone wieder entfernen
- für das Trenngel Gellösung vorbereiten (Tab. 2–1); hierfür Acrylamidlösung, Trenngelpuffer sowie Wasser in einem 25 ml-Erlenmeyerkolben mit Vakuumausgang zusammengeben und unter Rühren vorsichtig im Wasserstrahlvakuum entgasen; dann SDS, APS sowie TEMED zugeben und die Lösung vorsichtig mischen
- Trenngellösung mit einer Pasteur-Pipette luftblasenfrei in die Gelkassette einfüllen, sodass die Höhe der Lösung zwischen den Glasplatten ca. 1–2 cm unterhalb der Probentaschenmarkierung liegt
- Trenngellösung vorsichtig mit Wasser oder Isopropanol überschichten (ca. 1 cm dick), damit sich eine flache Grenzfläche während der Polymerisation ausbilden kann
- Trenngellösung bei Raumtemperatur 30–60 min polymerisieren lassen; die Grenzschicht zwischen dem Gel und der überschichteten Lösung muss deutlich sichtbar sein
- über dem Gel stehende Flüssigkeit abgießen, mit Wasser ausspülen und Flüssigkeitsreste mittels Filterpapier entfernen
- das fertige Trenngel kann kurzfristig gelagert werden (4 °C); hierbei sollte es mit dem im Gel verwendeten Puffer überschichtet werden; das Sammelgel sollte jeweils kurz vor Durchführung der Elektrophorese erstellt werden, da ansonsten eine graduelle, durch Diffusion verursachte Vermischung der Puffer zwischen den beiden Gelen zu beobachten ist; die Auflösung wird beeinträchtigt
- Sammelgellösung gemäß Tab. 2–1 zubereiten, dabei, wie bereits für die Trenngellösung beschrieben, SDS, APS und TEMED erst nach Entgasen zugeben
- Sammelgellösung mit einer Pasteur-Pipette bis zum oberen Rand der Gelkassette einfüllen und sofort die Schablone für die Probentaschen einsetzen; wenn nötig noch Sammelgellösung nachfüllen, damit die Freiräume vollständig ausgefüllt werden; beim Gießen des Sammelgels Luftblasenbildung an den unteren Enden der Probentaschen vermeiden, da diese nach der Polymerisierung kleine, zirkuläre Depressionen in den Taschen verursachen und während der Trennung Verzerrungen in den Proteinbanden entstehen
- Sammelgellösung bei Raumtemperatur 30–45 min polymerisieren lassen; eine optische Diskontinuität um die Probentaschen herum wird nach erfolgter Polymerisierung deutlich sichtbar.

Probenvorbereitung

- 3 Teile zu analysierende Proteinlösung mit 1 Teil 3 × Probenauftragspuffer mischen und sofort 3–5 min bei 100 °C hitzedenaturieren; die denaturierten Proben können bei –20 °C aufbewahrt werden
- sobald die Proben mit 3 × Probenauftragspuffer versetzt wurden, sollte vermieden werden, sie ohne Hitzedenaturierung bei Raumtemperatur aufzubewahren, da z.B. endogene Proteasen, die in SDS-Puffer sehr aktiv sein können, schwerwiegende Degradationen hervorrufen können
- handelt es sich bei den Proben um Lyophilisate, die Sedimente in 50–100 µl Probenauftragspuffer resuspendieren und 3–5 min bei 100 °C denaturieren
- die Proben dürfen keine Kaliumionen enthalten, da diese ein unlösliches Salz mit Dodecylsulfat bilden
- um eine möglichst große Auflösung zu erzielen, sollten die Proteinproben vor der Denaturierung bei 0 °C gekühlt werden
- für eine komplexe Proteinmischung wird empfohlen, 25–50 µg Gesamtprotein in weniger als 20 µl aufzutragen, wenn sich eine Färbung des Gels mit Coomassie Blau anschließt (Abschn. 2.2.1); von Proben, die nur ein oder wenige Proteine enthalten, sollten 1–10 µg Gesamtprotein aufgetragen werden; bei einer anschließenden Silberfärbung kann je nach Komplexität der Proben 10–100-fach weniger Gesamtprotein (0,01–5 µg in weniger als 20 µl) eingesetzt werden (Abschn. 2.2.2)
- das maximal aufzutragende Volumen richtet sich nach der Dicke der verwendeten Abstandhalter/ Schablonen, nach der Anzahl der Probentaschen pro Schablone sowie nach der Vollständigkeit der ausgebildeten Probentaschen, d.h. wie hoch die Stege zwischen den Taschen auspolymerisiert sind; für ein Minigel (Bio-Rad Mini Protean II) kann mit 0,75 mm dicken Abstandhaltern/Schablonen sowie 15 Taschen pro Schablone ca. 14 µl Probe pro Tasche aufgetragen werden
- hitzedenaturierte Proben vor dem Auftragen auf das Gel 5 min bei 10.000 × g zentrifugieren, um unlösliche Bestandteile abzutrennen
- als Kontrolle bzw. Molekulargewichtsvergleich sollte pro Gel mindestens in einer Spur eine Standardproteinmischung (z.B. von Bio-Rad Laboratories, Sigma-Aldrich, GE Healthcare, Invitrogen GmbH; in verschiedenen Molekulargewichtsbereichen erhältlich) aufgetragen werden; Auftragsmenge und Probenvorbereitung sind den Herstellerangaben zu entnehmen; farbstoffmarkierte Proteinmischungen (z.B. ECL Plex Fluorescent Rainbow Marker, GE Healthcare) erlauben zum einen eine Laufkontrolle während der Elektrophorese und zum anderen eine einfache Identifizierung der Standardproteine nach erfolgter Elektrophorese; sie sind besonders empfehlenswert, falls nach erfolgter Elektrophorese die aufgetrennten Proteine weiterbearbeitet werden und z.B. ein Elektroblot mit anschließender Immunodetektion (Kap. 10) durchgeführt werden soll.

Elektrophorese

- Schablone aus dem auspolymerisierten Gel vorsichtig entfernen; dabei vermeiden, dass die Stege zwischen den Probentaschen zerstört werden
- Probentaschen sorgfältig mit Elektrodenpuffer spülen, um nicht polymerisiertes Acrylamid zu entfernen; es könnte nach Entfernen der Schablone weiter polymerisieren und ungleichmäßige Probentaschen verursachen
- Gelkassette nach Herstellerangaben in die Elektrophoreseapparatur einbauen
- beide Elektrodenkammern mit Elektrodenpuffer füllen und Luftblasen in den Probentaschen bzw. am unteren Rand der Gelkassette mit einer Spritze (mit gebogener Kanüle) entfernen
- Proben durch den Elektrodenpuffer hindurch mit einer Hamiltonspritze oder mittels Pipetten mit Einmalspitzen auf den Boden der Taschen eintragen; bei Verwendung einer Hamiltonspritze diese sorgfältig zwischen den einzelnen Probenauftragungen mit Elektrodenpuffer, Wasser oder Ethanol spülen
- in allen Taschen sollten möglichst gleiche Volumina eingetragen werden, um Verzerrungen während der Elektrophorese zu verhindern
- nicht benötigte Probentaschen sollten mit gleichem Volumen Probenauftragspuffer beladen werden, um ein Ausbreiten der Proben benachbarter Spuren zu verhindern
- Elektroden mit dem Stromgeber verbinden, Polarität oben (–), unten (+)

- Elektrophorese zunächst bei konstantem Strom von 10 mA (gilt für ein 0,75 mm dickes Gel) durchführen, bis die Bromphenolblau-Front das Trenngel erreicht hat, anschließend den Strom auf 15 mA erhöhen; die Elektrophorese eines Standard-16cm-Gelsandwiches, 0,75 mm dick, benötigt bei konstantem Strom von 4 mA ca. 15 h (mit 15 mA 4–5 h); 0,75 mm dicke Minigele dauern 1–1,5 h
- Elektrophorese beenden, sobald die Bromphenolblau-Front den unteren Gelrand erreicht hat
- Gel aus der Kammer entnehmen und die Proteine mit gewünschter Methode, z.B. Coomassie Blau (Abschn. 2.2.1) oder Silberfärbung (Abschn. 2.2.2) nachweisen oder Gele zum Transfer der Proteine auf Membranen verwenden (Kap. 10).

Trouble Shooting

- Die Proteine wandern nicht oder nur geringfügig in das Trenngel ein: Die gewählte Acrylamidkonzentration ist zu hoch; Gel mit geringerer Acrylamidkonzentration verwenden.
- Das Polypeptid wandert mit oder kurz hinter der Bromphenolblau-Front: Die Acrylamidkonzentration ist zu gering; bei sehr komplexen Proteinlösungen Gradientengele verwenden (Abschn. 2.1.4).
- Die Referenzproteine wandern ins Gel, die Proteine aus den Proben jedoch nicht oder nur geringfügig: Die Beladung der Proteine mit SDS ist nicht ausreichend. In der Regel rührt dies von einem zu kleinen Volumenverhältnis von Probenlösung und Probenauftragspuffer her oder der pH-Wert des Denaturierungsansatzes liegt im sauren Bereich (Bromphenolblau-Farbe beachten).

Literatur

Gallagher, S.R. (1995) in: Coligan, J.E., Dunn, B.M., Ploegh, H.L., Speicher, D.W., Wingfield, P.T. (Hrsg.): One-Dimensional SDS Gel Electrophoresis of Proteins. Current Protocols in Protein Science. John Wiley & Sons, New York.

Laemmli, U.K. (1970): Cleavage of Structural Proteins During the Assembly of the Head of Bacteriophage T4. Nature 227, 680–685.

2.1.2   Gelelektrophorese in Tris-Tricin-Puffersystemen

Die Trennung von Proteinen bzw. Proteinfragmenten unter 10–15 kDa ist mit dem diskontinuierlichen Gelsystem nach Laemmli (Abschn. 2.1.1) nicht immer befriedigend. Die Beeinträchtigung der Auflösung begründet sich in der gleichen Wanderungsgeschwindigkeit von kleinen Proteinen und SDS.

Das folgende Protokoll nach Schägger und von Jagow (1987) bedient sich zur Auftrennung kleiner Proteine eines anderen Puffersystems für die Gelelektrophorese. Bereits fertige Tricin-Gelsysteme werden von diversen Herstellern angeboten (Bio-Rad, Novex® Invitrogen GmbH). Gradientengele kommen zum Einsatz, falls ein größerer Molekulargewichtsbereich abgedeckt werden muss. Sind jedoch keine Proteine oberhalb von 100 kDa oder 70 kDa zu analysieren, wird die Tricin-SDS-Polyacrylamid-Gelelektrophorese mit uniformen Gelen empfohlen. Hinweise auf eine Auswahl von Geltyp und Trennsystem bei entsprechenden Trennproblemen sind in Tab. 2–3 gegeben, bzw. können bei den jeweiligen Herstellern von fertigen Gelsystemen eingesehen werden.

Materialien

- Die in Tab. 2–4 angegebenen Mengen für 30 ml Trenn- und 12,5 ml Sammelgellösung sind ausreichend für zwei Gele mit den Dimensionen von 0,75 mm × 16 cm × 16 cm (Protean II 16-cm, Bio-Rad; SE 400/600, GE Healthcare).
- 30 % (w/v) Acrylamid (Abschn. 2.1.1)
- Trenn- und Sammelgelpuffer: 3 M Tris-HCl, pH 8,45
- 10 % (w/v) Ammoniumperoxodisulfat (APS): 0,2 g APS ad 2 ml H_2O
- 10 % (w/v) Natriumdodecylsulfat (SDS): 10 g SDS ad 100 ml H_2O

- TEMED (N,N,N',N'-Tetramethylethylendiamin)
- Kathodenpuffer: 12,11 g Tris-Base, 17,92 g Tricin, 10 ml 10 % (w/v) SDS ad 1 l H_2O, den pH-Wert nicht einstellen, bei 4 °C bis zu 1 Monat lagerfähig
- Anodenpuffer: 0,2 M Tris-HCl, pH 8,9
- 2 × Tricin-Probenauftragspuffer: 1 ml 1 M Tris-HCl, pH 6,8, 0,8 g Natriumdodecylsulfat (SDS), 2,4 ml (3 g) Glycerin, 0,31 g Dithiothreitol (DTT), 2 mg Coomassie Blau G-250 ad 10 ml H_2O
- Vertikal-Gelelektrophorese-Apparatur mit Glasplatten, Abstandhaltern sowie Taschenschablonen
- Stromgeber

Durchführung

Herstellung des Polyacrylamidgels

Glasplatten sowie Gelkammer vorbereiten und Polyacrylamidgel herstellen wie in Abschn. 2.1.1 beschrieben; Trenn- und Sammelgellösung nach Tab. 2–4 zubereiten.

Probenvorbereitung

- Zu analysierende Proteinproben 1:1 mit 2 × Tricin-Probenauftragspuffer versetzen
- vor dem Gelauftrag die Proben 30–60 min bei 40 °C behandeln; falls Proteaseaktivität in den Proben vorhanden ist, wird empfohlen, die Proben 3–5 min bei 100 °C zu denaturieren.

Elektrophorese

Analog Abschn. 2.1.1 verfahren, jedoch die obere Pufferkammer mit Kathodenpuffer füllen, während in der unteren Pufferkammer der Anodenpuffer eingefüllt wird.

Tab. 2–3: Geltyp und Trennsystem

Gesamtbereich [kDa]	Geltyp	Trennsystem
6 bis größer 250	8–16% Gradient	Laemmli
2–100	10% einheitlich	Schägger
1–70	16,5%	Schägger
Optimaler Bereich [kDa]		
50–100	8%	Laemmli
20–60	13%	Laemmli
5–50	10%	Schägger
2–30	16,5%	Schägger
1–20	16,5% (H)	Schägger

(H): Hohe Konzentration an Quervernetzungsagenz
(Nach: Kellner et al. (1994): Microcharacterization of Proteins, VCH, Weinheim)

Tab. 2–4: Zusammensetzung von Sammel- und Trenngel für die Tris-Tricin-Gelelektrophorese

Stammlösungen	Sammelgel 10%	Trenngel 4%
30% Acrylamid/0,8% Bisacrylamid	1,62 ml	9,8 ml
Trenn- und Sammelgelpuffer	3,10 ml	10 ml
10% SDS	0,094 ml	0,30 ml
H_2O	7,656 ml	6,73 ml
Glycerin	–	4 g (3,17 ml)
10% APS	25 µl	50 µl
TEMED	5 µl	10 µl

Literatur

Gallagher, S.R. (1995) in: Coligan, J.E., Dunn, B.M., Ploegh, H.L., Speicher, D.W., Wingfield, P.T. (Hrsg.): One-Dimensional SDS Gel Electrophoresis of Proteins. Current Protocols in Protein Science. John Wiley & Sons, New York.

Schägger, H., von Jagow, G. (1987): Tricine-Sodium Dodecyl Sulfate-Polyacrylamide Gel Electrophoresis for the Separation of Proteins in the Range from 1 to 100 kDa. Anal. Biochem. 166, 368–379.

2.1.3 Kontinuierliche SDS-Gelelektrophorese

Die kontinuierliche Gelelektrophorese zeichnet sich durch Einfachheit und Schnelligkeit aus, da hier sowohl zur Herstellung des Trenngels wie auch des Elektrophoresepuffers nur ein Puffer verwendet wird.

Im Gegensatz zur diskontinuierlichen SDS-Gelelektrophorese werden jedoch eine geringere Auflösung und Bandenschärfe erzielt.

Materialien

Die in Tab. 2–5 angegebenen Mengen von 15 ml Trenngellösung sind ausreichend für ein Gel der Dimensionen 0,75 mm × 16 cm × 16 cm (Protean II 16 cm, Bio-Rad; SE 400/600, GE Healthcare)

- 30 % (w/v) Acrylamid (Abschn. 2.1.1)
- 10 % (w/v) Natriumdodecylsulfat (SDS): 20 g SDS ad 200 ml H_2O
- Trenngelpuffer (0,4 M Phosphatpuffer, pH 7,2, 0,4 % (w/v) SDS): 46,8 g NaH_2PO_4 × H_2O, 231,6 g Na_2HPO_4 × H_2O, 120 ml 10 % (w/v) SDS ad 3 l H_2O
- 10 % (w/v) Ammoniumperoxodisulfat (APS): 0,2 g APS ad 2 ml H_2O
- TEMED (N,N,N',N'-Tetramethylethylendiamin)
- Elektrodenpuffer (0,1 M Phosphatpuffer, pH 7,2, 0,1 % (w/v) SDS): 500 ml Trenngelpuffer ad 2 l H_2O
- 2 × Probenauftragspuffer: 0,5 ml Trenngelpuffer, 2 ml 10 % (w/v) SDS, 0,1 mg Bromphenolblau, 0,31 g DTT, 2 ml Glycerin, ad 10 ml H_2O
- Vertikal-Gelelektrophorese-Apparatur mit entsprechenden Glasplatten, Abstandhaltern sowie Taschenschablonen
- Stromgeber

Durchführung

Herstellung des Polyacrylamidgels

Vorbereitung von Glasplatten und Gelkammer, bzw. Herstellung des Polyacrylamidgels wie in Abschn. 2.1.1, jedoch das Trenngel nach Tab. 2–5 herstellen; die Trenngellösung bis zur oberen Begrenzung einfüllen, die Schablone für die Probentaschen einsetzen und das Gel 30–60 min bei Raumtemperatur polymerisieren lassen.

Probenvorbereitung

- Zu analysierende Proben 1:1 mit 2 × Probenauftragspuffer versetzen
- Proben anschließend 2 min bei 100 °C denaturieren.

Elektrophorese

- Wie in Abschn. 2.1.1 beschrieben verfahren; nachdem die Elektrophoresekammern mit Elektrodenpuffer gefüllt sind, die Proben in die Taschen eintragen und leere Taschen mit Probenauftragspuffer füllen
- Elektrophorese zunächst bei 15 mA durchführen bis der Blaumarker in das Gel eingetreten ist, dann den Stromfluss auf 30 mA hochregeln (0,75 mm × 16 cm × 16 cm Gele)

Tab. 2–5: Zusammensetzung von Trenngelen unterschiedlicher Acrylamidkonzentration für die kontinuierliche SDS-Gelelektrophorese

Trenngelzusammensetzung	Acrylamidkonzentration				
	5%	7,5%	10%	12,5%	15%
30% Acrylamid [ml]	2,50	3,75	5,00	6,25	7,50
0,4 M Phosphatpuffer [ml]	3,75	3,75	3,75	3,75	3,75
H_2O [ml]	8,468	7,218	5,968	4,718	3,468
10% SDS [µl]	150	150	150	150	150
10% APS [µl]	120	120	120	120	120
TEMED [µl]	12	12	12	12	12

- Elektrophorese beenden, sobald die Bromphenolblau-Front den unteren Rand des Gels erreicht hat (nach ca. 3 h für 5 %iges Gel, 5 h für 10 %iges Gel bzw. 8 h für 15 %iges Gel)
- die Elektrophorese sollte bei einer Temperatur zwischen 15 °C und 20 °C durchgeführt werden, da SDS in diesem System unter 15 °C präzipitiert
- Gel aus der Kammer entnehmen und die Proteine mit gewünschter Methode nachweisen.

Literatur

Weber, K., Pringle, J.R., Osborn, M. (1972): Measurement of Molecular Weights by Electrophoresis on SDS-Acrylamide Gel. Methods Enzymol. 26, 3–27.

2.1.4 Gradienten Gelelektrophorese

Weist die Trenngelmatrix einen Gradienten von ansteigender Polyacrylamidkonzentration auf, spricht man von einem Porengradientengel. Es trennt einen viel weiteren Bereich an Proteinen auf, als beispielsweise uniforme Gele. Die Proteinbanden werden dabei besonders im niedermolekularen Bereich schärfer getrennt, da das Gradientengel der Diffusion entgegenwirkt. Im Gegensatz zu Gelen mit einheitlicher Polyacrylamidkonzentration werden Proteine in Gradientengelen zwischen 10 und 200 kDa linear aufgetrennt, was eine Molekulargewichtsbestimmung ermöglicht.

Gele mit einem linearen Porengradienten werden durch zwei Polymerisationslösungen mit unterschiedlichen Acrylamidkonzentrationen hergestellt. Während des Gelgießens wird der hochkonzentrierten Lösung kontinuierlich niedrigkonzentrierte Lösung zugemischt, sodass die Konzentration in der Gießkammer von unten nach oben abnimmt. Damit sich die Schichten in der Kammer nicht untereinander mischen, erhält die hochkonzentrierte Lösung durch Zusatz von Glycerin oder Saccharose eine höhere Dichte.

Die Herstellung von Gradientengelen erfordert neben der apparativen Ausstattung (Gradientenmischer, Peristaltikpumpe etc.) gewisses experimentelles Geschick. Schon geringe Variationen in der Herstellung der Gradientengele stellen die Reproduzierbarkeit der Elektrophorese in Frage. Deshalb sei an dieser Stelle auf kommerzielle Anbieter von Gradientengelen mit unterschiedlichen Bereichen an Polyacrylamidkonzentration verwiesen (Minigele oder trägerfoliengestützte Polyacrylamidgele von Bio-Rad, GE Healthcare, Invitrogen GmbH etc.). Die käuflichen Mini-Gradientengele sind mit unterschiedlichen Taschenschablonen erhältlich. Sie gestatten es, 10–15 Proben (je 15–30 µl) elektrophoretisch zu trennen. Die Herstellung von Gradientengelen wird ausführlich in Walker, 2002 beschrieben.

Trenngele mit linearen Gradienten zwischen 4–15 % Polyacrylamid sind geeignet, um Proteine mit Molekulargewichten von 20–250 kDa aufzulösen. Für kleinere Proteine (10–100 kDa) werden Gradienten zwischen 10–20 % eingesetzt. Gradientengele können mit bzw. ohne SDS eingesetzt werden, je nachdem ob eine Elektrophorese unter denaturierenden oder nativen (Abschn. 2.1.5) Bedingungen durchgeführt werden soll. Für eine denaturierende Gelelektrophorese wird hinsichtlich der Probenvorbereitung und Durchführung der Elektrophorese auf Abschn. 2.1.1 verwiesen.

Materialien

- Gradientengel, z.B. 4–15 % Tris-HCl Ready Gel (Bio-Rad)
- 10 × Elektrodenpuffer, 3 × Probenauftragspuffer (Abschn. 2.1.1)
- Vertikal-Gelelektrophorese-Apparatur (Bio-Rad Mini-Protean II)
- Stromgeber

Durchführung

Probenvorbereitung

- 3 Teile zu analysierende Proteinlösung mit 1 Teil 3 × Probenauftragspuffer mischen und sofort 3–5 min bei 100 °C hitzedenaturieren; die denaturierten Proben können bei –20 °C aufbewahrt werden
- je nach Nachweismethode entsprechende Proteinmengen für die Elektrophorese verwenden (Abschn. 2.1.1).

Elektrophorese

- Fertiggel in der Gelkassette nach Herstellerangaben in die Elektrophoreseapparatur einbauen
- gemäß Abschn. 2.1.1 bzw. 2.2 (Färben von Proteinen im Gel) weiterarbeiten.

Literatur

Rothe, G.M., Purkhanbaba, H. (1982): Determination of Molecular Weights and Stokes' Radii of Non-Denatured Proteins by Polyacrylamide Gradient Gel Electrophoresis 1. An Equation Relating Total Polymer Concentration, the Molecular Weight of Proteins in the Range of 104–106, and Duration of Electrophoresis. Electrophoresis 3, 33–42.

Walker, J. M. (2002): Gradient SDS Polyacrylamide Gel Electrophoresis of Proteins in: Walker, J. M. (Hrsg.) The Protein Protocols Handbook. Humana Press Inc., Totowa, NJ, 69-72.

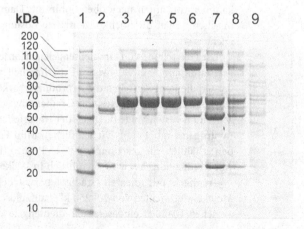

Abb. 2–1: Beispiel für eine Gradienten-Gelelektrophorese. Auftrennung verschiedener Fraktionen monoklonaler Antikörper (mAK) aus Mausserum in einem Pre-Cast Bis-Tris-Gel mit einem linearen Polyacrylamidgradienten von 4–12 % (NuPAGE Novex 4–12 % Bis-Tris Gel, Invitrogen GmbH). Die apparenten Molekulargewichte des Proteinstandardgemisches (Spur 1, 10 kDa Protein Ladder, Invitrogen GmbH) sind in der Abbildung den entsprechenden Banden zugeordnet worden. Aufgetrennt wurden gereinigte mAKs (Spur 2), Hybridoma-Zellkulturüberstände (Spuren 3 und 4), Durchbruch (Spur 5) sowie eluierte mAK-Fraktionen (Spur 6–9) einer Protein A Chromatographie. Die Färbung erfolgte mittels Coomassie (Abschn. 2.2.1). (Mit freundlicher Genehmigung der Brain AG)

2.1.5 Diskontinuierliche Gelelektrophorese unter nativen Bedingungen

Eine Elektrophorese unter nativen, d.h. nicht denaturierenden Bedingungen dient zur Reinigung von Proteinen anstelle von oder zusätzlich zu chromatographischen Methoden. Die native Konformation der Proteine bleibt erhalten, wodurch z.B. Enzyme neben proteinspezifischen Färbetechniken auch *in situ* durch enzymspezifische, histologische oder immunologische Nachweisverfahren detektiert werden können. Die elektrophoretische Trennung der Proteine ist hierbei von verschiedenen Faktoren, wie Molekülgröße, -form sowie -ladung abhängig.

Für wasserlösliche Proteine und Proteinkomplexe mit einem isoelektrischen Punkt unter 9,5 wird präferenziell eine Gelelektrophorese nach Laemmli (Abschn. 2.1.1) durchgeführt, wobei SDS durch H_2O ersetzt wird. Des Weiteren dürfen die Proteinproben nicht in einem denaturierenden Probenpuffer aufgenommen werden; ein entsprechender zweifach konzentrierter Probenauftragspuffer wäre wie folgt zu verwenden: 1,25 ml Sammelgelpuffer (1 M Tris-HCl, pH 6,8), 2 ml Glycerin, 0,1 mg Bromphenolblau ad 10 ml H_2O. Außerdem ist es wichtig, für die native Elektrophorese geeignete Standardproteine zu verwenden.

Für stark saure Proteine, die kein SDS binden, wie auch stark basische Nucleoproteine, die sich in SDS-Gelen sehr ungewöhnlich verhalten, wird eine Elektrophorese mit dem kationischen Detergenz Cetyltrimethylammoniumbromid (CTAB) im sauren Puffersystem bei pH 3–5 empfohlen. Das kationische Detergenz schädigt die Aktivität von Proteinen weit weniger als SDS, sodass die CTAB-Elektrophorese als eine Form der Nativ-Elektrophorese eingesetzt werden kann.

Bei der Verwendung von trägerfoliengestützten Polyacrylamidgelen ergibt sich durch Äquilibrieren der Gele in amphoteren Puffern, wie z.B. HEPES, MOPS oder MES ein weiteres Spektrum für den Einsatz von Elektrophoresen unter nativen Bedingungen. Wenn die Puffersubstanz nicht von anderen Ionen beeinflusst wird, hat sie keine Eigenladung und kann nicht im elektrischen Feld wandern.

Alternativ kann man das Blue-Native-Gelelektrophorese-System (BN-PAGE) nach Schägger verwenden, das ursprünglich für die Isolation von enzymatisch aktiven Membranproteinen bei pH-Wert 7,5 entwickelt worden ist. Ein essenzieller Faktor dieses Systems ist der Farbstoff Serva-Blau G (Coomassie Blau G-250), der dem Anodenpuffer zugesetzt wird. Dieser Farbstoff kompetitiert mit den für die Solubilisierung der Membranproteine notwendigen neutralen Detergenzien um Bindungsplätze auf der Proteinoberfläche.

Durch die negative Ladung des Farbstoffes treten folgende Effekte auf:

- Alle Proteine, die den Farbstoff gebunden haben, auch basische, wandern unter den Elektrophoresebedingungen (pH 7,5) in Richtung Anode.
- Negativ geladene Proteinoberflächen stoßen sich gegenseitig ab, wodurch die oft bei Membranproteinen beobachtete Aggregation vermindert wird.
- Die Proteine wandern in Form von blauen Banden durch das Gel, wodurch die Detektion und das Wiederfinden erleichtert werden.

Als Gelsystem wird ein in der Trenngelmatrix ansteigender Acrylamidgradient eingesetzt. BN-PAGE wird häufig zur Bestimmung der molekularen Masse und/oder des oligomeren Zustandes von Proteinen verwendet. Die hohe Auflösung erlaubt nicht nur eine Unterscheidung von monomeren und dimeren Formen eines Proteins, sondern auch die Detektion von Subkomplexen zusätzlich zu Holokomplexen. Unter diesem Aspekt ist die BN-PAGE sogar der analytischen Ultrazentrifugation überlegen.

Des Weiteren wird BN-PAGE häufig zur abschließenden Reinigung von mg-Mengen an vorgereinigten Proteinproben verwendet, die z.B. für funktionelle Studien, zur Immunisierung oder für weitere proteinchemische Arbeiten eingesetzt werden. Die Nachweisgrenze für eine BN-PAGE liegt bei 1 µg Protein pro Proteinbande.

Materialien

Aus bereits in Abschn. 2.1.4 erörterten Gründen sei auch an dieser Stelle auf kommerzielle Anbieter von Gradientengelen verwiesen (Bio-Rad, GE Healthcare, Invitrogen GmbH); Trenngele mit linearen Gradienten zwischen 4–15 % Polyacrylamid sind geeignet, um Proteine mit Molekulargewichten von 20–250 kDa aufzulösen; für kleinere Proteine (10–100 kDa) werden Gradienten zwischen 10–20 % eingesetzt.

- SDS-freies Tris-HCl-Gradientengel, z.B. 8–16 %
- Kathodenpuffer (50 mM Tricin, 15 mM Bis-Tris-HCl, pH 7, 0,02 % (w/v) Serva-Blau G): 8,95 g Tricin, 3,13 g Bis-Tris-Base, 0,2 g Serva-Blau G (Coomassie Blau G-250), mit HCl auf pH 7 einstellen, ad 1 l H_2O
- Kathodenpuffer ohne Farbstoff (50 mM Tricin, 15 mM Bis-Tris-HCl, pH 7): 8,95 g Tricin, 3,13 g Bis-Tris-Base, mit HCl auf pH 7 einstellen, ad 1 l H_2O
- Anodenpuffer (50 mM Bis-Tris-HCl, pH 7): 10,4 g Bis-Tris-Base, mit HCl auf pH 7 einstellen, ad 1 l H_2O
- 3 × Probenauftragspuffer (45 % (v/v) Glycerin, 150 mM Bis-Tris-HCl, pH 7): 4,5 ml Glycerin, 0,31 g Bis-Tris-Base, mit HCl auf pH 7 einstellen, ad 10 ml H_2O
- Vertikal-Gelelektrophorese-Apparatur
- Stromgeber

Durchführung

Probenvorbereitung

- 3 Teile zu analysierende Proteinlösung mit 1 Teil 3 × Probenauftragspuffer versetzen
- je nach Nachweismethode entsprechende Proteinmengen für die Elektrophorese verwenden; für enzymspezifische histologische Färbung oder für immunologischen Nachweis Proteinmengen wie bei der Silberfärbung (Abschn. 2.2.2) bzw. der SYPRO Orange-Färbung (Abschn. 2.2.3) verwenden.

Elektrophorese

- Fertiggel in die Gelkassette und nach Herstellerangaben in die Elektrophoreseapparatur einbauen
- Schablone aus dem Gel vorsichtig entfernen, dabei vermeiden, dass die Stege zwischen den Probentaschen zerstört werden
- die Probentaschen sorgfältig mit Kathodenpuffer spülen
- obere Elektrodenkammer mit Kathodenpuffer, untere mit Anodenpuffer füllen
- Proben durch den Kathodenpuffer hindurch auf den Boden der Probentaschen eintragen
- nicht benötigte Probentaschen mit Probenpuffer beladen
- Elektrophorese zunächst bei 80–100 V durchführen, bis die Proben in das Sammelgel eingelaufen sind, anschließend die Spannung auf 150–200 V erhöhen (jedoch nicht mehr als 15 mA)
- bei thermolabilen Proteinen die Elektrophorese bei 4 °C durchführen
- sollen die nativen Proteine im Anschluss an die Gelelektrophorese durch Elektroblotting auf eine Membran transferiert werden (Kap. 10), den Kathodenpuffer, nachdem die blaue Front ca. 1/3 der Gelhöhe eingelaufen ist, durch einen ähnlichen Puffer ohne Farbstoff austauschen
- die Elektrophorese beenden, sobald die blaue Front den unteren Gelrand erreicht hat
- Gel aus der Gelkammer entfernen und Proteine mit gewünschter Methode nachweisen (Abschn. 2.2) bzw. durch Elektroblotting auf entsprechende Membranen transferieren (Kap. 10).

Literatur

Akin, D.T., Shapira, R., Kinkade, J.M. Jr. (1985): The Determination of Molecular Weights of Biologically Active Proteins by Cetyltrimethylammonium Bromide Polyacrylamide Gel Electrophoresis. Anal. Biochem. 145, 170–176.

Andrews, A.T. (1986): Electrophoresis. Theory, Techniques and Biochemical and Clinical Applications. 2nd ed. Oxford University Press, New York.

Eley, M.H., Burns, P.C., Kannapell, C.C., Campbell, P.S. (1979): Cetyltrimethylammonium Bromide Polyacrylamide Gel Electrophoresis: Estimation of Protein Subunit Molecular Weights Using Cationic Detergents. Anal. Biochem. 92, 411–419.

Schägger, H., Cramer, W.A., von Jagow, G. (1994): Analysis of Molecular Masses and Oligomeric States of Protein Complexes by Blue Native Electrophoresis and Isolation of Membrane Protein Complexes by Two-Dimensional Native Electrophoresis. Anal. Biochem. 217, 220–230.

Schägger, H., von Jagow, G. (1991): Blue Native Electrophoresis for Isolation of Membrane Protein Complexes in Enzymatically Active form. Anal. Biochem. 199, 223–231.

2.1.6　Isoelektrische Fokussierung (IEF)

Bei der isoelektrischen Fokussierung (IEF) werden Proteine aufgrund ihrer charakteristischen isoelektrischen Punkte getrennt. Die Trennung erfolgt in großporigen Gelen, die z.B. Trägerampholyte (kleine geladene organische Moleküle) enthalten. Während der Elektrophorese bauen diese im Gel einen von der Anode zur Kathode aufsteigenden pH-Gradienten auf. Die Proteine wandern so lange im elektrischen Feld, bis sie im Gel zu dem pH-Wert gelangen, der ihrem isoelektrischen Punkt entspricht, d.h. die Nettoladung der Proteine gleich Null ist. Sie fokussieren in diesem Punkt und bleiben dann stationär im Gel.

Eine Denaturierung der Proteine in speziellen Solubilisierungspuffern gewährleistet zum einen die maximale Exponierung von Aminosäureseitenketten, die zum isoelektrischen Punkt eines Proteins beitragen. Zum anderen erfolgt eine Dissoziation von multimeren Untereinheiten eines Proteins.

Vergleichbar zur Gelelektrophorese nach Laemmli (Abschn. 2.1.1) kann eine IEF in *slab-* oder Plattengelen durchgeführt werden. Im Gegensatz dazu stehen die *tube-* oder Röhrchengele, die üblicherweise als erste Dimension in den 2D-Gelelektrophoresen nach O'Farrell (Abschn. 2.1.7) zum Einsatz kommen.

Heutzutage werden jedoch in zunehmendem Maße käufliche Gelfolien für die IEF verwendet. Dabei kommen sowohl immobilisierte pH-Gradienten (IPG) als auch konventionelle pH-Gradienten, die durch freie Trägerampholyte (Ampholine, Pharmalyte, GE Healthcare) gebildet werden, zum Einsatz. Trägerampholyt-pH-Gradienten entstehen durch Anlegen eines elektrischen Feldes an das Trennmedium. Immobilisierte pH-Gradienten werden z.B. durch Copolymerisation von Acrylamid und Immobilinen (GE Healthcare) kovalent an das Trenngel gebunden. Somit zeigen die pH-Gradienten der IPG eine bessere Linearität, die weder durch Salz- noch Pufferionen beeinflusst wird. Die Trennung von Proteinen werden reproduzierbarer.

Des Weiteren wird unterschieden, ob das Gel kovalent mit der Trägerfolie verbunden ist (Servalyt Precotes™, Serva Electrophoresis GmbH) oder nicht. Damit z.B. das Gel nach der Fokussierung zum Blotten auf Membranen (Kap. 10) leichter abgenommen werden kann, befindet sich bei den nicht kovalent gebundenen Gelen zur Stabilisierung Stützgewebe im Gel (Servalyt PreNets™, Serva Electrophoresis GmbH).

Immobiline DryStrips (GE Healthcare) sind 3 mm breite Gelfolien, die vor der IEF rehydriert werden müssen und für die Analyse bei geringer Probenzahl geeignet sind, bzw. anstelle von Röhrchengelen als erste Dimension bei der 2D-Gelelektrophorese (Abschn. 2.1.7) eingesetzt werden können. Diese DryStrips sind in zwei unterschiedlichen Längen (110 × 3 mm bzw. 180 × 3 mm) und pH-Bereichen (4–7 und 3–10) erhältlich.

Darüber hinaus gibt es auch *pre-cast* IEF-Minigele, die in vertikalen Gelsystemen, wie unter Abschn. 2.1.1 beschrieben, eingesetzt werden können. Diese Novex® IEF-Gele bestehen aus 5 % Polyacrylamid, sind für die native Gelelektrophorese geeignet, enthalten 2 % Ampholyte und in den Bereichen pH 3–10 bzw. pH 3–7 erhältlich (Invitrogen GmbH).

Die Wahl des pH-Bereichs richtet sich nach dem/den isoelektrischen Punkt(en) der zu analysierenden Proteine. Breite pH-Gradienten (z.B. 3–10) kommen in Frage, wenn der isoelektrische Punkt der Proben nicht bekannt ist oder komplexe Lösungen analysiert werden sollen. Unter Verwendung von engeren pH-Bereichen können Unterschiede von z.B. 0,01 Einheiten in den isoelektrischen Punkten aufgelöst werden. Die Ermittlung der isoelektrischen Punkte erfolgt durch Vergleich mit entsprechenden Markerproteinen.

Nach erfolgter IEF können die Proteine im Gel angefärbt (Abschn. 2.2) oder elektrogeblottet (Kap. 10) und anschließend z.B. immungefärbt werden. Falls radioaktiv markierte Proteinproben analysiert wurden, können die Gele getrocknet und anschließend autoradiographiert werden (Abschn. 1.3).

Materialien

Für eine detaillierte Liste der benötigten Materialien sei auf die Herstellerangaben der verwendeten Gelfolien bzw. -systeme verwiesen; an dieser Stelle kann nur eine ungefähre Aufstellung an notwendigen Geräten und Chemikalien gegeben werden.

- Gelfolien bzw. *pre-cast* Minigele mit gewünschtem pH-Bereich (GE Healthcare, Bio-Rad, Serva Electrophoresis GmbH, Invitrogen GmbH)
- Elektrodenpuffer-Filterstreifen (Gelfolien) bzw. Anoden- und Kathodenpuffer (*pre-cast* Minigel): 50 × Anodenpuffer: 2,4 ml 85 % Phosphorsäure (H_3PO_4) ad 100 ml H_2O; 10 × IEF-Kathodenpuffer, pH 3–7: 5,8 g Lysine (freie Base) in 100 ml H_2O lösen; 10 × IEF-Kathodenpuffer, pH 3–10: 2,9 g Lysine (freie Base) und 3,5 g Arginin (D, L oder D/L; freie Base) in 100 ml H_2O lösen; Pufferlösungen bei 4 °C bis zu 6 Monaten lagerfähig
- Applikatorstreifen für den Probenauftrag (Gelfolien)
- 2 × Probenauftragspuffer (*pre-cast* Minigele), pH 3–7: 2 ml 10 × IEF-Kathodenpuffer, pH 3–7 bzw. pH 3–10, 3 ml Glycerin ad 10 ml H_2O
- Whatman 3MM-Filterpapier (GE Healthcare; Gelfolien)
- Kerosin oder Silikon- bzw. Paraffinöl für Kühlzwecke (Gelfolien)
- Harnstoff (für denaturierende IEF)
- SDS (für denaturierende IEF)
- Dithiothreitol (DTT) oder β-Mercaptoethanol (für reduzierende IEF)
- Essigsäure (Gelfolien) bzw. 12 % (v/v) Trichloressigsäure (*pre-cast* Minigele)
- Ethanol (Gelfolien)
- horizontale Gelelektrophorese-Apparatur mit Kühlplatte (z.B. Multiphor® II bzw. Ettan IGphor Elektrophoresesystem, GE Healthcare) und externem Kühlsystem (z.B. MultiTemp III Thermostatic Circulator, GE Healthcare, alles für Gelfolien) bzw. XCell SureLock® Mini-Cell (Invitrogen GmbH)
- programmierbarer *high voltage* Stromgeber

Durchführung

Vorbereitung der käuflichen Gelfolien
- Käufliche Gelfolien gemäß Herstellerangaben vorbereiten (z.B. Rehydrierung der Immobiline DryStrips in einer Quellkassette)
- soll eine IEF unter denaturierenden und reduzierenden Bedingungen durchgeführt werden, so kann z.B. im Falle der Immobiline DryStrips der Rehydrierungslösung 8 M Harnstoff und 13 mM DTT bzw. dem Probenauftragspuffer 9 M Harnstoff und 65 mM DTT zugesetzt werden; die anderen trägerfoliengestützten Gele können in entsprechendem Puffer vor Gebrauch äquilibriert werden.

Vorbereitung der käuflichen Minigele
- die *pre-cast* Minigele erfordern keine Vorbereitung

Probenvorbereitung
Genaue Angaben wie z.B. Probenvolumen, Zusammensetzung des Probenauftragspuffers etc. sind den Instruktionen der Hersteller zu entnehmen.
- Proteinproben mit hohem Salzgehalt (> 0,1 M) müssen vor der IEF durch Dialyse oder Ultrafiltration (z.B. Vivaspin 2, 0,4–2 ml mit Polyethersulfon-Membran unterschiedlicher Ausschlussgrößen, Sartorius Stedim Biotech S.A.) auf Ionenstärken von ca. 5–10 mM bzw. 50 mM (Immobiline) eingestellt werden; hierbei ist die Stabilität der zu analysierenden Proteine bei geringen Ionenstärken vorher zu überprüfen
- die endgültige SDS-Konzentration in den Proben sollte (nach Zugabe von Probenpuffer) unter 0,25 % (w/v) liegen
- das Elektrophoreseergebnis ist sowohl vom Probenvolumen als auch von der Proteinkonzentration abhängig und richtet sich nach den verwendeten Gelfolien; als Faustregel sollten möglichst konzentrierte Proben in geringen Volumina eingesetzt werden
- ein weiteres Kriterium für die einzusetzende Proteinmenge ist die Nachbehandlung der Gele, d.h. ob z.B. eine Anfärbung der Proteine oder ein Elektroblot mit Immunofärbung erfolgen soll; so können

z.B. in einem 1 mm dicken *pre-cast* Minigel (10er Taschenschablone) mit anschließender Silberfärbung Proteinkonzentrationen im hohen ng bzw. niedrigen µg-Bereich detektiert werden

- die Beladungskapazität von IPG ist höher als z.B. bei Ampholine-Gelen; die Limitierung liegt bei der Konzentration der Probe beim Eintritt der Proteine ins Gel; wenn eine größere Proteinmenge aufgetrennt werden soll, empfiehlt sich Verdünnen und mehrmaliges Nachladen der Probe; in manchen Fällen empfiehlt es sich, der Probe 2 % (v/v) Nonidet NP-40 oder Polyethylenglycol hinzuzufügen

- für die *pre-cast* IEF-Minigele werden die Proben 1:1 mit 2 × Probenauftragspuffer, pH 3–10 bzw. pH 3–7 versetzt

- je nach gewählter Größe der Taschenschablonen (10, 12 bzw. 15) bzw. Dicke der Gele, können bei den *pre-cast* Minigelen zwischen 15 und 25 µl Probe aufgetragen werden

- nur vollständig gelöste Proteine können bei der Elektrophorese wandern, nicht gelöste Proteine erscheinen an der Auftragsstelle als Präzipitat; deshalb die Proteinproben vor dem Auftragen mindestens 2 min bei 10.000 × g zentrifugieren.

Elektrophorese (Gelfoliensystem)

- Genaue Anweisungen z.B. zur Herstellung der Elektrodenpuffer-Filterstreifen, Zusammenbau des Systems oder Anlegen des Applikatorstreifens sind den Bedienungsanleitungen der fertigen Gelfolien bzw. den Hinweisen des Geräteherstellers zu entnehmen

- Kühlplatte der Elektrophoresekammer über den externen Kryostat auf 5–20 °C abkühlen und gleichmäßig mit Kerosin bzw. Silikonöl benetzen; normalerweise wird bei einer Temperatur von 10 °C fokussiert, bei speziellen Applikationen werden tiefere (empfindliche Enzyme) bzw. höhere Temperaturen (Harnstoff) verwendet; in Gegenwart von Harnstoff nicht unter 15 °C kühlen, um eine Präzipitation des Harnstoffs zu vermeiden

- Gelfolie (Streifen) luftblasenfrei auflegen, das Kerosin bzw. Silikonöl zwischen der Kühlplatte und den Gelfolien gewährleistet eine gute Wärmeübertragung während der Elektrophorese

- soll das Gel nach der IEF geblottet oder eventuell in selbsthergestellten SDS-Gelen als Auftrag für die zweite Dimension dienen, muss die Trägerfolie vor der IEF entfernt werden (d.h. die unbedruckte Folie im Falle der PreNets)

- Elektroden-Filterstreifen mit den für die Anode und Kathode entsprechenden Elektrodenpuffern tränken, überschüssige Flüssigkeit abtupfen und mit sauberen Pinzetten parallel zueinander auf das Gel auflegen

- Applikatorstreifen parallel zu den Elektrodenstreifen gleichmäßig quer über die Gelfolie legen; dabei gegen die Anode rücken, wenn basische Proteine analysiert werden; gegen die Kathode bei sauren Proteinen, bzw. in der Mitte belassen bei Proteinen mit unbekanntem isoelektrischem Punkt; der Applikatorstreifen muss absolut sauber sein, da Staubteilchen und Verunreinigungen den Kontakt mit dem Gel stören können, was zum Verlaufen der Probe und damit zu Verzerrungen führen kann

- Proben in die Schlitze des Applikatorstreifens pipettieren, wobei das Volumen der Probe das Fassungsvermögen eines Schlitzes nicht überschreiten sollte; zwischen den Proben sollten keine freien Schlitze bleiben

- Elektroden in der Mitte der Elektrodenpuffer-Filterstreifen auflegen und je nach verwendeter Apparatur anpressen

- das Fokussierungsprogramm richtet sich sowohl nach der Länge der verwendeten Gelfolien als auch nach deren Zusammensetzung; allgemein wird nach dem Probenauftrag zunächst eine geringe Anfangsspannung (200–500 V) angelegt, die über einen gewissen Zeitraum auf eine Endspannung von z.B. 2 kV ansteigt; zu Beginn sollte die Feldstärke im Gel möglichst niedrig sein (weniger als 40 V × cm^{-1}), um Proteinpräzipitation zu verhindern; je nach verwendetem System ist die Gesamtzahl an Voltstunden (Vh) bzw. die Endleistung (in Watt) entscheidend

- IEF-Gele mit einem breiten pH-Bereich, z.B. Immobiline DryStrip pH 3–10, sollten bei 3 kV für 2–4 h, Gele mit einem engeren pH-Bereich für 4–7 h fokussiert werden

- nach beendeter Elektrophorese die Gelfolie aus der Elektrophoreseapparatur nehmen und die Proteine im Gel fixieren; hierfür 30 min in 40 % (v/v) Ethanol, 10 % (v/v) Essigsäure bei Raumtemperatur schütteln
- gemäß Abschn. 2.2 (Färben von Proteinen im Gel) weiter verfahren.

Elektrophorese (Minigel-System)

- Die *pre-cast* Minigele nach Herstellerangaben bzw. gemäß den Anweisungen des Geräteherstellers in die Elektrophoreseapparatur einbauen
- Proben mit einer Hamiltonspritze oder mittels Pipetten mit Einmalspitzen auf den Boden der Taschen eintragen; bei Verwendung einer Hamiltonspritze zwischen den einzelnen Auftragungen diese sorgfältig mit Kathodenpuffer, Wasser oder Ethanol spülen (Abschn. 2.1.1)
- die obere Pufferkammer vorsichtig mit 200 ml IEF-Kathodenpuffer füllen, dabei die Proben in den Geltaschen nicht aufwirbeln; die untere Pufferkammer mit 600 ml IEF-Anodenpuffer füllen
- Elektroden mit dem Stromgeber verbinden, Polarität oben (–), unten (+)
- Elektrophorese bei konstanter Spannung: 1 h bei 100 V, 1 h bei 200 V und 30 min bei 500 V; erwarteter Strom sollte am Anfang der Elektrophorese bei 5 mA und am Ende 6 mA betragen
- nach beendeter Elektrophorese das Gel aus der Kammer nehmen und die Proteine im Gel fixieren; hierfür 30 min in 12 % (v/v) Trichloressigsäure (TCA) bei Raumtemperatur schütteln
- gemäß Abschn. 2.2 (Färben von Proteinen im Gel) weiter verfahren.

Trouble Shooting

- Das Tragen von Handschuhen ist besonders empfehlenswert, wenn geringe Proteinmengen mittels Silberfärbung nachgewiesen werden sollen. Durch Keratine können artifizielle Proteinspots (pH-Bereich 5–8, Molekulargewichtsbereich 50–65 kDa) hervorgerufen werden.
- Harnstoffhaltige Lösungen nur kurz erwärmen und nicht über 30–40 °C erhitzen, da Isocyanat, ein Abbauprodukt des Harnstoffs, Proteine in der Lösung carbamyliert, was deren isoelektrische Punkte verändert.
- Je nach Herstellerangaben für die fertigen IEF-Medien/Gele sollte die Salzkonzentration der zu analysierenden Proben so gering wie möglich gehalten werden.

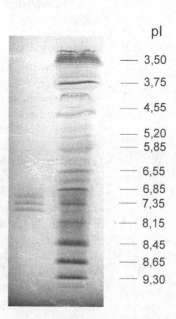

pI

— 3,50

— 3,75

— 4,55

— 5,20
— 5,85

— 6,55

— 6,85
— 7,35

— 8,15

— 8,45

— 8,65

— 9,30

Abb. 2–2: Beispiel für eine isoelektrische Fokussierung. Dargestellt ist eine in der SDS-Gelelektrophorese homogene Proteinfraktion. Durch Coomassie-Färbung wurden von diesem rekombinanten Protein nach Trennung auf einem PhastGel (GE Healthcare, Abschn. 2.1.8.) mit einem Trennbereich von pI 3–9 mindestens drei isoelektrische Punkte des Proteins nachgewiesen. Die pI-Werte des eingesetzten Proteinmarker-Gemisches (Broad pI Kit, pH 3,5–9,3, GE Healthcare) sind in der Abbildung den entsprechenden Banden zugeordnet worden. (Mit freundlicher Genehmigung der Brain AG)

Literatur

Patel, D., Rickwood, D. (1996) in: Price, N.C. (Hrsg.): Proteins Labfax. BIOS Scientific Publishers Ltd, Oxford.

Radola, B.J. (1983) in: Tschesche, H. (Hrsg.): Modern Methods in Protein Chemistry. Walter de Gruyter, Berlin, 21–48.

Strahler, J.R., Hanash, S.M., Somerlot, L., Weser, J., Postel, W., Görg, A. (1987): High Resolution Two-Dimensional Polyacrylamide Gel Electrophoresis of Basic Myeloid Polypeptides: Use of Immobilized pH Gradients in the First Dimension. Electrophoresis 8, 165–173.

Strahler, J.R., Hanash, S.M. (1991): Immobilized pH Gradients. Analytical and Preparative Use. Methods 3, 109–114.

2.1.7 Zweidimensionale Polyacrylamid-Gelelektrophorese

Die zweidimensionale Polyacrylamid-Gelelektrophorese (2-DE) verbindet zwei verschiedene elektrophoretische Trenntechniken miteinander und ermöglicht somit eine viel umfassendere Trennung von komplexen Gemischen als die jeweilige Technik alleine. Die Kombination von isoelektrischer Fokussierung (IEF) in der 1. Dimension (Trennung nach isoelektrischen Punkten) mit der diskontinuierlichen SDS-Gelelektrophorese in der 2. Dimension (Trennung nach molekularen Massen) stellt derzeit das leistungsfähigste Trennverfahren für Proteine dar. Mithilfe von großformatigen zweidimensionalen Gelen und entsprechend sensitiven Nachweismethoden können praktisch 1.000–2.000 definierte Spots z.B. aus Gewebsextrakten oder Gesamtzellaufschlüssen erfasst werden.

Hierbei kann ein einzelnes Protein mehrere, meist dicht beieinander liegende Spots in der IEF-Dimension verursachen, was sich durch einen variablen Grad an chemischer (Desaminierung oder Oxidation von Aminoseitenketten) oder posttranslationaler Modifikation (z.B. Phosphorylierung oder Glykosylierung) erklären lässt.

Neben der analytischen Information der 2-DE wird die Methode in zunehmendem Maße auch präparativ eingesetzt, da durch entsprechend sensitive nachgeschaltete Methoden die Proteine nach der 2-DE auf Membranen elektrogeblottet und N-terminal oder intern sequenziert werden können.

Die größte technische Limitierung der 2-DE ist ihre Gel-zu-Gel-Variation. Zusätzliche Faktoren wie Unterschiede in der Extraktion von zellulären Proteinen oder Wiederfindung von Proteinen während der Probenvorbereitung beeinflussen die Reproduzierbarkeit dieser Methode. Insbesondere wenn computerunterstützte Vergleiche von Zell- oder Gewebeextrakten durchgeführt werden sollen, ist die Variation kritisch.

Meist wird die hochauflösende 2-DE nach O'Farrell (1975) oder Klose (1975) durchgeführt, wobei die 1. Dimension z.B. eine Harnstoff-IEF in vertikalen Rundgelen und die 2. Dimension eine SDS-PAGE in vertikalen Flachgelen darstellt. Die meisten Probleme wie Trennleistung und Reproduzierbarkeit treten bei der 1. Dimension auf, wenn sie nach der traditionellen Methode durchgeführt wird. Zur Herstellung von vertikalen Rundgelen mit sogenannten Carrier Ampholyten für die erste Dimension sei auf Gravel, 2002 verwiesen. Durch Verwendung immobilisierter pH-Gradienten für die 1. Dimension in Form individueller Gelstreifen erhält man stationäre 2D-Elektrophoresemuster über das gesamte pH-Spektrum. Als 1. Dimension können die käuflichen, dünnen IEF-Gelfolien (z.B. Servalyt PreNets, Serva Electrophoresis GmbH bzw. Immobiline DryStrips, GE Healthcare, Abschn. 2.1.6) verwendet werden. Die Fokussierungsstreifen werden nach der IEF und Äquilibrierung mit SDS-Probenpuffer auf das SDS-Gel (2. Dimension) übertragen. Da das Fokussierungsgel auf Folie polymerisiert ist, findet beim Transfer keine Längenveränderung statt, was eine zusätzliche Erhöhung der Reproduzierbarkeit bringt. Die Herstellung von immobilisierten Gelstreifen wird ausführlich bei Gianazza (2002) beschrieben.

Die zweite Dimension ist weniger problematisch. Je nach Beschaffenheit der Probe wird zwischen einem Porengradientengel (Abschn. 2.1.4) oder einem homogenen Trenngel mit entsprechender Acrylamidkonzentration gewählt. Eine Trennung in der zweiten Dimension kann durch eine diskontinuierliche SDS-PAGE nach Laemmli (1970) in selbst hergestellten Gelen erfolgen (Abschn. 2.1.1), wobei etwas dickere Vertikalgele einzusetzen sind. Alternativ können trägerfoliengestützte Flachbett-Fertiggele, z.B. mit einem Porengradienten von 8–18 % Acrylamid verwendet werden (z.B. ExcelGel SDS, Gradient 8–18, 250 × 110 × 0,5 mm, GE Healthcare). Diese Fertiggele zeichnen sich durch einfache Handhabung aus, und die Elektrophorese der zweiten Dimension kann in der gleichen Apparatur wie die Analyse der ersten Dimension durchgeführt werden.

Um eine möglichst hohe Auflösung zu erzielen, stehen für die 2. Dimension (z.B. horizontale Systeme) Gelmaße von 20 × 22 cm zur Verfügung (GE Healthcare).

Materialien

1. Dimension

- Gelfolien mit gewünschtem pH-Bereich, z.B. Immobiline DryStrip, pH 3–10, 110 × 3 mm (GE Healthcare) oder Servalyt PreNets, pH 3–6 (Serva Electrophoresis GmbH)
- weitere Materialien Abschn. 2.1.6 bzw. laut Hersteller einsetzen
- Äquilibrierungsstammlösung (2 % (w/v) SDS, 6 M Harnstoff, 0,1 mM EDTA, 0,01 % (w/v) Bromphenolblau, 50 mM Tris-HCl, pH 6,8, 30 % (v/v) Glycerin): 20 ml 10 % (w/v) SDS, 36 g Harnstoff, 3 mg EDTA, 10 mg Bromphenolblau, 5 ml 1 M Tris-HCl, pH 6,8 ad 100 ml H_2O; Puffer, in dem die Gelstreifen nach Beendigung der ersten Dimension (IEF) auf die Auftragsbedingungen der zweiten Dimension äquilibriert werden
- 2,6 M Dithiothreitol (DTT)-Stammlösung: 250 mg DTT in 0,5 ml H_2O, jeweils frisch ansetzen
- Äquilibrierungslösung 1 (EB 1): zu 10 ml Äquilibrierungsstammlösung kurz vor dem Äquilibrierungsschritt 0,2 ml DTT-Stammlösung geben
- Äquilibrierungslösung 2 (EB 2): zu 10 ml Äquilibrierungsstammlösung kurz vor dem zweiten Äquilibrierungsschritt 0,2 ml DTT-Stammlösung sowie 481 mg Iodacetamid geben.

2. Dimension (selbst hergestellte Gele)

- Die für die zweite Dimension benötigten Materialien entsprechen denen aus Abschn. 2.1.1
- für eine Aufnahme der 3 mm breiten Gelstreifen (Trägerfolie vor der IEF entfernen (Abschn. 2.1.6), Länge der Gelstreifen ggf. an Maße des SDS-Gels anpassen) müssen 1,5 mm dicke Gele für die zweite Dimension hergestellt werden; eine zum Gel geneigte, abgeschrägte Kante am oberen Ende der vorderen Glasplatte erleichtert zusätzlich die Aufnahme der IEF-Streifen
- Agarose zum Abdichten (1 % (w/v) Agarose in Äquilibrierungspuffer 1): 0,2 g Agarose ad 10 ml H_2O, Lösen der Agarose kann durch vorsichtiges Aufkochen in der Mikrowelle erfolgen, dann gleiches Volumen (10 ml) EB 1 zugeben und im Wasserbad bei ca. 60 °C aufbewahren, um die Lösung bis zum Abdichten flüssig zu halten
- SDS-Standardproteingemisch fixiert in 2 % (w/v) Agarose: 3 ml Molekulargewichtsmarker-Gemisch in SDS-Probenauftragspuffer (Abschn. 2.1.1) herstellen, das von jedem Proteinstandard 250 µg bei nachheriger Coomassie Blau-Färbung (Abschn. 2.2.1) bzw. 25 µg bei Silberfärbung (Abschn. 2.2.2) enthält; mit 2 ml einer geschmolzenen 2 %igen Agaroselösung versetzen und mischen; Lösung in ein sauberes Glasrohr (I.D. 3 mm) füllen, das an einem Ende mit Parafilm verschlossen wurde, und erstarren lassen; danach vorsichtig die feste Agarose aus dem Gefäß entfernen und in 5 mm dicke Scheiben schneiden; Stücke separat in flüssigem Stickstoff schockgefrieren und bei –80 °C bis zur weiteren Verwendung lagern (nicht länger als 1 Jahr haltbar).

2. Dimension (käufliche Fertiggele)

- z.B. ExcelGel SDS Polyacrylamid Gradientengele, 8–18 % Polyacrylamid, 0,5 mm Pufferstreifen (GE Healthcare)
- Kerosin bzw. Silikonöl zum Kühlen

Durchführung

1. Dimension

- Rehydrieren der käuflichen Gele; die Probenvorbereitung sowie die Elektrophorese entsprechen dem in Abschn. 2.1.6 beschriebenen Verfahren
- nach erfolgter Elektrophorese die IEF-Streifen vom Kühlblock nehmen und in geeignetem Gefäß (z.B. 12 ml-Röhrchen oder für längere Streifen Petrischale) mit EB 1 unter Schütteln 10 min bei Raumtemperatur inkubieren
- um ein Verkratzen der Oberfläche zu vermeiden, immer nur einen Streifen pro Gefäß inkubieren sowie die Trägerfolie zur Gefäßwand ausrichten
- Vorgang mit EB 2 wiederholen
- äquilibrierte IEF-Streifen zu einem „C" biegen und seitlich hochkant für 1 min auf ein trockenes Filterpapier legen, um überschüssige Lösung zu entfernen
- sind mehrere Streifen in der ersten Dimension analysiert worden, die nicht benötigten IEF-Streifen in Plastikfolie einschlagen und sofort, ohne zu äquilibrieren, bei –80 °C zur späteren Verwendung lagern.

2. Dimension (selbst hergestellte Gele)

- Wie in Abschn. 2.1.1 verfahren, jedoch eine Glasplatte mit abgeschrägtem Rand verwenden
- Sammelgellösung gemäß Tab. 2–1 zubereiten und mit einer Pasteur-Pipette bis zum oberen Rand der Gelkassette, d.h. zum äußeren Rand der abgeschrägten Glasplatte einfüllen; keine Taschenschablone einsetzen, sondern sofort mit geringen Mengen Wasser überschichten (das Wasser adhäriert auch in der „vollen" Kassette durch die Oberflächenspannung), sodass eine glatte Oberfläche während der Polymerisation erzeugt wird; ein besserer Kontakt zwischen erster und zweiter Dimension ist gewährleistet
- nach der Polymerisation kann das Sammelgel bis zum unteren Rand der Glasplattenschräge geschrumpft sein
- Gelkassette gemäß Abschn. 2.1.1 zusammenbauen, jedoch noch keinen Elektrophoresepuffer in die obere Pufferkammer einfüllen
- etwas Elektrophoresepuffer auf das obere Ende des SDS-Gels geben
- vorsichtig das IEF-Gel auf das obere Ende des SDS-Gels auflegen und vermerken, auf welcher Seite das basische Ende des IEF-Gels zu liegen kommt (gelbgefärbtes Bromphenolblau befindet sich am sauren Ende)
- kleines Stückchen Agarose, das SDS-Markerproteingemisch enthält, neben das basische Ende des IEF-Streifens legen
- vorsichtig das IEF-Gel sowie das Agarosestückchen mit flüssiger Agaroselösung überschichten und damit fixieren.

2. Dimension (käufliche Fertiggele)

- Temperatur der Elektrophoreseeinheit auf 15 °C einstellen
- Schutzfolie von der oberen Seite des ExcelGel SDS entfernen
- SDS-Gel mit der Trägerfolie nach unten luftblasenfrei auf die mit Silikonöl beschichtete Kühlplatte legen, dabei kein Silikon auf die Oberfläche des Gels gelangen lassen, um ein Verrutschen der Pufferstreifen während der Elektrophorese zu verhindern
- Papier-Elektrodenbrücken in Elektrodenpuffer tränken, bzw. fertige Streifen aus der jeweiligen Verpackung entnehmen und so auf das Gel legen, dass sie auf jeder Seite 15 mm überlappen
- äquilibrierten und abgetupften IEF-Streifen mit der Gelseite nach unten luftblasenfrei auf die Oberfläche des SDS-Gels entlang der kathodischen Elektrodenbrücke legen
- kleine Probenauftragsstreifchen werden an den jeweiligen Enden des IEF-Streifens platziert (sollen in Kontakt mit dem Gel stehen), damit überschüssiger Puffer, der während der Elektrophorese aus dem IEF-Streifen „gepumpt" wird, aufgesogen werden kann

- falls SDS-Markerproteine (max. Auftragsvolumen 15–20 µl, 0,2–1 µg je Protein bei einer Coomassie Blau-Färbung, bzw. 10–50 ng bei anschließender Silberfärbung) in der zweiten Dimension aufgetrennt werden sollen, muss ein zusätzliches Probenauftragsstück auf das SDS-Gel gelegt werden
- Elektrodenhalterungen in die obere Position bringen und die Elektroden an den Pufferstreifen ausrichten, mit der Spannungsquelle verbinden und vorsichtig auf die Pufferstreifen auflegen
- Deckel der Elektrophoreseeinheit schließen
- Elektrophorese: 15 °C, max. 30 mA, max. 30 W
- hat sich die Bromphenolblau-Front ca. 2 mm von den IEF-Streifen entfernt (ExcelGel SDS Gradient 8–18 %), nach ca. 75 min bei max. 200 V, den IEF-Streifen abnehmen und die kathodische Elektrodenbrücke versetzen, sodass sie über die Fläche des IEF-Streifen-Kontakts reicht
- Trennung bei max. 600 V fortsetzen, bis die Bromphenolblau-Front die anodische Gelkante erreicht hat (ca. 70 min)
- IEF-Streifen mit Coomassie Blau-Färbung (Abschn. 2.2.1) testen, ob alle Proteine in die zweite Dimension ausgewandert sind
- nach beendeter Elektrophorese kann das Gel analog Abschn. 2.2 mittels Coomassie Blau bzw. Silber gefärbt werden.

💣 Trouble Shooting

- Die große Anzahl an experimentellen Schritten in der 2D-Gelelektrophorese erhöht die Wahrscheinlichkeit, dass grundlegende Fehler gemacht werden oder dass Probleme auftauchen. Ein wichtiger Punkt ist die Probenvorbereitung. Es muss gewährleistet sein, dass die Proteine, die in der IEF aufgetrennt werden, vollständig gelöst vorliegen. Restliche Präzipitate können Artefakte am Probenauftragsende des IEF-Gels verursachen. Je komplexer die Probe (Gesamtzellaufschluss) und je größer die auf das Gel aufzutragende Proteinmenge, desto höher wird die Wahrscheinlichkeit, dass Löslichkeitsprobleme auftreten.
- Die Zugabe von SDS erhöht hierbei die Löslichkeit von einigen Proteinen. SDS soll jedoch nur eingesetzt werden, wenn gleichzeitig Harnstoff und Triton X-100 verwandt werden, da diese Reagenzien notwendig sind, um das stark anionische SDS von den Proteinen während der Elektrofokussierung wieder zu separieren.
- Das Erhitzen von harnstoffhaltigen Proben ist zu vermeiden, da sich Harnstoff leicht zu Cyanaten zersetzt, die mit Aminoseitengruppen in der Polypeptidkette reagieren und somit Ladungsverschiebungen hervorrufen können.
- Ionische Komponenten in der Probe erhöhen die Leitfähigkeit und können zur lokalen Überhitzung führen (Verschmoren der Gele). Dies tritt besonders bei Verwendung von Immobilinen auf.
- Die Inkubation der IEF-Gele in Äquilibrierungspuffer ist kritisch, da eine ungenügende Sättigung der Proteine mit SDS vertikale Streifen in der Färbung verursacht. Bei zu langer Inkubationsdauer hingegen (insbesondere bei dünnen IEF-Gelen) ist der Verlust an Protein durch Diffusion eventuell zu groß. Daher wird empfohlen, IEF-Gele sofort nach Beendigung der Elektrophorese bis zur weiteren Verwendung einzufrieren.

Literatur

Dunbar, B.S. (1987) in: Dunbar, B.S. (Hrsg.): Two-Dimensional Electrophoresis and Immunological Techniques. Plenum, New York, 173–195.

Dunn, M.J., Burghes, A.H.M. (1983): High Resolution Two-Dimensional Polyacrylamide Gel Electrophoresis I. Methodological Procedures. Electrophoresis 4, 97–116.

Gianazza, E. (2002): Casting Immobilized pH Gradients (IPGs) in: Walker, J. M. (Hrsg.) The Protein Protocols Handbook. Humana Press Inc., Totowa, NJ, 169-180.

Gravel, P. (2002): Two-Dimensional Polyacrylamide Gel Electrophoresis of proteins using Carrier Ampholyte pH Gradients in the First Dimension in: Walker, J.M. (Hrsg.) The Protein Protocols Handbook. Humana Press Inc., Totowa, NJ, 163-168.

Hochstrasser, D.F., Harrington, M.C., Hochstrasser, A.C., Miller, M.J., Merril, C.R. (1988): Methods for Increasing the Resolution of Two-Dimensional Protein Electrophoresis. Anal. Biochem. 173, 424–435.

Klose, J. (1975): Humangenetik 26, 231–243.
Lottspeich, F., Zorbas, H. (Hrsg.) (1998): Bioanalytik. Spektrum Akademischer Verlag, Heidelberg, Berlin.
O'Farrell, P.H. (1975): High Resolution Two-Dimensional Electrophoresis of Proteins. J. Biol. Chem. 250, 4007–4021.
Young, D.A., Voris, B.P., Maytin, E.V., Colbert, R.A. (1983): Very-High-Resolution Two-Dimensional Electrophoretic Separation of Proteins on Giant Gels. Methods Enzymol. 91, 190–214.

2.1.8 Automatisierte Elektrophorese

Ein komplettes automatisiertes Elektrophoresesystem (PhastSystem, GE Healthcare) besteht aus einer Horizontal-Elektrophoresekammer mit Peltier-Kühl-/Thermostatisierplatte mit eingebauter programmierbarer Spannungsversorgung und Färbemaschine. Stromwerte, Temperaturen für Trennungen und Färbungen sowie die verschiedenen Färbemethoden können programmiert und für die entsprechenden Elektrophorese- und Färbemethoden abgerufen werden. Für elektrophoretische Transfers gibt es einen Blotting-Einsatz mit Graphitelektroden.

Speziell abgestimmt auf dieses System gibt es fertige foliengestützte Fokussierungs-, Titrationskurven- und Elektrophoresegele, fertige native und in Agarose eingegossene SDS-Elektrophoresepuffer sowie Farbstofftabletten und einen Silberfärbungskit. Man kann sich die Gele und Pufferstreifen auch selbst herstellen.

Die Probenauftrags-Schablonen entsprechen Probenaufgabestempeln, wobei bis zu max. 2 μl Probe pro Slot aufgetragen werden können. Die Trennungen und Färbungen funktionieren sehr schnell, da die Gele nur 0,3–0,4 mm dünn und relativ klein (4 × 5 cm, Mikrogele) sind. So dauert eine SDS-Elektrophorese in einem Porengradientengel mit anschließender Silberfärbung ca. 1,5 h. Man erhält sehr scharfe Banden und trotz kurzer Trennstrecke eine hohe Auflösung. Die Färbemaschine kann bis 50 °C temperiert werden und besitzt neun Eingänge und einen Ausgang für Färbelösungen. Timer, Temperatur- und Füllstandsensoren regeln die genaue Einhaltung der programmierten Parameter. Durch das PhastSystem können schnelle und sehr reproduzierbare Trennergebnisse bei hoher Arbeitsersparnis erzielt werden. Der einzige Nachteil dieses Systems ist das limitierte Auftragsvolumen und somit die relativ hohe erforderliche Proteinkonzentration in der Auftragsprobe. So sollte für eine SDS-Gradienten-Gelelektrophorese 20–30 ng × μl^{-1} je Protein in der Auftragsprobe enthalten sein, wenn sich eine Coomassie Blau-Färbung anschließt. Bei Silberfärbung sollten mindestens 0,3–0,5 ng × μl^{-1} je Protein analysiert werden.

Literatur

Pharmacia LKB Sonderdruck (1988): Arbeitsanleitung. Herstellung von Gelen für das PhastSystem.

2.2 Nachweismethoden für Proteine

Die Detektion von Proteinen in Polyacrylamidgelen ist ein essenzieller Schritt bei der Reinigung und Analyse von Proteinen. Die Proteine werden nach der Fixierung als gefärbte Komplexe durch ihre Reaktion mit Farbstoffen (Abschn. 2.2.1), Silbersalzen (Abschn. 2.2.2) bzw. Fluoreszenzfarbstoffen (Abschn. 2.2.3) im Gel lokalisiert. Kleine Polypeptide (unter 5 kDa), die eventuell unter den Färbe- und Entfärbebedingungen aus dem Gel gewaschen werden, können vor der Elektrophorese mittels Fluoreszenzfarbstoffen kovalent markiert werden (Abschn. 2.2.4). Diese Methode empfiehlt sich auch für Polypeptide, die sich nicht oder nur ungenügend detektieren lassen.

Dient die Gelelektrophorese der präparativen Reinigung von Proteinen, ist eine Fixierung während der Detektion nicht erwünscht. Fixierungslösungen entfernen SDS aus dem Gel und verursachen somit ein Verflechten des Proteins in der Gelmatrix. Eine Fixierung der Proteine kann entweder vor der eigentlichen Färbung mittels z.B. Trichloressigsäure (TCA) oder als Säuredenaturierung mit der Färbelösung erfolgen. Ein Nachweis ohne Fixierungsschritt ist unter Abschn. 2.2.5 beschrieben. Er zeichnet sich jedoch durch eine geringe Nachweisgrenze aus.

Die Detektion individueller Proteine (Enzyme) erfolgt entweder *in situ* im Gel mit histochemischen Färbetechniken oder nach ihrem Transfer auf Trägermembranen mit immunologischen Methoden (Kap. 10.1).

Im Folgenden werden nur ausgewählte Beispiele vorgestellt, da es zu viele Färbemethoden für Elektrophoresegele und zahlreiche Modifikationen davon gibt. Die Beispiele sind jedoch als Standardmethoden anzusehen.

2.2.1 Coomassie Blau-Färbung

Coomassie Brilliant Blau R-250 ist ein Farbstoff, der als tiefblauer Komplex unspezifisch an fast alle Proteine bindet. Die Nachweisgrenze für die Färbung liegt im Bereich von 0,1–2 µg Protein pro Bande.

Coomassie Brilliant Blau G-250 besitzt ungefähr die gleiche Sensitivität wie R-250, erzeugt aber ein etwas leuchtenderes Blau. Es weist eine geringere Löslichkeit auf und wird meist als kolloidale Lösung verwendet. Aufgrund der geringen Löslichkeit von G-250 bindet es präferenziell an die Proteine und nicht an die Gelmatrix, was kürzere Entfärbungszeiten zur Folge hat. Jedoch wird, insbesondere wenn dickere Gele analysiert werden, eine geringe Sensitivität beobachtet.

Materialien

- Färbelösung (0,25 % (w/v) Coomassie Brilliant Blau R-250 (Bio-Rad, Thermo Fisher Scientific), 45,5 % (v/v) Ethanol, 9,2 % (v/v) Essigsäure): 0,5 g Coomassie Brilliant Blau R-250 ad 200 ml 50 % (v/v) Methanol, unter Rühren lösen, 20 ml konzentrierte Essigsäure hinzufügen und Färbelösung durch Whatman 3MM-Papier filtrieren
- Entfärbelösung (30 % (v/v) Ethanol, 10 % (v/v) Essigsäure): 300 ml Ethanol, 100 ml Essigsäure ad 1 l H_2O
- 20 % (v/v) Trichloressigsäure (TCA)
- 7,5 % (v/v) Essigsäure
- Schwamm bzw. Schaumgummi (z.B. Verpackungsmaterial)
- Aktivkohle
- heizbarer Geltrockner mit Vakuumanschluss (z.B. GD 2000 Gel-Drying System, Serva Electrophoresis GmbH) bzw. Acrylglas-Trockenrahmen (z.B. SE 1200 Easy Breeze Air Gel-Drying System, Serva Electrophoresis GmbH)
- Whatman 3MM-Papier (GE Healthcare)
- Cellophanfolie (Einmachfolie)

Durchführung

Färben bzw. Entfärben des Gels

- Gel nach beendeter Elektrophorese in Färbelösung geben (200 ml für große Gele, 50 ml für Minigele); alternativ erst 10 min bei RT in 20 %iger TCA-Lösung fixieren, 10–15 min mit 7,5 %iger Essigsäure wässern und anschließend färben
- Gel unter leichtem Schütteln in der Färbelösung bei RT inkubieren; 45 min bzw. 20 min je nach Gelgröße und -dicke; Gele mit einer Dicke > 1 mm wie auch Gele mit hohen Polyacrylamidkonzentratio-

nen benötigen gegebenenfalls Färbezeiten von 1–3 h; das Gel kann u.U. auch über Nacht in der Färbelösung bleiben, benötigt dann aber längere Entfärbezeiten

- Färbelösung abgießen und auffangen (kann mehrmals verwendet werden)
- blau eingefärbte Gele mit Entfärbelösung bis zur gewünschten Verringerung des Hintergrundes entfärben; dabei die Entfärbelösung mehrmals wechseln bzw. einen Schwamm dazu legen
- benutzte Entfärbelösung kann durch Filtration über Aktivkohle „entfärbt" und somit wiederverwendet werden
- falls das Gel zu stark entfärbt wurde, können die Färbe- bzw. Entfärbeschritte wiederholt werden
- Gele, die mittels Coomassie Blau gefärbt wurden, können vollständig entfärbt und anschließend mit der sensitiveren Silberfärbemethode nachbehandelt werden; hierbei entfällt dann der erste Fixierungsschritt (Abschn. 2.2.2)
- nach gewünschtem Entfärbungsgrad das Gel in H_2O wässern, dokumentieren bzw. trocknen.

Trocknen des Gels

- Vor dem Trocknen des Gels muss die vollständige Entfernung von Essigsäure sowie Alkohol aus dem Gel gewährleistet sein, da geringe Reste zu einem Reißen des Gels während des Trocknungsvorganges führen können
- Cellophanfolie mind. 30 min in H_2O einweichen; feuchtes Whatman 3MM-Papier auf Geltrockner platzieren; das gefärbte Gel in einem Sandwich aus gut durchfeuchtetem Cellophanfolie luftblasenfrei auf das Whatman-Papier geben
- im Wasserstrahlvakuum bei angeschalteter Heizung 45 min bzw. nach Anleitung des Geräteherstellers trocknen
- alternativ den Cellophanfolie/Gel-Sandwich in einem Rahmen aus Acrylglas (SE 1200 Easy Breeze, Serva Electrophoresis GmbH) luftblasenfrei einspannen und an einem gut belüfteten Ort über Nacht trocknen lassen.

Dokumentation und Auswertung

- Für eine Dokumentation der gefärbten Gele stehen verschiedene kommerzielle Systeme zur Verfügung; die Bedienung erfolgt laut Herstellerangaben
- als Lichtquelle sind Leuchtboxen mit gleichmäßiger Ausleuchtung (Durchlichtaufnahmen) bzw. reflexionsfrei angebrachte Strahler für Auflichtaufnahmen geeignet
- das Gel kann im feuchten Zustand wie auch nach erfolgter Trocknung mit Geldokumentationssystemen, die mit CCD-Kameras ausgestattet sind (z.B. AlphaImager Series, Cell Biosciences), digitalisiert werden (darauf achten, ob die notwendigen Lichtquellen und Filtereinstellungen möglich sind)
- eine Digitalisierung kann auch durch einen computergesteuerten densitometrischen Laserscanner (Flachbettscanner) erfolgen oder durch Aufnahme mittels handelsüblicher Digitalkameras; mit entsprechenden Computerprogrammen kann sich dann eine Auswertung des Gels, z.B. eine Molekulargewichtsbestimmung unbekannter Proteine im Vergleich zu Standardproteinen, anschließen; meist besteht nach der Digitalisierung dann auch die Möglichkeit, einen qualitativ hochwertigen Ausdruck (Thermo-, Tintenstrahl- bzw. Laserdrucker) zu erzeugen.

Trouble Shooting

- Weißer bzw. blauer dichter Hintergrund im Gel: Gelelektrophorese wurde mit einem nichtionischen Detergenz durchgeführt (z.B. IEF mit 8–9 M Harnstoff, 0,5–2 % Nonidet NP-40, Triton X-100, PEG etc.) und das ist nicht richtig ausgewaschen. Bei der Fixierung 30 % (v/v) Isopropanol zugeben, um präzipitiertes Detergenz auszuwaschen. Fixierlösung mehrmals wechseln, bis der Gelhintergrund klar wird.
- Nach dem Auswaschen des Farbstoffes befinden sich noch kleine blaue Punkte oder Flecken auf dem Gel: Das Coomassie Blau wurde nicht vollständig gelöst oder es präzipitierte im Laufe der Zeit in der Färbelösung. Gel kurzzeitig in 50 % (v/v) Ethanol inkubieren (Coomassie Blau wird sehr stark ausge-

waschen). Coomassie Blau-Färbelösung frisch ansetzen und filtrieren. Färbung mit neuer Färbelösung wiederholen.

- Auf dem Gel befinden sich größere Bereiche mit blauen Flecken: Häufig hat sich an diesen Stellen das Gel aufgrund von Verunreinigungen von der Glasplatte abgelöst. Gel vollständig entfärben und erneut färben.
- In den Spuren wird kein Protein detektiert: Die Auftragsmenge liegt unter der Nachweisgrenze für die Coomassie Blau-Färbung. Gel vollkommen entfärben und Silberfärbung (Abschn. 2.2.2) durchführen.
- In den Spuren wird kein Protein detektiert, obwohl ausreichend Material aufgetragen wurde: Das Protein lässt sich nicht mit Coomassie Blau anfärben oder es wurde aus dem Gel ausgewaschen. Silberfärbung versuchen und ggf. nach erneuter Elektrophorese das Protein mittels TCA zunächst präzipitieren.

Literatur

Rabilloud, T. (1992): A Comparison between Low Background Silver Diamine and Silver Nitrate Protein Stains. Electrophoresis 13, 429–439.

Wilson, C. (1983): Staining of Proteins on Gels. Comparisons of Dyes and Procedures. Methods Enzymol. 91, 236–247.

2.2.2 Silberfärbung

Die Silberfärbung ist bedeutend empfindlicher als die Coomassie Blau-Färbung (10–100-fach). Ihre Durchführung ist komplex und zeitlich aufwendig. Mit ihr lassen sich weniger als 1 ng Protein pro Bande nachweisen. Die Silberfärbung beruht auf der Komplexierung von Ag^+-Ionen mit Aminosäureseitenketten, insbesondere mit Sulfhydryl- sowie Carboxylgruppen.

Das Verfahren nach Merril (1981, Abschn. 2.2.2.1) stellt für die 2D-Gelelektrophorese die bisher empfindlichste Silberfärbung dar und zeichnet sich durch gute Reproduzierbarkeit aus, da die Farbentwicklung am Ende immer langsamer wird. Bei maximaler Empfindlichkeit ist die Quantifizierung der Proteine durch einen dunklen Hintergrund erschwert.

Das Verfahren nach Ansorge (1985, Abschn. 2.2.2.2) ist ein schnelles Verfahren, besonders bei dünnen Gelen. Nach der Fixierung der Proteine im Gel wird die Anzahl der negativen Valenzen durch Oxidation von Aminosäureseitenketten erhöht, bevor ionisches Silber an die Proteine gebunden wird und die Proteinbanden durch Reduktion der Silberionen sichtbar gemacht werden. Bei Harnstoffgelen tritt jedoch ein hoher Hintergrund auf, der durch einen Recycling-Schritt mit Farmer'schem Reducer verbessert werden kann. Diese Methode ist auch zur Anfärbung von Nucleinsäuren in Polyacrylamidgelen geeignet (mehr als 0,5 ng RNA pro Bande).

Verschiedene Hersteller bieten auch komplette Silberfärbesysteme an, die sich durch Optimierung von Reagenzien bzw. Inkubationszeiten durch kurze Durchführungszeiten auszeichnen (z.B. SilverQuest® Silver Staining Kit, Invitrogen GmbH).

Literatur

Ansorge, W. (1985): Fast and Sensitive Detection of Protein and DNA Bands by Treatment with Potassium Permanganate. J. Biochem. Biophys. Meth. 11, 13–20.

Heukeshoven, J., Dernick, R. (1985): Simplified Method for Silver Staining of Proteins in Polyacrylamide Gels and the Mechanism of Silver Staining. Electrophoresis 6, 103–112.

Merril, C.R., Dunau, M.L., Goldman, D. (1981): A Rapid Sensitive Silver Stain for Polypeptides in Polyacrylamide Gels. Anal. Biochem. 110, 201–207.

2.2.2.1 Merril-Verfahren

Materialien

Die angegebenen Lösungen reichen für ein Gel der Größe 200 × 200 mm; für Minigele werden nur ca. 50 ml benötigt; auch die angegebenen Inkubationszeiten reduzieren sich bei Minigelen auf ein Drittel; die Lösungen müssen stets frisch angesetzt werden und es muss auf extreme Sauberkeit und hohe Qualität von Wasser und Reagenzien geachtet werden; das Formaldehyd darf auf keinen Fall zu alt sein

- Fixierlösung I: 40 % (v/v) Methanol, 10 % (v/v) Essigsäure
- Fixierlösung II: 10 % (v/v) Ethanol, 5 % (v/v) Essigsäure
- Waschlösung (0,1 % (w/v) Kaliumdichromat, 0,013 % (v/v) Salpetersäure): 0,2 g $K_2Cr_2O_7$, 40 µl 65 % (v/v) HNO_3 ad 200 ml H_2O
- Silberfärbelösung (0,2 % (w/v) Silbernitrat): 0,4 g $AgNO_3$ ad 200 ml H_2O
- Entwickler (0,3 % (w/v) Natriumcarbonat, 0,0037 % (v/v) Formaldehyd): 0,6 g Na_2CO_3, 40 µl 37 % (v/v) CH_2O ad 200 ml H_2O
- 1 % (v/v) Essigsäure
- Entfärbelösung Farmer's Reducer (0,2 % (w/v) Natriumthiosulfat, 0,01 % (w/v) Kaliumhexacyanoferrat(III)): 2 ml 20 % (w/v) $Na_2S_2O_3$, 2 ml 1 % (w/v) $K_3[(Fe(CN)_6]$ ad 200 ml H_2O
- heizbarer Geltrockner mit Vakuumanschluss (z.B. GD 2000 Gel-Drying System, Serva Electrophoresis GmbH) bzw. Acrylglas-Trockenrahmen (z.B. SE 1200 Easy Breeze Air Gel-Drying System, Serva Electrophoresis GmbH)
- Whatman 3MM-Papier (GE Healthcare)
- Cellophanfolie (Einmachfolie)

Durchführung

Gel unter leichtem Schütteln nacheinander inkubieren in:
- Fixierlösung I (zweimal 60 min oder über Nacht)
- Fixierlösung II (zweimal 10 min)
- Waschlösung (5 min)
- Silberfärbelösung (5 min bei Tageslicht oder 20 min im Dunkeln)
- H_2O (zweimal 5 min)
- Entwickler (bei Tageslicht, bis Proteinbanden sichtbar sind, maximal 40 min); Entwickler abgießen, sobald sich ein Grauschleier (Silberabscheidung) auf dem Gel bildet, und Reduktion mit frischem Entwickler fortsetzen
- 1 % (v/v) Essigsäure (zweimal 5 min)
- Hintergrundfärbung muss mit Entfärbelösung abgeschwächt werden; Gel mehrmals mit H_2O waschen und im Entfärber inkubieren, bis die störende Hintergrundfärbung verschwunden ist; Proteinbanden sollten erkennbar bleiben; falls die Proteinbanden zu stark abgeschwächt oder gar ganz entfärbt wurden, mit erneuter Silberfärbung (4. Schritt) beginnen
- Gel wässern und analog Abschn. 2.2.1 trocknen bzw. dokumentieren.

2.2.2.2 Ansorge-Verfahren

Materialien

Die angegebenen Lösungen reichen für ein Gel der Größe 200 × 200 mm, für Minigele werden nur ca. 50 ml benötigt; die angegebenen Inkubationszeiten reduzieren sich bei Minigelen auf ein Drittel; Lösungen stets frisch ansetzen; auf extreme Sauberkeit und hohe Qualität von Wasser und Reagenzien achten; Formaldehyd darf auf keinen Fall zu alt sein

- Fixierlösung: 30 % (v/v) Methanol, 10 % (v/v) Essigsäure
- Kupferchloridlösung (50 % (v/v) Methanol, 15 % (v/v) Essigsäure, 2 % (w/v) Kupfer(II)-chlorid): 100 ml Methanol, 30 ml Essigsäure, 4 g $CuCl_2$ ad 200 ml H_2O
- Waschlösung I: 10 % (v/v) Ethanol, 5 % (v/v) Essigsäure
- Kaliumpermanganatlösung (0,002 % (w/v) wässrige $KMnO_4$-Lösung): 4 mg $KMnO_4$ ad 200 ml H_2O
- Waschlösung II: 10 % (v/v) Ethanol
- Silberfärbelösung (0,2 % (w/v) wässrige Silbernitratlösung): 0,4 g $AgNO_3$ ad 200 ml H_2O
- Entwickler (2 % (w/v) Kaliumcarbonat, 0,0037 % (v/v) Formaldehyd): 4 g K_2CO_3, 40 µl 37 % (v/v) CH_2O ad 200 ml H_2O
- Entfärbelösung Farmer's Reducer (0,2 % (w/v) Natriumthiosulfat, 0,01 % (w/v) Kaliumhexacyano-ferrat(III)): 2 ml 20 % (w/v) $Na_2S_2O_3$ und 2 ml 1 % (w/v) $K_3[(Fe(CN)_6]$ ad 200 ml H_2O
- heizbarer Geltrockner mit Vakuumanschluss (z.B. GD 2000 Gel-Drying System, Serva Electrophoresis GmbH) bzw. Acrylglas-Trockenrahmen (z.B. SE 1200 Easy Breeze Air Gel Dryer, Serva Electrophoresis GmbH)
- Whatman 3MM-Papier (GE Healthcare)
- Cellophanfolie (Einmachfolie)

Durchführung

Gel unter leichtem Schütteln nacheinander je 15 bzw. 5 min (Minigele) inkubieren in:

- Fixierlösung (zwei- bis dreimal oder über Nacht)
- Kupferchloridlösung
- Waschlösung I
- Kaliumpermanganatlösung
- Waschlösung I
- Waschlösung II
- H_2O
- Silberfärbelösung
- H_2O (zweimal 20 s)
- Entwickler (bei Tageslicht, bis Proteinbanden sichtbar sind; Entwickler abgießen, sobald sich ein Grauschleier (Silberabscheidung) auf dem Gel bildet, und Reduktion mit frischem Entwickler fortsetzen)
- H_2O
- Hintergrundfärbung muss mit Entfärbelösung abgeschwächt werden; Gel mehrmals mit H_2O waschen und im Entfärber inkubieren, bis die störende Hintergrundfärbung verschwunden ist
- Proteinbanden sollten erkennbar bleiben; falls die Proteinbanden zu stark abgeschwächt oder gar ganz entfärbt wurden, mit erneuter Silberfärbung beginnen (Schritt 8)
- H_2O
- falls bei Harnstoffgelen ein hoher Hintergrund auftritt, mit der Entfärbelösung einen Recycling-Schritt durchführen: Gel so lange in Entfärber behandeln, bis die Banden gerade verschwinden; dann das Gel so lange mit Leitungswasser und danach mit H_2O waschen, bis gelber Hintergrund vollständig weg ist, anschließend wieder mit Schritt 8 (Inkubation in Silberfärbelösung) beginnen
- Gel wässern und analog Abschn. 2.2.1 trocknen bzw. dokumentieren.

Trouble Shooting

- Die Proteine färben nicht oder nur sehr schwach an: In der Regel wurden die Silberfärbelösungen und/oder der Entwickler falsch angesetzt.
- Zwei quer über das gesamte Gel verlaufende Banden (im M_R-Bereich von ca. 60 kDa): β-Mercaptoethanol im Gel ergibt in der Silberfärbung Artefakte in dieser Form.
- Erhöhte Hintergrundfärbung: SDS wurde im ersten Schritt nicht vollständig aus dem Gel herausgewaschen. Das Gel so lange mit Entfärber behandeln, bis Färbung der Banden bzw. Hintergrundfärbung vollständig weg ist, dann wieder mit Schritt 8 (Inkubation in Silberfärbelösung) beginnen.

- Ungleichmäßige Flecken auf dem Gel: Eventuell durch Handschuhpuder verursachte Färbeartefakte. Puderfreie Handschuhe verwenden bzw. Handschuhe gründlich mit deionisiertem Wasser waschen sowie die Gele nur an den äußersten Ecken anfassen.
- Silberspiegel auf dem Gel: Wasserqualität überprüfen.

2.2.3 Fluoreszenzfärbung

Eine Methode mit einer größeren Sensitivität als die Coomassie Blau-Färbung und etwa vergleichbarer Nachweisgrenze wie eine Silberfärbung ist die Anfärbung von Proteinen im Gel mit den Fluoreszenzfarbstoffen der SYPRO®-Familie (Orange, Red, Ruby). Mit dieser Färbung lassen sich 4–8 ng Protein pro Bande (Minigel) nachweisen. Der SYPRO® Ruby Proteingel Stain ermöglicht nicht nur in eindimensionalen (1-D) sondern auch in zweidimensionalen (2-D) Proteingelen eine sensitive Fluoreszenzfärbung. Zusätzlich ist eine Anfärbung mit SYPRO® Ruby kompatibel mit nachfolgenden Applikationen, wie massenspektroskopische Analysen bzw. Edman-basierten Sequenzierungen (Anhang A1, A2).

Die Anregung der Fluoreszenzfarbstoffe erfolgt mit einem 300 nm Standard-Transilluminator (für SYPRO® Ruby auch mittels Blaulicht-Transilluminator, z.B. dem Dark Reader™, MoBiTec GmbH) und die Detektion wie in Abschn. 2.2.1 beschrieben unter Verwendung eines gelben fotografischen Filters. Diese Methode erfordert keine separaten Fixierungs- noch Entfärbeschritte und zeichnet sich somit durch einen äußerst geringen Arbeitsaufwand aus. Im Gegensatz zur Silberfärbung, wo je nach Glykosylierungsgrad oder Polypeptidsequenz Variationen in der Färbeintensität von Proteinen zu beobachten sind, zeigt eine Färbung mit SYPRO® Farbstoffen keine Proteinselektivität. Des Weiteren korreliert die gemessene Fluoreszenzintensität über einen weiten Bereich linear mit der Proteinquantität, was eine Quantifizierung durch Densitometrie ermöglicht. Der Unterschied zwischen den SYPRO® Farbstoffen liegt in ihren jeweiligen, leicht unterschiedlichen Excitations- bzw. Emmissionsspektren. Diese Methode ist in etwa so kostenintensiv wie eine Silberfärbung. Beispielhaft wird hier das Protokoll für SYPRO® Orange wiedergegeben.

Materialien

- SYPRO® Orange Proteingel Stain, 5.000 × Konzentrat in DMSO (Invitrogen GmbH); Stammlösungen lichtgeschützt aufbewahren und vor Verwendung kurz zentrifugieren, um DMSO zu sedimentieren; Stammlösungen sind 6–12 Monate haltbar
- Färbelösung: 10 µl 5.000 × SYPRO® Orange-Konzentrat ad 50 ml 7,5 % (v/v) Essigsäure (Lösung reicht für 1–2 Minigele; bei großen Gelen entsprechend mehr Färbelösung ansetzen; Lösung jeweils frisch ansetzen und vor Lichteinfall schützen)
- 7,5 % (v,v) Essigsäure
- fotografischer Filter (S-6656, Invitrogen GmbH)
- heizbarer Geltrockner mit Vakuumanschluss (z.B. GD 2000 Gel-Drying System, Serva Electrophoresis GmbH) bzw. Acrylglas-Trockenrahmen (z.B. SE 1200 Easy Breeze Air Gel-Drying System, Serva Electrophoresis GmbH)
- Whatman 3MM-Papier (GE Healthcare)
- Cellophanfolie (Einmachfolie)

Durchführung

Laut Herstellerangaben wird bei einer SDS-Gelelektrophorese empfohlen, anstelle von 0,1 % (w/v) SDS im Laufpuffer nur 0,05 % zu verwenden. Gele mit 0,1 % SDS-haltigem Laufpuffer zeigen zwar die gleiche Sensitivität, bedürfen jedoch einer längeren Inkubation in Färbelösung, um die Hintergrundfluoreszenz, die durch eine Wechselwirkung von SYPRO® Orange mit SDS hervorgerufen wird, zu reduzieren.

- Gel lichtgeschützt unter leichtem Schütteln 10–60 min bei RT in Färbelösung inkubieren (Inkubation kann auch über Nacht erfolgen)
- Gel vor der Detektion kurz in 7,5 % (v/v) Essigsäure schwenken, um ein Verschleppen des Farbstoffes auf den Transilluminator zu verhindern
- Detektion der Fluoreszenz erfolgt auf einem Standard-300 nm-UV-Transilluminator oder dem Dark Reader™
- mit dem fotografischen Filter für SYPRO-Orange-Färbung dokumentieren (Abschn. 2.2.1)
- das Gel (wenn überhaupt) erst nach der Dokumentation trocknen, da die verwendete Cellophanfolie das Fluoreszenzsignal stark abschwächt; des Weiteren wird durch den Trocknungsvorgang ein „Auswaschen" des Fluoreszenzfarbstoffes aus dem Gel beobachtet.

Trouble Shooting

- Bei längerer Belichtung mit UV-Licht kann ein Ausbleichen des Farbstoffes auftreten, was jedoch durch erneute Inkubation des Gels in Färbelösung aufgehoben werden kann.
- Die Proteine färben nach 60 min nicht oder nur sehr schwach an: In der Regel enthält das Gel noch zuviel SDS; Inkubation über Nacht durchführen.

Literatur

SYPRO Protein Gel Stains, Molecular Probes (Invitrogen GmbH) MP 6650 11/27/95.

2.2.4 Fluoreszenzmarkierung

Die Fluoreszenzmarkierung mit Fluorescamin erfolgt vor der Elektrophorese und kann alternativ zu den bereits beschriebenen Färbetechniken angewandt werden. Sie sollte vor allem bei Polypeptiden oder kleinen Proteinen, die sich weder mit Coomassie Blau noch mit der Silberfärbung nachweisen lassen, angewandt werden. Die Empfindlichkeit ist jener der Silberfärbung vergleichbar, richtet sich aber nach vorhandenen Aminogruppen. Mit der Fluoreszenzmarkierung kann der Fortgang der Elektrophorese im UV-Licht direkt verfolgt werden und das zeitaufwändige Färben der Proteine und damit auch die Gefahr eines Auswaschens von Polypeptiden entfällt. Bei der Fluoreszenzmarkierung ist zu beachten, dass bei der Kopplung des Markers über die α-Aminogruppen des Proteins (N-Terminus) bzw. der ε-Aminogruppen der Lysin-Seitenketten negative Ladungen in das Protein eingeführt werden und sich somit die elektrophoretische Beweglichkeit verändert. Ebenso korrelieren die R_f-Werte (Relative Mobility) in der SDS-Gelelektrophorese nicht immer mit der tatsächlichen molekularen Masse des Polypeptids. Eine Fluoreszenzmarkierung bietet sich auch an, wenn entsprechende Protein-, Polypeptidproben oder Fragmente über HPLC getrennt und die Detektion durch Fluoreszenz erfolgen soll.

Eine Markierung mittels Fluorescamin ist der mit Dansylchlorid vorzuziehen, da weder die freie Form noch Hydrolyseprodukte fluoreszieren. Das Anregungsmaximum von Fluorescamin liegt bei 390 nm und das Emissionsmaximum bei 475 nm.

Materialien

- Natriumphosphatpuffer: 15 mM Na_2HPO_4, mit NaOH auf pH 8,5 einstellen
- vorbereiteter Dialyseschlauch: von verschiedenen Herstellern gebrauchsfertig zu beziehen (z.B. C.Roth GmbH); das Ausschlussvolumen hängt von der Größe der zu markierenden Proteine/Peptide ab
- SDS
- Saccharose
- Dithiothreitol (DTT, optional)
- 1 mg × ml^{-1} Fluorescamin (4-Phenylspiro-[furan-2(^{3}H),1'-phthalan]-3,3'-dion, Fluram® $C_{17}H_{10}O_4$ Sigma-Aldrich) in Aceton (p.a., wasserfrei)

- 5 mg × ml^{-1} Bromphenolblau (optional)
- kochendes Wasserbad
- UV-Lampe (390 nm)

Durchführung

- 100 µl der zu markierenden Proteinprobe (0,5–1 mg × ml^{-1}) gegen 1 l Natriumphosphatpuffer bei 4 °C mindestens 3 h dialysieren
- Proteinlösung aus dem Dialyseschlauch entfernen und festes SDS sowie Saccharose zugeben, wobei auf eine Endkonzentration von je 5 % (w/v) eingestellt wird; alternativ zur zeitaufwändigen Dialyse kann die Proteinprobe lyophilisiert und das Protein (0,5–1 mg) in 100 µl Natriumphosphatpuffer, 5 % (w/v) SDS, 5 % (w/v) Saccharose aufgenommen werden; Tris enthaltenden Puffer vermeiden, da eine Reaktion mit Fluorescamin auftritt
- Proteinprobe 5 min im kochenden Wasserbad denaturieren; falls eine Reduzierung von Disulfidbrücken im Polypeptid erwünscht ist, vor der Hitzedenaturierung die Proteinlösung auf 20 mM DTT einstellen
- hitzedenaturierte Proteinprobe auf Raumtemperatur abkühlen lassen
- zur Proteinprobe 5 µl der 1 mg × ml^{-1} Fluorescaminlösung zugeben und sofort gut mischen; die Markierung erfolgt ohne Verzögerung; für eine partielle Reaktion sollte ca. 1 min vor der Elektrophorese inkubiert werden; ist eine intensive Markierung erwünscht, mindestens 30 min
- 5 µl der 5 mg × ml^{-1} Bromphenolblaulösung zugeben, in eine Polyacrylamidprobentasche eintragen und die Probe z.B. einer Elektrophorese nach 2.1.1 unterziehen
- markierte Proteine können während oder nach der Elektrophorese mit einer UV-Handlampe visualisiert werden.

Literatur

Eng, P.R., Parkes, C.O. (1974): SDS Electrophoresis of Fluorescamine-Labeled Proteins. Anal. Biochem. 59, 323–325.
Ragland, W.L., Pace, J.L., Kemper, D.L. (1974): Fluorometric Scanning of Fluorescamine-Labeled Proteins in Polyacrylamide Gels. Anal. Biochem. 59, 24–33.

2.2.5 Detektion von Proteinen in Gelen durch SDS-Präzipitation

Zur präparativen Reinigung von Proteinen mittels SDS-Gelelektrophorese ist eine Fixierung während der Detektion nicht erwünscht. Durch Verwendung eines Puffers mit hoher Molarität bzw. Ionenstärke wird eine Präzipitation von SDS im Gel verursacht; es erscheint als milchig weißer Hintergrund, während die Proteinbanden klar sichtbar werden.

Materialien

- 4 M Natriumacetat (pH nicht eingestellt)
- schwarze, nicht reflektierende Oberfläche (Karton)
- scharfes Skalpell
- Vorrichtung zur Elektroelution von Proteinen aus Polyacrylamidgelen (Model 422 Electro-Eluter, Bio-Rad Laboratories; BIOTRAP, Schleicher and Schuell)

Durchführung

Alle Schritte bei Raumtemperatur durchführen:
- Nach erfolgter Elektrophorese das Gel sofort in 4M Natriumacetatlösung überführen
- 1 mm dicke Gele 40–50 min unter leichtem Schütteln inkubieren

- vor schwarzem Hintergrund (Karton) den Färbevorgang beobachten; falls noch keine Banden zu sehen sind, das Gel weiter in der Lösung inkubieren
- entsprechende Proteinbanden können dann mit einem Skalpell ausgeschnitten und zur Verringerung der Ionenstärke in Wasser für eine anschließende Elektroelution vorbereitet werden.

Literatur

Higgins, R.C., Dahmus, M.E. (1979): Rapid Visualization of Protein Bands in Preparative SDS-Polyacrylamide Gels. Anal. Biochem. 93, 257–260.

Jenö, P., Horst, M. (2002): Electroelution of Proteins from Polyacrylamide Gels in: Walker, J. M. (Hrsg.) The Protein Protocols Handbook, Humana Press Inc., Totowa, NJ, 299-305.

2.3   Gelelektrophorese von Nucleinsäuren

Für die Elektrophorese von Nucleinsäuren werden Agarose- und Polyacrylamid-Gelsysteme unter nativen wie auch denaturierenden Bedingungen verwendet. Beide Gelarten eignen sich sowohl zur Analyse als auch zur präparativen Isolierung von Nucleinsäuren. Die Polyacrylamidgele zeichnen sich durch ein besonderes Auflösungsvermögen aus, während Agarosegele über einen weit größeren Längenbereich trennen.

Hochmolekulare DNA-Moleküle richten sich bei der konventionellen Elektrophorese der Länge nach aus. Sie wandern mit gleichen Mobilitäten, sodass keine Auftrennung zu erzielen ist. Diese so genannte limitierte Beweglichkeit rührt daher, dass sich Moleküle ab einer bestimmten Größe durch die Gelporen hindurchzwängen müssen. Der eigentliche Siebeffekt des Gelsystems geht verloren. In Abhängigkeit von den Laufbedingungen einer Gelelektrophorese tritt diese limitierte Beweglichkeit bei Molekülen zwischen 20 und 40 kb auf.

Mittels Puls-Feld-Gelelektrophorese (PFGE) können DNA-Moleküle bis zu einer Größe von 6.000 kb (6 Mb) separiert werden. Die Anwendung der PFGE reicht über einen weiten Bereich. Zur Auftrennung kommen kleinere Chromosomen aus niederen Organismen (Hefen, Trypanosomen; Karyotyping) bis hin zur Analyse von großen DNA-Molekülen, die durch Restriktion mit so genannten *rare cutters* bzw. methylierungssensitiven Endonucleasen zu einzelnen Banden fragmentiert wurden. Durch anschließenden Transfer auf Membranen und Hybridisierungsexperimente können damit so genannte *physical linkage maps*, d.h. Verknüpfungen verschiedener Genloci abgeleitet werden.

Grundsätzliche Unterschiede zwischen den Elektrophoreseverfahren für DNA und RNA bestehen nicht. Unter den elektrophoretischen Bedingungen sind die Phosphatgruppen im Rückgrat der Nucleinsäuren ionisiert und die Poly(desoxy)nucleotide liegen als Polyanion vor. Sie bewegen sich somit im elektrischen Feld von der Kathode zur Anode; ihre Beweglichkeiten hängen weitgehend von der Molekülgröße bzw. -länge ab.

Zur Größenbestimmung und zur Zuordnung von Nucleinsäurefragmenten müssen bei der elektrophoretischen Trennung stets Größenstandards mit aufgetrennt werden. Die entsprechenden Standards sollten jeweils in einer der äußeren sowie in einer mittleren Tasche eingebracht werden.

Bei der Agarose-Gelelektrophorese für DNA stehen viele kommerziell erhältliche Größenstandards zur Verfügung, die je nach aufzutrennendem Fragmentgrößenbereich ausgewählt werden können. Die Menge sowie das Volumen der meist in Auftragspuffer zu konstituierenden Größenstandard-DNA richtet sich nach der jeweiligen Applikation, d.h. analytische oder präparative Gelelektrophorese, sowie der verwendeten Taschengröße. Als Größenstandards für RNA können 18 S und 28 S rRNA sowie kommerziell erhältliche RNA-Standards dienen.

2.3.1 Agarose-Gelsysteme

Agarosegele werden verwendet, wenn man große Poren für die Analyse von Molekülen über 10 nm Durchmesser benötigt. Agarose ist ein Polysaccharid und wird aus roten Meeresalgen hergestellt.

Gele mit Porengrößen von 150 nm werden durch 1 % (w/v), bis 500 nm durch 0,16 % (w/v) Agarose erzielt. Agarose wird durch Aufkochen in Wasser bzw. Pufferlösung gelöst und geliert beim Abkühlen. Dabei bilden sich Doppelhelices aus, die sich in Gruppen parallel zu Fäden zusammenlagern.

Die Gele werden in der Regel durch Ausgießen der aufgekochten Agaroselösung auf eine horizontale Glasplatte, Trägerfolie oder in entsprechende Flachbettapparaturen erzeugt. Bei den horizontalen so genannten *submarine*-Gelen liegt das Agarosegel direkt im Puffer. Nach erfolgter Elektrophorese können die Nucleinsäuremoleküle z.B. im Gel gefärbt und dokumentiert werden.

Agarose-Gelsysteme sind die Standardmethode für die Trennung, Identifizierung und Reinigung von linearen DNA-Fragmenten, superhelikaler Plasmid-DNA und RNA-Proben. Sie werden auch zur präparativen Isolierung von DNA-Fragmenten eingesetzt. Durch die Variation der Agarosekonzentration können lineare DNA-Fragmente der Größe 0,1–60 kb separiert werden. Tab. 2–6 gibt eine Übersicht über die Trennbereiche und die entsprechenden Agarosekonzentrationen. Die Wanderungsgeschwindigkeit der DNA-Fragmente hängt nicht nur von ihrer Kettenlänge, sondern auch von ihrer Konformation ab (linear; ringförmig mit Einzelstrangbruch; superhelikal).

Für hochmolekulare DNA-Moleküle (> 20 kb) wird eine Gelelektrophorese im gepulsten Feld eingesetzt (Abschn. 2.3.1.1). Doppel- und einzelsträngige DNA sowie Plasmid-DNA mit Größen von etwa 0,5 kb werden in nativen Agarosegelen analysiert (Abschn. 2.3.1.2). Für die Analyse einzelsträngiger DNA-Proben wird die Elektrophorese in denaturierenden alkalischen Agarosegelen durchgeführt (Abschn. 2.3.1.3). RNA wird dagegen zunächst in Glyoxal und DMSO denaturiert und dann in einem nativen Agarosegel analysiert (Abschn. 2.3.1.4). Das Glyoxalsystem eignet sich zum Northern-Blotting, da keine weitere Vorbehandlung des Gels notwendig ist.

RNA kann auch in Methylquecksilberhydroxid oder Formaldehyd enthaltenden Agarosegelen untersucht werden. Aufgrund der Toxizität und der hohen Flüchtigkeit beider Verbindungen, der daraus resultierenden erhöhten Vorsichtsmaßnahmen (z.B. Abzug), den Kosten bei der Gel- und Probenvorbereitung sowie bei der Entsorgung nach erfolgtem Experiment wird auf eine Beschreibung der Methoden an dieser Stelle verzichtet. In allen Gelsystemen der aufgeführten Analysemethoden für DNA/RNA (denaturierende Bedingungen) bleiben die Proben auch während der Elektrophorese vollständig denaturiert. Sie können sowohl zur Längenbestimmung von RNA und DNA als auch zur analytischen Trennung und präparativen Gewinnung von RNA-Spezies herangezogen werden.

Tab. 2–6: Trennbereiche für lineare DNA-Fragmente in Agarosegelen

Agarosekonzentration [% (w/v)]	Kettenlänge [kb]
0,3	5 – 60
0,6	1 – 20
0,7	0,8 – 10
0,9	0,5 – 7
1,2	0,4 – 6
1,5	0,2 – 3
2,0	0,1 – 2

(Nach Sambrook et al. 2001.)

Abb. 2–3: Beispiel für eine PFGE. In einer Puls-Feld-Gelelektrophorese (CHEF-DRII, BioRad) wurden diverse Präparationen genomischer DNA in einem 1% Agarosegel aufgetrennt und mit Ethidiumbromid angefärbt (Abschn. 2.4.1). In den Spuren 1 und 6 sind DNA-Standardmarkergemische aufgetragen (MidRange PFG Marker I, New England BioLabs und High MolecularWeight DNA Marker, Invitrogen GmbH), die den entsprechenden Banden in der Abbildung zugeordnet wurden. (Mit freundlicher Genehmigung der Brain AG)

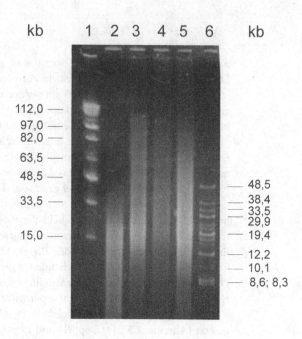

Literatur

Ausubel, F.M., Brent, R., Kingston, R.E., Moore, D.D., Seidman, J.G., Smith, J.A., Struhl, K. (Hrsg.) (1998): Current Protocols in Molecular Biology. John Wiley & Sons, New York.

Rickwood, D., Hames, B.D. (Hrsg.) (1990): Gel Electrophoresis of Nucleic Acids – A Practical Approach. IRL Press, Washington D.C.

Sambrook, J., Russel, D.W. (2001): Molecular Cloning – A Laboratory Manual. 3rd ed. Cold Spring Harbor Laboratory Press, Cold Spring Harbor, New York.

2.3.1.1 Puls-Feld-Gelelektrophorese

In dieser von Schwartz und Cantor 1984 zuerst beschriebenen Variation der Agarose-Gelelektrophorese wandern die DNA-Moleküle unter dem Einfluss von zwei elektrischen Feldern. Hierbei müssen die Moleküle wegen der geographischen Änderung des elektrischen Feldes ihre Orientierung ändern. Ihre Helixstruktur wird dabei zuerst gestreckt, bei Änderung des Feldes gestaucht. Für die viskoelastische Relaxation sowie die Umorientierung benötigen große Moleküle einen längeren Zeitraum als kleine Moleküle. Somit bleibt für sie nach Streckung und abgeschlossener Umorientierung in der gegebenen Pulsdauer weniger Zeit für die eigentliche elektrophoretische Wanderung.

Auf diese Weise ist die resultierende elektrophoretische Mobilität abhängig von der Pulsationszeit bzw. von der jeweiligen Dauer des elektrischen Feldes.

Große Moleküle können durch die Scherkräfte beim Pipettieren brechen. Aus diesem Grund erfolgt die Probenvorbereitung inklusive Zellaufschluss und Restriktion z.B. in Agaroseblöckchen.

Diese werden anschließend in vorgeformte Geltaschen eingesetzt.

Die elektrischen Felder sollen, von der Probe aus gesehen, einen Mindestwinkel von 110 ° zueinander haben. Dies wird z.B. durch inhomogene Felder mit punktförmigen Elektroden auf rechteckigen Schienen oder in hexagonaler Anordnung erreicht. Weitere Feldgeometrien werden z.B. durch doppelt inhomogene Felder erzeugt, wobei die Kathoden aus langen, kontinuierlichen Platindrähten und die Anoden aus kurzen, nicht punktförmigen Elektroden bestehen (Carle *et al.*, 1986).

Um eine Netto-Vorwärtsbewegung der Moleküle zu erzielen, wird eine Inversion eines homogenen elektrischen Feldes mit unterschiedlichen Zeiten bzw. Voltzahlen angewandt. Ebenso kann das rotierende Gelsystem eingesetzt werden. Hier wird ein homogenes elektrisches Feld angelegt, das Gel dreht sich jedoch nach einem entsprechenden Zyklus um mehr als 90 °.

Aufgrund des geringeren apparativen Aufwands sei an dieser Stelle die Feld-Inversions-Gelelektrophorese (FIGE) beispielhaft beschrieben und für die anderen Techniken auf die Hinweise der jeweiligen Hersteller kommerzieller PFGE-Systeme verwiesen, z.B. CHEF (*contour-clamped homogeneous electric fields*), Bio-Rad oder Gene Navigator® Pulsed Field System, GE Healthcare.

Materialien

- Agarose, *pulsed-field-grade* (Agarose MP, GE Healthcare; Pulsed Field Certified Agarose, Bio-Rad)
- 10 × TBE-Puffer (Tris-Borat-EDTA-Puffer, 890 mM Tris-Base, 890 mM Borsäure, 20 mM EDTA): 108 g Tris-Base, 55 g Borsäure, 40 ml 0,5 M EDTA, pH 8 ad 1 l H_2O
- 2 M Glycin: 37,54 g Glycin ad 250 ml H_2O
- GTBE-Puffer (0,1 M Glycin, 0,5 × TBE): 50 ml 10 × TBE-Puffer, 50 ml 2 M Glycin ad 1 l H_2O, bei Raumtemperatur aufbewahren
- 10 mM Tris-HCl, pH 8
- Zellmaterial zur Darstellung hochmolekularer DNA bzw. hochmolekulare DNA-Proben, eingebettet in Agarosestückchen
- Zelllysepuffer (100 mM EDTA, pH 8, 10 mM Tris-HCl, pH 8, 1 % (w/v) N-Lauroylsarcosin, Na-Salz, 100 µg × ml^{-1} Proteinase K): 20 ml 0,5 M EDTA, pH 8, 1 ml 1 M Tris-HCl, pH 8, 1 g N-Lauroylsarcosin, Na-Salz, ad 100 ml H_2O, kurz vor Gebrauch des Puffers 0,5 ml 20 mg × ml^{-1} Proteinase K hinzugeben
- Lagerungspuffer (10 mM Tris-HCl, pH 8, 10 mM EDTA, pH 8): 1 ml 1 M Tris-HCl, pH 8, 2 ml 0,5 M EDTA, pH 8 ad 100 ml H_2O
- PMSF: 400 mM Phenylmethylsulfonylfluorid (PMSF) in Ethanol; kovalenter Inhibitor für Proteasen, toxisch und leicht flüchtig, instabil in Wasser, sollte daher jeweils frisch aus einer 400 mM Stammlösung zu entsprechendem Puffer zugegeben werden; Stammlösung bei –20 °C lagern, hierbei präzipitiertes PMSF geht beim Erwärmen wieder in Lösung
- DNA-Längenstandard
- Bromphenolblau: 0,01 % (w/v) Bromphenolblau, 10 % (v/v) Glycerin in TAE-Puffer (Abschn. 2.3.1.2)
- Restriktionsenzyme, 3 × Restriktionsmix (zur genaueren Spezifizierung Abschn. 6.1)
- konische 50 ml-Plastikgefäße
- Plastikform oder Petrischale zur Herstellung von Agarosestückchen
- Peristaltikpumpe
- programmierbares Umschaltgerät für die Stromversorgung (z.B. FIGE MAPPER System, Bio-Rad)
- Stromgeber mit der Möglichkeit, eine konstante Spannung einzustellen
- horizontale Flachbett-Gelelektrophorese-Apparatur mit Anschlüssen für die Pufferumwälzung
- Taschenschablone

Durchführung

Herstellung des Gels

- Je nach Größe der verwendeten Gelkammer 1 % (w/v) Agarose in entsprechendem Volumen GTBE-Puffer in einem Erlenmeyerkolben suspendieren
- Agarosesuspension in einem Mikrowellengerät vorsichtig aufkochen (Flüssigkeitsverlust und damit Konzentrierung der Pufferlösung bei zu starkem bzw. zu langem Kochen beachten) und die Lösung bei RT auf 50–60 °C abkühlen lassen
- eventuelle Undichtigkeiten der Gelkammer mit einer dünnen Agaroseschicht abdichten

- Taschenschablone ca. 1–2 cm vom oberen Rand der Gelkammer entfernt (Kathodenseite) einsetzen, sodass sich eine 1–2 mm dicke Agaroseschicht zwischen Schablone und Kammerboden unversehrt ausbilden kann
- Agaroselösung luftblasenfrei in die Gelkammer gießen; Gel dabei nur so dick herstellen, dass die Probenblöcke gerade eingesetzt werden können, um den Stromverbrauch bzw. die Wärmeentwicklung während der Elektrophorese möglichst niedrig zu halten
- Agarose 30–60 min bei RT erstarren lassen und anschließend die Taschenschablone vorsichtig entfernen.

Probenvorbereitung

- Steht eine Plastikform zur Herstellung von Agaroseblöcken in der Größe der einzusetzenden Geltaschen zur Verfügung, diese zunächst mit einem Klebeband auf einer Seite abdichten; alternativ kann die verflüssigte Proben-Agarosemischung auch als kleiner Klumpen in eine Petrischale gegossen und nach Erstarren mithilfe eines Skalpells in die entsprechende Form geschnitten werden
- Zellmaterial in entsprechender zweifach konzentrierter Lösung oder Kulturmedium (ohne Serum) bzw. Puffer suspendieren
- gleiches Volumen an 1 %iger geschmolzener und auf ca. 50 °C abgekühlter Agarose in GTBE-Puffer hinzugeben, sofort gut mischen, in die Kompartimente der Plastikform verteilen und dann auf Eis fest werden lassen
- nach Erstarren der Agarose das Klebeband von der Gießform entfernen, die Agaroseblöcke in ein konisches 50 ml-Plastikröhrchen überführen, das mindestens 20 Volumen des Zelllysepuffers enthält
- Agaroseblöcke über Nacht bei 50 °C unter leichtem Schütteln inkubieren
- Lysepuffer durch frischen Lysepuffer austauschen und erneut bei 37 °C über Nacht inkubieren
- verbrauchten Puffer abgießen und Agaroseblöcke mit hochmolekularer DNA in 20 Volumen Lagerungspuffer aufnehmen und bei 4 °C lagern
- alternativ mit Restriktionsenzym weiterbehandeln; dazu Agaroseblöcke mindestens dreimal mit 10 Volumen Lagerungspuffer, dem 1 mM PMSF hinzugesetzt wurde, für 1 h bei Raumtemperatur waschen; Agaroseblöcke dreimal mit 10 Volumen 10 mM Tris-HCl, pH 8 je 30 min bei Raumtemperatur waschen; Agaroseblöcke jeweils in 1,5 ml-Reaktionsgefäße überführen und überschüssige Flüssigkeit entfernen; entsprechend dem halben Volumen eines Agaroseblockes 3 × Restriktionsmix (Puffer sowie Enzym) hinzugeben und bei entsprechender Temperatur inkubieren; je nach eingesetzten Proben bzw. Restriktionsenzym muss eventuell zunächst die optimale Enzymmenge sowie Inkubationsdauer durch eine Titration bestimmt werden.

Elektrophorese

- Probenblöcke in die entsprechenden Taschen einsetzen; passen die Blöcke nicht genau hinein, kann mithilfe einer Pipette mit einer dünnen, abgeflachten Pipettenspitze die Luft unterhalb des Probenblocks entfernt werden; sind die Blöcke kleiner als die vorgesehenen Taschen, können die Blöcke mittels geschmolzener Agarose in den Taschen fixiert werden
- Gel mit GTBE-Puffer überschichten (2–3 mm)
- die flüssigen, nicht in Agaroseblöcken fixierten Proben werden vorsichtig direkt in die Probentaschen eingebracht; auch der Marker wird direkt aufgetragen; um ein Scheren der hochmolekularen DNA (über 100 kb) zu vermeiden, ca. 5 mm der Pipettenspitze mithilfe einer Skalpellklinge (Rasierklinge) entfernen, die Pipette schräg über die Tasche halten und beim Ausdrücken der Pipette die Probenlösung langsam in die Tasche absinken lassen
- wenigstens eine Probentasche sollte Bromphenolblau enthalten
- Peristaltikpumpe auf eine angemessene Flussrate einstellen (5–10 ml × min^{-1} für ein Minigel und 20–50 ml × min^{-1} für ein großes Gel) und die Schlauchverbindungen mit dem jeweiligen Ein- bzw. Ausgang der Pufferkammer verbinden
- unter Beachtung der richtigen Polarität das Umschaltgerät an den Stromgeber bzw. das Gelsystem anschließen

- entsprechendes Pulsprogramm am Umschaltgerät einstellen
- Elektrophorese starten, dabei jedoch zunächst ohne Umkehr der Richtung arbeiten; nachdem das Bromphenolblau ca. 1 cm eingewandert ist, das Umschaltprogramm sowie die Peristaltikpumpe ebenfalls starten
- anzulegende Spannung, einzustellende Pulszeiten sowie Laufzeiten und Trennleistung lassen sich anhand der nachfolgend aufgeführten empirischen Formel ableiten; wird zum Beispiel eine Feld-Inversions-Elektrophorese bei 12 °C, 8 V × cm^{-1} in einem 0,8 %igen Agarosegel bei einem reversen Puls von 10 s und einem Vorwärtspuls von 30 s durchgeführt, können Fragmente der Größe 600–800 kb aufgelöst werden; ein 10 kb-Fragment wandert dabei mit einer Geschwindigkeit von 1 cm × h^{-1} durch das Gel
- nach beendetem Lauf das Gel färben und dokumentieren (Abschn. 2.4).

Maximale aufgelöste DNA-Größe [kb]	$0{,}13 \times (T + 40) \times V^{1,1} \times (3 - A)^{0,6} \times t^{0,875}$
Minimale aufgelöste DNA-Größe [kb]	$0{,}75 \times$ maximale Größe
Laufgeschwindigkeit eines 10-kb-Fragmentes [cm/h]	$\dfrac{0{,}0016 \times (T + 25) \times V^{1,6} \times (R - 1)}{A \times (R + 1)}$

T: Temperatur [°C]
V: Feldstärke [V × cm^{-1}]
A: % Agarose (mit 0,8 multiplizieren falls *pulsed-field-grade*-Agarose verwendet wird)
t: Pulszeit (reverse Laufzeit) [s]
R: Verhältnis von Vorwärts-Laufzeit zu reverser Laufzeit
Die Gleichung bezieht sich auf 0,5 × TBE-Puffer; falls GTBE- oder TAE-Puffer im Lauf verwendet wurde, sind die aufgetrennten Molekülgrößen etwas größer und das Gel läuft ca. 20 % bzw. 30 % schneller (Finney, 1988).

Trouble Shooting

- Um eine gute Auflösung über einen breiten Fragmentgrößenbereich zu erzielen, ist es notwendig, die reversen Pulszeiten zu variieren. Dies kann durch einen Zeitgradienten erreicht werden, d.h. es werden progressiv ansteigende Vorwärts- und Reversintervalle von einer unteren bis zu einer oberen Grenze eingestellt.
- Ein Phänomen aller PFGE-Elektrophoresen ist das *trapping* der größten DNA-Moleküle, d.h. ein Einwandern dieser Moleküle ins Gel wird verhindert. Dieses Phänomen ist sowohl von der Temperatur als auch der Voltzahl abhängig. Bei hohen Temperaturen und Feldstärken können Moleküle von 1.000 kb (1 Mb) Größe am Einlaufen in das Gel gehindert werden. Bei niedrigen Temperaturen und Feldstärken laufen Moleküle von einer Größe über 5 Mb in das Gel ein.
- In der PFGE-Elektrophorese beeinflussen verschiedene Parameter, wie z.B. angelegte Spannung, Temperatur etc., die viskoelastische Relaxation der Moleküle. So wird durch eine höhere Spannung die Anzahl an großen Molekülen, die getrennt werden, erhöht, sie kann aber eventuell zum *trapping* der größten Moleküle führen. Üblicherweise werden PFGE-Elektrophoresen bei 5–10 V × cm^{-1} durchgeführt. Da bei einer horizontalen Flachbett-Gelapparatur üblicherweise ca. 20 % der am Spannungsgeber angezeigten Voltzahl durch die Puffertanks verloren gehen, ermittelt man die Feldstärke durch Multiplikation der Ausgangsleistung des Spannungsgebers mit 0,8 und teilt dann durch die Länge des Gels in cm.
- In einem gegebenen Zeitintervall werden bei 30 °C größere Moleküle aufgetrennt als bei 10 °C. Wurde die optimale Temperatur ermittelt, ist es wichtig, dass das gesamte Gel bei einer einheitlichen Tempe-

ratur durchgeführt wird, um den *smile*-Effekt zu unterbinden. Das wird durch stetiges Zirkulieren des Puffers mithilfe einer Peristaltikpumpe erreicht.

- Durch eine erhöhte Feldstärke im Vergleich zu Standard-Agarosegelen (Abschn. 2.3.1.2) findet eine höhere Wärmeentwicklung während der Elektrophorese statt. Obwohl DNA in TAE-Puffer eine höhere Mobilität besitzt, zeigt eine Elektrophorese in 0,5 × TBE-Puffer eine geringere Wärmeentwicklung aufgrund der geringeren Leitfähigkeit dieses Puffers. Ein Kompromiss zwischen geringer Leitfähigkeit (und damit geringerer Wärmeentwicklung) und guter Mobilität von DNA zeigt GTBE-Puffer (TBE-Puffer mit 100 mM Glycin).
- Der Fluoreszenzfarbstoff Ethidiumbromid (Abschn. 2.4.1) verzögert nach Interkalation in die DNA die Umorientierung von DNA-Molekülen während der Elektrophorese, was durch ein Versteifen der Moleküle zu erklären ist. Die Zugabe von Ethidiumbromid zum Gel kann eventuell die Auflösung von Molekülen unter einer Größe von 100 kb erleichtern, ist aber nicht empfehlenswert für größere Moleküle.
- Mit spezieller *pulsed-field-grade*-Agarose haben Gele mit großen Poren verbesserte physikalische Eigenschaften. Ein 1 %iges Agarosegel aus *pulsed-field-grade*-Agarose erzeugt ähnliche Resultate wie ein 0,8 %iges Gel aus Standardagarose, ist aber weitaus konsistenter und besser zu handhaben.

Literatur

Birren, B.W., Lai, E., Clark, S.M., Hood, L., Simon, M.I. (1988): Optimized Conditions for Pulsed Field Gel Electrophoretic Separations of DNA. Nucl. Acids Res. 16, 7563–7582.

Carle, G.F., Frank, M., Olson, M.V. (1986): Electrophoretic Separations of Large DNA Molecules by Periodic Inversion of the Electric Field. Science 232, 65–68.

Finney, M. (1998): Pulsed-Field-Gel Electrophoresis in: Ausubel, F.M., Brent, R., Kingston, R.E., Moore, D.D., Seidman, J.G., Smith, J.A., Struhl, K. (Hrsg.) Current Protocols in Molecular Biology. Green Publishing Associates and Wiley Interscience, John Wiley & Sons, New York, Kap. 2.5.16.

Schwartz, D.C., Cantor, C.R. (1984): Separation of Yeast Chromosome-Sized DNAs by Pulsed Field Gradient Gel Electrophoresis. Cell 37, 67–75.

2.3.1.2 Native Agarose-Gelelektrophorese für DNA

Zur Analyse und präparativen Isolierung doppel- und einzelsträngiger DNA-Fragmente sowie von Plasmid-DNA mit einer Länge von mehr als 0,5 kb werden native Agarosegele eingesetzt. Die Agarosekonzentration richtet sich nach den zu erwartenden Fragmentgrößen (Tab. 2–6). Die DNA Mengen die hiermit analysiert werden können reichen von wenigen ng bis zu, im Falle von präparativen Ansätzen, dreistelligen µg-Mengen.

Materialien

- DNA-Probe (in TE-Puffer, pH 8,0 (Abschn. 3.1, 3.2 oder 3.3) oder in Restriktionspuffer (z.B. nach Restriktionskartierungsexperimenten Abschn. 3.4) gelöst; Volumen je nach Taschengröße)
- DNA-Längenstandard
- 50 × TAE-Puffer (Tris-Acetat-EDTA-Puffer): 2 M Tris-Base, 1 M Essigsäure, 0,1 M EDTA, gegebenenfalls mit konzentrierter Essigsäure auf pH-Wert 8,3 einstellen
- Agarose (z.B. Biozym LE Agarose, Biozym Scientific GmbH; UltraPure™ Agarose, Invitrogen GmbH): 0,4–2 % (w/v) Agarose in TAE-Puffer, pH 8,3
- Probenauftragspuffer: 50 % (v/v) Glycerin, 0,2 % (w/v) SDS, 0,05 % (w/v) Bromphenolblau, 0,05 % (w/v) Xylencyanol, in TAE-Puffer; bei Raumtemperatur aufbewahren; der zweite Farbstoff Xylencyanol zeigt ungefähr ein halb so schnelles Laufverhalten wie Bromphenolblau, kann eventuell bei der Visualisierung von moderat großen DNA-Fragmenten (ca. 4kb) stören und sollte somit in diesen Fällen weggelassen werden; er ist jedoch bei Elektrophoresen mit langer Laufzeit zur Orientierung sehr hilfreich;

alternativ können 0,35 % (w/v) des Azofarbstoffes Orange G zugesetzt werden, der ein ungefähres Laufverhalten wie das schnellste noch detektierbare DNA-Fragment (ca. 50 bp) zeigt

- horizontale Flachbett-Gelelektrophorese-Apparatur und Stromgeber; Gelkammergrößen ca. 200 mm × 200 mm × 5 mm (oder 80 mm × 50 mm × 5 mm für Minigele)
- Taschenschablone (2 mm dick; Breite der Taschen ca. 3–8 mm für analytische Gele und 3–5 cm für präparative Gele).

Durchführung

Herstellung des Gels

- Entsprechend der zu trennenden DNA-Fragmentgrößen (Tab. 2-6) und der Gelkammergröße Agarose in TAE-Puffer suspendieren
- Agarosesuspension in einem Mikrowellengerät vorsichtig aufkochen (Flüssigkeitsverlust und damit Konzentrierung der Pufferlösung bei zu starkem bzw. zu langem Kochen beachten) und die Lösung bei RT auf 50–60 °C abkühlen lassen
- eventuelle Undichtigkeiten der Gelkammer (insbesondere an den Ecken) mit einer dünnen Agaroseschicht abdichten: flüssige Agaroselösung mithilfe einer Pasteur-Pipette entsprechend auftragen und erstarren lassen
- Taschenschablone ca. 1–2 cm vom oberen Rand der Gelkammer entfernt (Kathodenseite) einsetzen, sodass sich eine 1–2 mm dicke Agaroseschicht zwischen Schablone und Kammerboden unversehrt ausbilden kann
- Agaroselösung luftblasenfrei bis zu einer Schichtdicke von maximal 5 mm in die Gelkammer gießen, um den Stromverbrauch bzw. die Wärmeentwicklung während der Elektrophorese möglichst niedrig zu halten
- Agarose 30–60 min bei RT erstarren lassen und anschließend die Taschenschablone vorsichtig entfernen; Gele mit weniger als 0,5 % Agarose im Kühlraum erstarren lassen und die Elektrophorese auch dort durchführen
- Gel mit TAE-Puffer überschichten (bis maximal 0,5 cm hoch), dabei beachten, dass sich in den Probentaschen keine Luftblasen ansammeln
- bei Gelen mit Agarosekonzentrationen < 1 % und schmalen Taschen, ggf. die Schablone erst entfernen, nachdem das Gel mit Puffer überschichtet wurde, da sonst die Taschen kollabieren können
- der Fluoreszenzfarbstoff kann auch bereits während der Herstellung des Gels zugegeben werden; die Farbstoffinterkalation erfolgt in diesem Fall während der Elektrophorese und erübrigt den Färbevorgang (Abschn. 2.4.1).

Probenvorbereitung

- DNA-Probe mit 1/5–1/3 ihres Volumens an Probenauftragspuffer versetzen und mit einer Pipette mit Einwegspitzen in die Probentasche einbringen; dabei die Pipette schräg über die Tasche halten und beim Ausdrücken der Pipette die Probelösung langsam in die Tasche absinken lassen; bei einer Taschengröße von 5 mm × 2 mm × 4 mm sollten maximal 30 µl Probe mit 0,1–0,5 µg DNA eingesetzt werden
- entsprechenden DNA-Größenstandard ebenfalls mit Auftragspuffer versetzen und auf das Gel auftragen.

Elektrophorese

- Nach dem Probenauftrag den Deckel auf die Gelkammer setzen, Apparatur mit dem Stromgeber verbinden (Wanderungsrichtung der DNA beachten: Probenauftrag erfolgt auf der Kathodenseite des Gels, DNA wandert in Richtung Anode) und eine Spannung von 1–5 V × cm^{-1} (Abstand zwischen den Elektroden) anlegen
- Elektrophorese so lange durchführen, bis die Farbstoffmarker die erforderliche Trennstrecke zurückgelegt haben; (Bromphenolblau wandert unter den Pufferbedingungen etwa wie ein lineares doppelsträn-

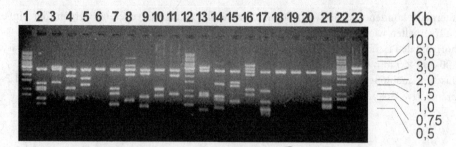

Abb. 2–4: Beispiel für eine native Agarose-Gelelektrophorese. Dargestellt sind Restriktionsfragmentierungen unterschiedlicher Klone einer Plasmid-Minipräparation in einem 1%igen Agarosegel. Die verwendeten DNA-Standardmarker-Gemische (Spuren 1, 12 und 22, peqGOLD 1kb DNA-Leiter, peQLab) sind den entsprechenden Banden in der Abbildung zugeordnet worden. (Mit freundlicher Genehmigung der Brain AG)

giges 300 bp-DNA-Fragment, Xylencyanol wie ein lineares doppelsträngiges 4 kb-DNA-Fragment und Orange G wie ein doppelsträngiges 50bp-DNA-Fragment; im Bereich zwischen 0,5–1,4 % (w/v) Agarose ist dieses Wanderungsverhalten kaum von der Agarosekonzentration abhängig); für ein 1 %iges Agarosegel der Größe 200 mm × 200 mm sind typische Elektrophoresebedingungen 4–8 h bei 80–100 V oder über Nacht bei 30–40 V; für 80 mm × 50 mm große Gele gilt 2–3 h bei 70–80 V

- nach beendeter Elektrophorese das Gel aus der Elektrophoresekammer nehmen, färben und dokumentieren (Abschn. 2.4)
- zur Elution der Nucleinsäuren das Gel zunächst mit Ethidiumbromid färben (Abschn. 2.4.1) und dann gemäß Abschn. 2.5 behandeln
- für einen Southern-Blot mit dem Gel analog Abschn. 10.2 verfahren.

Trouble Shooting

- Ungenügende Auflösung von DNA-Fragmenten: Meist wurde eine falsch gewählte Agarosekonzentration eingesetzt.
- Unscharfe DNA-Banden, insbesondere bei geringen Molekulargewichten: Diffusion der DNA-Moleküle möglich, was besonders bei langen Gel-Laufzeiten (z.B. über Nacht) und niedriger Voltzahl auftritt.
- Schmelzen der Agarose im Gel während des Laufes: Kann entweder durch das Fehlen von Laufpuffer oder durch Aufbrauchen des Puffers während der Elektrophorese hervorgerufen werden. Für lange Elektrophoresezeiten bei hohen Voltzahlen sollte TBE-Puffer (Abschn. 2.3.1.1) aufgrund seiner höheren Pufferkapazität anstelle von TAE-Puffer eingesetzt werden. Des Weiteren ist zu beachten, dass sich die Laufpuffer in Mini- bzw. Midi-Gelapparaturen wegen der kleineren Pufferreservoirs schneller aufbrauchen als in entsprechenden großen Apparaturen.
- Nach dem Färben zeigt sich ein Schmier in der ganzen Spur: Evtl. durchstoßene Probentaschen beim Probenauftrag lassen die DNA zwischen Gelkammerboden und Gel laufen.
- Die DNA-Banden sind nach dem Färben nicht scharf voneinander getrennt bzw. die gesamte Probe scheint verwischt (*tailing*) und sich in der kompletten Spur verteilt zu haben: Mögliche Ursache ist eine heterogene Gelstruktur durch eine nicht vollständige Auflösung der festen Agarose beim Erhitzen und Erstellen der Gelmatrix.

2.3.1.3 Denaturierende alkalische Agarose-Gelelektrophorese für DNA

Elektrophoresen unter denaturierenden Bedingungen in Agarosegelen (sowie auch in Polyacrylamidgelen, Abschn. 2.3.2.2) werden zur Analyse von einzelsträngiger DNA (ssDNA) eingesetzt. Hiermit lässt sich die Größenverteilung der Reaktionsprodukte nach Erst- und Zweitstrang-cDNA-Synthesen gut überprüfen.

mRNA/ss-cDNA-Hybride sowie cDNA-Doppelstränge werden vollständig dissoziiert und wandern ausschließlich entsprechend ihrer Größe.

Im Folgenden wird die Elektrophorese im alkalischen Agarosegel beschrieben. Entsprechend der zu erwartenden Fragmentgröße (kb) muss die Gelkonzentration variiert werden (Tab. 2–6). Für die meisten Fälle eignen sich Gelkonzentrationen von 1–1,4 % (w/v) Agarose.

Materialien

- DNA-Probe (je nach Fragmentgröße bis 250 ng DNA)
- DNA-Längenstandard
- Agarose
- Schmelzpuffer: 50 mM NaCl, 1 mM EDTA, pH 8
- alkalischer Elektrophoresepuffer: 50 mM NaOH und 1 mM EDTA; Puffer jeweils frisch ansetzen
- alkalischer Probenauftragspuffer: 2,5 % (w/v) Ficoll-400, 0,05 % (w/v) Bromkresolgrün in alkalischem Elektrophoresepuffer; bei 4 °C aufbewahren
- 3 M Natriumacetat, pH 5,2
- Ethanol p.a.
- Größenstandard/Lineal (Abschn. 10.2)
- horizontale Flachbett-Gelelektrophorese-Apparatur und Stromgeber (Abschn. 2.3.1.2)
- Taschenschablone (2 mm dick, Breite der Taschen ca. 3–8 mm)
- Glasplatte (20 cm × 20 cm)

Durchführung

Herstellung des Gels (Beispiel: 1,3 %iges Agarosegel)

- 2,6 g Agarose in 200 ml Schmelzpuffer in einem Erlenmeyerkolben suspendieren
- Agarosesuspension in einem Mikrowellengerät vorsichtig aufkochen; Flüssigkeitsverlust und damit Konzentrierung der Pufferlösung bei zu starkem bzw. zu langem Kochen beachten; Agarose nicht im alkalischen Elektrophoresepuffer schmelzen, da hierbei eine Hydrolyse der glykosidischen Bindung erfolgt
- Lösung bei RT auf 50–60 °C abkühlen lassen
- Gelkammer vorbereiten, Gel gießen etc. und Taschenschablone entfernen (Abschn. 2.3.1.2)
- Gel mit alkalischem Elektrophoresepuffer überschichten und zur Äquilibrierung 20–30 min bei Raumtemperatur stehen lassen
- Puffer abgießen und Gel 1–2 mm hoch mit Elektrophoresepuffer überschichten.

Probenvorbereitung

- DNA-Probe mit 0,1 Volumen 3 M Natriumacetat versetzen, mit zwei- bis dreifachem Volumen an Ethanol bei –20 °C fällen, 20 min in einer Tischzentrifuge bei 4 °C und 13.000 rpm (17.900 × g) zentrifugieren
- Überstand vorsichtig mit einer Pipette und Einwegspitze abnehmen und Präzipitat in 10–20 µl Probenauftragspuffer lösen
- Probe unterschichtend in die Probentasche einbringen (Abschn. 2.3.1.2)
- DNA-Größenstandard ebenfalls mit Auftragspuffer versetzen und auf das Gel auftragen.

Elektrophorese

- Glasplatte zur Verringerung der Diffusion des Bromkresolgrüns auf das Gel legen
- Deckel auf die Gelkammer setzen, Apparatur mit dem Stromgeber verbinden (Wanderungsrichtung der DNA beachten: Probenauftrag erfolgt auf der Kathodenseite des Gels, DNA wandert in Richtung Anode); Proben bei 1–4 × cm^{-1} trennen, bis der Farbmarker 2/3 des Gels durchlaufen hat; als Richtgröße dienen 6–7 h bei 70 V oder 30 V über Nacht

- nach beendeter Elektrophorese das Gel aus der Elektrophoresekammer nehmen, färben und neben einem Größenstandard/Lineal (Abschn. 10.2.2) dokumentieren (Abschn. 2.4)
- für einen Southern-Blot auf Nylonmembran gemäß Abschn. 10.2. verfahren
- für einen Southern-Blot auf Nitrocellulosefilter das Gel zunächst für 30–45 min bei Raumtemperatur in der Neutralisierlösung inkubieren und dann gemäß Abschn. 10.2 verfahren.

Literatur

McDonell, M.W., Simon, M.N., Studier, F.W. (1977): Analysis of Restriction Fragments of T7 DNA and Determination of Molecular Weights by Electrophoresis in Neutral and Alkaline Gels. J. Mol. Biol. 110, 119–146.
Odgen, R.C., Adams, D.A. (1987): Electrophoresis in Agarose and Acrylamide Gels. Methods Enzymol. 152, 61–87.

2.3.1.4 Agarose-Gelelektrophorese für RNA nach Denaturierung mit Glyoxal und DMSO

Durch die erhöhte Temperatur bei der Denaturierungsreaktion (50 °C) und durch DMSO werden intramolekulare Wasserstoffbrücken-Bindungen in der RNA aufgebrochen. Dadurch werden Guaninreste für die kovalente Modifikation mit Glyoxal freigelegt. Das Produkt der Reaktion ist bei neutralem oder saurem pH-Wert stabil, unter alkalischen Bedingungen und bei hohen Temperaturen kann die Reaktion rückgängig gemacht werden. Aufgrund dieser Stabilität denaturierter RNA-Proben kann eine Elektrophorese in nativen Agarosegelen vergleichbare Resultate ergeben wie die elektrophoretische Auftrennung unter denaturierenden Bedingungen (z.B. in formaldehydhaltigen Agarosegelen).

Molekulargewichtsmarker werden üblicherweise nicht auf RNA-Gelen eingesetzt, da eine Anfärbung mit Ethidiumbromid, die in zellulären bzw. Gesamt-RNA-Präparationen enthaltenen ribosomalen RNA-Moleküle als scharfe Banden erkennen lässt. Sie können als interne Marker dienen. Aus tierischen Zellen isoliert zeigen diese Moleküle (28-S- und 18-S-rRNA) 4,7 bzw. 1,8 kb, wohingegen bakterielle 23-S- und 16-S-rRNA-Moleküle kleiner sind (2,9 bzw. 1,5 kb). Falls Poly(A)$^+$-RNA gelelektrophoretisch getrennt wird, können kommerziell erhältliche RNAs (z.B. RNA Ladder, New England Biolabs) als Molekulargewichtsmarker eingesetzt werden.

Zur Inhibition von RNase-Aktivitäten sollte das H_2O zum Ansetzen von Lösungen mit Diethylpyrocarbonat (DEPC) behandelt werden (Abschn. 7.1.3.1). DEPC ist vermutlich kanzerogen und ist daher mit der entsprechenden Vorsicht zu verwenden. Reaktionsprodukte von DEPC (bei der Reaktion mit Ammoniumionen entsteht z.B. Ethylcarbamat) stellen potente Kanzerogene dar, weshalb eine DEPC-Behandlung von ammoniumhaltigen Lösungen mit der entsprechenden Sorgfalt durchgeführt werden sollte.

Materialien

- RNA-Probe (bis zu 30 µg; am besten in DEPC-behandeltem H_2O gelöst, Abschn. 7.1.3.1)
- Agarose geringer Endoosmose (Abschn. 2.3.1.2)
- 10 × Elektrophoresepuffer (Phosphatpuffer: 0,1 M KH_2PO_4, K_2HPO_4, pH 6,8); Lösung A (0,2 M KH_2PO_4): 27,2 g KH_2PO_4 ad 1 l H_2O; Lösung B (0,2 M K_2HPO_4): 34,8 g K_2HPO_4 ad 1 l H_2O; 255 ml Lösung A mit 245 ml Lösung B mischen und mit H_2O auf 1 l auffüllen, ergibt einen pH-Wert von 6,8 (Phosphatpuffer zeigen konzentrationsabhängige pH-Wert-Änderungen, d.h. nach Verdünnen der Stammlösung den pH-Wert überprüfen)
- Auftragspuffer: 50 % (v/v) Glycerin oder 50 % (w/v) Saccharose, 0,05 % (w/v) Bromphenolblau, in Phosphatpuffer, pH 6,8 (bei Raumtemperatur aufbewahren)
- Denaturierungslösung: 40 % (w/v) (6 M) Glyoxal in H_2O; durch Luftsauerstoff wird Glyoxal leicht oxidiert und sollte deshalb vor Gebrauch mit einem Ionenaustauscher (Dowex 1x4, Sigma-Aldrich;

AG 501-X8, Bio-Rad) behandelt werden, bis der pH-Wert auf > 5 angestiegen ist; in 50 bis 100 µl-Portionen nach Begasung mit Argon bei –20 °C aufbewahren
- DMSO
- optional: 0,1 M NaOH
- optional: 0,2 M Natriumacetat, pH 5,2
- horizontale Flachbett-Gelelektrophorese-Apparatur, Stromgeber und Taschenschablone (Abschn. 2.3.1.1 bzw. 2.3.1.2)
- Vorrichtung zum Umpumpen des Elektrophoresepuffers (Abschn. 2.3.2.2)

Durchführung

Herstellung des Gels
- Vorbereitung des Agarosegels und Einbringen der Proben siehe Abschn. 2.3.1.2, das Gel jedoch in 1 × Phosphatpuffer ansetzen; dieser Puffer dient auch als Elektrophoresepuffer; für RNA-Proben bis 1 kb 1,4 %ige (w/v) Agarosegele, für längere Proben 1 %ige (w/v) Gele verwenden
- Färbung durch Zusatz von Ethidiumbromid direkt zum Agarosegel unterlassen, da Glyoxal mit Ethidiumbromid reagiert.

Probenvorbereitung
- Zur Denaturierung von Sekundärstrukturen (basengepaarter Nucleotidabschnitte) die RNA-Proben für 1 h bei 50 °C im 1,5 ml-Reaktionsgefäß wie folgt inkubieren: 5 µl RNA-Probe (ca. 30 µg Gesamt-RNA oder 10 µg Poly(A)$^+$-RNA), 4 µl Denaturierungslösung, 10 µl 100 % DMSO und 2 µl 10 × Phosphatpuffer
- Probe in Eis abkühlen, 1 min in der Tischzentrifuge zentrifugieren und 5 µl Auftragspuffer hinzufügen
- bei Verwendung entsprechender RNA Molekulargewichtsstandards diese ebenfalls vor dem Gelauftrag denaturieren.

Elektrophorese
- Elektrophorese bei 3–5 V × cm^{-1} durchführen; dies entspricht einer Elektrophoresezeit von 5–6 h bei 100 V; der Farbmarker wandert während dieser Zeit ca. die Hälfte der Trennstrecke
- nach dem Einwandern der Proben den pH-Wert des Puffers während der Elektrophorese durch Umpumpen konstant halten; alternativ den Laufpuffer etwa alle 30 min durch frischen Puffer ersetzen
- Stromgeber ausschalten und Gel aus der Elektrophoreseapparatur nehmen
- für eine Färbung mit Ethidiumbromid das Gel 15 min bei Raumtemperatur in 0,1 M NaOH inkubieren und zweimal jeweils 15 min in 0,2 M Natriumacetat pH 5,2 neutralisieren; die Färbung erfolgt dann gemäß Abschn. 2.4.1
- für einen Northern-Blot (Abschn. 10.2) sollte das Gel direkt nach der Elektrophorese ohne vorherige Ethidiumbromidfärbung verwendet werden; für Dokumentationszwecke können dabei identische Proben doppelt aufgetragen werden, sodass ein Teil des Gels angefärbt, der andere Teil im Transfer eingesetzt wird.

Literatur

Goldberg, D.A. (1980): Isolation and Partial Characterization of the *Drosophila* Alcohol Dehydrogenase Gene. Proc. Natl. Acad. Sci. USA 77, 5794–5798.

Liu, Y.-C., Chou, Y.-C. (1990): Formaldehyde in Formaldehyde/Agarose Gel May be Eliminated without Affecting the Electrophoretic Separation of RNA Molecules. Biotechniques 9 (5), 558.

McMaster, G.K., Carmichael, G.G. (1977): Analysis of Single- and Doublestranded Nucleic Acids on Polyacrylamide and Agarose Gels by Using Glyoxal and Acridine Orange. Proc. Natl. Acad. Sci. USA 74, 4835–4838.

Rickwood, D., Hames, B.D. (Hrsg.) (1990): Gel Electrophoresis of Nucleic Acids – A Practical Approach. IRL Press, Washington D.C.

2.3.2 Polyacrylamid-Gelsysteme

Die Polyacrylamid-Gelelektrophorese wird meist für die Trennung von DNA-Fragmenten mit einer Größe über 1.000 bp verwendet. Sie dient häufig zur Analyse und Isolierung von Restriktionsfragmenten, zur Trennung der Produkte der DNA-Sequenzierung und zur Analyse und Reinigung von Oligonucleotiden. Ebenso wie bei den Agarosegelen kann durch Variation der Acrylamidkonzentration der Trennbereich für die unterschiedlichen Fragmentlängen optimiert werden (Tab. 2–7).

Die Elektrophorese in Polyacrylamidgelen erfolgt in vertikaler Richtung. Zur Trennung doppelsträngiger DNA-Moleküle werden native Gelsysteme (Abschn. 2.3.2.1) und für die Analyse einzelsträngiger DNA-Moleküle denaturierende Gelsysteme eingesetzt (Abschn. 2.3.2.2).

Literatur

Ellington, A., Pollard, J.D. Jr. (1998) in: Ausubel, F.M., Brent, R., Kingston, R.E., Moore, D.D., Seidman, J.G., Smith, J.A., Struhl, K. (Hrsg.): Purification of Oligonucleotides Using Denaturing Polyacrylamide Gel Electrophoresis. Current Protocols in Molecular Biology. John Wiley & Sons, New York.

Peacock, A.C., Digman, C.W. (1968): Molecular Weight Estimation and Separation of Ribonucleic Acid by Electrophoresis in Agarose-Acrylamide Composite Gels. Biochemistry 7, 668–674.

Rickwood, D., Hames, B.D. (Hrsg.) (1990): Gel Electrophoresis of Nucleic Acids – A Practical Approach. IRL Press, Washington D.C.

Sambrook, J., Russel, D.W. (2001): Molecular Cloning – A Laboratory Manual. 3rd ed. Cold Spring Harbor Laboratory Press, Cold Spring Harbor, New York.

2.3.2.1 Native Polyacrylamid-Gelelektrophorese für DNA

Materialien

- DNA-Probe (je nach Fragmentgröße und -zahl 25–250 ng DNA) in TE-Puffer, pH 8 (Tris/EDTA-Puffer: 10 mM Tris-HCl, pH 8, 1 mM EDTA, pH 8) oder in Restriktionspuffer (Hersteller siehe Restriktionsenzyme) gelöst; Volumen je nach Taschengröße bis zu 40 µl
- DNA-Längenstandard
- 30 % (w/v) Acrylamid: 30 g Acrylamid, 0,8 g N,N'-Methylenbisacrylamid (2 × *crystallized grade* verwenden) ad 100 ml H_2O
- TEMED
- 10 % (w/v) Ammoniumperoxodisulfat (APS): 0,2 g APS ad 2 ml H_2O

Tab. 2–7: Trennbereich für DNA-Fragmente in nativen Polyacrylamidgelen

Acrylamid-konzentration [%]	Kettenlänge [bp]	Bromphenolblau[1]	Xylencyanol[1]
3,5	1000–2000	460	100
5,0	80–500	260	65
8,0	60–400	160	45
12,0	40–200	70	20
15,0	25–150	60	15
20,0	6–100	45	12

(Nach Sambrook et al. 2001.)
[1] Die Zahlen geben in etwa die Größe (in bp) der Fragmente doppelsträngiger DNA an, deren Wanderungsverhalten dem des Farbstoffs entspricht.

- 10 × TBE-Puffer (Tris-Borat-EDTA-Puffer): 1 M Tris-Base, 0,85 M Borsäure und 10 mM EDTA; Lösung, wenn nötig, mit NaOH auf pH 8,3 einstellen
- Probenauftragspuffer: 50 % (v/v) Glycerin, 0,05 % (v/v) Bromphenolblau, 0,05 % (w/v) Xylencyanol, in TBE-Puffer; Auftragspuffer bei Raumtemperatur aufbewahren; alternativ: Zusammensetzung wie Auftragspuffer in Abschn. 2.3.1.2, aber in TBE-Puffer
- Vertikal-Gelelektrophorese-Apparatur (z.B. GE Healthcare, Bio-Rad, Abschn. 2.1.1) mit entsprechenden Glasplatten, Abstandhaltern (1 oder 2 mm dick) sowie Taschenschablonen (1 oder 2 mm dick; für 12–24 Proben für analytische Gele, für 3–5 Proben für präparative Gele)
- Stromgeber

Durchführung

Herstellung des Gels

Die Vorbereitung der Gelplatten, das Zusammensetzen der Gelkammer etc. sind in Abschn. 2.1.1 beschrieben. Das folgende Protokoll gilt für 16 cm × 18 cm große und 1–2 cm dicke vertikale Plattengele.
- Für den Trennbereich gewünschte Acrylamidlösung herstellen (Tab. 2–9)
- Lösung luftblasenfrei bis zum oberen Rand zwischen die Platten gießen (Abschn. 2.1.1)
- Taschenschablone sofort zwischen den Platten in die Lösung stecken und das Gel bei Raumtemperatur für 1–2 h polymerisieren lassen

Tab. 2–8: Acrylamidkonzentrationen für eine optimale Auflösung von ssDNA-Fragmenten in denaturierenden Polyacrylamidgelen

Acrylamid-konzentration [%]	separierte Fragment-größe [b]	Bromphenolblau[1]	Xylencyanol[1]
4	100–500	ca. 50	ca. 230
5	70–300	35	130
6	45–70	26	105
8	35–45	19	75
10	25–35	12	55
20	8–25	8	28
30	2–8	6	20

(Nach Ellington und Pollard 1998.)
[1] Die Zahlen geben in etwa die Größe (in Basen) der Fragmente einzelsträngiger DNA an, deren Wanderungsverhalten dem des Farbstoffs entspricht; RNA vergleichbarer Sequenz und Länge wandert etwas langsamer als DNA.

Tab. 2–9: Gelzusammensetzung für Gele unterschiedlicher Acrylamidkonzentration für die Elektrophorese von DNA-Fragmenten unter nativen Bedingungen

Gelzusammensetzung	Acrylamidkonzentration				
	3,5%	5%	8%	12%	20%
30% Acrylamid [ml]	11,67	16,67	26,67	40	66,67
10 X TBE-Puffer [ml]	10,00	10,00	10,00	10,00	10,00
H_2O [ml]	77,83	72,83	62,83	49,50	22,83
Mischung 10 bis 15 min unter Wasserstrahlvakuum entgasen					
10%(w/v) APS [ml]	0,5	0,5	0,5	0,5	0,5
TEMED [µl]	40	40	40	40	40

- Taschenschablone vorsichtig aus dem polymerisierten Gel entfernen, dabei vermeiden, dass die Stege zwischen den Probentaschen zerstört werden
- Probentaschen sorgfältig mit H_2O und TBE-Puffer ausspülen
- Gelkassette nach Herstellerangaben in die vertikale Elektrophoreseapparatur einbauen
- TBE-Puffer in die obere und untere Elektrodenkammer einfüllen und Luftblasen in den Probentaschen sowie am unteren Gelrand mit einer Spritze (mit gebogener Kanüle) entfernen.

Probenvorbereitung und Elektrophorese

- DNA-Probe mit 1/5–1/3 ihres Volumen an Probenauftragspuffer versetzen
- Proben (5–50 µl) unterschichtend durch den Elektrophoresepuffer hindurch auf den Boden der Taschen eintragen
- Elektroden mit dem Stromgeber verbinden, dabei die Polarität beachten: oben (–) unten (+)
- Elektrophorese bei 2–10 V $\times$ cm^{-1} durchführen, bis der entsprechende Farbmarker die erforderliche Trennstrecke durchlaufen hat (Tab. 2–7); als Orientierungswerte dienen 3–6 h bei 200 V oder über Nacht bei 40 V
- Stromgeber ausschalten und Puffer aus den Elektrophoresekammern abgießen
- Gelkassette aus der Kammer nehmen, nach Herstellerangaben auseinander bauen und eine Glasplatte entfernen
- für eine Ethidiumbromidfärbung (Abschn. 2.4.1) das an der verbliebenen Glasplatte haftende Gel über eine Schale mit entsprechender Färbelösung halten, vorsichtig das Gel an einer Ecke mit einem Spatel lösen und in die Färbelösung gleiten lassen
- für eine Elution der DNA das Gel zunächst mit Ethidiumbromid färben (Abschn. 2.4.1) und Elution gemäß Abschn. 2.5.5 durchführen.

2.3.2.2   Denaturierende Harnstoff-Polyacrylamid-Gelelektrophorese für DNA

Dieses Gelsystem enthält das Wasserstoffbrücken brechende Agenz Harnstoff in einer Konzentration von 7 M in den Polyacrylamidgelen. Es kann zur Analyse von chemisch synthetisierten (Desoxy)-Oligonucleotiden sowie der Reaktionsprodukte nach cDNA-Synthesen und zur präparativen Isolierung einzelsträngig zu trennender DNA-Fragmente eingesetzt werden.

Die einzusetzende Acrylamidkonzentration kann anhand Tab. 2–8 ausgewählt werden. Hierbei sollten die zu trennenden Proben etwa zur Hälfte bis 3/4 im Gel aufgetrennt worden sein, während der Farbmarker das untere Ende des Gels erreicht haben sollte. Zur Trennung werden üblicherweise vertikale Gelsysteme von 18 cm $\times$ 16 cm $\times$ 1–2 mm verwendet. Sind längere Trennstrecken erwünscht bzw. erforderlich, werden z.B. 18 cm $\times$ 24 cm $\times$ 1–2 mm große Gelsysteme eingesetzt (z.B. Hoefer SE660, Serva Electrophoresis GmbH).

Materialien

- DNA-Probe: s. Probenvorbereitung
- DNA-Längenstandard speziell für Oligonucleotid-Analysen
- Harnstoff
- Formamid-Farbmarker: 98 % (v/v) Formamid (deionisiert), 0,05 % (w/v) Bromphenolblau, 0,05 % (w/v) Xylencyanol in 10 mM EDTA; Farbmarker bei –20 °C aufbewahren
- Dünnschicht-Chromatographieplatte (TLC) mit einem Fluoreszenzindikator (z.B. Silica Gel F-254, VWR Intern.)
- weitere Materialien: Abschn. 2.3.2.1

Durchführung

Die Vorbereitung der Glasplatten, das Zusammensetzen der Gelkammer etc. sind in Abschn. 2.1.1 beschrieben.

Herstellung des Gels

- Lösung aus 42 g Harnstoff, 10 ml 10 × TBE-Puffer, entspechende Menge 30 %iger Acrylamid-Stamm-lösung (z.B. 16,67 ml für ein 5 %iges Gel), 25 ml H_2O im Wasserbad (60 °C) erwärmen, damit sich der Harnstoff besser löst
- nach vollständigem Lösen des Harnstoffs die Gelmischung auf 99,5 ml mit H_2O auffüllen, im Wasser-strahlvakuum entgasen, 0,5 ml 10 %iges APS sowie 50 µl TEMED hinzufügen und mischen
- Lösung sofort luftblasenfrei bis zum oberen Rand in die vorbereitete Gelkassette einfüllen (Abschn. 2.1.1)
- Taschenschablone sofort zwischen den Platten in die Lösung stecken und das Gel bei Raumtemperatur mindestens 1 h polymerisieren lassen
- Taschenschablone entfernen und die Probentaschen sorgfältig mit H_2O und TBE-Puffer spülen
- Gelkassette nach Herstellerangaben in die vertikale Elektrophoreseapparatur einbauen
- TBE-Puffer in die obere und untere Elektrodenkammer einfüllen und Luftblasen in den Probentaschen sowie am unteren Gelrand mit einer Spritze (mit gebogener Kanüle) entfernen
- Elektroden mit einem Stromgeber verbinden, Polarität beachten: oben (–), unten (+)
- Gel zum Vorwärmen mindestens 30 min bei 20–40 V × cm^{-1} laufen lassen (konstante Volteinstellung)
- unmittelbar vor dem Probenauftrag die Taschen gründlich mit TBE-Puffer ausspülen.

Probenvorbereitung und Elektrophorese

- Die DNA-Menge, die aufgetragen werden kann, ist von der erzielten Ausbeute z.B. bei der Oligonu-cleotidsynthese abhängig; um eine scharfe z.B. 2 cm breite Bande nach Färbung mit Ethidiumbromid zu erhalten, sollten mindestens 10 µg Probe aufgetragen werden (entspricht etwa 25 % eines 0,2 µmol-Reaktionsansatzes einer 20-mer Oligonucleotid-Synthese)
- DNA-Probe bis zur Trockne einengen (Speedvac), mit 5–20 µl Formamid-Farbmarker versetzen (bei 0,5 mm dicken Gelen bis zu 10 µl verwenden), 1–2 min bei 90 °C inkubieren und Probe sofort unter-schichtend in die Probentaschen einbringen
- Elektrophorese bei 20–40 V × cm^{-1} (konstante Volteinstellung) durchführen, bis sich aufgrund des Laufverhaltens des Farbmarkers ableiten lässt, dass die zu trennende Probe etwa zur Hälfte bis 3/4 in das Gel gelaufen ist
- Stromgeber ausschalten und den Puffer aus den Elektrophoresekammern abgießen
- Gelkassette aus der Kammer nehmen, nach Herstellerangaben auseinander bauen und eine Glasplatte entfernen
- für eine Visualisierung ohne Ethidiumbromidfärbung das Gel mit Haushaltsfolie abdecken, dabei Luft-blasen und Falten in der Folie vermeiden
- Platte samt Gel auf eine TLC-Platte mit Fluoreszenzindikator invertieren; die Glasplatte vorsichtig mit einem Spatel an einer Ecke lösen und vom Gel abheben
- Gel mit einem weiteren Stück Haushaltsfolie abdecken; mit einer UV-Handlampe (254 nm) lassen sich die Banden visualisieren, sie erscheinen als dunkle Banden vor hellgrünem Hintergrund; zur Gewin-nung der aufgetrennten DNA-Fragmente bzw. Oligonucleotide wird analog Abschn. 2.5.5 weiter ver-fahren
- für eine Ethidiumbromidfärbung (Abschn. 2.4.1) das an der verbliebenen Glasplatte haftende Gel über eine Schale mit entsprechender Färbelösung halten, vorsichtig das Gel an einer Ecke mit einem Spatel lösen und in die Färbelösung gleiten lassen.

Trouble Shooting

- Die Geschwindigkeit der Elektrophorese ist direkt proportional zum Spannungsgradienten im Gel. Erzeugter Strom und Wärme sind für hochprozentige Gele (> 15 % Acrylamid) verhältnismäßig gering, da eine höhere Acrylamidkonzentration zu erhöhtem Widerstand führt. Eine gewisse Wärmeentwick-lung trägt zur Denaturierung der Probe bei, sollte jedoch 65 °C nicht überschreiten; ein Springen der Glasplatten ist zu befürchten. Zum Beispiel kann ein 20 %iges Gel bei 800 V problemlos elektrophoretisiert werden, wohingegen ein 8 %iges Gel unter den gleichen Bedingungen eine zu hohe Wärmeentwicklung hervorrufen würde.

- Für kurze Oligonucleotide, die in hoher Ausbeute synthetisiert werden, existieren je nach weiterführender Applikation (z.B. DNA-Sequenzierung oder PCR-Amplifikation) hinreichend gute und dabei sehr einfache Reinigungsverfahren (Gelfiltration, Präzipitation mit Alkohol). Die Reinigung von Oligonucleotiden mittels HPLC ist aufwändiger, wird aber standardmäßig durchgeführt, obwohl diese Methode nicht die Kapazität und das Auflösungsvermögen der Polyacrylamid-Gelelektrophorese besitzt.

- Sollen nicht nur freie Schutzgruppen und Mononucleotide, sondern auch nahe gelegene Fehlsequenzen (n^{-1}-, n^{+1}-Produkte) von Oligonucleotiden abgetrennt werden, ist die Wahl der Acrylamidkonzentration sowie die aufgetragene Menge entscheidend. Unter Verwendung von 20–30 cm langen Gelsystemen lassen sich 100-mer Oligonucleotide von den n^{-1}-, bzw. n^{+1}-Molekülen auftrennen.

- Sind lange komplementäre Sequenzbereiche oder Polyguanosine in der Oligonucleotid-Sequenz enthalten, kann eine Elektrophorese in 7 M Harnstoff eventuell nicht ausreichend denaturierend und eine Abtrennung von Fehlsequenzen nicht möglich sein. Hierfür können Gele mit 20 M Formamid anstelle von Harnstoff benutzt werden.

2.4   Anfärbung von Nucleinsäuren in Gelen

Die Ethidiumbromidfärbung wird am häufigsten zur Detektion von gelelektrophoretisch getrennten DNA- und RNA-Proben verwendet. Das Ethidiumbromid interkaliert zwischen die Basen der Nucleinsäuren. Nach Anregung mit UV-Licht (254, 302 oder 366 nm) erscheint der Ethidiumbromid/Nucleinsäure-Komplex im sichtbaren Bereich (500–590 nm) als rot-orange leuchtende Bande.

In Agarose-Gelsystemen kann somit je nach DNA-Fragmentgröße mindestens eine Menge von 2–5 ng DNA detektiert werden. Polyacrylamid verringert die Fluoreszenzausbeute des Ethidiumbromids sehr stark, sodass bei Verwendung von Polyacrylamidgelen wenigstens 10 ng DNA pro Bande eingesetzt werden sollten. Die Affinität von Ethidiumbromid zu Einzelstrang-Nucleotiden ist geringer, wodurch sich die Nachweisgrenze für solche Nucleinsäureproben (z.B. RNA-Spezies) drastisch erniedrigt (ca. 100 ng/Bande).

Aufgrund seiner interkalierenden Eigenschaften ist dieser Farbstoff ein starkes Mutagen und entsprechende Vorsichtsmaßnahmen sind im Umgang bzw. bei der Entsorgung benutzter Färbelösungen zu treffen (s.u.).

Weitere Fluoreszenzfarbstoffe, die auch für Quantifizierungen in Fluoreszenzmessgeräten geeignet sind und eine vergleichbare, wenn nicht gar verbesserte Nachweisgrenze (20 pg DNA) bei reduzierter Mutagenität bzw. Genotoxizität besitzen, stellen sowohl die Produkte der SYBR-Familie, wie auch die beiden Farbstoffe GelRed™ / GelGreen™ dar. SYBR®- Green I, SYBR®-Gold, SYBR®-Safe (Molecular Probes (Invitrogen GmbH)); Anregungswellenlängen in Anwesenheit von DNA: 492 nm (Green I, Gold) 502 (Safe), sekundäre Absorptionsmaxima: 284 und 382 nm (Green I), 300 nm (Gold) bzw. 280 (Safe); Emissionsmaximum: 519 nm (Green I), 537 nm (Gold), bzw. 530 nm (Safe). Ihre erhöhte Affinität zu DNA sowie eine größere Fluoreszenz-Quantenausbeute des SYBR/DNA-Komplexes stehen einer hohen Lichtstabilität (hohe Wiederverwendbarkeit) sowie einem weitaus geringeren Kostenaufwand der Ethidiumbromidfärbelösung gegenüber. Die beiden GelRed™ und GelGreen™ Fluoreszenzfarbstoffe (Biotrend Chemikalien GmbH; VWR International GmbH) zeichnen sich durch eine im Vgl. zu den SYBR-Produkten höheren Stabilität der Farbstoffe in Lösung aus bei vergleichbarer bzw. höherer Sensitivität. Im Gegensatz zu Ethidiumbromid liegt laut Herstellerangaben keine Membrangängigkeit vor und somit keine Toxizität bzw. Mutagenität. GelRed™ besitzt ein ähnliches Absorptions- sowie Emissionsspektrum wie Ethidiumbromid und GelGreen™ ist in seinem Absorptions- und Emissionsverhalten wie auch in punkto Sensitivität dem SYBR-Green I vergleichbar.

Literatur

Alwine, J.C. (1979): Detection of Specific RNAs or Specific Fragments of DNA by Fractionation in Gels and Transfer to Diazobenzyloxymethyl Paper. Methods Enzymol. 68, 220–242.
Lunn,G., Sansone, E. (1987): Ethidium bromide. Destruction and Decontamination of Solutions. Anal. Biochem. 162, 453–458.
SYBR® Green I Nucleic Acid Gel Stain, Product Information Sheet, MP 7567 07/16/96, Molecular Probes (Invitrogen GmbH).
SYBR® Safe DNA Gel Stain, Product Information, MP 33100 06/19/2007, Molecular Probes (Invitrogen GmbH)
GelRed™ Nucleic Acid Gel Stain, Product Information, Jan 23, 2009, Biotium (Biotrend Chemikalien GmbH).
GelGreen™ Nucleic Acid Gel Stain, Product Information, Apr 9, 2010, Biotium (Biotrend Chemikalien GmbH).

2.4.1 Anfärbung von Nucleinsäuren in Gelen mit Ethidiumbromid

Materialien

Wichtig: Da es sich bei Ethidiumbromid nicht nur um eine giftige Substanz sondern auch um ein starkes Mutagen handelt, sollte auf den Umgang mit festem Farbstoff verzichtet und auf handelsübliche fertige Stammlösungen zurückgegriffen werden, z.B. 500 $\mu g \times ml^{-1}$ (Sigma-Aldrich). Des Weiteren ist zu beachten, dass herkömmliche dünnwandige Einmal-Handschuhe aus Latex bereits nach sehr kurzer Zeit von Ethidiumbromid durchdrungen werden (0,1 %ige Lsg, 60 sec), was dann bei direktem Hautkontakt resorbiert werden kann. Deshalb wird bei der Handhabung von insbesondere konzentrierten Lösungen auf die Verwendung von Einmal-Handschuhen aus Nitril verwiesen.

- 0,5 mg $\times$ ml^{-1} Stammlösung Ethidiumbromid in H_2O
- gebrauchsfertige Färbelösung: 0,4 ml Ethidiumbromidstammlösung ad 400 ml H_2O (Endkonzentration: 0,5 $\mu g \times ml^{-1}$)
- Transilluminator (Stratagene, GE Healthcare)
- Dokumentationssystem
- Aktivkohle (Körnung 20–35 mesh), Glasrichter, Filterpapier (Faltenfilter) bzw. käufliche Adsorbersysteme (z.B. Detoxifikation Kit, Sigma-Aldrich oder Merck-Adsorber-Kartusche, VWR International)

Durchführung

Eventuell notwendige Vorbehandlungen des Gels vor der Färbung sind bei den einzelnen Elektrophoresen aufgeführt. Je nach Gelkonzentration und -dicke ist es zweckmäßig, das Gel zur leichteren Handhabung bei den einzelnen Arbeitsgängen durch eine Glas- oder Polyesterplatte zu unterstützen.

- Gel nach der Elektrophorese aus der Elektrophoreseapparatur entfernen, in eine Schale überführen und kurz mit H_2O abspülen
- Gel unter gelegentlichem Schütteln in der gebrauchsfertigen Färbelösung je nach Agarose-Gelkonzentration und Geldicke inkubieren; für 1 %ige Agarosegele mit 4 mm Schichtdicke sind 10–15 min Inkubation ausreichend; Färbelösung kann mehrmals verwendet werden und sollte bei nachlassender Färbekapazität zur Dekontamination zunächst aufbewahrt und dann wie unten beschrieben entsorgt werden
- Gel zur Entfernung von ungebundenem Farbstoff 10–20 min unter mehrmaligem Wechseln der Waschlösung in H_2O wässern; längeres Waschen des Gels kann zum Auswaschen (Verlusten) des DNA/Farbstoff-Komplexes führen; Waschlösungen zur Dekontamination aufbewahren (s.u.)
- Gel im durchscheinenden UV-Licht (256, 302 oder 366 nm) bei > 2500 $\mu W \times cm^{-2}$ z.B. auf einem Transilluminator dokumentieren; hierfür sind von diversen Herstellern zahlreiche Komplettsysteme erhältlich, die eine Dokumentation und Digitalisierung mittels computergesteuerter CCD-Kamera und anschließende Auswertung durch spezielle Software ermöglichen; bei Verwendung von herkömmlichen Kamerasystemen muss mit einem orange-roten Filter (Kodak Wratten No.23A) vor dem Objektiv gearbeitet werden.

Alternative Durchführung für Agarosegele

Ethidiumbromid wird in einer Konzentration von 100 ng × ml^{-1} in das Agarosegel einpolymerisiert (Abschn. 2.3.1.2). Hierdurch reduziert sich zwar die elektrophoretische Beweglichkeit der DNA-Proben (ca. 15 % bei linearer doppelsträngiger DNA), jedoch hat dieses Vorgehen den Vorteil, dass der Elektrophoreseverlauf direkt im UV-Licht (z.B. mit einer Handlampe) verfolgt werden kann.

- Hierfür den Farbstoff kurz vor Gießen des Gels mit einer finalen Konzentration von 100 ng × ml^{-1} der auf 40–50 °C abgekühlten Agaroselösung zufügen; ansonsten die Elektrophorese wie oben beschrieben durchführen; die Farbstoffinterkalation erfolgt in diesem Fall während der Elektrophorese und der Verlauf der Elektrophorese kann während des Laufs sichtbar gemacht bzw. überprüft werden
- überschüssiger, nicht an die DNA gebundener, positiv geladener Farbstoff wandert während der Elektrophorese an der kathodischen Seite aus dem Gel; dadurch wird die Hintergrundfluoreszenz vermindert, die eventuell die Visualisierung von geringen Mengen DNA erschwert; das Gel kann sofort nach dem Lauf dokumentiert werden

Alternativen zur Färbung mit Ethidiumbromid

Fluoreszenzfarbstoff SYBR®-Safe

- SYBR®-Safe, z.B. als Konzentrat (10.000 ×) in DMSO (Invitrogen GmbH), kann ebenfalls in das Agarosegel einpolymerisiert werden: hierfür den Farbstoff kurz vor Gießen des Gels mit einer finalen Konzentration von 1 × der auf 40–50 °C abgekühlten Agaroselösung zufügen; ansonsten die Elektrophorese wie oben beschrieben durchführen
- Gel kann im durchscheinenden UV-Licht (250–360 nm) auf einem Transilluminator dokumentiert werden, bzw. aufgrund der besseren Fluoreszenzausbeute des Farbstoffs bei 502 nm, das Gel auf einem Blaulicht-Transilluminator (Dark Reader™, MoBiTec GmbH) dokumentieren; bei Verwendung von herkömmlichen Kamerasystemen einen SYBR®-Safe Filter (Molecular Probes S37100, Invitrogen GmbH) benutzen.

Fluoreszenzfarbstoff GelRed™

- GelRed™, z.B. als Konzentrat (10.000 ×) in H$_2$O (Biotrend Chemikalien GmbH, VWR International GmbH), kann ebenfalls in das Agarosegel einpolymerisiert werden: hierfür den Farbstoff in einer finalen Konzentration von 1 × in den Agarosegelpuffer (TAE, Abschn. 2.3.1.2) verdünnen, mit der entsprechenden Menge Agarose versetzen, gut mischen und wie oben beschrieben die Agarosesuspension in der Mikrowelle aufkochen und das Gel herstellen; ansonsten die Elektrophorese wie oben beschieben durchführen
- Gel im durchscheinenden UV-Licht (250–350 nm) auf einem Transilluminator und mit einem orangeroten Filter (Ethidiumbromid) mit herkömmlichen Kamerasystemen dokumentieren, bzw. mit einem Komplettsystem erfassen.

Dekontamination von Ethidiumbromidfärbe- und Waschlösung

Ethidiumbromid stellt ein starkes Mutagen und Toxin dar, das auch als umweltgefährdend einzustufen ist. Falls die organischen Lösungsmittel des Labors in einer Verbrennungsanlage für Sondermüll entsorgt werden, können die Ethidiumbromidfärbe- und Waschlösungen zunächst zusammen mit den organischen Lösungsmittelabfällen gelagert und dann entsorgt werden. Falls dies nicht zutrifft, bzw. um das Abfallvolumen zu reduzieren, müssen sie zuvor dekontaminiert werden. Eine Entsorgung von ethidiumbromidhaltigen Lösungen wie die Reinigung von kontaminierten Geräten kann z.B. durch chemischen Abbau erfolgen. Die Zerstörung erfolgt zu > 99,8 %. Die erzeugten Lösungen zeigen dabei keine mutagene Wirkung mehr, jedoch erfordert dies einen Umgang mit z.T. recht aggressiven Chemikalien (Lunn und Sansonex, 1987). Alternativ dazu kann Ethidiumbromid, gelöst in Wasser, TBE-, MOPS- oder anderen Puffern sowie in Cäsiumchloridlösungen durch Adsorption an Aktivkohle bzw. entsprechende käufliche Adsobersysteme zunächst konzentriert und dann als gesammelter fester Sonderabfall der Entsorgung (Verbrennung) zugeführt werden. Die Kapazität der Kartuschen beträgt z.B. 300 mg Farbstoff (ein Indikator zeigt hierbei die Beladung der Kartuschen an), bzw. 1 mg Aktivkohle adsorbiert ca. 50 ml einer frisch angesetzten 1 %igen Ethidiumbromidlösung. Eine Überprüfung der Eluate kann durch Auftragen weniger Tropfen auf DC-Folien und Überprüfung unter UV-Licht erfolgen: Ethidiumbromid fluoresziert im UV-Licht bei 366 nm orange-rot. Aus großen (Puffer-)Volumina kann Ethidiumbromid mit einem GreenBag™ Disposal Kit nach dem Teebeutelprinzip adsorbiert werden. Die Bindekapazität eines Green Bag™ (MP Biomedicals LCC) beträgt 10 mg.

- In Wasser aufgeschlämmte Aktivkohle in einen Glastrichter, der mit einem Faltenfilter ausgestattet wurde, füllen (ca. 2/3 der Füllhöhe)
- die zu entsorgenden, wässrigen, ethidiumbromidhaltigen Lösungen über die Aktivkohle bzw. entsprechende käufliche Adsorberkartuschen filtrieren
- das Eluat ggf. auf Restfluoreszenz testen
- falls keine Fluoreszenz mehr zu detektieren ist, kann die Lösung verworfen werden (gesonderte Entsorgung von cäsiumchloridhaltigen Lösungen beachten)
- in einen Plastikkanister mit gesammelten wässrigen Ethidiumbromidlösungen einen GreenBag™ einhängen und mindestens über Nacht rühren; das Ethidiumbromid bindet an den GreenBag™ (max 10 mg) und der Puffer kann über die Kanalisation entsorgt werden.

2.5 Elution von Nucleinsäuren aus Gelen

Eine Reinigung und Gewinnung von DNA-Fragmenten nach erfolgter Gelelektrophorese kann auf verschiedene Weise erfolgen. Neben dem Einfrieren/Zerdrücken (Thuring *et al.*, 1975), der Elektroelution (Wienand *et al.*, 1978) und dem Auflösen der Agarose durch Kaliumiodid (Blin *et al.*, 1975) hat sich aufgrund der Schnelligkeit, der Reproduzierbarkeit und der hohen Ausbeute besonders die Adsorption an Glasmilch durchgesetzt. Jedoch besteht eine Größenlimitierung bzgl. der zu adsorbierenden DNA (Vogelstein und Gillespie, 1979). Hochmolekulare DNA wird am schonendsten (Vermeidung von Scherkräften) durch Elektroelution bzw. thermische oder enzymatische Hydrolyse der Gelmatrix aus Agarosegelen entfernt. Für die Absorption an Glasmilch sind kommerzielle Kits von diversen Herstellern erhältlich. Sie ermöglichen eine besonders schnelle Aufreinigung und Konzentration von DNA ohne Ethanolfällung mithilfe von kleinen *spin-columns*. Für eine Reinigung von langen, synthetischen Oligonucleotiden aus Polyacrylamidgelen (Abschn. 2.3.2) hat sich die Diffusionselution bewährt (Chen und Ruffner, 1975).

Literatur

Blin, N., Gabain, A.V., Bujard, H. (1975): Isolation of Large Molecular Weight DNA from Agarose Gels for Further Digestion by Restriction Enzymes. FEBS Lett. 53, 84–86.

Chen, Z., Ruffner, D.E. (1996): Modified Crush-and-Soak Method for Recovering Oligodeoxynucleotides from Polyacrylamide Gel. Biotechniques 21, 820–822.

Moore, D., Chory, M., Ribaudo, R.K. (1994). In: Ausubel, F.M., Brent, R., Kingston, R.E., Moore, D.D., Seidman, J.G., Smith, J.A., Struhl, K. (Hrsg.): Isolation and Purification of Large DNA Restriction Fragments from Agarose Gels. Current Protocols in Molecular Biology. John Wiley & Sons, New York.

Thuring, R.W., Sanders, J.B., Borst, P.A. (1975): A Freeze-Squeeze Method for Recovering Long DNA from Agarose Gels. Anal. Biochem. 66, 213–220.

Vogelstein, B., Gillespie, D. (1979): Preparative and Analytical Purification of DNA from Agarose. Proc. Natl. Acad. Sci. USA. 76, 615–619.

Wienand, U., Schwarz, Z., Felix, G. (1978): Electrophoretic Elution of Nucleic Acids from Gels Adapted for Subsequent Biological Tests. Application for Analysis of mRNAs from Maize Endosperm. FEBS Lett. 98, 319–323.

2.5.1 Elution von DNA aus LM-Agarosegelen

Für eine Isolierung von DNA-Fragmenten nach erfolgter Agarose-Gelelektrophorese ist zunächst wie in Abschn. 2.3.1.2 beschrieben zu verfahren. Anstelle von normaler Agarose ist *low-melting*-Agarose (LM-Agarose) einzusetzen. Hierbei ist zu beachten, dass LM-Agarose nicht die gleiche Integrität wie normale Agarose besitzt, d.h. z.B. beim Herausziehen der Taschenschablone nach dem Gelieren des Gels ist besonders vorsichtig vorzugehen, damit die Probentaschen intakt bleiben. Des Weiteren sollte eine Elektrophorese mit LM-Agarose bei einer geringeren Voltzahl (6–7 V × cm^{-1}) durchgeführt werden, um eine zu starke Erwärmung zu verhindern (LM-Agarose schmilzt bereits bei 65 °C).

Materialien

- LM-Agarosegel mit getrennten DNA-Fragmenten; mit Ethidiumbromid gefärbt (Abschn. 2.4)
- 5 M NaCl
- 0,5 M NaCl
- Phenol, mit 0,5 M NaCl gesättigt
- Chloroform/Isoamylalkohol (24/1, v/v)
- Ether
- Ethanol
- 70 % (v/v) Ethanol
- 3 M Natriumacetat, pH 5,2
- UV-Transilluminator
- Wasserbad oder Heizblock, 70 °C
- Vibromischer (Vortex)
- Materialien zur Ionenaustauschchromatographie an DEAE-Cellulose (Abschn. 1.8.1) oder 100 mM Spermin
- TE-Puffer, pH 8 (Tris-EDTA-Puffer): 10 mM Tris-HCl, pH 8, 1 mM EDTA, pH 8,0
- Extraktionspuffer: 70 % (v/v) Ethanol, 300 mM Natriumacetat, 10 mM Magnesiumacetat, pH-Wert mit Essigsäure auf 5,5 einstellen

Durchführung

Elution

- Gewünschte DNA-Bande im Gel auf einem UV-Transilluminator (wenn möglich bei langwelligem UV (366 nm), bzw. die Exposition bei 254 nm möglichst kurz halten, um eine DNA-Schädigung zu verhindern) oder einem Blaulicht-Transilluminator (Dark Reader™, MoBiTec GmbH; anstelle von Ethidiumbromid mit SYBR®-Green I oder GelGreen™ anfärben) lokalisieren und mit einem sterilen Skalpell möglichst eng ausschneiden (im Banden- bzw. Gelquerschnitt oberen Teil des Agaroseblöckchens wegschneiden)
- das Gelstück in ein 1,5 ml-Reaktionsgefäß bekannten Leergewichtes überführen und Gewicht des Gelstücks bestimmen; es wird davon ausgegangen, dass das Gewicht des Gelstücks in mg etwa seinem Volumen in µl entspricht
- 0,9 Volumenteile 5 M NaCl zugeben
- Gefäß 10 min bei 70 °C inkubieren (die Temperatur darf nicht höher als 70 °C sein!)
- Gefäß aus dem Wasserbad/Heizblock entnehmen und sofort (!) gleiches Volumen an mit 0,5 M NaCl gesättigtem Phenol zugeben und sofort (!) 30 s mischen (vortexen)
- 5 min in der Tischzentrifuge bei 10.000 × g und Raumtemperatur zentrifugieren, wässrige Phase (oben) mit einer Pipette mit Einmalspitzen in ein frisches 1,5 ml-Reaktionsgefäß überführen; darauf achten, dass die relativ große Interphase nicht mitgeführt wird
- zur Verbesserung der Ausbeute, die Phenol- und die Interphase mit 0,5 M NaCl reextrahieren, zentrifugieren wie oben beschrieben und die wässrige Phase mit der ersten wässrigen Phase vereinen

- vereinte wässrige Phasen noch zweimal behandeln wie oben beschrieben: erhitzen, mit einem gleichen Volumen an 0,5 M NaCl gesättigtem Phenol extrahieren, zentrifugieren und entnehmen.

Reinigung

- Wässrige Phase an DEAE-Cellulose chromatographieren (Abschn. 1.8.1) oder wie in Abschn. 2.5.5 beschrieben, die wässrige Phase mit Chloroform/Isoamylalkohol und Ether extrahieren; die DNA mit Ethanol fällen (aber vor der Ethanolzugabe 0,1 Volumen 3 M Natriumacetat, pH 5,2 zufügen), zentrifugieren, DNA-Sediment waschen, trocknen und dann die Sperminfällung (Abschn. 17.8) durchführen
- DNA-Sediment in 50 µl TE-Puffer, pH 8,0 lösen und das Gefäß in Eis stellen
- 1,5 µl 100 mM Spermin zufügen und das Gefäß 15 min in Eis stehen lassen
- 20 min bei 4 °C und 10.000 × g zentrifugieren und den Überstand mit einer Pipette mit Einmalspitze abnehmen
- zur Entfernung von Sperminresten 0,5 ml eiskalten Extraktionspuffer auf das Sediment geben und unter gelegentlichem Mischen (Invertieren) 40 min in Eis inkubieren
- zentrifugieren und Überstand wie oben beschrieben abnehmen
- Extraktion wiederholen, aber nur 15 min lang unter gelegentlichem Mischen inkubieren
- zentrifugieren und den Überstand wie oben beschrieben abnehmen
- Sediment mit 0,5 ml eiskaltem 70 %igem Ethanol waschen, zentrifugieren etc. (Abschn. 2.5.5) und in einem geeigneten Volumen TE-Puffer aufnehmen; die Ausbeute beträgt bei diesem Reinigungsverfahren üblicherweise 40–50 %.

2.5.2 Elution von DNA aus LM-Agarosegelen durch GELase®

Für die Aufreinigung von DNA-Fragmenten mit einer Größe kleiner 10 kb kann alternativ zu dem unter 2.5.1 beschriebenen Verfahren das Gelstück nach der Elektrophorese mittels β-Agarase oder GELase® behandelt werden. Hierdurch werden die langkettigen Polysaccharide der Gelmatrix in Monosaccharide und kurzkettige Oligosaccharide hydrolysiert. Die resultierende DNA-haltige Lösung kann z.B. direkt in nachfolgende Reaktionen eingesetzt werden.

Materialien

- LM-Agarosegel mit getrennten DNA-Fragmenten; mit Ethidiumbromid gefärbt (Abschn. 2.4)
- UV-Transilluminator
- Dialyseschlauch (z.B. Dialysis Tubing 3/4 inch Diameter, excl. Limits: 12–14 kDa, Invitrogen GmbH)
- steriles Skalpell
- GELase® (1 U × µl⁻¹, Biozym Diagnostik GmbH)
- 50 × GELase®-Puffer (Biozym Diagnostik GmbH)
- Wasserbad oder Heizblock (70 °C, 45 °C)
- Ethanol p.a.
- 70 % (v/v) Ethanol
- 3 M Natriumacetat, pH 5,2
- TE-Puffer, pH 8 (Tris-EDTA-Puffer): 10 mM Tris-HCl, pH 8, 1 mM EDTA, pH 8

Durchführung

Elution

- Zunächst wie unter 2.5.1 beschrieben verfahren
- das ausgeschnittene Gelstück sollte nicht mehr als 300–400 mg wiegen

- 50 × GELase® Puffer zufügen: 2 μl pro 100 mg Gel
- anschließend die LM-Agarose 20 min bei 70 °C (Wasserbad/Heizblock) vollständig aufschmelzen
- die geschmolzene Agarose auf 45 °C temperieren (ca. 10 min)
- im Deckel des 1,5 ml-Reaktionsgefäßes befindliches Kondensat durch kurzes Anzentrifugieren mit der Reaktionslösung vereinigen
- GELase® zugeben: pro 300 mg 1 % Agarose 1 U Enzym, mit geschnittener Einmalspitze einer Pipette vorsichtig mischen
- 1 h bei 45 °C inkubieren
- 20 μl in 1,5 ml-Reaktionsgefäß überführen, 2 min in Eis inkubieren und überprüfen, ob der GELase®-Verdau vollständig ist, d.h. die Lösung darf nicht mehr viskos sein
- falls die Hydrolyse nicht vollständig war, nochmals 1–2 U GELase® zugeben, vorsichtig mischen und weitere 30 min bei 45 °C inkubieren
- für Ligation (Abschn. 6.1.3) Transformationen (Abschn. 6.3.2.11) oder Restriktionsfragmentierung (Abschn. 6.1.3) kann die geschmolzene GELase®/DNA-Lösung direkt eingesetzt werden.

Reinigung

- Große DNA-Fragmente (> 50 kb) können für eine weitere Reinigung dialysiert und kleinere (< 50 kb) mit Alkohol präzipitiert werden: 0,1 Vol 3 M Natriumacetat, pH 5,2 und 2,5 Vol Ethanol, p.a. zugeben, mischen, 15 min in Eis inkubieren
- 20 min bei 10.000 × g zentrifugieren und den Überstand verwerfen
- Sediment mit 500 μl 70 % (v/v) Ethanol waschen (auch wenn noch minimale Mengen Agarose vorhanden sind)
- 20 min bei 10.000 × g zentrifugieren, Überstand verwerfen, Sediment 15–30 min bei Raumtemperatur trocknen lassen
- 50 μl TE-Puffer zugeben und 2 min bei 70 °C inkubieren (Auflösen von minimalen Gelresten)
- DNA 1 h bei 50 °C lösen, anschließend 5 min bei 15.000 × g zentrifugieren
- Ausbeutebestimmung: 5–10 μl gemäß Abschn. 2.3.1.2 analysieren.

2.5.3 Elution von DNA aus Agarosegelen durch reversible Bindung an Silica/Glasfaser-Membranen

Diverse kommerzielle Kits verschiedener Hersteller (z.B. GFX PCR DNA and Gel Band Purification Kit, GE Healthcare; Nucleotrap bzw. NucleotrapCR, Macherey and Nagel; QIAquick PCR Purification/Gel Extraction Kit, Qiagen) ermöglichen die Reinigung und Konzentrierung von PCR-Produkten (Kap. 4) und DNA-Fragmenten von 0,1–10 kb Größe aus DNA-haltigen Lösungen wie auch aus mit TAE oder TBE gepufferten Agarose-Gelstückchen. In den Kits sind üblicherweise alle notwendigen Puffer (chaotrope Puffer zum Auflösen der Agarose und zur Bindung der DNA an das Säulenmaterial, Waschpuffer etc.) sowie *spin-columns* mit Silicamembran/Glasfasermembran enthalten. Dabei können pro Säule bis zu 10 μg DNA (-Fragmente) isoliert werden. Die Ausbeute beträgt z.B. bei Fragmenten von 0,1–10 kb aus Agarosestückchen 70–80 % (QIAquick Gel Extraction Kit) bzw. 90–95 % aus DNA-Lösungen (QIAquick PCR Purification Kit). Eine detaillierte Durchführung ist den jeweiligen Begleitheften der Hersteller zu entnehmen.

Dargestellt wird exemplarisch ein Protokoll für QIAquick (Gel Extraction Kit) zur DNA-Isolation aus Agarosegelen. Der Zeitaufwand dieser Methoden ist erheblich geringer als der von konventionellen Verfahren und die Qualität bzw. Reinheit der DNA ermöglicht einen nachfolgenden Einsatz in Restriktionsreaktionen, Labeling- und Hybridisierungsexperimenten, PCR-, Ligations- und Transformationsreaktionen, DNA-Sequenzierung, wie auch *in vitro*-Transkriptionen und Mikroinjektionsexperimenten.

Durchführung mit dem QIAquick Gel Extraction Kit

- Gewünschte DNA-Bande gemäß Abschn. 2.5.1 aus einem z.B. mit Ethidiumbromid gefärbten Agarosegel (normale, *ultrapure-quality-* bzw. LM-Agarose) ausschneiden
- bis zu 400 mg Gelmaterial in ein 1,5 ml-Reaktionsgefäß überführen; bei mehr Gelmaterial sind entsprechend mehr Gefäße zu verwenden (maximale Kapazität der nachfolgenden *spin-column* beachten)
- 3 Gelvolumina QG-Puffer zugeben (z.B. 300 µl Puffer QG für 100 mg Agarosegel) (QIAquick Gel Extraction Kit, Qiagen)
- das Auflösen der Agarose erfolgt durch Inkubation bei 50–55 °C für ca. 10 min unter gelegentlichem Mischen (wichtig ist das vollständige Auflösen der Agarose, bei 2 %iger Agarose die QG-Menge verdoppeln und die Inkubationszeit erhöhen)
- damit die DNA an die Glasmilch bindet, muss der pH-Wert des Gemisches ≤ 7,5 sein; der pH-Wert stimmt, solange die Lösung gelb bleibt; bei einem Farbumschlag nach orange oder violett den pH-Wert durch Zugabe von 10 µl 3 M Natriumacetat pH 4,8 einstellen
- für aufzureinigende Fragmente < 500 bp bzw. > 4 kb: 1 Gelvolumen Isopropanol zugeben (z.B. 100 µl Isopropanol für 100 mg Agarosegel)
- Agaroselösung in eine Säule mit Silica/Glasfasermembran (QIAquick *spin-column* in einem 2 ml-Auffanggefäß) geben und 1 min bei 17.900 × g (13.000 rpm) und Raumtemperatur zentrifugieren; das maximale Volumen der Säule beträgt 800 µl; gegebenenfalls die Säule mehrmals füllen, den Durchlauf verwerfen
- Säule mit 500 µl QG-Puffer spülen, 1 min bei 17.900 × g (13.000 rpm) und Raumtemperatur zentrifugieren, Durchlauf verwerfen
- Säule mit 750 µl PE-Puffer waschen, 1 min bei 17.900 × g (13.000 rpm) und Raumtemperatur zentrifugieren; gegebenenfalls (wenn die DNA in salzempfindlichen nachfolgenden Reaktionen eingesetzt werden soll) vor dem Zentrifugieren nach Zugabe von PE-Puffer (aus dem Kit) 2–5 min inkubieren, Durchlauf verwerfen
- um restliches Ethanol (im Puffer PE enthalten) vollständig zu entfernen, erneut für 1 min bei bei 17.900 × g (13.000 rpm) und Raumtemperatur zentrifugieren
- Säule mit der gebundenen DNA in ein frisches 1,5 ml-Reaktionsgefäß überführen
- zur Elution der DNA 30–50 µl Milli-Q-H$_2$O oder Elutionspuffer EB (aus dem Kit). in die Mitte der Membran pipettieren
- 1 min bei Raumtemperatur inkubieren (DNA löst sich von der Glasfasermembran)
- 1 min bei 17.900 × g (13.000 rpm) und Raumtemperatur zentrifugieren (Eluatvolumen ca. 28 µl bei 30 µl Elutionsvolumen, ca. 48 µl bei 50 µl Elutionsvolumen)
- die erhaltene DNA kann ohne weitere Fällung bzw. Aufarbeitung in entsprechenden Reaktionen (Restriktion, Ligation etc.) eingesetzt werden
- zur Quantifizierung können 0,1 Volumen des erhaltenen Elutionsvolumens (ca. 3 µl) mittels Agarose-Gelelektrophorese analysiert werden (Abschn. 2.3.1.2, Quantifizierung mit geeignetem Marker).

2.5.4 Elektroelution von hochmolekularer DNA aus Agarosegelen

Materialien

- Agarosegel (natives TAE- oder PFGE-Gel) mit getrennten DNA-Fragmenten (ca. 300–400 µg), mit z.B. Ethidiumbromid gefärbt (Abschn. 2.4)
- Dialyseschläuche (z.B. Dialysis Tubing 3/4 inch Diameter, excl. Limits: 12–14 kDa, Invitrogen GmbH)
- Dialyse-Schlauchklemmen
- Ethanol
- 50 × TAE-Puffer (Abschn. 2.3.1.2)
- kleine Gelkammer (Abschn. 2.3.1.2)

Durchführung

- Kleine Gelkammer bei 4 °C mit TAE-Puffer füllen
- Dialyseschlauch in 8–10 cm lange Streifen schneiden und mehrmals gründlich mit Milli-Q-H_2O spülen (werden üblicherweise in ethanol. Lösung gelagert)
- anschließend den Schlauch vor Gebrauch ca. 30 min in TAE-Puffer äquilibrieren
- Gelfragmente vor der Elution in 50 ml sterilem TAE-Puffer bei 4 °C äquilibrieren (50 ml-Plastik-Reaktionsgefäß), dabei mehrmals vorsichtig invertieren
- Dialyseschlauch auf einer Seite gut mit einer entsprechenden Schlauchklemme verschließen
- das Gelfragment vorsichtig längs in den Dialyseschlauch einführen
- etwa 300–400 µl TAE-Puffer in den Schlauch pipettieren und luftblasenfrei mit einer weiteren Schlauchklemme verschließen; überstehende Reste des Schlauches entfernen
- den Dialyseschlauch parallel zur Kathode (Minus Pol) in die Gelkammer einbringen, wobei der Dialyseschlauch gerade mit Puffer bedeckt sein sollte, um ein Driften zu vermeiden
- Elution bei 2–5 V × cm^{-1} bei 4 °C (ein Erwärmen des Laufpuffers vermeiden, da sich dadurch die Ausbeute drastisch reduziert); 50–500 bp-Fragmente ca. 30–45 min, 500–2.000 bp-Fragmente ca. 2 h, 2.000–4.000 bp-Fragmente 4 h und größere Fragmente über Nacht (bei 1 V × cm^{-1}) elektroeluieren
- danach für 30 s ein reverses Stromfeld (100 V) anlegen, damit an der Schlauchwand adsorbierte DNA sich im Puffer löst
- anschließend den Dialyseschlauch vorsichtig aus der Kammer nehmen, die Schlauchklemme auf einer Seite vorsichtig entfernen und den Puffer mit einer Pipette in ein 1,5 ml-Reaktionsgefäß überführen, dabei mit an der Spitze steril geschnittenen und somit erweiterten Pipettenspitzen arbeiten, um Scherkräfte zu vermeiden
- 20 µl auf einem Agarosegel (Abschn. 2.3.1.2) überprüfen bzw. das Gelstückchen mit Ethidiumbromid anfärben, um noch enthaltene DNA zu visualisieren (kann durch Wiederholen der o.g. Schritte nochmals elektroeluiert werden).

2.5.5　Diffusionselution von DNA aus Polyacrylamidgelen

Materialien

- Polyacrylamidgel mit getrennten DNA-Fragmenten; mit Ethidiumbromid gefärbt (Abschn. 2.4)
- 5 ml-Einwegspritze (*small bore*)
- DNA-Elutionspuffer: 50 mM Tris-HCl, pH 7,4, 0,5 M Natriumacetat, 1 mM EDTA
- Trockeneis
- Wasserbäder bzw. Heizblöcke (50 °C und 90 °C)
- rotierender Schüttler, temperierbar, für 1,5–2 ml-Reaktionsgefäße
- 0,2 µm-Filter
- TE-Puffer, pH 8: 10 mM Tris-HCl, pH 8, 1 mM EDTA, pH 8
- Phenol mit TE-Puffer gesättigt
- (24/1) (v/v) Chloroform/Isoamylalkohol
- Ether
- Ethanol p.a.
- 70 % (v/v) Ethanol
- UV-Transilluminator
- steriles Skalpell

Durchführung

- Gewünschte DNA-Bande im Gel auf einem UV-Transilluminator (Abschn. 2.5.1) lokalisieren und mit einem sterilen Skalpell ausschneiden; bei einer Visualisierung ohne Ethidiumbromidfärbung (Reinigung von Oligonucleotiden, Abschn. 2.3.2.2) die dunklen Banden vor grünem Hintergrund markieren und ebenfalls ausschneiden; nicht polymerisiertes Acrylamid absorbiert stark bei 211 nm und verursacht eventuell ebenfalls dunkle Schatten; es sollte jedoch auf die Probentaschen und die Ränder des Gels beschränkt sein
- Größe des Gelstückchens abschätzen, Gelstück grob mit dem Skalpell zerkleinern, in eine 5 ml-Einwegspritze überführen und durch Hindurchdrücken das Gelmaterial fein zerkleinern, um eine bessere Diffusion der DNA aus der Matrix zu gewährleisten
- zerkleinertes Gelmaterial in ein 1,5 ml-Reaktionsgefäß überführen und pro mm^3 Gel ca. 10 µl DNA-Elutionspuffer zugeben
- 10 min in Trockeneis inkubieren (bzw. bis das Gelmaterial durchgefroren ist)
- in einem 50 °C-Wasserbad zügig auftauen und bei 90 °C 5 min inkubieren
- 16–20 h bei 37 °C und 200 rpm schütteln (Elution der DNA)
- 2 min bei 1.000 × g und Raumtemperatur zentrifugieren, um die Gelfragmente zu sedimentieren
- Überstand mit Pipette mit Einmalspitzen in ein frisches Gefäß überführen
- Gel mit der Hälfte des ursprünglichen Volumens DNA-Elutionspuffer versetzen und nochmals für 30 min bei 37 °C und 200 rpm schütteln
- Überstände vereinigen und eventuell Acrylamidrückstände mit einem 0,2 µm-Filter entfernen
- dreimal mit einem gleichen Volumen Phenol und je einmal mit einem gleichen Volumen Chloroform/Isoamylalkohol und Ether extrahieren; zur Phasentrennung jeweils 2 min in einer Tischzentrifuge bei 10.000 × g und Raumtemperatur zentrifugieren; organische Phasen der Phenol und der Etherextraktionen (Phenol unten, Ether oben) jeweils mit einer Pipette mit Einmalspitze entfernen, wässrige Phase (oben) der Chloroform/Isoamylalkoholextraktion in ein frisches Gefäß überführen
- zur wässrigen Phase der Etherextraktion 2,5 Volumina 70 % (v/v) Ethanol zugeben, mischen und 20 min in Trockeneis inkubieren, um die DNA zu präzipitieren
- 15 min bei 10.000 × g und 4 °C zentrifugieren und den Überstand mit einer Pipette mit Einmalspitze vollständig entfernen
- Sediment mit 1 ml 70 % (v/v) Ethanol waschen und dann nochmals wie oben zentrifugieren und Überstand entfernen
- Sediment 2 min im Exsiccator trocknen und in einem geeigneten Volumen TE-Puffer aufnehmen
- die DNA kann bei –20 °C gelagert werden und ist ohne weitere Behandlung für enzymatische Reaktionen verwendbar (z.B. für Ligation, Restriktionsenzym-Hydrolyse, Phosphorylierung etc.).

Trouble Shooting

- Der Einfrier/Auftauschritt (Zerbrechen der Matrix durch Eiskristalle) verringert die Elutionszeit und erhöht somit die Ausbeute, die bei einem 20-mer Oligonucleotid typischerweise bei ca. 80 % (3 h Elution) liegt.
- Da es sich bei dieser Methode um einen diffusionskontrollierten Prozess handelt, wird durch Vergrößerung des Puffervolumens die Effizienz der Elution erhöht. Eine Erhöhung der Ausbeute kann auch durch wiederholte Elutionsschritte erzielt werden. Ebenso wirkt sich die Temperatur während der Elution aus, bei 37 °C wird im Gegensatz zu Raumtemperatur ebenfalls eine beschleunigte Elution beobachtet.
- Ist Geschwindigkeit und nicht Ausbeute der limitierende Faktor, kann meist genügend Material durch 3–4 h Inkubation gewonnen werden.

3 Isolierung von DNA

(Carolina Río Bártulos, Hella Tappe, Sophie Rothhämel)

Zur Isolierung von Nucleinsäuren werden verschiedene Methoden eingesetzt. Die gewählte Methode ist abhängig von der Art der zu isolierenden Nucleinsäure und ihrem späteren Verwendungszweck. Nachfolgend werden zunächst allgemeine Verfahren dargestellt, bevor Protokolle zur Reinigung von chromosomaler DNA, Plasmid-DNA und Phagen-DNA beschrieben werden. In Abschn. 3.4 (für Plasmid-DNA Abschn. 3.2.2.6) wird die Analyse der isolierten DNA hinsichtlich Ausbeute, Reinheit und Größe erläutert.

Klassische Verfahren

Einige klassische Verfahren beruhen auf einem rein mechanischen oder chemischen Aufbrechen (z.B. Aufkochen oder Filtration) des Ausgangsmaterials. Da diese Methoden in der Regel stark kontaminierte DNA niederer Qualität ergeben, werden häufig Salzfällungen oder organische Extraktionen eingesetzt, um die DNA zusätzlich zu reinigen (Kap. 1). Bei Fällungsmethoden werden Proteine durch Zugabe von Salzen (Ammoniumacetat, NaCl) oder von Polyethylenglykol (PEG) aus einem Zelllysat ausgefällt. Alternativ können Extraktionen mit organischen Lösungsmitteln (z.B. einem Gemisch aus Phenol, Chloroform und Isoamylalkohol) durchgeführt werden. Das Prinzip basiert auf einer Trennung in eine organische, protein-haltige und eine wässrige, nucleinsäurehaltige Phase. Diese Verfahren sind aufwändig, weisen bei niedriger Nucleinsäurekonzentration eine geringe Reproduzierbarkeit auf und führen in der Regel nur zu einer mittleren DNA-Qualität. Eine weitere klassische Methode zur DNA-Aufreinigung stellt die Zentrifugation des Nucleinsäure-Rohextraktes im Cäsiumchlorid-Dichtegradienten dar. Dieses traditionelle, sehr zeit-aufwändige Verfahren, das jedoch eine hochwertige DNA ergibt, ist in Abschn. 3.2.3.4 beschrieben. Die Weiteren hier aufgeführten Verfahren erfordern eine anschließende Alkoholfällung und Resuspendierung der Nucleinsäure in einem geeigneten Puffer.

Silikagel basierende Verfahren

Auf Silikagel basierende Methoden stellen für viele Anwendungen eine einfache, zuverlässige und schnelle Möglichkeit der Nucleinsäurepräparation dar. Sie beruhen auf der Bindung von Nucleinsäuren an Silikaoberflächen (z.B. Silikagelmembranen, Silikagelsuspensionen oder silikabeschichtete Magnetpartikel) in Gegenwart hoher Konzentrationen chaotroper Salze wie Natriumiodid, Perchlorate oder Guanidiniumsalze. Nach einem Waschschritt mit alkoholhaltigen Puffern wird die DNA unter Niedrigsalzbedingungen (z.B. dest. H_2O oder TE-Puffer) eluiert. Die resultierende DNA zeichnet sich durch eine hohe Reinheit aus und kann zuverlässig für zahlreiche Anwendungen wie PCR (Kap. 4), Southern-Blotting (Abschn. 10.2), DNA-Sequenzierung (Kap. A1), Restriktionsanalysen (Abschn. 3.2.2.6) etc. eingesetzt werden.

Anionenaustauschchromatographie

Die Anionenaustauschchromatographie basiert auf der Bindung negativ geladener Phosphatgruppen der Nucleinsäuren an positiv geladene Oberflächenmoleküle des Trägermaterials. Da bei dieser Methode DNA sehr effektiv an das Anionenaustauschmaterial gebunden wird, können Verunreinigungen der DNA durch die Wahl sehr stringenter Pufferbedingungen besonders effizient entfernt werden. Durch Variieren der

Salzkonzentration und des pH-Wertes können verschiedene Nucleinsäurearten voneinander getrennt werden. Abschließend wird eine Alkoholfällung zur Entsalzung und Konzentrierung der DNA durchgeführt. Die Vorteile der Anionenaustauschmethode liegen in der extrem hohen Reinheit der erhaltenen DNA, der signifikanten Zeitersparnis im Vergleich zu den klassischen Verfahren sowie der völligen Vermeidung toxischer oder gesundheitsschädlicher Substanzen.

Filtrationsverfahren

Ausschließlich auf Filtration von Lysaten basierende Verfahren werden zur Minipräparation von Plasmid-DNA im Hochdurchsatz eingesetzt, da sie unter Umständen kostengünstiger als oben beschriebene Methoden sind. Allerdings erhält man hierbei eine qualitativ minderwertige DNA. Das Einsatzspektrum beschränkt sich auf robuste, zu optimierende Anwendungen wie z.B. Hochdurchsatz-DNA-Sequenzierung in großen Genomprojekten.

Hinweise zum Arbeiten mit DNA

Die zur Isolierung von DNA eingesetzten Reagenzien, wie dest. H_2O, Ethanol oder Isopropanol bedürfen keines hochqualitativen Reinheitsgrades, da das Ausgangsmaterial in der Regel biologischer Natur ist, und somit ein Gemisch verschiedenster Bestandteile darstellt.

Lediglich zum Aufnehmen der DNA nach der Aufreinigung sollten geeignete sterile Puffer bzw. Wasser verwendet werden. Ideal eignen sich Niedrigsalzpuffer mit leicht alkalischem pH-Wert, die zudem Chelatbildner (z.B. EDTA) beinhalten, um saure Hydrolyse oder Nucleaseaktivität zu unterbinden (z.B. TE-Puffer, pH 8,0). Andererseits ist zu bedenken, dass sich hohe EDTA-Konzentrationen bei einer Reihe von enzymatischen Folgeanwendungen (z.B. PCR) hemmend auswirken können.Obendrein sollte DNA üblicherweise tiefgefroren gelagert werden, wobei häufige Gefrier/Auftau-Zyklen zu vermeiden sind. Dieses gilt insbesondere, wenn Wasser als Lösungsmittel verwendet wird.

Da insbesondere größere DNA-Moleküle scheranfällig gegenüber mechanischer Beanspruchung sind, sollte exzessives Mischen (Vortexen) oder Auf- und Abpipettieren möglichst vermieden werden. Vielmehr eignet sich das Spülen der Gefäßwandung oder leichtes Erwärmen der Pufferlösung (z.B. auf 60–65 °C), um schwerlösliche DNA-Pellets in Lösung zu überführen. Es sollte beachtet werden, dass etwa nach einer Alkoholfällung bis zu 50 % der gefällten DNA als Schmier unsichtbar auf der Wandung des Zentrifugenröhrchens verteilt sein kann.

Literatur

Ausubel, F.M., Brent, R., Kingston, R.E., Moore, D.D., Seidman, J.G., Smith, J.A., Struhl, K. (Hrsg.) (1991): Current Protocols in Molecular Biology. John Wiley & Sons, New York.
Sambrook, J., Russell, D. (2001): Molecular Cloning – A Laboratory Manual. 3rd ed. Cold Spring Harbor Laboratory Press, Cold Spring Harbor, New York.

3.1 Isolierung chromosomaler DNA

Gesamt-DNA (z.B. genomische und virale DNA oder aus Organellen stammende DNA) kann aus unterschiedlichen Probenmaterialien wie Vollblut, Plasma, Serum, *buffy coat*, Knochenmark, Körperflüssigkeiten, Lymphocyten, Zellkulturen, Geweben, Pflanzen und forensischen Proben gereinigt werden.

Alternativ zu den bisher eingesetzten klassischen DNA-Isolierungsmethoden stehen dem Anwender auf neueren Technologien beruhende Produkte als komplette Kits zur Verfügung. Nachfolgend wird eine silikabasierende Methode für PCR und Southern-Blotting sowie eine auf Anionenaustauscher basierende Methode zur Herstellung von Genbanken, für Genomkartierungen und Southern-Blots eingehend beschrieben.

Allgemeine Hinweise

- Träger-DNA, z.B. poly(dA), poly(dT), poly(dA:dT), sollte zur Erhöhung der Ausbeuten verwendet werden, wenn die Probe weniger als 10.000 Genomäquivalente enthält.
- Plasma, Serum, Urin, cerebrospinale Flüssigkeit und andere Körperflüssigkeiten enthalten häufig sehr wenig Zellen oder Viren, daher sollten solche Proben von max. 3,5 ml auf 200 µl eingeengt werden (z.B. durch Filtration (Abschn. 3.1.2) oder durch Zentrifugation).
- Da DNA bei längerer Lagerung in Wasser hydrolysiert, sollte die langfristige Lagerung in TE- oder Elutionspuffer bei –20 °C erfolgen.
- Manche Probenmaterialien, wie z.B. Urin oder Stuhl, enthalten zahlreiche PCR-Inhibitoren. Für die Isolierung zellulärer, bakterieller oder viraler DNA empfehlen einige Anbieter den Einsatz spezieller Kits (z.B. den QIAamp DNA Stool Mini Kit mit speziellen Reagenzien zur Preadsorption von Inhibitoren in Stuhl bzw. den Puffer AVL als Lysepuffer für Urinproben, da dieser Puffer aus dem QIAamp Viral RNA Kit die vollständige Abtrennung von PCR-Inhibitoren aus Urin ermöglicht).
- Wiederholtes Auftauen und Einfrieren von gelagerten Proben muss vermieden werden, da dadurch die DNA geschert wird.
- Gefällte DNA niemals völlig trocknen lassen, weil sie danach kaum wieder in wässrigen Lösungen aufgenommen werden kann.

3.1.1 Silikageltechnologie

Im Vergleich zu Silikamaterialien wie Diatomeenerde, Glasmilch oder Silikasuspensionen erlaubt eine Silikagelmatrix reproduzierbare, einfache und sichere Nucleinsäurepräparationen. Die nachfolgend beschriebene Methode beruht auf kommerziell erhältlichen Kits der Firma Qiagen. Das Verfahren teilt sich in Lyse der Proben, Binden der Nucleinsäure an die Silikamembran, Waschen zur Beseitigung von Kontaminationen und schließlich Eluieren der reinen Nucleinsäure auf.

Der Lyseschritt ist dabei an das jeweilige Ausgangsmaterial angepasst. Im Folgenden sind individuelle Protokolle für die verschiedensten Proben wiedergegeben.

Die mit QIAamp Kits gereinigte DNA ist bis zu 50 kb groß, wobei Fragmente von etwa 30 kb überwiegen. DNA von dieser Größe denaturiert vollständig und weist in der PCR die höchste Amplifikationseffizienz auf.

Allgemeine Hinweise

- Mit silikabasierenden Methoden wird gleichzeitig DNA und RNA gereinigt, wenn beide Nucleinsäuren in der Probe enthalten sind.
- Gewebe mit hoher Transkriptionsaktivität, wie Leber und Niere, enthalten große Mengen an RNA, die zusammen mit der DNA isoliert wird. RNA kann verschiedene enzymatische Reaktionen hemmen, jedoch nicht die PCR. Falls RNA-freie genomische DNA aus der Probe gereinigt werden soll, sollte eine Behandlung mit RNase erfolgen.

- Die Elution mit den angegebenen Volumina stellt ein optimales Verhältnis von DNA-Ausbeute und –Konzentration sicher. Größere Volumina an Waschlösung verringern die DNA-Konzentration im Eluat; kleinere erhöhen die DNA-Konzentration, verringern jedoch die Ausbeute. Eine wiederholte Elution mit dem ersten DNA-haltigen Eluat erhöht die Ausbeute um bis zu 15 %. Proben, die weniger als 1 µg DNA enthalten, sollten mit nur 50 µl Puffer AE oder dest. H_2O eluiert werden.

Materialien

Materialien sind optional:
- Wasserbad
- QIAamp DNA Mini Kit (Qiagen)
- QIAamp DNA Blood Mini Kit (Qiagen)
- Dneasy Tissue Kit (Qiagen)
- QIAamp DNA Stool Mini Kits (Qiagen)
- Protease/Proteinase K-Stammlösung (Qiagen)
- Sorbitolpuffer: 1 M Sorbitol, 100 mM EDTA, 14 mM β-Mercaptoethanol
- Dneasy Tissue Kit (Qiagen)
- PBS (Abschn. 10.1.3)
- 96–100 % (v/v) Ethanol
- Ethanol p.a.
- Xylol
- elektrischer Homogenisator, Ultra Turax oder Einweg-Pistill für 1,5 ml-Reaktionsgefäße
- Vibromischer (Vortex)
- Rotationsschüttler
- RNase A (Qiagen)

Literatur

Handbuch für QIAamp DNA Mini and Blood DNA Mini Kits, Qiagen.
Boom R. Et al. (1990): Rapid and Simple Method for Purification of Nucleic Acids. J. Clin. Microbiol. 28, 495–503.

3.1.1.1 Vollblut und Körperflüssigkeiten

Die QIAamp DNA Blood Kits können für Vollblut verwendet werden, unabhängig davon, ob zur Stabilisierung Citrat, Heparin oder EDTA zugesetzt wurde. Bei Verwendung der QIAamp DNA Blood Mini Kits erhält man etwa 6 µg DNA aus 200 µl menschlichem Vollblut, bzw. bis zu 50 µg DNA aus 200 µl *buffy coat*, 10^7 Lymphocyten oder 10^7 kultivierten Zellen. Auch aus Plasma, Serum und verschiedensten Körperflüssigkeiten kann Nucleinsäure mit dieser Methode isoliert werden. Alle Proben können sowohl frisch als auch gefroren verwendet werden. Es können Probenvolumina von 1 µl bis zu 1 ml oder max. 50 mg Gewebe aufgearbeitet werden.

Kleine Probenvolumina sollten mit PBS auf 200 µl aufgefüllt werden, während für Volumina größer als 200 µl die Mengen an Lysepuffer und anderen benötigten Reagenzien proportional erhöht werden müssen. Bei Probenvolumina größer als 200 µl muss das Lysat in mehreren Schritten auf die Säule aufgetragen werden. Dabei darf aber die maximale Bindungskapazität von 100 µg Nucleinsäure nicht überschritten werden. Darüber hinaus gibt es auch QIAamp Blood Midi Kits zur Isolierung von bis zu 150 µg DNA aus 0,5–2 ml Blut oder Zellkulturen und QIAamp Blood Maxi Kits für bis zu 650 µg DNA aus 2–10 ml Blut oder Zellkulturen.

Durchführung

- 200 µl Vollblut, Plasma, *buffy coat* oder Körperflüssigkeiten bzw. 10^7 Lymphocyten oder kultivierte Zellen in 200 µl PBS einsetzen; alle Proben auf Raumtemperatur erwärmen und in ein 1,5 ml-Reaktionsgefäß pipettieren; bei kleineren Probenvolumina mit PBS auf 200 µl auffüllen; bei Probenvolumina über 200 µl und niedrigen Zellzahlen ist eine vorhergehende Probenkonzentrierung sinnvoll (Abschn. 3.1.2)
- 20 µl Qiagen Protease/Proteinase K-Stammlösung und 200 µl Puffer AL dazugeben und sofort 15 s lang mischen (Vibromischer)
- Probe 10 min bei 56 °C inkubieren
- 200 µl 96–100 % (v/v) Ethanol zum Ansatz geben und mischen (Vibromischer)
- QIAamp-Spinsäule in ein 2 ml-Auffanggefäß stellen und Lysat auf die Säule geben, ohne den Rand zu benetzen, 1 min bei 6.000 × g zentrifugieren
- Säule in ein sauberes 2 ml-Auffanggefäß stellen, 500 µl Puffer AW1 auf die Säule geben, und 1 min bei 6.000 × g zentrifugieren
- Säule in ein sauberes 2 ml-Auffanggefäß stellen, erneut 500 µl Puffer AW2 auf die Säule geben, und 3 min bei maximaler Geschwindigkeit zentrifugieren
- Säule in ein sauberes 2 ml-Auffanggefäß stellen, zur Elution der DNA 200 µl Puffer AE (oder dest. H_2O) auf die Säule geben, nach einer Inkubationszeit von 1 min bei Raumtemperatur 1 min bei 6.000 × g zentrifugieren
- die eluierte DNA kann anschließend direkt für Analysen eingesetzt werden (PCR, Kap. 4; Southern-Blotting, Abschn. 10.2).

3.1.1.2 Gewebe

Das QIAamp DNA Mini Kit ermöglicht zusätzlich zu den Anwendungen des QIAamp DNA Blood Mini Kits die Isolierung von DNA aus Gewebeproben. Es können bis zu 40 µg DNA aus 25 mg Gewebe unterschiedlicher Organe präpariert werden.

Durchführung

- Max. 25 mg Gewebe (10 mg Milz) in 80 µl PBS mechanisch homogenisieren (z.B. mit Ultra Turrax, Polytron) oder Gewebe zunächst ohne Puffer in flüssigem Stickstoff mit Mörser und Pistill zermahlen und mit Puffer ATL auf 180 µl auffüllen
- 20 µl Proteinase K-Stammlösung (20 mg × ml^{-1}) zum Ansatz pipettieren, kräftig mischen (Vibromischer) und bei 55 °C auf einem Rotationsschüttler inkubieren bis das Gewebe vollständig lysiert ist (üblicherweise 1–3 h)
- optionale RNase-Behandlung: 20 µl RNase A-Lösung (20 µg × ml^{-1}) zu der Probe geben und vorsichtig mischen
- 200 µl Puffer AL zu der Probe geben, kräftig mischen (Vibromischer) und 10 min bei 70 °C inkubieren
- 200 µl Ethanol (96–100 %, v/v) der Probe hinzufügen, kräftig mischen (Vibromischer)
- QIAamp-Spinsäule in ein 2 ml-Auffanggefäß stellen; vorsichtig, ohne den Rand zu benetzen, den Ansatz mit Niederschlag auf die Säule geben und 1 min bei 6.000 × g zentrifugieren
- Säule in ein sauberes 2 ml-Auffanggefäß stellen; 500 µl Puffer AW1 auf die Säule geben und 1 min bei 6.000 × g zentrifugieren
- Säule in ein sauberes 2 ml-Auffanggefäß stellen; 500 µl Puffer AW2 auf die Säule geben und 3 min bei maximaler Geschwindigkeit zentrifugieren
- Säule in ein sauberes 2 ml-Auffanggefäß stellen; zur Elution der DNA zweimal nacheinander 200 µl Puffer AE (oder dest. H_2O) auf die Säule geben; nach einer Inkubationszeit von 1 min bei Raumtemperatur 1 min bei 6.000 × g zentrifugieren
- die eluierte DNA kann anschließend direkt für Analysen eingesetzt werden (PCR, Kap. 4; Southern-Blotting, Abschn. 10.2).

3.1.1.3 Lyse weiterer Ausgangsmaterialien

Paraffinschnitte

Bei fixierten Gewebeproben ist die Länge der isolierten DNA in der Regel nicht größer als 650 bp, abhängig von Alter und Art der Probe und von der Qualität des verwendeten Fixativs.

Durchführung

- Nicht mehr als 25 mg Gewebeprobe in ein 2 ml-Reaktionsgefäß geben
- Paraffin in der Probe durch Extraktion mit 1,2 ml Xylol entfernen, kräftig mischen
- 5 min mit maximaler Geschwindigkeit zentrifugieren
- Überstand mit einer Pipette vorsichtig entfernen
- 1,2 ml Ethanol p.a. zu dem Pellet aus Gewebe geben, um verbliebene Reste an Xylol zu entfernen; vorsichtig mischen
- 5 min mit maximaler Geschwindigkeit zentrifugieren
- Überstand vorsichtig entfernen
- die letzten drei Schritte wiederholen
- das offene Reaktionsgefäß 10–15 min bei 37 °C inkubieren, bis das enthaltene Ethanol vollständig verdampft ist
- zu dem Gewebepellet Lysepuffer geben, z.B. 180 µl Puffer ATL und mit Lyse und DNA-Isolierung fortfahren, z.B. mit dem QIAamp Protokoll für Gewebe (Abschn. 3.1.1.2).

Literatur

Wright, D.K., Manos, M.M. (1990): Sample Preparation from Paraffin-Embedded Tissues in: Innis, M.A., Gelfont D.H., Sninsky, J.J., White, T.J. (Hrsg.): PCR Protocols. A Guide to Methods and Applications. Academic Press, San Diego, 153–158.

Gramnegative Bakterien

Für Bakterien wie *Escherichia coli* und *Bordetella pertussis* aus Nasopharynx-Abstrichen, *Borrelia burgdorferi* aus cerebrospinaler Flüssigkeit und *Legionella pneumophila* aus bronchoalveolarer Lavage hat sich folgendes Protokoll bewährt.

Durchführung

- Bakterien 10 min bei 5.000 × g abzentrifugieren, Überstand verwerfen
- Pellet in Lysepuffer resuspendieren, z.B. 180 µl Puffer ATL (QIAamp DNA Mini Kit).

Präparation von bakterieller DNA aus Augen-, Nasen- oder Rachenabstrichen

Durchführung

- Probe in 2 ml PBS geben, der ein adäquates Fungizid enthält
- den Ansatz für mehrere Stunden bei Raumtemperatur inkubieren
- anschließend Lyse der Zellen und Isolierung der DNA durchführen (z.B. QIAamp DNA Mini Kit).

DNA-Viren

Die DNA-Isolierung aus freien Viruspartikeln und von integrierter viraler DNA aus Flüssigkeiten oder Suspensionen (außer Urin und Stuhl) erfolgt wie für Vollblut und Körperflüssigkeiten, z.B. mit dem QIAamp DNA Blood Kit (Abschn. 3.1.1.1).

Virale DNA aus Stuhl

Durchführung

- 180–220 mg einer Stuhlprobe unter Verwendung eines 2 ml-Reaktionsgefäß in 1,4 ml Puffer ASL des QIAamp DNA Stool Mini Kits suspendieren und 1 min auf einem Vibromischer homogenisieren
- 1,6 ml des Stuhllysats in 2 ml-Reaktionsgefäß überführen und 5 min bei 70 °C inkubieren
- 15 s schütteln (Vibromischer) und dann 1 min bei max. Geschwindigkeit zentrifugieren
- 1,2 ml des gewonnenen Überstandes in ein neues 2 ml-Reaktionsgefäß überführen
- 1 InhibitEX Tablette hinzufügen und für mindestens 1 min schütteln (Vibromischer) bis die Tablette aufgelöst ist
- erneut bei maximaler Geschwindigkeit für 3 min zentrifugieren
- den gesamten gewonnenen Überstand in neues 1,5 ml-Reaktionsgefäß überführen und erneut bei maximaler Geschwindigkeit für 3 min zentrifugieren
- 15 µl Proteinase K-Stammlösung in neues 1,5 ml-Reaktionsgefäß pipettieren; mit 200 µl des zuvor gewonnenen Überstandes und 200 µl Puffer AL 15 s lang durchmischen (Vibromischer)
- für 10 min bei 70 °C inkubieren
- mit 200 µl Ethanol p.a. mischen und dann DNA-Isolierung gemäß dem QIAamp DNA Mini Kit durchführen.

Virale DNA aus Mundschleimhaut-, Augen-, Nasen- oder Rachenabstrichen

Durchführung

- Probe in 2 ml PBS geben, die ein adäquates Fungizid und ein Bakterizid enthält
- den Ansatz 2–3 h bei Raumtemperatur inkubieren
- 2 ml Probe auf 200 µl einengen (Abschn. 3.1.2)
- 200 µl des Konzentrats in ein 1,5 ml-Reaktionsgefäß pipettieren
- anschließend Lyse und DNA-Isolierung durchführen (z.B. QIAamp DNA Mini Kit).

Isolierung genomischer DNA aus Bakterienkulturen (Plattenkulturen)

Durchführung

- Bakterien mit einer Impföse oder Pipettenspitze abnehmen
- durch kräftiges Rühren Bakterien in 180 µl Lysepuffer suspendieren, z.B. Puffer ATL (QIAamp DNA Mini Kit),
- anschließend Lyse und DNA-Isolierung durchführen (z.B. QIAamp DNA Mini Kit).

Suspensionskulturen

Durchführung

- 1 ml Kultur in ein 1,5 ml-Reaktionsgefäß pipettieren
- 5 min bei 5.000 × g zentrifugieren
- Volumen des Sediments oder Konzentrats schätzen und dann soviel Lysepuffer, z.B. Puffer ATL (QIAamp DNA Mini Kit), hinzugeben, bis das Endvolumen 180 µl beträgt (alternativ Puffer tropfenweise zugeben, bis etwa das gleiche Füllvolumen wie in einem Vergleichsgefäß mit 180 µl H_2O erreicht ist)
- anschließend Lyse und DNA-Isolierung durchführen (z.B. QIAamp DNA Mini Kit).

Grampositive und andere schwer lysierbare Bakterien

Für Bakterien dieser Art ist ein vorhergehender Zellaufschluss mit speziellen Enzymen wie z.B. Lysozym oder Lysostaphin aus *Staphylococcus* notwendig.

Durchführung

- Bakterien 10 min bei 5.000 × g zentrifugieren
- das Pellet in 180 µl Enzympuffer (4 mg Enzym, 20 mM Tris-HCl, pH 8,0, 2 mM EDTA, 1,2 % (v/v) Triton X-100) suspendieren
- Ansatz mindestens 30 min bei 37 °C inkubieren
- 25 µl Proteinase K-Stammlösung und 200 µl Lysepuffer zugeben, z.B. Puffer AL (QIAamp DNA Blood Mini Kits)
- Probe 30 min bei 56 °C und dann für weitere 30 min bei 95 °C inkubieren
- kurz anzentrifugieren (*quick run*, 3–5 s)
- die Extraktion, beginnend mit der Ethanolzugabe, durchführen (z.B. nach dem Gewebeprotokoll, Abschn. 3.1.1.2).

Hefe

Durchführung

- Hefekultur in YPD-Medium (Abschn. 15.2.1) bis zu einer E_{600} von 10 wachsen lassen
- Hefezellen aus 3 ml Kultur 10 min bei 5.000 × g zentrifugieren
- Pellet in 600 µl Sorbitolpuffer resuspendieren, 200 U Zymolase (z.B. von Sigma) oder Lyticase hinzugeben und den Ansatz 30 min bei 30 °C inkubieren; die Auflösung der Zellwand lässt sich am Durchlichtmikroskop kontrollieren; die Zellen runden sich ab und die Zellwand als kontrastreiche Struktur verschwindet; alternativ sind Spheroblasten osmotisch sensitiv und platzen nach Zugabe von dest. H_2O
- Spheroblasten für 5 min bei 5.000 × g zentrifugieren
- Spheroblasten in 180 µl Lysepuffer resuspendieren, z.B. Puffer ATL (Dneasy Mini Kit)
- anschließend erfolgt die Lyse und DNA-Isolierung, z.B. mit dem Dneasy Mini Kit.

Insekten

Durchführung

- Im Mörser nicht mehr als 50 mg der Insekten in flüssigem Stickstoff pulverisieren, Pulver in ein 1,5 ml Reaktionsgefäß geben und in 180 µl PBS aufnehmen
- wahlweise nicht mehr als 50 mg der Insekten in ein 1,5 ml-Reaktionsgefäß geben, 180 µl PBS hinzufügen und die Probe mit einem elektrischen Homogenisator oder mit einem Einweg-Pistill homogenisieren
- anschließend Lyse und DNA-Isolierung durchführen, z.B. mit dem Dneasy Mini Kit.

Isolierung bakterieller und parasitärer DNA aus Stuhl

Durchführung wie für virale DNA aus Stuhl beschrieben.

Zellen aus Mundschleimhaut-, Augen-, Nasen- oder Rachenabstrichen

Durchführung

- Probe in 2 ml PBS geben, der ein adäquates Fungizid und ein Bakterizid enthält
- den Ansatz 2–3 h bei Raumtemperatur inkubieren
- Probe von 2 ml auf 200 µl einengen (Abschn. 3.1.2); Zellen können auch 10 min bei 5.000 × g zentrifugiert werden

- 200 µl der eingeengten Probe in ein 1,5 ml-Reaktionsgefäß pipettieren; falls Zellen abzentrifugiert wurden, diese in 200 µl PBS resuspendieren
- anschließend erfolgt die Lyse und DNA-Isolierung, z.B. mit dem QIAamp DNA Mini Kit; dabei wird empfohlen, die Elution der DNA nur einmal mit 50–100 µl Puffer AE (oder dest. H_2O) durchzuführen.

Mitochondriale DNA aus Blutplättchen

Durchführung

- Mit Blutplättchen angereichertes Plasma aus 8 ml Blut (muss mit gerinnungshemmenden Mitteln versetzt worden sein) durch 15 min Zentrifugation bei 200 × g und Raumtemperatur zentrifugieren
- obere Schicht in ein neues Reaktionsgefäß überführen und verbliebene Blutzellen durch 10 min Zentrifugation bei 200 × g und Raumtemperatur entfernen
- Überstand in ein neues Reaktionsgefäß überführen
- 400 µl der Blutplättchensuspension in ein 1,5 ml-Reaktionsgefäß geben, in dem 400 µl Puffer AL und 40 µl Stammlösung von Qiagen-Protease (QIAamp DNA Blood Mini Kit) vorgelegt sind
- Ansatz vorsichtig mischen und Probe 10 min bei 56 °C inkubieren
- 400 µl 96–100 % (v/v) Ethanol zum Ansatz geben und kräftig mischen (Vibromischer)
- QIAamp-Spinsäule in ein 2 ml-Auffanggefäß stellen, 635 µl des Lysats auf die Säule laden und 1 min bei 6.000 × g zentrifugieren
- restliches Lysat auf die Säule geben, 1 min bei 6.000 × g zentrifugieren
- dann Waschen der Säule und Eluieren der DNA (Abschn. 3.1.1.1); es wird empfohlen, die DNA in einem Schritt mit 50–100 µl Puffer AE (oder dest. H_2O) zu eluieren.

Getrocknetes Blut, cerebrospinale Flüssigkeit und Knochenmark auf Objektträgern

Durchführung

- Getrocknetes Material mit einem Tropfen PBS befeuchten
- in einem 1,5 ml-Reaktionsgefäß 180 µl PBS vorlegen und mit einem sauberen Objektträger das cytologische Material in das Reaktionsgefäß kratzen
- Material durch mehrfaches Auf- und Abpipettieren suspendieren
- anschließend Lyse und DNA-Isolierung, z.B. mit dem QIAamp DNA Mini Kit, durchführen.

Genomische DNA aus Stuhl

Durchführung

- 180–220 mg einer Stuhlprobe unter Verwendung eines 2 ml-Reaktionsgefäßes in 1,6 ml Puffer ASL des QIAamp DNA Stool Mini Kits suspendieren und 1 min homogenisieren (Vibromischer)
- 1 min bei max. Geschwindigkeit zentrifugieren
- 1,4 ml des gewonnenen Überstandes in ein neues 2 ml-Reaktionsgefäß überführen
- 1 InhibitEX Tablette hinzufügen und für mindestens 1 min durchmischen (Vibromischer) bis die Tablette aufgelöst ist
- erneut bei maximaler Geschwindigkeit für 3 min zentrifugieren
- den gesamten gewonnenen Überstand in neues 1,5 ml-Reaktionsgefäß überführen und erneut bei maximaler Geschwindigkeit für 3 min zentrifugieren
- 25 µl Proteinase K-Stammlösung in neues 2 ml-Reaktionsgefäß pipettieren, mit 600 µl des zuvor gewonnenen Überstandes und 600 µl Puffer AL 15 s durchmischen (Vibromischer)
- für 10 min bei 70 °C inkubieren
- mit 600 µl Ethanol p.a. mischen und dann DNA-Isolierung gemäß dem QIAamp DNA Mini Kit durchführen.

Lysate jeder Art

Um genomische DNA aus anderen als den beschriebenen Proben zu präparieren, müssen zuerst die optimalen Lysebedingungen einschließlich eines geeigneten Lysepuffers für die Probe ermittelt werden. Lysepuffer sind nicht für alle Proben gleich gut geeignet. Nachdem die optimalen Lysebedingungen ermittelt sind, gilt folgendes Protokoll.

Durchführung

- Probe mit dem passenden Lysepuffer im kleinsten möglichen Volumen lysieren (optimal sind 200 µl Lysepuffer)
- Volumen des Lysats schätzen und 20 µl Proteinase K-Stammlösung pro 200 µl Lysat hinzugeben
- 200 µl Puffer AL (QIAamp DNA Blood Mini Kit oder anderen geeigneten Puffer) pro 200 µl Lysat zu der Probe geben und sofort mischen (Vibromischer)
- Probe 10 min bei 56 °C inkubieren
- pH-Wert des Lysats überprüfen (für optimale DNA-Bindebedingungen pH-Wert < 7)
- 200 µl Ethanol (96–100 %, v/v) pro 200 µl Lysat hinzugeben und mischen (Vibromischer)
- 635 µl des Lysats auf die QIAamp-Spinsäule geben und dann 1 min bei 6.000 × g zentrifugieren
- erneut Säule mit Lysat beladen und zentrifugieren (maximal 5 × 635 µl auf eine QIAamp-Spinsäule)
- dann Waschen der Säule und Eluieren der DNA gemäß Abschn. 3.1.1.1.

3.1.2 Probenkonzentrierung

Plasma, Serum, Urin, cerebrospinale Flüssigkeit und andere Körperflüssigkeiten enthalten häufig nur eine sehr geringe Anzahl von Zellen, Bakterien oder Viren, so dass die Proben von 3,5 ml auf 200 µl eingeengt werden sollten.

Materialien

Mikrokonzentratoren für Zentrifugen wie z.B. Centricon-100 (2 ml, Amicon), Microsep 100 (3,5 ml, Filtron), Ultrafree-CL (2 ml, Millipore) oder entsprechende Produkte von anderen Herstellern

Durchführung

- Bis zu 3,5 ml der Probe in den Mikrokonzentrator geben (Herstellerangaben beachten)
- Probe auf ein Volumen von 200 µl einengen, bei hoher Viskosität Zentrifugationsdauer auf 6 h ausdehnen
- 200 µl des Konzentrats in ein 1,5 ml-Reaktionsgefäß pipettieren
- dann Lyse und DNA-Isolierung gemäß Abschn. 3.1.1.1.

3.1.3 Anionenaustausch-Technologie

Zur Extraktion hochmolekularer DNA (mehr als 50 kb) empfiehlt sich ein auf Anionenaustauschern basierendes Verfahren. Es sind eine Reihe von Produkten und kompletten Kits kommerziell erhältlich. Von Qiagen gibt es z.B. Genomic-tips oder die kompletten Blood & Cell Culture DNA-Kits. Damit lassen sich je nach max. Säulenkapazität bis zu 500 µg genomischer DNA aus Blut, Zellkulturen, Geweben, Hefe und gramnegativen Bakterien reinigen. Die so präparierte DNA ist bis zu 150 kb groß und frei von Kontaminationen. Das Verfahren setzt sich aus Lyse des Ausgangsmaterials, DNA-Bindung an die Anionenaustauschoberfläche, Waschen zum Beseitigen von Kontaminationen, Eluieren, Fällen und Resuspendieren der Nucleinsäure zusammen. Der Lyseschritt muss für jedes Ausgangsmaterial optimiert werden. Im

Verlauf des Kapitels werden dafür eine ganze Reihe von Protokollen beschrieben. Die übrigen Schritte sind einheitlich für alle Ausgangsmaterialien gleich. Nachfolgend ist ein Protokoll für Genomic-tips/20G (Qiagen) wiedergegeben, das zur Isolierung von max. 20 µg Nucleinsäure gedacht ist. Größere DNA-Mengen können mit Anionenaustauschsäulen höherer Bindekapazität isoliert werden (Genomic-tip/100 G und Genomic-tip/ 500 G für 100 µg bzw. 500 µg DNA).

Materialien

- 10 mM Tris-HCl, pH 8,5
- TE-Puffer: 10 mM Tris-HCl, pH 8,0, 1 mM EDTA
- Puffer B1: 18,61 g $Na_2EDTA \times 2 H_2O$ und 6,06 g Tris-Base in 800 ml dest. H_2O, dazu 50 ml 10 % (v/v) Lösung von Tween-20 und 50 ml 10 % (v/v) Lösung Triton X-100, auf, pH 8,0 mit HCl einstellen, auf 1.000 ml mit dest. H_2O auffüllen
- Puffer B2: 286,59 g Guanidinium-HCl in 700 ml dest. H_2O, dazu 200 ml 100 % Tween-20, auf 1.000 ml mit dest. H_2O auffüllen
- Puffer C1: 438,14 g Saccharose, 4,06 g $MgCl_2 \times 6 H_2O$, 4,84 g Tris-Base in 700 ml dest. H_2O, dazu 200 ml 20 % (v/v) Lösung Triton X-100, pH-Wert 7,5 mit HCl einstellen, auf 1.000 ml mit dest. H_2O auffüllen
- Puffer G2: 76,42 g Guanidinium-HCl, 11,17 g $Na_2EDTA \times 2 H_2O$, 3,63 g Tris-Base in 600 ml dest. H_2O, dazu 250 ml 20 % (v/v) Tween-20, 50 ml 10 % (v/v) Triton X-100, pH-Wert auf 8,0 mit NaOH einstellen, auf 1.000 ml mit dest. H_2O auffüllen
- Puffer Y1: 182,2 g Sorbit in 600 ml dest. H_2O lösen, 200 ml 0,5 M EDTA (Na-Salz), pH 8,0, 1 ml (14,3 M) β-Mercaptoethanol, auf 1.000 ml mit dest. H_2O auffüllen
- Puffer QBT: 43,83 g NaCl, 10,46 g MOPS (freie Säure) in 800 ml dest. H_2O, pH-Wert 7 mit NaOH einstellen, dazu 150 ml Isopropanol und 15 ml 10 % (v/v) Lösung Triton X-100, auf 1.000 ml mit dest. H_2O auffüllen
- Puffer QC: 58,44 g NaCl, 10,46 g MOPS (freie Säure) in 800 ml dest. H_2O, pH-Wert 7 mit NaOH einstellen, dazu 150 ml Isopropanol, auf 1.000 ml mit dest. H_2O auffüllen
- Puffer QF: 73,05 g NaCl, 6,06 g Tris in 800 ml dest. H_2O, pH-Wert 8,5 mit HCl einstellen, dazu 150 ml Isopropanol, auf 1.000 ml mit dest. H_2O auffüllen
- PBS (Abschn. 15.3)
- sterile Pasteur-Pipette oder Glasstab, am Ende zu einem Haken umgebogen
- RNase A-Lösung (100 mg $\times ml^{-1}$, Qiagen)
- Protease/Proteinase K-Stammlösung (Qiagen)
- Isopropanol
- 70 % (v/v) Ethanol

Literatur

Qiagen Genomic DNA Handbook, Qiagen.

3.1.3.1 Lyse von Blut, *buffy coat* oder Zellkulturen

Durchführung

- 0,1–1 ml Vollblut, 1 ml *buffy coat* oder 0,5 ml Zellkultur (10^7 Zellen pro ml, aus Suspensions- oder Monolayerkultur, zuvor zweimal mit kaltem PBS gewaschen) einsetzen; gleiches Volumen an eiskaltem Puffer C1 und 3 Volumen eiskaltes dest. H_2O zugeben
- Ansatz mehrmals durch vorsichtiges Invertieren mischen, 10 min auf Eis stellen
- lysierten Ansatz bei 4 °C für 15 min bei 1.300 × g zentrifugieren, Überstand verwerfen

- Pellet in 0,25 ml eiskaltem Puffer C1 und 0,75 ml eiskaltem dest. H_2O resuspendieren, mischen (Vibromischer), erneut wie zuvor zentrifugieren, Überstand verwerfen
- Pellet in 1 ml Puffer G2 durch Mischen (Vibromischer) komplett resuspendieren
- 25 µl Protease-Stammlösung (z.B. Protease oder Proteinase K) hinzufügen, 30–60 min bei 50 °C inkubieren.

3.1.3.2 Lyse von Geweben

Durchführung

- Für jede Präparation zu 2 ml Puffer G2 4 µl RNase A-Lösung (100 mg × ml^{-1}) geben
- maximal 20 mg Gewebe in 2 ml Puffer G2 (mit RNase A) mechanisch homogenisieren (z.B. mit Ultra Turrax, Polytron) oder Gewebe zunächst ohne Puffer in flüssigem Stickstoff mit Mörser und Pistill zermahlen
- homogenisierten Ansatz in 10 ml-Schraubverschlussröhrchen überführen und 0,1 ml Protease-Stammlösung (z.B. Protease oder Proteinase K) dazugeben oder zermahlenes Gewebe in 2 ml Puffer G2 (mit RNase A) aufnehmen
- in 10 ml-Schraubverschlussröhrchen überführen und 0,1 ml Protease-Stammlösung dazugeben
- Ansatz gut durchmischen und 2 h bei 50 °C inkubieren.

3.1.3.3 Lyse von Hefe

Durchführung

- Für jede Präparation zu 2 ml Puffer G2 je 4 µl RNase A-Lösung (100 mg × ml^{-1}) geben
- gewaschenes Zellpellet (1,5 × 10^9 Zellen) in 2 ml TE-Puffer durch Mischen (Vibromischer) resuspendieren
- Zellen bei 3.000–5.000 × g und 4 °C für 5–10 min abzentrifugieren, Überstand verwerfen und Pellet in 1 ml Puffer Y1 durch Mischen (Vibromischer) komplett resuspendieren
- 100 µl Zymolase (1.000 U ml^{-1}, z.B. Sigma) hinzufügen und mind. 30 min bei 30 °C inkubieren; die Auflösung der Zellwand lässt sich am Durchlichtmikroskop kontrollieren; die Zellen runden sich ab und die Zellwand als kontrastreiche Struktur verschwindet; alternativ sind Spheroblasten osmotisch sensitiv und platzen nach Zugabe von dest. H_2O
- Sphäroblasten bei 5.000 × g und 4 °C für 10 min abzentrifugieren
- Pellet in 2 ml Puffer G2 (mit RNase A) aufnehmen, dazu mehrmals kurz mischen
- 45 µl Protease-Stammlösung (z.B. Protease oder Proteinase K) dazugeben und mind. 30 min bei 50 °C inkubieren
- Zelltrümmer bei 5.000 × g und 4 °C für 10 min abzentrifugieren
- Überstand zur DNA-Isolierung weiterverwenden (Abschn. 3.1.3.5).

3.1.3.4 Lyse von Bakterien

Durchführung

- Für jede Präparation zu 1 ml Puffer B1 2 µl RNase A-Lösung (100 mg × ml^{-1}) geben
- gewaschenes Bakterienpellet (etwa 4,5 × 10^9 Zellen) in 1 ml Puffer B1 (mit RNase) durch starkes Mischen (Vibromischer, Vortex) resuspendieren
- dazu 20 µl Lysozymlösung (100 mg × ml^{-1}, z.B. Sigma Biochemicals) und 45 µl Protease-Stammlösung (z.B. Protease oder Proteinase K) geben und für mind. 30 min bei 37 °C inkubieren
- 0,35 ml Puffer B2 hinzugeben, kurz vermischen und für 30 min bei 50 °C inkubieren
- Ansatz zur DNA-Isolierung weiterverwenden (Abschn. 3.1.3.5).

3.1.3.5 Isolierung genomischer DNA aus Blut, Kulturzellen, Tiergeweben, Hefen und Bakterien

Durchführung

- Anionenaustauschsäule mit DNA-Bindekapazität von 20 µg (z.B. Qiagen Genomic-tip 20/G) mit 1 ml Puffer QBT äquilibrieren (Flüssigkeiten jeweils mittels Schwerkraft durch Säule fließen lassen)
- lysierten Ansatz (s.o.) 10 s lang gut mischen (Vibromischer) und auf die äquilibrierte Säule auftragen (Flüssigkeit mittels Schwerkraft durch Säule fließen lassen)
- Säule dreimal nacheinander mit 1 ml Puffer QC waschen
- DNA zweimal nacheinander mit je 1 ml Puffer QF eluieren
- DNA durch Zugabe von 1,4 ml (0,7 Volumenteile) Isopropanol (Raumtemperatur) fällen, Röhrchen 10–20 mal umdrehen, DNA auf Glasstäbchen aufwickeln oder alternativ: Ansatz vermischen, bei mehr als 5.000 × g, 4 °C für mind. 15 min zentrifugieren und Überstand verwerfen
- aufgewickelte DNA in 0,1–1 ml Puffer (z.B. TE, pH 8,0 oder 10 mM Tris-HCl, pH 8,5) aufnehmen, DNA durch 1–2 h Schütteln bei 55 °C vollständig lösen
- alternativ: pelletierte DNA mit 1 ml kaltem, 70 % (v/v) Ethanol waschen, kurz mischen, bei mehr als 5.000 × g, 4 °C für mind. 15 min zentrifugieren und Überstand verwerfen
- DNA-Pellet für 5–10 min an der Luft trocknen und in 0,1–1 ml Puffer (z.B. TE, pH 8,0 oder 10 mM Tris-HCl, pH 8,5) aufnehmen, DNA durch 1–2 h Schütteln bei 55 °C vollständig lösen.

3.2 Isolierung von Plasmid-DNA

Plasmide sind extrachromosomale, ringförmige sowie doppelsträngige DNA-Moleküle, die normalerweise eine Größe von 3 kb bis 20 kb aufweisen. Sie können sich innerhalb einer Zelle unabhängig vom Chromosom der Wirtszelle vermehren. Plasmide kommen in vielen prokaryotischen Mikroorganismen vor. Ihren Wirten bieten sie Überlebensvorteile wie zum Beispiel den Abbau schwer zugänglicher organischer Verbindungen oder Resistenzen gegenüber Antibiotika bzw. Schwermetallionen. Plasmide spielen eine wichtige Rolle als Werkzeuge der Gentechnologie, da sie als Vektoren für die Klonierung, Vermehrung und Expression beliebiger DNA-Stücke eingesetzt werden können. Zur Klonierung größerer genomischer Abschnitte werden heute häufig Cosmide (von Bakteriophagen abgeleitet, Abschn. 6.2) und BACs (*bacterial artificial chromosome*, von Plasmiden abgeleitet, Abschn. 3.2.4) bzw. P1-Konstrukte oder PACs (*phage artificial chromosome*) eingesetzt. Nach Einfügen der klonierten Abschnitte erreichen diese Konstrukte eine Größe von ca. 40–50 kb für Cosmide und bis zu 300 kb für BACs und PACs. Cosmide und BACs oder PACs unterscheiden sich hinsichtlich ihrer Aufreinigung nicht grundsätzlich von Plasmiden. Unterschiede liegen jedoch in der in vielen Fällen deutlich geringeren Kopienzahl und der aufgrund der möglichen Insertgröße höheren Bruchgefahr dieser Vektoren.

Darüber hinaus lassen sich BACs, PACs oder P1-Konstrukte aufgrund ihrer Größe und chemischen Ähnlichkeit mit gängigen Methoden nur sehr schwer von genomischer Wirts-DNA abtrennen.

3.2.1 Wichtige allgemeine Parameter

Verschiedene Parameter wie Kopienzahl der Plasmide, verwendeter Wirtsstamm, Kulturmedium, Kulturvolumen, Kulturdichte und zur Selektion verwendete Antibiotika beeinflussen den Erfolg einer Plasmidpräparation hinsichtlich Ausbeute und Reinheit der DNA.

3.2.1.1 Plasmid-Kopienzahl

In Abhängigkeit vom Replikationsursprung, der Größe des Plasmids und des eingefügten DNA-Abschnitts variieren Plasmide stark in ihrer Kopienzahl. Manche Plasmide, z.B. die pUC-Serie oder pBluescript, erreichen sehr hohe Kopienzahlen, während auf pBR322 basierende Plasmide und die meisten Cosmide und BACs generell in geringeren Kopienzahlen vorliegen.

3.2.1.2 Wirtsstamm

Die meisten *E. coli*-Stämme können erfolgreich zur Plasmid-DNA-Isolierung eingesetzt werden. Sie unterscheiden sich jedoch z.B. hinsichtlich ihrer Wachstumsgeschwindigkeit, der Menge an freigesetzten Kohlenhydraten, der Nucleasen und dem Methylierungsgrad ihrer DNA. Die Stämme DH10B, DH5α, XL1-Blue und C600 ermöglichen die Aufreinigung qualitativ hochwertiger Plasmid-DNA. Der Stamm HB101 und sein Derivat TG1, sowie die JM100 Serie enthalten relativ große Mengen an Kohlenhydraten und Endonucleasen (endA), welche die Qualität der DNA in späteren Anwendungen beeinträchtigen können.

3.2.1.3 Wachstum der Bakterien

Das Volumen der benötigten Bakterienkultur ist abhängig von der Kopienzahl des Plasmids, dem Bakterienstamm sowie dem verwendeten Medium. Generell sollte eine einzelne Bakterienkolonie von einer frisch ausgestrichenen Platte verwendet werden. Zum Animpfen wird sie in LB-Medium, angereichert mit einem selektiven Antibiotikum, überführt. Ein direktes Animpfen aus Stichkulturen oder von bereits länger gelagerten Agarplatten sollte unbedingt vermieden werden, da hierbei die klonale und genotypische Identität der Kultur nicht gewährleistet sind. Dazu wird eine Bakterienkolonie in 3 ml LB-Medium mit dem entsprechenden Antibiotikum überführt und über Nacht bei 37 °C unter intensivem Schütteln bei ca. 300 rpm vermehrt. Aus dieser Kultur kann entweder direkt (je nach gewünschter Menge an Plasmid-DNA) eine kleine Menge isoliert werden (Plasmidminipräparation) oder beliebige größere Mengen (Midi-, Maxi- oder Gigapräparation). Für alle Mengen stehen von verschiedenen Herstellern wie Qiagen oder VWR Kits zur Verfügung und beispielhaft sind einige hier aufgeführt. Als erstes wird jedoch die Minipräparation als Methode der Wahl zur Klonierung und ersten Analyse unbekannter Plasmide vorgestellt. Für größere Plasmidmengen kann die Vorkultur 1:100–1:500 in frisch angesetztem selektiven LB-Medium verdünnt werden. Dann wird die Kultur für weitere 12–16 h unter Schütteln (300 rpm) bei 37 °C inkubiert und die Bakterienzellen werden anschließend 15 min lang bei 6.000 × g und 4 °C pelletiert. Das Gefäß zur Anzucht (z.B. Erlenmeyer-Kolben) sollte die ca. vierfache Größe des Kulturvolumens fassen können, um eine ausreichende Sauerstoffversorgung zu gewährleisten. Die so erhaltenen Bakterien können nun z.B. für eine Isolierung von Plasmid-DNA eingesetzt werden.

3.2.1.4 Antibiotika

Die Anzucht einer Bakterienkultur sollte immer in Gegenwart eines geeigneten Antibiotikums erfolgen. Auf diese Weise wird sichergestellt, dass nur Zellen, die ein Resistenz vermittelndes Plasmid enthalten, wachsen können. Manche Antibiotika, z.B. Ampicillin, können von Bakterienenzymen abgebaut werden, sodass der Selektionsdruck während der Anzucht kontinuierlich abnimmt. Mangelnder Selektionsdruck führt in der Regel zum Plasmidverlust und deutlich verminderter Ausbeute bei der nachfolgenden Präparation.

3.2.2 Minipräparation von Plasmid-DNA

Eine Minipräparation von Plasmid-DNA wird immer dann der Großpräparation (Abschn. 3.2.3) vorgezogen, wenn für anschließende Verfahren geringe Mengen an DNA (< 20 µg) ausreichend sind. Beispiele hierzu sind die PCR (Kap. 4), Sequenzierungen (Kap. A1) und Umklonierungen von bereits vorliegenden DNA-Abschnitten. Sie dient auch für Screeningverfahren, mit denen die für weitere Analysen oder eine Großpräparation interessanten Klone erst identifiziert werden sollen. Dies kann im einfachsten Fall eine Restriktionsanalyse der isolierten Plasmid-DNA zur Überprüfung von DNA-Inserts sein (Abschn. 3.2.2.6). Hierbei ist nur ca. 100 ng Plasmid-DNA je Analyse notwendig (Abb. 3-1).

Für die Auswahl einer geeigneten Methode zur Minipräparation von Plasmid-DNA sind folgende Faktoren zu berücksichtigen: der notwendige Reinheitsgrad der DNA für die sich anschließenden Anwendungen oder der längerfristigen Lagerung, der Zeitaufwand pro Präparation sowie die Kosten pro Präparation im Verhältnis zu Reinheit und Zeitaufwand.

In den letzten Jahren wurden für die Minipräparation von Plasmid-DNA alternativ zu den bis dahin eingesetzten klassischen Methoden (z.B. einfache alkalische Lyse und Ethanolpräzipitation nach Birnboim und Doly; Abschn. 3.2.2.1) verschiedene Technologien entwickelt, die nun kommerziell als entsprechende Produkte in Form von Kits erhältlich sind. Die zu berücksichtigenden Aspekte sind im Folgenden aufgeführt.

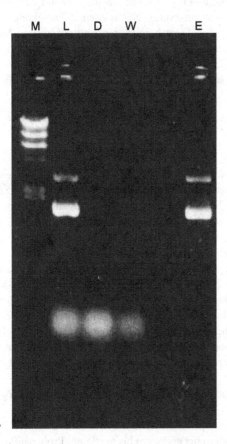

Abb. 3–1: Agarosegel-Analyse der aufgereinigten Plasmid-DNA. Größenstandard M: *HindIII* verdaute Lambda-DNA; L: klares Bakterienlysat mit *supercoiled* und *open circle* Plasmid-DNA sowie degradierter RNA; D: Durchfluss der Anionenaustauscher-Säule, Plasmid-DNA wurde gebunden, während degradierte RNA und Proteine in diesem Schritt entfernt werden; W: Waschfraktion, letzte Reste von degradierter RNA und Proteinen werden herausgewaschen; E: Eluat, enthält die hochreine Plasmid-DNA. Der Anteil an *supercoiled* bzw. *open circle* Plasmid-DNA entspricht dem des Lysats.

Reinheitsgrad der DNA und Technologien für die Plasmidminipräparation

- Ultrareine Plasmid-DNA wird mittels Anionenaustausch-Technologie isoliert. Die so gewonnene Plasmid-DNA entspricht der höchsten Reinheitsstufe (entsprechend einer zweifachen CsCl-Aufreinigung, Abschn. 3.2.3.4) und ist dadurch für das gesamte Spektrum sich anschließender Anwendungen einsetzbar, so auch z.B. zur *in vitro*-Transkription (Abschn. 11.2.2) und Transfektion sensitiver eukaryotischer Zellen (Kap. 12).
- Hochreine Plasmid-DNA erhält man durch silikabasierende Technologien. Mittels Silikatechnologie präparierte Plasmid-DNA stellt für die meisten Anwendungen, wie z.B. DNA-Sequenzierungen mit automatisierten Technologien, eine meist ausreichende Qualitätsstufe dar. Für sehr sensitive Applikationen, wie z.B. bestimmte Transfektionen eukaryotischer Zellen oder besondere Sequenziertechniken, kann die so aufgereinigte Plasmid-DNA manchmal nur bedingt geeignet sein.
- Plasmid-DNA in Standardqualität wird durch klassische alkalische Lyse mit anschließender Alkoholpräzipitation präpariert. Die Qualität der so erhaltenen DNA ist für die meisten Anwendungen wie Restriktionsanalysen, Klonierungen und Sequenzierungen ausreichend. Innovationen in diesem Bereich betreffen vor allem hohen Probendurchsatz, z.B. für Hochdurchsatz-DNA-Sequenzierungen. Hierbei kommen Filtrationstechniken in 96-well- oder 384-well-Formaten zum Einsatz.
- Neuste Technologien bedienen sich einerseits oberflächenmodifizierter, mit Silika beschichteter magnetischer Partikel, an welche die Plasmid-DNA adsorbieren kann. Die DNA kann so über entsprechende Magnete sehr gut gehandhabt, z.B. gewaschen und in reiner Form wieder freigesetzt werden. Andererseits sind inzwischen Methoden entwickelt worden, die auf eine Klärung des Bakterienlysats durch Zentrifugation oder Filtration (vergl. Nachstehende Protokolle) verzichten und die Plasmid-DNA direkt aus dem bakteriellen Lysat herauslösen und aufreinigen können (*direct prep*-Technologie; Qiagen). Die mit diesen Technologien erzielte Qualität der DNA entspricht hochreiner Plasmid-DNA, da hier eine Adsorption der Plasmid-DNA an Trägermaterialien und somit eine spezifische Aufreinigung und ein sehr gutes Waschen der am Träger gebundenen DNA möglich sind.

Probendurchsatz und Automatisierung

Gerade bei Minipräparationen von Plasmid-DNA und den nachfolgenden Analysen spielt der Zeit und Ressourcenaufwand pro Präparation eine wesentliche Rolle. Klassische Methoden und Methoden für den geringen bis mittleren Probendurchsatz bedienen sich dabei Zentrifugationsschritten ähnlich der Großpräparation von Plasmid-DNA (Abschn. 3.2.3). Limitierend hierbei ist zum einen meist die Verwendung von gewöhnlichen Reaktionsgefäßen, zum anderen die Kapazität der Standardlaborzentrifugen mit 12–24 Positionen pro Rotor. Für den höheren Probendurchsatz, aber auch die insgesamt einfachere Handhabung und Bearbeitung von Plasmidminipräparationen setzen sich zunehmend Technologien für die parallele Bearbeitung vieler Proben in einem 8er-Streifen oder 96-well-Mikrotiterplattenformat durch. Diese Formate sind besonders geeignet für die Automatisierung von Plasmidminipräparationen und kommen vor allem in Hochdurchsatz-Laboratorien zur Anwendung. Des Weiteren sind die im vorangehenden Abschnitt angesprochenen neuen Technologien auf Basis magnetischer Partikel und *direct prep*-Technologie sehr gut für eine Automatisierung geeignet. Hierbei kann auch eine Vollautomatisierung erfolgen, sodass während der Prozedur keine Interventionen durch Laborpersonal nötig sind.

In den folgenden Abschnitten werden stellvertretend für die sich ergebende Vielfalt an Möglichkeiten folgende Technologien im Detail vorgestellt:
- klassische Methode der Plasmidminipräparation
- Silikatechnologie in Verbindung mit Zentrifugation bei geringem bis mittlerem Probenaufkommen
- Filtrationstechnologie im Hochdurchsatz-Format in Verbindung mit Zentrifugation.

3.2.2.1 Klassische Minipräparation von Plasmid-DNA

Diese Methode zur Minipräparation von Plasmid-DNA beruht auf der alkalischen Lyse mit anschließender Phenolaufreinigung der DNA und Fällung durch Ethanol (Birnboim und Doly, 1979).

Materialien

- Lösung 1: 50 mM Glucose, 10 mM EDTA, 25 mM Tris-HCl, pH 8,0,
- Lösung 2 (frisch ansetzen): 0,2 N NaOH, 1 % SDS,
- Lösung 3: 3 M Kaliumacetat, pH 4,8
- Phenol:Chloroform:Isoamylalkohol (25:24:1)
- 96 % (v/v) Ethanol
- 70 % (v/v) Ethanol
- TE: 10 mM Tris-HCl, 1 mM EDTA, pH 8,0
- Rnase A

Durchführung

- 1–5 ml Übernachtkultur einer *E. coli*-Kolonie (z.B. Stamm XL-1 Blue, DH10B), transformiert mit einem Plasmid (z.B. pBluescript, pUC19), kultiviert in LB-Selektivmedium (Abschn. 3.2.3)
- 1,5 ml der Übernachtkultur werden in ein 1,5 ml-Reaktionsgefäß überführt und für 1 min zentrifugiert; das Medium wird dekantiert und das möglichst mediumfreie Bakterienpellet wird in 100 µl eiskalter Lösung 1 durch vortexen gelöst und 5 min bei RT inkubiert
- nach Zugabe von 200 µl frisch zubereiteter Lösung 2 wird durch vorsichtiges Invertieren des Gefäßes der Inhalt vermischt und max. 5 min auf Eis inkubiert
- nun fügt man 150 µl Lösung 3 (eiskalt) hinzu, mischt gründlich und inkubiert für 5 min auf Eis; es folgt eine zehnminütige Zentrifugation bei 12.000 × g und 4 °C; der Überstand wird in ein neues 1,5 ml-Reaktionsgefäß überführt und mit 1 Vol. Phenol (Phenol/Chloroform/Isoamylalkohol: 25:24:1) extrahiert (gut mischen, 5 min. zentrifugieren bei 12.000 × g)
- die obere Phase mit der DNA wird in ein neues 1,5 ml-Reaktionsgefäß und durch Zugabe von 2 Volumen Ethanol (kalt) gefällt, indem man die Probe 2 min bei RT inkubiert und anschließend 10 min bei 12.000 × g zentrifugiert
- das Pellet wird mit 70 % Ethanol gewaschen (1 Volumen Ethanol zugeben, NICHT mischen, noch mal 5 min bei 12.000 × g zentrifugieren), getrocknet, in maximal 50 µl TE mit RNase (20 mg × ml⁻¹) gelöst und bei –20 °C gelagert; die RNase kann man auch in Lösung 1 (4 °C) beimischen
- Vereinfachung: mit etwas Übung kann man den Schritt der Phenolaufreinigung weglassen und sofort mit Ethanol fällen; **Achtung:** Dann werden sehr schnell Proteine mit überführt!

3.2.2.2 Minipräparation von Plasmid-DNA mit Silikatechnologie und Zentrifugation

Diese Methode zur Minipräparation von Plasmid-DNA beruht auf dem Einsatz einer Silikamatrix im Membranformat zur selektiven Bindung von Nucleinsäuren. Mit Silikamembran ausgestattete Zentrifugationssäulen reduzieren den Zeitaufwand pro Präparation im Vergleich zu anderen Silikaformulierungen (Glasmilch, Silikasuspension), und gewährleisten eine wesentlich höhere Reproduzierbarkeit. Der Einsatz toxischer organischer Substanzen wie z.B. Phenol entfällt. Zentrifugationssäulen mit Silikamembran sind zusammen mit fertigen Puffern als Kits kommerziell erhältlich (s.u.).

Materialien

Da im Folgenden der Einsatz eines weit verbreiteten, kommerziell erhältlichen Kits beschrieben wird, kann nicht für alle Puffer die genaue Zusammensetzung angegeben werden. Es wird die Vorgehensweise bei Verwendung des QIAprep Spin Miniprep Kits beschrieben. Ebenfalls empfehlenswert und sehr einfach in der Handhabung ist das Fastplasmid Kit von VWR.

Alle für die Plasmidisolation benötigten Komponenten werden durch das Kit bereitgestellt. Die Puffer P2, N3 und PB enthalten korrosive Agenzien und sind entsprechend vorsichtig und mit Laborhandschuhen zu handhaben.

- 1–5 ml Übernachtkultur einer *E. coli*-Kolonie (z.B. Stamm XL-1 Blue, DH10B), transformiert mit einem Plasmid (z.B. pBluescript, pUC19), kultiviert in LB-Selektivmedium (Abschn. 3.2.3)
- Resuspendierungspuffer P1: 50 mM Tris-HCl, pH 8,0, 10 mM EDTA, 100 mg $\times$ ml^{-1} RNase A (DNase-frei)
- Lysepuffer P2: 200 mM NaOH, 1 % (w/v) SDS; vor der Benutzung muss sichergestellt werden, dass kein SDS ausgefallen ist; durch kurzes Erwärmen kann ausgefallenes SDS wieder in Lösung gebracht werden
- Neutralisierungspuffer N3 (der Puffer enthält ein chaotropes Salz in einer Konzentration, welche die Adsorption von Nucleinsäuren an die Silikamatrix gewährleistet)
- Zentrifugationssäulen mit Silikamembranen (Kapazität 20 mg dsDNA)
- Sammelröhrchen (2 ml)
- Waschpuffer PB (optional, bei Einsatz von Bakterienstämmen mit hoher Nucleaseaktivität, wie z.B. HB101, Stämme der JM-Serie)
- Waschpuffer PE (vor dem Gebrauch muss die Zugabe von Ethanol gemäß Vorgabe der Kitanleitung erfolgen)
- Elutionspuffer EB: 10 mM Tris-HCl, pH 8,5

Durchführung

Folgende Schritte werden bei der Minipräparation von Plasmid-DNA mit Silikatechnologie im einzelnen durchlaufen: Alkalische Lyse der Bakterien, Klärung des Lysats, Bindung der Plasmid-DNA an die Silikamembran unter Hochsalzbedingungen, Waschschritte zum Entfernen von Verunreinigungen aus den lysierten Bakterien, Elution der gereinigten Plasmid-DNA unter Niedrigsalzbedingungen (Abb. 3–2).

Alle Zentrifugationsschritte bei 10.000 $\times$ g in geeigneten Standardlaborzentrifugen durchführen, je nach Kapazität der benutzten Zentrifuge bzw. des Rotors können entsprechend Mehrfachansätze parallel bearbeitet werden.

- 1,5 ml Übernachtkultur in ein 1,5 ml-Reaktionsgefäß überführen und abzentrifugieren
- Bakterien in 250 µl Resuspendierungspuffer P1 (mit RNase und blauem Farbstoff aus dem Kit) resuspendieren
- durch Zugabe von 250 µl Lysepuffer P2 die Bakterien lysieren; dazu das Gefäß 4–6 mal invertieren, um den Inhalt vorsichtig zu durchmischen; bis zu 5 min bei Raumtemperatur inkubieren; die Lösung muss schließlich gleichmäßig blau und viskos sein; der Einsatz eines Vibromischers wird nicht empfohlen, da die Gefahr besteht, genomische DNA zu scheren
- nach Zugabe von 350 µl Neutralisierungspuffer N3 zur Neutralisierung sofort, aber vorsichtig durchmischen; die Lösung wird flockig-trübe und das Blau verschwindet
- den Ansatz für 10 min zentrifugieren; dabei werden Proteine, Zelltrümmer und bakterielle genomische DNA abzentrifugiert; während der Zentrifugation eine Zentrifugationssäule mit Silikamembran in ein Sammelröhrchen stellen
- den Überstand der Zentrifugation (ca. 800 µl), der die Plasmid-DNA enthält, vorsichtig ohne Übertrag von Teilen des Pellets auf die Säule überführen; die Lösung 30–60 s durch die Silikamembran zentrifugieren; den Durchlauf im Sammelröhrchen verwerfen
- optional bei Verwendung von Bakterienstämmen mit hoher Nucleaseaktivität zur vollständigen Entfernung von Nucleasen (z.B. HB101, Stämme der JM-Serie; nicht notwendig z.B. bei XL-1 Blue, DH10B oder DH5α): Waschen der Silikamembran durch Zugabe von 500 µl Waschpuffer PB und anschließende Zentrifugation für 30–60 s; den Durchlauf verwerfen

- Waschen der Silikamembran durch Zugabe von 750 µl Waschpuffer PE und anschließende Zentrifugation für 30–60 s; den Durchlauf verwerfen
- durch eine zusätzliche Zentrifugation der Säule ohne Puffer für zwei weitere Minuten restliche Spuren von Waschpuffer vollständig entfernen; Reste von Ethanol aus Puffer PE könnten nachfolgende enzymatische Reaktionen negativ beeinflussen
- die Zentrifugationssäule in ein frisches 1,5 ml-Reaktionsgefäß stellen; zur Elution der DNA von der Silikamembran 50 µl Elutionspuffer EB oder dest. H_2O in die Mitte der Membran pipettieren
- eine Minute inkubieren, eine weitere Minute zentrifugieren; das Eluat im unteren Gefäß enthält nun die gereinigte Plasmid-DNA, die so direkt für weitere Anwendungen eingesetzt werden kann.

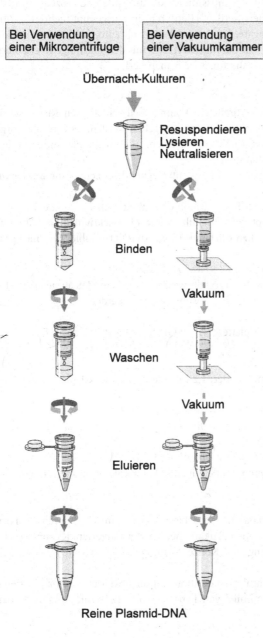

Abb. 3–2: Flussdiagramme zur Minipräparation von Plasmid-DNA mit Silikatechnologie und Zentrifugation

3.2.2.3 Minipräparation von Plasmid-DNA im Hochdurchsatz-Format mittels Filtrationstechnologie

Bei diesem Hochdurchsatz-Verfahren zur Minipräparation von Plasmid-DNA stehen Schnelligkeit und anfallende Präparationskosten im Vordergrund. Als Nachteil muss dabei eine geringere Qualität der erhaltenen DNA in Kauf genommen werden, was wiederum das Einsatzspektrum und teilweise die Lagerung der DNA einschränkt.

Die im Folgenden beschriebene Methode zur Minipräparation von Plasmid-DNA im Hochdurchsatz-Format bedient sich einer modifizierten alkalischen Lyse, abgestimmt auf ein speziell entwickeltes, besonders effektives Filtrationsmodul zur Klärung des Bakterienlysats. Es findet hierbei keine spezifische Adsorption an Trägermaterialien statt. Zudem muss die DNA am Ende der Prozedur noch durch eine Isopropanolfällung entsalzt und konzentriert werden. Hierdurch sind insgesamt mehrere Zentrifugationsschritte erforderlich, weshalb nur Teilschritte der Prozedur sinnvoll automatisiert werden können. Alle Schritte werden im 96-well-Mikrotiterformat durchgeführt. Die mit den nachfolgend erläuterten Methoden gewonnene Plasmid-DNA wird analog Abschn. 3.2.2.6 analysiert.

Materialien

Da im Folgenden der Einsatz eines weit verbreiteten, kommerziell erhältlichen Kits beschrieben wird, kann nicht für alle Puffer die genaue Zusammensetzung angegeben werden. Es wird die Vorgehensweise bei Verwendung des R.E.A.L Prep 96 (Qiagen) Kits beschrieben. Alle für die Plasmidisolation benötigten Komponenten werden durch das Kit bereitgestellt.

Der Lysepuffer R2 enthält korrosive Agenzien und ist entsprechend vorsichtig und mit Laborhandschuhen zu handhaben.

- 1–5 ml Übernachtkulturen von bis zu 96 *E. coli*-Kolonien (z.B. Stamm XL-1 Blue, DH10B), transformiert mit einem Vektor (z.B. pBluescript, pUC19), kultiviert in LB-Selektivmedium (Abschn. 3.2.3); die Kulturen können jeweils in Einzelröhrchen oder in 96-well-Kultivierungsblöcken mit bis zu je 1,3 ml Volumen je Position kultiviert werden
- Resuspendierungspuffer R1 mit 100 mg × ml^{-1} RNase A (DNase-frei)
- Lysepuffer R2: vor der Benutzung muss sichergestellt werden, dass kein SDS ausgefallen ist; durch kurzes Erwärmen kann ausgefallenes SDS wieder in Lösung gebracht werden
- Neutralisierungspuffer R3
- Lysat-Filterplatten im 96-well-Mikrotiterplattenformat: QIAfilter-96-Platte, aus R.E.A.L. Prep 96 Kit
- Isopropanol
- 70 % (v/v) Ethanol
- Mikro-Sammelröhrchen mit Deckel, im Ständer: 1,2 ml; alternativ: 96-well-Block (ca. 1,5 ml Volumen pro Position)
- Resuspensionspuffer: 10 mM Tris-HCl, pH 8,5; alternativ: dest. H$_2$O
- Klebefolien zum Abdecken der Lyse- und 96-well-Blocks während verschiedener Durchmischungsschritte (z.B. selbstklebende tapes, Qiagen)
- Zentrifuge mit geeignetem Rotor zur Aufnahme von 96-well-Blöcken
- Vakuumkammer (QIAvac 96) und Vakuumpumpe mit einer Vakuumleistung von mindestens –300 mbar

Durchführung

Folgende Schritte werden bei der Minipräparation von Plasmid-DNA im Hochdurchsatz-Format mittels Filtrationstechnologie im Einzelnen durchlaufen: Alkalische Lyse der Bakterien, Klärung des Lysats durch hocheffektive Vakuumfiltration, Entsalzung und Konzentrierung der DNA durch alkoholische Fällung, Resuspension in Lagerungspuffer.

Zur einfacheren und schnelleren Durchführung der Präparationen werden 8-Kanalpipetten empfohlen. Einzelne Schritte der Prozedur können mithilfe von Laborrobotern (z.B. mit Automaten der BioRobot Systeme, Qiagen) automatisiert werden.

- Bakterien der bis zu 96 Übernachtkulturen abzentrifugieren; werden zur Anzucht der Bakterien Kultivierungsblöcke im 96-well-Format eingesetzt, wird eine für dieses Format geeignete Zentrifuge mit Rotor benötigt
- Bakterien in 300 µl Resuspendierungspuffer R1 (mit RNase) resuspendieren; es kann kurz auf dem Vibromischer gemischt werden
- durch Zugabe von 300 µl Lysepuffer R2 die Bakterien lysieren; dazu die Gefäße oder den 96-well-Kultivierungs- und Lyseblock acht- bis zehnmal invertieren, um den Inhalt vorsichtig zu durchmischen; bis zu 5 min bei Raumtemperatur inkubieren; die Lösung muss schließlich klar und viskos sein; der Einsatz eines Vibromischers in diesem Schritt wird nicht empfohlen, da die Gefahr besteht, genomische DNA zu scheren
- nach Zugabe von 300 µl Neutralisierungspuffer R3 zur Neutralisierung sofort, aber vorsichtig durch acht- bis zehnmaliges Invertieren durchmischen; die Lösung wird flockig-trübe
- optionaler Schritt: zur Inaktivierung von Nucleasen bei Verwendung von nucleasereichen Bakterienstämmen wie HB101 oder der JM100-Serie, sollte der Lyseblock mit den Zelllysaten ca. 5 min in kochendem Wasser inkubiert werden; es sind dabei entsprechende persönliche Schutzmaßnahmen vorzunehmen
- Vakuumkammer vorbereiten: im oberen Bereich eine Lysat-Filterplatte (Typ QIAfilter 96, gelber Kunststoff), im unteren Bereich einen neuen 96-well-Block zum Auffangen der geklärten Zelllysate einsetzen
- jeden Ansatz aus dem Lyseblock vollständig in die Vakuumkammer mit eingesetzter Lysat-Filterplatte (Typ QIAfilter 96) überführen, ohne dabei flockiges Präzipitat mit zu überführen; zur einfacheren und schnelleren Durchführung dieses und folgender Schritte kann der Einsatz einer 8-Kanalpipette sehr hilfreich sein
- durch Anlegen von Vakuum mit einer Stärke von –200 bis –300 mbar das Lysat vollständig durch das Filtermodul prozessieren; das geklärte Lysat gelangt so in den unteren 96-well-Block; die Filterplatte verwerfen; den 96-well-Block mit dem klaren Lysat entnehmen
- zu jedem einzelnen Lysat in allen 96 Positionen 0,7 ml Isopropanol zugeben und durch dreimaliges Invertieren mischen
- den 96-well-Block bei 2.500 × g für 15 min bei Raumtemperatur zentrifugieren; den Überstand entweder vorsichtig einzeln abnehmen oder durch plötzliches Invertieren des gesamten Blocks über dem Ausguss möglichst vollständig abgießen
- die erhaltenen DNA-Niederschläge durch Zugabe von 0,5 ml 70 % (v/v) Ethanol waschen; den 96-well-Block bei 2.500 × g für 15 min bei Raumtemperatur zentrifugieren; den Überstand entweder vorsichtig einzeln abnehmen oder durch plötzliches Invertieren des gesamten Blocks über dem Ausguss vollständig abgießen und den Block durch Aufklopfen auf einen Stapel Papiertücher so weit wie möglich trocknen; die DNA durch Inkubation bei Raumtemperatur oder in einer Vakuumkammer trocknen; Achtung: nicht Übertrocknen
- DNA durch Zugabe von 50 µl Resuspensionspuffer oder dest. H_2O in Lösung bringen; sollte die DNA zu stark getrocknet worden sein, kann für einige min bei 50 °C inkubiert werden bis die DNA gelöst ist
- die so gereinigte Plasmid-DNA kann für alle gängigen Verwendungen eingesetzt werden (Kap. 12, 15, A1)
- die Menge pro Einzelpräparation beträgt typischerweise ca. 7 mg; der Zeitaufwand für die Präparation von 1–4 × 96 Proben beträgt circa 75 min.

3.2.2.4 Weitere Alternativen im Bereich Minipräparation von Plasmid-DNA

Neben den oben beschriebenen Verfahren gibt es weitere Optionen zur Minipräparation von Plasmid-DNA, um die zu Beginn dieses Abschnittes angesprochenen Erfordernisse an Reinheit, Probendurchsatz und Automatisierung abdecken zu können.

In diesem Zusammenhang sollen erwähnt werden:
- 8er-Streifenformate für mittleren bis hohen Probendurchsatz, passend zu Mehrkanalpipetten
- Aufreinigungen mit Silikasuspensionen
- alkalische Lyse in einem ökonomischen 384-well-Ultrahochdurchsatz-Format mit effizienter Lysatreinigung und anschließender Isopropanolpräzipitation; die Prozeduren sind ähnlich dem oben beschriebenen 96-well-Filtrationsverfahren, verringern jedoch weiter deutlich den Zeitbedarf und die Kosten pro Einzelpräparation; das Arbeiten in einem 384-well-Format erfordert jedoch Anpassungen an die Laborgegebenheiten bezüglich Zellkultivierung, Pipettiersystemen und gegebenenfalls Automatisierung
- Lyse durch kurzes Aufkochen der Bakterien und nachfolgende Zentrifugation in Kombination mit Alkohol- oder PEG-Präzipitation
- Aufbrechen der Bakterien durch Phenolisierung und anschließende Extraktion in Kombination mit Ethanolpräzipitation
- Magnetpartikel- und *direct prep*-Technologien, einzeln oder im Verbund und auf einer vollautomatisierbaren Roboterplattform.

3.2.2.5 Besonderheiten bei Minipräparationen von Plasmid-DNA

Besondere Anforderungen an Verfahren zur Minipräparation von Plasmid-DNA können sich aus folgenden Voraussetzungen ergeben:
- Arbeiten mit *low copy*-Vektoren (Kopienzahl pro Bakterienzelle ca. 10–15), z.B. Vektor pBR322 und davon abgeleitete Derivate
- Arbeiten mit Vektoren, in die sehr große DNA-Abschnitte kloniert werden können, z.B. BACs (*bacterial artificial chromosomes*; künstliche bakterielle Chromosomen (Abschn. 3.2.4); Vektor z.B. pBeloBAC11 und Derivate) mit sehr geringer Kopienzahl (meist nur 1–2 Kopien pro Bakterienzelle); zudem werden die großen DNA-Abschnitte bei Minipräparationsverfahren immer mehr oder weniger stark geschert, sodass diese DNA nicht für alle Applikationen genutzt werden kann
- Arbeiten mit unterschiedlichen Bakterienstämmen (z.B. mit hohem Nucleasegehalt, andere Methylierungsmuster)
- Arbeiten mit M13-Phagen in der replikativen, doppelsträngigen Form.

In den meisten Fällen lassen sich dabei durch einfache Modifikationen gute Ergebnisse bei der Präparation von Plasmid-DNA im Minimaßstab erzielen:
- längeres Wachstum der Kulturen zur Erhöhung der Zellzahl
- Erhöhung des Kulturvolumens zur Erhöhung der Zellzahl
- Einsatz eines anderen Mediums zur Erhöhung der Zellzahl
- geeignete zusätzliche Waschschritte
- optimierte Elutionsbedingungen.

3.2.2.6 Analyse von Plasmid-DNA nach der Minipräparation

Nach der Mini-Präparation gibt es drei Standard-Möglickeiten, die Qualität und Identität des Plasmis zu überprüfen. Alle drei sind dringend zu empfehlen, bevor man mit dem Plasmid die nächsten Experimente durchführt. Zuerst ist die Reinheit der DNA und die Konzentration mittels einem Photometer bzw. Nanodrop (Peqlab) zu bestimmen. Außerdem sollte eine Restriktion durchgeführt werden. Dazu wird ein Restriktionsenzym verwendet, dass die aufgereinigte DNA mindestens einmal schenidet. Klonierte Fragmente sollten aus dem Vektor herausgeschnitten werden, um die Fragmentgröße zu überprüfen. Ein Standard-Restriktionsansatz folgt den Herstellerangaben des Enzyms.

Materialien

- 1-2 µl Plasmid-DNA
- 1 µl 10 x Restriktionspuffer (mit dem Enzym mitgeliefert)
- 0,5 µl (2,5 – 5 U) Restriktionsenzym
- mit dest. H_2O auf 10 µl auffüllen

Durchführung

- Materialien in dieser Reihenfolge pipettieren (Enzyme IMMER auf Eis haben und zuletzt pipettieren!)
- Ansatz nach Angaben des Herstellers, meist 1-3 h auf 37 °C, inkubieren
- Ansatz mittels Gelelekrophorese analysieren (Abschn. 2.3.1), die erhaltenen Bandenmuster geben Hinweise auf die Zusammensetzung der DNA (Identität von Vektor und Insert, Abb. 3-3)

Restriktionsenzyme können von vielen verschiedenen Herstellern bezogen werden (NEB, Fermentas). Manche Hersteller haben Systeme entwickelt, die schnellere Restriktionen erlauben (Fermentas FastDigest ermöglichen Restriktionen in 5 – 30 min.).

Zur absoluten Sicherheit sollten klonierte Fragmente auch sequenziert werden (Kap. A1).

3.2.3 Großpräparation von Plasmid-DNA

Die Isolierung von Plasmid-DNA gliedert sich in Anzucht und Lyse der Bakterien sowie die anschließende Reinigung der freigesetzten DNA auf. Abhängig von Menge und Qualität der benötigten Plasmid-DNA können verschiedene Verfahren zur Aufreinigung angewendet werden. Wird z.B. die Plasmid-DNA nach der Lyse nur mit Alkohol präzipitiert, bekommt man eine relativ unsaubere DNA, die jedoch für einfache Klonierungsexperimente ausreichend sein kann. Hierbei wird das geklärte Lysat nach alkalischer Lyse mit ca. 0,6 Volumen Isopropanol gefällt (15–30 min bei 15.000 × g) und nachfolgend mit 70 % (v/v) Ethanol gewaschen. Um hochreine DNA für vielfältige anspruchsvolle Anwendungen zu erhalten (*in vitro*-Transkriptionen, Abschn. 11.2.2, Transfektionen in eukaryotische Zellen, Kap. 12), empfiehlt es sich, die DNA nach der Lyse weiter aufzureinigen (Abschn. 3.2.2.3).

Am Beispiel von pBluescript in *E. coli* XL-1 Blue wird ein allgemeines Verfahren zur richtigen Anzucht einer Bakterienkultur und die alkalische Lyse als die am häufigsten eingesetzte Aufschlussmethode beschrieben. Alternativ stehen auch hier Kits von verschiedenen Firmen zur Verfügung, wie Qiagen oder VWR.

Materialien

- frische Kolonie *E. coli* XL-1 Blue, transformiert mit pBluescript
- LB-Selektivmedium: 10 g Trypton, 5 g Hefeextrakt, 10 g NaCl in 800 ml dest. H_2O, pH-Wert mit 1 N NaOH auf 7 einstellen, mit dest. H_2O auf 1.000 ml auffüllen; nach dem Autoklavieren Ampicillin auf eine Endkonzentration von 100 µg × ml^{-1} einstellen
- Ampicillinstammlösung (als Natriumsalz): 50 mg × ml^{-1} in dest. H_2O, bei –20 °C lagern
- Isopropanol
- Resuspendierungspuffer*: 50 mM Tris-HCl, pH 8,0, 10 mM EDTA, 100 µg × ml^{-1} RNase A (DNase-frei)
- Lysepuffer*: 200 mM NaOH, 1 % (w/v) SDS
- Neutralisierungspuffer*: 3 M KOAc, pH 5,5
- Anionenaustauschsäulen* mit einer Kapazität von 500 µg für Plasmid-DNA (z.B. Qiagen tip 500 Säulen)
- Äqulibrierungspuffer*: 750 mM NaCl, 50 mM MOPS, pH 7,0, 15 % (v/v) Isopropanol, 0,15 % (v/v) Triton X-100
- Waschpuffer*: 1 M NaCl, 50 mM MOPS, pH 7,0, 15 % (v/v) Isopropanol
- Elutionspuffer*: 1,25 M NaCl, 50 mM Tris-HCl, pH 8,5, 15 % (v/v) Isopropanol

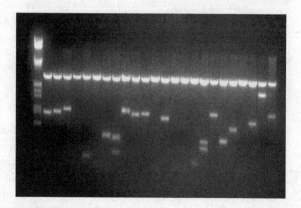

Abb. 3–3: Agarosegel-Analyse mehrerer, parallel im Minipräparationsmaßstab über Silikamembran-Technologie (Typ QIAprep) isolierter Plasmid-DNAs.

- TE-Puffer: 10 mM Tris-HCl, pH 8,0, 1 mM EDTA
- * Diese Materialien sind üblicherweise schon in kommerziell erhältlichen Plasmidpräparationskits enthalten

3.2.3.1 Anzucht der Bakterien

Durchführung

- 2–10 ml LB-Selektivmedium mit einer einzelnen *E. coli*-XL-1-Blue/pBluescript-Kolonie von einer frischen selektiven Agarplatte beimpfen und 8–10 h unter Schütteln (< 300 rpm) bei 37 °C inkubieren
- 100 ml LB-Selektivmedium im 500 ml-Erlenmeyer-Kolben mit 1 ml der Vorkultur beimpfen und Kultur über Nacht bis zum Erreichen der frühen stationären Phase unter Schütteln bei 37 °C inkubieren
- Bakterien in GS3- oder JA-10-Zentrifugenbecher überführen und 15 min lang bei 6.000 × g und 4 °C abzentrifugieren; Überstand abgießen; wenn nicht direkt weitergearbeitet werden soll, kann das Bakterienpellet bei –20 °C eingefroren und für längere Zeit gelagert werden.

3.2.3.2 Alkalische Lyse

Die hier beschriebene alkalische Lyse basiert auf dem 1979 von Birnboim und Doly beschriebenen Verfahren und ist heute eine der am häufigsten angewandten Lysemethoden. Bakterielle RNA wird bereits während der alkalischen Lyse durch die im Resuspendierungspuffer anwesende RNase A abgebaut.

Durchführung

- Bakterien in 10 ml Resuspendierungspuffer sorgfältig suspendieren (z.B. Vibromischer)
- 10 ml Lysepuffer zugeben, durch mehrmaliges Invertieren des Röhrchens gründlich mischen; 5 min bei Raumtemperatur inkubieren; das Lysat sollte anschließend klar und viskos sein; ein Auftreten von bräunlich-schleimigen Verklumpungen ist ein Hinweis auf zu viel Kulturmaterial, was zu einer ineffizienten Lyse führt; in diesem Falle sollten die Volumina von Resuspendierungs-, Lyse- und Neutralisationspuffer entsprechend erhöht werden
- 10 ml vorgekühlten (2–8 °C) Neutralisierungspuffer zugeben, durch mehrmaliges Invertieren gründlich mischen und 20 min auf Eis inkubieren; nach Zugabe des Neutralisierungspuffers wird das Lysat durch Ausfällung genomischer DNA, Proteinen, Zelltrümmern und Kaliumdodecylsulfat wieder dünnflüssig und trüb
- Lysat bei 20.000 × g für 30 min bei 4 °C zentrifugieren; der Überstand enthält die freigesetzte Plasmid-DNA und wird sofort in ein frisches Röhrchen überführt.

3.2.3.3 Weitere Reinigung der Plasmid-DNA

Die traditionelle Methode zur Gewinnung hochreiner Plasmid-DNA war über viele Jahre die Cäsiumchlorid-Dichtegradientenzentrifugation (CsCl). Diese Methode basiert auf dem Prinzip der Trennung verschiedener Arten bzw. Konformationen von Nucleinsäuren in Abhängigkeit von ihrer Dichte in einem kontinuierlichen CsCl-Gradienten. Da die CsCl-Methode toxische Substanzen wie Cäsiumchlorid, Ethidiumbromid, Butanol oder Phenol erfordert und darüber hinaus sehr zeitaufwendig ist, wurden in den vergangenen Jahren vermehrt alternative Verfahren zur Plasmid-DNA-Isolierung entwickelt. Hier wird der Einsatz von Anionenaustauschchromatographie für die Aufreinigung von reiner Plasmid-DNA beschrieben. Die Qualität der mittels Austauschchromatographie gewonnen DNA entspricht derjenigen einer zweifachen CsCl-Dichtegradientezentrifugation. Die Anionenaustauschchromatographie ist jedoch erheblich einfacher und schneller durchzuführen.

Darüber hinaus empfiehlt es sich, für Gentransferexperimente, wie z.B. Transfektion (Kap. 12) oder Mikroinjektion, eine zusätzliche Entfernung von Lipopolysacchariden (Endotoxinen) durchzuführen. Endotoxine sind Zellwandbestandteile gramnegativer Bakterien (wie *E. coli*) und aufgrund ihrer chemischen Eigenschaften während einer Plasmidpräparation nur unzureichend von der DNA abtrennbar. Da sie in Säugerzellen auf vielfache, nicht steuerbare Weise Stoffwechselvorgänge beeinflussen, sollten sie durch einen weiteren Reinigungsschritt entfernt werden. Hier ist eine einfache Methode beschrieben, welche in die Anionenaustauschchromatographie integriert wird.

Durchführung
- Optionaler Schritt zur Entfernung von Endotoxinen: geklärtes Lysat mit 2,5 ml Endotoxin Removal Puffer (in kommerziell erhältlichen Kits der Firma Qiagen enthalten) versetzen, durch zehnmaliges Invertieren mischen und 30 min auf Eis inkubieren
- 10 ml Äquilibrierungspuffer auf die Anionenaustauschsäule (z.B. Qiagen tip 500) pipettieren und den Puffer mithilfe der Schwerkraft durchtropfen lassen
- das klare Bakterienlysat auf die vorbereitete Säule auftragen und durchtropfen lassen; Plasmid-DNA bindet in diesem Schritt an die Anionenaustauschmatrix, während der größte Teil der RNA, Proteine oder andere Kontaminationen aus dem Bakterienlysat die Säule passieren, ohne zu binden
- zweimal 30 ml Waschpuffer auf die Säule pipettieren und ebenfalls durchtropfen lassen
- gereinigte Plasmid-DNA mit 15 ml Elutionspuffer von der Säule eluieren
- Eluat mit der Plasmid-DNA mit 0,7 Volumen Isopropanol versetzen und sofort für 30 min bei $15.000 \times g$ und 4 °C zentrifugieren; danach den Überstand vorsichtig abgießen
- Plasmid-DNA-Pellet vorsichtig mit 5 ml 70 % (v/v) Ethanol waschen und für 10 min bei 4° C und $15.000 \times g$ zentrifugieren; Überstand vorsichtig abgießen, ohne das Pellet aufzuwirbeln
- Plasmid-DNA-Pellet ca. 10 min an der Luft trocknen lassen und anschließend die DNA in der gewünschten Menge eines geeigneten Puffers, z.B. TE-Puffer, pH 8,0 resuspendieren

3.2.3.4 Reinigung von Plasmid-DNA über CsCl-Dichtegradientenzentrifugation

Im CsCl-Dichtegradienten bildet die superhelikale Form der Plasmid-DNA eine scharfe Bande, die deutlich von *nicked-circle*-DNA und chromosomaler DNA getrennt ist. Eventuell vorhandene Proteine und RNA pelletieren bei der Ultrazentrifugation.

Die folgende Vorschrift beschreibt die CsCl-Dichtegradientenzentrifugation mit einer Plasmidmenge von 0,2–2 mg bei Verwendung eines VTi50-Rotors (Beckman Coulter Zentrifuge). Wird ein anderer Rotor mit anderen Zentrifugenröhrchen verwendet, müssen die Mengen entsprechend umgerechnet werden. Generell empfiehlt sich die Verwendung eines Vertikalrotors. Bei der Gradientenzentrifugation muss mit Ausbeuteverlusten bis zu 50 % gerechnet werden.

Materialien

- VTi50-Zentrifugenröhrchen
- Ultrazentrifuge mit VTi50-Rotor (Beckman)
- sterile Spritzen (5 ml) und Kanülen
- Dialyseschläuche
- 0,2–2 mg Plasmid-DNA in wässriger Lösung in einem Volumen von 4 ml
- CsCl
- TE-Puffer: 10 mM Tris-HCl, pH 8,0, 1 mM EDTA
- Ethidiumbromidlösung*: 7 mg $\times$ ml^{-1} in dest. H$_2$O
- Paraffinöl
- n-Butanol

* Ethidiumbromid ist ein Mutagen und Umweltgift. Es sollte mit Sorgfalt gehandhabt (Handschuhe!) und entsorgt werden. Da die Richtlinien zur Beseitigung zwischen den Instituten variieren können, sollte der Umweltbeauftragte bezüglich Lagerung und Entsorgung ethidiumbromidhaltiger Abfälle konsultiert werden.

Durchführung

- 28,14 g CsCl in 25 ml TE-Puffer lösen
- folgende Lösungen in ein VTi50-Röhrchen füllen: CsCl-Lösung, DNA-Lösung, 2,9 ml Ethidiumbromidlösung, mischen
- Röhrchen mit TE-Puffer austarieren, mit Paraffinöl bis zum Rand füllen, nochmals mit TE-Puffer oder Paraffinöl austarieren und zuschweißen
- Lösung für 16 h bei 44.000 rpm im VTi50-Rotor (Beckman) bei 15 °C zentrifugieren, Zentrifuge ohne Bremse auslaufen lassen
- Zentrifugenröhrchen von der Seite mit UV-Licht beleuchten; sterile Kanüle zur Belüftung von oben in das Röhrchen einstechen
- normalerweise sind zwei Plasmidbanden in der Mitte bzw. im unteren Drittel des Röhrchens sichtbar: die obere enthält eventuelle Reste chromosomaler sowie nicked Plasmid-DNA, die untere die gewünschte superhelikale DNA
- 5 ml Spritze mit Kanüle knapp unterhalb der unteren Bande einstechen und DNA-Lösung vorsichtig abziehen
- DNA-Lösung zur Entfernung von Ethidiumbromid drei- bis viermal mit gleichem Volumen Butanol ausschütteln, bis keine rötliche Färbung mehr sichtbar ist; dabei nur vorsichtig invertieren, nicht heftig schütteln
- zur Phasentrennung jeweils ca. 30 s bei Raumtemperatur stehen lassen, obere organische Phase mit Pasteurpipette abziehen und verwerfen
- DNA 16 h unter Pufferwechsel (drei- bis viermal) bei Raumtemperatur oder 4 °C gegen das ca. 200-fache Volumen TE-Puffer dialysieren; es sollte ausreichend Platz im verschlossenen Schlauch verbleiben, um ein Platzen beim Eindringen von Wasser zu vermeiden; üblicherweise ist ein Ausschlussgewicht von 12.000–14.000 zur Dialyse von Plasmiden geeignet
- alternativ zum Ausschütteln der DNA kann auch mit Ethanol oder Isopropanol gefällt werden; dazu z.B. das 0,6-fache Volumen Isopropanol zugeben und 15 min bei 10.000 $\times$ g im Sorvall SS34 Rotor zentrifugieren; das Pellet einmal mit dem gleichen Volumen 70 % Ethanol waschen, erneut 5 min zentrifugieren; das Pellet an der Luft trocknen lassen und anschließend in einem geringen Volumen TE-Puffer, pH 8,0 lösen
- die Ausbeute an Plasmid wird photometrisch bestimmt
- Plasmid-DNA bei –20 °C lagern.

3.2.3.5 Entfernung von genomischer DNA-Kontamination

Da bei der Isolierung sehr großer Konstrukte wie BACs oder PACs (Abschn. 3.2.4) starke Kontaminationen durch genomische *E. coli*-DNA möglich sind, kann für eine Reihe von Anwendungen (*shotgun*-Klonierungen, Transfektionen) die genomische DNA durch einen zusätzlichen Exonucleaseverdau entfernt werden. Dieser kann sowohl in das Ionenaustauschchromatographie-Protokoll integriert sein (Abschn. 3.1.3), als auch im Anschluss an die Plasmidpräparation erfolgen, wie unten dargestellt. Bei letzterem Verfahren sollte die zugesetzte Exonuclease allerdings anschließend inaktiviert werden, denn sie präzipitiert mit der DNA.

Materialien
- Plasmid-DNA-Pellet aus 500–1.000 ml Kultur (Abschn. 3.2.4 oder 3.2.2)
- ATP-Stammlösung (z.B. 100 mM in dest. H_2O)
- Exonuclease und Reaktionspuffer (z.B. Epicentre)
- optional: Large-Construct Kit (Qiagen) für integrierten Exonucleaseverdau im Anionenaustausch-Protokoll

Durchführung
- Plasmid-DNA-Pellet in sterilem dest. H_2O lösen und den Exonucleaseverdau in einem Endvolumen von 500 µl ansetzen: 1 mM ATP Endkonzentration, Reaktionspuffer und Exonuclease (ca. 100–200 U) nach Herstellerangabe zugeben
- 2–16 h bei 37 °C inkubieren
- Exonuclease für 30 min bei 70 °C inaktivieren.

Kommerziell verfügbare Exonucleasen weisen eine hohe Spezität für linearisierte DNA auf, wodurch sie Bruchstücke genomischer DNA zuverlässig entfernen. Allerdings muss mit einem Ausbeuteverlust an Plasmid-DNA gerechnet werden, da ebenfalls gescherte und mit geringerer Effizienz auch Plasmid-DNA mit Einzelstrangbrüchen abgebaut wird. Aus diesem Grunde ist eine schonende Behandlung, insbesondere der großen, scheranfälligen Konstrukte wie BACs, eine Grundbedingung. Vortexen oder Resuspendieren durch intensives Auf- und Abpipettieren sollte während des kompletten Aufreinigungsprozesses grundsätzlich vermieden werden.

3.2.3.6 Analyse der Plasmid-DNA

Die Ausbeutebestimmung und die analytische Überprüfung der Plasmid-DNA sind in Abschn. 3.4 bzw. 3.2.2.6 beschrieben. Der Erfolg der durchgeführten Plasmidaufreinigung kann sehr einfach durch ein analytisches Agarosegel überprüft werden, indem ein kleiner Teil der einzelnen Säulenfraktionen mit Isopropanol gefällt und auf einem 1 %igen Agarosegel (Abschn. 2.3.1) getrennt wird (Abb. 3–1).

Literatur

Ausubel, F.M., Brent, R., Kingston, R.E., Moore, D.D., Seidman, J.G., Smith, J.A., Struhl, K. (Hrsg.) (1991): Current Protocols in Molecular Biology. John Wiley & Sons, New York.

Birnboim, H.C., Doly, J. (1979): A Rapid Alkaline Extraction Procedure for Screening Recombinant Plasmid DNA. Nucl. Acids. Res. 7, 1 513–1 523.

Birnboim, H.C. (1983): A Rapid Alkaline Extraction Method for the Isolation of Plasmid DNA. Methods Enzymol. 100, 243–255.

Qiagen Plasmid Purification Handbook, September 2000, Qiagen.

Sambrook, J., Russell, D. (2001): Molecular Cloning – A Laboratory Manual. 3rd ed. Cold Spring Harbor Laboratory Press, Cold Spring Harbor, New York.

3.2.4   DNA-Präparation und Analyse von Plasmiden mit großem Insert (PAC, BAC)

Die Kartierung und Analyse komplexer Genome erfordert effiziente Klonierungssysteme und die Manipulation großer DNA-Fragmente. Ursprünglich waren Cosmide und künstliche Hefechromosomen die einzigen Werkzeuge für Molekulargenetiker, um große DNA-Abschnitte zu analysieren. Cosmide haben den Vorteil, dass die DNA mit relativ geringem Aufwand mittels alkalischer Lyse isoliert werden kann. Die Größe der klonierten Fragmente liegt bei Cosmiden zwischen 35 und 45 kb. Für das Humangenomprojekt wurden zahlreiche unterschiedliche Cosmidbanken geschaffen, so u.a. auch für einzelne Chromosomen. Künstliche Hefechromosomen (YAC, *yeast artificial chromosomes*) bieten die Möglichkeit, DNA-Fragmente bis zu einer Größe von zwei Megabasen zu klonieren. Dieses System wurde verwendet, um im Rahmen des Humangenomprojektes eine physikalische Karte des gesamten menschlichen Genoms anzulegen. Die bekannteste YAC-DNA-Bibliothek wurde am Centre d'Etudes du Polymorphisme Humain (CEPH) in Paris hergestellt. Diese YAC-Bibliothek bildete das Grundgerüst für die weltweiten Bemühungen, das menschliche Genom zu kartieren. Dem Vorteil des YACs, besonders große DNA-Fragmente in Hefezellen klonieren und propagieren zu können, steht der Nachteil einer sehr aufwändigen Prozedur der DNA-Isolierung entgegen. Dazu kommen systematisch bedingte Probleme wie die sehr niedrige Transformationseffizienz der YACs, chimäre Klone, die DNA unterschiedlicher Herkunft tragen und die generelle Instabilität des klonierten DNA-Materials aufgrund der Rekombinationsanfälligkeit in den Hefezellen.

Für Cosmide zu große DNA-Fragmente können aber mit PACs und BACs analysiert werden. PAC (P1 *derived artificial chromosomes*) und BAC (*bacterial artificial chromosomes*) gehören zu einer Familie von *E. coli* basierten Klonierungssystemen. PACs können bis zu 200 kb, BACs bis zu 300 kb zusätzliche DNA aufnehmen. Sie unterscheiden sich von den herkömmlichen Plasmidvektoren vor allem durch ihre niedrige Kopienzahl in der Bakterienzelle, lediglich ein bis zwei Plasmidkopien sind pro Zelle vorhanden. Induziert man in PACs jedoch die Replikation des Plasmides mit IPTG, kann die Kopienzahl auf 40–50 pro Zelle gesteigert werden, was allerdings auch Nachteile wie Rearrangierungen und Deletionen mit sich führen kann.

Im Bakteriophagen-P1-Klonierungssystem lassen sich 70–100 kb Insert-DNA klonieren. In diesem System können rekombinante Klone selektiert und von nicht rekombinanten unterschieden werden. Das P1-System besitzt zwei vom P1-Phagen abgeleitete Replikationsmechanismen, ein *single copy*-Replicon für das stabile Propagieren der Klone und ein *multi copy*-Replicon unter der Steuerung des induzierbaren *lac*-Promotors, zum Präparieren der klonierten DNA. Durch den aufwändigen Verpackunsgsmechanismus ist dieses System auf eine Insertgröße von maximal 100 kb limitiert.

Im pBAC-System wird das gut charakterisierte f-Faktor(Fertilitäts)-Plasmid zur Konstruktion künstlicher Bakterienchromosomen genutzt. Die ringförmigen Ligationsprodukte werden durch Elektroporation in die Bakterienzellen eingeschleust, womit aufwändige Verpackungsprozeduren und *in vivo*-Rekombinationsereignisse vermieden werden. In dieses System konnten bis zu 300 kb an Insert-DNA kloniert werden. Wegen der niedrigen Replikationsrate des f-Faktors mit nur ein bis zwei Kopien pro Zelle kann aber bei der DNA-Isolierung nur wenig DNA gewonnen werden.

Das PAC-System (P1 *derived artificial chromosomes*) vereint die Eigenschaften des f-Faktor- und des P1-Systems. Verschiedene neue, vom P1-Phagen abgeleitete Vektoren sind konstruiert worden, um große DNA-Fragmente durch Elektroporation wie bei den f-Faktor basierten Systemen zu klonieren. Die Vektoren basieren auf dem pAD10-Sac-BII-Vektor, aus dem das Adenovirus-Stuffer-Fragment deletiert und ein modifiziertes pUC-Plasmid in die *Bam*HI-Klonierungsstelle integriert wurde. Das Sac-BII-Gen ist wichtig für die Durchführung einer positiven Selektion während der Bibliothekskonstruktion (Abb. 3–4).

3.2.4.1   DNA-Isolierung von *E. coli*-Zellen mit PAC- oder BAC-Plasmiden

Die *E. coli*-Bakterien, die entweder PAC- oder BAC-Plasmide enthalten, sollten unter schonenden Kulturbedingungen propagiert werden, um eventuelle Rearrangierungen und Deletionen so gering wie möglich zu halten. Dazu wird zum einen die Antibiotikakonzentration (im Falle der PACs ist es Kanamycin) um die Hälfte

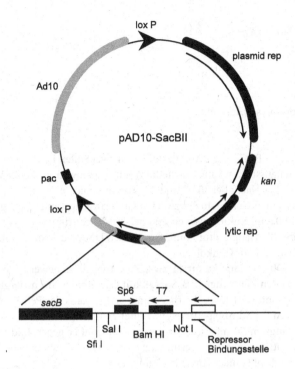

Abb. 3–4: Der Vektor pAD10-SacBII. *SacB: SacB*-Gen von *Bacillus amyloliquefaciens*; Kan: Kanamycin-Resistenzgen; Sp6: Sp6-Promotor; T7: T7-Promotor. Die Insert-DNA wird in die *BamH1*-Schnittstelle zwischen den Sp6-und T7-Promotoren kloniert. Das Ad10-Fragment und das Verpackungssignal pac werden durch homologe Rekombination zwischen den flankierenden loxP-Sequenzen in den Wirtszellen herausrekombiniert, sodass die Vektorgröße in den PAC-DNA-Bibliotheken dann 16 kb beträgt.

reduziert. Zum anderen wird das Wachstumsverhalten der Bakterien mit „armen" Medien (z.B. LB-Medium) oder niedrigeren Kultivierungstemperaturen verlangsamt. Im unten beschriebenen Protokoll wird ein „reiches" Medium (TB, *terrific broth*) verwendet, aber bei 30 °C inkubiert. Das TB-Medium ermöglicht eine hohe Dichte der Bakterienkultur, was sich auf die DNA-Ausbeute der *low copy*-Plasmide auswirkt. Trotzdem sollen die Bakterien genügend Zeit zur Replikation haben, daher wird bei niedrigeren Temperaturen inkubiert.

Bei der Isolierung sehr großer Konstrukte wie BACs oder PACs kann starke Kontamination durch genomische *E. coli*-DNA auftreten, da beide DNA-Typen sehr ähnliche chemische Eigenschaften aufweisen. Für eine Reihe von Anwendungen, wie *shotgun*-Klonierungen oder Transfektionen kann es daher sinnvoll sein, die genomische DNA durch einen zusätzlichen Exonucleaseverdau zu entfernen. Dieser kann sowohl in das Ionenaustauschchromatographie-Protokoll integriert sein (Abschn. 3.1.3) als auch im Anschluss an die Plasmidpräparation erfolgen. Bei letzterem Verfahren muss die zugesetzte Exonuclease allerdings anschließend inaktiviert werden und verbleibt in der Präparation (Abschn. 3.2.2.5).

Materialien

- Einzelklone aus ausgewählten BAC- und PAC-DNA-Bibliotheken (z.B. aus Bibliotheken des Ressourcen-Zentrums des Deutschen Humangenomprojektes in Berlin)
- 2 × YT-Puffer: 10 g NaCl, 10 g Hefeextrakt, 16 g Trypton, ad 1 l dest. H_2O
- 2 × YT-Agarplatten mit Kanamycin (15 µg × ml^{-1})
- Phosphatstammlösung: 0,17 M KH_2PO_4, 0,72 M K_2HPO_4 in 1 l dest. H_2O, autoklavieren
- TB-Medium: 15 g Bacto-Tryptone (Pepton), 24 g Bacto-Yeast (*selected yeast extract*), 4 ml Glycerol, auf 900 ml mit dest. H_2O auffüllen, autoklavieren, 100 ml Phosphatstammlösung (sterilfiltriert) nach dem Autoklavieren zu 900 ml Medium hinzugeben
- TB-Medium mit Kanamycin (15 µg × ml^{-1})
- Materialien zur alkalischen Lyse mit DNA-Aufreinigung (Abschn. 3.2.2.2)
- HMFM-Einfriermedium: 360 mM K_2HPO_4, 132 mM KH_2PO_4, 17 mM Na-Citrat, 3,6 mM $MgSO_4 \times 7$ H_2O, 68 mM $(NH_4)_2SO_4$, 44 % (w/v) Glycerol

- TE-Puffer: 10 mM Tris-HCl, 10 mM EDTA
- 0,1 × TE-Puffer
- 70 % (v/v) Ethanol
- Isopropanol
- Gaze
- Materialien zur Agarose-Gelelektrophorese (Abschn. 2.3.1)

Durchführung

E. coli-Bakterien zur DNA-Präparation von PAC- und BAC-Plasmiden in zwei Stufen kultivieren:

- Von einer Einzelkolonie eines Plattenausstrichs 5 ml TB-Medium mit Kanamycin in einem Inkubationsröhrchen (15 ml) animpfen und über Nacht bei 30 °C und 250 rpm inkubieren
- von der Übernachtkultur kann man einen Gefrierstock bzw. eine Glycerin-Dauerkultur anlegen; dazu 0,1 ml HMFM-Einfriermedium und 0,9 ml Kultur mischen und bei −80 °C einfrieren
- mit 0,5 ml der Übernachtkultur dann die Hauptkultur animpfen, je nach DNA-Ausbeute bis zu 500 ml; die Hauptkultur wiederum über Nacht bei 30 °C inkubieren
- nach 18–20 h Inkubationszeit die 500 ml Hauptkultur in zwei Zentrifugenbecher verteilen und bei 2700 × g 10 min in einer entsprechenden Zentrifuge (z.B. Sorvall mit GS3-Rotor) abzentrifugieren
- Bakterien in 50 ml Resuspendierungspuffer P1 lösen; hierbei darauf achten, dass das Pellet vollständig gelöst wird, z.B. durch mehrmaliges Auf- und Abpipettieren mit einer 20 ml-Pipette
- zu den resuspendierten Bakterien langsam 50 ml frisch angesetzten Lysepuffer geben und vorsichtig durch langsames Schwenken des Zentrifugenbechers vermischen; dabei ist eine allmähliche Lyse der Bakterien zu beobachten; dieser Schritt sollte nicht länger als 5 min dauern
- nach max. 5 min Inkubationszeit in Lysepuffer das Lysat auf Eis stellen, 50 ml eiskalten Präzipitationspuffer hinzufügen und vorsichtig mischen
- zum Fällen von genomischer DNA und Proteinen das Gemisch mind. 30 min auf Eis inkubieren, dabei regelmäßig das Lysat vorsichtig mischen
- nach 30 min Inkubation auf Eis das Lysat 30 min bei 10.000 × g in einer entsprechenden Zentrifuge zentrifugieren
- Überstand durch einen Gazestreifen in einen frischen Zentrifugenbecher überführen und erneut 30 min bei 10.000 × g zentrifugieren
- Qiagen tip 500 Säule mit 10 ml Äquilibrierungspuffer QBT äquilibrieren
- Überstand nach der Zentrifugation schrittweise über die Qiagen tip 500 Säule geben; in diesem Schritt bindet die DNA an die Säulenmatrix
- Salze, Proteine und andere Verunreinigungen durch Waschen aus der Säule entfernen; dazu zweimal 50 ml Waschpuffer über die Säule geben
- DNA nach dem Waschen mit 10 ml auf 65 °C vorgewärmtem Elutionspuffer eluieren; dazu jeweils 1 ml Elutionspuffer schrittweise auf die Säule geben und das Eluat in einem frischen Zentrifugenröhrchen auffangen
- durch Zugabe und Mischen von 0,7-fachem Volumen Isopropanol die DNA bei Raumtemperatur präzipitieren und anschließend bei 4 °C und 10.000 × g 30 min zentrifugieren
- nach der Zentrifugation sollte an der Wand des Zentrifugenröhrchens ein DNA-Präzipitat zu sehen sein
- Überstand vorsichtig abnehmen und das DNA-Präzipitat mit 5 ml 70 % (v/v) Ethanol waschen
- anschließend die gewaschene DNA 20 min bei 10.000 × g zentrifugieren und den Überstand quantitativ mit einer Pipette entfernen
- DNA an der Luft trocknen; das Trocknen der DNA in einer Vakuumzentrifuge kann bewirken, dass die DNA anschließend nur sehr langsam in Lösung geht
- getrocknete DNA in 100 µl 0,1 × TE-Puffer lösen und für 30 min bei 37 °C in einem Wasserbad inkubieren
- zur Qualitäts- und Konzentrationsbestimmung 3 µl der DNA-Lösung auf ein 1 %iges (w/v) Agarosegel laden und in einer Elektrophoresekammer 1 h bei 10 V × cm^{-1} auftrennen

- DNA-Konzentration über ein quantitatives Agarosegel (Abschn. 2.3.1) durch den Vergleich der PAC-DNA mit einem auf dem Gel mitlaufenden Größen- und Gewichtsstandard ermitteln; dazu hochmolekulare nicht hydrolysierte PAC-DNA in verschiedenen Verdünnungen zusammen mit Molekulargewichtsmarker auftragen und Banden gleicher Intensität identifizieren; die Messung der DNA-Konzentration über die optische Dichte kann zu überhöhten Werten führen, da je nach Beschaffenheit des Plasmides und der Reinigungsprozedur immer noch Reste der genomischen Bakterien-DNA vorhanden sein können.

Trouble Shooting

- Die Plasmid-DNA ist stark mit bakterieller genomischer DNA kontaminiert: Der Lysepuffer war eventuell zu alt, das Lysat wurde zu stark geschüttelt oder sogar auf dem Vibromischer gemischt oder die Bakterien wurden nicht vollständig im Lysepuffer gelöst.
- Die DNA-Konzentration ist zu niedrig: Die Bakterienkultur wurde zu kurz bei zu niedriger Temperatur inkubiert. Bei 30 °C sollten die Kulturen mindestens 18–20 h kultiviert werden.
- Die Plasmid-DNA hat nur unvollständig an die Säulenmatrix gebunden: Das erste Eluat aus der Säule sollte auf den Plasmid-DNA-Gehalt überprüft und gegebenenfalls ein zweites Mal über die Säule gegeben werden. Der Elutionspuffer war nicht auf 65 °C vorgewärmt und wurde nicht schrittweise über die Säule gegeben, die Plasmid-DNA wurde dadurch nur unvollständig von der Säule eluiert.

3.2.4.2 Restriktionskartierung und Größenbestimmung klonierter DNA-Fragmente

Da die Inserts der PAC- und BAC-Plasmide größer als 30 kb sind, kann die genaue Größe nur über Puls-Feld-Gelelektrophorese (PFGE, Abschn. 2.3.1.1) bestimmt werden. Dazu wird das klonierte DNA-Fragment über die NotI-Schnittstelle im Vektor herausgeschnitten und im PFGE aufgetrennt.

Sollen verschiedene PACs miteinander verglichen werden, so ist dies durch den Vergleich der Restriktionsfragmentmuster (Restriktionsfragment-*fingerprinting*) verschiedener Enzyme, in diesem Falle *EcoRI* und *BamHI*, möglich. Das ist besonders hilfreich beim Erstellen physikalischer Karten mit verschiedenen Klonen in Klon-Contig. Diese Restriktionsfragment-*fingerprints* können auf eine Nylonmembran geblottet werden und stehen dann für weitere Analysen zur Verfügung.

Materialien

- 100–500 ng präparierte DNA
- Restriktionsendonucleasen *NotI*, *EcoRI*, *BamHI*
- 10 × Restriktionspuffer (wird vom Hersteller der Enzyme mitgeliefert)
- DNA-Größenmarker (Maßstab 500 bp–15 kb) für Agarose-Gelelektrophorese (z.B. Roche Diagnostics)
- DNA-Größenmarker (Maßstab 10 kb–300 kb) für PFGE (z.B. New England Biolabs)
- Materialien für Agarose-Gelelektrophorese und PFGE (Abschn. 2.3.1)
- 50 × TAE-Puffer-Stammlösung: 242 g Tris-Base, 57 ml konz. Essigsäure, 100 ml 0,5 M EDTA, ad 1 l dest. H_2O

Durchführung

- 3 µl Restriktionspuffer, 10 U des entsprechenden Restriktionsenzyms und ca. 100 ng DNA mischen und mit dest. H_2O auf ein Gesamtvolumen von 30 µl einstellen
- Restriktionsansatz für 90 min bei 37 °C im Wasserbad oder in einem Heizblock inkubieren; dabei sind die Angaben des Herstellers zu den Enzymen zu beachten (z.B. bietet Fermentas FastDigest® Enzymen an, die nur 5 min brauchen)
- während der Inkubation ein entsprechendes 0,8–1 % Agarosegel vorbereiten (Abschn. 2.3.1)

- nach der Inkubationszeit Restriktionsansätze zusammen mit einem Farbmarker in die Taschen der Agarosegele laden
- in eine weitere Tasche des Gels den Größenstandard (500 bp–15 kb) auftragen; beim Beladen des PFGE-Gels ist darauf zu achten, dass die DNA nicht mit einem Farbmarker gemischt wird und nach dem Laden der Geltaschen diese mit dem verbleibenden Rest der flüssigen Agarose verschlossen werden, damit die DNA beim Einsetzen des Gels in die Puls-Feld-Kammer nicht aufschwimmen kann; hier ebenfalls den Größenstandard (10–300 kb) auftragen
- DNA im Gel anschließend mit Ethidiumbromid anfärben und fotografisch dokumentieren; **ACHTUNG:** Die jeweiligen Bestimmung zur Arbeit mit Ethidiumbromid sind einzuhalten.

Trouble Shooting

Die Klone haben gar kein oder nur ein sehr kleines Insert: Das Insert ist durch Rekombination deletiert worden. Die Kulturbedingungen müssen auf die bereits beschriebenen Parameter überprüft werden.

3.2.4.3 Aufreinigung von PAC- und BAC-Insert-DNA durch präparative Puls-Feld-Gelelektrophorese

Für manche Experimente, z.B. Exon-Trapping, cDNA-Selektion oder zur direkten Verwendung des Insert als Probe, kann die ca. 15 kb-Vektor-DNA manchmal störend sein. Daher sollte man das Insert aufreinigen. Der PAC-Vektor besitzt zwei *NotI*-Schnittstellen in seiner Klonierungsstelle.

NotI ist ein Enzym, das nur sehr selten schneidet, und kann dazu benutzt werden, das Insert vom Vektor zu trennen. Sollte die Insert-DNA ebenfalls eine oder mehrere *NotI*-Schnittstellen besitzen, so erhält man in der anschließenden Gelelektrophorese mehr als zwei Banden, die dann getrennt voneinander ausgeschnitten werden können. Um sicher zu gehen, dass sehr kleine *NotI*-Restriktionsfragmente nicht während der Puls-Feld-Gelelektrophorese verloren gehen, sollte jede Restriktion auch auf einem 1 %igen (w/v) Agarosegel unter Standard-Elektrophoresebedingungen auf das Vorhandensein kleiner Fragmente überprüft werden.

Mit dem Enzym Gelase wird die DNA aus einem Agaroseblock isoliert, da Gelase die Polymerstruktur der geschmolzenen Agarose zerstört. Andere chemisch basierte DNA-Isolierungsverfahren sind nicht zu empfehlen, da sie einerseits die zu isolierende DNA zu stark angreifen und andererseits die Ausbeute bei großen DNA-Fragmenten zu gering ist.

Materialien

- 1–2 µg präparierte DNA
- Restriktionsendonuclease *NotI*
- 10 × *NotI*-Restriktionspuffer (wird vom Hersteller der Restriktionsenzyme mitgeliefert)
- 10 × TBE-Puffer: 108 g Tris-HCl, 55 g Borsäure, 40 ml 0,5 M EDTA, pH 7,5, ad 1 l dest. H_2O
- *low melting point*-Agarose
- Gelase (Biozym)
- 50 × Gelasepuffer (Biozym)
- 3 M NaOAc, pH 4,8
- Ethanol 96 % (v/v)
- Ethanol 70 % (v/v)
- 0,1 × TE-Puffer (Abschn. 3.1.3)
- Materialien zur Durchführung der Puls-Feld-Gelelektrophorese (Abschn. 2.3.1.1)

Durchführung

- 1–2 µg präparierter DNA mit 20 U *NotI*-Restriktionsenzym, 10 µl Restriktionspuffer in einem Gesamtvolumen von 100 µl in einem. 1,5 ml-Reaktionsgefäß für 90 min bei 37 °C verdauen (je nach Angaben des Herstellers für das Enzym)

- in der Zwischenzeit ein 1 %iges (w/v) *low melting point*-Agarosegel für die PFGE vorbereiten (**ACHTUNG:** Die Taschen in dem Gel müssen groß genug sein, damit sie einen kompletten Restriktionsansatz aufnehmen können!)
- nach der Inkubationszeit Restriktionsansatz in eine Tasche des Agarosegels laden und die Tasche mit verbleibender Agarose verschließen; ein Größenmarker als Kontrolle mit auf das Gel auftragen
- die Auftrennung der DNA erfolgt wie beschrieben (Abschn. 3.2.4.1)
- nach Beendigung der Elektrophorese die DNA im Gel mit Ethidiumbromid färben und mit langwelligem UV-Licht (366 nm) sichtbar machen; **ACHTUNG:** Arbeitsvorschriften für Ethidiumbromid beachten!
- sollten sich in dem klonierten DNA-Insert keine *NotI*-Schnittstellen befinden, so lassen sich Insert- und Vektor-DNA klar voneinander unterscheiden, die Vektor-DNA ist 15 kb groß, die Insert-DNA sollte wesentlich größer (> 60 kb) sein
- Insert-DNA-Bande mit einem sauberen Skalpell ausschneiden und den Agaroseblock in ein 2 ml-Reaktionsgefäß überführen
- Agaroseblock über Nacht in Gelasepuffer bei 4 °C unter leichtem Schütteln äquilibrieren
- am nächsten Tag Gelasepuffer entfernen und durch ein Volumen des Agaroseblockes (g = ml) mit Gelasepuffer ersetzen
- Agaroseblöckchen dann bei 55 °C inkubieren, bis es vollständig geschmolzen ist; dabei darauf achten, dass sich keine Tropfen an der Deckelinnenseite des Reaktionsgefäßes bilden
- die geschmolzene Agarose auf 42 °C überführen, ohne dass sich das Gefäß abkühlt; wenn die Agarose einmal wieder festgeworden ist, kann sie nicht mehr durch die Gelase verdaut werden
- anschließend auf 100 mg Agarose 1 U Gelase hinzugeben und das Gemisch 30 min bei 42 °C inkubieren
- noch einmal die gleiche Menge Gelase hinzugeben und weitere 30 min bei 42 °C inkubieren
- zu der verdauten Agarose 0,1 Volumen 3 M NaOAc und zwei Volumina Ethanol 100 % hinzugeben und 15 min auf Eis inkubieren
- DNA in einer Zentrifuge 20 min bei 10.000–16.000 × g präzipitieren
- Überstand abnehmen, die DNA mit 0,5 ml 70 % (v/v) Ethanol waschen und anschließend 10 min bei 10.000–16.000 × g abzentrifugieren; Überstand mit einer Pipette entfernen
- DNA an der Luft trocknen; das Trocknen der DNA in einer Vakuumzentrifuge kann bewirken, dass die DNA anschließend nur sehr langsam in Lösung geht
- getrocknete DNA in 50 µl 0,1 × TE-Puffer lösen und für 30 min bei 37 °C in einem Wasserbad inkubieren
- zur Qualitäts- und Konzentrationsbestimmung 5 µl der DNA-Lösung auf ein 1 %iges (w/v) Agarosegel laden und in einer Elektrophoresekammer 1 h bei 10 V × cm^{-1} auftrennen

Trouble Shooting

Agaroseklumpen nach dem Gelaseverdau: Die Agarose ist nach dem Schmelzen abgekühlt und wieder geliert und konnte dadurch nicht von der Gelase verdaut werden. Die Gelasekonzentration war zu niedrig und/oder die Inkubationszeit zu kurz.

Literatur

Ioannou, P.A., Amemiya, C.T., Garnes, J., Kroisel, P.M., Hiroaki, S., Chen, C., Batzer, M.A., de Jong, P.J. (1994): A New Bacteriophage P1-Derived Vector for the Propagation of Large Human DNA Fragments. Nature Genet. 6, 84–89.

Seranski, P., Heiss, N.S., Dhorne-Pollet, S., Radelof, U., Korn, B., Hennig, S., Backes, E., Schmidt, S., Wiemann, S., Schwarz, C.E., Lehrach, H. und Poustka, A. (1999): Transcription Mapping in a Medulloblastoma Breakpoint Interval and Smith-Magenis Syndrome Candidate Region. Identification of 53 Transcriptional Units and New Candidate Genes. Genomics 56, 1–11.

Wilgenbus, K.K., Seranski, P., Brown, A., Leuchs, B., Mincheva, A., Lichter, P., Poustka, A. (1997): Molecular Characterization of a Genetically Unstable Region Containing the SMS-Critical Area and a Breakpoint Cluster for Human PNETs. Genomics 42, 1–10.

3.3   Isolierung von Phagen-DNA

Das Genom des Bakteriophagen λ ist ein doppelsträngiges DNA-Molekül von ca. 50 kb Länge. Wird eine Zelle infiziert, injiziert der Phage seine DNA in das Wirtsbakterium. Der λ-Phage ist ein temporärer Phage, d.h. er kann sowohl lytisch wie lysogen wachsen. Ein lytisch wachsender λ-Phage stellt viele Kopien seines Genoms her, verpackt diese in Phagenpartikel und lysiert dann die Wirtszelle, um die neu entstandenen Phagen freizusetzen. Lysogenes Wachstum bedeutet, dass die λ-DNA in das Wirtsgenom integriert und sich mit ihm vermehrt.

Da 30 % des λ-Genoms nicht essenziell für lytisches Wachstum sind, wurden λ-Phagen in den vergangenen Jahren häufig zur Klonierung größerer DNA-Fragmente eingesetzt. So verwendet man Phagenvektoren oft zur Klonierung von cDNA-Banken oder genomischen Banken. Ein großer Vorteil der Anwendung des λ-Phagen liegt darin, dass die verpackte DNA mit 100 %iger Effizienz die Bakterien infiziert und die DNA des entsprechenden Klons vermehrt. Vergleicht man dies mit einer Transformationsrate von 0,1 % bei Plasmiden, so wird verständlich, warum der λ-Phage gerade zur Klonierung seltener cDNAs oder DNAs geeignet ist. Die gesuchten Gene können dann entweder mittels Hybridisierung oder über den immunologischen Nachweis der Genexpression gefunden werden. Ein bekannter λ-Phage ist λgt10. Er kann Fragmente einer Größe bis zu 5 kb aufnehmen und ist für die effiziente Klonierung kleinster DNA- oder cDNA-Mengen besonders geeignet. λgt11 kann Fragmente einer Größe bis zu 4,8 kb aufnehmen und exprimiert die klonierte DNA als Fusionsprotein. In den vergangenen Jahren haben jedoch in vielen Fällen Cosmide den Einsatz der λ-Phagen abgelöst, da sie die Aufnahme weitaus größerer DNA-Fragmente ermöglichen (< 30–40 kb). Alternativ werden auch häufig Phagemide benutzt (z.B. λ-ZAP), welche die hohe Infektionseffizienz der λ-Phagen mit der einfachen DNA-Isolierung der Plasmide vereinigen.

Im Folgenden wird die Anzucht von λgt11-Phagen mittels Platten- und Flüssiglysat beschrieben, sowie die anschließende Isolierung der λ-DNA.

3.3.1   Großpräparation von λ-DNA

Materialien
- 10 mM $MgSO_4$
- LB-Medium: 10 g Pepton, 5 g Yeastextract, 10 g NaCl, 0,2 % (w/v) Maltose, ad 1 l dest. H_2O,
- LB-Medium: 10 g Pepton, 5 g Yeastextract, 10 g NaCl, 0,2 % (w/v) Maltose, 10 mM $MgSO_4$, ad 1 l dest. H_2O,
- Top-Agarose/Agar: 10 g Trypton, 2,5 g NaCl, 7 g Lambda-Top-Agarose/Agar auf 1 l mit dest. H_2O auffüllen, autoklavieren; vor Benutzung in der Mikrowelle oder im Wasserbad auflösen und dann bei 45–50 °C bereithalten; Agarose wird bevorzugt verwendet, wenn die isolierte DNA enzymatisch behandelt werden soll; im Agar enthaltene polyanionische Kontaminationen können Enzyme hemmen
- Agarose/Agarplatten: 10 g Trypton, 2,5 g NaCl, 10 g λ-Agarose/Agar, auf 1 l mit dest. H_2O auffüllen, autoklavieren, auf ca. 50 °C abkühlen lassen und in sterile Petrischalen ausgießen; Platten ca. 30 min in einer Sterilbank etwas antrocknen lassen, bei 4 °C verpackt lagern; vor Gebrauch auf 37 °C anwärmen
- SM-Medium: 5,5 g NaCl, 2 g $MgSO_4$, 50 ml 1 M Tris-HCl, pH 7,5, 0,01 % (w/v) Gelatine, auf 1 l mit dest. H_2O auffüllen, autoklavieren
- Mg-Ca-Lösung: 10 mM $MgCl_2$, 10 mM $CaCl_2$
- Puffer L1*: 300 mM NaCl, 100 mM Tris-HCl, pH 7,5, 10 mM EDTA, 0,2 mg × ml^{-1} BSA, 20 mg × ml^{-1} RNase A, 6 mg × ml^{-1} DNase I
- Puffer L2*: 30 % (w/v) Polyethylenglykol (PEG 6.000), 3 M NaCl

- Puffer L3*: 100 mM NaCl, 100 mM Tris-HCl, pH 7,5, 25 mM EDTA
- Puffer L4*: 4 % (w/v) SDS
- Neutralisierungspuffer*: 3 M KOAc, pH 5,5
- Anionenaustauschsäulen* mit einer Kapazität von ca. 80 µg für λ-DNA (z.B. Qiagen tip 100 Säulen)
- Äquilibrierungspuffer*: 750 mM NaCl, 50 mM MOPS, pH 7,0, 15 % (v/v) Isopropanol, 0,15 % (v/v) Triton X-100
- Waschpuffer*: 1 M NaCl, 50 mM MOPS, pH 7,0, 15 % (v/v) Isopropanol
- Elutionspuffer*: 1,25 M NaCl, 50 mM Tris-HCl, pH 8,5, 15 % (v/v) Isopropanol
- TE-Puffer: 10 mM Tris-HCl, pH 8,0, 1 mM EDTA
- CY-Medium: 10 g Casaminoacid (Pepton Nr. 5), 5 g Yeast extract, 3 g NaCl, 2 g KCl, 25 ml 1 M Tris-HCl, pH 7,4, 5 ml 1 M $MgSO_4$ in 1 l dest. H_2O
- Chloroform
- Isopropanol
- 70 % (v/v) Ethanol
- 45–50 °C Wasserbad
* Diese Materialien sind üblicherweise schon in kommerziell erhältlichen Präparationskits enthalten (z.B. den Qiagen Plasmid Kits).

3.3.1.1 Anzucht der Phagen mittels Plattenlysat

Durchführung
- Herstellen einer 50 ml-Übernachtkultur eines λ-sensitiven *E. coli*-Stamms (z.B. Y1 090) in LB-Medium mit 0,2 % (w/v) Maltose
- Bakterien bei 6.000 × g für 15 min bei 4 °C abzentrifugieren
- Überstand abnehmen und das Zellpellet in ca. 20 ml 10 mM $MgSO_4$ resuspendieren; es sollte eine Zelldichte von ca. $1,5 \times 10^9$ Zellen × ml^{-1} erreicht werden
- eine Flasche mit Top-Agarose/Agar in der Mikrowelle bis zum Schmelzen erhitzen; anschließend Agarose/Agar bei 45–50 °C im Wasserbad geschmolzen halten
- mit einer sterilen Pasteur-Pipette einen Phagen-Plaque ausstechen, in 200 µl SM-Medium geben und ca. 60 min diffundieren lassen
- 10^5 Phagenpartikel (ca. 5 % des resuspendierten Plaques) mit 100 µl der Bakteriensuspension mischen und 20 min bei RT inkubieren
- dann 3 ml Top-Agarose/Agar zu der Bakterien-/Phagenmischung geben, leicht mischen (Vibromischer) und gleichmäßig auf eine λ-Agarose/Agarplatte verteilen
- Platten ca. 4–8 h bei 37 °C inkubieren, bis Plaques sichtbar werden und 90–100 % des Bakterienrasens lysiert sind
- anschließend pro Platte 3 ml SM-Medium zupipettieren
- ca. 1 h bei Raumtemperatur die Phagen aus Top-Agarose/Agar diffundieren lassen; dann den Überstand in ein geeignetes Zentrifugationsröhrchen abgießen
- pro Platte mit 1–2 ml SM-Medium nachspülen und den Überstand mit dem im vorigen Schritt gewonnenen Überstand vereinigen; bei ca. 10.000 × g für 10 min die Zelltrümmer abzentrifugieren
- phagenhaltigen Überstand abnehmen, mit einigen Tropfen Chloroform versetzen und für die spätere Isolierung der λ-DNA bei 4 °C aufbewahren.

3.3.1.2 Anzucht der Phagen mittels Flüssiglysat (Mini- und Midi-Lysate)

Alternativ zur Herstellung eines Plattenlysats können λ-Phagen in vielen Fällen auch durch Flüssiglysat vermehrt werden.

Durchführung

- Zu 25 µl POP13 Zellen ca. 105 Phagen hinzugegeben und 15 min. bei RT inkubieren
- Ansatz in 5 ml CY-Medium transferieren und über Nacht bei 37 °C schütteln
- 50 µl Chloroform zugeben und kurz vortexen
- Ansatz in ein 15 ml-Zentrifugationsröhrchen überführen, 5 min bei 2.000 × g in der Beckmann Unter-tischzentrifuge bei 4 °C zentrifugieren
- Überstand in ein neues 15 ml-Zentrifugationsröhrchen überführen; dieses Minilysat ist bei 4 °C mehre-re Jahre haltbar.

Ein alternatives Protokoll kann bei der Herstellung größerer Mengen Phagenlysat nützlich sein.

Durchführung

- Herstellen einer 50 ml-Übernachtkultur eines λ-sensitiven *E. coli*-Stamms (z.B. Y1 090) in LB-Medium mit 0,2 % (w/v) Maltose
- Bakterien bei 6.000 × g für 15 min bei 4 °C abzentrifugieren
- Überstand abnehmen und Zellen in ca. 20 ml 10 mM $MgSO_4$ resuspendieren; es sollte eine Zelldichte von ca. $1,5 \times 10^9$ Zellen × ml^{-1} erreicht werden
- mit einer sterilen Pasteur-Pipette einen Phagen-Plaque ausstechen, in 200 µl SM-Medium geben und ca. 60 min diffundieren lassen
- 10^5–10^6 Phagenpartikel (5–50 % des resuspendierten Plaques), 100 µl der Bakteriensuspension und 100 µl der Mg-Ca-Lösung mischen und 15 min bei 37 °C inkubieren
- Ansatz zu 50 ml frischem LB-Medium mit 0,2 % (w/v) Maltose und 10 mM $MgSO_4$ pipettieren und bei 37 °C unter Schütteln (> 300 rpm) bis zur Lyse der Bakterien inkubieren (normalerweise 6–9 h)
- die Lyse wird dadurch sichtbar, dass die vormals trübe Bakterienkultur sich klärt, durchsichtig wird und eventuelle Zelltrümmer lysierter Bakterien erkennbar werden
- ein paar Tropfen Chloroform zugeben, um eventuell noch nicht vollständig lysierte Zellen zu zerstören; anschließend bei > 10.000 × g für 10 min die Bakterientrümmer abzentrifugieren
- phagenhaltigen Überstand abnehmen, mit einigen Tropfen Chloroform versetzen und für die spätere Isolierung der λ-DNA bei 4 °C aufbewahren.

3.3.1.3   Protokoll zur Isolierung der λ-DNA

Traditionell gibt es eine Vielzahl verschiedener Protokolle zur Isolierung von λ-DNA, die meist eine CsCl-Stufengradientenzentrifugation beinhalten (Abschn. 3.2.3.4, Ausubel et al., 1991, Sambrook und Russell, 2001). Ein einfacheres Protokoll kommt mit Hilfe von DNase und RNase mit anschließender Phenolisierung und Fällung aus.

Durchführung

- 1.000 µl des Phagen-Minilysates (Abschn. 3.3.1.2) in 2 ml-Reaktionsgefäß überführen
- mit DNase (10 U) und RNase (20 U) versetzen und 30 min bei 37 °C inkubieren
- 50 µl 0,5 M EDTA zugeben; die Phagenpartikel zerfallen, die DNase wird gehemmt
- zur Entfernung der DNase und anderer Proteine Proteinase K (25 U) zugeben, Reaktionsgefäß bei die-sem Schritt sorgfältig schütteln, danach 30 min bei 37 °C inkubieren
- ungefähr gleiches Volumen Phenol:Chloroform:Isoamylalkohol (25:24:1) zugeben, kurz vortexen und 15 min bei 15.000 × g zentrifugieren
- Überstand in ein neues Reaktionsgefäß überführen, 0,6 Volumen Isopropanol zugeben, vortexen und wieder 15 min bei 15.000 × g abzentrifugieren
- Überstand verwerfen und Präzipitat mit 70 % (w/v) Ethanol waschen (1 Volumen 70 % (w/v) Ethanol zugeben, sofort 5 min bei 15.000 × g zentrifugieren)
- Überstand verwerfen, Präzipitat an der Luft trocknen lassen, anschließend in 20 µl TE, pH 7,5 lösen.

Die DNA kann auch nach der Lyse der Phagenpartikel mittels Anionenaustauschchromatographie aufgereinigt werden (Qiagen Tipp 100).

Literatur

Ausubel, F.M., Brent, R., Kingston, R.E., Moore, D.D., Seidman, J.G., Smith, J.A., Struhl, K. (Hrsg.) (1991): Current Protocols in Molecular Biology. John Wiley & Sons, New York.
Sambrook, J., Russell, D. (2001): Molecular Cloning – A Laboratory Manual. 3rd ed. Cold Spring Harbor Laboratory Press, Cold Spring Harbor, New York.

3.3.2 Präparation von M13-Phagen-DNA

Der Phage M13 ist ein filamentöser *E. coli*-Phage, dessen Genom zu unterschiedlichen Stadien seines Lebenszyklus entweder als einzelsträngige oder als doppelsträngige DNA vorliegen kann. Jede der beiden Erscheinungsformen kann für verschiedene molekularbiologische Verfahren benutzt werden. Genauere Beschreibungen zum Lebenszyklus des Phagen M13 finden sich in gängigen Lehrbüchern.

Während die doppelsträngige Form von M13 im Wesentlichen wie doppelsträngige Plasmid-DNA isoliert und gehandhabt werden kann (Abschn. 3.2.3), ist die Einzelstrangform von besonderen Interesse für DNA-Mutagenese und DNA-Sequenzierungen (Kap. A1). Gerade im letzteren Fall ergeben sich qualitative Vorteile, da die zu sequenzierende DNA bereits einzelsträngig vorliegt und vor einer Sequenzierungsreaktion nicht mehr speziell denaturiert werden muss. Andererseits kann pro M13-Einzelstrangpräparation immer nur ein DNA-Strang sequenziert werden, wo hingegen bei Plasmiden die Information beider DNA-Stränge gelesen werden kann. Dies bedeutet einen nicht zu vernachlässigenden Nachteil bei großen Sequenzierprojekten, wodurch der Einsatz von M13-DNA in diesem Bereich stark an Bedeutung verloren hat.

Mit dem folgenden Protokoll wird ein einfaches, modernes Verfahren zur Präparation einzelsträngiger M13-Phagen-DNA mittels Silikamembran-Technologie beschrieben.

3.3.2.1 Präparation von M13-Phagen-DNA durch Silikamembran-Technologie und Zentrifugation

Die im Folgenden beschriebene Methode zur Präparation von M13-Phagen-DNA beruht, ähnlich der in Abschn. 3.2.3.1 beschriebenen Isolation von Plasmid-DNA, auf dem Einsatz einer Silikamatrix zur selektiven Bindung von Nucleinsäuren.

Materialien

Da im Folgenden der Einsatz eines kommerziell erhältlichen Kits beschrieben wird, kann nicht für alle Puffer die genaue Zusammensetzung angegeben werden (QIAprep Spin M13 Kit, Qiagen). Alle für die Isolation der Phagen-DNA benötigten Komponenten werden durch das Kit bereitgestellt. Der Puffer MLB enthält korrosive Agenzien und ist entsprechend vorsichtig und mit Laborhandschuhen zu handhaben.

- 1–3 ml klarer Phagenüberstand einer M13-Kultur; zur Kultivierung von M13-Phagen finden sich entsprechende Anleitungen in der allgemeinen Fachliteratur
- M13-Präzipitierungspuffer MP
- M13-Lyse- und Bindungspuffer MLB
- Zentrifugationssäulen mit Silikamembranen (Kapazität 20 mg dsDNA)
- Sammelröhrchen (2 ml)
- Waschpuffer PE (vor dem Gebrauch muss die Zugabe von Ethanol gemäß Vorgabe der Kitanleitung erfolgen)
- Elutionspuffer EB (10 mM Tris-HCl, pH 8,5)

Durchführung

Folgende Schritte werden bei der Minipräparation von M13-Phagen-DNA durchlaufen: Präzipitation der M13-Phagen, Lyse der Proteinhülle der Phagen und Bindung der DNA an die Silikamembran unter Hochsalzbedingungen, Waschschritte zum Entfernen von Verunreinigungen, Elution der gereinigten, einzelsträngigen Phagen-DNA unter Niedrigsalzbedingungen. Alle Zentrifugationsschritte werden bei 10.000 × g in geeigneten Standard-Laborzentrifugen durchgeführt. Je nach Kapazität der benutzten Zentrifuge bzw. des Rotors können entsprechend Mehrfachansätze parallel bearbeitet werden.

- Klaren Phagenüberstand in ein Reaktionsgefäß (bis zu 3 ml) überführen und mit 1/100 Volumen Puffer MP versetzen; gut durchmischen und für 2 min bei Raumtemperatur inkubieren
- eine Zentrifugationssäule mit Silikamembran in ein Sammelröhrchen stellen; 0,7 ml der Phagenprobe auf die Zentrifugationssäule auftragen und 15 s zentrifugieren, den Durchlauf verwerfen; das Auftragen (0,7 ml) und Zentrifugieren so lange wiederholen, bis die gesamte Probe aufgetragen ist
- durch Zugabe von 0,7 ml Puffer MLB Bedingungen für die Bindung der Phagen-DNA an die Membran einstellen; gleichzeitig beginnt die Lyse der Phagenpartikel; die gesamte Lösung durch eine Zentrifugation (15 s) durch die Membran prozessieren
- erneut 0,7 ml Puffer MLB zugeben und eine Minute bei Raumtemperatur inkubieren; hierbei werden die Phagen vollständig lysiert und die freigesetzte DNA bindet an die Silikamembran; eine Zentrifugation von 15 s anschließen
- durch Zugabe von 0,7 ml Waschpuffer PE und Zentrifugation für 15 s das Salz des Bindepuffers entfernen; den Durchlauf im Sammelröhrchen verwerfen
- eine weitere Zentrifugation von 15 s anschließen, um restlichen Waschpuffer zu entfernen
- die Zentrifugationssäule mit der gebundenen, einzelsträngigen Phagen-DNA in ein frisches Reaktionsgefäß stellen; zum Eluieren 100 µl Puffer EB in die Mitte der Membran auftragen und für 10 min bei Raumtemperatur inkubieren, danach für 30 s zentrifugieren; ein Erwärmen des Puffer EB auf ca. 55 °C vor dem Auftragen auf die Säule kann unter Umständen die Ausbeute an Phagen-DNA erhöhen.

Die so erhaltene M13-Phagen-DNA kann direkt für weitere Anwendungen, z.B. DNA-Sequenzierungen, eingesetzt werden.

Anmerkung: Einige der oben beschriebenen Schritte können anstelle durch Zentrifugation auch unter Verwendung einer geeigneten Vakuumkammer durchgeführt werden.

Literatur

Ausubel, F.M., Brent, R., Kingston, R.E., Moore, D.D., Seidmann, J.G., Smith, J.A., Struhl, K. (Hrsg.) (1991): Current Protocols in Molecular Biology. John Wiley & Sons, New York.
QIAprep M13 Handbuch, Qiagen.

3.4 Analyse von Ausbeute, Reinheit und Länge der isolierten Nucleinsäure

Die erzielbaren Ausbeuten an genomischer DNA sind abhängig von der Ausgangsmenge und Art des Probenmaterials. Aus 200 µl humanem Blut werden etwa 4–12 µg DNA isoliert, 10^7 kultivierte Säugerzellen ergeben etwa 30–60 µg DNA, 25 mg Humangewebe ergeben je nach Organ 10–100 µg DNA, aus $1,5 \times 10^9$ Zellen Bäckerhefe (*S. cerevisiae*) und aus 10^9 Bakterien (*E. coli*) lassen sich 19 µg bzw. 17 µg DNA gewinnen. Die Ausbeute an Plasmid-DNA ist abhängig von Größe, Kopienzahl und Wirtsstamm des Plasmids. So erzielt man bei *high copy*-Plasmiden (z.B. pUC, pTZ) aus 1 ml-Kulturen in LB-Medium etwa 3–10 µg Plasmid-DNA, bei *low copy*-Plasmiden (z.B. pBR322, Cosmide, BACs) unter vergleichbaren Bedingungen 0,2–1 µg Plasmid-DNA.

Die Ausbeute wird durch photometrische Messung der isolierten Nucleinsäure bei 260 nm ermittelt. Zur Überprüfung der Reinheit wird ein Absorptionsspektrum zwischen 220 nm und 320 nm aufgenommen. Das Verhältnis der Absorptionswerte zwischen 260 nm und 280 nm ist ein Maß für die Reinheit. Das sogenannte Nanodrop-Gerät (Peqlab) bietet außer dem automatisierten Vergleich der Absorptionsspektren auch den erheblichen Vorteil, dass auch für zuverlässige, reproduzierbare Messungen nur 1 μl der Probe aufgetragen werden muss. Das lästige Verdünnen entfällt. Die genaue Länge der Nucleinsäure wird durch Gelelektrophorese (genomische DNA oder Plasmid- bzw. Phagen-DNA nach Restriktionsverdau) bzw. Puls-Feld-Gelelektrophorese (PFGE, nicht fragmentierte genomische DNA) in einem Agarosegel bestimmt (Abschn. 2.3.1.1).

Alternativ kann die DNA-Ausbeute nach Gelelektrophorese durch visuellen Vergleich mit einer Probe bekannter Konzentration abgeschätzt werden. Hierbei wird die zu bestimmende Probe parallel zu einer bekannten Probe ähnlicher Fragmentgröße auf das Gel aufgetragen und die Bandenintensität nach der Färbung verglichen (Abschn. 2.3.1). Von verschiedenen Herstellern werden für den Mengenvergleich auch Größenstandards angeboten (z.B. Fermentas, Biorad).

Materialien

- Isolierte DNA
- DNA-Größenstandard (z.B. Clontech, Stratagene, New England Biolabs, Fermentas)
- Restriktionsenzyme inkl. der vom Hersteller empfohlenen Puffer
- TE-Puffer: 10 mM Tris-HCl, pH 8,0, 1 mM EDTA
- Materialien zur Agarose-Gelelektrophorese inkl. Apparatur, Wanne mit EtBr-Lösung, UV-Leuchtkasten und Bilddokumentationssystem (Abschn. 2.3.1)

Durchführung

Ausbeute und Reinheit

- Die Extinktion $E_{260} = 1$ entspricht 50 μg $\times$ ml^{-1} DNA
- reine DNA hat ein Verhältnis $E_{260/280}$ von 1,7–1,9
- bei einem 1:1 Verhältnis von Protein zu DNA wird etwa $E_{260/280}$ von 1,5 gemessen
- für genaue Messungen sollte E_{260} zwischen 0,1 und 1 liegen, Kalibrierung und evtl. Verdünnung mit gleichem Puffer wie DNA-Lösung durchführen
- Messungen in Niedrigsalzpuffern ergeben korrektere Ergebnisse als Messungen in Wasser
- Spektrum zwischen 220 nm und 320 nm aufnehmen.

Länge

Es werden mit einer PFGE 3–5 μg genomische DNA analysiert. Falls die DNA nicht ausreichend konzentriert ist, sollte diese mit Alkohol gefällt und in etwa 30 μl TE-Puffer, pH 8,0 für mindestens 30 min bei 60 °C wieder gelöst werden. Vorher sollte DNA bei Raumtemperatur nicht länger als 10 min getrocknet werden.

- 1 % (w/v) Agarose in 0,5 $\times$ TBE-Elektrophoresepuffer (Abschn. 2.3.1.1)
- Proben und DNA-Standard mit 10 μl Auftragspuffer mischen und Taschen beladen
- Laufzeit 17 h mit 170 V und 5–40 s PFGE-Intervallen
- nach Elektrophorese EtBr-Färbung (Achtung: Arbeitsvorschriften beachten!) und Bilddokumentation bei UV-Licht (Abschn. 2.4.1).

Je nach Probenmaterial, Art der Lyse und Isolierungsmethode erhält man unterschiedliche Größenverteilungen: Mit Anionenaustauschern isolierte DNA hat eine Länge von 50–150 kb, mit silikabasierenden Methoden erhält man DNA von etwa 30–50 kb, mit Fällungs- und Extraktionsmethoden erhält man in der Regel kleinere DNA-Fragmente ungleichmäßiger Länge.

Restriktion

- 3–5 µg DNA vorlegen, 2 µl 10 × Restriktionspuffer zugeben, 10 U des jeweiligen Restriktionsenzyms dazu pipettieren und mit dest. H_2O auf 20 µl auffüllen
- Ansätze über Nacht bei der vom Enzymlieferanten angegebenen Temperatur inkubieren
- Gelelektrophorese: 0,4–0,7 %iges Agarosegel, Proben mit 10 µl Auftragspuffer mischen, Taschen beladen, Spannung von 1,5–5 V pro cm Gellänge
- nach Elektrophorese EtBr-Färbung und Bilddokumentation bei UV-Licht (Abschn. 2.4.1).

Man erhält für genomische DNA einen DNA-Schmier über einen mehr oder weniger großen Bereich, in dem stärkere Banden hervortreten, die für die eingesetzte DNA und das verwendete Enzym typisch sind. Für kürzere Plasmide ergibt sich ein spezifisches Bandenmuster.

4 Polymerase-Kettenreaktion (PCR)

(Henning Schmidt, Sophie Rothhämel)

Die Methode der Polymerase-Kettenreaktion (*polymerase chain reaction*, PCR, Saiki *et al.*, 1988) wurde 1987 von Kary B. Mullis entwickelt. Dieses Verfahren hat die Gentechnik bis zum heutigen Zeitpunkt revolutioniert. Es ermöglicht enzymatisch von bestimmten Nucleotidsequenzen *in vitro* millionenfach Kopien herzustellen. Dieser als Amplifikation bezeichnete Vorgang macht auch sehr geringe Mengen von DNA einer Analyse schnell zugänglich.

Aus der Grundidee der Polymerase-Kettenreaktion hat sich ein breites Repertoire an PCR-Techniken entwickelt, die in den verschiedensten naturwissenschaftlichen Bereichen Anwendung gefunden haben. Die Vielzahl der PCR-Methoden bedingt zwangsläufig, dass im Rahmen dieses Buches nur ein Ausschnitt der heute angewendeten jedoch wichtigsten Techniken vorgestellt werden kann. Neben den prinzipiellen Möglichkeiten der PCR werden neuartige Entwicklungen und Anwendungen genannt und durch Literaturstellen zugänglich gemacht.

Für weitere Erklärungen zu theoretischen Hintergründen der PCR und begleitenden Experimenten sei auf das Buch „Gentechnik" von Gassen und Minol (1996) und das Kap. 24 in „Bioanalytik" von Lottspeich und Zorbas hingewiesen; detailliertere PCR-Protokolle sind in „Grundlagen und Anwendungen der Polymerase-Kettenreaktion" von Gassen *et al.*, (1994) zu finden.

4.1 Grundprinzip und Einsatzgebiete der PCR

Die Vorgänge bei der Vervielfältigung einer Nucleinsäure mittels PCR ähneln dem Reaktionsablauf der natürlichen Replikation. Dabei synthetisiert eine DNA-Polymerase, ausgehend von Primern, einen neuen DNA-Strang an einer einzelsträngigen Nucleinsäurematrize, der Template-DNA. Bei der PCR werden als Primer synthetische DNA-Oligonucleotide verwendet, die an die einzelsträngig vorliegende Template-DNA hybridisieren. Von deren 3'-Ende aus synthetisiert eine hitzestabile DNA-Polymerase den neuen DNA-Doppelstrang. Durch die Position eines gegenläufig orientierten Oligonucleotid-Primerpaares kann gezielt die DNA-Sequenz zwischen den beiden Primern vervielfältigt werden. Das entscheidende Prinzip der PCR ist die zyklische Wiederholung der einzelnen Reaktionsschritte (Abb. 4–1), wodurch die Matrize exponentiell amplifiziert wird. Die Wahl einer bei erhöhten Temperaturen aktiven bzw. hitzestabilen DNA-Polymerase ermöglicht die für die Vermehrung notwendige Trennung der doppelsträngig vorliegenden DNA in Einzelstrang-Template-DNA.

Ein PCR-Zyklus beginnt mit der thermischen Denaturierung des zu amplifizierenden DNA-Doppelstranges, indem bei etwa 90–95 °C die zu amplifizierende DNA aufgeschmolzen wird. Es entstehen einzelsträngige DNA-Template-Moleküle. Danach erfolgt über Basenpaarung die Primer-Hybridisierung an die einzelsträngige DNA, wobei die synthetischen Oligonucleotide bei Temperaturen von ≥ 50 °C bevorzugt an die komplementären Sequenzen der Template-DNA binden. Auf diesem Weg wird die Amplifikation des dazwischen liegenden Sequenzabschnittes eingeleitet, die normalerweise bei 72 °C durch das bei dieser Temperatur aktive Enzym Taq-Polymerase erfolgt. Diese hitzestabile DNA-Polymerase aus *Thermus aquaticus* wird verwendet, da sie die kontinuierliche Durchführung der PCR-Zyklen ohne zwischenzeitliche neue Enzymzugabe pro Zyklus erlaubt.

Durchgeführt werden die PCR-Experimente in Thermocyclern. Ein solcher Thermocycler besteht aus einem temperierbaren Reaktionsraum, in den die PCR-Probengefäße gestellt werden. Eine automatische Steuerung regelt das zyklische Temperaturprogramm, wobei die jeweilige Temperatur und Zeit pro Reaktionsschritt sowie die Zyklenzahl individuell programmierbar sind.

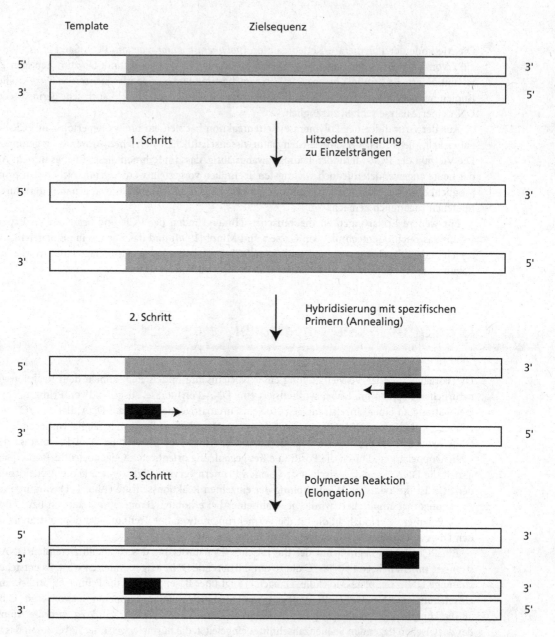

Abb. 4–1: Schematischer Ablauf einer Polymerase-Kettenreaktion. Im ersten Schritt wird die Template-DNA durch thermische Denaturierung in einzelsträngige DNA überführt. An diese hybridisieren im folgenden Schritt die Oligonucleotid-Primer (Annealing). Davon ausgehend synthetisiert die DNA-Polymerase im letzten Schritt die komplementären Stränge (Elongation). Durch mehrfache Wiederholung dieses aus drei Schritten bestehenden Zyklus erfolgt eine exponenzielle Amplifikation.

4.1.1 Wesentliche Komponenten der PCR

Templates

Als Template wird für alle PCR-Anwendungen DNA verwendet. Dabei kann es sich um rekombinante DNA in verschiedenen Vektoren, virale DNA oder auch genomische DNA aus verschiedenen Organismen handeln. Zur Untersuchung von Transkripten wird zuerst RNA mithilfe des Enzyms Reverse Transkriptase in cDNA umgeschrieben, die dann in PCR-Applikationen eingesetzt werden kann (RT-PCR, Abschn. 4.2.2). Weiterhin kann die DNA für spezielle PCR-Verfahren zuvor durch enzymatische Schritte, wie Restriktionen und Ligationen, modifiziert werden.

Auch können die Amplifikate einer ersten PCR selbst als Template eingesetzt werden (*nested*-PCR), wodurch sich die Produktspezifität steigern lässt. Hierbei werden in der zweiten PCR Primer verwendet, die jeweils in 3'-Richtung von der Position der zuerst verwendeten Primer hybridisieren. Unspezifische Nebenprodukte der ersten PCR werden in der Regel nicht mehr amplifiziert und das erwünschte Produkt liegt in angereicherter Menge vor.

Primer

Bei der PCR hängen Spezifität, Sensitivität und Reproduzierbarkeit in hohem Maße vom Design der verwendeten Primer ab. Im Allgemeinen sollten dabei folgende Parameter beachtet werden: Schmelztemperatur, d.h. bei welcher Temperatur die DNA-Doppelstränge sich voneinander trennen, die Beschaffenheit der 3'-Enden, die Nucleotidzusammensetzung bzw. -verteilung und Primer/Primer-Wechselwirkungen. Ein Primer sollte weder stabile Sekundärstrukturen noch Dimere bilden können. Daher sollten Komplementaritäten innerhalb eines Primers und zwischen den Primern vermieden werden. Die beiden in einer PCR eingesetzten Primer sollten die gleiche Schmelztemperatur besitzen, um optimale Bedingungen einstellen zu können. Zur Überprüfung dieser Kriterien stehen verschiedene Computerprogramme, wie z.B. Oligo 6 (Molecular Biology Insights Inc. basierend auf Rychlik und Rhoads, 1989), zur Verfügung. Einige allgemeine Richtlinien für das Design von Standard-PCR-Primern sind in Tab. 4–1 aufgeführt.

Für die sequenzspezifische Hybridisierung der Primer an die Template-DNA muss eine geeignete Temperatur (*annealing*-Temperatur) gewählt werden. Als Schmelztemperatur wird dabei diejenige Temperatur bezeichnet, bei der die betrachteten DNA-Moleküle zu 50 % denaturiert sind, also einzelsträngig vorliegen. Die Schmelztemperatur T_m eines DNA-Doppelstranges bis zu einer Größe von etwa 25 bp kann annäherungsweise anhand der Zusammensetzung aus GC- und AT-Paaren berechnet werden. Der

Tab. 4–1: Einige allgemeine Richtlinien für das Design von Standard-PCR-Primern

Länge:	18–30 Nucleotide
Nucleotidzusammensetzung:	GC-Gehalt: 40–60%
Annealing-Temperatur:	5 °C unter T_m (als Ausgangswert; optimale Temperatur muss in der Regel empirisch ermittelt werden)
Schmelztemperatur T_m:	Vereinfachte Formel zur Berechnung von T_m:
	$T_m = 2\,°C \times (A+T) + 4\,°C \times (G+C)$
Sequenz am 3'-Ende:	• Komplementarität von zwei oder drei Basen an den 3'-Enden der Primerpaare vermeiden (da sonst erhöhte Wahrscheinlichkeit von Primer-Dimerbildung)
	• Wiederholungen von 3 oder mehr Gs oder Cs am 3'-Ende vermeiden
	• Kein T am 3'-Ende; Primer mit endständigem T sind anfälliger für Basenfehlpaarungen.

Beitrag eines GC-Paares zur Schmelztemperatur beträgt etwa 4 °C, der eines AT-Paares 2 °C (Thein und Wallace, 1986). Bei den meisten PCR-Experimenten wird eine *annealing*-Temperatur von 5 °C unter der berechneten Schmelztemperatur gewählt. Bei dieser Temperatur wird ein Primer nur an seine vollständig komplementäre Sequenz binden, da bei Basen-Fehlpaarungen keine effiziente DNA-Doppelstrangbildung möglich ist. Bei zu niedrigen Temperaturen kann es jedoch auch zu unspezifischen Hybridisierungen mit anderen, ähnlichen Sequenzbereichen der Template-DNA kommen. Andererseits ist bei Temperaturen deutlich höher als T_m die Hybridisierung mit den Zielsequenzen nicht effizient genug und die Ausbeute an PCR-Produkten wird sehr gering. In der Praxis kommt es jedoch häufig vor, dass die empirisch ermittelte, optimale Temperatur oberhalb der berechneten Schmelztemperatur liegt.

DNA-Polymerasen

Für die PCR können je nach Problemstellung verschiedene DNA-Polymerasen verwendet werden. Alle heutzutage eingesetzten Enzyme sind hitzestabil, um eine automatisierte Durchführung der PCR zu ermöglichen. Es handelt sich vor allem um die Enzyme Taq-Polymerase, Tth-Polymerase, Pfu-Polymerase und Pwo-Polymerase.

Die Taq-Polymerase aus dem thermophilen Eubakterium *Thermus aquaticus* ist das am häufigsten eingesetzte Enzym für die meisten PCR-Anwendungen. Sie hat ein Temperaturoptimum von 75 °C und eine Halbwertszeit von 5 min bei 100 °C. Dieser DNA-Polymerase fehlt eine 3'-5'-Exonucleaseaktivität. Die Taq-Polymerase hängt ein überstehendes Adenosin an das 3'-Ende der Produktstränge an, sodass die entstehenden PCR-Produkte effektiv in TA- oder UA-Vektoren kloniert werden können.

Die Tth-Polymerase, die aus dem Eubakterium *Thermus thermophilus* HB8 kloniert worden ist, besitzt als zusätzliche Eigenschaft eine intrinsische Reverse Transkriptase-Aktivität in Anwesenheit von Mangan-Ionen. Dies erlaubt die Durchführung von RT-PCR-Experimenten mit nur einem Enzym.

Die besondere Eigenschaft der Pfu-Polymerase (aus dem Archaebakterium *Pyrococcus furiosus*) ist die 3'-5'-Exonucleaseaktivität, auch *proofreading*-Aktivität genannt. Durch diese Aktivität werden während der Synthese des neuen Strangs falsch eingebaute Desoxynucleotide erkannt und entfernt, sodass die DNA-Amplifikation durch dieses Enzym mit einer deutlich niedrigeren Fehlerrate abläuft. Sie ist etwa um den Faktor 10 geringer als bei der Taq-Polymerase. Die rekombinante Form der Pfu-Polymerase hat eine Halbwertszeit von über 4 h bei 95 °C. Neben der Pfu-Polymerase werden auch aus anderen *Pyrococcus*-Stämmen Polymerasen mit erhöhter *proofreading*-Aktivität gewonnen; ein Beispiel ist die Pwo-Polymerase (aus *Pyrococcus woesei*), die ebenfalls eine hohe Stabilität besitzt.

proofreading-Enzyme werden vor allem dann eingesetzt, wenn eine möglichst niedrige Fehlerrate bei der Synthese der PCR-Produkte wichtig ist. Dies ist z.B. bei der Klonierung der PCR-Produkte in Expressionsvektoren oder bei der ortspezifischen Mutagenese (*site-directed mutagenesis*) der Fall. Enzyme mit *proofreading*-Aktivität hängen im Gegensatz zu anderen DNA-Polymerasen kein Adenosin an das 3'-Ende an, sodass die entstehenden PCR-Produkte glatte Enden aufweisen, was für die Klonierung solcher Produkte von wesentlicher Bedeutung ist.

4.1.2   Durchführung der PCR (Basisprotokoll)

Zur Durchführung einer PCR benötigt man neben der Template-DNA und den beiden Oligonucleotid-Primern (gewöhnlich als 10 µM oder 25 µM Stammlösung) ein Gemisch aller Desoxynucleotidtriphosphate (dNTPs, gewöhnlich als 10 mM Stammlösung), die DNA-Polymerase (z.B. Taq-Polymerase) sowie den von dem jeweiligen Hersteller mitgelieferten Reaktionspuffer (in der Regel als 10 × Stammlösung). Außerdem kann es erforderlich sein $MgCl_2$ zuzugeben; in manchen Fällen ist auch der Einsatz von PCR-Additiven, wie z.B. DMSO, empfehlenswert (Trouble Shooting). Für die Isolierung von Gesamt-

RNA und mRNA stehen neben den in Kap. 7 beschriebenen Methoden auch anwenderfreundliche Kits zur Verfügung. Ferner wird ein Thermocycler (Abschn. 4.1.3) und ein geeignetes Gelelektrophorese-System (Kap. 2) für die Analyse der PCR-Produkte benötigt.

Das hier beschriebene Protokoll ist als Basis-Protokoll zu verstehen, das für einen spezifischen Anwendungszweck gegebenenfalls durch Variation der verschiedenen Reaktionsparameter optimiert werden muss. Im Abschn. 4.2 werden einige weitere speziellere PCR-Techniken vorgestellt, zum Teil ebenfalls mit beispielhaften Protokollen.

Materialien

- Taq-Polymerase
- 10 × Reaktionspuffer (vom Hersteller mitgeliefert)
- 25 mM $MgCl_2$ (optional)
- Primer 1
- Primer 2
- Template-DNA
- dNTP-Mix
- PCR-Additiv (optional), z.B. DMSO
- dest. Wasser
- sterile Reaktionsgefäße
- Thermocycler

Durchführung

Tab. 4–2 zeigt die typische Zusammensetzung einer PCR für ein Reaktionsvolumen von 50 µl (für 25 oder 100 µl-Reaktionen sind die Mengen entsprechend umzurechnen).

- Alle Pipettierschritte sind auf Eis durchzuführen
- zuerst einen Master Mix mit den Komponenten herstellen, die in allen Reaktionsansätzen enthalten sind
- Master-Mix auf die Reaktionsgefäße verteilen, anschließend die individuellen Komponenten wie Template-DNA und Primer zu den jeweiligen Reaktionen zugeben und sorgfältig mischen
- nach kurzer Zentrifugation die Reaktionsgefäße in den Block des Thermocyclers überführen und das Programm starten
- nach Beendigung des Programms die Produkte direkt gelelektrophoretisch analysieren (Abschn. 2.3)
- für Gelanalysen können die Produkte mehrere Tage bei 4 °C aufbewahrt werden; für weitere enzymatische Schritte wird eine Lagerung bei –20 °C empfohlen.

Tab. 4–2: Typische Zusammensetzung einer PCR (bei Verwendung von Taq-Polymerase) für ein Reaktionsvolumen von 50 µl

Komponente	Eingesetzte Menge	Endkonzentration
10 × Reaktionspuffer	5 µl	1 ×
dNTP Mix (je 2 mM)	5 µl	je 200 µM
25 mM $MgCl_2$	3 µl	1,5 mM
Primer 1 (25 µM)	1 µl	0,5 µM
Primer 2 (25 µM)	1 µl	0,5 µM
Taq-Polymerase (5 U × µl^{-1})	0,5 µl	1,25 U
Template DNA	variabel	10 pg – 1 µg
H_2O dest.	ad 50 µl	

In Tab. 4–3 ist ein typisches PCR-Thermocycler-Programm dargestellt. Vor dem ersten Zyklus führt man gewöhnlich eine längere Denaturierung von 2–5 min durch, um zu gewährleisten, dass alle Template-Moleküle einzelsträngig vorliegen. Nach dem letzten Zyklus wird häufig ein zehnminütiger Polymerisationsschritt angeschlossen, um der Taq-Polymerase zu ermöglichen, alle synthetisierten DNA-Stränge zu vervollständigen. Dies ist besonders dann empfehlenswert, wenn die PCR-Produkte kloniert werden sollen. Die zu wählende Zyklenzahl hängt von der Menge der Template-DNA ab, die im PCR-Experiment eingesetzt wird. Je nach Komplexität des Templates sind in den meisten Fällen 25–35 Zyklen geeignet, die optimale Zyklenzahl muss jedoch empirisch ermittelt werden.

Trouble Shooting

Die häufigsten Probleme bei der PCR sind: kein PCR-Produkt, unspezifische Produkte und Kontaminationen.

- Findet keine Produktbildung statt, sollte man als Anfänger den Versuch unverändert wiederholen. Bei den ersten Versuchen kann es leicht zu Pipettierfehlern kommen (falsche Mengen, Vergessen einzelner Komponenten). Eine weitere Möglichkeit besteht darin, einzelne Parameter zu verändern, wie *annealing*-Temperatur, Konzentration der Template-DNA oder der $MgCl_2$-Konzentration bzw. eine höhere Zyklenzahl. Da der Preis für die Synthese von Oligonucleotiden gering ist, empfiehlt es sich, bei Problemen neue Primer auszuwählen. Sehr wichtig für das Gelingen einer PCR ist auch die Qualität der Template-DNA. Sie sollte bei genomischer DNA hochmolekular sein und frei von Verunreinigungen (Inhibitoren der Polymerasen, RNA bindet Mg^{2+}-Ionen). Die Qualität der dNTPs beeinflußt ebenfalls das Ergebnis, ein häufiges Auftauen und Einfrieren des dNTP-Mixes sollte vermieden werden. Wenn möglich sollte man einen Kontroll-Ansatz mit einer Template-DNA und Primern durchführen, die schon einmal in einer PCR funktioniert haben.
- Bei unspezifischer Produktbildung führt häufig schon die Erhöhung der *annealing*-Temperatur zum Erfolg. Eine weitere Möglichkeit ist die Anwendung der *hot start*-PCR (Abschn. 4.2.1.1). Generell gelten hier auch die Punkte, die schon im vorhergehenden Abschnitt angegeben worden sind. Bei der Wahl der Länge der Primer gilt, dass kürzere Prime unspezifischer sind, während sehr lange Primer schlechter hybridisieren.
- Wenn man ein bestimmtes DNA-Fragment immer wieder amplifiziert bzw. oft die gleichen Primer verwendet, ist es nur eine Frage der Zeit, wann das Problem von Kontaminationen auftritt. Um Kontaminationen sofort zu erkennen, sollte man in jedem PCR-Experiment eine Negativkontrolle mitführen, die alle Komponenten außer der Template-DNA enthält (im Englischen spricht man oft von *no template control*). Findet hier eine Produktbildung statt, so handelt es sich um eine Kontamination in einer oder mehreren Komponenten. Dieses Problem ist aufgrund der hohen Sensitivität der PCR besonders gravierend. Tritt bei einer PCR eine Kontamination auf, sollte man zunächst sämtliche Lösungen auswechseln. Grundsätzlich sollten alle Reagenzien in kleine Mengen portioniert werden (aliquotieren).

Tab. 4–3: Typisches PCR-Thermocyclerprogramm (bei Verwendung von Taq-Polymerase)

Schritt-Nr.	Bezeichnung	Temperatur [°C]	Zeit [min]
1	Initiale Denaturierung	95	2–5
2	Denaturierung	95	0,5
3	Primer-Hybridisierung	$T_m - 5$	0,5
4	Elongation	72	1 min × kb^{-1}
	Schritte 2 bis 4 25–35 Mal wiederholen		
5	Abschließende Elongation	72	5–10

Weiterhin empfiehlt sich die Verwendung von gestopften Pipettenspitzen sowie die Benutzung von Pipetten, die man nur für PCR-Versuche einsetzt. Wenn organisatorisch möglich, sollte ferner eine räumliche Trennung der Arbeitsschritte Template-DNA Isolierung, Ansetzen der PCR-Reaktionen und Analyse der PCR-Produkte erfolgen.

- Bei der Amplifikation von DNA-Templates mit GC-reichen Sequenzen oder Sekundärstrukturen empfiehlt sich unter Umständen der Zusatz von PCR-Additiven, wie z.B. DMSO. PCR-Additive verändern das Schmelzverhalten der DNA und können so eine verbesserte Amplifikation der DNA ermöglichen. In der Regel muss die notwendige Konzentration von DMSO optimiert werden, wobei ein Maximum von 5 % nicht überschritten werden sollte.

4.1.3 PCR-Geräte (Thermocycler) und Nachweissysteme für PCR-Produkte

Nachdem die ersten PCR-Experimente mit Wasserbädern manuell durchgeführt wurden, führte die Einführung hitzestabiler DNA-Polymerasen zur Automatisierung der PCR mithilfe von Thermocyclern. Diese ermöglichen die Speicherung unterschiedlichster Programme und deren vollautomatische Durchführung. Die Heiz- bzw. Kühlsysteme dieser Geräte beruhen auf drei verschiedenen Prinzipien:

- Elektrische Heizung: Die Reaktionsgefäße sitzen in einem wärmeleitenden Metallblock, die Temperaturveränderungen werden durch Heizelemente bzw. Kühlflüssigkeit erreicht.
- Peltier-Effekt: Die Temperaturveränderung des wärmeleitenden Metallblocks wird durch Anlegen eines Stroms an einen aus zwei Metallen bestehenden Leiter erreicht; je nach Stromrichtung resultiert daraus Heizung oder Kühlung des Blocks. Geräte, die auf dem Peltier-Effekt beruhen, sind die billigsten und robustesten, weshalb sie auch am weitesten verbreitet sind.
- Elektromagnetische Strahlung: Die Erwärmung der Reaktionsgefäße wurde in den ersten Thermocyclern durch starke Lichtquellen und Ventilatoren zur Luftumwälzung erreicht. Da diese Methode bedeutend langsamer ist als der Peltier-Effekt, wurden diese Geräte weitgehend vom Markt verdrängt. Allerdings erlebt dieses Prinzip im Moment eine Renaissance in Verbindung mit Mikrokapillargefäßen. Diese haben ein extrem großes Verhältnis von Oberfläche zu Volumen, was eine zeitliche Verkürzung der PCR aufgrund minimaler Heiz- und Kühlzeiten ermöglicht. Die Reaktionsvolumina betragen hier nur wenige Mikroliter, was die Durchführung von 35 Zyklen einer typischen PCR in sehr kurzer Zeit erlaubt.

Für die Detektion von PCR-Produkten gibt es im Prinzip zwei Techniken: Systeme, die auf Elektrophoresemethoden beruhen und direkte Nachweissysteme. Beide beinhalten die Markierung der PCR-Produkte oder entsprechender Hybridisierungssonden.

- Elektrophoresesysteme sind die herkömmlichen Polyacrylamid- und Agarosegele (Abschn. 2.1 und 2.3) sowie Flüssigpolymer-Kapillarmethoden. In beiden Ansätzen werden die PCR-Produkte in einer physikalischen Matrix durch Anlegen einer elektrischen Spannung nach ihrer Größe aufgetrennt. Häufig ist allein die Größe des Produktes aussagekräftig genug im Hinblick auf die Spezifität der PCR. Gelsysteme sind die am weitesten verbreiteten Nachweissysteme. Sie sind zwar kostengünstig, aber auch arbeits- und zeitaufwendig. Dagegen basieren Kapillarsysteme auf Fluoreszenzmarkierung und erlauben eine schnelle, nur wenige Minuten dauernde Auftrennung der Produkte durch hohe Spannung.
- Zu den direkten Nachweissystemen zählen real time-PCR-Systeme (Abschn. 4.2.3.2)
- Für die Mikroarray-Technologie (Kap. 19) werden die PCR-Produkte durch Hybridisierung mit Oligonucleotiden analysiert, die in der Regel auf einem Festphasen-Trägermaterial immobilisiert sind. Der Ort und somit die Sequenz des hybridisierenden Oligonucleotids stellt eine Array-Koordinate dar. Die Detektion erfolgt entweder mithilfe fluoreszenzmarkierter PCR-Produkte oder durch Messung des elektrischen Potenzials, das sich an der Bindungsstelle aufgrund der Ladung der DNA ändert.

4.1.4 Anwendungsgebiete der PCR

Im folgenden Kapitel werden Anwendungsbeispiele vorgestellt, die einen Eindruck von den vielfältigen Einsatzmöglichkeiten der Polymerase-Kettenreaktion vermitteln. Die PCR wird im molekularbiologischen Labor angewandt, um entweder einen spezifischen Sequenzabschnitt zu vervielfältigen und so zur Klonierung bzw. Sequenzierung zugänglich zu machen, oder um die Anwesenheit einer bekannten Nucleinsäuresequenz nachzuweisen. Ein wichtiges Anwendungsgebiet sind Genexpressionsstudien, um die Gewebe- oder Zellverteilung eines Transkripts zu bestimmen. Hierbei findet zunehmend die *real time*-PCR Verwendung (Abschn. 4.2.3.2). Eine Möglichkeit zur gerichteten Mutagenese ist die *overlap extension*-PCR (Ho *et al.*, 1989). Hier werden durch eine erste PCR zwei überlappende DNA-Fragmente erzeugt. Diese werden dann in einer zweiten Fusions-PCR zusammengefügt. Durch Veränderungen in den Sequenzen der Primer in dem Überlappungsbereich können Mutationen gezielt eingeführt werden.

Ein Beispiel für den Nachweis einer bekannten Sequenz ist die schnelle und effiziente Durchmusterung von Bakterienkolonien. Hierzu wird eine Kolonie mit einer sterilen Pipettenspitze oder einem sterilen Zahnstocher gepickt und eine Replikaplatte damit angeimpft; die verbleibenden Bakterien werden in ein PCR-Reaktionsgemisch überführt. Beim ersten Denaturierungsschritt der PCR werden die Bakterien aufgeschlossen und somit die Plasmid-DNA freigesetzt. Die abschließende Gelelektrophorese der PCR-Produkte zeigt anhand der Anwesenheit eines Produktes bzw. über dessen Größe, ob die dazugehörige Kolonie positiv ist. Ausgehend von der Replikaplatte kann dann eine Flüssigkultur angeimpft und von dieser reine Plasmid-DNA isoliert werden.

Bei der Herstellung transgener Mäuse müssen die aus Mikroinjektionen resultierenden Nachkommen auf die Anwesenheit des Transgens untersucht werden. Das Gleiche gilt für die Folgegenerationen der identifizierten *founder*, z.B. bei dem Bemühen, homozygote Tiere zu erhalten. Hierzu müssen in einem Experiment mehrere hundert Mäuse untersucht werden, wobei die PCR die einfachste Methode darstellt. Nach Biopsie der Schwanzspitzen wird aus diesem Gewebe genomische DNA isoliert, die anschließend durch PCR auf die Anwesenheit des Transgens untersucht wird. Die verwendeten Primer müssen so abgeleitet sein, dass zwischen Transgen und dem entsprechenden endogenen Gen unterschieden werden kann. Von stark zunehmender Bedeutung sind auch Genotypisierungen bei transgenen Pflanzen. Dies umfaßt zum einen den Nachweis der Transgene bei der Etablierung der neuen transgenen Pflanzen als auch von Spuren gentechnisch veränderten Pflanzen z.B. in Nahrungsmitteln.

Von großer Bedeutung ist die PCR auch bei der Herstellung von Hybridisierungssonden, z.B. für die DNA-Mikroarray-Technologie (Kap. 19). Die PCR-Produkte werden dazu auf geeignete Art markiert (z.B. mit Fluoreszenzfarbstoffen), sodass eine erfolgte Hybridisierung über geeignete Detektionsverfahren nachgewiesen werden kann.

Sicherlich stellt die medizinische Diagnostik eines der Hauptanwendungsgebiete der PCR dar. Beispiele sind der Nachweis und die Quantifizierung viraler und mikrobieller Gensequenzen, die Unterscheidung von Punktmutationen in sonst identischen PCR-Fragmenten mittels denaturierender Gradienten-Gelelektrophorese, PCR-Amplifikation spezifischer Allele (PASA) oder eine SSCP-Analyse (*single-strand conformation polymorphism*). Als weitere Anwendungsmöglichkeiten für die PCR in der Medizin seien hier nur die Chromosomenanalyse zum Nachweis chromosomaler Veränderungen (z.B. Translokationen) und die rechtsmedizinische Spurenanalytik genannt. Häufig wird an Tatorten nur eine geringe Menge an DNA gefunden, z.B. in Blutflecken oder einzelnen Haaren, die dann mittels PCR vervielfältigt und eingehender analysiert werden kann.

Ähnliche Verfahren wie zur rechtsmedizinische Spurenanalytik werden auch für Abstammungstests, wie z.B. Vaterschaftstests oder zur Ermittlung des Ursprungs von Nutztieren eingesetzt. Durch eine vergleichende Analyse der PCR-Produktgrößen ist es oft möglich, eine Verwandtschaftsbeziehung festzustellen oder einen Straftäter zu überführen.

Bei diesen Verfahren zur Genotypisierung findet vielfach die Multiplex-PCR Verwendung (Abschn. 4.2.1.2). Hierbei handelt es sich um ein PCR-Verfahren, bei dem mehrere PCR-Reaktionen parallel im gleichen Reaktionsgefäß ablaufen, was die effiziente Analyse einer Vielzahl von Markern erlaubt.

Nach dieser exemplarischen Aufzählung unterschiedlichster Einsatzgebiete der PCR werden im Folgenden mehrere häufig angewandte PCR-Techniken detaillierter dargestellt.

4.2 Verschiedene PCR-Techniken

4.2.1 Amplifikation von DNA

Häufig stellt sich die Aufgabe, einen bestimmten Sequenzabschnitt zu isolieren, um entweder die vollständige Sequenz dieses Bereichs zu ermitteln oder eine Sonde für Hybridisierungsexperimente herzustellen. Ausgehend von komplexen Nucleinsäuregemischen, wie chromosomaler DNA oder cDNA-Populationen, kann durch PCR eine Sequenz, die nur einen millionsten Teil in einem solchen Gemisch repräsentiert, amplifiziert und wenn nötig kloniert werden. Für solche Zwecke kann direkt das Basisprotokoll in Abschn. 4.1.2 angewandt werden. Die Zyklenzahl hängt dabei in der Hauptsache von der Konzentration des zu amplifizierenden Abschnitts und somit von der Komplexität des Nucleinsäuregemisches ab.

Das weitere Vorgehen nach der PCR wird vor allem vom Verwendungszweck der Produkte bestimmt. Prinzipiell sollte zuerst die Produktbildung in Hinsicht auf Menge und Spezifität gelelektrophoretisch überprüft werden. Zur Klonierung von PCR-Produkten kann im Falle mehrerer Produkte (oder Nebenprodukte) das gewünschte Fragment aus dem Gel isoliert werden (Abschn. 2.5.3). Bei der Wahl des Vektors muss die Eigenschaft der verwendeten Polymerase (Abschn. 4.1.1) beachtet werden. Für Vektoren mit glatten Enden kann man DNA-Polymerasen mit *proofreading*-Aktivität verwenden, bei Verwendung von Taq-Polymerase müssen die Enden von überstehendem Adenosin befreit, also geglättet werden. Alternativ kann man auch die Eigenschaft des Enzyms ausnutzen, an das 3'-Ende der Produktstränge ein überstehendes Adenosin anzuhängen. Die Verwendung eines Vektors mit überstehendem Thymidin- oder Uracilrest erlaubt eine effektive Klonierung dieser Produkte. Mehrere Firmen bieten mittlerweile Kits an, die es ermöglichen, PCR-Produkte direkt zu klonieren.

4.2.1.1 *Hot start*-PCR

Da die Taq-DNA-Polymerase bereits bei Raumtemperatur und während der initialen Aufheizphase des Thermocyclers aktiv ist, kann es zur Verlängerung von nicht spezifisch angelagerten Primern kommen oder von Primern, die miteinander in Wechselwirkung treten (Primer-Dimere). Die Bildung solch störender unspezifischer Nebenprodukte, die auch ein Fehlschlagen der PCR zur Folge haben kann, wird durch einen so genannten *hot start* wirkungsvoll reduziert. Die Durchführung einer *hot start*-PCR ermöglicht es, die Spezifität einer Amplifikation zu erhöhen (Chou *et al.*, 1992). Dies ist besonders dann sinnvoll, wenn z.B. zu Beginn nur wenige Zielmoleküle vorliegen (Einzelzell-PCR) oder wenn mit mehreren Primerpaaren in einem Reaktionsgefäß gleichzeitig amplifiziert werden soll (Multiplex-PCR, Abschn. 4.2.1.2).

Das Prinzip einer *hot start*-PCR besteht darin, dass die enzymatische Aktivität der Taq-DNA-Polymerase erst dann zur Verfügung gestellt wird, wenn der Reaktionsansatz eine erhöhte Temperatur, etwa in Höhe der Denaturierungstemperatur, erreicht hat. Eine Verlängerung von nicht spezifisch angelagerten Primern während des Ansetzens der PCR oder während der initialen Aufheizphase des Thermocyclers wird somit minimiert.

Bei der ältesten, der manuellen Variante dieser PCR-Methode, wird eine essentielle Komponente, z.B. die Taq-DNA-Polymerase oder die Primer, erst nach dem ersten Aufheizen des Thermocyclers zum Ansatz hinzu pipettiert. Als Weiterentwicklung wurde dann die wachsvermittelte Variante eingeführt, bei der die wichtigen Reaktionskomponenten bis nach dem ersten Aufheizen durch eine Wachsbarriere voneinander getrennt sind. Erst wenn das Wachs bei erhöhter Temperatur schmilzt, wird das Enzym mit den übrigen

Reaktionskomponenten gemischt (Newton und Graham, 1994). Allen manuellen Varianten ist aber gemein, dass sie arbeits- und zeitintensiv, also besonders bei hohem Probendurchsatz wenig geeignet sind.

Eine weitere Alternative besteht in der Verwendung von monoklonalen Antikörpern, die gegen die Taq-Polymerase gerichtet sind. Bei höheren Temperaturen denaturieren diese und die Polymeraseaktivität wird freigegeben. Bei neueren *hot start*-Techniken wird dagegen mit chemisch modifizierten Enzymen gearbeitet. Mit diesen bei Raumtemperatur und während der initialen Aufheizphase des Thermocyclers inaktiven Enzymen ist ein automatischer *hot start* möglich, der in das Thermocycler-Programm integriert werden kann. HotStartTaq-DNA-Polymerasen liegen in einem inaktiven Zustand vor, sodass das Ansetzen einer PCR wesentlich vereinfacht ist. Alle PCR-Komponenten können bei Raumtemperatur gemischt und in den Thermocycler gestellt werden. Durch eine initiale Inkubation bei 95 °C wird das Enzym dann aktiviert. Die Verlängerung nicht spezifischer Primer und die Entstehung von Primer-Dimeren bei niedrigeren Temperaturen wird dadurch verhindert. Außerdem ist das Risiko einer PCR-Kontamination im Vergleich zur manuellen *hot start*-PCR entscheidend reduziert, da die Reaktionsgefäße nicht noch einmal für die Zugabe einer essentiellen Komponente geöffnet werden müssen.

Materialien

- HotStartTaq-DNA-Polymerase
- 10 × PCR-Reaktionspuffer (vom Hersteller mitgeliefert)
- 25 mM MgCl$_2$ (optional)
- Primer 1
- Primer 2
- Template-DNA
- dNTP-Mix
- PCR-Additiv (optional)
- dest. Wasser
- sterile Reaktionsgefäße
- Thermocycler

Anmerkung: Die im 10 × PCR-Reaktionspuffer vorhandene Konzentration an Mg^{2+}-Ionen (1,5 mM) liefert bei den meisten Anwendungen gute Ergebnisse. Durch Zugabe variabler Mengen der MgCl$_2$-Lösung kann die PCR gegebenenfalls weiter optimiert werden. Die Konzentrationen der einzelnen Bestandteile eines PCR-Ansatzes und ein Beispiel für ein PCR-Thermocycler-Programm sind in Tab. 4-2 und Tab. 4-3 angegeben.

Durchführung

- Zuerst einen Master-Mix mit den Komponenten herstellen, die in allen Reaktionsansätzen enthalten sind
- Master-Mix auf die Reaktionsgefäße verteilen, anschließend die individuellen bzw. variablen Komponenten, wie Template-DNA, Primer und gegebenenfalls MgCl$_2$, zu den betreffenden Reaktionsansätzen geben und sorgfältig mischen
- die Reaktionsgefäße in den Block des Thermocyclers überführen und das Programm (mit dem initialen Aktivierungsschritt bei 95 °C) starten
- nach Beendigung des Programms die Produkte direkt gelelektrophoretisch analysieren (Abschn. 2.3) oder über Nacht bei 4 °C lagern; für eine längerfristige Lagerung wird eine Temperatur von –20 °C empfohlen.

4.2.1.2 Multiplex-PCR

Multiplex-PCR ist eine moderne Anwendung der PCR, bei der zwei oder mehr PCR-Reaktionen in einem Reaktionsgefäß kombiniert werden. Vielfach wird die Technik für Verfahren zur Genotypisierung eingesetzt, die eine gleichzeitige Analyse mehrerer DNA-Abschnitte als genetische Marker erfordert. Dies sind Verfahren, die beispielsweise für die Ermittlung von Abstammungs- und Verwandtschaftsbeziehungen bei Menschen, Tieren und Pflanzen, zum Nachweis von Mikroorganismen oder zum Nachweis genetisch veränderter Organismen eingesetzt werden.

Die Kombination von zwei oder mehr PCR-Reaktionen in einem PCR-Gefäß stellt besondere Anforderungen an die PCR-Reaktionsbedingungen. Unterscheiden sich die Konzentrationen der *target*-DNAs und die Effizienzen der PCR-Reaktionen, kann ein *target* bevorzugt amplifiziert bzw. andere inhibiert werden. Zusätzlich kann es durch die Gegenwart von vielen verschiedenen Primern durch Wechselwirkungen zwischen den Primern zur Bildung von Primer-Dimeren und zur Bildung unspezifischer Produkte kommen. Die Identifikation von Reaktionsbedingungen, die eine Amplifikation aller gewünschten PCR-Produkte parallel zulässt, erfordert vielfach Optimierungsarbeit, wie das Anpassen der Primer-Konzentrationen, der Mg^{2+}-Konzentration, der Menge an Polymerase, des PCR-Puffers und des Temperaturprofils der PCR.

Durch die hohe Zahl verschiedener Primer in der Multiplex-PCR kann es bereits beim Ansetzen der PCR und der initialen Aufheizphase des Thermocyclers zu einem unspezifischen Anlagern und einer unspezifischen Verlängerung der Primer kommen. Die Verwendung von *hot start*-PCR bietet eine einfache Möglichkeit, solche unspezifischen Nebenprodukte zu minimieren (Abschn. 4.2.1.1). Hierfür eignet sich besonders ein sehr stringenter PCR *hot start*, wie er durch chemisch modifizierte *hot start*-Polymerasen ermöglicht wird.

Besonderen Einfluss auf die Multiplex-PCR hat die Zusammensetzung des PCR-Reaktionspuffers. Hierbei spielen verschiedene Parameter eine wichtige Rolle.

Der pH-Wert übt großen Einfluss auf die Aktivität der Taq-Polymerase aus. Es sollten Puffer mit einem pH-Wert um 8,7 bevorzugt werden, da in diesen Puffern die Taq-Polymerase eine höhere Aktivität zeigt als in klassischen Puffern mit geringerem pH-Wert von 8,3 oder gar 8,0. Einige kommerziell erhältliche chemisch modifizierte *hot start*-Polymerasen benötigen allerdings PCR-Puffer mit pH-Werten zwischen 8,3 und 8,0, um die chemische Modifikation, die zu ihrer Inaktivierung eingesetzt wurde, effizient abzuspalten. Eine im Vergleich zu einer Standard-PCR erhöhte Taq Aktivität wird jedoch für die Multiplex-PCR benötigt, um die Verlängerung aller PCR-Produkte zu gewährleisten. Auch die Salzzusammensetzung und zusätzlich eingesetzte PCR-Additive haben deutlichen Einfluss auf die Eignung eines PCR-Puffers für die Multiplex-PCR. Beide Komponenten müssen eine gleichmäßige Anlagerung und Verlängerung aller in einer Multiplex-PCR eingesetzten Primer gewährleisten. Die Auswahl eines geeigneten Puffers und Enzyms sowie eine Optimierung der Additive kann auch für den fortgeschrittenen Anwender oft schwierig und langwierig sein, wobei ein Erfolg nicht garantiert ist.

Für die Genotypisierung von Pflanzen, Tieren und Mikroorganismen werden häufig kurze repetitive Sequenzen analysiert, so genannte Mikrosatelliten. Dabei handelt es sich um nicht codierende Sequenzen, die einen hohen Grad an Polymorphismen aufweisen. Diese sind durch unterschiedlich viele Wiederholungen einer einfachen Sequenz gekennzeichnet. Deshalb lässt die Erstellung eines Genetischen Fingerabdrucks auch keine Rückschlüsse auf Eigenschaften der untersuchten Person zu. Unterschiede in der Größe der erhaltenen PCR-Produkte bedingt durch die Zahl der Wiederholungen einer bestimmten Sequenzabfolge können dann über Polyacrylamid- oder Kapillarelektrophorese (Abschn. 2.1.3) analysiert werden. In den meisten Fällen wird eine Mutiplex-PCR heute mit Hilfe der *real time*-PCR durchgeführt (Abschn. 4.2.3.2).

4.2.1.3 *High fidelity*-PCR

Bei der *high fidelity*-PCR werden in der Regel aus *Pyrococcus* isolierte Polymerasen (z.B. Pfu- oder Pwo-Polymerase, Abschn. 4.1.1) eingesetzt, die neben der Polymeraseaktivität auch eine 3'-5'-Exonucleaseaktivität besitzen. Diese zweite enzymatische Aktivität erkennt falsch eingebaute Nucleotide und ersetzt sie durch die richtigen, zum Template-Strang komplementären Nucleotide. Deshalb wird diese Aktivität auch als *proofreading*-Aktivität bezeichnet. Durch die Verwendung solcher *proofreading*- oder *high fidelity*-Enzyme wird eine etwa zehnmal geringere Fehlerrate erreicht.

Ein nachteiliger Effekt der 3'-5'-Exonucleaseaktivität ist jedoch der Abbau von Primer-Molekülen und Template-DNA. Das kann besonders während des Ansetzens der PCR und in den ersten PCR-Zyklen zu ungewünschten Nebenreaktionen führen, die auch zum Fehlschlagen der PCR führen können. Die Reaktionsbedingungen für *proofreading*-DNA-Polymerasen sind daher schwieriger zu optimieren als beispielsweise für die Taq-DNA-Polymerase.

Um das Problem des Primer-Abbaus zu lösen, ohne dabei den Vorteil einer hohen Kopiergenauigkeit zu verlieren, wurden auch die *high fidelity*-Enzyme so modifiziert, dass sie eine *hot start-high fidelity*-PCR erlauben. Dadurch bleiben beim Ansetzen der PCR die Primer intakt und eine nicht spezifische Primer-Hybridisierung wird verhindert, was eine PCR mit hoher Kopiergenauigkeit und hoher Spezifität ermöglicht.

Die Fehlerrate der Pfu-Polymerase und der Pwo-Polymerase liegt im Bereich von 3×10^{-6} falsch eingebauter Nucleotide pro PCR-Produktverdoppelung und ist damit etwa 10-mal niedriger als die der Taq-DNA-Polymerase (Lundberg *et al.*, 1991). *High fidelity*-Polymerasen eignen sich daher ideal für alle PCR-Applikationen, bei denen es auf eine niedrige Fehlerrate bei der Amplifikation des PCR-Produkts ankommt, zum Beispiel Klonierungen, Mutationsanalysen oder bei der ortspezifischen Mutagenese (*site-directed mutagenesis*).

Materialien

- DNA-Polymerase mit *proofreading* Aktivität
- 10 × PCR-Reaktionspuffer (vom Hersteller mitgeliefert)
- 25 mM $MgSO_4$ (optional)
- Primer 1
- Primer 2
- Template-DNA
- dNTP-Mix
- PCR-Additiv (optional)
- dest. Wasser
- sterile Reaktionsgefäße
- Thermocycler

Anmerkung: Die im 10 × PCR-Reaktionspuffer vorhandene Konzentration an Mg^{2+}-Ionen (1,5 mM) liefert bei den meisten Anwendungen gute Ergebnisse. Durch Zugabe variabler Mengen der $MgSO_4$-Lösung kann die PCR gegebenenfalls weiter optimiert werden.

Durchführung

- Alle Pipettierschritte sind auf Eis durchzuführen
- Zuerst einen Master-Mix mit den Komponenten herstellen, die in allen Reaktionsansätzen enthalten sind
- Master-Mix auf die Reaktionsgefäße verteilen, anschließend die individuellen bzw. variablen Komponenten, wie Template-DNA, Primer und gegebenenfalls $MgSO_4$ zu den betreffenden Reaktionsansätzen geben und sorgfältig mischen
- die Reaktionsgefäße in den Block des Thermocyclers überführen und das Programm starten
- nach Beendigung des Programms die Produkte direkt gelelektrophoretisch analysieren (Abschn. 2.3) oder über Nacht bei 4 °C lagern; für eine längerfristige Lagerung wird eine Temperatur von –20 °C empfohlen.

4.2.1.4 *Long range*-PCR

Bei Verwendung der konventionellen Taq-DNA-Polymerase können (ausgehend von genomischer DNA) PCR-Produkte bis zu 5 kb amplifiziert werden. Dies ist für viele Anwendungen ausreichend, jedoch ungenügend für die Amplifikation ganzer Genregionen.

Mittlerweile wurden Techniken etabliert, welche die Amplifikation von Fragmenten mit einer Länge von bis zu 40 kb ermöglichen (Cheng *et al.*, 1994). Alle kommerziell erhältlichen Reagenzien für diese als *long range*-PCR bezeichnete Methode verwenden eine Mischung zweier thermostabiler DNA-Polymerasen (Abschn. 4.1.1). Es wird dabei die hohe Umsatzrate der Taq-Polymerase mit der Korrektureigenschaft einer *proofreading*-Polymerase (Abschn. 4.2.1.3) kombiniert. Die enorme Steigerung der Produktlänge beruht darauf, dass vorzeitige Abbrüche aufgrund des Einbaus einer falschen Base vom Korrekturmechanismus des zweiten Enzyms aufgehoben werden.

Materialien

- Taq-DNA-Polymerase
- DNA-Polymerase mit *proofreading*-Aktivität
- 10 × PCR-Reaktionspuffer (vom Hersteller mitgeliefert)
- 25 mM $MgCl_2$ (optional)
- Primer 1
- Primer 2
- Template-DNA
- dNTP-Mix
- PCR-Additiv (optional)
- dest. Wasser
- sterile Reaktionsgefäße
- Thermocycler

Anmerkung: Die im PCR-Reaktionspuffer vorhandene Konzentration an Mg^{2+}-Ionen (1,5 mM) liefert bei den meisten Anwendungen gute Ergebnisse. Durch Zugabe variabler Mengen der $MgCl_2$-Lösung kann die PCR gegebenenfalls weiter optimiert werden.

Durchführung

- Alle Pipettierschritte sind auf Eis durchzuführen
- zuerst einen Master-Mix mit den Komponenten herstellen, die in allen Reaktionsansätzen enthalten sind
- Master-Mix auf die Reaktionsgefäße verteilen, anschließend die individuellen bzw. variablen Komponenten, wie Template-DNA, Primer und gegebenenfalls $MgCl_2$ zu den betreffenden Reaktionsansätzen geben und sorgfältig mischen
- die Reaktionsgefäße in den Block des Thermocyclers überführen und das Programm starten (Tab. 4–4)
- nach Beendigung des Programms die Produkte direkt gelelektrophoretisch analysieren (Abschn. 2.3) oder über Nacht bei 4 °C lagern; für eine längerfristige Lagerung wird eine Temperatur von –20 °C empfohlen.

Tab. 4–4: Typisches PCR-Thermocyclerprogramm für die Long-Range-PCR

Schritt-Nr.	Bezeichnung	Temperatur [°C]	Zeit
1	Initiale Denaturierung	95	2 min
2	Denaturierung	94	10 s
3	Primer-Hybridisierung	$T_m - 5$	30 s
4	Elongation	68	1 min × kb^{-1}
	Schritte 2 bis 4 35–40 Mal wiederholen		
5	Abschließende Elongation	68	10 min

4.2.1.5 Inverse PCR zur Amplifikation unbekannter Sequenzabschnitte

Die Inverse PCR ermöglicht es, unbekannte genomische Sequenzen zu amplifizieren, die links und rechts von einem bekannten DNA-Abschnitt liegen. So ist es mit dieser Methode z.B. möglich, die Sequenzen zu bestimmen, die den Integrationsort eines Transposons flankieren. Die beiden Primer bei der inversen PCR sind nicht aufeinander zu, sondern in entgegengesetzte Richtungen orientiert. Der Trick besteht nun

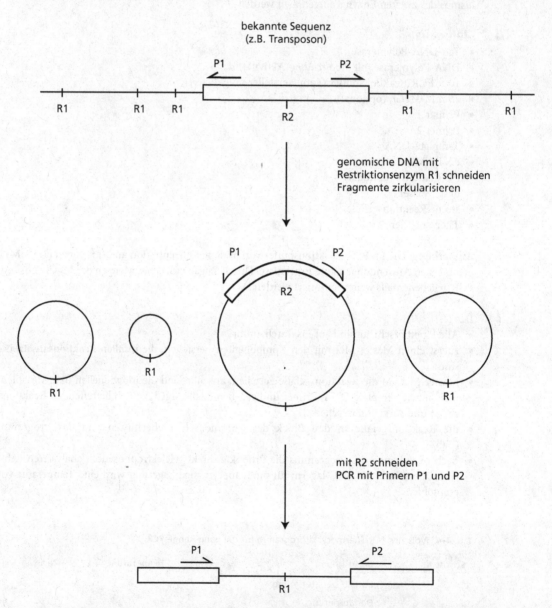

Abb. 4-2: Ausgangspunkt für eine inverse PCR ist eine bekannte DNA-Sequenz, die von unbekannten Sequenzen im Genom flankiert wird. Innerhalb der bekannten Sequenz werden zwei Primer ausgewählt, die voneinander weg orientiert sind. Nach Schneiden der genomischen DNA mit einem Restriktionsenzym R1 werden die resultierenden Fragmente zirkularisiert. Das zirkuläre Molekül, das die bekannte Sequenz enthält, kann nun mit einem Restriktionsenzym R2, das in der Mitte zwischen den beiden Primer-Sequenzen schneidet, wieder linearisiert werden. Dieses DNA-Fragment dient als Template für die abschließende PCR.

darin, dass die interessierende DNA-Region vor der PCR mit einem Restriktionsenzym geschnitten und danach zirkularisiert wird (Abb. 4-2).

Bei der Durchführung einer Inversen PCR ist es zunächst erforderlich, die chromosomale DNA mit einem geeigneten Restriktionsenzym zu schneiden. Dazu verwendet man in der Regel tetranucleotidspezifische Restriktionsendonucleasen. Nach vollständiger Restriktion wird das Fragmentgemisch stark verdünnt, um in der sich anschließenden Ligation die ringförmige Selbstligation der DNA-Moleküle zu favorisieren (Abschn. 6.1.3). Das Restriktionsenzym muss so gewählt werden, dass es zum einen nicht in der bekannten DNA-Sequenz schneidet und zweitens Fragmente erzeugt, die für die Religierung und Amplifizierung eine geeignete Größe ergeben. Fragmente, die weniger als 200–300 bp lang sind, sind schwierig zu zirkularisieren und Fragmente größer als 3 kb lassen sich aus der sehr komplexen DNA-Mischung nur schwer amplifizieren. Eine Linearisierung der erhaltenen Produkte kann die Effizienz der anschließenden PCR erhöhen (Abb. 4-2). Das PCR-Produkt enthält außer der schon bekannten Sequenz die in 5'- und 3'-Richtung davon liegenden unbekannten genomischen Sequenzbereiche, die anschließend direkt sequenziert werden können.

Materialien

Zusätzlich zur PCR:
- Restriktionsendonucleasen
- T4-DNA-Ligase
- 10 × Reaktionspuffer (vom Hersteller mitgeliefert)

Durchführung

Ein detailliertes Protokoll für Inverse PCR ist in Ochman *et al.* (1993) und Silver und Keerikatte (1989) zu finden. Kritisch sind hierbei vor allem zwei Punkte. Zum einen ist die Wahl des Restriktionsenzyms wichtig, um Fragmente geeigneter Länge zu bekommen. Für die bekannten Erkennungssequenzen der Restriktionsendonucleasen lässt sich zwar eine statistische Häufigkeit der Erkennungsstellen bestimmen. Allerdings ist dies in der Praxis sehr schwer, da die Verteilung dieser Erkennungssequenzen im Genom sehr heterogen sein kann, jeweils abhängig von der Basenzusammensetzung. Deshalb ist es ratsam, mit verschiedenen Restriktionsenzymen parallel zu beginnen, um zu sehen, ob es in der PCR zu einer spezifischen Produktbildung kommt. Alternativ können die Restriktionsansätze durch Southern-Blot-Analyse (Abschn. 10.2) untersucht werden, um die Größe der spezifischen Restriktionsfragmente zu bestimmen. Der zweite wichtige Faktor ist die für die Ligation gewählte Verdünnung, um überwiegend Zirkularisierung anstelle von Ligation zweier Fragmente zu bekommen.

4.2.2 Amplifikation von RNA (RT-PCR)

Mithilfe der Reversen Transkriptase-PCR (RT-PCR) lassen sich spezifisch RNA-Sequenzen zunächst in einen komplementären DNA-Strang (cDNA) umschreiben (reverse Transkription) und anschließend amplifizieren, da die RNA nicht direkt als Template in einer PCR eingesetzt werden kann. Besondere Bedeutung hat diese Methode, wenn seltene Transkripte nachgewiesen und analysiert werden sollen. Im Vergleich zu RNA-Nachweisverfahren, wie der Northern-Blot-Analyse (Abschn. 10.2), ist die Sensitivität der RT-PCR erheblich höher.

4.2.2.1 Grundprinzip der Reverse Transkriptase-Reaktion

Die Existenz der Reverse Transkriptase hatte man schon lange vermutet, bevor das Enzym unabhängig von Baltimore und Temin 1970 in RNA-Viren entdeckt wurde (Baltimore, 1970; Temin und

Mizutani, 1970). Beiden wurde für ihre Entdeckung 1975 der Nobelpreis verliehen. Die Entdeckung der Reversen Transkriptase hatte im wesentlichen drei Folgen: (1) Das zentrale Dogma der Molekularbiologie, dass der Informationstransfer unidirektional von der DNA über die mRNA zum Protein abläuft, wurde erweitert. (2) Viel grundlegendes Verständnis wurde geschaffen über die Entstehung von Tumoren durch RNA-Viren. Als Folge konnten hierdurch Medikamente entwickelt werden. (3) Die Reverse Transkriptase-Reaktion ermöglichte die Entwicklung von sensitiven molekularbiologischen Verfahren zur Grundlagenforschung, zur Entwicklung von Medikamenten und zur Diagnostik. Heute bildet die Reverse Transkriptase-Reaktion den Eingang in die wesentlichen RNA-Analysemethoden

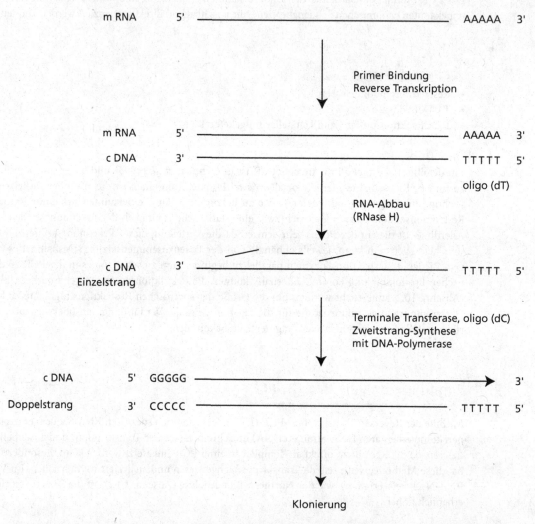

Abb. 4-3: Die Reverse Transkriptase-Reaktion beginnt mit der Bindung des oligo(dT) Primers an die RNA-Matrize. Die Reverse Transkriptase synthetisiert ausgehend von dem Primer an der RNA eine einzelsträngige DNA (cDNA). Anschließend sorgt die RNase H für den Abbau der RNA. Mit Hilfe der Terminalen Transferase wird an das 3' Ende des DNA-Einzelstrangs ein oligo(dC) angefügt. Dort kann sich dann ein oligo(dG)-Primer anlagern, von dem ausgehend eine DNA-Polymerase die Zweitstrangsynthese vornimmt. Die resultierende doppelsträngige cDNA kann für weitere Versuche (z.B. eine Klonierung) eingesetzt werden.

wie sie z.B. für den Bereich der Genexpression oder für den Nachweis von RNA-Viren (z.B. HIV) eingesetzt werden.

Die Reverse Transkriptase überführt RNA in komplementäre DNA, kurz cDNA genannt. Die Reaktion läuft in Gegenwart von Primern, dNTPs und einem geeigneten Puffer ab. Die Primer binden an die RNA und werden an ihrem 3'-OH-Ende komplementär zur RNA-Matrize verlängert (Taylor *et al.*, 1976, Abb. 4–3). Um die RNA vor RNasen zu schützen, wird der Reaktion häufig ein RNase-Inhibitor zugefügt. Dies erhöht die Sicherheit und Reproduzierbarkeit der cDNA-Synthese sogar mit RNA-Präparationen, die mit RNasen belastet sind. Die cDNA kann ohne weitere Aufarbeitung für die Polymerase-Kettenreaktion verwendet werden. Diese Analysemethode, kurz RT-PCR genannt, macht es möglich selbst geringste Mengen an RNA-Molekülen nachzuweisen oder zu quantifizieren (Veres *et al.*, 1987).

Für Primerextension-Experimente werden neben den normalen dNTPs auch Farbstoff-, Hapten- oder radioaktiv markierte dNTPs eingesetzt, um das cDNA-Produkt direkt nachweisen zu können.

In einer nachfolgenden Reaktion (Zweitstrangsynthese) kann die Einzelstrang-cDNA z.B. über PCR in doppelsträngige cDNA überführt werden. Doppelsträngige cDNA-Moleküle sind klonierbar (cDNA-Bibliotheken, Kap. 5). Zudem kann doppelsträngige cDNA für RNA-Amplifikationsreaktionen verwendet werden (Van Gelder *et al.*, 1990).

4.2.2.2 Enzymatische Aktivitäten der Reversen Transkriptase

Die Reverse Transkriptase wird für die Herstellung von einzelsträngiger cDNA genutzt. Dabei vergisst man allzu leicht, dass die Reverse Transkriptase ein Enzym mit vielen Funktionen ist, die keine Nebenaktivitäten darstellen, sondern essentiell für die Funktion des Virus oder des Retrotransposons sind. Sie dienen der Umschreibung der einzelsträngigen viralen RNA in eine doppelsträngige DNA, die dann in das Wirtsgenom integriert werden kann. Diese Vorgänge werden alle durch die Reverse Transkriptase durchgeführt und tragen somit *in vitro* auch zu unerwünschten Nebenprodukten bei.

Daher besitzt die Reverse Transkriptase mindestens vier verschiedene enzymatische Aktivitäten: (1) RNA-abhängige DNA-Polymerase, (2) DNA-abhängige DNA-Polymerase, (3) RNA/DNA-Hybrid-abhängige RNase (RNase H) und (4) Strang-Transfer-Aktivität (Skalka und Goff, 1993). Die Reverse Transkriptase-Reaktion nutzt primär zur Herstellung von cDNA die RNA-abhängige Polymeraseaktivität. Aber auch die anderen Aktivitäten können den Ausgang des Experiments wesentlich beeinflussen. Im folgenden Abschnitt wird der Einfluss der ersten drei Aktivitäten auf eine *in vitro* cDNA-Synthese beschrieben.

4.2.2.2.1 RNA-abhängige DNA-Polymerase-Aktivität

Die RNA-abhängige DNA-Polymerase (Reverse Transkriptase-Aktivität) transkribiert RNA-Matrizen in komplementäre DNA. Diese Aktivität erlaubt die *in vitro*-Synthese von cDNA für Klonierungs- und RT-PCR-Experimente, RNA-Sequenzierung und Primerextension-Experimente. Dabei kann eine RNA in nur ein Molekül cDNA überführt werden. Es findet also keine Amplifikation bei der reversen Transkription der RNA-Sequenz statt (Kelleher und Champoux, 1998).

Idealerweise sollen Reverse Transkriptase-Reaktionen unbeeinflusst von jeglichen Störelementen zu einer cDNA führen, die komplett die eingesetzte RNA repräsentiert (*non-biased reaction*). In der Realität wird jedoch die Effizienz der Reaktion zusätzlich in erheblichem Maße von der sequenzabhängigen Struktur und Qualität der RNA beeinflusst. So können Verunreinigungen der RNA wie z.B. RNasen, Polyanionen (z.B. Heparin), Salze, EDTA oder organische Lösungsmittel die Prozessivität der Reversen Transkriptase deutlich einschränken und zu verkürzten cDNA-Molekülen führen. Um eine reproduzierbare und effiziente Reaktion zu gewährleisten, sollte nur mit reinen RNA-Präparationen gearbeitet werden.

4.2.2.2.2   DNA-abhängige DNA-Polymerase-Aktivität

Die DNA-abhängige DNA-Polymerase synthetisiert ausgehend von Einzelstrang-cDNA auch die Zweitstrang-DNA und überführt somit eine Einzelstrang-cDNA in eine Doppelstrang-cDNA. Jedoch führt eine verfrühte Zweitstrang-cDNA-Synthese häufig zu verkürzten cDNAs, da die Reverse Transkriptase-Aktivität für die Erststrangsynthese häufig bereits nach unvollständig erfolgter Transkription in den Zweitstrang-Synthesemodus wechselt. Unter heutigen *in vitro*-Reaktionsbedingungen möchte man daher die Zweitstrang-cDNA-Synthese der Reversen Transkriptase unterdrücken. Dies gelingt durch die Wahl eines geeigneten Puffers.

4.2.2.2.3   RNase H-Aktivität

Die RNase H degradiert RNA endo- und exonucleolytisch, wenn RNA an DNA hybridisiert ist (RNA/DNA-Hybrid-abhängige RNase). Dies hat zur Folge, dass RNA erst abgebaut werden kann, wenn cDNA gebildet worden ist. In einigen Reversen Transkriptasen wurde die RNase H-Domäne durch eine Punktmutation im C-Terminus mutiert. Diese Reversen Transkriptasen zeigen keine signifikante RNase H-Aktivität. Diese Mutation hat den Vorteil, dass größere cDNA-Längen erreicht werden können, führen aber häufig zu geringeren Sensitivitäten.

Für RT-PCR-Experimente ist die Zugänglichkeit der Einzelstrang-cDNA essentiell für die effektive Amplifikation. Während der initialen Denaturierung des RNA/cDNA-Hybrids bei der PCR kann das Hybrid häufig nicht komplett denaturiert werden. Hat die Reverse Transkriptase eine funktionelle RNase H (z.B. native MMLV, AMV) führt die Degradierung der RNA zur Sensitivitätssteigerung in der RT-PCR. Bei Einsetzen einer RNase H-defizienten Reversen Transkriptase muss dagegen ein anschließender RNA-Abbau durch eine zusätzliche Inkubation mit RNase H durchgeführt werden (Polumuri *et al.*, 2002). Dies ist teuer und zeitintensiv.

4.2.2.2.4   Nebenaktivitäten

Bei einigen Reversen Transkriptasen werden noch weitere Aktivitäten beobachtet, die bei bestimmten Anwendungen zu falschen Ergebnissen führen können.

Bei Klonierungsexperimenten findet man manchmal so genannte Fusions-cDNAs. Diese cDNAs bestehen aus der Sequenz zweier verschiedener RNA-Transkripte. Häufig sind diese nicht natürlichen Ursprungs, sondern werden während der cDNA-Synthese durch die Reverse Transkriptase hergestellt (Strangaustausch-Aktivität, *template-switch*). Dies geschieht insbesondere dann, wenn Reverse Transkriptasen an Sekundärstrukturen zur Dissoziation neigen und dort während eines Strangaustauschs auf ein anderes Transkript überspringen (Chen *et al.*, 2003). Eine hohe Affinität der Reversen Transkriptase zum gebundenen RNA-Strang reduziert den Anteil solcher Fusions-cDNAs. Eine weitere Nebenaktivität tritt häufig dann auf, wenn RNA-Transkripte in cDNA umgeschrieben werden sollen, die reich an stabilen Sekundärstrukturen (*hairpin*) sind. Einige Reverse Transkriptasen überspringen solche Regionen, sodass diese Stellen später in der cDNA fehlen. Dies kann man als intramolekularen Strangaustausch verstehen. Solche cDNA-Deletionen können in RT-PCR und Array-Experimenten zu geringeren Sensitivitäten führen oder in EST-Sequenzprojekten zu falschen Schlüssen (z.B. differentielles *splicing*) führen. (Pezo *et al.*, 1996).

4.2.2.3   Stabile RNA-Sekundärstrukturen

4.2.2.3.1   Einfluss der RNA-Struktur auf die cDNA-Synthese

Die RNA wird häufig als ein lineares einzelsträngiges Nucleinsäuremolekül dargestellt. Tatsächlich weist ein jedes Transkript jedoch eine Reihe von Sekundärstrukturen auf, die in Abhängigkeit von seiner Sequenz und den Umgebungsbedingungen (z.B. Salz, Protein, Temperatur, pH-Wert, Konzentration etc.) stehen.

Stabile Sekundärstrukturen können in verschiedener Weise den Ausgang der cDNA-Synthese beeinflussen. Trifft die Reverse Transkriptase auf stabile RNA-Sekundärstrukturen, so wird die cDNA-Synthese gestoppt. In Abhängigkeit von der Stabilität der Sekundärstruktur und der Affinität der Reversen Transkriptase zur RNA-Matrize kann das Enzym verschieden reagieren. Das Enzym kann z.B. vom Enzym/Nucleinsäure-Komplex dissoziieren. Dies hat zur Folge, dass der RNA-Teil jenseits der Abbruchstelle nicht in cDNA umgeschrieben wird (cDNA-Synthesestopp). Diese Sequenz ist dann unterrepräsentiert. Eine weitere Möglichkeit ist z.B., dass das Enzym weiterhin die cDNA-Synthese durchführt, aber den Bereich der *hairpin*-Struktur ausspart. Dadurch werden Deletionen in die entstehende cDNA eingeführt (Abschn. 4.2.2.2.4). Weitere unerwünschte Produkte durch Nebenwirkungen sind Punktmutationen, Bildung von Fusionstranskripten oder frühzeitige Initiierung einer Zweitstrangsynthese. Alle diese Nebenprodukte führen in nachfolgenden Experimenten zu einer geringeren Sensitivität in RT-PCR- und Array-Experimenten oder auch Sequenzartefakten von cDNA-Klonen.

Ist jedoch die Affinität der Reversen Transkriptase zum RNA/cDNA-Hybrid groß genug, so kann das Enzym die cDNA verlängern, ohne Deletionen einzuführen. *hairpin*-Strukturen sind keine statischen Gebilde, sondern wechseln zwischen verschiedenen Hybridisierungszuständen, die viele bis wenige Basen einbinden. Stabile Strukturen zeichnen sich dadurch aus, dass sie größere Zeitintervalle als *hairpin* und nur für kurze Zeit in einem partiell denaturierten Zustand vorkommen. Gerade aber dieses kleine Zeitintervall, in der die *hairpin*-Struktur sich partiell denaturiert, wird von Reversen Transkriptasen mit hoher Affinität zum cDNA/RNA-Hybrid genutzt, um cDNA-Synthese durchzuführen. Diese Methode der cDNA-Synthese erfordert zwar mehr Zeit als durch unstrukturierte einzelsträngige RNA-Bereiche oder mit Transkriptasen geringerer Affinität zu RNA, weist jedoch auch deutlich weniger Fehler in der cDNA-Synthese auf.

4.2.2.3.2 Optimierung der cDNA-Synthese

Zur Optimierung der cDNA-Synthese existieren mehrere Ansätze. In vielen Protokollen wird die RNA vor der cDNA-Synthese durch eine 5–10 Minuten andauernde Inkubation bei 65–70 °C denaturiert. Diese Inkubation löst intra- und intermolekulare Sekundärstrukturen auf. Wird die auf diese Weise denaturierte RNA wieder in einen Reaktionspuffer überführt, bilden sich jedoch insbesondere *hairpin*-Strukturen zurück. Andererseits können intermolekulare RNA-Wechselwirkungen durch einen Denaturierungsschritt dauerhaft verhindert werden, wenn die RNA-Konzentration niedrig bleibt. Dementsprechend kann die Störung der cDNA-Synthese an solchen Strukturen durch eine Denaturierung der RNA partiell verbessert werden.

Eine alternative Methode zur Optimierung der cDNA-Synthese von strukturreichen RNA-Transkripten ist die Erhöhung der Reaktionstemperatur von 37–42 °C auf 50–60 °C. Eine Erhöhung der Reaktionstemperatur bewirkt eine stärkere Denaturierung der RNA-Sekundärstruktur und erhöht somit allgemein die Zugänglichkeit der Reversen Transkriptase für den cDNA-Syntheseprozess und die Qualität der cDNA kann deutlich verbessert werden (Malboeuf *et al.*, 2001). Andererseits nimmt die Enzymaktivität mit Erhöhung der Reaktionstemperatur zunehmend ab, was zu einem Effizienzverlust der cDNA-Synthese und damit zu verringerter Ausbeute führt. Dieser Effekt wird dadurch verstärkt, dass die Primer für die cDNA-Synthese in der Regel niedrige Schmelztemperaturen (T_m) aufweisen und von der RNA dissoziieren. Wenn die cDNA-Synthese durch eine Reverse Transkriptase, die eine hohe Affinität zum cDNA/RNA-Hybrid aufweist, durchgeführt wird, wird dieser Effekt umgangen.

4.2.2.4 Priming der cDNA-Synthese

Die Wahl der Primer für die Reverse Transkriptase-Reaktion hängt im wesentlichen von der Verwendung der synthetisierten cDNA ab. Ein Großteil der cDNAs findet Eingang in PCR-Reaktionen, Klonierungen, Markierungsreaktionen für Microarrays und Primerextension-Analysen.

4.2.2.4.1 Primer-Typen

Grundsätzlich können bei der RT-PCR drei verschiedene Typen von Primern unterschieden werden (Tab. 4–5).

oligo(dT)-Primer: Mithilfe eines etwa 15–20 nt langen oligo(dT)-Primers, der im Bereich des Poly(A)-Schwanzes am 3'-Ende der eukaryotischen mRNA hybridisiert, werden aus der Gesamt-RNA alle mRNA-Moleküle (2–4 % der Gesamt-RNA) selektiv in cDNA umgeschrieben. Dieser Primer wird in der Regel verwendet, um möglichst selektiv die mRNA-Sequenz in cDNA umzuschreiben.

Random-Oligomere: Hierbei handelt es sich in der Regel um Random-Hexamere die eine statistische Basenzusammensetzung aufweisen. Folglich können diese Primer entsprechend ihrer individuellen Sequenz an den verschiedensten Stellen eines RNA-Moleküls hybridisieren und damit eine cDNA-Synthese über die gesamte Länge der RNA einleiten. Mit Random-Hexameren wird immer die komplette RNA-Population inklusive ribosomaler RNA und tRNA in cDNA umgeschrieben. Von Vorteil ist eine Erststrangsynthese mit Random-Hexameren immer dann, wenn z.B. Sekundärstrukturen innerhalb der Template-RNA eine Amplifikation von einer definierten Startstelle aus verhindern.

Mischung von Random-Oligomeren und oligo(dT)-Primer: Die Mischung dieser Primer ermöglicht eine cDNA-Synthese, die gewährleistet, dass alle RNA-Moleküle mit höchster Wahrscheinlichkeit umgeschrieben werden. Gegenüber einer durch Random-Oligomer gestarteten cDNA-Synthese hat eine Reverse Transkriptase-Reaktion mit dieser Mischung von Primern den Vorteil, dass auch die 3'-Enden besser repräsentiert werden.

Sequenzspezifische Primer: Sie sind von Vorteil, wenn nur eine bereits bekannte Transkriptsequenz gezielt in cDNA umgeschrieben werden soll. Sequenzspezifische Primer haben ihre häufigste Anwendung bei cDNA-Synthesen für *one step*-RT-PCR, Klonierungen (RACE: *rapid amplification of cDNA ends*), Primerextension-Experimenten und medizinisch-diagnostischen Zwecken.

4.2.2.4.2 Spezifität und Effizienz der Primer-Bindung

Die Spezifität und die Effizienz der Primer-Bindung bereiten den Weg für eine hohe Sensitivität und einen positiven Ausgang des Experiments. Die Spezifität und die Effizienz hängen von der Temperatur, der Pufferzusammensetzung, der Primer-Sequenz und der Reversen Transkriptase ab. Kurze Primer, wie z.B. Random-Oligomere, brauchen zur Bindung an RNA eine niedrigere Temperatur und eine höhere Konzen-

Tab. 4–5: Eigenschaften und Anwendungsgebiete verschiedener Primer-Typen in der RT-PCR

	Oligo(dT)-Primer	Random-Primer	Oligo(dT)/ Random	spezifische Primer
Länge (nt)	15–25 nt	8–12 nt	15–25, 8–12 nt	15–20 nt
Endkonzentration	1 µM	10 µM	1 µM, 10 µM	≤ 1µM
two step-RT-PCR	√	√	√	
one step-RT-PCR				√
cDNA-Bibliothek	√	(√)	(√)	
Klonierung	√	√	√	√
Primer-Extension				√
5'-RACE				√
3'-RACE	√			
Markierungs- reaktion	√	√	√	

4

tration als spezifische Primer. Es gelten ähnliche Bedingungen wie bei den PCR-Primern (Abschn. 4.1.1) Spezifische Primer neigen häufig dazu, an falschen Sequenzen zu binden. Dies führt z.B. bei RACE-Experimenten zu einem hohen Hintergrund nicht spezifischer cDNA-Sequenzen. Auch oligo(dT)-Primer können unspezifisch an interne mRNA-Sequenzen oder an rRNA binden. Auf diese Weise kann die Kontamination von rRNA-Sequenzen drastisch ansteigen. Aus diesen Gründen ist eine sorgfältige Wahl der Reaktionsbedingungen aber auch der Art der Reversen Transkriptase von hoher Bedeutung.

4.2.2.5 Verschiedene Reverse Transkriptasen

Wie bisher schon ausgeführt, gibt es eine Reihe unterschiedlicher Reverser Transkriptasen. Die meisten von ihnen stammen aus RNA-Viren oder Retrotransposons. Im Folgenden werden einige im Handel erhältliche Reverse Transkriptasen beschrieben und Besonderheiten bzw. Vor- und Nachteile im Reaktionsansatz erläutert.

Die am häufigsten *in vitro* verwendete Reverse Transkriptase ist die aus dem *Moloney Murine Leukemia* Virus isolierte und in *E. coli* rekombinant hergestellte MMLV-Reverse Transkriptase. Durch Einführungen von Mutationen im Bereich der RNase H-Domäne konnte die RNase H-Aktivität reduziert werden (RNase H-minus MMLV-Reverse Transkriptase). Reverse Transkriptase-Reaktionen sind mit diesen Enzymen bis 50 °C durchführbar. Die RNase H-minus MMLV Reverse Transkriptase führt zu großen cDNA-Längen und ist daher besonders gut für cDNA-Klonierungen geeignet. Nach der cDNA-Synthese wird von den Herstellern die Zugabe von RNase H und eine Inkubation von 20 Minuten bei 37 °C empfohlen.

Im Gegensatz zur MMLV-Reverse Transkriptase wird die AMV-Reverse Transkriptase heute noch als natives Enzym aus *Avian Myoblastosis* Virus hergestellt. Das Enzym hat im Allgemeinen eine höhere Hitzestabilität als die MMLV-Reverse Transkriptase. Seit einigen Jahren ist auch eine RNase H-negative Mutante der AMV-Reversen Transkriptase auf dem Markt erhältlich. Die Thermostabilität des Enzyms ist bei dieser weiterhin erhöht. Ein erhöhtes Temperaturoptimum macht es jedoch nötig, zwei verschiedene Temperaturen für die cDNA-Synthese zu verwenden. Während eine niedrige Temperatur für die erste Primer-Verlängerung gebraucht wird, muss im Anschluss daran für die eigentliche cDNA-Synthese die Temperatur auf 55–60 °C erhöht werden. Auch hierbei wird eine spätere Inkubation der cDNA mit RNase H empfohlen.

Ein weiteres Enzym, das zur Reversen Transkription eingesetzt wird, ist die aus *Thermus thermophilus* als DNA-abhängige DNA-Polymerase in *E. coli* exprimierte rTTh-Polymerase. In Gegenwart von Mn^{2+}-Ionen erlangt diese DNA-Polymerase eine Reverse Transkriptase-Aktivität ohne RNase H-Aktivität. Da rTTh-Polymerase nur zu kleinen cDNA-Fragmenten führt, wird diese nur zur *real time*-RT-PCR eingesetzt (Abschn. 4.2.3.2).

4.2.2.6 Methoden der RT-PCR

4.2.2.6.1 *two step*-RT-PCR

Hinsichtlich der Durchführung einer RT-PCR kann prinzipiell zwischen einer *two step*-RT-PCR und einer *one step*-RT-PCR unterschieden werden. Bei der *two step*-Variante erfolgt zunächst die cDNA-Erststrangsynthese (reverse Transkription) mit RNA als Template. Eine Probe dieser RT-Reaktion wird dann in einer nachfolgenden PCR eingesetzt, in der die gebildete cDNA wiederum als Template dient. Dadurch können in den beiden Reaktionen die Bedingungen optimal auf die jeweils verwendeten Enzyme eingestellt werden. Zudem kann aus einer einzigen cDNA-Synthese eine Vielzahl von Transkripten (20–100) amplifiziert werden.

Bei der cDNA-Erststrangsynthese können verschiedene Arten von Primern verwendet werden, die sich je nach der Zielsetzung des Experimentes unterscheiden (Abschn. 4.2.2.4.1)

Two step-Reverse Transkriptase-Reaktionen mit MMLV-Reverse Transkriptase oder mit RNaseH minus-MMLV-Reverse Transkriptase

Das Protokoll für die Erststrangsynthese ist bei MMLV-Reverse Transkriptase und bei RNaseH minus-MMLV-RT sehr ähnlich. Deshalb werden diese Protokolle zusammen aufgeführt.

In allen Protokollen wird eine Denaturierung eines RNA-Primer-Gemisches vorgeschrieben. Die Reaktion findet bei 37–42 °C statt und wird durch die Inaktivierung des Enzyms abgeschlossen. Verwendet man eine Reverse Transkriptase, deren RNase H-Domäne mutiert ist, so wird nach der Inaktivierung des Enzyms ein RNase H-Verdau empfohlen. Die *two step*-RT-PCR bietet für beide Reaktionen optimale Reaktionsbedingungen und ist sehr flexibel. Mit diesem System kann man die längsten Produkte gewinnen. Sie ist deshalb für die Isolierung vollständiger cDNAs geeignet.

Materialien

- RNase-freies H_2O
- 5 × first-strand cDNA-Puffer
- 0,1 M DTT
- dNTP-Mix
- oligo(dT)-Primer (10 µM) und/oder Random Nonamer-Primers (100 µM)
- RNA (0,1 ng – 500 ng)
- RNase-Inhibitor (10 U/µl)
- MMLV-RT, RNaseH minus-MMLV-RT, AMV-RT, RNaseH minus-AMV-RT
- optional: RNase H

Durchführung

- Primer und RNA mischen und bei 65 °C denaturieren
- denaturierte Primer/RNA-Mischung auf Eis abkühlen
- einen Master-Mix mit den Komponenten (dNTPs, Puffer, DTT, RNase-Inhibitor) herstellen
- Master-Mix auf die Reaktionsgefäße verteilen
- Inkubation der Reaktionsgefäße für 2 min bei 42 °C
- Zugabe der MMLV-RT oder RNaseH minus-MMLV-RT
- Inkubation der Reverse Transkriptase-Reaktionen für 40 Minuten bei 42 °C, in besonderen Fällen bis 50 °C
- Inaktivierung der Reversen Transkriptase bei 70 °C für 15 min
- bei Verwendung der RNaseH minus-MMLV-RT Inkubation der RT-Reaktion mit 2 U RNase H für 20 min bei 37 °C
- 1–8 µl der cDNA in eine 50 µl PCR überführen (Abschn. 4.1.2) oder cDNA bei –20 °C einfrieren

4.2.2.6.2   One step-RT-PCR

Im Unterschied zur *two step*-Variante erfolgen bei der *one step*-RT-PCR die reverse Transkription und die PCR in einem Reaktionsgefäß. Da einer der beiden Primer in der Reaktion für die cDNA-Erststrangsynthese verwendet wird, sind sequenzspezifische Primer eine unabdingbare Voraussetzung für die *one step*-RT-PCR. Vorteil einer *one step*-RT-PCR ist die einfache Handhabung. Auch kann sie bei einer höheren Temperatur durchgeführt werden, was besonders bei RNAs mit vielen Sekundärstrukturen von Vorteil ist. Ein Umpipettieren zwischen reverser Transkription und PCR ist überflüssig, was zusätzlich ein vermindertes Kontaminationsrisiko bedeutet. Durch optimierte Kitlösungen können weitere Pipettierschritte eingespart werden.

Materialien

- *one step*-RT-PCR-Enzymmischung
- 5 × RT-PCR-Reaktionspuffer (vom Hersteller mitgeliefert)

Tab. 4–6: Typisches Thermocyclerprogramm für die One-Step-RT-PCR

Schritt-Nr.	Bezeichnung	Temperatur [°C]	Zeit
1	Reverse Transkription	50	30 min
2	Initiale Denaturierung	94	2 min
3	Denaturierung	94	30 s
4	Primer-Hybridisierung	$T_m - 5$	30 s
5	Elongation	68–72	$1\ \text{min} \times \text{kb}^{-1}$
	Schritte 2 bis 4 25–40 Mal wiederholen		

- Primer 1 (sequenzspezifisch)
- Primer 2 (sequenzspezifisch)
- Template-RNA (von 1 pg bis 2 µg)
- dNTP-Mix
- RNase-Inhibitor (optional)
- dest. Wasser
- sterile Reaktionsgefäße
- Thermocycler

Durchführung

- Zuerst einen Master-Mix mit den Komponenten herstellen, die in allen Reaktionsansätzen enthalten sind
- Master-Mix auf die Reaktionsgefäße verteilen, anschließend die individuellen bzw. variablen Komponenten, wie Template-RNA und Primer, zu den betreffenden Reaktionsansätzen geben und sorgfältig mischen
- RT-PCR-Programm (Tab. 4–6) starten, während die Reaktionsgefäße noch auf Eis stehen; wenn die RT-Temperatur (50–60 °C) erreicht ist, die Reaktionsgefäße in den Block des Thermocyclers überführen
- nach Beendigung des Programms die Produkte direkt gelelektrophoretisch analysieren (Abschn. 2.3) oder über Nacht bei 4 °C lagern; für eine längerfristige Lagerung wird eine Temperatur von –20 °C empfohlen.

4.2.2.6.3 RACE-PCR zur Amplifikation unbekannter mRNA-Sequenzabschnitte

Häufig stellt sich das Problem, dass für ein Gen nur eine begrenzte Sequenzinformation zur Verfügung steht. Für weitere Sequenzinformationen werden normalerweise Genbanken durchmustert, mit dem Ziel Klone zu finden, welche die bestehende Sequenz erweitern. Als Alternativen hierzu wurden verschiedene PCR-Methoden entwickelt, die es erlauben, ausgehend von kurzen bekannten Sequenzen unbekannte Bereiche gezielt zu amplifizieren und anschließend deren Sequenz zu bestimmen (Ochman *et al.*, 1993). Ein wichtiges Kriterium bei der Entscheidung zwischen Genbanken und PCR ist das erwartete bzw. gewünschte Ausmaß an neuer Sequenz. Im Allgemeinen sind PCR-Methoden leistungsstärker für kurze Sequenzabschnitte, also zur Vervollständigung bekannter Sequenzen. Genbanken sind zu bevorzugen, wenn die bekannte Sequenzinformation gering ist.

Die Methode der *rapid amplification of cDNA ends*, RACE-PCR (Frohman *et al.*, 1988), ermöglicht die Vervollständigung von cDNA-Sequenzen. Sie kann sowohl vom 5'- als auch vom 3'-Ende bekannter Sequenzen ausgehen.

Die 3'-RACE-PCR beginnt mit einer cDNA-Erststrangsynthese unter Verwendung eines oligo(dT)-Primers, der im Bereich des Poly(A)-Schwanzes der mRNA-Moleküle hybridisiert (Abschn. 4.2.2.6.1). Anschließend wird der RNA-Strang aus dem Hybrid-Doppelstrang mithilfe des Enzyms RNase H abgebaut.

Es folgt eine Polymerase-Kettenreaktion mit einem oligo(dT)-Primer und einem sequenzspezifischen Primer. Bei dieser PCR wird selektiv der DNA-Bereich zwischen dem oligo(dT)-Schwanz der cDNA und der spezifischen Primer-Sequenz amplifiziert. Auf diese Weise können unbekannte Sequenzbereiche einer mRNA, die in 3'-Richtung von der bekannten spezifischen Primer-Sequenz liegen, analysiert werden.

Ähnlich wird bei der 5'-RACE-PCR (Abb. 4–4) vorgegangen, um einen Sequenzbereich in 5'-Richtung von einer schon bekannten mRNA-Sequenz zu analysieren. Ein für die bekannte Sequenz sequenzspezifischer Primer wird zur cDNA-Erststrangsynthese verwendet. Nach Abbau des mRNA-Stranges erfolgt eine Verlängerung des cDNA-Stranges an dessen 3'-Ende um 20–100 Basen, das so genannte *tailing*. Dies fügt an den unbekannten Sequenzabschnitt ein bekanntes, künstliches Ende an, das für die anschließende PCR benutzt wird. Die Terminale Desoxypolynucleotidyl-Transferase katalysiert diese Reaktion, in die nur eines der vier Desoxynucleotide eingesetzt wird. Beispielsweise wird nur dATP oder dCTP in die Reaktionsmischung gegeben, sodass in der anschließenden PCR als zweiter, unspezifischer Primer oligo(dT) oder oligo(dG) verwendet werden kann. Auf diese Weise ist die spezifische Amplifikation des 5'-Bereichs der cDNA durchführbar.

Materialien

Zusätzlich zur PCR und reversen Transkription:

- Reverse Transkriptase (Abschn. 4.2.2)
- 10 M Ammoniumacetat
- Ethanol p.a.
- Terminale Transferase
- dATP

Durchführung

- RT-Reaktion mit 10 µg mRNA durchführen; im Falle der 5'-RACE-PCR müssen für das nachfolgende oligo(dA)-*tailing* die freien dNTPs sowie der RT-Primer abgetrennt werden; dies kann durch 2 sequenzielle Präzipitationen mit dem 0,25-fachen Volumen 10 M Ammoniumacetat und dem dreifachen Volumen Ethanol oder mithilfe von Zentrifugen-Filtereinheiten oder Säulenreinigungssystemen erfolgen (Abschn. 2.5.3)
- oligo(dA)-*tailing*: bei der 5'-RACE-PCR erfolgt nun das Anfügen eines oligo(dA)-Schwanzes; Reaktion nach Angaben des Enzymherstellers durchführen
- PCR-Reaktion: es sollten verschiedene Mengen der so hergestellten (getailten) cDNA, z.B. 1, 2 und 5 µl, eingesetzt werden (Tab. 4–2 und 4–3); wegen der geringen Menge an spezifischem Template ist es empfehlenswert, mit 35 Zyklen zu beginnen und die PCR anschließend gegebenenfalls zu optimieren.

Die gelelektrophoretische Analyse von RACE-PCR-Produkten zeigt in den meisten Fällen einen Produktschmier. Dies liegt daran, dass bereits die Produkte der RT-Reaktion unterschiedliche Größen haben, da es häufig zu vorzeitigen Abbrüchen kommt. Weiterhin ist die Länge des oligo(dA)-Schwanzes der *tailing*-Reaktion heterogen. Hinzu kommt, dass es auch zu unspezifischer Produktbildung kommt. Um das Ausmaß der spezifischen Produkte zu steigern, kann sowohl bei der 5'- als auch bei der 3'-RACE-PCR mit dem Produkt der ersten PCR eine zweite, verschachtelte (*semi-nested*) PCR durchgeführt werden. Die erwartete maximale Produktgröße kann durch eine Southern-Blot-Analyse unter Verwendung eines inneren Oligonucleotids erfolgen (Abschn. 10.2).

Die Verwendung von Adapterprimern mit Schnittstellen für Restriktionsendonucleasen erleichtert die folgende Klonierung der RACE-PCR-Produkte. Aufgrund der relativ häufigen unspezifischen Produktbildung ist es am günstigsten, weiße Kolonien durch Koloniehybridisierung mit dem inneren Oligonucleotid zu überprüfen. Mit den positiven Kolonien kann dann eine PCR unter Verwendung von Universalprimern des verwendeten Vektors, z.B. T3 und T7 für pBluescript^R-Vektoren, durchgeführt werden, um die Klone mit der größten Insertion zu identifizieren (Abschn. 5.1). Von diesen Klonen kann die Plasmid-DNA isoliert und sequenziert werden (Abschn. 3.2 und Kap. A1).

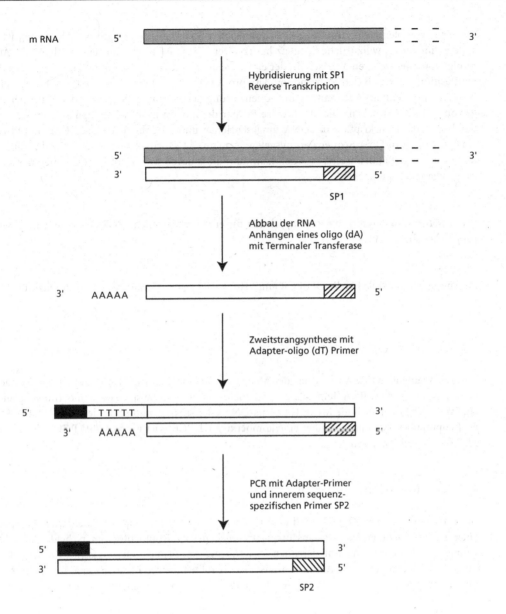

Abb. 4–4: Prinzip der 5'-RACE-PCR. Zuerst erfolgt eine cDNA-Synthese mit einem sequenzspezifischen Primer SP1. An diese cDNA wird ein oligo(dA) angehängt, um ein Ende bekannter Sequenz zu erzeugen. Die cDNA-Zweitstrangsynthese erfolgt nun mit einem oligo(dT)-Primer, der zusätzlich eine Adaptersequenz trägt, die einem der in der anschließenden PCR eingesetzten Primer entspricht. Der zweite sequenzspezifische Primer SP2 liegt stromaufwärts des ersten Primers SP1.

4.2.2.6.4 Differential-Display-PCR

Die Differential-Display-PCR (DD-PCR) stellt eine effektive Methode dar, um simultan die Expression vieler Transkripte unter verschiedenen Bedingungen oder in unterschiedlichen Zelltypen zu untersuchen (Liang und Pardee, 1992). Grundlage der DD-PCR ist die Verwendung eines Primer-Sets, von denen einer komplementär zum Poly(A)-Schwanz einer Subpopulation an mRNA-Molekülen ist und der andere eine kurze, willkürliche Sequenz besitzt. Der 3'-Primer besteht aus einem oligo(dT)-Abschnitt, gefolgt von zwei weiteren 3'-Basen. In der ersten Position finden die Basen A, C und G und in der zweiten Position alle vier Basen Verwendung. Um pro Ansatz ca. 100 verschiedene Produkte zu bekommen (was eine problemlose Auftrennung in Sequenzierungsgelen ermöglicht), sollte der 5'-Primer eine Länge von 8–10 Basen haben. Die durch diese Primer definierten mRNA-Subpopulationen werden zuerst durch Reverse Transkriptase in cDNA umgeschrieben und anschließend durch PCR amplifiziert. Die Analyse erfolgt in DNA-Sequenzierungsgelen (Abschn. A1.4), aus denen abschließend genügend DNA interessierender Banden isoliert werden kann, um diese durch weitere PCR-Reaktionen der Sequenzierung zugänglich zu machen.

Materialien

Die benötigten Materialien entsprechen denen für eine herkömmliche PCR sowie denen für Sequenzierungsgele (Abschn. A1.4).

Durchführung

Für spezielle Protokolle für die DD-PCR empfiehlt es sich, eine Literaturrecherche durchzuführen.

4.2.3   Quantitative PCR und RT-PCR

Ziel der quantitativen PCR ist es, aus der Menge an amplifiziertem PCR-Produkt auf die Menge an eingesetztem DNA- bzw. RNA-Template zu schließen. Damit kann beispielsweise die Transkriptmenge bestimmter Gene oder auch die Menge an Virus-DNA oder -RNA ermittelt werden. Quantitative PCR kann als Endpunktbestimmung, z.B. über eine kompetitive RT-PCR oder als *real time*-PCR bzw. *real time*-RT-PCR durchgeführt werden.

4.2.3.1   Kompetitive RT-PCR

Bei einer kompetitiven RT-PCR wird eine bekannte Menge eines exogenen Standards (Kompetitor) zu einer zu quantifizierenden Nucleinsäureprobe gegeben. Der Kompetitor unterscheidet sich dabei nur geringfügig von der zu quantifizierenden Zielsequenz, d.h. Primer-Bindungsstelle, Sequenz, Größe der Fragmente und vor allem die Amplifikationseffizienz sollten nahezu identisch sein. Kompetitor und Zielnucleinsäure zu bestimmender Menge werden in derselben Reaktion amplifiziert, danach gelelektrophoretisch getrennt und analysiert.

Da Kompetitor- und Zielnucleinsäure in der Reaktion gleichermaßen um Primer, Nucleotide und Enzym konkurrieren, reflektiert das Verhältnis der PCR-Produkte, die von beiden Nucleinsäurevarianten während der PCR gebildet werden, die initiale Menge der Ausgangsprodukte.

Da die Menge an Kompetitor in der RT-PCR bekannt ist, kann die Menge an Zielnucleinsäure bestimmt werden. Wichtige Voraussetzung für eine kompetitive RT-PCR ist, dass RNA-Kompetitoren verwendet und verglichen werden, da bei der reversen Transkription die größten Varianzen auftreten (Abschn. 4.2.2). Außerdem sollten die Kompetitoren von Beginn an zum Reaktionsansatz gegeben werden, um die wesentlichen Schritte (Probenvorbereitung, Amplifikation und Detektion) standardisiert zu kontrollieren. Ein Vorteil der kompetitiven PCR ist die Möglichkeit, den Nachweis der PCR-Produkte nicht in der exponentiellen Phase bestimmen zu müssen. Sie kann also als Standard-PCR bis zum Ende durchgeführt werden. Allerdings wird die kompetitive PCR heute durch die weite Verbreitung der *real time*-PCR oder -RT-PCR, die mit einem deutlich geringerem experimentellen Aufwand verbunden ist, zunehmend abgelöst.

4.2.3.2 *Real time*-PCR und -RT-PCR

Real time-PCR und -RT-PCR werden durch Thermocycler ermöglicht (erhältlich von einer Vielzahl von Anbietern wie beispielsweise Applied Biosystems, Roche, BioRad, Eppendorf). Damit können die PCR-Produkte direkt während ihrer Bildung (Echtzeit) erfasst werden können. Prinzipiell gibt es drei verschiedene Möglichkeiten, um PCR-Produkte während der Reaktion zu markieren. 1) Sequenzspezifische Sondenmoleküle, die mit Fluoreszenzfarbstoffen markiert sind, können nur an das gewünschte PCR-Produkt binden, und man erzielt den sehr spezifischen Nachweis. 2) Darüber hinaus besteht die Möglichkeit mehrere PCR-Produkte parallel in einer PCR-Reaktion nachzuweisen (Multiplex-*real time*-PCR, Abschn. 4.2.3.5), indem man die entsprechenden Sondenmolekülen mit verschiedenen Farbstoffen wie beispielsweise FAM, HEX und Cy5 markiert. 3) Als weitere Möglichkeit gibt es quantitative PCR-Systeme, die statt spezifischer Sonden DNA-bindende Fluoreszenzfarbstoffe, wie z.B. SYBR Green I, verwenden. Der Gebrauch von SYBR Green I erlaubt die Verwendung von kostengünstigen unmodifizierten Primerpaaren in Verbindung mit einem entsprechenden Reagenz, was eine zügige und kostengünstige Assay-Entwicklung erlaubt (Abschn. 4.2.3.6). Generell sollten die unmodifizierten Primer vorab in einer Standard-PCR auf ihre Spezifität getestet werden.

Alle diese Methoden der *real time*-PCR und -RT-PCR erlauben die genaue Quantifizierung der Ausgangs- bzw. Zielnucleinsäure. Die Fluoreszenz wird in jedem einzelnen Reaktionszyklus gemessen. Die Fluoreszenzintensität ist in jedem Zyklus direkt proportional zur Menge an gebildetem PCR-Produkt (Abb. 4–5), was den Rückschluss auf die Menge an eingesetzter Zielnucleinsäure erlaubt.

In der quantitativen *real time*-PCR unterscheidet man die absolute Quantifizierung von der relativen Quantifizierung. Die absolute Quantifizierung bestimmt die tatsächliche Menge einer Zielsequenz (Abschn. 4.2.3.3.1), die z.B. als Kopienzahl oder Konzentration ausgedrückt werden kann. Die relative Quantifizierung bestimmt hingegen das zahlenmäßige Verhältnis der Zielsequenz zu einer Referenzsequenz (Abschn. 4.2.3.3.2). In der Genexpressionsanalytik wird in der Regel ein so genanntes *housekeeping*-Gen (z.B. die 18SrRNA) verwendet, dessen Expression zu verschiedenen Zeitpunkten bzw. in verschiedenen Geweben relativ konstant sein sollte. Das ermittelte Verhältnis aus Zielsequenz und endogenem Referenzmolekül kann dann mit dem entsprechenden Verhältnis aus anderen Proben verglichen werden

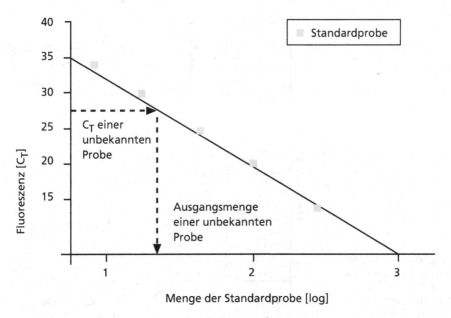

Abb. 4–5: PCR-Kinetik. Reaktionskinetik in der quantitativen PCR.

und so die relative Änderung der Genexpression abgeleitet werden. Allerdings sollte für jede experimentelle Fragestellung zuvor bestimmt werden, von welchem *housekeeping*-Gen unter den experimentellen Bedingungen die Transkriptmenge nicht verändert wird (Radonic *et al.*, 2004), was ebenfalls mittels *real time*-PCR ermittelt werden kann.

4.2.3.3 Quantifizierung von Zielnucleinsäuren

4.2.3.3.1 Absolute Quantifizierung

Für die absolute Quantifizierung von Transkriptmengen eines Genes verwendet man externe Standards wie zum Beispiel eine Verdünnungsreihe von *in vitro*-Transkripten. Eine solche Verdünnungsreihe wird als Standardreihe definiert und sollte in der Regel fünf Verdünnungsstufen umfassen. Die Menge des zu analysierenden Transkripts sollte innerhalb des Bereiches dieser Standardmengen liegen. Die Amplifikation der Standards und der zu quantifizierenden Nucleinsäure werden in getrennten Reaktionen durchgeführt. Anschließend werden die C_T-Werte der Standards und der unbekannten Proben bestimmt (der C_T-Wert bezeichnet den Zyklus, in dem zum ersten Mal ein vom unspezifischen Hintergrund signifikant erhöhtes Fluoreszenzsignal messbar ist). Anhand der C_T-Werte der zu bestimmenden Nucleinsäureproben kann nun die Ausgangsmenge der Transkripte mithilfe der erstellten Standardkurve abgeleitet werden (Abb. 4–6). Der Auswahl der externen Standards sollte besondere Beachtung geschenkt werden. Für die Quantifizierung von RNA-Molekülen empfiehlt sich ausdrücklich die Verwendung von *in vitro*-Transkripten bekannter Kopienzahl. Die Verwendung von RNA-Standards berücksichtigt die Variationen in der Effizienz der Reverse Transkriptase-Reaktion, die die RNA zunächst in cDNA umschreibt. Nicht die gesamte

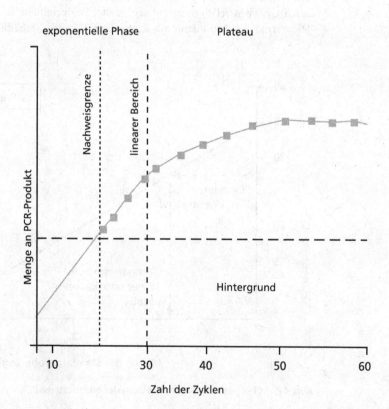

Abb. 4–6: Absolute Quantifizierung. Typische Standardkurve zur Bestimmung der Konzentration eines interessierenden RNA-Moleküls in einer Probe.

RNA wird in cDNA umgeschrieben, weshalb die tatsächlich in die PCR-Reaktion eingesetzte Molekülzahl an cDNA kleiner ist als die der ursprünglichen Transkripte. Würde man anstelle von RNA-Standards z.B. Plasmid-DNA oder PCR-Produktverdünnungen einsetzen, würde man die Zahl der tatsächlich in einer Reaktion enthaltenen Transkripte unterschätzen.

4.2.3.3.2 Relative Quantifizierung

Für die relative Quantifizierung wird das Verhältnis der Zielmoleküle zu der Anzahl von endogenen Referenztranskripten bestimmt. Das Referenztranskript sollte in allen Proben gleichermaßen enthalten sein. Gewöhnlich werden so genannte *housekeeping*-Gene (z.B. 18S rRNA, β-Aktin oder RNA-Polymerase II) als endogene Referenzen herangezogen. Ziel- und Referenztranskripte werden aus der gleichen Nucleinsäureprobe amplifiziert, was entweder in getrennten Reaktionen oder auch in einer *real time*-Multiplex-PCR-Reaktion geschehen kann (Abschn. 4.2.3.5). Anschließend werden die Mengen der endogenen Referenz und des zu untersuchenden Transkripts in Bezug zueinander gesetzt. Das Verhältnis von Zieltranskript zu Referenz kann in parallelen Reaktionen mit Proben bestimmt werden, die zu verschiedenen Zeitpunkten und aus verschiedenen Geweben gewonnen wurden. Der Vergleich der Mengenverhältnisse ermöglicht die Bestimmung von Änderungen in der Expression des Zieltranskripts. Grundvoraussetzung für die relative Quantifizierung ist allerdings die Unveränderlichkeit der Genexpression der *housekeeping*-Referenz unter verschiedenen experimentellen Bedingungen wie z.B. beim Vergleich von erkranktem und gesunden Gewebe.

4.2.3.4 *Real time*-PCR und RT-PCR mit sequenzspezifischen Fluoreszenzsonden

Bei dieser Variante der quantitativen PCR und RT-PCR binden während des Primer-Bindungsschrittes (*annealing*) an die denaturierte Zielsequenz neben den sequenzspezifischen PCR-Primern auch die innerhalb des zu amplifizierenden Fragments liegenden sequenzspezifischen fluoreszenzmarkierten Sonden (z.B. TaqMan^R-Sonden, ABI, QuantiProbe^R-Sonden, Qiagen, FRET-Sonden, Roche oder Molecular Beacons). Die verschiedenen Sondentypen unterscheiden sich sowohl im Aufbau als auch in der Effizienz der Quantifizierung.

1) Bei der Verwendung von TaqMan-Sonden erhält man vor der Amplifizierung kein Fluoreszenzsignal, da der an die Sonde gebundene so genannte *Quencher* eine messbare Fluoreszenzemission unterdrückt. Während der Synthese des Zweitstranges erreicht die Taq-DNA-Polymerase die an der cDNA hybridisierte Sonde. Durch die 5'-3'-Exonucleaseaktivität der Taq-Polymerase wird die Fluoreszenzsonde hydrolytisch gespalten, sodass *Quencher* und Fluoreszenz-Reporter getrennt werden. Eine Anregung des Reporters führt dann zur Emission einer Fluoreszenz definierter Wellenlänge, wodurch ein messbares Fluoreszenzsignal erzeugt wird. Die während der Synthese gemessene Fluoreszenzintensität ist dabei direkt proportional zur Anzahl der neu gebildeten DNA-Stränge und damit proportional zur Menge an Ausgangs-DNA. TaqMan-Sonden können neben Fluorophor und Quencher mit einem *Minor Grove Binder* (MGB) modifiziert werden. Der MGB stabilisiert gebundene Sonden am DNA-Strang, was die Verwendung von verkürzten Sondensequenzen und damit einer besseren Diskriminierung von Zielsequenzen, z.B. von unterschiedlichen Genotypen ermöglicht. TaqMan-Sonden können mit verschiedenen Softwareprogrammen wie z.B. PrimerExpress (Applied Biosystems) erzeugt werden.

2) QuantiProbe-Sonden (Qiagen) sind wie TaqMan-Sonden mit einem Fluorophor- und Quencher-Molekül versehen. Zusätzlich enthalten diese Sonden stets einen MGB am 5'-Ende. Wie bei TaqMan-Sonden ist eine Fluoreszenzemission des Fluorophors während des Denaturierungsschritts unterdrückt. Wenn die QuantiProbe-Sonde an ihre Zielsequenz bindet, werden Fluorophor und *Quencher* räumlich getrennt, wodurch ein messbares Fluoreszenzsignal erzeugt wird. Da die QuantiProbe-Sonde an ihrem 5'-Ende stets mit einem *Minor Grove Binder* versehen ist, wird sie nicht von der 5'-3'-Exonuclease der Taq-DNA-Polymerase hydrolysiert, sondern vom DNA-Strang verdrängt und steht im nächsten PCR-Zyklus wieder zur Hybridisierung zur Verfügung (Abb. 4–7). Ferner können QuantiProbes wie auch zugehörige Primer besondere mo-

difizierte Basen enthalten, die als SuperA, SuperT oder SuperG bezeichnet werden. Diese sind Analoge der natürlich vorkommenden Basen, die jedoch chemisch modifiziert wurden, um eine stabilere Primer- bzw. Sondenbindung zu erreichen. Durch die Verwendung von MGB und Superbasen können Primer wie auch Sonden in Sequenzregionen platziert werden, an die zuvor eine Hybridisierung nicht oder nur sehr uneffizient möglich war. *Real time*-PCR-Systeme, die die QuantiProbe-Technologie verwenden, sind in Form von voroptimierten Primer-Sondenpaaren (QuantiTect Gene Expression Assays, Qiagen) erhältlich oder können unkompliziert mit einer kostenlosen WEB-Software für die gewünschte Zielsequenz erzeugt werden.

3) Bei einer weiteren Variante der *real time*-PCR mit sequenzspezifischen Fluoreszenzsonden verwendet man FRET-Sonden (Hybridisierungssonden, Roche). In diesem Fall werden zwei sequenzspezifische Oligonucleotide, die mit zwei verschiedenen Fluoreszenzfarbstoffen markiert sind, zum PCR-Ansatz gegeben. Ein Oligonucleotid trägt den Fluoreszenzfarbstoff am 3'-Ende und das andere am 5'-Ende (Schwanz-Kopf-Position). Beide binden in kurzem Abstand zueinander (1–5 Nucleotide) an die Zielsequenz. Der Nachweis erfolgt wie bei QuantiProbes während der Bindung der beiden Oligonucleotide an die Zielsequenz und basiert auf dem FRET-Prinzip (*fluorescence resonance energy transfer*). Die Anregungsenergie des Farbstoffs der ersten Hybridisierungssonde (z.B. Fluorescein) wird auf den Farbstoff der zweiten Hybridisierungssonde (z.B. LC Red 640) übertragen und verstärkt, sodass eine Fluoreszenzemission detektierbar wird.

4) Bei Molecular Beacons (Public Health Research Institute) handelt es sich um doppelt markierte, sequenzspezifische Oligonucleotidsonden mit haarnadelartiger Molekülstruktur. Am 3'-Ende befindet sich eine als Quencher fungierende Modifikation, z.B. ein Dabcylmolekül, und am 5'-Ende der Reporterfarbstoff. In der geschlossenen Haarnadelkonformation liegen Quencher und Reporter in unmittelbarer Nachbarschaft, sodass die Fluoreszenz des Reporters durch den Quencher unterdrückt wird. Der Schleifenanteil (*loop*) der Sonde enthält eine Sequenz, die für das gesuchte Zielmolekül (*target*) spezifisch ist. Nach Hybridisierung der Sonde an eine solche *target*-Sequenz öffnet sich die Schleife, Quencher und Reporter werden voneinander entfernt und es kommt zur Aussendung eines Fluoreszenzsignals.

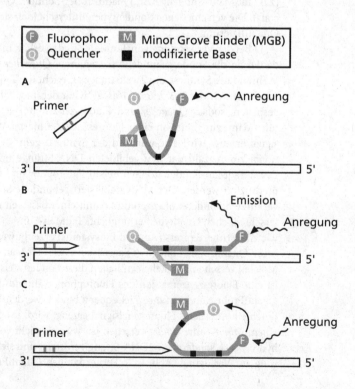

Abb. 4–7: QuantiProbe-Prinzip.
A) Im ungebundenen Zustand nimmt die QuantiProbe in Lösung eine dreidimensionale Struktur an. Durch die räumliche Nähe von fluoreszentem Reproter und dem Quencher wird eine Abgabe einer Fluoreszenz verhindert. B) Während des so genannten Annealing-Schritts findet die Bindung der QuantiProbe und der Primer an die Zielsequenz statt. Quencher und Reporter werden separiert und ein fluoreszentes Signal wird gemessen, das proportional zur Menge der zu untersuchenden Zielsequenz ist.
C) Während des DNA-Verlängerungsschritts wird die QuantiProbe von der Zielsequenz abgelöst und nimmt dabei wieder ihre dreidimensionale Struktur an, die in einem Quenchen des Reporters und des fluoreszenten Signals resultiert.

4.2.3.5   *Real time*-Multiplex-PCR mit sequenzspezifischen Fluoreszenzsonden

Die *real time*-Multiplex-PCR ermöglicht die gleichzeitige quantitative Erfassung von mehreren Zielsequenzen in einer Reaktion. Dies bringt mehrere Vorteile mit sich. Häufig ist die Genauigkeit der Quantifizierung höher, da Zielgen und Referenzgen in der selben Reaktion gemessen werden. Insgesamt werden weniger Reaktionen für die gleiche Anzahl an Messungen benötigt, man spart wertvolles Nucleinsäurematerial sowie Reagenzien, was zu einer weiteren Kostenersparnis führt. In Abhängigkeit von dem zur Verfügung stehenden PCR-Instrument und Reporterfarbstoffen für die Markierung der sequenzspezifischen Sonden, können in der Regel zwei bis vier verschiedene Zielsequenzen in einer Reaktion quantitativ bestimmt werden. Zur Durchführung einer *real time*-Multiplex-PCR benötigt man einen Thermocycler, der die Anregung und Detektion von mindestens zwei verschiedenen Fluorophoren ermöglicht (Duplex-PCR). Auch müssen die verschiedenen sequenzspezifischen Fluoreszenzsonden mit Fluorophoren versehen sein, die sich möglichst signifikant in ihrem Emissionsspektrum voneinander unterscheiden sollten. Eine Grundvoraussetzung für die Durchführung einer *real time*-Multiplex-PCR ist eine ausreichende Trennung der Farbstoffspektren der Fluoreszenz-markierten Sonden, die durch die optische Einrichtung und Algorithmen des *real time*-PCR-Instruments beeinflusst werden. Tab. 4–7 gibt einen Überblick über die zur Zeit gebräuchlichen Fluoreszenzfarbstoffe für die *real time*-PCR und deren Anregungs- und Emissionsmaxima.

Wichtigster Punkt bei der Etablierung einer *real time*-Multiplex-PCR ist die Optimierung der PCR-Parameter, die sich häufig sehr aufwendig und zeitraubend gestaltet. Da die Transkriptmengen der zu messenden Gene sich zumeist deutlich voneinander unterscheiden, wird in der Regel das zahlenmäßig häufigere Transkript bevorzugt amplifiziert. Dies führt zu einer vorzeitigen Verknappung der Reagenzienressourcen (Taq-DNA-Polymerase, Nucleotide) für die weniger häufigen Zielgene. Weitere Faktoren wie unterschiedliche Hybridisierungseffizienzen von Primern und Sonden oder PCR-Produkt-Rehybridisierung führen darüber hinaus zur vorzeitigen Abschwächung der Amplifikationsreaktion. Eine genaue

Tab. 4–7: Häufig eingesetzte Farbstoffe bzw. Fluorophore für die *real time*-PCR

Dye	Anregung maximum (nm)	Emission maximum (nm)*
Fluorescein	490	513
Oregon Green®	492	517
FAM	494	518
SYBR® Green I	494	521
TET	521	538
JOE	520	548
VIC®	538	552
Yakima Yellow™ ?	530	549
HEX	535	553
Cy®3	552	570
TAMRA	560	582
Cy3.5	588	604
ROX	587	607
Texas Red®	585	605
LightCycler®-Red 640 (LC640)	625	640
Cy5	643	667
Cy5.5	683	700
* Die Emission kann abhängig vom verwendeten Puffer variieren		

parallele Quantifizierung mehrerer Zielgene in der selben Reaktion wird dadurch verhindert. Mögliche Optimierungen umfassen beispielsweise die gezielte Herabsetzung der Primer-Menge für das häufiger vorhandene Transkript, um einer vorzeitigen Reagenzienverknappung entgegenzuwirken.

Bisher gibt es mit dem QuantiTect Multiplex PCR Kit (Qiagen) nur eine einzige kommerziell erhältliche speziell optimierte Lösung für die *real time*-Multiplex-PCR, die für eine breite Anwendung auf verschiedenen *real time*-PCR-Instrumenten ausgelegt ist. Neben einer erhöhten Spezifität der PCR-Reaktion durch einen *hot start* und der verwendeten Pufferchemie sowie ausreichenden Reagenzienressourcen wie Enzym und Nucleotiden gleicht dieses Reagenz in bestimmtem Umfang auch unterschiedliche Primer- und Sonden-Bindungseffizienzen aus. Hierfür sorgt ein synthetischer Faktor MP, der Bestandteil des Puffersystems ist und die lokale Konzentration von Primern und Sonden je nach Bedarf an der cDNA oder DNA erhöht. Eine Optimierung der *real time*-Multiplex-PCR-Reaktion ist deshalb häufig nicht notwendig. Allerdings sollten für jeden neuen Multiplex-*real time*-PCR-Assay die einzelnen Primer-Sondenpaare in einer individuellen Einzelreaktion auf ihre generelle Tauglichkeit hin überprüft werden.

Im folgenden Protokoll wird die Anwendung des QuantiTect Multiplex PCR Kits (Qiagen) am Beispiel einer Duplex-*real time*-PCR in Kombination mit *real time*-Block-Thermocyclern (z.B. Eppendorf *realplex* oder Applied Biosystems StepOnePlus™) beschrieben. Insbesondere für die zuletzt genannten Instrumente ist ein leicht modifiziertes Reagenziensystem erhältlich, dem kein passiver Referenzfarbstoff ROX beigemengt ist und deshalb die Verwendung von ROX- oder TexasRed-markierten Sonden in der Multiplex-PCR erlaubt. Dessen Protokoll entspricht aber ebenfalls der unten stehenden Versuchsdurchführung.

Materialien

Zusätzlich zum real time-Block-Thermocycler-System:

- QuantiTect Multiplex PCR Kit (Qiagen, enthält RNase-freies Wasser und den 2 × QuantiTect PCR-Master-Mix bestehend aus: HotstarTaq®-DNA-Polymerase, PCR-Puffer, synthetischem Faktor MP, dNTP-Mix, und fakultativ dem Referenzfarbstoff ROX, 6 mM $MgCl_2$)
- Primer 1, Primer 2 und sequenzspezifische Sonde A, beispielsweise markiert mit dem Fluoreszenzfarbstoff FAM
- Primer 3, Primer 4 und sequenzspezifische Sonde B, beispielsweise markiert mit dem Fluoreszenzfarbstoff VIC
- Template-DNA oder cDNA (≤ 500 ng)
- Uracil-N-Glycosylase (UNG; optional)

Anmerkung: Der QuantiTect Multiplex PCR-Master-Mix ergibt eine Endkonzentration von 3 mM $MgCl_2$, mit der in der Regel optimale Ergebnisse erzielt werden. Nur in Einzelfällen ist eine weitere Optimierung unter Verwendung einer $MgCl_2$-Stammlösung nötig.

Durchführung

Der mit dem Kit gelieferte, doppelt konzentrierte QuantiTect Multiplex PCR Master-Mix enthält dUTP, wodurch eine Uracil-N-Glycosylase-Behandlung (UNG-Behandlung) der Reaktion ermöglicht wird. Das Enzym UNG degradiert selektiv DNA (also PCR-Produkte), die statistisch neben dTTP auch dUMP enthält. Es ist theoretisch möglich, dass aus vorherigen PCR-Reaktionen Kontaminationen in die *real time*-PCR gelangen und dort die Ergebnisse verfälschen. Durch Zugabe von UNG vor der *real time*-PCR werden diese Kontaminationen gezielt degradiert. Um diesen optionalen Schritt zu integrieren, programmiert man eine zweiminütige Inkubation bei 50 °C vor dem initialen Denaturierungsschritt (15 min bei 95 °C) zur Aktivierung der HotStarTaq-DNA-Polymerase. Die optimale *target*-Länge für eine Multiplex-*real time*-PCR liegt bei 60–150 bp; auf keinen Fall sollten 200 bp überschritten werden. Bei jedem Experiment sollte eine Negativkontrolle (ohne Template-DNA) mit angesetzt werden.

- Auftauen sämtlicher benötigter Reagenzien (QuantiTect Multiplex PCR Master-Mix, Template-DNA oder -cDNA, Primer- und Sondenlösungen, RNase-freies Wasser und gegebenenfalls $MgCl_2$-Stammlösung)
- Programmieren des *real time*-Block-Thermocycler-Systems
- Pipettieren der Reaktionsansätze (Gesamtvolumen jeweils 50 µl), jedoch ohne Template-DNA: 2 × Master-Mix, Primer 1–4 (jeweils 0,4 µM), Sonden A und B (jeweils 0,2 µM), RNase-freies Wasser (variabel), Uracil-N-Glycosylase (optional; jeweils 0,5 U)
- gründlich mischen und auf PCR-Reaktionsgefäße verteilen
- Template-DNA zugeben (genomische, virale, Plasmid-DNA oder cDNA; ≤ 500 ng pro Reaktion)
- PCR-Gefäße in den Thermocycler überführen und das PCR-Programm starten

4.2.3.6 *Real time*-PCR und -RT-PCR mit DNA-bindenden Fluoreszenzfarbstoffen

Bei den DNA-bindenden Fluoreszenzfarbstoffen für *real time*-PCR handelt es sich um Farbstoffmoleküle, die sich mit hoher Spezifität in die kleine Furche doppelsträngiger DNA einlagern. Besonders geeignet für die quantitative *real time*-PCR ist der Farbstoff SYBR Green I. Der große Vorteil dieser Variante ist, dass eine kostenintensive Synthese und Markierung von sequenzspezifischen Sonden entfällt.

Allerdings war die deutlich geringere Spezifität des Nachweises mit SYBR Green I bisher ein Nachteil des Systems. Der Farbstoff bindet an alle doppelsträngigen DNA-Moleküle, also auch an Primer-Dimere oder nicht spezifische PCR-Produkte, die dann zum Fluoreszenzsignal beitragen und somit zu einer ungenauen Quantifizierung führen können. Eine höhere Spezifität kann durch die Benutzung von optimierten Lösungen (z.B. QuantiTect® SYBR Green Kits, Qiagen) gewährleistet werden, die auf den unterschiedlichsten *real time*-Thermocycler-Systemen eingesetzt werden können. Diese Kits enthalten eine für die *hot start*-PCR optimierte Taq-DNA-Polymerase (Abschn. 4.2.1.1), die die Bildung von Primer-Dimeren und nicht spezifischen PCR-Produkten minimiert und somit die Spezifität der Reaktion für den Nachweis mit SYBR Green I erhöht.

Im folgenden Protokoll wird die Anwendung des QuantiTect SYBR Green PCR Kits (Qiagen) für quantitative *real time*-PCR in Kombination mit *real time*-Block-Thermocyclern (z.B. Eppendorf *realplex* oder Applied Biosystems StepOnePlus™) beschrieben. Das entsprechende Protokoll für einen *real time*-Kapillar-Cycler (LightCycler, Roche) unterscheidet sich in den Primer-Konzentrationen und im Gesamtvolumen sowie den Zeiten für Denaturierung, *annealing* und Extension im Thermocycler-Programm (Abschn. 4.2.3.7).

Das Protokoll zur Durchführung einer *real time-two step*-RT-PCR unterscheidet sich vom hier dargestellten *real time*-PCR-Protokoll lediglich dadurch, dass als Template statt DNA cDNA einer Reverse Transkriptase-Reaktion verwendet wird (Abschn. 4.2.2.1).

Materialien

Zusätzlich zum real time-Block-Thermocycler-System:

- QuantiTect SYBR Green PCR Kit (Qiagen, enthält RNase-freies Wasser und den 2 × QuantiTect PCR-Master-Mix bestehend aus: HotStarTaq®-DNA-Polymerase, PCR-Puffer, dNTP-Mix, SYBR Green I, Referenzfarbstoff ROX, 5 mM $MgCl_2$)
- Primer 1
- Primer 2
- Template-DNA (≤ 500 ng)
- Uracil-N-Glycosylase (UNG; optional)

Anmerkung: Der QuantiTect PCR-Master-Mix ergibt eine Endkonzentration von 2,5 mM $MgCl_2$, mit der in der Regel optimale Ergebnisse erzielt werden. Nur in Einzelfällen ist eine weitere Optimierung unter Verwendung der $MgCl_2$-Stammlösung nötig (maximal 5 mM $MgCl_2$).

Tab. 4–8: *Real time*-PCR-Programm bei Verwendung des QuantiTect SYBR Green PCR Kits

Schritt-Nr.	Bezeichnung	Temperatur [°C]	Zeit
1 (optional)	UNG-Behandlung	50	2 min
2	Aktivierung der HotStarTaq DNA Polymerase	95	15 min
3	Denaturierung	94	15–30 s
4	Primer-Hybridisierung (Annealing)	50–60	30 s
5	Polymerisation (Extension)	72	30–60 s
6 (optional)	Zusätzliche Datenaufnahme (siehe Anmerkung oben)	x (dabei gilt: T_m (Dimere) $< x < T_m$ (spez. Produkt))	15 s
Wiederholung der Schritte 3–5 (bzw. 3–6): 35–45 Mal (je nach Menge an Template-DNA)			

Durchführung

Der mit dem Kit gelieferte, doppelt konzentrierte QuantiTect SYBR Green PCR Master-Mix enthält dUTP, wodurch eine Uracil-N-Glycosylase-Behandlung (UNG-Behandlung) der Reaktion ermöglicht wird. Das Enzym UNG degradiert selektiv DNA (also PCR-Produkte), die statistisch neben dTTP auch dUMP enthält. Es ist theoretisch möglich, dass aus vorherigen PCR-Reaktionen Kontaminationen in die *real time*-PCR gelangen und dort die Ergebnisse verfälschen. Durch Zugabe von UNG vor der *real time*-PCR werden diese Kontaminationen gezielt degradiert. Um diesen optionalen Schritt zu integrieren, programmiert man eine zweiminütige Inkubation bei 50 °C vor dem initialen Denaturierungsschritt (15 min bei 95 °C) zur Aktivierung der HotStarTaq-DNA-Polymerase. Die optimale *target*-Länge bei Verwendung von SYBR Green I in einer quantitativen *real time*-PCR liegt bei 100–150 bp; auf keinen Fall sollten 500 bp überschritten werden. Bei jedem Experiment sollte eine Negativkontrolle (ohne Template-DNA) mit angesetzt werden.

- Auftauen sämtlicher benötigter Reagenzien (QuantiTect SYBR Green PCR Master-Mix, Template-DNA, Primer-Lösungen, RNase-freies Wasser und gegebenenfalls $MgCl_2$-Stammlösung)
- Programmieren des *real time*-Block-Thermocycler-Systems (Tab. 4–8)
- Pipettieren der Reaktionsansätze (Gesamtvolumen jeweils 50 µl), jedoch ohne Template-DNA: 2 × Master-Mix, Primer 1 (0,3 µM), Primer 2 (0,3 µM), RNase-freies Wasser (variabel), Uracil-N-Glycosylase (optional; jeweils 0,5 U)
- gründlich mischen und auf PCR-Reaktionsgefäße verteilen
- Template-DNA zugeben (genomische, virale, Plasmid-DNA oder cDNA; ≤ 500 ng pro Reaktion)
- PCR-Gefäße in den Thermocycler überführen und das PCR-Programm starten
- Schmelzkurvenanalyse der PCR-Produkte durchführen.

Anmerkung: Es empfiehlt sich, routinemäßig die Schmelzkurvenanalyse durchzuführen, die in der Software der *real time*-Cycler integriert ist (Herstellerangaben beachten). Anhand der Schmelzkurven kann man zwischen spezifischem PCR-Produkt und eventuell nicht spezifischem PCR-Produkt oder gebildeten Primer-Dimeren (weisen niedrigeren Schmelzpunkt auf) unterscheiden und so die Spezifität des Assays bzw. die Identität der PCR-Produkte verifizieren. Der optionale Schritt 6 des Thermocycler-Programms (Tab. 4–8) sollte in einem zweiten PCR-Durchlauf integriert werden, wenn ein Fluoreszenzsignal von nicht spezifischen PCR-Produkten oder Primer-Dimeren ausgeschlossen werden soll.

4.2.3.7   *Real time-one step*-RT-PCR

Eine *real time*-Quantifizierung von RNA ist ebenfalls als *one step*-Variante möglich (Abschn. 4.2.2.6.2). Zur Durchführung einer solchen *real time-one step*-RT-PCR empfiehlt sich ebenfalls die Verwendung eines Kits, das alle benötigten Enzyme für die reverse Transkription und die PCR, sowie sämtliche Reaktionskomponenten in optimal aufeinander abgestimmten Konzentrationen enthält. Das folgende Protokoll beschreibt kurz die Anwendung des QuantiTect SYBR Green RT-PCR Kits (Qiagen) in Kombination mit einem *real time*-Kapillar-Thermocycler-System (Roche Light-Cycler^R). Das entsprechende Protokoll für einen *real time*-Block-Thermocycler ist sehr ähnlich, es unterscheidet sich lediglich in den Primer-Konzentrationen und im Gesamtvolumen sowie den Zeiten für Denaturierung, *annealing* und Extension im Thermocycler-Programm (Abschn. 4.2.3.6).

Materialien

Zusätzlich zum real time-Kapillar-Thermocycler-System:
- QuantiTect SYBR Green RT-PCR Kit (Qiagen, enthält RNase-freies Wasser, den QuantiTect RT-Mix mit Omniscript- und Sensiscript-RT sowie den 2 × QuantiTect RT-PCR-Master-Mix bestehend aus: HotStarTaq®-DNA-Polymerase, QuantiTect RT-PCR-Puffer, dNTP-Mix, SYBR Green I, Referenzfarbstoff ROX, 5 mM $MgCl_2$)
- Primer 1
- Primer 2
- RNase-freies Wasser
- Template-RNA (< 1 µg)
- hitzelabile Uracil-N-Glycosylase (UNG; optional)

Anmerkung: Der QuantiTect RT-PCR-Master-Mix ergibt eine Endkonzentration von 2,5 mM $MgCl_2$, mit der in der Regel optimale Ergebnisse erzielt werden. Nur in Einzelfällen ist eine weitere Optimierung unter Verwendung der $MgCl_2$-Stammlösung nötig (maximal 5 mM $MgCl_2$).

Durchführung

Der mit dem Kit gelieferte, doppelt konzentrierte Master-Mix enthält dUTP, wodurch eine Uracil-N-Glycosylase-Behandlung (UNG Behandlung) der Reaktion ermöglicht wird. Das Enzym UNG degradiert selektiv DNA (also PCR-Produkte), die statistisch neben dTTP auch dUMP enthält. Es ist theoretisch möglich, dass aus vorherigen PCR-Reaktionen Kontaminationen in die *real time*-PCR gelangen und dort die Ergebnisse verfälschen. Es darf jedoch nur hitzelabile UNG benutzt werden, da die UNG aus *E. coli* auch bei höheren Temperaturen stabil ist und die während der reversen Transkription synthetisierte cDNA zerstören würde. Die hitzelabile UNG dagegen ist nur zu Beginn der RT-Reaktion aktiv und entfernt dUMP-enthaltende Amplikons aus eventuellen Kontaminationen. Durch Zugabe von UNG vor der *real time*-PCR werden diese Kontaminationen gezielt degradiert. Um diesen optionalen Schritt zu integrieren, programmiert man eine zweiminütige Inkubation bei 50 °C vor dem initialen Denaturierungsschritt. Nach wenigen Minuten Denaturierung hat die UNG ihre Aktivität verloren und kann daher die cDNA-Synthese nicht mehr stören. Die optimale *target*-Länge bei Verwendung von SYBR Green I liegt bei 100–150 bp; auf keinen Fall sollten 500 bp überschritten werden. Die Isolierung der RNA und das Ansetzen der Reaktion sollte unter RNase-freien Bedingungen stattfinden (Abschn. 7.1). Bei jedem Experiment sollte eine Negativkontrolle (ohne Template-RNA) mit angesetzt werden. Eine zusätzliche Kontrolle ohne RT-Mix ist optional, aber empfehlenswert, um gegebenenfalls den Einfluss von Verunreinigungen der RNA-Probe mit genomischer DNA bestimmen zu können, sofern die Primer nicht für die ausschließliche Amplifikation von RNA ausgelegt sind.
- Auftauen sämtlicher benötigter Reagenzien (QuantiTect SYBR Green RT-PCR Master-Mix, QuantiTect RT-Mix, Template-RNA, Primerlösungen, RNase-freies H_2O und gegebenenfalls $MgCl_2$-Stammlösung)
- Programmieren des *real time*-Kapillar-Thermocycler-Systems (Tab. 4–9)
- Pipettieren der Reaktionsansätze (Gesamtvolumen jeweils 20 µl), jedoch ohne Template-RNA: 2 × Master-Mix, RT-Mix, Primer 1 (1 µM), Primer 2 (1 µM), RNase-freies Wasser (variabel), hitzelabile Uracil-N-Glycosylase (optional; 1–2 U pro Reaktion)
- gründlich mischen und auf die PCR-Kapillaren verteilen
- Template-RNA zugeben (1 pg – 1 µg pro Reaktion)

Tab. 4–9: *Real time*-RT-PCR-Programm bei Verwendung des QuantiTect SYBR Green RT-PCR Kits

Schritt-Nr.	Bezeichnung	Temperatur [°C]	Zeit
1	Reverse Transkription	50	20 min
2	Aktivierung der HotStarTaq DNA-Polymerase (zugleich Deaktivierung der Reversen Transkriptasen)	95	15 min
3	Denaturierung	94	15 s
4	Primer-Hybridisierung (Annealing)	50–60	20 s
5	Polymerisation (Extension)	72	5–25 s
6 (optional)	Zusätzliche Datenaufnahme (siehe Anmerkung unten)	x (dabei gilt: T_m (Dimere) $< x < T_m$ (spez. Produkt))	5 s
Wiederholung der Schritte 3–5 (bzw. 3–6): 35–55 Mal (je nach Menge an Template-RNA)			

- PCR-Kapillaren (bis dahin kühl halten) in den Thermocycler überführen und das RT-PCR-Programm starten
- Durchführen einer Schmelzkurvenanalyse der RT-PCR-Produkte

Anmerkung: Für die optionale UNG-Behandlung sollten die Proben für mindestens zehn Minuten in den gekühlten Kapillaren belassen werden. Außerdem empfiehlt sich, routinemäßig die Schmelzkurvenanalyse durchzuführen, die in der Software der *real time*-Cycler integriert ist (Herstellerangaben beachten). Anhand der Schmelzkurven kann man zwischen spezifischem RT-PCR-Produkt, nicht spezifischem RT-PCR-Produkt und eventuell gebildeten Primer-Dimeren (weisen niedrigeren Schmelzpunkt auf) unterscheiden und so die Spezifität des Assays bzw. die Identität der RT-PCR-Produkte verifizieren. Der optionale Schritt 6 (Tab. 4–9) sollte in einem zweiten PCR-Durchlauf integriert werden, wenn das Störsignal durch Primer-Dimere zu hoch ist.

4.2.4 *in situ*-PCR

Für viele biologische Fragestellungen ist es nützlich, Transkripte direkt in Zellen oder Geweben ohne vorherige Extraktion der Nucleinsäuren nachzuweisen. Im Falle seltener Transkripte sind herkömmliche Methoden wie *in situ*-Hybridisierung allerdings zum Teil nicht empfindlich genug.

Die Methode der *in situ*-PCR (Nuovo, 1992, Chen und Fuggle, 1993) vereinigt die Vorteile der *in situ*-Hybridisierung mit der Empfindlichkeit der PCR. Hier dient die DNA bzw. RNA in der Zelle direkt als Template für die PCR. Die Methode umfasst das Methodenspektrum der *in situ*-Hybridisierung (Hames und Higgins, 1993; Kap. 11), das im Vergleich zur PCR weitaus anspruchsvoller ist. Weiterhin werden, um die PCR direkt in den auf Objektträgern fixierten Gewebeschnitten durchführen zu können, speziell konstruierte Thermocycler benötigt. Alternativ gibt es z.B. von Eppendorf spezielle *in situ*-Einsätze für PCR-Maschinen. Zur Detektion und Lokalisation der Amplifikationsprodukte stehen radioaktive sowie nicht radioaktive Detektionssysteme analog zur *in situ*-Hybridisierung zur Verfügung.

Literatur

Baltimore, D. (1970): RNA-Dependent DNA Polymerase in Virions of RNA Tumor Viruses. Nature 226:1.209–1.211.

Becker-André, M. (1993): Absolute Levels of mRNA by Polymerase Chain Reaction-Aided Transcript Titration Assay. Methods Enzymol. 218, 420–445.

Bosch, I., Melichar H., Pardee A.B. (2000): Identification of Differentially Expressed Genes from Limited Amounts of RNA. Nucleic Acids Res. 28:E27.

Chen, Y., Balakrishnan, M., Roques, B.P., Bambara, R.A. (2003): Steps of the Acceptor Invasion Mechanism for HIV-1 Minus Strand Strong Stop Transfer J Biol Chem. 278:38.368–38.375.

Chen, R.H., Fuggle, S.V. (1993): In Situ cDNA Polymerase Chain Reaction. A Novel Technique for Detecting mRNA Expression. Am. J. Pathol. 143, 1.527–1.534.

Cheng, S., Fockler, C., Barnes, W.M., Higuchi, R. (1994): Effective Amplification of Long Targets from Cloned Inserts and Human Genomic DNA. Proc. Natl. Acad. Sci. USA 91, 5.695–5.699.

Chou,Q., Russell, M., Birch, D.E., Bloch, W. (1992): Prevention of Pre-PCR Mis-Priming and Primer Dimerization Improves Law-Copy-Number Amplifications. Nucl. Acids Res. 20, 1.717.

Frohman, M.A., Dush, M.K., Martin, G.R. (1988): Rapid Production of Full-Length cDNAs from Rare Transcripts. Amplification Using a Single Gene Specific Oligonucleotide Primer. Proc. Natl. Acad. Sci. USA 85, 8.998–9.002.

Gassen, H.G., Sachse, G.E., Schulte, A. (1994): PCR Grundlagen und Anwendungen der Polymerase-Kettenreaktion. Gustav Fischer Verlag, Stuttgart.

Gassen, H.G., Minol, K. (1996): Gentechnik – Einführung in Prinzipien und Methoden. Gustav Fischer Verlag, Stuttgart.

Hames, B.D., Higgins, S.J. (1993): Gene Transcription – A Practical Approach. IRL Press, New York.

Ho, S.N., Hunt, H.D., Horton, R.M., Pullen, J.K., Pease, L.R. (1989): Site-directed mutagenesis by overlap extension using the polymerase chain reaction. Gene 77, 51-59.

Kelleher, C.D., Champoux, J.J. (1998): Characterization of RNA Strand Displacement Synthesis by Moloney Murine Leukemia Virus Reverse Transcriptase. J Biol Chem 273:9.976–9.986.

Liang, P., Pardee, A.B. (1992): Differential Display of Eukaryotic Messenger RNA by Means of the Polymerase Chain Reaction. Science 257, 967–971.

Lottspeich, F., Zorbas, H. (1998): Bioanalytik. Spektrum Akademischer Verlag, Heidelberg, Berlin.

Lundberg, K.S., Shoemaker, D.D., Adams, M.W.W., Short, J.M., Sorge, J.A., Mathur, E.J. (1991): High-Fidelity Amplification Using a Thermostable DNA Polymerase Isolated from Pyrococcus Furiosus. Gene 108, 1-6.

Malboeuf, C.M., Isaacs, S.J., Tran, N.H., Kim, B. (2001): Thermal Effects on Reverse Transcription. Improvement of Accuracy and Processivity in cDNA Synthesis. Biotechniques 30:1.074–1.078.

Müller, H.J. (2001): PCR-Polymerase-Kettenreaktion. Spektrum Akad. Verlag, Heidelberg.

Newton, C.R., Graham, A. (1994): PCR. Spektrum Akademischer Verlag Heidelberg, Berlin.

Nuovo, G. (1992): PCR In Situ Hybridization. Raven Press, New York.

Ochman, H., Ayala, F.J., Hartl, D.L. (1993): Use of Polymerase Chain Reaction to Amplify Segments Outside Boundaries of Known Sequences. Methods Enzymol. 218, 309–321.

Pezo, V., Martinez, M.A., Wain-Hobson, S. (1996) Fate of Direct and Inverted Repeats in the RNA Hypermutagenesis Reaction. Nucleic Acids Res. 24:253–256.

Polumuri, S.K., Ruknudin, A.M., Schulze, D.H. (2002): RNaseH and its Effects on PCR. BioTechniques 32:1.224–1.225.

Radonic, A., Thulke, S., Mackay, I.M., Landt, O., Siegert, W., Nitsche, A. (2004): Guideline to Reference Gene Selection for Quatitative Real Time PCR. Biochem. Biophys. Ress. Commun. 313, 856–862.

Rychlik, W., Rhoads, R.E. (1989): A Computer Program for Choosing Optimal Oligonucleotides for Filter Hybridization, Sequencing and for In Vitro Amplification of DNA. Nucl. Acids Res. 17, 8.543.

Saiki, R.K., Gelfand, D.H., Stoffel, S., Scharf, S.J., Higuchi, R., Horn, G.T., Mullis, K.B., Erlich, H.A. (1988): Primer Directed Enzymatic Amplification of DNA with a Thermostable DNA Polymerase. Science 239, 487–491.

Schaeter, B.C. (1995): Revolutions In Rapid Amplification of cDNA Ends. New Strategies for Polymerase Chain Reaction Cloning of Full-Length cDNA Ends. Anal. Biochem. 227, 255–273.

Scheuermann, R.H., Bauer, S.R. (1993): Polymerase Chain Reaction-Based mRNA Quantification Using an Internal Standard. Analysis of Oncogene Expression. Methods Enzymol. 218, 446–463.

Silver, J., Keerikatte, V. (1989): Novel Use of Polymerase Chain Reaction To Amplify Cellular DNA Adjacent to an Integrated Provirus. J. Virology 63, 1924-1928.

Skalka, A.M., Goff, S.P. (1993): Reverse Transcriptase, Cold Spring Harbor Laboratory Press, New York.

Taylor, J.M., Illmensee, R., Summers, J. (1976): Efficient Transcription of RNA into DNA by Avian Arcoma Virus Polymerase. Biochem. Biophys. Acta 442:324–330.

Temin, H.M., Mizutani, S. (1970): RNA-Dependent DNA Polymerase in Virions of Rous Sarcoma Virus. Nature 226:1.211–1.213.

Thein, S.L., Wallace, R.B. (1986): The Use of Synthetic Oligonucleotides as Specific Hybridization Probes in the Diagnosis of Genetic Disorders. In: Human Genetic Diseases. A Practical Approach. IRL Press.

Van Gelder, R.N., von Zastrow, M.E., Yool, A., Dement, W.C., Barchas, J.D., Eberwine, J.H. (1990): Amplified RNA Synthesized from Limited Quantities of Heterogeneous cDNA. Proc Natl Acad Sci U S A 1990, 87:1.663–1.667.

Veres, G., Gibbs, R.A., Scherer, S.E., Caskey, C.T. (1987): The Molecular Basis of the Sparse Fur Mouse Mutation. Science 237:415–417.

Wöhrl, B.M., Georgiadis, M.M., Telesnitsky, A., Hendrickson, W.A., Le Grice, S.F. (1995) Footprint Analysis of Replicating Murine Leukemia Virus Reverse Transcriptase. Science. 267:96–99.

Zhu, Y.Y., Machleder, E.M., Chenchik, A., Li, R., Sieber,t P.D. (2001): Reverse Transcriptase Template Switching. A Smart Approach for Full-Length cDNA Library Construction. Biotechniques 30:892–897.

5 Klonierung von cDNA (cDNA-Phagenbank)

(Cornel Mülhardt)

Eukaryotische Gene können zur Ermittlung der Proteinsequenz oder zur heterologen Expression eines Proteins ausschließlich über ihre cDNA kloniert werden. Zur Synthese der cDNA wird mRNA als Matrize verwendet, daher enthält die cDNA keine Intronsequenzen. Eine solche cDNA ist üblicherweise zelltyp- und differenzierungsspezifisch, weil beispielsweise eine Muskelzelle andere Gene exprimiert als eine Nervenzelle oder ein Lymphozyt und dementsprechend eine ganz spezifische Zusammensetzung an mRNAs besitzt.

Sind wenige bis gar keine Sequenzinformationen über das gewünschte Gen vorhanden, erfolgt die Klonierung durch die Herstellung einer cDNA-Phagenbank. Hierzu wird mRNA aus einem Gewebe oder einer Zelllinie isoliert, in cDNA umgeschrieben und in das Genom eines Bakteriophagen kloniert.

Man erhält so eine Population von Phagen, in der die relative Häufigkeit einer jeden cDNA der Häufigkeit der entsprechenden mRNA im Ausgangsgewebe entspricht. Eine solche Population heißt cDNA-Genbank. Die Anlage von cDNA-Genbanken in Bakteriophagen als Vektoren hat den Vorteil, dass eine große Zahl (50.000–100.000) rekombinanter Phagen in einem einzigen Arbeitsschritt auf das Vorhandensein der gewünschten cDNA durchsucht werden kann. Darüber hinaus werden in aller Regel mehrere, voneinander unabhängige cDNA-Klone isoliert, die sich in ihrer Länge unterscheiden. Als Sonde für die Isolierung eines spezifischen cDNA-Klones aus der Phagenbank wird, je nach Art der Bank, entweder ein Antikörper oder ein DNA-Fragment verwendet.

Das Anlegen und Durchsuchen einer cDNA-Phagenbank kann umgangen werden, wenn Sequenzinformationen über das zu klonierende Gen vorliegen. In diesem Fall wird aus der mRNA-Population unter Verwendung spezifischer Oligonucleotide durch PCR (Polymerase-Kettenreaktion, engl. *polymerase chain reaction,* Kap. 4) die cDNA synthetisiert und amplifiziert. Das erhaltene DNA-Fragment wird direkt in ein Plasmid kloniert. Der Vorteil dieser Methode besteht in ihrer Sensitivität und Schnelligkeit. So können auch seltene mRNAs, deren Häufigkeit nur 10 Kopien pro Zelle und weniger beträgt, in zwei bis drei Tagen amplifiziert und kloniert werden. Von Nachteil ist, dass nur die cDNA-Sequenz, die zwischen den Oligonucleotiden liegt, amplifiziert wird, während die 5'- und 3'-flankierenden Regionen fehlen. Die fehlenden cDNA-Sequenzen werden anschließend mit einer zweiten PCR (RACE, *rapid amplification of cDNA ends,* Abschn. 4.2.2.6.3) amplifiziert und kloniert.

5.1 Klonierung von cDNA mit λ-Vektoren

In einer repräsentativen Genbank entspricht die Häufigkeit einer bestimmten cDNA-Sequenz der Häufigkeit, mit der die kodierende mRNA im Ausgangsgewebe vertreten ist. Dies gilt aber nur, wenn vor der cDNA-Synthese keine spezifischen Anreicherungsschritte, z.B. Größenfraktionierung der mRNA, durchgeführt wurden. Ist die Kopienzahl einer gesuchten mRNA im Spendergewebe gering (bis zu 10 Kopien), muss die cDNA-Genbank eine große Anzahl von unabhängigen Klonen enthalten; nur so lässt sich sicherstellen, dass die gesuchte Sequenz mit hoher Wahrscheinlichkeit in der Genbank vertreten ist. Legt man zugrunde, dass etwa 3×10^7 Basenpaare des menschlichen Genoms proteincodierende Sequenzen sind und die durchschnittliche Länge aller cDNA-Moleküle 700 Basenpaare beträgt, so errechnet sich nach der Formel

$$N = \frac{\ln (1 - P)}{\ln (1 - f)}$$

(Kap. 6), dass eine repräsentative menschliche cDNA-Genbank aus etwa 2×10^6 unabhängigen Klonen bestehen muss, um mit einer Wahrscheinlichkeit P von 99 % jede cDNA-Sequenz zu enthalten. f ist in diesem Fall der reziproke Wert der Fragmentanzahl. Eine solche Anzahl von Klonen ist am leichtesten zu erhalten, wenn man den Bakteriophagen λ als Vektor verwendet. Prinzipiell stehen zwei λ-Vektortypen zur Verfügung: λ-gt10 und dessen Derivate für die spätere Durchmusterung mit einem Nucleinsäurefragment sowie λ-gt11 und dessen Derivate zum Screenen mit einem Antikörper.

Inzwischen wurden λ-Vektoren konstruiert, welche die effiziente cDNA-Klonierung und das einfache Screenen von λ-cDNA-Banken mit den Vorteilen eines multifunktionellen Plasmidvektors kombinieren. Hierbei ermöglicht eine Polylinkersequenz zwischen linkem und rechtem Vektorarm eine gerichtete Klonierung. Werden cDNA-Fragmente in die multiple Klonierungsstelle ligiert, so liegen sie in einem induzierbaren *lacZ*-Gen, wie es in ähnlicher Form in den pUC-Plasmidvektoren vorkommt. Induziert man den *lac*-Promotor mit IPTG (Isopropylthiogalactosid), so wird die klonierte cDNA als Fusionsprotein mit dem aminoterminalen Ende der vom *lacZ*-Gen kodierten β-Galactosidase exprimiert. So sind immunologische Tests und Screening-Verfahren durch Hybridisierung möglich. Zusätzlich enthalten manche λ-Vektoren links und rechts der Polylinkersequenz je einen Promotor der Bakteriophagen T3 und T7. Mit ihrer Hilfe lässt sich RNA *in vitro* von der klonierten cDNA synthetisieren.

Wenn der Titer der Phagenbank bestimmt wurde, besteht die Möglichkeit, entweder die Phagen direkt auszuplattieren und nach der gewünschten cDNA-Insertion zu suchen oder die Phagen zunächst zu vermehren. Letzteres ist besonders bei niedrigen Titerzahlen ($< 10^6$) oder geringen Mengen zur Verfügung stehender mRNA zu empfehlen. Die Phagenbank sollte jedoch nur einmal vermehrt werden, da sich bei wiederholter Vermehrung die relative Häufigkeit einzelner Phagenklone in der Gesamtpopulation zum Teil stark verändert.

Das Schema in Abb. 5–1 vermittelt einen Überblick über die einzelnen Schritte beim Aufbau der cDNA-Phagenbank. Zunächst wird mit der Reversen Transkriptase von der poly(A)$^+$-RNA mit 5-Methyl-dCTP, dATP, dGTP und dTTP ein komplementärer cDNA-Strang synthetisiert. Die Verwendung von 5-Methyl-dCTP führt dazu, dass der cDNA-Erststrang an den Cytosinnucleotiden methyliert ist. Das schützt die cDNA bei der späteren Klonierung vor Hydrolyse durch bakterieneigene Restriktionsenzyme. Als Primer wird ein Oligonucleotid verwendet, das einen Anker mit der Erkennungssequenz 5'-(N)$_{10}$CACGAG(T)$_{18}$-3' für das Restriktionsenzym Xho I besitzt. Dies ermöglicht es, später die cDNA in der richtigen Orientierung zum *lacZ*-Promotor zu klonieren (Eco RI–Xho I). Die poly(dT)-Sequenz bindet an die 3'–Poly(A)-Sequenz der mRNA und die Reverse Transkriptase synthetisiert den ersten cDNA-Strang. Die Reverse Transkriptase aus Moloney-Maus-Leukemia-Virus (MMLV-RT) ist dem entsprechenden Enzym aus Avian-Myoblastosis-Virus (AMV-RT) vorzuziehen, da sie eine sehr geringe DNA-abhängige DNA-Polymeraseaktivität sowie eine geringe RNase H-Aktivität besitzt (Abschn. 1.9.2). So hydrolysiert das Enzym nur wenig Matrizen-RNA und vervollständigt den neu synthetisierten ersten cDNA-Strang nicht zu doppelsträngiger DNA. Bei diesem Vorgang entsteht an einem Ende häufig eine Haarnadelstruktur; derartige DNA-Moleküle können nach dem hier beschriebenen Schema nicht kloniert werden.

Die Synthese des zweiten cDNA-Stranges erfolgt mithilfe von DNA-Polymerase I in Anwesenheit von RNase H. RNase H hydrolysiert die an cDNA gebundene RNA und schafft damit Primerbereiche für die DNA-Polymerase I, die in einer Nick-Translationsreaktion (Abschn 1.9.2) den komplementären Strang zum ursprünglichen cDNA-Strang synthetisiert. Um den Einbau von 5-Methyl-dCTP in den zweiten Strang zu unterdrücken, wird der Reaktion dCTP im Überschuss zugefügt. Dadurch soll sichergestellt werden, dass die für die gerichtete Klonierung nötige Xho I-Schnittstelle im Primer-Oligonucleotid nicht methyliert ist. Im nächsten Schritt werden die Enden der cDNA mithilfe der DNA-Polymerase des Bakteriophagen T7 aufgefüllt, um glatte Enden zu erhalten, an die Eco RI-Adapter ligiert werden können. Diese Eco RI-Adapter bestehen aus zwei komplementären Oligonucleotiden, die zusammen ein kurzes, doppelsträngiges DNA-Fragment bilden. Das eine Ende des DNA-Fragments ist glatt und kann an die cDNA ligiert werden, während das andere Ende dem eines mit Eco RI geschnittenen DNA-

Fragment entspricht. Um einerseits die Ligationseffizienz zu erhöhen, andererseits aber die Bildung von Adapterkonkatemeren zu verhindern, wird zunächst nur das glatte Ende phosphoryliert. Sind die Fragmente mit Adaptern versehen, wird auch das Eco RI-Ende phosphoryliert und so die Ligation der cDNA in die dephosphorylierte Vektor-DNA möglich gemacht. Für die gerichtete Klonierung muss die cDNA noch mit Xho I hydrolysiert und der überschüssige Eco RI-Adapter aus der Erststrangsynthese durch Molekularsiebchromatographie von der cDNA getrennt werden. Die nach Größe fraktionierte cDNA wird schließlich mit dephosphorylierter λ-Vektor-DNA ligiert und zur Generierung infektionsfähiger Bakteriophagen in vitro verpackt.

Als Wirtsbakterium muss aufgrund der hemimethylierten cDNA ein Bakterienstamm mit dem genotypischen Marker mcrA⁻ und mcrB⁻ verwendet werden, der in beiden Restriktionssystemen defekt ist und die cDNA nicht abbaut. Nach einer Vermehrungsrunde ist die cDNA nicht länger methyliert und die Phagen können auf mcrA⁺-mcrB⁺-Bakterien vermehrt werden. Zusätzlich zu diesem genotypischen Marker muss der Bakterienstamm die M15-Mutation des lacZ-Gens besitzen, die für die α-Komplementation des Aminoterminus des lacZ-Gens notwendig ist. Sie ermöglicht es, die in vitro verpackten Phagen in Anwesenheit von IPTG (Isopropylthiogalactosid) und X-Gal (5-Brom-4 -chlor-3-indolyl-ß-D-galactopyranosid) auszuplattieren und die Anzahl der rekombinanten Phagen zu bestimmen. Blaue Plaques enthalten keine cDNA, während Phagen, die weiße Plaques bilden, eine cDNA-Insertion in ihrem Genom besitzen. λ-Vektoren akzeptieren cDNA-Insertionen von bis zu etwa 8 kb Länge. Ausgehend von 4 µg poly(A)⁺-RNA können ca. 10^6 rekombinante Bakteriophagen erhalten werden.

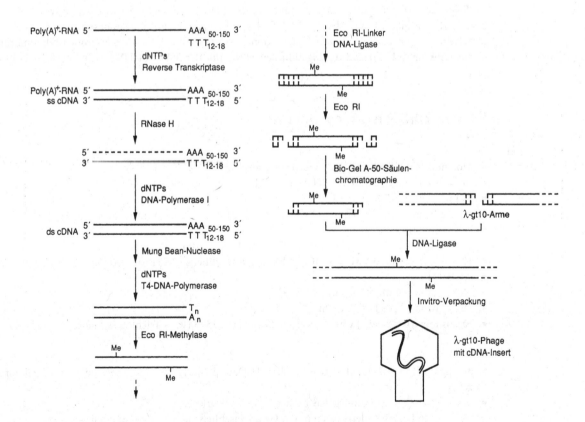

Abb. 5–1: Die einzelnen Schritte beim Aufbau einer cDNA-Genbank.

💣 *Trouble Shooting*

Da bei der cDNA-Klonierung mit geringen Mengen an Nucleinsäuren gearbeitet wird, sollten die Zentrifugationen im Kühlraum oder in einer gekühlten Zentrifuge durchgeführt werden, um Hydrolyse durch unspezifische Nucleasen zu vermeiden. Die einmalige Zugabe von 5 µg Glykogen vor der ersten Nucleinsäurefällung kann die Ausbeute erhöhen. Glykogen selbst stört die nachfolgenden Enzymreaktionen nicht. Präzipitationen, die über Nacht durchgeführt werden, und Ligationen, die über 36–48 h durchgeführt werden, können die Ausbeute an rekombinanten Phagen bis um das Doppelte erhöhen.

Weitere Hinweise, die für einzelne Arbeitsschritte gelten, finden sich jeweils im Anschluss an die Versuchsbeschreibung.

Literatur

Gubler, U., Hofmann, B.J. (1983): A Simple and Very Efficient Method for Generating cDNA Libraries. Gene 25, 263–269.

Huynh, T.V., Young, R.A., Davis, R.H. (1985) in: Glover, D.M. (Hrsg.): DNA Cloning: A Practical Approach. Vol I. IRL Press, Oxford, 49–78.

Kimmel, A.R., Berger, S.L. (1987): Preparation of cDNA and the Generation of cDNA Libraries. Overview. Methods Enzymol. 152, 307–316.

5.1.1 cDNA-Synthese und Vorbereitung zur Ligation

Im Folgenden werden die cDNA-Erststrangsynthese (Abschn. 5.1.1.1), die Zweitstrangsynthese (Abschn. 5.1.1.2), die Auffüllreaktion (Abschn. 5.1.1.3), die Linkerligation und -phosphorylierung (Abschn. 5.1.1.4), die Hydrolyse der cDNA zur gerichteten Klonierung (Abschn. 5.1.1.5), die Größenfraktionierung der cDNA (Abschn. 5.1.1.6) und die Ligation der cDNA mit der λ-Vektor-DNA (Abschn. 5.1.1.7) beschrieben.

5.1.1.1 cDNA-Erststrangsynthese

🧪 *Materialien*

- Moloney-Maus-Leukemia-Virus Reverse Transkriptase (MMLV-RTase): $20 \, U \times \mu l^{-1}$
- $(\alpha\text{-}^{32}P)dATP$ (spez. Aktivität $3.000 \, Ci \times mMol^{-1}$, Konzentration $10 \, mCi \times ml^{-1}$)
- 3–4 µg poly(A)$^+$-RNA
- Linker-Primer mit der Sequenz 5'-(N)$_{10}$CACGAG(T)$_{18}$-3' ($2 \, mg \times ml^{-1}$), wobei (N)$_{10}$ für eine beliebige Nucleotidfolge steht
- Erststrang-dNTP-Lösung: 10 mM dATP, 10 mM dGTP, 10 mM dTTP, 5 mM 5-Methyl-dCTP
- 10 × RTase-Puffer: 0,5 M Tris-HCl, pH 8,3 (den Wert bei 43 °C einstellen), 30 mM $MgCl_2$, 0,75 M KCl
- 0,1 M DTT
- BSA-Lösung: $10 \, mg \times ml^{-1}$ in dest. H_2O
- DEPC-behandeltes H_2O (Abschn. 7.1.3.1)
- Fälllösung: 0,02 % (w/v) Casein (säurehydrolysiert), 25 % (w/v) Trichloressigsäure (TCA)

❗ *Durchführung*

- 3–4 µg poly(A)$^+$-RNA, gelöst in 20 µl dest. H_2O, und 2 µl Linker-Primer in ein 1,5 ml-Reaktionsgefäß geben
- in einem zweiten Reaktionsgefäß 1 µl $(\alpha\text{-}^{32}P)dATP$ vorlegen
- RNA 5 min bei 70 °C denaturieren und Gefäß anschließend sofort auf Eis stellen

- 5 µl 10 × RTase-Puffer, 3 µl Erststrang-dNTP-Lösung, 5 µl 0,1 M DTT, 12,5 µl DEPC-H$_2$O und 2,5 µl MMLV-RTase zugeben; durch Antippen des Röhrchens kurz mischen („kalter" Ansatz)
- 5 µl des kalten Ansatzes in das Gefäß mit dem radioaktiv markierten dATP geben und vorsichtig mischen (es dürfen sich keine Luftblasen bilden; „heißer" Ansatz)
- 1 µl des heißen Ansatzes für eine TCA-Präzipitation (Abschn. 5.1.4) sofort in ein Reaktionsgefäß, in dem 1 µl BSA-Lösung vorgelegt ist, überführen, 1 ml Fälllösung zugeben, kurz kräftig mischen (Vibromischer) und das Gefäß auf Eis stellen; die weitere Behandlung der Probe wird während der folgenden Inkubation durchgeführt
- beide Ansätze für 1 h bei 37 °C inkubieren
- wiederum 1 µl aus dem heißen Ansatz für eine TCA-Präzipitation entnehmen und alle Arbeitsschritte zur Präzipitation wie oben durchführen; den restlichen heißen Ansatz für die Analyse durch alkalische Agarose-Gelelektrophorese (Abschn. 2.3.1.3) bei −20 °C aufbewahren
- den kalten Ansatz in Eis stellen und alle Reagenzien für die Zweitstrangsynthese auftauen.

5.1.1.2   cDNA-Zweitstrangsynthese

Materialien

- RNA:cDNA-Hybrid-Doppelstrang (Abschn. 5.1.1.1)
- DNA-Polymerase I Klenow-Fragment (10 U × µl^{-1})
- RNase H (1 U × µl^{-1})
- 10 × Zweitstrangpuffer: 0,5 M Tris-HCl, pH 7,2, 10 µM MgCl$_2$
- Zweitstrang-dNTP-Lösung: 10 mM dATP, 10 mM dGTP, 10 mM dTTP, 25 mM dCTP
- (α-^{32}P)dATP (Abschn. 5.1.1.1)
- 0,1 mM DTT
- 3 M Natriumacetat, pH 4,5
- BSA-Lösung (Abschn. 5.1.1.1)
- DEPC-behandeltes H$_2$O (Abschn. 7.1.3.1)
- Fälllösung (Abschn. 5.1.1.1)
- Materialien zur Phenolextraktion und zum Fällen: Phenol/Chloroform/Isoamylalkohol (25/24/1 v/v/v) oder Phenol/Chloroform (1/1 v/v), Diethylether (H$_2$O-gesättigt), Ethanol (p.a.), 70 % (v/v) Ethanol

Durchführung

- Wasserbad oder Heizblock auf 16 °C vorheizen
- zu den restlichen 45 µl des kalten Ansatzes folgende Komponenten pipettieren: 40 µl 10 × Zweitstrangpuffer, 6 µl Zweitstrang-dNTP-Lösung, 15 µl 0,1 M DTT, 278 µl DEPC-behandeltes H$_2$O, 1 µl (α-^{32}P) dATP
- Ansatz mischen (antippen) und 1 µl für TCA-Präzipitation (Abschn. 5.1.4) sofort in ein 1,5 ml-Reaktionsgefäß überführen, in dem 1 µl BSA-Lösung vorgelegt ist; 1 ml Fälllösung zugeben, kräftig mischen und auf Eis stellen; die weitere Behandlung der Probe während der folgenden Inkubation durchführen
- 4 µl RNase H und 11 µl DNA-Polymerase zugeben
- Ansatz mischen (antippen) und 2,5 h bei 16 °C inkubieren
- 1 µl aus dem Ansatz entnehmen und sofort die TCA-Präzipitation (Abschn. 5.1.4) durchführen
- zu dem Zweitstrangansatz ein gleiches Volumen Phenol/Chloroform/Isoamylalkohol geben, kräftig mischen (Vibromischer) und zur Phasentrennung 5 min in der Tischzentrifuge zentrifugieren
- wässrige Phase (oben) abheben und in ein frisches Reaktionsgefäß überführen
- ein gleiches Volumen Diethylether zugeben und extrahieren wie oben beschrieben
- wässrige Phase (unten) entnehmen und in ein neues Reaktionsgefäß überführen
- Gefäß offen für 5 min bei Raumtemperatur stehen lassen, damit der restliche Diethylether abdampft
- 33 µl Natriumacetat und 867 µl Ethanol (p.a.; 2,5-faches Reaktionsvolumen) zugeben

- den Ansatz durch Invertieren des Gefäßes mischen und die Nucleinsäuren durch Inkubation über Nacht bei –20 °C präzipitieren
- Präzipitat 40 min in der Tischzentrifuge sedimentieren (Kühlraum); eine Markierung an der Außenseite des Gefäßes erleichtert es, bei der nächsten Zentrifugation das Gefäß in der gleichen Orientierung in den Rotor zu stellen
- Überstand mit der Pipette abnehmen und in den radioaktiven Abfall geben
- Präzipitat mit 1 ml –20 °C kaltem 70 % (v/v) Ethanol waschen und erneut 5 min zentrifugieren (gleiche Orientierung des Gefäßes im Rotor); Präzipitat anschließend 15 min an der Luft oder max. 3–4 min in der Vakuumzentrifuge trocknen
- DNA in 38 µl DEPC-behandeltem H_2O lösen
- 4 µl des Ansatzes mit der doppelsträngigen DNA für eine spätere Analyse im alkalischen Agarosegel entnehmen (Abschn. 5.1.1.6 und 2.3.1.3) und bei –20 °C lagern; die Ausbeute an cDNA-Zweitstrang liegt in der Regel zwischen 80 und 100 % bezogen auf den eingesetzten Erststrang.

Trouble Shooting

Die Verteilung der Radioaktivität im Präzipitat und Überstand sollte mittels Handgeigerzähler überprüft werden. Nach dem Präzipitationsschritt findet sich ein großer Teil der Radioaktivität im Überstand, da die Hauptmenge des nicht eingebauten (α-^{32}P)dATP bei der Ethanolfällung nicht gefällt wird. Bei positivem Ergebnis (Radioaktivität im Präzipitat) kann der Überstand verworfen werden. Nach dem Waschen des Präzipitat mit Ethanol und der Zentrifugation sollte der Überstand nur noch geringe bis keine Radioaktivität aufweisen.

5.1.1.3 Auffüllreaktion

Materialien

- Doppelsträngige cDNA (Abschn. 5.1.1.2)
- T4-DNA-Polymerase (5 U × µl^{-1})
- dNTP-Lösung: 0,5 mM dATP, 0,5 mM dCTP, 0,5 mM dGTP, 0,5 mM dTTP
- Materialien zur Phenolextraktion und zum Fällen (Abschn. 5.1.1.2)
- 10 × Auffüllpuffer: 0,2 M Tris-HCl, pH 8,0, 0,1 M MgCl$_2$, 10 mM DTT
- DEPC-behandeltes H_2O (Abschn. 7.1.3.1)

Durchführung

- Zu den 34 µl cDNA werden folgende Lösungen zugegeben: 5 µl 10 × Auffüllpuffer, 10 µl dNTP-Lösung und 1 µl T4-DNA-Polymerase
- 30 min bei 37 °C inkubieren
- nach Reaktionsende 50 µl DEPC-behandeltes H_2O zugeben, um ein Endvolumen von 100 µl zu erhalten
- Ansatz mit Phenol/Chloroform/Isoamylalkohol und anschließend mit Diethylether extrahieren, mit Ethanol präzipitieren und waschen (Abschn. 5.1.1.2)
- Präzipitat trocknen (Abschn. 5.1.1.2) und die Radioaktivität in Präzipitat und Überstand prüfen (Handgeigerzähler).

5.1.1.4 Eco RI-Linkerligation und -phosphorylierung

Materialien

- Doppelsträngige cDNA (Abschn. 5.1.1.3)
- Eco RI-Linker (0,5 µg × µl^{-1}) mit der Sequenz 5'-AATTCGCACGAG-3'
- T4-DNA-Ligase (2-5 U × µl^{-1})   3'-GCCGTGCTC-5'

- T4-Polynucleotidkinase ($10 \text{ U} \times \mu\text{l}^{-1}$)
- 10 mM ATP
- 10 × T4-DNA-Ligasepuffer: 0,7 M Tris-HCl, pH 7,5, 50 mM MgCl$_2$, 50 mM DTT; falls mit dem Enzym ein Puffer geliefert wird, empfiehlt es sich, diesen zu benutzen
- DEPC-behandeltes H$_2$O (Abschn. 7.1.3.1)
- Materialien zur Phenolextraktion und zum Fällen (Abschn. 5.1.1.2)

Durchführung

- Falls die Linker selbst synthetisiert werden, müssen sie vor der Ligation hybridisiert werden
- lyophilisierte einzelsträngige Linker-DNA in soviel T4-Ligasepuffer aufnehmen, dass 15 μl davon einen 100-fach molaren Überschuss von Linker gegenüber cDNA enthalten
- Ansatz in ein Becherglas mit 85 °C heißem Wasser stellen (das Becherglas sollte mindestens 500 ml fassen, damit das spätere Abkühlen langsam erfolgt)
- Becherglas in Eis stellen und das Wasser innerhalb von 45–60 min auf 4 °C abkühlen lassen (dabei erfolgt das *annealing* der Linkermoleküle)
- cDNA-Präzipitat in 7 μl Eco RI-Linker lösen
- folgende Komponenten zugeben, während die Probe auf Eis steht: 0,5 μl 10 × T4-Ligasepuffer, 1 μl 10 mM ATP (liefert die Energie für die Ligationsreaktion) und 1 μl T4-DNA-Ligase
- den Ansatz mischen (antippen) und mindestens 16 h bei 8 °C inkubieren
- zur Inaktivierung der Ligase den Ansatz 30 min bei 70 °C inkubieren
- zur Phosphorylierung der Eco RI-Linker nochmals 1 μl 10 × T4-Ligasepuffer, 2 μl 10 mM ATP, 6 μl DEPC-behandeltes H$_2$O und 1 μl T4-Polynucleotidkinase zugeben
- bei 37 °C für 30 min inkubieren
- Ansatz mit Phenol/Chloroform/Isoamylalkohol und anschließend mit Diethylether extrahieren, mit Ethanol präzipitieren und waschen (Abschn. 5.1.1.2)
- Präzipitat wie in Abschn. 5.1.1.2 trocknen und die Radioaktivität in Präzipitat und Überstand prüfen (Handgeigerzähler).

5.1.1.5 Hydrolyse der cDNA

Materialien

- cDNA (Abschn. 5.1.1.4)
- Xho I ($40 \text{ U} \times \mu\text{l}^{-1}$)
- 10 × Restriktionspuffer: 0,1 M Tris-HCl, pH 7,4, 0,5 M KCl, 1 mM EDTA, 10 mM DTT
- Materialien zur Phenolextraktion und zum Fällen (Abschn. 5.1.1.2)
- DEPC-behandeltes H$_2$O (Abschn. 7.1.3.1)

Durchführung

- Das cDNA-Präzipitat (Abschn. 5.1.1.4) in 33 μl DEPC-behandeltem H$_2$O lösen
- zur Hydrolyse mit Xho I 4 μl 10 × Restriktionspuffer und 3 μl Xho I zufügen
- Ansatz für 6–8 h bei 37 °C inkubieren
- Restriktionsansatz mit Phenol/Chloroform/Isoamylalkohol und anschließend mit Diethylether extrahieren, mit Ethanol präzipitieren und waschen (Abschn. 5.1.1.2)
- Präzipitat trocknen (Abschn. 5.1.1.2) und die Radioaktivität in Präzipitat und Überstand prüfen (Handgeigerzähler).

Falls eine Größenfraktionierung der cDNA nicht gewünscht ist, kann die DNA durch Membranfiltration gereinigt und dann direkt mit der Vektor-DNA ligiert werden. Zur Membranfiltration eignen sich Konzentratoren der Firma Amicon, Millipore (*Ultra free*-Filtereinheiten) oder anderer Hersteller mit

Ausschlussvolumina von 10 kDa oder 30 kDa. Sollen dagegen größere cDNA-Fragmente von den kleineren Fragmenten abgetrennt werden, so empfiehlt sich eine Fraktionierung über eine Sephacryl-Säule oder Bio-Gel A-50-Säule. Im nächsten Kapitel wird eine Fraktionierung über Bio-Gel A-50 beispielhaft beschrieben.

5.1.1.6   Größenfraktionierung der cDNA

Materialien

- cDNA (Abschn. 5.1.1.5)
- 8 M NH_4OAc
- Bio-Gel A-50-Säulenmaterial (fine, mesh 100–200, Biorad)
- Bio-Gel A-50-Säulenpuffer: 10 mM Tris-HCl, pH 7,5, 100 mM NaCl, 1 mM EDTA
- Ethanol (p.a.)
- 70 % (v/v) Ethanol
- silikonisierte 1 ml-Glaspipette (Abschn. 1.5.3)
- silikonisierte Glaswolle
- Sterilfilterapparatur
- Materialien für alkalische Agarose-Gelelektrophorese (Abschn. 2.3.1.3)
- DEPC-behandeltes H_2O (Abschn. 7.1.3.1)
- Einmalkanüle (0,9 mm × 38 mm, Luer)
- Silikonschlauch (Durchmesser ca. 4 mm; muss in das breite Ende einer 200 µl Pipettenspitze passen)
- alle Gefäße, die benutzt werden sollen, sterilisieren

Durchführung

- 4–5 ml Säulenmaterial in 50 ml DEPC-behandeltem H_2O resuspendieren, Flüssigkeit mittels Sterilfilterapparatur und Wasserstrahlpumpe absaugen
- Vorgang wiederholen
- Vorgang mit 50 ml Bio-Gel-Säulenpuffer wiederholen
- Säulenmaterial in 5 ml Säulenpuffer aufnehmen, in eine kleine sterile Saugflasche füllen und entgasen (ohne Rührfisch, Flasche leicht schwenken)
- Säulenpuffer unter Rühren entgasen (Rührfisch verwenden)
- Einlauf der Einmalkanüle mit etwas silikonisierter Glaswolle stopfen
- silikonisierte 1 ml-Glaspipette mit entgastem Säulenmaterial bis oben füllen
- Das Luer-Lock-Ende der Kanüle fest auf das untere Ende der Pipette aufsetzen und mit Parafilm befestigen; Pipette (Säule) senkrecht stellen und so lange mit einer Pasteur-Pipette Säulenmaterial nachfüllen, bis die Säule bis etwa 2 cm unter dem Rand gefüllt ist
- Säule mit etwa 50 ml Säulenpuffer waschen; dazu einen Silikonschlauch in eine 200 µl-Pipettenspitze stecken, mit Säulenpuffer füllen und das freie Ende in ein Vorratsgefäß mit Säulenpuffer hängen, während die Pipettenspitze fest in das obere Ende der Glaspipette gedrückt wird, so dass Spitze und Säule luftdicht abschließen
- Durchflussrate von etwa 3 Tropfen pro 2 min mit der Schlauchklemme einstellen
- cDNA auf die Säule auftragen; dazu die Pipettenspitze entfernen, den Puffer bis auf einen Rest von 1 mm über dem Säulenmaterial ablaufen lassen, die cDNA auftragen und einsickern lassen
- das Reaktionsgefäß, in dem sich die cDNA befand, mit 10 µl Säulenpuffer auswaschen und diesen Puffer ebenfalls auftragen
- Schlauch wieder anschließen, indem die Pipettenspitze wieder fest eingesteckt wird; die Säule gegebenenfalls erneut senkrecht ausrichten und eine Durchflussrate von 3 Tropfen pro 2 min einstellen
- Fraktionen (3 Tropfen) in nummerierten 1,5 ml-Reaktionsgefäßen sammeln

- Gefäße in Zählgläschen stellen, Radioaktivität der einzelnen Fraktionen im Szintillationszähler bestimmen (Cerenkov-Zählung) und daraus ein Elutionsprofil erstellen (Abb. 5–2)
- von jeder zweiten Fraktion, die Radioaktivität enthält, etwa 2 kcpm in einer alkalischen Agarose-Gelelektrophorese analysieren (Abschn. 2.3.1.3)
- anhand des Elutionsprofils und der Größenverteilung der cDNA im Agarosegel die Fraktionen auswählen, die zur Klonierung verwendet werden sollen; in der Regel sind es die ersten 5–8 Fraktionen, die Radioaktivität enthalten
- ausgewählte Fraktionen in einem Reaktionsgefäß vereinen, auf 2 M NH$_4$OAc einstellen
- 2,2 Volumina Ethanol (p.a.) zugeben und cDNA über Nacht bei –20 °C präzipitieren
- Präzipitat 60 min in der Tischzentrifuge bei 4 °C zentrifugieren, Überstand mit einer Pipette abnehmen und Radioaktivität im Präzipitat und Überstand prüfen
- Präzipitat mit 70 % (v/v) und dann mit Ethanol (p.a.) waschen und trocknen lassen (Abschn. 5.1.1.2).

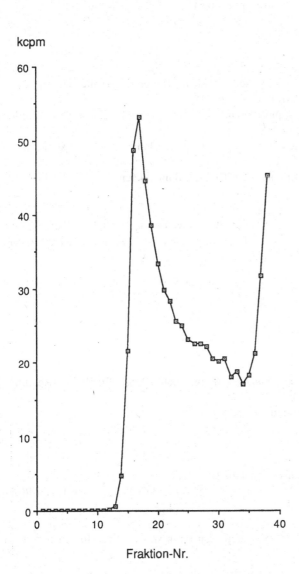

Abb. 5–2: Radioaktivitäts-Elutionsprofil der Bio-Gel-A-50-Säulenchromatographie. Auf der Ordinate sind die Fraktionen, auf der Abszisse die in den einzelnen Fraktionen gemessene Radioaktivität (in kcmp) aufgetragen. Die cDNA-Moleküle werden im Bereich der Fraktionen 14 bis 30 eluiert. Ab etwa Fraktion 30 ist damit zu rechnen, dass auch schon Linker-Moleküle eluiert werden. Aufgrund ihres geringen Anteils an der Gesamtmenge an DNA sind sie auf dem Autoradiogramm der Agarose-Gel-elektrophorese oft nicht zu entdecken.

♦ Trouble Shooting

Bei diesem Arbeitsschritt ist schnelles und sicheres Vorgehen wichtig. Wer die Säulenchromatographie zum ersten Mal durchführt, sollte die Technik mittels eines Probelaufes mit 35 μl dest. H_2O (mit 1 μl Dextranblaulösung versetzt) üben. Die Säule darf auf keinen Fall während eines Schrittes trocken laufen.

5.1.1.7 Ligation der cDNA mit λ-Vektor-DNA

Materialien

- cDNA (Abschn. 5.1.1.6)
- λ-Vektor-DNA (1 μg × μl^{-1})
- T4-DNA-Ligase (2-5 U × μl^{-1})
- 10 × T4-DNA-Ligasepuffer: 0,7 M Tris-HCl, pH 7,5, 50 mM $MgCl_2$, 50 mM DTT, falls bei der Enzymlieferung ein Puffer mitgeliefert wird, diesen benutzen
- 10 mM ATP
- DEPC-behandeltes H_2O (Abschn. 7.1.3.1)

Durchführung

Das Reaktionsvolumen des Ligationsansatzes sollte so klein wie möglich gehalten werden. Optimal ist ein Volumen von 5 μl mit 1 μg Vektor-DNA und 100 ng cDNA.

- Für den Ligationsansatz zusammen pipettieren: 0,5 μl 10 × T4-DNA-Ligasepuffer, 0,5 μl 10 mM ATP, 0,5 μl T4-DNA-Ligase, 1 μl λ-Vektor-DNA
- zum *annealing* der kohäsiven Enden der λ-DNA den Ansatz 15 min bei 42 °C inkubieren
- 2,5 μl cDNA zugeben
- Ligationsansatz bei 12 °C über 16 h oder bei 4 °C über 2 d inkubieren.

♦ Trouble Shooting

Das Verhältnis von cDNA zu Vektor-DNA während der Ligation ist wichtig, um hohe Ausbeuten an rekombinanten Phagen zu erhalten. Die besten Ergebnisse erhält man mit einem Mengenverhältnis cDNA zu Vektor-DNA von 1:10.

5.1.2 Titerbestimmung

Materialien

- cDNA-Bank (Abschn. 5.2.1.2)
- je eine Übernachtkultur (ÜNK) von *E. coli* C600 *hfl* und C600 *hfl⁻* in LB-Medium (Abschn. 6.2.3)
- 10 LB-Agarplatten (Abschn. 6.2.3)
- Top-Agarose: 0,7 % (w/v) Agarose und 10 mM $MgCl_2$

Durchführung

- LB-Agarplatten auf etwa 37 °C vorwärmen
- Top-Agarose aufschmelzen und auf 46 °C temperieren
- je 1 μl cDNA-Bank zu je 200 μl ÜNK von *E. coli* C600 *hfl* und C600 *hfl⁻* in ein 1,5 ml-Reaktionsgefäß geben
- 10–15 min bei 37 °C inkubieren
- in der Zwischenzeit für jede Probe 3–5 ml Top-Agarose in vorgewärmte Röhrchen vorlegen und bei 46 °C halten

- Bakterien/Phagen-Suspensionen zur Top-Agarose geben und kurz vorsichtig mischen (Luftblasen vermeiden)
- Lösungen zügig auf je eine LB-Platte gießen und gleichmäßig verteilen, Platten bei 37 °C über Nacht inkubieren
- Anzahl der rekombinanten plaquebildenden Einheiten (pfu, *plaque forming units*) anhand der klaren Plaques auf den C600-*hfl*⁻-Platten bestimmen und Anzahl der nichtrekombinanten pfu anhand der trüben Plaques auf den C600-*hfl*⁻-Platten; falls die Anzahl der Plaques zu hoch ist (1.000 pfu pro Platte) muss eine Verdünnungsreihe hergestellt werden; der Hintergrund an trüben Plaques liegt bei käuflichen dephosphorylierten λ-gt10-„Armen" bei etwa 1×10^4 pfu $\times$ µg^{-1} λ-gt10-DNA.

5.1.3 Amplifikation

Materialien
- cDNA-Bank (Abschn. 5.2.1.2)
- ÜNK von *E. coli* C600 *hfl*⁻ in LB-Medium (Abschn. 6.2.3)
- große LB-Platten (Durchmesser 20 cm) oder 20 cm × 20 cm-NUNC-Platten (je eine Platte für 1×10^5 rekombinante pfu)
- λ-Puffer: 10 mM Tris-HCl, pH 7,5, 10 mM MgSO4, autoklavieren
- 67,5 % (w/v) CsCl (in λ-Puffer)
- Top-Agarose (Abschn. 5.1.2)
- Materialien zur Titerbestimmung (Abschn. 5.1.2)
- Chloroform
- sterile, spitz ausgezogene Pasteur-Pipette
- sterile 10 ml-Pipette

Durchführung
- LB-Agarplatten auf 37 °C vorwärmen
- Top-Agarose aufschmelzen und auf 46 °C temperieren
- für jede Platte etwa 1×10^5 rekombinante pfu (Abschn. 5.1.2) und 400 µl *E. coli* C600 *hfl*⁻-ÜNK zusammengeben und 10–15 min bei 37 °C inkubieren
- die Bakterien/Phagen-Suspensionen zu je 50 ml Top-Agarose geben, kurz mischen und die Lösungen auf den LB-Agarplatten verteilen
- nach Erstarren der Top-Agarose die Platten 6–8 h bei 37 °C inkubieren; der durchschnittliche Plaquedurchmesser sollte ca. 1 mm betragen
- LB-Agarplatten 1–2 h bei 4 °C abkühlen lassen
- pro Platte nacheinander je 10 ml λ-Puffer und 100 µl Chloroform zugeben und die Flüssigkeit gut verteilen
- die Phagen und Bakterien durch sanftes Bewegen (Schüttler) bei 4 °C über mehrere Stunden oder über Nacht von der Agarose in den Phagenpuffer diffundieren lassen; darauf achten, dass die Flüssigkeit auf dem Medium gleichmäßig verteilt ist
- Überstände mit Pipette abnehmen und in GSA-Zentrifugenbecher überführen; Bakterien und Agarose sowie Agarteilchen durch Zentrifugation (13.000 × g, 10 min, 4 °C) sedimentieren
- phagenhaltigen Überstand auf SW27-Polyallomerröhrchen verteilen, die Phagen durch Zentrifugation (100.000 × g, 2,5 h, 4 °C) sedimentieren
- Überstände vorsichtig absaugen (mittels spitz ausgezogener Pasteurpipette; bei Verwendung einer Wasserstrahlpumpe eine Waschflasche zwischenschalten, Phagen nicht ins Abwasser gelangen lassen)
- Phagensedimente in je 500 µl CsCl in λ-Puffer vorsichtig resuspendieren und die Suspensionen mit der Pipette in einem Röhrchen vereinigen

- Suspension mit ca. 200 µl Chloroform unterschichten und bei 4 °C aufbewahren (Abschn. 5.2.1.3)
- eine Verdünnungsreihe ($1:10^2$–$1:10^{10}$) in λ-Puffer herstellen und Phagentiter mit *E. coli*-C600-*hfl⁻*-Zellen bestimmen (Abschn. 5.1.2).

● Trouble Shooting

Die LB-Agarplatten sollten bei der 37 °C-Inkubation nicht gestapelt werden. Aufgrund unterschiedlicher Temperaturverteilung kann sonst ungleichmäßiges Wachstum auftreten.

5.1.4 TCA-Präzipitation

Materialien

- BSA-Lösung: 10 µg × µl⁻¹, in H_2O
- Fälllösung: 0,02 % (w/v) Casein (säurehydrolysiert), 25 % (w/v) Trichloressigsäure (TCA)
- Szintillationsflüssigkeit: 0,4 % (w/v) 2,5-Diphenyloxazol in Toluol
- Nitrocellulosefilter BA 85 (Schleicher & Schüll)
- Infrarotlampe
- Nutsche und Wasserstrahlpumpe

Durchführung

- 1 µl BSA-Lösung in 1,5 ml-Reaktionsgefäß vorlegen
- 1 µl Probe zugeben
- 1 ml Fälllösung zugeben und kurz kräftig mischen (vortexen)
- mindestens 15 min in Eis inkubieren (Säurefällung polymerer Nucleinsäuren)
- säuregefällte Polymere mittels Nutsche und Wasserstrahlpumpe auf einen Nitrocellulosefilter überführen
- Reaktionsgefäße mit Fälllösung (ca. 1 ml) ein- bis zweimal nachspülen
- Filter unter Infrarotlampe etwa 15 min trocknen (Abstand zur Lampe 20–30 cm)
- Filter in Zählgläschen überführen und 2–4 ml Szintillationsflüssigkeit zugeben
- Radioaktivität (cpm) der Probe im Szintillationszähler bestimmen (^{32}P-Kanal)
- anhand der gemessenen Radioaktivität (cpm) die Menge (ng und nmol) synthetisierter DNA berechnen.

cDNA-Mengenberechnung

Die Menge cDNA (ng), die in 1 µl des jeweiligen „heißen" Ansatzes vorliegt, lässt sich nach folgender Formel berechnen:

$$d = \frac{m \times (N_m + Nn) \times 330 \times 4 \times 2}{e}$$

d = Menge der cDNA [ng × µl⁻¹]

m = in der TCA-Präzipitation ermittelte cpm

N_m = Menge [nmol] des eingesetzten radioaktiv markierten Nucleotids

N_n = Menge [nmol] des eingesetzten nicht radioaktiv markierten gleichen Nucleotids

330 = durchschnittliches Molekulargewicht [ng × nmol⁻¹] eines Nucleotids

4 = Multiplikationsfaktor, da 4 verschiedene Nucleotide eingesetzt werden

2 = Multiplikationsfaktor, da jeweils nur ein Strang des Doppelstranges radioaktiv markiert ist; dieser Faktor entfällt bei der Erststrangsynthese

e = eingesetzte Menge an Radioaktivität in cpm

Die eingesetzte Menge an Radioaktivität in cpm und in nmol lässt sich aus den Herstellerangaben ermitteln. Dabei ist für ^{32}P eine Halbwertzeit von etwa 14 Tagen zu berücksichtigen. Die jeweilige zeitkorrigierte Radioaktivität kann aus Herstellertabellen abgelesen werden.

Die Menge cDNA [nmol], die im jeweiligen Gesamtansatz vorliegt, lässt sich nach folgender Formel berechnen:

$$d^* = \frac{d \times v}{b \times 660}$$

d* = Menge der cDNA [nmol pro Gesamtvolumen]

d = Menge der cDNA [ng × μl^{-1}]

v = Gesamtvolumen des jeweiligen Ansatzes [μl]

b = aus dem Agarosegel ermittelte Größe der jeweiligen DNA (in Nucleotiden)

660 = durchschnittliches Molekulargewicht eines Nucleotidpaares [ng × nmol^{-1}]; für die Erststrangsynthese gilt der Faktor 330

💣 Trouble Shooting

Die Proben nach der Entnahme immer sofort zu der BSA-Lösung zugeben, Fälllösung zufügen, mischen und das Gefäß in Eis stellen. Die Aufarbeitung der Proben kann dann während der Inkubationszeiten der Enzymreaktionen durchgeführt werden.

5.2 Klonierung von cDNA mit λ-gt11

Der Bakteriophage λ-gt11 ist ein *E. coli*-Expressionsvektor. Das Wirt/Vektor-System ermöglicht die Isolierung von DNA-Sequenzen, die für Antigendeterminanten codieren, welche von Antikörpern (AK) erkannt werden (Young und Davis, 1983a, 1983b). Die Struktur der λ-gt11-DNA ist in Abb. 5–3 wiedergegeben (Young und Davis, 1985, Huynh *et al.*, 1985). Die Größe des Inserts darf bis zu 7 kb betragen. Die Insertion von Fremd-DNA erfolgt in die singuläre Eco RI-Schnittstelle der λ-gt11-DNA. Diese befindet sich 53 bp vor dem Translations-Terminationscodon des β-Galactosidasegens *(lacZ)* Der Phagenvektor codiert für einen temperatursensitiven Repressor (cI857), der bei 42 °C inaktiv ist. Eine Amber-Mutation im *S*-Gen *(S100)* bewirkt eine Lysehemmung in *supF$^-$*-Wirtszellen. Die *nin*5-Deletion ist, neben einem zusätzlichen Sicherheitsaspekt (EK-2-Vektor), dafür verantwortlich, dass unmittelbar nach einer Infektion das Genprodukt Q gebildet wird. Dadurch wird der Phage vom lysogenen in den lytischen Vermehrungszyklus übergeführt.

Durch die Eco RI-Insertions-Schnittstelle im Strukturgen der β-Galactosidase ist es prinzipiell möglich, fremde DNA-Sequenzen (cDNA oder genomische DNA) als *lacZ*-Fusionsgene zu exprimieren. Mit Antikörpern (AK) als Sonden können λ-gt11-Phagenbanken auf die Expression spezifischer Antigene untersucht werden. Die Erkennung von rekombinanten Phagen erfolgt auf einem IPTG- und X-Gal-haltigen Nährmedium.

Die Insertion fremder DNA in das carboxyterminale Ende des *lacZ*-Gens verändert in den meisten Fällen den Phänotyp der Phagen von Lac$^+$ zu Lac$^-$. Rekombinante Phagen bilden in einem Bakterienrasen, dessen Nährmedium IPTG (nicht metabolisierbarer Induktor) und X-Gal (chromogenes, nicht induzierendes Substratanalogon) enthält, farblose, klare Plaques. Dagegen entstehen bei einer Infektion mit nichtrekombinanten (parentalen) Phagen blaue Plaques. In diesem Fall ist unter Mitwirkung der β-Galactosidase und Luftsauerstoff das farblose X-Gal zu blauem 5,5'-Dibrom-4,4'-dichlorindigo oxidiert worden.

Neben der Möglichkeit, ein fremdes Gen zusammen mit einem Wirtsgen zu exprimieren, kann man mit dem λ-gt11-System diese Genexpression auch steuern. Dies ist von Bedeutung, wenn das Fremdpro-

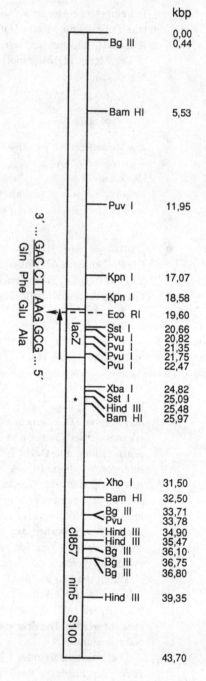

Abb. 5–3: Schematische Darstellung der Struktur von λ-gt11-DNA. Das Schema zeigt die Erkennungssequenzen verschiedener Restriktionsendonucleasen und ihre Lage (in kb). Die Positionen des *lacZ*-, des *cI857*- und des *S100*-Gens sowie die Lage der *nin5*-Deletion sind ebenfalls angegeben. Der Pfeil gibt die Transkriptionsrichtung für das *lacZ*-Gen an. Die Nucleotid- und Aminosäuresequenz inclusive benachbarte Bereiche der Eco RI-Schnittstelle sind angegeben. Der Stern kennzeichnet die Verknüpfungsstelle für die spezifische Rekombination zwischen dem λ-gt11- und dem *E. coli*-Chromosom (Nach Young und Davis, 1985).

tein für die Wirtszelle toxisch ist und sie abtötet, bevor für einen Nachweis genügend Antigen synthetisiert worden ist. Aus diesem Grund werden Wirtszellen verwendet, die größere Mengen des vom *lac*-Operon selbst codierten Repressors (Genprodukt von *lacI*) produzieren und so die Expression des Fusionsgens während der ersten Stunden der Plaquebildung unterbinden. Die Synthese des Fremdproteins lässt sich durch Zugabe von IPTG (Inaktivierung des Repressors) induzieren. Die Induktion wird vorgenommen,

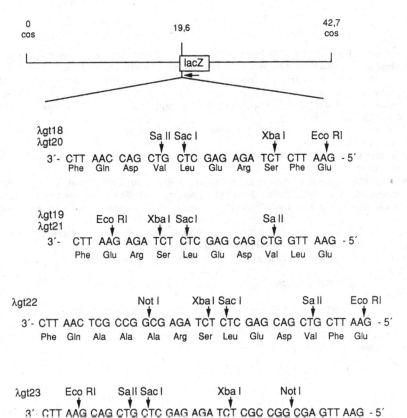

Abb. 5–4: Schematische Darstellung von modifizierten λ-gt11-Vektoren (Nach Han und Rutter, 1988).

wenn eine genügend hohe Anzahl Zellen um den Phagenplaque herum infiziert worden ist. So lässt sich auch bei hoher Toxizität Fremdprotein (Antigen) akkumulieren.

Das Fusionsprotein ist durch die Art der Fusion (carboxyterminal mit β-Galactosidase) stabil. Diese Stabilität lässt sich noch erhöhen, wenn man *lon⁻*-Wirtszellen verwendet (Snyder *et al.*, 1987). Den *lon⁻*-Mutanten fehlt eine ATP-abhängige Protease, die eine Spezifität für abnormale Proteine zu besitzen scheint (Mount, 1980). Zu dieser Gruppe von Polypeptiden gehören auch β-Galactosidase-Fusionsproteine.

Das λ-gt11-System gehört mittlerweile zu den klassischen Klonierungssystemen. Mit ihm sind erfolg-reich cDNA- und genomische DNA-Sequenzen kloniert und charakterisiert worden. λ-gt11 kann auch zur Kartierung (*Mapping*) von Epitopen antigener Determinanten eingesetzt werden (Mehra *et al.*, 1986), wobei sich die Transposonmutagenese bewährt hat (Snyder *et al.*, 1986). Der λ-gt11-Vektor ist von Han und Rutter (1987, 1988) modifiziert worden: Mit den Phagen gt18, 19, 22, 23 ist nicht nur eine gerichtete cDNA-Klonierung (mittels Primern/Adaptern) möglich, sondern es stehen neben der Eco RI-Schnittstelle noch weitere singuläre Klonierungsschnittstellen zur Verfügung (Abb. 5–4).

Im Folgenden werden die *in vitro*-Verpackung von λ-gt11-DNA (Abschn. 5.2.1), die Titerbestimmung (Abschn. 5.2.2), die Amplifikation einer cDNA-Phagenbank (Abschn. 5.2.3), das Screening der λ-gt11-Phagenbank mit Antikörpern (Abschn. 5.2.4), Möglichkeiten zum Authentizitätsnachweis von positiven λ-gt11-Klonen (Abschn. 5.2.5) und die Isolierung und Reinigung des β-Galactosidase-Fusionsproteins (Abschn. 5.2.6) beschrieben. Die Vermehrung und Isolierung von λ-gt11-Phagen und die Isolierung von λ-gt11-DNA sind in Abschn. 3.3.1 genauestens erläutert.

Literatur

Han, J.H., Stratowa, C., Rutter, W.J. (1987): Isolation of Full-Length Putative Rat Lysophospholipase cDNA Using Improved Methods for mRNA Isolation and cDNA Cloning. Biochemistry 26, 1617–1625.

Han, J.H., Rutter, W.J. (1988) in: Setlow, J.K. (Hrsg.): Genetic Engineering, Principles and Methods. Vol. 10. Plenum Press, New York, London, 195–219.

Huynh, T.V., Young, R.A., Davis, R.W. (1985) in: Glover, D.M. (Hrsg.): DNA Cloning. A Practical Approach. Vol. I. IRL Press, Oxford, 49–87.

Jendrisak, J., Young, R.A., Engel, J.D. (1987): Cloning cDNA into Lambda gt10 and Lambda gt11. Methods Enzymol. 152, 359–371.

Mehra, V., Sweetser, D., Young, R.A. (1986): Efficient Mapping of Protein Antigenic Determinants. Proc. Natl. Acad. Sci. USA 83, 7013–7017.

Mount, D.W. (1980): The Genetics of Protein Degradation in Bacteria. Ann. Rev. Genet. 14, 279–319.

Snyder, M., Elledge, S., Davis, R.W. (1986): Rapid Mapping of Antigenic Coding Regions and Constructing Insertion Mutations in Yeast Genes by Mini-Tn10 „Transplason" Mutagenesis. Proc. Natl. Acad. Sci. USA 83, 730–734.

Snyder, M., Elledge, S., Sweetser, D., Young, R.A., Davis, R.W. (1987): Lambda gt 11. Gene Isolation with Antibody Probes and Other Applications. Methods Enzymol. 154, 107–128.

Watson, C.J., Jackson, J.F. (1985) in: Glover,D.M. (Hrsg.): DNA Cloning. Apractical Approach. Vol. I. IRL Press, Oxford, 79–87.

Young, R.A., Davis, R.W. (1983a): Efficient Isolation of Genes by Using Antibody Probes. Proc. Natl. Acad. Sci. USA 80, 1194–1198.

Young, R.A., Davis, R.W. (1983b): Yeast RNA Polymerase II Genes. Isolation with Antibody Probes. Science 222, 778–782.

Young, R.A., Davis, R.W. (1985) in: Setlow, J.K., Hollaender, A. (eds.): Genetic Engineering, Principles and Techniques. Plenum Press, New York, 29–41.

5.2.1 *in vitro*-Verpackung von λ-gt11-DNA

5.2.1.1 Herstellung von Verpackungsextrakt

λ-DNA (auch rekombinante λ-DNA) lässt sich *in vitro* verpacken (Hohn, 1979). Dabei entstehen Phagen, die sich in ihrer Infektiosität von natürlichen Phagen kaum unterscheiden. Die für die Verpackung der DNA nötigen Verpackungsfaktoren, leeren Köpfe und Phagenschwänze werden aus einem (Rosenberg *et al.*, 1985) oder zwei Lysaten (Maniatis *et al.*, 1982, Dale und Greenaway, 1984) gewonnen, von denen jedes in einem anderen Morphogeneseschritt defekt ist.

Materialien

- *E. coli* BHB2 688 (ATCC Nr.: 35 131): N205*recA⁻* (λimm^{434}, *clts, b2, red3, Eam4, Sam7*/λ)
- *E. coli* BHB2 690 (ATCC Nr.: 35 132): N205*recA⁻* (λimm^{434}, *clts, b2, red3, Dam15, Sam7*/λ)
- NZ-Medium (10 g NZ-Amine, 5 g NaCl, 2 g MgCl$_2$, ad 1 l dest. H$_2$O; Life Technologies, Sigma)
- LB-Agarplatten (Abschn. 6.2.3)
- Packaging-Puffer: 40 mM Tris-HCl, pH 8,0, 1 mM Spermidin, 1 mM Putrescin, 7 % (v/v) DMSO und 0,1 % (v/v) β-Mercaptoethanol
- Chloroform
- sterile Zahnstocher

Durchführung

- Vereinzelungsausstrich von *E. coli* BHB2 688 und BHB2 690 auf je einer LB-Agarplatte durchführen und über Nacht bei 30 °C inkubieren
- Temperatursensitivität einzelner Kolonien beider Stämme durch Anzucht auf Platte oder in Flüssigkultur testen (Abschn. 3.3.1.1 und 3.3.1.2); temperatursensitive lysogene Klone wachsen nur bei 30 °C

- mit je einem positiven Klon jeweils 5 ml NZ-Medium in einem ÜNK-Röhrchen animpfen und über Nacht bei 30 °C unter Schütteln inkubieren
- mit den ÜNK jeweils 0,5 l NZ-Medium animpfen und bei 28–30 °C unter Schütteln inkubieren, bis eine optische Dichte von 0,3 E_{600} pro ml erreicht ist; die beiden Bakterienkulturen sollen annähernd die gleiche optische Dichte (Zellmasse) aufweisen
- Kolben mit den Bakteriensuspensionen in ein auf 45 °C vorgewärmtes Wasserbad überführen und weitere 15–20 min unter kräftigem Schütteln inkubieren; das Medium erwärmt sich dabei auf 43–45 °C, dadurch wird der lytische Vermehrungszyklus der Phagen induziert
- Temperatur auf 37–39 °C (nicht unter 37 °C!) senken und Bakterien für weitere 3 h unter Schütteln inkubieren
- Lysefähigkeit der Bakterien überprüfen; dazu je Kultur zweimal 1–2 ml Bakteriensuspension in ein Reagenzglas überführen; eine der beiden Proben mit ein paar Tropfen Chloroform mischen; durch die sofort eintretende Zelllyse nimmt die Trübung (im Vergleich zur Referenzprobe im anderen Reagenzglas) ab
- Kolben mit den Bakteriensuspensionen in Eiswasser auf 4 °C abkühlen; ab diesem Arbeitsschritt müssen alle Materialien (Zentrifugenbecher, Pipetten, Lösungen etc.) auf 4 °C vorgekühlt sein
- die beiden Bakteriensuspensionen vereinigen, in JA-10-Zentrifugenbecher überführen und die Zellen 15 min bei 4 °C und 4.000 × g sedimentieren
- Überstand dekantieren; Restflüssigkeit abtropfen lassen bzw. absaugen
- Bakteriensedimente vorsichtig in 2 ml Packaging-Puffer resuspendieren; Suspension in Reaktionsgefäße überführen (Portionen von 50 µl), in flüssigem N_2 einfrieren und bei –80 °C lagern; alternativ können käufliche Verpackungsextrakte nach Vorschrift des Herstellers verwendet werden.

Literatur

Dale, J.W., Greenaway, P.J. (1984) in: Waker, J.M. (Hrsg.): Methods in Molecular Biology, Vol. 2. Humana Press, Clifton, New Jersey, 245–250.

Davis, L.G., Dibner, M.D., Battey, J.F. (1986): Basic Methods in Molecular Biology. Elsevier Science Publishers B.V., Amsterdam, 193–218.

Hohn, B. (1979): In Vitro Packaging of Lambda and Cosmid DNA. Methods Enzymol. 68, 299–309.

Sambrook, J., Russel, D.W. (2001): Molecular Cloning. 3rd ed. Cold Spring Harbor Laboratory Press, Cold Spring Harbor, New York, 256–265.

Rosenberg, S.M., Stahl, M.M., Kobayashi, I., Stahl, F.W. (1985): Improved In Vitro Packaging of Coliphage Lambda DNA. A One-Strain System Free from Endogenous Phage. Gene 38, 165–175.

Rosenberg, S.M. (1985): EcoK Restriction during In Vitro Packaging of Coliphage Lambda DNA. Gene 39, 313–315.

Silhavy, T.J., Berman, M.L., Enquist, L.W. (1984): Experiments with Gene Fusion. Cold Spring Harbor Laboratory Press, Cold Spring Harbor, 173–176.

5.2.1.2 *in vitro*-Verpackung

Materialien
- Verpackungsextrakt (Abschn. 5.2.1.1)
- rekombinante λ-gt11-DNA (Ligationsansatz; Abschn. 5.1.1.7)
- 15 mM ATP: in dest. H_2O oder TE-Puffer, pH 7,5
- Packaging-Puffer (Abschn. 5.2.1.1)
- λ-Puffer (Abschn. 5.1.3)
- DNase I-Lösung: 2 mg × ml^{-1} in 150 mM NaCl, 50 % (v/v) Glycerin
- Chloroform

Durchführung

- Rekombinante λ-gt11-DNA (0,5–5 µg in 5–10 µl) mit 2–4 µl ATP-Lösung in 1,5 ml-Reaktionsgefäß mischen, mit Packaging-Puffer auf 10–20 µl auffüllen
- Verpackungsextrakt von –80 °C in flüssigen N_2 überführen
- DNA/Puffer-Lösung auf den noch gefrorenen Extrakt pipettieren und Reaktionsgefäß in Eiswasser überführen
- während der Verpackungsextrakt langsam auftaut, ab und zu leicht mischen (antippen)
- nach vollständigem Auftauen 1 h bei 30 °C inkubieren
- Lösung mit 1–2 µl DNase I-Lösung mischen (antippen) und 10 min bei 37 °C inkubieren; durch die DNase-Behandlung nimmt die Viskosität der Lösung ab
- Lösung (Phagen-cDNA-Bank) mit 0,5 ml λ-Puffer und 1–2 Tropfen Chloroform mischen (Vibromischer)
- zur Phasentrennung 2 min in einer Tischzentrifuge bei RT und 9.000 × g zentrifugieren
- wässrige Phase (oben) in ein frisches Gefäß überführen, einige Tropfen Chloroform zufügen und bei 4 °C lagern.

Der Phagentiter der cDNA-Bank kann mit geeigneten Indikatorbakterien bestimmt werden (Abschn. 5.1.2 und 5.2.2).

Literatur

Siehe Abschn. 5.2.1.1.

5.2.1.3 Lagerung von λ-Phagenbanken und -Lysaten

λ-Phagen sind hoch konzentriert in wässrigen Lösungen, z.B. λ-Puffer oder frisch gewonnenem Plattenlysat, versetzt mit etwas Chloroform bei 4 °C für mehrere Monate ohne Titerrückgang haltbar (sofern sie in absolut dichten Gefäßen aufbewahrt werden, sonst entweicht das Chloroform und die Phagensuspension wird von Mikroorganismen überwachsen). Je konzentrierter eine Phagensuspension ist, desto stabiler ist sie. Werden Phagen bei 4 °C gelagert, ist darauf zu achten, dass sie keiner direkten Licht-(UV-)Einwirkung ausgesetzt sind. Für eine Lagerung über längere Zeit (mehrere Jahre) wird die Phagensuspension auf 7 % (v/v) DMSO eingestellt und bei –70 °C eingefroren. Der Phagentiter geht dabei nach mehreren Jahren lediglich um den Faktor 2–3 zurück.

Literatur

Davis, L.G., Dibner, M.D., Battey, J.F. (1986): Basic Methods in Molecular Biology. Elsevier Science Publishers B.V. Amsterdam, 336–337.
Miller, H. (1987): Practical Aspects of Preparing Phage and Plasmid DNA: Growth, Maintenance, and Storage of Bacteria and Bacteriophage. Methods Enzymol. 152, 145–170.
Silhavy, T.J., Berman, M.L., Enquist, L.W. (1984): Experiments with Gene Fusion. Cold Spring Harbor Laboratory Press, Cold Spring Harbor, 239–240.

5.2.2 Titerbestimmung

Die Qualität der cDNA-Bank bestimmt entscheidend den Erfolg bei der Isolierung einer cDNA mit dem λ-gt11-System. Dabei ist die Größe (Anzahl unabhängiger rekombinanter Klone) einer Phagenbank entscheidend. Eine cDNA-Sequenz wird in der Regel nur dann exprimiert, wenn sie sich in der richtigen Orientierung und im richtigen Leseraster in Bezug auf das *lacZ*-Gen befindet. Daher lassen sich gewünschte DNA-Sequenzen eher mittels Oligonucleotid-Hybridisierung (Abschn. 10.2.6.1) erkennen als mittels Antikörper-Nachweis. Da aber nicht immer DNA oder RNA als Sonden zur Verfügung stehen, sollte bei einer λ-gt11-Bank darauf geachtet werden, dass eine genügend große Anzahl unabhängiger Klone vorhanden ist.

Zur Ermittlung der Anzahl rekombinanter Phagen wird eine Verdünnungsreihe der Phagenbank angesetzt (Abschn. 5.2.1.2). Mit den Phagen jeder Verdünnungsstufe wird ein geeigneter Wirtsstamm infiziert. Mit einer Platte, auf der die einzelnen Plaques gut zu erkennen und zu zählen sind, wird dann der Titer bestimmt. Um parentale von rekombinanten Phagen mittels Blau-Weiß-Selektion unterscheiden zu können, wird die Expression des *lacZ*-Gens mit IPTG induziert.

Materialien

- *E. coli* Y1 088 (ATCC Nr.: 37 195): F⁻, *supE, supF, metB, trpR, hsdR⁻, hsdM⁺, tonA21,* Δ *lac169, proC*::Tn5, (pMC9)
- Phagenbank (Abschn. 5.2.1.2, es wird nur eine geringe Menge benötigt, ca. 10 µl)
- 90 mm-LB-Selektiv-Agarplatten mit 50–80 µg × ml⁻¹ Ampicillin (oder 20 µg × ml⁻¹ Tetracyclin) und 50 µg × ml⁻¹ Kanamycin; LB-Agar (Abschn. 6.2.3) nach dem Autoklavieren auf 40–50 °C abkühlen und mit den sterilfiltrierten Antibiotika versetzen (Stammlösungen jeweils 10 mg × ml⁻¹, Tetracyclin-Stammlösung mit 70 % Ethanol ansetzen)
- LB-Weichagar (Abschn. 6.2.3)
- Maltosemedium (LM-Medium (LB-Medium mit $MgSO_4$) mit 0,2 % (w/v) Maltose):
  - zu 950 ml dest. H_2O folgende Substanzen zugeben: 10 g Casein (enzymatisch hydrolysiert), 5 g Hefeextrakt, 10 mM NaCl
  - mit 10 M NaOH auf einen pH-Wert von 7,5 einstellen; ad 1 l dest. H_2O; autoklavieren
  - mit 1 M $MgSO_4$ (sterilfiltriert) auf 10 mM $MgSO_4$ und mit 20 % Maltose (sterilfiltriert) auf 0,2 % (w/v) Maltose einstellen
- 1 M IPTG-Lösung
- 4 % (w/v) X-Gal: 40 mg × ml⁻¹, in Dimethylformamid ; Lösung stets frisch ansetzen
- 10 mM $MgSO_4$
- λ-Puffer: 10 mM Tris-HCl pH 7,5, 10 mM $MgSO_4$, autoklavieren (Abschn. 5.1.3)

Durchführung

- Vereinzelungsausstrich von *E. coli* Y1 088 auf einer LB-Selektiv-Agarplatte durchführen und über Nacht bei 37 °C inkubieren
- mit einer einzelnen Kolonie 5 ml Maltosemedium animpfen und über Nacht unter Schütteln bei 37 °C inkubieren; die ÜNK-Bakteriensuspension kann man direkt verwenden
- alternativ ist auch eine Lagerung möglich: Bakterienzellen der ÜNK in einer Tischzentrifuge 10 min bei RT und 5.000 × g sedimentieren; Zellsediment in 1/5–1/2 des vorherigen Volumens 10 mM $MgSO_4$ resuspendieren und bei 4 °C lagern; die Zellen sind so über mehrere Tage haltbar und direkt zu verwenden
- mit 10 µl der Phagenbank eine Verdünnungsreihe (10^{-2}–10^{-10} in λ-Puffer) ansetzen
- je 100 µl verdünnte Phagensuspension mit 200 µl der *E. coli* Y1 088-ÜNK in einem 1,5 ml-Reaktionsgefäß mischen
- Gefäße zur Phagenadsorption 15–20 min bei 30 °C stehen lassen
- Bakteriensuspensionen in Röhrchen mit je 2,5 ml 43–45 °C warmem LB-Weichagar pipettieren und mischen; der Weichagar wird kurz vorher auf 15 mM IPTG und 70 µg × ml⁻¹ X-Gal eingestellt
- jedes Gemisch gleichmäßig auf einer 90 mm-LB-Selektiv-Agarplatte verteilen und Platten bis zum vollständigen Erstarren bei RT stehen lassen; die LB-Agarplatten sollen trocken, d.h. 2–3 d alt sein
- LB-Agarplatten bei 42 °C über Nacht (Deckel nach unten) inkubieren; Plaques, die von parentalen Phagen stammen, sind dunkelblau gefärbt, rekombinante Phagenplaques sind farblos; durch die

Bestimmung der Anzahl blauer und farbloser Plaques sowie mithilfe des Verdünnungsfaktors und des eingesetzten Volumens lässt sich der Phagentiter (pfu $\times$ ml^{-1}) berechnen; das Verhältnis von blauen zu farblosen Plaques ergibt den prozentualen Anteil rekombinanter Klone; je nach eingesetzter cDNA erlaubt die Gesamtzahl an rekombinanten Phagen eine Aussage über die Komplexität der Phagenbank.

🔸 Trouble Shooting

Das Farbenkriterium blau/farblos ist nicht immer objektiv. Es besteht die Möglichkeit, dass vereinzelt Plaques rekombinanter Phagen eine bläuliche Färbung aufweisen und nicht einfach von parentalen (blauen) Phagenplaques zu unterscheiden sind (Huynh *et al.*, 1985).

5.2.2.1   Überprüfung der Qualität der cDNA-Phagenbank durch PCR-Screening

Ob eine cDNA-Phagenbank die heterogene Population der mRNA im Gewebe widerspiegelt, kann an der Insertionslänge einzelner Phagenklone gemessen werden. Zufällig ausgesuchte Klone sollten cDNA-Insertionen unterschiedlicher Länge besitzen. Dies kann überprüft werden, indem mit Phagen aus einzelnen Phagenplaques und λ-gt11-spezifischen Primern, die links und rechts der Insertionstelle lokalisiert sind, eine PCR durchgeführt wird.

Materialien

- LB-Platte mit Einzelplaques (Abschn. 5.2.2)
- Amplifikationsprimer: forward primer gt11: 5'-ATTGGG TGGCG ACGAC TCCTG GAG-3
- Amplifikationsprimer: reverse primer gt11: 5'-GAC CAACT GGTAA TGGTA GCG-3'
- 10 $\times$ PCR-Puffer (Abschn. 4.2.1.1)
- dNTP-Lösung (Abschn. 4.2.1.1)
- Taq-DNA-Polymerase (Abschn. 4.1.1)
- sterile Zahnstocher

Durchführung

- Eine Platte mit einzelnen Plaques herstellen (Abschn. 5.2.2) oder die Platten verwenden, die zur Titerbestimmung der Phagenbank angelegt wurden
- in einem Reaktionsgefäß 50 µl dest. H$_2$O vorlegen, mit dem sterilen Zahnstocher in einen Plaque stechen und die Spitze des Zahnstochers in die 50 µl dest. H$_2$O bringen; durch Umrühren der Zahnstocherspitze bleiben genügend Bakteriophagen im Wasser zurück, um eine PCR durchführen zu können
- PCR-Ansatz pipettieren mit je 10 pmol der beiden Amplifikationsprimer
- PCR durchführen unter folgenden Bedingungen:
  - 5 min 95 °C
  - 2,5 U Taq-DNA-Polymerase zugeben
  - 35 Zyklen mit 45 s 95 °C, 45 s 58 °C, 45 s 72 °C
  - 10 min 72 °C
  - ein Zehntel des PCR-Ansatzes in einem 1 % Agarosegel analysieren (Abschn. 2.3.1).

5.2.3   Amplifikation

Eine erstellte Phagenbank kann man direkt ausplattieren und durchsuchen oder zuerst amplifizieren. Die Amplifikation bietet entscheidende Vorteile: Man erhält höhere Virustiter, wodurch die Phagenbank über einen längeren Zeitraum stabil gelagert werden kann, und weil mehr Material zur Verfügung steht, kann die

Bank für verschiedene Untersuchungen eingesetzt werden. Sie beinhaltet allerdings auch ein gewisses Risiko, weil sich nicht alle Phagen gleich stark vermehren und seltene cDNAs dadurch verloren gehen können.

Der *E. coli*-Stamm Y1 090, der zum Screening der λ-gt11-Bank mit Antikörpern benutzt wird, besitzt die enzymatische Restriktions- und Modifikationsaktivität (*hsdR*+, *hsdM*+) von *E. coli* K12. Mit diesem System schützt sich die Bakterienzelle vor Fremd-DNA. Während die zelleigene DNA spezifisch modifiziert wird, erkennt das Restriktionssystem nichtmodifizierte DNA und hydrolysiert sie.

Weil *in vitro* synthetisierten Phagen diese Modifikation fehlt, muss die Phagenbank vor einem Screening in *E. coli* Y1 088 (*hsdR*−, *hsdM*+) vermehrt (amplifiziert) werden, wodurch die rekombinanten Phagen gleichzeitig modifiziert werden. Dieser Schritt erübrigt sich, wenn man *E. coli* Y1 090 (*hsdR*−, *hsdM*+) zum Screening verwendet. (Die Stämme sind zu beziehen über die American Type Culture Collection (USA) oder die Deutsche Sammlung von Mikroorganismen und Zellkulturen GmbH, Braunschweig)

Materialien

- *E. coli* Y1 088 (Abschn. 5.2.2) oder *E. coli* Y1 088 und *E. coli* Y1 090 (ATCC Nr.: 37 197): F−, Δ*lacU169*. *proA*+, Δ*lon*, *araD139*, *strA*, *supF*, [*trp C22::Tn 10*], (pMC9)
- Phagenbank (Abschn. 5.2.1.2)
- LB-Medium mit Maltose: LB-Medium (Abschn. 6.2.3) mit 20 % (w/v) Maltose (sterilfiltriert) auf 0,2 % (w/v) Maltose einstellen
- λ-Puffer (Abschn. 5.1.3): 10 mM Tris-HCl pH 7,5; 10 mM $MgSO_4$, autoklavieren
- LB-Selektiv-Agarplatten mit 50–80 µg × ml^{-1} Ampicillin (oder 20 µg × ml^{-1} Tetracyclin): LB-Agar (Abschn. 6.2.3) nach dem Autoklavieren auf 40–50 °C abkühlen und mit den sterilfiltrierten Antibiotika versetzen (Stammlösungen jeweils 10 mg × ml^{-1}, Tetracyclin-Stammlösung mit 70 % Ethanol ansetzen)
- LB-Weichagar (Abschn. 6.2.3)
- Chloroform

Durchführung

- Vereinzelungsausstrich von *E. coli* Y1 088 durchführen und Übernachtkultur (ÜNK) in LB-Medium mit Maltose herstellen (Abschn. 5.2.2)
- ca. 5 × 10^5 pfu der Phagenbank und 300 µl der *E. coli* Y1 088-ÜNK in einem 1,5 ml-Reaktionsgefäß mischen
- Gefäß zur Phagenadsorption 15–20 min bei 30 °C stehen lassen
- Bakteriensuspension in Röhrchen mit 7 ml 43–45 °C warmem LB-Weichagar pipettieren und mischen
- Gemisch gleichmäßig auf einer 135 mm-LB-Selektiv-Agarplatte verteilen und Platten bis zum vollständigen Erstarren bei RT stehen lassen; die LB-Platte sollte trocken, d.h. 2–3 d alt sein
- LB-Platte mit dem Bakterienrasen über Nacht bei 42 °C inkubieren (Deckel nach unten)
- Bakterienrasen mit ca. 10 ml λ-Puffer überschichten und Platte einige Stunden bei 4 °C leicht schütteln
- rohes Zelllysat mit einigen Tropfen Chloroform versetzen, in ein Zentrifugenröhrchen überführen und 10 min bei 4 °C und 6.000 × g zentrifugieren, um Zelltrümmer und Agarreste zu sedimentieren
- Überstand in ein frisches Gefäß überführen und bei 4 °C lagern (Abschn. 5.2.1.3); das so gewonnene Plattenlysat hat einen Titer von ca. 10^{10}–10^{11} pfu × ml^{-1} (Huynh *et al.*, 1985).

Alternative Durchführung

- Eine λ-gt11-Bank kann auch ohne vorherige Amplifikation untersucht werden, dazu benötigt man *E. coli* Y1 088 und Y1 090
- Vereinzelungsausstriche durchführen und Übernachtkultur (ÜNK) der beiden *E. coli*-Stämme in LB-Medium mit Maltose herstellen (Abschn. 5.2.2)
- ca. 10^4–10^5 pfu Phagenbank mit 100 µl der *E. coli* Y1 088-ÜNK in einem 1,5 ml-Reaktionsgefäß mischen
- Gefäß zur Phagenadsorption 15–20 min bei 30 °C stehen lassen
- 500 µl der *E. coli* Y1 090-ÜNK mit den infizierten *E. coli* Y1 088 mischen, Gemisch in Röhrchen mit 7 ml 43–45 °C warmer Weichagarose pipettieren und mischen

- Gemisch gleichmäßig auf einer 135 mm-LB-Selektiv-Agarplatte verteilen und Platte bis zum vollständigen Erstarren bei RT stehen lassen
- Platte 4 h bei 42 °C inkubieren (Deckel nach unten)
- es folgen die einzelnen Schritte des Screenings mit Antikörpern (Abschn. 5.2.4) und der Authentizitätsnachweis positiver Klone (Abschn. 5.2.5), danach Bakterienrasen mit ca. 10 ml λ-Puffer überschichten und inkubieren wie oben beschrieben
- Plattenlysat weiterbehandeln wie oben beschrieben und bei 4 °C lagern (Abschn. 5.2.1.3).

💣 *Trouble Shooting*

Die Amplifikation einer Phagenbank stellt einen kritischen Schritt dar. Nicht alle Phagen replizieren mit der gleichen Geschwindigkeit (Rate), was dazu führen kann, dass gesuchte Klone nach der Amplifikation in der Bank unterrepräsentiert sind bzw. ganz verloren gehen (Frischauf, 1987, Maniatis *et al.*, 1982). Empfehlenswert ist ein sofortiges Screening beim ersten Ausplattieren der Phagenbank. Anschließend kann ein Plattenlysat hergestellt oder die gesamte Bank auf Agarplatten konserviert werden (Klinman und Cohen, 1987). Ist eine Amplifikation unumgänglich (z.B. sehr geringer Phagentiter), so wird fraktionsweise vorgegangen. Die amplifizierten Fraktionen werden unabhängig voneinander untersucht.

Literatur

Frischauf, A.M. (1987): Construction and Characterization of a Genomic Library in Lambda. Methods Enzymol. 152, 190–199.

Huynh, T.V., Young, R.A., Davis, R.W. (1985) in: Glover, D.M. (Hrsg.): DNA Cloning: A Practical Approach. Vol. I. IRL Press, Oxford, 69–7 1.

Jendrisak, J., Young, R.A., Engel, J.D. (1987): Cloning cDNA into Lambda gt10 and Lambda gt11. Methods Enzymol. 152. 359–371.

Klinman, D.M., Cohen, D.I. (1987): Preserving Primary cDNA Libraries. Anal. Biochem. 161, 85–88.

Sambrook, J., Russel, W.D. (2001): Molecular Cloning. 3rd ed. Cold Spring Harbor Laboratory Press, Cold Spring Harbor, New York, 293.

5.2.4   Screening der λ-gt11-cDNA-Bank mit Antikörpern

Die hier beschriebene Methode (Immunoscreening) basiert auf der spezifischen Bindung eines Immunglobulins (IgG) mit dem Erst-Antikörper (AK), der wiederum gegen das gesuchte Protein gerichtet ist. Dieses als Zweit-AK bezeichnete IgG ist mit einer enzymatischen Aktivität (z.B. Peroxidase aus Meerrettich; Mesulam und Rosene, 1979) gekoppelt. Diaminobenzidin (DAB), eine chromogene Substanz, wird durch die Reaktion der Peroxidase mit H_2O_2 zu einem braunschwarzen Präzipitat oxidiert. Auf diese Weise werden positive Klone durch die Wechselwirkung zweier AK und einer enzymatischen Reaktion sichtbar gemacht.

Mit dem selben Prinzip arbeiten der Nachweis mit an alkalische Phosphatase gekoppeltem Zweit-AK (Carrol und Laughan, 1987) oder das Biotin-Avidin-Peroxidase-Verfahren (French *et al.*, 1986). In einer weiteren Nachweismethode wird mit ^{125}I-markiertem Protein A (aus *Staphylococcus aureus*) gearbeitet (Young und Davis, 1985).

Die enzymatischen Verfahren haben gegenüber dem ^{125}I-markierten Protein A einige Vorteile: Die Farbsignale werden direkt auf der Nitrocellulose sichtbar, damit ist eine eindeutige Plaquezuordnung möglich. Die Farbreaktion dauert nur einige Minuten; eine langwierige Exposition von Röntgenfilmen ist überflüssig. Der Hintergrund (unspezifische Signale) ist im Vergleich zu radioaktiven Proben geringer und leichter zu unterdrücken. Besondere Sicherheitsvorrichtungen, z.B. ein Isotopenlabor, entfallen.

Neben der Qualität der zu untersuchenden Phagenbank ist auch die Qualität der/des verwendeten AK von entscheidender Bedeutung, um ein gesuchtes Gen erfolgreich zu isolieren. Die Menge an Antigen in einem Phagenplaque variiert sehr stark (40–600 pg Fusionsprotein). Sie ist abhängig von der Expression des Gens und der Stabilität des Fusionsproteins in der Wirtszelle. Die besten (eindeutigsten)

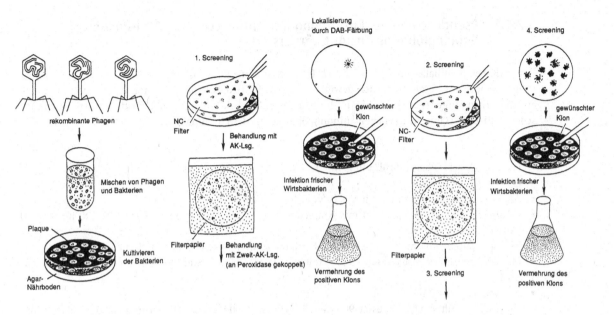

Abb. 5–5: Schema zum Screening und zum Nachscreening einer λ-gt11-cDNA-Bank mit Antikörpern.

Signale werden mit sehr spezifischen AK erzielt, die mit hohem Titer im Serum vorkommen. Generell kann man davon ausgehen, dass AK, die in einem Western-Blot ein spezifisches Signal ergeben, bei gleicher Verdünnung auch das Screening einer λ-gt11-Bank ermöglichen. Polyvalente AK-Seren haben gegenüber monoklonalen AK den Vorteil, dass potenziell mehrere antigene Epitope erkannt werden. Die Empfindlichkeit, d.h. die Spezifität der AK-Seren und des Zweit-AK, kann durch Western-Blot- (Abschn. 10.1) und Dot-Blot-Screening (Abschn. 10.1) abgeschätzt werden. Die höchste Verdünnung, bei der noch kleinste Mengen (pg-Bereich) Antigen nachzuweisen sind, ist beim Phagen-Plaquescreening einzusetzen. Oft ist zur Entfernung von Anti-*E. coli*-IgG und Anti-Phagen-IgG ein sog. Pseudoscreening (Abschn. 5.2.4.1) nötig, bevor das eigentliche Screening (Abschn. 5.2.4.2) durchgeführt werden kann.

Ein Schema zum Screening und zum Nachscreening ist in Abb. 5–5 gezeigt. Sowohl beim Screening wie auch beim Pseudo- und Nachscreening wird Weichagarose anstelle von Weichagar verwendet. Dadurch lassen sich die Nitrocellulosefilter leichter vom Bakterienrasen lösen, ohne dass der Agar kleben bleibt. Kälberserum (KS) wird als 5 %ige Lösung in PBS zur Stabilisierung der AK verwendet und als 10 %ige Lösung, um die freien Bindungsstellen der Nitrocellulosefilter zu sättigen. Das KS kann z.B. durch BSA ersetzt werden. Die LB-Agarplatten sollten trocken, d.h. 2–3 d alt sein.

Literatur

Carrol, S.R., Laughon, A. (1987) in: Glover, D.M. (Hrsg.): DNA Cloning. A Practical Approach. Vol. III. IRL Press, Oxford, 89–112.

French, B.T., Maul, H.M., Maul, G.G. (1986): Screening cDNA Expression Libraries with Monoclonal and Polyclonal Antibodies Using an Amplified Biotin-Avidin-Peroxidase Technique. Anal. Biochem. 156, 417–423.

Mesulam, M.M., Rosene, D.L. (1979): Sensitivity in Horseradish Peroxidase Neurohistochemistry. A Comparative and Quantitative Study of Nine Methods. J. Histochem. Cytochem. 27, 763–773.

Young, R.A., Davis, R.W. (1985) in: Setlow, J.K., Hollaender, A. (eds.): Genetic Engineering, Principles and Techniques. Plenum Press, New York, 29–41.

5.2.4.1 Pseudoscreening: Entfernung der Anti-*E. coli*- und Anti-Phagen-Immunglobuline aus Antikörperseren

Rohe AK-Seren enthalten meist Anti-*E. coli*-Immunglobuline. Sind Affinität und Titer dieser AK im Serum sehr hoch im Vergleich zu den gewünschten AK, führt dies beim Screening der Phagenplaques zu einem starken Hintergrund. Mithilfe des im Folgenden beschriebenen Arbeitsschritts werden die spezifischen Anti-*E. coli*- und Anti-Phagen-Immunglobuline aus dem Serum entfernt.

Materialien

- Parentale λ-gt11-Phagen (10^{10} pfu $\times$ ml^{-1})
- *E. coli* Y1 090 (Abschn. 5.2.3)
- AK-Serummischung (in PBS mit 5 % (v/v) Kälberserum)
- 90 mm-LB-Selektiv-Agarplatten mit Ampicillin (50-80 µg $\times$ ml^{-1}) oder Tetracyclin (20 µg $\times$ ml^{-1}) (Abschn. 5.2.3)
- LB-Agarplatten (Abschn. 6.2.3) ohne Antibiotikum (Durchmesser 90 oder 135 mm)
- LB-Medium mit Maltose (Abschn. 5.2.3) mit 20 % (w/v) Maltose (sterilfiltriert) auf 0,2 % (w/v) Maltose einstellen
- LB-Weichagarose (Abschn. 6.2.3)
- Nitrocellulosefilter (Durchmesser 90 oder 135 mm, für 200–300 ml AK-Serummischung reichen fünf 135 mm-Filter)
- Filterpapier (Whatman, 3MM)
- 1 M IPTG-Lösung
- 1 % (w/v) NaN$_3$
- PBS: 10 mM Na-Phosphat, pH 7,5 (14,6 g $\times$ l^{-1} Na$_2$HPO$_4$ + 2,6 g $\times$ l^{-1} NaH$_2$PO$_4$), 130 mM NaCl, autoklavieren
- Alternative zu PBS: TBS-Puffer (50 mM Tris-HCl, pH 8,0, 150 mM NaCl) in LB-Medium mit Maltose

Durchführung

- Vereinzelungsausstrich von *E. coli* Y1 090 durchführen und Übernachtkultur (ÜNK) mit Maltose herstellen (Abschn. 5.2.2)
- ca. 10^5 pfu λ-gt11 mit 300 µl *E. coli* Y1 090-ÜNK pro LB-Platte in einem 1,5 ml-Reaktionsgefäß mischen
- Gefäße zur Phagenadsorption 15–20 min bei 30 °C stehen lassen
- Bakteriensuspensionen in Röhrchen mit je 7 ml 43–45 °C warmer LB-Weichagarose pipettieren, mischen
- jedes Gemisch gleichmäßig auf einer 135 mm-LB-Platte verteilen und Platten bis zum vollständigen Erstarren bei RT stehen lassen
- Platten 4 h bei 42 °C inkubieren
- Nitrocellulosefilter 1 h vor Gebrauch mit 10 mM IPTG sättigen (in der IPTG-Lösung baden) und zwischen Filterpapier (Whatman, 3MM) 1 h bei RT trocknen
- auf jeder LB-Platte den Bakterienrasen mit einem Nitrocellulosefilter luftblasenfrei bedecken; die Phagenplaques sind zu diesem Zeitpunkt schon sichtbar
- LB-Agarplatten mit Filtern 5 h bei 37 °C inkubieren (Deckel nach unten)
- Nitrocellulosefilter vorsichtig von den Platten abziehen und 5 min bei RT in ca. 50 ml PBS pro Filter waschen
- Anstelle von PBS kann auch TBS-Puffer verwendet werden
- AK-Serummischung 1 h bei RT unter leichtem Schütteln mit den Filtern inkubieren; Filter verwerfen und Serum in ein frisches Gefäß überführen
- das so von Anti-*E. coli*- und Anti-Phagen-Immunglobulinen gereinigte Serum wird auf 0,02 % (w/v) NaN$_3$ eingestellt und bei 4 °C gelagert (nicht einfrieren!); das Serum kann so für einige Wochen gelagert werden.

💣 *Trouble Shooting*

Werden mehrere Filter gleichzeitig in einem Gefäß mit dem Serum inkubiert, so können sie zusammenkleben. Grobmaschige, inerte Membranen, z.B. aus Teflon oder Nylon, die zwischen die einzelnen Filter gelegt werden, verhindern das.

Literatur

Huyn, T.V., Young, R.A., Davis, R.W. (1985) in: Glover, D.M. (Hrsg.): DNA Cloning. A Practical Approach. Vol. I. IRL Press, Oxford, 49–87.

5.2.4.2 Screening mit Antikörpern und Nachscreening

Die im Folgenden angegebenen pfu-Zahlen pro Agarplatte sind so gewählt, dass ein Überwachsen (Zusammenfließen) einzelner Plaques vermieden wird. Bei geringerer Plaquedichte lassen sich einzelne Signale den entsprechenden Plaques leichter zuordnen. Um die Filter den LB-Agarplatten leichter zuordnen zu können, werden sie vor dem Auflegen auf den Bakterienrasen mit wasserfester Tinte markiert. Die Markierungen werden nach dem Auflegen auf dem Boden der Petrischale nachgezeichnet.

Alternativ dazu kann man die Filter nach dem Auflegen markieren, indem man sie mit einer dicken Kanüle perforiert. Dabei sollte man den Agar bis zum Boden der Petrischale durchstechen und die Einstichstelle auf der Unterseite der Petrischale mit wasserfestem Stift markieren. Um später eine fehlerfreie Zuordnung zu ermöglichen, sollten die Markierungen unbedingt asymmetrisch und für jeden Filter verschieden sein.

🧪 *Materialien*
- Materialien aus Abschn. 5.2.4.1 (außer λ-Wildtyp-Phagen und NaN$_3$)
- Phagenbank (Abschn. 5.2.1)
- PBS (Abschn. 5.2.4.1)
- 5 % (v/v) Kälberserum (KS) in PBS
- 10 % (v/v) Kälberserum (KS) in PBS
- LB-Agarplatten (Durchmesser 90 mm; Abschn. 6.2.3)
- λ-Puffer (Abschn. 5.1.3)
- Zweit-AK, z.B. mit Peroxidase gekoppeltes Anti-Kaninchen-IgG (in PBS mit 5 % (v/v) KS)
- Tween 20 (oder alternativ NP40)
- PBS mit 0,1 % (v/v) Tween 20 (oder NP40)
- LB-Weichagarose (Abschn. 6.2.3)
- AK-Seren bzw. vorbehandelte AK-Serummischung (Abschn. 5.2.4.1)
- Nitrocellulosefilter (Durchmesser 90 mm)
- 30 % H$_2$O$_2$
- 1 % (w/v) CoCl$_2$
- Chloroform
- Materialien zur Titerbestimmung (Abschn. 5.2.2)
- 100 ml Diaminobenzidin-Lösung (DAB; erst während des letzten Waschens ansetzen, s. Durchführung):
  - 25 mg DAB bei RT in 100 ml PBS lösen (Magnetrührer verwenden, da sich DAB schlecht löst, ca. 5 min rühren)
  - 3 ml 1 %ige CoCl$_2$-Lösung dazu mischen, nicht gelöstes DAB über ein Faltenfilter aus der Lösung entfernen
  - kurz vor der Inkubation 65–70 µl 30 % H$_2$O$_2$ mit der DAB-Lösung mischen und Nitrocellulosefilter sofort (!) in der DAB-Lösung inkubieren; Farbentwicklung erfolgt nach 1–3 min
- Filterpapier (Whatman, 3MM)

✐ Durchführung

- Vereinzelungsausstrich von *E. coli* Y1 090 durchführen und Übernachtkultur (ÜNK) in LB-Medium mit Maltose herstellen (Abschn. 5.2.2)
- ca. 5×10^3–10^4 pfu der Phagenbank mit 300 µl der *E. coli* Y1 090-ÜNK pro LB-Platte in einem Reaktionsgefäß mischen (die Anzahl der Platten ist abhängig von der Anzahl der Phagen und der Dichte, mit der man ausplattieren will)
- Gefäße zur Phagenadsorption 15–20 min bei 30 °C stehen lassen
- Bakteriensuspensionen in Röhrchen mit je 2,5 ml 43–45 °C warmer LB-Weichagarose pipettieren, mischen
- jedes Gemisch gleichmäßig auf einer LB-Platte verteilen und Platten bis zum vollständigen Erstarren bei RT stehen lassen
- Platten 4 h bei 42 °C inkubieren
- Nitrocellulosefilter wie in Abschn. 5.2.4.1 beschrieben mit IPTG sättigen, markieren und vorbereiten
- auf jeder LB-Platte den Bakterienrasen mit einem Nitrocellulosefilter luftblasenfrei bedecken
- LB-Agarplatten mit den Filtern 5 h bei 37 °C inkubieren (Deckel nach unten); bei geringer Plaquedichte kann auch über Nacht inkubiert werden
- Markierungen der Nitrocellulosefilter auf dem Plattenboden nachzeichnen
- Nitrocellulosefilter vom Bakterienrasen abheben, in PBS tauchen und aufbewahren.

Die Filter sollten ab diesem Moment immer feucht gehalten werden. Die nächsten Filter (Replikafilter, sofern die Platten mit verschiedenen Antikörpern gescreent werden sollen) luftblasenfrei auflegen und behandeln wie oben beschrieben. Die weitere Behandlung der Filter ist im Folgenden angegeben.

- Nitrocellulosefilter dreimal je 5 min bei RT in PBS waschen
- Filter 1 h bei RT unter leichtem Schütteln in 10 % KS inkubieren (Sättigen der Filter); Filter 5 min in PBS waschen
- Filter mit der AK-Serummischung unter leichtem Schütteln 2 h bei RT inkubieren
- Serum in ein Gefäß überführen und bei 4 °C lagern; das Serum kann einige Wochen bis Monate gelagert werden
- Filter dreimal je 5 min bei RT in PBS waschen
- Filter dreimal je 5 min bei RT in PBS/0,1 % (v/v) Tween 20 waschen (Tween 20 kann durch NP40 ersetzt werden)
- Filter zweimal je 5 min bei RT in PBS waschen
- Filter mit dem Zweit-AK unter leichtem Schütteln 2 h bei RT inkubieren
- Zweit-AK-Lösung verwerfen und die Filter wieder waschen wie nach der Inkubation mit der AK-Serum-, während des letzten Waschens die DAB-Lösung ansetzen (sie muss immer frisch sein)
- Filter bei RT in der DAB-Lösung inkubieren; der Farbnachweis erfolgt nach 1–3 min; Färbung abstoppen, indem die Filter in PBS oder dest. H_2O überführt werden.

Die Filter können zwischen 3MM-Filterpapier bei RT getrocknet werden (mit einem Gewicht beschweren, damit die Nitrocellulose nicht wellig wird). Die trockenen Filter sind unbegrenzt haltbar; die Platten dagegen nur einige Tage (bei 4 °C). Man kann die Filter auch sofort auswerten (s.u.), dann fotografieren und anschließend verwerfen.

- Filter den Markierungen entsprechend mit Tesastreifen o.ä. auf dem Boden der LB-Agarplatten befestigen; im durchscheinenden Licht sind die Signale direkt unter den dazugehörigen Plaques zu erkennen
- positive Phagenplaques mit je einer frischen Kapillare oder Pasteur-Pipette ausstechen und in je ein Tischzentrifugengefäß überführen
- jeden Plaque in ca. 500 µl λ-Puffer suspendieren und für 1–2 h bei 4 °C inkubieren; dabei diffundieren die Phagen in den Puffer
- jede Suspension mit einigen Tropfen Chloroform mischen, anschließend zur Phasentrennung kurz in einer Tischzentrifuge zentrifugieren

- die wässrige Phase in je ein frisches Gefäß überführen und bei 4 °C lagern (Abschn. 5.2.1.3)
- mit den so gewonnenen Lysaten Verdünnungsreihen (10^{-2}–10^{-8}) in λ-Puffer ansetzen
- je 100 µl jeder Phagenverdünnung wie beschrieben mit je 300 µl einer *E. coli*-1 090-ÜNK (Herstellung s.o.) mischen
- Gefäße zur Phagenadsorption 15–20 min bei 30 °C stehen lassen
- jede Bakteriensuspension in Röhrchen mit 2,5 ml 32–45 °C warmer Weichagarose pipettieren, mischen
- jedes Gemisch gleichmäßig auf einer 90 mm-LB-Selektiv-Agarplatte verteilen und Platten bis zum vollständigen Erstarren bei RT stehen lassen
- Platten 4 h bei 42 °C inkubieren (Deckel nach unten)
- je eine Platte mit geringer Phagendichte (100–200 Plaques) auswählen und die beschriebenen Screeningschritte wiederholen.

Durch dieses Nachscreening (Abb. 5–5) werden positive Klone gesäubert, d.h. von anderen Phagen, die beim ersten Ausstechen und Vereinzeln mit isoliert wurden, getrennt.
- Die Screeningwiederholung zwei- bis dreimal durchführen, bis alle Signale positiv sind
- Zelllysate mit positiven Plaques herstellen und aufbewahren (Abschn. 5.2.1.3)
- Titerbestimmungen durchführen (Abschn. 5.2.2).

Wurde mit mehreren Seren (AK-Serenmischung) gearbeitet, kann der Nitrocellulosefilter zerschnitten und mit den einzelnen AK der Mischung inkubiert werden. So stellt man fest, auf welches Serum bzw. auf welches Antigen das Farbsignal zurückzuführen ist. Die Lysate dienen für die im Folgenden beschriebenen Versuche (Abschn. 5.2.5) als Quelle für positive Phagenklone. Eventuell ist es erforderlich, nicht nur jeweils Platten mit Phagenplaques, sondern auch von Zeit zu Zeit frisches Lysat herzustellen.

♦ *Trouble Shooting*
- Der Bakterienrasen bleibt an den Nitrocellulosefiltern kleben: Die Platten vor Entfernen der Filter 15–25 min auf 4 °C abkühlen.
- Keine deutlichen Plaques, sondern verschmierte Lysebereiche: Die LB-Platte ist zu feucht (Kondenswasser am Plattendeckel). Zu feuchte Platten können bei leicht geöffnetem Deckel 15–25 min bei 37 °C getrocknet werden, bevor die Bakterien/Weichagarose-Mischung zugefügt wird.
- Phagenplaques sind sehr klein: Die LB-Platte war zu trocken oder die Zelldichte war zu groß. Verringert man die Zahl der Wirtszellen (nur 100–200 µl der ÜNK) bei gleicher pfu-Zahl, so erhält man größere Plaques (1–2 mm Durchmesser).
- Kleine Plaques in einem, große Plaques im entgegengesetzten Bereich der LB-Platte: Beim Ausplattieren der Bakterien–Agarose–Mischung war die Unterlage der LB-Platte nicht eben.
- Kaum Signale zu erkennen: Bindung des Erst-AK ungenügend. Immunoscreening mit einer höheren Konzentration an IgG wiederholen. Die AK-Seren sollen keinem wechselnden Einfrieren und Auftauen ausgesetzt werden. Nach der Serumgewinnung das Serum portionieren und bei −20 °C lagern. Das Serum nur fraktionsweise verwenden.
- Enzymatische Nachweisreaktion bleibt aus oder ist nur sehr gering: Es ist zu wenig Zweit-AK verwendet worden. Die Verdünnung überprüfen, indem 1 ml der Zweit-AK-Mischung mit 1 ml DAB-Lösung vermischt wird. Der Farbumschlag sollte in wenigen Sekunden erfolgen. Ohne eine solche Kontrolle lässt sich kaum unterscheiden, ob Erst- oder Zweit-AK die Ursache für die schwachen Signale ist.
- AK sind nicht spezifisch genug: Inkubationszeit und Temperatur müssen optimiert werden. Die Waschschritte ohne Tween 20 durchführen. Die IgG-Fraktion durch 50 %ige $(NH_4)_2SO_4$-Fällung und anschließende DEAE-CL6B-Sepharosechromatographie aus dem Serum anreichern. Aus der IgG-Fraktion kann durch Immunochromatographie (mit an BrCN-Sepharose gekoppeltem Antigen, Abschn. 1.12.1.4) eine Fraktion monospezifischer AK gewonnen werden.
- Gesamter Nitrocellulosefilter ist grau bis schwarz gefärbt: Der Filter wurde zu lange in DAB-Lösung inkubiert. Die Qualität der verwendeten Nitrocellulose ist ungenügend. Der Filter wurde nicht richtig

abgesättigt, so dass der Zweit-AK unspezifisch an die Nitrocellulose bindet. Der Zweit-AK ist zu konzentriert.

- Bei Signalen, die auf beiden Filterseiten intensiv sichtbar sind, handelt es sich meistens um Artefakte, z.B. Kontaminationen bzw. Druckstellen.

- Der Erst- und/oder Zweit-AK kreuzreagieren mit *E. coli*-Proteinen, d.h. man erhält einen sehr hohen Hintergrund: Mit dem Serum das Verfahren nach Abschn. 5.2.4.1 wiederholen.

- Serummischung ist durch Mikroorganismen kontaminiert, d.h. die Lösung ist trüb, und wenn man sie aufwirbelt, sind Schlieren zu erkennen: Die AK-Serummischung neu herstellen. Steht Serum nur sehr begrenzt zur Verfügung, die Mischung in ein Zentrifugenröhrchen überführen und 10 min bei 4 °C und 6.000 × g zentrifugieren. Das Sediment verwerfen und den Überstand in ein frisches Gefäß überführen. Lösung auf 0,025 % (w/v) NaN_3 einstellen.

Literatur

Adams, J.C. (1981): Heavy Metal Intensification of DAB-Based HRP Reaction Product. J. Histochem. Cytochem. 29, 775.

Carrol, S.B., Laughon, A. (1987) in: Glover, D.M. (Hrsg.): DNA Cloning. A Practical Approach. Vol. III. IRL Press, Oxford, 89–112.

French, B.T., Maul, H.M., Maul, G.G. (1986): Screening cDNA Expression Libraries with Monoclonal and Polyclonal Antibodies Using an Amplified Biotin-Avidin-Peroxidase Technique. Anal. Biochem. 156, 417–423.

Mesulam, M.M., Rosene, D.L. (1979): Sensitivity in Horseradish Peroxidase Neurohistochemistry. A Comparative and Quantitative Study of Nine Methods. J. Histochem. Cytochem. 27, 763–773.

Young, R.A., Davis, R.W. (1983a): Yeast RNA Polymerase II Genes. Isolation with Antibody Probes. Science 222, 778–782.

Young, R.A., Davis, R.W. (1983b): Efficient Isolation of Genes by Using Antibody Probes. Proc. Natl. Acad. Sci. USA 80, 1194–1198.

Young, R.A., Davis, R.W. (1985) in: Setlow, J.K., Hollaender, A. (eds.): Genetic Engineering, Principles and Techniques, 5. Plenum Press, New York, 29–41.

5.2.5 Möglichkeiten eines Authentizitätsnachweises positiver λ-gt11-Klone

1. Eine Phagen-DNA-Minipräparation (Abschn. 3.2.2.5) und Restriktionskartierung (Abschn. 3.2.2.6) geben Hinweise auf die Länge der klonierten DNA sowie Orientierung der Sequenz in Bezug auf das *lacZ*-Gen.

2. Sind Primärstrukturdaten des Antigens bekannt, ermöglicht die DNA-Sequenzierung eine Zuordnung zum gesuchten Protein.

3. *in vitro*-Translation von isolierter mRNA (Kap. 14): Die klonierte DNA kann als Sonde verwendet werden, um spezifische mRNA-Moleküle aus einer mRNA-Population zu isolieren. Nach der *in vitro*-Translation können antigene und elektrophoretische Eigenschaften des Fusionsproteins mit denen des nativen Proteins verglichen werden.

4. Isolierung und Charakterisierung des Fusionsproteins.

5. Rescreening gegen das primäre Antigen mit monospezifischen AK, die mit dem positiven Klon isoliert werden.

Zu den Punkten 1, 2 und 3 finden sich ausführliche Anleitungen in Abschn. 3.2.2.5, Kap. 20 und A1. Die Punkte 4 und 5 werden im Folgenden beschrieben (Abschn. 5.2.5.1 und 5.2.5.2).

Trouble Shooting

- Nicht immer ist es möglich, mit den beschriebenen Methoden Fusionsproteine nachzuweisen (Snyder *et al.*, 1987). Die cDNA für das antigene Peptid muss nicht als Hybrid exprimiert werden. Trotzdem kann ihre Induktion IPTG-abhängig sein. Dieses deutet auf eine richtige Orientierung in Bezug auf die *lacZ*-Transkription hin. Das Fehlen eines Fusionsproteins kann man interpretieren als spezifischen proteolytischen Schnitt an der Fusionsnaht der beiden Proteindomänen oder als Translationsinitiation in einer polycistronischen mRNA, die unter der *lacZ*-Promotorkontrolle transkribiert wird (Riva *et al.*, 1986). Denkbar ist weiterhin eine Initiation der Proteinbiosynthese an der Nahtstelle zwischen *lacZ*-Gen und Insertion (Chang *et al.*, 1978).

- Auch eine IPTG-unabhängige Expression ist möglich. Ist das DNA-Insert in Bezug auf das *lacZ*-Gen falsch orientiert, muss ein interner Start der Transkription und Translation von einem eigenen (endogenen) Promotor aus postuliert werden (Emtage *et al.*, 1980). Mit spezifischen Antikörpern lassen sich die Antigene in einem Western-Blot des rohen *E. coli*-Lysats nachweisen.
- Die beschriebenen Initiationsprozesse können die Anzahl an positiven Klonen, die aufgrund von Orientierungs- und Leseraster-Möglichkeiten zu erwarten waren, erhöhen.
- Ist ein Fusionsprotein in einem SDS-Gel zu erkennen, sollten seine antigenen Eigenschaften durch ein Immunoscreening (Abschn. 5.4.2) oder zumindest mittels eines Western-Blots (Abschn. 10.1) bestätigt werden, da bei der cDNA-Klonierung die Möglichkeit besteht, die cDNA in ein falsches (offenes) Leseraster einzusetzen (Carrol und Laughan, 1987).

Literatur

Carrol, S.B., Laughon, A. (1987) in: Glover, D.M. (Hrsg.): DNA Cloning: A Practical Approach. Vol. III. IRL Press, Oxford, 89–112.

Chang, A.C., Nunberg, J.N., Kaufman, R.J., Erlich, H.A., Schimke, R.T., Cohen, S.N. (1978): Phenotypic Expression in *E. coli* of a DNA Sequence Coding for Mouse Dihydrofolate Reductase. Nature 275, 617–624.

Emtage, J.S., Tacon, W.C.A., Catlin, G.H., Jenkins, B., Porter, A.G., Carey, N.H. (1980): Influenza Antigenic Determinants Are Expressed from Haemagglutinin Genes Cloned in *Escherichia coli*. Nature 283, 171–174.

Kahn, P.H., Powell, J.F., Beaumont, A., Roques, B.P., Mallet, J.B. (1987): An Antibody Purified with a Lambda GT11 Fusion Protein Precipitates Enkephalinase Activity. Biochem. Biophys. Res. Commun. 1 459, 488–493.

Laemmli, U.K. (1970): Cleavage of Structural Proteins During the Assembly of the Head of Bacteriophage T4. Nature 227, 680–685.

Riva, M., Memet, S., Micouin, J.Y., Huee, J., Treich, I., Dassa, J., Young, R., Buhler, J.M., Sentenac, A., Fromageot, P. (1986): Isolation of Structural Genes for Yeast RNA Polymerases by Immunological Screening. Proc. Natl. Acad. Sci. USA 83, 1554–1558.

Saul, A., Yeganeh, F. (1986): Electrophoretic Identification of Fusion Proteins Expressed in Single Recombinant Lambdabacteriophage Plaques. Anal. Biochem. 156, 354–356.

Snyder, M., Elledge, S., Sweetser, D., Young, R.A., Davis, R.W. (1987): Lambda gt 11. Gene Isolation with Antibody Probes and Other Applications. Methods Enzymol. 154, 107–128.

5.2.5.1 Isolierung des β-Galactosidase-Fusionsproteins durch SDS-Gelelektrophorese

Materialien

- Positive Phagenklone (Abschn. 5.2.4.2)
- λ-Puffer (Abschn. 5.1.3)
- LB-Weichagar (Abschn. 6.2.3)
- *E. coli* Y1 090 (Abschn. 5.2.3)
- LB-Medium mit Maltose (Abschn. 5.2.3)
- LB-Selektiv-Agarplatten (Abschn. 5.2.3)
- NZCYM-Medium: 10 g NZ-Amine (Sheffields Products), 5 g Hefeextrakt, 5 g NaCl, 1 g Casaminosäuren (Caseinhydrolysat), ad 1 l dest. H_2O, mit 10 M NaOH auf einen pH-Wert von 7,3–7,5 einstellen, autoklavieren, danach 2 g $MgSO_4$ steril zugeben
- NZCYM-Weichagar bzw. -agarose: NZCYM-Medium mit 7 g × l^{-1} Agar bzw. Agarose
- NZCYM-Agar: NZCYM-Medium mit 15 g × l^{-1} Agar
- SDS-Polyacrylamidgele nach Laemmli (Abschn. 2.1.1) und Materialien zur Gelelektrophorese

- Proteaseinhibitoren nach Bedarf (s. Durchführung)
- 1 M IPTG
- PBS (Abschn. 5.2.4.1)
- 2 × Auftragspuffer: 100 mM Tris-HCl, pH 6,8, 200 mM DTT, 4 % (w/v) SDS, 0,2 % (w/v) Bromphenolblau, 20 % (w/v) Glycerin

Durchführung

- Vereinzelungsausstrich von *E. coli* Y1 090 auf NZCYM-Medium durchführen und Übernachtkultur (ÜNK) in LB-Medium mit Maltose herstellen (Abschn. 5.2.2)
- Platten mit induzierten einzelnen Phagenplaques herstellen (Abschn. 5.2.2), aber Weichagar nur mit IPTG, nicht mit X-Gal versetzen
- einzelne induzierte Phagenplaques mit Pasteur-Pipette ausstechen, dabei nur die Top-Agaroseschicht verwenden
- jeden Phagenplaque direkt in eine Tasche des Sammelgels, das mit 2 × Auftragspuffer überschichtet ist, überführen
- Elektrophorese durchführen (Abschn. 2.1.1).

Während der Elektrophorese werden die Proteine direkt in einem 7,5 %igen Gel getrennt. Als Molekulargewichtsstandards dienen die Untereinheiten β (150 kDa) und β' (155 kDa) der RNA-Polymerase (die in jedem *E. coli*-Stamm vorhanden sind) und die β-Galactosidase (114 kDa) eines Zelllysats, das man zuvor mit parentalen λ-gt11-Phagen (Abschn. 5.2.2) hergestellt hat.

Ist bei diesem Schnellverfahren kein Fusionsprotein zu erkennen (zu instabil, geringe Menge etc.), kann man wie folgt vorgehen:

- Vereinzelungsausstrich von *E. coli* Y1 090 durchführen und Übernachtkultur (ÜNK) mit Maltose herstellen (Abschn. 5.2.2)
- je 300 µl *E. coli* Y1 090-ÜNK jeweils mit Lysat eines positiven Klons in einem 1,5 ml-Reaktionsgefäß mischen; die MOI-Zahl (*multiplicity of infection* ; Mengenverhältnis von Phagen zu Bakterien so wählen, dass nach 5 h konfluente Lyse eintritt, d.h. der Bakterienrasen vollständig lysiert wird; dies ist bei einer MOI-Zahl von 5–10 der Fall, was bei der hier verwendeten Bakterienmenge ca. 5–8 × 10^5 pfu (*plaque forming units*; Phagenpartikel) entspricht
- Gefäße zur Phagenadsorption 15–20 min bei 30 °C stehen lassen
- Bakteriensuspensionen in Röhrchen mit je 2,5 ml 43–45 °C warmer NZCYM-Weichagarose/10 mM IPTG pipettieren, mischen
- jedes Gemisch auf einer NZCYM-Platte gleichmäßig verteilen und Platten bis zum vollständigen Erstarren bei RT stehen lassen
- Platten 5 h bei 42 °C in einer feuchten Kammer (Behälter mit feuchten Tüchern) inkubieren
- lysierten Bakterienrasen mit 5–6 ml PBS überschichten und unter leichtem Schütteln 30 min bei 4 °C inkubieren

Um die Proteolyseaktivität im Rohlysat zu unterdrücken, können dem PBS Proteaseinhibitoren beigemischt werden, z.B. Leupeptin, Benzamidin, Phenylmethylsulfonylfluorid (PMSF), α-2-Makroglobulin und Trasylol (Aprotinin). Die passende Kombination an Proteaseinhibitoren muss experimentell ermittelt werden. Bezüglich der notwendigen Konzentrationen richtet man sich nach den Herstellerangaben. Proteaseinhibitoren sind in verdünnter Lösung instabil und müssen immer frisch zugesetzt werden.

- Plattenlysate mit Pipetten in je ein Zentrifugenröhrchen überführen und Zelltrümmer und Agarosereste 5 min bei 4 °C und 12.000 × g sedimentieren
- 20–50 µl des Überstandes für ein 7,5 % SDS-Polyacrylamidgel verwenden; der Rest des Überstandes wird am besten in Eis aufbewahrt und, wenn das Gel ein positives Ergebnis zeigt, direkt weiter verarbeitet (Abschn. 5.2.6) – ansonsten kann er eingefroren werden.

Literatur

Hager, D.A., Burgess, R.R. (1980): Elution of Proteins from Sodium Dodecyl Sulfate-Polyacrylamide Gels, Removal of Sodium Dodecyl Sulfate, and Renaturation of Enzymatic Activity. Results with Sigma Subunit of *Escherichia coli* RNApolymerase, Wheat Germ DNA Topoisomerase, and other Enzymes. Anal. Biochem. 109, 76–86.

Laemmli, U.K. (1970): Cleavage of Structural Proteins During the Assembly of the Head of Bacteriophage T4. Nature 227, 680–685.

Saul, A., Yeganeh, F. (1986): Electrophoretic Identification of Fusion Proteins Expressed in Single Recombinant Lambdabacteriophage Plaques. Anal. Biochem. 156, 354–356.

5.2.5.2 Gewinnung von Antikörpern zum Rescreening und für Western-Blots

Mithilfe des von den Phagen produzierten Fusionsproteins lassen sich aus einer AK-Serummischung Antikörper (AK) gewinnen, die weitestgehend monospezifisch sind. Sie werden in einem Western-Blot (Abschn. 10.1) mit dem primären Antigen (Protein, das zur Immunisierung verwendet wurde) eingesetzt. Die monospezifischen AK können auch für eine Immunpräzipitation (Kahn *et al.*, 1987) des Antigens verwendet werden.

Materialien
- Eines der Zelllysate mit positiven Phagenplaques (Abschn. 5.2.4.2)
- *E. coli* Y1 090 (Abschn. 5.2.3)
- LB-Medium mit Maltose (Abschn. 5.2.3)
- LB-Selektiv-Agarplatten mit Ampicillin (50–80 µg × ml^{-1}) oder Tetracyclin (20 µg × ml^{-1}; Abschn. 5.2.3)
- NZCYM-Agar (Abschn. 5.2.5.1)
- NZCYM-Weichagarose (Abschn. 5.2.5.1)
- vorbehandelte AK-Serummischung (Abschn. 5.2.4.1)
- 10 mM IPTG
- Nitrocellulosefilter
- Filterpapier (Whatman, 3MM)
- PBS (Abschn. 5.2.4.1)
- 10 % (w/v) Kälberserum (KS) in PBS
- 5 % (w/v) Kälberserumg (KS) in PBS
- PBS/0,1 % (v/v) Tween 20 (Tween 20 kann durch NP-40 ersetzt werden)
- Glycinpuffer: 100 mM Glycin-HCl, pH 2,3, 500 mM NaCl
- 0,5 M Na$_2$HPO$_4$
- Zweit-AK (in PBS mit 5 % KS) für Western-Blot
- Materialien für Western-Blot (Abschn. 10.1)

Durchführung
- Vereinzelungsausstrich von *E. coli* Y1 090 durchführen und Übernachtkultur (ÜNK) in LB-Medium mit Maltose herstellen (Abschn. 5.2.2)
- 300 µl *E. coli* Y1 090-ÜNK mit ca. 10^4–10^5 pfu des positiven Klons in einem 1,5 ml-Reaktionsgefäß infizieren
- Gefäß zur Phagenadsorption 15–20 min bei 30 °C stehen lassen
- Bakteriensuspension in Röhrchen mit 7 ml 43–45 °C warmer NZCYM-Weichagarose pipettieren, mischen
- Gemisch gleichmäßig auf einer 135 mm-NZCYM-Platte verteilen und Platte bis zum vollständigen Erstarren bei RT stehen lassen

- Platte 4 h bei 42 °C inkubieren
- Nitrocellulosefilter mit 10 mM IPTG sättigen und vorbereiten (Abschn. 5.2.4.1)
- Bakterienrasen mit einem Nitrocellulosefilter luftblasenfrei bedecken
- Platte mit dem Filter 5 h bei 37 °C inkubieren (Deckel nach unten)
- Filter vom Bakterienrasen abheben und dreimal je 5 min bei RT in PBS waschen; bei Bedarf können die Filter an dieser Stelle getrocknet und aufbewahrt werden (vor der Verwendung kurz in PBS waschen)
- Filter 1 h bei RT unter leichtem Schütteln in 10 % KS inkubieren (Sättigen der Filter)
- Filter 5 min in PBS waschen
- Filter mit der AK-Serummischung unter leichtem Schütteln 2 h bei RT inkubieren
- Serum in ein Gefäß überführen und bei 4 °C lagern, das Serum kann einige Wochen bis Monate gelagert werden
- Filter dreimal je 5 min bei RT in PBS waschen
- Filter dreimal je 5 min bei RT in PBS/0,1 % (v/v) Tween 20 waschen
- Filter zweimal je 5 min bei RT in PBS waschen
- Filter in möglichst kleine Stücke zerschneiden und diese in ein kleines Gefäß überführen
- möglichst wenig Glycinpuffer zugeben und 5 min bei RT schütteln, um die gebundenen AK zu eluieren
- Überstand in ein frisches Gefäß überführen und sofort mit 0,5 M Na_2HPO_4 neutralisieren (mit pH-Papier überprüfen)
- zum Stabilisieren der AK die Lösung auf 5 % KS einstellen und bei 4 °C lagern; mit den so gewonnenen monospezifischen AK wird dann ein Western-Blot behandelt, auf den das primäre Antigen z.B. nach SDS-Gelelektrophorese übertragen wurde (Abschn. 10.1).

Literatur

Carrol, S.B., Laughon, A. (1987) in: Glover, D.M. (Hrsg.): DNA Clonning. A Practical Approach. Vol. III. IRL Press, Oxford, 89–119.

Kahn, P.H., Powell, I.F., Beaumont, A., Roques, B.P., Mallet, J.B. (1987): An Antibody Purified with a Lambda gt11 Fusion Protein Precipitates Enkephalinase Activity. Biochem. Biophys. Res. Commun. 145, 488–493.

Riva, N., Memet, S., Micouin, J.Y., Huer, J., Treich, I., Dassa, J., Young, R., Buhler, J.M., Sentenac, A., Fromageot, P. (1986): Isolation of Structural Genes for Yeast RNA Polymerases by Immunological Screening. Proc. Natl. Acad. Sci. USA 83, 1554–1558.

Snyder, M., Elledge, S., Sweetser, D., Young, R.A., Davies, R.W. (1987): Lambda gt 11. Gene Isolation with Antibody Probes and other Applications. Methods Enzymol. 154, 107–178.

5.2.6   Isolierung und Reinigung des β-Galactosidase-Fusionsproteins

Ist ein Fusionsprotein nachgewiesen, kann es nach Lysogenisierung von *E. coli* Y1 089 mit dem positiven Phagenklon (Abschn. 5.2.6.1) und anschließender Induktion isoliert und gereinigt werden (Abschn. 5.2.6.2 und 5.2.6.3).

5.2.6.1   Etablierung von lysogenen *E. coli* Y1 089-Zellen

Materialien
- *E. coli* Y1 089 (ATCC Nr.: 37 196): F⁻, Δ*lacU169*, *proA*⁺, Δ*lon*, *araD139*, *strA*, *hflA10*, [chr::Tn10], (pMC9) oder *E. coli* C600 (ATCC Nr.: 23 724)
- 1 M DTT
- 1 M $MgCl_2$

- LB-Selektiv-Agarplatten (mit 50–80 µg × ml^{-1} Ampicillin, Abschn. 5.2.3) für *E. coli* Y1 089 oder 90 mm-LB-Agarplatten für *E. coli* C 600 (Abschn. 5.2.2)
- Lysat mit den positiven Phagen (Abschn. 5.2.4.2), die im Authentizitätsnachweis (Abschn. 5.2.5) bestätigt werden konnten
- LB-Medium (Abschn. 6.2.3)
- LM-Medium: LB-Medium mit 1 M MgSO$_4$ (sterilfiltriert) auf 10 mM MgSO$_4$ eingestellt
- LB-Medium mit Maltose (Abschn. 5.2.3)

Durchführung

- Vereinzelungsausstrich von *E. coli* Y1 089 auf LB-Ampicillin-Agarplatten durchführen (zur Sicherheit mehrere Platten ansetzen) und Übernachtkultur (ÜNK) in LB-Medium mit Maltose herstellen (Abschn. 5.2.2)
- 300 µl *E. coli* Y1 089-ÜNK mit Phagen (MOI: 5–20; Abschn. 5.2.5.1) in 5 ml LM-Medium infizieren
- Gefäß zur Phagenadsorption 15–20 min bei 30 °C stehen lassen
- Bakteriensuspension mit LB-Medium verdünnen und E$_{600}$ bestimmen (1 E$_{600}$ entspricht ca. 8 × 10^8 Zellen)
- ca. 200–300 Zellen pro 90 mm-LB-Platte ausstreichen und Platten über Nacht bei 30 °C inkubieren
- einzelne Kolonien mit sterilen Zahnstochern parallel auf zwei LB-Agarplatten übertragen, um auf Temperatursensitivität zu testen; eine Platte bei 30 °C, die andere bei 42 °C über Nacht inkubieren; die Kolonien, die bei 30 °C, nicht aber bei 42 °C wachsen, sind potenzielle phagenlysogene Zellen
- wenn die Platten mit Parafilm gut abgedichtet werden, sind sie bei 4 °C mehrere Tage bis Wochen haltbar.

Alternative Durchführung

Die Etablierung lysogener *E. coli* Y1 089-Zellen ist zeitaufwändig und nicht für jeden rekombinanten λ-gt11-Phagenklon möglich. Alternativen finden sich in der aufgeführten Literatur. Eine Alternative ist die Verwendung von *E. coli* C600:

- *E. coli* C600 mit dem Phagenklon infizieren wie beschrieben.
- Die Bakteriensuspension genauso behandeln wie für *E. coli* Y1 089 beschrieben, aber für den Vereinzelungsausstrich LB-Agarplatten ohne Antibiotikum verwenden. Die S100-Mutation der Phagen verhindert die sofortige Lyse dieser Wirtszellen. *E. coli* C600 besitzt keine *supF*-Mutation, um den Lysedefekt aufzuheben. Dadurch wird der Phage in großer Kopienzahl, und somit auch das Fusionsprotein, gehäuft in der Zelle vorkommen. Die hohe λ-gt11-Kopienzahl bewirkt eine Austitrierung des Repressormoleküls, sodass die β-Galactosidase-Fusions-cDNAs konstitutiv exprimiert werden (Staff of the University of Leicester, 1987). Nicht angewendet werden kann diese Strategie, wenn bedingt durch die konstitutive Expression die Zelle nicht lebensfähig oder das Fusionsprotein instabil ist (*E. coli* C600 ist nicht *lon*$^-$).

Literatur

Adam, S.A., Nakagawa, T., Swanson, S.M., Woodruff, T.K., Dreyfuss, G. (1986): mRNA Polyadenylate-Binding Protein. Gene Isolation and Sequencing and Identification of a Ribonucleoprotein Consensus Sequence. Mol. Cell. Biol. 6, 2932–2943.

Huynh, T.V., Young, R.A., Davis, R.W. (1985) in: Glover, D.M. (Hrsg.): DNA Cloning. A Practical Approach. Vol. I. IRL Press, Oxford, 76–77.

Jackson, L.L., Colosi, P., Talamantes, F., Linzer, D.I.H. (1986): Molecular Cloning of Mouse Placental Lactogen cDNA. Proc. Natl. Acad. Sci. USA 83, 8496–8500.

Silhavy, H.T., Berman, M.L., Enquist, L.W. (1984): Experiments with Gene Fusions. Cold Spring Harbor Laboratory Press, Cold Spring Harbor, 89–105.

Staff of the University of Leicester (1987) in: Boulnois,G.J. (Hrsg.): Gene Cloning and Analysis. Blackwell Scientific Publications, Oxford, 41–43.

5.2.6.2   Rohlysatherstellung aus lysogenen *E. coli* Y1 089-Zellen

Materialien

- NZCYM-Medium (Abschn. 5.2.5.1)
- lysogene *E. coli* Y1 089-Zellen (Abschn. 5.2.6.1)
- 1 M IPTG
- Puffer, der auf das Fusionsprotein abgestimmt ist, oder PBS (Abschn. 5.2.4.1)
- Materialien für Zellaufschluss (Abschn. 5.2.1.2)

Durchführung

- 100 ml NZCYM-Medium mit einer einzelnen Kolonie lysogener *E. coli*-Y1 089-Zellen animpfen und bei 30 °C unter Schütteln inkubieren, bis eine optische Dichte von 0,5 E_{600} pro ml erreicht ist
- Bakteriensuspension in ein auf 45 °C vorgewärmtes Wasserbad überführen und weitere 20 min unter Schütteln inkubieren
- Bakteriensuspension auf 10 mM IPTG einstellen
- Suspension 1 h bei 37–39 °C (nicht unter 37 °C) unter Schütteln inkubieren
- in JA-10-Zentrifugengläser überführen und die Zellen 5 min bei RT und 6.000 × g sedimentieren; bei RT arbeiten, da ein plötzlicher Temperaturunterschied die Proteolyse begünstigt
- Bakteriensediment in 1/50–1/20 des Ausgangsvolumens vor der Zentrifugation resuspendieren; dazu einen Puffer verwenden, der auf das Fusionsprotein abgestimmt ist
- Bakterienzellen mit Ultraschall oder Lysozym/DOC oder durch Einfrieren/Auftauen lysieren (Abschn. 10.2.2, 4.2.1.2 und 10.3.5)
- Zelltrümmer bei 4 °C und 6.000 × g 10 min sedimentieren
- Überstand in ein frisches Gefäß überführen.

Das Zelllysat kann bei –20 °C gelagert werden. Es dient zur Isolierung des Fusionsproteins (Abschn. 5.2.6.3).

Trouble Shooting

Nach der Phagen- und β-Gal-Induktion können lysogene *E. coli* Y1 089-Zellen spontan lysieren. Die Ursache hierfür kann die Anhäufung zelltoxischer Fremdproteine sein. Aus diesem Grund sollten die optimalen Inkubationsbedingungen in einem analytischen Ansatz (5–10 ml) für jeden lysogenen Klon einzeln ausgetestet werden (Huynh *et al.*, 1985).

Literatur

Carrol, S.B., Laughon, A. (1987) in: Glover, D.M. (Hrsg.): DNA Cloning. A Practical Approach. Vol. III. IRL Press, Oxford, 89–112.

Huynh, T.V., Young, R.A., Davis, R.W. (1985) in: Glover, D.M. (Hrsg.): DNA Cloning: A Practical Approach. Vol. I. IRL Press, Oxford 76–77.

5.2.6.3   Reinigung von β-Galactosidase-Fusionsproteinen aus dem Rohlysat

Nur wenige *E. coli*-Proteine besitzen ein größeres Molekulargewicht als β-Galactosidase. Durch Gelelektrophorese kann daher das Fusionsprotein einfach von anderen zelleigenen Proteinen getrennt werden. Im präparativen Maßstab durchgeführt, können so größere Mengen an denaturiertem Protein gewonnen werden (Hager und Burgess, 1980).

Native Fusionsproteine lassen sich mit verschiedenen Chromatographieverfahren, z.B. durch Immunaffinitätschromatographie (Carrol und Laughan, 1987), isolieren. Anti-β-Galactosidase-AK werden an Säulenmaterial, z.B. BrCN- öder Protein-A-Sepharose, gekoppelt (Schneider *et al.*, 1982) und in einem Batch-verfahren mit dem Zelllysat inkubiert. Anti-β-Galactosidase-AK-Säulen kann man bei diversen Herstellern beziehen, man kann sie aber auch selbst herstellen.

Materialien
- Anti-β-Galactosidase-AK-Säulenmaterial (Protein-A-Sepharose, z.B. Sigma-Aldrich)
- Rohlysat von rekombinanten λ-gt11 lysogenen *E. coli* Y1 089-Zellen (Abschn. 5.2.6.2)
- PBS (Abschn. 5.2.4.1)
- K-Puffer: 0,1 M K_3PO_4 (pH-Wert 11,5, 12,5 oder 13), 1 M KCl, 10 % (v/v) Glycerol
- NaN_3
- 1 M KH_2PO_4
- 1 M DTT

Durchführung
- Säulenmaterial mit dem Rohlysat in einem Zentrifugenröhrchen 30–45 min bei 4 °C unter leichtem Schütteln inkubieren; bei effizienter Kopplung von spezifischen AK, die in hohem Titer vorliegen, reichen einige ml Säulenmaterial, um Fusionsprotein aus 10–20 ml Lysat zu binden
- Säulenmaterial für 2 min bei 4 °C und 4.000 × g sedimentieren
- Überstand dekantieren und Säulenmaterial in 2–5 ml PBS 10 min bei 4 °C unter leichtem Schütteln waschen, wie oben zentrifugieren und Puffer dekantieren
- PBS-Waschschritt zwei- bis dreimal wiederholen
- Puffer dekantieren, Säulenmaterial in K-Puffer suspendieren und unter leichtem Schütteln 5 min bei 4 °C inkubieren (Elution des Fusionsproteins)
- Säulenmaterial sedimentieren wie beschrieben
- Überstand mit dem Fusionsprotein in ein frisches Gefäß dekantieren, mit KH_2PO_4 neutralisieren (erforderliche Menge KH_2PO_4 vorher berechnen oder die Neutralisation mit pH-Papier prüfen) und auf 1 mM DTT einstellen
- den Elutionsschritt zwei- bis dreimal wiederholen, die Überstände aufbewahren; das eluierte β-Galacto-sidase-Fusionsprotein kann nun zur Charakterisierung eingesetzt werden
- das Säulenmaterial wird wie folgt behandelt:
  - Säulenmaterial mehrmals mit PBS waschen und zentrifugieren wie oben beschrieben; den ersten Überstand getrennt aufbewahren (enthält möglicherweise noch Fusionsprotein)
  - Säulenmaterial extensiv mit PBS waschen und wie oben beschrieben zentrifugieren
  - anschließend auf 0,02 % (w/v) NaN_3 einstellen und bei 4 °C lagern

Die Elution mit dem angegebenen K-Puffer ist nicht zwingend, ermöglicht aber eine quantitative Elution des Fusionsproteins von Säulenmaterialien, die schon mehrmals verwendet worden sind (Nasheuer und Grosse, 1987); anstelle des beschriebenen Batchverfahrens kann ebenso eine Säulenchromatographie durchgeführt werden (Abschn. 1.12.1.4).

Literatur

Carrol, S.B., Laughon, A. (1987) in: Glover, D.M. (Hrsg.): DNA Cloning. A Practical Approach. Vol. III. IRL Press, Oxford, 89–112.
Hager, D.A., Burgess, R.R. (1980): Elution of Proteins from Sodium Dodecyl Sulfate-Polyacrylamide Gels, Removal of Sodium Dodecyl Sulfate, and Renaturation of Enzymatic Activity. Results with Sigma Subunit of *Escherichia coli* RNA Polymerase, Wheat Germ DNA Topoisomerase, and other Enzymes. Anal. Biochem. 109, 76–86.
Nasheuer,H.P., Grosse, F. (1987): Immunoaffinity-Purified DNA Polymerase Alpha Displays Novel Properties. Biochemistry 26, 8458–8466.
Schneider, C., Newman, R.A., Sutherland, D.R., Asser, U., Greaves, M.F. (1982): A One-Step Purification of Membrane Proteins Using a High Efficiency Immunomatrix. J. Biol. Chem. 257, 10766–10769.

5.3 Klonierung von cDNA in Plasmide

In den Abschnitten 5.1 und 5.2 ist die Herstellung von cDNA-Phagenbanken in λ-gt10- und λ-gt11-Vektoren beschrieben. Der Vorteil bei Verwendung dieser Vektoren liegt in der großen Anzahl rekombinanter Klone, die parallel in einem Arbeitsgang untersucht werden können. Die cDNA-Phagenbank kann amplifiziert werden, sodass für spätere Untersuchungen genügend rekombinante Klone zur Verfügung stehen. Die Titer von Phagenbanken sind mit > 1 × 10⁶ pfu üblicherweise ziemlich hoch und eine Lagerung ist problemlos über mehrere Jahre bei 4 °C möglich. Alle diese Vorteile der λ-Vektoren sind beim Anlegen einer cDNA-Phagenbank in Plasmiden nicht gegeben. Aus diesem Grund werden bis auf wenige spezielle Fragestellungen cDNA-Phagenbanken in Plasmiden nur noch selten angelegt.

Die Verwendung von Plasmiden ist dagegen durch die Polymerase-Kettenreaktion (PCR) als Klonierungsvehikel für amplifizierte DNA verstärkt in den Vordergrund gerückt. Aus diesem Grund soll in dem folgenden Kapitel die Klonierung von amplifizierter cDNA in Plasmide beschrieben werden. Die Durchführung der PCR ist in Kap. 4 ausführlich beschrieben. Eine Eigenschaft der Taq-Polymerase ist ihre matrizenunabhängige Terminale-Transferase-Aktivität. Durch sie wird an das 3'-Ende des DNA-Fragmentes ein einziges Nucleotid angehängt. Aufgrund der hohen Affinität der Polymerase zu dATP ist dieses überstehende Nucleotid in den meisten Fällen ein Adenylat. Anhand einer speziell entwickelten Klonierungsstrategie besitzen das Vektormolekül und das zu klonierende DNA-Fragment komplementäre, überstehende Enden. Linearisierte Vektor-DNA mit glatten Enden wird in Anwesenheit von dTTP und Taq-Polymerase inkubiert, wobei an das 3'-Ende der Vektor-DNA ein Thymidin angefügt wird. Dieser einfache Schritt erlaubt die direkte Klonierung der amplifizierten cDNA, weil die überstehenden 3'-Enden von cDNA und Vektor nun komplementär zueinander sind. Eine Religation der Vektor-DNA alleine ist durch das überstehende dTMP ebenso wenig möglich wie eine Konkatemerisierung des PCR-Produktes wegen des überstehenden dAMP. Das folgende Kapitel beschreibt die Präparation der Vektor-DNA, die Ligation und die Transformation in kompetente *E. coli*-Zellen.

5.3.1 Präparation von Plasmid-DNA mit 3'-überstehendem Thymidin

Materialien

- Bluescript-Plasmid-DNA nach Restriktion mit Eco RV; alternativ kann jedes andere Plasmid eingesetzt werden, das im Polylinker eine Erkennungssequenz für ein Restriktionsenzym besitzt, welches glatte Enden erzeugt (z.B. pUC 18 mit Sma I hydrolysiert)
- Taq DNA-Polymerase (5 U × μl⁻¹)
- 10 × Taq-Puffer mit dTTP: 100 mM Tris-HCl, pH 8,3, 500 mM KCl, 15 mM MgCl₂, 2 mg BSA × ml⁻¹, 20 mM dTTP
- steriles dest. H₂O
- Restriktionsenzym, das glatte Enden erzeugt (z.B. Eco RV, Sma I, Nru I o.ä.)
- Materialien zur Phenolextraktion und zum Fällen (Abschn. 1.6 und 1.7.1)
- 3 M NaCl

Durchführung

- Plasmid-DNA mit dem Restriktionsenzym schneiden
- 1 μg geschnittene Plasmid-DNA in 10 μl Volumen in ein 1,5 ml-Reaktionsgefäß geben
- 2 μl 10 × Taq-Puffer mit dTTP zugeben und mit sterilem dest. H₂O auf 19 μl auffüllen
- 1 U Taq-Polymerase zugeben, kurz mischen und 2 h bei 70 °C inkubieren
- falls mehr DNA eingesetzt wird, sollte ein Verhältnis von 1 μg Plasmid pro 1 U Taq-Polymerase pro 20 μl Reaktionsvolumen eingehalten werden

- DNA wie beschrieben mit Phenol/Chloroform reinigen und mit Ethanol fällen (Abschn. 5.1.1.2)
- in sterilem dest. H_2O aufnehmen, sodass die DNA in einer Konzentration von 25 ng $\times$ μl^{-1} vorliegt
- die DNA kann sofort zur Ligation eingesetzt oder portioniert bei –20 °C gelagert werden.

Literatur

Clark, J.M. (1988): Novel Non-Templated Nucleotide Addition Reactions Catalyzed by Procaryotic and Eucaryotic DNA Polymerases. Nucl. Acids Res. 16, 9677–9686.

Marchuk, D., Drumm, M., Saulino, A., Collins, F.S. (1991): Construction of T-Vectors, a Rapid and General System for Direct Cloning of Unmodified PCR Products. Nucl. Acids Res. 19, 1154.

5.3.2 Ligation von amplifizierter cDNA mit Plasmid-DNA

Die Ligation der amplifizierten cDNA mit der Plasmid-DNA wird in einem molaren Verhältnis von cDNA zu Vektor-DNA von 1:1–1:3 durchgeführt. Für ein 1:1-molaresVerhältnis gilt dabei folgende Formel:

$$x \text{ ng cDNA} = \frac{(y \text{ Basenpaare cDNA}) \times (50\text{ng Vektor-DNA})}{\text{Anzahl Basenpaare Vektor-DNA}}$$

Materialien

- 5 × Ligasepuffer: 250 mM Tris-HCl, pH 7,6, 50 mM $MgCl_2$, 5 mM ATP, 5 mM DTT, 25 % (w/v) PEG
- cDNA nach Amplifikation (Abschn. 5.1.3 oder 5.2.3)
- Plasmid-DNA nach Vorbehandlung (Vektor-DNA mit 3'-T-Überhang, Abschn. 5.3.1)
- T4-DNA-Ligase (1 U × μl^{-1})

Durchführung

- Der Ligationsansatz hat folgende Zusammensetzung und wird in einen 1,5 ml-Reaktionsgefäß pipettiert: 4 µl steriles dest. H_2O, 2 µl 5 × Ligasepuffer, 1 µl amplifizierte cDNA, 2 µl Vektor-DNA mit 3'-T-Überhang und 1 µl T4-DNA-Ligase
- kurz mischen (antippen) und über Nacht bei 14 °C inkubieren
- 1–5 µl des Ansatzes werden zur Transformation von kompetenten *E. coli* Zellen eingesetzt; der restliche Ligationsansatz kann bei –20 °C tiefgefroren werden.

Literatur

Sgamarella, V., Van de Sande, J.H., Khorana, H.G. (1970): Studies on Polynucleotides. A Novel Joining Reaction Catalysed by the T4-P Polynucleotide Ligase. Proc. Natl. Acad. Sci. USA 67, 1468–1475.

5.3.3 Herstellung von transformationskompetenten *E. coli*-Zellen

Diese Methode ist anwendbar auf die meisten *E. coli*-K12-Stämme wie beispielsweise DH1, DH2, DH5, DH5α, C600, Top 10, XL1-Blue und Derivate. Die kompetenten Zellen können bei -80 °C mehrere Monate gelagert werden, dürfen aber nicht aufgetaut und wieder tiefgefroren werden, wenn die Transformationskompetenz erhalten bleiben soll.

Materialien

- ein frischer Ausstrich aus der Dauerkultur eines der oben genannten *E. coli*-Stämme
- 500 ml-Erlenmeyer-Kolben mit Schikanen (steril)

- DMSO (Ultrapure, Fluka), die Lösung unmittelbar vor Gebrauch mit N_2-Gas durchblasen
- Glycerol (Ultrapure)
- 1 M Stammlösung: 1 M $MgCl_2$, 1 M $MgSO_4$, sterilfiltriert
- LM-Agar-FSB-Puffer: 10 mM KOAc, pH 7,0, 100 mM KCl, 45 mM $MnCl_2 \times 4\ H_2O$, 10 mM $CaCl_2 \times 2\ H_2O$, 3 mM Hexamincobaltchlorid, 10 % (v/v) Glycerol
- SOB-Medium:
  - 1 % (w/v) Hefeextrakt, 2 % (w/v) Bacto-Trypton, 10 mM NaCl, 2,5 mM KCl
  - Lösung autoklavieren und nach dem Autoklavieren auf 10 mM $MgCl_2$ und 10mM $MgSO_4$ mit der 1 M Stammlösung einstellen
  - die Lösung mit 0,1 M HCl auf einen pH-Wert von 6,4 einstellen und sterilfiltrieren (Lagerung bei 4 °C)
- flüssiger Stickstoff
- LB-Agarplatten (Abschn. 6.2.3)

Durchführung

Herstellung einer Vorkultur

- Eine frische Zellkolonie in 5 ml SOB-Medium suspendieren (ÜNK-Röhrchen)
- Zellen unter Schütteln bei 37 °C bis zu einer Zelldichte von $1\text{--}2 \times 10^8 \times ml^{-1}$ (0,5–0,6 E_{578} pro ml) kultivieren
- im gleichen Volumen mit einem Gemisch aus 40 % (v/v) Glycerol und 60 % (v/v) SOB-Medium verdünnen; in Eis kühlen
- Zellen für 5 min im Eis stehen lassen
- Suspension in 210 µl-Portionen in flüssigem N_2 einfrieren
- Zellen der Vorkultur bei –70 °C aufbewahren (bis zu 6 Monate möglich).

Herstellung von kompetenten Zellen zur Aufbewahrung bei –70 °C

- Aus der Vorkultur einen Zellausstrich auf einer LB-Agarplatte anlegen und über Nacht bei 37 °C inkubieren
- 5 Kolonien mit einem Durchmesser von etwa 0,5–1 mm entnehmen und damit 50 ml SOB-Medium in einem 500 ml-Schikanen-Erlenmeyer-Kolben animpfen (Medium auf 37 °C vorwärmen)
- Zellen für 2–3 h bei 37 °C unter Schütteln (250 rpm $\times min^{-1}$) kultivieren, bis eine Dichte von $4\text{--}7 \times 10^7 \times ml^{-1}$ (0,44–0,55 E_{578} pro ml) erreicht ist.

Ab diesem Zeitpunkt alle Arbeiten auf Eis und mit vorgekühlten (4 °C) Materialien und Lösungen durchführen:
- Zellen 10 min in Eis kühlen
- Kultur in SS34-Zentrifugenröhrchen überführen und im HB4-Rotor einer Sorvall-Zentrifuge bei 2.500 × g und 4 °C für 5 min sedimentieren
- Überstand dekantieren und Sediment in 17 ml LM-Agar-FSB-Puffer resuspendieren
- Suspension 15 min in Eis inkubieren
- Suspension im HB4-Rotor wie oben zentrifugieren
- Überstand dekantieren und Sediment in 4 ml LM-Agar-FSB-Puffer resuspendieren
- Suspension 5 min in Eis inkubieren
- 140 µl DMSO zugeben, mischen und Suspension 5 min in Eis inkubieren
- nochmals 140 µl DMSO zugeben, mischen und Suspension 5 min in Eis inkubieren
- Zellsuspension in Portionen zu je 210 µl in vorgekühlte 1,5 ml-Reaktionsgefäße überführen und bei –70 °C langsam tieffrieren; die kompetenten Zellen können bei –70 °C mehrere Monate aufbewahrt werden.

Literatur

Hanahan, D. (1983): Studies on Transformation of *E. coli* with Plasmids. J. Mol. Biol. 166, 557–580.

Hanahan, D. (1986): Techniques for Transformation of *E. coli* in:. Glover, D.M. (ed): DNA Cloning. A Practical Approach. Vol 1. IRL Press, Oxford, 109–135.

5.3.4 Transformation von kompetenten *E. coli*-Zellen

Materialien

- Kompetente *E. coli*-Zellen (Abschn. 5.3.3)
- sterile Röhrchen
- 2 M Glucose (steril filtrieren)
- 100 mM IPTG-Lösung (Lagerung bei –20 °C)
- 4 % (w/v) X-Gal (Abschn. 5.2.2), gelöst in Dimethylformamid (DMF)
- Ampicillin (50 µg × ml^{-1}, in dest. H$_2$O lösen und steril filtrieren)
- SOB-Medium (Abschn. 5.3.3)
- SOC-Medium: wie SOB-Medium herstellen und nach dem Autoklavieren die Lösung zusätzlich auf 20 mM Glucose einstellen unter Verwendung einer steril filtrierten 2 M Glucosestammlösung
- LB-Agarplatten (Abschn. 6.2.3)
- LB-Amp-Platten (Abschn. 6.2.3)
- *supercoiled* pUC18 DNA

Durchführung

- Auftauen der Zellchargen auf Eis, bis sie gerade flüssig sind; die zu transformierende DNA (Abschn. 5.3.2) in Röhrchen vorlegen und mit dest. H$_2$O auf 30 µl auffüllen
- in einem Kontrollansatz wird die gleiche Menge an religierter Vektor-DNA transformiert
- in einem weiteren Kontrollansatz wird die Kompetenz der Zellen mit 1 ng *supercoiled* pUC18 DNA überprüft; jede beliebige andere Plasmid-DNA kann ebenfalls verwendet werden, soll im α-Komplementationstest eine Blaufärbung nachgewiesen werden, muss das Plasmid allerdings das α-Fragment der β-Galactosidase exprimieren
- je 200 µl Zellen zugeben und vorsichtig mischen, 30 min auf Eis inkubieren
- 90 s bei 42 °C ohne Schütteln inkubieren, 2 min auf Eis abkühlen
- 800 µl SOC-Medium zugeben und für 1 h bei 37 °C auf einem Schüttler mit 200 rpm × min^{-1} inkubieren
- zur Unterscheidung von rekombinanten und nicht rekombinanten Klonen werden 200 µl X-Gal und 50 µl IPTG zu dem Transformationsansatz gegeben und kurz gemischt
- je 200 µl einer geeigneten Verdünnung (10^{-2}–10^{-4} für *supercoiled* Kontroll-DNA) des Transformationsansatzes auf LB-Ampicillin-Agarplatten ausplattieren
- Inkubation bei 37 °C über Nacht.

Anhand des α-Komplementationstestes lassen sich die Kolonien, die kein rekombinantes Plasmid enthalten, aufgrund der Blaufärbung von den rekombinanten Klonen (keine Färbung) leicht unterscheiden. Aus den weißen Kolonien wird die Plasmid-DNA isoliert (Minipräparation, Abschn. 3.2.3) und gelelektrophoretisch analysiert (Abschn. 2.3.1.2). Aus der Anzahl der Kolonien auf den Platten, deren Kolonien mit *supercoiled* Plasmid-DNA transformiert wurden, lässt sich unter Berücksichtigung der Verdünnungsstufen die Transformationskompetenz der eingesetzten *E. coli*-Zellen berechnen.

Trouble Shooting

- Die Blaufärbung der nicht rekombinanten Kolonien ist häufig anfangs nicht deutlich sichtbar. Sofern die Kolonien groß genug sind (ca. 1 mm Durchmesser), kann man die Färbung verstärken, indem man die Platten für 2 h oder mehr bei 4 °C inkubiert.
- Neben blauen und weißen Kolonien findet man häufig auch schwach blaue Kolonien oder weiße mit einem blauen Zentrum. Erfahrungsgemäß enthalten diese häufig ebenfalls positive Klone.

Literatur

Siehe Abschn. 5.3.3.

6 Klonierung von genomischer DNA (genomische Genbank)

(Cornel Mülhardt)

Zur Isolierung eines bestimmten Gens aus dem Genom eines Spenderorganismus legt man zunächst eine Genbank an. Hierzu wird die genomische DNA isoliert, durch Restriktionsenzyme in Fragmente einer bestimmten Größenordnung geschnitten und in einen selbstreplizierenden Vektor ligiert. Die rekombinierten Vektoren werden anschließend in bakterielle Wirtszellen transformiert (Abschn. 5.3.4). Ist in der Gesamtheit aller Klone jeder mögliche chromosomale DNA-Abschnitt des Spenders enthalten, so spricht man von einer repräsentativen Genbank. Die Anzahl der hierzu benötigten Klone ist dabei abhängig von der Genomgröße des Spenderorganismus und von der Größe der verwendeten Passagier-fragmente.

Man kann sie nach der folgenden Formel errechnen:

$$N = \frac{\ln (1 - P)}{\ln (1 - f)}$$

N bezeichnet die Anzahl der benötigten Klone einer Genbank, f gibt das Verhältnis von Fragment zu Genomgröße an und P ist die Wahrscheinlichkeit, mit der jede chromosomale Sequenz in der Genbank enthalten ist. Als besonders vorteilhaft für die Konstruktion von Genbanken haben sich aufgrund ihrer hohen Aufnahmekapazität Bakteriophagen wie beispielsweise λ-EMBL3 oder auch Cosmide erwiesen.

Literatur

Appelhans, H., Minol, K. (1996) in: Gassen, H.G., Minol, K. (Hrsg.): Gentechnik. 4. Aufl. Spektrum Akad. Verlag, Heidelberg, 192–202.

Sambrook, J., Russel, D.W. (2001): Molecular Cloning. 3rd ed. Cold Spring Harbor Laboratory Press, Cold Spring Harbor, New York, 269–307.

Winnacker, E.L. (1985): Gene und Klone. Verlag Chemie, Weinheim, 313–317.

6.1 Klonierung mit dem Bakteriophagen λ-EMBL3

Der Phagenvektor λ-EMBL3 ist ein von A. Frischauf (EMBO-Laboratorium, Heidelberg) konstruierter Substitutionsvektor mit einer Gesamtgröße von ca. 44 kb. Eine nicht essenzielle Mittelregion, die durch Passagierfragmente einer Größe von 9–22 kb ersetzt werden kann, wird in diesem Vektor von zwei Polylinkern flankiert, auf denen sich von außen nach innen angeordnet die Erkennungssequenzen für die Restriktionsendonucleasen Sal I, Bam HI und Eco RI befinden (Abb. 6–1). Für die Klonierung von Passagierfragmenten wird der Vektor zunächst mit Bam HI und im Anschluss mit Eco RI hydrolysiert. Eine Ethanolfällung mit Ammoniumacetat erlaubt dann die weitgehende Entfernung der Bam HI-Eco RI-Linkerstücke des Mittelfragments, da diese im Gegensatz zu den restlichen, hochmolekularen Fragmenten hierbei größtenteils nicht sedimentiert werden. Auf diese Weise wird bei der nachfolgenden Ligationsreaktion eine Rekonstitution des ursprünglichen Vektors vermieden.

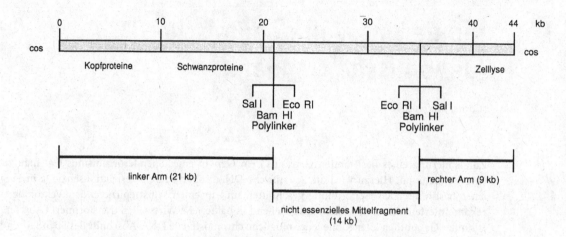

Abb. 6–1: Schematische Darstellung des λ-EMBL3-Genoms (lineare Form). Das Genom ist ca. 44 kb groß. An jedem Ende findet sich eine *cos*-Stelle. Der linke Arm trägt Gene für Kopf- und Schwanzproteine, auf dem rechten Arm liegen Gene für Proteine, welche die Zelllyse bewirken. Das mittlere Genomfragment ist für die Vermehrung des Phagen nicht essenziell. An den Übergängen der Arme zum Mittelfragment findet sich je ein Polylinker.

Die chromosomale DNA des Spenderorganismus wird zunächst durch Sau 3A unvollständig hydrolysiert. Sau 3A ist kompatibel mit Bam HI, liefert also DNA-Fragmente, die mit Bam HI-verdauter DNA ligiert werden können. Weil seine Erkennungssequenz aus einem Tetranucleotid (5'-GATC-3') statt aus einem Hexanucleotid besteht, schneidet Sau 3A aber wesentlich häufiger als Bam HI. Die Reaktion wird dabei so gesteuert, dass vorwiegend DNA-Fragmente im Größenbereich von 9–22 kb erzeugt werden. Durch Saccharose-Dichtegradientenzentrifugation werden diese Fragmente isoliert und anschließend mit den Vektorfragmenten ligiert. Danach werden die Ligationsprodukte *in vitro* in Hüllproteine von λ-Phagen verpackt und damit *E. coli*-Zellen infiziert. Die rekombinanten Phagen werden dann durch lytische Vermehrungszyklen amplifiziert. Als Wirtsorganismus wird in der Regel *E. coli* NM539 verwendet. Dieser Bakterienstamm enthält den Bakteriophagen P2 im Genom und erlaubt die ausschließliche Vermehrung rekombinierter Phagenmoleküle, nicht aber die des Ausgangsvektors. Mithilfe dieses Vektorsystems kann eine Ausbeute von 2×10^5 Plaque bildenden Einheiten (*plaque forming units*, pfu) pro µg eingesetzter Vektor-DNA erreicht werden.

Literatur

Murray, N.E. (1983) in: Hendrix, R.W., Roberts, J.W., Stahl, F.W., Weisberg, R.A. (Hrsg.): Lambda II. Cold Spring Harbor Laboratory Press, Cold Spring Harbor, New York, 395–432.

6.1.1 Partialhydrolyse der chromosomalen DNA

Materialien
- 260–510 µg chromosomale DNA
- Restriktionsendonuclease Sau 3A incl. Restriktionspuffer
- Phenol/Chloroform/Isoamylalkohol (25/24/1; v/v/v) oder Phenol/Chloroform (1/1; v/v)
- 100 mM EDTA; pH 8,0
- Ethanol p.a.
- Ethanol 70 % (v/v)

- 3 M NaOAc, pH 4,8
- TE-Puffer: 10 mM Tris-HCl, pH 8,0, 1 mM EDTA
- Materialien für Agarose-Gelelektrophorese (Abschn. 2.3.1)

Durchführung

- 11 µg chromosomale DNA, gelöst in 90 µl dest. H_2O, sowie 11 µl 10 × Sau 3A-Puffer in ein 1,5 ml-Reaktionsgefäß geben und vorsichtig mischen
- je 10 µl dieser Lösung in 8 Reaktionsgefäße (Nr. 2–9) und 20 µl in ein weiteres Reaktionsgefäß (Nr.1) überführen und die Gefäße anschließend auf Eis stellen
- 1 U Sau 3A in Gefäß 1 geben (Enzymkonzentration: 0,5 U pro µg DNA), vorsichtig mischen und dann 10 µl dieser Lösung in Gefäß 2 überführen (Enzymkonzentration 0,25 U pro µg DNA); auf diese Weise mit der Serienverdünnung bis Gefäß 8 fortfahren; Gefäß 9 erhält kein Enzym (Kontrollansatz)
- Restriktionsansätze für genau 1 h im 37 °C-Wasserbad inkubieren
- die Gefäße auf Eis stellen und die Reaktion durch Zugabe von EDTA (Endkonzentration 20 mM) abstoppen
- die Enzymkonzentration bestimmen, bei der die größte Menge an DNA-Fragmenten im Größenbereich von 15–22 kb erzeugt wird, indem man die neun Ansätze auf ein 0,5 % Agarosegel aufträgt und elektrophoretisch trennt (Abschn. 2.3.1; als Größenstandard eignet sich mit Hind III hydrolysierte λ-Wildtyp-DNA
- präparative Enzymhydrolyse mit 250–500 µg chromosomaler DNA unter den ermittelten optimalen Bedingungen durchführen; DNA-Konzentration, Temperatur, Inkubationszeit und Enzymkonzentration müssen dabei identisch sein mit dem Ansatz, der im Vorversuch das beste Ergebnis geliefert hat, um das gleiche Ergebnis zu erhalten
- Reaktion anschließend mit EDTA abstoppen und die Größenverteilung der DNA-Fragmente durch Gelelektrophorese (Abschn. 2.3.1) überprüfen
- zur Entfernung des Restriktionsenzyms die DNA zweimal vorsichtig mit einem gleichen Volumen an Phenol/Chloroform/Isoamylalkohol extrahieren; zur Phasentrennung jeweils 1 min in der Tischzentrifuge zentrifugieren und die wässrige Phase jeweils in ein frisches Reaktionsgefäß überführen
- für die Präzipitation der DNA 0,1 Volumen NaOAc, pH 4,8 und ein zweifaches Volumen Ethanol (p.a.) zugeben und vorsichtig mischen; 10 min bei RT stehen lassen
- 30 min bei RT in einer Tischzentrifuge zentrifugieren und Überstand dekantieren
- Präzipitat zwei Mal mit je 1 ml 70 %igem Ethanol waschen, jeweils 5 min zentrifugieren, Überstand mit Pipette abnehmen und Präzipitat an der Luft oder kurz (!) im Vakuum trocknen; **Achtung**: wird zu lange getrocknet, so löst sich die DNA anschließend nicht mehr, daher ist das Trocknen an der Luft vorzuziehen.
- die getrocknete DNA in 500 µl TE-Puffer aufnehmen; sie kann dann bei –20 °C aufbewahrt werden.

Trouble Shooting

Die chromosomale DNA ist mit großer Vorsicht zu behandeln, um eine mechanische Fragmentierung durch Scherkräfte zu vermeiden.

6.1.2 Größenfraktionierung von DNA durch Saccharose-Dichtegradientenzentrifugation

Materialien

- DNA-Lösung (Abschn. 6.1.1)
- 10 % (w/v) Saccharose in Gradientenpuffer (nucleasefreie Dichtegradienten-Saccharose; Roth)
- Ethanol (p.a.)

- Ethanol 70 % (v/v)
- 3 M NaOAc, pH 4,8
- Gradientenpuffer: 20 mM Tris-HCl, pH 7,9, 2 mM EDTA, pH 8,0, 200 mM NaCl und 0,1 % (w/v) Sarkosyl
- Paraffinöl
- sterile Einmalkanülen
- SW-41- Polyallomer-Röhrchen
- Materialien für Agarose-Gelelektrophorese (Abschn. 2.3.1)

Durchführung

- SW-41-Polyallomer-Röhrchen mit Ethanol ausspülen
- 10 ml 10 % (w/v) Saccharoselösung in SW-41-Röhrchen füllen und für 2–3 h bei –20 °C einfrieren
- Röhrchen bei 4 °C auftauen lassen (1–2 h)
- Test des Gradienten: bei einem Röhrchen einen Tropfen der 10 % (w/v) Saccharoselösung vorsichtig auftragen; dieser sollte bis ca. 1/3 der Röhrchenlänge absinken
- vorsichtig ca. 100 µg DNA in einem Volumen von 100–200 µl auftragen; es sollte sich dabei eine scharfe Phasengrenze zwischen der Gradienten- und der DNA-Lösung ausbilden
- Röhrchen bis 2 mm unter den Rand mit Paraffinöl auffüllen
- 16 h bei 20.000 rpm und 15 °C im SW-41-Rotor zentrifugieren (entspricht 70.000 × g)
- zum Ernten des Gradienten Zentrifugenröhrchen am Boden vorsichtig mit einer sterilen Einmalkanüle anstechen und Fraktionen von 100 µl (ca. 4 Tropfen) in 1,5 ml-Reaktionsgefäßen sammeln; sehr sauber arbeiten!
- zur Überprüfung der Trennleistung des Gradienten je 20 µl aus jeder dritten Fraktion entnehmen und die Größenverteilung der DNA-Fragmente mit einem 0,5 % (w/v) Agarosegel analysieren
- DNA-Fragmente der geeigneten Fraktionen im Anschluss mit zwei Volumen Ethanol (p.a.) fällen, zweimal mit 70 %igem (w/v) Ethanol waschen und vorsichtig im Vakuum trocknen (Abschn. 6.1.1)
- Präzipitate (Donor-DNA) in getrocknetem Zustand bei –20 °C aufbewahren.

Trouble Shooting

Beim Ernten des Gradienten zügig und sehr sauber arbeiten, um Kontaminationen mit Nucleasen zu vermeiden, da die Hydrolyse schon weniger Nucleotide der DNA-Enden eine erfolgreiche Ligation verhindern würde.

6.1.3 Vektorhydrolyse und Ligationsreaktion

Materialien

- TE-Puffer (Abschn. 6.1.1)
- 20 mg λ-EMBL3-DNA (Vektor-DNA, in 40 µl TE-Puffer gelöst)
- größenfraktionierte Donor-DNA (Abschn. 6.1.2)
- Restriktionsendonucleasen Eco RI und Bam HI (10 U × µl⁻¹) incl. Restriktionspuffer
- T4-DNA-Ligase (1 U × µl⁻¹) incl. Ligasepuffer
- 10 × T4-DNA-Ligasepuffer (nach Angaben des Enzymlieferanten ansetzen)
- Phenol/Chloroform/Isoamylalkohol (25/24/1; v/v/v) oder Phenol/Chloroform (1/1; v/v)
- Chloroform/Isoamylalkohol (24/1; v/v) oder Chloroform
- Ethanol (p.a.)
- Ethanol 70 % (v/v)
- 8 M NH₄OAc
- Materialien für Agarose-Gelelektrophorese (Abschn. 2.3.1)

✎ *Durchführung*

- 20 μg Vektor-DNA in ein 1,5 ml-Reaktionsgefäß überführen, 10 μl 10 × Bam HI-Restriktionspuffer zufügen und mit TE-Puffer auf ein Volumen von 97 μl auffüllen
- 3 μl Bam HI zugeben, anschließend den Ansatz gut mischen und bei 37 °C vollständig hydrolysieren (4–6 h)
- Vollständigkeit der Hydrolyse mit 1 μg der DNA in einem 0,5 % (w/v) Agarosegel überprüfen
- bei vollständiger Hydrolyse zur Inaktivierung des Mittelfragments 20 U Eco RI zugeben und weitere 2 h inkubieren
- zur Entfernung der Restriktionsenzyme die DNA-Lösung erst zweimal mit einem gleichen Volumen Phenol/Chloroform/Isoamylalkohol und anschließend mit einem Volumen Chloroform/Isoamylalkohol vorsichtig extrahieren; dabei zur Phasentrennung jeweils 1 min in der Tischzentrifuge zentrifugieren und die obere, wässrige Phase (ohne Interphase) jeweils in ein frisches Reaktionsgefäß überführen
- zur Entfernung der Bam HI-Eco RI-Linker-Enden des Mittelfragments den Ansatz auf 2 M NH_4OAc einstellen, mischen, ein zweifaches Volumen Ethanol (p.a.) zugeben; wiederum mischen und 30 min bei –20 °C inkubieren
- DNA für 15 min bei RT in der Tischzentrifuge präzipitieren (Überstand dekantieren), Präzipitat einmal mit 1 ml 70 %igem (w/v) Ethanol waschen und im Anschluss kurz im Vakuum trocknen; **Achtung:** wird zu lange getrocknet, so löst sich die DNA anschließend nicht mehr.
- Präzipitat in 100 μl TE-Puffer aufnehmen, die Fällung wiederholen und die DNA schließlich in 40 μl TE-Puffer aufnehmen
- für die Ligationsreaktion je 1 μl (ca. 0,5 μg) hydrolysierte Vektor-DNA in 5 verschiedene Reaktionsgefäße pipettieren
- 0,2, 0,4, 0,5, 0,7 bzw. 1 μg größenfraktionierte Donor-DNA sowie je 1 μl 10 × Ligasepuffer zugeben und ein Reaktionsvolumen von insgesamt 10 μl mit dest. H_2O einstellen
- je 1 U T4-DNA-Ligase zugeben und die Reaktionsansätze bei 12 °C für 12–16 h inkubieren
- Ligationsansätze in Eis stellen und weiter verarbeiten oder bei –20 °C lagern (unbegrenzt haltbar)

6.1.4 *in vitro*-Verpackung der Ligationsprodukte

Die *in vitro*-Verpackung des Ligationsansatzes wird wie in Abschn. 5.2.1 beschrieben durchgeführt. Nach Infektion von *E. coli* erhält man eine genomische Phagenbank in λ-EMBL3.

6.1.5 Titerbestimmung und Ausplattieren der Phagenbank

⚗ *Materialien*

- λ-EMBL3-Phagenbank aus Abschn. 6.1.4
- *E. coli* NM539 (Murray, 1983; stationäre Kultur in LB-Medium)
- LB-Fest- und Weichagar (Abschn. 6.2.3)
- λ-Puffer: 10 mM Tris-HCl, pH 7,5, 10 mM $MgSO_4$, autoklavieren
- 5 ml-Reagenzglas (steril)

✎ *Durchführung*

- Serienverdünnungen der Phagenbank mit λ-Puffer herstellen (Verdünnung 10^0–10^{-8}); die Verdünnungen sollten Abstände von zwei Zehnerpotenzen aufweisen, dies erreicht man zweckmäßigerweise durch Zugabe von 10 μl der vorangegangenen Verdünnung zu 990 μl λ-Puffer

- je 100 µl der Verdünnungen und 150 µl einer stationären Kultur von *E. coli* NM539 in ein mit einer Aluminiumkappe verschließbares 5 ml-Reagenzglas geben
- zur Phagenadsorption 10 min unbewegt bei 37 °C inkubieren
- je 3 ml 47–50 °C heißen LB-Weichagar zufügen; zur Durchmischung kurz zwischen beiden Händen quirlen (dazu die Hände reiben wie beim Händewaschen) und sofort gleichmäßig auf einer LB-Fest-agarplatte verteilen, bevor der Agar erstarrt (dieser Schritt benötigt ein wenig Übung)
- über Nacht bei 37 °C inkubieren
- zur Titerbestimmung eine geeignete Platte (100–1.000 Plaques) auswählen und Phagenplaques zählen
- unter Berücksichtigung der Verdünnungsfaktoren und des eingesetzten Volumens (100 µl) den Titer der Phagenbank bestimmen
- in der beschriebenen Weise die für die Phagenbank erforderliche Anzahl rekombinanter Phagen aus-plattieren; den Verdünnungsfaktor vor dem Ausplattieren so wählen, dass eine Petrischale mit einem Durchmesser von 9 cm ca. 1.000 Plaques enthält (bei Verwendung größerer Petrischalen können ent-sprechend mehr Phagen ausplattiert werden)
- Agarplatten mit den Phagenplaques im Kühlschrank bei 4 °C aufbewahren (bis zu 14 Tage), besser aber gleich für eine Plaquehybridisierung (Abschn. 10.2.1.5) einsetzen.

Alternative Durchführung

- Eine LB-Platte mit Filzschreiber am Boden in 6–8 gleich große Sektoren einteilen
- 150 µl einer Übernachtkultur des Indikatorstammes wie beschrieben, jedoch ohne Phagen, ausplat-tieren
- je 50 µl der verschiedenen Verdünnungen nacheinander auf die Sektoren der Platte auftropfen
- über Nacht bei 37 °C inkubieren
- die Plaques in den Sektoren zählen, wo dies möglich ist
- Phagentiter unter Berücksichtigung des Verdünnungsfaktors und des eingesetzten Volumens berech-nen.

Literatur

Murray, N.E. (1983) in: Hendrix, R.W., Roberts, J.W., Stahl, F.W., Weisberg, R.A. (Hrsg.): Lambda II. Cold Spring Harbor Laboratory Press, Cold Spring Harbor, New York, 395–432.

6.2 Klonierung mit Cosmiden

Als Cosmide bezeichnet man Vektoren, die neben einem Plasmidanteil (z.B. pBR322) noch die *cos*-Stelle des Bakteriophagen λ enthalten (Abb. 6–2). Es handelt sich dabei um eine 12 Basen lange Sequenz, die sich als Einzelstrang an beiden Enden des (linearen) λ-Genoms befindet. Infiziert der Phage ein Bakterium und injiziert sein Genom, so lagern sich die beiden komplementären Einzelstränge aneinander und bilden eine zirkuläre DNA, die vor dem Abbau durch bakterielle Exonucleasen geschützt ist.

Die Transformation einer Zelle mit einem Cosmid erfolgt wie mit einem λ-Phagenvektor. Die Vermeh-rung des Cosmids innerhalb der Zelle läuft dagegen wie bei einem Plasmid ab. In Verbindung mit dem *in vitro*-Verpackungssystem von λ-Phagen (Abschn. 5.2.1) erlauben Cosmide den Einbau von DNA-Frag-menten einer Größe von 32–45 kb. In einem typischen Klonierungsexperiment wird die Cosmid-DNA zunächst mithilfe des Restriktionsenzyms Bam HI linearisiert, an den 5'-Enden dephosphoryliert und mit einer aus Sau 3A-Fragmenten bestehenden Donor-DNA einer Größe von ca. 40 kb ligiert. Die Ligations-bedingungen werden so gewählt, dass die zu klonierende DNA hauptsächlich mit je zwei Vektormolekülen verbunden wird.

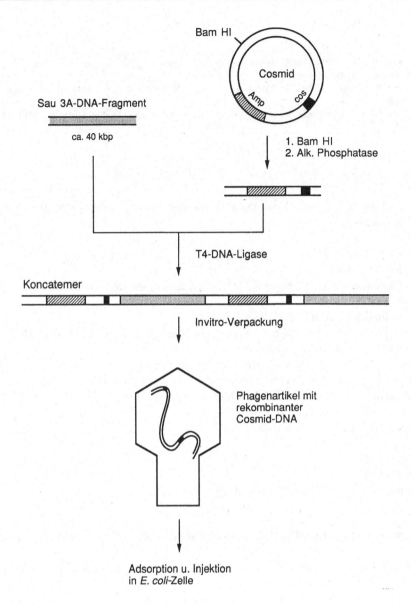

Abb. 6–2: Schematische Darstellung der Klonierung von DNA mit Cosmiden. *Amp: Ampicillin*-Resistenzgen; *cos: cos*-Stelle des Phagen λ.

Dabei entstehen Konkatemere (d.h. lange DNA-Stränge, die aus mehreren zusammen ligierten Einzelabschnitten bestehen), die für die *in vitro*-Verpackung eingesetzt werden können. Das Verpackungsenzym generiert daraus die benötigten Einzelabschnitte, indem es innerhalb der *cos*-Regionen schneidet; stabile Phagenpartikel entstehen allerdings nur dann, wenn die Länge der Einzelabschnitte 32–45 kb beträgt. Infiziert man *E. coli* mit den neu generierten Phagen, gelangt das lineare DNA-Molekül in die Zelle, wird dort über die komplementären Einzelstrangenden der *cos*-Stellen zirkularisiert und vermehrt sich anschließend als Plasmid. Die Selektion von Bakterien, die Cosmide enthalten, erfolgt auf Nährböden mit Ampicillin.

Literatur

Sambrook, J., Russel, D.W. (2001): Molecular Cloning. 3rd ed. Cold Spring Harbor Laboratory Press, Cold Spring Harbor, New York, 295–307.

Priefer, U., Simon, R., Pühler, A. (1984) in: Pühler, A., Timmis, K.N. (Hrsg.): Advanced Molecular Genetics. Springer Verlag, Berlin, 190–201.

Schumann, W. (1996) in: Gassen, H.G., Minol, K. (Hrsg.): Gentechnik. Gustav Fischer, Stuttgart, 141–144.

6.2.1 Vektorhydrolyse, Phosphatasebehandlung und Ligationsreaktion

Im Folgenden wird die Ligation von Donor-DNA-Fragmenten mit dem Cosmid pHC79 nach Hohn und Collins (1980) beschrieben.

Materialien

- 20 µg pHC79 in 20 µl dest. H_2O
- 4 µg größenfraktionierte Sau 3A-Fragmente (32–40 kb) der chromosomalen Donor-DNA in 4 µl dest. H_2O (Abschn. 6.1.2)
- Restriktionsendonuclease Bam HI incl. Restriktionspuffer
- alkalische Phosphatase aus Kälberdarm (*calf intestine alkaline phosphatase*, CIP bzw. CIAP; 1 U × µl^{-1})
- T4-DNA-Ligase (1 U × µl^{-1}) incl. Ligasepuffer
- 10 × Ligasepuffer (nach Angaben des Enzymlieferanten ansetzen)
- Phenol/Chloroform/Isoamylalkohol (25/24/1; v/v/v) oder Phenol/Chloroform (1/1; v/v)
- Chloroform/Isoamylalkohol (24/1; v/v) oder Chloroform
- Ethanol (p.a.)
- Ethanol 70 % (v/v)
- 3 M NaOAc, pH 4,8
- 0,5 M EDTA, pH 8,0
- 10 mM Tris-HCl, pH 8,0
- Materialien für Agarose-Gelelektrophorese (Abschn. 2.3.1)

Durchführung

- 20 µg pHC79-DNA in ein 1,5 ml-Reaktionsgefäß überführen, 10 µl 10 × Bam HI-Restriktionspuffer zufügen
- die DNA in einem Gesamtvolumen von 100 µl (mit dest. H_2O auffüllen) mit 30 U Bam HI bei 37 °C vollständig hydrolysieren (4–6 h)
- Vollständigkeit der Hydrolyse mit 0,5 µg der DNA mittels Elektrophorese mit einem 0,5 % (w/v) Agarosegel überprüfen (Abschn. 2.3.1); bei unvollständiger Hydrolyse weitere 20 U Bam HI zugeben und nochmals 2 h bei 37 °C inkubieren
- zur Entfernung der Restriktionsenzyme die DNA-Lösung erst zweimal mit einem gleichen Volumen Phenol/Chloroform/Isoamylalkohol und anschließend mit einem Volumen Chloroform/Isoamylalkohol vorsichtig extrahieren; dabei zur Phasentrennung jeweils 1 min in der Tischzentrifuge zentrifugieren und die obere, wässrige Phase (ohne Interphase) jeweils in ein frisches Reaktionsgefäß überführen (Abschn. 1.6)
- zur Fällung der DNA 0,1 Volumen 3 M NaOAc und zwei Volumen Ethanol (p.a.) zugeben, mischen und für 30 min auf –80 °C stellen
- die DNA 15 min in der Tischzentrifuge präzipitieren, den Überstand dekantieren und das Präzipitat zweimal mit je 1 ml 70 % (v/v) Ethanol waschen, nach den Waschschritten jeweils 5 min in der Tischzentrifuge zentrifugieren und den Überstand mit der Pipette abnehmen
- die DNA kurz (!) im Vakuum trocknen und anschließend in 200 µl 10 mM Tris-HCl, pH 8,0 resuspendieren

- 1–2 U alkalische Phosphatase zugeben, vorsichtig durch Antippen mischen und 30 min bei 37 °C inkubieren
- zur Inaktivierung des Enzyms 1 µl 0,5 M EDTA zugeben und mischen
- die DNA-Lösung wie oben beschrieben zweimal mit Phenol/Chloroform/Isoamylalkohol und einmal mit Chloroform/Isoamylalkohol extrahieren
- die DNA wie beschrieben fällen, zentrifugieren, trocknen und schließlich in 20 µl dest. H_2O aufnehmen
- zur Ligation 4 µl (4 mg) Sau 3A-Fragmente der Donor-DNA und 2 mg (2 µl) linearisierte Vektor-DNA in ein 1,5 ml-Reaktionsgefäß pipettieren
- 7,5 µl dest. H_2O sowie 1,5 µl 10 × Ligasepuffer zufügen und mischen
- 2 U T4-DNA-Ligase zugeben, mischen und 12–16 h bei 12 °C inkubieren
- Ligationsansatz bei –20 °C lagern oder sofort für die *in vitro*-Verpackung (Abschn. 6.2.2) einsetzen.

Literatur

Hohn, B., Collins, J. (1980): A Small Cosmid for Efficient Cloning of Large DNA Fragments. Gene 11, 291–298.

6.2.2 *in vitro*-Verpackung der Ligationsprodukte

Die *in vitro*-Verpackung des Ligationsansatzes wird wie in Abschn. 5.2.1 beschrieben durchgeführt. Es wird je 1 µl der DNA aus dem Ligationsansatz verpackt. Die Cosmide sind auf diese Weise mehrere Monate stabil, sofern sie bei 4 °C gelagert werden. Zur Etablierung der Genbank wird anschließend mit dem Ansatz eine Infektion von *E. coli*-Zellen durchgeführt (Abschn. 6.2.3).

6.2.3 Etablierung der Genbank

Materialien

- Cosmid-Genbank aus Abschn. 6.2.2
- frische stationäre Kulturen von *E. coli* DH1 (oder anderen recA-Stämmen) in LB-Medium
- LB-Medium: zu 950 ml dest. H_2O folgende Substanzen geben: 10 g Casein (enzymatisch hydrolysiert) oder Trypton oder Pepton, 5 g Hefeextrakt, 5 g NaCl, mit 10 M NaOH auf einen pH-Wert von 7,5 einstellen, dest. H_2O ad 1 l, autoklavieren
- LB-Festagar: LB-Medium plus 1,5 % (w/v) Agar (15 g × l^{-1}), autoklavieren
- LB-Weichagar: LB-Medium plus 0,7 % (w/v) Agar (7 g × l^{-1}), autoklavieren
- LB-Weichagarose: LB-Medium plus 0,7 % (w/v) Agarose (7 g × l^{-1}), autoklavieren
- LB-Agarplatten: LB-Festagar nach dem Autoklavieren in Petrischalen gießen und erstarren lassen
- LB-Selektiv-Agarplatten (z.B. LB-Amp-Platten oder LB-Tet-Platten): LB-Festagar nach dem Autoklavieren auf 40–50 °C abkühlen lassen und mit Ampicillin (10 mg × ml^{-1}, sterilfiltriert) bzw. mit Tetracyclin (10 mg × ml^{-1}, in 70 % (v/v) Ethanol, sterilfiltriert) auf 100 mg × ml^{-1} einstellen, in Petrischalen gießen und erstarren lassen
- λ-Puffer (Abschn. 6.1.5)
- sterile Zahnstocher
- *freezing*-Medium: LB-Medium mit 8,8 % (v/v) Glycerin, 3 mM NaOAc, pH 7,5, 55 mM K_2HPO_4, 26 mM KH_2PO_4, 1 mM $MgSO_4$, 15 mM $(NH_4)_2SO_4$

Durchführung

- Zur Infektion von *E. coli*-Zellen 10 ml der Cosmid-Genbank mit 100 µl λ-Puffer und 200 µl einer frischen Übernachtkultur von *E. coli* DH1 (oder einem anderen recA-Stamm) in einem 1,5 ml-Reaktionsgefäß mischen

- zur Phagenadsorption die Suspension 20 min bei 37 °C inkubieren
- 1 ml LB-Medium zugeben und die Inkubation für 45 min bei gleicher Temperatur fortsetzen
- sechsmal je 0,2 ml der Suspension auf ampicillinhaltigen LB-Agarplatten ausplattieren und über Nacht bei 37 °C bebrüten
- Anzahl der Bakterienkolonien bestimmen; pro µg ligierter DNA sollte man 5×10^3–5×10^4 Klone erhalten
- prozentualen Anteil der Klone mit Ampicillin- und Tetracyclinresistenz bestimmen, indem man mithilfe steriler Zahnstocher Zellmaterial von ca. 100 Kolonien auf eine tetracyclinhaltige LB-Platte überträgt; doppelresistente Klone enthalten zumeist ligierte Ausgangsvektoren
- zur Errichtung der Genbank weitere Infektionen mit den verpackten Cosmiden durchführen, bis die Anzahl der benötigten Bakterienkolonien erreicht ist; die Kolonien können zur Aufbewahrung der Genbank mit sterilen Zahnstochern in die Kammern einer Mikrotiterplatte transferiert werden, wobei jede Kammer zunächst mit 200 µl *freezing*-Medium beschickt wurde; nach 6–12 h Inkubation bei 37 °C kann die Genbank dann bei –70 °C unbegrenzt gelagert werden.

6.3 Herstellung von DNA-Bibliotheken in künstlichen, bakteriellen Chromosomen (BAC)

Die Klonierung exogener DNA in künstliche, bakterielle Chromosomen (BACs, *Bacterial Artificial Chromosomes*) bietet im Vergleich zu herkömmlichen Klonierungsstrategien genomischer DNA in λ-Phagen oder Cosmiden einen neuartigen Ansatz zur Analyse von Genomen höherer Organismen. BAC-Bibliotheken mit großen, klonierten DNA-Fragmenten (> 100 kb) sind unerlässliche Werkzeuge bei der Positionsklonierung, physikalischen Kartierung und bei der Sequenzierung von großen Genomen. So bildete ein Grundgerüst von BAC-Klonen, hergestellt aus der DNA des Menschen, die Grundlage für die vollständige Sequenzierung des menschlichen Genoms (*The International Human Genome Mapping Consortium* 2001).

Weitere BAC-Bibliotheken wurden in vielen Arbeitsgruppen weltweit hergestellt, von Maus, Schwein und Rind, aber auch von Pflanzen wie dem Modellorganismus *Arabidopsis thaliana* oder Reis und Weizen. Zuletzt gewann die Nutzung von künstlichen bakteriellen Chromosomen in der Entschlüsselung von Biosynthese-Clustern von Mikroorganismen, der Entwicklung neuer Sekundärmetaboliten in der Wirkstoffforschung und in der Erforschung bisher unbekannter Mikroorganismen in Biodiversitätsprojekten eine Schlüsselrolle. Gerade in der Wirkstoffforschung kann der Einsatz von BAC-Klonierungssystemen effizient genutzt werden, um neuartige Stoffgruppen zu erschließen, weiterzuentwickeln und

Tab. 6–1: Vergleich zwischen YAC- und BAC-Klonierungssystemen

Eigenschaften	YAC	BAC
Konfiguration	linear	zirkulär
Wirtssystem	Hefe	Bakterien
Kopienanzahl je Zelle	1	1–2
Klonierungskapazität	bis zu 2 Mb	bis zu 350 kb
Transformation	Sphäroplasten (10^7 Klone je µg DNA)	Elektroporation (10^{10} Klone je µg DNA)
Häufigkeit chimärer Klone	bis zu 40%	< 1%
DNA-Aufreinigung	Puls-Feld-Gelelektrophorese – Gelisolation	Standard-Plasmid-Minipräparation (Abschn. 5.2)
Klonstabilität	instabil	stabil

zu optimieren. Bekannte Naturstoffprodukte, wie sie beispielsweise von den Actinomyceten produziert werden, sind antibakterielle Stoffe wie Erythromycin und Tetracyclin, Antitumorwirkstoffe wie Dauxorubicin und Immunsuppressiva wie Cyclosporin und FK506. Obwohl schon sehr viele dieser Sekundärmetaboliten aus einer großen Bandbreite von Organismen isoliert wurden, besteht insbesondere in der Pharmaforschung ein großer Bedarf, neue Strukturen mit neuen Aktivitäten und verbesserten Eigenschaften zu entwickeln.

Mit BAC-Vektoren lassen sich zahlreiche an der Synthese interessanter Sekundärmetabolite beteiligte Gene in einem Vektor klonieren. An der Synthese des Antibiotikums Erythromycin sind beispielsweise mehr als 40 verschiedene enzymatische Aktivitäten beteiligt, die als Biosynthese-Cluster vorliegen. Neue Sekundärmetabolit-Entitäten lassen sich entwickeln, die durch herkömmliche chemische Synthese nicht oder nur unter erschwerten Bedingungen hergestellt werden können. Dazu werden einzelne Elemente eines Biosynthese-Clusters gezielt genetisch manipuliert, die Eigenschaften verschiedener Cluster (*pathway-engineering*) neu kombiniert und BAC-Vektoren verwendet, die in verschiedenen Wirtsorganismen gleichzeitig eingesetzt werden können.

BAC-Vektoren machen sich das *E. coli*-Fertilitätsplasmid zunutze. In BACs können bis zur 350 kb große DNA-Fragmente kloniert werden. Dabei treten nur sehr selten Rearrangierungen oder chimäre Klone auf (Shizuya *et al.*, 1992, Woo *et al.*, 1994, Jiang *et al.*, 1995, Cai *et al.*, 1995). Vor der Entwicklung der BAC-Vektoren war das künstliche Hefechromosom YAC (Burke *et al.*, 1987) das einzige System zur Klonierung sehr großer DNA-Fragmente. Jedoch haben die YACs den Nachteil, dass sie sehr häufig rearrangieren. Tab. 6–1 zeigt einen Vergleich zwischen den Klonierungssystemen YACs und BACs. Durch die BAC-Klonstabilität und die Einfachheit ihrer Nutzung hat sich das BAC-System mittlerweile als bevorzugtes Klonierungssystem zur Herstellung genomischer DNA-Bibliotheken etabliert.

6.3.1 BAC-Vektoren

Die Grundstruktur der BAC-Vektoren leitet sich vom bakteriellen Fertilitätsplasmid (f-Faktor) ab und enthält vier essenzielle, für die Plasmidstabilität und die Kopienzahl verantwortliche Regionen (Willetts und Skurray, 1987). Ein Chloramphenicol-Resistenzgen ermöglicht die Selektion von Transformanten. pBelobac11, ein sehr weit verbreiteter BAC-Vektor, hat drei einmalige Restriktionsschnittstellen (Hind III, Bam H1 und Sph I) innerhalb des *lacZ*-Gens und ermöglicht so die Identifizierung rekombinanter Klone mithilfe der Blau/Weiß-Selektion (Abschn. 5.2.2; Kim *et al.*, 1996).

pBACe3.6, ein weiterer BAC-Vektor, ermöglicht die Positivselektion rekombinanter Klone mithilfe des Sac BII-Gens. Darüber hinaus enthält pBACe3.6 ein pUC-Fragment, welches für die Produktion des leeren Vektors genutzt wird (de Jong, 1997). Für die Klonierung großer DNA-Fragmente in BAC-Vektoren muss die zu klonierende DNA in ausreichender Menge und Qualität vorhanden sein. Die Qualität der DNA spielt für die Klonierungseffizienz eine besondere Rolle, da das Ausgangsmaterial den kritischen Faktor in Bezug auf die Insertgröße der später in die BAC-Vektoren klonierten Fragmente darstellt. So können einerseits DNA-Fragmente aus kompletten Organismen, wie z.B. Pflanzen kloniert werden, indem die gesamte genomische DNA möglichst unbeschädigt in einem ersten Schritt aus der Pflanze isoliert wird. Diese HMW-DNA (HMW, *high molecular weight*, DNA mit höchster Komplexität, größer als zwei Megabasen) wird in einem zweiten Schritt mit einem geeigneten Restriktionsenzym teilweise verdaut, so dass die für die Klonierung in BAC-Vektoren gewünschte Größe entsteht.

Es können auch Fragmente in BACs kloniert werden, die zuvor aus kleineren Fragmenten, z.B. Bestandteilen einzelner Biosynthese-Cluster zusammen ligiert wurden. So lassen sich durch Zufall generierte Fragmente von mehr als 100 kb generieren, die anschließend wiederum in einen BAC-Vektor ligiert werden können.

6.3.2 Präparation von HMW-DNA und Größenselektion der DNA-Fragmente zur Klonierung in einen BAC-Vektor

Im Falle der hier beschriebenen Klonierung von HMW-DNA (Abschn. 6.3.1) aus Pflanzen muss diese soweit fragmentiert werden, dass sie zum einen die klonierbare Größe (im Falle von BAC-Vektoren 50–350 kb) erreicht, zum anderen aber auch die dem Klonierungsvektor entsprechenden Restriktionsschnittstellen an den Fragmentenden besitzt. Zwei generelle Prinzipien bei der Größenfraktionierung werden dabei unterschieden: (1) der partielle Verdau mit einem geeigneten Restriktionsenzym und (2) die physikalische Zerkleinerung (Shearing). Letztere hat den Vorteil, dass diese Methode unabhängig von Restriktionsschnittstellen im Genom ist. Jedoch muss physikalisch zerkleinerte DNA an den Enden wieder repariert werden und die passenden Restriktionsschnittstellen sind mit synthetischen Linkern wieder einzufügen. Diese Schritte können jedoch zum Verlust klonierbarer DNA führen. Im Folgenden wird daher nur auf den weiter verbreiteten partiellen Restriktionsverdau eingegangen.

Dabei kann das Ergebnis des Verdaus durch die Variation verschiedener Parameter (Menge des Restriktionsenzyms, Inkubationszeit, unterschiedliche Konzentration von Kofaktoren (z.B. Mg^{2+}) beeinflusst werden. Die optimalen Bedingungen für einen präparativen, partiellen Restriktionsverdau von Megabasen großer DNA sollten in mehreren Schritten ermittelt werden, indem erst Parameter im groben Maßstab ausgetestet und danach die Verdauparameter verfeinert werden.

Um die optimale Konzentration von Restriktionsenzymen zum partiellen Verdau vom HMW-DNAs zu bestimmen, werden 1, 2, 5, 10 und 50 U eines geeigneten Restriktionsenzyms (z.B. Hind III) zu 5 µg HMW-DNA (entweder in Lösung oder als Agaroseblöcke) gegeben. Das Reaktionsgemisch wird bei Verwendung von Agaroseblöcken erst 30 min bei 4 °C inkubiert, um eine optimale Mischung von Restriktionsenzym und DNA zu gewährleisten. Dann werden die Reaktionsansätze für 20 min bei 37 °C inkubiert und die Reaktion anschließend durch Zugabe von 1/100 Volumen 0,5 M EDTA abgestoppt. Die Reaktionsansätze werden dann mittels Puls-Feld-Gelelektrophorese (PFGE; Abschn. 2.3.1.1) analysiert und der optimale Bereich bestimmt. Die Einstellung der optimalen Bedingungen erfolgt in einem zweiten Ansatz, indem die Mengen an Restriktionsenzym im zuvor bestimmten besten Bereich erneut verfeinert werden.

Diese Reaktionsbedingungen werden dann zu einem präparativen Verdau von 100–200 µg HMW-DNA eingesetzt. Dazu wird der Restriktionsansatz in gleichen Volumina und unter gleichen Restriktionsbedingungen in entsprechender Anzahl von Einzelreaktionen wiederholt. Die mit EDTA abgestoppten Restriktionsansätze werden anschließend vereinigt und in einer präparativen PFGE aufgetrennt. Der relevante Größenbereich von 300–600 kb kann dann aus dem Gel ausgeschnitten und die DNA aus dem Gel eluiert werden, beispielsweise durch enzymatischen Abbau der LM-Agarose (*low melting*, Agarose mit einem Schmelzpunkt von 45 °C), mit Gelase bzw. Agarase oder durch Elektroelution (Abschn. 2.5.2 und 2.5.4).

20–100 ng der größenselektierten DNA wird anschließend in den dephosphorylierten BAC-Vektor ligiert (molares Verhältnis Vektor zu Insert 10:1). Die Transformation der ligierten DNA in kompetente *E. coli*-Zellen erfolgt durch Elektroporation (siehe auch Abschn. 12.3.6). Die Transformationseffizienz liegt dabei zwischen 40 und 1.500 Transformanten pro µl jeder Ligation bzw. 20–1.000 Transformanten pro ng eingesetzter DNA. Dabei gibt es eine inverse Beziehung zwischen der Größe der klonierten DNA und der Transformationseffizienz. Ferner hat sich gezeigt, dass eine niedrigere Feldstärke (9–13 kV je cm) zu einer höheren durchschnittlichen Insertgröße, allerdings auch zu einer geringen Transformationseffizienz führt.

Rekombinante Klone können anschließend manuell mit Zahnstochern oder mit Robotern von den Agarplatten zur Dauerlagerung in Mikrotiterplatten überführt werden (Abschn. 6.2.3). Die rekombinanten BAC-Plasmide lassen sich dann wie in Abschn. 3.2.4 weiterverarbeiten.

6.3.2.1 Präparation des BAC-Vektors

Materialien

- LB-Platten: 1 % (w/v) Trypton, 0,5 % (w/v) Hefeextrakt, 1 % (w/v) NaCl, 1,5 % (w/v) Agar, autoklavieren
- LB-Medium: 1 % (w/v) Trypton, 0,5 % (w/v) Hefeextrakt, 1 % (w/v) NaCl, autoklavieren
- Chloramphenicol-Stammlösung: 20 mg $\times$ ml^{-1} Chloramphenicol in Ethanol
- das Chloramphenicol kann dem jeweiligen Medium nach dem Autoklavieren zugegeben werden, sobald dieses unter 70 °C abgekühlt ist

Durchführung

- Den *E. coli*-Stamm mit dem gewünschten leeren BAC-Vektor auf einer LB-Chloramphenicol-Agarplatte (12,5 µg $\times$ ml^{-1} Chloramphenicol) ausstreichen und über Nacht bei 37 °C anziehen
- 5 ml LB-Chloramphenicol-Medium (30 µg $\times$ ml^{-1} Chloramphenicol) mit einer Einzelkolonie animpfen und 8 h in einem Schüttler bei 37 °C inkubieren
- vier 2,8 l-Kulturflaschen mit 1 l LB-Chloramphenicol-Medium (30 µg $\times$ ml^{-1} Chloramphenicol) füllen, vorwärmen auf 30 °C
- mit 1 ml $\times$ l^{-1} der Vorkultur animpfen und die Kultur bei 30 °C im Schüttler (225 rpm) bis zu einer Zelldichte von ca. 10^9 Zellen $\times$ ml^{-1} (E_{600} = 1,0–1,2) anziehen
- nach der Inkubation die Zellen bei 4 °C für 15 min bei 6.000 $\times$ g abzentrifugieren (z.B. 6.200 rpm in einem Beckman JA-14 Rotor, Beckman, USA).

6.3.2.2 Plasmidaufreinigung

Materialien

- TE-Puffer: 10 mM Tris-Cl, pH 8,0, 1 mM EDTA
- Maxi-Plasmidaufreinigungs-Kit (z.B. Qiagen-tip-500-Säulen; Qiagen)

Durchführung

- Das BAC-Vektorplasmid mithilfe des Maxi-Plasmidaufreinigungs-Kits isolieren (fünf tip-500-Säulen für eine 4 l-Präparation)
- den BAC-Vektor von kontaminierender genomischer *E. coli*-DNA mithilfe eines CsCl Gradienten (Abschn. 3.2.3.4) reinigen (oder optional mittels eines Exonucleaseverdaus, Abschn. 3.2.3.5)
- die DNA in 1 ml TE-Puffer oder Merck-Wasser (LiChrosolv`) aufnehmen und bei 4 °C mind. 24 h lösen; nach Bestimmung der DNA-Konzentration durch Messen der Extinktion bei 260 nm (Abschn. 1.1.1) die DNA auf eine Konzentration von 200 ng $\times$ µl^{-1} einstellen, portionieren und bei –20 °C lagern
- bei Verwendung des pBeloBac11 sollten sich ca. 20–40 µg Plasmid-DNA aus 4 l Medium isolieren lassen.

6.3.2.3 Vorbereitung des Vektors zur Ligation

Materialien

- Hind III
- Bam HI
- 10 $\times$ Hind III-Puffer: 0,5 M Tris-HCl, pH 8,0, 0,1 M MgCl$_2$, 0,5 M NaCl
- 10 $\times$ Bam HI-Puffer: 0,5 M Tris-HCl, pH 8,0, 0,1 M MgCl$_2$, 1 M NaCl

- 10 × TA-Puffer: 330 mM Tris-Acetat, pH 7,8, 660 mM K-Acetat, 100 mM Mg-Acetat, 5 mM DTT und 1 mg × ml^{-1} BSA (Puffersystem der HK Phosphatase)
- TE-Puffer (Abschn. 6.3.2.2)
- HK Phosphatase (Epicentre, USA) oder alkalische Phosphatase
- Phenol/Chloroform (1/1; v/v)
- Ethanol 70 % und 100 % (v/v)

Durchführung

- 10 µg pBeloBAC11 mit 100 U Hind III oder Bam HI und dem dazugehörigen Puffer bei 37 °C für 2–4 h vollständig verdauen
- die verdaute DNA zweimal mit Phenol/Chloroform extrahieren, mit Ethanol waschen und anschließend in 50 µl TA-Puffer lösen
- pro µg DNA je 2 U HK-Phosphatase zugeben und den Ansatz bei 30 °C für 2 h inkubieren
- die Reaktion durch 30 min Erhitzen auf 65 °C stoppen
- den durch die Phosphatase dephosphorylierten Vektor durch Ethanolfällung präzipitieren und in 100 µl TE-Puffer lösen.

6.3.2.4   Isolierung von Megabasen-DNA aus Pflanzen

Folgendes Protokoll ist ein Beispiel wie HMW-DNA, die sich für die Klonierung in BAC-Vektoren eignet, isoliert werden kann (Zhang *et al.*, 1995, Ganal *et al.*, 1989, Wang *et al.*, 1993).

Materialien

- Pflanze
- N$_2$ flüssig
- Stofffilter (Stofftuch oder Gaze-Mull)
- HB-Puffer: 0,5 M Saccharose, 10 mM Tris, 80 mM KCl, 10 mM EDTA, 1 mM Spermidin, 1 mM Spermin, auf einen pH-Wert von 9,4–9,5 einstellen mit NaOH
- Waschpuffer: HB-Puffer, 0,5 % (v/v) Triton-X-100 (Stammlösung: 20 % (v/v) Triton-X-100 in HB-Puffer), 0,15 % (v/v) β-Mercaptoethanol (erst vor Gebrauch zugeben)
- Festwinkelrotor (JA-14 Rotor, Beckman)

Durchführung

- 30–50 g frisches oder gefrorenes Pflanzenmaterial unter flüssigem Stickstoff zu Pulver zermahlen und in ein eiskaltes 500 ml-Becherglas füllen, das 200 ml eiskalten Waschpuffer enthält
- diesen Schritt vier- bis sechsmal mit jeweils neuen Pflanzen wiederholen, um genügend Zellkerne zu sammeln
- jedes Gemisch aus dem ersten Schritt für ca. 20 min auf Eis mit einem Magnetrührer mischen
- das Gemisch anschließend durch einen Stofffilter in ein eiskaltes 250 ml-Zentrifugengefäß überführen; um die Ausbeute an Zellkernen zu verbessern, kann man die Reste der im Stofffilter verbleibenden Flüssigkeit in das Zentrifugengefäß pressen
- das gefilterte Homogenisat in einem Festwinkelrotor bei 1.800 × g, 4 °C für 20 min zentrifugieren (ca. 3.500 rpm,)
- den Überstand entfernen und das Zellpellet vorsichtig in 1–5 ml eiskaltem Waschpuffer unter Zuhilfenahme z.B. eines weichen Pinsels lösen; nach Resuspension das Volumen auf 30 ml mit Waschpuffer einstellen und in ein 50 ml-Rundboden-Zentrifugengefäß überführen
- die Zellkerne bei 1.800 × g, 4 °C für 15 min in einem Schwenkrotor (z.B. 2.800 rpm in einem GH-3,8 Horizontalrotor, Beckman) abzentrifugieren
- die Zellkerne zweimal im Waschpuffer resuspendieren und wieder abzentrifugieren

- die Zellkerne nach dem letzten Waschschritt in 2–3 ml HB-Puffer resuspendieren und mit einem Hemacytometer in einem Phasenkontrast-Mikroskop zählen; die Konzentration der Zellkerne auf ca. 4×10^7 Kerne je ml mit HB-Puffer einstellen (für Pflanzen mit einer haploiden Genomgröße von 500–1.000 Mb).

6.3.2.5 Einbetten der Pflanzenzellkerne in Agaroseblöcke

Materialien

- 30 % (w/v) Na-Lauryl-Sarkosin-Stammlösung
- ESP-Puffer: 0,5 M EDTA, pH 9–9,3, 1 % (w/v) Na-Lauryl-Sarkosin; 0,1 mg $\times$ ml^{-1} Proteinase K (erst vor Gebrauch zugeben)
- LM-Agarose (*low melting point*, Agarose mit einem Schmelzpunkt unter 50 °C; z.B. Seaplaque GTG)
- leichtes Mineralöl
- HB-Puffer: 0,5 M Saccharose, 10 mM Tris, 80 mM KCl, 10 mM EDTA, 1 mM Spermidin, 1 mM Spermin, auf einen pH-Wert von 9,4–9,5 einstellen mit NaOH
- PMSF (Phenylmethylsulfonylfluorid): Stammlösung 100 mM PMSF in Isopropanol
- TE-Puffer mit 0,1 mM PMSF: TE-Puffer (Abschn. 6.3.2.2), auf 0,1 mM PMSF einstellen
- Falcon-Röhrchen

Durchführung

- 1–1,2 % (w/v) LM-Agarose in HB-Puffer schmelzen und bei 45 °C in einem Wasserbad bereithalten
- 15 ml leichtes Mineralöl in einem 50 ml-Falcon-Röhrchen bei 45 °C im Wasserbad vorwärmen
- ein 500 ml-Becherglas mit 150 ml eiskaltem HB-Puffer füllen und auf Eis mit einem Magnetrührer gründlich mischen
- die Zellkerne in einen 500 ml-Kolben überführen und in einem Wasserbad auf 45 °C erwärmen
- zu den Zellkernen ein gleiches Volumen der vorbereiteten gelösten LM-Agarose geben, bei 45 °C belassen und vorsichtig, aber gründlich mischen
- zu dem Gemisch 20 ml des vorgewärmten, leichten Mineralöls geben, dann das Gemisch 3–5 s kräftig mischen und sofort in das mit 150 ml eiskaltem HB-Puffer gefüllte Becherglas geben, dabei weiter mit dem Magnetrührer kräftig mischen
- das Gemisch weitere 5–10 min auf Eis rühren, um Klumpen aufzubrechen und eine homogenere Größe der Agarosekugeln zu erhalten
- die Agarosekugeln mit den eingeschlossenen Zellkernen bei 600 $\times$ g, 4 °C für 15–20 min in einem Schwingkolbenrotor (z.B. 1.800 rpm, Beckman GH-3.8) herunterzentrifugieren
- den Überstand verwerfen und die Agarosekugeln in 5–10 Volumina ESP-Puffer in einem 50 ml-Falcon-Röhrchen resuspendieren.

6.3.2.6 DNA-Isolierung in der Agarose

Materialien
- Materialien aus Abschn. 6.3.2.5
- TE-Puffer (Abschn. 6.3.2.2)

Durchführung
- Die Agarosekugeln in ESP-Puffer für 24 h bei 50 °C unter leichtem Schütteln inkubieren, um die Proteine der Zellkerne abzubauen
- die Agarosekugeln pelletieren, indem man sie 1 h bei 50 °C stehen lässt; der Überstand wird vorsichtig entfernt und verworfen

- neuen ESP-Puffer zugeben und nochmals für 24 h wie oben inkubieren
- die Agarosekugeln sechsmal jeweils 1 h in TE-Puffer bei 4 °C waschen; für die ersten drei Waschschritte TE-Puffer mit 0,1 mM PMSF verwenden, um so die im ESP-Puffer enthaltene Proteinase K zu inaktivieren, danach dreimal mit TE-Puffer waschen.

6.3.2.7   Partieller DNA-Verdau, grobes Einstellen des Selektionsfensters

Materialien

- 0,5 × TBE-Puffer: 0,045 M Tris, 0,045 M Borsäure, 1 mM EDTA, pH 8,3
- Hind III oder Bam HI
- 10 × Hind III-Puffer: 0,5 M Tris-HCl, pH 8,0, 0,1 M MgCl$_2$, 0,5 M NaCl (Abschn. 6.3.2.3) oder 10 × Bam HI Puffer: 0,5 M Tris-HCl, pH 8,0, 0,1 M MgCl$_2$, 1 M NaCl (Abschn. 6.3.2.3)
- Restriktionspuffer: 1 × Hind III- oder Bam HI-Reaktionspuffer, 0,1 mg × ml^{-1} BSA, 4 mM Spermidin
- 0,5 M EDTA, pH 8,0
- 1 % (w/v) Agarosegel
- geschmolzene LM-Agarose
- Pulsfeldgelektrophorese-Apparatur (Chef-Mapper; Bio Rad, USA)

Durchführung

- 50 µl der Agarosekugeln mit 45 µl des vorbereiteten Restriktionspuffers mischen und auf Eis für 20 min inkubieren
- 5 µl Hind III oder Bam HI (frisch in dest. H$_2$O verdünnt) zu den Agarosekugeln im Restriktionspuffer geben (z.B. 0 U, 1 U, 2 U, 4 U, 8 U, 16 U, und 50 U je 5 µl) und 30 min auf Eis inkubieren, um das Enzym in die Agarose diffundieren zu lassen
- die Restriktionsansätze in ein 37 °C Wasserbad überführen und für 20 min inkubieren
- die Reaktion mit 1/10 Volumen 0,5 M EDTA,, pH 8,0 stoppen und die Ansätze auf Eis abkühlen
- die partiell verdaute DNA auf ein für eine PFGE vorbereitetes 1 %iges Agarose Gel in 0,5 × TBE-Puffer mit geschnittenen Spitzen laden und die Taschen mit geschmolzener LM-Agarose verschließen
- die DNA mittels Pulsfeldgelelektrophorese, z.B. mit einem Chef-Mapper, bei 6 V je cm, 90 s Puls, 0,5 × TBE-Puffer, 12 °C, 18 h auftrennen (Abschn. 2.3.1.1)
- das Ergebnis des Restriktionsverdaus mit Ethidiumbromidfärbung des Agarosegels überprüfen (Abschn. 2.4.1) und die Enzymkonzentration, bei der die Mehrheit der Fragmente zwischen 300 und 600 kb liegt, bestimmen
- da es durch das unterschiedliche Laufverhalten großer und kleiner DNA Fragmente in der PFGE zu Artefakten kommt, liegt die Gesamtfragmentgröße in der Regel bei 50–300 kb.

6.3.2.8   Partieller DNA-Verdau, Feineinstellung des Selektionsfensters

Ausgehend von den Ergebnissen der Grobeinstellung des Restriktionsfensters wird der Prozess mit feineren Enzymschritten im Bereich des zuvor bestimmten Fensters wiederholt. (z.B. 4 U, 5 U, 6 U und 7 U je 5 µl). Die Schritte aus der Grobeinstellung werden wiederholt.

6.3.2.9   Vorbereitung partiell verdauter DNA zur Ligation

Materialien

- 1 % (w/v) LM-Agarosegel
- 50 × TAE-Puffer: 121 g Tris, 28,5 ml Essigsäure, 50 ml 0,5 M EDTA, ad 0,5 l mit dest. H$_2$O

- TAE-Puffer
- Pulsfeldgelelektrophorese-Apparatur (Chef-Mapper; Bio Rad, USA)

Durchführung

- Die aus der Feineinstellung der partiellen Restriktionsbedingungen ermittelte DNA-Konzentration wird für einen präparativen Verdau eingesetzt. Es können beispielsweise 20 Restriktionsansätze gleichzeitig unter den optimalen Bedingungen durchgeführt werden. Dabei ist darauf zu achten, dass die zuvor ermittelten Bedingungen präzise eingehalten werden (gleiche Volumina, gleiche Reaktionsgefäße, gleiche Enzymverdünnungen, gleiche Charge des Restriktionsenzyms etc.)
- die partiell verdaute DNA mit abgeschnittenen Pipettenspitzen auf ein 1 %iges LM-Agarosegel in TAE-Puffer laden, die Taschen anschließend mit der gleichen LM-Agarose verschließen
- die Pulsfeldgelelektrophorese wie in 6.3.2.7 beschrieben durchführen (Chef-Mapper, 6 V je cm, 90 s Puls, TAE-Puffer, 12 °C, 18 h)
- die DNA-Fragmente in der Größenordnung von 300–600 kb ausschneiden und aufreinigen (z.B. durch einen Gelaseverdau der größenselektionierten DNA-haltigen LM-Agarose; Abschn. 2.5.2); sie können anschließend entweder für die Ligation oder für eine zweite Runde der Größenselektion eingesetzt werden.

6.3.2.10 Ligation

Materialien

- β-Agarase, z.B. Gelase (Epicentre, USA)
- Gelasepuffer: 40 mM Bis-Tris (Bis(2-hydroxyethyl)imino-tris-(hydroxymethyl)-methan), pH 6,0, 40 mM NaCl
- T4-DNA-Ligase
- Ligasepuffer: 50 mM Tris-HCl, 60 mM $MgCl_2$, 50 mM NaCl, 1 mg × ml^{-1} BSA, 70 mM β-Mercaptoethanol, 1 mM ATP, 20 mM DTT, 10 mM Spermidin
- 1 % (w/v) Agarose-Minigel
- dephosphorylierter BAC-Vektor
- TAE-Puffer (Abschn. 6.3.2.9)
- Tropfendialyse-Filter (z.B. Millipore Typ VS 0,025 μm)
- 0,5 × TBE-Puffer (Abschn. 6.3.2.7)
- λ-DNA (Standardlösung mit genau definierter DNA-Konzentration)

Durchführung

- Das LM-Agarosefragment mit der DNA in der gewünschten Größenordnung bei 65 °C für 5 min aufschmelzen und in ein 45 °C Wasserbad überführen
- zu der geschmolzenen Agarose 1 U Gelase pro 100 mg Gel in 1/10 Volumen Gelasepuffer zufügen und bei 45 °C für 1 h inkubieren
- die DNA-Konzentration auf einem normalen 1 % Agarose-Minigel durch Laden von 10 μl der DNA-Lösung überprüfen (60 V für ein 10 cm langes Gel, 1 h, in 0,5 × TBE-Puffer mit ungeschnittener λ-DNA-Standardlösung; z.B. 5 ng, 10 ng, 20 ng, 40 ng, und 80 ng je Tasche); die DNA Konzentration der größenselektierten DNA sollte 0,5–2 ng je μl betragen
- 50–200 ng der größenselektierten DNA mit dem dephosphorylierten BAC-Vektor in einem molaren Verhältnis von 1 zu 10–15 (größenselektierte DNA zu Vektor DNA) in einem Gesamtvolumen von 100 μl mit 6 U T4-DNA-Ligase in Ligasepuffer bei 12 °C für 16 h ligieren
- die Ligationsansätze mittels Tropfendialyse-Filtern für 1 h bei 4 °C gegen TE-Puffer dialysieren, um den Ligasepuffer zu entfernen.

♦* *Trouble Shooting*

Strong, 1997 beschreibt eine Elektroelutionsmethode, um große, mit Agarosegel aufgetrennte DNA-Fragmente aus dem Gel zu isolieren. Diese Methode umgeht das Aufschmelzen der Agarose und den anschließenden, enzymatischen Agaroseverdau.

6.3.2.11 Transformation

🝪 *Materialien*

- kompetente Bakterien *E. coli* DH10B oder DH12S (z.B. Gibco BRL, USA)
- SOC-Medium: 2 % (w/v) Bacto-Trypton, 0,5 % (w/v) Hefeextrakt, 10 mM NaCl, 2,5 mM KCl, 10 mM MgCl$_2$, 10 mM MgSO$_4$, 20 mM Glucose, pH 7,0
- X-Gal-Stammlösung: 20 mg × ml^{-1} X-Gal in Dimethylformamid
- IPTG-Stammlösung: 200 mg × ml^{-1} IPTG in dest. H$_2$O)
- LB-Medium: 1 % (w/v) Bactotrypton, 1 % (w/v) NaCl, 0,5 % (w/v) Hefeextrakt
- LB-Agar-Platten mit 12,5 µg × ml^{-1} Chloramphenicol, 50 µg × ml^{-1} X-Gal und 25 µg × ml^{-1} IPTG
- 10 × HMFM (*hoggness modified freezing medium*): 360 mM K$_2$HPO$_4$, 132 mM KH$_2$PO$_4$, 17 mM Na-Citrat, 3,6 mM MgSO$_4$, 68 mM (NH$_4$)$_2$SO$_4$, 44 % (v/v) Glycerin
- Einfriermedium: 450 ml LB-Medium, 50 ml HMFM
- LB-Einfriermedium: LB-Medium, 36 mM K$_2$HPO$_4$, 13,2 mM KH$_2$PO$_4$, 1,7 mM Na-Citrat, 0,4 mM MgSO$_4$, 6,8 mM (NH$_4$)$_2$SO$_4$, 4,4 % (v/v) Glycerol, 12,5 µg × ml^{-1} Chloramphenicol
- Elektroporationssystem, z.B. BRL Cell-Poratorsystem (Gibco BRL, USA)
- 15 ml-Falcon-Röhrchen

✎ *Durchführung*

- 1–2,5 µl des Ligationsmaterials in 20–25 µl kompetente Bakterien *E. coli* DH10B oder DH12S transformieren; dazu kann das BRL Cell-Poratorsystem eingesetzt werden (Einstellungen: 400 V, 330 µF Kapazität, niedriger Widerstand (*low ohms*), „*charge rate fast, voltage booster resistance 4 ohms*")
- die elektroporierten Zellen sofort in 15 ml-Falcon-Röhrchen, die zuvor mit 0,4–1 ml SOC-Medium gefüllt wurden, überführen und auf einem Schüttler bei 220 rpm für 1 h bei 37 °C inkubieren
- das SOC-Medium auf ein oder zwei LB-Platten (mit Chloramphenicol, X-Gal, IPTG) geben und bei 37 °C für 20–36 h inkubieren
- weiße Kolonien können anschließend zur Dauerlagerung in 384er Mikrotiterplatten, gefüllt mit LB-Einfriermedium, überführt werden
- die Mikrotiterplatten über Nacht bei 37 °C inkubieren und bei –70 °C dauerhaft lagern.

♦* *Trouble Shooting*

Der Bio-Rad Gene Pulser II (Bio-Rad) kann ebenfalls unter folgenden Bedingungen für die Elektroporation eingesetzt werden: 100 Ohm, 16 kV × cm^{-1} und 25 µF. Es kann vorteilhaft sein, eine geringere Feldstärke (9–13 kV je cm) zu verwenden, um eine größere, durchschnittliche Insertgröße zu erreichen. Dadurch werden allerdings weniger Klone erzeugt (Sheng et al., 1995).

Literatur

Bradshaw, M.S., Bollekens, J.A., Ruddle, F.H. (1995): A New Vector for Recombination-Based Cloning of Large DNA Fragments from Yeast Artificial Chromosomes. Nucl. Acids Res. 23: 4850–4856.

Burke, D.T., Carle, G.F., Olson, M.V. (1987): Cloning of Large Segments of Exogenous DNA into Yeast Using Artificial-Chromosome Vectors. Science 236: 806–812.

Cai, L., Taylor, J.F., Wing, R.A., Gallagher, D.S., Woo, S.S., Davis, S.K. (1995): Construction and Characterization of a Bovine Bacterial Artificial Chromosome Library. Genomics 29: 413–425.

Frijters, A.C.J., Zhang, Z., van Damme, M., Wang, G.W., Ronald, P.C., Michelmore, R.W. (1996): Construction of a Bacterial Artificial Chromosome Library Containing Large Eco RI and Hind III Genomic Fragments of Lettuce. Theological Applied Genetics.

Ganal, M.W., Tanksley, S.D. (1989): Analysis of Tomato DNA by Pulse Field Gel Electrophoresis. Plant Mol. Biol. Rep. 7: 17–41.

Hamilton, C.M., Frary, A., Lewis, C., Tanksley, S.D. (1996): Stable Transfer of Intact High Molecular Weight DNA into Plant Chromosomes. Proc. Natl. Acad. Sci. USA 93: 9975–9979.

http://www.its.caltech.edu/~schoi/ Jiang, J., Gill, B.S., Wang, G.L., Ronald, P.C., Ward, D.C. (1995): Metaphase and Interphase Fluorescence In Situ Hybridization Mapping of the Rice Genome with Bacterial Artificial Chromosomes. Proc. Natl. Acad. Sci. USA 92: 4487–4491.

Kim, U.J., Birren, B.W., Slepak, T., Mancino, V., Boysen, C., Kang, H.L., Simon, M.I., Shizuya, H. (1996): Construction and Characterization of a Human Bacterial Artificial Chromosome library. Genomics 34: 213–218.

Sheng, Y., Mancino, V., Birren, B. (1995): Transformation of *Escherichia coli* with Large DNA Molecules by Electroporation. Nucl. Acids. Res. 23: 1990–1996.

Shizuya, H., Birren, B., Kim, U.J., Mancino, V., Slepak, T., Tachiri, Y., Simon, M. (1992): Cloning and Stable Maintenance of 300-Kilobase-Pair Fragments of Human DNA in *Escherichia coli* Using F Factor-Based Vector. Proc. Natl. Acad. Sci. USA 89: 8794–8797.

Strong, S.J., Ohta, Y., Litman, G.W., Amemiya, C.T. (1997): Marked Improvement of PAC and BAC Cloning is Achieved Using Electroelution of Pulsed Field Gel Separated Partial Digests of Genomic DNA Submitted to Nucl Acids Res.

The International Human Genome Mapping Consortium (2001): A Physical Map of the Human Genome. Nature, Vol. 409: 934–941.

Wang, Y.K., Schwartz, D.C. (1993): Chopped Insert. A Convenient Alternative to Agarose/DNA Inserts or Beads. Nucl. Acids. Res. 21: 2528.

Willetts, N., Skurray, R. (1987): Structure and Function of the F Factor and Mechanism of Conjugation. „*Escherichia coli* and *Salmonella typhimurium*. Cellular and Molecular Biology" (Hrsg. Neidhardt et al.). American Society for Microbiology, Washington, D.C. 2: 1110–1133.

Woo, S.S., Jiang, J., Gill, B.S., Paterson, A.H., Wing, R.A. (1994): Construction and Characterization of a Bacterial Artificial Chromosome Library of *Sorghum bicolor*. Nucl. Acids. Res. 22: 4922–4931.

Zhang, H.B., Zhao, X.P., Ding, X.D., Paterson, A.H., Wing, R.A. (1995): Preparation of Megabase-Sized DNA from Plant Nuclei. Plant J. 7: 175–184.

7 Isolierung und Markierung von RNA

(Martin Schröder)

Ribonucleinsäuren (RNAs) werden nach ihrer biologischen Aufgabe in sechs Klassen eingeteilt: I. ribosomale RNAs (rRNAs), II. Boten-RNAs (mRNAs, *messenger*), III. Transfer-RNAs (tRNAs), IV. kleine nucleäre RNAs (snRNAs, *small nuclear*), V. kleine interferierende RNAs (siRNAs, *small interfering*) und VI. Mikro-RNAs (miRNAs). Die rRNA stellt etwa 90–95 % der Gesamt-RNA einer Zelle. tRNAs sind die Träger der Aminoacylreste, die in der Translation auf die wachsende Polypeptidkette übertragen werden. snRNAs sind Bestandteil von Ribonucleoproteinen, die z.B. das RNA-Spleißen katalysieren. siRNAs und miRNAs sind negative Regulatoren der Genexpression. Die für Protein kodierende mRNA sowie die regulatorischen siRNAs und miRNAs sind für die Molekularbiologie von besonderem Interesse.

Die mRNA-Population einer Säugerzelle besteht aus etwa 10.000–30.000 verschiedenen mRNA-Molekülen. Sie wird nach ihrer Häufigkeit in vier Klassen eingeteilt: häufige, mit mittlerer Häufigkeit vorkommende, seltene (1–15 Kopien pro Zelle) und sehr seltene mRNAs (≤ 1 Kopie pro Zelle). Die seltenen und sehr seltenen mRNAs machen etwa 30 % der mRNA-Population einer Zelle aus. Zu den häufigen mRNAs gehören die mRNAs der Haushaltsproteine, die z.B. für die Stoffwechselenzyme und Strukturproteine wie die Aktine und Tubuline kodieren.

Die chemischen und biologischen Eigenschaften von mRNA können von Spezies zu Spezies unterschiedlich sein. Diese Unterschiede sollten bei der Planung molekularbiologischer Experimente berücksichtigt werden. Am bedeutendsten sind die Unterschiede zwischen pro- und eukaryotischer mRNA. Eukaryotische RNAs sind in der Regel monocistronisch, d.h. eine RNA kodiert nur für ein Protein. Prokaryotische mRNAs sind dagegen polycistronisch. Eukaryotische mRNAs erfahren im Gegensatz zu prokaryotischen mRNAs eine Reihe ko- und posttranskriptionaler Modifikationen. Produkt der Transkription eukaryotischer Gene, die aus kodierenden und nichtkodierenden Sequenzen bestehen (Exons und Introns), ist eine heterogene nucleäre RNA (hnRNA), in der die Intronsequenzen noch enthalten sind. Diese werden während des Spleißens aus der hnRNA herausgeschnitten, wobei die mRNA entsteht. Noch während der Transkription wird das 5'-Ende der hnRNA mit einem 7-Methylguanylrest über eine 5',5'-Triphosphatbrücke verestert (*cap*-Struktur). Im 3'-Bereich läuft die Transkription weit über das Ende der kodierenden Sequenz hinaus. Nach einem endonucleolytischen Schnitt im 3'-Ende der mRNA wird eine Sequenz von 50–200 Adenylresten, der poly(A)-Schwanz, an die mRNA angehängt. Die Länge des poly(A)-Schwanzes variiert zwischen verschiedenen Spezies. Die bisher einzigen bekannten nicht polyadenylierten eukaryotischen mRNAs sind die Histon-mRNAs.

Für den praktischen Umgang mit RNA sind ihre folgenden chemischen Eigenschaften wichtig. Die zusätzliche 2'-Hydroxylgruppe im Riboserng bewirkt eine Anfälligkeit der RNA für hydrolytischen Abbau, besonders in stark alkalischer Lösung oder in Anwesenheit von Lewis-Säuren (z.B. Mg^{2+}-Ionen). Aus dem gleichen Grund ist die RNA weitgehend einzelsträngig und Ribonucleasen (RNasen) benötigen im Gegensatz zu 2'-Desoxyribonucleasen (DNasen) keine zweiwertigen Metallionen als Kofaktoren. Daher sind RNA-Präparationen sehr anfällig für einen exo- und endonucleolytischen Abbau.

Da rRNA den Hauptteil der zellulären RNA stellt, ist sie in der Regel die einzige Spezies, die man im Agarosegel mittels Ethidiumbromidfärbung nachweisen kann (Abschn. 7.5.1). Die mRNAs der Haushaltsproteine werden in Northern Blot-Experimenten als Ladekontrolle verwendet. So wird sichergestellt, dass in den verschiedenen Spuren eines Agarosegels gleich viel RNA aufgetragen wurde, der Transfer aus dem Gel auf die Membran gleichmäßig erfolgte, und Änderungen im Transkriptmuster eine Folge spezifischer Genregulation und nicht allgemein erhöhter Transkriptionsaktivität darstellen. Zur selektiven Anreicherung der mRNA kann ihr poly(A)-Schwanz verwendet werden, was z.B. durch Affinitätschromatographie an Oligo(dT)-Cellulose erreicht werden kann (Abschn. 7.3.2 und 7.3.3).

Literatur

Lodish, H., Berk, A., Zipursky, S. L. (2001): Molekulare Zellbiologie. Spektrum Akad. Verlag, Heidelberg.
Farrell, R.E. Jr. (1993): RNA Methodologies. Academic Press, New York.
Voet, D., Voet, J.G. (1992): Biochemie. VCH, Weinheim.

7.1 Arbeiten mit RNA

RNA ist im Vergleich zu DNA sehr anfällig für spontane und enzymatisch katalysierte Hydrolyse. RNasen kommen ubiquitär vor, sind sehr stabil und können nach Denaturierung wie z.B. durch Sieden oder Autoklavieren schnell wieder renaturieren (Sela *et al.*, 1957). Daher sind besondere Vorkehrungen beim Arbeiten mit RNA zu treffen.

Literatur

Sela, M., Anfinsen, C.B., Harrington, W.F. (1957): The Correlation of Ribonuclease Activity with Specific Aspects of Tertiary Structure. Biochim. Biophys. Acta 26, 502–512.

7.1.1 Arbeitsbedingungen

Zum Arbeiten mit RNA sollte ein gesonderter Satz an Geräten und Chemikalien verwendet werden. Da Hände eine wesentliche Quelle für RNase-Kontaminationen sind, sollten jederzeit, auch beim Ansetzen der Lösungen, Handschuhe getragen werden.

Literatur

Sambrook, J., Russel, D.W. (2001): Molecular Cloning: a Laboratory Manual. 3rd ed. Cold Spring Harbor Laboratory Press, Cold Spring Harbor.

7.1.2 Vorbereiten von Geräten

Glas-, Metallgeräte und Magnetrührstäbe sollten durch trockene Hitze (4 h bei 180–200 °C) sterilisiert werden. Flaschendeckel sollten, eingepackt in Aluminiumfolie, autoklaviert werden. Bei der Behandlung von Plastikmaterial ist die beschränkte thermische und chemische Beständigkeit des Kunststoffes zu berücksichtigen. Nach Möglichkeit sollte steriles Kunststoffmaterial gekauft werden. Unsteriles Kunststoffmaterial, wie Reaktionsgefäße und Pipettenspitzen, sind zu autoklavieren. Elektrophorese-apparaturen sollten vor Gebrauch mit Laborreiniger oder einer 2 %igen SDS-Lösung gründlich geputzt und anschließend gründlich mit Typ I Reagenzwasser (elektrischer Widerstand 18 MΩcm, gesamter organisch gebundener Kohlenstoff $\leq$ 10 ppb, gesamter gelöster Feststoff $\leq$ 20 ppb, frei von Partikeln $\geq$ 0,05 µm, Silikate $\leq$ 0,1 ppb, Schwermetalle $\leq$ 1 ppb, Mikroorganismen $\leq$ 1 Kolonien bildende Einheit $\times$ ml^{-1}) ausgespült werden.

Literatur

Griffiths, K. (1985): Laboratory Water. The Hidden Variable. Int. Lab. 15, 56–62.

7.1.3 RNase-Inhibitoren

Der wichtigste RNase-Inhibitor ist Diethylpyrocarbonat (DEPC). Es wird verwendet, um RNase freie Lösungen herzustellen. Auf den Einsatz der anderen Inhibitoren kann in der Regel verzichtet werden, wenn RNase freie Arbeitsbedingungen etabliert wurden. Eine Ausnahme stellt die Methode zur Isolierung cytoplasmatischer RNA dar (Abschn. 7.2.4.4).

Zelluläre RNasen werden inaktiviert, indem Proteine mit 4–8 M Guanidinhydrochlorid, 4–6 M Guanidinthiocyanat, 0,1–2 % (w/v) SDS oder Sarkosyl denaturiert oder mit einer Phenol/$CHCl_3$-Mischung extrahiert werden. Phenol/$CHCl_3$-Extraktionen können in Gegenwart von 3–4 M Harnstoff und 10 mM EDTA erfolgen, um eine effizientere Inaktivierung von RNasen zu bewirken (Pearse et al., 1988). Proteinase K inaktiviert RNasen mittels Proteinhydrolyse. Polyanionen, die mit RNA um die RNA-Bindestelle der RNasen konkurrieren, sind in hoher Konzentration ebenfalls RNase-Inhibitoren. Hierzu zählen 0,2–2 mg × ml^{-1} Heparin (Palmiter et al., 1970, Cox, 1976), Polyvinylsulfat und Tonerden wie Macaloid und Bentonit (Blumberg, 1987) in einer Konzentration von 0,015 % (w/v) (Favaloro et al., 1980).

RNA-Proben sollten immer auf Eis gehandhabt werden, da die Enzymaktivität bei 0–4 °C deutlich niedriger ist als bei RT. Das zur Stabilisierung von Phenol/$CHCl_3$-Mischungen in einer Konzentration von 0,1 % (w/v) eingesetzte 8-Hydroxychinolin stabilisiert ebenfalls RNA, indem es mehrwertige Kationen komplexiert.

Literatur

Blumberg, D.D. (1987): Creating a Ribonuclease-Free Environment. Methods Enzymol. 152, 20–24.

Cox, R.F. (1976): Quantitation of Elongating Form A and B RNA Polymerases in Chick Oviduct Nuclei and Effects of Estradiol. Cell 7, 455–465.

Favaloro, J., Treisman, R., Kamen, R. (1980): Transcription Maps of Polyoma Virus-Specific RNA. Analysis by Two-Dimensional Nuclease S1 Gel Mapping. Methods Enzymol. 65, 718–749.

Palmiter, R.D., Christensen, A., Schimke, R. (1970): Organization of Polysomes From Pre-Existing Ribosomes in Chick Oviduct by a Secondary Administration of either Estradiol or Progesterone. J. Biol. Chem. 245, 833–845.

Pearse, M., Gallagher, P., Wilson, A., Wu, L., Fisicaro, N., Miller, J.F.A.P., Scollay, R., Shortman, K. (1988): Molecular Characterization of T-Cell Antigen Receptor Expression by Subsets of CD4-CD8-Murine Thymocytes. Proc. Natl. Acad. Sci. USA 85, 6.082–6.086.

7.1.3.1 Diethylpyrocarbonat (DEPC)

Diethylpyrocarbonat (DEPC) ist ein starker RNase-Inhibitor (Fedorcsak und Ehrenberg, 1966). Zur Behandlung von H_2O oder Lösungen werden diese mit 0,1 % (v/v) DEPC versetzt und mindestens 30 min bei RT gerührt. Da selbst Spuren von DEPC Adenylreste carboxymethylieren (Henderson et al., 1973) und somit z.B. die in vitro-Translation von mRNA inhibieren (Ehrenberg et al., 1974), muss DEPC anschließend quantitativ zersetzt werden. Dies geschieht, je nach Beständigkeit der Lösung, durch Autoklavieren (15 min), Sieden für 10 min (Kumar und Lindberg, 1972) oder Inkubation bei 60 °C über Nacht im Falle SDS-haltiger Lösungen. DEPC ist ein starkes Karzinogen und ist daher ausschließlich im Abzug zu benutzen.

Literatur

Ehrenberg, L., Fedorcsak, I., Solymosy, F. (1974): Diethyl Pyrocarbonate in Nucleic Acid Research. Prog. Nucl. Acid Res. Mol. Biol. 16, 189–262.

Fedorcsak, I., Ehrenberg, L. (1966): Effects of Diethyl Pyrocarbonate and Methyl Methanesulfonate on Nucleic Acids and Nucleases. Acta Chem. Scand. 20, 107–112.

Henderson, R.E., Kirkegaard, L.H., Leonard, N.J. (1973): Reaction of Diethyl Pyrocarbonate with Nucleic Acid Components. Adenosine-Containing Nucleotides and Dinucleoside Phosphates. Biochim. Biophys. Acta 294, 356–364.

Kumar, A., Lindberg, U. (1972): Characterization of Messenger Ribonucleoprotein and Messenger RNA from KB Cells. Proc. Natl. Acad. Sci. USA 69, 681–685.

7.1.3.2 Vanadylribonucleosid-Komplexe

Vanadylribonucleosid-Komplexe (VDR) sind Komplexverbindungen des Oxovanadium(IV)ions mit den vier Ribonucleotiden (Lienhard *et al.*, 1972, Berger und Birkenmeier, 1979). Sie bilden Analoga des 2',3'-dizyklischen Übergangszustandes, der bei der durch RNasen katalysierten Hydrolyse von RNA durchlaufen wird. Das in den Analoga das Phosphatatom ersetzende Vanadiumatom bewirkt eine starke, irreversible Bindung der Analoga an das katalytische Zentrum der RNasen. VDR werden in einer Stammlösung von 200 mM angesetzt und 5–20 mM eingesetzt. VDR sind sehr wirksam gegen RNase A, RNase T1, aber z.B. unwirksam gegen RNase H.

Spuren von VDR inhibieren die *in vitro*-Translation von mRNA und das bei der cDNA-Synthese eingesetzte Enzym Reverse Transkriptase (Abschn. 5.1.1.1, Berger und Birkenmeier, 1979, Berger *et al.*, 1980). Soll die RNA für diese Anwendungen eingesetzt werden, so können die VDR nicht verwendet werden. Die VDR lassen sich mithilfe von Komplexbildnern aus einer RNA-Präparation entfernen. Hierzu zählen z.B. EDTA im zehnfachen molaren Überschuss und 8-Hydroxychinolin, das mit den VDR dunkelgrüne Komplexe bildet.

Materialien
- Adenosin, Guanosin, Cytidin und Uridin
- 2 M Vanadylsulfat (VOSO$_4$)
- 10 N und 1 N NaOH

Durchführung
- 8 ml einer Lösung mit 0,5 mM Adenosin, Guanosin, Cytidin und Uridin herstellen
- in einem siedenden Wasserbad erhitzen, bis der gesamte Feststoff in Lösung gegangen ist
- Stickstoff durch die Lösung blasen (um Sauerstoff auszutreiben) und währenddessen 1 ml 2 M Vanadylsulfat zugeben
- tropfenweise 10 N NaOH zugeben, bis der pH-Wert der Lösung etwa 6 ist
- tropfenweise 1 N NaOH zugeben, bis der pH-Wert der Lösung etwa 7 ist
- bei pH 7 fällt Oxovanadium(IV)hydroxid aus und ein Farbumschlag von leuchtend blau zu grünschwarz ist zu beobachten; in Abwesenheit einer N$_2$-Atmosphäre wird Oxovanadium(IV) oberhalb pH 3,5 durch O$_2$ zu Oxovanadium(V) oxidiert, dieses ist ein wesentlich schlechterer RNase-Inhibitor
- ein Endvolumen von 10 ml einstellen
- optional: ausgefallenes Na$_2$SO$_4$ kurz abzentrifugieren.

Das Produkt ist eine 200 mM VDR-Stammlösung. Diese sollte in kleinen Portionen bei –70 °C unter N$_2$ aufbewahrt werden. Unter diesen Bedingungen ist sie mindestens ein Jahr stabil.

Literatur

Berger, S.L., Birkenmeier, C.S. (1979): Inhibition of Intractable Nucleases with Ribonucleoside-Vanadyl Complexes. Isolation of Messenger Ribonucleic Acid from Resting Lymphocytes. Biochemistry 18, 5.143–5.149.
Berger, S.L., Hitchcock, M.J., Zoon, K.C., Birkenmeier, C.S., Friedman, R.M., Chang, E.H. (1980): Characterization of Interferon Messenger RNA Synthesis in Namalva Cells. J. Biol. Chem. 255, 2.955–2.961.
Lienhard, G.E., Secemski, I.I., Koehler, K.A., Lindquist, R.N. (1972): Enzymatic Catalysis and the Transition State Theory of Reaction Rates. Transition State Analogs. Cold Spring Harbor Symp. Quant. Biol. 36, 45–51.

7.1.3.3 RNasin/RNAguard

RNasin (Promega) bzw. RNAguard (GE Healthcare) ist ein aus humaner Plazenta gewonnenes Protein von 51 kDa, dessen Aktivität stark von Dithiothreitol (DTT) abhängt. Es ist ein kompetitiver Inhibitor von RNasen mit einer Dissoziationskonstante von 3×10^{-10} M^{-1} (Blackburn *et al.*, 1977) und wird in einer Konzentration von 250–1.000 U ml^{-1} eingesetzt. Beide Produkte inhibieren RNase A, RNase B und RNase C, jedoch nicht RNase T1, S1 Nuclease oder RNasen aus *Aspergillus*. Stark denaturierende Bedingungen wie 7 M Harnstoff oder Erhitzen auf 65 °C sollten vermieden werden, da sie den RNase-RNasin/ RNAguard-Komplex zerstören. Beide Produkte sind mit einem großen Spektrum molekularbiologischer Verwendungszwecke der RNA kompatibel und daher VDR überlegen.

Literatur

Blackburn, P., Wilson, G., Moore, S. (1977): Ribonuclease Inhibitor from Human Placenta. Purification and Properties. J. Biol. Chem. 25, 5.904–5.910.

7.1.4 Ansetzen von Lösungen

Alle Lösungen sollten in Typ I Reagenzwasser angesetzt werden (Abschn. 7.1.2). Alle verwendeten Lösungen sollten nach Möglichkeit vor Gebrauch mit DEPC behandelt werden (Abschn. 7.1.3.1). Lösungen, die normalerweise nicht autoklaviert werden, wie z.B. Ammoniumacetat-, D-Glucose-, D-Saccharose-, SDS-, NP-40-, oder 3-Morpholinopropansulfonsäure (MOPS)-haltige Lösungen, sollten auch hier nicht autoklaviert werden. Möglichkeiten zur Zersetzung von DEPC sind in Abschnitt 7.1.3.1 beschrieben. Chemikalien, die primäre und sekundäre Aminogruppen, wie z.B. Tris(hydroxymethyl)-aminomethan, oder Thiolgruppen besitzen, können nicht mit DEPC behandelt werden, da diese selbst als Nucleophil mit DEPC reagieren. In diesem Falle sollte die Lösung in DEPC-behandeltem H$_2$O angesetzt und autoklaviert werden. Alternativ können RNasen durch zweimalige Filtration über 0,22 µm-Nitrocellulosefilter aus Lösungen, die nicht mit DEPC behandelt oder autoklaviert werden können, entfernt werden (z.B. MOPS-Puffer).

7.1.5 Probenmaterial

Um den Abbau der RNA durch im Probenmaterial enthaltene RNasen zu verhindern, sollte direkt nach der Probennahme mit der RNA-Isolierung begonnen oder das Material in flüssigem Stickstoff eingefroren und bei –70 °C gelagert werden. Gewebeproben sollten möglichst frisch sein und wenige Minuten nach dem Tod des Spenderindividuums entnommen werden.

7.1.5.1 RNA*later*®

RNA in Gewebeproben kann mittels RNA*later*®, ein RNA-Stabilisierungsreagenz (Ambion Inc, Qiagen GmbH), konserviert werden. RNA*later*® durchdringt die Gewebeprobe per Diffusion und inaktiviert zelluläre RNasen. Die Probe muss in Stücke von ≤ 0,5 cm zerschnitten werden und während der Lagerung zu jeder Zeit mit ≥ 10 Volumen RNA*later*® vollständig bedeckt sein (etwa 10 µl pro 1 mg Gewebe). Da RNA während des Abwiegens frischer Gewebeproben abgebaut wird, sollte das Gewicht des Gewebes nur abgeschätzt werden.

Das Gewebe sollte frisch sein. Eingefrorene Gewebeproben tauen in RNA*later*® zu langsam auf, um eine vollständige Inaktivierung von RNasen durch RNA*later*® zu gewährleisten. Die RNA in mit RNA*later*® konservierten Gewebeproben ist 7 Tage bei 18–25 °C oder 4 Wochen bei 2–8 °C stabil. Dies erlaubt z.B. den Versand von Proben ohne Trockeneis. Zur Weiterverarbeitung werden Gewebeproben aus RNA*later*® z.B. mit einer Pinzette entnommen und mit herkömmlichen Methoden homogenisiert (Abschn. 7.2.4.2).

7.1.6   Fällung von RNA

RNA wird in Gegenwart von Salz und Alkohol gefällt. Die Fällung sollte aus Lösungen mit < 1 mM Phosphat und < 10 mM EDTA stattfinden, da diese Substanzen ansonsten mitgefällt werden. Aus SDS-haltigen Lösungen sollte mit 0,3 M NaOAc (pH 5,2) oder 0,2 M NaCl gefällt werden, um Präzipitation von SDS zu vermeiden (Sambrook *et al.*, 2001). Am gängigsten ist es, RNA durch Zugabe von 1/10 Volumen 3 M NaOAc (pH 5,2) und 2–2,5 Volumen EtOH zu fällen. Die Fällung erfolgt dann bei –20 °C. Fällung bei –20 °C ist quantitativer als bei –70 °C (Brown, 1991). Das Präzipitat wird durch Zentrifugation gesammelt. Ist die RNA-Konzentration nach Zugabe von EtOH $\geq$ 10 µg × ml^{-1}, wird die RNA mindestens 20 min bei –20 °C gefällt und das Präzipitat durch Zentrifugation mit 12.000 × g bei 4 °C für 10 min niedergeschlagen. Ist die RNA-Konzentration < 10 µg × ml^{-1}, sollte die Zentrifugationszeit 30 min betragen. Geringere Mengen an RNA (< 100 ng × ml^{-1}) sollten über Nacht gefällt werden (Brown, 1991). Bei geringer RNA-Ausgangsmenge kann durch Zugabe von Trägermaterialien, zum Beispiel Hefe tRNA oder Glycogen (40 µg pro Fällung), die Ausbeute an RNA erhöht werden.

Um Nucleotide abzutrennen (z.B. nach *in vitro*-Transkription), erfolgt die Fällung in Gegenwart von 2,5 M Ammoniumacetat durch Zugabe einer 7,5 M Stammlösung. Durch zwei aufeinanderfolgende Fällungen werden auf diese Weise etwa 99 % der freien Nucleotide abgetrennt (Okayama und Berg, 1982). Ammoniumionen inhibieren einige Enzyme, zum Beispiel T4 Polynucleotidkinase (Sambrook *et al.*, 2001).

Bei Fällungen mit einer hohen Alkoholkonzentration wird in der Regel LiCl (0,8 M) anstelle von NaOAc eingesetzt, da LiCl eine höhere Löslichkeit als NaOAc in Alkoholen besitzt. Hochmolekulare RNA kann von niedermolekularer RNA durch Fällung mit 0,8 M LiCl, ohne Zusatz von Alkoholen, getrennt werden. Da LiCl die *in vitro*-Translation inhibiert, sollte es nicht zur Fällung von RNA eingesetzt werden, wenn diese *in vitro* translatiert werden soll (Sambrook *et al.*, 2001). Die Effizienz der Fällung kleiner Nucleinsäuren (< 100 Nucleotide) wird durch Zugabe von 10 mM $MgCl_2$ erhöht (Sambrook *et al.*, 2001).

Am einfachsten ist es, RNA in 1,5 ml-Reaktionsgefäßen zu fällen. Größere Volumina werden in der Regel auf mehrere 1,5 ml-Reaktionsgefäße aufgeteilt. Wenn geringe Mengen an RNA gefällt werden sollen (< 10 µg × ml^{-1}), erfolgt die Zentrifugation bei 10.000 × g in größeren Zentrifugenröhrchen.

Nach Fällung wird der Überstand mit einer Pipette abgezogen ohne das Präzipitat zu berühren. Zur Sicherheit können etwa 10–20 µl Flüssigkeit im 1,5 ml-Reaktionsgefäß verbleiben. Das RNA-Präzipitat wird durch Zugabe von 70–80 % (v/v) EtOH, Zentrifugation für 1–2 min mit 12.000 × g bei 4 °C und Abziehen des Überstandes gewaschen, um restliches Salz zu entfernen. Um Spuren an EtOH zu entfernen, wird das RNA-Präzipitat dann für 5–15 min an der Luft bei RT getrocknet. Die RNA sollte nicht vollständig getrocknet werden, da sie dann nur langsam wieder in Lösung geht.

Literatur

Brown, T.A. (1991): Essential Molecular Biology. A Practical Approach. Vol. 1. IRL Press, Oxford. Vollständiges Zitat: Wilkinson, M. (1991): Purification of RNA in: Brown, T.A. (Hrsg.): Essential Molecular Biology. A Practical Approach Oxford University Press, Oxford, 1991, 69–87.

Okayama, H., Berg, P. (1982): High-Efficiency Cloning of Full-Length cDNA. Mol. Cell. Biol. 2, 161–170.

Sambrook, J., Russel, D.W. (2001): Molecular Cloning. A Laboratory Manual. 3rd ed. Cold Spring Harbor Laboratory Press, Cold Spring Harbor.

7.2   Methoden zur Isolierung von RNA

Alle Methoden zur Isolierung von RNA unterscheiden sich im Wesentlichen in dem Aufschluss der Zelle und der Inaktivierung zellulärer RNasen. Der Zellaufschluss hängt im Wesentlichen vom verwendeten Zelltyp ab, während die Methode der RNase-Inaktivierung von der Menge an RNasen im Probenmaterial und deren Stabilität abhängt. Anhand der folgenden, im einzelnen beschriebenen Protokolle für die unterschiedlichsten Ausgangsmaterialen soll illustriert werden, welche verschiedenen methodischen Ansätze zur RNA-Isolierung existieren. Eine Marktübersicht für kommerziell erhältliche Reagenzkombinationen zur Isolierung von RNA wurde von Bastard *et al.* (2002) erstellt.

Viele Protokolle zur Isolierung von Gesamt-RNA gewährleisten keine vollständige Abtrennung von DNA. Für empfindliche Anwendungen wie z.B. die Quantifizierung seltener mRNAs in Microarray-(Kap. 19) oder RT-PCR-Experimenten (Abschn. 4.2.2) ist daher anschließend eine vollständige Abtrennung von DNA durch Hydrolyse mit DNase erforderlich (Abschn. 7.3.1).

Literatur

Bastard, J.-P., Chambert, S., Ceppa, F., Coude, M., Grapez, E., Loric, S., Muzzeau, F., Spyratos, F., Poirier, K., Copois, V., Tse, C., Bienvenu, T. (2002): Les méthodes d'extraction et de purification des ARN. Ann. Biol. Clin. 60, 513–523.

7.2.1 Isolierung von RNA aus Prokaryoten

7.2.1.1 Grampositive Prokaryoten

Grampositive Bakterien werden mittels Ultraschall und Detergenz aufgeschlossen, zelluläre Proteine mittels Proteinase K-Hydrolyse und Phenol/$CHCl_3$-Extraktion entfernt und Nucleinsäuren mit Ethanol gefällt.

Materialien

- 10 ml Bakterienkultur
- 20 mg × ml^{-1} Proteinase K-Stammlösung in H_2O
- Lysepuffer: 30 mM Tris-HCl pH 7,4, 100 mM NaCl, 5 mM EDTA, 1 % (w/v) SDS, 100 µg × ml^{-1} Proteinase K kurz vor Gebrauch einstellen
- 5 M NaCl
- Phenol/$CHCl_3$/Isoamylalkohol (25/24/1) (v/v/v) (Abschn. 1.6)
- $CHCl_3$/Isoamylalkohol (24/1) (v/v)
- EtOH p.a. (eiskalt)
- EtOH 70 % (v/v) (eiskalt)
- H_2O
- Ultraschallgerät
- Trockeneis

Durchführung

- Die Zellen einer 10 ml Kultur 10 min bei 12.000 × g und 4 °C sedimentieren, in 0,5 ml Lysepuffer aufnehmen, in ein 1,5 ml-Reaktionsgefäß überführen und in einem Trockeneis/Ethanolbad einfrieren
- Zellen auftauen und dreimal 10 s mit einer Leistung von etwa 30 W beschallen; die Suspension sollte nun klar sein
- Suspension 60 min bei 37 °C inkubieren
- ein Volumen Phenol/$CHCl_3$/Isoamylalkohol (25/24/1) (v/v/v) zugeben und mischen
- 5 min bei 12.000 × g und RT in der Tischzentrifuge zentrifugieren und die wässrige Phase in ein neues 1,5 ml-Reaktionsgefäß überführen
- Extraktion mit einem Volumen Phenol/$CHCl_3$/Isoamylalkohol (25/24/1) (v/v/v) und einem Volumen $CHCl_3$/Isoamylalkohol (24/1) (v/v) wiederholen

- zu 400 µl wässriger Phase 15 µl 5 M NaCl und 1,2 ml EtOH p.a. (eiskalt) geben und Nucleinsäuren 30 min bei –70 °C fällen
- Nucleinsäuren 15 min bei 4 °C und 12.000 × g präzipitieren, mit 500 µl eiskaltem 70 % (v/v) EtOH waschen, 5 min an der Luft trocknen und in 100 µl H_2O aufnehmen.

Literatur

Gilman, M.Z., Chamberlin, M.J. (1983): Developmental and Genetic Regulation of *Bacillus subtilis* Genes Transcribed by σ^{28}-RNA Polymerase. Cell 35, 285–293.

7.2.1.2   Gramnegative Prokaryoten

Die Zellwand gramnegativer Bakterien wird durch Lysozym abgebaut und die Protoplasten werden mit SDS lysiert. RNasen inaktiviert man durch Zugabe von DEPC und SDS. Protein und chromosomale DNA fällt man durch Zugabe von NaCl. Die im Überstand verbleibende RNA wird mit Ethanol gefällt.

Materialien

- 10 ml Kultur gramnegativer Bakterien (z.B. *E. coli*)
- Protoplastierungspuffer: 15 mM Tris-HCl pH 8,0, 0,45 M D-Saccharose, 8 mM EDTA
- 50 mg × ml^{-1} Lysozym in 25 mM Tris-HCl pH 8,0, 10 mM EDTA
- Lysepuffer: 10 mM Tris-HCl pH 8,0, 10 mM NaCl, 1 mM Natriumcitrat, 1,5 % (w/v) SDS
- DEPC (Abschn. 7.1.3.1)
- gesättigte NaCl-Lösung: 40 g NaCl in 100 ml H_2O
- EtOH p.a. (eiskalt)
- EtOH 70 % (v/v) (eiskalt)
- H_2O

Durchführung

- Die Zellen einer 10 ml Kultur 10 min bei 12.000 × g und 4 °C sedimentieren
- in 10 ml Protoplastierungspuffer aufnehmen, 80 µl 50 mg × ml^{-1} Lysozym in 25 mM Tris-HCl pH 8,0, 10 mM EDTA zugeben und 15 min auf Eis inkubieren
- Protoplasten 5 min bei 5.000 × g und 4 °C sedimentieren
- in 0,5 ml Lysepuffer aufnehmen, 15 µl DEPC (Abzug!) zugeben, vorsichtig mischen
- die Suspension in ein 1,5 ml-Reaktionsgefäß überführen und 5 min bei 37 °C inkubieren; das Lysat sollte klar und viskos werden
- Lysat auf Eis abkühlen, 250 µl gesättigte NaCl-Lösung zugeben und durch Invertieren mischen; ein weißes Präzipitat sollte sich bilden
- 10 min auf Eis inkubieren
- anschließend bei 12.000 × g und 4 °C in der Tischzentrifuge zentrifugieren, den Überstand in zwei neue 1,5 ml-Reaktionsgefäße überführen und je 1 ml eiskalten EtOH p.a. zugeben
- RNA 30 min bei –70 °C fällen, 15 min bei 12.000 × g und 4 °C präzipitieren und mit 500 µl eiskaltem 70 % (v/v) EtOH waschen
- Präzipitat 5 min an der Luft trocknen und in 100 µl H_2O lösen.

Literatur

Summers, W.C. (1970): A Simple Method for Extraction of RNA from *E. coli* Utilizing Diethyl Pyrocarbonate. Anal. Biochem. 33, 459–463.

7.2.2 Isolierung von RNA aus *Saccharomyces cerevisiae*

Hefezellen werden durch kräftiges Mischen der Suspension in Gegenwart von Glaskugeln und Detergenzien aufgeschlossen, Proteine durch eine Phenol/$CHCl_3$-Extraktion entfernt und die RNA mit Ethanol gefällt. DNA wird mit gereinigt, aber RNA liegt im großen Überschuss vor.

Materialien

- 20 ml *S. cerevisiae*-Kultur
- H_2O (eiskalt)
- RNA-Puffer: 0,5 M NaCl, 0,2 M Tris-HCl pH 7,5, 10 mM EDTA
- Phenol/$CHCl_3$/Isoamylalkohol (25/24/1) (v/v/v) mit RNA-Puffer äquilibriert; hierzu 1 Volumen mit 0,1 M Tris-HCl pH 8,0 gesättigtes Phenol/$CHCl_3$/Isoamylalkohol (25/24/1) (v/v/v) (Abschn. 1.6) zweimal mit 1 Volumen RNA-Puffer extrahieren
- EtOH p.a. (eiskalt)
- EtOH 70 % (v/v) (eiskalt)
- H_2O
- Vibromischer
- Glaskugeln (Durchmesser von 0,4–0,5 mm): Glaskugeln mit 1 N HCl über Nacht rühren, mit H_2O waschen, bis das Filtrat neutral reagiert, autoklavieren und durch trockene Hitze sterilisieren

Durchführung

- *S. cerevisiae*-Zellen in 20 ml Medium bis zur exponenziellen Wachstumsphase (E_{600} = 0,4) wachsen lassen
- Zellen in ein 50 ml-Zentrifugenröhrchen überführen, 2 min bei 1.500 × g und 4 °C sedimentieren
- in 1 ml eiskaltem H_2O aufnehmen und in ein 1,5 ml-Reaktionsgefäß überführen
- 10 s bei 12.000 × g und 4 °C zentrifugieren und die Zellen in 300 µl RNA-Puffer aufnehmen
- eine Menge an Glaskugeln zugeben, die etwa 200 µl entspricht
- 300 µl mit RNA-Puffer gesättigtes Phenol/Isoamylalkohol/$CHCl_3$-Gemisch (25/24/1) (v/v/v) zugeben und 3 min bei maximaler Geschwindigkeit kräftig mischen (Vibromischer)
- 1 min bei 12.000 × g und RT zentrifugieren und den Überstand in ein neues 1,5 ml-Reaktionsgefäß überführen, ohne das weiße Proteinpräzipitat zwischen den beiden Phasen zu verschleppen
- ein Volumen mit RNA-Puffer gesättigtes Phenol/Isoamylalkohol/$CHCl_3$-Gemisch (25/24/1) (v/v/v) zugeben, gut mischen und Phasen wie im Punkt zuvor beschrieben trennen
- 3 Volumina eiskalten EtOH p.a. zugeben, gut mischen und RNA ≥ 5 min bei –70 °C fällen
- 2 min bei 12.000 × g und 4 °C zentrifugieren, das Präzipitat mit eiskaltem 70 % (v/v) EtOH waschen
- Präzipitat 5 min an der Luft trocknen und in 50 µl H_2O lösen.

Literatur

Ausubel, F.M., Brent, R., Kingston, R.E., Moore, D.D., Seidman, J.G., Smith, J.A., Struhl, K. (2004): Current Protocols in Molecular Biology. John Wiley & Sons, New York, Kap. 13.12.1.–13.12.5.

7.2.3 Isolierung von RNA aus Pflanzenzellen

Pflanzenzellen werden mechanisch aufgeschlossen. Proteine werden mit SDS denaturiert und durch Phenol/$CHCl_3$-Extraktion entfernt. RNA wird von DNA durch selektive Fällung mit Lithiumchlorid getrennt.

Materialien

- flüssiger Stickstoff
- Homogenisierungspuffer: 0,18 M Tris, 0,09 M LiCl, 4,5 mM EDTA, 1 % (w/v) SDS; pH 8,2 mit HCl einstellen
- TLE-Puffer: 0,2 M Tris, 0,1 M LiCl, 5 mM EDTA; pH 8,2 mit HCl einstellen
- mit TLE äquilibriertes Phenol (Abschn. 7.2.2 zur Umpufferung der Phenollösung)
- $CHCl_3$
- 2 M LiCl
- 8 M LiCl
- 3 M Natriumacetat pH 5,2
- EtOH p.a.
- H_2O
- Mörser
- Polytron (Brinkmann PT 10/35)
- 50 und 500 ml-Zentrifugenbecher, beständig gegen Phenol und $CHCl_3$

Durchführung

- Einen Mörser mit Pistill durch Übergießen mit flüssigem Stickstoff abkühlen
- Pflanzengewebe in flüssigem Stickstoff einfrieren, 15 g abwiegen und im Mörser zu einem feinen Pulver zerreiben
- in einem 500 ml-Becherglas 150 ml Homogenisierungspuffer und 50 ml mit TLE-Puffer äquilibriertes Phenol vorlegen und das Pulver in das Becherglas geben
- Mischung im Polytron für etwa 2 min bei mittlerer Geschwindigkeit (Einstellung 5–6) homogenisieren, 50 ml $CHCl_3$ zugeben und mit kleiner Geschwindigkeit im Polytron homogenisieren
- den Brei in einen 500 ml-Zentrifugenbecher überführen, 20 min bei 50 °C inkubieren und 20 min bei 17.700 × g und 4 °C zentrifugieren
- wässrige Phase, ohne das Präzipitat an der Phasengrenze zu verschleppen, in einen neuen 500 ml-Zentrifugenbecher überführen; 50 ml mit TLE äquilibriertes Phenol zugeben, durch Schütteln mischen und 50 ml $CHCl_3$ zugeben
- Phasen durch Zentrifugation für 20 min bei 17.700 × g und 4 °C trennen
- die restliche wässrige Phase und das Präzipitat an der Phasengrenze, die nach der ersten Phenol/$CHCl_3$-Extraktion verblieben, in ein 50 ml-Zentrifugenröhrchen geben und 20 min bei 17.700 × g und 4 °C zentrifugieren
- wässrige Phase abziehen; die beiden wässrigen Phasen der ersten und zweiten Phenol/$CHCl_3$-Extraktion vereinigen, gut mischen und 15 min bei 17.700 × g und 4 °C zentrifugieren
- wässrige Phase in einen neuen 500 ml-Zentrifugenbecher überführen und so lange mit TLE gesättigtem Phenol und $CHCl_3$ extrahieren, bis kein Präzipitat an der Phasengrenze mehr auftritt; in der Regel sind etwa drei weitere Extraktionsschritte notwendig
- wässrige Phase einmal mit $CHCl_3$ extrahieren
- wässrige Phase in einen 250 ml-Zentrifugenbecher überführen, eine Konzentration von 2 M LiCl einstellen und die RNA über Nacht bei 4 °C fällen
- Suspension 20 min bei 15.300 × g und 4 °C zentrifugieren, das Präzipitat mit einigen Millilitern 2 M LiCl spülen, in 5 ml H_2O resuspendieren und in ein 15 ml-Zentrifugenröhrchen überführen
- Präzipitation der RNA in Gegenwart von 2 M LiCl einmal wiederholen, wobei die Fällungszeit mindestens 2 h beträgt
- Präzipitat in 2 ml H_2O lösen, 200 µl 3 M NaOAc pH 5,2 und 5,5 ml EtOH p.a. zugeben und die RNA 30 min lang bei -70 °C fällen
- Suspension 20 min bei 17.700 × g und 4 °C zentrifugieren, das Präzipitat 5 min an der Luft trocknen und in 1 ml H_2O lösen.

Literatur

Ausubel, F.M., Brent, R., Kingston, R.E., Moore, D.D., Seidman, J.G., Smith, J.A., Struhl, K. (2004): Current Protocols in Molecular Biology. John Wiley & Sons, New York, Kap. 4.3.1.–4.3.4.

7.2.4 Isolierung von RNA aus tierischen Zellen

Im Folgenden sind vier Protokolle zur Isolierung von RNA aus Säugetierzellen wiedergegeben. Beschrieben sind die Isolierung von Gesamt-RNA aus Zellkulturen durch Einsatz starker Detergenzien (Abschn. 7.2.4.1), die Isolierung von Gesamt-RNA aus Geweben (Abschn. 7.2.4.2) und ein Protokoll zur Isolierung von Gesamt-RNA aus Geweben, die reich an Glycoproteinen und Polysacchariden sind (Abschn. 7.2.4.3). In Abschnitt 7.2.4.4 ist die getrennte Isolierung cytoplasmatischer und nucleärer RNA durch Verwendung milder Detergenzien wiedergegeben.

7.2.4.1 Isolierung von Gesamt-RNA aus Zellkulturen

Starke Denaturierungsmittel wie Guanidinthiocyanat (Chirgwin *et al.*, 1979) oder SDS (Peppel und Baglioni, 1990) stellen die beste Methode dar, zelluläre RNasen zu inaktivieren und intakte RNA selbst aus sehr RNase reichen Geweben, wie z.B. Pankreas, zu isolieren. DNA verbleibt unter sauren Bedingungen in der organischen Phase oder der Interphase und wird so von der RNA abgetrennt. Nachteilig an der Methode sind die stark denaturierenden Bedingungen, unter denen alle Organellen der Zelle lysiert werden. Daher muss anschließend DNA abgetrennt werden. Ferner können unter diesen Bedingungen nucleäre und cytoplasmatische RNA nicht getrennt werden. Der Zellaufschluss variiert je nach gewähltem Zelltyp.

Materialien

- ca. 1–2×10^7 Zellen
- PBS: 8 g $\times$ l^{-1} NaCl, 0,2 g $\times$ l^{-1} KCl, 1,44 g $\times$ l^{-1} Na_2HPO_4, 0,2 g $\times$ l^{-1} KH_2PO_4 (eiskalt)
- Lysepuffer I: 4 M Guanidinthiocyanat, 25 mM Natriumcitrat pH 7, 0,1 M β-Mercaptoethanol, 0,5 % (w/v) Sarkosyl (β-Mercaptoethanol jeweils erst kurz vor Gebrauch frisch der Lösung zusetzen)
- 2 M NaOAc pH 4,0
- Phenol/CHCl$_3$/Isoamylalkohol (25/24/1) (v/v/v) (Abschn. 1.6)
- Isopropanol (eiskalt)
- EtOH 70 % (v/v) (eiskalt)
- H_2O

Durchführung

- Zellkulturen entweder mit eiskaltem PBS waschen und durch Zugabe von 4 ml Lysepuffer I direkt in der Zellkulturflasche lysieren oder nach Trypsinieren (Abschn. 12.4.5) in 4 ml Lysepuffer I aufnehmen
- 0,025 Volumina 2 M NaOAc pH 4 zugeben und mit einem Volumen Phenol/CHCl$_3$/Isoamylalkohol (25/24/1) (v/v/v) extrahieren
- wässrige Phase in ein 1,5 ml-Reaktionsgefäß überführen
- RNA mit einem Volumen eiskaltem Isopropanol über Nacht bei –20 °C fällen, das Präzipitat mit 70 % (v/v) EtOH waschen, 5 min an der Luft trocknen und in H_2O lösen.

Literatur

Chirgwin, J.M., Przybyla, A.E., MacDonald, R.J., Rutter, W.J. (1979): Isolation of Biologically Active Ribonucleic Acid from Sources Enriched in Ribonuclease. Biochemistry 18, 5.294–5.299.

Chomczynski, P., Sacchi, N. (1987): Single-Step Method of RNA Isolation by Acid Guanidinium Thiocyanate-Phenol-Chloroform Extraction. Anal. Biochem. 162, 156–159.

Peppel, K., Baglioni, C. (1990): A Simple and Fast Method to Extract RNA from Tissue Culture Cells. BioTechniques 9, 711–713.

Schröder, M. (1997): Identifikation limitierter Schritte der Antithrombin III Produktion in genamplifizierten CHO-Zellen, S. 46–47, Shaker Verlag, Aachen.

7.2.4.2 Isolierung von Gesamt-RNA aus Geweben

Im Gegensatz zur Isolierung von RNA aus Zellkulturen benötigt man für die Isolierung von RNA aus Geweben effiziente mechanische Verfahren zum Aufschluss und zur Homogenisierung der Probe. Gewebeproben sollten sofort nach der Entnahme mit flüssigem Stickstoff tiefgefroren oder in RNA*later*® (Abschn. 7.1.5.1) konserviert werden.

Materialien

- ca. 10–15 g frisches oder tiefgefrorenes Gewebe
- Lysepuffer I: 4 M Guanidinthiocyanat, 25 mM Natriumcitrat pH 7,0, 0,1 M β-Mercaptoethanol, 0,5 % (w/v) Sarkosyl (β-Mercaptoethanol jeweils erst kurz vor Gebrauch frisch der Lösung zusetzen)
- Lysepuffer II: 4 M Guanidinthiocyanat, 25 mM Natriumcitrat pH 7,0, 5 mM DTT (DTT jeweils erst kurz vor Gebrauch frisch der Lösung zusetzen); den Lysepuffer II sterilfiltrieren
- 1 M HOAc
- $CHCl_3$/Isoamylalkohol (24/1) (v/v)
- TE-Puffer pH 8,0: 10 mM Tris-HCl pH 8,0, 1 mM EDTA
- mit TE-Puffer pH 8,0 gesättigter Diethylether
- EtOH p.a. (eiskalt)
- EtOH 70 % (v/v) (eiskalt)
- H_2O
- Mörser
- Waring-Homogenisator oder Ultrathorax

Durchführung

- Gewebe tieffrieren, mit Plastikfolie umwickeln und mit einem Hammer zerkleinern; Mörser und Pistill mit flüssigem Stickstoff abkühlen; gewünschte Gewebemenge unter flüssigem Stickstoff in einem Mörser zu einem feinen Pulver zerkleinern
- pulverisiertes Gewebe in 100 ml Lysepuffer I aufnehmen und bei –20 °C einfrieren
- Gemisch bei RT auftauen und in einem Waring-Homogenisator oder Ultrathorax achtmal 15 s bei 4 °C homogenisieren; Proben zwischen den einzelnen Homogenisierungsschritten 5 s auf Eis abkühlen
- bei Geweben mit einem hohen Fettanteil, wie z.B. Hirn, das Homogenisat 3–5 min lang bei 60 °C mit einem Volumen $CHCl_3$/Isoamylalkohol (24/1) (v/v) extrahieren und 10 min bei 4 °C und 16.000 × g zur Phasentrennung zentrifugieren
- wässrige Phase mit einem Volumen mit TE-Puffer pH 8,0 gesättigtem Diethylether extrahieren
- Homogenisat 10 min bei 4 °C und 16.000 × g zentrifugieren, Überstand in einen neuen Zentrifugenbecher überführen
- 0,025 Volumina 1 M HOAc und 0,75 Volumina EtOH p.a. zugeben und Nucleinsäuren über Nacht bei –20 °C fällen
- Nucleinsäuren 20 min bei 16.000 × g und –20 °C sedimentieren

- Sediment in 50 ml Lysepuffer II unter Schütteln für 2–3 h lösen
- RNA durch Zugabe von 0,025 Volumina 1 M HOAc und 0,5 Volumina EtOH p.a. über Nacht bei –20 °C fällen
- Präzipitat in 25 ml Lysepuffer II aufnehmen, den letzten Fällungsschritt wiederholen, das Präzipitat mit 70 % (v/v) EtOH waschen, 5 min an der Luft trocknen und in 2 ml H_2O lösen
- 10 min bei 12.000 × g zentrifugieren und den Überstand in ein neues Röhrchen überführen, um unlösliche Partikel zu entfernen
- Präzipitat aus dem vorherigen Schritt zwei- bis dreimal mit je 1 ml H_2O wie dort beschrieben extrahieren und die Überstände getrennt sammeln
- nach Qualitätskontrolle der einzelnen Überstände durch UV-Spektroskopie und denaturierende Agarose-Gelelektrophorese (Abschn. 7.5.1 und 2.3.1.4) Überstände gleicher Qualität vereinigen.

7.2.4.3 Isolierung von Gesamt-RNA aus glycoprotein- und oligosaccharidreichen Geweben

Die Zellen werden mit SDS aufgeschlossen, Proteine werden durch Hydrolyse mit Proteinase K und Phenol/$CHCl_3$-Extraktion entfernt und die RNA wird mit Ethanol gefällt. Eine zusätzliche Ethanolfällung in Gegenwart von Lithiumchlorid dient zur Abtrennung von Glycoproteinen, Proteoglycanen und Polysacchariden. Daher ist diese Methode besonders für Oocyten, befruchtete Eier, Embryonen von Fröschen, Seeigeln, Tunikaten, Würmern und Fliegen geeignet. Kontaminierende DNA wird nicht abgetrennt, da die RNA in großem Überschuss zur DNA isoliert wird. Falls notwendig, kann DNA durch Hydrolyse mit DNase I entfernt werden (Abschn. 7.3.1).

Materialien
- Dounce-Homogenisator
- 0,5 % (v/v) Triton X-100
- 20 mg × ml^{-1} Proteinase K-Stammlösung in H_2O
- Homogenisierungspuffer: 50 mM Tris-HCl pH 7,5, 50 mM NaCl, 5 mM EDTA, 0,5 % (w/v) SDS, 200 µg × ml^{-1} Proteinase K (Proteinase K erst kurz vor Gebrauch zugeben)
- Phenol/$CHCl_3$/Isoamylalkohol (25/24/1) (v/v/v) (Abschn. 1.6)
- 3 M NaOAc pH 5,2
- EtOH p.a. (eiskalt)
- EtOH 70 % (v/v) (eiskalt)
- 8 M LiCl
- H_2O

Durchführung
- Gewebe in einen Glashomogenisator geben und alle überstehende Flüssigkeit entfernen; Fliegenembryos werden vorher mit 0,5 % (v/v) Triton X-100 gewaschen, um Medienreste zu entfernen
- etwa 10 Volumina Homogenisierungspuffer zugeben und sofort homogenisieren, bis das Gewebe gut suspendiert ist
- 1 h bei 37 °C inkubieren
- Homogenisat in ein Polypropylenröhrchen überführen, ein Volumen Phenol/$CHCl_3$/Isoamylalkohol (25/24/1) (v/v/v) zugeben, gut mischen
- Phasen durch Zentrifugation für 10 min bei 5.000 × g und RT trennen
- wässrige Phase in ein neues Polypropylenröhrchen überführen und die Extraktion aus dem vorhergehenden Schritt einmal wiederholen
- wässrige Phase in ein neues Polypropylenröhrchen überführen, 0,1 Volumen 3 M NaOAc pH 5,2 zugeben, mischen, 2,5 Volumina eiskalten EtOH p.a. zugeben, mischen und 2 h auf Eis inkubieren

- 15 min bei 5.000 × g und 4 °C zentrifugieren; Überstand verwerfen und das Präzipitat an der Luft trocknen
- Präzipitat in einem kleinen Volumen H_2O aufnehmen, ein Volumen 8 M LiCl zugeben, mischen und mindestens 3 h bei –20 °C inkubieren
- RNA durch Zentrifugation bei 10.000 × g und 4 °C für 30 min sedimentieren, das Präzipitat mit eiskaltem 70 % (v/v) EtOH waschen
- nochmals 5 min bei 10.000 × g und 4 °C zentrifugieren und das Präzipitat 5 min an der Luft trocknen
- RNA in einem kleinen Volumen H_2O lösen, 0,1 Volumen 3 M NaOAc pH 5,2 und 3 Volumina eiskalten EtOH p.a. zugeben, mischen und 30 min bei -70 °C inkubieren
- anschließend die RNA bei 12.000 × g und 4 °C für 15 min zentrifugieren und somit präzipitieren
- das Präzipitat mit 70 % (v/v) EtOH waschen, die RNA 5 min an der Luft trocknen und in einem kleinen Volumen H_2O lösen.

Literatur

Sambrook, J., Russel, D.W. (2001): Molecular Cloning – A Laboratory Manual. 3nd ed. Cold Spring Harbor Laboratory Press, Cold Spring Harbor, New York.

7.2.4.4 Isolierung cytoplasmatischer und nucleärer RNA

Die in Abschnitt 7.2.4.1 beschriebene Methode zur Isolierung von Gesamt-RNA ist nicht vorteilhaft, wenn die Regulation der Genexpression auf posttranskriptionaler Ebene untersucht werden soll. Hierzu ist eine Trennung von cytoplasmatischer und nucleärer RNA erforderlich. Dazu wird sanft lysiert (somit der Zellkern intakt gelassen) und anschließend werden die Zellkerne abzentrifugiert. Nachteilig an der Methode ist, dass die zur Zelllyse verwendeten Bedingungen RNasen nicht inhibieren und beim Zellaufschluss effektive RNase-Inhibitoren anwesend sein müssen, wie z.B. VDR oder RNasin/RNAguard um intakte RNA zu erhalten. Die folgende Methode eignet sich am besten für Zellkulturen. Eine Adaption auf verschiedene Gewebe ist möglich, wenn Aufschlussverfahren gewählt werden, die Organellen intakt lassen, wie z.B. der Aufschluss der Zellen im Dounce-Homogenisator (Angaben des Herstellers beachten).

Materialien
- 100–150 mm konfluente Zellkulturschale oder $1–2 × 10^7$ Suspensionszellen
- NP-40-Lysepuffer: 10 mM Tris-HCl pH 7,4, 10 mM NaCl, 5 mM $MgCl_2$, 0,5 % (v/v) NP-40; 20 mM VDR oder RNasin/RNAguard zusetzen, Abschn. 7.1.3
- 1 % (w/v) Toluidinblau O in DMSO
- Tris/SDS-Puffer: 10 mM Tris-HCl pH 8,5, 100 mM NaCl, 1 mM EDTA, 0,5 % (w/v) SDS
- Extraktionspuffer: Phenol/$CHCl_3$/Isoamylalkohol (25/24/1) (v/v/v), 0,1 % (w/v) 8-Hydroxychinolin, gesättigt mit Tris/SDS-Puffer (Abschn. 7.2.2 zur Umpufferung der Phenollösung)
- 0,5 M EDTA pH 8.0
- $CHCl_3$/Isoamylalkohol (24/1) (v/v)
- 3 M NaOAc pH 5,2
- EtOH p.a. (eiskalt)
- EtOH 70 % (v/v) (eiskalt)
- 0,5 % (w/v) Natriumdesoxycholat
- H_2O
- Dounce- oder Potter-Elvehjem-Homogenisator

Zur Isolierung nucleärer RNA wird zusätzlich benötigt:
- Lagerungspuffer: 50 mM Tris-HCl pH 8,0, 2 mM $MgCl_2$, 0,1 mM EDTA, 30 % (v/v) Glycerin
- RSB/K-Puffer: 10 mM Tris-HCl pH 7,9, 10 mM NaCl, 100 mM KCl, 10 mM $MgCl_2$; 20 mM VDR oder RNasin/RNAguard zusetzen (Abschn. 7.1.3)

- HSB-Puffer: 10 mM Tris-HCl pH 7,4, 500 mM NaCl, 50 mM $MgCl_2$, 2 mM $CaCl_2$; 20 mM VDR oder RNasin/RNAguard zusetzen (Abschn. 7.1.3)
- RNase freie DNase I. Einheiten sind angegeben in Kunitz-Einheiten (Abschn. 7.3.1)
- SDS-Extraktionspuffer: 10 mM Tris-HCl pH 7,4, 20 mM EDTA, 1 % (w/v) SDS
- NETS-Puffer: 10 mM Tris-HCl pH 7,4, 100 mM NaCl, 10 mM EDTA, 0,2 % (w/v) SDS
- Phenol, mit NETS-Puffer gesättigt (Abschn. 7.2.2 zur Umpufferung der Phenollösung)

Durchführung

Zellaufschluss

- Adhärente Zellen trypsinieren (Abschn. 12.4.5) oder mit einem Zellschaber ernten; Suspensionszellen durch Zentrifugation für 5 min bei 4 °C und 110 × g sammeln und den Überstand möglichst vollständig entfernen
- Zellsediment durch sanftes Mischen (Vibromischer) für 5 s lockern und langsam bei fortwährendem Mischen 4 ml NP-40-Lysepuffer zugeben und 5–10 min auf Eis inkubieren; je nach Zelltyp kann es erforderlich sein, die NP-40-Konzentration zu variieren, eine Endkonzentration von 0,5 % (w/v) Natriumdesoxycholat einzustellen oder die Zellen im Dounce- oder Potter-Elvehjem-Homogenisator aufzuschließen
- das Ausmaß der Zelllyse kann unter dem Mikroskop durch Auszählen der intakten Zellen und freigesetzter Zellkerne, z.B. nach Färbung der Zellkerne mit 0,5 % (w/v) Trypanblau, analysiert werden (Abschn. 12.2.4)
- Zellkerne durch Zentrifugation für 5 min bei 500 × g und 4 °C sedimentieren, den Überstand möglichst vollständig entfernen
- aus dem Überstand kann cytoplasmatische RNA gewonnen werden.

Isolierung cytoplasmatischer RNA

- Den Überstand des vorhergehenden Schrittes in ein neues Röhrchen überführen und eine EDTA-Konzentration von 10 mM einstellen
- ein Volumen Extraktionspuffer zugeben, 5 min bei 55 °C, dann 5 min auf Eis inkubieren
- Phasen durch Zentrifugation für 5 min bei 4 °C bei 500–2.000 × g (14 ml-Röhrchen) oder 12.000 × g (1,5 ml-Reaktionsgefäße) trennen
- Überstand in ein neues Gefäß überführen, ohne das weiße Proteinpräzipitat zwischen den Phasen zu verschleppen, und die Phenol/$CHCl_3$-Extraktion so lange wiederholen, bis kein Proteinpräzipitat mehr sichtbar ist
- ein Volumen $CHCl_3$/Isoamylalkohol (24/1) (v/v) zugeben, mischen und die Phasen durch Zentrifugation für 30 s trennen
- Überstand in ein neues Gefäß überführen, 0,1 Volumen 3 M NaOAc pH 5,2 und 2,2–2,5 Volumina eiskalten EtOH p.a. zugeben, mischen und RNA über Nacht bei –20 °C fällen
- Niederschlag durch Zentrifugation bei 10.000 × g und 4 °C für 30 min (14 ml-Röhrchen) oder bei 12.000 × g und 4 °C (1,5 ml-Reaktionsgefäße) präzipitieren
- Präzipitat zwei- bis dreimal mit eiskaltem 70 % (v/v) EtOH waschen, 5 min an der Luft trocknen und in H_2O lösen.

Isolierung nucleärer RNA

- Sedimentierte Zellkerne (Schritt 4, Zellaufschluss) durch sanftes Mischen (Vibromischer) für 5 s lockern, langsam bei fortwährendem Mischen 4 ml NP-40-Lysepuffer zugeben und 5 min auf Eis inkubieren
- Zellkerne durch Zentrifugation für 5 min bei 500 g und 4 °C sedimentieren
- Überstand verwerfen und die Zellkerne in 200–300 µl eiskaltem Lagerungspuffer durch sanftes Mischen (Vibromischer) resuspendieren; die Zellkerne können direkt zur Präparation von RNA eingesetzt oder bis zu mehreren Monaten bei –70 °C gelagert werden

- Zellkerne auftauen und bei 750 × g und 4 °C für 3 min sedimentieren
- Sediment mit 1 ml eiskaltem RSB/K-Puffer waschen
- Sediment in HSB-Puffer resuspendieren und dabei einen Zellkerntiter von 1–5 × 10^7 Zellkernen × ml^{-1} einstellen; RNase freie DNase I zusetzen, sodass mindestens eine Konzentration von 50 U × ml^{-1} erreicht wird
- Suspension bei RT etwa 30 s auf- und abpipettieren, um sie zu homogenisieren; hier wird nur ein partieller Abbau der DNA angestrebt, um die Viskosität der Lösung zu senken
- ein Volumen SDS-Extraktionspuffer zugeben
- ein Volumen mit NETS-Puffer gesättigtes Phenol zugeben
- ein Volumen CHCl$_3$/Isoamylalkohol (24/1) (v/v) zugeben, gut und sehr vorsichtig mischen
- 10 min bei 55 °C inkubieren, dabei ab und zu durch Schütteln mischen
- auf Eis 5 min abkühlen und zur Phasentrennung bei 2.500 × g und 4 °C für 3 min zentrifugieren
- organische Phase von unten her abziehen
- zu wässriger Phase ein Volumen mit NETS-Puffer gesättigtes Phenol und ein Volumen CHCl$_3$/Isoamylalkohol (24/1) (v/v) zugeben, gut und sehr vorsichtig mischen und Phasen durch Zentrifugation bei 2.500 × g und 4 °C für 3 min trennen
- wässrige Phase in ein neues 1,5 ml-Reaktionsgefäß überführen; ein Volumen CHCl$_3$/Isoamylalkohol (24/1) (v/v) zugeben, gut und vorsichtig mischen und 10 s bei 1.200 × g zur Phasentrennung zentrifugieren
- wässrige Phase in ein neues 1,5 ml-Reaktionsgefäß überführen, 2,5 Volumina eiskalten EtOH p.a. zugeben und RNA bei –20 °C über Nacht fällen
- 15 min bei 4 °C und 12.000 × g zentrifugieren; das Präzipitat mit eiskaltem 70 % (v/v) EtOH waschen; 5 min an der Luft trocknen und in H$_2$O lösen.

Literatur

Farrell, R.E. Jr. (1993): RNA Methodologies. Academic Press, New York.
Favaloro, J., Treisman, R., Kamen, R. (1980): Transcription Maps of Polyoma Virus-Specific RNA. Analysis by Two-Dimensional Nuclease S1 Gel Mapping. Methods Enzymol. 65, 718–749.

7.3   Reinigung und Fraktionierung von RNA

Der erforderliche Reinheitsgrad einer RNA-Präparation ist durch die vorgesehene Anwendung bestimmt (Tab. 7–1). Zwei Faktoren sind hier von Bedeutung. Erstens die Kontamination der RNA-Präparation mit DNA. Sie wird aufgrund ihrer ähnlichen physicochemischen Eigenschaften in vielen Protokollen (Abschn. 7.2) mitgereinigt. Zweitens eine Anreicherung von mRNA durch die Isolierung von poly(A)$^+$-mRNA aus Gesamt-RNA mittels Affinitätschromatographie an Oligo(dT)-Cellulose.

DNA muss abgetrennt werden, wenn seltene RNAs in Microarray- (Kap. 19) oder RT-PCR-Experimenten (Abschn. 4.2.2) quantitativ nachgewiesen werden sollen. Der Nachweis häufiger mRNAs im Northern Blot (Abschn. 10.2) erfordert in der Regel keine weitere Behandlung der nach Abschnitt 7.2 isolierten Gesamt-RNA. Der Nachweis seltener mRNAs im Northern Blot oder Ribonuclease-Protection-Assay ist nach Isolierung von poly(A)$^+$-mRNA häufig einfacher. Ferner können mit poly(A)$^+$-mRNA fragwürdige Hybridisierungssignale im Bereich der rRNAs bestätigt werden. Gleichzeitig wird es wahrscheinlicher, eine seltene mRNA in einer Genbank zu finden.

Die folgenden Kapitel beschreiben die Abtrennung von DNA aus RNA-Präparationen durch Hydrolyse mit DNase I (Abschn. 7.3.1), die klassische Affinitätschromatographie an Oligo(dT)-Cellulose zur Iso-

Tab. 7–1: Erforderlicher Reinheitsgrad von RNA-Präparationen für molekularbiologische Anwendungen. Legende: +++ empfohlen, ++ befriedigend, + kompatibel, - nicht kompatibel (Bastard et al., 2002)

Methode	Gesamt-RNA	Gesamt-RNA (frei von DNA)	poly(A)$^+$-mRNA
cDNA-Bank Konstruktion	+	+	+++
Differential Display	+	+	+++
in vitro-Translation	-	-	+++
Mikroarray	+	+	+++
Northern Blot	++	++	+++
Nuclease Protection Assay	++	++	+++
Primer Extension	++	++	+++
Race-PCR	-	-	+++
RNA Sequenzierung	+	+++	+++
RT-PCR	+	+++	+++

lierung von poly(A)$^+$-mRNA (Abschn. 7.3.2) und eine Variante ohne Säulenchromatographie, die daher weniger Ausgangsmaterial benötigt (Abschn. 7.3.3).

Literatur

Bastard, J.-P., Chambert, S., Ceppa, F., Coude, M., Grapez, E., Loric, S., Muzzeau, F., Spyratos, F., Poirier, K., Copois, V., Tse, C., Bienvenu, T. (2002): Les méthodes d'extraction et de purification des ARN. Ann. Biol. Clin. 60, 513–523.

7.3.1 Hydrolyse von DNA mit DNase I

Die hier verwendete DNase I muss frei von Ribonucleaseaktivität sein. RNase freie DNase I kann von kommerziellen Anbietern bezogen werden (z.B. Promega und Roche Applied Science). Eine Kunitz-Einheit (Kunitz, 1950) DNase I hydrolysiert etwa 1 μg DNA unter den im Protokoll angegebenen Bedingungen in 10 min.

Materialien

- 10 × DNase I-Puffer: 400 mM Tris-HCl pH 8,0, 100 mM MgSO$_4$, 10 mM CaCl$_2$, 100 mM DTT (DTT jeweils erst kurz vor Gebrauch der Lösung zusetzen)
- 10–50 U μl^{-1} RNase freie DNase I in 25 mM Tris-HCl pH 7,6, 50 % (v/v) Glycerin
- 25–50 U μl^{-1} RNasin/RNAguard
- DNase I-Stopppuffer: 1,5 M NaOAc, 1 % (w/v) SDS, 50 mM EDTA
- TE-Puffer pH 8,0: 10 mM Tris-HCl pH 8,0, 1 mM EDTA
- 3 M NaOAc pH 5,2
- Phenol/CHCl$_3$/Isoamylalkohol (25/24/1) (v/v/v)
- CHCl$_3$/Isoamylalkohol (24/1) (v/v)
- EtOH p.a. (eiskalt)
- EtOH 70 % (v/v) (eiskalt)
- H$_2$O

Durchführung

- RNA in einem geeigneten sterilen Gefäß (1,5 ml-Reaktionsgefäß oder 15 ml-Zentrifugenröhrchen) mit 1 U RNase freier DNase I pro 1 µg RNA und 0,025–0,05 U × µl^{-1} RNasin/RNAguard in DNase I-Puffer 30–60 min bei 37 °C inkubieren
- DNase I Hydrolyse mit 0,25 Volumina DNase I-Stopppuffer stoppen
- Lösung einmal mit einem Volumen Phenol/CHCl$_3$/Isoamylalkohol (25/24/1) (v/v/v) extrahieren; die organische Phase mit 100 µl TE pH 8,0 reextrahieren
- beide wässrigen Phasen vereinigen und mit einem Volumen CHCl$_3$/Isoamylalkohol (24/1) (v/v) extrahieren
- 1/10 Volumen 3 M NaOAc pH 5,2 zu der wässrigen Phase geben, mischen, 3 Volumen eiskalten EtOH p.a. zugeben
- RNA 30 min bei –70 °C fällen, 15 min bei 4 °C und 12.000 × g präzipitieren
- Präzipitat mit 500 µl eiskaltem 70 % (v/v) EtOH waschen, an der Luft trocknen und in 100 µl H$_2$O aufnehmen.

Literatur

Ausubel, F.M., Brent, R., Kingston, R.E., Moore, D.D., Seidman, J.G., Smith, J.A., Struhl, K. (2004): Current Protocols in Molecular Biology. John Wiley & Sons, New York, Kap. 4.1.4.
Kunitz, M. (1950): Crystalline Desoxyribonuclease. I. Isolation and General Properties. Spectrophotometric Method for the Measurement of Desoxyribonuclease Activity. J. Gen. Physiol. 33, 349–362.

7.3.2 Isolierung von poly(A)$^+$-mRNA durch Affinitätschromatographie an Oligo(dT)-Cellulose

Bei der Anreicherung von poly(A)$^+$-mRNA aus Gesamt-RNA sollte beachtet werden, dass nicht alle mRNAs polyadenyliert sind. Allerdings sind die einzigen derzeit bekannten poly(A)$^-$-mRNAs die mRNAs der Histone. Das abgetrennte poly(A)$^-$-Material stellt eine vorzügliche Negativkontrolle für Northern Blots (Abschn. 10.2) und die Synthese von cDNA mit Oligo(dT)-Primern dar (Abschn. 5.1.1). Eine Marktübersicht über kommerziell erhältliche mRNA-Isolierungssysteme wurde von Bastard *et al.* (2002) erstellt.

Das negativ geladene Phosphodiesterrückgrat der poly(A)$^+$-mRNA und der Oligo(dT)-Cellulose stoßen sich elektrostatisch ab. Damit die poly(A)$^+$-mRNA mit der Oligo(dT)-Cellulose hybridisieren kann, muss die negative Ladung durch hohe Salzkonzentrationen (z.B. 0,5–1 M LiCl) aufgehoben werden. Weniger fest gebundenes Material wird mit einer niedrigeren Salzkonzentration (0,1 M LiCl) und die poly(A)$^+$-mRNA in Abwesenheit von Salz eluiert.

Materialien

- Oligo(dT)-Cellulose
- NaOH/EDTA-Lösung: 0,1 M NaOH, 5 mM EDTA
- 2 × Auftragspuffer: 40 mM Tris-HCl pH 7,5, 1 M LiCl, 2 mM EDTA, 0,2 % (w/v) SDS
- Waschpuffer: 20 mM Tris-HCl pH 7,5, 0,1 M LiCl, 1 mM EDTA, 0,1 % (w/v) SDS
- Elutionspuffer: 10 mM Tris-HCl pH 7,5, 1 mM EDTA, 0,05 % (w/v) SDS
- 3 M NaOAc pH 5,2
- EtOH p.a. (eiskalt)
- EtOH 70 % (v/v) (eiskalt)
- H$_2$O
- RNase freier Metallspatel
- RNase freie Glasküvetten oder UV-Einwegküvetten (Eppendorf)

- silikonisierte Pasteur-Pipette
- silikonisierte Glaswolle

Durchführung

- 10 mg Oligo(dT)-Cellulose mit einem RNase freien Spatel in ein 14 ml-Zentrifugenröhrchen einwiegen und 1 h bis über Nacht in 3–5 ml 10 mM Tris-HCl pH 7,4 bei 4 °C quellen lassen (1 g Oligo(dT)-Cellulose adsorbiert etwa 1–2 mg poly(A)$^+$-mRNA. Oligo(dT)-Cellulose sollte im drei bis fünffachen Überschuss zur in der Probe enthaltenen Menge an poly(A)$^+$-mRNA eingesetzt werden.)
- silikonisierte Pasteur-Pipette mit silikonisierter Glaswolle abdichten und die gequollene Oligo(dT)-Cellulose einfüllen; pro 1–3 mg Gesamt-RNA etwa 0,25–0,6 ml Säulenvolumen verwenden
- Säulenmaterial mit 10 Säulenvolumina NaOH/EDTA-Lösung und danach mit H$_2$O so lange waschen, bis der pH-Wert < 8 ist; mit 10 Säulenvolumina Auftragspuffer äquilibrieren
- 2–3 mg Gesamt-RNA in 2 ml H$_2$O aufnehmen, 5 min bei 65 °C denaturieren, auf Eis abkühlen und 2 ml 2 × Auftragspuffer zugeben
- RNA-Lösung langsam auf die Säule auftragen und das Eluat auffangen
- Eluat 5 min bei 65 °C denaturieren, auf Eis abkühlen und erneut auftragen; das zweite Eluat ist nahezu frei von poly(A)$^+$-mRNA; es sollte als Negativkontrolle für Northern Blots, cDNA-Synthesen und andere Anwendungen eingesetzt werden
- Säule so lange mit Auftragspuffer waschen, bis die Extinktion im Eluat < 0,02 E$_{260}$ ist
- Säule mit Waschpuffer waschen, bis die Extinktion im Eluat < 0,06 E$_{260}$ ist
- poly(A)$^+$-mRNA mit 2 ml Elutionspuffer eluieren und in 0,5–1 ml Fraktionen auffangen; Extinktion bei 260 und 280 nm bestimmen und die Fraktionen vereinigen, deren Verhältnis E$_{260}$/E$_{280}$ zwischen 1,7 und 2 liegt
- 0,1 Volumen 3 M NaOAc pH 5,2 und 2,5 Volumina EtOH p.a. (eiskalt) zugeben, poly(A)$^+$-mRNA über Nacht bei –20 °C fällen
- 20 min bei 16.000 × g und 4 °C zentrifugieren, Präzipitat mit eiskaltem 70 % (v/v) EtOH waschen, 5 min an der Luft trocknen und in H$_2$O lösen
- Oligo(dT)-Cellulose mit 10 Säulenvolumina NaOH/EDTA-Lösung renaturieren und dann mit H$_2$O waschen, bis der pH-Wert < 8 ist und bei –20 °C unter EtOH p.a. oder getrocknet in Pulverform lagern; die Oligo(dT)-Cellulose kann bis zu fünfmal verwendet werden.

Bezogen auf die Menge an eingesetzter Gesamt-RNA liegt die maximale Ausbeute an poly(A)$^+$-mRNA bei etwa 3–11 %. Die derart isolierte poly(A)$^+$-mRNA ist meistens noch mit rRNA kontaminiert und sollte durch einmalige Wiederholung der Affinitätschromatographie weiter gereinigt werden.

Literatur

Aviv, H., Leder, P. (1972): Purification of Biologically Active Globin Messenger RNA by Chromatography on Oligothymidylic Acid-Cellulose. Proc. Natl. Acad. Sci. USA 69, 1.498–1.512.
Bastard, J.-P., Chambert, S., Ceppa, F., Coude, M., Grapez, E., Loric, S., Muzzeau, F., Spyratos, F., Poirier, K., Copois, V., Tse, C., Bienvenu, T. (2002): Les méthodes d'extraction et de purification des ARN. Ann. Biol. Clin. 60, 513–523.

7.3.3 Isolierung von poly(A)$^+$-mRNA mit Oligo(dT)-Cellulose ohne Säulenchromatographie

Ist die Ausgangsmenge an Gesamt-RNA < 100–150 mg, so kommt die Affinitätschromatographie zur Isolierung von poly(A)$^+$-mRNA nicht in Frage, da die mRNA-Konzentration im Eluat zu niedrig wird, um noch mit Ethanol gefällt werden zu können. Hier bietet sich folgende alternative Vorgehensweise an: die Oligo(dT)-

Cellulose wird abwechselnd in der Probenlösung suspendiert und durch Zentrifugation sedimentiert. Vorteilhaft ist hier die Verwendung mikrokristalliner Oligo(dT)-Cellulose, die z.B. von New England Biolabs bezogen werden kann. Sie besitzt eine bis zu zweimal größere Adsorptionskapazität für poly(A)$^+$-mRNA.

Materialien

- mikrokristalline Oligo(dT)-Cellulose (New England Biolabs, Inc.)
- Auftragspuffer: 20 mM Tris-HCl pH 7,5, 500 mM NaCl, 1 mM EDTA, 0,1 % (w/v) SDS
- Elutionspuffer: 10 mM Tris-HCl pH 7,5, 1 mM EDTA, 0,05 % (w/v) SDS
- 3 M NaOAc pH 5,2
- EtOH p.a. (eiskalt)
- EtOH 70 % (v/v) (eiskalt)
- H$_2$O
- Ethidiumbromid 1 µg × ml^{-1}
- UV-Transilluminator

Durchführung

- Für je 0,5 mg Gesamt-RNA etwa 0,3 g mikrokristalline Oligo(dT)-Cellulose abwiegen und in ein 1,5 ml-Reaktionsgefäß überführen
- RNA in H$_2$O lösen und 5 min bei 65 °C denaturieren
- ein Volumen Auftragspuffer zugeben, auf RT abkühlen lassen und die mikrokristalline Oligo(dT)-Cellulose zugeben
- 2 min bei RT oder 37 °C inkubieren und ab und zu durch Schütteln mischen
- bei 1.500 × g und RT 5 min lang zentrifugieren; Überstand in ein neues 1,5 ml-Reaktionsgefäß überführen und auf Eis lagern
- mikrokristalline Oligo(dT)-Cellulose bis zu fünfmal mit 1 ml Auftragspuffer waschen, nach jedem Waschschritt bei 1.500 × g zentrifugieren und den Überstand abziehen
- poly(A)$^+$-mRNA mit 1 ml Elutionspuffer von der mikrokristallinen Oligo(dT)-Cellulose eluieren, diesen Schritt bis zu viermal wiederholen, je nach Menge aufgetragener poly(A)$^+$-mRNA; je nach experimentellen Bedingungen kann es vorteilhaft sein, die einzelnen Elutionsvolumina zu verringern
- um die Menge an eluierter poly(A)$^+$-mRNA zu bestimmen, können 5 µl eines jeden Eluats mit 5 µl 1 µg × ml^{-1} Ethidiumbromid gemischt und auf eine Plastikfolie, die auf einem UV-Transilluminator ausgebreitet wurde, gegeben werden; die Stärke der Fluoreszenz der einzelnen Tropfen im UV-Licht ist ein Maß für den RNA-Gehalt der einzelnen Eluate (alternativ kann die RNA-Konzentration fluoreszenzspektroskopisch z.B. mit dem Fluorophor RiboGreen (Molecular Probes) bestimmt werden)
- 0,1 Volumen 3 M NaOAc pH 5,2 und 2,2 Volumina eiskalten EtOH p.a. zu den Eluaten geben und über Nacht bei –20 °C inkubieren
- Präzipitat durch Zentrifugation bei 12.000 × g und 4 °C für 10 min niederschlagen
- Präzipitat mit 500 µl eiskaltem 70 % (v/v) EtOH waschen, an der Luft trocknen und in H$_2$O lösen.

Literatur

Farrell, E.E. Jr. (1993): RNA Methodologies. Academic Press, New York.

7.4　Synthese und Markierung von RNA durch *in vitro*-Transkription

Eine Alternative zur Isolierung von RNA aus biologischen Materialien stellt die Synthese von RNA durch *in vitro*-Transkription dar. Im Gegensatz zu RNA-Populationen, die durch Isolation von RNA aus biologischen Materialien erhalten werden (Abschn. 7.2 und 7.3), besteht *in vitro* transkribierte RNA nur aus einer einzigen oder wenigen Spezies. *In vitro* transkribierte RNA kann daher als Sonde in Hybridisierungsexperimenten, z.B. Southern, Northern Blots oder RNase-Protection-Assays, zur Proteinproduktion durch *in vitro*-Translation, als Substrat für sequenzspezifische Endoribonucleasen oder zur Untersuchung der RNA-Prozessierung eingesetzt werden.

Zur *in vitro*-Transkription werden RNA-Polymerasen, die aus Bakteriophagen isoliert wurden, eingesetzt. Die gängigsten RNA-Polymerasen zur *in vitro*-Transkription sind SP6, T3 und T7 RNA-Polymerase

Tab. 7–2: Konsensussequenzen der Promotoren bakterieller RNA-Polymerasen. Das mit +1 markierte 2'Deoxyribonucleotid kennzeichnet das erste in die RNA eingebaute Ribonucleotid. Die unterstrichene Sequenz ist die minimale Sequenz, die zur effizienten *in vitro*-Transkription notwendig ist.

RNA Polymerase	Promotersequenz
SP6	+1 | ATTTAGGTGACACTATA**GA**AGNG
T3	+1 | AATTAACCCTCACTAAA**G**GGAGA
T7	+1 | TAATACGACTCACTATA**G**GGAGA

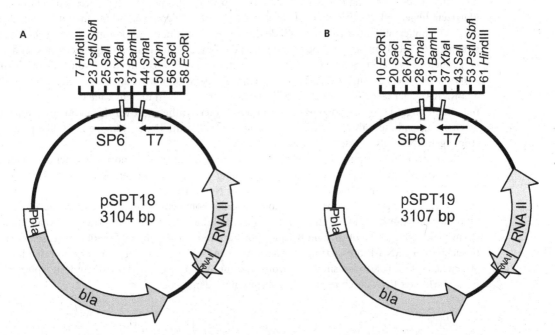

Abb. 7–1: Karten der *in vitro*-Transkriptionsvektoren pSPT18 (A) und pSPT19 (B). Lage und Orientierung der SP6 and T7 RNA-Polymerasepromotoren sind gekennzeichnet. Restriktionsstellen und deren Position zur Klonierung der Matrize für die *in vitro*-Transkription zwischen die beiden RNA-Polymerasepromotoren sind angegeben. Abkürzungen: bla – β-Lactamasegen, Pbla – Promotor des β-Lactamasegens, RNA I and RNA II sind die beiden RNAs des Replikationsursprungs des Plasmids. Genbank Zugangsnummern ('accession numbers'): pSPT18 – A13388, pSPT19 – IG0172.

(Adhya *et al.*, 1981; Bailey und McAllister, 1980; Brown *et al.*, 1986; Butler und Chamberlin, 1982; Oakley *et al.*, 1979; Panayotatos und Wells, 1979; Rosa, 1979). SP6 RNA-Polymerase ist von diesen drei RNA-Polymerasen die RNA-Polymerase, die die größte Anfälligkeit für Inhibition durch in DNA-Fällungen verschlepptes Salz zeigt. Aus diesem Grunde sind oftmals T3 oder T7 RNA-Polymerase die RNA-Polymerase der Wahl. Die Gene für alle drei RNA-Polymerasen sind in *E. coli* überexprimiert worden (He *et al.*, 1997). Expressionsplasmide oder –stämme zur eigenen Herstellung dieser RNA-Polymerasen sind verfügbar. Mehrere Hersteller molekularbiologischer Reagenzien bieten hochreine Präparationen dieser RNA-Polymerasen an (z.B. Ambion, New England Biolabs und Promega). Alle drei RNA-Polymerasen erkennen kurze doppelsträngige DNA-Sequenzen als Promotoren (Tab. 7-2). Nach Bindung an den jeweiligen Promotor trennt die RNA-Polymerase die beiden DNA-Stränge und benutzt den 3'-5'-Strang als Matrizenstrang für die Synthese eines komplementären RNA-Strangs.

Als Matrizen für die RNA-Synthese durch *in vitro*-Transkription können Plasmide, PCR-Produkte, Oligodesoxyribonucleotide und cDNA dienen. Es wurden mehrere Plasmide in der Literatur beschrieben, in denen der Polylinker auf beiden Seiten von einem RNA-Polymerasepromotor flankiert werden (z.B. am 5'-Ende des Polylinkers vom T7- und am 3'-Ende vom T3-Promotor) Zum Teil sind diese Plasmide auch kommerziell erhältlich (Abb. 7-1). Plasmide werden vor der *in vitro*-Transkription im 3'-Ende der zu synthetisierenden RNA linearisiert, da die *in vitro*-Transkription ansonsten auch Vektorsequenzen transkribieren würde. Hier ist es vorteilhaft Restriktionsendonucleasen zu verwenden, die 5'-überhängende Enden erzeugen, um eine unspezifische Bindung der RNA-Polymerase an freie 3'-Enden zu verhindern.

PCR-Produkte, die als Matrize für die *in vitro*-Transkription dienen sollen, können erzeugt werden, indem der gewünschte RNA-Polymerasepromotor am 5'-Ende der Sequenz eines der beiden PCR-Primers angehängt wird. In der PCR wird dann der doppelsträngige Promotor synthetisiert. PCR-Produkte sind oftmals bessere Matrizen für die *in vitro*-Transkription, wenn dem 5'-Ende des RNA-Polymerasepromotors noch 5-6 Nucleotide angehängt werden. Dieser Nucleotidüberhang erhöht die Effizienz der Bindung der RNA-Polymerase an ihren Promotor. Oligonucleotide können auch als Matrizen dienen. Hierzu werden ein langes und ein kurzes Oligonucleotid miteinander hybridisiert. Das kurze Oligonucleotid muss zu dem 3'-Ende des langen Oligonucleotids komplementär sein. Der doppelsträngige RNA-Polymerasepromoter wird durch die Bindung des kurzen Oligonucleotids an das längere Oligonucleotid erzeugt. Solche Oligonucleotidmatrizen können zur Synthese von RNA-Molekülen von ~100 Nucleotiden benutzt werden. Die *in vitro*-Transkription wird auch zur linearen Amplifikation von RNA vor der Hybridisierung mit Mikroarrays verwendet. In diesem Falle dient oftmals cDNA, die mit einem oligo(dT)-RNA-Polymerasepromotor-Primer synthetisiert wurde, als Ausgangsmaterial. Die Zweitstrangsynthese während der Umwandlung der cDNA in doppelsträngige DNA liefert den doppelsträngigen RNA-Polymerasepromotor.

Die *in vitro*-Transkription liefert einzelsträngige RNA. Daher ist es notwendig bei der Planung eines *in vitro*-Transkriptionsexperiments die Verwendung der synthetisierten RNA in Betracht zu ziehen. Wenn die *in vitro* transkribierte RNA als Sonde in Northern Blots, Nuclease Protection Assays, oder in situ Hybridisierungen eingesetzt werden soll, muss der komplementäre nicht kodierende Strang in der *in vitro*-Transkriptionsreaktion synthetisiert werden. Soll die RNA zur *in vitro*-Translation, als Standard zur Quantifizierung einer RNA in, zum Beispiel Northern Blots, also Substrat für Ribonucleasen oder zur Untersuchung der RNA-Prozessierung eingesetzt werden, sollte die *in vitro*-Transkription den kodierenden Strang liefern. Im Folgenden sind zwei Protokolle zur Synthese markierter und ein Protokoll zur Synthese nicht markierter RNA durch *in vitro*-Transkription wiedergegeben.

Literatur

Adhya, S., Basu, S., Sarkar, P., Maitra, U. (1981): Location, Function, and Nucleotide Sequence of a Promoter for Bacteriophage T3 RNA Polymerase. Proc. Natl. Acad. Sci. USA 78, 147-151.

Bailey, J.N., McAllister, W.T. (1980): Mapping of Promoter Sites Utilized by T3 RNA Polymerase on T3 DNA. Nucl. Acids Res. 8, 5.071-5.088.

Brown, J.E., Klement, J.F., McAllister, W.T. (1986): Sequences of Three Promoters for the Bacteriophage SP6 RNA Polymerase. Nucl. Acids Res. 14, 3.521-3.526.

Butler, E.T., Chamberlin, M.J. (1982): Bacteriophage SP6-Specific RNA Polymerase. I. Isolation and Characterization of the Enzyme. J. Biol. Chem. 257, 5.772-5.778.

He, B, Rong, M., Lyakhov, D., Gartenstein, H., Diaz, G., Castagna R., McAllister, W.T., Durbin, R.K. (1997): Rapid Mutagenesis and Purification of Phage RNA Polymerases. Protein Expr. Purif. 9, 142-151.

Oakley, J.L., Strothkamp, R.E., Sarris, A.H., Coleman, J.E. (1979): T7 RNA Polymerase: Promoter Structure and Polymerase Binding. Biochemistry 18, 528-537.

Panayotatos, N., Wells, R.D., Nature (1979): Recognition and Initiation Site for Four Late Promoters of Phage T7 Is a 22-Base Pair DNA Sequence. 280, 35-39.

Rosa, M. (1979): Four T7 RNA Polymerase Promoters Contain an Identical 23 bp Sequence. Cell 16, 815-825.

7.4.1 *in vitro*-Transkription markierter RNA

Wie DNA (Abschn. 1.9.1.1) kann RNA radioaktiv in der Phosphatgruppe mit Phosphorisotopen (^{32}P oder ^{33}P) markiert werden. Auch die nicht radioaktive Markierung ist möglich. Beide Markierungsmethoden haben ihre Vor- und Nachteile. Für die Markierung von RNA, z.B. das optimale Konzentrationsverhältnis von markiertem und unmarkiertem Nucleotidtriphosphat, gelten ähnliche Überlegungen wie zur Markierung von DNA (Abschn. 1.9).

7.4.1.1 *in vitro*-Transkription radioaktiv markierter RNA

Radioaktiv markierte RNA kann als Sonde in Northern Blots, Nuclease Protection Assays, *in situ* Hybridisierungen oder als RNA-Substrat für enzymatische Studien eingesetzt werden. Radioaktiv markierte RNA ist nicht radioaktiv markierter RNA als Enzymsubstrat überlegen. Ferner ist die Optimierung von Hybridisierungsexperimenten und das Wiederverwenden von Southern oder Northern Blots in nachfolgenden Hybridisierungen mit radioaktiven Sonden einfacher als mit nicht radioaktiv markierten Sonden. Der wesentliche Nachteil der radioaktiven Markierung ist der Umgang mit radioaktiven Substanzen.

Materialien
- 10 × Transkriptionspuffer: 400 mM Tris-HCl pH 7,9 bei 25°C, 100 mM NaCl, 60 mM $MgCl_2$, 20 mM Spermidin
- 100 mM DTT
- 25–50 U × μl^{-1} RNasin/RNAguard
- Ribonucleotidmischung: 2,5 mM ATP, 2,5 mM GTP und 2,5 mM UTP in 10 mM Tris-HCl, pH 7,5
- CTP, 100 μM in 10 mM Tris-HCl, pH 7,5
- [α-^{32}P]CTP (400 Ci × mmol^{-1}, 10 mCi × ml^{-1})
- H_2O
- DNA-Matrize, z.B. linearisiertes Plasmid, 0,2–1 μg × μl^{-1} in TE-Puffer, pH 8,0 (Die DNA-Matrize sollte vor Benutzung in der *in vitro*-Transkriptionsreaktion mittels Adsorptionschromatographie an kommerziell erhältlichen Silikagelen (Abschn. 3.1.1) gereinigt werden. Alternativ kann die DNA durch Phenol/CHCl$_3$-Extraktion und Ethanolfällung (Abschn. 1.6) und Aufnahme des DNA-Präzipitats in RNase freiem H_2O gereinigt werden.)
- 20 U × μl^{-1} RNA-Polymerase, je nach verwendetem Promotor (Eine Einheit (*Unit*) ist definiert als die Masse an RNA–Polymerase, die benötigt wird, um 5 nmol CTP in Trichloressigsäure unlösliches Material in 1 h bei 37 °C in einem Reaktionsvolumen von 100 μl einzubauen (Knoche *et al.*, 1997). Die der Einheitsdefinition zugrundeliegenden Testbedingungen sind: 40 mM Tris-HCl, pH 7,9 bei 25 °C,

10 mM NaCl, 6 mM MgCl$_2$, 10 mM DTT, 2 mM Spermidin, 0,05 % (v/v) Tween-20, jeweils 0,5 mM ATP, CTP, GTP und UTP, 0,5 µCi [^{3}H]CTP und 2 µg pGEM-5Zf(+) DNA (Promega, Katalognr. P2241).)
- 10 U × µl^{-1} RNase freie DNase I in 25 mM Tris-HCl pH 7,6, 50 % (v/v) Glycerin
- 0,2 M EDTA, pH 8,0

Durchführung

In der nachstehend angegebenen Reihenfolge werden in einem 1,5 ml-Reaktionsgefäß auf Eis gemischt:
- 1,8 µl H$_2$O
- 2 µl 10 × Transkriptionspuffer
- 2 µl 100 mM DTT
- 0,8 µl 25 U × µl^{-1} RNasin/RNAguard
- 4 µl Ribonucleotidmischung
- 2,4 µl 100 µM CTP
- 1 µl DNA-Matrize
- 5 µl [α-^{32}P]CTP (400 Ci × mmol^{-1}, 10 mCi × ml^{-1})
- 1 µl 20 U × µl^{-1} RNA-Polymerase
- kurz mischen und Tropfen durch kurzes Zentrifugieren (10 s bei RT und 12.000 × g) niederschlagen
- 1 h bei 37 °C inkubieren
- 2 µl 10 U × µl^{-1} RNase freie DNase I zugeben und 15 min bei 37 °C inkubieren
- 2 µl 0,2 M EDTA, pH 8,0 zum Abstoppen der Reaktion zugeben

1 µg linearisiertes Plasmid sollte etwa 2–10 µg RNA von maximal ~400 Nucleotiden ergeben. Nach Beendigung der *in vitro*-Transkriptionsreaktion sollten nicht in die RNA eingebaute Nucleotide abgetrennt werden. Dies passiert am einfachsten und effizientesten durch Gelfiltration (Abschn. 1.8.2).

Literatur

Bailey, J.N., McAllister, W.T. (1980): Mapping of Promoter Sites Utilized by T3 RNA Polymerase on T3 DNA. Nucl. Acids Res. 8, 5.071-5.088.

Butler, E.T., Chamberlin, M.J. (1982): Bacteriophage SP6-Specific RNA Polymerase. I. Isolation and Characterization of the Enzyme. J. Biol. Chem. 257, 5.772-5.778.

Knoche, K., Stevens, J., Bandziulis, R. (1997): A Comparitive Study of T7 RNA Polymerase Quality. Promega Notes 61, 2-5.

McAllister, W.T., Morris, C., Rosenberg, A.H., Studier, F.W. (1981): Utilization of Bacteriophage T7 Late Promoters in Recombinant Plasmids during Infection. J. Mol. Biol. 153, 527-544.

Melton, D.A., Krieg, P.A., Rebagliati, M.R., Maniatis, T., Zinn, K., Green, M.R. (1984): Efficient In Vitro Synthesis of Biologically Active RNA and RNA Hybridization Probes from Plasmids containing a Bacteriophage SP6 Promoter. Nucl. Acids Res. 12, 7.035-7.056.

7.4.1.2 *in vitro*-Transkription Digoxigenin markierter RNA

Nicht radioaktiv markierte RNA wird hauptsächlich als Sonde in Hybridisierungsexperimenten eingesetzt. Die wesentlichen Vorteile nicht radioaktiv markierter RNA-Sonden sind, dass keine Radioaktivität verwendet werden muss und das eine einmal markierte Sonde über einen längeren Zeitraum wiederholt verwendet werden kann.

Materialien

- 10 × Transkriptionspuffer: 400 mM Tris-HCl pH 8,0 bei 25 °C, 60 mM MgCl$_2$, 100 mM DTT.
- Digoxigenin/RNA-Markierungsribonucleotid-Mischung: 10 mM ATP, 10 mM CTP, 10 mM GTP, 6,5 mM UTP und 3,5 mM Digoxigenin-UTP, pH 7,5 mit NaOH einstellen
- 25–50 U × µl^{-1} RNasin/RNAguard

- H_2O
- DNA-Matrize, z.B. linearisiertes Plasmid, 1 µg × µl^{-1} in TE-Puffer, pH 8,0 (Abschn. 7.4.1.1)
- 20 U × µl^{-1} RNA-Polymerase, je nach verwendetem Promotor
- 10 U × µl^{-1} RNase freie DNase I in 25 mM Tris-HCl pH 7,6, 50 % (v/v) Glycerin
- 0,2 M EDTA, pH 8,0

Durchführung

In der nachstehend angegebenen Reihenfolge werden in einem 1,5 ml-Reaktionsgefäß auf Eis gemischt:

- 3,2 µl H_2O
- 2 µl 10 × Transkriptionspuffer
- 2 µl Digoxigenin/RNA-Markierungsribonucleotid-Mischung
- 0,8 µl 25 U × µl^{-1} RNasin/RNAguard
- 10 µl 1 µg × µl^{-1} DNA-Matrize
- 2 µl 20 U × µl^{-1} RNA-Polymerase
- kurz mischen und Tropfen durch kurzes Zentrifugieren (10 s bei RT und 12.000 × g) niederschlagen
- 2 h bei 37 °C inkubieren
- 2 µl 10 U × µl^{-1} RNase freie DNase I zugeben und 15 min bei 37 °C inkubieren
- 2 µl 0,2 M EDTA, pH 8,0 zum Abstoppen der Reaktion zugeben

Nach Beendigung der *in vitro*-Transkriptionsreaktion sollten nicht in die RNA eingebaute Nucleotide abgetrennt werden. Dies passiert am einfachsten und effizientesten durch Gelfiltration (Abschn. 1.8.2).

Literatur

Höltke, H.J., Seibl, R., Burg, J., Mühlegger, K., Kessler, C. (1990): Non-Radioactive Labeling and Detection of Nucleic Acids. II. Optimization of the Digoxigenin System. Biol. Chem. Hoppe Seyler 371, 929-938.
Kessler, C., Höltke, H.J., Seibl, R., Burg, J., Mühlegger, K. (1990): Non-Radioactive Labeling and Detection of Nucleic Acids. I. A Novel DNA Labeling and Detection System Based on Digoxigenin: Anti-Digoxigenin ELISA Principle (digoxigenin System). Biol. Chem. Hoppe Seyler 371, 917-927.
Seibl, R., Höltke, H.J., Rüger, R., Meindl, A., Zachau, H.G., Raßhofer, R., Roggendorf, M., Wolf, H., Arnold, N., Wienberg, J., Kessler. C. (1990): Non-Radioactive Labeling and Detection of Nucleic Acids. III. Applications of the Digoxigenin System. Biol. Chem. Hoppe Seyler 371, 939-951.

7.4.2 *in vitro*-Transkription unmarkierter RNA

Unmarkierte RNA wird hauptsächlich als Standard zur Quantifizierung von RNA-Molekülen in Northern Blots und zur Proteinsynthese durch *in vitro*-Translation eingesetzt.

Materialien

- 10 × Transkriptionspuffer: 400 mM Tris-HCl pH 7,9 bei 25 °C, 100 mM NaCl, 60 mM MgCl$_2$, 20 mM Spermidin
- 100 mM DTT
- 25–50 U × µl^{-1} RNasin/RNAguard
- Ribonucleotidmischung: 2,5 mM ATP, 2,5 mM CTP, 2,5 mM GTP und 2,5 mM UTP in 10 mM Tris-HCl, pH 7,5
- H_2O
- DNA-Matrize, z.B. linearisiertes Plasmid, 2–5 µg × µl^{-1} in TE-Puffer, pH 8,0 (Abschn. 7.4.1.1)
- 20 U × µl^{-1} RNA-Polymerase, je nach verwendetem Promotor
- 10 U × µl^{-1} RNase freie DNase I in 25 mM Tris-HCl pH 7,6, 50 % (v/v) Glycerin
- 0,2 M EDTA, pH 8,0

Durchführung

In der nachstehend angegebenen Reihenfolge werden in einem 1,5 ml-Reaktionsgefäß auf Eis gemischt:

- 52 µl H_2O
- 10 µl 10 × Transkriptionspuffer
- 10 µl 100 mM DTT
- 4 µl 25 U × µl^{-1} RNasin/RNAguard
- 20 µl Ribonucleotidmischung
- 2 µl DNA-Matrize
- 2 µl 20 E × µl^{-1} RNA-Polymerase
- kurz mischen und Tropfen durch kurzes Zentrifugieren (10 s bei RT und 12.000 × g) niederschlagen
- 2 h bei 37 °C inkubieren
- 10 µl 10 U × µl^{-1} RNase freie DNase I zugeben und 15 min bei 37 °C inkubieren
- 10 µl 0,2 M EDTA, pH 8,0 zum Abstoppen der Reaktion zugeben

Nach Beendigung der *in vitro*-Transkriptionsreaktion sollten nicht in die RNA eingebaute Nucleotide abgetrennt werden. Dies passiert am einfachsten und effizientesten durch Gelfiltration (Abschn. 1.8.2).

Literatur

Bailey, J.N., McAllister, W.T. (1980): Mapping of Promoter Sites Utilized by T3 RNA Polymerase on T3 DNA. Nucl. Acids Res. 8, 5.071-5.088.

Butler, E.T., Chamberlin, M.J. (1982): Bacteriophage SP6-Specific RNA Polymerase. I. Isolation and Characterization of the Enzyme. J. Biol. Chem. 257, 5.772-5.778.

McAllister, W.T., Morris, C., Rosenberg, A.H., Studier, F.W. (1981): Utilization of Bacteriophage T7 Late Promoters in Recombinant Plasmids during Infection. J. Mol. Biol. 153, 527-544.

Melton, D.A., Krieg, P.A., Rebagliati, M.R., Maniatis, T., Zinn, K., Green, M.R. (1984): Efficient In Vitro Synthesis of Biologically Active RNA and RNA Hybridization Probes from Plasmids containing a Bacteriophage SP6 Promoter. Nucl. Acids Res. 12, 7.035-7.056.

7.5   Qualitätskontrolle und Lagerung der RNA-Präparation

7.5.1   Qualitätskontrolle einer RNA-Präparation

Die Menge an isolierter RNA lässt sich mittels UV-Spektroskopie (Abschn. 1.1.1) bestimmen. Muss die zur Konzentrationsbestimmung eingesetzte Probe weiterverwendet werden, sollten speziell zur Arbeit mit RNA im Labor bereitgestellte Küvetten verwendet werden. Diese sollten vor Gebrauch 30 min mit 0,1 % (v/v) DEPC inkubiert und anschließend dreimal mit DEPC behandeltem H_2O ausgespült werden. Nimmt man ein Spektrum in Gegenwart von 0,1–2 % (w/v) SDS auf, wird die Messung nicht durch RNasen beeinträchtigt. Der pH-Wert sollte bei 7,5 liegen, da niedrigere pH-Werte eine geringere Empfindlichkeit für Proteinkontaminationen und daher eine Überschätzung der RNA-Konzentration zur Folge haben (Wilfinger *et al.*, 1997). Eine Extinktionseinheit bei 260 nm (E_{260}) entspricht etwa 40 µg RNA. Saubere RNA-Präparationen haben ein Verhältnis von E_{260} zu E_{280}, das zwischen 1,7 und 2 liegt. Ist das Verhältnis kleiner als 1,7, kann Protein mit einer weiteren Phenol/$CHCl_3$-Extraktion (Abschn. 7.2.1.1) abgetrennt werden. Phenol, das selber bei 270 nm absorbiert, kann durch mehrmalige Extraktion mit $CHCl_3$/Isoamylalkohol entfernt werden. Geringe Mengen an RNA, wie sie z.B. bei der Isolierung von poly(A)$^+$-mRNA anfallen, lassen sich mit fluoreszenzspektroskopischen Methoden nachweisen (z.B. RiboGreen von Molecular Probes).

Ob eine RNA-Präparation intakt ist, lässt sich am einfachsten durch denaturierende Gelelektrophorese (Abschn. 2.3.1.4) feststellen. Zwei diskrete Banden für die 18 S und 28 S rRNA (bzw. 16 S und 23 S rRNA im Falle von Bakterien) zeigen eine intakte Präparation an. Zellkern-RNA-Präparationen sollten zusätzlich Banden der Vorläufer-rRNAs, z.B. der 45S und 32S rRNA im Falle tierischer Zellen, zeigen. Schwächere Fluoreszenz zwischen beiden Banden und unterhalb der kleineren Banden stammt von mRNA (Abb. 7–2). Das Verhältnis der Fluoreszenzintensitäten der 28 S zur 18 S rRNA sollte etwa 2:1 betragen. Sind dagegen die Banden der rRNA nicht deutlich zu erkennen, ist die RNA wahrscheinlich während der Präparation abgebaut worden. Eine andere Möglichkeit wäre, dass sie vor der Elektrophorese nicht hinreichend denaturiert worden ist, was sich z.B. durch Mitführen eines käuflichen RNA-Standards überprüfen lässt. Fluoreszenz in den Geltaschen oder im oberen Bereich des Gels stammt von DNA. Diese kann, wenn gewünscht, durch Hydrolyse mit DNase I entfernt werden (Abschn. 7.3.1). Prinzipiell kann jede mRNA-

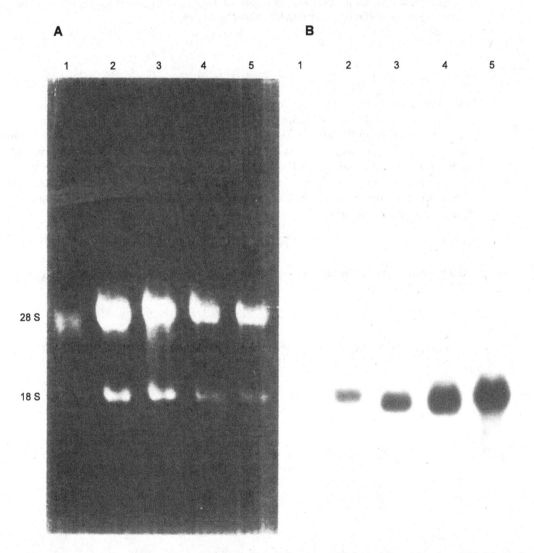

Abb. 7–2: Qualitätskontrolle von Gesamt-RNA durch Ethidiumbromidfärbung (A) und Northern-Blot (B). A) 4 µg Gesamt-RNA aus verschiedenen rekombinanten Säugerzelllinien (Spuren 2–5, Spur 1 Ausgangszelllinie) wurden durch denaturierende Agarose-Gelelektrophorese nach ihrer Molmasse getrennt, mit Ethidiumbromid gefärbt und photographiert. B) Nach Kapillartransfer der RNA auf eine Nylon-N+-Membran wurde die mRNA für das rekombinante Protein Antithrombin-III durch Hybridisierung (Kap. 10) mit ihrer markierten Digoxigenin-Antithrombin-III-cDNA nachgewiesen.

Spezies für diese Art der Qualitätskontrolle eingesetzt werden, wenn man auf den Northern Blot (Abschn. 10.2) zurückgreift. In diesem sollte ebenfalls eine mRNA-Bande beobachtet werden, welche die Größenverteilung der verschiedenen polyadenylierten Spezies darstellt (Abb. 7–2). Präferenzielles Schmieren der Bande zum unteren Ende des Gels hin bedeutet partiellen Abbau der RNA. Schließlich kann man die *in vitro*-Translation benutzen, um die Funktionalität der isolierten mRNA zu überprüfen und so auszuschließen, dass DEPC-Reste z.B. die Translation in *Xenopus*-Oocyten inhibieren.

Literatur

Farrell, R.E. Jr. (1993): RNA Methodologies. Academic Press, New York.
Wilfinger, W.W., Mackey, M., Chomczynski, P. (1997): Effect of pH and Ionic Strength on the Spectrophotometric Assessment of Nucleic Acid Purity. BioTechniques 22, 474.

7.5.2 Lagerung von RNA

In wässriger Lösung erfolgt eine langsame Hydrolyse der RNA, die durch die Anwesenheit von zweiwertigen Metallionen und RNasen beschleunigt wird. Dieses lässt sich vermeiden, indem man die RNA in Gegenwart von 0,5 % (w/v) SDS und 1 mM EDTA lagert. RNA kann in Formamid bis zu einer Konzentration von 4 mg $\times$ ml^{-1} gelöst werden und ist bei Lagerung bei –20 °C selbst in Anwesenheit von RNasen sehr beständig. Formamid absorbiert im UV-Bereich. Daher muss in Formamid gelöste RNA vor UV-Spektroskopie stark verdünnt und die Menge an Formamid, die der Probe entspricht, dem Leerwert zugesetzt werden. Mit vier Volumina eiskaltem Ethanol p.a. kann RNA aus Formamid gefällt und in einer wässrigen Lösung aufgenommen werden.

Literatur

Chomczynski, P. (1992): Solubilization in Formamide Protects RNA from Degradation. Nucl. Acids Res. 20, 3.791–3.792.

8 RNA-*interference*

(Tobias Bopp, Matthias Klein)

Posttranskriptionale Modifikationen können zur Reduktion der Expression von Genen führen (PTGS, *post-transcriptional gene silencing*). Sie waren lange Zeit nur in Pflanzen durchführbar und wurden als unzureichend erklärbare Phänomene bezeichnet. Zu den Methoden des PTGS zählt auch die RNA-*interference* (RNAi). Doppelsträngige RNA (dsRNA) wird dabei in eine Zelle eingeschleust und führt so intrazellulär zum sequenzspezifischen Abbau der komplementären mRNA.

Neben ihrer Rolle als nützliches Werkzeug zum Gen *silencing*, konnten für RNAi diverse biologische Funktionen nachgewiesen werden. Zu diesen gehören antivirale Verteidigung, Transposon *silencing*, Genregulation, Centromer *silencing* und genomisches *rearrangement*. Die genaue Wirkungsweise von RNAi ist noch nicht bekannt. Man geht heute davon aus, dass lange dsRNAs durch eine in jeder Zelle vorhandene Ribonuclease (*dicer*) in kurze, 21–25-mere Ribonucleotide geschnitten werden. Diese kurzen RNA-Moleküle werden als *small interfering*-RNA (siRNA) bezeichnet. siRNA-Moleküle lagern sich mit verschiedenen, zum Teil noch nicht näher charakterisierten Proteinen zu dem so genannten RNA-*induced silencing complex* (RISC) zusammen. Durch ATP abhängiges Entwinden der doppelsträngigen siRNA entsteht aus diesem RISC ein Komplex, der durch sequenzspezifische Basenpaarung an seine komplementäre mRNA binden kann, um so deren Abbau einzuleiten (Abb. 8–1).

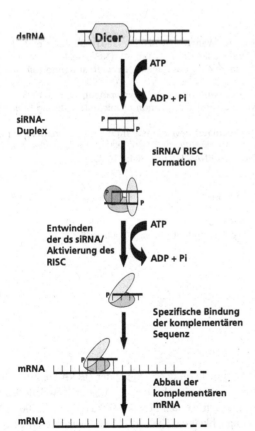

Abb. 8–1: Mechanismus der RNAi. Nachdem das Enzym *dicer* eine lange dsRNA in viele 21–25-mere Ribonucleotide (siRNA) gespalten hat, interagieren diese siRNAs mit bisher noch nicht genauer charakterisierten Proteinen zur Ausbildung des so genannten RNA-*induced silencing complex* (RISC). Die Helikaseaktivität des RISC entwindet unter ATP-Verbrauch die doppelsträngige siRNA (siRNA-Duplex), so dass diese als Einzelstrang siRNA an ihre einzelsträngige komplementäre mRNA in der Zelle binden kann. Die Endonucleaseaktivität des RISC spaltet nun die gebundene mRNA und leitet dadurch deren Abbau ein.

Das Einführen von dsRNA mit mehr als 30 Nucleotiden (nt) in Säugerzellen führt aber auch zu einer starken antiviralen Antwort, die unspezifische Effekte bis hin zur Apoptose der Zelle mit sich bringen kann. So müssen zur spezifischen Reduktion der Expression eines Gens (*knock down*) kleinere dsRNA-Moleküle verwendet werden. Elbashir *et al.* machten die Entdeckung, dass alleine das Einschleusen von 21-mer siRNA zum Abbau ihrer komplementären mRNA führt, ohne eine antivirale Antwort zu induzieren. Dieser Abbau der komplementären mRNA und damit die spezifische Reduktion der Genexpression ist jedoch transient. Für detaillierte Angaben zur RNAi in Nematoden sei an dieser Stelle auf die Internetadresse www.wormbook.org verwiesen.

Seit kurzer Zeit treten vermehrt sogenannte microRNAs (miRNAs) in den Fokus der Wissenschaft. Obwohl miRNAs schon 1993 erstmals beschrieben wurden (Lee *et al.*, 1993), erfahren sie erst in den letzten Jahren immer größere Wertschätzung. MicroRNAs zählt man zu kleinen, natürlich vorkommenden, nicht-codierenden RNA-Molekülen mit einer Länge von 21-25 nt. Man denkt heute, dass jede miRNA mehrere Gene reguliert und Schätzungen gehen davon aus, dass mehrere hundert miRNA kodierende Gene im Genom von Maus und Mensch vorkommen (Lim, 2003). Eine Übersicht über die Prozessierung von miRNA ist in Abschn. 8.6 zu finden. Verschiedene Gruppen konnten zeigen, dass miRNAs Schlüsselfunktionen während der Entwicklung z.B. des Gehirns (Krichevsky *et al.*, 2003), der Differenzierung von Zellen (Reinhart, 2000) sowie bei Krebserkrankungen und viralen Infektionen (Pfeffer, 2004) einnehmen.

RNAi findet heutzutage immer größere Anwendungsbereiche. So ist eine spezifische Untersuchung von Genfunktionen möglich, ohne ein aufwendiges und möglicherweise letales *knock out* induzieren zu müssen. Weiterhin wird diese Technik auch bei der Identifizierung und Validierung von Medikamententargets in der präklinischen Entwicklungsphase eingesetzt. Auch wurden in den letzten Jahren immer größere Anstrengungen unternommen, auf RNAi-basierende Medikamente oder Therapieformen zu entwickeln.

Literatur

Elbashir, S.M., Harborth, J., Lendeckel, W., Yalcin, A., Weber, K., Tuschl, T. (2001): Duplexes of 21-Nucleotide RNAs Mediate RNA Interference in Cultured Mammalian Cells. Nature, 411(6836): 494–498.

Lee, R.C. (1993): The C. elegans heterochronic gene *lin-4* encodes small RNAs with antisense complementarity to *lin-14*. Cell, 75: 843-854.

Lim, L.P. (2003): The microRNAs of *Caenorhabditis elegans*. Genes and development, 17: 991-1008.

Krichevsky, A.M. (2003): A microRNA array reveals extensive regulation of microRNAs during brain development. RNA, 9: 1274-1281.

Reinhart, B.J. (2000): The 21 nucleotide *let-7* RNA regulates developmental timing in *Caenorhabditis elegans*. Nature, 403: 901-906.

Pfeffer, S.. (2004): Identification of virus-encoded microRNAs. Science, 304: 734-736.

Ergänzende Literatur:

McManus, M.T., Sharp, P.A. (2002): Gene Silencing in Mammals by Small Interfering RNAs. Nature Rev Genet, 3: 737–747.

Dillin, A. (2003): The Specifics of Small Interfering RNA Specificity. Proc Natl Acad Sci, 100(11): 6289–6291.

Tuschl, T. (2002): Expanding Small RNA Interference. Nature Biotechnol., 20: 446–448.

8.1   Design von siRNA

8.1.1   siRNA-Design

Der Ausgang eines siRNA-Experiments hängt essentiell von der Sequenz der siRNA ab. Zum Design von siRNA wurden von Tuschl und seinen Mitarbeitern empirische Regeln aufgestellt, welche jedoch nicht als Garant für ein erfolgreiches Experiment angesehen werden können (Elbashir *et al.*, 2001). Vielmehr scheint auch die Sekundärstruktur und die Zugänglichkeit der Ziel-mRNA von entscheidender Bedeutung zu sein (Lee *et al.*, 2003, Far und Sczakiel, 2003). Die folgenden Regeln stammen von Tuschl und können unter http://www.rockefeller.edu/labheads/tuschl/sirna.html eingesehen werden:

- siRNAs sollten aus einem 21 nt langen *sense*- und einem 21 nt langen *antisense*-Strang bestehen, die jeweils einen 2-nt-3'-dTdT-Überhang aufweisen.
- Bei der Auswahl der Zielsequenz innerhalb einer cDNA sollte man 50 bis 100 nt nach dem Startcodon nach folgendem 23-nt-Sequenzmotiv suchen: $NAR(N_{17})YNN$ (N = beliebiges Nucleotid; R = Purin; Y = Pyrimidin). Findet man kein solches Sequenzmotiv, sollte nach $AA(N_{19})TT$ oder schließlich nach $NA(N_{21})$ gesucht werden.
- Wiederholungen von G oder C (>3) sollten vermieden werden.
- Man sollte, wenn möglich, den 5'-nichttranslatierten Bereich als auch den 3'-nichttranslatierten Bereich meiden, da hier verschiedene Proteine oder bereits angelagerte Translations-Initiationskomplexe die Bindung der siRNA bzw. des RISC stören könnten.
- Die Zielsequenz sollte einen GC-Gehalt von <50 % aufweisen.
- Es sollten mindestens zwei siRNAs entworfen und getestet werden.

Hat man so eine siRNA-Sequenz erhalten, sollte man diese einem BLAST-*search* (Basic Alignment Search Tool; http://blast.ncbi.nlm.nih.gov/Blast.cgi) unterziehen, um sicher zu gehen, dass diese Sequenz in dem zu untersuchenden Organismus einzigartig ist. Sollte dies nicht der Fall sein, so käme es neben dem gewünschten Abbau der komplementären Ziel-RNA zu einem unerwünschten Abbau weiterer, komplementärer RNA-Moleküle. BLAST-*search* ermöglicht, die Zielsequenz der gewählten siRNA mit einer Sequenzdatenbank abzugleichen, um die Einzigartigkeit der Zielsequenz zu gewährleisten.

Noch einfacher kann man es sich machen, indem man die von verschiedenen Firmen angebotenen, validierten siRNAs bestellt. Eine Liste dieser validierten siRNAs findet man bei den einzelnen Firmen. Mittlerweile existieren jedoch auch mehrere online verfügbare Suchmaschinen für das Entwerfen von siRNAs, die unter den folgenden Links zu finden sind:

- http://jura.wi.mit.edu/bioc/siRNAext/home.php
- http://www.ambion.com/techlib/misc/siRNA_finder.html

Literatur

Elbashir, S.M., Harborth, J., Lendeckel, W., Yalcin, A., Weber, K., Tuschl, T. (2001): Duplexes of 21-Nucleotide RNAs Mediate RNA Interference in Cultured Mammalian Cells. Nature, 411(6836): 494–498.
Lee, Y.S., Carthew, R.W. (2003): Making a Better RNAi Vector for Drosophila. Use of Intron Spacers. Methods, 30(4): 322–329.
Kretschmer-Kazemi Far R, Sczakiel G. (2003): The Activity of siRNA in Mammalian Cells is Related to Structural Target Accessibility. A Comparison with Antisense Oligonucleotides. Nucleic Acids Res, 31(15): 4417–4424.

8.2 Methoden zur Herstellung von siRNA

Mittlerweile kennt man verschiedene Methoden, um siRNA herzustellen. Dabei hat jede Methode ihre individuellen Vor- und Nachteile. Allgemein kann man jedoch sagen, dass die Wahl der Methode zur Herstellung von siRNA stark von der jeweiligen Fragestellung, also vom Ziel des Experiments abhängt. Im Folgenden werden die zurzeit am meisten genutzten Methoden mit ihren Vor- und Nachteilen diskutiert: PCR-Expressionskassetten, Expression von siRNA durch spezifische Vektorkonstrukte, Spaltung langer dsRNA-Moleküle durch Enzyme der RNase III-Familie, *in vitro*-Transkription und chemische Synthese.

Während den letzten drei Methoden eine *in vitro*-Präparation der jeweiligen siRNA zu Grunde liegt, basieren die ersten beiden Methoden darauf, dass für siRNA codierende Vektoren oder Expressionskas-

Tab. 8–1: Gegenüberstellung der Methoden zur Herstellung von siRNA

	PCR-Expressions-kasetten	siRNA Expressions-vektoren	Spaltung durch RNase III	*in vitro*-Transkription	chemische Synthese
benötigte Oligonucleotide	~50-mer DNA	55-60-mer DNA	200-800 bp DNA flankiert durch einen T7-Pro-moter	29-mer DNA	21-mer RNA
Präparations-/ Synthetisierungs-zeitraum	1 Tag + Oligonucleo-tid-Bestellung	ca. 5 Tage + Oligonucleo-tid- Bestellung	1 Tag + Präparation des Transkrip-tions-templates	1-2 Tage + Oligo-nucleotid-Bestellung	4 Tage bis 2 Wochen (abhängig vom Hersteller)
Zeitaufwand für den Experimentator	mittel	hoch	mittel	mittel	niedrig
Möglichkeit zum *labeling* der siRNA	nein	nein	ja	ja	ja
stabile Expression/ Möglichkeit der Selektion stabil transfi-zierter Zellen	nein	ja	nein	nein	nein
sinnvoll für Langzeitstudien	nein	ja (Selektion!)	nein	nein	nein
relative Kosten/Gen	mittel	mittel	niedrig	mittel	hoch

setten direkt in die Zelle eingebracht werden. Tabelle 8–1 soll einen kleinen Überblick über die zurzeit üblichsten Methoden der siRNA-Herstellung sowie deren Vor- und Nachteile geben.

8.2.1 PCR-Expressionskassetten

Die Methode der siRNA-Expressionskassette (SEC) wurde das erste Mal von Castanotto *et al.* (2004) beschrieben und basiert auf dem Einschleusen von siRNA-Expressionsmatrizen, welche mittels PCR hergestellt werden. Die Klonierung der Expressionskassetten in einen Vektor ist hierbei nicht notwendig.

Diese SECs bestehen üblicherweise aus einer Sequenz, welche für einen *sense*-siRNA-Strang und einen *antisense*-siRNA-Strang codieren, die sowohl von einem RNA-Polymerase III-Promoter als auch von einer RNA-Polymerase III-Terminationsstelle flankiert sind. Fügt man darüber hinaus noch an den flankierenden Enden Restriktionsschnittstellen ein, so kann eine gefundene optimale siRNA-Sequenz relativ einfach in einen Vektor kloniert und stabil exprimiert werden. Das Testen verschiedener PCR-Expressionskassetten ist somit ein einfacher Schritt vor der Generierung von Expressionsvektoren.

Einer der bedeutendsten Nachteile dieser Methode ist die bisher schlechte Transfektionseffizienz besonders primärer Zellen verglichen mit 21-mer-siRNA.

Literatur

Castanotto, D., Rossi, J.J. (2004): Construction and Transfection of PCR Products Expressing siRNAs or shRNAs in Mammalian Cells. Methods Mol Biol., 252: 509–514.

8

8.2.2 siRNA-Expressionsvektoren

Um eine stabile Expression der siRNA zu erhalten und damit Langzeitstudien durchführen zu können, stellt die Methode der siRNA-Expressionsvektoren die beste Alternative dar. Die meisten käuflichen siRNA-Expressionsvektoren basieren auf einem RNA-Polymerase III-Promoter, der die Expression eines siRNA-*hairpins* (Haarnadel-Schleife) kontrolliert (Abb. 8–2). Die Expression eines siRNA-*hairpins* gewährleistet die Hybridisierung zu einer Doppelstrang-siRNA (ds siRNA) in der Zelle, was für die Bildung des RISC notwendig ist.

Entscheidet man sich für diese Methode, so muss man einen DNA-*sense*- und einen DNA-*antisense*-Strang synthetisieren lassen. Sie müssen für die jeweilige siRNA codieren und die benötigten Restriktionsschnittstellen flankierend enthalten, um diese nach Hybridisierung der Stränge in den jeweiligen Vektor zu klonieren. Das Klonieren sowie die Validierung der Sequenz durch Sequenzierung nimmt allerdings mehrere Tage in Anspruch. Aus diesem Grund ist diese Vorgehensweise die weitaus zeitaufwendigste der hier dargestellten Methoden. Der große Vorteil dieser Methode ist jedoch die stabile Expression der siRNA nach Selektion transfizierter Zellen mithilfe des Antibiotikums, für welches der verwendete siRNA-Expressionsvektor ein Resistenzgen trägt.

Ergänzende Literatur

Deng, X. *et al.* (2003): J. Biol. Chem. 278(42): 41.347–41.354.

8.2.3 Abbau langer dsRNA durch Enzyme der RNase III-Familie

Der Abbau langer dsRNA durch Enzyme der RNase III-Familie hat den großen Vorteil, dass hierbei nicht mehrere siRNAs entworfen und getestet werden müssen, um zu einem befriedigenden Ergebnis zu kommen. Hierzu werden lange dsRNA-Moleküle durch *in vitro*-Transkription von DNA-Molekülen hergestellt, die für eine 200–1000 bp lange Region der Ziel-mRNA codieren. Diese dsRNA-Moleküle werden dann mithilfe von Enzymen der RNase III–Familie (z.B. *dicer*) in viele verschiedene siRNAs gespalten, sodass ein ganzer siRNA-Cocktail für die jeweilige Ziel-mRNA entsteht (zum Beispiel: „Silencer® siRNA Cocktail Kit"; Applied Biosystems, Abb. 8–3).

Da jedoch dieser Cocktail viele verschiedene siRNAs enthält, kann der anfangs genannte Vorteil auch zum Nachteil werden, da so die Wahrscheinlichkeit für einen unspezifischen *knock down*, besonders nahe verwandter Gene, stark erhöht wird.

Ergänzende Literatur

Yang, D., Buchholz, F., Huang, Z., Goga, A., Chen, C., Bradsky, F., Bishop, M. (2002): Short RNA Duplexes Produced by Hydrolysis with *Escherichia coli* RNase III Mediate Effective RNA Interference in Mammalian Cells. *Proc Natl Acad Sci USA* 99: 9942-9947.
Calegari, F., Haubensak, W., Yang ,D., Huttner, W., Buchholz, F. (2002): Tissue-Specific RNA Interference in Postimplantation Mouse Embryos with Endoribonuclease-Prepared Short Interfering RNA. *PNAS* 99: 14236.

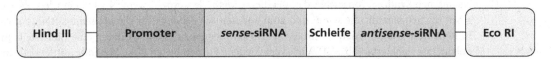

Abb. 8–2: Schematischer Aufbau einer siRNA/PCR-Expressionskassette. Eine siRNA/PCR-Expressionskassette besteht aus einem Polymerase III-Promoter gefolgt von der sense- und antisense-siRNA-Sequenz, welche von einer Folge von Nucleotiden getrennt sind, die die Ausbildung eines so genannten *hairpins* erlauben. Durch die flankierenden Restriktionsschnittstellen können diese PCR-Expressionskassetten in einem Vektor kloniert werden.

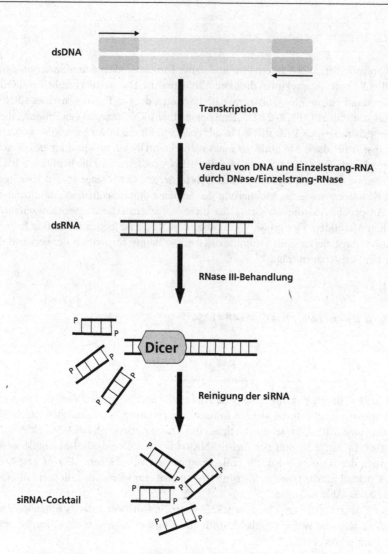

Abb. 8–3: Abbau langer dsRNA durch Enzyme der RNase III-Familie. Nach der Transkription von langer doppelsträngiger DNA (dsDNA) in ihre komplementäre RNA kann diese durch Enzyme der Polymerase III-Familie (z.B. *dicer*) in kurze, 21- bis 25-mere siRNA gespalten werden. Der Vorteil hierbei liegt in der Generierung eines „siRNA-Cocktails", so dass das Entwerfen und Testen einer einzelnen siRNA überflüssig wird.

8.2.4   *in vitro*-Transkription

Die *in vitro*-Transkription stellt eine kostengünstigere, allerdings auch zeitaufwendigere Alternative zur chemischen Synthese von siRNA dar. Bei dieser Methode werden zwei DNA-Oligonucleotide, welche zum einen die Sequenz für die *sense*- und zum anderen die Sequenz für die *antisense*-siRNA tragen, *in vitro* in RNA transkribiert. Hierzu wird die spezifische Sequenz der siRNA durch eine Bindestelle für die T7-Polymerase flankiert (Abb. 8–4). Viele verschiedene Firmen bieten diese Methode mittlerweile in *kit*-Form an (zum Beispiel MAXIscript®, Applied Biosystems; AmpliScribe, Biozym; TranscriptAid™, Thermo Fisher Scientific). Es muss lediglich die siRNA entworfen und die entsprechenden DNA-Oligonucleotide bestellt werden. Ein Vorteil dieser Methode ist, dass erfahrungsgemäß geringere Konzentrationen, verglichen mit chemisch synthetisierter siRNA, zu einem guten Ergebnis führen.

8

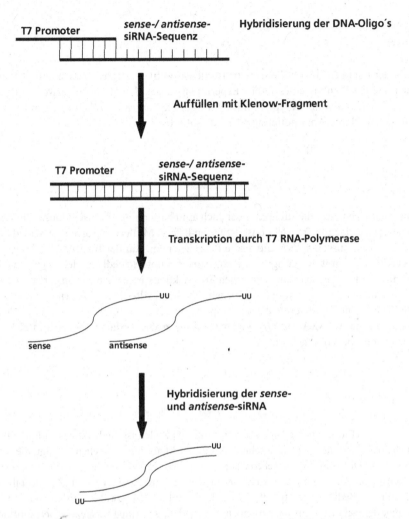

Abb. 8–4: *In vitro*-Transkription von siRNA. Die *in vitro*-Transkription von siRNA stellt eine der einfachsten und kostengünstigsten Methoden zur Generierung von siRNA dar. Hierbei werden DNA-Oligonucleotide, welche nach einer Bindestelle für eine T7-Polymerase die Sequenz für die *sense*- bzw. *antisense*-siRNA tragen, in getrennten Reaktionen durch eine T7-Polymerase in RNA transkribiert. Die so entstandenen *sense*- und *antisense*-siRNA-Stränge werden hybridisiert und können nach einer Acrylamidreinigung direkt verwendet werden.

8.2.5 Chemische Synthese von siRNA

Da die Methode der siRNA zunehmend an Popularität gewinnt, können sie mittlerweile bei einer Reihe von Firmen (zum Beispiel Qiagen, Sigma Aldrich, Applied Biosystems u.v.a.) bestellt werden. Dabei sollte jedoch beachtet werden, dass neben der langen Synthesedauer auch relativ hohe Kosten entstehen. Mehrere Firmen stellen spezielle Software zum Entwerfen von siRNA zur Verfügung. Diese sind als Hyperlink auf folgender Homepage gelistet: http://web.mit.edu/mmcmanus/www/RNAi.html. Die meisten dieser Programme basieren auf den von Tuschl *et al.* erstellten Algorithmen. Man kann also sagen, dass die chemische Synthese von siRNA die am wenigsten zeitaufwendige, allerdings auch die kostenintensivste Methode darstellt. Dafür erhält man jedoch hochreine siRNA, welche in verschiedenen Mengen bestellt werden kann.

8.3   Transfektionsmethoden für siRNA

Neben der Wahl der richtigen siRNA-Zielsequenz ist die Auswahl der Transfektionsmethode ein weiterer kritischer Schritt bei der Planung eines siRNA-Experiments. Dabei hängt die zu verwendende Transfektionsmethode entscheidend vom Zelltyp ab, mit dem man arbeitet (Kap. 12). Im Folgenden sollen hier kurz zwei Methoden und ihre Anwendungsbereiche diskutiert werden.

8.3.1   Lipid/aminbasierte Transfektionsmethoden

Allgemein kann man sagen, dass die auf lipid- oder auch aminbasierenden Transfektionsmethoden bei den meisten Zelllinien befriedigende Transfektionseffizienzen liefern. Mittlerweile bieten verschiedene Firmen speziell für die Transfektion von siRNA entwicklte Reagenzien an. Auf der Internetseite der meisten Anbieter finden sich Tabellen, mit den geeigneten Reagenzien für unterschiedliche Zelltypen. Da jedoch nur sehr wenige primäre Zellen mit solchen chemischen Transfektionsreagenzien transfiziert werden können, muss man sich eventuell anderer Methoden bedienen. Die beste Alternative für primäre oder schwer zu transfizierende Zellen stellt die Methode der Elektroporation dar (Abschn. 8.3.2). Um diese Methode hat sich besonders die Firma AMAXA (http://www.amaxa.com) große Verdienste gemacht, welche heute zu Lonza (http://www.lonzabio.com) gehört.

8.3.2   Elektroporation

Die wohl geeignetste Methode zur Transfektion von primären Zellen ist die Elektroporation. Hierbei werden durch ein elektrisches Feld mikroskopische Poren in der Membran der Zellen erzeugt, die Molekülen, Ionen und Wasser die Diffusion in die Zelle erlauben. Da die meisten bestehenden Elektroporationsprotokolle zum Einbringen von Plasmid-DNA entwickelt wurden und zu einer hohen Zellmortalität führen, sollten anfangs mildere Bedingungen für die Transfektion mit siRNA gewählt werden. Hierbei ist es von großer Bedeutung, der Zelle so wenig wie möglich zu schaden, um einen unspezifischen Einfluss auf die Genexpression ausschließen zu können. In jedem Fall sollte auch hier eine unspezifische siRNA als Negativkontrolle verwendet werden.

Programme oder Protokolle für die Elektroporations-basierte Transfektion verschiedenster Zellinien und primärer Zellen mittels Nucleofector der Firma Lonza können unter http://www.lonzabio.com/resources/product-instructions/protocols/ gefunden werden. Protokolle für die Transfektion mittels Genepulser der Firma Biorad können unter dem Suchbegriff „genepulser" unter der Rubrik Literatur/Gebrauchsanweisungen auf www.Bio-rad.com als PDF gelesen werden.

Ergänzende Literatur

Harriague *et al.* (2002): Nat. Immunol. 3(11): 1090–1096.

8.4   Analyse des *knock downs*

Die spezifische Reduktion der Expression eines Gens (*knock down*) kann prinzipiell auf zwei Ebenen analysiert werden.

8.4.1 Nachweis auf mRNA-Ebene

Der Nachweis der spezifischen Reduktion auf mRNA-Ebene ist der wohl am häufigsten durchgeführte Nachweis der Funktionalität einer siRNA und wird durch quantitative RT-PCR (qRT-PCR, Abschn. 4.2.3) bestimmt. Hierbei sollte bei der Durchführung der reversen Transkription ausschließlich Oligo dT-Nucleotide verwendet werden, um ausschließlich die cDNA-Synthese ausgehend vom Poly(A)-Schwanz der RNA zu gewährleisten. Auch die Wahl des Haushaltsgens, welches als interne Referenz bei dieser Methode zur semiquantitativen Bestimmung der mRNA dient, ist von entscheidender Bedeutung. Deshalb sollte im Vorfeld das für den Zelltyp entsprechende, stabil exprimierte Haushaltsgen gesucht werden, da je nach Versuchsbedingungen und Zelltyp ein Einfluss auf die Expression von sogenannten Haushaltsgenen beobachtet werden kann. Hierzu werden mittlerweile fertige Testsysteme angeboten (zum Beispiel RT² Profiler™ PCR Array/ Housekeeping Genes PCR Array, SA Biosciences).

8.4.2 Nachweis auf Proteinebene

Existiert bereits ein Antikörper gegen das zu untersuchende Protein, so kann man dessen Reduktion durch Western-Blot-Analysen (Kap. 10.1) oder aber durch FACS-Analyse nachweisen. Hierbei sollte man jedoch kinetische Effekte beachten, sodass eine Reduktion möglicherweise erst nach über 24–48 Stunden nachweisbar ist.

8.4.3 Trouble Shooting

Potenziell besteht die Möglichkeit, dass die gewählte siRNA keine befriedigende Reduktion der Genexpression liefert. Neben einer nicht funktionellen siRNA ist eine ungenügende Transfektionseffizienz die häufigste Ursache dafür. Obwohl hier nicht für jede Zelle die optimale Transfektionsmethode angegeben werden kann, sollen nachfolgend Lösungen für die gängigsten Probleme gegeben werden.

1. **Zelltoxizität bzw. unspezifische Reduktion von mRNA oder Protein**
   - Die eingesetzte Konzentration der siRNA sollte überprüft und gegebenenfalls reduziert werden.
   - Man sollte darauf achten, dass Rückstände von Transfektionsreagenzien vollständig entfernt werden, da diese oft toxisch für die Zellen sind.
   - Führen die o.g. Ratschläge zu keinem befriedigenden Ergebnis, sollte eine weitere siRNA entworfen und getestet werden.
2. **Keine Reduktion der spezifischen mRNA bzw. des Proteins**
   - Die eingesetzte Konzentration der siRNA sollte überprüft und gegebenenfalls erhöht werden.
   - Validierte siRNA eignet sich als Kontrolle für eine erfolgreiche Transfektion.
   - Fluoreszenzmarkierte siRNA eignet sich zur Bestimmung der Effizienz einer Transfektionsmethode.

8.5 Ratschläge für ein erfolgreiches siRNA-Experiment

- Es sollten mindestens zwei siRNAs entworfen und eingesetzt werden. Um ein potenzielles Ziel innerhalb einer Ziel-cDNA-Sequenz zu finden, sollte man diese 50–100 nt hinter dem Startcodon nach dem Sequenzmotiv $AA(N_{19})TT$ durchsuchen. Hat man mindestens 2 dieser Sequenzmotive gefunden, sollte man einen BLAST-*search* durchführen um sicher zu gehen, dass außer der gewünschten Zielsequenz keine weiteren potenziellen Ziele für diese siRNA in der Zelle vorhanden sind.

- Die siRNA sollte einen möglichst geringen GC-Gehalt aufweisen. Erfahrungswerte zeigen, dass siRNAs mit einem GC-Gehalt von 30–50 % effektiver als solche mit einem GC-Gehalt über 55 % sind.
- *In vitro* transkribierte siRNA sollte gereinigt werden. Es sollten nur siRNAs mit möglichst hoher Reinheit verwendet werden. Hierzu kann man die gewonnene siRNA durch eine Acrylamidgel-Reinigung oder HPLC von einzelnen Nucleotiden, kurzen Oligomeren, Proteinen und Salzen aus der Synthetisierungsreaktion trennen.
- RNase-freies Arbeiten ist notwendig. Geringe Mengen an RNasen können einen verheerenden Einfluss auf den Ausgang des siRNA-Experiments haben.
- Validierte siRNA hilft bei der Wahl der optimalen Transfektionsmethode. Um die Transfektionsbedingungen zu optimieren und eine fundierte Aussage über die Effizienz der verwendeten siRNA treffen zu können, sollte man in Vorversuchen eine für seinen Zelltyp und Spezies validierte Positivkontrolle verwenden. Hierzu eignen sich besonders validierte siRNAs gegen Haushaltsgene, die bei vielen Firmen käuflich zu erwerben sind.
- Die siRNA sollte in verschiedenen Konzentrationen eingesetzt werden. Anfangs sollte bei *in vitro* transkribierter siRNA eine Konzentrationsreihe im Bereich von 10–100 nM, bei chemisch synthetisierter siRNA 100 nm bis 2 µM gewählt werden.
- Um unspezifische Effekte in der jeweiligen Konzentration der siRNA ausschließen zu können, sollte man bei jedem Experiment eine Negativkontrolle benutzen. Hierzu eignet sich, neben kommerziell erhältlichen, validierten Negativkontrollen, auch eine siRNA, die zwar die gleiche Anzahl derselben Basen aufweist, jedoch in zufälliger Reihenfolge. Auch hier sollte ein BLAST-*search* vor dem Einsatz dieser siRNA durchgeführt werden.
- Fluoreszenzmarkierte siRNA eignet sich für die Optimierung eines Experiments. Um sowohl die Transfektionseffizienz als auch die Stabilität der transfizierten siRNA zu überprüfen, kann fluoreszenzmarkierte siRNA verwendet werden. Hierzu kann man sich bereits fluoreszenzmarkierte Oligonucleotide bestellen, oder diese selbst, z.B. durch käufliche Kits, markieren (zum Beispiel bestellbar bei Invitrogen, Silencer® siRNA Labeling Kit). Im letzteren Fall sollte man jedoch unbedingt die Effizienz dieser Kopplung, also das Verhältnis von Nucleotid bzw. Base zum jeweiligen Farbstoff, in einem Photometer bestimmen, da eine ineffizient markierte siRNA trotz zufrieden stellender Transfektionseffizienzen im Fluoreszenzmikroskop oder auch im FACS schwer oder gar nicht nachweisbar ist. Der Koeffizient aus Base/Farbstoff sollte zwischen 200 und 300 betragen. Zur Berechnung des Base/Farbstoffverhältnisses bietet die Firma Ambion auf folgender Homepage eine Software an: http://www.ambion.com/techlib/append/base_dye.html
- Eine gute Zellkultur und strikte Transfektionsprotokolle sind entscheidend für eine optimale Reproduzierbarkeit der Ergebnisse. Generell kann man sagen, dass vitale Zellen wesentlich leichter zu transfizieren sind. Man sollte jedoch auch bedenken, dass es bisher keine etablierten Methoden zur Transfektion verschiedener primärer Zellen gibt. Hat man nicht die Möglichkeit der Selektion transfizierter Zellen, sollte man entsprechende Vorversuche planen, um so eine maximale Transfektionseffizienz zu garantieren (z.B. fluoreszenzmarkierte siRNA, validierte siRNA als Positivkontrolle).
- Nicht jedes Transfektionsreagenz eignet sich für das Einschleusen von siRNA. Neben der Elektroporation als Methode zur Transfektion verschiedenster Zellen eignen sich besonders für Zelllinien speziell zur Transfektion von siRNA entwickelte Reagenzien.
- Der Gebrauch von Antibiotika im Zellmedium sollte nach der Transfektion vermieden werden. Da Antibiotika sich in permeabilisierten Zellen bis zu toxischen Konzentrationen ansammeln können, sollte man die ersten 48 Stunden nach Transfektion auf deren Gebrauch verzichten. Da je nach Methode der Transfektion die Serumkonzentration einen Einfluss auf die Effizienz der Transfektion nehmen kann, sollte auch dieser Parameter bedacht werden. Kommt es nach Transfektion zu einem vermehrten Zellsterben oder einer niedrigen Transfektionseffizienz, sollte die Serumkonzentration und/oder die Antibiotikakonzentration verringert werden.

- Nützliche Internet-Links zum Entwurf von siRNA:
  http://www.rockefeller.edu/labheads/tuschl/sirna.html
  http://www.imb-jena.de/RNA.html
  http://www.ambion.com/techlib/resources/RNAi/index.html
  http://www.dharmacon.com/

8.6 miRNA

Micro-RNAs (miRNAs) sind kleine, nicht-codierende RNA-Moleküle, welche hoch konserviert sind und die Expression von Genen regulieren. Ihre Länge beläuft sich auf 21–25 Nucleotide. Micro-RNAs sind zumindest teilweise komplementär zu einem oder mehreren messenger-RNA-Molekülen (mRNA). Ihre Hauptfunktion ist die Genexpression negativ zu beeinflussen, d.h. die Expression eines Gens zu senken. Einerseits erfolgt dies durch das Schneiden von mRNA (siehe siRNA), andererseits durch Unterdrückung der Translation. Seit ihrer Erstbeschreibung 1993 durch Lee und Kollegen, konnten bis heute viele verschiedene miRNAs in einzelnen Organismen identifiziert werden, funktionell charakterisiert sind bisher jedoch nur wenige.

In mehreren Veröffentlichungen konnte gezeigt werden, dass miRNAs in verschiedenen Geweben unterschiedlich exprimiert sind (Xu, 2003), bei der Onkogenese beteiligt sein können (Calin, 2002 u. 2004) und bei der Entwicklung von Organismen (Ambros, 2003) sowie der Hämatopoese (Chen, 2004) eine tragende Rolle spielen. Heute nimmt man an, dass das Expressionsprofil von miRNAs auch als Biomarker verwendet werden kann. So konnte gezeigt werden, dass in Tumorpatienten die miRNA-Expression in Tumorgewebe vollkommen anders ist, als in gesundem Gewebe (Meltzer, 2005).

Dieser Abschnitt soll einen Überblick über die Prozessierung von miRNAs sowie die Identifikation des Expressionsprofils von miRNAs aus einer biologischen Probe geben. Unter der Homepage http.//www.mirbase.org/index.shtml, früher vom Wellcome Sanger Trust, heute von der Faculty of Life Sciences der Universität Manchester verwaltet, lassen sich sowohl bereits publizierte als auch vorhergesagte miRNA-Zielsequenzen finden. Ebenso ist es möglich, in einer beliebigen Sequenz nach potentiellen Zielsequenzen für miRNAs zu suchen.

Literatur

Lee, R.C. (1993): The *C. elegans* heterochronic gene *lin-4* encodes small RNAs with antisense complementarity to *lin-14*. Cell, 75: 843-854.

Xu, P. (2003): The Drosophila microRNA Mir-14 suppresses cell death and is required for normal fat metabolism. Curr Biol, 13: 790-795

Calin, G.A. (2002): Frequent deletions and down-regulation of micro-RNA genes miR15 and miR16 at 13q14 in chronic lymphocytic leukemia. PNAS, 99(24): 15524-15529.

Calin, G.A. (2004): Human microRNA genes are frequently located at fragile sites and genomic regions involved in cancers. PNAS, 101: 2999-3004

Ambros, V. (2003): MicroRNA pathways in flies and worms: growth, death, fat, stress and timing. Cell, 113: 673-676.

Chen, C.Z. (2004): MicrRNAs modulate hematopoietic lineage differentiation. Science, 303: 83-86.

Meltzer, P.S. (2005): Cancer genomics: Small RNAs with big impacts. Nature, 435: 745-746.

8.6.1 Prozessierung von miRNAs

Die Gene, welche für miRNAs kodieren, werden allgemein als nicht-codierende Gene bezeichnet, da deren Transkripte nicht in Proteine translatiert werden. Dennoch werden ihre Transkripte prozessiert, um eine funktionelle miRNA herzustellen (Abb. 8–5):

1. Transkription: Die miRNAs werden durch die RNA-Polymerase II transkribiert, resultierend in einem langen miRNA-Vorläufer (pri-miRNA) mit 5'-Cap und PolyA-Schwanz (Cai, 2004, Lee, 2002).

2. Erste Prozessierung: Die pri-miRNAs werden im Nucleus durch einen Komplex u.a. bestehend aus dem RNAse III-Enzym Drosha (Han *et al.*, 2004) zu *precursor* miRNA (pre-miRNA) verdaut. Die resultierenden pre-miRNAs sind in etwa 70 nt lang und zeichnen sich durch 1–4 nt lange 3'-Überhänge aus. Durch die Ribonuclease Drosha wird ebenfalls das spätere 3'- oder 5'-Ende der fertigen miRNA generiert, abhängig davon, welcher Strang der pre-miRNA im weiteren Verlauf vom RISC-Komplex gebunden wird (Lee, 2003, Yi, 2003).

3. Export ins Cytoplasma: Der Export der pre-miRNAs vom Nucleus ins Cytoplasma wird, so nimmt man an, durch Exportin-5 (Exp5), welches spezifisch an korrekt prozessierte pre-miRNA bindet, gesteuert (Yi, 2003, Lund, 2003).

4. Zweite Prozessierung: Die nun im Cytoplasma vorliegenden pre-miRNAs werden durch das RNAse III-Enzym *dicer* ein weiteres Mal prozessiert, und die resultierende, etwa 22 nt lange doppelsträngige miRNA besitzt 1–4 nt 3'-Überhänge an jedem Ende (Lund, 2003).

5. Selektion des Einzelstranges durch RISC- Komplex: *Dicer* initiiert die Formation des RISC-Komplexes und das Trennen des Doppelstrangs zu Einzelsträngen, und die einzelsträngige miRNA assoziiert mit

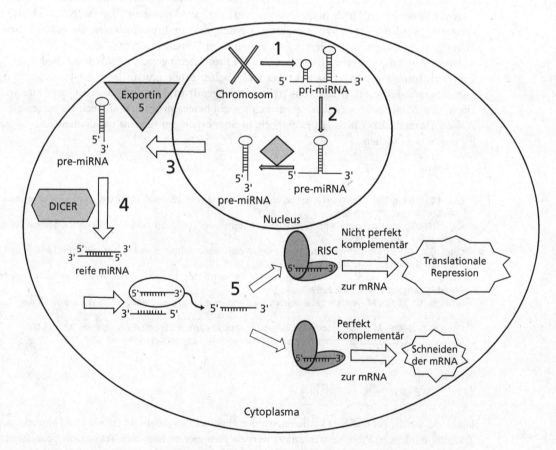

Abb. 8–5: Schematische Darstellung der Prozessierung von miRNA.

dem RISC-Komplex (Hutvagner, 2002). Nach welchen Regeln einer der beiden Einzelstränge vom RISC-Komplex selektiert wird, konnte von Khvorova *et al.* gezeigt werden. Es soll an dieser Stelle jedoch nicht näher darauf eingegangen werden (Khvorova, 2003).

Nach dem Schneiden des Doppelstranges durch *dicer*, ist der weitere Mechanismus der miRNA dem Mechanismus der siRNA sehr ähnlich. Im Gegensatz zu siRNAs können miRNAs die Genexpression durch translationale Repression kontrollieren oder, ganz wie siRNAs, zum Schneiden bzw. Abbau von mRNA führen. Die Wahl des posttranskriptionellen Mechanismus ist nicht bestimmt durch den Ursprung der RNA (siRNA oder miRNA), sondern durch das Ausmaß der Komplementarität der miRNA zur mRNA. Ist die miRNA perfekt oder beinahe perfekt komplementär zur mRNA, so erfolgt das Schneiden der mRNA und deren Abbau (also funktionell wie bei siRNA). In den meisten Fällen jedoch sind miRNAs nur teilweise komplementär zur mRNA, was eine reduzierte Genexpression durch translationale Repression nach sich zieht (Filipowicz, 2005).

Der Mechanismus, welcher zu einer reduzierten Genexpression durch translationale Repression führt, ist zur Zeit unklar. Allerdings konnte gezeigt werden, dass mRNAs, welche mehrere, nichtüberlappende Bindungsstellen für miRNAs aufweisen, wesentlich anfälliger für miRNA-induzierte translationale Repression sind, als solche mRNAs, welche nur eine Bindungsstelle für miRNAs enthalten (Doench, 2003). Unter der Berücksichtigung, dass verschiedene mRNAs viele verschiedene Bindestellen für diverse miRNAs enthalten, könnte erklärt werden, warum zumindest einige miRNAs weitreichende Funktionen besitzen und weshalb die Kontrolle einiger Gene auf translationeller Ebene so komplex ist. Wenn man annimmt, dass miRNAs nicht die Stabilität einzelner mRNAs regulieren, sondern deren Translation, könnte ebenfalls erklärt werden, warum auf mRNA-Analysen basierende Expressionsprofile nicht immer mit auf Proteinanalysen basierenden Expressionsprofilen korrelieren (Kern, 2003).

Literatur

Cai, X. (2004): Human microRNAsare processed from capped, polyadenylated transcripts that can also function as mRNAs. RNA, 10(12): 1957-1966.

Lee, Y. (2002): MiRNA maturation: stepwiseprocessing and subcellular localization. EMBO Journal, 21: 4663-4670.

Han, J. (2004): The Drosha-DGCR8 complex in primary microRNA processing. Genes Dev, 18: 3016-3027.

Lee, Y. (2003): The nuclear RNase III Drosha initiates miRNA processing. Nature, 425: 415-419.

Yi, R. (2003): Exportin-5 mediates the nuclear export of pre-microRNAs and short hairpin RNAs. Genes Dev, 17: 3011-3016.

Lund, E. (2004): Nuclear Export of MicroRNA Precursors. Science, 303: 95-108.

Hutvagner, G. (2002): A miRNA in a multiple turnover RNAi enzyme complex. Science, 297: 2056-2060.

Khvorova, A. (2003): Functional siRNAs and miRNAs exhibit strand bias. Cell, 115(2): 209-216.

Filipowicz, W. (2005): Post-transcriptional gene-silencing by siRNAs and miRNAs. Curr. Opin. Struct. Biol., 15: 331-341.

Doench, J.G. (2003): siRNAs can function as miRNAs. Genes Dev., 17(4): 438-442.

Kern, W. (2003): Correlation of protein expression and gene expression in acute leukemia. Cytometry B Clin Cytom, 55(1): 29-36.

8.6.2 Isolierung von miRNAs aus einer Probe

Der erste Schritt miRNAs aus einer Probe zu analysieren, besteht darin, miRNAs aus einer solchen zu isolieren. Hierbei ist es wichtig, dass auch kleinere RNA-Moleküle (u.a. miRNAs) während der RNA-Präparation isoliert werden, welche mit gängigen Methoden zur RNA-Präparation aufgrund ihrer geringen Größe verloren gehen. Um dies zu vermeiden bieten eine Reihe von Firmen hierfür spezielle Kits an (z.B. Ambion: mirVana™, Sigma Aldrich: mirPremier™). Des Weiteren ist es möglich, Gewebeproben aus verschiedenen Spezies, welche für das Vorhandensein von z.B. miRNAs zertifiziert sind, käuflich zu erwerben.

8.6.2.1 Anreicherung von miRNAs

Hat man erfolgreich die RNA-Präparation ohne den Verlust kleinerer RNA-Moleküle bewältigt, besteht nun die Herausforderung, alle längeren RNA-Moleküle, wie z.B. miRNA-Vorläufermoleküle zu entfernen. Wie oben beschrieben, bestehen reife miRNA-Moleküle aus 19–23 Nucleotiden, welche aus längeren pre-miRNA-Vorläufermolekülen prozessiert werden. Um reife miRNA von ihren Vorläufermolekülen zu trennen, verwendet man die Methode der Polyacrylamid-Gelelektrophorese (PAGE).

8.6.2.2 Detektion der miRNAs, Quantifizierung und Analyse

Um die Expression von miRNAs in verschiedenen biologischen Proben zu analysieren, bietet sich die Microarrayanalyse an. Hierzu werden die angereicherten miRNA-Moleküle markiert, hybridisiert und das Ergebnis nach Detektion mit Referenzproben verglichen (Kap. 19). Eine weitere Möglichkeit miRNA-Expression zu analysieren, bietet die RealTime-PCR (Abschn. 4.2.3). Hierzu ist es jedoch notwendig, miRNA in cDNA mittels spezieller Primer in der reversen Transkription umzuschreiben. Zeigt die Analyse starke Unterschiede im Expressionsprofil einiger miRNAs zweier verschiedener Proben, so können diese Ergebnisse zur Identifizierung von Genen führen, die von spezifischen miRNAs reguliert werden. Um weitere detaillierte Analysen durchzuführen und um die durch einen Microarray gewonnenen Ergebnisse zu verifizieren, können Zellen mit synthetischen miRNAs oder miRNA-exprimierenden Plasmiden transfiziert werden (für Transfektionsmethoden Abschn. 12.3). Vorteil von dieser Vorgehensweise ist, zumindest im Fall von synthetischen miRNAs, die sehr hohe Transfektionseffizienz und die Möglichkeit, die Konzentration der zur Transfektion eingesetzten miRNA zu titrieren, um so im optimalen Fall eine Dosis-Wirkungskurve zu erhalten. Für eine Analyse der Reduktion der Genexpression siehe Abschn. 8.4.

9 Gewebepräparation

(Tanja Arndt, Sophie Rothhämel)

9.1 Konservierungsmethoden für Gewebe

Für den Nachweis endogener mRNAs und Proteine mittels *in situ*-Hybridisierung (ISH, Abschn. 11.2) und Immuno-Histochemie (IHC, Abschn. 11.4) ist es essentiell, qualitativ hochwertige Gewebeproben herzustellen. Bei der Entnahme dieser Proben ist besonders darauf zu achten, das Gewebe möglichst schnell, sachkundig, sauber und vollständig aus dem Organismus zu isolieren und SOFORT mit der gewünschten Methode zu fixieren. Zur Fixierung eignet sich je nach weiterer Verwendung vor allem die Fixierung in Formaldehyd oder das Tiefgefrieren in Kryogel bzw. direkt in flüssigem Stickstoff. Alternativ oder zusätzlich kann eine Fixierung in Methanol und/oder Aceton sinnvoll sein. Es ist sehr wichtig vor der Gewebeentnahme zu entscheiden, was man später untersuchen will, da z.B. Proben für Lichtmikroskopie anders fixiert werden müssen als für Elektronenmikroskopie! Je nach ausgewähltem Fixativ werden unterschiedliche Zellstrukturen in verschiedener Qualität fixiert – dabei ist nicht immer mehr auch gleich besser! Im Zweifel müssen verschiedene Fixierungsmethoden ausprobiert und auch angewendet werden. Im folgendem werden zwei Standardprotokolle beschrieben.

Durch die hervorragende Gewebeerhaltung und die lange, einfache Lagerungsfähigkeit der paraffinisierten Gewebe bei Raumtemperatur ist die Formalinfixierung und Paraffineinbettung die Standartmethode zur Gewebekonservierung. In diesen Geweben kommt es allerdings durch die Fixierung in Formaldehyd zu einer starken Quervernetzung der Proteine und zu einer „Maskierung" der Ziel-mRNA. Auch nach Demaskierungsverfahren sind die erhaltenen Signale meist schwächer als in mit Kryogel eingefrorenen Geweben. Außerdem haben Demaskierungsverfahren je nach Dauer und Art der verwendeten Methode Einfluss auf die Integrität des Testgewebes, was bis zum Verlust des Gewebes führen kann. Die schon erwähnte Quervernetzung der Proteine durch Formaldehyd erschwert die Zugänglichkeit des Gewebes insbesondere für längere Sonden bei der ISH, was im Zweifelsfall mit einem Verlust der Spezifität einhergehen kann.

In Kryogel eingebettete gefrorene Gewebe werden als Blöcke am Kryostat geschnitten, bei 40 °C getrocknet und in dehydriertem Zustand bei –80 °C gelagert. Da die gefrorenen Gewebeschnitte nach ihrem Auftauen nur sehr kurz in Formaldehyd fixiert werden, wird die Quervernetzung minimiert und die Zugänglichkeit der Zielmoleküle erleichtert. Ein großer Nachteil dieser Methode ist neben der aufwendigen und kostenintensiven Lagerung bei –80 °C vor allem die schlechter erhaltene Morphologie des Gewebes. Zusätzlich sind durch die nur kurze Fixierung in gefrorenen, kryogeleingebetteten Geweben deutlich mehr endogene Makromoleküle (Peroxydasen, alkalische Phosphatasen, Biotin) aktiv, die wiederum mit enzymatischen Detektionsmethoden interferieren können. Da erfolgreiche ISH und IHC also von sehr vielen unterschiedlichen Parametern abhängig sind, muss in Abhängigkeit von der Ziel-mRNA bzw. Zielproteinen und dem Zielgewebe immer erneut die optimale Gewebekonservierung, mRNA-Demaskierung sowie Sondenart und Sondenkonzentration bzw. Antikörperkonzentration ausgetestet werden. Demzufolge muss vor der Durchführung einer ISH und IHC immer abgewogen werden, welche Art der Gewebekonservierung für das jeweilige Experiment vorzuziehen ist, wobei unter Umständen zur Verifizierung eines Signals auch die Verwendung von beiden Konservierungstechniken Sinn macht. Eine relativ neue und für viele Untersuchungen geeignete Fixierung ist die Verwendung von käuflichen gelartigen Lösungen (z.B. Allprotect). Hier werden sowohl DNA, RNA als auch Proteine sowie auch die Ultrastruktur des Gewebes erhalten.

9.2 Fixieren, Einbetten und Schneiden von Gewebe in Paraffinwachs

Das folgende Protokoll wurde von Cox *et al.* (1984) abgeleitet. Alle Lösungen werden RNase-frei vorbereitet, d.h. mit DEPC-Wasser angesetzt. Durch die Fixierung bleibt die Morphologie des Gewebes erhalten und die zu untersuchenden Moleküle degradieren kaum in den Zellen. Da für IHC-Experimente nicht RNase-frei gearbeitet werden muss, kann prinzipiell auf die Verwendung von DEPC-behandeltem Wasser und RNase-freien Materialien verzichtet werden. Allerdings schadet die RNase-freie und möglichst schnelle Präparation auch nicht und erlaubt eine größere Flexibilität bei der späteren Verwendung des Gewebes für IHC oder ISH.

Materialien

- 10 × PBS: 1,2 M NaCl, 70 mM Na_2HPO_4, 30 mM Na_2HPO_4, 27 mM KCl
- 4 % (w/v) PFA, pH 7,2: 250 ml PBS, pH 7,2 auf 65 °C erhitzen, 10–12 Tropfen 1 N NaOH zugeben, 10 g PFA darin lösen, auf RT abkühlen lassen, pH-Wert mit konz. HCl auf 7,2 einstellen
- Polyethylenröhrchen, die resistent gegen organische Lösungsmittel sind (z.B. Greiner)
- Paraffinwachs
- 100 % Xylol
- Ethanol p.a., wird später in Verdünnungsreihe 70 % bis 100 % (v/v) eingesetzt
- Einbettformen
- Glas-Mikroskopiernäpfchen/Blockgläser
- Wasserbad
- silanisierte oder positiv geladene Objektträger
- Hybridisierungsofen
- Mikrotom

Durchführung

- Frisches Gewebe rasch entnehmen, auf Eis weiterverarbeiten und in PBS spülen
- das Gewebe wird über Nacht in 4 % PFA, pH 7,2 bei 4 °C gelagert (ca. 5 × Volumen des Gewebevolumens)
- Gewebe 30 min in PBS bei 4 °C spülen (3–4 × 10 min)
- Gewebe durch aufsteigende Ethanolreihe entwässern: bei RT jeweils einmal 1 h in 70 %, 85 %, 95 % (v/v) Ethanol und dreimal 1 h in Ethanol p.a.
- zweimal 30 min in 100 % Xylol bei RT inkubieren
- Gewebe über Nacht in 100 % Xylol bei RT in Mikroskopiernäpfchen liegen lassen
- Gewebe in 100 % Xylol auf 58 °C erwärmen und mit 58 °C warmem Paraffin versetzen, sodass eine 1/1 Xylol/Paraffinlösung entsteht
- nach 1 h mit reinem Paraffin ersetzen und noch mehrere Male einmal stündlich durch neues Paraffin ersetzen (mindestens dreimal)
- Gewebe in Einbettformen mit frischem Paraffin überführen und erstarren lassen
- die Paraffinblöcke werden bei 4 °C gelagert
- zum Schneiden von Paraffinschnitten wird der Paraffinblock in ein Mikrotom eingespannt
- 5–10 µm dicke Schnitte (Dicke ist gewebe- und versuchsabhängig) anfertigen; durch kontinuierliches Schneiden des Gewebes entstehen Schnittreihen aus Paraffin, die auf der Oberfläche eines 45 °C warmen Wasserbades mit einem feinen Pinsel oder einer Nadel ausgebreitet werden; je nach Größe von Schnitten und Gewebe bzw. Zellen können mehrere Einzelschnitte auf einen Objektträger aufgezogen werden (nach Bedarf und Anwendung); bei der Verwendung von sequentiellen Schnitten sollte darauf geachtet werden, dass sowohl die „Reihenfolge" der Schnitte beachtet werden muss als auch dessen Orientierung
- Objektträger über Nacht bei 58 °C backen.

9.3.1 Kryogeleinbetten von Gewebe

Die Konservierung des Gewebes erfolgt durch Lagerung bei –80 °C, wobei eine verbesserte Erhaltung des Gewebes durch Einbettung in Kryogel erreicht wird. Die Qualität des Gewebes hängt entscheidend davon ab, wie schnell das Gewebe nach dem Tod des Versuchstiers entnommen und eingefroren wurde. Evtl. sollte die Sektion des Versuchstiers von einer zweiten Person durchgeführt werden. Alternativ ist es möglich, das Gewebe direkt nach der Entnahme in 4 % PFA zu fixieren. Nach der PFA-Fixierung können Gewebe direkt in Kryogel eingebettet werden oder optional in 100 % Methanol bei -20 °C gelagert werden. So kann später entschieden werden, ob das Gewebe für die whole mount *in situ* Hybridisierung oder für das Anfertigen von Gewebeschnitten verwendet werden soll. Wenn die Fixierung zwingend schnell erfolgen soll (z.B. bei sehr empfindlichen Organen wie das Pankreas) kann das Gewebe auch sofort nach Entnahme direkt in flüssigen Stickstoff gegeben werden.

Materialien

- rechteckiges Eisbad
- Kunststoffschale ca. 15 cm × 20 cm
- Kryo–Probengefäße in gewünschter Größe
- Skalpell
- Pinzette
- Styroporkiste
- Sektionsplatte aus Wachs
- zwei Petrischalen aus Glas oder Kunststoff
- Parafilm®
- Zellstoff
- Trockeneis
- Ethanol p.a.
- Hexan
- Kryogel-Einbettmedium
- PBS (RNase-frei, z.B. 10 × PBS, pH 7,2)
- DEPC-H_2O (Abschn. 7.1.3.1)
- Kryostat

Durchführung

- Ein Eisbad zur Hälfte mit Trockeneis füllen (Trockeneis ist tiefkalt und kann bei Kontakt mit Haut oder Augen schwere Verletzungen hervorrufen! Daher Schutzbrille und Handschuhe tragen!)
- am Arbeitsplatz Ethanol zufügen, bis das Trockeneis gerade bedeckt ist (danach Eisbad nur noch vorsichtig transportieren)
- Kunststoffschale mit Hexan befüllen und im Eisbad platzieren
- Parafilm in Rechtecke mit einer Kantenlänge von ca. 3–4 cm schneiden und Sektionsplatte mit einem Parafilm abdecken
- eine Petrischale mit DEPC-H_2O, die andere mit PBS befüllen
- Kryo-Probengefäß etwa zur Hälfte mit Kryogel-Einbettungsmedium befüllen
- entnommene Gewebestücke auf der Sektionsplatte mit der Pinzette festhalten und mit dem Skalpell auf eine Kantenlänge von maximal ca. 1 cm schneiden
- Gewebestückchen mit PBS spülen, um Blut und lose Gewebereste zu entfernen, kurz auf Zellstoff abtupfen und in die Kryo-Probengefäße mit vorgelegtem Kryogel geben
- die Kryo-Probengefäße mit Kryogel auffüllen, bis das Gewebe vollständig bedeckt ist und im Hexanbad langsam auf –80 °C abkühlen, das Kryogel wird dabei vollständig gefroren und undurchsichtig weiß
- die Kryo-Probengefäße mit dem gefrorenen Gewebe können bis zur entgültigen Aufbewahrung bei –80 °C in einer Styroporkiste mit Trockeneis gelagert werden

- werden verschiedene Organe entnommen oder die Organe verschiedener Tiere bearbeitet, empfiehlt es sich, den Parafilm zu wechseln und sowohl das Skalpell als auch die Pinzette in der zweiten Petrischale mit DEPC-H$_2$O zu reinigen und mit Zellstoff zu trocknen; DEPC-H$_2$O und PBS sollten ebenfalls gewechselt werden.

9.3.2   Schneiden der in Kryogel eingebetteten Gewebe am Kryostaten

Die bei –80 °C gelagerten Gewebeblöcke werden am Kryostaten geschnitten, getrocknet und bei –80 °C gelagert. Genaue Bedingungen für den Schneidevorgang am Kryostaten können nicht gegeben werden, da diese stark vom Gewebe und auch dem Gerät abhängig sind.

 Materialien
- Kryostat
- speziell behandelte bzw. positiv geladene Objektträger (z.B. Super Frost® Plus)
- Kryoboxen für Objektträger
- luftdicht versiegelbare Plastiktütchen

Durchführung
- Zum Schneiden werden die in Kryogel eingebetteten Gewebe aus dem –80 °C-Gefrierschrank genommen und in gefrorenem Zustand mit Kryogel auf den vorgekühlten Schneidblock des Kryostaten aufgeklebt; die Temperatur des Kryostaten, sowie Messerwinkel und Messertemperatur sind abhängig vom Gewebe und müssen jeweils empirisch ermittelt werden.
- nach dem Schneiden und Aufziehen der Schnitte auf Objektträger, werden diese 10 min oder länger bei RT getrocknet; Objektträger in kleine Kryoboxen für Objektträger einsortieren
- die Boxen mit den Objektträgern werden bei –80 °C im Gefrierschrank bis zur Verwendung gelagert.

10 Detektion von Protein und Nucleinsäure auf Membran

10.1 Western Blotting

(Steffen Bade, Niels Röckendorf, Andreas Frey, Arnd Petersen)

Beim Protein-Blotting werden Proteine auf eine Membran überführt und dort einer Nachweisreaktion unterzogen, die für ein Protein spezifisch ist oder sein soll. Die Proteine werden dazu entweder direkt auf die Membran getüpfelt (Dot-Blot) oder sie werden gelelektrophoretisch getrennt und anschließend aus dem Gel auf die Membran transferiert (Gel-Blot). Je nach Aufbau des Experiments erhält man dabei entweder Informationen über die tatsächliche Spezifität der Nachweisreaktion oder eine Aussage über Eigenschaften und Menge des Proteins. Das Blotten der Proteine auf eine Membran bietet dabei den Vorteil, dass die Membran als Trägermatrix einfacher zu handhaben ist als ein Gel. Die Proteine auf der Membranoberfläche sind immobilisiert und so auch für voluminöse Nachweisreagenzien gut zugänglich.

Ursprünglich wurde die Methode dazu entwickelt, die Molmasse eines Proteinantigens über die Bindung spezifischer Antikörper zu ermitteln oder die Spezifität von Antikörpern gegenüber einem Antigen zu überprüfen (Towbin *et al.*, 1979). Diese Variante bezeichnet man als Western- (Burnette, 1981) oder Immuno-Blotting. Da Proteine nicht nur mit Antikörpern, sondern auch mit anderen Molekülen wechselwirken können, hat das Western-Blotting vielfältige Ergänzungen erfahren, die in der Literatur als Far-Western-Blotting, South-Western-Blotting, North-Western-Blotting, Ligand-Blotting, Enzym-Blotting, Enzym-Overlay, Virus-Overlay, Zell-Overlay, usw. bezeichnet werden. Der Beiname soll zum Ausdruck bringen, welche Substanzen oder biologische Komponenten zum Nachweis des geblotteten Proteins oder zum Nachweis einer Wechselwirkung mit dem geblotteten Protein verwendet werden (Tab. 10–1).

Trotz dieser Anwendungsbreite folgen alle Protein-Blot-Techniken einem bestimmten Schema (Abb. 10–1), bei dem meist nur der zu bindende Ligand und sein direktes Nachweisreagenz der Fragestellung angepasst werden müssen. Da der klassische Western-Blot und der Dot-Blot nach wie vor die am häufigsten verwendeten Methoden sind, wird hier nur das Immuno-Blot-Verfahren mit denaturierender, diskontinuierlicher SDS-Gelelektrophorese, elektrophoretischem Transfer und immunchemischem Nachweis über Fluoreszenz-, Farb- oder Chemilumineszenz-Visualisierung vorgestellt und die Dot-Blot-Technik beschrieben (Übersichtsartikel: Towbin *et al.*, 1989, Egger und Bienz, 1994).

10.1.1 Vorbereiten der Proben

Die Qualität des zu blottenden Proteins ist für das Gelingen eines Protein-Blotting-Experiments von größter Bedeutung. Proben mit degradierten Proteinen können bei Trennung nach Molmasse auf dem Blot weitere Banden von geringerer Masse liefern. Eine Aussage, ob es sich in solch einem Fall um Abbauprodukte des entsprechenden Proteins oder um eine Kreuzreaktion handelt, ist nicht möglich. Bei Trennung nach Ladung oder isoelektrischem Punkt kann überhaupt keine Aussage über das Migrationsverhalten von Fragmenten und Abbauprodukten getroffen werden. Für den Dot-Blot muss eine Kreuzreaktion

Tab. 10–1: Beispiele für die Anwendung verschiedener Overlay-Techniken

Verfahren	Fragestellung	Zielprotein auf Blot / Sonde	Referenz
Far-Western-Blotting	Identifizierung von Substraten für humane Proteintyrosinphosphatasen	Cytoplasmaproteine / Proteintyrosinphosphatasen	Pasquali et al., 2000
North-Western-Blotting	Identifizierung einer RNA-Bindestelle auf einem viralen Hüllprotein	Rekombinante Sobemovirus Hüllproteine / Sobemovirus RNA	Lee und Hacker, 2001
South-Western-Blotting	Identifizierung eines DNA bindenden Proteins aus *Histoplasma capsulatum*	*H. capsulatum*-Zellextrakte / regulatorische Gensequenzen von *H. capsulatum*	Abidi et al., 1998
Bacteria- Overlay	Charakterisierung der Bindung von uropathogenen *E. coli* an vaginale Glykoproteine	Vaginale Glykoproteine / Typ-1 piliierte *E. coli*	Rajan et al., 1999
Cell-Overlay	Identifizierung von zellulären Adhäsionsmolekülen	Pflanzenlektine, extrazelluläre Matrixproteine, integrale Membranproteine / Lymphoide und myeloide Vorläuferzellen	Seshi, 1994
Enzyme- Overlay	Identifizierung von DNA modifizierten Enzymen	DNA-Bruchstücke / DNA-Reparaturenzyme	Seki et al., 1993
Lectin- Overlay	Galectin-3 bindet Lipopolysaccharid	Galectin-3 / Lipopolysaccharid	Gupta et al., 1997
Metal- Overlay	Nachweis von His_6-Tag-Proteinen	His_6-Tag-Protein / Ni^{2+} und biotinylierte Nitrilotriessigsäure	McMahan und Burgess, 1996
Virus-Overlay	Charakterisierung der Rotavirus-Bindung an Rhesus Nierenepithelzellen	Epithelzellextrakte / verschiedene Rotavirus Stämme	Jolly et al., 2000

Der Nachweis der Sonden erfolgt in der Regel entweder über einen Antikörper, der gegen die Sonde gerichtet ist, durch direkte Markierung der Sonde mit Radionucliden oder durch Biotinylierung der Sonde und anschließende Visualisierung mit Enzym konjugiertem Avidin bzw. Streptavidin. Details zur Nachweisreaktion und Visualisierung von geblotteten Proteinen siehe Abschnitte 10.1.6 und 10.1.7.

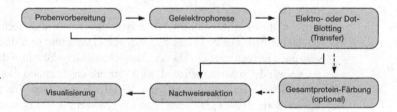

Abb. 10–1: Abfolge der einzelnen Arbeitsschritte in einem Protein-Blotting-Experiment.

ausgeschlossen oder das Protein gereinigt werden, da ohne elektrophoretische Trennung die gewünschte Nachweisreaktion nicht von einer Kreuzreaktion unterschieden werden kann.

Neben Fehlern bei der Herstellung der Proteinproben kann auch deren unsachgemäße Vorbereitung für die Gelelektrophorese zur Bildung von Abbauprodukten führen. Insbesondere das in vielen Laboratorien übliche Kochen der Proben in SDS- und Alkanolamin haltigen Probenauftragspuffern (Tris-HCl, *good*-Puffer wie HEPES etc.) für die denaturierende, diskontinuierliche SDS-Gelelektrophorese kann Proteine fragmentieren (Kowit und Maloney, 1982, Kubo, 1995). Besonders empfindlich scheinen dabei Proteine zu sein, die das Sequenzmotiv Asp-Pro enthalten (Kubo, 1995). Im Zweifelsfalle ist es daher ratsam, die Proteinproben für die denaturierende, diskontinuierliche SDS-Gelelektrophorese statt durch Kochen durch 10- bis 30-minütiges Erhitzen auf 60 °C in Probenauftragspuffer zu denaturieren. Bei der nativen Gelelektrophorese und der isoelektrischen Fokussierung sind keine besonderen Vorsichtsmaßnahmen erforderlich, da die Bedingungen bei der Probenvorbereitung ohnehin so mild sind, dass eine Fragmentierung des Proteins im Probenauftragspuffer nicht zu erwarten ist.

Die Proteinprobe sollte generell in möglichst kleinem Volumen vorliegen und einen Salzgehalt < 300 mM aufweisen. Darüber hinaus darf die Probe vor dem Auftragen keine Präzipitate und Schwebeteilchen enthalten. Das folgende Protokoll bezieht sich auf die Vorbereitung von Abbau empfindlichen Proteinen für die denaturierende, diskontinuierliche SDS-Gelelektrophorese. Die Vorbereitung von Abbau unempfindlichen Proben für die denaturierende, diskontinuierliche SDS-Gelelektrophorese ist in Abschnitt 2.1.1, die Vorbereitung der Proben für die isoelektrische Fokussierung oder für die native Protein-Gelelektrophorese ist in Abschnitt 2.1.5 und 2.1.6 beschrieben.

Materialien

- Standard-SDS-Probenauftragspuffer (Abschn. 2.1.1)
- SDS-Probenauftragspuffer 4-fach, alkanolaminfrei: 24 % (w/v) SDS, 20 % (v/v) β-Mercaptoethanol, 40 % (v/v) Glycerin, 0,04 % (w/v) Bromphenolblau, (Endkonzentration 1-fach: 6 % (w/v) SDS, 5 % (v/v) β-Mercaptoethanol, 10 % (v/v) Glycerin, 0,04 % (w/v) Bromphenolblau); Lagerung (RT): unbegrenzt

Durchführung

Abbau empfindliche Proben, die keine Denaturierung bei 100 °C erfordern

- Proteinlösung mit ≥ 0,3 Volumen Standard-SDS-Probenauftragspuffer oder Alkanolamin freiem SDS-Probenauftragspuffer versetzen, mischen
- Mischung 10–30 min bei 60 °C im Wasserbad inkubieren, anschließend 5 min in Eiswasser auf 0 °C abkühlen lassen
- Mischung 2–5 min in der Tischzentrifuge bei 9.500–16.000 g und RT zentrifugieren, Überstand für die Elektrophorese verwenden.

E. coli-Zellaufschlüsse etc., die eine Denaturierung bei 100 °C erfordern, aber Abbau empfindliche Proteine enthalten

- 1 E_{578} der E. coli-Zellsuspension in der Tischzentrifuge 2–5 min bei 9.500–16.000 g und RT zentrifugieren, den Kulturüberstand mit einer Pipette vollständig entfernen, das Sediment kann bei –20 °C bis –70 °C unbegrenzt gelagert werden
- Zellsediment mit 80–100 µl Alkanolamin freiem SDS-Probenauftragspuffer versetzen und Inhalt durch Pipettieren gründlich vermischen
- Zellprobe 10 min bei 100 °C im Wasserbad aufschließen und denaturieren, anschließend 5 min in Eiswasser auf 0 °C abkühlen lassen
- unlösliche Zelltrümmer in der Tischzentrifuge bei 16.000 g und RT sedimentieren und den Überstand in ein neues 1,5 ml-Reaktionsgefäß überführen, der Überstand kann bei –20 °C bis –70 °C unbegrenzt gelagert werden und muss nach dem Auftauen für die Gelelektrophorese nicht nochmals auf 100 °C erhitzt werden
- 20–25 µl der Probe für die Elektrophorese verwenden.

10.1.2 Gelelektrophoretische Trennung des Proteingemisches

Die Trennung des zu untersuchenden Proteingemisches kann entweder nach

- Molmasse (denaturierendes, diskontinuierliches SDS-Gel: Abschn. 2.1.1; Blot-Anwendung: Towbin *et al.*, 1979, Kyhse-Andersen, 1984),

- Ladung (natives Proteingel: Abschn. 2.1.5; Blot-Anwendung: Koch *et al.*, 1985, Bjerrum *et al.*, 1987, Van Seuningen und Davril, 1990),
- isoelektrischem Punkt (isoelektrische Fokussierung: Abschn. 2.1.6; Blot-Anwendung: Otey *et al.*, 1986, Lobert und Correia, 1994)
- oder nach einer Kombination dieser Methoden (2-D-Gel: Abschn. 2.1.7; Blot-Anwendung: Otey *et al.*, 1986, Schapira und Keir, 1988) erfolgen.

Den meisten Ansprüchen genügt die Trennung nach Molmasse mittels diskontinuierlicher SDS-Gelelektrophorese. Das Verfahren liefert eine hohe Trennleistung und Bandenschärfe und erlaubt einen effizienten Transfer. Andererseits denaturieren Proteine unter diesen Elektrophoresebedingungen und können nach dem Transfer oft nur unvollständig renaturiert werden. Erfordert die Nachweisreaktion ein korrekt gefaltetes Protein, muss die Trennung nach anderen Kriterien erfolgen, z.B. im nativen Proteingel oder durch isoelektrische Fokussierung. Die zu erwartende Sensitivität der Nachweisreaktion ist ebenfalls von Bedeutung. Beim Western-Blot liegt sie, je nach Visualisierungssystem, im Bereich von 0,1–100 Femtomol, was bei einem Molekulargewicht von 50 kDa ca. 5 pg bis 5 ng des entsprechenden Proteins entspricht. Je konzentrierter das Protein auf das Gel geladen wird und je kleiner das Gel ist, desto mehr Protein pro Flächeneinheit wird sich nach dem Transfer auf der Membran befinden und desto höher wird die Sensitivität der Nachweisreaktion sein. Eine Ausnahme bilden hier u.U. Nachweissysteme, bei denen die Sonden sehr großvolumig sind, wie z.B. Virus-, Bakterien- oder Zell-Overlays. Hier könnte eine starke Fokussierung der Bande eine optimale Bindung behindern. Es ist nicht ratsam, bei einer stark verdünnten Probe die Kapazität des Gels dadurch verbessern zu wollen, dass man die Dicke des Gels erhöht. Je dünner das Gel, desto effizienter gestaltet sich der Transfer. Gele mit einer Dicke über 2 mm sind aufgrund ihrer schlechteren Transfereigenschaften nicht zu empfehlen.

Für erste Versuche ist es sinnvoll, die Trennung nach der technisch einfachsten Methode, der diskontinuierlichen SDS-Gelelektrophorese, durchzuführen. Die Gele sollten nicht mehr als 15 × 15 cm groß sein und eine Dicke von 0,5–1 mm aufweisen, die Breite der Geltaschen bei ca. 5 mm liegen. Der Gehalt an Acrylamid richtet sich nach dem Molekulargewicht des zu untersuchenden Proteins und liegt normalerweise zwischen 7,5 % und 18 %. Es können auch Gradientengele verwendet werden (Abschn. 2.1.4).

Durchführung

Die Durchführung der Elektrophorese erfolgt wie unter Abschnitt 2.1.1 beschrieben. Das Gel darf jedoch nicht fixiert und angefärbt werden, sondern ist gleich für den elektrophoretischen Transfer einzusetzen.

Wichtig: Wenn keine Färbung des geblotteten Proteins vorgesehen ist, auf jeden Fall einen vorgefärbten Molmassenstandard verwenden.

10.1.3 Gel-Blot: Elektrophoretischer Transfer in Wet- und Semi-Dry-Verfahren

Unmittelbar nach Abschluss der Gelelektrophorese erfolgt der Transfer der getrennten Proteine auf eine proteinbindende Membran. Der Transfer muss senkrecht zur Trennrichtung erfolgen, damit das Muster der getrennten Proteine auf der Membran exakt dem Trennmuster des Gels entspricht. Für den Blot-Vorgang sind mehrere Verfahren beschrieben. Diffusions (Koch *et al.*, 1985, Bjerrum *et al.*, 1987, Heukeshoven und Dernick, 1995) oder Vakuum (Peferoen *et al.*, 1982) unterstützte Methoden sind zwar prinzipiell zum Transfer von Proteinen geeignet, führen aber nur zu einer unvollständigen Proteinübertragung. Um den Transfer zu erhöhen, kann das Gel auf einer Trägerfolie fixiert (Gelbond, Amersham Biosciences (GE Healthcare)) und auf einer Heizplatte auf 50 °C erwärmt werden, was die Proteinübertragung, jedoch auch die Diffusion begünstigt (Thermo-Blotting: Jagersten *et al.*, 1988). Diese Technik eignet sich insbesondere für die Herstellung von Replika-Blots von 2-D-Gelen (mehrmaliges Auflegen von Membranen), um von einem Gel gleiche Abdrücke des Proteinmusters zu erhalten. Dies ermöglicht Identitätsnachweise, wenn verschiedene Erstantikörper eingesetzt werden sollen, und spart Material und Zeit (Petersen, 2003). Sehr schwach konzentrierte Proteine können allerdings auf später erstellten Replika fehlen. Der Kapillar-Blot hat außerdem beim Blotten von nativen Gelen eine gewisse Bedeutung.

Standardverfahren im Protein-Blotting ist der elektrophoretische Transfer, wobei die Proteine durch Anlegen einer Spannung aus dem Gel auf eine Membran überführt werden. Zur Durchführung des elektrophoretischen Transfers gibt es mit dem Wet- oder Tank-Blot (Towbin *et al.*, 1979) und dem Semi-Dry-Blot (Kyhse-Andersen, 1984) zwei Verfahren, die gleichberechtigt nebeneinander existieren. Der Aufbau eines Elektro-Blots ist in Abb. 10–2 schematisch dargestellt. Für das elementare Gelingen des Experimentes ist es normalerweise unerheblich, nach welcher Methode geblottet wurde (Tovey und Baldo, 1987). Die bereits im Labor befindliche Ausrüstung bestimmt meist die Entscheidung zwischen Semi-Dry- und Wet-Blot. Jedes der beiden Verfahren bietet jedoch bestimmte Vor- und Nachteile, die man bei der Wahl berücksichtigen sollte. Ein Wet-Blot dauert in der Regel etwas länger als ein Semi-Dry-Blot und erfordert größere Mengen an Transferpuffer. Dafür ist der Transfer sehr schonend und das geblottete Protein wird aufgrund des großen Puffervolumens nur geringfügig erwärmt. Das Semi-Dry-Verfahren benötigt nur wenig Transferpuffer und erlaubt einen schnelleren Transfer. Bei Proteinen < 50 kDa beträgt die Transferzeit z.B. weniger als eine Stunde. Von Nachteil kann hier die z.T. erhebliche Erwärmung des Blots sein. Bei Blotting-Apparaturen mit Graphitelektroden wird gelegentlich eine Verfärbung der Membran nach dem Blotten beobachtet. In beiden Fällen können mehrere Gele gleichzeitig geblottet werden. Die größten Vorteile des Wet-Blots sind seine Flexibilität (Elektrodenabstand, Spannung, Transferzeiten) und der somit mögliche quantitative Transfer der zu untersuchenden Polypeptide auf die Transfermembran. Beim Semi-Dry-Blot ist dieses bei größeren Fragmenten (> 80 kDa) nicht gewährleistet. Der Tank-Blot eignet sich daher besonders für den Transfer großer Proteine, oder zur Vorbereitung spezieller Analyseverfahren wie z.B. der Sequenzierung von transferierten Proteinen.

Wichtig für das Gelingen eines Protein-Blots ist die richtige Blotting-Membran. Grundsätzlich sind alle Membranmaterialien geeignet, die zur Bindung von Proteinen befähigt sind. Die Bandbreite erstreckt sich von Nitrocellulose (Cellulosenitrat, Towbin *et al.*, 1979), Polyvinylidendifluorid (Gültekin und Heermann, 1988) und Nylon (Peluso und Rosenberg, 1987) bis hin zu Polypropylen und diazotiertem Papier.

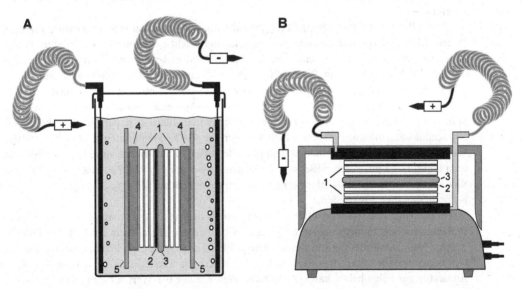

Abb. 10–2: Aufbau eines Elektroblotts. A) Wet- (Tank-) Blot; B) Semi-Dry-Blot; 1: Filterpapiere; 2: Membran; 3: Gel; 4: Schwammtuch; 5: Kunststoffgitter.

Für das Blotten von Peptiden können Nylonmembranen verwendet werden, auf denen anschließend noch eine Fixierung mit Glutardialdehyd durchgeführt werden kann (Karey und Sirbasku, 1989). Allerdings kann die Vernetzung mit dem Glutardialdehyd zur Veränderung von Antikörper-Bindungsstellen führen. Für den Nachweis von Peptiden (< 1 kDa) müssen die Membranen chemisch voraktiviert werden. So lässt sich Nitrocellulose mit Cyanbromid modifizieren (Demeulemester *et al.*, 1987), damit die geblotteten Peptide kovalent gebunden werden. Außerdem ist für das Immuno-Blotting von kleinen Peptiden die Vorbehandlung der Nitrocellulose mit Divinylsulfon, das anschließende Aufbringen eines Diaminoalkans als *spacer*-Molekül und eine Aktivierung mittels Glutardialdehyd beschrieben worden (Lauritzen *et al.*, 1990), wobei das Peptid dann über seine freien Aminogruppen kovalent an die Membran gebunden wird. Durch diese Vorbehandlungen lassen sich auch hydrophile Peptide und Proteine immobilisieren.

Aufgrund des unterschiedlichen Bindungsverhaltens verschiedener Blotting-Membranen können die Proteinmuster gleicher Proben deutlich variieren. Durchgesetzt haben sich Nitrocellulose (NC) und Polyvinylidendifluorid (PVDF) sowie in eingeschränktem Maße auch Nylon.

Nylon ist entweder als neutrales (NL) oder als kationisiertes (KNL) Nylon 6,6 im Handel. Es besitzt eine hohe Proteinbindekapazität und wird für das Blotten von sauren Proteinen oder bei Chemilumineszenz-Nachweis mit Adamantyl-1,2-dioxethanarylphosphaten (AMPPD, CSPD) empfohlen. Nylon, insbesondere kationisiertes Nylon, erfordert allerdings spezielle Blockierungsreagenzien, wie Kasein und Polyvinylpyrrolidon. Es ist weder mit SDS oder Methanol haltigen Transferpuffern (Peluso und Rosenberg, 1987) noch mit einer Goldkolloid- oder Tuschefärbung des geblotteten Proteins kompatibel.

Polyvinylidenfluorid (PVDF) besitzt eine sehr hohe Proteinbindekapazität (bis zu 600 µg $\times$ cm^{-2}), eine gute Resistenz gegenüber organischen Lösungsmitteln, eine hohe Reißfestigkeit und ein gutes Signal/Hintergrund-Verhältnis mit Chemilumineszenz-Detektionssystemen. Deshalb können Protein-Blots auf PVDF auch zur Proteinsequenzierung verwendet werden (Kap. A2), und die Handhabung der Membran ist einfacher als bei Nitrocellulose. Die hohe Proteinbindekapazität des PVDF kann allerdings auch von Nachteil sein, wenn der Blot nur unzureichend abgesättigt wurde. Generell gilt, je höher die Bindekapazität einer Membran, desto stärker ist die Tendenz zu unspezifischen Hintergrundreaktionen mit dem Nachweisreagenz. PVDF zeigt daher manchmal einen höheren Hintergrund als Nitrocellulose. Darüber hinaus muss PVDF vor Verwendung erst noch mit Methanol benetzt werden, was einen geringfügig höheren Arbeitsaufwand bedeutet. Außerdem können SDS-haltige Transferpuffer mit der Proteinbindung interferieren.

Nitrocellulose (NC) besitzt eine Proteinbindekapazität von bis zu 180 µg $\times$ cm^{-2}, was für die meisten Protein-Blotting-Experimente mehr als genug ist, denn selten werden mehr als 100 µg Protein pro Spur in einem Gel separiert, sodass eine einzelne Bande im Mittel < 10 µg Protein pro cm^2 enthält. Darüber hinaus wird Nitrocellulose in Porengrößen bis zu 0,1 µm angeboten, sodass auch noch kleine Proteine und Peptide unter 20 kDa sicher und mit hoher Ausbeute geblottet werden können. Hier gilt, je größer die Poren in der Membran, desto geringer ist die Blot-Ausbeute insbesondere für kleine Proteine. Membranen mit Porengrößen > 0,45 µm sind daher für Protein-Blotting-Experimente nicht zu empfehlen. Da Nitrocellulosemembranen nur etwa halb so teuer wie PVDF-Membranen sind und es mittlerweile auch faserverstärkte Nitrocellulosemembranen gibt, die besser zu handhaben sind, ist eine Nitrocellulosemembran von 0,1–0,2 µm Porengröße für die meisten Anwendungen völlig ausreichend. Nur wenn schlechte Blot-Ergebnisse mit Nitrocellulose erzielt werden, sollte man auf kleinere Porengrößen, PVDF- oder auch Nylonmembranen ausweichen.

Für die Wahl des **Transferpuffers** gibt es ebenfalls mehrere Alternativen, was darauf hinweist, dass die Pufferzusammensetzung für einen erfolgreichen Transfer meist nicht sehr kritisch ist (Gültekin und Heermann, 1988). Der Puffer darf nur kein Natriumchlorid oder andere gut leitende Salze enthalten, da dies zu sehr hohen Strömen führt, was wiederum einen schlechteren Transfer und eine Überhitzung von Blot und Apparatur zur Folge haben kann. Auch muss kein exakter pH-Wert für den Transferpuffer eingehalten werden. Es ist vielmehr darauf zu achten, dass sich der pH-Wert des Transferpuffers vom isoelektrischen Punkt des zu transferierenden Proteins unterscheidet. Der pH-Wert der meisten Transferpuffer liegt im

Bereich von 7,3–11 (Towbin *et al.*, 1979, Bjerrum *et al.*, 1987, Matsudaira, 1987, Bolt und Mahoney, 1997). Nur bei Semi-Dry-Blot-Apparaturen mit Graphitelektroden sollte der pH-Wert 9 nicht übersteigen, um eine Beschädigung der Elektroden zu vermeiden. Außerdem können Zusätze wie Methanol und SDS im Transferpuffer maßgeblich zum Gelingen beitragen. Der Methanolgehalt von bis zu 20 % im Transferpuffer dient dazu, das Benetzen der Membranen zu erleichtern und die Bindung der Proteine an SDS zu lockern, was wiederum ihre Bindung an PVDF- oder Nitrocellulosemembranen verbessern und damit höhere Transferraten liefern soll (Jacobson und Kårsnäs, 1990). In Methanol haltigen Puffern schrumpft das Gel jedoch etwas, was den Transfer von hochmolekularen Proteinen verschlechtert. Außerdem kann bei Glycoproteinen die Bindung von SDS an die Proteine so sehr gelockert werden, dass letztendlich schlechtere Transferraten als mit Methanol freiem Puffer erzielt werden. SDS hingegen verbessert den Proteintransfer aus dem Gel, die Bindung an Nitrocellulose wird jedoch erniedrigt. Aus diesem Grunde ist der Zusatz von SDS im Transferpuffer zur Effizienzsteigerung nur beim Blotten großer Proteine sinnvoll.

Für erste Versuche empfiehlt es sich, den jeweiligen Universal-Transferpuffer in Verbindung mit einer faserverstärkten Nitrocellulose- oder PVDF-Membran von 0,2 µm Porengröße einzusetzen und das Maximum der empfohlenen Transferzeit für den Blot-Vorgang zu erlauben.

Materialien

- Nitrocellulosemembran (NC, Hybond-C Extra, Hybond-ECL, GE Healthcare); Nitrocellulose oder Supported Nitrocellulose, Bio-Rad Laboratories; Immobilon NC, Millipore; BioTrace NT, Pall; Nitrocellulose, Pierce Biotechnology (Thermo Scientific); Pure Nitrocellulose oder Reinforced Nitrocellulose, Sartorius; Protran oder Optitran, Whatman (GE Healthcare)); Lagerung (trocken, gut verschlossen): ≤ 1 Jahr
- oder: Polyvinylidenfluorid-Membran (PVDF, z.B. Hybond-P, GE Healthcare); PVDF, Bio-Rad Laboratories; Immobilon-P oder Immobilon-P^{SQ}, Millipore; PolyScreen, Perkin Elmer; BioTrace PVDF, Pall; PVDF, Pierce Biotechnology (Thermo Scientific); PVDF Western Blotting, Roche Diagnostics; Westran, Whatman (GE Healthcare)); Lagerung (trocken, gut verschlossen): unbegrenzt
- optional: Nylonmembran (NL/KNL, z.B. Biodyne A (NL) bzw. B (KNL), Pall; Sartolon, Sartorius; Nytran N (KNL), Nytran SuperCharge (KNL, Whatman (GE Healthcare)); Lagerung (trocken, gut verschlossen): unbegrenzt
- saugfähiger, dicker Cellulose-Filterkarton (GB002, 3MM, Whatman (GE Healthcare), o.ä.)
- Strom- bzw. Spannungsgeber
- Handroller oder Glasstab
- 2 kleine Inkubationsschalen (aus Glas oder Polypropylen, Innenmaße nur geringfügig größer als die Maße des Gels bzw. der Blotting-Membran)
- 1–2 große Schalen (ca. 20 × 20 cm) für das Benetzen und Tränken der Membran und der Filterkartons (sowie der Schwammtücher beim Wet-Blot)
- Methanol (nur bei Verwendung von PVDF-Membranen), PBS oder TBS je nach späterem Nachweissystem (PBS bei Meerrettichperoxidase-Konjugaten; TBS bei alkalische Phosphatasekonjugaten):
- 10-fach PBS-Stammlösung: 80 g Natriumchlorid, 11,5 g Di-Natriumhydrogenphosphat wasserfrei, 2 g Kaliumchlorid, 2 g Kaliumdihydrogenphosphat wasserfrei, ad 1 l mit H$_2$O bidest.; exakt einwiegen und den pH-Wert nicht nachstellen (Endkonzentration: 1,37 M NaCl, 81 mM Na$_2$HPO$_4$, 27 mM KCl, 14,7 mM KH$_2$PO$_4$); Lagerung: unbegrenzt
- PBS (Dulbecco's *phosphate-buffered saline*): 100 ml 10-fach PBS, ad 1 l mit H$_2$O bidest.; es stellt sich bei RT ein pH-Wert von 7,2–7,4 ein; bei 4 °C liegt der pH-Wert ebenfalls bei 7,2–7,4; Lagerung: unbegrenzt
- 10-fach TBS-Stammlösung: 80 g Natriumchlorid, 12,1 g Tris-Base, ad 900 ml mit H$_2$O bidest.; pH-Wert mit Salzsäure auf 7,3 einstellen; ad 1 l mit H$_2$O bidest. (Endkonzentration: 1,37 M NaCl, 100 mM Tris-HCl, pH 7,3); Lagerung: unbegrenzt
- TBS (*tris-buffered saline*): 100 ml 10-fach TBS ad 1 l mit H$_2$O bidest.; es stellt sich bei RT ein pH-Wert von 7,3 ein; bei 4 °C liegt der pH-Wert bei 7,7–7,8; Lagerung: unbegrenzt

Wet-Blot

- Wet-(Tank-)Blot-Apparatur: Tank Blot, Whatman (GE Healthcare); Criterion Blotter, Mini Transblot, Transblot Cell, Bio-Rad Laboratories; Electro-Blot Unit, Scie-Plas; TE 22 Mini Tank Transphor Unit, TE 42 Transphor Unit, GE Healthcare; WetBlot Elektroblotter TEB 10/20, Peqlab Biotechnologie; MINI/MAXI Tank-Blot, Roth; BlueBlot Wet 100/200, Serva Electrophoresis; alle mit Transferpuffer Ia, Ib, Ic oder Id zu betreiben

- Transferpuffer Ia (Universal-Transferpuffer-Wet, Towbin-Puffer): 3,03 g Tris-Base, 14,4 g Glycin, 200 ml Methanol, ad 1 l mit H_2O bidest.; der pH-Wert sollte 8,3–8,4 betragen (Endkonzentration: 25 mM Tris, 192 mM Glycin, 20 % (v/v) Methanol); Lagerung (4 °C, verschlossen): ≤ 6 Monate; den pH-Wert auf keinen Fall mit Säure oder Lauge nachstellen, ein pH-Wert von 8,2–8,4 ist ausreichend; ist die Abweichung größer, muss der Puffer neu angesetzt werden

- oder: Transferpuffer Ib (HMW-Transferpuffer): 5,82 g Tris-Base, 29,0 g Glycin, 10 ml 10 % (w/v) Natriumdodecylsulfat, 200 ml Methanol, ad 1 l mit H_2O bidest.; der pH-Wert sollte 8,2–8,3 betragen (Endkonzentration: 48 mM Tris, 386 mM Glycin, 0,1 % (w/v) SDS, 20 % (v/v) Methanol); Lagerung (4 °C, verschlossen): ≤ 6 Monate; den pH-Wert auf keinen Fall mit Säure oder Lauge nachstellen

- optional: Transferpuffer Ic (Bolt-Puffer): 4,85 g Tris-Base, 2,72 g Natriumacetat × 3 H_2O, 0,58 g Ethylendiamintetraessigsäure (freie Säure), 5 ml 10 % (w/v) Natriumdodecylsulfat, 200 ml Methanol, ad 1 l mit H_2O bidest.; der pH-Wert sollte 8,8–8,9 betragen (Endkonzentration: 40 mM Tris, 20 mM Natriumacetat, 2 mM EDTA, 0,05 % (w/v) SDS, 20 % (v/v) Methanol); Lagerung (4 °C, verschlossen): ≤ 6 Monate

- optional: Transferpuffer Id (HpI-Transferpuffer, Matsudaira-Puffer): 2,21 g Cyclohexylaminopropansulfonsäure (CAPS, freie Säure), 150 ml Methanol, ad 800 ml mit H_2O bidest.; mit Natriumhydroxid auf pH 11 einstellen, ad 1 l mit H_2O bidest. (Endkonzentration: 10 mM CAPS, 15 % (v/v) Methanol); Lagerung (4 °C, verschlossen in Kunststoffflasche): ≤ 6 Monate

Semi-Dry-Blot

- Semi-Dry-Blot-Apparatur mit Titan-Platin-/Edelstahlelektroden: z.B. Fastblot B43/44, Whatman (GE Healthcare); Transblot SD, Bio-Rad Laboratories; Semi-Dry Transfer Unit, GE Healthcare; Semi-Dry Blotting System, Scie-Plas; Semi-Dry-Blotter PEGASUS S/L, Phase; PerfectBlue Electroblotter Sedec S/M, Peqlab Biotechnologie; MINI/MAXI Semi-Dry-Blot, Roth, mit Transferpuffer IIa, IIb oder IIc zu betreiben

- oder: Semi-Dry-Blot-Apparatur mit Graphitelektroden: z.B. Fastblot B31-34, Whatman (GE Healthcare); Multiphor II NovaBlot Unit, GE Healthcare; BlueFlash Semi-Dry Blotter Serie, Serva Electrophoresis, mit Transferpuffer IIa zu betreiben

- Transferpuffer IIa (Universal-Transferpuffer-Semi-Dry): 3,03 g Tris-Base, 14,4 g Glycin, 100 ml Methanol, ad 1 l mit H_2O bidest.; der pH-Wert sollte 8,3 betragen (Endkonzentration: 25 mM Tris, 192 mM Glycin, 10 % (v/v) Methanol); Lagerung (4 °C, verschlossen): ≤ 6 Monate; den pH-Wert auf keinen Fall mit Säure oder Lauge nachstellen, ein pH-Wert von 8,2–8,4 ist ausreichend; ist die Abweichung größer, muss der Puffer neu angesetzt werden

- oder: Transferpuffer IIb (Bjerrum-Puffer): 5,82 g Tris-Base, 2,93 g Glycin, 3,75 ml 10 % (w/v) Natriumdodecylsulfat, 200 ml Methanol, ad 1 l mit H_2O bidest.; der pH-Wert sollte 9,2 betragen (Endkonzentration: 48 mM Tris, 39 mM Glycin, 0,0375 % (w/v) SDS, 20 % (v/v) Methanol); Lagerung (4 °C, verschlossen): ≤ 6 Monate; den pH-Wert auf keinen Fall mit Säure oder Lauge nachstellen

- optional: Transferpuffer IIc (HpI-Transferpuffer, Matsudaira-Puffer, identisch mit Transferpuffer Id, s.o.)

Durchführung

Die Membran, die Filterkartons und das Gel nur mit Handschuhen anfassen, um Verschmutzungen und Fingerabdrücke zu vermeiden.

- Blotting-Membran und 6–8 Filterkartons auf die entsprechende Gelgröße zurechtschneiden.

Tab. 10–2: Blotting-Bedingungen

Wet- (Tank-)Verfahren	Stromdichte bei Kammerquerschnitt von		Dauer des Blottings	Elektrizitäts-menge
Anwendungsbereich	ca. 150 cm² (Mini-Tank-Blotter)	ca. 500 cm² (Maxi-Tank-Blotter)		
Proteine ≤ 80 kDa (Transferpuffer Ia, gekühlt)	0,8–1,5 mA x cm⁻¹	0,2–0,5 mA x cm⁻¹	2–8 h	0,4–1 Ah
Proteine ≥ 80 kDa (Transferpuffer Ib, gekühlt)	0,4–0,7 mA x cm⁻¹	0,2–0,3 mA x cm⁻¹	über Nacht (15–20 h)	1–3 Ah
Proteine von 10–500 kDa (Transferpuffer Ic, gekühlt)	0,8–1,5 mA x cm⁻¹	0,2–0,5 mA x cm⁻¹	2–8 h	0,4–1 Ah
Basische Proteine und Blots zur Proteinsequenzierung (Transferpuffer Id, gekühlt)	0,4–1,5 mA x cm⁻¹	0,2–0,5 mA x cm⁻¹	5 h–über Nacht (15–20 h)	1–3 Ah
Semi-Dry-Verfahren	**Stromdichte bei Gelfläche von**		**Dauer des Blottings**	**Elektrizitäts-menge**
Blotting-Apparatur	**80–100 cm²**	**200–250 cm²**		
Graphitelektroden (Transferpuffer IIa, gekühlt)	1,5–3 mA x cm⁻¹	1–1,3 mA x cm⁻¹	1–3 h (max. 5 h)	0,2–0,8 Ah
Platin/Edelstahlelektroden (Transferpuffer IIa, IIb, IIc, ungekühlt)	3–5 mA x cm⁻¹	2,5–3 mA x cm⁻¹	0,5–1 h (max. 1 h)	0,2–0,7 Ah

Die Angaben in der Tabelle stellen Richtwerte für erste Experimente dar. Die optimalen Transferbedingungen sind empirisch zu ermitteln.
Um eine Beschädigung der Blot-Apparatur zu vermeiden darf beim Semi-Dry-Verfahren die Spannung 40 V (bei Graphit-elektroden) bzw. 25 V (bei Platin/Edelstahlelektroden) nicht überschreiten.

Membran vorbereiten

- Nitrocellulose- und Nylonmembranen: Membran und Filterkartons für 15–30 min im gewünschten Transferpuffer (Tab. 10–2) tränken; dabei Membran und die Filterkartons langsam in den Puffer hin-eingleiten lassen; die Bildung von Luftblasen an Filterkarton und Membran vermeiden
- PVDF-Membranen: Membran vor dem Äquilibrieren in Transferpuffer erst für einige Sekunden mit Methanol p.a. benetzen und dann, ohne sie trocknen zu lassen, in Transferpuffer überführen; trocknet die Membran, muss wieder zuerst mit Methanol benetzt werden
- nach Beendigung der Gelelektrophorese (Abschn. 2.1) eine Glasplatte abnehmen und den zum Transfer vorgesehenen Teil des Gels ausschneiden
- je nach Gelgröße und -dicke das Gel für 15 bis maximal 30 min in Transferpuffer äquilibrieren; dabei beachten: sollen Proteine < 20 kDa detektiert werden, ist es sinnvoll, statt einmal 15–30 min nur dreimal 2–3 min zu äquilibrieren; die Verbreiterung der Banden durch Diffusion wird damit reduziert.

Wet-Blot

Der Zusammenbau des Wet-Blots muss luftblasenfrei erfolgen. Luftblasen können gut durch Rollen mit einem Handroller oder Glasstab entfernt werden.

- Kunststoffgitter auf die Kanten einer großen Schale oder in die Schale hineinlegen, um abtropfenden Puffer aufzufangen; Schwammtuch mit Transferpuffer tränken und auf das Gitter legen

- Blotting-Sandwich wie in Abb. 10–2 dargestellt aufbauen, d.h.: nacheinander 3–4 der mit Transferpuffer getränkten Filterkartons auf das Schwammtuch legen; Gel mit frischem Transferpuffer abspülen und auf den Filterstapel legen; Membran auf das Gel legen und nicht mehr verschieben; nacheinander 3–4 der mit Transferpuffer getränkten Filterkartons auf die Membran legen; zweites Schwammtuch mit Transferpuffer tränken und auf den Filterkartonstapel legen; zweites Gitter auf das Schwammtuch legen; kompletten Sandwich zusammenpressen und die beiden Gitter miteinander verriegeln
- Puffertank der Wet-Blot-Apparatur mit kaltem (4 °C) Transferpuffer so hoch füllen, dass danach das Sandwich komplett mit Puffer bedeckt sein wird
- Sandwich in die dafür vorgesehenen Halteschienen im Puffertank schieben; dabei das Sandwich so in die Halteschienen setzen, dass die Membran zur Anode (+) und das Gel zur Kathode (–) zeigt
- Transfertank verschließen und das Blotting wenn möglich bei 4 °C nach den in Tab. 10–2 angegebenen Bedingungen durchführen; besitzt die Wet-(Tank-)Blot-Apparatur eine Durchflusskühlung (TE 22 Mini Tank Transfer Unit, TE 62 Transfer Unit, GE Healthcare; Tankblot, Whatman (GE Healthcare)), kann der Transfer bei eingeschalteter Kühlung auch bei RT durchgeführt werden.

Semi-Dry-Blot

Der Zusammenbau des Semi-Dry-Blots muss luftblasenfrei erfolgen. Deshalb nach jeder Lage (Filterpapier, Membran, Gel) Luftblasen aus dem Sandwich durch vorsichtiges Rollen mit einen Handroller oder Glasstab entfernen. Sandwich zügig zusammenbauen und immer feucht halten.

- Elektrodenplatten der Blotting-Apparatur mit H_2O bidest. gleichmäßig benetzen und überschüssiges Wasser mit Filterpapier abnehmen
- Blotting-Sandwich wie in Abb. 10–2 dargestellt aufbauen, d.h. nacheinander 3–4 der mit Transferpuffer getränkten Filterkartons als Stapel auf die Anode (im Gerätekorpus eingelassene Elektrodenplatte) legen
- Membran auf den Filterkartonstapel legen
- Gel mit frischem Transferpuffer abspülen, auf die Membran legen und nicht mehr verschieben
- nacheinander 3–4 der mit Transferpuffer getränkten Filterkartons auf das Gel legen
- überschüssigen Transferpuffer neben dem Sandwich mit einem Filterpapier abnehmen
- obere Elektrodenplatte parallel auflegen, gegebenenfalls Kühlkissen auflegen und mit 1–2 kg beschweren (Fastblot, Whatman (GE Healthcare)) oder Schutzhaube aufsetzen (Transblot SD, Bio-Rad Laboratories)
- beim Aufbau und Anschluss an den Spannungsgeber auf die richtige Polung achten
- Blotting durchführen, die Bedingungen sind in Tab. 10–2 angegeben
- besitzt der Semi-Dry-Blotter eine Durchflusskühlung (Fastblot, Whatman (GE Healthcare)), diese Kühlung auf jeden Fall benutzen.

Abschließende Durchführung für Wet-Blot und Semi-Dry-Blot

- Inkubationsschale zur Aufnahme der Membran vorbereiten und so viel PBS oder TBS vorlegen, dass die Membran anschließend gut bedeckt sein wird
- nach Beendigung des Transfers Membran mit einer stumpfen Pinzette entnehmen und wie folgt weiterbehandeln; Hinweis: bei PVDF-Membranen kann es von erheblichem Vorteil sein, sie an dieser Stelle vollständig zu trocknen, um den Verlust an transferiertem Protein zu reduzieren. Vor Weiterverwendung muss die PVDF-Membran dann aber nacheinander mit Methanol und Transferpuffer rehydratisiert werden
- die Membran mit der dem Gel zugewandten Seite nach oben entweder zur Proteinfärbung in eine Inkubationsschale mit Färbelösung oder zur Nachweisreaktion in die mit PBS bzw. TBS gefüllte Inkubationsschale legen
- optional kann das Gel zur Kontrolle des Transfers einer Silber- (Abschn. 2.2.2), Nilrot- (Greenspan und Fowler, 1985, Sackett und Wolf, 1987) oder Coomassie-Färbung (Abschn. 2.2.1) unterzogen werden.

10.1.4 Dot-Blot

Wird auf eine gelelektrophoretische Trennung des Untersuchungsgutes verzichtet und die Proteinprobe direkt auf die Membran getüpfelt, bezeichnet man den Blot als Dot-Blot (Hawkes *et al.*, 1982). Durch das Fehlen einer elektrophoretischen Trennung ist das Verfahren allerdings nur dann aussagekräftig, wenn ein monospezifisches Nachweisverfahren verwendet wird oder die Probe nur ein Protein enthält.

Hauptanwendungsgebiete der Methode sind die immunchemische Quantifizierung kleinster Protein-mengen (≤ 10 fmol, Jahn *et al.*, 1984, Heinicke *et al.*, 1992), die immunchemische Detektion und Quantifizierung bestimmter Proteine in Proteinmischungen sowie die Bestimmung von Nachweisgrenzen von Detektionssystemen auf Blot-Membranen und die Optimierung solcher Systeme. Darüber hinaus benutzt man Dot-Blots auch zum Nachweis von Proteinen mit sehr hoher Molmasse, die elektrophoretisch nicht mehr trenn- oder blotbar sind, zum Nachweis von Proteinen mit sehr kleiner Molmasse, die beim Transfer die Membran durchdringen, zum Nachweis von Proteinen oder Proteinkomplexen, die durch eine Gelelektrophorese beschädigt würden, zur Analyse von Proben, die aufgrund einer zu hohen Ionenstärke die Trennung stören würden, sowie zum Nachweis von Substanzen, die gelelektrophoretisch überhaupt nicht getrennt werden können, wie z.B. Glycolipide (Rousset *et al.*, 1998).

Als Membran wird beim Dot-Blot vorwiegend NC verwendet, da das Material eine gute Saugfähigkeit besitzt und so das Verlaufen von getüpfelten Proben verhindert. Prinzipiell sind auch die hydrophoberen Materialien PVDF, NL und KNL für den Dot-Blot geeignet (Goso und Hotta, 1994). Aufgrund ihrer hohen Oberflächenspannung neigen getüpfelte wässrige Proben allerdings zum Rollen auf der Membran und der Kontakt zwischen Probengut und Membran ist nicht sehr innig, was die Transfereffizienz senkt. Eine Lösung für dieses Problem bietet das Benetzen der Membran in den für den Probenauftrag vorgesehenen Bereichen durch Methanol (Aizawa und Gantt, 1998). Man darf die wässrige Probe allerdings erst kurz vor dem vollständigen Verdunsten des Alkohols auf den vorbehandelten Bereich aufbringen. Andererseits bietet die hohe chemische Resistenz von PVDF, NL und KNL auch die Möglichkeit, in organischen Solvenzien gelöste Substanzen, wie z.B. Glycolipide, zu blotten. Aufgrund der geringen Oberflächenspannung organischer Lösungsmittel und ihrer höheren Hydrophobizität rollt eine solche Probe kaum auf der Membran und die Transfereffizienz ist gut.

Die Proben sollten keine Detergenzien oder andere nicht verdunstende hydrophobe Substanzen enthalten, da diese mit dem Protein oder Lipid um die Bindung an die Membran konkurrieren. Ist die Anwesenheit von Detergenzien in der Probe unvermeidlich, sollte deren Konzentration so niedrig wie möglich gehalten werden und 0,1 % auf keinen Fall übersteigen.

Nach dem Antrocknen einer getüpfelten Probe ist der Dot in der Regel nicht mehr sichtbar. Um versehentliches Tüpfeln auf einen bereits belegten Bereich zu vermeiden, kann man der Probe entweder einen gut abwaschbaren Farbstoff, wie z.B. Bromphenolblau, zusetzen, alle Bereiche vorher mit einem weichen Bleistift markieren oder einen Dot-Blot-Apparat verwenden. Letzteres ist die eleganteste Lösung, da zum einen ein symmetrisches Muster von gleich großen Dots entsteht und zum anderen durch den Farbstoff und durch Graphitpartikel verursachte Störungen in der Nachweisreaktion vermieden werden.

Als Standardverfahren kann die Verwendung einer faserverstärkten NC-Membran von 0,2 μm Porengröße in Verbindung mit einem Dot-Blot-Apparat empfohlen werden.

Materialien

- Dot-Blot-Apparat: Hybri-Dot 96, Dot Blot 96, Minifold I, Whatman (GE Healthcare); Bio-Dot, Bio-Dot SF Microfiltration Apparatus, Bio-Rad Laboratories; Dot-Blot 96, Roth; 96-well Dot Blot Hybridisation Minifold, Scie-Plas
- Nitrocellulosemembran (Abschn. 10.1.3)
- Inkubationsschale (aus Glas oder Polypropylen, Innenmaße nur geringfügig größer als die Maße der Blotting-Membran)
- PBS oder TBS (Abschn. 10.1.3)

Durchführung

- Membran trocken in den Dot-Blot-Apparat einspannen
- optional: ist kein Dot-Blot-Apparat verfügbar, sollten die Positionen für die Dots auf der Membran so mit einem weichen Bleistift markiert werden, dass der getüpfelte Dot später nicht mit der Bleistiftmarkierung in Berührung kommt; das Tüpfeln sollte auf einem sauberen, nicht saugenden Untergrund durchgeführt werden.

Viele Dot-Blot-Apparate können als Vakuum-Filtrationseinheiten betrieben werden. Es hat sich jedoch gezeigt, dass bei angelegtem Unterdruck die Kontaktzeit von getüpfelter Probe und Membran so gering ist, dass u.U. weniger als 30 % des Proteins an die Membran binden (Aizawa und Gantt, 1998). Der Dot-Blot-Apparat sollte daher nicht unter Vakuum beladen werden. Auch durch saugende Untergründe (Filterpapiere) kann beim manuellen Tüpfeln die Bindung erheblich reduziert werden.

- Kavitäten des Dot-Blot-Apparates bis zu max. 1/3 der Höhe mit Probe füllen bzw. pro Dot ca. 2–5 µl auf die Membran pipettieren
- nach ca. 30 min bei RT überschüssige Lösung durch Anlegen von Vakuum absaugen und die Kavitäten austrocknen lassen bzw. Membran komplett trocknen lassen
- Applikationsvorgang bis zu zweimal wiederholen und Membran nach dem vollständigen Trocknen mit der Applikationsseite nach oben entweder zur Proteinfärbung in eine Inkubationsschale mit Färbelösung oder zur Nachweisreaktion in eine mit PBS bzw. TBS gefüllte Inkubationsschale legen.

10.1.5 Färbung der transferierten Proteine

Die Effizienz des Blot-Vorgangs kann mithilfe von Reagenzien, die unspezifisch Proteine anfärben, überprüft werden. Dies ist insbesondere dann empfehlenswert, wenn keine vorgefärbten Molmassenstandards bei der Gelelektrophorese verwendet wurden, da nach dem Absättigen der Membran mit Proteinen ungefärbte Molmassenstandards nicht mehr sichtbar gemacht werden können. Man sollte allerdings darauf achten, dass die Abfärbung mit der verwendeten Membran und der nachfolgenden Nachweisreaktion kompatibel ist.

Die weit verbreitete Ponceau-S-Färbung (Salihovic und Monetäre, 1986) erfüllt diese Anforderungen für NC und PVDF, ist mit einer Nachweisgrenze von 5–15 ng Protein pro mm^2 jedoch wenig sensitiv und schlecht dokumentierbar. Erheblich sensitiver färben kolloidales Gold (Ausrode Forte Kit, GE Healthcare; Membragold, Diversified Biotech; Protogold, Research Diagnostics oder British Biocell International; Colloidal Gold Protein Total Stain, Bio-Rad Laboratories; S&S Colloidal Gold, Whatman (GE Healthcare); Moeremans *et al.*, 1985, Fowler, 1994) und Fluorophore auf Seltenerd-Chelat-Basis, wie SYPRO Rose Plus (Invitrogen; Kemper *et al.*, 2001) mit Detektionslimits von jeweils ~ 0,25–1 ng Protein pro mm^2 auf NC und PVDF. Kolloidales Gold erfordert allerdings das vorherige Absättigen der Membran und neigt manchmal zu irreversibler Bindung, während für den Nachweis mit Fluorophoren eine aufwändige optische Ausrüstung erforderlich ist. Beide Reagenzien sind nicht mit NL und KNL kompatibel. Die Anfärbung mit Direktblau 71 (Hong *et al.*, 2000) ist zwar ebenfalls nur für NC und PVDF geeignet, erfordert aber weder großen apparativen Aufwand noch vorheriges Absättigen der Membran. Mit einer Nachweisgrenze von ~ 0,5–1,5 ng Protein pro mm^2 auf NC sowie 1–3 ng Protein pro mm^2 auf PVDF ist die Methode fast so sensitiv wie eine Goldkolloid- oder Fluorophorfärbung. Direktblau 71 (Benzolichtblau FFL, Siriuslichtblau BRR) färbt mit hohem Kontrast, ist dank seiner blau-violetten Farbe gut dokumentierbar und weist im Bereich von 20–1.000 ng Protein pro Bande (2,5–125 ng Protein pro mm^2) ein lineares Färbeverhalten auf, sodass geblottete Proteine zueinander quantifizierbar sind.

Für die Routinekontrolle der Transfereffizienz kann bei NC- und PVDF-Blots mit hohen Proteinmengen die Färbung mit dem Standard-Ponceau-S-Verfahren erfolgen. Für Blots mit geringen Proteinmengen wird die kostengünstige und wenig zeitaufwändige Direktblau 71-Anfärbung empfohlen. Da keines der

Verfahren zum Färben auf NL und KNL geeignet ist, muss beim Färben von Blots auf NL und KNL auf spezielle Kits wie z.B. den Reversible Protein Detection Kit (Sigma-Aldrich) zurückgegriffen werden.

Materialien

- Inkubationsschale (aus Glas oder Polypropylen, Innenmaße nur geringfügig größer als die Maße der Blotting-Membran)
- PBS oder TBS (Abschn. 10.1.3)
- Ponceau-S-Stammlösung: 2 % (w/v) Ponceau-S (3-Hydroxy-4-[2-sulfo-4-(sulfo-phenylazo)phenylazo]-2,7-naphthalindisulfonsäure), 30 % (w/v) Trichloressigsäure, 30 % (w/v) Sulfosalicylsäure; Lagerung (RT): > 1 Jahr (als Fertiglösung auch kommerziell erhältlich, z.B. von Sigma-Aldrich)
- Ponceau-S-Arbeitslösung: 1 Volumenteil Ponceau-S-Stammlösung, 9 Volumenteile H$_2$O bidest.; Lagerung (RT): ≤ 24 h
- Direktblau 71-Stammlösung: 0,1 % (w/v) Direktblau 71 (Farbstoffgehalt: ~ 50 %, z.B. Sigma-Aldrich) in H$_2$O bidest.; Lagerung (RT): ≥ 3 Monate
- Direktblau 71-Arbeitslösung: 8 Volumenteile Direktblau 71-Stammlösung, 40 Volumenteile Ethanol, 10 Volumenteile Essigsäure, auf 100 Volumenteile mit H$_2$O bidest. auffüllen; Lagerung (RT): ≥ 3 Wochen (Lösung darf nicht nach Essigester riechen)
- Direktblau 71-Waschlösung: 40 % (v/v) Ethanol, 10 % (v/v) Essigsäure in H$_2$O bidest.; Lagerung (RT): ≥ 3 Wochen (Lösung darf nicht nach Essigester riechen)
- Direktblau 71-Entfärbelösung: 10 Volumenteile Ethanol, 3 Volumenteile 1 M Natriumbicarbonat, 7 Volumenteile H$_2$O bidest.; Lagerung (RT): ≥ 3 Wochen

Durchführung

Ponceau-S
- Membran in Ponceau-S-Arbeitslösung waschen; soviel frisch bereitete Ponceau-S-Arbeitslösung vorlegen oder zugeben, dass der Filter gerade bedeckt ist; kurz schwenken und die Lösung wieder abnehmen
- Membran 5–10 min in frischer Ponceau-S-Arbeitslösung bei RT unter Schütteln anfärben
- Membran 1–2 min unter mehrmaligem Wechseln mit PBS oder TBS waschen
- falls gewünscht, feuchte Membran fotografieren oder die Positionen der Banden mit einem weichen Bleistift markieren.

Direktblau 71
- Membran in Direktblau 71-Arbeitslösung bei RT unter Schütteln für 5 min anfärben
- Membran zweimal kurz (1–2 min) in Direktblau 71-Waschlösung bei RT waschen
- falls gewünscht, feuchte Membran fotografieren oder die Positionen der Banden mit einem weichen Bleistift markieren
- Membran für 5–10 min bei RT unter Schütteln mit Direktblau 71-Entfärbelösung entfärben
- Membran in die für die Nachweisreaktion vorgesehene, mit PBS oder TBS gefüllte Inkubationsschale transferieren.

10.1.6 Nachweisreaktion: Bindung der Erst- und Zweitantikörper

Die Nachweisreaktion, d.h. der Overlay, ist der individuellste Schritt beim Protein-Blotting (Tab. 10–1). Er muss auf jede Anwendung hin abgestimmt und optimiert werden, sodass auch schon für die klassische Western-Blot-Reaktion (Antikörper-Overlay) eine Vielzahl von Protokollen existiert. Allerdings muss immer eine bestimmte Abfolge der Arbeitsschritte eingehalten werden, die zu dem nachfolgenden Basisprotokoll führt.

Vor Beginn der Nachweisreaktion müssen Protein-Blots abgesättigt werden. Dieses „Blocken" dient dazu, überschüssige Proteinbindestellen der Membran zu saturieren und eine unspezifische Bindung der Nachweisreagenzien zu verhindern. In seltenen Fällen können schwach gebundene Proteine bei dieser Prozedur allerdings auch abgelöst und durch Blockierungsreagenz ersetzt werden (Hoffman und Jump, 1986, Hoffman et al., 1991). Um dies zu verhindern, wurde vorgeschlagen, den Blot vor dem Absättigen vollständig zu trocknen, für 1 min mit Isopropanol zu inkubieren (Harlow und Lane, 1988) oder mit einem sauren Puffer zu behandeln (Hoffman et al., 1994). In der Regel scheint eine solche Behandlung nicht nachteilig für den Blot zu sein. Das Trocknen der Membran ist insbesondere bei PVDF-Membranen zu empfehlen, denn es reduziert die Verluste an geblottetem Protein um bis zu 50 %. Die getrocknete PVDF-Membran wird dann nach dem üblichen Verfahren mit Transferpuffer wieder rehydratisiert. Das Trocknen muss auf jeden Fall vor dem Absättigen erfolgen, denn nach dem Absättigen können z.B. PVDF-Membranen nur noch durch eine Behandlung mit 5 % (v/v) Tween 20 in PBS/TBS rehydratisiert werden, Bedingungen, die so stringent sind, dass es hier wiederum zum Ablösen von geblotteten Proteinen kommen kann.

Als Reagenzien zum Absättigen der Membran sind prinzipiell alle amphipathischen Substanzen geeignet, die nicht mit der Nachweisreaktion interferieren. In der Praxis haben sich verdünnte Lösungen von nichtionischen Detergenzien (z.B. Tween 20), von nicht relevanten Proteinen (z.B. Rinderserumalbumin) oder von Proteinmischungen (z.B. entfettete Trockenmilch) sowie Kombinationen von Detergenz und Protein zum Blocken von Western-Blots durchgesetzt. Eine sehr gute Blockierungslösung, die praktisch keinen unspezifischen Hintergrund erlaubt, ist TBS-Blotto bzw. PBS-Blotto, eine Tris- oder phosphatgepufferte physiologische Kochsalzlösung, die 5 % (w/v) entfettete Trockenmilch (Blotto) enthält. Für die Mehrzahl aller Anwendungen ist diese Blockierungslösung gut geeignet. Kommt es allerdings zum Ablösen von schwach gebundenen Proteinen durch Trockenmilch (Hoffman et al., 1991) oder zu einer Reaktion des Nachweissystems mit Milchbestandteilen (Hoffman und Jump, 1989), müssen besser geeignete Blockierungsreagenzien für die spezielle Anwendung empirisch ermittelt werden (Tab. 10–3).

Ist der Filter abgesättigt, folgt als eigentliche Nachweisreaktion die Bindung des Erstantikörpers an eines der transferierten Proteine (für Richtwerte zur Konzentration des Erstantikörpers, Tab. 10–4). Man bezeichnet diesen Antikörper oder das Antiserum als Erstantikörper, weil der entstandene Immunkomplex in der Regel für den Experimentator nicht sichtbar ist und die Visualisierung des Signals die Bindung eines Zweitantikörpers an den Erstantikörper erfordert. Der Zweitantikörper stammt aus einer anderen Spezies als der Erstantikörper. Er ist gegen konstante Bereiche des Erstantikörpers gerichtet und ist an Enzyme, Radionuclide, Fluoreszenzfarbstoffe o.ä. konjugiert, über welche die Bindung sichtbar gemacht wird (Abschn. 10.1.6; Übersichtsartikel: Ramlau, 1987, Kricka, 1993). Dieses Verfahren bietet mehrere Vorteile gegenüber einer direkten Markierung des Erstantikörpers. Zum einen ist es erheblich zeitsparender, denn gegen fast alle Immunglobuline der häufig untersuchten Spezies, wie z.B. IgG, IgA, IgM von Mensch, Kaninchen, Ratte, Maus, Meerschweinchen, Ziege und Schaf sowie IgY vom Huhn gibt es fertige Zweitantikörperkonjugate von kommerziellen Anbietern. Zum anderen verstärkt die Bindung des Zweitantikörpers das Signal, da mehr als ein Zweitantikörpermolekül an ein Erstantikörpermolekül binden kann.

In Fortführung des Zweitantikörperkonzeptes wurden weitere Verstärkersysteme entwickelt, welche entweder die Bi- oder Polyvalenz von Brückenmolekülen ausnutzen oder durch gezielte Deposition von gut nachweisbaren Molekülen den Amplifikationseffekt bewirken. Das Brückenantikörpersystem ist der einfachste Fall und prinzipiell analog zum Zweitantikörpersystem. Es wird allerdings noch mit einem Drittantikörper gearbeitet, sodass sich der Verstärkungsfaktor potenziert. Ist der Hintergrund gering, kann auch noch ein Viertantikörper usw. in der Nachweisreaktion eingesetzt werden. Das Biotin-(Strept) Avidin-System basiert auf der Tetravalenz des Avidins bzw. Streptavidins, welches mit sehr hoher Affinität ($K_D = 10^{-15}$ M bzw. 10^{-12} M) Biotin bindet (Wilchek und Bayer, 1988). Bei Einsatz einer (Strept)Avidin-Brücke wird daher eine dreifache Verstärkung des Signals erzielt. Eine 8–10-fache Signalverstärkung erreicht man durch Enzym vermittelte Kopplung von Biotinyltyramid an den Ort der Erstantikörperbindung (CARD, catalysed reporter deposition; bzw. TSA, tyramine signal amplification; Bobrow et al., 1991). Dabei wird über einen Zweitantikörper oder durch eine Biotin-(Strept)Avidin-Brücke Meerrettichperoxidase an den Erstantikörper gebunden, welche dann in Anwesenheit von Wasserstoffperoxid Biotinyltyramid in

Tab. 10–3: Blockierungslösung

Zusammensetzung des Blockierungslösung[1]	Stringenz auf Membran[5]		Vorteile / Nachteile
PBST oder TBST 0,05% (v/v) Tween 20[2] in Puffer	+ + - -	NC PVDF NL KNL	preiswert; Biotin frei; keine Kreuzreaktion mit Nachweis-reagenzien; erlaubt Gesamtproteinfärbung nach der Nachweisreaktion / oft noch Hintergrund; kann Proteine von der Membran lösen
0,5–1% (v/v) Tween 20, No-nidet P-40 oder Triton X-100 in Puffer	++ ++ +/- -	NC PVDF NL KNL	preiswert; Biotin frei; keine Kreuzreaktion mit Nachweisrea-genzien; erlaubt Gesamtproteinfärbung nach der Nachweis-reaktion / gelegentlich Hintergrund; löst schwach gebundene Proteine von der Membran
5% (w/v) Blotto in Puffer	+++ +++ +/- +/-	NC PVDF NL KNL	preiswert; selten Hintergrund auf NC und PVDF / verdirbt schnell; kann mit Biotin-(Strept)Avidin-Verstärkersystemen interferieren; kann Proteine von der Membran lösen
10% (w/v) Blotto in Puffer	+++ +++ ++ +	NC PVDF NL KNL	preiswertester Blocking-Puffer für NL; selten Hintergrund / verdirbt schnell; kann mit Biotin-(Strept)Avidin-Verstärkersys-temen interferieren; kann Proteine von NC und PVDF lösen
5% (w/v) Blotto, 0,05% (v/v) Tween 20 in Puffer	++++ ++++ ++ +/-	NC PVDF NL KNL	preiswert; fast nie Hintergrund auf NC und PVDF, selten auf NL / verdirbt schnell; kann mit Biotin-(Strept)Avidin-Verstär-kersystemen interferieren; kann Proteine von der Membran lösen
0,5–1% (w/v) Casein (Ham-marsten *grade*) in Puffer	++++ ++++ + +/-	NC, PVDF NL KNL	fast nie Hintergrund auf NC und PVDF, selten auf NL; meist Biotin frei / teuer als Fertiglösung; nur wenige Anbieter für hochwertiges (Hammarsten *grade*) Casein
1% (w/v) Caseln (Hammars-ten *grade*), 0,05% (v/v) Tween 20 in Puffer	+++++ +++++ ++ +	NC, PVDF NL KNL	fast nie Hintergrund auf NC und PVDF, selten auf NL; meist Biotin frei / teuer als Fertiglösung; nur wenige Anbieter für hochwertiges (Hammarsten *grade*) Casein
2% (w/v) Casein (Hammars-ten *grade*), 1% (w/v) Poly-vinylpyrrolidon K30, 0,05% (v/v) Tween 20 in Puffer[3]	+++++ +++++ +++ ++	NC PVDF NL KNL	sehr stringenter Blocking-Puffer; gut geeignet für NL und KNL; meist Biotin frei / relativ teuer; nur wenige Anbieter für hochwertiges (Hammarsten *grade*) Casein; evtl. zu stringent für NC und PVDF
1–3% (w/v) Rinderserum-albumin (Cohn V *grade*) in Puffer	+++ +++ +/- +/-	NC PVDF NL KNL	sehr gutes Signal/Hintergrund-Verhältnis auf NC und PVDF; Lösung lange stabil / relativ teuer; z.T. Maskierung von ge-blotteten Proteinen; kann mit Biotin-(Strept)Avidin-Verstär-kersystemen interferieren
0,2% (w/v) Gelatine (60–180 g Bloom *grade*) in Puffer[4]	++ ++ +/- -	NC PVDF NL KNL	preiswert; selten Hintergrund auf NC und PVDF; gut lager-fähig, da autoklavierbar / ungeeignet für Blots mit extrazell. Matrixproteinen; nicht filtrierbar; kann mit Biotin-(Strept) Avidin-Verstärkersystemen interferieren
10% (v/v) Pferdeserum in Puffer	+++ +++ ++ +	NC PVDF NL KNL	fast nie Hintergrund auf NC und PVDF, selten auf NL / teuer; z.T. Maskierung von geblotteten Proteinen; kann mit Biotin-(Strept)Avidin-Verstärkersystemen interferieren; ungeeignet für Blots mit Pferdeproteinen
10% (v/v) Serum der Spezies von welcher der Zweitanti-körper stammt in Puffer	++++ ++++ ++ +	NC PVDF NL KNL	fast nie Hintergrund auf NC und PVDF, selten auf NL; sehr gut bei kreuzreaktivem Zweitantikörper / teuer; z.T. Maskierung von geblotteten Proteinen; kann mit Biotin-(Strept)Avidin-Verstärkersystemen interferieren
1–2% (v/v) Fischserum in Puffer	++++ ++++ +/- +/-	NC PVDF NL KNL	fast nie Hintergrund auf NC und PVDF; sehr gut bei kreuzre-aktivem Erst- oder Zweitantikörper / teuer; kann mit Biotin-(Strept)Avidin-Verstärkersystemen interferieren; ungeeignet für Blots mit Fischproteinen

Tab. 10–3: *Fortsetzung*

[1] Als Puffer dienen PBS oder TBS. Bei Inkubationen über Nacht kann allen Lösungen 1 mM Natriumazid oder 0,02% (w/v) Thimerosal (bei HRP-konjugierten Zweitantikörpern) als Konservierungsmittel zugesetzt werden.

[2] Allen Blocking-Lösungen kann 0,05% (v/v) Tween 20 zugesetzt werden. Dies erhöht die Stringenz um ca. eine Stufe, kann aber auch das Ablösen von schwach an die Membran gebundenen Proteinen verstärken.

[3] Die Lösung wird angesetzt, indem zu 65°C warmem PBST oder TBST unter konstantem Rühren langsam die entsprechende Menge Casein und Polyvinylpyrrolidon zugesetzt und nach vollständigem Lösen noch 5 min bei dieser Temperatur weitergerührt wird. Vor Verwendung auf die gewünschte Blocking-Temperatur abkühlen lassen.

[4] Die Lösung wird angesetzt, indem zu 65°C warmem PBS oder TBS unter konstantem Rühren langsam die entsprechende Menge Gelatine zugesetzt und nach vollständigem Lösen noch 5 min bei dieser Temperatur weitergerührt wird. Alternativ dazu kann die entsprechende Gelatine-PBS/TBS-Mischung auch für 20 min bei 121°C autoklaviert werden. Tween 20 darf allerdings nicht vor dem Autoklavieren, sondern erst nach dem Abkühlen unter ~75°C zugesetzt werden. Vor Verwendung auf die gewünschte Blocking-Temperatur abkühlen lassen.

[5] Membranen: NC, Nitrocellulose; PVDF, Polyvinylidendifluorid; NL, neutrales Nylon 6,6; KNL, kationisiertes Nylon 6,6. Wertung der Stringenz für den jeweiligen Membrantyp: +++++: extrem hoch; ++++: sehr hoch; +++: hoch; ++ mittel; +: ausreichend: +/- ev. nicht ausreichend; - zu gering/mangelhaft. Eine zu hohe Stringenz kann genauso von Nachteil sein wie eine zu niedrige Stringenz. Für erste Experimente ist es empfehlenswert, mit der im Protokoll erwähnten Blockinglösung (5% (w/v) Blotto in Puffer) zu beginnen.

Bezugsquellen für die Einzelkomponenten: Blotto (entfettete Trockenmilch/Magermilchpulver, Lebensmittelhandel); Casein (Hammarsten *grade*, z.B. Casein Best.-Nr. 44020, BDH Prolabo, VWR); Gelatine (60–180 g Bloom *grade*, z.B. Sigma-Aldrich); Pferdeserum (z.B. Invitrogen, Sigma-Aldrich); Polyvinylpyrrolidon K29-32 (MW 40.000-60.000, Plasdone, Povidone, PVP, z.B. Acros Organics; Sigma-Aldrich); Rinderserumalbumin (Cohn V *grade*, z.B. Acros Organics; Merck Biosciences; Fluka; Roche Diagnostics; USBiological; Sigma-Aldrich); Serum der Spezies, von der der Zweitantikörper stammt (z.B. MP Biomedicals; Pierce Biotechnology (Thermo Fisher Scientific); Sigma-Aldrich)

Bezugsquellen für Fertiglösungen auf: entfettete Trockenmilch-Basis (z.B. Blocker BLOTTO in TBS, Pierce Biotechnology (Thermo Fisher Scientific)); Casein-Basis (z.B. I-Block, Applied Biosystems; Blocker Casein in PBS/TBS, Pierce Biotechnology (Thermo Fisher Scientific); Western Blocking Reagent, Roche Diagnostics; 10fach Blocking Buffer, Casein Blocking Buffer, Sigma-Aldrich); Rinderserumalbumin-Basis (z.B. Blocker BSA in PBS/TBS, Pierce Biotechnology (Thermo Fisher Scientific)); Gelatine-Basis (z.B. Top-Block; Gelatin Blocking Buffer, Sigma-Aldrich), Fischserum-Basis (z.B. SEA-BLOCK Blocking Buffer, Pierce Biotechnology (Thermo Fisher Scientific); SEA BLOCK, AQUA BLOCK, East Coast Biologics)

Biotinyltyramidylradikale umsetzen kann, die rasch mit ihrer Umgebung unter Bildung von kovalenten Bindungen abreagieren. Dadurch wird das Zielprotein selbst und seine unmittelbare Umgebung in hohem Maße biotinyliert, was wiederum mithilfe des Biotin-(Strept)Avidin-Systems weiter verstärkt und anschließend visualisiert werden kann (Abb. 10–3).

Bei selbst zusammengestellten Brückenantikörpersystemen ist zu beachten, dass der am niedrigsten affine Antikörper die Stabilität des gesamten Komplexes diktiert. Bei Verwendung von Brückenantikörpern niedriger oder unbekannter Affinität sollte man daher nicht zu extensiv waschen und die jeweiligen Nachweisreagenzien nach Bindung des Erstantikörpers nicht länger als 2 h inkubieren. Dies gilt nicht für die Biotinyltyramid-Depositionsmethode und das Biotin-(Strept)Avidin-System im Allgemeinen, denn aufgrund der kovalenten Kopplung des abgeschiedenen Biotinyltyramids an die Trägermatrix und der Stabilität von Biotin-(Strept)Avidin-Bindungen treten bei diesen Systemen praktisch keine Dissoziationsverluste mehr auf. Durchgesetzt hat sich bei den Verstärkersystemen im Western-Blot-Bereich deshalb auch die Biotin-Avidin/Streptavidin-Technik, für die fertige Kits im Handel sind (z.B. Streptavidin-AP und HRP-Konjugat oder Streptavidin AuroProbe plus IntenSE Silver Enhancement Reagents, GE Healthcare; Phototope-Star Chemiluminescent Detection Kit, New England Biolabs; Immunopure ABC Staining Kit, Pierce Biotechnology (Thermo Fisher Scientific); BM Chemilumineszenz Western-Blotting-Kit (Streptavidin/Biotin), Roche Diagnostics; Western-Light und Western-Star Immunodetection System, Applied Biosystems; Vectastain Elite ABC und Vectastain ABC-AmP Kits, Vector Laboratories). Auch die CARD/TSA-Methode stößt auf zunehmendes Interesse für Western-Blot-Applikationen. Aus patentrechtlichen Gründen ist Biotinyltyramid im Handel allerdings nicht frei erhältlich und kann nur in Form von Kits von bestimmten Anbietern (Perkin Elmer, Invitrogen) bezogen werden.

Tab. 10-4: Richtwerte für die Verdünnung der Erstantikörper-Reagenzien

Erstantikörper-Reagenz	Verdünnung in Blocking-Puffer
Polyklonale Seren	1:100–1:1.000
IgG-Lösungen	10–100 μg × ml^{-1}
Monoklonale Antikörper	1–10 μg × ml^{-1}
Affinitätsgereinigte polyklonale Antikörper	1–10 μg × ml^{-1}

Die Angaben stellen Richtwerte für erste Experimente dar. Die optimale Konzentration ist empirisch zu ermitteln. Bei kommerziell erhältlichen Antikörpern im Zweifelsfall immer nach den Herstellerangaben richten.

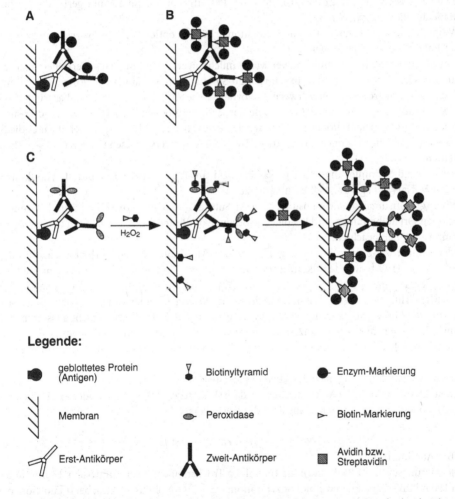

Legende:

geblottetes Protein (Antigen)		Biotinyltyramid		Enzym-Markierung	
Membran		Peroxidase		Biotin-Markierung	
Erst-Antikörper		Zweit-Antikörper		Avidin bzw. Streptavidin	

Abb. 10–3: Funktionsprinzip der Nachweis- und Signalverstärkersysteme. A) Standardnachweisverfahren mittels Enzym markiertem Zweitantikörper; B) Biotin-(Strept)Avidin-Signalverstärkersystem; C) CARD-Verstärkersystem. Im ersten Schritt werden mit Hilfe eines Peroxidase markierten Zweitantikörpers und Wasserstoffperoxid Biotinyltyramidradikale gebildet, die mit ihrer unmittelbaren Umgebung unter Ausbildung einer kovalenten Bindung abreagieren. Im zweiten Schritt wird die lokale kovalente Biotinylierung mit Enzym gekoppeltem (Strept)Avidin markiert.

Für die meisten Anwendungen ist jedoch der Nachweis über Enzym markierte Zweitantikörper völlig ausreichend. Durchgesetzt haben sich hier die Markierung mit Meerrettichperoxidase (HRP) oder mit alkalischer Phosphatase (AP).

Für welches Enzym man sich entscheidet, sollte anhand der erforderlichen Sensitivität und des gewünschten Visualisierungssystems entschieden werden (Abschn. 10.1.7). Für erste Experimente sollte man die Verdünnung von Erst- und Zweitantikörper nicht zu hoch wählen.

Für den Nachweis von Glycoproteinen kann statt eines Erstantikörpers auch ein Lektin eingesetzt werden, das spezifisch an Kohlenhydratseitenketten bestimmter Zusammensetzung und Konformation bindet. Es gibt zahlreiche Enzym-markierte bzw. Hapten-konjugierte Lektine (Vector Laboratories, EY Laboratories, Sigma-Aldrich, USBiological, Merck Biosciences, etc.), mit denen dann nachfolgend der Nachweis auf Glycostrukturen durchgeführt werden kann (Haselbeck *et al.*, 1990).

Materialien

- Inkubationsschale aus Glas, Polypropylen oder Polyethylen; Innenmaße nur geringfügig größer als die Maße der Blotting-Membran
- Wippschüttler oder langsam laufender Rotationsschüttler; optional: Absaugvorrichtung zur Entfernung der Puffer und Waschlösungen
- Blotto (entfettetes Trockenmilchpulver/Magermilchpulver); Lagerung nach Herstellerangaben
- 10 % (v/v) Tween 20: 10 ml Polyoxyethylen-20-Sorbitanmonolaurat (Tween 20) ad 100 ml mit H_2O bidest.; zum leichteren Pipettieren Tween 20 Vorratsflasche auf ≤ 50 °C erwärmen; Lagerung (im Dunkeln, 4 °C, in kleinen Gefäßen): ≤ 2 Monate. Bei langer Lagerung von wässrigen Tween 20-Lösungen unter großem Luftvolumen und/oder am Licht werden Peroxide und Aldehyde gebildet, die u.U. die Nachweisreagenzien schädigen können. Wasserfreies Tween 20 ist gut verschlossen unbegrenzt lagerfähig.
- Zellschaber
- Natriumazid-Stammlösung: 3,25 g Natriumazid ad 100 ml mit H_2O bidest. (Endkonzentration: 500 mM NaN_3); Lagerung (RT): unbegrenzt
  Wichtig: Natriumazid sowie Lösungen dieser Substanz sind sehr toxisch. Salz und Lösung an einem sicheren Ort aufbewahren und bei der Entsorgung von Resten der Stammlösung die jeweiligen Entsorgungsrichtlinien beachten.
- oder Thimerosal-Stammlösung: 2 g Thimerosal (Merthiolat, Natriumethylmercurithiosalicylat) ad 100 ml mit H_2O bidest. (Endkonzentration: 2 % (w/v) Thimerosal); Lagerung (im Dunkeln, 4 °C): unbegrenzt
  Wichtig: Thimerosal ist lichtempfindlich. Stammlösung in einer braunen Glasflasche lagern, und sowohl die Lösung als auch die Festsubstanz nicht längere Zeit direktem Licht aussetzen. Thimerosal sowie Lösungen dieser Substanz sind sehr toxisch. Salz und Lösung an einem sicheren Ort aufbewahren und bei der Entsorgung von Resten der Stammlösung die jeweiligen Entsorgungsrichtlinien beachten.
- Erstantikörper; Lagerung nach Angaben des Herstellers
- Zweitantikörperkonjugat: Meerrettichperoxidase (HRP bzw. PO)-Konjugat oder alkalische Phosphatase (AP)-Konjugat; Lagerung nach Angaben des Herstellers

Bei Verwendung von mit Meerrettichperoxidase konjugiertem Zweitantikörper

- PBS (Abschn. 10.1.3)
- Blockierungspuffer (PBS-Blotto): für 100 ml 5 g Trockenmilchpulver mindestens 15 min unter Rühren in 100 ml PBS suspendieren (Endkonzentration: ~ 5 % (w/v) Blotto in PBS); bei Inkubationen von > 4 h 200 µl Natriumazid-Stammlösung oder 1 ml Thimerosal-Stammlösung zusetzen (Endkonzentration: ~ 1 mM NaN_3 bzw. ~ 0,02 % (w/v) Thimerosal); Suspension frisch bereiten und auch bei Zusatz von Azid oder Thimerosal nicht länger als 24 h verwenden
- PBST (*phosphate-buffered saline tween*): zu 1 l PBS 5 ml 10 % (v/v) Tween 20 zusetzen (Endkonzentration: ~ 0,05 % (v/v) Tween 20 in PBS); Lagerung (4 °C oder RT): 2 Wochen

Bei Verwendung von mit alkalischer Phosphatase konjugiertem Zweitantikörper

- TBS (Abschn. 10.1.3)
- Blockierungspuffer (TBS-Blotto): 5 g Trockenmilchpulver mindestens 15 min unter Rühren in 100 ml TBS suspendieren (Endkonzentration: ~ 5 % (w/v) Blotto in TBS); bei Inkubationen von > 4 h 200 µl Natriumazid-Stammlösung zusetzen (Endkonzentration: ~ 1 mM NaN_3); Lagerung: Suspension frisch bereiten und auch bei Zusatz von Azid nicht länger als 24 h verwenden
- TBST (*tris-buffered saline tween*): zu 1 l TBS 5 ml 10 % (v/v) Tween 20 zusetzen (Endkonzentration: ~ 0,05 % (v/v) Tween 20 in TBS); Lagerung (4 °C oder RT): 2 Wochen

Materialien zur Verwendung mit beiden Detektionssystemen

- Erstantikörperlösung: Verdünnung des Erstantikörpers im entsprechenden Blockierungspuffer; Menge an Puffer ca. 200–300 µl pro cm^2 Grundfläche der Inkubationsschale; Richtwerte für die Verdünnung von Erstantikörpern sind in Tab. 10–4 angegeben; Lagerung: Lösung/Suspension unmittelbar vor Verwendung frisch bereiten. **Wichtig:** Lösung/Suspension kann bei Zusatz von Azid oder Thimerosal ca. 1 Woche bei 4 °C gelagert werden und ist bei rein qualitativen Nachweisen bis zu dreimal verwendbar. Erstantikörperlösung nie direkt auf dem Blot ansetzen, es bildet sich unspezifischer Hintergrund am Ort der Zugabe.
- Zweitantikörperlösung: Verdünnung des Zweitantikörpers im entsprechenden Blockierungspuffer; Menge an Puffer ca. 200–300 µl pro cm^2 Grundfläche der Inkubationsschale; Verdünnung des Zweitantikörpers nach Herstellerangaben, ansonsten 1:1.000–1:2.000; Lösung/Suspension unmittelbar vor Verwendung frisch bereiten
  Wichtig: Lösung/Suspension kann bei Zusatz von Azid oder Thimerosal ca. 1 Woche bei 4 °C gelagert werden und ist bei rein qualitativen Nachweisen bis zu dreimal verwendbar. Für Zweitantikörperlösungen mit Meerrettichperoxidase-Konjugaten auf keinen Fall azidhaltigen, für Zweitantikörperlösungen mit alkalische Phosphatase-Konjugaten auf keinen Fall phosphathaltigen Blockierungspuffer verwenden. Zweitantikörperlösung nie direkt auf dem Blot ansetzen, es bildet sich unspezifischer Hintergrund am Ort der Zugabe.

Durchführung

- PBS bzw. TBS aus der Inkubationsschale entfernen und die Schale ca. 5–10 mm hoch mit Blockierungspuffer füllen
- Membran unter langsamem Schwenken auf einem Wipp- oder Rotationsschüttler blocken; für Nitrocellulose- und PVDF-Membranen ≥ 30 min bei RT, für Nylonmembranen ≥ 2 h bei 37 °C absättigen; Blockierungsreaktionen über Nacht sollten bei 4 °C in Gegenwart von 1 mM Azid erfolgen
- Blockierungspuffer entfernen und Membran dreimal 5–10 min bei RT mit reichlich PBST bzw. TBST waschen, d.h. Schale dabei jeweils ca. 1 cm hoch mit Puffer füllen und gut schwenken oder schütteln; nach dem letzten Waschschritt sollten keine Reste der Blockierungslösung mehr an der Schale oder in der Waschlösung sichtbar sein (z.B. Trübungen durch Blotto oder Verfärbungen durch Serum). Nach dem Blocken ist das Protein auf der Membran stabilisiert, sodass der Blot auf dieser Stufe 2–3 Tage in 1 mM Natriumazid haltigem oder 0,02 % (w/v) Thimerosal haltigem PBST bzw. TBST bei 4 °C gelagert werden kann.
- Erstantikörperlösung unter Schwenken zügig auf den feuchten Filter geben und 1–6 h bei RT oder über Nacht bei 4 °C unter langsamem Schwenken oder Schütteln inkubieren; dabei darauf achten, dass der Filter von der Erstantikörperlösung ausreichend bedeckt wird (bei Verwendung eines Wippschüttlers sollte immer eine kleine Welle über den Filter laufen); Erstantikörperinkubationen über 6 h sollten in Gegenwart von 1 mM Azid oder 0,02 % (w/v) Thimerosal erfolgen. Ist der Erstantikörper sehr wertvoll, kann das Volumen der Erstantikörperlösung dadurch reduziert werden, dass ca. 150–200 µl Erstantikörperlösung pro cm^2 Membran zusammen mit der Membran in einen Polyethylenbeutel eingeschweißt werden und der Beutel flach auf dem Schüttler liegend inkubiert wird.

- Erstantikörperlösung entfernen und Membran fünf- bis sechsmal 10–15 min bei RT mit reichlich PBST bzw. TBST waschen; nach dem letzten Waschschritt sollten keine Reste der Erstantikörperlösung mehr an der Schale oder in der Waschlösung sichtbar sein. **Wichtig:** Bei Verwendung von azidhaltigem(r) Blockierungspuffer und/oder Erstantikörperlösung und anschließender Visualisierung mit Meerrettichperoxidase müssen die Reste der azidhaltigen Lösungen auch von der Wand des Gefäßes gründlich mit PBST bzw. TBST entfernt werden.

- Zweitantikörperlösung unter Schwenken zügig auf den feuchten Filter geben und 1–2 h bei RT unter langsamem Schwenken oder Schütteln inkubieren; dabei darauf achten, dass der Filter von der Zweitantikörperlösung ausreichend bedeckt wird

- Reagenzien zur Visualisierung der Zweitantikörperbindung vorbereiten (Abschn. 10.1.7)

- Zweitantikörperlösung entfernen und Membran fünf- bis sechsmal für 10–15 min bei RT mit reichlich PBST bzw. TBST waschen; nach dem letzten Waschschritt sollten keine Reste der Zweitantikörperlösung mehr an der Schale oder in der Waschlösung sichtbar sein.

10.1.7 Visualisierung: Fluoreszenz, Farb- oder Chemilumineszenz-Reaktion

Um die an das geblottete Protein gebundenen Reagenzien sichtbar zu machen, trägt das zuletzt aufgebrachte Nachweisreagenz (Zweitantikörper) entweder eine Radionuclid- oder Fluorophormarkierung zur direkten Visualisierung oder eine Enzymmarkierung zur indirekten Visualisierung (Ramlau, 1987, Kricka, 1993). Durchgesetzt haben sich dabei die indirekten Verfahren, denn sie produzieren weder radioaktiven Abfall noch erfordern sie einen hohen apparativen Aufwand, wie er z.B. für den Nachweis eines Fluorophors erforderlich ist. Als Enzymmarkierung werden dabei vorwiegend Meerrettichperoxidase (HRP bzw. PO oder POD) oder Alkalische Phosphatase (AP), in geringerem Maße auch β-Galactosidase (β-Gal) verwendet. Bei Zugabe entsprechender Substrate liefert das Enzym dann entweder ein gefärbtes (Farbreaktion) oder ein Licht emittierendes Produkt (Chemilumineszenz), welches am Ort seiner Entstehung ausfällt bzw. Licht ausstrahlt und so die Position der Nachweisreagenzien sichtbar macht. Die Enzymmarkierung besitzt darüber hinaus den Vorteil, dass ein Enzymmolekül eine Vielzahl von Substratmolekülen umsetzen und so das Signal weiter verstärken kann. Dokumentiert werden die Signale bei der Farbreaktion mithilfe eines Scanners oder durch Fotografieren, bei der Chemilumineszenz durch Exposition eines Röntgenfilms oder mithilfe einer CCD-Kamera.

Für einen rein qualitativen Western-Blot wird die Entscheidung für Farb- oder Chemilumineszenz-Reaktion hauptsächlich von den Kosten des Verfahrens und der gewünschten Sensitivität bestimmt. Ist das nachzuweisende Protein in großer Menge auf dem Blot vorhanden, reicht die kostengünstigste, allerdings auch am wenigsten sensitive Farbreaktion mit Peroxidase und 4-Chlornaphthol als Substrat. Ist eine extrem hohe Sensitivität erforderlich, sollte man zur Chemilumineszenz-Reaktion mit alkalische Phosphatasekonjugaten und Adamantyl-1,2-dioxethanarylphosphaten als Substrat greifen (Bronstein *et al.*, 1992). Hier wird die bislang niedrigste Nachweisgrenze überhaupt erreicht (1.700 Moleküle, 1 Zeptomol, 10^{-21} Mol des Enzyms; Kricka, 1993). Dieses Visualisierungsverfahren ist allerdings recht teuer, da die Substratmischungen und Lumineszenzverstärker nur von wenigen Herstellern angeboten werden und die genaue Zusammensetzung dieser Reagenzien oft nicht bekannt ist.

Heutige Infrarot-Fluoreszenzdetektion Scanning Systeme (Odyssey, LI-COR Biosciences; Stella, FMBio, Raytest) erreichen Sensitivitäten im unteren pg-Bereich und erlauben eine über bis zu 3 Größenordnungen völlig lineare Detektion. Die hohe Empfindlichkeit wird z.B. durch die Markierung mit Fluoreszenzfarbstoffen erzielt, die im fernen Rot- oder nahen Infrarotbereich abstrahlen (IRDye 800, LI-COR Biosciences; Cy5.5, GE Healthcare; Alexa680, Invitrogen; DY-781, Dyomics; ATTO680, ATTO740, ATTO-TEC). Im Gegensatz zum Nachweis über Chemilumineszenz ist die Fluoreszenzstrahlung stabil und es entfallen die für die Entwicklung erforderlichen teuren Substratlösungen und die mehrmalige Exposition, um die optimale Detektion zu erreichen.

Wird auf eine exakte Quantifizierung einzelner Banden Wert gelegt, ist sowohl die Farbreaktion als auch die Dokumentation der Chemilumineszenz mithilfe von Röntgenfilmen nur bedingt geeignet. Sowohl das Scannen von gefärbten Banden als auch von exponierten Röntgenfilmen bietet einen linearen dynamischen Messbereich (Graustufen) von weniger als zwei Größenordnungen. Das heißt nur Signale, die sich weniger als 20-fach bis max. 50-fach in ihrer Intensität unterscheiden, sind in korrekter Relation zueinander quantifizierbar (Heinicke et al., 1992, von Olleschik-Elbheim et al., 1996). Möchte man größere Intensitätsunterschiede bestimmen, können Radionuclid markierte Nachweisreagenzien eingesetzt und die Banden nach Visualisierung mit Röntgenfilm ausgeschnitten und im Szintillationszähler vermessen oder durch filmlose Autoradiographie mit Phosphoreszenzspeicherplatten quantifiziert werden (Phosphor imaging; Molecular Imager FX Serie, Bio-Rad Laboratories; Bio-Imaging Analyzer System (BAS) Serie, Fuji Photo Film; Typhoon Serie, Storm Serie, PhosphorImager, GE Healthcare). Je nach Gerät lassen sich 3–5 Größenordnungen gut auflösen (1.000–100.000 Graustufen). Alternativ dazu bietet sich allerdings auch die Quantifizierung der Chemilumineszenz oder einer Fluorophormarkierung mithilfe einer CCD-Kamera an (z.B. von Bio-Rad Laboratories, Hamamatsu Photonics, Raytest, ProScan). Leistungsfähige, auf diese Anwendung hin optimierte Kamerasysteme können Intensitätsunterschiede von mehr als 4 Größenordnungen (> 10.000 Graustufen) exakt bestimmen, sodass der lineare Bereich der Enzymreaktion, welcher etwa 3 Größenordnungen umfasst, voll ausgenutzt werden kann (VersaDoc Model 5.000, Bio-Rad Laboratories; LAS-1.000plus, Fuji Photo Film; Image Station Serie, Kodak; LumiImager, Roche Diagnostics).

Für Routineanwendungen wird jedoch weder ein ultrasensitiver Nachweis noch eine exakte Quantifizierung im Vordergrund stehen, sondern eine kostengünstige Durchführung des Experiments bei guter Sensitivität und geringem apparativem Aufwand. Visualisierungssysteme, die diese Anforderungen erfüllen, sind bei HRP-Konjugaten z.B. das Farbreagenz 3,3'-Diaminobenzidin/Ni^{2+} (DAB/Metall; De Blas und Cherwinski, 1983, Scopsi und Larsson, 1986) oder das Chemilumineszenz-Reagenz Luminol/4-Jodphenol (Luminol/Jodphenol; Schneppenheim et al., 1991) und bei AP-Konjugaten das Farbreagenz 5-Brom-4-chlor-3-indolylphosphat/Nitro-Blue-Tetrazolium (BCIP/NBT; Blake et al., 1984). Aufgrund seiner sehr geringen Kosten und guten fotografischen Dokumentierbarkeit ist bei den HRP-Konjugaten auch die Farbreaktion mit 4-Chlornaphthol (4-CN; Esen et al., 1983) von Interesse.

Reicht die Sensitivität dieser Visualisierungssysteme nicht aus, müssen Verstärkersysteme eingesetzt und die Bindung der Nachweisreagenzien über Chemilumineszenz visualisiert werden. Es empfiehlt sich, kommerziell erhältliche Kits oder fertig vorbereitete Substratmischungen zu verwenden und sich bei der Durchführung des Experiments exakt nach den Angaben des Herstellers zu richten.

Für HRP-Konjugate (Meerrettichperoxidase-Konjugate) sind z.B. folgende Fertigreagenzien und Kits im Handel: ECL, ECL Plus und ECL Advance Western-Blotting Detection System, GE Healthcare; Protein Detector LumiGLO Western Blot Kit, KPL; Western Lightning Western Blot Chemiluminescence Substrat, Western Lightning Western Blot Chemiluminescence Substrat Plus, Perkin Elmer; Super Signal West Femto, Dura und Pico, Pierce Biotechnology (Thermo Fisher Scientific); BM Chemilumineszenz-Blotting-Substrat (POD), BM Chemilumineszenz-Blotting-Kit (POD), Lumi-LightPLUS, Roche Diagnostics; Visualizer Western Blot Detection Kit, Millipore; DuoLuX Chemiluminescent/Fluorescent Substrate, Vector Laboratories.

Für AP-Konjugate (Alkalische Phosphatase-Konjugate) sind z.B. folgende Fertigreagenzien und Kits kommerziell erhältlich: ECF Western Blotting Reagents und Kit, GE Healthcare; Immun-Star Chemiluminescent Kits, Bio-Rad Laboratories; WesternBreeze Chemiluminescent Kits, Invitrogen; CDP-Star Western Blot Chemiluminescence Reagent, Perkin Elmer; LumiPhos WB Chemiluminescent Substrate, Pierce Biotechnology (Thermo Fisher Scientific); CDP-Star, CSPD, Western-Light und Western-Star Immunodetection System, Applied Biosystems; DuoLuX Chemiluminescent/Fluorescent Substrate, Vector Laboratories.

Eine Gegenüberstellung der gängigen Visualisierungsreagenzien für HRP- und AP-Konjugate ist in Tab. 10–5 gegeben. Für erste Experimente sollte man ein Visualisierungssystem mit hoher Sensitivität, wie z.B. DAB/Metall, BCIP/NBT oder Luminol/Jodphenol, wählen, um so alle Möglichkeiten auszuschöpfen, zunächst ein positives Resultat zu erhalten. Ist das Signal zu stark oder der Hintergrund zu hoch, kann man in späteren Experimenten auf ein weniger sensitives System ausweichen, die Entwicklungs- oder Expositionszeit verkürzen, etc.

Tab. 10–5: Visualisierungsreagenzien für Peroxidase- und Alkalische Phosphatase-Konjugate

Visualisierungsreagenz	Sensitivität[3]	Vorteile / Nachteile
Peroxidase-Konjugate		
4-CN/Wasserstoffperoxid (4-Chlor-1-naphthol/H_2O_2)	o	preiswert; geringer Hintergrund; Reaktion gut zu kontrollieren; gut zu dokumentierendes blau-schwarzes Produkt / geringe Sensitivität; rasches Ausbleichen; Detergenz stört die Präzipitation (Esen et al., 1983)
AEC/Wasserstoffperoxid (3-Amino-9-ethylcarbazol/H_2O_2)	o	etwas sensitiver als 4-CN / schwierig zu dokumentierendes rotes Produkt; teilweise löslich; selten verwendet; evtl. karzinogen und mutagen (Harlow und Lane, 1988)
DAB/Wasserstoffperoxid[1] (3,3'-Diaminobenzidin/H_2O_2)	+	sensitiv / Reaktion schwer zu kontrollieren; relativ viel Hintergrund; schlecht zu dokumentierendes braunes Produkt; rasches Ausbleichen (Harlow und Lane, 1988; Brand et al., 1990)
DAB/Metall/Wasserstoffperoxid (3,3'-Diaminobenzidin/Ni^{2+} bzw. Co^{2+}/H_2O_2)	++	gute Sensitivität; gut zu dokumentierendes grau-schwarzes Produkt/ Reaktion schwer zu kontrollieren; etwas Hintergrund; Ni^{2+} und Co^{2+} evtl. karzinogen, mutagen und allergen (Scopsi und Larsson, 1986)
BM Blue POD Substrate, precipitating[1] (3,3',5,5'-Tetramethylbenzidin/H_2O_2/ unbekannter Präzipitationsverstärker)	++	gute Sensitivität; weniger Hintergrund als DAB; nicht karzinogen oder teratogen / blaues Produkt; etwas schwierig zu dokumentieren (Brand et al., 1990)
Luminol/Jodphenol/Wasserstoffperoxid (3-Aminophthalhydrazid/4-Jodphenol/H_2O_2)	++	gute Sensitivität; preiswert; gut dokumentierbare Chemilumineszenz / Jodphenol evtl. teratogen und allergen; Hintergrund steigt rasch bei Reagenzien und Puffer von schlechter Qualität (Schneppenheim et al., 1991)
ECL-Reagenz[1] (3-Aminophthalhydrazid/unbekannter Chemilumineszenzverstärker/H_2O_2)	+++	hohe Sensitivität (~ 10 attomol HRP); gut dokumentierbare Chemilumineszenz; sehr kurze Entwicklungszeit / teuer (Mattson und Bellehumeur, 1996; Akhavan-Tafti et al., 1998)
SuperSignal West Pico-Substrate[1] (3-Aminophthalhydrazid/unbekannter Chemilumineszenzverstärker/H_2O_2)	+++	hohe Sensitivität, auch auf NC; gut dokumentierbare Chemilumineszenz; kurze Entwicklungszeit / teuer (SuperSignal West Pico entspricht SuperSignal, Mattson und Bellehumeur, 1996)
SuperSignal West Dura-Substrate[1] (3-Aminophthalhydrazid/unbekannter Chemilumineszenzverstärker/H_2O_2)	+++	hohe Sensitivität, auch auf NC; gut dokumentierbare Chemilumineszenz; kurze Entwicklungszeit; sehr langsame Abklingkinetik / teuer (SuperSignal West Dura entspricht SuperSignal Ultra, Mattson und Bellehumeur, 1996)
SuperSignal West Femto-Reagenz[1] (3-Aminophthalhydrazid/unbekannter Chemilumineszenzverstärker/H_2O_2)	++++	sehr hohe Sensitivität, auch auf NC; gut dokumentierbare Chemilumineszenz; kurze Entwicklungszeit; langsame Abklingkinetik / teuer
ECL Plus-Reagenz (Lumigen PS-3)[1,2] (9-Acridincarbonsäure, 9,10-dihydro-10-methyl-, 2,3,6-trifluorphenylester (CAS 172834-37-6)/ H_2O_2)	++++	sehr hohe Sensitivität; gut dokumentierbare Chemilumineszenz; kurze Entwicklungszeit; sehr langsame Abklingzeit / teuer, Sensitivitätsverlust auf NC (Akhavan-Tafti et al., 1998)
Visualizer Western Blot Detection Reagent[1] (Derivatisiertes 3-Aminophthalhydrazid/unbekannter Chemilumineszenzverstärker/H_2O_2)	++++	sehr hohe Sensitivität; gut dokumentierbare Chemilumineszenz; kurze Entwicklungszeit; langsame Abklingkinetik / teuer, Sensitivitätsverlust auf NC
ECL Advance-Reagenz (Lumigen TMA-6)[1,2] 1-Propansulfonsäure, 3-[[2-(10-phenyl-9(10H)-acridinyliden)-1,3-dithian-5-yl]oxy]-, Natriumsalz (CAS 555153-39-4)/ H_2O_2	+++++	extrem hohe Sensitivität (~ 100 zeptomol HRP) auch auf NC; gut dokumentierbare Chemilumineszenz; kurze Entwicklungszeit; langsame Abklingzeit; sehr lange Stabilität der Reagenz-Arbeitslösung / teuer (Akhavan-Tafti et al., 2004)

Tab. 10–5: Fortsetzung

Visualisierungsreagenz	Sensitivität[3]	Vorteile / Nachteile
Alkalische Phosphatase-Konjugate		
Naphthol-AS-phosphat/Fast Blue BB (3-Hydroxy-2-naphthanilidphos-phat/diazotiertes 4-Amino-2,5-diethoxybenzanilid)	o	stabiles blaues Produkt / schlechtere Sensitivität als BCIP/NBT; Produkt löslich in Ethanol; sehr selten verwendet (Chu et al., 1989)
BCIP/NBT (5-Brom-4-chlor-3-indolylphosphat/ Nitrotetrazoliumblauchlorid)	++	gute Sensitivität; relativ preiswert; Reaktion gut zu kontrollieren; gut zu dokumentierendes violettes Produkt; gute Auflösung / kaum Nachteile; bleicht erst bei längerer Lichtexposition langsam aus (Blake et al., 1984)
Lumi-Phos WB-Reagenz (Lumigen APS-5)[1,2] (Methanol, [(4-chlorophenyl)thio](10-methyl-9-(10H)-acridinylidene)-dihydrogenphosphate (ester), Dinatriumsalz (CAS 193884-53-6))	+++++	extrem hohe Sensitivität ($\leq$ 100 zeptomol AP); gut dokumentierbare Chemilumineszenz; kurze Entwicklungszeit; Signalstärke nicht von Blocking-Reagenz und Membran abhängig / teuer
Lumi-Phos 480/530/Plus (Lumigen PPD/AMPPD)[2] (Spiro[1,2-dioxyethan-3,2'-tricyclo[3.3.1.13,7] decan, Phenol Derivat (CAS 124951-96-8)/unbekannter Chemilumineszenz-Verstärker bei Lumi-Phos 530)	+++++	extrem hohe Sensitivität ($\geq$ 1 zeptomol AP) auf NL; gut dokumentierbare lang andauernde, gleichmäßige Chemilumineszenz; kurze Entwicklungszeit / teuer; mehr Hintergrund als CSPD und CPD-Star; etwas weniger sensitiv auf PVDF; ungeeignet für NC (Bronstein et al., 1992; Kricka, 1993)
CSPD[2] (Phenol, 3-(5'-chloro-4-methoxyspiro[1,2-dioxyethan-3,2'-tricyclo[3.3.1.13,7]decan]-4-yl)-, Dihydrogenphosphat, Dinatriumsalz (CAS 142849-53-4))	+++++	extrem hohe Sensitivität (~ 1 zeptomol AP) auf NL; gut dokumentierbare, lang andauernde, gleichmäßige Chemilumineszenz; kurze Entwicklungszeit; weniger Hintergrund als AMPPD; auf PVDF und insbesondere auf NC Nachbehandlung mit Nitro-Block II Chemilumineszenzverstärker[1,2] notwendig (Bronstein et al., 1992; Kricka, 1993)
CPD-Star[2] (Phenol, 2-chloro-5-(5'-chloro-4-methoxyspiro[1,2-dioxyethan-3,2'-tricyclo[3.3.1.13,7]decan]-4-yl)-, Dihydrogenphosphat, Dinatriumsalz (CAS 160081-62-9))	++++++	bislang höchste Sensitivität ($\leq$ 1 zeptomol AP) auf NL; gut dokumentierbare, lang andauernde Chemilumineszenz; sehr kurze Entwicklungszeit; weniger Hintergrund als AMPPD / teuer; auf NC Nachbehandlung mit Nitro-Block II Chemilumineszenzverstärker[1,2] erforderlich

[1] Fertigsubstrat- bzw. Verstärkermischungen mit z.T. unbekannter Zusammensetzung (ECL-, ECL Plus- und ECL Advance-Reagenz, GE Healthcare; Nitroblock II-Verstärker, Applied Biosystems; Lumi-Phos 480, Lumi-Phos 530, LumiPlus, Lumigen; Lumi-Phos WB-Reagenz, SuperSignal West Pico-, Dura-, Femto-Substrate, Pierce Biotechnology (Thermo Fisher Scientific); DAB-Substrate, precipitating, BM Blue POD Substrate, precipitating, Roche Diagnostics; Visualizer Western Blot Detection Reagent, Millipore); meist eingetragene Warenzeichen, Gebrauchsmuster oder durch Patent geschützt.

[2] Substrat und/oder Chemilumineszenz-Verstärker wird aus patentrechtlichen Gründen nur von einem Hersteller produziert (Lumigen bzw. Applied Biosystems), z.T. aber über verschiedene Firmen in Deutschland vertrieben.

[3] Qualitative Klassifizierung der Sensitivität: Von gering (o) bis zur höchsten bislang erreichten Sensitivität für ein Enzymsubstrat überhaupt (++++++).

Nachweisgrenzen wurden nach Angaben der Hersteller und anhand der angegebenen Referenzen abgeschätzt.

Materialien

Farbreaktion von AP-Konjugaten mit BCIP/NBT

- BCIP (5-Brom-4-chlor-3-indolylphosphat, p-Toluidinsalz, z.B. $\geq$ 99 % von AppliChem, Roche Diagnostics, Roth; $\geq$ 98 % von MP Biomedicals, Sigma-Aldrich; *research grade*/keine Reinheitsangabe von Biomol, Pierce Biotechnology (Thermo Fisher Scientific), Serva Electrophoresis); Lagerung nach Herstellerangaben
- NBT (Nitrotetrazoliumblauchlorid, 3,3'-(3,3'-Dimethoxy-4,4'-biphenylen)-bis-[2-(p-nitrophenyl)-5-phenyl-2H-tetrazoliumchlorid], z.B. $\geq$ 99 % von AppliChem; $\geq$ 98 % von Sigma-Aldrich, Merck Biosciences;

p.a. von Serva Electrophoresis; $\geq$ 90 % von Acros Organics, Roth; keine Reinheitsangabe von BDH, Biomol, MP Biomedicals, Merck, Pierce Biotechnology (Thermo Fisher Scientific), Roche Diagnostics); Lagerung nach Herstellerangaben

- BCIP-Stammlösung: 100 mg 5-Brom-4-chlor-3-indolylphosphat, p-Toluidinsalz, in 1,9 ml DMF lösen (Endkonzentration: $\sim$ 50 mg $\times$ ml^{-1} BCIP in DMF); Lagerung (4 °C): $\leq$ 1 Jahr
- NBT-Stammlösung: 100 mg Nitrotetrazoliumblauchlorid in 1,9 ml 70 % (v/v) DMF lösen (Endkonzentration: $\sim$ 50 mg $\times$ ml^{-1} NBT in 70 % (v/v) DMF); Lagerung (4 °C): $\leq$ 1 Jahr
- AP-Puffer: 20 ml 5 M NaCl oder 5,84 g Natriumchlorid, 100 ml 1 M Tris-HCl, pH 9,5, ad 995 ml mit H$_2$O bidest., unter Rühren 5 ml 1 M MgCl$_2$ zugeben (Endkonzentration: 100 mM NaCl, 100 mM Tris-HCl, pH 9,5, 5 mM MgCl$_2$); Lagerung: unbegrenzt. Magnesiumionen haben die Tendenz, in basischen Lösungen, insbesondere beim Erhitzen, als Magnesiumhydroxid und/oder Magnesiumcarbonat auszufallen. Um dies beim Ansetzen dieser Lösung zu vermeiden, empfiehlt es sich, Kohlendioxid freies Wasser (frisch destilliert oder frisch aus einer Reinstwasseranlage) zu verwenden, das MgCl$_2$ zuletzt zuzusetzen und den Puffer nicht zu autoklavieren.
- BCIP/NBT-Visualisierungslösung: unmittelbar vor Verwendung für eine Membran von 80–100 cm^2 5 ml AP-Puffer vorlegen und unter Rühren/Schwenken 33 µl NBT-Stammlösung und 17 µl BCIP-Stammlösung zugeben (Endkonzentration: 0,033 % (w/v) NBT, 0,017 % (w/v) BCIP in AP-Puffer); Lagerung (RT): $\leq$ 1 h
- Stopplösung: 10 ml 0,5 M EDTA-NaOH, pH 8,0, 20 ml 1 M Tris-HCl, pH 8,0, ad 1 l mit H$_2$O bidest. (Endkonzentration: 5 mM EDTA, 20 mM Tris-HCl, pH 8,0); Lagerung: unbegrenzt

Farbreaktion von HRP-Konjugaten mit 4-CN

- 4-CN (4-Chlor-1-naphthol, z.B. $\geq$ 99 % von Acros Organics, AppliChem, Merck; $\geq$ 98 % von Merck Biosciences; $\geq$ 97 % von MP Biomedicals; keine Reinheitsangabe von Pierce Biotechnology (Thermo Fisher Scientific), Serva Electrophoresis, Sigma-Aldrich); Lagerung nach Herstellerangaben
- 4-CN-Stammlösung: 300 mg 4-Chlornaphthol in 9,7 ml Ethanol p.a. lösen (Endkonzentration: $\sim$ 30 mg $\times$ ml^{-1} Chlornaphthol in Ethanol); Lagerung (–20 °C): $\geq$ 1 Jahr
- 30 oder 35 % (w/v) Wasserstoffperoxid, stabilisiert (p.a.- oder A.C.S.-Qualität von Acros Organics, BDH, MP Biomedicals, Merck, Roth, Sigma-Aldrich); Lagerung nach Herstellerangaben
- 50 mM Tris-HCl, pH 7,5; Lagerung: unbegrenzt
- 4-CN-Visualisierungslösung: ca. 10 min vor Verwendung für eine Membran von 80–100 cm^2 5 ml 50 mM Tris-HCl, pH 7,5, in einem Reaktionsgefäß vorlegen und unter Rühren/Schwenken 50 µl 4-CN-Stammlösung zugeben; trübe Lösung durch einen Faltenfilter filtrieren; unter Rühren/Schwenken 5 µl 30 bzw. 35 % (w/v) Wasserstoffperoxid zum Filtrat geben (Endkonzentration: 0,03 % (w/v) 4-Chlornaphthol, $\sim$ 0,03 % (w/v) H$_2$O$_2$ in 50 mM Tris-HCl, pH 7,5); Lagerung (RT): $\leq$ 30 min

Farbreaktion von HRP-Konjugaten mit DAB/Metall

- DAB (3,3'-Diamino-benzidin-tetrahydrochlorid; 3,3',4,4'-Biphenyltetramin-tetrahydrochlorid; 3,3',4,4'-Tetraamino-biphenyl-tetrahydrochlorid; z.B. $\geq$ 98 % von Acros Organics (Dihydrat), BDH; $\geq$ 97 % von Sigma-Aldrich (Dihydrat), AppliChem; keine Reinheitsangabe von Biomol, MP Biomedicals, Serva); Lagerung nach Herstellerangaben
- DAB-Stammlösung: 40 mg Diaminobenzidin-tetrahydrochlorid in 960 µl H$_2$O bidest. lösen (Endkonzentration: $\sim$ 40 mg $\times$ ml^{-1} DAB in H$_2$O); Lagerung (in 100 µl-Portionen bei –20 °C): $\leq$ 1 Jahr
- 30 oder 35 % (w/v) Wasserstoffperoxid (s.o.)
- CoCl$_2$- oder NiCl$_2$-Stammlösung: 7,33 g Kobalt(II)chlorid-Hexahydrat oder Nickel(II)chlorid-Hexahydrat, ad 50 ml H$_2$O bidest. (Endkonzentration: 8 % (w/v) CoCl$_2$ bzw. NiCl$_2$); Lagerung: unbegrenzt
- 50 mM Tris-HCl pH 7,5; Lagerung: unbegrenzt
- DAB/Metall-Visualisierungslösung: ca. 10 min vor Verwendung für eine Membran von 80–100 cm^2 5 ml 50 mM Tris-HCl, pH 7,5, vorlegen, unter Rühren/Schwenken 100 µl DAB-Stammlösung und 25 µl CoCl$_2$- oder NiCl$_2$-Stammlösung zugeben, trübe Lösung durch einen Faltenfilter filtrieren und

unter Rühren/Schwenken 15 µl 30 bzw. 35 % (w/v) Wasserstoffperoxid zum Filtrat geben (Endkonzentration: 0,08 % (w/v) DAB-Tetrahydrochlorid, 0,04 % (w/v) $CoCl_2$ bzw. $NiCl_2$, ~ 0,09 % (w/v) H_2O_2 in 50 mM Tris-HCl, pH 7,5); Lagerung (RT): ≤ 30 min. Kobalt- und Nickelsalze und eventuell auch Diaminobenzidin stehen im Verdacht, kanzerogen zu sein (Weisburger *et al.*, 1978). Nickel- und Kobaltsalze können darüber hinaus auch noch als Kontaktallergen wirken! Man sollte diese Chemikalien deshalb nur mit Handschuhen handhaben und den Staub nicht einatmen. Bei der Entsorgung dieser Substanzen die jeweiligen Entsorgungsrichtlinien beachten.

Chemilumineszenz-Reaktion von HRP-Konjugaten mit Luminol

- Röntgenfilm (z.B. Hyperfilm ECL, GE Healthcare; BioMax Light Film, X-OMAT AR (XAR) Film, GE Healthcare, Kodak, Perkin Elmer; CL-Xposure Film, Pierce Biotechnology (Thermo Fisher Scientific); Lumi-Film Chemiluminescent Detection Film, Roche Diagnostics); Lagerung nach Herstellerangaben
- Chemikalien zum Entwickeln von Röntgenfilmen; Ansetzen und Lagerung nach Angaben des Herstellers
- Frischhaltefolie, Overhead-Projektorfolien oder durchsichtige Gefrierbeutel
- Luminol (3-Aminophthalhydrazid, 5-Amino-2,3-dihydro-1,4-phthalazin-1,4-dion, z.B. ≥ 98 % von Acros Organics, Enzo Life Sciences, Lancaster Synthesis (Johnson Matthey), Roth, Serva Electrophoresis; ≥ 97 % von Sigma-Aldrich; ≥ 95 % von AppliChem, Biomol, Merck; keine Reinheitsangabe von MP Biomedicals); Lagerung nach Herstellerangaben
- 4-Jodphenol (p-Jodphenol, z.B. ≥ 99 % von Acros Organics, Sigma-Aldrich; ≥ 98 % von Lancaster Synthesis (Johnson Matthey)); Lagerung nach Herstellerangaben
- 50 mM Tris-HCl, pH 7,5; Lagerung: unbegrenzt
- 30 oder 35 % (w/v) Wasserstoffperoxid (s.o.)
- Luminol-Stammlösung: 40 mg Luminol in 10 ml DMSO lösen (Endkonzentration: ~ 4 mg x ml^{-1} Luminol in DMSO); Lagerung (–20 °C oder –70 °C): ≥ 6 Monate bzw. ≥ 1 Jahr
- Jodphenol-Stammlösung: 10 mg 4-Jodphenol in 10 ml DMSO lösen (Endkonzentration: ~ 1 mg x ml^{-1} 4-Jodphenol in DMSO); Lagerung (–20 °C oder –70 °C): ≥ 6 Monate bzw. ≥ 1 Jahr
- Luminol/Verstärker-Visualisierungslösung: unmittelbar vor Verwendung für eine Membran von 80–100 cm^2 2,5 ml 100 mM Tris-HCl, pH 7,5, vorlegen, unter Rühren/Schwenken je 500 µl Luminol- und Jodphenol-Stammlösung sowie 25 µl 30 bzw. 35 % (w/v) Wasserstoffperoxid und 1,5 ml H_2O bidest. zugeben (Endkonzentration: 0,04 % (w/v) Luminol, 0,01 % (w/v) 4-Jodphenol, ~ 0,15 % (w/v) H_2O_2 in 50 mM Tris-HCl, pH 7,5); Lagerung (RT): ≤ 1 h

Durchführung

Farbreaktion von HRP- und AP-Konjugaten

- Die nach der Zweitantikörperinkubation bereits dreimal mit PBST bzw. TBST gewaschene Membran nochmals zweimal für 5 min mit reichlich 50 mM Tris-HCl, pH 7,5, (HRP) oder AP-Puffer (AP) waschen und äquilibrieren; Schale dabei jeweils ca. 0,5 cm hoch mit Puffer füllen und gut schwenken; nach dem letzten Waschschritt den Puffer sorgfältig entfernen
- Visualisierungslösung unter Schwenken in die Schale geben und unter konstantem Schwenken oder Schütteln bis zur gewünschten Intensität entwickeln; Banden sollten je nach der Menge des geblotteten Proteins nach 2–30 min erscheinen
- Visualisierungslösung entfernen und Farbreaktion durch dreimaliges Waschen der Membran mit reichlich H_2O bidest. (HRP) oder einmaliges Waschen mit Stopppuffer (AP) gefolgt von zweimaligem Waschen mit H_2O bidest. stoppen
- feuchte Membran aus der Schale entnehmen und auf einem saugfähigen Filterkarton (Whatman (GE Healthcare), 3MM) im Dunkeln an der Luft trocknen lassen
- Membran möglichst bald nach dem Entwickeln des Blots fotografieren oder fotokopieren und im Dunkeln bei RT lagern.

Chemilumineszenz-Reaktion von HRP-Konjugaten mit Luminol

- Die nach der Zweitantikörperinkubation bereits dreimal mit PBST bzw. TBST gewaschene Membran nochmals zweimal für 5 min mit reichlich 50 mM Tris-HCl, pH 7,5, waschen und äquilibrieren; Schale dabei jeweils ca. 0,5 cm hoch mit Puffer füllen und gut schwenken; nach dem letzten Waschschritt den Puffer sehr sorgfältig entfernen und von der Membran etwas ablaufen lassen, die Membran aber nicht trocknen lassen
- Visualisierungslösung unter Schwenken in die Schale geben und unter konstantem Schwenken für 30 s bis 2 min inkubieren
- Membran aus der Visualisierungslösung entnehmen, mit der Gelseite nach unten luftblasenfrei auf ein entsprechend bemessenes Stück Frischhaltefolie legen; Folie auf der dem Gel abgewandten Seite der Membran dicht falten, sodass keine Flüssigkeit austreten kann; alternativ dazu kann die Membran luftblasenfrei zwischen zwei Overhead-Projektorfolien oder in einen durchsichtigen Gefrierbeutel gelegt werden
- eingepackte Membran sofort in die Dunkelkammer bringen, auf einen Röntgenfilm legen, ohne sie zu verschieben, gleichmäßig mit geringem Druck auf den Film pressen (z.B. durch Auflegen eines Buches) und 30 s bis 5 min exponieren; für längere Expositionszeiten empfiehlt sich die Exposition in einer Filmkassette
- Röntgenfilm sofort entwickeln und je nach Resultat einen weiteren Röntgenfilm exponieren; die Chemilumineszenz-Reaktion von HRP mit Luminol klingt langsam ab, sodass mehrere Expositionen innerhalb der ersten Stunde möglich sein können; andere, kommerziell erhältliche Chemilumineszenz-Substrate können unterschiedliche Abklingkinetiken besitzen; bei Verwendung von Fertigsubstraten und Kits immer nach den Angaben des Herstellers richten.
- Optional: falls gewünscht, kann die Membran nach der Chemilumineszenz-Reaktion noch einer Farbreaktion unterzogen werden; dazu wird die Membran wieder aus der Kunststoffumhüllung genommen, in eine frische Schale überführt, zweimal für 15 min mit reichlich 50 mM Tris-HCl, pH 7,5, gewaschen und wie oben beschrieben mit DAB/Metall- oder 4-CN-Visualisierungslösung entwickelt.

10.1.8 Trouble Shooting

Kein Signal vorhanden:

- Erste Maßnahmen: Positivkontrolle mitführen und Transfer durch Gesamtproteinfärbung überprüfen
- bei positiver Reaktion der Kontrolle: Zielprotein nicht oder nicht in ausreichender Konzentration in der Probe vorhanden ⇒ mehr Protein bei der Elektrophorese auftragen, neue Proteinprobe präparieren
- bei negativer Reaktion der Kontrolle, aber erfolgreichem Transfer: Farb- oder Chemilumineszenz-Reaktion nicht lange genug entwickelt (z.B. Chemilumineszenz mit alkalischer Phosphatase und AMPPD (Adamantyl-1,2-dioxethan-arylphosphat) als Substrat benötigt bis zu 2 h auf Nitrocellulose, 4 h auf PVDF und 12 h auf Nylon, um ihre maximale Lichtemission zu erreichen) ⇒ Visualisierungsreaktion länger entwickeln bzw. exponieren; Farb- bzw. Chemilumineszenz-Reagenz ist falsch angesetzt oder verdorben ⇒ frisch ansetzen; Zweitantikörper in zu geringer Konzentration eingesetzt ⇒ Zweitantikörper in höherer Konzentration einsetzen; Zweitantikörper reagiert nicht mit dem Erstantikörper oder Enzymmarkierung am Zweitantikörper ist inaktiv ⇒ anderen Zweitantikörper verwenden; Enzymmarkierung wird durch Inhibitoren blockiert (z.B. bei mit alkalischer Phosphatase markiertem Zweitantikörper Phosphat haltigen Puffer verwendet oder bei mit Meerrettichperoxidase markiertem Zweitantikörper Natriumazid zugesetzt) ⇒ phosphatfreie bzw. azidfreie Puffer und Blockierungslösung verwenden; Erstantikörper in zu geringer Konzentration eingesetzt ⇒ Erstantikörper in höherer Konzentration einsetzen; Erstantikörper erkennt Zielprotein nicht ⇒ anderen Erstantikörper verwenden und/oder geblottetes Protein auf der Membran versuchen zu renaturieren (z.B. nach Mandrell und Zollinger, 1984); Membran zu stark abgesättigt, sodass das Zielprotein verdeckt wird ⇒ alternative

Blockierungslösung verwenden und/oder kürzer absättigen; Blockierungslösung enthält Zielprotein oder Immunglobuline der Spezies, aus welcher der Erstantikörper stammt (oder Biotin bei der Verwendung von Biotin-Avidin bzw. Streptavidin-Verstärkersystemen) ⇒ alternative Blockierungslösung verwenden (z.B. enthält entfettete Trockenmilch Biotin und ist deshalb nicht mit den Biotin-Avidin/Streptavidin-Verstärkersystemen kompatibel; Hoffman und Jump, 1989); Blockierungslösung hat Zielprotein von der Membran abgelöst ⇒ weniger stringente, alternative Blockierungslösung und/oder andere Blotting-Membran verwenden; Zielprotein wurde von anderen Proteinen aus der getrennten Proteinmischung verdeckt ⇒ weniger Protein separieren und dafür sensitivere Nachweismethode verwenden bzw. nach anderen Kriterien trennen (z.B. natives Gel oder isoelektrische Fokussierung)
- bei unvollständigem Transfer: Protein ist nicht ausreichend mobil ⇒ Gel mit geringerem Polyacrylamid- und insbesondere Bisacrylamidgehalt verwenden (0,8 % statt 1 %), Transferdauer und Stromstärke erhöhen, SDS-haltigen Transferpuffer verwenden (z.B. Transferpuffer Ib, Ic oder IIb), Methanolgehalt des Transferpuffers auf die Hälfte reduzieren oder gar kein Methanol in den Transferpuffer geben, Luftblasen im Blotting-Sandwich sorgfältiger entfernen, Elektrodenabstand verringern; Protein ist durch die Membran durchgebrochen ⇒ Transferdauer verkürzen und/oder Stromstärke reduzieren, Blotting-Membran mit höherer Kapazität und/oder geringerer Porengröße verwenden, zwei Blotting-Membranen aufeinandergelegt in den Sandwich einbauen; überlagerte Blotting-Membran verwendet (Nitrocellulose ist besonders empfindlich gegen unsachgemäße Lagerung) ⇒ neue Charge Blotting-Membran verwenden
- bei nicht erfolgtem Transfer: kein Stromfluss ⇒ Strom/Spannungsgeber, Verkabelung und Blotting-Apparatur überprüfen; Protein in die falsche Richtung geblottet ⇒ Strom/Spannungsgeber, Verkabelung und korrekte Position von Gel und Membran gegenüber Kathode und Anode überprüfen, stärker basischen Transferpuffer (z.B. Transferpuffer Id) verwenden (Szewczyk und Kozloff, 1985), zu beiden Seiten des Gels je eine Blotting-Membran auflegen (besonders beim Blotten von nativen Gelen und isoelektrischen Fokussierungen empfehlenswert).

Diffuses Signal oder Schattenbildung
- Bei Farbreaktion: Reste von Detergenz in der Visualisierungslösung ⇒ vor Zugabe der Visualisierungslösung sorgfältiger waschen
- bei Chemilumineszenz: Überexposition des Films ⇒ kürzer exponieren
- Membran während des Transfers nicht dicht genug am Gel anliegend ⇒ beim Wet-Blot dickeres Sandwich bauen, d.h. zusätzliche Filterpapiere (jeweils 5–6 auf beiden Seiten des Blots) und/oder Schwammtücher (jeweils 2 auf beiden Seiten des Blots) verwenden; beim Semi-Dry-Blot dickeres Sandwich bauen oder obere Elektrode stärker anpressen
- Membran nach dem Auflegen auf das Gel nochmals abgenommen oder verschoben ⇒ beim Zusammenbau des Sandwichs darauf achten, dass die Membran nicht verschoben wird; einmal verschlossene Semi-Dry-Blot-Apparatur vor dem Transfer nicht nochmals öffnen
- zu hoher Stromfluss ⇒ Pufferzusammensetzung prüfen.

Bestimmte Bereiche der Bande(n) oder des ganzen Blots fehlen
- Bei Zufallsmuster Luftblasen im Sandwich ⇒ Luftblasen sorgfältiger entfernen; Elektroden bzw. Kunststoffgitter fester auf das Sandwich pressen
- bei Gittermuster Kunststoffgitter beim Wet-Blot zu nahe am Gel oder an der Membran ⇒ zusätzliche Filterpapiere (jeweils 5–6 auf beiden Seiten des Blots) und/oder Schwammtücher (jeweils 2 auf beiden Seiten des Blots) verwenden.

Lokaler unspezifischer Hintergrund
- Verschmutzte Blotting-Membran verwendet ⇒ neue Charge Blotting-Membran verwenden und möglichst nur die vorher mit der Schutzfolie bedeckte Seite der Membran mit dem Gel in Kontakt bringen; Membran nur mit Handschuhen oder stumpfer Pinzette am Rand handhaben

- Erst- oder Zweitantikörperlösung auf dem Blot angesetzt ⇒ Antikörperlösungen separat ansetzen und erst entsprechend verdünnt auf den Blot geben
- zu wenige Filterpapiere für das Blotting-Sandwich verwendet ⇒ zusätzliche Filterpapiere (jeweils 5–6 auf beiden Seiten des Blots) für den Aufbau des Sandwich verwenden.

Gleichmäßiger unspezifischer Hintergrund oder Negativ-Blot
- Membran nicht ausreichend abgesättigt ⇒ länger absättigen (über Nacht bei 4 °C); stringentere (stärkere) Blockierungslösung verwenden (z.B. PBS-Blotto statt PBST)
- ungeeignete, verschmutzte Schale verwendet ⇒ sorgfältig gesäuberte Glasschale mit glatter Oberfläche verwenden; ebenso kommen mögliche Kontaminationen durch Puffer oder Schwämme in Frage; Anzahl der Waschschritte erhöhen
- Nachweisreagenz und/oder Visualisierungssystem reagiert mit dem Absättigungsreagenz ⇒ alternative Blockierungslösung verwenden
- Nachweisreagenz reagiert mit der Membran oder Acrylamidresten auf der Membran (z.B. wenn Erstantikörper gegen Proteine in Gelfragmenten oder gegen Proteine auf Nitrocellulose entwickelt wurden; sehr selten) ⇒ andere Blotting-Membran oder anderen Erstantikörper verwenden
- Membran zu lange in der Substratlösung inkubiert
- Überladung des Elektrophoresegels: zu viel SDS, Proteine binden nicht an die Membran und zirkulieren im Tank.

Spezifischer Hintergrund / „Ober- oder Unterbanden"
- Membran nicht ausreichend abgesättigt ⇒ Maßnahmen s.o.
- Kreuzreaktivität des Zweitantikörpers mit einem der separierten Proteine ⇒ geringere Zweitantikörperkonzentration verwenden; anderen Zweitantikörper benutzen
- Kreuzreaktivität des Erstantikörpers mit einem der separierten Proteine ⇒ geringere Erstantikörperkonzentration verwenden; bei Verwendung eines monoklonalen Antikörpers künftig einen anderen Antikörper benutzen; bei Verwendung von polyklonalen Antikörpern den Erstantikörper durch eine der getrennten sehr ähnliche Proteinprobe, die jedoch das Zielantigen nicht enthält, adsorbieren oder Erstantikörper affinitätsreinigen
- Antigen bei der Probenvorbereitung degradiert (häufigster Fall) ⇒ schonende Methoden bei der Probenvorbereitung verwenden (Abschn. 10.1); eventuell Proteinaseinhibitoren oder Harnstoff bei der Herstellung der Proteinproben zusetzen; Proteinproben für die Langzeitlagerung in flüssigem Stickstoff schockgefrieren
- Proteinprobe und Antigen bei der Herstellung des Erstantikörpers vermutlich mit Hautprotein (Keratin) kontaminiert, äußert sich als „Geisterbande" bei 54–57 kDa und/oder 65–68 kDa (Ochs, 1983) ⇒ bei der Herstellung der Proteinprobe, der Probenvorbereitung und dem Herstellen des Gels mit Handschuhen arbeiten; Erst- oder Zweitantikörper besserer Qualität verwenden.

Literatur

Abidi, F.E., Roh, H., Keath, E.J. (1998): Identification and Characterization of a Phase-Specific, Nuclear DNA Binding Protein from the Dimorphic Pathogenic Fungus *Histoplasma Capsulatum*. Infect. Immun. 66, 3867–3873.

Akhavan-Tafti, H., DeSilva, R., Arghavani, Z., Eickholt, R., Handley, R.S., Schoenfelner, B.A., Sugioka, K., Sugioka, Y., Schaap, A.P. (1998): Characterization of Acridincarboxylic Acid Derivatives as Chemiluminescent Peroxidase Substrates. J. Org. Chem. 63, 930–937.

Akhavan-Tafti, H., Xie, W., DeSilva, R., Cripps, W.G., Eickholt, R.A., Handley, R.S., Linsky, R.S., Mazelis, M.E., Schaap, A.P. (2004): Robust New Chemiluminescent Peroxidase Substrates. IVD Technology 10(4), 33–39.

Aizawa, K., Gantt, E. (1998): Rapid Method for Assay of Quantitative Binding of Soluble Proteins and Photosynthetic Membrane Proteins on Poly(vinylidene difluoride) Membranes. Anal. Chim. Acta 365, 109–113.

Bjerrum, O.J., Selmer, J.C., Lihme, A. (1987): Native Immunoblotting. Transfer of Membrane Proteins in the Presence of Nonionic Detergent. Electrophoresis 8, 388–397.

Blake, M.S., Johnston, K.H., Russell-Jones, G.J., Gotschlich, E.C. (1984): A Rapid, Sensitive Method for Detection of Alkaline Phosphatase-Conjugated Anti-Antibody on Western Blots. Anal. Biochem. 136, 175–179.

Bobrow, M.N., Shaughnessy, K.J., Litt, G.J. (1991): Catalyzed Reporter Deposition, a Novel Method of Signal Amplification. II. Application to Membrane Immunoassays. J. Immunol. Methods 137, 103–112.

Bolt, M.W., Mahoney, P.A. (1997): High-Efficiency Blotting of Proteins of Diverse Sizes Following Sodium Dodecyl Sulfate-Polyacrylamide Gel Electrophoresis. Anal. Biochem. 247, 185–192.

Brand, J.A., Tsang, V.C.W., Zhou, W., Shukla, S.B. (1990): Comparison of Particulate 3,3',5,5'-Tetramethylbenzidine and 3,3'-Diaminobenzidine as Chromogenic Substrates for Immunoblot. BioTechniques 8, 58–60.

Bronstein, I., Voyta, J.C., Murphy, O.J., Bresnick, L., Kricka, L.J. (1992): Improved Chemiluminescent Western Blotting Procedure. BioTechniques 12, 748–753.

Burnette, W.N. (1981): Western Blotting. Electrophoretic Transfer of Proteins from Sodium Dodecyl Sulfate-Polyacrylamide Gels to Unmodified Nitrocellulose and Radiographic Detection with Antibody and Radioiodinated Protein A. Anal. Biochem. 112, 195–203.

Chu, N.M., Jankila, A.J., Wallace, J.H., Yam, L.T. (1989): Assessment of a Method for Immunochemical Detection of Antigen on Nitrocellulose Membranes. J. Histochem. Cytochem. 37, 257–263.

De Blas, A.L., Cherwinski, H.M. (1983): Detection of Antigens on Nitrocellulose Paper Immunoblots with Monoclonal Antibodies. Anal. Biochem. 133, 214–219.

Demeulemester, C., Peltre, G., Laurent, M., Pankeleux, D., David, B. (1987): Cyanogen Bromide-Activated Nitrocellulose Membranes. A New Tool for Immunoprint Techniques. Electrophoresis 8, 71–73.

Egger, D., Bienz, K. (1994): Protein (Western) blotting. Mol. Biotechnol. 1, 289–305.

Esen, A., Conroy, J.M., Wang, S.Z. (1983): A Simple and Rapid Dot-Immunobinding Assay for Zein and other Prolamins. Anal. Biochem. 132, 462–467.

Fowler, S.J. (1994): The Detection of Proteins on Blots Using Gold or Immunogold. Methods Mol. Biol. 32, 239–255.

Goso, Y., Hotta, K. (1994): Dot-Blot Analysis of Rat Gastric Mucin Using Histochemical Staining Methods. Anal. Biochem. 223, 274–279.

Greenspan, P., Fowler, S.D. (1985): Spectrofluorometric Studies of the Lipid Probe, Nile Red. J. Lipid Res. 26, 781–789.

Gültekin, H., Heermann, K.H. (1988): The Use of Polyvinylidenedifluoride Membranes as a General Blotting Matrix. Anal. Biochem. 172, 320–329.

Gupta, S.K., Masinick, S., Garrett, M., Hazlett, L.D. (1997): Pseudomonas Aeruginosa Lipopolysaccharide Binds Galectin-3 and Other Human Corneal Epithelial Proteins. Infect. Immun. 65, 2747–2753.

Harlow, E., Lane, D. (Hrsgg.) (1988): Antibodies, a Laboratory Manual. Cold Spring Harbor Laboratory, Cold Spring Harbor, pp. 471–510.

Haselbeck, A., Schickaneder, E., von der Eltz, H., Hosel, W. (1990): Structural Characterization of Glycoprotein Carbohydrate Chains by Using Digoxigenin-Labeled Lectins on Blots. Anal. Biochem. 191, 25–30.

Hawkes, R., Niday, E., Gordon, J. (1982): A Dot-Immunobinding Assay for Monoclonal and Other Antibodies. Anal. Biochem. 119, 142–147.

Heinicke, E., Kumar, U., Munoz, D.G. (1992): Quantitative Dot-Blot Assay for Proteins Using Enhanced Chemiluminescence. J. Immunol. Methods 152, 227–236.

Heukeshoven, J., Dernick, R. (1995): Effective Blotting of Ultrathin Polyacrylamide Gels Anchored to a Solid Matrix. Electrophoresis 16, 748–756.

Hoffman, W.L., Jump, A.A., Kelly, P.J., Ruggles, A.O. (1991): Binding of Antibodies and Other Proteins to Nitrocellulose in Acidic, Basic, and Chaotropic Buffers. Anal. Biochem. 198, 112–118.

Hoffman, W.L., Jump, A.A., Ruggles, A.O. (1994): Soaking Nitrocellulose Blots in Acidic Buffers Improves the Detection of Bound Antibodies without Loss of Biological Activity. Anal. Biochem. 217, 153–155.

Hoffman, W.L., Jump, A.A. (1986): Tween 20 Removes Antibodies and Other Proteins from Nitrocellulose. J. Immunol. Methods 94, 191–196.

Hoffman, W.L., Jump, A.A. (1989): Inhibition of the Streptavidin Biotin Interaction by Milk. Anal. Biochem. 181, 318–320.

Hong, H.-Y., Yoo, G.-S., Choi, J.-K. (2000): Direct Blue 71 Staining of Proteins Bound to Blotting Membranes. Electrophoresis 21, 841–845.

Jacobson, G., Kårsnäs, P. (1990): Important Parameters in Semi-Dry Electrophoretic Transfer. Electrophoresis 11, 46–52.

Jagersten, C., Edstrom, A., Olsson, B., Jacobson, G. (1988): Blotting from PhastGel media after horizontal sodium dodecyl sulfate-polyacrylamide gel electrophoresis. Electrophoresis 9, 662–665.

Jahn, R., Schiebler, W., Greengard, P. (1984): A Quantitative Dot-Immunobinding Assay for Proteins Using Nitrocellulose MembraneFilters. Proc. Natl. Acad. Sci. USA 81, 1.684–1.687.

Jolly, C.L., Beisner, B.M., Holmes, I.H. (2000): Rotavirus Infection of MA104 Cells is Inhibited by Ricinus Lectin and Separately Expressed Single Binding Domains. Virology 275, 89–97.

Karey, K.P., Sirbasku, D.A. (1989): Glutaraldehyde Fixation Increases Retention of Low Molecular Weight Proteins (Growth Factors) Transferred to Nylon Membranes for Western Blot Analysis. Anal. Biochem. 178, 255–259.

Kemper, C., Berggren, K., Diwu, Z., Patton, W.F. (2001): An Improved, Luminescent Europium-Based Stain for Detection of Electroblotted Proteins on Nitrocellulose or Polyvinylidene Difluoride Membranes. Electrophoresis 22, 881–889.

Koch, C., Skjødt, K., Laursen, I. (1985): A Simple Immunoblotting Method After Separation of Proteins in Agarose Gels. J. Immunol. Methods 84, 271–278.

Kowit, J.D., Maloney, J. (1982): Protein Cleavage by Boiling in Sodium Dodecyl Sulfate Prior to Electrophoresis. Anal. Biochem. 123, 86–93.

Kricka, L.J. (1993): Ultrasensitive Immunoassay Techniques. Clin. Biochem. 26, 325–331.

Kubo, K. (1995): Effect of Incubation of Solutions of Proteins Containing Dodecyl Sulfate on the Cleavage of Peptide Bonds in Boiling. Anal. Biochem. 225, 351–353.

Kyhse-Andersen, J. (1984): Electroblotting of Multiple Gels. A Simple Apparatus Without Buffer Tank for Rapid Transfer of Proteins from Polyacrylamide to Nitrocellulose. J. Biochem. Biophys. Methods 10, 203–209.

Lauritzen, E., Masson, M., Rubin, I., Holm, A. (1990): Dot immunobinding and immunoblotting of picogram and nanogram quantities of small peptides on activated nitrocellulose. J. Immunol. Methods 131, 257–267.

Lee, S.-K., Hacker, D.L. (2001): In vitro analysis of an RNA binding site within the N-terminal 30 amino acids of the southern cowpea mosaic virus coat protein. Virology 286, 317–327.

Lobert, S., Correia, J.J. (1994): Method for rapid electrophoretic transfer of isoelectric focusing gels to polyvinylidene difluoride. Electrophoresis 15, 930–931.

Mandrell, R.E., Zollinger, W.D. (1984): Use of Zwitterionic Detergent for the Restoration of Antibody-Binding Capacity of Electroblotted Meningococcal Outer Membrane Proteins. J. Immunol. Methods 67, 1–11.

Matsudaira, P. (1987): Sequence from Picomole Quantities of Proteins Electroblotted onto Polyvinylidene Difluoride Membranes. J. Biol. Chem. 262, 10035–10038.

Mattson, D.L., Bellehumeur, T.G. (1996): Comparison of Three Chemiluminescent Horseradish Peroxidase Substrates for Immunoblotting. Anal. Biochem. 240, 306–308.

McMahan, S.A., Burgess, R.R. (1996): Single-step synthesis and characterization of biotinylated nitrilotriacetic acid, a unique reagent for the detection of histidine-tagged proteins immobilized on nitrocellulose. Anal. Biochem. 236, 101–106.

Moeremans, M., Daneels, G., De Mey, J. (1985): Sensitive Colloidal Metal (Gold or Silver) Staining of Protein Blots on Nitrocellulose Membranes. Anal. Biochem. 145, 315–321.

Ochs, D. (1983): Protein Contaminants of Sodium Dodecyl Sulfate-Polyacrylamide Gels. Anal. Biochem. 135, 470–474.

Otey, C.A., Kalnoski, M.H., Bulinski, J.C. (1986): A Procedure for the Immunoblotting of Proteins Separated on Isoelectric Focussing Gels. Anal. Biochem. 157, 71–76.

Pasquali, C., Vilbois, F., Curchod, M.-L., van Huijsduijnen, R.H., Arigoni, F. (2000): Mapping and Identification of Protein-Protein Interactions by Two-Dimensional Far-Western Immunoblotting. Electrophoresis 21, 3357–3368.

Peferoen, M., Huybrechts, R., De Loof, A. (1982): Vacuum-Blotting. A New Simple and Efficient Transfer of Proteins from Sodium Dodecyl Sulfate-Polyacrylamide Gels to Nitrocellulose. FEBS Lett. 145, 369–372.

Peluso, R.W., Rosenberg, G.H. (1987): Quantitative Electrotransfer of Proteins from Sodium Dodecyl Sulfate Polyacrylamide Gels onto Positively Charged Nylon Membranes. Anal. Biochem. 162, 389–398.

Petersen, A. (2003): Two-Dimensional Electrophoresis Replica Blotting. A Valuable Technique for the Immunological and Biochemical Characterization of Single Components of Complex Extracts. Proteomics 3, 1206–1214.

Rajan, N., Cao, Q., Anderson, B.E., Pruden, D.L., Sensibar, J., Duncan, J.L., Schaeffer, A.J. (1999): Roles of Glycoproteins and Oligosaccharides Found in Human Vaginal Fluid in Bacterial Adherence. Infect. Immun. 67, 5027–5032.

Ramlau, J. (1987): Use of Secondary Antibodies for Visualization of Bound Primary Reagents in Blotting Procedures. Electrophoresis 8, 398–402.

Rousset, E., Harel, J., Dubreuil, J.D. (1998): Sulfatide from the Pig Jejunum Brush Border Epithelial Cell Surface is Involved in Binding of Escherichia coli Enterotoxin B. Infect. Immun. 66, 5650–5658.

Sackett, D.L., Wolff, J. (1987): Nile Red as a Polarity-Sensitive Fluorescent Probe of Hydrophobic Protein Surfaces. Anal. Biochem. 167, 228–234.

Salinovich, O., Montelaro, R.C. (1986): Reversible Staining and Peptide Mapping of Proteins Transferred to Nitrocellulose After Separation by Sodium Dodecylsulfate-Polyacrylamide Gel Electrophoresis. Anal. Biochem. 156, 341–347.

Schapira, A.H., Keir, G. (1988): Two-Dimensional Protein Mapping by Gold Stain and Immunoblotting. Anal. Biochem. 169, 167–171.

Schneppenheim, R., Budde, U., Dahlmann, U., Rautenberg, P. Method for Electrophoresis. Electrophoresis 12, 367–372.

Scopsi, L., Larsson, L.I. (1986): Increased Sensitivity in Peroxidase Immunocytochemistry. A Comparative Study of a Number of Peroxidase Visualization Methods Employing a Model System. Histochemistry 84, 221–230.

Seki, S., Akiyama, K., Watanabe, S., Tsutsui, K. (1993): Activity gel and Activity Blotting Methods for Detecting DNA-Modifying (Repair) Enzymes. J. Chromatogr. 618, 147–166.

Seshi, B. (1994): Cell Adhesion to Proteins Separated by Lithium Dodecyl Sulfate-Polyacrylamide Gel Electrophoresis and Blotted onto a Polyvinylidene Difluoride Membrane. A new Cell-Blotting Technique. J. Immunol. Methods 176, 185–201.

Szewczyk, B., Kozloff, L.M. (1985): A Method for the Efficient Blotting of Strongly Basic Proteins from Sodium Dodecyl Sulfate-Polyacrylamide Gels to Nitrocellulose. Anal. Biochem. 150, 403–407.

Tovey, E.R., Baldo, B.A. (1987): Comparison of Semi-Dry and Convenient Tank-Buffer Electrotransfer of Proteins from Polyacrylamide Gels to Nitrocellulose Membranes. Electrophoresis 8, 384–387.

Towbin, H., Staehelin, T., Gordon, J. (1979): Electrophoretic Transfer of Proteins from Polyacrylamide Gels to Nitrocellulose Sheets. Proc. Natl. Acad. Sci. USA 76, 4350–4354.

Towbin, H., Staehelin, T., Gordon, J. (1989): Immunoblotting in the Clinical Laboratory. J. Clin. Chem. Clin. Biochem. 27, 495–501.

Van Seuningen, I., Davril, M. (1990): Electrotransfer of basic proteins from nondenaturing polyacrylamide acid gels to nitrocellulose: detection of enzymatic and inhibitory activities and retention of protein antigenicity. Anal. Biochem. 186, 306–311.

von Olleschik-Elbheim, L., el Bayâ, A., Schmidt, M.A. (1996): Quantification of immunological membrane reactions employing a digital desk top scanner and standard graphics software. J. Immunol. Methods 197, 181–186.

Weisburger, E.K., Russfield, A.B., Homburger, F., Weisburger, J.H., Boger, E., van Dongen, C.G., Chu, K.C. (1978): Testing of twenty-one environmental aromatic amines or derivatives for long-term toxicity or carcinogenicity. J. Environ. Pathol. Toxicol. 2, 325–356.

Wilchek, M., Bayer, E.A. (1988): The avidin-biotin complex in bioanalytical applications. Anal. Biochem. 171, 1–32.

10.2 Nucleinsäure Blotting (Southern/Northern)

(Sophie Rothhämel)

Zur Aufklärung von Struktur, Organisation, Funktion und Expression von Genen wurden Methoden entwickelt, die die Bildung eines Duplexmoleküls aus zwei komplementären Nucleinsäuresträngen (Hybridisierung) nutzen. Alternativ zur Detektion von mRNA *in situ* (Kap. 11) werden die Nucleinsäuren (DNA oder RNA) dazu auf einer festen Matrix immobilisiert und mit einer markierten einzelsträngigen oder denaturierten doppelsträngigen Probe hybridisiert. So lassen sich komplementäre Zielsequenzen in einem komplexen Gemisch von Nucleinsäuremolekülen detektieren. Heute wird vorwiegend eine Nylonmembran als Matrix verwendet. Neben den klassischen radioaktiven Verfahren werden die Nucleinsäuresonden zunehmend nichtradioaktiv markiert.

Mithilfe solcher Hybridisierungstechniken lassen sich cDNA- oder genomische Banken durchmustern sowie gelelektrophoretisch getrennte DNA- oder RNA-Sequenzen identifizieren. Desgleichen sind mit der Hybridisierung bestimmte mRNA-Spezies in einer RNA-Population quantifizierbar oder homologe Nucleinsäuresequenzen identifizierbar. Im Folgenden werden Blott-Verfahren (Abschn. 10.2.1), Hybridisierung (Abschn. 10.2.2) sowie Selektion und Vereinzelung von positiven Klonen (Abschn. 10.2.3) beschrieben.

Literatur

Hames, B.D., Higgins, S.J. (1986): Nucleic Acid Hybridization, A Practical Approach. IRL Press, Oxford.

Keller, G.H. (1989): DNA Probes. Stockten Press, New York.

Sambrook, J., Russel, D.W. (2001): Molecular Cloning – A Laboratory Manual. 3rd ed. Cold Spring Harbor Laboratory Press, Cold Spring Harbor, New York.

The DIG System User's Guide for Filter Hybridization (1995): Boehringer Mannheim GmbH Biochemica.

Tijssen, P. (1994): Hybridization with Nucleic Acid Probes. Elsevier, Amsterdam.

Wahl, G.M., Berger, S.L. (1987): Screening Colonies or Plaques with Radioactive Nucleic Acid Probes. Methods Enzymol. 152, 415–23.

Wahl, G.M., Berger, S.L., Kimmel, A.R. (1987): Molecular Hybridization of Immobilized Nucleic Acids. Theoretical Concepts and Practical Considerations. Methods Enzymol. 152, 399–407.

Wahl, G.M., Meinkoth, J.L., Kimmel, A.R. (1987): Northern and Southern Blots. Methods Enzymol. 152, 572–81.

Wetmur, J. (1991): DNA Probes: Applications of the Principles of Nucleic Acid Hybridization. Crit. Rev. Biochem. Mol. Biol. 26, 227–259.

10.2.1 Transfertechniken (Blotting)

Für die Mehrzahl der Hybridisierungsreaktionen mit filtergebundenen Nucleinsäuren werden die Zielsequenzen auf eine Nylonmembran transferiert und fixiert. Setzt man eine Membran mit *in situ* lysierten Bakterienkolonien oder Phagenplaques ein, spricht man von Kolonie- bzw. Plaquehybridisierung. Wird gereinigte DNA oder RNA direkt auf die Membran aufgetragen, nennt man dies Dot-Blot. Erfolgt der Transfer im Anschluss an eine gelelektrophoretische Trennung von DNA- oder RNA-Molekülen, bezeichnet man dies als Southern- bzw. Northern-Blot.

Die eingesetzte Nylonmembran ist gegenüber der früher verwendeten Nitrocellulosemembran reißfester und hat eine größere Bindekapazität sowie eine verbesserte Fixierbarkeit der Nucleinsäure. Dadurch werden höhere Signalintensitäten bei geringerem Hintergrund erreicht. Ein Nucleinsäure-Blot kann mehrfach verwendet und mit verschiedenen Proben hybridisiert werden. Außerdem sind Nylonmembranen erhältlich, deren Oberfläche zusätzlich positive Ladungen trägt, wodurch die Bindekapazität dieser Membran noch höher ist. Deshalb werden solche Membranen häufig für den Transfer von RNA eingesetzt.

10.2.1.1 Dot-Blot

Für den Dot-Blot werden gereinigte Nucleinsäure oder komplette Zelllysate (Transfektanten, Zellkulturen, Gewebeproben) punkt- oder bandenförmig auf einen Filter aufgetragen. Der Dot-Blot liefert schnell und oft quantifizierbare Ergebnisse. Er erfordert im Vergleich zur Northern oder Southern-Analyse geringere Probemengen und wenig Aufwand.

Die Vorschrift kann für gereinigte Nucleinsäuren angewendet werden. Sollen Proben aus Zelllysaten oder -extrakten analysiert werden, so sei für die Probendenaturierung auf die Originalliteratur (Constanzi, 1987) hingewiesen. Für einen schnellen und gleichmäßigen Probenauftrag kann eine Vakuum-Blotting-Apparatur mit vorgeformten Schablonen benutzt werden. Detaillierte Vorschriften liefern die Hersteller der Apparaturen.

Materialien

- DNA-Probe (100 ng bis 10 µg, in 5–10 µl TE-Puffer oder H_2O gelöst)
- evtl. TE-Puffer, pH 8,0: 10 mM Tris-HCl, 1 mM EDTA
- Denaturierungslösung: 1,5 M NaCl, 0,5 M NaOH
- Neutralisierungslösung: 1,5 M NaCl, 0,5 M Tris-HCl, pH 7,2, 1 mM EDTA, pH 8,0
- 20 × SSC: 3 M NaCl, 0,3 M tri-Natriumcitrat, pH 7,0
- 3MM-Filterpapier (Whatman)
- Nylonmembran (Filter)
- UV-Transilluminator (306 nm)
- Haushaltsfolie

Durchführung

- DNA portionsweise (je 1–2 µl) auf den Filter auftragen, zwischen zwei Auftragungen Probe trocknen lassen

- 3MM-Filterpapier mit Denaturierungslösung befeuchten, Filter mit der DNA-Seite nach oben 5 min auf Filterpapier legen
- Filter mit der DNA-Seite nach oben für 5 min auf Filterpapier, das mit Neutralisierungslösung befeuchtet ist, legen.

Fixierung von DNA auf Nylonmembranen

- Nylonmembran (Filter) auf frischem Filterpapier lufttrocknen und in Haushaltsfolie einwickeln
- Filter mit der DNA-Seite nach unten 5 min auf einen UV-Transilluminator legen (die DNA wird kovalent an die Membran gebunden)
- Filter entweder sofort für die Hybridisierung einsetzen oder in Haushaltsfolie eingewickelt bei 4 °C lagern und vor der Hybridisierung kurz in 2 × SSC waschen.

Literatur

Costanzi, C., Gillespie, D. (1987): Fast Blots. Immobilization of DNA and RNA from Cells. Methods Enzymol. 152, 582–587.

10.2.1.2 Southern-Blot

Für den Southern-Blot werden DNA-Fragmente nach ihrem Molekulargewicht in Agarosegelen elektrophoretisch getrennt (Southern, 1975). Die DNA wird anschließend auf einen Filter transferiert, fixiert und hybridisiert. Die Ziel-DNA kann isolierte rekombinante Plasmid- oder Phagen-DNA, fragmentierte chromosomale DNA von Pro- und Eukaryoten oder elektrophoretisch getrennte intakte Chromosomen sein.

Materialien

- Agarosegel mit getrennten DNA-Fragmenten (Abschn. 2.3.1.2 und 2.3.1.3)
- Ethidiumbromidfärbung (Abschn. 2.4.1)
- 0,25 M HCl
- Denaturierungslösung, Neutralisierungslösung und 20 × SSC (Abschn. 10.2.1.1)
- Nylonmembran (Filter)
- 3MM-Filterapier (Whatman)
- UV-Transilluminator (306 nm)
- Haushaltsfolie oder Parafilm

Durchführung

Das DNA-Gel wird mit Ethidiumbromid angefärbt und neben einem Lineal unter UV-Licht fotografiert. So können später die Signale auf dem Röntgenfilm den entsprechenden DNA-Banden im Agarosegel zugeordnet werden. Die Zuordnung ist einfacher und präziser, wenn man zusätzlich einen markierten Längenstandard einsetzt, der später auf dem Röntgenfilm sichtbar ist. Zur Depurinierung und Denaturierung der DNA wird das Gel wie folgt behandelt. Der Transfer erfolgt nach dem in Abb. 10–4 gezeigten Aufbau:

- Gel 15 min in 0,25 M HCl auf dem Schüttler inkubieren (Depurinierungschritt, wodurch später Strangbrüche induziert werden)
- 30 min in Denaturierungslösung auf dem Schüttler inkubieren
- zweimal 15 min in Neutralisierungslösung auf dem Schüttler inkubieren
- zwei Lagen Filterpapier mit 20 × SSC befeuchten und als „Brücke" über eine Glasplatte legen, beide Papierenden tauchen in ein mit 20 × SSC gefülltes Pufferreservoir ein
- Gel auf Filterpapier legen
- Ränder des Gels mit Haushaltsfolie oder Parafilm abdecken, um einen Kontakt zwischen dem ober- und unterhalb des Gel-Filter-Komplexes befindlichen Filterpapier zu vermeiden

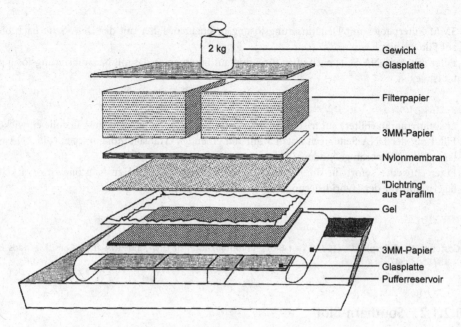

Abb. 10–4: Querschnitt eines Southern-Blot-Aufbaus.

- Nylonmembran in Gelgröße zuschneiden, luftblasenfrei auf das Gel legen und evtl. darauf mit Filzstift die genaue Position der Taschen markieren
- auf die Nylonmembran 2–4 Filterpapiere, einen Stapel Papierhandtücher, eine Glasplatte und zum Beschweren ein 1–2 kg schweres Gewicht auflegen
- der Transfer erfolgt für 16–24 h bei Raumtemperatur
- nach dem Transfer Filter bei Raumtemperatur trocknen und anschließend die DNA auf dem Filter fixieren und aufbewahren (Abschn. 10.2.1.1).

Literatur

Southern, E.M. (1975): Detection of Specific Sequences Among DNA Fragments Separated by Gel Electrophoresis. J. Mol. Biol. 98, 503–517.

10.2.1.3   Northern-Blot

Analog zum Southern-Blot (Abschn. 10.2.1.2) kann auch gelelektrophoretisch getrennte RNA auf einen Filter transferiert und immobilisiert werden (Northern-Blot). Das Gel sollte vor dem Blot nicht mit Ethidiumbromid angefärbt oder vorbehandelt werden. Eine Referenzprobe ist aufzutragen, um eine Kontrolle über den Verlauf der Gelelektrophorese sowie über die Position der beiden Banden für die rRNA-Spezies (26S und 16S bzw. 28S und 18S) zu haben. Die Referenzspur kann nach dem Blot und der Fixierung der RNA abgeschnitten und mit Methylenblau angefärbt werden. Alternativ können mit einem UV-Transilluminator (254 nm) die rRNA Banden auf der Nylonmembran sichtbar gemacht und fotografiert werden (RNA-Seite nach unten, UV-Shadowing). Hierdurch lässt sich zusätzlich dokumentieren, dass in allen Spuren vergleichbare RNA- Mengen aufgetragen wurden. Die UV-Exposition sollte dabei so kurz wie möglich sein.

Wird zur Hybridisierung eine RNA-Sonde eingesetzt, sollten Transfer und Hybridisierung, im Gegensatz zur DNA-Sonde, RNase-frei durchgeführt werden. Erfolgt die RNA-Trennung in Formamidgelen

10

(Abschn. 2.3.2.2, Trouble Shooting), sollte vor dem Transfer 15 min in H_2O und 15 min in 20 × SSC inkubiert werden.

Materialien und Durchführung

Der Transfer erfolgt wie in Abschn. 10.2.1.2 beschrieben. Wird die RNA in einem denaturierenden Glyoxal/DMSO-Gel getrennt (Abschn. 2.3.1.4), sollte die Nylonmembran nach der UV-Fixierung 1 h bei 80 °C deglyoxyliert werden; alternativ kann die Inkubation 5–10 min in 20 mM Tris-HCl, pH 8,0 bei 100 °C erfolgen.

Methylenblaufärbung filtergebundener RNA

- getrockneten Referenzstreifen 10 min in 5 % Essigsäure fixieren
- 10 min in 0,04 % (w/v) Methylenblau, 0,5 M NaOAc, pH 6,0 inkubieren
- anschließend so lange mit Leitungswasser spülen, bis die rRNA-Banden gut sichtbar werden.

Literatur

Alwine, J.C. Kemp, D.J., Stark, G.R. (1977): Method for Detection of Specific RNAs in Agarose Gels by Transfer to Diazobenzyloxymethyl-Paper and Hybridization with DNA Probes. Proc. Natl. Acad. Sci. USA 74, 5.350–5.354.

Thomas, P.S. (1980): Hybridization of DenaturedRNAand Small DNA Fragments Transferred to Nitrocellulose. Proc. Natl. Acad. Sci. USA 77, 5.201–5.205.

10.2.1.4 Kolonietransfer

Bei der Koloniehybridisierung werden Kolonien rekombinanter Bakterien auf Filter übertragen und freigesetzte DNA anschließend mit einer DNA-Probe hybridisiert. Abhängig von der Anzahl der zu untersuchenden Kolonien werden verschiedene Platten eingesetzt. Bei einer kleineren Anzahl von Klonen (bis zu 3.000) können Petrischalen eingesetzt werden (Durchmesser 8 cm). Zum Ausplattieren und Absuchen einer cDNA- oder einer genomischen Genbank (10.000–30.000 Kolonien) empfiehlt es sich, Schalen von 22,5 cm × 22,5 cm zu benutzen (Nunc). Soll die Genbank über einen längeren Zeitraum aufbewahrt werden, kann man die Zellen direkt auf die Filter ausplattieren. Diese stellen dann die so genannten Mutter- oder Masterfilter dar, die zur Lagerung bei –80 °C eingefroren werden. Von den Masterfiltern werden Replikafilter für die Hybridisierung abgezogen.

Materialien

- Rekombinante Bakterien (Abschn. 5.3)
- Denaturierungslösung, Neutralisierungslösung und 20 × SSC (Abschn. 10.2.1.1)
- Nylonmembran (Filter)
- Filterpapier (Whatman, 3MM, steril)
- Haushaltsfolie
- UV-Transilluminator (306 nm)
- Agarplatte mit LB-Selektivmedium (LB-Agar plus entsprechendes Antibiotikum, Abschn. 6.2.3)

Durchführung

Bei Verwendung von Mutterfiltern (Masterfiltern)

- Nylonmembran auf Plattenmaße zuschneiden, mit wasserfestem Stift beschriften und luftblasenfrei auf die Agarplatte legen, Bakterien ausplattieren

- Agarplatte bei 37 °C über Nacht inkubieren, bis die Kolonien einen Durchmesser von 0,5–1 mm erreicht haben, aber dennoch vereinzelt wachsen
- Mutterfilter von der Platte entfernen und mit den Kolonien nach oben auf steriles Filterpapier legen
- eine zweite, entsprechend beschriftete Nylonmembran (Replikafilter) blasenfrei auf den Mutterfilter auflegen und beide zwischen Filterpapier legen; mit Glasplatte die Filter 1 min fest aneinander drücken
- die Filter mit einer sterilen Kanüle asymmetrisch durchstechen, um die Position zueinander zu markieren
- die in Aluminiumfolie eingewickelten Filter bei –20 oder –80 °C für mindestens 2 h lagern
- Filter anschließend 2–3 min bei RT auftauen lassen und zügig auseinanderreißen
- beide Filter auf je einer LB-Selektiv-Agarplatte bei 37 °C inkubieren (3–7 h), bis sich die Kolonien regeneriert haben
- Replikafilter zur Lyse der Bakterien mit der Kolonieseite nach oben nacheinander auf Filterpapierstapel legen, die mit unterschiedlichen Lösungen getränkt wurden: zunächst 5 min Denaturierungslösung, dann zweimal 5 min Neutralisierungslösung, abschließend 3 min 2 × SSC
- Filter lufttrocknen, in Haushaltsfolie einschlagen und zur Fixierung der DNA 5 min auf einen UV-Transilluminator legen (DNA-Seite nach unten); Filter kann bei –20 °C aufbewahrt werden
- vor der Hybridisierung Filter mit 2 × SSC befeuchten (Filter in 2 × SSC inkubieren)
- Mutterfilter (ohne Platte) mit einer weiteren Nylonmembran (Aufbewahrungsfilter) bedecken
- das Sandwich in 3MM-Filterpapier einschlagen, mit Aluminiumfolie umwickeln und bei –80 °C lagern
- zur Selektion der positiven Klone nach der Hybridisierung Aufbewahrungsfilter vom Mutterfilter trennen und zur Regeneration der Kolonien bei 37 °C auf einer Agarplatte inkubieren (s.o.)
- der nicht aufgetaute Mutterfilter kann danach sofort wieder zwischen Filterpapier eingefroren oder nach erneuter Inkubation und Regeneration der Kolonien bei 37 °C mit einem neuen Filter bedeckt und als Sandwich bei –80 °C gelagert werden.

Bei Verwendung von Mutterplatten

Muss die ausplattierte Bank nicht für längere Zeit aufbewahrt werden, können die Bakterien direkt auf LB-Selektiv-Agarplatten (Mutterplatten) ausplattiert werden.

- Zurechtgeschnittenen Filter (Replikafilter) 1 min blasenfrei auf die mit Kolonien bewachsene Mutterplatte legen
- Position des Replikafilters auf der Mutterplatte durch asymmetrisches Anstechen mit einer sterilen Kanüle markieren und die entsprechenden Stellen mit Filzstift auf der Plattenunterseite anzeichnen
- Filter langsam von der Platte abziehen und mit den Kolonien nach oben auf eine sterile LB-Selektiv-Agarplatte legen
- Replikafilterplatte und Mutterplatte bei 37 °C inkubieren (3–7 h)

Replikafilter zur Kolonielyse und DNA-Fixierung wie unter „Durchführung bei Verwendung von Mutterfiltern" beschrieben behandeln. Falls erforderlich, können weitere Replikafilter von der Mutterplatte abgezogen werden. Allerdings verschmelzen benachbarte Kolonien um so mehr, je öfter der Vorgang wiederholt wird. Vor der Hybridisierung muss der Filter mit 2 × SSC befeuchtet werden. Die Mutterplatte kann bis zur Selektion der positiven Klone bei 4 °C gelagert werden. Eine weitere Möglichkeit zur langfristigen Lagerung von Klonen ist das „Picken" von mehreren hundert bis tausend Rekombinanten mithilfe steriler Zahnstocher (Abschn. 5.2.2.1) oder Pasteur-Pipetten (Abschn. 5.2.4.2)

- Die Zellen werden in 100 µl LB-Medium in eine Mikrotiterplatte überführt
- nach Inkubation bei 37 °C über Nacht wird je ein gleiches Volumen Glycerin zugegeben und die Bakterienkulturen werden bei –80 °C aufbewahrt.

Literatur

Grunstein, M., Hogness, D.S. (1975): Colony Hybridization. A Method for the Isolation of Cloned DNAs that Contain a Specific Gene. Proc. Natl. Acad. Sci. USA 72, 3.961–3.965.

Vogeli, G., Kaytes, P.S. (1987): Amplification, Storage and Replication of Libraries. Methods Enzymol. 152, 407–415.

10.2.1.5 Plaque-Transfer

Beim Plaque-Transfer bzw. der Plaquehybridisierung werden rekombinante Phagen auf den Filter übertragen und ihre DNA wird anschließend mit einer DNA-Probe hybridisiert. Abhängig von der Anzahl der zu screenenden Plaques werden verschieden große Platten eingesetzt. Bei einer kleineren Anzahl (bis zu 10^4 pfu) können Petrischalen mit einem Durchmesser von 8 cm eingesetzt werden. Zum Ausplattieren und Absuchen einer cDNA- oder einer genomischen Genbank (bis 5×10^5 pfu) empfiehlt es sich, 22,5 cm × 22,5 cm-Schalen (Nunc) zu benutzen.

Materialien

- Agarplatte mit entsprechender Anzahl Plaques (Abschn. 5.1.3)
- Denaturierungslösung, Neutralisierungslösung und 20 × SSC (Abschn. 10.2.1.1)
- Nylonmembran
- Filterpapier (Whatman, 3MM)
- Haushaltsfolie
- UV-Transilluminator (306 nm)

Durchführung

- Zurechtgeschnittene und beschriftete Nylonmembran blasenfrei 2 min auf die Agarplatte legen; bei Wiederholung den zweiten Filter 3 min inkubieren
- Position des Filters auf der Platte durch asymmetrisches Anstechen mit einer sterilen Kanüle markieren und die Stellen mit einem Filzstift auf der Unterseite der Agarplatte anzeichnen
- Filter anschließend schnell aber vorsichtig abziehen; zur Phagenlyse der Reihe nach mit der Plaqueseite nach oben nacheinander auf feuchte Filterpapierstapel legen, die in unterschiedlichen Lösungen getränkt wurden: zum Denaturieren 5 min mit Denaturierungslösung, zum Neutralisieren zweimal 5 min mit Neutralisierungslösung und zum Waschen 5 min mit 2 × SSC behandeln
- Filter lufttrocknen, in Haushaltsfolie einwickeln und zur Fixierung der DNA 5 min auf einen UV-Transilluminator legen (DNA-Seite nach unten); bei 4 °C aufbewahren
- vor der Hybridisierung den Filter erneut mit 2 × SSC befeuchten; Agarplatte bei 4 °C bis zur Beendigung des Plaquescreenings aufbewahren.

Literatur

Benton, W.D., Davis, R.W. (1977): Screening Lambda gt Recombinant Clones by Hybridization to Single Plaques In Situ. Science 196, 180–182.

Davies, R.W. et al. (1980): Advanced Bacterial Genetics. Cold Spring Harbor, New York, 162–165 und 174–176.

Huynh, T.V., Young, R.A., Davis, R.W. (1985) in: Glover, D.M. (Hrsg.): DNA Cloning, Volume 1. IRL Press, Oxford, 72–75.

Vogeli, G., Kaytes, P.S. (1987): Amplification, Storage and Replication of Libraries. Methods Enzymol. 152, 407–415.

10.2.2 Hybridisierungen

Die Reassoziation von einzelsträngigen Nucleinsäuren zu einem Doppelstrang wird als Hybridisierung bezeichnet. Für den reversiblen Prozess der Hybridisierung verwendet man als Kenngröße des thermodynamischen Gleichgewichts die Schmelztemperatur T_m. Bei dieser Temperatur liegt die Hälfte der Moleküle als Doppelstrang vor. T_m wird durch verschiedene Parameter beeinflusst. Bestimmte Salz- und Temperaturbedingungen können die Bildung von basengepaarten Doppelsträngen begünstigen. So erhöhen z.B. monovalente Kationen (meist Na^+) die Schmelztemperatur. Ein hoher Anteil von G-C- gegenüber A-T-Basenpaaren innerhalb des komplementären Bereichs trägt ebenso zu einer Steigerung bei. Des Weiteren erhöht sich mit zunehmender Länge der komplementären Bereiche die Stabilität des Doppelstrangs, und die Assoziation zu Basenpaaren wird favorisiert. Nicht passende Basenpaare (*mismatches*) reduzieren die thermische Stabilität der DNA-Duplexmoleküle. Als Faustregel gilt, dass sich die Schmelztemperatur T_m eines Hybrids um 1 °C pro 1 % Basenfehlpaarungen erniedrigt. Helix destabilisierende Agenzien wie Formamid verringern ebenfalls die T_m. Der Einfluss dieser Parameter wurde in allgemeinen Gleichungen zusammengefasst (Abschn. 10.2.2.1), mit deren Hilfe sich die Hybridisierungstemperatur theoretisch ermitteln lässt. Diejenige Hybridisierungstemperatur, die ein optimales Verhältnis von Signal zu Hintergrund liefert, muss jedoch oft empirisch ermittelt werden.

Als Hybridisierungssonde kann sowohl markierte DNA als auch einzelsträngige, markierte RNA benutzt werden. Die RNA kann mithilfe von SP6-, T3- oder T7-Polymerasesystemen (Abschn. 7.4) oder über RT-PCR (Abschn. 4.2.2) synthetisiert werden und stellt eine sehr effektive und empfindliche Probe mit einem minimalen Hintergrund dar. In Abwesenheit von Formamid haben RNA/RNA-Doppelstränge eine Schmelztemperatur, die um etwa 10 °C höher liegt als die von vergleichbaren DNA/DNA-Hybriden; DNA/RNA-Hybride liegen in ihrer Stabilität dazwischen. Dagegen liegt bei einem Formamidgehalt von 80 % die Schmelztemperatur von RNA/DNA-Hybriden bis zu 15 °C höher als die der entsprechenden DNA/DNA-Komplexe. Im Folgenden werden Richtlinien besprochen, die für eine Anpassung der Hybridisierungsbedingungen an experimentelle Gegebenheiten hilfreich sind.

Literatur

Denhardt, D.T. (1966): A Membrane-Filter Technique for the Detection of Complementary DNA. Biochem. Biophys. Res. Commun 23, 641.

Hames, B.D., Higgins, S.J. (1986): Nucleic Acid Hybridization, A Practical Approach. IRL Press, Oxford.

Keller, G.H. (1989): DNA Probes. Stockten Press. New York.

McGinnis, W., Levine, M.S., Hafen, E., Kuroiwa, A., Gehring, W.J. (1984): A Conserved DNA Sequence in Homoeotic Genes of the *Drosophila antennapedia* and Bithorax Complexes. Nature 308, 428–433.

Meinkoth, J., Wahl, G. (1984): Hybridization of Nucleic Acids Immobilized on Solid Supports. Anal. Biochem. 138, 267–284.

Tijssen, P. (1994): Hybridization with Nucleic Acid Probes. Elsevier, Amsterdam, New York, Oxford.

Wahl, G.M., Berger, S.L. (1987): Screening Colonies or Plaques with Radioactive Nucleic Acid Probes. Methods Enzymol. 152, 415–23.

Wahl, G.M., Berger, S.L., Kimmel, A.R. (1987): Molecular Hybridization of Immobilized Nucleic Acids. Theoretical Concepts and Practical Considerations. Methods Enzymol. 152, 399–407.

Wahl, G.M., Meinkoth, J.L., Kimmel, A.R. (1987): Northern and Southern Blots. Methods Enzymol. 152, 572–81.

Wallace, R.B., Shaffer, J., Murphy, R.F., Bonner, J., Hirose, T., Itakura, K (1979): Hybridization of Synthetic Oligodeoxyribonucleotides to Phi Chi 174 DNA. The Effect of Single Base Pair Mismatch. Nucleic Acids Res. 6, 3.543–3.657.

Wetmur, J. (1991): DNA Probes: Applications of the Principles of Nucleic Acid Hybridization. Crit. Rev. Biochem. Mol. Biol. 26, 227–259.

10.2.2.1 Richtlinien zur Berechnung der Schmelztemperatur bei der Hybridisierung

Die Schmelztemperatur T_m wird als die Temperatur definiert, bei der die Hälfte der basengepaarten Nucleinsäuremoleküle in Einzelstränge dissoziiert ist und sich das System im Gleichgewicht befindet. Für Oligonucleotide mit weniger als 50 Basenpaaren (bp) kann der T_m-Wert [°C] nach folgender Formel berechnet werden:

$$T_m = 4 (G + C) + 2 (A + T)$$

G, C, A und T stellen die Anzahl der jeweiligen Basen dar. Hybridisierungen kurzer Oligonucleotide werden in der Regel bei einer Temperatur durchgeführt, die 5 °C unter dem T_m-Wert liegt. Für jede nichtkomplementäre Base wird die Hybridisiertemperatur um weitere 5 °C reduziert, sodass die Stabilität des Hybrids erhalten bleibt.

Der T_m-Wert von Oligonucleotiden mit mehr als 50 bp kann nach folgenden empirisch ermittelten Formeln berechnet werden (Wetmur, 1991). Dabei stellt [Na$^+$] die Konzentration monovalenter Kationen in der Hybridisierlösung in mol × l^{-1} und D die Länge des komplementären Bereiches in bp dar.

DNA/DNA-Hybride: $T_m = 81,5 + 16,6 \log [Na^+] + 0,41 (\% G + \% C) - 500/D$

RNA/RNA-Hybride: $T_m = 78 + 16,6 \log [Na^+] + 0,7 (\% G + \% C) - 500/D$

DNA/RNA-Hybride: $T_m = 67 + 16,6 \log [Na^+] + 0,8 (\% G + \% C) - 500/D$

Formamid senkt den T_m-Wert für DNA/DNA-Hybride um 0,63 °C pro Prozent Formamid. Dieser Wert wird kleiner für DNA/RNA-Hybride und erniedrigt sich bei RNA/RNA-Hybriden noch weiter. Daher kann durch Zusatz von Formamid, unter sonst gleichen Bedingungen, die Bildung von DNA/RNA-Hybriden gegenüber DNA/DNA-Hybriden bevorzugt stattfinden. Die Hybridisierung mit längeren Nucleinsäuresonden erfolgt meist bei 20–25 °C unter dem T_m-Wert.

Häufig wird der Hybridisierlösung Dextransulfat oder Polyethylenglykol zugesetzt. Diese inerten Polymere haben keinen Einfluss auf die Schmelztemperatur von Nucleinsäuren. Statt dessen reduzieren sie das für die Assoziation und Dissoziation effektiv zur Verfügung stehende Volumen. Dadurch kommt es zu einer bis zu 100-fachen Erhöhung der Hybridisierungsrate.

In den letzten Jahren hat sich eine weitere empirische Methode zur Berechnung der Schmelztemperatur etabliert. Es handelt sich dabei um die so genannte *nearest neighbour*-Methode (Breslauer *et al.*, 1986). Bei dieser Berechnung der Schmelztemperatur wird neben der Länge auch die Sequenz eines Oligonucleotids berücksichtigt. Ein Nachteil dieser Methode für die praktische Anwendung ist die komplexe Berechnungsweise. Daher wird an dieser Stelle nicht die Formel und die dazugehörige Wertetabelle vorgestellt, sondern auf die Fachliteratur verwiesen. Des Weiteren findet man unter www.basic.nwu.edu eine Internetseite zur Berechnung von DNA-Schmelztemperaturen nach der *nearest neighbour*-Methode sowie weitere Informationen zum Berechnungsverfahren.

Literatur

Breslauer, K.J., Frank, R., Blocker, H., Markey, L.A. (1986): Predicting DNA Duplex Stability from the Base Sequence. Proc. Natl. Acad. Sci. USA 83, 3.746–3.750.
Keller, G.H. (1989): DNA Probes. Stockten Press. New York.
Tijssen, P. (1994): Hybridization with Nucleic Acid Probes. Elsevier, Amsterdam.
Wetmur, J. (1991): DNA Probes: Applications of the Principles of Nucleic Acid Hybridization. Crit. Rev. Biochem. Mol. Biol. 26, 227–259.

10.2.2.2   Richtlinien zur Hybridisierung und Markierung von Nucleinsäuren

Die Methoden zur Hybridisierung von Nucleinsäureproben sind erheblich weiterentwickelt worden (z.B. Matrix, Markierung). Daraus ergeben sich neue Überlegungen für die Wahl der eingesetzten Nucleinsäuremoleküle. Eine Sonde sollte so homolog wie möglich sein und eine Länge von mehreren 100 Basenpaaren aufweisen. In der Vergangenheit häufig eingesetzte kurze synthetische Oligonucleotide (< 50 bp) werden heute immer seltener verwendet, da sie jeweils nur eine Markierung am 5'- bzw. 3'-Ende besitzen (Abschn. 1.9.1). Dadurch ist nur eine sehr geringe Markierungsdichte pro Molekül und eine geringe Signalintensität möglich. Die markierten Sonden sollten nach der Synthese gereinigt werden, um nicht eingebaute Moleküle zu entfernen (Abschn. 1.8.1). Bei kurzen Sonden werden die unspezifischen Hybridisierungen wahrscheinlicher. Zusätzlich muss aufgrund der geringeren Schmelztemperatur unter weniger stringenten Bedingungen hybridisiert werden.

Wird, ausgehend von einer Aminosäuresequenz, die kodierende Nucleinsäure abgeleitet, ergibt sich aufgrund der Degeneration des genetischen Codes eine Population möglicher Sequenzen. Diese Gemische der Nucleinsäuremoleküle bezeichnet man als degenerierte Oligonucleotide. Zwar wurden solche degenerierten Oligonucleotide eingesetzt, um Gene zu identifizieren (Suggs et al., 1981), aber es bestehen heute erfolgversprechendere Strategien. Soll ausgehend von einer Aminosäuresequenz die kodierende Nucleinsäure (DNA oder RNA) gefunden werden, können degenerierte Oligonucleotide in einer PCR eingesetzt werden, um Abschnitte der kodierenden Nucleinsäure zu amplifizieren (Kap. 4). Die Parameter für die Amplifizierung der gesuchten Sequenz lassen sich bei der PCR-Methode einfacher optimieren als die Hybridisierbedingungen. Die durch PCR erhaltenen Fragmente können kloniert und sequenziert werden. Sollte es sich um die gewünschte Sequenz handeln, kann diese anschließend effektiver markiert und zur Identifizierung von Klonen in einer cDNA- oder genomischen Genbank verwendet werden.

Bei der Auswahl von Aminosäurebereichen sollte darauf geachtet werden, konservierte Regionen innerhalb der Aminosäuresequenz eines Proteins zu verwenden. Diese können heute relativ einfach durch Datenbankabgleiche bereits bekannter, verwandter Proteinsequenzen ermittelt werden (*alignment*). Des Weiteren sollte die Degeneration der Oligonucleotide so gering wie möglich sein. Es sollten mindestens sieben aufeinanderfolgende Aminosäuren gesucht werden, für die eine möglichst kleine Anzahl von Codons existieren. Außerdem besteht die Möglichkeit, ein universelles Basenanalogon (z.B. 3-Nitropyrrol-2'-desoxinucleosid) an degenerierten Positionen einzubauen (Nichols, 1994).

Kann auf den Einsatz kurzer synthetischer Oligonucleotide nicht verzichtet werden, sei darauf hingewiesen, dass es heute möglich ist, verschiedene markierte Nucleotide bei der Synthese zu inkorporieren. Hierdurch können höhere Markierungsdichten erhalten werden. Eine minimale Länge von etwa 20 Nucleotiden sollte nicht unterschritten werden. Die maximale Länge von synthetischen Oligonucleotiden wird durch die Effektivität der Synthesereaktion bedingt und liegt heute bei einigen hundert Nucleotiden.

Werden längere Nucleinsäurefragmente (> 300 bp) zur Hybridisierung eingesetzt, erhöht sich die Spezifität der Sonde. Es bestehen außerdem effektivere Methoden zur Markierung, wodurch sich höhere Signalintensitäten bei geringerem Hintergrund erreichen lassen. Zur Markierung wurde in der Vergangenheit häufig die Nick-Translation (Abschn. 1.9.2) eingesetzt. Heute wird *random priming* (Abschn. 1.9.3) bevorzugt, um größere Mengen an markierter Sonde zu erzeugen. Es ist manchmal notwendig, die markierte Sonde zu reinigen, da die Einbaurate der eingesetzten Nucleotide beim *random priming* über 50 % liegt. Sowohl bei der Nick-Translation als auch beim *random priming* sollten gereinigte DNA- oder cDNA-Fragmente (ohne Vektoranteile) für die Markierung eingesetzt werden. So können eventuelle Homologien zwischen Vektorsequenzen nicht zu falsch-positiven Hybridisierungssignalen führen.

Die zu markierenden Nucleinsäurefragmente müssen nicht gereinigt werden, wenn mithilfe der PCR-Methode (Kap. 4) markiert wird. Viele der heutigen Klonierungsvektoren besitzen Bindestellen für universelle Sequenzier-Primer (Kap. A1). Diese Primer können auch für PCR-Reaktionen eingesetzt werden und ermöglichen es, verschiedene Nucleinsäuresequenzen reproduzierbar und schnell zu markieren. Weiterhin werden mit der PCR-Methode große Mengen an markierter Sonde generiert, die häufig weit über der durch *random priming* oder Nick-Translation erzeugten Menge liegen. Mit der PCR-Methode können auch einzelsträngige markierte Sonden erzeugt werden, um sie z.B. mit RNA (Northern-Blot) zu hybridisieren. Hierdurch werden markierte Nucleinsäure-Einzelstränge der gewünschten Länge erzeugt (Abschn. 4.2.2). Neben den durch PCR-Reaktionen erzeugten einzelsträngigen Sonden können einzelsträngige RNA-Sonden mit RNA-Polymerasesystemen hergestellt werden (Abschn. 11.2.2). Für eine Hybridisierung mit Northern-Blots eignen sich diese einzelsträngigen RNA-Sonden besonders gut, da aufgrund der höheren Schmelztemperatur von RNA/RNA-Hybriden gegenüber DNA/RNA- oder DNA/DNA-Hybriden eine größere Spezifität und damit ein besseres Signal-Hintergrund-Verhältnis erreicht werden kann. Aufgrund der hohen Stabilität von RNA/RNA-Hybriden können daher auch besonders seltene RNA-Moleküle detektiert werden.

Heute existieren verschiedene nichtradioaktive Verfahren als effektive Alternative zu einer Hybridisierung mit radioaktiv markierten Nucleinsäuresonden. Für viele Anwendungen wie Plaque-, Kolonie- sowie Southern-Hybridisierungen sind die Empfindlichkeiten radioaktiver und nichtradioaktiver Verfahren vergleichbar. Wie auch bei Hybridisierungen mit radioaktiven Sonden können einmal zur Hybridisierung eingesetzte Nylonmembranen wiederverwendet werden, d.h. die Sonde kann abgewaschen und es kann mit einer weiteren Sonde hybridisiert werden. Zusätzlich sind nichtradioaktive Sonden einfacher handhabbar, da auf besondere Sicherheits- und Schutzmaßnahmen verzichtet werden kann. Außerdem kann eine nichtradioaktiv markierte Nucleinsäure länger gelagert werden als radioaktiv markierte Proben.

Von verschiedenen Herstellern werden heute Systeme zur nichtradioaktiven Markierung und Detektion von Nucleinsäuren angeboten. Meist werden mit einem Hapten markierte Nucleotidderivate zur eigentlichen Markierung eingesetzt (z. B. Digoxigeninsystem von Roche Diagnostics, Fluoresceinsystem von Amersham). Die Detektion erfolgt häufig mithilfe von Antikörpern gegen das Hapten, die mit einem Enzym konjugiert sind (z.B. alkalische Phosphatase). Die Aktivität der alkalischen Phosphatase bewirkt die Abspaltung einer Phosphatgruppe vom Substrat. Das dabei emittierte Licht kann auf Röntgenfilmen detektiert werden. Alternativ zu Hapten-Antikörper-Komplexen wird das Biotin/Streptavidin-System eingesetzt. Bei beiden Systemen wird die Sonde mit den gleichen Methoden markiert wie bei einer radioaktiven Markierung.

Eine prinzipiell andere Methode zur Markierung der Nucleinsäureprobe nutzen Foto-Markierungsverfahren wie das Psoralensystem (z.B. Schleicher und Schuell, Ambion). Hier wird die Sonde nicht enzymatisch markiert, sondern aufgrund der Eigenschaft von Psoralen, in Nucleinsäure-Einzel- oder Doppelstränge zu interkalieren und durch UV-Licht fixiert zu werden. Die Detektion erfolgt entsprechend den oben beschriebenen nichtradioaktiven Methoden.

Literatur

Ausubel, F.M., Brent, R., Kingston, R.E., Moore, D.D., Seidman, J.G., Smith, J.A., Struhl, K. (Hrsg.) (1987): Current Protocols in Molecular Biology. John Wiley & Sons, New York.

Keller, G.H. (1989): DNA Probes. Stockten Press. New York.

Nichols, R. et al. (1994): A Universal Nucleoside for Use at Ambiguous Sites in DNA Primers. Nature 369, 492–493.

Sambrook, J., Fritsch, E.F., Maniatis, T. (1989): Molecular Cloning – A Laboratory Manual. Cold Spring Harbor Laboratory Press, Cold Spring Harbor, New York.

Suggs, S.V., Wallace, R.B., Hirose, T., Kawashima, E.H., Itaknra, K. (1981): Use of Synthetic Oligonucleotides as Hybridization Probes. Isolation of Cloned cDNA Sequences for Human Beta 2-Microglobulin. Proc. Natl. Acad. Sci. USA 78, 6.613–6.617.

The DIG System User's Guide for Filter Hybridization (1995): Boehringer Mannheim GmbH Biochemica.

Tijssen, P. (1994): Hybridization with Nucleic Acid Probes. Elsevier, Amsterdam, New York, Oxford.

Wood, W.I. (1987): Gene Cloning Based on Long Oligonucleotide Probes. Methods Enzymol. 152, 443–447.

10.2.2.3 Hybridisierung von Genbanken sowie Southern-Blots

Bei Sonden, die zur Southern-Hybridisierung sowie zum Absuchen einer Genbank eingesetzt werden, handelt es sich meist um DNA-Fragmente aus bereits klonierten Genabschnitten (cDNA oder genomische DNA), die in einen der verschiedenen Klonierungsvektoren inseriert sind. Für die Hybridisierung von

Nucleinsäuren auf einem genomischen Southern-Blot kann das DNA-Fragment oft zusammen mit dem Vektor als Hybridisierungssonde eingesetzt werden, da der Vektor in der Regel zu den genomischen DNA-Sequenzen keine Homologien aufweist.

Soll jedoch eine Genbank abgesucht werden, deren rekombinante Bakterien bzw. Phagen den gleichen Vektor oder auch nur teilweise zum Vektor homologe DNA-Fragmente enthalten, muss das als Sonde zu nutzende Fragment vom Vektor vollkommen getrennt werden. Geringste Verunreinigungen der Sonde mit Vektor-DNA verursachen einen erhöhten Hintergrund bei der Hybridisierung und führen sehr oft zur Identifizierung eines falschen Klons. In einem solchen Fall kann die gewünschte DNA-Sonde mit Restriktionsenzymen aus dem Vektor herausgeschnitten und anschließend durch präparative Agarose-Gelelektrophorese (Abschn. 2.3. und 2.5) gereinigt werden. Das eluierte Fragment wird zur Analyse auf eine Membran übertragen (Dot-Blot) und mit Vektor-DNA als Sonde hybridisiert. Im Idealfall sollte kein Hybridisierungssignal sichtbar werden. Hybridisiert das eluierte Fragment jedoch mit dem Vektor, so muss es erneut gelelektrophoretisch gereinigt und eluiert werden.

Eine solche Trennung entfällt, wenn die Sonde nicht durch *random priming* oder Nick-Translation, sondern durch PCR markiert wird. Durch die gezielte Amplifikation eines bestimmten Bereiches des Vektors erhält man direkt die gewünschte Sequenz als markierte Sonde.

Hinsichtlich der Verwendung von radioaktiv markierten oder nichtradioaktiv markierten Sonden bestehen keine wesentlichen Unterschiede. Meist können die gleichen Hybridisierungslösungen für beide Arten von Nucleinsäuresonden verwendet werden (Herstellerangaben beachten). Allerdings sollte bei nichtradioaktiven Sonden auf Dextransulfat verzichtet werden, da Dextransulfat hier zu einer Verstärkung des Hintergrundes führen kann.

Gebräuchliche stringente Hybridisierungstemperaturen für DNA-Sonden mit einer Länge von mindestens 100 bp liegen zwischen 65–72 °C ohne, bzw. 37–45 °C mit Formamid. Da die Hybridisierungstemperatur bei Zugabe von Formamid stark sinken kann, degradiert die Nucleinsäuresonde im Vergleich zu einer Sonde ohne Formamid nur wenig.

Sind Bedingungen niedriger Stringenz erforderlich, z.B. beim Hybridisieren mit einer heterologen Sonde (55–85 % Identität), so ist die Hybridisierungstemperatur zu senken. Zusätzlich kann die Stringenz beim anschließenden Waschen der Filter durch sukzessive Erhöhung der Waschtemperatur und/oder Erniedrigung der Salzkonzentrationen kontrolliert werden. Allerdings müssen hier die optimalen Bedingungen für die Hybridisierung und das anschließende Waschen empirisch ermittelt werden.

Materialien

- markierte DNA (Hybridisierungssonde)
- vorbereiteter Filter mit immobilisierter Nucleinsäure (s.o.)
- Hybridisierröhren und -ofen
- Formamid: vor Gebrauch mehrere Stunden zum Deionisieren mit einem *mixed bed*-Ionentauscher (z.B. Amberlite MB3) rühren; in dunkler Flasche bei –20 °C aufbewahren; gelb verfärbte formamidhaltige Lösungen verwerfen
- Heringssperma-DNA (hsDNA) 10 mg × ml^{-1}; heterologe DNA wird im Hybridisierungsmix zur Sättigung von unspezifischen Nucleinsäure-Bindestellen auf dem Filter zugegeben; für nichtradioaktive Proben *blocking reagent* laut Hersteller
- 20 × SSC (Abschn. 10.2.1.1)
- 50 × Denhardt's: 1 % (w/v) Ficoll, 1 % (w/v) Polyvinylpyrrolidon, 1 % (w/v) BSA
- Hybridisierlösung I (ohne Formamid; Hybridisierungstemperaturen 65–72 °C): 5 × SSC, 5 × Denhardt's, 0,5 % (w/v) SDS, hsDNA (100–200 µg × ml^{-1}); die hsDNA-Lösung vor Gebrauch 5 min bei 95 °C denaturieren und in Eis abkühlen
- Hybridisierlösung II (mit Formamid; Hybridisierungstemperaturen 37–42 °C): 20–50 % (v/v) Formamid, 5 × SSC, 5 × Denhardt's, 0,1 % (w/v) SDS, hsDNA (100–200 µg × ml^{-1}, denaturiert s.o.); Formamid in der Hybridisierlösung verlangsamt die Reassoziationsrate des DNA/DNA-Hybrids; bei Anwesenheit von Formamid sollte die Hybridisierungszeit deshalb auf 20–48 h erhöht werden

- Hybridisierlösung III (Zusatz von Dextransulfat, Hybridisierungstemperatur 37–42 °C): 40–50 % (v/v) Formamid, 10 % (w/v) Dextransulfat, 1 % (w/v) SDS, 5 × SSC, hsDNA (200 µg × ml^{-1}, denaturiert s.o.); die Sondenkonzentration darf 10 ng DNA pro ml Lösung nicht überschreiten, andernfalls treten vermehrt unspezifische Hybridisierungen auf
- Waschlösung: 2 × SSC/0,1 % (w/v) SDS sowie auch Waschlösungen mit geringerem SSC-Gehalt, siehe Text; die Hybridisierlösungen sollten über 0,45 µm-Filter gereinigt werden und können bei –20 °C gelagert werden.

Durchführung

- Nylonmembran so zusammenrollen, dass sich die zu hybridisierende Nucleinsäure innen befindet, und in eine Hybridisierröhre entsprechender Größe stecken; zur Verbesserung der Benetzung der Membran kann diese zwischen zwei Stücke Kunststoff-Gaze (150 µm) entsprechend der Membrangröße eingerollt werden, besonders bei der gleichzeitigen Hybridisierung mehrerer Membranen empfiehlt sich diese Vorgehensweise; es ist darauf zu achten, dass sich bei der Inkubation im Hybridisierofen die Nylonmembran nicht aufrollt und von der Gefäßwand löst, evtl. Röhre während der Hybridisierung drehen/rotieren lassen
- die Prähybridisierung findet in der gleichen Lösung statt, in der anschließend auch die Hybridisierung abläuft; bei der Verwendung von großen Hybridisierröhren (250 ml) ca. 15 ml und bei der Verwendung kleiner Hybridisierröhren (125 ml) ca. 7,5 ml Hybridisierlösung einsetzen
- Prähybridisierung für 2–8 h bei der ausgewählten Hybridisiertemperatur durchführen, meist von Vormittag bis Nachmittag
- die optimale Probenmenge für radioaktiv markierte Sonden liegt bei 0,5–2 × 10^6 cpm × ml^{-1}, die spezifische Aktivität der Sonde sollte 10^8 cpm × mg^{-1} betragen; nichtradioaktiv markierte Proben werden in Konzentrationen zwischen 10–20 ng × ml^{-1} eingesetzt (Herstellerangaben beachten); DNA-Sonden müssen vor der Zugabe zur Prähybridisierlösung 5 min bei 95 °C denaturiert und anschließend in Eis abgekühlt werden
- denaturierte Sonde zur Prähybridisierlösung geben, hierzu Hybridisierröhre fast waagerecht halten und Sonde zur Lösung pipettieren (Kontakt von unverdünnter Sonde mit der Membran vermeiden)
- die Hybridisierung sollte 16–48 h dauern, längere Hybridisierungen in wässriger Lösung (ohne Formamid) und bei hohen Temperaturen (> 45 °C) vermeiden
- im Anschluss an die Hybridisierung kann die Hybridisierlösung bei –20 °C gelagert und nach erneutem Denaturieren der Sonde (5 min 95 °C, dann auf Eis abkühlen) wiederverwendet werden; hierbei wird dann die Prähybridisierlösung komplett gegen die Hybridisierlösung ausgetauscht; auch bereits verwendete Prähybridisierlösung kann bei –20 °C gelagert und wiederverwendet werden.

Waschen des Filters

- Nach Beendigung der Hybridisierung die Filter zweimal für 5 min in 2 × SSC/0,1 % (w/v) SDS bei RT waschen
- im Anschluss sukzessive Waschschritte unter stringenteren Bedingungen durchführen, die Bedingungen müssen von Fall zu Fall empirisch ermittelt werden; dabei von Schritt zu Schritt die Salzkonzentration der Waschlösung reduzieren, die Waschtemperatur kann bis zur Hybridisierungstemperatur erhöht werden
- bei radioaktiv markierten Sonden kann die nach jedem Waschvorgang erzielte Reduzierung der auf dem Filter unspezifisch gebundenen Radioaktivität mit einem Handmonitor (Geigerzähler) verfolgt werden; ein solches Überwachen des Waschvorgangs ist bei Verwendung von nichtradioaktiv markierten Sonden nicht möglich.

Beispiel

- Nach der Hybridisierung mit einer homologen DNA-Sonde bei 65 °C (ohne Formamid) und den ersten Waschschritten mit 2 × SSC/0,1 % (w/v) SDS bei RT kann der Filter:
  - zweimal 15 min mit 0,5 × SSC/0,1 % (w/v) SDS bei 65 °C und danach evtl.
  - ein- bis zweimal 15 min mit 0,1 × SSC/0,1 % (w/v) SDS bei 65 °C gewaschen werden

- bei Verwendung von nichtradioaktiven Sonden reichen die Waschschritte mit 0,5 × SSC/0,1 % (w/v) SDS meist aus, um den Hintergrund und unspezifische Signale zu entfernen, dies wird aber erst nach einer Detektion und Exposition der Filter deutlich; werden radioaktive Sonden eingesetzt, kann der Filter zwischen den Waschschritten kurz auf Filterpapier getrocknet, (noch feucht, nicht nass) in Haushaltsfolie gewickelt und je nach Signalintensität exponiert werden
- sollen nach der Autoradiographie weitere Waschschritte folgen, so ist darauf zu achten, dass der Filter niemals völlig austrocknet, da sonst die Hybridisierungssonde irreversibel an den Filter bindet
- ist das Signal/Hintergrund-Verhältnis ungenügend, kann der Filter stringenter gewaschen werden; kommen heterologe Sonden zum Einsatz, muss einerseits die Hybridisierungstemperatur gesenkt werden (10–15 °C) und zum anderen erfolgen die Waschschritte unter weniger stringenten Bedingungen; im Anschluss an die ersten Waschschritte wird dann bei RT ein- bis zweimal mit SSC/0,1 % (w/v) SDS und dann ein- bis zweimal mit 0,5 × SSC/0,1 % (w/v) SDS gewaschen
- die optimalen Bedingungen müssen empirisch ermittelt werden.

Detektion und Dokumentation

- Zur Detektion radioaktiv markierter Sonden wird die Nylonmembran feucht (nicht nass) in Haushaltsfolie eingeschlagen und bei –20 °C unter einem Röntgenfilm (DNA-Seite zum Film) in einer Expositionsbox mit Verstärkungsfolie für 1 h bis mehrere Tage inkubiert
- die genauen Expositionszeiten sind empirisch zu ermitteln; nichtradioaktive Proben werden nach dem Waschen der Membran entsprechend den Herstellerangaben mehreren kurzen Wasch- und Inkubationsschritten (z.B. mit Antikörperkonjugat) unterzogen; vor der Exposition auf Röntgenfilmen werden bei allen Systemen, die ein alkalisches Phosphatasekonjugat einsetzen, die Membranen in einer Substratlösung (CDP-Star oder LumiPhos) inkubiert, wobei die Membran in einer möglichst kleinen Menge (5–10 ml) der Substratlösung für 5 min inkubiert wird
- anschließend lässt man überschüssige Substratlösung ablaufen und schweißt die Nylonmembran luftblasenfrei in Plastikfolie ein
- die Exposition erfolgt in einer Expositionsbox ohne Verstärkungsfolie, wobei die Expositionszeiten zwischen 1 min und mehreren Stunden liegen können
- die optimalen Belichtungszeiten müssen empirisch ermittelt werden.

Trouble Shooting

- Filter, die nach der DNA-Fixierung zum ersten Mal eingesetzt werden, führen oft zu einem erhöhten Hintergrund. Dieser Effekt kann durch Befeuchten der Filter mit 2 × SSC/0,1 % (w/v) SDS vor der Prähybridisierung unterdrückt werden.
- Die Nylonmembran darf im Anschluss an eine Hybridisierung auf keinen Fall trocken werden. Hierdurch könnte die Sonde irreversibel an die Membran binden und später zu einem erhöhten Hintergrund oder falsch-positiven Signalen führen.

10.2.2.4 Hybridisierung von Genbanken sowie Southern-Blots mit Oligonucleotidproben

Bei der Verwendung von Oligonucleotidproben mit 50 oder weniger Nucleotiden können für die Prähybridisierung und Hybridisierung die gleichen Lösungen eingesetzt werden wie in Abschn. 10.2.2.3. Die eingesetzte Sondenkonzentration sollte für radioaktive Sonden 15 ng × ml^{-1} nicht überschreiten und für nichtradioaktive Sonden bei etwa 10 pmol × ml^{-1} liegen.

Bei der Durchführung der Hybridisierung und den unterschiedlichen Waschschritten sind stets die Komplementarität und Komplexität der Sonde (bei denaturierten Oligonucleotiden) zu berücksichtigen.

Die Schmelztemperatur des verwendeten Oligonucleotids lässt sich mit der entsprechenden Formel in Abschn. 10.2.2.1 berechnen und die Hybridisierungstemperatur sollte mindestens 5 °C unter dem Wert für T_m liegen. Die ersten Waschschritte erfolgen unter wenig stringenten Bedingungen mit 5 × SSC bei der Hybridisierungstemperatur und stringenteren Waschschritten mit 2 × SSC bei RT oder bei Temperaturen bis maximal zum T_m-Wert. Die optimalen Bedingungen müssen empirisch ermittelt werden.

10.2.2.5 Hybridisierung von Northern-Blots

Ein wesentlicher Unterschied bei der Northern-Hybridisierung (RNA-Blot) besteht darin, dass einzelsträngige Nucleinsäuremoleküle detektiert werden sollen. Diese Tatsache macht es nötig, unter ungünstigen Umständen andere Strategien als bei der Hybridisierung von Southern-Blots zu verwenden. Sollen geringe Mengen einer mRNA-Spezies, z.B. ein sehr selten vorkommendes mRNA-Molekül, detektiert werden, so ist das häufig mit den üblicherweise für Southern-Hybridisierungen gebrauchten DNA-Sonden schwierig oder gar unmöglich. Grund dafür ist eine Konkurrenzreaktion bei der Northern-Hybridisierung für DNA-Sonden: einerseits kann die DNA-Sonde mit der auf der Membran befindlichen Zielsequenz hybridisieren und andererseits mit sich selbst. Schwieriger wird es noch dadurch, dass bei den meisten Hybridisierungen die Sonde im Überschuss eingesetzt wird. So kann unter Umständen die Reassoziation der DNA-Sonde im Vergleich zur Hybridisierung mit der RNA-Zielsequenz bevorzugt ablaufen.

Die Sondenreassoziation und Hybridisierung mit der RNA-Zielsequenz lässt sich am besten vermeiden, indem einzelsträngige Nucleinsäuresonden benutzt werden. Zur Markierung einzelsträngiger Sonden kann die PCR-Methode (Kap. 4) angewendet werden, wobei nur ein Primer eingesetzt wird, oder es können die SP6-, T3- oder T7-Transkriptionssysteme gebraucht werden, um markierte RNA-Sonden zu erzeugen (Abschn. 11.2.2). Es muss unbedingt eine *antisense*-Sonde erzeugt werden. Für markierte RNA-Sonden können wegen der größeren Stabilität von RNA/RNA-Hybriden stringentere Hybridisierungsbedingungen gewählt werden, wodurch sich ein besseres Signal/Hintergrund-Verhältnis ergibt. Ein Nachteil von RNA-Sonden besteht darin, dass alle Materialien, die für eine Hybridisierung benötigt werden, RNase-frei sein müssen, da die Sonde sonst abgebaut werden kann.

Werden zur Northern-Hybridisierung doppelsträngige DNA-Sonden eingesetzt, so sollte unter Anwesenheit von Formamid (50 %) hybridisiert werden. Hierdurch wird der Unterschied in der Stabilität von RNA/DNA-Hybriden gegenüber DNA/DNA-Hybriden vergrößert und eine Hybridisierung von Sonde und Zielsequenz begünstigt.

Genomische DNA als Sonde für eine Hybridisierung mit eukaryotischer mRNA enthält unter Umständen Intronsequenzen, die in der mRNA nicht vorhanden sind. Dadurch könnte sich die Notwendigkeit ergeben, unter weniger stringenten Bedingungen zu hybridisieren.

Bei der Verwendung nichtradioaktiver Sonden für Northern-Hybridisierungen empfehlen die meisten Hersteller von Markierungs- und Detektionssystemen generell die Verwendung von RNA-Sonden. Positive Ergebnisse sind bei Verwendung von nichtradioaktiven RNA-Sonden für Northern-Hybridisierungen am wahrscheinlichsten. Allerdings können unter günstigen Umständen auch doppelsträngige DNA-Sonden bei entsprechender Optimierung der Hybridisierungs- und Waschbedingungen eingesetzt werden.

Materialien

- markierte Nucleinsäuresonde
- vorbereitete Nylonmembran mit immobilisierter RNA
- Hybridisierröhren und -ofen
- Formamid, Vorbehandlung siehe Abschn. 10.2.2.3
- 20 × SSPE: 3,6 M NaCl, 0,2 M Natriumphosphatpuffer, pH 7,7, 20 mM EDTA
- 20 × SSC (Abschn. 10.2.1.1)
- 50 × Denhardt's (Abschn. 10.2.2.3)
- Heringssperma-DNA (hsDNA) 10 mg × ml^{-1}; heterologe DNA wird zur Sättigung von unspezifischen Nucleinsäure-Bindestellen auf dem Filter zugegeben; für nichtradioaktive Sonden *Blocking Reagent* laut Hersteller

- Hybridisierlösung (mit Formamid, Hybridisierungstemperatur 42–65 °C): 5 × SSPE, 50 % (v/v) Forma-mid, 5 × Denhardt's, 0,5 % (w/v) SDS und denaturierte hsDNA (100–200 µg × ml^{-1}; Abschn. 10.2.2.3); Hybridisierlösung über einen 0,45 µm-Filter reinigen und bei –20 °C lagern
- Waschlösungen: 2 × SSC/0,1 % (w/v) SDS sowie Waschlösungen mit geringerem SSC-Gehalt; werden RNA-Sonden verwendet, müssen alle Materialien RNase-frei sein! (Abschn. 7.1.3)

Durchführung

Prähybridisierung und Hybridisierung

- Nylonmembran in die Hybridisierröhre überführen und für 2–8 h prähybridisieren (Abschn. 10.2.2.3)
- Nucleinsäuresonde denaturieren (5 min 95 °C und dann in Eis abkühlen) und zur Prähybridisierlösung geben (Abschn. 10.2.2.3)
- Sondenkonzentrationen liegen für radioaktive Sonden bei etwa 1–100 ng × ml^{-1} (spezifische Aktivität 10^8 cpm × mg^{-1}) bzw. für nichtradioaktive Sonden bei 20–50 ng × ml^{-1} für DNA-Sonden und bei 50–100 ng × ml^{-1} für RNA-Sonden (optimale Sondenkonzentrationen müssen oft empirisch ermittelt werden)
- Hybridisierungstemperaturen liegen für RNA-Sonden bei 60–65 °C und für DNA-Sonden bei 42–50 °C
- Hybridisierung dauert 16–48 h
- nach erfolgter Hybridisierung darf die Membran nicht trocken werden (Abschn. 10.2.2.3)

Waschschritte

Die ersten Waschschritte erfolgen bei RT (Abschn. 10.2.2.3). Anschließend wird, abhängig von der ver-wendeten Sonde, stringenter gewaschen.

Beispiel bei Verwendung von DNA-Sonden:

- zweimal 15 min 2 × SSC, 0,1 % (w/v) SDS bei 42 °C
- einmal 15 min SSC, 0,1 % (w/v) SDS bei 42 °C
- einmal 15 min SSC, 0,1 % (w/v) SDS bei 65 °C
- einmal 15 min 0,5 × SSC, 0,1 % (w/v) SDS bei 65 °C
- einmal 15 min 0,1 × SSC, 0,1 % (w/v) SDS bei 65 °C.

Beispiel bei Verwendung von RNA-Sonden

- Zweimal 15 min 0,5 × SSC, 0,1 % (w/v) SDS bei 65 °C
- ein- bis zweimal 15 min 0,1 × SSC, 0,1 % (w/v) SDS bei 65 °C.

Für ein optimales Ergebnis müssen nicht immer alle Waschschritte durchlaufen werden. Zu stringentes Waschen kann dazu führen, dass keine Signale erhalten werden, daher sind die Waschbedingungen zu optimieren. Bei radioaktiv markierten Sonden gelten die Anmerkungen zur Kontrolle der Waschschritte aus Abschn. 10.2.2.3.

Detektion und Dokumentation

Die Detektion und Dokumentation erfolgt wie in Abschn. 10.2.2.3 beschrieben.

10.2.3 Wiederverwendung der Filter (Sondenentfernung)

Für Hybridisierungen eingesetzte Filter können mehrmals verwendet werden, wenn sich die verwendete Sonde vollständig entfernen lässt. Je nach Menge der auf dem Filter verbliebenen Sonde können zur Sondenentfernung für radioaktive und nichtradioaktive Sonden folgende Methoden angewendet werden (Herstellervorschriften beachten).

Materialien
- 0,1 × SSC/0,1 % (w/v) SDS (Abschn. 10.2.2.3) oder alternativ 0,1 % (w/v) SDS, 5 mM EDTA, pH 8,0
- 0,4 M NaOH
- 0,2 M Tris-HCl, pH 7,5

Durchführung
- Bei geringer Signalintensität 250 ml 0,1 × SSC/0,1 % (w/v) SDS aufkochen und die Membran 15–30 min in der heißen Lösung inkubieren, den Vorgang evtl. wiederholen; alternativ dazu kann 0,1 % (w/v) SDS/5 mM EDTA, pH 8,0 verwendet werden.

Für eine radikale Sondenentfernung von stark mit Artefakten verunreinigten Filtern (unspezifische Hybridisierung) oder von Filtern mit sehr gut hybridisierten Sonden den Filter wie folgt behandeln:
- ein- bis zweimal 30 min bei 50–65 °C mit je 250 ml 0,4 M NaOH inkubieren
- Filter kurz mit Wasser abspülen
- einmal 30 min bei 50–65 °C mit 250 ml 0,1 × SSC/0,1 % (w/v) SDS/0,2 M Tris-HCl, pH 7,5 inkubieren
- anschließend Filter entweder neu zur Hybridisierung einsetzen oder bei 4 °C aufbewahren; je nach Menge der ursprünglich auf den Filter übertragenen Nucleinsäuremenge sowie je nach den Hybridisier- und Waschbedingungen können die Filter unterschiedlich häufig für erneute Hybridisierungen eingesetzt werden.

10.2.4 Selektion und Vereinzelung positiver Klone

Belichtete Filme der hybridisierten Filter sollten intensive Signale (Punkte) aufweisen, die sich deutlich vom Hintergrund abheben. Die Größe der Signale korreliert ungefähr mit der Größe der Kolonien oder Plaques auf dem Filter, während die Signalintensität von der Art der Sonde und von der Expositionszeit abhängt. Signale können so klein wie der Kopf einer Stecknadel oder so groß wie der Kopf einer Reißzwecke sein. Oft sind sie nicht gleichmäßig rund, sondern besitzen eine Art Kometenschweif. Dieses leichte Verschmieren der Kolonien oder der Phagen-Plaques kann durch das Abziehen der Filter von der Platte auftreten.

Soll das Screening einer Bank mit einer heterologen (nicht komplementären) Sonde oder mit einer gemischten (denaturierten) Oligonucleotidsonde vorgenommen werden, ist es sicherer, Replikas der Filter anzulegen und beide gleichzeitig zu hybridisieren. Signale, die nicht auf beiden Filtern an der gleichen Stelle auftreten, sind in der Regel Hybridisierungsartefakte und daher nicht zu berücksichtigen.

Durchführung
- Die positiven Signale mit Kolonien oder Plaques zur Deckung bringen, dabei die Markierungen auf der Agarplatte und dem Röntgenfilm beachten; handelt es sich um eine Koloniehybridisierung, so muss der Mutter- oder der Aufbewahrungsfilter vorher bei 37 °C inkubiert werden, um die Kolonien zu regenerieren (Abschn. 10.2.1.4)
- Platte mit dem auf dem Plattenboden angelegten Film gegen das Licht halten oder auf einen Leuchtkasten legen und mit einem Filzstift positive Kolonien auf dem Plattenboden markieren.

10.2.4.1 Vorgehen bei Koloniehybridisierungen

Alle Kolonien, die innerhalb eines markierten Feldes liegen, zur zweiten Hybridisierung auf einen neuen Filter übertragen.

Materialien
- Materialien (Abschn. 10.2.1.4)
- sterile Zahnstocher

Durchführung
- Ein zurechtgeschnittener Filter, auf den mit Bleistift ein Raster aufgezeichnet wurde, auf eine LB-Agarplatte mit dem entsprechenden Antibiotikum legen
- jede Kolonie aus dem markierten Feld des Mutterfilters einzeln mit der Spitze eines sterilen Zahnstochers picken
- Zahnstocherspitze jeweils zweimal nebeneinander in eines der eingezeichneten Felder auf dem neuen Filter ganz leicht auftippen; durch die doppelte Auftragung wird ein Fehler bei der Kolonieidentifizierung nach dem zweiten Hybridisierungsvorgang vermieden, da positive Kolonien ein doppeltes Signal aufweisen müssen
- Platte plus Filter über Nacht bei 37 °C inkubieren
- Replikafilter abziehen (Abschn. 10.2.1.4) und beide Filter erneut für 3–5 h bei 37 °C inkubieren
- Mutterfilter auf der Agarplatte belassen und bei 4 °C lagern
- Replikafilter zur Kolonielyse und DNA-Fixierung behandeln und zur erneuten Hybridisierung einsetzen (Abschn. 10.2.1.4).

10.2.4.2 Vorgehen bei der Plaque-Hybridisierung

Alle Plaques, die innerhalb eines markierten Bereiches liegen, werden isoliert und erneut verdünnt ausplattiert, um in eine weiteren Hybridisierung eindeutig positive Klone zu identifizieren.

Materialien
- Sterile blaue Pipettenspitzen, die etwa in der Mitte abgeschnitten wurden, oder sterile Pasteur-Pipetten
- Materialien (Abschn. 10.2.1.5)
- λ-Puffer: 10 mM Tris-HCl, pH 7,5, 10 mM $MgSO_4$

Durchführung
- Mithilfe der abgeschnittenen Pipettenspitzen oder dem weiten Ende einer Pasteurpipette den Agar innerhalb der markierten Plattenregion abnehmen und in 100 μl λ-Puffer bei 4 °C für 2 h oder über Nacht unter Schütteln inkubieren
- Serienverdünnungen der Phagensuspension mit entsprechenden Wirtsbakterien auf 8 cm-Agarplatten ausplattieren, optimale Verdünnungen müssen empirisch ermittelt werden
- nach Inkubation der Platten bei 37 °C ein oder zwei Filter abziehen (Abschn. 10.2.1.5), entsprechend nachbehandeln und zur Hybridisierung einsetzen.

Je nachdem, wie gut die Kandidaten auf dem ersten Filter lokalisiert und wie eng das Umfeld ausgewählt wurde, sollten die positiven Klone 5–10 % der Kolonien oder Plaques ausmachen. Beim Koloniescreening ist die Zuordnung des Signals zu einer homogenen Kolonie meist nach der zweiten Hybridisierung möglich. Beim Plaque-Screen dagegen ist oft eine zweite Vereinzelungsrunde mit engerem Ausstechen der entsprechenden Plaque-Regionen, Ausplattieren und Hybridisieren der neuen Filter erforderlich. Sobald Kolonien oder Phagen-Plaques eindeutig identifiziert wurden, kann die DNA mithilfe von Kurzpräparationsmethoden (Kap. 3) isoliert und mittels einer Southern-Hybridisierung analysiert werden. Bei jedem Vereinzelungsschritt sollte das Anlegen von Dauerpräparaten nicht vergessen werden, um evtl. auf dieser Stufe erneut beginnen zu können.

11 Detektion von mRNA und Protein *in situ*

(Tanja Arndt, Sophie Rothhämel)

11.1.1 *in situ*-Hybridisierung

Die Hybridisierung einer Nucleinsäuresonde an endogener mRNA in cytologischen und histologischen Präparaten erlaubt den Nachweis von spezifischer mRNA in einzelnen Zellen und ist somit die genaueste Methode zur Studie von Genexpression. Deswegen wird die *in situ*-Hybridisierung (ISH) sehr häufig in der Entwicklungsbiologie und in diagnostischen Verfahren in der Pathologie eingesetzt. Sonden, die an spezifische mRNA-Moleküle in einzelnen Zellen oder Geweben hybridisieren, lassen die Klassifizierung von Entwicklungszuständen aufgrund des spezifischen Expressionsmusters zu.

Zur Detektion von endogener RNA werden bei der ISH Digoxigenin (DIG) markierte RNA-Sonden verwendet, die mittels *in vitro*-Transkription hergestellt werden. Nach der Hybridisierung mit der Ziel-mRNA wird ein mit alkalischer Phosphatase gekoppelter Antikörper gegen DIG eingesetzt. Diese alkalische Phosphatase setzt ein NBT/BCIP-Gemisch (Nitrotetrazoliumblauchlorid/Bromchlorindolylsulphat) zu einem unlöslichen blauen Präzipitat um, welches lichtmikroskopisch detektiert werden kann.

Bestimmte Parameter beeinflussen die Hybridisierungskinetik und das unspezifische Binden von Sonden. Der erste Parameter, der meist bei den Hybridisierungs- und Waschbedingungen nicht beachtet wird, ist der GC-Gehalt der Sonde. Die Ähnlichkeit zwischen den Sequenzen der Sonde und der Ziel-mRNA ist der zweite Parameter. Die Ähnlichkeit sollte 100 % sein, da sonst während des RNase A-Verdaus unvollstandige RNA/RNA-Hybride zerstort werden. Der dritte Parameter betrifft die Länge und der vierte die Konzentration der Sonde. Die maximale Konzentration *in situ* sollte ca. 300 ng × ml^{-1} × kb^{-1} betragen (Wilkinson *et al.*, 1992). Zu hohe Konzentrationen verstärken die Hintergrund-Hybridisierung. Positiv- und Negativkontrollen sollten immer gemacht werden. Ein *in situ*-Hybridisierungsexperiment besteht immer aus der Hybridisierung von Strang- und Gegenstrang-RNA auf zwei verschiedenen Schnitten des gleichen Gewebes.

Die nichtradioaktive ISH ist nicht so sensitiv wie die ISH mit radioaktiv markierten Sonden, hat jedoch einige Vorteile gegenüber dem radioaktiven Ansatz. So entfallen der sicherheitstechnisch aufwendige und gesundheitsgefährdende Umgang mit radioaktiven Substanzen sowie deren teure Entsorgung. Weiterhin liefert die nichtradioaktive ISH deutlich schneller Ergebnisse, da der Nachweis über die enzymatische Umsetzung eines Farbsubstrats erfolgt und keine zum Teil mehrwöchige Exponierung der Schnitte in Fotoemulsion notwendig ist. Außerdem gestattet das histochemische Präzipitat eine genaue Lokalisation des Signals, die bis auf die subzelluläre Ebene reichen kann. Desweiteren können bei der ISH die RNA-Sonden (oder auch Ribosonden) mit Niedrigenergie-Betastrahlern markiert werden, um so eine besonders gute Sensitivität zu erreichen. Im vorliegenden Protokoll erfolgt die Markierung mittels ^{35}S. Die Hybridisierung wird für den Einsatz von Gewebeparaffinschnitten am Beispiel von Mausembryonen in entwicklungsbiologischen Studien beschrieben (auch anwendbar bei pathologischen Gewebeschnitten). Bei diesem Verfahren liegt das Detektionslimit bei ca. 5–50 mRNA-Molekülen je Zelle (Wilkinson *et al.*, 1992, Polak *et al.*, 1990).

Ganz allgemein muss bei ISH-Experimenten besonders darauf geachtet werden, dass die experimentelle Durchführung unter RNase-freien Bedingungen stattfindet. Um dies zu gewährleisten, ist die Verwendung von DEPC-behandeltem Wasser für das ansetzen von Lösungen notwendig sowie das Arbeiten mit Handschuhen.

11.1.2 Immunhistochemie

Analog zur *in situ*-Hybridisierung, handelt es sich bei der Immunhistochemie (IHC) um eine Methode zur Lokalisation von Proteinen in Gewebeschnitten. Hierzu werden spezifische Antikörper eingesetzt, die gegen das zu detektierende Protein gerichtet sind. Diese Primärantikörper werden wiederum von markierten Sekundärantikörpern detektiert. Prinzipiell unterscheidet man einen direkten Nachweis des Zweitantikörpers und einen indirekten, enzymatischen Nachweis. Für den direkten Nachweis verwendet man Zweitantikörper, die mit Fluoreszenzfarbstoffen gekoppelt sind. Der indirekte Nachweis erfolgt über biotinylierte Zweitantikörper in Kombination mit einem Enzym-Biotin-Komplex. Der Biotin-Enzym-Komplex wird nun über eine Biotin-Streptavidin-Biotin-Brücke an den Zweitantikörper gebunden. Bei dem verwendeten Enzym handelt es sich um eine Peroxidase oder alkalische Phosphatase, welche dann für die enzymatische Umsetzung eines löslichen Farbstoffes zu einem unlöslichen Präzipitat sorgt. Die Auswertung erfolgt bei der IHC am Lichtmikroskop. Da der indirekte Nachweis zumindest auf Gewebeschnitten der häufigere und auch sensitivere Versuchsansatz ist, wird dieser hier beschrieben.

11.1.3 Auswahl der verwendeten Gewebetypen

Für die ersten Experimente empfiehlt sich die Verwendung eines Positiv- bzw. Negativ-Testgewebes, indem eine möglichst hohe bzw. keine Expression des zu untersuchenden Moleküls zu erwarten ist. Diese Experimente dienen zum Austesten der optimalen Bedingungen und erleichtern die Unterscheidung zwischen spezifischen und unspezifischen Signalen. Erst bei einem klaren Signal im Positiv- und keinem Signal im Negativgewebe, sollten Experimente an einem Gewebe mit unbekannter Expression durchgeführt werden.

11.2.1 Auswahl der RNA-Sonden

Prinzipiell sollten Sonden verwendet werden, deren Sequenzen komplementär zur Zielsequenz sind und die Exon übergreifende Sequenzen enthalten, um spezifisch an die Ziel-mRNA zu binden. Unterschiedliche Basenpaare können zu unspezifischen Bindungen oder schwachen Signalen führen. Außerdem kann bei nicht übereinstimmenden Sequenzen auch keine RNase A-Behandlung durchgeführt werden, da die einzelstrangspezifische RNase A die nichthybridisierenden Teile der Sonde abbauen würde. Die Sondenlänge sollte zwischen 300 und 700 Basenpaaren gewählt werden. Kürzere Sonden wären zu unspezifisch. Längere Sonden wären prinzipiell spezifischer, aber für sie ist die Gewebestruktur undurchlässiger. Die Qualität der Sonde kann vor der ISH in einem so genannten „Dot-Blot" getestet werden. Hierzu werden verschiedene Konzentrationen der Zielsequenz auf eine Nitrocellulosemembran aufgetropft und mit der Sonde getestet (Abschn. 10.2). Zur Kontrolle einer erfolgreichen Durchführung der ISH sollte eine bereits etablierte Sonde verwendet werden. Alternativ empfiehlt sich eine ubiquitär exprimierte mRNA als Zielsequenz wie *aktin* als Bestandteil des Cytoskeletts oder eines der anderen Haushaltsgene (*house keeping genes*).

11.2.2 *in vitro*-Transkription der RNA-Sonden

Die *in vitro*-Transkription erfolgt mit den RNA-Polymerasen T7, T3 oder SP6 von einem klonierten DNA-Fragment als Matrize. Generell wird geraten eine zur Ziel-mRNA komplementäre *antisense*-Sonde herzustellen und als Negativkontrolle eine zur Ziel-mRNA identische *sense*-Sonde. Geeignete Klonie-rungsvektoren (sog. Transkriptionsvektoren) sind von verschiedenen Herstellern erhältlich, wie z.B. die Vektoren der Ribo Gemini Serie, pGEM-3 oder pGEM-4 (Promega). Gemeinsam ist diesen Vektoren, dass eine multiple Klonierungssequenz von Promotoren für die Bakteriophagen-RNA-Polymerasen SP6, T3 oder T7 flankiert wird (Abb. 11–1). Der Vektor sollte stromabwärts zu der zu amplifizierenden Sequenz linearisiert werden, um sicherzustellen, dass nur die gewünschte klonierte Sequenz markiert wird. Bei der Linearisierung der Vektoren sollte beachtet werden, dass 5'-überstehende Enden erzeugt werden. Hierdurch wird eine nicht spezifische Bindung der RNA-Polymerasen an freie 3'-Enden unter-bunden. Alternativ kann auch ein PCR-Produkt (Kap. 4) als Matrize dienen, wenn eine Bindesequenz für eine der RNA-Polymerasen enthalten ist. Bei der Berechnung der Temperaturbedingungen für die PCR muss berücksichtigt werden, ob die RNA-Polymerase-bindenden Abschnitte der Primer an den Matrizenstrang binden und damit die Schmelztemperatur herabsetzen. Um die Spezifität der PCR mit anschließender *in vitro*-Transkription sicherzustellen, wird nur jeweils einer der Primer mit einer Polymerase-Bindungsstelle eingesetzt. Die entsprechenden Materialien zur *in vitro*-Transkription sowie deren Durchführung werden im Folgenden beschrieben. Für Hinweise auf das Nuclease-freie Arbeiten mit RNA siehe Kap. 7. Die RNA-Sonden können während der *in vitro*-Transkription entweder mit DIG oder mit Florescin (Roche Diagnostics) markiert werden. Unter optimalen Reaktionsbedingungen wer-den mittels *in vitro*-Transkriptionsreaktionen aus 1 µg linearisiertem Vektor 2–10 µg markierte RNA-Sonde hergestellt.

Materialien

- linearisierte Vektor-DNA (1 µg), zur Aufreinigung mit Phenol extrahiert (Abschn. 1.6), mit Ethanol präzipitiert (Abschn. 1.7) und dann im nötigen Volumen H_2O (RNase-frei) resuspendiert (z.B. 10 µl), alternativ: 0,5 pmol eines gereinigten und durch Sequenzierung auf Vollständigkeit getesteten PCR-Produktes (z.B. 200 ng eines 600 bp PCR-Produktes)
- 10 × Transkriptionspuffer: 400 mM Tris-HCl, pH 8,0, 60 mM $MgCl_2$, 100 mM Dithioerythritol (DTE)
- 10 × DIG-RNA-Labelling mix: 10 mM ATP, CTP und GTP, 6,5 mM UTP, 3,5 mM DIG-UTP, in Tris-HCl, pH 7,5 (z.B. Roche Diagnostics)
- 2 µl RNA-Polymerase (SP6, T3 oder T7, Roche Diagnostics)
- DNase I (RNase-frei), 10 U × µl^{-1}
- RNasin, 20 U × µl^{-1}
- H_2O
- 0,2 M EDTA, pH 8,0
- 4 M LiCl
- Ethanol p.a., –20 °C
- 70 % (v/v) Ethanol, –20 °C (mit Nuclease freiem H_2O ansetzen)
- RNase-freie Materialien

Durchführung

- Auf Eis kombinieren: 10 µl linearisierte Vektor-DNA, 2 µl DIG-RNA-Labeling-Mix, 2 µl 10 × Transkrip-tionspuffer, 4 µl H_2O, 2 µl RNA-Polymerase (SP6, T3 oder T7)
- vorsichtig mischen und kurz in Tischzentrifuge zentrifugieren, um die Flüssigkeit am Boden zu sam-meln
- 2 h bei 37 °C inkubieren
- 2 µl DNase I (RNase-frei) zugeben und weitere 15 min bei 37 °C inkubieren
- 2 µl EDTA zum Abstoppen der Reaktion zugeben.

Nach dem Markieren muss die RNA-Sonde von nicht eingebauten markierten Nucleotiden gereinigt wer-den. Eine einfache Methode hierfür ist die Präzipitation mit LiCl. Die Reinigung durch Präzipitation kann direkt nach der Labeling-Reaktion durchgeführt werden.

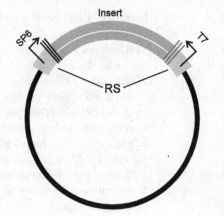

Abb. 11-1: Transkriptionsvektor mit klonierter „Insert"-DNA. Durch die flankierenden RNA-Polymerase-Promotoren (SP6 und T7) ist es möglich, durch die Verwendung der entsprechenden Polymerasen RNA-Moleküle entgegengesetzter Orientierung herzustellen und dabei zu markieren. RS: Schnittstellen der multiplen Kloniersequenz.

- 2,5 µl 4 M LiCl und 75 µl Ethanol p.a. zugeben, vorsichtig mischen
- 30 min bei –70 °C oder 2 h bei –20 °C inkubieren
- zur Präzipitation der RNA-Sonde 15 min in einer Tischzentrifuge bei 4 °C zentrifugieren
- das Präzipitat mit 100 µl 70 % (v/v) Ethanol waschen
- erneut wie zuvor zentrifugieren, trocknen und in 20 µl H_2O resuspendieren; optional kann zum Schutz der markierten Sonde vor Abbau RNasin zugegeben werden, dann wird in 19 µl H_2O und 1 µl RNasin resuspendiert.

Die angegebenen Reaktionszeiten sollten eingehalten werden. Falls größere Mengen Sonde generiert werden sollen, muss entsprechend mehr Vektor-DNA in einem größeren Volumen (unter Beachtung der Konzentrationen) markiert werden.

Zur Kontrolle der Markierungsreaktion können 5 µl der resuspendierten RNA durch Elektrophorese getrennt werden (Abschn. 2.3.1). Es sollte eine Bande oder ein leichter Schmier im Bereich der erwarteten Größe der einzelsträngigen RNA-Sonde zu erkennen sein. Zum Bestimmen der Größe der RNA-Sonde wird ein RNA-Größenstandard verwendet. Für Hybridisierungsreaktionen sollten ungefähr 0,2–1 µl der markierten RNA pro ml Hybridisierlösung verwendet werden. RNA-Sonden können bei –20 °C gelagert werden, häufiges Auftauen und Einfrieren sollte aber vermieden werden (daher Portionen von etwa 10–20 µl lagern). RNA-Sonden sollten wie jede andere verwendete Nucleinsäuresonde vor einer Hybridisierung denaturiert werden.

Literatur

Keller, G.H. (1989): DNA Probes. Stockten Press, New York.
The DIG System User's Guide for Filter Hybridization (1995): Boehringer Mannheim GmbH Biochemica.
Tabor, S., Richardson, C.C. (1985): A Bacteriophage T7 RNA Polymerase/Promoter System for Controlled Exclusive Expression of Specific Genes. Proc. Natl. Acad. Sci. USA 82, 1.074–1.078.

11.2.3 Vorbereitung von Paraffinschnitten für die Hybridisierung mit einer DIG-markierten RNA-Sonde

Wie für die Hybridisierung mit radioaktiven Sonden muss für die Hybridisierung mit einer DIG-markierten RNA-Sonde (Digoxigenin) zunächst eine Entparaffinisierung und anschließende Rehydrierung der Gewebeschnitte durchgeführt werden. Vor einer Behandlung mit Proteinase K zur Permeabilisierung des Gewebes wird eine Inkubation in 0,2 M Salzsäure durchgeführt. So werden basische Proteine inaktiviert, die auf der RNA haften und zu unspezifischen Bindungen der Sonde führen können. Es ist entscheidend, dass ausschließlich DEPC-behandeltes Wasser beziehungsweise RNase-freie Lösungen verwendet werden, um die Stabilität der Sonde zu gewährleisten.

Materialien

- Xylol
- Ethanol
- DEPC-H_2O (Abschn. 7.1.3.1)
- 40, 70, 80 und 90 % (v/v) Ethanol: Ethanol p.a. in DEPC-behandeltem H_2O
- 10 × PBS, pH 7,2
- PBS: 10 × PBS mit DEPC-H_2O verdünnt
- 4 % (v/v) Formaldehyd/PBS: DEPC-behandeltes H_2O, 10 × PBS, 37 % (v/v) Formaldehyd p.a., am Tag des Experiments frisch angesetzt
- Proteinase K-Lösung: 10 mM Tris, 1 mM EDTA (vorgewärmt auf 37 °C); 10–50 µg × ml^{-1} Proteinase K, wird kurz vor der Inkubation zugesetzt.
- 20 × SSC: 3 M NaCl, 0,3 M Natriumcitrat
- 2 × SSC (am Tag des Experiments mit DEPC-H_2O frisch angesetzt)
- 0,2 M HCl (RNase-frei)
- 0,1 M Triethanolaminpuffer, pH 8,0 (am Tag des Experiments mit DEPC-H_2O frisch angesetzt)
- 0,1 M Triethanolaminpuffer, 0,25 % (v/v) Essigsäureanhydrid (kurz vor Gebrauch frisch angesetzt)
- Paraffinschnitte (Kap. 9)
- Objektträgerhalter
- Glasküvetten
- Schüttler
- Hybridisierungsofen mit variabler Temperatureinstellung

Durchführung

Die Objektträger mit Gewebeschnitt(en) werden in einen Objektträgerhalter eingeordnet. Die Inkubation in den verschiedenen Lösungen wird in Glasküvetten durchgeführt. Das Volumen der benötigten Lösungen ist abhängig vom Fassungsvermögen der verwendeten Glasküvetten. Lösungen, die für Inkubationen bei 37 °C verwendet werden, sollten rechtzeitig vorgewärmt werden. Die Konzentration der Proteinase K-Lösung ist abhängig vom verwendeten Gewebe und muss entsprechend titriert werden. Beim Wechsel der Lösung kann der Objektträgerhalter durch kurzes Aufsetzen auf saugfähiges Papier abgetupft werden.

- Die Objektträger beschriften und über Nacht im Hybridisierungsofen bei 56 °C auf Zellstoff inkubieren
- Objektträger für 1 h im Ofen bei 65 °C auf Zellstoff inkubieren (warten bis der Ofen die richtige Temperatur erreicht hat oder einen zweiten Ofen verwenden)
- Objektträger zweimal 10 min und einmal 5 min in Xylol, viermal 5 min in Ethanol und jeweils einmal 5 min in 90, 80, 70 und 40 % (v/v) Ethanol inkubieren; währenddessen den Ofen auf 37 °C umstellen und bei offener Tür abkühlen
- Objektträger einmal 5 min in PBS waschen
- Objektträger einmal 20 min in 4 % (v/v) Formaldehyd/PBS bei Raumtemperatur inkubieren
- Objektträger einmal 5 min in PBS waschen
- Proteinase K in einer Endkonzentration von 10–50 µg × ml^{-1} zu 37 °C warmen 10 mM Tris, 1 mM EDTA geben
- Objektträger einmal 30 min bei 37 °C in der vorgewärmten Proteinase K-Lösung inkubieren
- Objektträger auf dem Schüttler (langsame Geschwindigkeit!) zweimal 5 min in 2 × SSC waschen
- Objektträger einmal 10 min in 0,2 M HCl bei Raumtemperatur inkubieren
- Objektträger einmal 5 min in 0,1 M Triethanolaminpuffer, pH 8,0 bei Raumtemperatur inkubieren
- gegen Ende der Inkubation 0,1 M Triethanolaminpuffer/0,25 % (v/v) Essigsäureanhydrid frisch ansetzen und auf dem Vibromischer mischen

- Objektträger einmal 10 min in 0,1 M Triethanolaminpuffer/0,25 % (v/v) Essigsäureanhydrid bei Raumtemperatur inkubieren
- Objektträger zweimal 2 min in 2 × SSC waschen.

Die Objektträger können direkt für die ISH verwendet werden, daher sollten die für die Prähybridisierung und Hybridisierung benötigten Materialien schon soweit möglich vorbereitet werden. Im Gegensatz dazu werden Objektträger zur ISH mit radioaktiven Sonden 1 h an der Luft getrocknet.

11.2.4 Vorbereitung von gefrorenen und mit Kryogel eingebetteten Schnitten für die Hybridisierung mit einer DIG-markierten RNA-Sonde

Im Gegensatz zur Vorbereitung von Paraffin eingebetteten Schnitten entfällt bei gefrorenen und mit Kryogel eingebetteten Schnitten die Entparaffinisierung. Da die Proteine des Gewebes außerdem auch weniger quervernetzt sind, wird die Proteinase K-Konzentration, sowie die Inkubationszeit in Proteinase K-Lösung deutlich verringert.

Materialien
- 10 × PBS, pH 7,2
- PBS: 10 × PBS mit DEPC-H_2O verdünnt
- 4 % (v/v) Formaldehyd/PBS: DEPC-behandeltes H_2O, 10 × PBS, 37 % (v/v) Formaldehyd p.a., am Tag des Experimentes frisch angesetzt
- DEPC-H_2O (Abschn. 7.1.3.1)
- optional (je nach Gewebe): Proteinase K-Lösung: 10 mM Tris, 1 mM EDTA (vorgewärmt auf 37 °C); 1 µg × ml^{-1} Proteinase K wird kurz vor der Inkubation zugesetzt
- 20 × SSC: 3 M NaCl, 0,3 M Natriumcitrat
- 2 × SSC
- 0,2 M HCl (RNase-frei)
- 0,1 M Triethanolaminpuffer, pH 8,0 (am Tag des Experiments mit DEPC-H_2O frisch angesetzt)
- 0,1 M Triethanolaminpuffer, 0,25 % (v/v) Essigsäureanhydrid (kurz vor Gebrauch frisch angesetzt)
- Vibromischer (Vortex)
- gefrorene und mit Kryogel eingebettete Schnitte
- Objektträgerhalter
- Glasküvetten
- Schüttler

Durchführung
Die Inkubation mit verschiedenen Lösungen wird in Glasküvetten durchgeführt. Das Volumen der benötigten Lösungen ist abhängig von Art und Fassungsvermögen der verwendeten Glasküvetten. Lösungen, die für Inkubationen bei 37 °C verwendet werden, sollten rechtzeitig vorgewärmt werden. Beim Wechsel der Lösungen kann der Objektträgerhalter durch kurzes Aufsetzen auf saugfähiges Papier abgetupft werden.
- Die Objektträger aus dem –80 °C Gefrierschrank nehmen und 20 min bei Raumtemperatur auftauen lassen
- Objektträger beschriften und in einen Objektträgerhalter einordnen
- Objektträger einmal 20 min in 4 % (v/v) Formaldehyd/PBS bei Raumtemperatur inkubieren
- Objektträger einmal 5 min in PBS waschen
- optional: Proteinase K zur 37 °C warmen 10 mM Tris/1 mM EDTA-Lösung geben
- Objektträger einmal 3 min bei 37 °C in der vorgewärmten Proteinase K-Lösung inkubieren
- Objektträger auf dem Schüttler (langsame Geschwindigkeit!) zweimal 5 min in 2 × SSC waschen

- Objektträger einmal 10 min in 0,2 M HCl bei Raumtemperatur inkubieren
- Objektträger einmal 5 min in 0,1 M Triethanolaminpuffer, pH 8,0 bei Raumtemperatur inkubieren
- gegen Ende der Inkubation 0,1 M Triethanolaminpuffer/0,25 % (v/v) Essigsäureanhydrid frisch ansetzen und mischen mit dem Vibromischer
- Objektträger einmal 10 min in 0,1 M Triethanolaminpuffer/0,25 % (v/v) Essigsäureanhydrid bei Raumtemperatur inkubieren
- Objektträger zweimal 2 min in 2 × SSC waschen.

Im Gegensatz zur ISH mit radioaktiven Sonden werden die Objektträger nicht getrocknet, sondern gehen direkt in die Prähybridisierung. Daher sollten die für die Prähybridisierung und Hybridisierung benötigten Materialen schon soweit möglich vorbereitet werden.

11.2.5 Hybridisierung von Gewebeschnitten mit DIG-markierten Sonden

DIG-markierte Sonden (Digoxiginin) müssen vor der Hybridisierung denaturiert werden, um Sekundär- oder Tertiärstrukturen aufzulösen. Das Gewebe wird in einem ersten Prähybridisierungsschritt äquilibriert. Die Konzentration der RNA-Sonde sowie die Temperatur der Hybridisierungsreaktion sind stark von Ziel-mRNA und Testgewebe abhängig und müssen immer experimentell ausgetestet werden.

Materialien
- 20 × SSC: 3 M NaCl, 0,3 M Na-Citrat
- 2 × SSC
- DEPC-H_2O (Abschn. 7.1.3.1)
- 2 × SSC/50 % (v/v) Formamid (am Tag des Experimentes mit DEPC-H_2O frisch angesetzt)
- Hefe-tRNA
- Lachssperma-DNA
- DIG-markierte RNA-Sonde 0,1–1 ng × μl^{-1} in Hybridisierungslösung
- Denhardt's Lösung: 1 % Ficoll 400, 1 % Polyvinylpyrrolidon, 1 % BSA, sterilfiltriert
- Prähybridisierungslösung: 50 % (v/v) Formamid, 10 % (w/v) Dextransulfat, 4 × SSC in Denhardt's Lösung, direkt vor dem Auftragen auf das Gewebe werden 2,5 mg × ml^{-1} Hefe-tRNA und 0,5 mg × ml^{-1} hitzedenaturierte Lachssperma-DNA zugegeben
- Hybridisierungslösung: 50 % (v/v) Formamid, 10 % (w/v) Dextransulfat, 4 × SSC, in Denhardt's Lösung, direkt vor dem Auftragen auf das Gewebe werden 2,5 mg × ml^{-1} Hefe-tRNA und 0,5 mg × ml^{-1} Hitze denaturierte Lachssperma-DNA sowie die ebenfalls Hitze denaturierte Sonde zugegeben
- Ethanol p.a.
- vorbehandelte Gewebeschnitte (Abschn 11.2.4)
- Objektträgerhalter
- Glasküvetten
- flexible Deckgläschen (z.B. Hybrislip®, Sigma)
- Vibromischer (Vortex)
- Schale mit Deckel als feuchte Kammer
- Filterpapier (Whatman, 3MM®)
- Hybridisierungsofen mit variabler Temperatureinstellung
- Heizblock auf 95 °C und 70 °C

Durchführung
Vor Beginn des Experiments sollte der Ofen auf die Hybridisierungstemperatur und die Heizblöcke auf 60, 75 bzw. 95 °C vorgewärmt sein.

- Die Schale mit Ethanol auswaschen, trocknen und mit Filterpapier auslegen, das mit 2 × SSC/50 % (v/v) Formamid angefeuchtet wird; auf das Filterpapier Stege legen, auf welchen die Objektträger platziert werden
- entsprechende Menge Prähybridisierungslösung auf 60 °C vorwärmen
- Lachssperma-DNA für 5 min bei 95 °C hitzedenaturieren
- Zugabe der hitzedenaturierten Lachssperma-DNA sowie der Hefe-t-RNA zur Prähybridisierungslösung und Mischen mit dem Vibromischer
- Objektträger einzeln aus dem 2 × SSC Puffer nehmen, Flüssigkeit entfernen (z.B. mit einer abgeschrägten Pipettenspitze, die mit einer Wasserstrahlpumpe verbunden ist; **ACHTUNG**: Gewebe nicht berühren!) und in der vorbereiteten Schale platzieren
- 60 °C warme Prähybridisierungslösung auf die Gewebeschnitte auftropfen
- Schale mit dem Deckel verschließen, für 2 h bei 45–55 °C inkubieren (die Inkubationstemperatur sollte der späteren Hybridisierungstemperatur entsprechen und muss experimentell ermittelt werden; es ist günstig, mit niedrigen Temperaturen als gering stringenten Bindungsbedingungen anzufangen)
- gegen Ende der Prähybridisierung die Lachssperma-DNA für 5 min bei 95 °C und die erforderliche Menge Sonde (erfahrungsgemäß sollte man mit einer hohen Sondenkonzentration, 1 ng × µl^{-1} in Hybridisierungslösung, beginnen) für 5 min bei 75 °C hitzedenaturieren
- entsprechende Menge Hybridisierungslösung auf 60 °C vorwärmen
- hitzedenaturierte Lachssperma-DNA sowie die Hefe-t-RNA und die hitzedenaturierte Sonde zur Hybridisierungslösung geben und mit dem Vibromischer kurz mischen
- fertige Hybridisierungslösung bis zur möglichst sofortigen Verwendung bei 60 °C halten
- Objektträger einzeln aus der Schale nehmen, die Prähybridisierungslösung entfernen und Träger zurück in die Schale legen
- Hybridisierungslösung auf die Gewebeschnitte auftropfen; die Menge an Hybridisierungslösung kann reduziert werden durch Verwendung von flexiblen Deckgläschen, mit welchen die Schnitte nach dem Auftropfen der Hybridisierungslösung bedeckt werden
- Schale mit Deckel verschließen und über Nacht bei 45–55 °C inkubieren.

11.2.6 Detektion der DIG-markierten Sonde mittels Antikörper und Farbreaktion

Nach der Hybridisierungsreaktion ist es essentiell, die Objektträger gründlich zu waschen, da es durch unspezifische Bindung der Sonden zu sehr hohen Hintergrundsignalen kommen kann. Diese Waschschritte werden in Gegenwart von Formamid oder bei niedrigen Salzkonzentrationen durchgeführt, was die Stringenz der Waschschritte deutlich erhöht. Reicht das nicht aus, um den Hintergrund zu reduzieren, ist optional die Inkubation in TNE-Puffer mit RNase A möglich. Das Enzym beseitigt einzelsträngige RNA. Als Richtwert sollte die Konzentration zwischen 5–20 µg × ml^{-1} in TNE-Puffer und die Inkubationsdauer zwischen 10–30 min bei 37 °C liegen. Achtung: RNase A kontaminierte Flächen können durch Backen bei 180 °C oder durch Behandlung mit speziellen Reinigungssubstanzen (z.B. RNase-ZAP®) dekontaminiert werden. In jedem Fall erfolgt ein Absättigung- oder Blockierungsschritt, um unspezifische Antikörperbindungen zu reduzieren. Grundsätzlich anders verläuft die ISH mit einer radioaktiv markierten Sonde (Abschn. 11.3), denn da entfällt die Detektion der Sonde mittels Antikörper.

Materialien
- 20 × SSC: 3 M NaCl, 0,3 M Natriumcitrat
- 2 × SSC
- 2 × SSC/50 % (v/v) Formamid (am Tag des Experiments mit DEPC-H$_2$O frisch angesetzt)
- TNE-Puffer: 0,5 M NaCl, 1 mM EDTA, pH 8,0, 40 mM Tris-HCl, pH 8,0
- optional: RNase A

- MAPT-Puffer: 100 mM Maleinsäure, 150 mM NaCl, 0,1 % (v/v) Tween 20, pH 7,5
- Puffer 1: 100 mM Tris-HCl, 150 mM NaCl, pH 7,5
- Puffer 2: 100 mM Tris-HCl, 100 mM NaCl, 50 mM MgCl$_2$, pH 9,5
- Puffer 3: 10 mM Tris-HCl, 1 mM EDTA, pH 8,0
- oder Puffer 4: 100 mM Glycin-HCl, pH 2,2
- Blockierungsreagenz (z.B. Roche)
- 2 % (w/v) Blockierungsreagenz in MAPT-Puffer
- 1,5 mU × µl^{-1} anti-DIG-Antikörper gekoppelt mit alkalischer Phosphatase in 1 % (w/v) Blockierungs-reagenz in MAPT-Puffer
- NBT/BCIP-Lösung: 2 Tropfen Levamisol, 45 µl NBT (4-Nitro blue tetrazolium chlorid), 35 µl BCIP (4-toluidine salt) in 10 ml Puffer 2 (frisch vor Gebrauch ansetzen und nach Zugabe jeder Substanz auf dem Vibromischer mischen)
- H$_2$O
- vorbehandelte Gewebeschnitte (Abschn. 11.2.5)
- Objektträgerhalter
- Glasküvetten
- Vibromischer (Vortex)
- Ofen auf Hybridisierungstemperatur
- Schale mit Deckel als feuchte Kammer
- Filterpapier (Whatman, 3MM)
- Lichtmikroskop

Durchführung

Soll eine RNase A-Behandlung der Objektträger durchgeführt werden, so muss der TNE-Puffer auf 37 °C vorgewärmt werden.

- Die Objektträger aus der Schale nehmen und zurück in den Objektträgerhalter geben, der in einer Glas-küvette mit vorgelegtem 2 × SSC steht
- Objektträger zweimal 5 min in 2 × SSC waschen; die eventuell verwendeten Deckgläschen lösen sich hierbei automatisch ab und sinken zum Boden der Glasküvetten
- optional: Objektträger für 5 min bei 37 °C mit TNE-Puffer equilibrieren
- optional: Objektträger für 10–30 min bei 37 °C mit 5–20 µg × ml^{-1} RNase A in TNE-Puffer inkubie-ren
- optional: Objektträger einmal für 5 min in TNE-Puffer waschen
- Objektträger zweimal für 5 min in 2 × SSC waschen
- Objektträger für 45 min in 2 × SSC/50 % (v/v) Formamid bei Hybridisierungstemperatur inkubieren
- während der Inkubation die Schale mit Ethanol auswaschen, trocknen und mit Filterpapier auslegen, das mit H$_2$O angefeuchtet wird; auf das Filterpapier Stege legen, auf welchen die Objektträger platziert werden
- Objektträger einmal für 10 min in 0,5 × SSC waschen
- Objektträger einzeln aus der Waschlösung nehmen, Flüssigkeit entfernen und in der vorbereiteten Schale platzieren
- Objektträger für 30 min – 4 h mit 2 % (w/v) Blockierungsreagenz in MAPT-Puffer blockieren
- Objektträger einzeln aus der Schale nehmen, Flüssigkeit entfernen, den Objektträger wieder in die Schale legen und die vorverdünnte Antikörperlösung auftropfen
- Schale verschließen
- Objektträger mit der Antikörperlösung für 3 h bei Raumtemperatur oder über Nacht bei 4 °C inkubieren
- Objektträger aus der Schale nehmen und zurück in den Objektträgerhalter geben, der in einer Glasku-vette mit vorgelegtem Puffer 1 steht
- Objektträger dreimal 10 min in Puffer 1 waschen
- Objektträger einmal 10 min in Puffer 2 waschen

- während dem Waschschritt NBT/BCIP-Lösung ansetzen
- Objektträger einzeln aus dem Puffer 2 nehmen, Flüssigkeit entfernen und in der vorbereiteten Schale platzieren
- NBT/BCIP-Lösung auf die Objektträger auftropfen und bis zur Farbentwicklung an einem dunklen Ort (zum Beispiel in einer Schublade) bei Raumtemperatur inkubieren
- in Abständen ist das Fortschreiten der Farbreaktion am Lichtmikroskop zu überprüfen, zum Beispiel nach 1 h, 3 h, usw.; die Farbentwicklung kann bis zu 72 h andauern; alternativ kann die Farbreaktion auch langsamer bei 4 °C erfolgen
- bei längerer Inkubation die Schale erneut verschließen
- nach ausreichender Farbentwicklung wird die Farbreaktion abgestoppt indem die Objektträger aus der Schale genommen und zurück in den Objektträgerhalter gegeben werden, der in einer Glasküvette mit vorgelegtem Puffer 3 steht; falls eine zweite ISH mit einer weiteren z.B. Fluorescin-markierten Sonde durchgeführt werden soll, kann Puffer 3 nicht verwendet werden - stattdessen empfiehlt sich das Abstoppen der enzymatischen Farbreaktion bei saurem pH-Wert in Puffer 4
- Objektträger einmal für 5 min in H_2O waschen und entweder gegenfärben oder direkt mit einem wässrigen Einbettmedium (z.B. CristalMount®) mit Glas-Deckgläschen einbetten.

11.3.1 Alternativprotokoll: Radioaktive Markierung der RNA-Sonde

Statt der Verwendung von DIG- oder Fluorescin-markierten Sonden kann auch eine radioaktiv-markierte Sonde für die ISH genutzt werden. Diese Sonden werden ebenfalls durch *in vitro*-Transkription klonierter DNA-Fragmente hergestellt.

Materialien

- 1 M DTT-Stammlösung (Dithiothreitol)
- 10 × Transkriptionspuffer: 0,4 M Tris-HCl, pH 8,0, 60 mM $MgCl_2$, 100 mM DTT, 20 mM Spermidin
- RNasin (RNase-Inhibitor; Promega)
- T3/T7/SP6 Polymerase, 10 U × µl^{-1}
- [^{35}S]-UTP
- 10 × DNase-Puffer: 20 mM Tris-HCl, pH 7,9, 10 mM $MgCl_2$
- DNase A, RNase-frei, 10 U × µl^{-1}
- Hefe-tRNA, 20 mg × ml^{-1}
- Ethanol p.a., wird später wieder für Verdünnungsreihe eingesetzt
- Isopropanol p.a.
- 7,5 M NH_4OAc
- DEPC-H_2O (Abschn. 7.1.3.1)
- 0,2 N NaOH
- ATP, GTP und CTP: je 100 mM Lösungen herstellen

Durchführung

- Folgende Komponenten werden gemischt:
  - 2 µl 10 × Transkriptionspuffer
  - 2 µl 3,3 mM ATP, GTP, CTP
  - 2 µl 100 mM DTT
  - 1 µl RNasin
  - 2 µl zu markierende DNA (0,5–1 µg)
  - 10 µl [^{35}S]-UTP (100 µCi)
  - 1 µl Polymerase (10 U × µl^{-1})

- ggf. auf 20 µl mit DEPC-H$_2$O auffüllen
- im Vibromischer mischen, kurz in Tischzentrifuge abzentrifugieren
- 1 h bei 37 °C inkubieren.

Nach der Inkubation muss die DNA-Matrize (Vektorsequenzen) durch einen DNase A-Verdau hydrolysiert werden. Die DNase muss RNase-frei sein, um die Hydrolyse der RNA-Sonde zu vermeiden.

- Zu dem vorherigen Ansatz werden hinzugefügt:
    - 3 µl 10 × DNase-Puffer
    - 1 µl Hefe-tRNA (20 mg × ml^{-1})
    - 2 µl DNase A (RNase-frei, 10 U × µl^{-1})
    - 24 µl DEPC-H$_2$O
- 15 min bei 37 °C inkubieren.

Nach der Markierung und dem Abbau der DNA-Matrize muss die RNA-Sonde gefällt werden, um sie von den nicht eingebauten Nucleotiden zu reinigen:
- 25 µl 7,5 M NH$_4$OAc und 45 µl Isopropanol hinzufügen
- im Vibromischer mischen und 30 min bei RT inkubieren
- 20 min bei 4 °C bei 13.000 rpm zentrifugieren
- den Überstand abnehmen und aufbewahren (SN 1 beschriftet)
- das Pellet wird mit 400 µl 80 % (v/v) EtOH gewaschen
- im Vibromischer mischen und 10 min bei 4 °C, 13.000 rpm zentrifugieren
- den Überstand abnehmen und aufbewahren (SN 2)
- das Pellet in 100 µl DEPC-H$_2$O resuspendieren.

Für die Hybridisierung sollten Sonden von 0,5–1,5 kb Größe benutzt werden, um die Spezifität der Hybridisierung zu erhöhen. Sonden größer als 1,5 kb können in einer alkalische Hydrolyse partiell hydrolysiert werden (Wilkinson, 1992). Bei Inserts, die kleiner als 1,5 kb sind, fällt der Schritt der Hydrolyse weg. Es wird statt NaOH Wasser zugegeben, um das Volumen auf 200 µl zu bringen.

Die Aktivität der Sonde wird in einem Szintillationszähler bestimmt. Genauso wird die Aktivität der Überstände (SN 1–4) gemessen, um zu verifizieren, welche Mengen an Sonde beim Fällen verloren gegangen ist.

Der optimale Messwert für eine Sonde liegt zwischen 1–2 × 10^6 cpm × µl^{-1}. Die Sonde wird mit Hybridisierungsmix auf 30.000 cpm × µl^{-1} verdünnt. Für drei Schnitte werden circa 50 µl Hybridisierungsmix benötigt.

11.3.2 Waschen der Objektträger

Nach der Hybridisierung werden unspezifisch hybridiserte Sonden abgewaschen. Die Waschlösungen enthalten hohe Formamidkonzentrationen, um die Nucleinsäuren zu denaturieren und destabilisieren. Das Hintergrundsignal nach der Entwicklung wird reduziert, indem die Präparate auf dem Objektträger mit RNase A behandelt werden. Dieses Enzym verdaut keine RNA/RNA-Doppelstränge, sondern nur einzelsträngige RNA-Moleküle.

Materialien
- 20 × SSC (Abschn. 10.2.1.1)
- RNase A: 10 mg × ml^{-1}
- Ethanol p.a.

- 30 %, 70 % (v/v) Ethanol
- 10 × NTE-Puffer: 5 M NaCl, 0,1 M Tris-HCl, pH 7,5, 0,05 M EDTA, pH 8,0
- Waschlösung I: 50 % (v/v) deionisiertes Formamid, SSC
- Waschlösung II: 50 % (v/v) deionisiertes Formamid, 2 × SSC
- Röntgenfilm
- Wasserbäder
- Abzug

Vor dem Waschen sind alle Waschlösungen auf die entsprechende Temperatur vorzuheizen. Die Objektträger sollten, solange Formamidlösungen verwendet werden, unter dem Abzug gewaschen werden.

Durchführung

- Objektträger in einen Objektträgerhalter überführen
- Objektträger 20 min in Waschlösung I bei 55 °C waschen und dabei ab und zu die Küvetten vorsichtig rütteln, um die Deckgläschen oder die Parafilmstücke zu entfernen
- Objektträger 1 h in Waschlösung I bei 55 °C waschen, Lösung entfernen
- Objektträger erneut 1 h in Waschlösung I bei 55 °C waschen
- Objektträger 5 min in 2 × SSC bei RT waschen
- RNase A zu einer Endkonzentration von 20 µg × ml^{-1} zu NTE-Puffer geben
- Objektträger 30 min in NTE-Puffer mit 20 µg × ml^{-1} RNase A bei 37 °C waschen
- nach dem RNase A-Verdau sollte der Objektträgerhalter gewechselt werden
- Objektträger 1 h in Waschlösung II bei 55 °C waschen, Lösung entfernen
- Objektträger erneut 1 h in Waschlösung II bei 55 °C waschen
- Objektträger 15 min in 0,1 × SSC bei 55 °C waschen
- Paraffinschnitte werden durch eine aufsteigende Ethanolreihe dehydriert, d.h. sie werden jeweils 30 s in EtOH 30 % (v/v), EtOH 70 % (v/v) und EtOH p.a. inkubiert
- Objektträger werden ungefähr 1 h an der Luft getrocknet
- Objektträger in eine lichtdichte Kassette legen und einen Röntgenfilm für 2 Tage bei RT auflegen
- 2 Tage wird der Röntgenfilm entwickelt und je nach Intensität des Signals auf dem Film entschieden, wie lange die Objektträger unter der Fotoemulsion bleiben; ist kein Hintergrund zu sehen, werden die Objektträger in der Regel zwei Wochen unter der Fotoemulsion gelassen.

11.3.3 Dippen der Objektträger

Um die radioaktive Sonde nachzuweisen, werden die Objektträger mittels einer strahlungssensitiven Fotoemulsion, die den Film ersetzt, beschichtet.

Materialien
- Dunkelkammer
- Fotoemulsion (IBS Integra Biosciences)
- lichtdichte Schachtel
- Wasserbad
- Dippküvette
- 0,6 M Ammoniumacetat

Durchführung
Vor dem Dippen muss das Wasserbad auf 42 °C vorgeheizt werden. Die Durchführung erfolgt in der Dunkelkammer.

- Benötigte Menge an Fotoemulsion in der Dunkelkammer in einen Messzylinder überführen und 30 min im Wasserbad bei 42 °C stehen lassen, so dass die Fotoemulsion flüssig wird (für 30–40 Objektträger werden etwa 10 ml Emulsion benötig)
- 10 ml 0,6 M Ammoniumacetatlösung in einen Messzylinder füllen und in das Wasserbad stellen
- sobald die Fotoemulsion flüssig ist, 10 ml zu den 10 ml Ammoniumacetat in den Messzylinder geben
- Lösung im Messzylinder mischen/schwenken
- Messzylinder 1 h bei 42 °C stehen lassen, um die Luftblasen zu entfernen
- Mischung aus dem Messzylinder in die Dippküvette geben
- Mischung in der Dippküvette 1 h bei 42 °C stehen lassen
- zuerst zwei leere Objektträger dippen, um eventuell restliche Luftblasen zu entfernen, anschließend die restlichen Objektträger dippen
- nach dem Dippen die Objektträger abtropfen und 1 h trocknen lassen
- Objektträger in eine lichtdichte Schachtel überführen und bei 4 °C die entsprechende Zeit lagern.

Die Zeit muss man mit gesammelter Erfahrung abschätzen. Bereits vorhandene Northern-Blot-Daten können helfen. Wenn ein sehr starkes Signal erwartet wird, genügen drei Tage Entwicklung. Für ein schwaches sind drei bis vier Wochen keine Seltenheit. Daher werden immer mehrere Objektträger mit der gleichen Sonde hybridisiert, sodass versetzt entwickelt werden kann, also einen Objektträger nach drei Tagen, einen nach einer Woche usw.

Eine weitere Möglichkeit, die Zeit abzuschätzen, ist das Belichten der luftgetrockneten Objektträger zwischen dem Waschen und Dippen mit einem normalen Kodak-Röntgenfilm. Der am folgenden Tag entwickelte Film zeigt die Intensität des Signals und danach richtet sich die Lagerung der Objektträger nach dem Dippen. **Vorsicht:** Hintergrundsignale können aber leicht mit Expressionssignalen verwechselt werden!

11.3.4 Entwicklung der Objektträger

Materialien
- 500 ml Entwickler-Stammlösung (IBS Integra Bioscience): 400 ml Milli-Q-H$_2$O auf 50 °C vorwärmen, 78,29 g Entwicklerpulver zugeben, auf 500 ml mit Milli-Q-H$_2$O auffüllen, in einer mit Aluminiumfolie umwickelten Flasche bei 4 °C lagern; der Entwickler ist nicht wieder verwendbar
- 500 ml Fixierer (IBS Integra bioscience): 89,47 g Fixierer, auf 500 ml mit Milli-Q-H$_2$O auffüllen; der Fixierer kann drei- bis sechsmal verwendet werden
- 0,5 % (v/v) HCl in Ethanol 70 % (v/v)
- 1 l Leitungswasser (4 °C)
- 2 l entmineralisiertes Wasser bei (4 °C)

Durchführung
Die Durchführung erfolgt in der Dunkelkammer.
- Küvette 1: 125 ml Entwickler-Stammlösung mit 125 ml kaltem Leitungswasser in einer Küvette mischen
- Küvette 2 : 250 ml entmineralisiertes Wasser
- Küvette 3 : 250 ml Fixierer
- Küvette 4 : 250 ml entmineralisiertes Wasser
- Lösungen in den Küvetten 1–4 auf 14 °C kühlen
- Objektträger wird zur Färbung 3 min in Küvette 1, 30 s in Küvette 2, 5 min in Küvette 3 inkubiert und dann in Küvette 4 gelagert; dort können sie oft bis zu 2 h verharren, bis die Färbung eintritt.

Anschließend können die Präparate mit dem Mikroskop ausgewertet werden. Die Radioaktivität der markierten ^{35}S-markierten RNA-Sonde regt die in der Fotoemulsion vorhandenen Silbermoleküle an, die wiederum beim Eintauchen in die Entwicklerflüssigkeit ausfallen und als schwarze Punkte in der Hellfeld-Mikroskopie zu sehen sind. Diese schwarzen Punkte befinden sich somit direkt oberhalb der Stellen in Gewebepräparaten, an denen hybridisiert wurde. Je nach Auflösung des Mikroskops und dem experimentellen Geschick können so nicht nur Zellen, die eine bestimmte RNA exprimieren, von anderen Zellen eines Gewebes unterschieden werden. Je nach Zelltyp kann zudem eine Aussage getroffen werden, in welchem Teil einer Zelle eine spezifische RNA vorhanden ist.

Literatur

Cox, K.H., DeLeon, D.V., Angerer, L.M., Angerer, R.C. (1984): Develop. Biol. 101, 485.
Wilkinson, D.G. (Hrsg.) (1992): In Situ Hybridization: A Practical Approach. IRL Press, Oxford University Press.
Polak, J.M, McGee, J.O'D. (Hrsg.) (1990): In Situ Hybridization: Principle and Practice. Oxford University Press.

11.4.1 Auswahl der verwendeten Antikörper

Prinzipiell sollte nur auf Primärantikörper zurückgegriffen werden, die eine eindeutige Bande für das zu detektierende Protein im Western-Blot (Abschn. 10.1) zeigen. Leider gibt es Antikörper, die an ihr spezifisches Antigen jeweils nur in Western–Blot, ELISA oder IHC binden. Unspezifische Banden im Western-Blot können für einen erhöhten Hintergrund bei der IHC sorgen, der die nachfolgende mikroskopische Auswertung erschwert. Sowohl monoklonale als auch polyklonale Primärantikörper eignen sich für die IHC, jedoch empfiehlt sich bei polyklonalen Antikörpern eine Affinitätsaufreinigung, da diese sonst oft unspezifisch binden. Monoklonale Antikörper sind häufig nur in der Lage, das antigene Protein entweder in gefrorenen oder in paraffineingebetteten Geweben zu erkennen. Bei der Auswahl der Antikörper sollte man darauf achten, dass eine für das Zielprotein spezifische Sequenz als antigene Domäne verwendet wurde, um Kreuzreaktionen mit anderen Proteinen aus derselben Proteinfamilie zu verhindern. Es empfiehlt sich die Auswahl von mehreren Antikörpern, falls der erste Primärantikörper auch auf Positiv-Testgewebe kein Signal zeigt. Für alle IHC-Experimente ist es ratsam jeweils einen Objektträger mit einem schon etablierten Kontrollantikörper gegen ein ubiquitär exprimiertes Antigen mitlaufen zu lassen. Das stellt sicher, dass das Experiment prinzipiell funktioniert hat, falls die Testantikörper kein Signal zeigen. Zum anderen zeigen schwache Färbungen mit diesem Kontrollantikörper eventuelle Probleme mit dem Testgewebe auf, die ebenfalls Ursache mangelhafter Signale sein können. Als Testantikörper geeignet sind zum Beispiel Antikörper gegen PECAM (*platelet endothelial cell adhesion molecule*), ein in Endothelzellen der Blutgefäße und damit in allen Geweben vorhandenes Protein oder gegen Aktin als Bestandteil des Cytoskeletts der Zellen.

Bei der Wahl der biotinylierten Zweitantikörper ist zunächst darauf zu achten, dass sie gegen Antikörper aus dem Organismus gerichtet sein müssen, aus dem der verwendete Primärantikörper stammt. Als Kontrolle für Kreuzreaktionen mit dem Gewebe sollte in einem parallelen Ansatz nur der Zweitantikörper ohne Primärantikörper verwendet werden. Kreuzreaktionen sind prinzipiell immer möglich und erzeugen hohe Hintergrundfärbungen.

11.4.2 Vorbereitung von Paraffinschnitten für die Immunhistochemie

Wie bei der Vorbereitung von Paraffinschnitten für die *in situ*-Hybridisierung (ISH, Abschn. 11.2.3) muss auch hier zunächst eine Entparaffinisierung der Schnitte durchgeführt werden. Nachfolgend muss unter Verwendung verschiedener Hitze- oder Protease basierender Verfahren eine so genannte Antigendemaskierung durchgeführt werden. Diese ist notwendig, da durch die intensive Fixierung der paraffineingebetteten Gewebe in Formalin viele Antigene quervernetzt, denaturiert und damit für die verwendeten Antikörper nicht mehr zu erkennen sind. Abhängig vom verwendetem Antikörper und der Gewebeart können verschiedene Methoden erfolgreich sein. Gute Erfahrungen wurden mit Erhitzen in Zitrat- oder EDTA-Puffer gemacht. Zusätzlich werden jedoch auch verschiedene Proteasen, sowie andere kommerzielle *ready to use*-Lösungen angeboten. Wird wie im folgenden Beispiel eine Peroxidase zur Umsetzung des Farbsubstrates verwendet, ist zusätzlich eine Behandlung des Schnittes mit einer Methanol-Wasserstoffperoxidlösung anzuraten, um endogene Peroxidasen im Gewebe abzusättigen.

Materialien

- Xylol
- Ethanol
- 70, 80 und 90 % (v/v) Ethanol
- 10 × PBS (Abschn. 10.1.3)
- PBS: 10 × PBS, pH 7,2 mit bidest. H_2O verdünnt
- Zitratpuffer, pH 6,0: 3 ml 100 mM Citronensäure, 3 ml 100 mM Natriumzitrat mit bidest. H_2O auf 500 ml aufgefüllt
- 1 mM EDTA-Puffer in H_2O
- Methanol
- 30 % (v/v) Wasserstoffperoxidlösung
- 70 % (v/v) Methanol/0,3 % (v/v) Wasserstoffperoxid (kurz vor Gebrauch mit bidest. H_2O frisch ansetzten)
- Paraffinschnitte (Abschn. 9.2)
- Objektträgerhalter aus Plastik (Mikrowellen geeignet)
- Plastik- oder Glasküvetten (Mikrowellen geeignet)
- Schüttler (Waschschritte in Plastik- oder Glasküvetten können auf dem Schüttler durchgeführt werden)
- Thermometer
- Mikrowellengerät
- Hybridisierungsofen mit variabler Temperatureinstellung

Durchführung

Die Objektträger werden in einen Objektträgerhalter eingeordnet. Die Inkubation der verschiedenen Lösungen wird in Plastik- oder Glasküvetten durchgeführt. Das Volumen der Lösungen richtet sich nach dem Fassungsvermögen der verwendeten Gefäße. Beim Wechsel der Lösung kann der Objektträgerhalter durch kurzes Aufsetzen auf saugfähiges Papier abgetupft werden.

- Objektträger beschriften und über Nacht im Ofen bei 56 °C auf Zellstoff inkubieren
- Objektträger für eine Stunde im Ofen bei 65 °C auf Zellstoff inkubieren (warten bis der Ofen die richtige Temperatur erreicht hat oder einen zweiten Ofen verwenden)
- Objektträger für 3 min bei 150 W in der Mikrowelle erhitzen
- Objektträger nacheinander dreimal 5 min in Xylol, zweimal 5 min in Ethanol, einmal 10 min in Ethanol und jeweils einmal 1 min in 90, 80 und 70 % (v/v) Ethanol inkubieren
- Objektträger einmal 5 min in PBS waschen, währenddessen Zitratpuffer oder EDTA-Lösung in zwei Küvetten geben und in der Mikrowelle auf 90–95 °C erhitzen
- die Objektträger für 15 min in 90–95 °C heißem Zitrat- oder in heißer EDTA-Lösung inkubieren, dabei die Temperatur mit einem Thermometer ständig kontrollieren; während die Schnitte in der einen Küvette inkubiert werden, wird die zweite Küvette in der Mikrowelle wieder auf die richtige Temperatur erhitzt; dadurch kann die Temperatur konstant zwischen 90 und 95 °C gehalten werden
- Abkühlen der Objektträger in den Küvetten im Zitrat- oder EDTA-Lösung für 10 min
- die Objektträger einmal 5 min in PBS waschen, währenddessen 70 % (v/v) Methanol/0,3 % (v/v) Wasserstoffperoxid ansetzen

- die Objektträger für 30 min in 70 % (v/v) Methanol/0,3 % (v/v) Wasserstoffperoxid bei Raumtemperatur inkubieren
- die Objektträger dreimal 5 min in PBS waschen.

11.4.3 Vorbereitung von in Kryogel eingebetteten gefrorenen Schnitten für die Immunhistochemie

Im Gegensatz zur Vorbereitung von paraffineingebetteten Schnitten (Abschn. 11.4.2) entfällt bei Gefrierschnitten die Entparaffinisierung. Da die Proteine des Gewebes durch die nur kurze Fixierung in Formaldehyd außerdem weniger quervernetzt sind, kann auch auf eine Antigendemaskierung in der Regel verzichtet werden.

Materialien

- 10 × PBS (Abschn. 10.1.3)
- PBS: 10 × PBS mit bidest. H_2O verdünnt
- 37 % (v/v) Formaldehyd
- 4 % (v/v) Formaldehyd in PBS: vor dem Experiment aus 10 × PBS, 37 % (v/v) Formaldehyd und bidest. H_2O hergestellt
- Methanol
- 30 % (v/v) Wasserstoffperoxidlösung
- 70 % (v/v) Methanol/0,3 % (v/v) Wasserstoffperoxid (kurz vor Gebrauch mit bidest. H_2O frisch angesetzt)
- Gefrierschnitte (Abschn. 9.3)
- Objektträgerhalter aus Plastik
- Plastik- oder Glasküvetten

Durchführung

Die Inkubation der verschiedenen Lösungen wird in Plastik- oder Glasküvetten durchgeführt. Das Volumen der Lösungen richtet sich nach dem Fassungsvermögen der verwendeten Gefäße. Beim Wechsel der Lösungen kann der Objektträgerhalter durch kurzes Aufsetzen auf saugfähiges Papier abgetupft werden.

- Die Objektträger aus dem –80 °C Gefrierschrank nehmen und 20 min in der Verpackung bei Raumtemperatur auftauen lassen
- die Objektträger beschriften und in einen Objektträgerhalter einordnen
- die Objektträger einmal 20 min in 4 % (v/v) Formaldehyd bei Raumtemperatur inkubieren
- die Objektträger dreimal 5 min in PBS waschen, währenddessen 70 % (v/v) Methanol/0,3 % (v/v) Wasserstoffperoxid ansetzen
- die Objektträger für 30 min in 70 % (v/v) Methanol/0,3 % (v/v) Wasserstoffperoxid bei Raumtemperatur inkubieren
- die Objektträger dreimal 5 min in PBS waschen.

11.4.4 Blockieren unspezifischer Antikörper/Antigen-Wechselwirkungen und Antikörperinkubation

Infolge unspezifischer elektrostatischer oder nichtelektrostatischer (van-der-Waals-Kräfte) Wechselwirkungen zwischen dem verwendeten Antikörper und Makromolekülen des Gewebeschnittes, kommt es häufig zu hohen Hintergründen, die ein schwaches Signal ganz oder teilweise maskieren können. Eine effiziente Methode zur Reduktion von unspezifischen Antikörper/Antigen-Wechselwirkungen ist die Verwendung von Pferde- oder Ziegenserum, welches sich ebenfalls unspezifisch an dem Gewebe anlagert, die potenziellen unspezifischen Bindungsstellen absättigt, jedoch nicht mit dem verwendeten Zweitantikörper interagiert und daher zur Reduktion des Hintergrundes beiträgt. Grundsätzlich empfiehlt es sich, Serum zu verwenden, das aus derselben Tierart stammt wie der verwendete Zweitantikörper, um Kreuzreaktionen zwischen Zweitantikörper und Serum auszuschließen.

Materialien

- Triton X-100
- PBS (Abschn. 10.1.3)
- PBST: 0,1 % (v/v) Triton X-100 in PBS
- Pferdeserum und/oder Ziegenserum
- Blockierungslösung: 10 % (v/v) Pferde- oder Ziegenserum in PBST
- Primärantikörperlösung: 1–20 ng Antikörper pro µl Blockierungslösung
- Sekundärantikörperlösung: 7,5 ng biotinylierter Zweitantikörper pro µl 0,1 % (v/v) PBST
- flexible Deckgläschen (z.B. Hybrislip®, Sigma)
- Vibromischer (Vortex)
- Schale mit Deckel als feuchte Kammer
- Filterpapier (Whatman, 3MM)
- Kühlschrank

Durchführung

- Die Objektträger für 15 min in PBST inkubieren, währenddessen die Schale mit Ethanol auswaschen, trocknen und mit Whatman-Papier auslegen, das mit ddH$_2$O angefeuchtet wird; auf das Whatman-Papier Stege legen, auf welchen die Objektträger platziert werden können
- die Objektträger einzeln aus PBST nehmen; Flüssigkeit mit abgeschrägter Pipettenspitze, die an eine Wasserstrahlpumpe angeschlossen wird, entfernen (**Achtung**: Gewebe nie austrocknen lassen!) und in der vorbereiteten Schale platzieren
- eine ausreichende Menge der Blockierungslösung auf die Schnitte auftropfen und für eine Stunde bei Raumtemperatur inkubieren
- die Objektträger einzeln aus der Schale nehmen, Flüssigkeit entfernen und zurück in die Schale legen
- eine ausreichende Menge der Primärantikörperlösung auf die Schnitte auftropfen und über Nacht bei 4 °C im Kühlschrank inkubieren; die Menge an benötigtem Antikörper kann durch die Verwendung von flexiblen Deckgläschen verringert werden
- die Objektträger einzeln aus der Schale nehmen, Flüssigkeit entfernen und in einen Objektträgerhalter in eine Küvette mit vorgelegtem PBST einordnen
- die Objektträger dreimal 10 min in PBST waschen
- die Objektträger einzeln nehmen, Flüssigkeit entfernen und in der vorbereiteten Schale platzieren.

11.4.5 Generierung des ABC-Komplexes und enzymatische Umsetzung des Farbsubstrates

Wie schon eingangs erwähnt, stehen verschiedene Enzyme und Farbstoffe für die Durchführung der IHC zur Verfügung, wobei das Grundprinzip der ABC-Färbung immer identisch ist. Über eine Avidin- oder Streptavidinbrücke wird ein biotinyliertes Enzym quasi irreversibel an den Sekundärantikörper gebunden. Dieses Enzym setzt einen löslichen Farbstoff zu einem farbigen, unlöslichen Präzipitat um, welches mikroskopisch detektiert werden kann. Sehr sensitiv ist die Umsetzung von Diaminobenzidin (DAB) durch eine Peroxidase. Zusätzlich bietet das entstehende dunkelbraune Präzipitat einen sehr guten Kontrast zur Gegenfärbung. DAB ist jedoch toxisch und umweltgefährdend und sollte entsprechend vorsichtig gehandhabt sowie getrennt gesammelt und nach Gebrauch inaktiviert werden. Sowohl für die Bildung der Avidin-Biotin-Komplexe als auch für die anschließende Färbung mit DAB stehen kommerzielle Kits zur Verfügung, die einfach und effektiv in der Handhabung sind.

Materialien

- PBS (Abschn. 10.1.3)
- PBST: 0,1 % (v/v) Triton X-100 in PBS
- ABC-Kit (z.B. Vector)
- DAB-Färbekit (z.B. Vector)
- 2 M Schwefelsäure
- 0,2 M Kaliumpermanganat
- Vibromischer (Vortex)
- Schale mit Deckel als feuchte Kammer
- Filterpapier (Whatman, 3MM)
- Objektträgerhalter
- Plastik- oder Glasküvetten
- saugfähige, gummierte Papierunterlage (bench coat)

Durchführung

- Während der 30 min Inkubation mit dem Zweitantikörper und mindestens 30 min vor Gebrauch die ABC-Lösung laut Vorschrift des Herstellers ansetzen
- Mikroskop-Arbeitsplatz mit *bench coat* auslegen, um eine Kontamination mit DAB zu vermeiden
- die Objektträger einzeln aus der Schale nehmen, Flüssigkeit entfernen und in einen Objektträgerhalter in eine Küvette mit vorgelegtem PBST einordnen
- die Objektträger dreimal 10 min in PBST waschen
- die Objektträger einmal 5 min in PBS waschen
- die Objektträger einzeln nehmen, Flüssigkeit entfernen und in der vorbereiteten Schale platzieren
- eine ausreichende Menge der ABC-Lösung auf die Schnitte auftropfen und für eine Stunde bei Raumtemperatur inkubieren
- die Objektträger einzeln aus der Schale nehmen, Flüssigkeit entfernen und in einen Objektträgerhalter in eine Küvette mit vorgelegtem PBS einordnen
- die Objektträger viermal 5 min in PBS waschen; während dem letzten Waschschritt die DAB-Lösung laut Vorschrift des Herstellers ansetzen
- den ersten Objektträger aus der Küvette nehmen, Flüssigkeit entfernen und DAB-Lösung auftropfen
- unter dem Mikroskop die Entwicklung des braunen Farbniederschlages ca. 1–4 min beobachten, bis die zu erwartende Färbung deutlich eingetreten ist
- die Farbreaktion durch Abgießen des DABs in einen Abfallbehälter und durch Eintauchen des Objektträgers in bidest. H_2O abstoppen
- die gefärbten Schnitte können in einer Küvette mit PBS gelagert werden, bis die Farbreaktion mit allen Objektträgern durchgeführt worden ist
- Waschen der Objektträger in PBS für 5 min
- die Objektträger einmal 5 min in bidest. H_2O waschen
- die DAB-Lösung sowie das DAB-kontaminierte Wasser sollten vor der Entsorgung über die Kanalisation vereinigt und inaktiviert werden; dies erfolgt durch Zugabe von 3 ml 2 M H_2SO_4 und 3 ml 0,2 M $KMnO_4$ pro Liter kontaminierte Flüssigkeit; die Lösung sollte über Nacht inkubiert werden, bevor sie entsorgt wird.

11.5.1 Nuclear-fast-Red-Gegenfärbung für NBT/BCIP gefärbte ISH

Um die nicht durch NBT/BCIP gefärbten Zellen eines Gewebes besser erkennen zu können und so die Auswertung der ISH zu erleichtern, kann man eine so genannte Gegenfärbung durchführen. Weit verbreitet sind Gegenfärbungen mit Hematoxylin (siehe nächster Abschnitt), Methyl-Grün oder mit kontrastierendem Nuclear-fast-Red. Da das NBT/BCIP-Präzipitat der ISH jedoch in Ethanol löslich ist, sollten die Schnitte nur durch kurzes Tauchen dehydriert werden. Der Farbstoff kann als fertig angesetzte Lösungen von verschiedenen Firmen bezogen werden. Bei extrem schwachen ISH-Signalen kann das Signal durch die Gegenfärbung überdeckt werden. Dann empfiehlt es sich entweder die Gegenfärbung wegzulassen oder die Färbedauer zu verringern. Im Folgenden ist eines von mehreren existierenden Protokollen beschrieben.

Materialien
- Nuclear-fast-Red (z.B. Vector)

Durchführung
Die Färbbarkeit kann je nach Art des verwendeten Gewebes, der Konservierungsmethode und der Schnittdicke des Gewebes variieren. Daher ist es ratsam, als Vorversuch Testfärbungen an deparaffiniertem nicht-ISH-behandeltem Gewebe durchzuführen.
- Die Objektträger einmal kurz in Leitungswasser spülen
- Inkubation in Nuclear-fast-Red für 1–10 min bei Raumtemperatur
- Waschen der Objektträger in Leitungswasser für 10 min

11.5.2 Hematoxylin- und Eosin-Gegenfärbung der DAB-gefärbten Schnitte

Um die nicht durch DAB gefärbten Zellen eines Gewebes besser erkennen zu können und so die Auswertung der IHC zu erleichtern, empfiehlt es sich, eine so genannte Gegenfärbung durchzuführen. Hierzu stehen unterschiedliche Farbstoffe zur Verfügung. Weit verbreitet sind Gegenfärbungen mit einer Kombination von Hematoxylin und Eosin. Während Hematoxylin die Zellkerne des Gewebes blau färbt, führt Eosin zu einer rosaroten Färbung des Zytoplasmas. Beide Färbungen kontrastieren gut mit dem braunen DAB-Präzipitat der IHC. Beide Farbstoffe können als fertig angesetzte Lösungen oder pulverförmig zum selbst Ansetzen bezogen werden. Im Folgenden ist eines von mehreren existierenden Protokollen beschrieben.

Materialien
- Hematoxylin
- Natriumjodat (NaJO$_3$)
- Kalialaun (K(SO$_4$)$_2$ × 12 H$_2$O)
- bidest. H$_2$O
- Eisessig
- Hämalaunlösung (saures Hämalaun nach P. Meyer): 0,1 % (w/v) Hematoxylin, 0,02 % (w/v) Natriumjodat, 5 % (w/v) Kalialaun in bidest. H$_2$O lösen und eine Woche reifen lassen; danach 1,5 % (v/v) Eisessig hinzufügen
- 37 % (v/v) HCl
- Ethanol
- HCl/Ethanol: zu 800 ml Ethanol werden 4 ml HCl gegeben
- Phloxin

- 10 % (w/v) Phloxinlösung in bidest. H_2O
- Eosin (pulverförmig)
- 10 % (w/v) Eosinlösung in bidest. H_2O
- Eosin-Phloxin-Gebrauchslösung: 650 ml Ethanol mit 8,3 ml 10 % (v/v) Phloxinlösung, 83 ml 10 % (v/v) Eosinlösung und 8,3 ml Eisessig mischen
- Ethanol p.a.
- 70, 80 und 90 % (v/v) Ethanol
- Xylol
- permanentes Eindeckmedium (z.B. Vectamount oder Vectashield)
- Deckgläschen

Durchführung

Die Färbbarkeit kann je nach Art des verwendeten Gewebes, der Konservierungsmethode und der Schnittdicke des Gewebes variieren. Daher ist es ratsam als Vorversuch Testfärbungen mit den Gewebeschnitten durchzuführen.

- Die Objektträger einmal 5 min in bidest. H_2O waschen
- Inkubation in Hämalaunlösung für 1–6 min bei Raumtemperatur
- kurzes Waschen der Objektträger in bidest. H_2O
- kurzes Waschen der Objektträger in HCl/Ethanol
- dreimal 5 min Waschen der Objektträger in Leitungswasser oder Waschen bis das Wasser klar bleibt
- Inkubation in Eosin-Phloxin-Gebrauchslösung für 10–30 s bei Raumtemperatur

11.5.3 Entwässern und Eindecken der gefärbten Schnitte

Materialien

- Ethanol p.a.
- 70 %, 80 % und 90 % (v/v) Ethanol
- Xylol
- permanentes Eindeckmedium (z.B. Vectamount oder Vectashield)
- Deckgläschen
- optional Nagellack, vorzugsweise transparent

Durchführung

- Objektträger direkt aus der Eosin-Phloxin-Gebrauchslösung für jeweils einmal 1 min in 70 %, 80 % und 90 % (v/v) Ethanol sowie zweimal für 1 min in Ethanol p.a. und einmal für 1 min in Xylol inkubieren
- Objektträger unter dem Abzug trocknen lassen
- Objektträger einzeln auf Zellstoff legen und eine ausreichende Menge Eindeckmedium auftropfen (100 µl reichen in der Regel für 20 × 24 mm große Deckgläschen)
- Deckgläschen luftblasenfrei auflegen
- Objektträger vor dem Mikroskopieren oder Einsortieren in Objektträgerkassetten mindestens 24 Stunden im Dunkeln gut trocknen lassen
- optional können die Kanten des Deckgläschens gegen Austrocknen mit Nagellack versiegelt werden.

Alternativ kann man für ISH-gefärbte Schnitte auch ein auf Wasser basierendes Eindeckmedium (z.B. CristalMount® oder Permount) verwenden. Das Eindeckmedium kann dann ohne die Waschschritte in Ethanol und Xylol direkt auf die Schnitte getropft werden. NBT/BCIP ist in Ethanol löslich, deshalb ist diese Variante für ISH-gefärbte Schnitte vorzuziehen.

11.5.4 Durchführung von Doppel-ISH

Wenn zwei unterschiedliche Zielsequenzen auf einem Schnitt nachgewiesen werden sollen, kann eine Doppel-ISH durchgeführt werden. Hierzu wird zuerst gegen die stärker exprimierte Zielsequenz hybridisiert und der Objektträger nach der Entwicklung des Farbniederschlages einer zweiten ISH unterzogen. Bei der zweiten ISH wird dann eine Fluorescin markierte RNA-Sonde in Kombination mit einem anti-Fluorescin-Antikörper eingesetzt. Der anti-Fluorescin-Antikörper ist ebenfalls mit einer alkalischen Phosphatase gekoppelt, die wiederum einen löslichen Farbstoff zu einem unlöslichen Präzipitat umsetzt. Bei der zweiten ISH sollte ein Farbsubstrat gewählt werden, welches einen guten Kontrast zum NBT/BCIP aufweist, z.B. FastRed Tablets von Roche Applied Science. Es ist darauf zu achten, dass zuerst mit der signalintensiveren Sonde und NBT/BCIP gefärbt wird, denn das Signal wird während der zweiten Hybridisierung meist schwächer.

11.5.5 Durchführung von Doppel-IHCs

Bei Bedarf können auch Doppel-IHCs mit zwei verschiedenen Primärantikörpern auf demselben Gewebe durchgeführt werden. Hierzu wird zuerst eine IHC mit dem ersten Primärantikörper bis zum Ende der DAB-Färbung durchgeführt und danach der Objektträger einer weiteren IHC mit dem zweiten Primärantikörper unterzogen. Um die beiden Färbungen gut unterscheiden zu können, empfiehlt sich die Verwendung eines anderen Farbstoffes außer DAB für die zweite IHC. Auch kann ein anderes enzymatisches Detektionssystem z.B. basierend auf einer alkalischen Phosphatase für die zweite IHC verwendet werden, was Reaktionen von nichtreagierter Peroxidase aus der ersten IHC mit dem Substrat der zweiten IHC ausschließt. Generell sollte für die erste IHC der Antikörper und das Substrat verwendet werden, welches das stärkere Signal zeigt, da durch die Waschschritte der zweiten IHC ein geringfügiges Auswaschen der ersten Färbung nicht ausgeschlossen werden kann.

11.5.6 Kombination von *in situ*-Hybridisierung und Immunhistochemie

In einigen Fällen mag auch die Durchführung einer Immunhistochemie in Kombination mit einer ISH sinnvoll erscheinen. Dies ist möglich, wenn bei der Herstellung der Gewebeschnitte ausschließlich DEPC-Wasser und RNase-freie Lösungen verwendet wurden. Generell empfiehlt es sich, die ISH zuerst durchzuführen, um eine Kontamination der Schnitte mit RNasen zu verhindern und die Bindung der Antikörper durch die hohen Temperaturen bei der Hybridisierung nicht zu beeinträchtigen. Nach der NBT/BCIP-Färbung und dem Waschen in H_2O werden die Objektträger nach dem IHC-Protokoll weiterverarbeitet, wobei bei der Inkubation mit 70 % Methanol/0,3 % Wasserstoffperoxid begonnen wird (Abschn. 11.4.2).

11.5.7 Automatisierung der *in situ*-Hybridisierung und der Immunhistochemie

Die Automatisierung erfolgt, wenn bei manuellen Experimenten der personelle, finanzielle oder experimentelle Aufwand in keinem Verhältnis zur Produktivität steht. Bei der *in situ*-Hybridisierung handelt es sich um ein sehr zeitaufwendiges Experiment, das aus vielen Wasch- und Inkubationsschritten besteht. Daher scheint dieses Experiment prädestiniert für die Automatisierung. Lange Zeit fehlte jedoch eine flexible Technologie, welche die Verwendung unterschiedlichster Gewebe, Reagenzien und Verfahren erlaubte. Mittlerweile wurden ISH- und IHC-Automaten entwickelt, die für den Einsatz in Forschungslaboratorien geeignet sind. Stellvertretend für mehrere mögliche Verfahren soll hier die Automatisierung nach der *liquid coverslip*-Methode beschrieben werden, die sowohl für IHC als auch für ISH verwendet werden kann.

Herzstück des Automaten sind zwei übereinander angeordnete, horizontale drehbare Karusselle. Während auf dem unteren Drehkranz die Objektträger platziert werden, befinden sich auf dem darüber angeordneten Kranz die Reagenzien. Jeder Objektträger befindet sich auf einer einzeln temperierbaren Heizplatte und kann vom Automat anhand eines individuellen Strichcode-Aufklebers identifiziert werden. So wird das individuell für diesen Objektträger bestimmte ISH- bzw. IHC-Programm festgelegt. Ein ähnlicher Strichcode identifiziert auch die auf dem oberen Drehkranz befindlichen Reagenzien. Anhand der Strichcodes, die vom Automaten per Laser gelesen werden können, wird dann das Experiment durchgeführt, welches zuvor vom Experimentator für jeden einzelnen Objektträger festgelegt wurde. Durch die Etablierung eines flüssigen Deckgläschens (liquid coverslip), einer öligen Substanz, welche die auf dem Objektträger befindliche Flüssigkeit vor dem Verdunsten schützt, können auch hohe Temperaturen eingestellt werden. Durch leichtes Anblasen des flüssigen Deckgläschens mit verschiedenen Düsen wird zudem die Flüssigkeit auf dem Objektträger in Rotation versetzt, was die Brown'sche Molekularbewegung unterstützt und zu einer deutlichen Reduktion der Inkubationszeiten führt. Durch diese Methode der Automatisierung kann die Durchführung eines ISH-Experiments von 2–3 Tagen auf ca. 16 Stunden reduziert werden, was die Bearbeitung über Nacht gestattet. Für die IHC erlaubt die Methode eine Verkürzung des Experimentes von 2 Tagen auf ca. 4–6 Stunden.

11.6   Trouble Shooting

11.6.1 Trouble Shooting der ISH

Keine NBT/BCIP-Färbung des Testgewebes vorhanden
- Zeigt eine funktionierende Kontrollsonde auf dem Positivgewebe auch kein Signal, dann liegt ein generelles Problem vor. Ursachen könnten Gewebe mit schlechter mRNA-Qualität, ungenügende Deparaffinisierung, verdorbene Reagenzien, verdorbener anti-DIG-Antikörper, RNase-kontaminierte Lösungen oder Geräte sein.
- Zeigt die Kontrollsonde ein gutes Signal, dann könnte eine zu hohe Hybridisierungstemperatur, zu stringentes Waschen, eine zu niedrige Konzentration der Ziel-mRNA-Sonde, eine zu geringe Expression der Ziel-mRNA im Gewebe oder eine für die Zielsequenz nicht geeignete Sonde verantwortlich sein. Auch ein Abbau der Sonde durch z.B. unsachgemäße Lagerung oder RNase-Kontamination sollte in Erwägung gezogen und im Zweifelsfall mittels Dot-Blot überprüft werden.

Hohe Hintergrundfärbung auf Testgewebe
- Zeigt auch eine Kontrollsonde denselben hohen Hintergrund, dann liegt mit großer Wahrscheinlichkeit ein gewebespezifisches Problem vor. Ursache könnte zum Beispiel eine hohe Aktivität endogener Phosphatasen oder eine suboptimale Proteinase K-Behandlung für das gewählte Gewebe sein.
- Zeigt nur die Ziel-mRNA-Sonde, nicht aber die Kontrollsonde den hohen Hintergrund, so kann eine zu hohe Konzentration der Sonde oder aber nicht ausreichend stringentes Waschen nach der Hybridisierung hierfür verantwortlich sein. Ist der Hintergrund trotz Erhöhung der Waschtemperatur nicht zu reduzieren, so sollte eine RNase A-Behandlung durchgeführt werden und die RNA-Sondenmenge über eine Titrierung optimal bestimmt werden.

Schlechte Gewebeerhaltung nach der ISH
- Grund könnte eine zu geringe Schnittdicke des Gewebes oder die Verwendung von suboptimalen Objektträgern sein.

Körniges Präzipitat auf dem bzw. im Testgewebe

- Der Grund für dieses von Zeit zu Zeit auftretende Phänomen ist unbekannt, allerdings könnten Schwankungen in der Qualität der verwendeten NBT/BCIP-Lösungen hierfür verantwortlich sein. Abhilfe schafft die senkrechte Inkubation der Schnitte in Glasküvetten mit NBT/BCIP-Lösung. Allerdings wird hierbei eine deutlich größere Menge an Farbsubstrat-Lösung benötigt, als bei der horizontalen Lagerung.

Färbungen mit der *sense*-Sonde

- Der Grund hierfür liegt häufig in unzureichenden Waschschritten. Die Stringenz der Waschschritte kann durch eine Erhöhung der Waschtemperatur verbessert werden. Hilft dieses auch nicht, sollte eine RNase A-Behandlung der Schnitte erwogen werden. In extrem seltenen Fällen ist es möglich, dass Gene in *sense*- und *antisense*-Richtung abgelesen werden, wobei völlig unterschiedliche Genprodukte entstehen. In diesem Fall ist die Verwendung einer *sense*-Sonde nicht hilfreich.

Gegenfärbung zu schwach

- Die Art der verwendeten Gewebe sowie deren Schnittdicke sind entscheidend für die Intensität der Gegenfärbung. Daher muss bei dickeren Schnitten oder schlechter färbbaren Geweben häufig länger gefärbt werden.
- Einige Farbstoffe sind löslich in Ethanol (z.B. Nuclear-fast-Red) und dürfen bei der Dehydrierung nur kurz in ethanolhaltige Flüssigkeiten getaucht werden.

11.6.2 Trouble Shooting der IHC

Kein Signal oder nur schwaches Signal im Testgewebe

- Zeigt die Positivkontrolle mit einem funktionierenden Kontrollantikörper auch kein Signal, dann liegt ein generelles Problem vor. Ursachen könnten Gewebe von schlechter Qualität, ungenügende Deparaffinisierung, alte DAB- oder ABC-Kits, falscher oder verdorbener Primär- und/oder Sekundärantikörper oder falsch angesetzte Lösungen sein.
- Zeigt die Positivkontrolle kein gutes Signal, dann könnte sowohl eine für den Testantikörper nicht geeignete Antigendemaskierung, eine zu geringe Expression des Antigens im Gewebe, eine zu niedrige Konzentration des Antikörpers als auch eine IHC-Untauglichkeit des Antikörpers hierfür verantwortlich sein. Wurden für den Kontroll- und den Testantikörper unterschiedliche Sekundärantikörper verwendet, ist auch ein verdorbener Sekundärantikörper denkbar.

Hoher Hintergrundfärbung im Testgewebe

- Zeigt auch die Positivkontrolle denselben hohen Hintergrund, dann liegt mit großer Wahrscheinlichkeit ein gewebespezifisches Problem vor. Ursache könnte zum Beispiel die Verwendung einer suboptimalen Gewebebehandlung sein (Protease oder Hitzebehandlung) oder auch eine hohe Aktivität endogener Peroxidasen. Peroxidasen lassen sich durch eine Verlängerung der Inkubationszeit in 70 % Methanol/0,3 % Wasserstoffperoxid auf 45 Minuten bei 37 °C reduzieren, wobei man das Methanol/Wasserstoffperoxidgemisch alle 15 Minuten wechselt. Auch ein hoher Gehalt des Gewebes an endogenem Biotin kann zu hohem Hintergrund führen. Zur Abhilfe gibt es hier kommerziell erhältliche Avidin-Biotin-Blockierungslösungen, die das endogene Biotin absättigen.
- Zeigt nur der Testantikörper, nicht aber der Kontrollantikörper den hohen Hintergrund, so kann eine zu hohe Konzentration des Testantikörpers verantwortlich hierfür sein. Auch eine ungeeignete oder zu starke Antigendemaskierung kann den Hintergrund erhöhen. Eine weitere Möglichkeit ist eine Kreuzreaktion des verwendeten Sekundärantikörpers mit dem Gewebe. Hier schafft entweder die Verwendung von neuen Primärantikörpern, die aus einer anderen Spezies stammen, Abhilfe oder die Verwendung von Sekundärantikörpern, die gegen das Gewebe präabsorbiert wurden.

Schlechte Gewebeerhaltung nach der IHC

- Grund könnte eine zu starke Antigendemaskierung oder eine zu geringe Schnittdicke des Gewebes sein. Als Lösung bietet sich an, die Antigendemaskierung zeitlich zu verkürzen beziehungsweise die Schnittdicke zu erhöhen.

12 Transfektion von Säugerzellen

(Michael Teifel)

12.1 Einführung

Die Identifizierung der Nucleinsäuren als Träger der genetischen Information durch Avery *et al.* (1944), die Entschlüsselung der Struktur der DNA durch Watson und Crick (1954) sowie die Entwicklung von Methoden zur Herstellung rekombinanter DNA in den siebziger Jahren ermöglichten die Manipulation und Untersuchung der Genregulation und -funktion. Alexander *et al.* beschrieben 1958 erstmals die Aufnahme freier Poliovirus-RNA durch HeLa-Zellen; 1959 wurde dann von Sirotnak und Hutchison die Absorption radioaktiv markierter DNA durch Mauslymphomzellen veröffentlicht. Anfangs war die Effizienz der DNA-Aufnahme jedoch sehr gering, weshalb nach Methoden gesucht wurde, um die Aufnahme und die Expression der Nucleinsäure zu steigern. Die Entwicklung verschiedener Techniken für die Transfektion von Säugerzellen stellte schließlich die Basis dar, um eine große Anzahl verschiedener Zelltypen unterschiedlicher Spezies gentechnisch zu verändern. Obwohl die Transfektion von Säugerzellen mittlerweile ein Routineverfahren darstellt, kann der effiziente *in vitro*-Gentransfer (z.B. von empfindlichen Zellen) das Austesten verschiedenster Methoden erfordern. Unter Umständen erfordert auch die Zielstellung des Experiments die Verwendung alternativer Transfektionsmethoden.

Nachdem ursprünglich die Transfektion von RNA und DNA im Vordergrund standen, kam in den letzten Jahren auch die Transfektion von siRNA dazu. In den folgenden Kapiteln werden die wichtigsten Transfektionsmethoden dargestellt. Details zur Transfektion von siRNA sind im Abschn. 8.3 beschrieben.

Nach einer Einführung in die verschiedenen Transfektionsmethoden werden alle Methoden nacheinander in ihrer praktischen Umsetzung beschrieben. Zum Schluss folgt das Kapitel „Trouble Shooting" (Abschn. 12.5).

12.1.1 Chemische Transfektionsmethoden

Die chemischen Transfektionsmethoden gehören zu den ältesten Techniken der genetischen Manipulation von Säugerzellen. Ursprünglich wurden sie zur Steigerung der Infektiosität viraler Nucleinsäuren entwickelt. Nachdem Alexander *et al.* (1958) die Infektiosität von Poliovirus-RNA durch eine für die Zellen toxische Behandlung mit 1 M NaCl steigern konnten, wurde nach weiteren, weniger toxischen Chemikalien gesucht.

Einen ersten Durchbruch erzielten Valeri und Pagano (1965) durch den Einsatz von DEAE-Dextran. Bei einer deutlich reduzierten Toxizität konnte eine Steigerung der Infektiosität viraler RNA und DNA um den Faktor 100–1.000 erzielt werden (Valeri und Pagano, 1965, McCutchan und Pagano, 1968). Später wurde diese Methode auch zur Transfektion von Plasmid-DNA verwendet (Calos *et al.*, 1983, Lopata *et al.*, 1984, Sussman und Milman, 1984, Takai und Ohmori, 1990). Eine schematische Darstellung der Transfektion mit Polykationen wie z.B. DEAE-Dextran ist in Abb. 12–1A dargestellt. Bei dieser Methode wird das Polykation DEAE-Dextran mit einem Molekulargewicht von 500.000–1000.000 verwendet, um die polyanionische DNA (oder RNA) zu komplexieren. Die Komplexe werden dem Kulturmedium zugegeben, adsorbieren an die Zelloberfläche, werden durch Phagocytose in die Zelle aufgenommen und in Endosomen eingeschlossen. Wie die DNA anschließend aus den Endosomen entkommt und letztlich in den Zellkern gelangt, ist bis heute noch nicht abschließend geklärt. Jedoch ist erwiesen, dass die Transfektionseffizienz entscheidend davon abhängt, wie effektiv die DNA aus den Endosomen gelangt. Während der

„Reifung" der Endosomen verschmelzen frühe endosomale Vesikel mit Lysosomen, in welchen nach einer Absenkung des pH-Werts ein hydrolytischer Abbau der DNA durch saure Hydrolasen stattfindet. Die Beeinträchtigung der lysosomalen Integrität zur Vermeidung des DNA-Abbaus kann die Transfektionseffizienz (Prozentsatz transfizierter Zellen) drastisch steigern. Dazu können neben Chloroquin, welches den rapiden Abfall des lysosomalen pH-Werts verhindert (Luthman und Magnusson, 1983), auch Glycerin und DMSO eingesetzt werden (Lopata et al., 1984, Sussman und Milman, 1984, Takai und Ohmori, 1990). Die beiden letztgenannten Chemikalien steigern zusätzlich die Aufnahme der DNA/Polykation-Komplexe. So lässt sich eine transiente Expression der zugegebenen DNA in etwa 20 % der Zellen erreichen; in einem Fall wurde sogar eine Transfektionseffizienz von 80 % berichtet (Kriegler, 1990). Jedoch eignet sich die DEAE-Dextran-Methode nicht für die Transfektion empfindlicher Zellen, für die DEAE-Dextran selbst, sowie Glycerin, DMSO und Chloroquin toxisch sind. Des Weiteren unterliegt die transfizierte DNA im Vergleich zu anderen Transfektionsmethoden einer relativ hohen Mutationsrate (Calos et al., 1983).

Die ursprünglich bekannteste Technik zur Transfektion von Säugerzellen ist die **Calciumphosphat-Transfektion**. Auch sie wurde anfänglich für die Steigerung der Infektiosität viraler Nucleinsäuren entwickelt (Graham und van der Eb, 1973). Nach einigen kleineren Abwandlungen der Originalvorschrift (Wigler et al., 1979, Chen und Okayama, 1987) stieg die Verbreitung dieser Methode weiter an, sodass sie bis heute zu den am häufigsten angewandten Transfektionsmethoden gehört. Hierbei wird die DNA in einer $CaCl_2$-Lösung vorgelegt und langsam unter ständigem Rühren mit Phosphatpuffer gemischt.

Die gebildeten DNA/Calciumphosphat-Kopräzipitate werden in das Kulturmedium gegeben, adsorbieren auf der Zelloberfläche und werden durch Phagocytose in die Zelle aufgenommen (Loyter et al., 1982; Abb. 12–1B). Der Weg der DNA aus dem Endosom in den Zellkern ist wie bei der zuvor beschriebenen Methode bisher weitgehend ungeklärt. Auch hier kann die Transfektionseffizienz unter Umständen durch eine Behandlung mit Chloroquin, Glycerin oder DMSO gesteigert werden.

Ausführlich ist die Methode und ihre gründliche Optimierung von Chen und Okayama (1987) sowie von Jordan und Wurm (2004) beschrieben worden. Schon zuvor konnte gezeigt werden, dass eine Phagocytose auch bei reinen Calciumphosphatkristallen vorkommt. Die Vermutung liegt nahe, dass diese Kristalle die Aufnahme der Kopräzipitate induzieren (Loyter et al., 1982). Während Loyter und Mitarbeiter für die Herstellung der Kopräzipitate einen pH-Bereich von 7–7,5 empfehlen, wurde dieser Bereich von Chen und Okayama weiter eingeschränkt. In ihren Arbeiten stellte sich ein pH-Wert von 6,95 für die Bildung

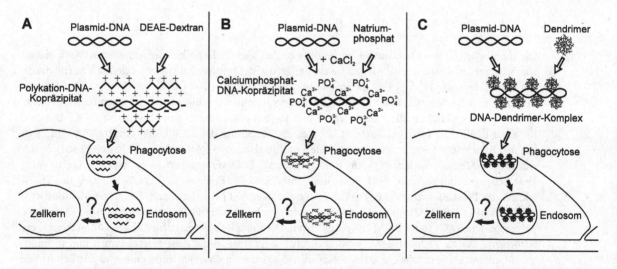

Abb. 12–1: Schematische Darstellung chemischer Transfektionsmethoden. Transfektion mit A) DEAE-Dextran, B) Calciumphosphat, C) Dendrimeren.

gleichmäßig feiner DNA/Calciumphosphat-Kopräzipitate als optimal heraus. Schon bei einer Abweichung des pH-Werts um 0,1 sank der Prozentsatz stabiler Transformanten von maximal 40 % auf etwa 10 %. Jedoch beeinflussen verschiedene weitere Faktoren die Bildung der Kopräzipitate. So ist der verwendete Phosphatpuffer und die Art und Weise, wie die DNA-Lösung mit dem Phosphatpuffer gemischt wird, von Bedeutung. Für eine optimale Transfektion sind weitere Parameter entscheidend, wobei der Wahl des Transfektionsmediums besonderes Augenmerk gilt. Medien mit einem niedrigen Phosphatgehalt (MEM, DMEM, IMDM, Ham's F-12) sind besser geeignet als solche mit einer hohen Phosphatkonzentration (z.B. RPMI 1640). Neben einer ausführlichen Diskussion verschiedener Optimierungen beschreiben Jordan und Wurm auch die Anpassung der Methode für die erfolgreiche Transfektion verschiedener Zelltypen (Jordan und Wurm, 2004). Sind diese sowie zahlreiche weitere Parameter (Zelldichte, DNA-Konzentration, Dauer der Inkubation mit dem Kopräzipitat) für den entsprechenden Zelltyp optimiert, können Transfektionseffizienzen von bis zu 20 % erzielt werden (Chang, 1994). Zudem eignet sich die Methode zur stabilen Expression, wobei die DNA im Vergleich zur DEAE-Dextran-Methode einer deutlich geringeren Mutationsrate unterliegt. Doch auch diese Methode hat einige Nachteile: vor allem differenzierte Zellen sowie Primär- und Suspensionskulturen lassen sich häufig nicht oder nur mit einer sehr geringen Effizienz transfizieren. Des Weiteren sind Calciumphosphat-Präzipitate wie auch Chloroquin, Glycerin und DMSO für viele Zelltypen toxisch (Chang, 1994).

Eine relativ neue Methode stellt die **Transfektion mit Dendrimeren** dar (Abb. 12–1C). Dendrimere sind komplexe, baumartig verzweigte Polyamidoaminpolymere, die eine sphärische Struktur ähnlich einer Schneeflocke besitzen. Durch eine gesteuerte, limitierte Degradation von Dendrimeren können diese für die Komplexierung von Plasmid-DNA „aktiviert" werden. Bei dieser Behandlung werden im Kern der Dendrimere Teile der Verzweigungen abgespalten, wodurch die Struktur an Flexibilität gewinnt und die Bindeeigenschaft für Plasmid-DNA verbessert sowie die Transfektion erleichtert wird. DNA/Dendrimer-Komplexe besitzen eine kompakte Struktur mit einem Durchmesser von etwa 50–200 nm. Diese Komplexe werden von Zellen wahrscheinlich durch Phagocytose aufgenommen und in Endosomen eingeschlossen. Ihre chemische Zusammensetzung puffert den endosomalen pH-Wert ab und lässt, möglicherweise durch osmotische Destabilisierung, die Endosomen anschwellen und platzen (Tang *et al.*, 1996, Tang und Szoka, 1997). Die Transfektion mit Dendrimeren zeichnet sich im Gegensatz zu den anderen Methoden durch deutlich verringerte Toxizität und teilweise drastische Steigerung der Transfektionseffizienz aus. Gegenwärtig stellt die Transfektion mit Dendrimeren eine weit verbreitete und effiziente Methode zur Transfektion von Säugerzellen dar (Dufes *et al.*, 2005, Dutta *et al.*, 2010).

Eine weitere effiziente Transfektionsmethode verwendet Polyethylenimin (PEI), ein stark basisches und verzweigtes Molekül, das in wässrigen Lösungen als Polykation vorliegt. Für die Transfektion von Säugerzellen kommen sowohl lineare (*linear* PEI = LPEI) als auch verzweigte PEI (*branched* PEI = BPEI) zur Anwendung. Für die Optimierung der **PEI-vermittelten Transfektion** sind vor allem folgende Parameter wichtig: Struktur und Molekulargewicht des verwendeten PEI, Konzentration und Mischungsverhältnis von DNA zu PEI sowie Wahl des Mediums oder Puffers (Boussif *et al.*, 1995). Die letztgenannten Parameter haben auch einen starken Einfluss auf die Toxizität der Transfektion, wobei die Struktur und das Molekulargewicht des PEI den größten Einfluss auf die Verträglichkeit aufweisen (Fischer *et al.*, 1999).

12.1.2 Physikalische Transfektionsmethoden

Die von Neumann und Mitarbeitern (1982) entwickelte **Elektroporation** ist eine Methode, mit der in kurzer Zeit eine große Zellzahl transfiziert werden kann. Zellsuspensionen werden in Gegenwart einer DNA-Lösung einem kurzen elektrischen Puls ausgesetzt. So werden in der Zellmembran Poren erzeugt, durch welche die DNA in die Zelle gelangen kann (Sukharev *et al.*, 1994; Abb. 12–2). Die Bildung der Poren ist von verschiedenen Faktoren abhängig. Da die Zellmembran eine Isolierung des elektrisch leitfähigen Cytoplasmas darstellt, kann elektrischer Strom so lange nicht durch die Zelle fließen, bis

Poren in der Membran entstanden sind. Wird nun elektrische Spannung angelegt, kommt es zur Polarisierung der Zellmembran. Erreicht die transmembranale Spannung einen kritischen Wert von 0,4 bis 1 V, kommt es durch eine lokale Zerstörung der Membranintegrität spontan zur drastischen Erhöhung ihrer Leitfähigkeit. Die primär entstandenen hydrophoben Poren verwandeln sich bei Erreichen eines kritischen Radius spontan in relativ stabile hydrophile Poren (0,5–1 nm) mit einer Lebensdauer zwischen wenigen Sekunden bis einigen Minuten (Sukharev *et al.*, 1994; Abb. 12–3). Unter Beteiligung von Proteinen kann es zu einer weiter stabilisierten „Kompositpore" kommen, durch welche die DNA entweder nur durch Diffusion oder unter Beteiligung von Elektrophorese in die Zelle gelangt (Klenchin *et al.*, 1991). Zur Wiederherstellung der Membranintegrität müssen die Poren wieder geschlossen werden, wobei neben der Temperatur vor allem die Zusammensetzung des Elektroporationsmediums entscheidend ist. Bei einem Medium, das zu einem kolloidosmotischem Anschwellen der Zellen führt, können die Poren bis auf einen Durchmesser von 120 nm ausgeweitet werden und die Zelle droht zu platzen. Dies kann durch Zusatz von PEG oder Dextran sowie durch Verwendung eines serumhaltigen Elektroporationsmediums verhindert werden.

Erst die Entwicklung eines einfachen Elektroporators von Potter *et al.* (1984) und dessen Verfügbarkeit durch verschiedene Herstellerfirmen verhalf dieser Transfektionsmethode zu breiter Anwendung. Da die Membranen der meisten tierischen Zellen eine ähnliche chemische Zusammensetzung bzw. vergleichbare physikalische Eigenschaften besitzen, lassen sich zahlreiche Zelltypen unterschiedlichster Spezies mit dieser Methode transfizieren (Potter *et al.*, 1988, Sukharev *et al.*, 1994). Manchmal, etwa bei Zellen des lymphatischen Systems, stellt diese Methode neben der Mikroinjektion die einzige Möglichkeit dar, re-

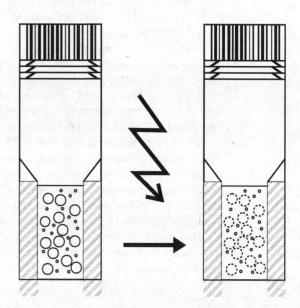

Abb. 12–2: Schematische Darstellung der Elektroporation.

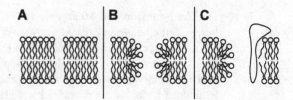

Abb. 12–3: Schematische Darstellung der Porenbildung bei Lipidmembranen in einem elektrischen Feld. A) Kurzlebige hydrophobe Pore, B) „stabile" hydrophile Pore, C) durch Beteiligung von Membranproteinen stabilisierte „Kompositpore". (Nach Sukharev 1994.)

kombinante, nicht virale DNA in Zellen einzubringen und zu exprimieren. Einen Überblick zu aktuellen Entwicklungen auf dem Gebiet der Elektroporation sind bei Li (2004) nachzulesen.

Eine neue, interessante Variante der Elektroporation stellt die **Kapillarelektroporation** dar (Abb. 12-4, mit freundlicher Genehmigung der Firma Cellectricon). Bei dieser Methode werden mit Hilfe einer Kapillarelektrode, die über den Zellen positioniert wird, sowohl die elektrischen Pulse erzeugt als auch die RNA und DNA sowie andere polare bzw. geladene Substanzen appliziert. Im Gegensatz zur klassischen Elektroporation können mit dieser Technik adhärente Zellen und sogar Gewebeschnitte transfiziert werden (Andreassi, 2010, Nolkrantz, 2001). Je nach Konfiguration des Geräts können Zellen in verschiedensten Kulturgefäßen transfiziert werden und sogar Transfektionsexperimente im Hochdurchsatz durchgeführt werden.

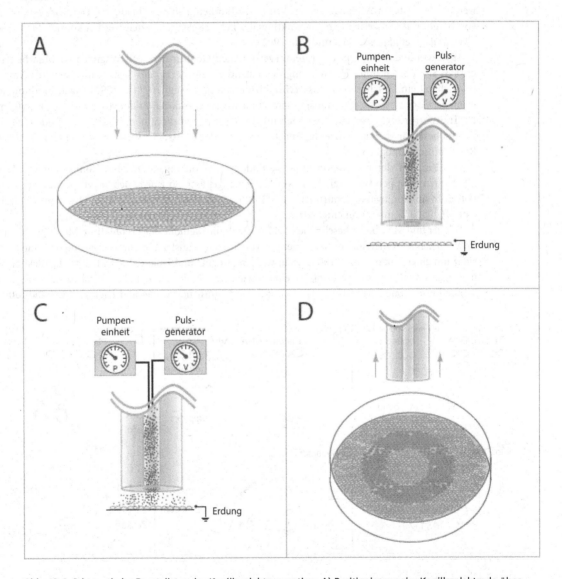

Abb. 12-4: Schematische Darstellung der Kapillarelektroporation. A) Positionierung der Kapillarelektrode über der Zellkavität, B) Mit Transfektionsmix gefüllte Kapillarelektrode, C) Perfusion des Transfektionsmix und Anlegen eines elektrischen Potentials, D) Bereich elektroporierte Zellen.

12.1.3 Biologische Transfektionsmethoden

Wu und Wu beschrieben den **rezeptorvermittelten Gentransfer** erstmals 1987 für die Transfektion von Hepatocyten (Abb. 12–5A, 12-5B). Hierbei wird die Plasmid-DNA ionisch an Asialoglycoprotein-Poly-L-Lysin-Konjugate gebunden, die nach Bindung an Asialoglycoproteinrezeptoren durch Endocytose in die Zelle aufgenommen werden. Wie die DNA aus den Endosomen und in den Zellkern gelangt, ist bis heute nicht vollständig geklärt. In dieser Arbeit konnte eine zellspezifische, transiente Expression der Chloramphenicol-Acetyltransferase erreicht werden, die im Vergleich zur Transfektion mit der Calciumphosphat-Kopräzipitation um den Faktor zwei höher lag (Wu und Wu, 1987, 1988a). Diese Methode eignet sich auch für den zellspezifischen *in vivo*-Gentransfer nach intravenöser Applikation (Wu und Wu, 1988b). Zehn Minuten nach der Injektion konnten 85 % der radioaktiv markierten DNA in Hepatocyten gefunden werden. In weiteren Arbeiten zeigten Wu und Mitarbeiter in verschiedenen Tiermodellen, dass so eine vorübergehende Besserung einiger funktioneller Leberstörungen erzielt werden konnte (Stankovics *et al.*, 1994, Wilson *et al.*, 1992, Wu und Wu, 1992).

1990 wurde das Konzept des rezeptorvermittelten Gentransfers von Wagner und Mitarbeitern aufgegriffen. Sie führten unter Verwendung des Liganden Transferrin ein System mit breiterer Anwendungsmöglichkeit ein, welches sie **Transferrinfektion** nannten (Wagner *et al.*, 1990). Nach Bindung des DNA/Konjugat-Komplexes an den Transferrinrezeptor wird dieser durch Endocytose in die Zelle aufgenommen. Da Transferrinrezeptoren auf einer Vielzahl von Zelltypen vorkommen, ist diese Methode nicht auf einen Zelltyp beschränkt. Eine effiziente Transfektion ist jedoch ausschließlich bei Zelllinien mit extrem hoher Rezeptordichte möglich.

Das Konzept der rezeptorvermittelten Endocytose von Liganden-DNA-Konjugaten wurde von verschiedenen Gruppen für spezielle Anwendungen angepasst. So wurde neben zellspezifischen Antikörper-Poly-L-Lysin-Konjugaten (Thurnher *et al.*, 1994) z.B. lactosyliertes Poly-L-Lysin (Midoux *et al.*, 1993) für eine effiziente Transfektion eingesetzt.

Felgner und Mitarbeiter beschrieben 1987 erstmals die Methode der **Lipofektion**. Mit dieser Methode kann im Vergleich zur Calciumphosphat- oder DEAE-Dextran-Transfektion eine Steigerung der Transfektionseffizienz um einen Faktor von 5–100 erreicht werden (Singhal und Huang, 1994). Bei der Lipofektion werden – im Gegensatz zur Liposomenfusion – kleine unilamellare Vesikel aus dem kationischen 1,2-Dioleyloxypropyl-3-rimethylammoniumbromid (DOTMA) und dem natürlichen Helferlipid Dioleylphosphatidylethanolamin

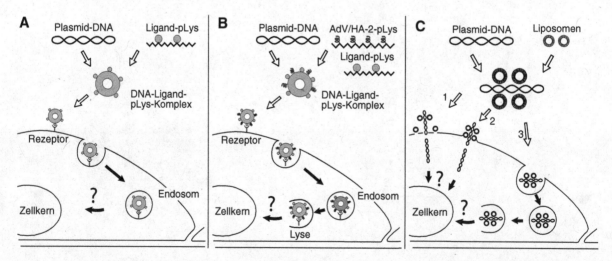

Abb. 12–5: Schematische Darstellung biologischer Transfektionsmethoden. A) Rezeptorvermittelte Transfektion. B) Durch virale Komponenten unterstützte, rezeptorvermittelte Transfektion. C) Lipofektion: 1 lokale Destabilisierung mit anschließender Freisetzung der Plasmid-DNA ins Cytoplasma, 2 Membranfusion, 3 adsorptive Endocytose.

(DOPE) verwendet. Die Vesikel werden durch Ultraschallbehandlung der Liposomensuspension hergestellt (Felgner et al., 1987). Die DNA wird hierbei nicht in die Liposomen eingeschlossen, sondern ionisch an die Oberfläche der Liposomen gebunden. Die DNA-Lösung wird gewöhnlich in einem solchen Verhältnis mit den Liposomen gemischt, dass eine positive Nettoladung verbleibt und die Plasmid-DNA zu 100 % von den Liposomen komplexiert wird (Felgner et al., 1987, Felgner und Holm, 1989). Von Felgner und Ringold (1989) wurde ein Modell vorgeschlagen, nach dem bei einem Liposomendurchmesser von etwa 250 nm vier Liposomen (2.500 Lipidmoleküle und 1.250 DOTMA-Moleküle) nötig sind, um ein Plasmidmolekül zu binden.

Die DNA/Liposomen-Komplexe binden wahrscheinlich an negativ geladene Sialinsäurereste auf der Zelloberfläche und werden auf bisher ungeklärte Weise in die Zelle aufgenommen. Einige Gruppen arbeiten an der Aufklärung des Aufnahmemechanismus (Felgner, 1994, Singhal und Huang, 1994, Zhou und Huang, 1994). In Abb. 12–5C sind die diskutierten Mechanismen für die Liposomenkomplexe schematisch dargestellt. Der Hauptteil der Liposomenkomplexe wird vermutlich durch adsorptive Endocytose in die Zelle aufgenommen. Die ursprünglich postulierte Membranfusion (Felgner et al., 1987) und die lokale Destabilisierung mit anschließender Freisetzung der Plasmid-DNA ins Cytoplasma (Zhou und Huang, 1992) spielen wahrscheinlich nur eine untergeordnete Rolle (Singhal und Huang, 1994). Der Weg in die Zelle hängt nicht allein von der Wahl des kationischen Lipids ab; auch das Helferlipid scheint die Aufnahme zu beeinflussen (Singhal und Huang, 1994).

Wie die DNA aus den Endosomen in den Zellkern gelangt, ist ebenfalls Gegenstand intensiver Forschung. Während die Transfektionseffizienz z.B. bei Lipopoly-L-Lysin (LPLL) durch die Zugabe von Chloroquin gesteigert werden kann, wirkt sie bei Lipiden wie z.B. 3-β-(N-(N,N-Dimethylaminoethan)-carbamoyl)-cholesterin inhibierend (Zhou, 1991, Singhal und Huang, 1994). Dies spricht gegen einen einheitlichen Mechanismus. Für die Lipofektion mit LPLL/DOPE/DNA-Komplexen konnte gezeigt werden, dass etwa 15 % der Endosomen durch eine lokale Destabilisierung der Membran durch das kationische Lipid LPLL lysiert werden (Singhal und Huang, 1994). Die restlichen 85 % der Endosomen fusionieren mit Lysosomen, in welchen die DNA dann hydrolytisch abgebaut wird. Wie die DNA schließlich in den Zellkern gelangt, ist auch bei der Lipofektion bislang ungeklärt.

Trotz der stark verbesserten Transfektion einiger Zelltypen (Gareis et al., 1991, Jarnagin et al., 1992, Malone et al., 1989) ist die Transfektion mit DOTMA/DOPE-Liposomen keine universell anwendbare Transfektionsmethode. Selbst bei Zellen, die mit diesen Liposomen sehr effizient transfiziert werden konnten, ist bei höheren Lipidkonzentrationen eine deutliche Toxizität zu beobachten (Felgner et al., 1987). Aus diesem Grund wurden von verschiedenen Arbeitsgruppen zahlreiche neue Lipidformulierungen synthetisiert und auf ihre Effizienz in der Transfektion verschiedener Zelltypen getestet (Behr et al., 1989, Felgner et al., 1994, Gao und Huang, 1991, Loeffler et al., 1990, Stamatatos et al., 1988, Zhou und Huang, 1992, 1994). Einige der neu synthetisierten Lipide sind mittlerweile kommerziell erhältlich: z.B. DOGS (Transfectam, Promega), DOTAP (Roche Diagnostics), DOSPER (Roche Diagnostics), DMRIE/Chol (DMRIE-C, Life Technologies), DOTMA/DOPE (Lipofectin, Life Technologies). Eine Übersicht kommerziell erhältlicher Transfektionsreagenzien ist in Tab. 12–1 dargestellt. Häufig verwendete Helferlipide und kationische Lipide sind in Abb. 12–6 und 12–7 dargestellt. DOTAP bildet wie DOTMA nach Ultraschallbehandlung in wässriger Lösung spontan kleine unilamellare Vesikel. Über ionische Wechselwirkung mit der Liposomenoberfläche wird die DNA gebunden. Mit seinen zwei Esterbrücken besitzt DOTAP den Vorteil, dass es in der Zelle durch unspezifische Esterasen abgebaut werden kann. Die Toxizität wurde dadurch deutlich verringert (Singhal und Huang, 1994). DOGS hingegen stellt eine völlig andere Lipidklasse dar. Mit seinem Spermidinrest besitzt es im Gegensatz zu DOTMA oder DOTAP mehrere positiv geladene Gruppen zur Interaktion mit Nucleinsäuren. DOGS bildet aufgrund seiner Geometrie keine Liposomen aus, sondern lagert sich mit der Plasmid-DNA zu so genannten Nucleolipidpartikeln zusammen, die wahrscheinlich mit der Zellmembran fusionieren (Behr et al., 1989). Neben den relativ teuren kommerziell erhältlichen Lipidformulierungen bietet das kationische Lipid DDAB eine kostengünstige Alternative für eine effiziente Lipofektion verschiedener Zelltypen (Rose et al., 1991).

Um die Mechanismen der Lipofektion genauer studieren zu können, synthetisierten Felgner und Mitarbeiter eine Reihe kationischer Lipide und verglichen deren Effizienz in der Transfektion von COS.7-Zellen

Tab. 12–1 Transfektionsreagenzien (Auswahl)

Transfektionsreagenz	Hersteller/Vertreiber	Referenz
DOTAP (Lipid) DOSPER (Lipid) FuGENE 6 (Lipid) FuGENE HD (Lipid) X-tremeGENE (Lipid)	Roche Diagnostics	www.roche-applied-science.com/sis/transfection/index.jsp
Attractene (Lipid) NanoFect (Nanopolymere) PolyFect (Aktivierte Dendrimere) Effectene (Lipid) SuperFect (Aktivierte Dendrimere)	Qiagen	www.qiagen.com/products/transfection/default.aspx
FuGENE 6 (Lipid) TransFast (Lipid) ProFection (Kalzium-Phosphat)	Promega	www.promega.com/applications/genexp_reptr/transfection.htm
Lipofectamine (Lipid) Lipofectamine 2000 (Lipid) DMRIE-C (Lipid) Calcium Phosphate Transfection Kit Optifect (Lipid) Oligofectamine (Lipid)	Invitrogen Life Technologies	www.invitrogen.com
GenePORTER (Lipid) GenePORTER 2 (Lipid) GenePORTER 3000 (Lipid) TrojanPORTER (Polymer) NeuroFECT (Polymer)	Genlantis	www.genlantis.com
GeneJammer (Polyamine) LipoTAXI (Lipid) SatisFection (Polymer) MBS Mammalian Transfection Kit (Kalzium Phosphat)	Agilent Technologies (früher Stratgene)	www.genomics.agilent.com
Xfect (Polymer) Xfect Stem (Nanopartikel) Calcium Phosphate Transfection	Clontech	www.clontech.com
TransIT-2020 (??) TransIT-LT1 (Lipid + Histone) TransIT-LT2 (Lipid + Histone) TransIT-Express (Lipid + Histone) Verschiedene zellspezifische TransIT-Reagenzien	Mirus Bio	www.mirusbio.com
DOTAP (Lipid) Metafectene (Lipid) Metafectene Easy (Lipid) Metafectene Pro (Lipid)	Biontex	www.biontex.com
N-TER (Peptide) DOTAP (Lipid) ESCORT I – IV (Lipide)	Sigma-Aldrich	www.sigmaaldrich.com
Turbofect (Polymer) ExGEN 500 (Polyethyleneimine)	Fermentas	www.fermentas.com
LipoGen (Lipid) LyoVec (Lipid)	InvivoGen	www.invivogen.com
ICAFectin (novel synthetic molecule)	Eurogentec	www.eurogentec.com
Omniporter Universal (Lipid)	MP Biomedicals	www.mpbio.com
Verschiedene Lipide	Avanti Polar Lipids Northern Lipids	www.avantilipids.com www.northernlipids.com

(Felgner *et al.*, 1994). Hierbei stellte sich heraus, dass ein Hydroxyalkylrest an der quartären Aminogruppe effektiver ist als die im DOTMA vertretene Methylgruppe. Eine weitere Verbesserung erreichten sie mit dem Lipid DMRIE, welches anstatt der in DOTMA enthaltenen Ölsäurereste die gesättigte Myristylsäure (C14) besitzt. In Kombination mit DOPE konnte mit DMRIE in dieser Arbeit eine fünffache Steigerung der Transfektion von COS.7-Zellen erreicht werden. Durch den Vergleich der kationischen Lipide in Kombination mit unterschiedlichen Helferlipiden kamen sie zu folgendem Schluss: Lipide mit einer Hydroxy-alkylkopfgruppe erhöhen die Stabilität der DNA/Liposomen-Komplexe und vermitteln somit möglicherweise eine effizientere Aufnahme der Komplexe in die Zelle. Die Verkürzung der Fettsäurereste begünstigt eine gesteigerte Intermembran-Transferrate und ermöglicht nicht nur eine wirkungsvollere Aufnahme in die Zelle, sondern auch ein besseres Entkommen aus den Endosomen.

Wichtig ist außerdem, ob die Transfektion in Gegenwart von Serum durchgeführt werden kann, da vor allem kationische Lipide teilweise sehr effizient von Serumproteinen adsorbiert werden. Einige Arbeitsgruppen erhielten in serumhaltigen Medien vergleichbare Ergebnisse (Behr *et al.*, 1989, Brunette, 1992, Felgner *et al.*, 1987), die Mehrzahl der Lipofektionsexperimente wird jedoch während der drei bis sechsstündigen Inkubation mit den Liposomen/DNA-Komplexen in serumfreien Medien durchgeführt (Felgner *et al.*, 1994, Rose *et al.*, 1991). Zusätzlich zur Wahl der Lipide, des Mediums und der Inkubationszeit mit den Liposomen/DNA-Komplexen sind die Optimierung der Liposomen- und DNA-Konzentration sowie die Liposomenherstellung zu beachten.

Eine Modifikation der Lipofektion stellt die Methode der Apo-E-vermittelten Transfektion dar (Sipehia und Martucci, 1995). Apolipoprotein E wird hierbei zu Liposomen/DNA-Komplexen gegeben und vermittelt durch Ausnutzung der rezeptorvermittelten Endocytose über den LDL-Rezeptor eine effiziente Transfektion von HUVEC (humane Nabelschnurvenen-Endothelzellen). Eine weitere Variante verbindet ebenfalls Vorzüge der Lipofektion mit denen der rezeptorvermittelten Endocytose. Trubetskoy und Mitarbeiter entwickelten 1992 ein effizientes System zur Transfektion von Mauslungenendothelzellen, indem sie kationische Liposomen mit Thrombomodulinantikörper-Poly-L-Lysin-Konjugaten kombinierten. DNA, Liposomen und Antikörperkonjugate bilden hierbei einen ternären elektrostatischen Komplex, der nach Bindung an Thrombomodulin durch Endocytose in die Zelle aufgenommen wird. Durch die zusätzliche Verwendung kationischer Liposomen wurden die Endosomen destabilisiert und eine 10–20-fache Steigerung der Transfektion erreicht.

Neben der breiten Anwendung für den *in vitro*-Gentransfer wurde die Lipofektion auch in verschiedenen Studien für die Transfektion *in vivo* eingesetzt. Hierbei wurden die Liposomen/DNA-Komplexe auf unterschiedlichste Art und Weise in das Versuchstier eingebracht. Die Injektion in verschiedene Gewebe und Blutgefäße stellte neben der Applikation als Aerosol die häufigste Darreichungsform dar (Singhal und Huang, 1994). In den vergangenen Jahren wurden bereits einige klinische Studien unter Verwendung von kationischen Liposomen durchgeführt.

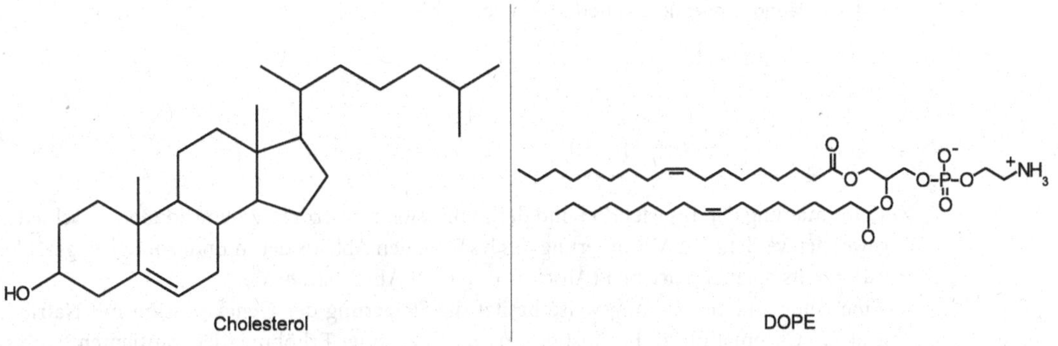

Cholesterol

DOPE

Abb. 12–6: Häufig verwendete Helferlipide.

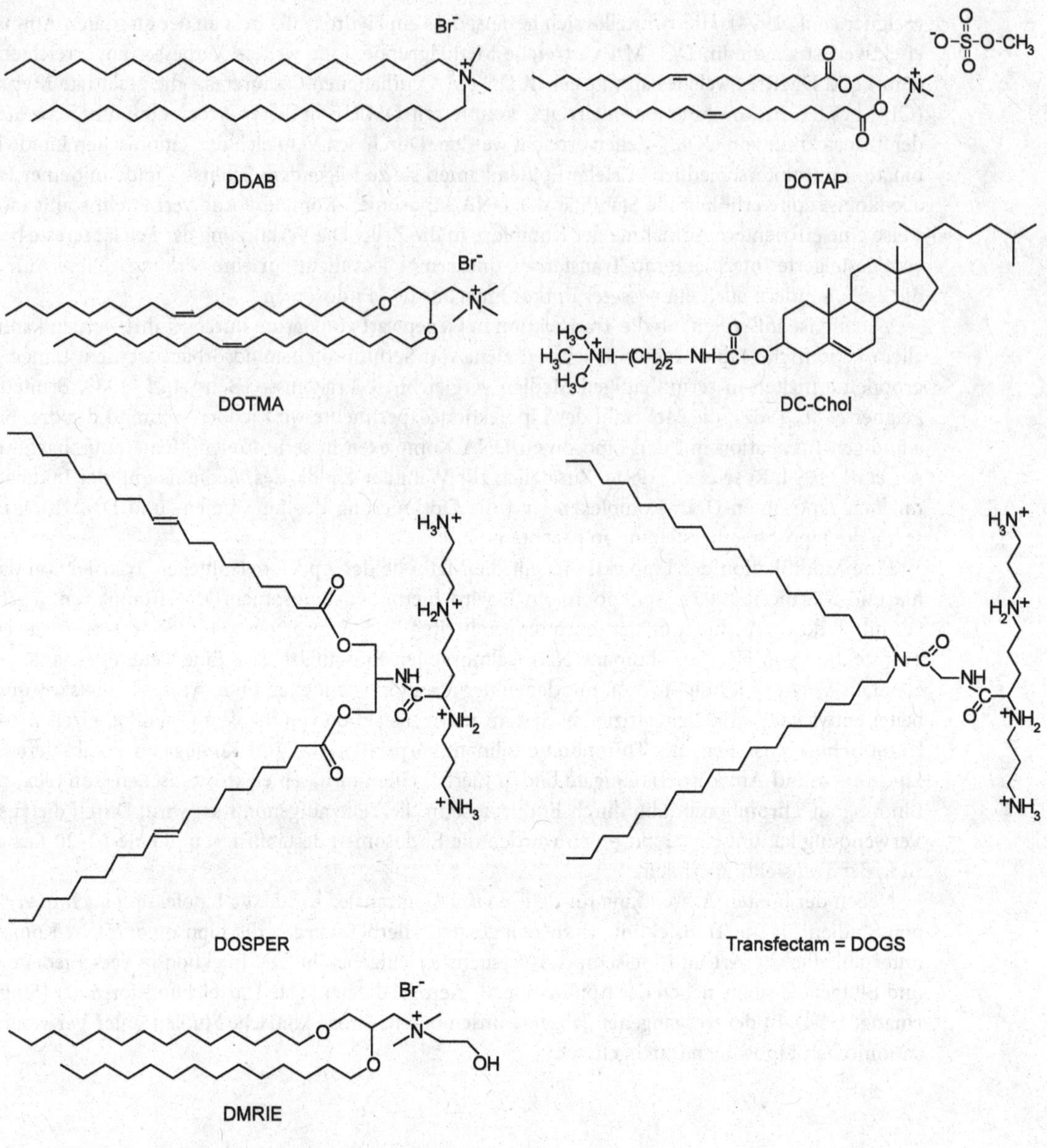

Abb. 12–7: Häufig verwendete kationische Lipide.

12.1.4 Methoden zur Steigerung von Genexpression und Transfektionseffizienz

Zur Optimierung der Transfektion und der Expression transfizierter Gene können verschiedene Strategien angewendet werden. Die Minimierung des lysosomalen Abbaus der in Endosomen eingeschlossenen DNA wurde bereits oben beschrieben (Abschn. 12.1.1, DEAE-Dextran-Methode).

Eine völlig andere Wirkungsweise besitzt die Steigerung der Genexpression mit Natriumbutyrat, das eine aktive Chromatinform begünstigt. Zusätzlich zu einer Erhöhung der transienten Expression kann es auch zur vermehrten Bildung stabil transfizierter Zellen führen (Koch-Brandt, 1993). Die Kotransfektion mit einem Vektor, welcher für die virusassoziierte RNA_I (VA RNA_I) des Adenovirus kodiert, stellt eine weitere Methode zur Steigerung der transienten Expression dar. Nach einer Transfektion kann teilweise doppelsträngige RNA gebildet werden. Sie aktiviert eine Inhibitorproteinkinase (DAI-Kinase), welche den Initiationsfaktor eIF-2 phosphoryliert und damit eine Initiation der Translation verhindert. Die nach einer Transfektion mit dem VA RNA_I-Vektor gebildete virale VA RNA_I bindet sehr effizient an die DAI-Kinase und verhindert somit deren Hemmung der Translationsinitiation (Akusjärvi et al., 1987, Kaufman und Murtha, 1987). Aufgrund der Beschränkung auf die transiente Expression und der Notwendigkeit einer Kotransfektion ist diese Methode jedoch nicht weit verbreitet.

Häufiger werden synchronisierte Kulturen zur Steigerung der Transfektionseffizienz verwendet. Säugerzellen können durch verschiedene Behandlungsmethoden in einer bestimmten Phase des Zellzyklus arretiert werden. Durch eine Behandlung mit Amethopterin z.B. werden die Zellen durch Hemmung der Thymidinsynthese in der S-Phase blockiert. Die Zellen werden durch direkte Zugabe von Thymidin aus dieser Blockade freigesetzt und können etwa 8 h später in der späten G2-Phase transfiziert werden (Schwachtgen et al., 1994). In der späten G2-Phase und in der frühen M-Phase wird die Kernmembran aufgelöst. Es kann zu einer verstärkten Aufnahme der Plasmid-DNA in den Zellkern und somit zu einer höheren Transfektionseffizienz kommen (Goldstein et al., 1989). Da die zur Synchronisation eingesetzten Chemikalien für viele Zellen toxisch sind, ist diese Methode jedoch nicht universell einsetzbar.

12.1.5 Stabile Expression und Genamplifikation

Die Voraussetzung für eine stabile Expression ist die Integration der transfizierten DNA in das Wirtsgenom. Hierzu können verschiedene Methoden angewendet werden. Ein sehr effizientes System stellt die Verwendung rekombinanter Retroviren dar. Nach Umschreibung des RNA-Genoms in cDNA kommt es durch die *long terminal repeats* (nichthomologe Rekombination) zur Integration in das Wirtsgenom. In einigen Systemen wie z.B. der Infektion von Maus-L-Zellen mit dem Mausmamma-Tumorvirus liegt die Effizienz der stabilen Expression bei nahezu 100 % – eine Selektion ist hier nicht nötig. Bei der Transfektion mit weniger effizienten Systemen muss jedoch eine Selektion der stabil transformierten Zellen erfolgen.

Ein weit verbreitetes Selektionssystem ist die Neomycin/Geneticinresistenz, die durch die vom *neo*-Resistenzgen kodierte Aminoglycosid-Phosphotransferase vermittelt wird (Colbère-Garapin et al., 1981). Im Anschluss an die Transfektion können stabil transformierte Zellen nach einer Selektion von 2–3 Wochen isoliert werden. Ein Beispiel für die Selektion durch Komplementierung eines genetischen Defekts stellt die Verwendung von Zellen mit defekter Thymidinkinase dar. Diese können Desoxythymidintri-phosphat (dTTP) ausschließlich über die *de novo*-Synthese herstellen. Blockiert man diese durch einen Antimetaboliten wie z.B. Aminopterin, können die Zellen dTTP nur mithilfe des durch die Transfektion eingeschleusten intakten Thymidinkinasegens aus Thymidin synthetisieren. Für die Selektion stabil transformierter Zellen werden diese nach der Transfektion in einem Medium gehalten, welches Hypoxanthin, Aminopterin und Thymidin (HAT-Medium) enthält. Hypoxanthin wird hierbei für die Umgehung der durch Aminopterin bedingten Blockade des Purinstoffwechsels benötigt (*salvage pathway*).

Für eine möglichst hohe Expressionsrate des übertragenen Gens bietet sich die Genamplifikation mit dem Glutaminsynthetasesystem (Bebbington und Hentschel, 1987) an. Kultiviert man Zellen in einem glutaminfreien Medium, so müssen diese ihren Glutaminbedarf über die Synthese durch die Glutaminsynthetase decken. Enthält das Medium niedrige Konzentrationen des Glutaminsynthetaseinhibitors Methioninsulfoximin, so können die Zellen nur überleben, wenn der Inhibitor durch einen Überschuss des Enzyms neutralisiert wird. Dazu muss das Glutaminsynthetasegen amplifiziert werden. Werden die Zellen sowohl mit dem zu exprimierenden Gen als auch mit dem Glutaminsynthetasegen transfiziert, kommt es unter Selektionsdruck nicht nur zur Amplifikation des Glutaminsynthetasegens, sondern auch zu einer Koamplifikation des Fremdgens. Über die Steigerung der Inhibitorkonzentration kann die Amplifikation und somit auch die Expressionsrate weiter verstärkt werden.

12.2 Zellkulturmethoden

12.2.1 Beschichtung von Kulturgefäßen

Für die Kultivierung adhärent wachsender Zellen werden Kulturgefäße mit Gelatine beschichtet.

🧪 *Materialien*

Lösungen (steril):

- Gelatinelösung, 1 % (w/v): 1 g Gelatine (zellkulturgetestet) in 100 ml Milli-Q-H_2O suspendieren, durch Autoklavieren für 20 min bei 121 °C und 2 bar lösen und bei Raumtemperatur lagern
- PBS (140 mM NaCl, 3 mM KCl, 8 mM Na_2HPO_4, 1,5 mM KH_2PO_4): 8 g × l^{-1} NaCl, 0,2 g × l^{-1} KCl, 1,44 g × l^{-1} Na_2HPO_4 × 2 H_2O, 0,2 g × l^{-1} KH_2PO_4 in etwa 900 ml Milli-Q-H_2O lösen; der pH-Wert sollte zwischen 7,2 und 7,4 liegen, überprüfen; ad 1 l mit Milli-Q-H_2O; Lösung 20 min bei 121 °C und 2 bar autoklavieren

✏️ *Durchführung*

- Boden der Zellkulturgefäße mit steriler Gelatinelösung bedecken, die Zellkulturgefäße 15 min bei Raumtemperatur belassen
- Gelatinelösung absaugen, die Zellkulturgefäße mit PBS waschen. Sie können so verwendet werden.

12.2.2 Kultivierung von Säugerzellen am Beispiel der Fibroblastenzelllinie BHK 21

Die Fibroblastenzelllinie BHK21 zeichnet sich dadurch aus, dass sie sich problemlos kultivieren und transfizieren lässt. Sie ist daher zum Erlernen der Methode besonders geeignet. Neben BHK 21 lassen sich z.B. auch die weit verbreiteten Zelllinien Maus-L, CHO, 3T3 und HeLa problemlos transfizieren.

🧪 *Materialien*

- Kulturmedium (steril): DMEM-Basalmedium, 10 % (v/v) FKS und 2 mM L-Glutamin; auf 37 °C temperiert

✏️ *Durchführung*

- BHK 21 in gelatinebeschichteten Kulturgefäßen (Abschn. 12.2.1) bei 37 °C, 5 % (v/v) CO_2 und wassergesättigter Luftatmosphäre kultivieren
- Kulturmedium alle 1–2 d wechseln
- bei Konfluenz die Zellen mit einer Teilungsrate von 1:10 bis 1:20 passagieren (Abschn. 12.2.3).

BHK 21 wachsen sehr schnell und erreichen Zelldichten von über 2×10^5 Zellen pro cm^2. Bedingt durch das schnelle Wachstum und einen sehr aktiven Metabolismus säuern die Zellen das Medium relativ schnell an. Wird bei einer subkonfluenten oder konfluenten Kultur das Medium für 2 d auf den Zellen belassen, stirbt die Kultur schnell ab.

12.2.3 Subkultivierung von BHK 21

BHK 21 werden mit Dispase passagiert, da sie bei der üblichen Behandlung mit Trypsin/EDTA (Abschn. 12.4.5) leicht verklumpen.

Materialien

- 15 ml-Zentrifugenröhrchen

Lösungen (steril):
- PBS (Abschn. 12.2.1)
- Dispaselösung: 2,4 U × ml^{-1} in PBS
- frisches Kulturmedium, 37 °C (Abschn. 12.2.2)
- DMEM-Basalmedium

Durchführung

- Kulturmedium absaugen, den Boden des Kulturgefäßes kurz mit PBS waschen und die Zellen mit Dispaselösung bedecken (1 ml für eine 25 cm²-Kulturflasche)
- nach 5 min bei 37 °C die zellhaltige Suspension absaugen, in ein 15 ml-Zentrifugenröhrchen überführen und auf etwa 10 ml mit DMEM-Basalmedium auffüllen
- nach 5 min Zentrifugation bei 110 × g die Zellen in frischem Kulturmedium aufnehmen, zählen (Abschn. 12.2.4) und in neue Kulturgefäße aussäen.

12.2.4 Zellzählung durch den Trypanblau-Ausschlusstest

Zur Bestimmung der Zellzahl sowie zur Unterscheidung lebender und toter Zellen werden diese mit Trypanblau inkubiert. Während vitale Zellen in der Lage sind, den Farbstoff auszuschließen und im mikroskopischen Bild hell erscheinen, nehmen tote Zellen Trypanblau auf und sind tiefblau gefärbt.

Materialien

- Trypanblaulösung: 0,5 % (w/v) Trypanblau, 0,9 % (w/v) NaCl in PBS (Abschn. 12.2.1) lösen
- Neubauer-Zählkammer
- Mikroskop

Durchführung

- 20 μl einer Zellsuspension mit 20 μl Trypanblaulösung mischen und etwa 5 min bei Raumtemperatur inkubieren
- Lösung in eine Neubauer-Zählkammer geben und auszählen; es werden mindestens 4 Großquadrate ausgezählt; die Zellzahl berechnet sich nach folgender Formel:

$$\text{Zellen} \times \text{ml}^{-1} = \frac{\text{Zellzahl}}{\text{Zahl der Großquadrate}} \times 2 \times 10^4 \times \text{ml}^{-1}$$

12.2.5 Einfrieren und Auftauen von Säugerzellen

Zur dauerhaften Lagerung werden von den Zellen Dauerkulturen angelegt, die tiefgefroren und bei Bedarf wieder aufgetaut und kultiviert werden können.

 Materialien
- Kryoröhrchen
- Styroporbox mit Wandstärke von etwa 1 cm
- flüssiger Stickstoff
- Wasserbad mit Temperatur von 37 °C
- 15 ml-Zentrifugenröhrchen

Lösungen (steril):
- Kälberserum (NKS bzw. FKS), auf 4 °C temperiert
- 14 % (v/v) DMSO in Kälberserum, auf 4 °C temperiert
- Kulturmedium, auf 37 °C temperiert

Durchführung

Einfrieren von Zellen
- Nach dem Ablösen der Zellen von der Kulturfläche eine Zellsuspension mit 2×10^6 Zellen pro ml in kaltem Serum herstellen; als Serum wird die dem Kulturmedium entsprechende Sorte verwendet
- je 0,5 ml der Zellsuspension in 1,5 ml-Kryoröhrchen geben, in welchen je 0,5 ml gekühlte DMSO-Lösung vorgelegt ist
- Kryoröhrchen in einer Styroporbox über Nacht bei –80 °C einfrieren und dann in der Gasphase über flüssigem Stickstoff lagern.

Auftauen von Zellen
Beim Auftauen der Zellen muss das DMSO rasch aus der Suspension entfernt werden.
- Kryoröhrchen im Wasserbad bei 37 °C auftauen
- Zellen sofort mit 1 ml vorgewärmtem Kulturmedium mischen und in einem 15 ml-Zentrifugenröhrchen mit Medium auf etwa 10 ml auffüllen
- Zellen 5 min bei 110 × g zentrifugieren, in Kulturmedium resuspendieren und in die Kulturgefäße aussäen.

12.2.6 Herstellung von Zellextrakten durch wiederholtes Einfrieren und Auftauen

Für die Messung zellulärer Enzymaktivitäten werden Zellextrakte durch wiederholtes Einfrieren und Auftauen hergestellt. Zuvor muss jedoch sichergestellt werden, dass durch die Behandlung keine Enzymaktivität verloren geht. Hierzu wird das entsprechende Enzym dieser Behandlung unterzogen und im Aktivitätstest ein etwaiger Aktivitätsverlust im Vergleich zum unbehandelten Enzym detektiert.

 Materialien
- flüssiger Stickstoff
- Zellschaber, mit Alkohol desinfiziert

Lösungen (steril):

- PBS (Abschn. 12.2.1)
- 100 mM Tris-HCl, pH 7,4: 10 ml 1 M Tris-HCl-Stammlösung, pH 8,0 mit etwa 70 ml dest. H_2O mischen, mit 1 N HCl auf pH-Wert 7,4 bringen und auf 100 ml auffüllen; Lösung für 20 min bei 121 °C und 2 bar autoklavieren und bei Raumtemperatur lagern

Durchführung

- Zellen kurz mit PBS waschen und in 1 ml PBS mit einem Zellschaber vom Kultursubstrat lösen
- Zellsuspension in ein 1,5 ml-Reaktionsgefäß überführen, durch Zentrifugation für 5 min in der Tischzentrifuge sedimentieren und in 100 µl 100 mM Tris-HCl, pH 7,4 suspendieren
- durch drei Zyklen Einfrieren/Auftauen bei –196 °C bzw. 37 °C die Zellen lysieren, Zelltrümmer durch eine erneute Zentrifugation sedimentieren und den Überstand als Zelllysat in ein neues 1,5 ml-Reaktionsgefäß überführen
- Lysat bis zur Messung bei –20 °C lagern.

12.2.7 MTT-Test

Der MTT-Test ermöglicht die Bestimmung von Zellzahlen über eine Messung der Aktivität mitochondrialer Dehydrogenasen. Das Substrat MTT (3-(4,5-Dimethylthiazol-2-yl)-2,5-diphenyl-tetrazoliumbromid) wird zu wasserunlöslichem Formazan umgesetzt. Da die Aktivität dieser Enzyme vom physiologischen Status der Zellen abhängig ist, kann zudem eine Aussage über ihre Vitalität getroffen werden (Mosmann, 1983, Vistica, 1991).

Materialien

- 96 Loch-Mikrotiterplatte
- ELISA-Messgerät

Lösungen (steril):

- Kulturmedium, auf 37 °C temperiert
- MTT-Stammlösung (5 mg × ml⁻¹): 50 mg MTT in etwas PBS lösen, auf 10 ml auffüllen und dunkel bei 4 °C lagern
- Isopropanol mit 0,04 N HCl: 50 ml Isopropanol (p.a.) und 165 µl HCl (rauchend) mischen und bei Raumtemperatur lagern

Durchführung

Die Kulturen werden in 96 Loch-Mikrotiterplatten angesetzt. Bei größeren Kulturgefäßen muss die Lösung zur Messung nach der Reaktion in eine Mikrotiterplatte umgefüllt werden. Die im Folgenden angegebenen Mengen beziehen sich auf eine Mikrotiterplatte.

- Kulturmedium unmittelbar vor dem Test abziehen, jeweils 225 µl frisches Kulturmedium zu den Zellen geben und 25 µl MTT-Stammlösung zufügen
- für den Leerwert einige Kavitäten ohne Zellen mit Medium und MTT-Lösung beschicken
- Platten 1–3 h bei 37 °C inkubieren und die Bildung der Formazankristalle gelegentlich unter dem Mikroskop verfolgen
- bei einer deutlichen Kristallbildung das Medium abziehen und jeweils 100 µl Isopropanol mit 0,04 N HCl zugeben; die Inkubation mit MTT sollte auf jedem Fall abgebrochen werden, bevor die Kristalle die Zellen zerstört haben, da in diesem Fall beim Abziehen des Mediums Formazankristalle mit abgezogen würden

- nach Zugabe des Isopropanols mit 0,04 N HCl die Kristalle durch wiederholtes Auf- und Abziehen mit einer Pipette lösen und im ELISA-Messgerät messen; die Messung erfolgt bei einer Wellenlänge von $\lambda = 550$ nm gegen eine Referenzwellenlänge von $\lambda = 690$ nm.

12.2.8 Bestimmung der Geneticintoleranzdosis

Das Aminoglycosidantibiotikum Geneticin (G418) wird häufig zur Selektion transfizierter Säugerzellen eingesetzt. Als Selektionsmarker wird hierbei das *neo*-Gen des bakteriellen Transposons Tn5 verwendet, das für die Aminoglycosid-Phosphotransferase APH(3')I kodiert. Geneticin bindet an 80S-Ribosomen und hemmt die Translation. Der nötige Zeitraum, um Zellen abzutöten, variiert mit der Aussaatdichte, dem proliferativen Status und der verwendeten Medienformulierung. In der Regel sind es 10–14 d, um resistente Kolonien isolieren zu können. Da die effektive Dosis des Antibiotikums bei verschiedenen Zelltypen variiert, muss zuvor die Geneticintoleranzdosis bestimmt werden. Dieser Wert muss für jede Charge Geneticin erneut ermittelt werden, weil der Gehalt an aktivem Geneticin von Charge zu Charge differiert.

Materialien
Lösungen (steril):
- 100 mM HEPES-[4-(2-Hydroxyethyl)-1-piperazinethansulfonat]-Lösung: 2,38 g HEPES in etwa 80 ml Milli-Q-H$_2$O lösen, auf 100 ml auffüllen und sterilfiltrieren, bei 4 °C lagern
- Geneticin-Stammlösung (20 mg × ml^{-1}): 200 mg aktive Geneticinfraktion (Achtung: *batch*-Variation beachten!); in etwas 100 mM HEPES lösen, auf 10 ml auffüllen und sterilfiltrieren; die Lösung bei 4 °C lagern

Durchführung
- Zellen mit einer Aussaatdichte von 100 Zellen pro cm^2 in 24-Loch-Platten aussäen und 10–14 d in Anwesenheit von Geneticin kultivieren; hierzu sollten verschiedene Konzentrationen im Bereich von 0–1 mg × ml^{-1} parallel getestet werden (z.B. 200, 400, 600, 800 und 1.000 µg × ml^{-1})
- bei effektiven Konzentrationen an Geneticin beginnen die Zellen nach 1–2 Zellteilungen abzusterben; wachsende Klone können erstmals nach etwa einer Woche beobachtet werden
- Auswertung des Tests erfolgt mit dem MTT-Test (Abschn. 12.2.7)
- zur Selektion von Zellen die Konzentration an Geneticin einsetzen, bei welcher alle Zellen abgestorben sind.

12.3 Transfektionsmethoden

12.3.1 Versuchsplanung

Bei allen Transfektionsexperimenten werden ausschließlich vitale Zellen verwendet. Die Zellen werden 24–48 h vor der Transfektion mit einer Aussaatdichte von 1–2 × 10^4 Zellen pro cm^2 ausgesät. Zum Zeitpunkt der Transfektion sollten die Zellen zu 50 bis 70 % konfluent sein und sich in der logarithmischen Wachstumsphase befinden. Bei der Elektroporation wird eine Zellsuspension ebenfalls logarithmisch wachsender Zellen hergestellt und die Zellen in Suspension transfiziert.

Bei jedem Transfektionsversuch werden folgende Kontrollen mitgeführt:
- Transfektion der Zellen mit „nackter" DNA (nicht komplexierte DNA)
- Behandlung der Zellen wie bei der Transfektion, jedoch ohne Zugabe von DNA bzw. Transfektionsreagenz
- Transfektion der Zellen mit Komplexen aus nichtcodierender DNA und Transfektionsreagenz.

Mit diesen Kontrollen soll untersucht werden, wie groß der Einfluß des Transfektionsreagenz auf die Genexpression ist (Vergleich mit „nackter DNA"), und ob die gemessene Aktivität nicht auf eine Hintergrundaktivität oder eine Induktion einer solchen Aktivität durch den Transfektionskomplex zurückzuführen ist.

Als Reportergene werden meist β-Galactosidase, Chloramphenicol-Acetyltransferase (CAT), Luciferase (Luc) oder das grünfluoreszierende Protein (GFP) verwendet. Während bei β-Gal, CAT und Luc entweder die enzymatische Aktivität im Zellextrakt oder das Protein mithilfe eines Antikörpers nachgewiesen wird, kann GFP in einem Durchflusscytometer analysiert werden. Bei β-Gal besteht zudem die Möglichkeit, die Transfektionseffizienz (Prozentsatz transfizierter Zellen) zu bestimmen. Hierbei wird die Aktivität der β-Galactosidase in den Zellen nachgewiesen. Fixierte Zellen werden mit dem Substrat 5-Brom-4-chlor-3-indolyl-β-D-galactopyranosid (X-Gal) inkubiert, welches nach Spaltung durch die β-Galactosidase im Mikroskop als blauer Niederschlag zu erkennen ist (Abschn. 12.4).

Alle Kulturen werden am Ende der Inkubation mit dem Transfektionsmix und unmittelbar vor der Auswertung im mikroskopischen Bild beurteilt. Für die Transfektion werden ausschließlich Plasmidpräparationen verwendet, die einen sehr geringen Gehalt an Lipopolysacchariden (LPS) aufweisen. LPS ist für viele Säugerzellen toxisch, kann jedoch auch zu einer geringeren Expression der transfizierten Gene führen.

Die in den folgenden Vorschriften angegebenen Konzentrationen beziehen sich, falls nicht anderweitig vermerkt, auf eine Standardtransfektion in 24 Loch-Platten. Für die Kultivierung der Zellen in 24 Loch-Platten werden üblicherweise 0,5–1,0 ml Kulturmedium verwendet. Die Volumina für die Waschlösungen betragen ca. 1 ml. Für Transfektionsexperimente in anderen Kulturgefäßen sind die Mengen entsprechend anzupassen. Die Zeitangaben für die Kultivierung nach der Transfektion beziehen sich auf die Auswertung transienter Expression.

Zur Optimierung der Transfektion sollte mit jedem Transfektionsreagenz und für jeden Zelltyp bzw. jede Zelllinie eine Optimierung folgender Parameter durchgeführt werden:
- DNA-Konzentration (meist 0,1–5 µg pro Kavität)
- Verhältnis von Transferreagenz zu DNA (bei der Lipofektion arbeitet man meist mit einem 4–14-fachem positivem Ladungsüberschuss, d.h. auf eine negative Ladung eines Nucleotids kommen 4–14 positive Ladungen des kationischen Lipids)
- Wahl eines Helferlipids, Verhältnis kationisches Lipid zu Helferlipid (nur bei der Lipofektion)
- Inkubationszeit mit Transfektionskomplex (meist 1–12 h)
- Transfektion in serumfreiem bzw. serumhaltigem Medium; besonders empfindliche Zellen lassen sich besser in serumhaltigem Medium transfizieren, da der Serumentzug eine zu große Belastung für die Zellen darstellt.

Des Weiteren sollte für jedes Reportersystem und jeden Promoter in der jeweiligen Zelllinie der optimale Zeitpunkt für die Zellernte bzw. Auswertung des Reporterassays bestimmt werden. Für die weit verbreiteten Reportergene CAT, Luc und β-Gal liegt dieser Zeitpunkt bei Verwendung des CMV-Promoters bei 24–72 h nach der Transfektion.

12.3.2 Calciumphosphat-Transfektion

Bei dieser Methode nutzt man die Fähigkeit von Säugerzellen aus, Calciumphosphatkristalle zu phagocytieren. Kopräzipitierte Plasmid-DNA kann so in die Zellen eingebracht werden. Bei der Herstellung dieser Kopräzipitate ist es extrem wichtig, die 2 × HBS-Lösung langsam und unter ständigem Mischen zur DNA-Lösung zuzugeben. Zusätzlich muss unbedingt ein pH-Wert von 7,1 (2 × HBS-Lösung) eingehalten werden. Nur Präzipitate der Größe, die in einem pH-Bereich von 6,9–7,5 gebildet werden, können von Zellen aufgenommen werden (Loyter *et al.*, 1982, Chen und Okayama, 1987, Graham und van der Eb, 1973, Jordan und Wurm, 2004).

Materialien

- Einmalspritze (1 ml), steril
- Kanüle (0,6 mm), steril

Lösungen (steril):
- Milli-Q-H_2O
- Plasmid-DNA (Abschn. 3.2)
- 2 × HBS-Lösung (280 mM NaCl, 50 mM HEPES, 1,5 mM Na_2HPO_4, pH 7,1): 1,63 g NaCl, 1,19 g HEPES und 23 mg wasserfreies Na_2HPO_4 in etwa 90 ml Milli-Q-H_2O lösen; pH-Wert mit 1 N NaOH auf 7,1 bringen und auf 100 ml auffüllen; sterilfiltrieren und bei 4 °C lagern; pH-Wert unbedingt einhalten!
- 2,5 M $CaCl_2$-Lösung: 7,35 g $CaCl_2$ in etwas Milli-Q-H_2O lösen, auf 20 ml auffüllen, sterilfiltrieren und bei 4 °C lagern
- PBS (Abschn. 12.2.1)
- Chloroquinlösung: 8 mg × ml^{-1} pro ml in PBS
- Kulturmedium

Durchführung

- 0,5–2 µg Plasmid-DNA in einem 1,5 ml-Reaktionsgefäß mit 2,5 µl 2,5 M $CaCl_2$-Lösung mischen, mit Milli-Q-H_2O auf 25 µl auffüllen und 25 µl 2 × HBS, pH 7,1 langsam unter ständigem leichten Mischen auf dem Vibromischer dazugeben
- bei den Zellen einen Medienwechsel durchführen und den Transfektionsmix (DNA plus Transfektionsreagenz in Kulturmedium) nach einer 30 minütigen Inkubation bei RT langsam zu den Zellen geben
- durch vorsichtiges Schwenken des Kulturgefäßes für eine gleichmäßige Verteilung des Kopräzipitats sorgen
- Zellen 4 h unter Kulturbedingungen inkubieren
- nach einem Medienwechsel Zellen bis zur Auswertung der Transfektion weitere 44 h kultivieren.

Optional kann zur Hemmung des lysosomalen DNA-Abbaus eine Behandlung mit Chloroquin durchgeführt werden (Luthman und Magnusson, 1983):
- hierzu nach 2 h Inkubation mit dem Transfektionsmix 10 µl Chloroquinlösung (Endkonzentration 40 µg × ml^{-1}) zu den Zellen geben und weitere 2 h inkubieren.

12.3.3 DEAE-Dextran-Transfektion

Hier nutzt man die Eigenschaft von DEAE-Dextran, DNA zu präzipitieren, um die Konzentration der Plasmid-DNA auf der Zelloberfläche zu erhöhen. Die Präzipitate werden durch Phagocytose in die Zelle aufgenommen, wobei die Aufnahme durch Behandlung der Zellen mit DMSO oder Glycerin unter Umständen drastisch erhöht werden kann (Lopata *et al.*, 1984, Mc Cutchan und Pagano, 1968, Sussman und Milman, 1984, Takai und Ohmori, 1990, Warden und Thorne, 1968).

Materialien

Lösungen (steril):

- Plasmid-DNA (Abschn. 3.2)
- TBS-Lösung 1 (1,37 M NaCl, 50 mM KCl, 15 mM Na_2HPO_4, 250 mM Tris-HCl, pH 7,5): 8 g NaCl, 0,38 g KCl, 0,2 g wasserfreies Na_2HPO_4, 3 g Tris-Base in etwa 80 ml Milli-Q-H_2O lösen; pH-Wert mit konz. HCl auf 7,5 bringen, auf 100 ml auffüllen und sterilfiltrieren, bei 4 °C lagern
- TBS-Lösung 2 (100 mM $CaCl_2$, 100 mM $MgCl_2$): 150 mg $CaCl_2 \times 2\ H_2O$, 100 mg $MgCl_2$ in etwas Milli-Q-H_2O lösen, auf 10 ml auffüllen, sterilfiltrieren und bei 4 °C lagern
- TBS (137 mM NaCl, 5 mM KCl, 1,5 mM Na_2HPO_4, 25 mM Tris, 1 mM $CaCl_2$, 1 mM $MgCl_2$): 10 ml TBS-Lösung 1 mit 89 ml Milli-Q-H_2O mischen, langsam unter ständigem Rühren 1 ml TBS-Lösung 2 zugeben, sterilfiltrieren und bei 4 °C lagern
- DEAE-Dextran-Lösung (10 mg $\times$ ml^{-1}): 100 mg DEAE-Dextran (MG 500.000) in etwa 8 ml TBS lösen, auf 10 ml auffüllen und sterilfiltrieren, Lösung bei 4 °C lagern
- PBS (Abschn. 12.2.1)
- 10 % (v/v) DMSO in PBS
- Kulturmedium

Durchführung

- Transfektionsmix: 0,5–2 µg Plasmid-DNA in einem 1,5 ml-Reaktionsgefäß mit 5–20 µl DEAE-Dextran-Lösung mischen und mit 500 µl Kulturmedium auffüllen
- Kulturmedium von den Zellen abziehen, durch den Transfektionsmix ersetzen und für 4 h unter Kulturbedingungen inkubieren
- Kulturmedium abziehen, je 500 µl 10 % (v/v) DMSO in PBS zugeben und für 1 min auf den Zellen belassen
- Lösung abziehen, die Zellen sofort mit PBS waschen und bis zur Auswertung für 44 h in Kulturmedium kultivieren.

12.3.4 Transfektion mit aktivierten Dendrimeren

Hierbei wird die Plasmid-DNA von den polykationischen Dendrimeren (verzweigte Polyamidoaminpolymere) gebunden und stark kondensiert. Die resultierenden Komplexe werden von den Zellen phagocytiert und in Endosomen aufgenommen. Dort vermindern die Dendrimere durch ihre Pufferwirkung möglicherweise den hydrolytischen Abbau der Plasmid-DNA (Tang *et al.*, 1996, Tang und Szoka, 1997).

Materialien

Lösungen (steril):

- Plasmid-DNA (Abschn. 3.2)
- SuperFect-Reagenz (Qiagen)
- PBS (Abschn. 12.2.1)
- Kulturmedium ohne Serumzusatz
- Kulturmedium

Durchführung

- Transfektion nach Herstellerangaben durchführen, wobei auch hier eine Menge von 0,5–2 µg Plasmid-DNA empfohlen werden kann.

12.3.5 Lipofektion

Bei der Lipofektion verwendet man kationische Lipide, um die Plasmid-DNA zu binden und in die Zellen einzuschleusen. Man unterscheidet die Transfektion mit kationischen Liposomen und die Lipofektion, bei welcher die Plasmid-DNA direkt von kationischen Lipiden gebunden wird (z.B. Transfectam). Meist wird das Verhältnis von kationischem Lipid zu DNA so gewählt, dass eine positive Nettoladung resultiert. Ein 4–12-facher positiver Ladungsüberschuss hat sich in vielen Fällen als optimal herausgestellt. Die Komplexe werden wahrscheinlich an negativ geladenen Sialinsäureresten auf der Zelloberfläche gebunden und durch Phagocytose in die Zelle aufgenommen (Behr *et al.*, 1989, Felgner *et al.*, 1987, Felgner *et al.*, 1994, Rose *et al.*, 1991).

12.3.5.1 Herstellung der Liposomen

Zur Herstellung von Liposomen können verschiedene Methoden eingesetzt werden. Je nach Präparationsverfahren erhält man multilamellare (MLV), große unilamellare (LUV) oder kleine unilamellare Liposomen (SUV). Meist werden die Lipide in einem Rundkolben in Chloroform gelöst und in einem Rotationsverdampfer ein dünner Lipidfilm hergestellt. Nach Resuspendieren des Lipidfilms mit Milli-Q-H_2O entstehen multilamellare Liposomen mit einem Durchmesser von etwa 500–1.000 nm. Durch Behandlung der MLV mit Ultraschall können kleine unilamellare Liposomen mit einem Durchmesser von etwa 30–100 nm hergestellt werden (Szoka und Papahadjopoulos, 1980). Bei der Druckfiltration der MLV mit einem Extruder kann der Liposomendurchmesser durch Wahl der Porengröße im Membranfilter bestimmt werden. Zur Herstellung von Liposomen im Labormaßstab eignet sich z.B. der Miniextruder Liposofast der Firma Avestin (Ottawa, Kanada).

Eine alternative Methode zur Herstellung unilamellarer Liposomen wurde von Teifel und Friedl (1995) beschrieben. Die Lipide werden hierbei nicht in Chloroform gelöst, sondern direkt in Milli-Q-H_2O suspendiert und im Ultraschallwasserbad behandelt.

Welche Methode zur Herstellung der Liposomen angewandt und welche Liposomenpräparation (MLV, LUV oder SUV) für die Transfektion verwendet wird, hängt von der Geräteausstattung und der Fragestellung ab. Viele Säugerzellen können mit den verschiedensten Präparationen transfiziert werden. Bei einigen Zelltypen muss jedoch sowohl die Lipidzusammensetzung als auch die Liposomengröße optimiert werden.

Materialien
- Wasserbad-Ultraschallgerät (Bandelin)
- Ultraschallgerät mit Ultraschallstab (Branson)
- Rotationsverdampfer und Rundkolben
- Extruder (Avestin) und Filtermembranen (Nucleopore, Millipore)

Lösungen (steril):
- Milli-Q-H_2O
- Lipide als Trockensubstanz oder in Chloroform gelöst, z.B.: DDAB (Sigma-Aldrich) oder DOTAP (Avanti Polar Lipids), DOPE (Sigma-Aldrich) oder Cholesterin (Merck)
- Chloroform

Durchführung

Lipidfilm-Methode
- 10 mg des kationischen Lipids (DDAB oder DOTAP) sowie 50 % (mol × mol^{-1}) des Helferlipids (Tab. 12–2) in einen Rundkolben einwiegen und in 5 ml Chloroform lösen; sind die Lipide als Lösung in Chloroform erhältlich, entsprechende Volumina pipettieren

Tab.12–2: Lipideinwaage für die Herstellung von Liposomen mit einem Verhältnis von 50:50 (M × M^{-1}) kat. Lipid zu Helferlipid

Lipidmischung	kationisches Lipid [mg]	Helferlipid [mg]
DOTAP*/DOPE	10	9,6
DOTAP*/Cholesterin	10	5,0
DDAB/DOPE	10	11,8
DDAB/Cholesterin	10	6,1

Molgenicht (MG in g × mol^{-1}): DOTAP = 774*, DDAB = 631, DOPE = 744, Chol = 387. *: MG mit Methylsulfat als Gegenion.

- mit einem Rotationsverdampfer bei 30 °C unter Vakuum einen dünnen Lipidfilm herstellen, welcher mindestens für weitere 2 h unter starkem Vakuum getrocknet wird
- Lipidfilm unter ständigem Schwenken in 10 ml Milli-Q-H$_2$O rehydratisieren; die resultierende Liposomenpräparation enthält multilamellare Liposomen (MLV)
- durch Ultraschallbehandlung oder Extrusion können aus den MLV kleine (SUV) bzw. große unilamellare Vesikel (LUV) hergestellt werden.

SUV

- Aus MLV können durch Behandlung mit Ultraschall (Ultraschallwasserbad oder -stab) SUV hergestellt werden; die Dauer der Ultraschallbehandlung ist vom Energieeintrag abhängig und beträgt etwa 10–60 min
- während der Ultraschallbehandlung muss die Liposomensuspension gekühlt werden, um eine Überhitzung und eine mögliche Spaltung der Lipide zu vermeiden; die Bildung der SUV ist dann beendet, wenn die Suspension opaleszierend und durchsichtig erscheint.

LUV/SUV

- Durch Filtration der MLV in einem Extruder können je nach Porengröße der Membranfilter unilamellare Liposomen (LUV bzw. SUV) definierter Größe hergestellt werden; die Extrusion für 5–10 Filtrationszyklen bei 30 °C und einem Druck von 5–10 bar unter Stickstoff oder Argon durchführen
- Liposomenpräparationen bei 4 °C lagern, sie können etwa 1–4 Wochen verwendet werden.

Direkteinwaage

- 1 mg des kationischen Lipids (DDAB oder DOTAP) und 50 % (mol × mol^{-1}) des Helferlipids (Tab. 12–2, die Mengen sind entsprechend anzupassen) in ein 1,5 ml-Reaktionsgefäß einwiegen und in 1 ml Milli-Q-H$_2$O suspendieren
- Lipidsuspension in einem Ultraschallwasserbad behandeln, bis die Lösung opaleszierend und durchsichtig erscheint
- die Dauer der Ultraschallbehandlung ist vom Energieeintrag abhängig und beträgt etwa 10–60 min
- um eine Überhitzung der Lösung und eine mögliche Spaltung der Lipide zu vermeiden, das Wasserbad mit Eis kühlen
- Liposomenpräparationen bei 4 °C lagern, sie können etwa 1–4 Wochen verwendet werden.

12.3.5.2 Lipofektion mit DDAB- oder DOTAP-Liposomen

Für die Transfektion können verschiedene Liposomenpräparationen verwendet werden. Es können sowohl MLV als auch LUV und SUV eingesetzt werden. Für die Optimierung der Transfektion sollte ein Vergleich verschiedener Liposomenformen durchgeführt werden.

Materialien

Lösungen (steril):

- Plasmid-DNA (Abschn. 3.2)
- DDAB bzw. DOTAP-Liposomen (Abschn. 12.3.5.1)
- Kulturmedium ohne Serumzusatz
- Kulturmedium

Durchführung

- In ein 1,5 ml-Reaktionsgefäß 500 µl serumfreies Kulturmedium vorlegen, 0,5–2 µg Plasmid-DNA zugeben und mit 1–4 µl der Liposomenpräparation durch Invertieren mischen
- die Bildung der DNA/Liposomen-Komplexe erfolgt während einer Inkubationszeit von 30 min bei Raumtemperatur
- Kulturmedium von den Zellen abziehen, den Transfektionsmix zugeben und die Zellen für 5 h unter Kulturbedingungen inkubieren
- nach einem Medienwechsel mit serumhaltigem Kulturmedium die Zellen bis zur Auswertung für weitere 43 h kultivieren.

12.3.5.3 Lipofektion mit kommerziell erhältlichen Lipofektionsreagenzien

Bei kommerziell erhältlichen Lipofektionsreagenzien müssen keine Liposomen hergestellt werden. Die Lipide liegen unter Umständen schon in Liposomenform vor (z.B. DOTAP). Auch Lipidfilme oder Suspensionen sind erhältlich (z.B. Transfectam, DOSPER).

Materialien

Lösungen (steril):

- Plasmid-DNA (Abschn. 3.2)
- z.B. DOTAP, DOSPER (Roche Diagnostics); Transfast (Promega); Lipofectamin oder DMRIE-C (Invitrogen/Life Technologies)
- Kulturmedium ohne Serumzusatz
- Kulturmedium

Durchführung

- Transfektion jeweils nach Herstellerangaben durchführen, wobei auch hier eine Menge von 0,5–2 µg Plasmid-DNA empfohlen werden kann
- die Bildung der DNA-Liposomen- bzw. Lipid-Komplexe sollte ebenfalls während einer 30 min Inkubation bei RT durchgeführt werden
- Kulturmedium von den Zellen abziehen, den Transfektionsmix zugeben und die Zellen für 5 h unter Kulturbedingungen inkubieren
- nach einem Medienwechsel die Zellen bis zur Auswertung für weitere 43 h kultivieren.

12.3.6 Elektroporation

Bei der Elektroporation werden Zellen in einer DNA-haltigen Lösung einem kurzen Stromstoß ausgesetzt, der in der Cytoplasmamembran temporäre Poren erzeugt (Neumann *et al.*, 1982, Potter *et al.*, 1984). Durch diese Poren kann Plasmid-DNA sowohl passiv durch Diffusion als auch elektrophoretisch in die Zelle gelangen (Sukharev *et al.*, 1994).

Materialien

- Easyject Plus Elektroporator
- Elektroporationsküvetten, 4 mm Elektrodenabstand

Lösungen (steril):
- Plasmid-DNA (Abschn. 3.2)
- Kulturmedium
- PBS (Abschn. 12.2.1)

Durchführung

- Logarithmisch wachsende Zellen ernten, in Kulturmedium auf 10^6 Zellen pro ml einstellen und auf Eis kühlen
- 500 µl der Zellsuspension in 4 mm Elektroporationsküvetten überführen, 5 µg Plasmid-DNA zugeben und sofort einem elektrischen Puls bei einer Kapazität von 1.500 µF und einer Spannung von 200–350 V aussetzen
- zur Bestimmung des Anteils toter Zellen 20 µl der Zellsuspension für die Trypanblaufärbung (Abschn. 12.2.4) entnehmen
- restliche Zellsuspension sofort in eine 35 mm-Kulturschale geben, in der 1,5 ml Kulturmedium (37 °C) vorgelegt sind
- Zellen unter Kulturbedingungen inkubieren
- nach 12–24 h Zellen mit Medium waschen und bis zur Auswertung weitere 24–36 h kultivieren
- Kontrolle: Ansatz ohne Zugabe von Plasmid-DNA, für den elektrischen Puls eine mittlere Spannung von 280 V verwenden.

12.3.7 Transfektion mit komplexen Transfektionsreagenzien

Eine Reihe seit kurzem auf dem Markt erhältlicher Substanzen stellen Transfektionsreagenzien der dritten Generation dar. Sie bestehen meist aus einer komplexen Mischung verschiedener transfektionsfördernder Stoffe, wie z.B. Histone bzw. Histon ähnliche Proteine, cyclische amphiphile Polyamine, kationische, anionische oder neutrale Lipide sowie pH-sensitive Liposomen. Leider wird die Zusammensetzung dieser Transfektionsreagenzien häufig nicht genannt. Diese neuen Transfektionsreagenzien zeichnen sich teilweise durch eine hohe Transfektionseffizienz bei niedriger Toxizität aus (Budker *et al.*, 1996, Budker *et al.*, 1997).

Materialien

Lösungen (steril):
- Plasmid-DNA (Abschn. 3.2)
- z.B. FuGene 6 (Roche Diagnostics) oder TransIt Transfection Reagent (Mirus Bio)
- Kulturmedium ohne Serumzusatz
- Kulturmedium

Durchführung
- Transfektion jeweils nach Herstellerangaben durchführen, wobei auch hier eine Menge von 0,5–2 µg Plasmid-DNA empfohlen werden kann.

12.3.8 Transfektion bestimmter Zelltypen mit speziell optimierten Transfektionsreagenzien

Für einige Zelltypen oder Zelllinien wurden speziell optimierte Transfektionsreagenzien entwickelt, die eine besonders hohe Transfektionseffizienz erlauben. Ob diese Reagenzien jedoch für die jeweilige Anwendung Vorteile bietet, sollte in vergleichenden Versuchen untersucht werden.

 Materialien
Lösungen (steril):
- Plasmid-DNA (Abschn. 3.2)
- Trans-It Transfektionskits u.a. für folgende Zelllinien: 293, 3T3, CHO, COS, HeLa, Jurkat (Mirus)
- Kulturmedium ohne Serumzusatz
- Kulturmedium

 Durchführung
- Transfektion jeweils nach Herstellerangaben durchführen, wobei auch hier eine Menge von 0,5–2 µg Plasmid-DNA empfohlen werden kann.

12.4 Nachweis der Expression und Bestimmung der Transfektionseffizienz

Zum Nachweis des Reportergens können verschiedene Methoden eingesetzt werden. Hier wird die Detektion der Reporterenzyme β-Galactosidase und Luciferase beschrieben. Neben der Messung der jeweiligen Enzymaktivitäten in Zellextrakten bietet sich die Färbung der Zellrasen mit dem Substrat X-Gal an (Dannenberg und Suga, 1981, Sambrook und Russel, 2001). X-Gal wird von β-Galactosidase gespalten, das freigesetzte Indolderivat ist im mikroskopischen Bild als blauer Niederschlag zu erkennen. Diese Methode besitzt den Vorteil, dass die Effizienz der Transfektion nach einer Auszählung β-Gal-positiver Zellen quantifiziert werden kann. Nachteilig ist die zeitaufwändige Auszählung unter dem Mikroskop. Zudem ist X-Gal ein weniger effektives Substrat für die β-Galactosidase als z.B. o-Nitrophenyl-β-D-galactopyranosid (ONPG). Somit werden mit dieser Methode nur solche Zellen als positiv erfasst, die eine relativ starke Expression zeigen.

12.4.1 Nachweis von β-Galactosidase mittels X-Gal-Färbung

Die angegebenen Volumina beziehen sich auf die Durchführung in 24 Loch-Platten.

 Materialien
- Mikroskop mit Umkehroptik
- Okular mit Skalierung

Lösungen (steril):
- PBS (Abschn. 12.2.1)
- Glutaraldehyd-Lösung: 0,05 % (v/v) Glutaraldehyd in PBS, frisch ansetzen
- X-Gal-Stammlösung: 20 mg × ml^{-1} X-Gal in Dimethylformamid, frisch ansetzen
- Reaktionspuffer (20 mM $K_3Fe(CN)_6$, 20 mM $K_4Fe(CN)_6$, 1,5 mM $MgSO_4$, pH 8): 645 mg $K_3Fe(CN)_6$, 844 mg $K_4Fe(CN)_6$ × 3 H_2O, 37 mg $MgSO_4$ × 7 H_2O in 90 ml PBS lösen; auf 100 ml auffüllen, pH-Wert überprüfen und ggf. einstellen; Lösung sterilfiltrieren und bei Raumtemperatur lagern

Durchführung

- Zellrasen kurz mit PBS waschen und für 10 min bei Raumtemperatur mit 500 µl 0,05 % (v/v) Glutaraldehyd fixieren
- Zellen dreimal mit jeweils etwa 1 ml PBS waschen, wobei der Puffer beim zweiten Waschschritt für 10 min auf den Zellen verbleibt
- 250–500 µl Reaktionslösung mit 1 mg pro ml X-Gal zu den Zellen geben und je nach Stärke der Färbung 3–24 h bei 37 °C inkubieren
- die Platte kann bis zur Auswertung ohne Intensitätsverlust bis zu 7 d bei 4 °C gelagert werden

12.4.2 Nachweis von β-Galactosidase in Zellextrakten

Die Messung der β-Galactosidase-Aktivität in Zellextrakten kann mit verschiedenen Substraten durchgeführt werden. Hier wurde ONPG als Substrat verwendet. Die Auswertung erfolgt spektralfotometrisch im ELISA-Messgerät. Die angegebenen Volumina beziehen sich auf die Durchführung in 6 Loch-Platten bzw. 35 mm-Kulturschalen.

Materialien

- 96 Loch-Mikrotiterplatten
- ELISA-Messgerät

Lösungen (steril):
- Zellextrakte (Abschn. 12.2.6)
- Dimethylformamid (DMF)
- PBS (Abschn. 12.2.1)
- β-Mercaptoethanol
- 100 mM Tris-HCl-Puffer, pH 7,4 (Abschn. 12.2.6)
- Natriumphosphat-Puffer (100 mM, pH 7,5): 82 ml 0,2 M Na_2HPO_4 × 2 H_2O (3,56 g Na_2HPO_4 × 2 H_2O *ad* 100 ml dest. H_2O) und 18 ml 0,2 M NaH_2PO_4 × 2 H_2O (3,12 g NaH_2PO_4 × 2 H_2O *ad* 100 ml dest. H_2O) mit 100 ml dest. H_2O mischen, pH-Wert überprüfen und ggf. einstellen; Lösung sterilfiltrieren und für 20 min bei 121 °C und 2 bar autoklavieren
- 100 × Mg-Lösung (100 mM $MgCl_2$, 4,5 M β-Mercaptoethanol): 20,3 mg $MgCl_2$ × 6 H_2O, 315 µl β-Mercaptoethanol in 685 µl dest. H_2O durch Mischen lösen und bei –20 °C lagern
- ONPG-Stammlösung: 4 mg ONPG × ml^{-1} in 100 mM Natriumphosphat-Puffer, pH 7,5, bei –20 °C lagern
- Reaktionspuffer (3 mM ONPG, 1 mM $MgCl_2$, 45 mM β-Mercaptoethanol): 2,2 ml ONPG-Stammlösung, 100 µl 100 × Mg-Lösung mit 100 mM Natriumphosphat-Puffer, pH 7,5 auf 10 ml auffüllen; Lösung kurz vor Gebrauch ansetzen
- β-Galactosidase-Lösung: 50 U × ml^{-1} in 100 mM Natriumphosphat-Puffer, pH 7,5, bei –20 °C lagern
- 1 M Na_2CO_3-Lösung: 106 mg Na_2CO_3 × ml^{-1}, in dest. H_2O

Durchführung
- Je 20 µl Zellextrakt transfizierter Zellen in einer Mikrotiterplatte mit 130 µl Reaktionspuffer mischen und je nach Aktivität 30–60 min bei 37 °C inkubieren
- Reaktion durch Zugabe von 150 µl 1 M Na_2CO_3-Lösung stoppen und im ELISA-Messgerät bei einer Wellenlänge von 405 nm vermessen
- als Leerwerte 130 µl Reaktionspuffer und 20 µl 100 mM Tris-HCl, pH 7,4, sowie 20 µl Zellextrakt nicht transfizierter Zellen mit 130 µl Reaktionspuffer verwenden; zusätzlich eine Positivkontrolle mit 25 mU β-Galactosidase mitführen.

12.4.3 Messung von Luciferaseaktivität in Zelllysaten

Der Nachweis der Luciferaseaktivität wird mithilfe eines enzymatischen Tests durchgeführt. Als Substrat dient Luciferin, welches durch die Luciferase in Oxylluciferin umgesetzt wird. Das dabei emittierte Licht wird in einem Luminometer detektiert und die enzymatische Aktivität in relativen Lichteinheiten (rlu × s^{-1}) ausgedrückt. Soll die Luciferaseaktivität auf die Proteinmenge bezogen werden, muss der Proteingehalt des Zelllysats bestimmt werden. Einige Proteinassays sind jedoch nicht mit den Lysepuffern der Luciferase Assay Kits kompatibel. In Vorversuchen muss dazu ein geeignetes Protokoll etabliert werden, das die Messung der Zelllysate erlaubt (siehe Angaben zu den jeweiligen Proteinassays).

Materialien
- Polystyrol-Rundbodenröhrchen (75 × 12 mm)
- Luminometer (z.B. Sirius, Berthold Detection Systems)
- Schüttler für Zellkulturplatten

Lösungen (steril):
- PBS (Abschn. 12.2.1)
- Luciferase-Assay-Kit (z.B. Promega)
- ultrareines Wasser (z.B. Ultra pure water, Biochrom)

Durchführung
- Die Komponenten des Luciferase-Assay-Kits werden nach Herstellerangaben angesetzt und verwendet
- zum Rekonstituieren des Lyophilisats und zur Herstellung von Verdünnungen wird das ultrareine Wasser verwendet
- Zellrasen kurz mit PBS waschen
- Zelllyse und Messung der Luciferaseaktivität nach Herstellerangaben (je nach Expressionshöhe liegt die einzusetzende Lysatmenge in der Regel bei 10–50 µl und die Messzeit bei 5–20 s).

12.4.4 Bestimmung der Transfektionseffizienz

Die quantitative Bestimmung der Transfektionseffizienz erfolgt nach der Färbung der Zellen mit X-Gal durch eine Auszählung β-Galactosidase positiver (blauer) Zellen im mikroskopischen Bild. Bei der hier verwendeten Methode wird die Transfektionseffizienz als relativer Anteil transfizierter Zellen zur ausgesäten Zellzahl berechnet. Dieser Wert ist leicht nachvollziehbar und Transfektionsversuche können unter Berücksichtigung dieses Werts gut geplant werden. Nach Abschätzung der Transfektionseffizienz (durch mikroskopische Betrachtung) wird zur Auswertung eine der beiden nachfolgend beschriebenen Methoden verwendet. Da bei einer Transfektionseffizienz von 5 % einige tausend Zellen gezählt werden müssten, wird in dem Fall eine vereinfachte Auswertung angewandt.

Durchführung

Methode für Transfektionseffizienzen bis etwa 5 %

- Alle β-Galactosidase positiven Zellen im mikroskopischen Bild auszählen und die Transfektionseffizienz wie folgt berechnen:

$$\text{Transfektionseffizienz} = \frac{\text{transfizierte Zellen}}{\text{ausgesäte Zellen}} \times 100\%$$

Methode für Transfektionseffizienzen über 5 %

- Bei einer Transfektionseffizienz > 5 % 10 zufällig ausgewählte Ausschnitte im mikroskopischen Bild auszählen.
- Hierfür ein Okular mit quadratisch unterteilter Sichtfläche verwenden, dabei nur die Zellen innerhalb des Quadrats zählen (die Fläche des quadratischen Ausschnitts bei der jeweiligen Okular/Objektiv-Kombination und dem jeweiligen Mikroskoptyp müssen zuvor anhand eines normierten Objektträgers bestimmt werden); die Zahl transfizierter Zellen wird dann auf die Gesamtfläche der Kavität bezogen und die Transfektionseffizienz nach folgender Formel berechnet:

$$\text{Transfektionseffizienz} = \frac{\Sigma \text{ transfizierte Zellen in 10 Ausschnitten} \times \text{Fläche der Kavität [mm}^2\text{]}}{\Sigma \text{ der Flächen der 10 Ausschnitte [mm}^2\text{]} \times \text{Zahl ausgesäter Zellen}} \times 100\%$$

- Eine qualitative Aussage über die Transfektionseffizienz erfolgt durch die Bestimmung der β-Galactosidase-Aktivität im Zellextrakt (Abschn. 12.4.2). Bei Verwendung des grünfluoreszierenden Proteins (GFP) als Reportersystem kann die Bestimmung der Transfektionseffizienz mithilfe eines Durchflusscytometers bestimmt werden. Die Anzahl der transfizierten Zellen wird hier auf die Gesamtzahl der überlebenden Zellen bezogen. Bei dieser Auswertungsmethode kann zudem die Variation der Expressionshöhe dargestellt werden.

12.4.5 Selektion auf stabile Expression und Isolierung resistenter Klone

Bei Verwendung des *neo*-Resistenzgens zur stabilen Transfektion erfolgt die Selektion unter Einsatz des Aminoglycosidantibiotikums Geneticin (G418).

Materialien
- Gelatinierte Kulturschalen (Abschn. 12.2.1)

Lösungen (steril):
- Kulturmedium
- PBS (Abschn. 12.2.1)
- 100 mM HEPES-Puffer (Abschn. 12.2.8)
- Geneticin-Stammlösung (20 mg × ml^{-1}; Abschn. 12.2.8)
- Trypsin/EDTA-Lösung (0,05 % (w/v) Trypsin, 0,02 % (w/v) EDTA): 1 ml Trypsin-Stammlösung (2,5 % (w/v)) und 0,5 ml EDTA-Stammlösung (2 % (w/v)) mit PBS auf 50 ml auffüllen, in Portionen zu 10 ml bei –20 °C lagern

Durchführung

- Bei Subkonfluenz, etwa 2–3 d nach der Transfektion, Zellen in Kulturschalen umsetzen und in Selektionsmedium kultivieren; die Geneticinkonzentration richtet sich nach der Geneticintoleranzdosis (Abschn. 12.2.8) der jeweiligen Zelllinie, wobei meist 0,1–1 mg G418 pro ml Kulturmedium verwendet werden
- Selektionsmedium anfänglich alle 2 d wechseln; ist ein Großteil der Zellen abgestorben, findet der Wechsel alle 5 d statt
- Selektion über 2–3 Wochen durchführen, resistente Klone bei einer Größe von etwa 1.000 Zellen durch selektives Trypsinieren isolieren
- dazu das Medium abziehen und die Zellen kurz mit PBS waschen
- auf den jeweiligen Klon einen Tropfen Trypsin/EDTA-Lösung geben
- nachdem sich die Zellen abgerundet haben, Kulturmedium so auf die schräg gehaltene Kulturschale geben, dass die abgespülten Zellen über einen zellfreien Bereich der Kulturschale fließen
- Zellsuspension aufnehmen und in die Kavität einer 12 Loch-Platte aussäen
- bei Subkonfluenz Kulturen sukzessive in größere Kulturgefäße passagieren.

Alternativ können auch Klonierungsringe verwendet werden, um die Kolonien selektiv zu isolieren.

12.5 Trouble Shooting

Für eine optimale Transfektion sind unterschiedlichste Parameter zu optimieren (Tab. 12–3). Neben den schon zuvor erwähnten Parametern wie DNA-Konzentration, Konzentration des Transfektionsreagenz, Mischverhältnis von DNA und Transfektionsreagenz, Inkubationszeit mit Transfektionskomplex etc. können der Anteil mitotischer Zellen, die Größe des Transfektionskomplexes bzw. der Liposomen sowie die zugängliche Oberflächenladung des Komplexes (Zetapotenzial) wichtige Parameter sein. Während

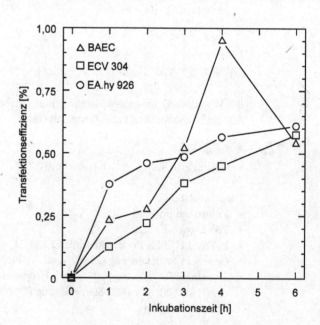

Abb. 12–8: Optimierung der Inkubationszeit mit DNA-Liposomen-Komplexen bei BAEC, ECV 304 und EA.hy 926.

der Anteil mitotischer Zellen einfach durch Synchronisation der Zellkulturen z.B. mit Thymidin erhöht werden kann, lässt sich die Überprüfung/Messung der anderen Parameter nur mit speziellen Geräten durchführen. Die Größe von Transfektionskomplexen und von Liposomen kann (mit Einschränkungen) durch elektronenmikroskopische Methoden ermittelt werden. Die Elektronenmikroskopie eignet sich jedoch nicht für Routinemessungen, hierfür wird vor allem die Photonen-Korrelationsspektroskopie (PCS) eingesetzt.

Einige Beispiele zur Optimierung der Transfektion von Säugerzellen sind in Abb. 12–8, 12–9 und 12–10 dargestellt.

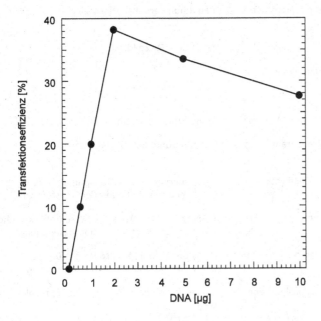

Abb. 12–9: Transfektion von BHK 21 mit DNA-Liposomen-Komplexen in Abhängigkeit von der eingesetzten Menge an Plasmid-DNA.

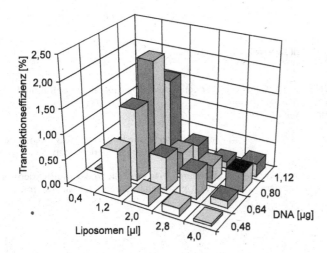

Abb. 12–10: Optimierung der Lipofektion von ECV 304 mit Azolectin/DMRIE-Liposomen.

Tab. 12–3 Trouble Shooting

Beobachtung	mögliche Ursache	Lösungsvorschlag
hohe Toxizität	Endotoxin/LPS-Verunreinigung in DNA-Präparation	Verwendung endotoxinfreier DNA-Präparationen (Endofree Plasmid Kit, Qiagen) oder Reinigung der DNA durch zweimalige CsCl-Gradientenzentrifugation
	zu hohe Konzentration der Transfektionssubstanz	Reduktion der Konzentration
	Transfektion in serumfreiem Medium?	Transfektion in serumhaltigem Medium oder Verwendung optimierter Medien (OPTIMEM, Gibco/Invitrogen)
	zu lange Inkubationszeit mit Transfektionssubstanz	Reduktion der Inkubationszeit
	zu niedrige Zelldichte	Erhöhung der Zelldichte
niedrige Transfektionseffizienz oder keine Transfektion	Endotoxin/LPS-Verunreinigung in DNA-Präparation	s.o.
	Transfektion in serumhaltigem Medium?	Transfektion in serumfreiem Medium
	zu kurze Inkubationszeit mit Transfektionssubstanz	Verlängerung der Inkubationszeit
	zu niedrige oder zu hohe Zelldichte	Anpassung der Zelldichte, optimal = ~70 % Konfluenz zum Zeitpunkt der Transfektion
	DNA-Präparation degradiert	Präparation überprüfen (Agarose-Gelelektrophorese (Abschn. 2.3.1), Konzentrationsbestimmung)
	Fehler in der Durchführung des Reportergenassays	Assay überprüfen, Kontrollen mitführen, bei X-Gal-Färbung evtl. Reduktion der Fixierungsdauer
	keine oder nur geringe Zellproliferation	Verwendung vitaler Kulturen und optimaler Kulturmedien
	ungeeignete Transfektionsmethode	Wahl einer anderen Methode, z.B. Elektroporation (fast alle Zelltypen lassen sich mit dieser Methode transfizieren)
	ungeeigneter Promoter	Wahl eines geeigneten Promoters/Plasmidkonstruktes
stark schwankende Ergebnisse	Verwendung verschiedener DNA-Präparationen (Endotoxingehalt, Anteil supercoiled DNA)	Herstellung eines großen Batches an Plasmid-DNA
	unterschiedlich vitale Zellkulturen (Generationszeit, Alter der Kulturen = Passage, kumulative Populationsverdopplungen)	Verwendung vergleichbarer vitaler Kulturen
	Variationen in Reportergenassay	standardisierte Durchführung, stets frisch angesetzte Puffer, Substrate und Fixierlösungen
	batch-Variationen beim Transfektionsreagenz (Verunreinigungen, Liposomengrößen, Gehalt)	standardisierte Herstellung der Transfektionsreagenzien (z.B. Liposomenpräparation), bzw. Nachfrage beim Hersteller

Literatur

Akusjärvi, G., Svensson, C., Nygård, O. (1987): A Mechanism by Which Adenovirus Virus-Associated RNSI Controls Translation in a Transient Expression Assay. Mol. Cell. Biol. 7, 549–551.

Alexander, H.E., Koch, G., Morgan-Mountain, I., Sprunt, K., van Damme, O. (1958): Infectivity of Ribonucleic Acid of Poliovirus on HeLa Cell Monolayers. Virology 5, 172–173.

Andreassi C, Zimmermann C, Mitter R, Fusco S, Devita S, Saiardi A, Riccio A. (2010): An NGF-responsive element targets myo-inositol monophosphatase-1 mRNA to sympathetic neuron axons. Nat Neurosci. Mar;13(3), 291–301.

Avery, O.T., MacLeod, C.M., McCarty, M. (1944): Studies on the Chemical Nature of the Substance Inducing Transformation of Pneumococcal Types. J. Exp. Med. 79, 137–158.

Bebbington, C.R., Hentschel, C.C.G. (1987): The Use of Vectors Based on Gene Amplification for the Expression of Cloned Genes in Mammalian Cells in: Glover, D.M. (Hrsg.): DNA Cloning Vol. III, S. 163–168, IRL Press, Oxford.

Behr, J.-P., Demeneix, B., Loeffler, J.-P., Perez-Mutul, J. (1989): Efficient Gene Transfer into Mammalian Primary Endocrine Cells with Lipopolyamine-Coated DNA. Proc. Natl. Acad. Sci. USA 86, 6982–6986.

Boussif O, Lezoualc'h F, Zanta MA, Mergny MD, Scherman D, Demeneix B, Behr JP (1995): A versatile vector for gene and oligonucleotide transfer into cells in culture and in vivo: polyethylenimine. Proc Natl Acad Sci USA. 92(16):7297-7301.Brunette, E., Stribling, R., Debs, R. (1992): Lipofection Does not Require the Removal of Serum. Nuc. Acids Res. 20, 1.151.

Budker, V., Gurevich, V., Hagstrom, J.E., Bortzov, F., Wolff, J.A. (1996): pH-Sensitive, Cationic Liposomes. A New Synthetic Virus-Like Vector. Nature Biotechnology 14, 760–764.

Budker, V., Hagstrom, J.E., Lapina, O., Eifrig, D., Fritz, J., Wolff, J.A. (1997): Protein/Amphipathic Polyamine Complexes Enable Highly Efficient Transfection with Minimal Toxicity. Biotechniques, Jul, 23(1), 139, 142–147.

Calos, M.P., Lebkowski, J.S., Botchan, M.R. (1983): High Mutation Frequency in DNA Transfected into Mammalian Cells. Proc. Natl. Acad. Sci. USA 80, 3.015–3.019.

Chang, P.L. (1994): Calcium Phosphate-Mediated DNA Transfection in: Wolff, J.A. (Hrsg.): Gene Therapeutics. Methods and Applications of Direct Gene Transfer. 157–179, Birkhäuser, Boston.

Chen, C., Okayama, H. (1987): High-Efficiency Transformation of Mammalian Cells by Plasmid DNA. Mol. Cell. Biol. 7, 2.745–2.752.

Colbère-Garapin, F., Horodniceanu, F., Kourilsky, P., Garapin, A.-C. (1981): A New Dominant Hybrid Selective Marker for Higher Eukaryotic Cells. J. Mol. Biol. 150, 1–14.

Dannenberg, A.M., Suga, M. (1981): Histochemical Stains for Macrophages in Cell Smears and Tissue Sections. β-Galactosidase, Acid Phosphatase, Nonspecific Esterase, Succinic Dehydrogenase and Cytochrome Oxidase in: Adams, D.O., Edelson, P.J., Koren, H.S. (Hrsg.): Methods for Studying Mononuclear Phagocytes 375–396, Academic Press, San Diego.

Dufes, C., Uchegbu, I.F., Schätzlein, A.G. (2005): Dendrimers in Gene Delivery. Adv Drug Deliv Rev. 57(15):2 177–2 202.

Dutta T, Jain NK, McMillan NA, Parekh HS (2010): Dendrimer nanocarriers as versatile vectors in gene delivery. Nanomedicine (1):25-34.

Felgner, J.H., Kumar, R., Sridhar, C.N., Wheeler, C.J., Tsai, Y.J., Border, R., Ramsey, P., Martin, M., Felgner, P.L. (1994): Enhanced Gene Delivery and Mechanism Studies with a Novel Series of Cationic Lipid Formulations. J. Biol. Chem. 269, 2.550–2.561.

Felgner, P.L., Gadek, T.R., Holm, M., Roman, R., Chan, H.W., Wenz, M., Northrop, J.P., Ringolds, G.M., Danielsen, M. (1987): Lipofection. A Highly Efficient, Lipid-Mediated DNA-Transfection Procedure. Proc. Natl. Acad. Sci. USA 84, 7.413–7.417.

Felgner, P.L., Holm, M. (1989): Cationic Liposome-Mediated Transfection. Focus 11, 21–25.

Felgner, P.L., Ringold, G.M. (1989): Cationic Liposome-Mediated Transfection. Nature 337, 387–388.

Fischer D, Bieber T, Li Y, Elsässer HP, Kissel T (1999): A novel non-viral vector for DNA delivery based on low molecular weight, branched polyethylenimine: effect of molecular weight on transfection efficiency and cytotoxicity. Pharm Res. 16(8):1273-1279.

Gao, X.A., Huang, L. (1991): A Novel Cationic Liposome Reagent for Efficient Transfection of Mammalian Cells. Biochem. Biophys. Res. Comm. 179, 280–285.

Gareis, M., Harrer, P., Bertling, W.M. (1991): Homologous Recombination of Exogeneous DNA Fragments with Genomic DNA in Somatic Cells of Mice. Cell. Mol. Biol. 37, 191–203.

Goldstein, S., Fordis, C.M., Howard, B.H. (1989): Enhanced Transfection Efficiency and Improved Cell Survival after Electroporation of G2/M-Synchronized Cells and Treatment with Sodium-Butyrate. Nuc. Acids Res. 17, 3.959–3.917.

Graham, F.L., van der Eb, A.J. (1973): A new Technique for the Assay of Infectivity of Human Adenovirus 5DNA. Virology 52, 456–467.

Jarnagin, W.R., Debs, R.J., Wang, S.S., Bissell, D.M. (1992): Cationic Lipid-Mediated Transfection of Liver Cells in Primary Culture. Nuc. Acids Res. 20, 4.205–4.211.

Jordan M, Wurm F. (2004): Transfection of Adherent and Suspended Cells by Calcium Posphate. Methods. 33(2), 136–43.

Kaufman, R.J., Murtha, P. (1987): Translational Control Mediated by Eucaryotic Initiation Factor-2 is Restricted to Specific mRNAs in Transfected Cells. Mol. Cell. Biol. 7, 1.568–1.571.

Klenchin, V.A., Sukharev, S.I., Serov, S.M., Chernomordik, L.V., Chizmadzhev, Y.A. (1991): Electrically Induced DNA Uptake by Cells is a Fast Process Involving DNA Electrophoresis. Biochem. J. 60, 804–811.

Koch-Brandt, C. (1993) in: Gentransfer. Prinzipien – Experimente – Anwendung bei Säugern. Thieme Verlag, Stuttgart.

Kriegler, M. (1990) in: Gene Transfer And Expression. A Laboratory Manual. Stockton Press, New York, USA.

Li S. (2004): Electroporation Gene Therapy. New Developments In Vivo and In Vitro. Curr Gene Ther. 4(3), 309–316.

Loeffler, J.P., Barthel, F., Feltz, P., Behr, J.P., Sassone Corsi, P., Feltz, A. (1990): Lipopolyamine-Mediated Transfection Allows Gene Expression Studies in Primary Neuronal Cells. J. Neurochem. 54, 1.812–1.815.

Lopata, M.A., Cleveland, D.W., Sollner-Webb, B. (1984): High Level Transient Expression of a Chloramphenicol Acetyl Transferase Gene by DEAE-Dextran Mediated Transfection Coupled with a Dimethyl Sulfoxide or Glycerol Shock Treatment. Nucl. Acids Res. 12, 5.707–5.717.

Loyter, A., Scangos, G.A., Ruddle, F.H. (1982): Mechanism of DNA Uptake by Mammalian Cells. Fate of Exogenously Added DNA Monitored by the Use of Fluorescent Dyes. Proc. Natl. Acad. Sci. USA 79, 422–426.

Luthman, H., Magnusson, G. (1983): High Efficiency Polyoma DNA Transfection of Chloroquin Treated Cells. Nucl. Acids Res. 11, 1.295–1.308.

Malone, R.W., Felgner, P.L., Verma, I.M. (1989): Cationic Liposome-Mediated RNA Transfection. Proc. Natl. Acad. Sci. USA 86, 6.077–6.081.

McCutchan, J.H., Pagano, J.S. (1968): Enhancement of the Infectivity of Simian Virus 40 Deoxyribonucleic Acid with Diethylaminoethyldextran. J. Natl. Cancer Inst. 41, 351–357.

Midoux, P., Mendes, C., Legrand, A., Raimond, J., Mayer, R., Monsigny, M., Roche, A.C. (1993): Specific Gene Transfer Mediated by Lactosylated Poly-L-Lysine into Hepatoma Cells. Nucl. Acids Res. 21, 871–878.

Mosmann T. (1983): Rapid colorimetric assay for cellular growth and survival: application to proliferation and cytotoxicity assays. J Immunol Methods 65(1-2):55-63.

Neumann, E., Schaefer-Ridder, M., Wang, Y., Hofschneider, P.H. (1982): Gene Transfer into Mouse Myeloma Cells by Electroporation in High Electric Fields. EMBO J. 1, 841–845.

Nolkrantz, K., Farre, C., Brederlau, A., Karlsson, R.I.D., Brennan, C., Eriksson, P.S., Weber, S.G., Sandberg, M. and Orwar, O. (2001):
Electroporation of Single Cells and Tissues with an Electrolyte-filled Capillary. Analytical Chemistry 73 (18), 4.469-4.477.

Potter, H., Weir, L., Leder, P. (1984): Enhancer-Dependent Expression of Human Kappa-Immunoglobulin Genes Introduced into Mouse Pre-B Lymphocytes by Electroporation. Proc. Natl. Acad. Sci. USA 81, 7.161–7.165.

Rose, J.K., Buonocore, L., Whitt, M.A. (1991): A New Cationic Liposome Reagent Mediating Nearly Quantitative Transfection of Animal Cells. BioTechniques 10, 520–525.

Sambrook, J., Russel, D.W. (2001): Molecular Cloning, A Laboratory Manual, 3rd ed. Cold Spring Harbor Laboratory Press.

Schwachtgen, J.-L., Ferreira, V., Meyer, D., Kerbiriou-Nabias, D. (1994): Optimization of the Transfection of Human Endothelial Cells by Electroporation. BioTechniques 17, 882–887.

Singhal, A., Huang, L. (1994): Gene Transfer In Mammalian Cells Using Liposomes As Carriers in: Wolff, J.A., (Hrsg.): Gene Therapeutics. Methods and Applications of Direct Gene Transfer. 118–142, Birkhäuser, Boston.

Sipehia, R., Martucci, G. (1995): High-Efficiency Transformation of Human Endothelial Cells by Apo E-Mediated Transfection with Plasmid DNA. Biochem. Biophys. Res. Comm. 214, 206–211.

Sirotnak, F.M., Hutchison, D.J. (1959): Absorption of Deoxyribonucleic Acid by Mouse Lymphoma Cells. Biochim. Biophys. Acta 36, 246–248.

Stamatatos, L., Leventis, M.J., Zuckermann, M.J., Silvius, J.R. (1988): Interactions of Cationic Lipid Vesicles with Negatively Charged Phospholipid Vesicles and Biological Membranes. Biochemistry 27, 3.917–3.925.

Stankovics, J., Crane, A.M., Andrews, E., Wu, C.H., Wu, G.Y., Ledley, F.D. (1994): Overexpression of Human Methylmalonyl CoA Mutase in Mice after In Vivo Gene Transfer with Asialoglycoprotein/Polylysine/DNA Complexes. Hum. Gene Ther. 5, 1.095–1.104.

Sukharev, S.I., Titomirov, A.V., Klenchin, V.A. (1994): Electrically-Induced DNA Transfer into Cells. Electrotransfectin In Vivo. In: Wolff, J.A. (Hrsg.): Gene Therapeutics. Methods and Applications of Direct Gene Transfer. 210–232, Birkhäuser, Boston.

Sussman, D.J., Milman, G. (1984): Short Term High Efficiency Expression of Transfected DNA. Mol. Cell. Biol. 4, 1.641–1.643.

Szoka Jr., F.C., Papahadjopoulos, D. (1980): Coparative Properties and Methods of Preparation of LipidVesicles (Liposomes). Ann. Rev. Biophys. Bioeng. 9, 467–508.

Takai, T., Ohmori, H. (1990): DNA Transfection of Mouse Lymphoid Cells by the Combination of DEAE-Dextran-Mediated DNA Uptake and Osmotic Shock Procedure. Biochem. Biophys. Acta 1.048, 105–109.

Tang, M.X., Redemann, C.T., Szoka Jr., F.C. (1996): In Vitro Gene Delivery by Degraded Polyamidoamine Dendrimers. Bioconjug. Chem. 7, 703–714.

Tang, M.X., Szoka Jr., F.C. (1997): The Influence of Polymer Structure on the Interactions of Cationic Polymers with DNA and Morphology of the Resulting Complexes. Gene Therapy 4, 823–832.

Teifel, M., Friedl, P. (1995): New Lipid Mixture for Efficient Lipid-Mediated Transfection of BHK Cells. BioTechniques 19, 79–82.

Thurnher, M., Wagner, E., Clausen, H., Mechtler, K., Rusconi, S., Dinter, A., Birnstiel, M.L., Berger, E.G., Cotten, M. (1994): Carbohydrate Receptor-Mediated Gene Transfer to Human T Leukaemic Cells. Glycobiology 4, 429–435.

Trubetskoy, V.S., Torchilin, V.P., Kennel, S., Huang, L. (1992): Use of N-Terminal Modified Poly(L-Lysine)-Antibody Conjugate as a Carrier for Targeted Gene Delivery in Mouse Lung Endothelial Cells. Bioconjugate Chemistry 3, 323–327.

Valeri, A., Pagano, J.S. (1965): Infectious Poliovirus RNA. A Sensitive Method of Assay. Virology 27, 434–436.

Vistica, D.T., Skehan, P., Scudiero, D., Monks, A., Pittman, A., Boyd, M.R. (1991): Tetrazolium-based assays for cellular viability: a critical examination of selected parameters affecting formazan production. Cancer Res. 51(10):2515-20. Erratum in: Cancer Res 1991 Aug 15;51(16):4501.

Wagner, E., Zenke, M., Cotten, M., Beug, H., Birnstiel, M.L. (1990): Transferrin-Polycation Conjugates as Carriers for DNA Uptake into Cells. Proc. Natl. Acad. Sci. USA 87, 3.410–3.414.

Warden, D., Thorne, H.V. (1968): The Infectivity of Polyoma Virus DNA for Mouse Embryo Cells in the Presence of Diethylaminoethyl-Dextran. J. Gen. Virol. 3, 371–377.

Watson, J.D., Crick, F.H.C. (1954): Genetical Implications of the Structure of Deoxyribonucleic Acid. Nature 171, 737–739.

Wigler, M., Sweet, R., Sim, G.K., Wold, B., Pellicer, A., Lacy, E., Maniatis, T., Silverstein, S., Axel, R. (1979): Transformation of Mammalian Cells with Genes from Procaryotes and Eucaryotes. Cell 16 (4), 777–785.

Wilson, J.M., Grossman, M., Wu, C.H., Chowdhury, N.R., Wu, G.Y., Chowdhury, J.R. (1992): Hepatocyte-Directed Gene Transfer In Vivo Leads to Transient Improvement of Hypercholesterolemia in Low Density Lipoprotein Receptor-Deficient Rabbits. J. Biol. Chem. 267, 963–967.

Wu, G.Y., Wu, C.H. (1987): Receptor-Mediated In Vitro Gene Transformation by a Soluble DNA Carrier System. J. Biol. Chem. 262, 4.429–4.432.

Wu, G.Y., Wu, C.H. (1988a): Evidence for Targeted Gene Delivery to Hep G2 Hepatoma Cells In Vitro. Biochemistry 27, 887–892.

Wu, G.Y., Wu, C.H. (1988b): Receptor-Mediated Gene Delivery and Expression In Vivo. J. Biol. Chem. 263, 14.621–14.624.

Wu, G.Y., Wu, C.H. (1992): Specific Inhibition of Hepatitis B Viral Gene Expression In Vitro by Targeted Antisense Oligonucleotides. J. Biol. Chem. 267, 12.436–12.439.

Zhou X.H., Klibanov A.L., Huang L.(1991): Lipophilic polylysines mediate efficient DNA transfection in mammalian cells. Biochim. Biophys. acta 1065(1):8-14.

Zhou, X., Huang, L. (1992): Targeted Delivery of DNA by Liposomes and Polymers. J. Controlled Release 19, 269–274.

Zhou, X., Huang, L. (1994): DNA Transfection Mediated by Cationic Liposomes Containing Lipopolylysine. Characterization and Mechanism of Action. Biochim. Biophys. Acta 1 189, 195–203.

13 Transformationsmethoden für filamentöse Pilze

(Hella Tappe)

Filamentöse Pilze sind in dreierlei Hinsicht interessant. Wirtschaftlich betrachtet sind die Gene für die Expression von Amylasen, Proteasen und Lipasen besonders in der Waschmittelindustrie von Bedeutung. Mehr als 40 % aller kommerziell genutzten Enzyme werden mittels filamentöser Pilze produziert. Vor allem die Spezies *Aspergillus* und *Trichoderma* kommen zum Einsatz (Lowe, 1992). Sie eignen sich besonders für die Produktion, weil sie in Fermentern wachsen, in der Lage sind, große Mengen Protein herzustellen und weil sie durch die US Amerikanische Food and Drug Administration (FDA) als *generally recognized as safe* (GRAS) eingestuft werden (Gouka *et al.*, 1997, Archer und Peberdy, 1997, Food Additives List der FDA).

Aus medizinischer Sicht sind filamentöse Pilze, neben den Streptomyceten, als Produzenten von Antibiotika von Bedeutung. Vor allem Penicilline und Cephalosporine sind hier zu erwähnen. Beide werden industriell vor allem von *Penicillium chrysogenum* hergestellt (Brakhage, 1998). Auf der anderen Seite können filamentöse Pilze aber auch eine Gefährdung für die Gesundheit von Mensch, Tier und Pflanze sein. So ist z.B. *Aspergillus fumigatus* heute einer der wichtigsten Erreger von Pilzinfektionen und Allergien beim Menschen (Latgé, 1999).

Die wissenschaftliche Bedeutung filamentöser Pilze ergibt sich aus ihrer Betrachtung als Modellorganismen. Sie lassen sich analog zu Bakterien (z.B. *Bacillus subtilis*, *Escherichia coli*) und Hefepilzen (*Saccharomyces cerevisiae*) molekularbiologisch oder klassisch genetisch manipulieren (Hinne *et al.*, 1978, Fincham, 1989). Das bedeutet, dass man bei vielen dieser Pilze in der Lage ist, DNA durch Transformation stabil in den Organismus einzubringen (Ruiz-Díez, 2002). In der Regel geschieht dies durch Rekombination, wobei die DNA im Genom integriert. Auf diese Weise ist es möglich, Gene zu untersuchen, sie zu exprimieren oder zu deletieren, um auf deren Funktion zu schließen.

Im Folgenden sind einige der Methoden aufgeführt, die für die Transformation verschiedener filamentöser Pilze geeignet sind. Wenn auch jede Methode nur für einen Pilz beschrieben ist, ist sie meist auch auf andere Spezies zu übertragen. Hierzu soll die weiterführende Literatur behilflich sein. Jede Methode hat Vor- und Nachteile und im Einzelfall muss der Anwender entscheiden, welche am besten geeignet ist.

Die beschriebenen Pilzspezies wie *Aspergillus niger*, *Aspergillus foetidus*, *Aspergillus nidulans*, *Aspergillus oryzae*, *Trichoderma reesei* und *Neurospora crassa* gehören zu den wichtigsten industriell genutzten filamentösen Pilzen oder sind, wie *N. crassa* und *Aspergillus nidulans*, interessante Modellorganismen. Für alle hier aufgelisteten Spezies gibt es Methoden, die auf Protoplastenbildung (durch Verdau der Zellwände) und Transformation mit Polyethylenglycol (PEG) beruhen. Transformationsraten von 20–100 Transformanten pro µg DNA sind beschrieben worden. Hier, wie auch bei anderen Methoden, scheint man mit linearer DNA mehr Transformanten zu erzielen als mit zirkulären Plasmiden. Beispielhaft ist die Methode für *Aspergillus oryzae* angegeben. Bei dieser Methode ist es von zentraler Bedeutung, dass die Zellwand ein großes Hindernis für die DNA darstellt und deshalb durch enzymatischen Verdau zumindest teilweise entfernt werden muss. Die Enzymmischung der Wahl war lange Zeit das Produkt Novozym 234 (Novozymes), das jedoch leider nicht mehr verkauft wird. Als Alternativen bieten sich Produkte von Begerow (Panzym Fino G), Novo-Nordisk (Glucanex) und Sigma an (Lysing Enzyme from *Trichoderma harzianum* und das Enzym β-Glucuronidase). Hier muss im Einzelfall probiert werden, welche Enzyme beim jeweiligen Pilz am besten funktionieren. Für *Aspergillus fumigatus* wurde ein systematischer Vergleich durchgeführt (Birch und Denning, 1998).

Das Enzym β-Glucuronidase wird auch für die Herstellung von elektrokompetenten Pilzsporen verwendet und führt zu einer Öffnung der Zellwände. Hierbei hat sich gezeigt, dass die Sporen kurz nach der Keimung am effektivsten durch Elektroporation transformiert werden können; Transformationsraten von einigen hundert Transformanten pro µg eingesetzter DNA sind beschrieben worden.

Die Transformation von pilzlichen Sporen durch Beschuss mit Metallpartikeln, die mit DNA beschichtet sind (auch als biolistische Transformation bezeichnet), wurde ebenfalls bei verschiedenen Stämmen eingesetzt und führt zu ähnlichen Transformationsraten. Allerdings können sehr starke Schwankungen zwischen verschiedenen Spezies und auch zwischen Stämmen einer Spezies auftreten. Eine weitere Methode verwendet das Bakterium *Agrobacterium tumefaciens*, um DNA gezielt in Pilze einzubringen. *A. tumefaciens* ist ein für Pflanzen pathogenes Bakterium, womit sich auch Pilze transformieren lassen. Die Transformationsraten liegen dabei z.T. bei 100–1.000 Transformanten pro µg DNA.

Literatur

Archer, D.B., Peberdy, J.F. (1997): The Molecular Biology of Secreted Enzyme Production by Fungi. Crit Rev Biotechnol. 17, 273–306.

Birch, M., Denning, D.W. (1998): http://www.aspergillus.man.ac.uk/secure/laboratory_protocols/birch.htm

Brakhage, A.A. (1998): Molecular Regulation of Beta-Lactam Biosynthesis in Filamentous Fungi. Microbiol Mol Biol Rev. 1998 Sep:62(3):547–585.

Fincham, J.R. (1989): Transformation in Fungi. Microbiological Review 53, 148–170.

Food Additives List, Food and Drug Administration: http://www.accessdata.fda.gov/scripts/fcn/fcnNavigation.cfm?rpt=grasListing.

Gouka, R.J., Punt, P.J., van den Hondel, C.A.M.J.J. (1997): Efficient Poduction of Secreted Proteins by *Aspergillus*. Progress, Limitations and Prospects. Appl. Microbiol. Biotechnol. 47, 1–11.

Hinne, A., Hicks, J.B., Fink, G.R. (1978): Transformation of Yeast. Proc. Natl. Acad. Sci. USA 75, 1929–1933.

Latgé, J.-P. (1999): *Aspergillus fumigatus* and Aspergillosis. Clin. Microbiol. Rev. 12:310–350.

Lowe, D.A. (1992): Handbook of Applied Fungal Mycology in: Arora, D.K., Elander, R.P., Mukerji, K.G. (Hrsg.): Fungal Biotechnology (Marcel Dekker, New York) 681–706.

Ruiz-Díez, B. (2002): Strategies for the Transformation of Filamentous Fungi. J. Appl. Microbiol. 92, 189–195.

13.1 Selektionsmarker für filamentöse Pilze

13.1.1 Dominante Selektionsmarker

Hygromycin B

Hygromycin B wird in Konzentrationen von 50 bis 400 µg × ml^{-1} nach dem Autoklavieren ins Medium gegeben und führt zum Absterben sensitiver Zellen. Das am häufigsten verwendete Resistenzgen ist das *hph*-Gen aus *Escherichia coli*, das eine Hygromycin B-Phosphotransferase kodiert (z.B. auf Plasmid pAN7-1, Punt *et al.*, 1987). Die Sensitivität der Pilzstämme variiert zum Teil erheblich und manche sind so gut wie nicht sensitiv. Außerdem ist die Sensitivität gegen Hygromycin B pH-abhängig (bei höherem pH-Wert steigt die Sensitivität) und wird durch hypertonisches Medium (z.B. bei Protoplastentransformation) reduziert.

Bleomycin/Phleomycin

Bei Bleomycin/Phleomycin handelt es sich um zwei verwandte Antibiotika mit dem gleichen Wirkmechanismus. Sie werden in Konzentrationen von 10 bis 50 µg × ml^{-1} nach dem Autoklavieren ins Medium gegeben. Sensitive Zellen sterben ab. Das am häufigsten verwendete Resistenzgen ist das *Sh ble*-Gen. Die Sensitivität gegen Bleomycin/Phleomycin ist pH-abhängig (bei höherem pH-Wert steigt die Sensitivität) und wird durch hypertonisches Medium (z.B. bei Protoplastentransformation) reduziert. Bleomycin/

Phleomycin wird weniger häufig verwendet als Hygromycin B. Es kommt oft nur als zweiter Selektionsmarker für Stämme zum Einsatz, die bereits gegen Hygromycin B resistent sind.

13.1.2 Gegenselektionssysteme

pyrG/pyr4-Orotidine-5-Phosphat-Decarboxylase

$\Delta pyrG$-Stämme benötigen zum Wachsen Uracil (15 mM) oder Uridin (10 mM). Uracil kann vor dem Autoklavieren zugegeben werden. Uridin sollte als 1 M Stammlösung angesetzt, sterilfiltriert und nach dem Autoklavieren zugegeben werden. Um eine Gegenselektion durchzuführen, werden Sporen (10^5–10^7) auf Minimalmedium ausplattiert, das 5-Fluororotsäure (5-FOA, 5 mM) enthält (Goosen et al., 1987). So können Stämme identifiziert werden, die einen Defekt in der Orotidin-5-Phosphat-Decarboxylase haben, denn dieses Substrat wird durch die Decarboxylase in ein toxisches Produkt umgewandelt. Auf Medium, das 5-FOA enthält, können deshalb nur Stämme wachsen, die eine defekte Decarboxylase besitzen.

niaD-Nitratreduktase

Stämme, die keine Nitratreduktase besitzen, sind nicht in der Lage, auf Nitrat als einziger Stickstoffquelle zu wachsen. Solche Stämme können mit dem niaD-Gen aus Aspergillus nidulans (z.B. auf dem Plasmid pSTA10) transformiert und auf Nitratmedium selektiert werden. Zur Selektion von Stämmen mit defektem niaD-Gen, werden Sporen (10^5–10^7) auf Minimalmedium mit Natriumchlorat (41,1 g × l^{-1}) und Natriumglutamat ausplattiert. Chlorat wird durch die Nitratreduktase in ein toxisches Produkt umgewandelt und somit können nur Stämme wachsen, die eine defekte Nitratreduktase besitzen. Durch die Zugabe von Glutamat als Stickstoffquelle sind sie auch in der Lage zu wachsen.

Zur Selektion von $\Delta niaD$-Stämmen werden Sporen des gewünschten Stammes auf Chlorat-Agarplatten ausplattiert und 7–14 Tage bei 30 °C inkubiert. Chloratresistente Stämme wachsen auf dem Medium, andere nicht. Die Stämme werden erneut 2–3 × auf dem Chlorat-Agarplatten gereinigt. Anschließend wird ihr Wachstum auf verschiedenen Stickstoffquellen getestet (1 M Nitrat, 1 M Nitrit und 1 M Hypoxanthin, jeweils 10 ml × l^{-1}, Campbell et al., 1989). Nur Stämme, die auf Nitrit und Hypoxanthin, nicht aber auf Nitrat wachsen, sind echte $\Delta niaD$-Stämme.

amdS-Acetamidase

Das amdS-Gen aus Aspergillus nidulans (z.B. auf dem Plasmid p3SR2) kann zur Transformation von Stämmen verwendet werden, die keine eigene Acetamidase besitzen und in Folge dessen nicht auf 10 mM Acetamid als einziger Stickstoffquelle wachsen können. Zur Selektion von $\Delta amdS$-Stämmen werden Sporen (10^5–10^7) des gewünschten Stammes auf Fluoracetamid-Agarplatten ausplattiert und 7–14 Tage bei 30 °C inkubiert. Fluoracetamid resistente Stämme sind nicht in der Lage, Fluoracetamid in ein toxisches Produkt umzuwandeln und können auf dem Medium wachsen. Stämme, die eine aktive Acetamidase haben, wachsen jedoch nicht. Die isolierten Stämme werden erneut 2–3 × auf den Fluoracetamid-Agarplatten gereinigt (Johnstone et al., 1985).

Materialien

Spurenelementlösung
- 8,8 g × l^{-1} ZnSO$_4$ × 7 H$_2$O
- 1 g × l^{-1} FeSO$_4$ × 7 H$_2$O
- 0,4 g × l^{-1} CuSO$_4$ × 5 H$_2$O
- 0,15 g × l^{-1} MnSO$_4$ × 4 H$_2$O
- 0,1 g × l^{-1} Na$_2$B$_4$O$_7$ × 10 H$_2$O
- 0,05 g × l^{-1} (NH$_4$)$_6$Mo$_7$O$_{24}$ × 4 H$_2$O
  mit dest. H$_2$O auf 1 l auffüllen und sterilfiltrieren; bei 4 °C aufbewahren.

Selektionsmedium für ΔpyrG-Stämme

- 0,52 g × l^{-1} KCl
- 1,52 g × l^{-1} KH$_2$PO$_4$
- pH-Wert auf 6,5 einstellen
- 1,5 % (w/v) Agar
  mit Milli-Q-H$_2$O auf 480 ml auffüllen und autoklavieren (20 min bei 121 °C); nach dem Autoklavieren werden zugegeben:
- 1,25 ml MgSO$_4$-Lösung, 20 % (w/v)
- 10 ml Glucoselösung, 50 % (w/v)
- 0,5 ml Spurenelementlösung
- 5 ml Uridinlösung (1 M) bzw. 15 mM Uracil
- 1 g × l^{-1} 5-Fluororotsäure (5-FOA)

Selektionsmedium für pyrG positive-Stämme

- 0,52 g × l^{-1} KCl
- 1,52 g × l^{-1} KH$_2$PO$_4$
- pH-Wert auf 6,5 einstellen
- 1,5 % (w/v) Agar
  mit Milli-Q-H$_2$O auf 460 ml auffüllen und autoklavieren (20 min bei 121 °C); nach dem Autoklavieren werden zugegeben:
- 1,25 ml MgSO$_4$-Lösung, 20 % (w/v)
- 10 ml Glucoselösung, 50 % (w/v)
- 0,5 ml Spurenelementlösung

Selektionsmedium für ΔniaD-Stämme

- 0,52 g × l^{-1} KCl
- 1,52 g × l^{-1} KH$_2$PO$_4$
- 20 ml × l^{-1} NaPO$_4$-Puffer (1 M, pH 6)
- 1,5 % Agar (w/v)
  mit Milli-Q-H$_2$O auf 460 ml auffüllen und autoklavieren (20 min bei 121 °C); nach dem Autoklavieren werden zugegeben:
- 1,25 ml MgSO$_4$-Lösung, 20 % (w/v)
- 10 ml Glucoselösung, 50 % (w/v)
- 0,5 ml Spurenelementlösung
- 10 ml 1M Na-Glutamatlösung
- 41,1 g NaClO$_3$

Selektionsmedium für niaD positive-Stämme:

- 0,52 g × l^{-1} KCl
- 1,52 g × l^{-1} KH$_2$PO$_4$
- 20 ml × l^{-1} NaPO$_4$-Puffer (1 M, pH 6)
- 1,5 % Agar (w/v)
  mit Milli-Q-H$_2$O auf 460 ml auffüllen und autoklavieren (20 min bei 121 °C); nach dem Autoklavieren werden zugegeben:
- 1,25 ml MgSO$_4$-Lösung, 20 % (w/v)
- 10 ml Glucoselösung, 50 % (w/v)
- 0,5 ml Spurenelementlösung
- 5 ml 1 M NaNO$_3$-Lösung

Fluoracetamid-Agarplatten:

- 0,52 g × l^{-1} KCl
- 1,52 g × l^{-1} KH$_2$PO$_4$
- 0,15 g × l^{-1} Harnstoff (als alternative Stickstoffquelle)
- pH-Wert auf 6,5 einstellen
- 1,5 % (w/v) Agar
  mit Milli-Q-H$_2$O auf 460 ml auffüllen und autoklavieren (20 min bei 121 °C); nach dem Autoklavieren werden zugegeben:
- 1,25 ml MgSO$_4$-Lösung, 20 % (w/v)
- 10 ml Glucoselösung, 20 % (w/v)
- 0,5 ml Spurenelementlösung
- 1,972 g × l^{-1} (32 mM) Fluoracetamid

Selektionsagar für Acetamidase-Selektion

- 0,52 g × l^{-1} KCl
- 1,52 g × l^{-1} KH$_2$PO$_4$
- pH-Wert auf 6,5 einstellen;
- 1,5 % (w/v) Agar
  mit Milli-Q-H$_2$O auf 460 ml auffüllen und autoklavieren (20 min bei 121 °C); nach dem Autoklavieren werden zugegeben:
- 1,25 ml MgSO$_4$-Lösung, 20 % (w/v)
- 10 ml Glucoselösung, 50 % (w/v)
- 0,5 ml Spurenelementlösung
- 7,2 ml CsCl-Lösung (1 M)
- 5 ml Acetamidlösung (1 M), frisch ansetzen und sterilfiltrieren

13.1.3 Essenzielle Gene als Selektionsmarker (Auswahl)

Treten bei Pilzstämmen Defekte essenzieller Gene auf, können sie nicht mehr auf Minimalmedium wachsen. Sie benötigen zum Wachstum die Zugabe von Vitaminen oder Aminosäuren (Weidner *et al.*, 1997). Es existiert eine Übersicht der bekannten Gene, Defekte und Zusätze für *Aspergillus nidulans* unter http://www.gla.ac.uk/ibls/molgen/aspergillus/loci.html.

Materialien

Aspergillus-Minimalmedium (AMM):

- 0,52 g × l^{-1} KCl
- 1,52 g × l^{-1} KH$_2$PO$_4$
- pH-Wert auf 6,5 einstellen
- 1,5 % (w/v) Agar
  mit Milli-Q-H$_2$O auf 485 ml auffüllen und autoklavieren (20 min bei 121 °C); nach dem Autoklavieren werden zugegeben:
- 1,25 ml MgSO$_4$-Lösung, 20 % (w/v)
- 10 ml Glucoselösung, 50 % (w/v)
- 0,5 ml Spurenelementlösung (Abschn. 13.1.2)

Zur Selektion nach Transformation werden abhängig vom Marker zusätzlich zugegeben:

argB-Selektion (Ornithin-Transcarbamylase für die Arginin-Biosynthese)

- Medium: AMM
- Stammlösung: 0,2 M Arginin; Arginin-Endkonzentration im Medium: 4 mM, nach dem Autoklavieren steril zugeben

pabaA-Selektion (para-aminobenzoic acid synthase gen)

- Medium: AMM
- Stammlösung: 10 mM p-Aminobenzolsäure; p-Aminobenzolsäure-Endkonzentration im Medium: 5 µM, nach dem Autoklavieren steril zugeben

lysF-Selektion (homoaconitase-Gen)

- Medium: AMM
- Stammlösung: 0,2 M Lysin; Lysin Endkonzentration im Medium: 4 mM, nach dem Autoklavieren steril zugeben

Literatur

Campbell, E.I., Unkles, S.E., Macro, J.A., van den Hondel, C.A.M.J.J., Contreras, R., Kinghorn, J.R. (1989): Improved Transformation Efficiency of *Aspergillus niger* Using the Homologous *niaD* Gene for Nitrate Reductase. Curr. Genet. 16, 53–56.

Goosen, T., Bloemheuvel, G., Gysler, C., de Bie, D.A., van den Broek, H.W., Swart, K. (1987): Transformation of *Aspergillus niger* Using the Homologous Orotidine-5'-Phosphate-Decarboxylase Gene. Curr. Genet. 11, 499–503.

Johnstone, I.L., Hughes, S.G., Clutterbuck, A.J. (1985): Cloning an *Aspergillus nidulans* Developmental Gene by Transformation. EMBO J. 4, 1307–1311.

Punt, P.J., Oliver, R.P., Dingemanse, M.A., Pouwels, P.H., van den Hondel, C.A. (1987): Transformation of *Aspergillus* Based on the Hygromycin B Resistance Marker from *Escherichia coli*. Gene 56, 117–124.

Weidner, G., Steffan, B., Brakhage, A.A. (1997): The *Aspergillus nidulans lysF* Gene Encodes Homoaconitase, an Enzyme Involved in the Fungus-Specific Lysine Biosynthesis Pathway. Mol Gen. Genet. 255, 237–247.

13.2 Gewinnung einer Sporenlösung filamentöser Pilze

Zur Herstellung einer Sporensuspension hat sich folgende Vorgehensweise bewährt. Eine kreuzförmig mit Sporen bestrichene Agarplatte (Durchmesser 9 cm) wird je nach Stamm einige Tage bei 28–30 °C inkubiert bis der Pilz deutlich sporuliert. Unter der Sterilbank werden wenige ml (maximal 15 ml) einer wässrigen 0,01 % (v/v) Tween 80-Lösung auf die Agarplatte gegeben. Anschließend erfolgt das Abschaben der Sporen mit Hilfe einer speziell gebogenen Impföse (Abb. 13–1). Diese Impföse hat die Form eines Drigalski-Spatels, nur viel kleiner. Es hat sich gezeigt, dass die hydrophoben Sporen am besten mit einer Konstruktion aus einer kupferfarbenen Büroklammer (anstelle des üblichen Impfösendrahtes) abgelöst werden können. Allerdings hält dieses Material dem häufigen Abflammen nicht so lange stand. Nach dem langsamen und vorsichtigen Abstreifen der Sporen wird die Impföse in der Bunsenbrennerflamme zum Glühen gebracht und anschließend eine runde Vertiefung in den Rand der Petrischale geschmolzen. So lässt sich die Suspension leicht in ein 15 ml-Reaktionsgefäß überführen, ohne das etwas von der Suspension vorbeiläuft. Die Suspension sollte unter dem Mikroskop hinsichtlich der Anzahl der Sporen sowie auch des Kontaminationsanteils mit Mycel beurteilt werden. Eine Filtration durch Miracloth während der Überführung von der Agarplatte in das Reaktionsgefäß hält den größten Teil des Mycels zurück.

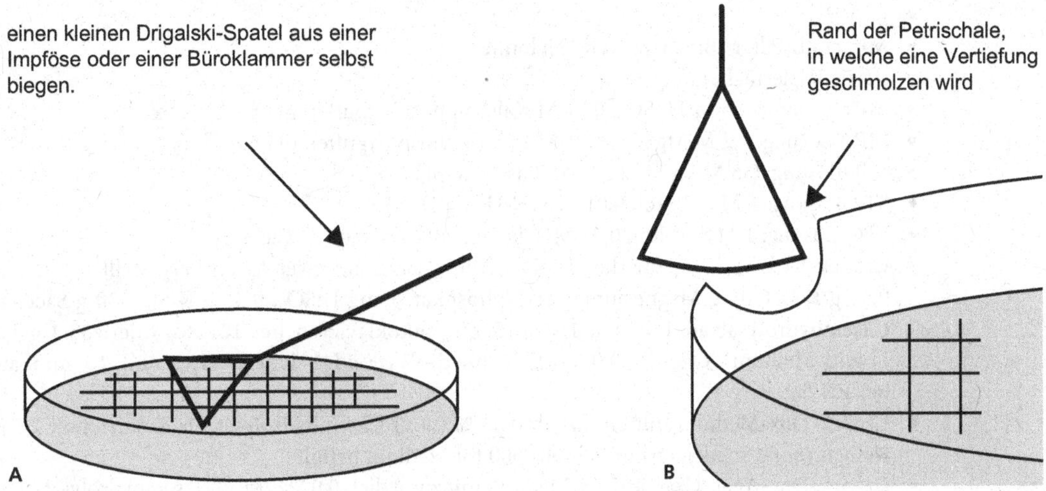

einen kleinen Drigalski-Spatel aus einer
Impföse oder einer Büroklammer selbst
biegen.

Rand der Petrischale,
in welche eine Vertiefung
geschmolzen wird

A

B

Abb. 13–1: A) Nach Zugabe von ca. 10–15 ml 0,01% Tween-80-Lösung mit einer sterilen Impföse vorsichtig über das Mycel fahren und die Sporen ablösen. Anschließend die Impföse über dem Bunsenbrenner zum Glühen bringen und eine Vertiefung zum Ausgießen der Sporenlösung in den Rand der Petrischale schmelzen (B) .Warten bis das Plastik abgekühlt ist und dann die Sporenlösung in ein steriles 15 ml-Reaktionsgefäß überführen (ggf. dabei wie im Text beschrieben filtrieren).

13.3 Transformation von *Aspergillus oryzae*-Protoplasten durch Behandlung mit Polyethylenglykol

Um filamentöse Pilze mit der Polyethylenglykol-Methode zu transformieren, wird in einem isotonischen Medium die störende für DNA unpassierbare Zellwand der Pilzhyphen verdaut. Nur die Plasmamembran bleibt übrig. Obwohl die Protoplasten recht labil sind, da sie ihre schützende Zellwand verloren haben, sind sie doch mit vorsichtiger Handhabung gut zu transformieren. Vorsichtige Handhabung bedeutet vor allem keine Erschütterungen. Also auch keine laufende Zentrifuge auf dem gleichen Arbeitstisch nach der Entfernung der Zellwand und keine Renovierungsarbeiten in unmittelbarer Umgebung, welche den Tisch erschüttern. Die Transformationseffizienzen variieren stark von Stamm zu Stamm und liegen in der Regel bei 10–100 Transformanten pro µg DNA. Bei einigen *Aspergillus*-Stämmen ist es möglich, die Protoplasten einzufrieren (bei −80 °C) und zu einem späteren Zeitpunkt zu transformieren. Eingefroren halten sich die Protoplasten mindestens 3 Monate.

13.3.1 Herstellung von *Aspergillus niger*-, *A. foetidus*- und *A. oryzae*-Protoplasten

Materialien

- Enzympräparat zur Zellwandhydrolyse: Glucanex (Sigma) und β-Glucuronidase Typ H25 (150.000 U × ml^{-1}, Sigma)
- 0,01 % (v/v) Tween 80

- BSA
- Miracloth-Filter (Biochem) oder Nylonnetz
- sterile Papiertücher
- MP1-Lösung: 0,6 M $MgSO_4$, 0,01 M Kaliumphosphatpuffer, pH 5,8
- MP2-Lösung: 1,2 M $MgSO_4$, 0,01 M Kaliumphosphatpuffer, pH 5,8
- ST1-Lösung: 0,6 M Sorbitol, 0,1 M Tris-HCl, pH 7,5
- ST2-Lösung: 1 M Sorbitol, 0,01 M Tris-HCl, pH 7,5
- STC-Lösung: 1 M Sorbitol, 0,01 M Tris-HCl, pH 7,5, 0,05 M $CaCl_2$
- Czapek-Dox-Medium für die ÜNK; Medium kann auf zwei Arten hergestellt werden: 2 g $NaNO_3$, 0,05 g KCl, 0,05 g Magnesiumglycerolphosphat, 1 mg $FeSO_4$, 0,35 g K_2SO_4, 30 g Saccharose, 0,02 g Caseinhydrolysat ad 1 l dest. H_2O, 15 min autoklavieren bei 121 °C; oder: 33,4 g Czapek-Dox-Liquid-Medium (Oxoid), 0,02 g Caseinhydrolysat ad 1 l dest. H_2O und 15 min autoklavieren bei 121 °C
- Czapek-Dox-Medium mit zusätzlich 0,02 % (w/v) Caseinhydrolysat für Kultur: zwei 2 l-Erlenmeyer-Kolben (ohne Schikanen) mit jeweils 500 ml Medium befüllt
- Czapek-Dox-Agar: Czapek-Dox-Medium mit zusätzlich 0,02 % (w/v) Caseinhydrolysat, 12 g × l^{-1} Agar bei 121 °C autoklavieren
- Mikroskop
- Thoma-Kammer
- Glaszentrifugenröhrchen (Corex, DuPont)
- Glucanex (Sigma)
- β-Glucuronidase (Sigma)
- Sorvall-Zentrifuge mit HB4 oder HB6-Rotor

Durchführung

- Sporen des gewünschten *Aspergillus*-Stamms auf 4 Czapek-Dox-Agarplatten kreuzförmig ausstreichen und bei 37 °C 3–4 Tage bis zur guten Sporulation wachsen lassen
- alle Sporen der 4 Platten in insgesamt ca. 60 ml 0,01 % Tween 80 aufnehmen, gut durchmischen
- auf zwei 2 l-Erlenmeyer-Kolben mit je 500 ml Czapek-Dox-Medium/0,02 % Caseinhydrolysat verteilen
- zur Anzucht des Mycels die beiden Kolben auf dem Schüttler 15–16 h bei 30 °C und ca. 150 upm inkubieren
- Zellmaterial der zwei Kolben über Miracloth-Filter oder Nylonnetz filtrieren, mit ca. 50 ml MP1-Lösung waschen und im Filter zwischen Papierhandtüchern gut trocknen
- Zellmaterial mit Spatel in ein 400 ml-Becherglas überführen, Gewicht bestimmen, in MP2-Lösung (5 ml × g^{-1} Mycel) aufnehmen und gut verteilen
- Enzyme zugeben, je Gramm Mycel 20 mg Glucanex und 0,1 ml Glucuronidase, 5 min in Eis inkubieren
- BSA zugeben (3 mg × g^{-1} Mycel) und gut mischen
- Becherglas bei 30 °C langsam schütteln (ca. 100 upm)
- Protoplastierung (erkennbar an der Kugelform der Zellen, die gestreckte Form der filamentösen Zelle geht verloren) alle 30 min mikroskopisch kontrollieren; sie sollte nach ca. 120–150 min abgebrochen werden
- ab jetzt möglichst erschütterungsarm weiterarbeiten
- Protoplastensuspension auf Corex-Röhrchen verteilen, sorgfältig mit gleichem Volumen ST1-Lösung überschichten
- in der Sorvall-Zentrifuge (HB4-Rotor) bei 20 °C und 6.000 upm 10 min ohne Bremse zentrifugieren
- Protoplasten an der Phasen-Grenzschicht mit Pasteur-Pipette abziehen und in einem frischen Corex-Röhrchen vereinigen
- Protoplastensuspension mit dem gleichen Volumen ST2-Lösung mischen und bei 20 °C 10 min bei 4.000 upm und eingeschalteter Bremse zentrifugieren

- Überstand dekantieren und Protoplasten in 10 ml STC-Lösung resuspendieren
- zentrifugieren wie oben beschrieben, Protoplasten in 10 ml STC-Lösung resuspendieren und die Gesamtzahl der Protoplasten mithilfe der Thoma-Kammer bestimmen
- erneut zentrifugieren wie oben beschrieben
- Protoplasten in so viel STC-Lösung aufnehmen, dass 2×10^7 Protoplasten in 200 ml enthalten sind, und in 200 ml-Portionen bei –80 °C aufbewahren; erfahrungsgemäß sind sie nach 2–3 Monaten noch zur Transformation verwendbar.

13.3.2 Transformation von *Aspergillus oryzae*-Protoplasten

Zur Selektion von Transformanten bei *A. oryzae* dient das Plasmid p3SR2, welches das *amdS*-Gen aus *A. nidulans* enthält (Kelly und Hynes, 1985, Tilburn *et al.*, 1983). Es ermöglicht den transformierten Zellen das Wachstum auf acetamidhaltigen Nährböden.

Materialien

- 1 M Acetamidlösung
- *amdS*-Lösung: 20,8 g KCl, 60,8 g KH_2PO_4, 18 ml 10 M KOH-Lösung ad 1 l dest. H_2O
- 1 M Cäsiumchlorid-Lösung
- PTC-Lösung: 60 % (w/v) PEG 6000, 0,01 M Tris-HCl, pH 7,5, 0,05 M $CaCl_2$ (1 M $CaCl_2$-Stammlösung getrennt herstellen und nach dem Autoklavieren zugeben)
- STC-Lösung: 1 M Sorbitol, 0,01 M Tris-HCl, pH 7,5, 0,05 M $CaCl_2$
- 0,1 M $MgSO_4$
- 50 % (w/v) Glucose
- Spurenelementlösung: 2,2 g $ZnSO_4 \times 7\ H_2O$, 1,1 g H_3BO_3, 0,5 g $MnCl_2 \times 4\ H_2O$, 0,5 g $FeSO_4 \times 7\ H_2O$, 0,17 g $CoCl_2 \times 6\ H_2O$, 0,16 g $CuSO_4 \times 5\ H_2O$, 0,15 g $Na_2MoO_4 \times H_2O$, 5 g EDTA; ad 1 l dest. H_2O
- Selektionsagar (direkt oder nur wenige Tage vor dem Transformationsversuch herstellen): 12 g hochreinen Agar (No 1, Oxoid), 342,3 g Saccharose ad 906 ml dest. H_2O, Medium 30 min bei 121 °C autoklavieren, dann auf 45 °C abkühlen lassen, anschließend 25 ml *amdS*-Lösung, 25 ml 0,1 M $MgSO_4$, 10 ml 1 M frisch angesetzte Acetamidlösung, 20 ml 50 % (w/v) Glucose, 12,5 ml 1 M Cäsiumchlorid, 1 ml Spurenelementlösung zugeben
- Toplayer-Selektionsagar: Herstellung wie Selektionsagar mit 0,4 % (w/v) Agar
- Regenerationsagar: Czapek-Dox-Medium (Abschn. 13.3.1), 0,02 % (w/v) Caseinhydrolysat, 1 M Saccharose, 12 g hochreinen Agar (No 1, Oxoid) zusammengeben und autoklavieren
- Toplayer-Agar: Herstellung wie Regenerationsagar mit 0,4 % (w/v) Agar
- Transformations-DNA (Plasmid oder lineares Fragment, z.B. Plasmid p3SR2)

Durchführung

- Selektionsagarplatten vorab gießen, damit sie Zeit haben zu erkalten; nach dem Autoklavieren die zusätzlichen Medienbestandteile zugeben und durch Rühren gründlich vermischen; die Platten so gießen, dass gerade der ganze Plattenboden bedeckt ist (je Platte ca. 15 ml Medium)
- 10 µg Plasmid-DNA in 10 µl dest. H_2O in einem 1,5 ml-Reaktionsgefäß vorlegen; bei Kotransformation 4 µg Selektionsplasmid (z.B. p3SR2) und 10 µg Expressionsplasmid zusammen (Maximalvolumen 15 µl) im 1,5 ml-Reaktionsgefäß vorlegen
- Protoplastensuspension von –80 °C bei RT auftauen lassen (nicht auf Eis!)
- 200 µl Protoplastensuspension zur Plasmid-DNA geben, durch Antippen vorsichtig mischen und anschließend 5 min auf Eis inkubieren
- 200 µl PTC-Lösung zugeben, durch Auf- und Absaugen mit einer 200 µl-Pipette mischen und 5 min bei RT inkubieren

- 600 µl PTC-Lösung zugeben, durch Auf- und Absaugen mit einer 1 ml-Pipette gut mischen und 20 min bei RT inkubieren
- Protoplastensuspension in 100 ml Toplayer-Agar, der im Wasserbad auf 45 °C temperiert wurde, mischen und auf 10 Selektionsagarplatten verteilen
- Platten bei 30 °C 5–7 Tage bis zur Sporulation inkubieren
- die Transformanten noch zweimal auf Selektionsagarplatten vereinzeln, um genetisch reine Klone zu erhalten
- zur Bestimmung der Regenerationsrate und als Negativkontrolle parallel zu den Transformationsansätzen einen Kontrollansatz ohne DNA mitführen
- für die Lebendkeimzahlbestimmung die Protoplastensuspension mit STC-Lösung nach entsprechender Verdünnung (10^{-3}–10^{-6}) mit 3 ml Toplayer-Agar mischen und auf Regenerationsagarplatten gießen
- die restliche Protoplastensuspension aus diesem Ansatz unverdünnt mit Toplayer-Selektionsagar mischen und als Negativkontrolle auf eine Selektionsagarplatte geben
- Transformanten zur Sicherung der Klonreinheit noch zweimal auf Selektionsagarplatten vereinzeln, dabei nur Sporen auf den Platten ausstreichen.

Literatur

Kelly, J.M., Hynes, M.J. (1985): Transformation of *Aspergillus niger* by the *amdS* Gene of *Aspergillus nidulans*. EMBO J. 4, 475–479.

Weiterführende Literatur

Dhawale, S.S., Marzluf, G.A. (1984): Transformation of *Neurospora crassa* with Circular and Linear DNA and Analysis of the Fate of the Transforming DNA. Curr. Genet. 10, 205–212.

Gruber, F., Visser, J., Kubicek, C.P., de Graaff, L.H. (1990): The Development of a Heterologous Transformation System for the Cellulolytic Fungus *Trichoderma reesei* Based on a *pyrG*-Negative Mutant Strain. Curr. Genet. 18, 71–76.

Hynes, M.J. (1986): Transformation of Filamentous Fungi. Experimental Mycology 10, 1–8.

Meyer, V., Mueller, D., Strowig, T., Stahl, U. (2003): Comparison of Different Transformation Methods for *Aspergillus giganteus*. Curr Genet. 43, 371–377.

Mohr, G., Esser, K. (1990): Improved Transformation Frequency and Heterologous Promoter Recognition in *Aspergillus niger*. Appl. Microbiol. Biotechnol. 34, 63–70.

Penttila, M., Nevalainen, H., Ratto, M., Salminen, E., Knowles, J. (1987): A Versatile Transformation System for the Cellulolytic Filamentous Fungus *Trichoderma reesei*. Gene 61, 155–164.

Tilburn, J., Scazzocchio, C., Taylor, G.G., Zabicky-Zissman, J.H., Lockington, R.A., Davies, R.W. (1983): Transformation by Integration in *Aspergillus nidulans*. Gene 26, 205–221.

Unkles, S.E., Campbell, E.I., Carrez, D., Grieve, C., Contreras, R., Fiers, W., van den Hondel, C.A., Kinghorn, J.R. (1989): Transformation of *Aspergillus niger* with the Homologous Nitrate Reductase Gene. Gene 78, 157–166.

Wernars, K., Goosen, T., Wennekes, L.M., Visser, J., Bos, C.J., van den Broek, H.W., van Gorcom, R.F., van den Hondel, C.A., Pouwels, P.H. (1985): Gene Amplification in *Aspergillus nidulans* by Transformation with Vectors Containing the *amdS* Gene. Curr. Genet. 9, 361–368.

Wernars, K., Goosen, T., Wennekes, L.M., Swart, K., van den Hondel, C.A., van den Broek, H.W. (1987): Cotransformation of *Aspergillus nidulans*. A Tool for Replacing Fungal Genes. Mol. Gen. Genet. 209, 71–77.

13.4   Biolistische Transformation von *Trichoderma reesei*

Um diese Methode auszuführen wird eine *gene gun* (BioRad) benötigt. Ist ein solches Gerät vorhanden, kann diese Methode relativ einfach angewandt werden. Möglicherweise bedarf es einer Optimierung für den jeweiligen Stamm, um z.B. den optimalen Abstand zwischen *stopping-screen* und Sporen oder den am besten geeignete Berstdruck zu finden. Außerdem lassen sich manche Stämme (vor allem Aspergillen) nur sehr schwer mit dieser Methode transformieren.

Materialien

- 0,01 % (v/v) Tween 80
- 0,1 M Spermidinlösung (frisch angesetzt, Sigma)
- 2,5 M CaCl$_2$-Lösung
- 96 % (v/v) Ethanol
- 70 % (v/v) Ethanol
- Hygromycin B (Roche)
- steriles dest. H$_2$O
- Glastrichter mit Miracloth-Filter (Biochem)
- Thoma-Kammer
- Wolframpartikel M10 (BioRad)
- Potato-Dextrose (PD)-Agarplatten (PDA-Platte)
- Potato-Dextrose (PD)-Agar, flüssig, handwarm
- Potato-Dextrose (PD)-Agarplatten mit 100 µg × ml^{-1} Hygromycin B
- *gene gun* PDS-1000/He-System (BioRad)
- Zentrifuge
- *rupture discs*, 1.350 psi (BioRad)
- Hepta *stopping-screens* (BioRad)
- *macrocarrier* (BioRad)
- 15 ml-Falcon-Röhrchen
- Drigalski-Spatel

Durchführung

Vorbereitung der DNA

- Sporen des gewünschten Stamms auf 2 Potato-Dextrose-Agarplatten (PDA) kreuzförmig ausstreichen und bei 28 °C 7–10 Tage bis zur guten Sporulation wachsen lassen
- alle Sporen der 2 Platten in ca. 20 ml 0,01 % (v/v) Tween 80 aufnehmen und gut mischen (Abschn. 13.2)
- die Sporen durch einen Glastrichter mit Miracloth-Filter in ein 15 ml-Falcon-Röhrchen filtrieren und anschließend die Gesamtanzahl der Sporen mit Thoma-Zählkammer bestimmen
- die Sporen werden zentrifugiert (10 min, 4.000 upm in SS-34 Rotor), in einem entsprechenden Volumen 0,01 % (v/v) Tween 80 resuspendiert und die Endkonzentration auf ca. 10^8 Sporen × ml^{-1} eingestellt
- jeweils 100 µl der Sporensuspension (etwa 10^7 Sporen) werden in die Mitte einer PDA-Platte pipettiert (vorher gut mischen); bei Verwendung eines Heptaadapters werden 7 × 100 µl Sporensuspension in der entsprechenden Anordnung auf die Platte gegeben; die Sporensuspension wird mit einem kleinen Drigalski-Spatel etwas verteilt
- die Platten werden etwa 30 min an der Luft getrocknet bis die Sporen trocken sind
- 30–50 mg der M10 Wolframpartikel werden in ein 1,5 ml-Reaktionsgefäß eingewogen
- zu den Wolframpartikeln wird 1 ml 96 % (v/v) Ethanol gegeben und das Ganze gut gemischt; anschließend werden die Wolframpartikel kurz zentrifugiert (15 min) und der Überstand verworfen; der Vorgang wird 3 × wiederholt
- zu den Wolframpartikeln wird 1 ml steriles dest. H$_2$O gegeben; nach dem Mischen werden die Wolframpartikel zentrifugiert (15 min) und der Überstand verworfen; der Vorgang wird 2 × wiederholt
- Wolframpartikel werden in 1 ml sterilem dest. H$_2$O aufgenommen und in 100 µl Aliquots aufgeteilt; die Aliquots können bei –20 °C gelagert werden
- ein Reaktionsgefäß mit einem 100 µl Aliquot Wolframpartikel wird aufgetaut und die Wolframpartikel resuspendiert

- DNA wird zu dem Ansatz gegeben (10 µl einer DNA-Lösung, 0,1–1 µg × µl^{-1}) und der Ansatz gründlich gemischt (10–20 min)
- unter Vortexen werden 40 µl Spermidinlösung (0,1 M) hinzugegeben
- unter Vortexen werden 100 µl CaCl$_2$-Lösung (2,5 M) hinzugegeben
- der Ansatz wird 2–3 min gemischt und anschließend auf Eis gestellt (mindestens 10 min)
- durch Zentrifugieren werden die Wolframpartikel mit der angelagerten DNA gefällt (10 min); der Überstand wird verworfen
- der Ansatz wird mit 250 ml 96 % (v/v) Ethanol gewaschen; die Wolframpartikel werden durch leichtes Schütteln des Reaktionsgefäßes resuspendiert
- die Wolframpartikel werden kurz zentrifugiert (10 min) und der Überstand verworfen
- die Wolframpartikel werden in 100 µl 96 % (v/v) Ethanol resuspendiert; anschließend werden sie bis zur weiteren Verwendung auf Eis gestellt; sie sollten so kurz wie möglich gelagert werden, sonst degradiert die DNA.

Vorbereitung der gene gun

- Einzelkomponenten der *gene gun* werden durch Besprühen mit 70 % (v/v) Ethanol desinfiziert
- *stopping-screens*, *macrocarrier* und *rupture discs* werden in 70 % (v/v) Ethanol getaucht und dann an der Luft getrocknet
- die Wolframpartikel mit der angelagerten DNA werden resuspendiert und jeweils 10 µl auf ein *macrocarrier* pipettiert; die *macrocarrier* werden anschließend an der Luft getrocknet bis das Ethanol verdunstet ist
- die *gene gun* wird nun nach Herstellerangaben zusammengebaut; zunächst wird ein *rupture disc* (mit einem Belastungsdruck bis 1.350 psi) in den Adapter eingebaut; die *macrocarrier* mit Wolframpartikeln werden so in den *macrocarrier* holder eingefügt, dass die DNA auf der Seite ist, die nach unten zeigt; die *macrocarrier* sollten fest in die Halterung gedrückt werden; zwischen *macrocarrier* und der PD-Agarplatte wird die *stopping-screen* eingefügt, welche die *macrocarrier* zurückhalten soll; zuletzt wird die abgedeckte Agarplatte im entsprechenden Abstand zur *stopping-screen* platziert, die Sporen liegen oben; der Abstand beträgt beim einfachen Adapter 6 cm und beim Heptaadapter 3 cm
- die Kammer der *gene gun* wird geschlossen und ein Vakuum von 28–29 Zoll Hg angelegt
- ist das gewünschte Vakuum erreicht, wird der Gasdruck aufgebaut bis die *rupture disc* birst und die *macrocarrier* beschleunigt; der Gasdruck wird mittels einer Heliumflasche aufgebaut, hierzu sollte der Druckminderer der Gasflasche auf ca. 200 psi über dem angegebenen Druck der *rupture disc* eingestellt werden
- nach der Bombardierung der Sporen wird das Vakuum abgebaut und die Platte aus dem Gerät entfernt
- die PD-Agarplatte mit den beschossenen Sporen wird im Anschluss an die Bombardierung 4–6 h bei 28 °C inkubiert, um den Sporen die Möglichkeit zu geben die Resistenz aufzubauen
- nach der Inkubation werden die Platten mit flüssigem, handwarmen PD-Agar übergossen, der Hygromycin B enthält; die Konzentration an Hygromycin B wird so eingestellt, dass die Gesamtkonzentration in der Agarplatte 100 µg × ml^{-1} beträgt
- die überschichteten Platten werden 7–14 Tage bei 28 °C inkubiert bis Transformanten wachsen; als Kontrolle dienen Platten, die ohne DNA bombardiert wurden
- nach Möglichkeit sollten die Transformanten bis zur Sporulation wachsen; wenn die Gefahr besteht, dass die einzelnen Transformanten nicht mehr getrennt werden können, dann müssen sie schon vorher vereinzelt werden (ausstreichen auf PD-Agarplatten mit 100 µg × ml^{-1} Hygromycin B)
- die Transformationseffizienz beträgt in der Regel 20–50 Transformanten pro µg DNA.

Weiterführende Literatur

Armaleo, D., Ye, G.N., Klein, T.M., Shark, K.B., Sanford, J.C., Johnston, S.A. (1990): Biolistic Nuclear Transformation of *Saccharomyces cerevisiae* and other Fungi. Curr. Genet. 17, 97,003.

Barcellos, F.G., Fungaro, M.H., Furlaneto, M.C., Lejeune, B., Pizzirani-Kleiner, A.A., de Azevedo, J.L. (1998): Genetic Analysis of *Aspergillus nidulans* Unstable Transformants Obtained by the Biolistic Process. Can. J. Microbiol. 44, 1 137,0 141.

Davidson, R.C., Cruz, M.C., Sia, R.A., Allen, B., Alspaugh, J.A., Heitman, J. (2000): Gene Disruption by Biolistic Transformation in Serotype D Strains of *Cryptococcus neoformans*. Fungal Genet. Biol. 29, 38–48.

Fungaro, M.H., Rech, E., Muhlen, G.S., Vainstein, M.H., Pascon, R.C., de Queiroz, M.V., Pizzirani-Kleiner, A.A., de Azevedo, J.L. (1995): Transformation of *Aspergillus nidulans* by Microprojectile Bombardment on Intact Conidia. FEMS Microbiol Lett. 125, 293–297.

Te'o, V.S., Bergquist, P.L, Nevalainen, K.M. (2002): Biolistic Transformation of *Trichoderma reesei* Using the BioRad Seven Barrels Hepta Adaptor System. J. Microbiol. Methods. 51, 393–399.

Viterbo, A., Haran, S., Friesem, D., Ramot, O., Chet, I. (2001): Antifungal Activity of a Novel Endochitinase Gene (*chit36*) from *Trichoderma harzianum* Rifai TM. FEMS Microbiol Lett. 200, 169,074.

13.5 Transformation von *Aspergillus foetidus* durch *Agrobacterium tumefaciens*

Agrobacterium tumefaciens ist ein peritrich begeißeltes, Gram-negatives Bodenbakterium. Virulente Stämme von *A. tumefaciens* enthalten das sogenannte Ti-(Tumor induzierende-) Plasmid, welches die Gene für eine onkogene Transformation bei Pflanzen codiert. Dieses natürliche System lässt sich nicht nur zur gezielten Transformation von Pflanzen, sondern auch zur Herstellung von transgenen, filamentösen Pilzen verwenden (z.B. *Trichoderma reesei*, *Neurospora crassa*, *Penicillium chrysogenum*, *Colletotrichium gleosporides*). Für die Transformation in den Pilz wird ein binäres Plasmid konstruiert, das sowohl in *Escherichia coli* als auch in *Agrobacterium tumefaciens* replizieren kann. Es enthält einen Selektionsmarker (z.B. Kanamycin–Resistenzgen), sowie die flankierenden Bereiche der T-DNA mit der dazwischenliegenden DNA, die in den Pilz eingebracht werden soll. Transferiert wird nur der Teil der Plasmid-DNA, der zwischen den flankierenden T-DNA-Bereichen (*left-* und *right-border repeats*) liegt, weil diese vom *A. tumefaciens* Transfermechanismus erkannt werden. Geeignete Plasmide sind z.B. Derivate von pBIN19 (Bevan, 1984) oder pCAMBIA1.300 (Chen *et al.*, 2000).

13.5.1 Herstellung von elektrokompetenten *Agrobacterium tumefaciens*-Zellen

Materialien

- *Agrobacterium tumefaciens* LBA1 100–dieser Stamm enthält das Ti-Plasmid pAL1 100 mit den notwendigen *vir*-Genen; die Aktivierung der *vir*-Gene erfolgt durch die Zugabe von Acetosyringone (Beijersberg *et al.*, 1992)
- 1 mM HEPES, pH 7,4
- 10 % (v/v) Glycerinlösung
- LB-Medium: 10 g × l⁻¹ NaCl, 10 g × l⁻¹ Pepton, 5 g × l⁻¹ Hefeextrakt
- Zentrifuge für GSA und SS-34
- Photometer
- Schüttler, 28 °C

Durchführung

- 500 ml LB-Medium wird mit 200–400 µl einer frischen ÜNK des *A. tumefaciens*-Stammes LBA1 100 angeimpft; erforderliche Antibiotika zugeben (Spectinomycin 100 µg × ml⁻¹ zur Selektion des Ti-Plasmids)
- Zellen werden bei 28 °C und 250 upm kultiviert, bis die OD_{600} bei etwa 0,5 liegt

- der Schüttelkolben wird zunächst 15–30 min auf Eis gekühlt
- anschließend werden die Zellen durch Zentrifugieren (15 min, 4.000 × g, 4 °C) geerntet; die Zellen sollten bei allen weiteren Schritten immer gekühlt werden
- der Überstand wird abgenommen und die Zellen in 500 ml eiskaltem 1 mM HEPES, pH 7,4 resuspendiert
- die Zellen werden zentrifugiert (15 min, 4.000 × g, 4 °C)
- der Überstand wird verworfen und die Zellen in 250 ml eiskaltem 1 mM HEPES, pH 7,4 resuspendiert
- die Zellen werden zentrifugiert (15 min, 4.000 × g, 4 °C)
- der Überstand wird verworfen und die Zellen in 10 ml eiskaltem 1 mM HEPES, pH 7,4 resuspendiert
- die Zellen werden erneut zentrifugiert (15 min, 4.000 × g, 4 °C)
- der Überstand wird verworfen und die Zellen in 2 ml eiskalter 10 % (v/v) Glycerinlösung resuspendiert
- Aliquots (40–50 µl) der resuspendierten Zellen werden in Reaktionsgefäße überführt und sofort in flüssigem Stickstoff oder auf Trockeneis eingefroren
- kompetente *A. tumefaciens*-Zellen können mehrere Monate bei –70 °C gelagert werden.

13.5.2 Transformation von elektrokompetenten *Agrobacterium tumefaciens*-Zellen

Materialien

- *Agrobacterium tumefaciens* LBA1 100 kompetente Zellen
- 1 mM HEPES, pH 7,4
- 10 % (v/v) Glycerinlösung
- LB-Medium: 10 g × l^{-1} NaCl, 10 g × l^{-1} Pepton, 5 g × l^{-1} Hefeextrakt
- LB-Agarplatten (+ Antibiotikum, z.B. 100 µg × ml^{-1} Kanamycin)
- Elektroporationsküvetten, steril
- Elektroporator (z.B. BioRad Gene Pulse)
- Brutschrank, 28 °C
- Plasmid-DNA (binäres Plasmid)

Durchführung

- Elektrokompetente *A. tumefaciens*-Zellen werden auf Eis aufgetaut
- 1–2 µl Plasmid-DNA (ca. 1–200 ng × µl^{-1}) werden zu den Zellen gemischt und diese auf Eis inkubiert (15 min)
- die Zellen werden in eine 2 mm-Elektroporationsküvette gegeben und leicht geschüttelt, um Luftblasen zu entfernen und sicher zu stellen, dass sich die Flüssigkeit am Boden der Küvette befindet
- die Küvette wird außen abgetrocknet und in den Elektroporator gestellt
- der Apparat wird wie folgt eingestellt: 2,5 kV, 25 µF, 10 Ohm
- die Zellen werden unverzüglich elektroporiert (die Zeitkonstante sollte ca. 4–5 ms betragen; ist sie viel niedriger, deutet das auf eine zu hohe Salzkonzentration hin)
- sofort im Anschluss wird 1 ml LB-Medium in die Küvette pipettiert und der gesamte Ansatz in ein 1,5 ml-Reaktionsgefäß überführt
- zunächst werden die Zellen 5 min auf Eis gestellt und anschließend 1 h bei 28 °C inkubiert (ohne Schütteln)
- die Zellen auf LB-Agarplatten (+ entsprechendes Antibiotikum, je nach Plasmid) ausplattieren und bei 28 °C 2 Nächte inkubieren
- die Kolonien können per PCR oder Plasmid-Miniprep auf das Vorhandensein des Plasmids getestet werden.

13.5.3 Transformation von *Aspergillus foetidus* durch *Agrobacterium tumefaciens*

Materialien

- *Aspergillus foetidus* Konidien (frisch, Herstellung Abschn. 13.2)
- *Agrobacterium tumefaciens* LBA1 100 mit binärem Plasmid
- Acetosyringone
- Cefotoxamine
- Hygromycin B
- Kanamycin-Stammlösung 10 mg $\times$ ml^{-1} in dest. H_2O; bei -20 °C lagern
- LB-Medium: 10 g $\times$ l^{-1} NaCl, 10 g $\times$ l^{-1} Pepton, 5 g $\times$ l^{-1} Hefeextrakt, Antibiotikum
- LB-Agarplatten + Antibiotikum (z.B. 100 µg $\times$ ml^{-1} Kanamycin)
- Potato-Dextrose (PD)-Agarplatten + Antibiotikum (z.B. Hygromycin B, 100 µg $\times$ ml^{-1} oder anderes Selektionsmedium)
- Potato-Dextrose (PD)-Agarplatten + Antibiotikum + Cefotoxamine (200 µg $\times$ ml^{-1})
- 20 $\times$ AB-Salze: 20 g $\times$ l^{-1} NH_4Cl, 6 g $\times$ l^{-1} $MgSO_4$ $\times$ 7 H_2O, 3 g $\times$ l^{-1} KCl, 0,2 g $\times$ l^{-1} $CaCl_2$, 50 mg $\times$ l^{-1} $FeSO_4$ $\times$ 7 H_2O, vor dem Autoklavieren wird der pH-Wert auf 7 eingestellt
- Induktionsmedium (IM): AB-Salze, 2 mM NaH_2PO_4, 50 mM 2-(N-morpholino)ethansulfonsäure (MES), pH 5,3, 0,5 % (w/v) Glucose, 200 µM Acetosyringone
- IM-Platten: Induktionsmedium, 1,5 % (w/v) Agar; AB-Salze, Acetosyringone, Glucose nach dem Autoklavieren zugeben
- Nitrocellulose (NC)-Filter (rund, für Petrischalen geeignet, steril)
- Photometer
- Brutschrank, 28 °C
- Schüttler, 28 °C
- Sorvall-Zentrifuge mit SLA-1 500 oder GSA-Rotor
- Zentrifugenbecher 250 ml, steril

Durchführung

- *A. tumefaciens*-Kulturen werden in 5 ml LB-Medium mit Zugabe von 100 µg $\times$ ml^{-1} Kanamycin (oder anderem Antibiotikum zur Selektion des gewünschten Plasmids) inkubiert (2 Tage, 28 °C)
- mit 0,5 ml der frischen Kultur werden 50 ml LB-Medium + Antibiotikum (z.B. 100 µg $\times$ ml^{-1} Kanamycin) angeimpft und ÜN bei 28 °C bis zu einer OD$_{600}$ von 0,5–0,8 angezogen
- die Bakterien werden zentrifugiert (10 min, 4.000 upm) und der Überstand verworfen
- anschließend werden die Bakterien in Induktionsmedium (mit 200 µg $\times$ ml^{-1} Acetosyringone, um die Bakterien zu induzieren) aufgenommen und auf eine OD$_{600}$ von 0,5 eingestellt
- die Bakterien werden weitere 3 h bei 28 °C und 100 upm inkubiert
- je 200 µl *A. foetidus*-Konidien (10^8 $\times$ ml^{-1} in 1 % (w/v) NaCl) und 200 µl *A. tumefaciens*-Zellen werden in einem Reaktionsgefäß gemischt
- anschließend wird die Mischung auf Nitrocellulosefilter auf IM-Platten (+ 200 µg $\times$ ml^{-1} Acetosyringone) ausplattiert und die Platten 2 Tage bei RT inkubiert
- die NC-Filter werden auf PD-Agarplatten übertragen, die 200 µg $\times$ ml^{-1} Cefotoxamine (zum Abtöten der *A. tumefaciens*-Zellen) und 100 µg $\times$ ml^{-1} Hygromycin B (oder einem anderen entsprechenden Antibiotikum zur Selektion von transformierten *A. foetidus*-Stämmen) enthalten
- Transformanten sind nach 3–7 Tagen zu sehen und werden auf PD-Agarplatten + Antibiotikum (z.B. 100 µg $\times$ ml^{-1} Hygromycin B) gereinigt.

Literatur

Beijersbergen A., Dulk-Ras A.D., Schilperoort R.A., Hooykaas P.J. (1992): Conjugative Transfer by the Virulence System of *Agrobacterium tumefaciens*. Science. 256(5061):1324-7.

Bevan, M. (1984): Binary *Agrobacterium* Vectors for Plant Transformation. Nucleic Acids Res. 12, 8711–8721.

Bundock, P., den Dulk-Ras, A., Beijersbergen, A., Hooykaas, P.J.J. (1995): Trans-Kingdom T-DNA Transfer from *Agrobacterium tumefaciens* to *Saccharomyces cerevisiae*. EMBO J. 14, 3206–3214.

Chen, X., Stone, M., Schlagnhaufer, C., and Romaine, C.P. (2000): A fruiting body tissue method for efficient *Agrobacterium*-mediated transformation of *Agaricus bisporus*. Appl Environ Microbiol 66: 4510–4513.

de Groot, M.J., Bundock, P., Hooykaas, P.J., Beijersbergen, A.G. (1998): *Agrobacterium tumefaciens*-Mediated Transformation of Filamentous Fungi. Nat Biotechnol. 16, 839–842.

Gouka, R.J., Gerk, C., Hooykaas, P.J., Bundock, P., Musters, W., Verrips, C.T., de Groot, M.J. (1999): Transformation of *Aspergillus awamori* by *Agrobacterium tumefaciens*-Mediated Homologous Recombination. Nat Biotechnol. 17, 598–601.

Michielse, C.B., Ram, A.F., Hooykaas, P.J., Hondel, C.A. (2004): Role of Bacterial Virulence Proteins in *Agrobacterium*-Mediated Transformation of *Aspergillus awamori*. Fungal Genet Biol. 41, 571–578.

Rho, H.S., Kang, S., Lee, Y.H. (2001): *Agrobacterium tumefaciens*-Mediated Transformation of the Plant Pathogenic Fungus, *Magnaporthe grisea*. Mol. Cells.12, 407–411.

Takken, F.L., Van Wijk, R., Michielse, C.B., Houterman, P.M., Ram, A.F., Cornelissen, B.J. (2004): A One-Step Method to Convert Vectors into Binary Vectors Suited for *Agrobacterium-mediated* Transformation. Curr Genet. 45:242-248.

Zeilinger, S. (2004): Gene Disruption in *Trichoderma atroviride* via *Agrobacterium*-Mediated Transformation. Curr Genet.45, 54–60.

13.6 Transformation von *Neurospora crassa*-Sporen durch Elektroporation

Materialien

- dest. H_2O, steril
- 0,01 % (v/v) Tween 80 (Sigma)
- β -Glucuronidase (Sigma)
- Miracloth-Filter (Biochem)
- 1 M Sorbitol, eiskalt
- Schüttler, 30 °C
- Zentrifuge (für SS-34)
- Thoma-Kammer
- BioRad Gene Pulser Elektroporator
- 2 mm-Elektroporationsküvetten, steril
- 30 °C-Brutschrank
- DNA in 5–10 µl Gesamtvolumen, eventuell entsalzt

Salzlösung (für Fries Medium)

- 4 g × l^{-1} KH_2PO_4
- 2 g × l^{-1} $MgSO_4$ × 7 H_2O
- 0,4 g × l^{-1} NaCl
- $CaCl_2$ × 2 H_2O
- dest. H_2O ad 1.000 ml, autoklavieren (121 °C, 20 min)

Wolfs Vitaminlösung

- 2 mg × l^{-1} Biotin
- 2 mg × l^{-1} Folsäure
- 10 mg × l^{-1} Pyrodoxin
- 5 mg × l^{-1} Thiamin HCl
- 5 mg × l^{-1} Riboflavin
- 5 mg × l^{-1} Nicotinsäure

- 5 mg × l^{-1} Calcium D(+)-pantothenat
- 0,1 mg × l^{-1} Vitamin B$_{12}$
- 5 mg × l^{-1} p-Aminobenzoesäure
- 5 mg × l^{-1} Thioctat
- dest. H$_2$O ad 1.000 ml, sterilfiltrieren

Wolfs Spurenelementlösung

- 1,5 g × l^{-1} Nitrilotriacetat (in 500 ml dest. H$_2$O gelöst und der pH-Wert anschließend auf 6,5 eingestellt)
- 1 g × l^{-1} MnSO$_4$ × H$_2$O
- 3 g × l^{-1} MgSO$_4$ × 7 H$_2$O
- 1 g × l^{-1} NaCl
- 0,1 g × l^{-1} FeSO$_4$ × 7 H$_2$O
- 0,1 g × l^{-1} CoCl$_2$ × 6 H$_2$O
- 0,1 g × l^{-1} CaCl$_2$ × 2 H$_2$O
- 0,1 g × l^{-1} ZnSO$_4$ × 7 H$_2$O
- 0,01 g × l^{-1} CuSO$_4$ × 5 H$_2$O
- 0,01 g × l^{-1} AlK(SO$_4$)$_2$ × 12 H$_2$O
- 0,01 g × l^{-1} H$_3$BO$_3$
- 0,01 g × l^{-1} Na$_2$MoO$_4$ × 2 H$_2$O
- dest. H$_2$O ad 1.000 ml, sterilfiltrieren

Modifiziertes Fries Medium (Davis und De Serres, 1970)

- 2,2 g × l^{-1} Glucose
- 2 g × l^{-1} Fructose
- 0,58 g × l^{-1} NH$_4$Cl
- 0,59 g × l^{-1} Succinat
- 10 mg × l^{-1} Inositol
- 50 ml Salzlösung
- 5 ml Wolfs Vitaminlösung
- 1 ml Wolfs Spurenelementlösung
- dest. H$_2$O ad 1.000 ml

Zunächst werden die ersten 5 Zutaten in 100 ml dest. H$_2$O gelöst und sterilfiltriert. Das restliche Wasser wird autoklaviert und anschließend alle Komponenten steril hinzugefügt.

Spurenelementlösung (für Vogels Minimalmedium)

- 5 g × 100 ml^{-1} Zitronensäure × H$_2$O
- 5 g × 100 ml^{-1} ZnSO$_4$ × 7 H$_2$O
- 1 g × 100 ml^{-1} Fe(NH$_4$)$_2$(SO$_4$)$_2$ × 6 H$_2$O
- 0,25 g × 100 ml^{-1} CuSO$_4$ × H$_2$O
- 0,05 g × 100 ml^{-1} MnSO$_4$ × H$_2$O
- 0,05 g × 100 ml^{-1} H$_3$BO$_3$
- 0,05 g × 100 ml^{-1} Na$_2$MoO$_4$ × 2 H$_2$O

Die Spurenelementlösung wird sterilfiltriert und bei 4 °C gelagert.

50 × Vogels Minimalmedium, Stammlösung (Vogel, 1956)

- 125 g × l^{-1} Natriumcitrat × 2 H$_2$O
- 250 g × l^{-1} KH$_2$PO$_4$

- $100 \text{ g} \times \text{l}^{-1} \text{ NH}_4\text{NO}_3$
- $10 \text{ g} \times \text{l}^{-1} \text{ MgSO}_4 \times 7 \text{ H}_2\text{O}$
- $5 \text{ g} \times \text{l}^{-1} \text{ CaCl}_2 \times 2 \text{ H}_2\text{O}$
- $5 \text{ ml} \times \text{l}^{-1}$ Spurenelementlösung
- $2{,}5 \text{ ml} \times \text{l}^{-1}$ Biotinlösung ($100 \text{ mg} \times \text{l}^{-1}$)

Die Salze werden unter Rühren sukzessiv zu 750 ml dest. H_2O gegeben. Als Konservierungsmittel werden 2 ml Chloroform hinzugegeben. Die 50 × Stammlösung kann bei RT bis zu 6 Monate gelagert werden. Zur Verwendung wird die Stammlösung mit sterilem dest. H_2O 1:50 verdünnt und eine entsprechende C-Quelle hinzugefügt (z.B. 1,5 % (w/v) Saccharose). Um Platten herzustellen wird der Agar (1,5 % (w/v)) in der entsprechenden Menge dest. H_2O autoklaviert (121 °C, 20 min) und im Anschluss die Stammlösung zugegeben.

Durchführung

- Entsalzung der DNA durch Dialyse: Filterblätter (Durchmesser 10 mm, Porengröße 25 nm, Millipore) werden auf dest. H_2O gelegt (in einer Petrischale) und die DNA-Lösung darauf pipettiert; nach ca. 30 Minuten bei RT ist die Dialyse vorbei und die DNA salzfrei
- Sporen des gewünschten Stammes von *Neurospora crassa* werden auf Vogels Minimalmedium-Agarplatten ausplattiert und bei 30 °C 15 Tage inkubiert
- Sporen werden beim Ernten (Abschn. 13.2) in ca. 10 ml 0,01 %iger (v/v) Tween 80-Lösung aufgenommen; anschließend werden die Sporen filtriert (durch Miracloth-Filter) und 3–5 × in sterilem dest. H_2O gewaschen
- ein Schüttelkolben mit 150 ml 0,5 × Fries Minimalmedium wird mit ca. 10^7 Sporen $\times \text{ml}^{-1}$ angeimpft und bei 30 °C und 150 upm inkubiert; gegebenenfalls müssen weitere Aminosäuren o.ä. zugegeben werden, je nach Auxotrophien des verwendeten Stamms
- nach 2 h Inkubation wird $1 \text{ mg} \times \text{ml}^{-1} \beta$-Glucuronidase in das Medium gegeben, um die Sporenwände zu verdauen
- nach ca. 4 h, wenn der Großteil der Sporen auszukeimen beginnt (die Sporen schwellen an, werden eierförmig und bekommen „Mickey Mouse"-Ohren) werden die Sporen durch Zentrifugieren (5 min bei 4.000 × g, 4 °C) geerntet
- die Sporen werden in 200 ml eiskaltem 1 M Sorbitol resuspendiert und erneut zentrifugiert (5 min bei 4.000 × g, 4 °C)
- der Überstand wird verworfen und die Sporen in 200 ml eiskaltem 1 M Sorbitol resuspendiert
- die Sporen werden zentrifugiert (5 min bei 4.000 × g, 4 °C) und in eiskaltem 1 M Sorbitol aufgenommen; die Sporenkonzentration wird auf ca. $2{,}5 \times 10^9$ Sporen $\times \text{ml}^{-1}$ eingestellt und Suspension kurz auf Eis gestellt
- 45 µl der Sporensuspension werden mit 1 bis 5 µg DNA in einem Reaktionsgefäß vermischt (Gesamtvolumen ca. 50 µl) und weitere 15 min auf Eis gelagert; in der Regel ist es nur dann notwendig die DNA zu entsalzen, wenn sie extrem viel Salz enthält
- die Sporensuspension (mit DNA) wird nun in die gekühlte Elektroporationsküvette pipettiert und elektroporiert (1,5 kV, 600 Ohm, 25 µF)
- nach der Elektroporation wird sofort 1 ml 1 M Sorbitol (eiskalt) zugegeben und der Gesamtansatz in ein steriles, vorgekühltes 15 ml-Falcon-Röhrchen gegeben; weitere 15 min auf Eis inkubieren
- danach wird der Ansatz bei 30 °C ca. 90 min auf einem Schüttler inkubiert (100 upm, Röhrchen in waagerechter Position)
- schließlich wird der Ansatz auf die Selektionsagarplatten (z.B. Vogels Medium, ohne zusätzliche Vitamine, je nach eingesetztem Selektionsmarker) verteilt – 200 µl pro Platte; die Platten werden 3–5 Tage bei 30 °C inkubiert, bis die Transformanten zu sehen sind.

Literatur

Brown, J.S., Aufauvre-Brown, A., Holden, D. (1998): Insertional Mutagenesis of *Aspergillus fumigatus*. Mol. Gen. Genet. 259, 327–335.

Beijersbergen, A., Den Dulk-Ras, A., Schilpertoort, R.A., Hooykaas, P.J.J. (1992): Conjunctive Transfer by the Virulence System of *Agrobacterium tumefaciens*. Science 256, 1324–1327.

Chakraborty, B.N., Patterson, N.A., Kapoor, M. (1991): An Electroporation-Based System for High-Efficiency Transformation of Germinated Conidia of Filamentous Fungi. Can. J. Microbiol. 37, 858–863.

Davis, R.H., de Serres, F.J. (1970): Genetic and Microbiological Research Techniques for Neurospora crassa. *Methods Enzymol.* 17, 79–143

Margolin, B.S., Freitag, M, Selker, E.U. (1997): Improved Plasmids for Gene Targeting at the *his-3* Locus of *Neurospora crassa* by Electroporation. Fungal Genet. Newsl. 44, 34–36.

Ozeki, K., Kyoya, F., Hizume, K., Kanda, A., Hamachi, M., Nunmawa, Y. (1994): Transformation of Intact *Aspergillus niger* by Electroporation. Biosci. Biotech. Biochem. 58, 2224–2227.

Sanchez, O., Aguirre, J. (1996): Efficient Transformation of *Aspergillus nidulans* by Electroporation of Germinated Conidia. Fungal Genet. Newsl. 43, 48–51.

Turner, G.E., Jiminez, T.J., Chae, A.K., Rudeina, A.B., Borkovich, K.A. (1997): Utilization of the *Aspergillus nidulans pyrG* Gene as a Selectable Marker for Transformation and Electroporation of *Neurospora crassa*. Fungal Genet. Newsl. 44, 57–59.

Vogel, H.J. (1956): A Convenient Growth Medium for *Neurospora* (Medium N). Microbial Genetics Bulletin 13, 42–43.

Vann, D.C. (1995): Electroporation-Based Transformation of Freshly Harvested Conidia of *Neurospora crassa*. Fungal Genet. Newsl. 42A, 53.

Weidner, G., d'Enfert, C., Koch, A., Mol, P., Brakhage, A.A. (1998): Development of a Homologous Transformation System for the Human Pathogenic Fungus *Aspergillus fumigatus* Based on the *pyrG* Gene Encoding Orotidine Monophosphate Decarboxylase. Curr. Genet. 33, 378–385.

13.7 Präparation von genomischer DNA aus *Aspergillus niger*

Nach der Transformation ist es oft notwendig, die Transformanten auf Enzymaktivität, Wachstum oder korrekte Integration der DNA zu untersuchen. Hierzu bedarf es bei Pilzen z.T. eines erheblichen Aufwands, denn die Zellwand der Pilze erschwert die Extraktion der genomischen DNA erheblich. Ein mechanisches Aufbrechen der Zellwände wird durch Mörsern mit Glasperlen oder dem Einsatz von flüssigem Stickstoff erreicht. Schnellere Methoden erzielen oft nur eine geringe Ausbeute; die DNA-Menge reicht kaum für die PCR-Analytik (Cenis, 2002). Die hier angegebene Methode wurde für *Aspergillus niger* entwickelt. Sie funktioniert aber auch bei weiteren Pilzspezies (z.B. *Trichoderm reesei*, *Aspergillus nidulans*, *Neurospora crassa*, u.a.). Möglicherweise muss jedoch ein anderes Medium bei der Anzucht verwendet werden.

Material

- 0,01 % (v/v) Tween 80 (Sigma)
- Extraktionspuffer (100 mM Tris-HCl, 250 mM NaCl, 25 mM EDTA, pH 8, 0,5 % (w/v) SDS)
- RNase A 10 mg × ml^{-1}
- Chloroform/Isoamylalkohol (24:1)
- Phenol
- Isopropanol (gekühlt)
- steriles dest. H$_2$O
- 70 % (v/v) Ethanol
- 96 % (v/v) Ethanol

- Trichter mit Miracloth-Filter
- sterile Glasperlen (<1 mm Durchmesser)
- Glasstab
- 300 ml-4-Schikanen-Schüttelkolben mit 100 ml Kulturmedium
- Kulturmedium 1 (Czapek-Dox-Liquid Medium; 0,1 % (w/v) Hefeextrakt)
- Kulturmedium 2 (2 % (w/v) Glucose, 0,5 % (w/v), 0,025 % (w/v) Bacto-Pepton in Milli-Q-H_2O lösen und auf den pH-Wert 5 einstellen; 20 min bei 121 °C autoklavieren)
- Kulturmedium 3 (AMM)
- Potato-Dextrose (PD)-Agarplatten
- Papiertücher
- Vibromischer
- Speedvac
- 15 ml-Greiner-Röhrchen
- 2 ml-Reaktionsgefäße
- 1,5 ml-Reaktionsgefäße

Durchführung

- Sporen des gewünschten Stamms auf eine PD-Agarplatte kreuzförmig ausstreichen und bei 30 °C 4 Tage bis zur guten Sporulation wachsen lassen
- alle Sporen der Platte in ca. 10 ml 0,01 % Tween 80 aufnehmen und gut mischen (Sporenernte Abschn. 13.2)
- mit 1 ml der Sporensuspension wird jeweils ein 300 ml-4-Schikanen-Schüttelkolben mit 100 ml Kulturmedium 1 angeimpft und der Kolben bei 30 °C und 150 upm über Nacht inkubiert
- das Mycel wird durch den Miracloth-Filter geerntet und mit dest. H_2O gewaschen; anschließend wird mit Papiertüchern das Wasser aus dem Mycel gepresst
- das Mycel wird in ein 2 ml-Reaktionsgefäß überführt und über Nacht in einer Speedvac getrocknet
- ein 15 ml-Greiner-Röhrchen wird mit ca. 1 ml Glasperlen befüllt
- das getrocknete Mycel wird in das 15 ml-Greiner-Röhrchen überführt und mit dem Glasstab sehr gründlich gemörsert
- mit einem Spatel wird Mycelpulver aus dem Greinerröhrchen in ein 2 ml-Reaktionsgefäß überführt (ca. 0,5 ml Volumen)
- 500 µl Extraktionspuffer werden zugegeben und der Inhalt des Reaktionsgefäßes gründlich gemischt (vortexen)
- im Abzug werden 350 µl Phenol in das Reaktionsgefäß gegeben und gut gemischt (vortexen)
- 150 µl Chloroform/Isoamylalkohol werden zugegeben und erneut durch Vortexen gemischt
- das Reaktionsgefäß wird 30 min bei 13.000 upm zentrifugiert, um die Phasen zu trennen
- die wässrige Phase wird in ein frisches 2 ml-Reaktionsgefäß überführt und 25 µl RNase A (10 mg × ml^{-1}) zugegeben; das Reaktionsgefäß wird 10 min bei 37 °C inkubiert
- 500 µl Chloroform/Isoamylalkohol werden zugegeben, durch Vortexen erneut gemischt und das Reaktionsgefäß dann 15 min bei 13.000 upm zentrifugiert
- die obere, wässrige Phase wird in ein frisches 2 ml-Reaktionsgefäß überführt und es werden erneut 500 µl Chloroform/Isoamylalkohol zugegeben; nach dem Vortexen wird das Reaktionsgefäß 15 min bei 13.000 upm zentrifugiert
- erneut wird die wässrige Phase vorsichtig abgenommen und in ein frisches 2 ml-Reaktionsgefäß überführt
- 500 µl kaltes Isopropanol werden zugegeben und gut mit der DNA-Lösung vermischt; das Reaktionsgefäß wird anschließend 30 min bei RT inkubiert, um die DNA zu präzipitieren
- durch kurzes Zentrifugieren (30 Sekunden, 13.000 upm) wird die DNA pelletiert
- der Überstand wird verworfen und das Pellet mit 0,5 ml Ethanol (70 %) gewaschen; zentrifugieren (10 min, 13.000 upm)

13

- der Überstand wird verworfen und das Pellet mit 0,5 ml Ethanol (96 %) gewaschen; zentrifugieren (10 min, 13.000 upm)
- der Überstand wird verworfen und das Pellet an der Luft getrocknet
- die DNA wird in 100 μl sterilem dest. H_2O gelöst.

In der Regel reicht die DNA-Menge für einige Southern Hybridisierungen und ist auch für PCR oder sonstige Anwendung geeignet, nicht jedoch für die Herstellung einer Genbank.

Trouble Shooting

Ist die Ausbeute zu gering, dann liegt dies oft daran, dass das Mycel nicht genügend zerkleinert wurde. Stämme, die sehr schwer zu mörsern sind, können statt in Schüttelkolben auch auf Cellophanmembran auf PDA-Platten angezogen werden. Hierdurch wird die Zellwand weniger dick und die Ausbeute wird erhöht (Cassago *et al.*, 2002). Das mechanische Aufbrechen der Zellwände kann auch unter Kühlung in flüssigem Stickstoff durchgeführt werden. Der Mörser muss bei dieser Methode gekühlt sein. Der Einsatz von Glasperlen ist nicht erforderlich.

Literatur

Al-Samarrai, T.H., Schmid, J. (2000): A Simple Method for Extraction of Fungal Genomic DNA. Lett. Appl. Microbiol. 30, 53–56.

Bainbridge, B.W., Spreadbury, C.L., Scalise, F.G., Cohen, J. (1990): Improved Methods for the Preparation of High Molecular Weight DNA from Large and Small Scale Cultures of Filamentous Fungi. FEMS Microbiol. Lett. 54, 113–117.

Brakhage, A.A., Van den Brulle, J. (1995): Use of Reporter Genes to Identify Recessive *Trans*-Acting Mutations Specifically Involved in the Regulation of *Aspergillus nidulans* Penicillin Biosynthesis Genes. J. Bacteriol. 177, 2781–2788.

Cassago, A., Panepucci, R., Baiao, A., Henrique-Silva, F. (2002): Cellophane Based Mini-Prep Method for DNA Extraction from the Filamentous Fungus *Trichoderma reesei*. BMC Microbiol. 18,14.

Cenis, J.L. (1992): Rapid Extraction of Fungal DNA for PCR Amplification. *Nucleic Acids Res.* 20, 2380.

Challen, M.P., Moore, A.J., Martinez-Carrera, D. (1995): Facile Extraction and Purification of Filamentous Fungal DNA. *Biotechniques* 18, 975–978.

de Graaff, L., van den Broek, H., Visser, J. (1988): Isolation and Transformation of the Pyruvate Kinase Gene of *Aspergillus nidulans*. *Curr. Genet.* 13, 315–321.

Raeder, U., Broda, P. (1985): Rapid Preparation of DNA from Filamentous Fungi. *Lett. Appl. Microbiol.* 1, 17–20.

Specht, C.A., DiRusso, C.C., Novotny, C.P., Ullrich, R.C. (1982): A Method for Extracting High-Molecular-Weight Deoxyribonucleic Acid from Fungi. *Anal. Biochem.* 119, 158–163.

http://www.aspergillus.man.ac.uk/indexhome.htm?secure/laboratory_protocols/
http://www.fgsc.net/methods/fgnmthds.html

14 Genexpression in *E. coli* und Insektenzellen: Produktion und Reinigung rekombinanter Proteine

(Achim Aigner)

Unter der Produktion eines rekombinanten Proteins versteht man die gezielte Synthese großer Mengen eines gewünschten fremden Genprodukts in einer lebenden Zelle. Dazu stehen zahlreiche Expressionssysteme zur Verfügung. Sie umfassen eine Reihe gut bekannter Organismen bzw. Zelllinien (Bakterien, Insektenzellen, Hefen, Säugerzellen) und verschiedene Expressionsvektoren mit unterschiedlichen Promotoren, Selektionsmarkern und eventuell Fusionspartnern.

Molekularbiologisch bedeutet die Herstellung eines rekombinanten Proteins, das dafür codierende Gen in ein Plasmid oder einen anderen Vektor einzuführen. Dieser Vektor wird dann in die gewählte Zielzelle eingebracht (Transformation bzw. Transfektion) und die Wirtszelle kultiviert. Je nach Promotor erfolgt die Expression des Gens während der ganzen Kultivierungszeit oder, von außen induziert, ab einem bestimmten Zeitpunkt.

Zuerst ist das geeignete Expressionssystem auszuwählen, d.h. die am besten erscheinende Kombination aus Expressionsvektor und Wirtszelle. Die Wahl richtet sich nach dem späteren Verwendungszweck des Proteins, d.h. nach den Anforderungen an das Expressionsprodukt. Da unter günstigen Expressionsbedingungen das rekombinante Protein zwar im Überschuss auftreten kann, jedoch stets von kontaminierenden Proteinen der Wirtszelle begleitet wird, ist das Produkt für fast alle Verwendungszwecke zu reinigen. Hierzu gibt es bei geeigneter Auswahl und Konstruktion des Expressionsvektors verschiedene affinitätschromatographische Methoden (Tab. 14–3).

14.1 Vorüberlegungen zur Auswahl von Wirtszelle und Expressionsvektor

Die jeweils beste Kombination aus Wirtszelle und Expressionsvektor richtet sich vor allem nach folgenden Überlegungen:
- Bioaktivität bzw. korrekte posttranslationale Modifikationen des Produkts gewünscht bzw. erforderlich?
- Hohe Ausbeute wichtig?
- Protein eventuell instabil?
- Protein eventuell zelltoxisch?
- Expressionssystem einfach und schnell zu etablieren?
- Expressionsbedingungen einfach und schnell zu optimieren?
- Wie hoch sind Aufwand und Kosten der Kultivierung der Wirtszellen?
- Eventuell Vorerfahrungen mit den Wirtszellen?
- Expressionsprodukt einfach zu reinigen?

Für die Auswahl der Wirtszelle können die in Tab. 14–1 zusammengefassten Vor- und Nachteile des jeweiligen Systems als Anhaltspunkt dienen.

Für den Expressionsvektor ist ein starker Promotor ein entscheidender Gesichtspunkt. Er steuert die Herstellung großer Mengen mRNA des interessierenden Gens. In manchen Fällen wird man einen kontrollierbaren Promotor wählen, der die zeitlich gesteuerte Expression gestattet, d.h. bei dem sich von außen die Proteinexpression induzieren lässt. Hierzu stehen z.B. bei *E. coli* zahlreiche Promotoren zur Verfügung (Tab. 14–2).

Weiterhin ist zu entscheiden, ob das interessierende Protein direkt oder als Fusionsprotein exprimiert werden und wo das Expressionsprodukt lokalisiert sein soll. So wird, abhängig davon, ob die inserierte DNA für ein N-terminales Signalpeptid zur Sekretion des Expressionsproduktes codiert oder nicht, das rekombinante Protein sekretiert werden oder intrazellulär verbleiben.

Im Cytoplasma lokalisierte Proteine können aus den geernteten Zellen gereinigt werden, sind in manchen Fällen aber schwerlöslich. Bekannt sind insbesondere die bakteriellen *inclusion bodies*. Diese schwerlöslichen Proteinaggregate schützen das Fremdprotein gegen eventuell auftretenden proteolytischen Abbau und erleichtern die Abtrennung anderer Proteine. Jedoch machen sie meist die Solubilisierung des rekombinanten Proteins unter denaturierenden Bedingungen erforderlich.

Sekretierte Proteine werden bei grampositiven Bakterien sowie bei eukaryotischen Zellen aus dem Kulturüberstand, bei gramnegativen Bakterien (z.B. *E. coli*) aus der periplasmatischen Fraktion gereinigt. Die Reinigung aus Kulturüberständen erlaubt die kontinuierliche Kultur der exprimierenden Zellen. Bis zu einem gewissen Grad kann der Anteil an Fremdprotein über die Wahl der Mediumzusammensetzung beeinflusst werden. Instabile Proteine können unter diesen Bedingungen jedoch proteolytisch abgebaut

Tab. 14–1: Verschiedene Wirtssysteme mit Vor- und Nachteilen

Wirt	Vorteile	Nachteile
Bakterien (*E. coli*) (Kap. 14)	• hohe Ausbeute • einfache, billige Kultivierung • gute Raum-/Zeit-Ausbeute • Organismus umfassend bekannt, einfach zu handhaben und zu manipulieren • zahlreiche Kontrollelemente auf Transkriptions- und Translationsebene bekannt	• keine posttranslationalen Modifikationen und Sekretionsmechanismen eukaryotischer Zellen, daher häufig keine bioaktiven Proteine • Expressionsprodukte eventuell schwerlöslich in Form von sog. „inclusion bodies"
Insektenzellen (Baculovirussystem) (Kap. 14)	• viele posttranslationale Modifikationen, Proteinprozessierungs- und Sekretionsmechanismen höherer eukaryotischer Zellen • hohe Ausbeuten möglich • Proteine meist löslich • Baculoviren nicht infektiös für Menschen • System auch für die Expression großer Proteine gut geeignet	• Kultivierung von Insektenzellen aufwendiger und langwieriger als von Bakterien • längeres Verfahren zur Gewinnung hochtitriger Ausgangslösungen rekombinanter Baculoviren • einige posttranslationale Glykosylierungen abweichend von Säugerzellen
Hefen (Kap. 15)	• Organismus gut bekannt, Kultivierung und Manipulation ausführlich beschrieben • viele posttranslationale Modifikationen, Proteinprozessierungs- und Sekretionsmechanismen höherer eukaryotischer Zellen	• einige posttranslationale Glykosylierungen abweichend von Säugerzellen • Ausbeuten niedriger als z.B. bei Bakterien
Säugerzellen (Kap.12)	• alle posttranslationalen Modifikationen, Proteinprozessierungs- und Sekretionsmechanismen höherer eukaryotischer Zellen	• Kultivierung vergleichsweise zeitaufwendig und teuer • schlechte Raum-/Zeit-Ausbeute

werden. Die Sekretion in den periplasmatischen Raum gramnegativer Bakterien kann günstig für die Reinigung sein, verringert aber oft die Ausbeute der Proteinexpression und verhindert nicht in allen Fällen die Bildung von *inclusion bodies*.

Bei der direkten Expression eines Proteins wird das Gen direkt hinter die Kontrollregionen des Expressionsvektors inseriert. Zur Erleichterung der anschließenden Reinigung kann bei der Konstruktion des Vektors N- oder C-terminal an das inserierte Gen die Sequenz für eine kurze Peptidsequenz (*tag*) angehängt werden. Dies erlaubt eine affinitätschromatographische Reinigung des *tagged*-Proteins (Tab. 14–3).

Häufig, insbesondere zur Gewinnung biologisch aktiver rekombinanter Proteine, ist die direkte Expression die Methode der Wahl, da Fusionspartner mit dem Protein selbst wechselwirken können. Der Erfolg der direkten Proteinexpression ist jedoch sehr unterschiedlich und führt nicht in allen Fällen zu befriedigenden Ausbeuten.

Aus diesen Gründen sowie zur Erleichterung der anschließenden Reinigung kann das interessierende Protein als Fusionsprotein exprimiert werden. Üblicherweise wird hierzu ein Vektor konstruiert, der 5' oder 3' vom interessierenden Protein in demselben Leseraster für ein Fusionspartner kodiert. Als Fusionspartner werden Proteine gewählt, die von der ausgesuchten Wirtszelle hoch exprimiert werden und leicht affinitätschromatographisch gereinigt werden können. Man geht davon aus, dass dies auch für das Fusionsprotein gilt (Tab. 14–3).

Tab. 14–2: Wichtige Promotoren in *E. coli*

Promotor	Quelle	Induktion durch
pR	Bakteriophage λ	Temperatur
pL	Bakteriophage λ	Temperatur
lac	β-Galactosidase-Gen (*E. coli*)	IPTG
tac	Hybrid aus *lac*- und *trp*-Promotor	IPTG
T7	Bakteriophage T7	T7-Polymerase-Synthetase

Tab. 14–3: Vektoren mit Fusionspartnern oder „tags".

Fusionspartner/tag Reinigungsprinzip
Polyhistidin Bindung an Metallchelat-Affinitätsmatrices
Polyarginin Bindung an Kationentauscher
Polyaspartat Bindung an Anionentauscher
Polycystein Bindung an Thiolgruppen
Polyphenylalanin Bindung an hydrophobe Matrices (HIC)
Myc Anti-Myc Antikörper
Flag Anti-Flag Antikörper
HA-Peptid Anti-HA Antikörper
Protein C Anti-Protein C Antikörper
Glutathion-S-Transferase Bindung an Glutathion
Protein A Bindung an IgG
Maltose-bindendes Protein Bindung an Amylose
Galactose-bindendes Protein Bindung an Galactose
Chloramphenicol-Acetyltransferase Bindung an Chloramphenicol

Obwohl Fusionspartner oder *tags* für die Expression und/oder Reinigung rekombinanter Proteine hilfreich sind, können sie im gereinigten Expressionsprodukt unerwünscht sein. Viele kommerziell erhältliche Expressionsvektoren besitzen daher eine so genannte *linker region* zwischen dem Gen für den Fusionspartner und der Insertionsstelle des interessierenden Gens. Sie codiert für eine Protease-Erkennungssequenz. Bei Verwendung der geeigneten spezifischen Protease, die aber keine andere Erkennungssequenz im interessierenden Protein haben darf, kann das gereinigte Fusionsprotein gespalten und das gewünschte Expressionsprodukt gewonnen werden.

Wird die Spaltung direkt nach Bindung des Fusionsproteins an die betreffende Affinitätsmatrix durchgeführt, so bleibt der Fusionspartner gebunden und nur das angestrebte Fremdprotein wird eluiert. Die im Idealfall einzige „Proteinverunreinigung" im Eluat ist dann die Protease.

Literatur

Coligan, J.E., Dunn, B.E., Ploegh, H.L., Speicher, D.W., Wingfield, P.T. (Hrsg.) (1995): Current Protocols in Protein Science, John Wiley & Sons, New York.

Ausubel, F.M., Brent, R., Kingston, R.E., Moore, D.D., Seidman, J.G., Smith, J.A., Struhl, K. (Hrsg.) (2002): Short Protocols in Molecular Biology, John Wiley & Sons, New York.

14.2   Expression eines eukaryotischen GST-Fusionsproteins in *E. coli*

Als Beispiel wird hier die Expression eines humanen Fibroblasten-Wachstumsfaktor bindenden Proteins (FGF-BP) erläutert. Das Protein spielt eine Rolle bei der Bioaktivierung des Wachstumsfaktors bFGF (basic FGF) zur Neoangiogenese, in Wundheilungsprozessen und beim Tumorwachstum (Czubayko *et al.*, 1997, Abuharbeid *et al.*, 2005 zur Übersicht).

Ziel ist hier die Gewinnung großer Mengen, d.h. mehrere Milligramm, rekombinanten FGF-BP für Immunisierungen. Wichtige Kriterien sind somit die Reinheit des Produkts, hohe Ausbeuten und hohe Immunogenität. Weniger entscheidend sind Bioaktivität, posttranslationale Modifikationen, gute Löslichkeit unter nativen Bedingungen und kontinuierliche Produktion des rekombinanten Proteins. Aus diesen Gründen wurde die Expression als Fusionsprotein in Bakterien gewählt.

Die Expression erfolgt in diesem Beispiel in einem Expressionsvektor der pGEX-Serie von GE Healthcare. Der Vektor enthält einen *tac*-Promotor; die Expression wird somit über die Zugabe von IPTG induziert. Die inserierten Gene werden als Fusionsprotein mit Glutathion-S-Transferase (GST) aus *Schistosoma japonicum* exprimiert (Smith und Johnson, 1988). Die Reinigung des GST-(FGF-BP)-Fusionsproteins erfolgt über Glutathion-Affinitätschromatographie.

Literatur

Abuharbeid, S., Czubayko, F., Aigner, A. (2005): The Fibroblast Growth Factor-Binding Protein FGF-BP. Int. J. Biochem. Cell Biol. 38 (9), 1.463–1.468.

Czubayko, F., Liaudet-Coopman, E.D.E., Aigner, A., Tuveson, A.T., Berchem, G.J., Wellstein, A. (1997): A Secreted FGF Binding Protein Can Serve as the Angiogenic Switch in Human Cancer. Nature Med. 3, 1137–1140.

Grieco, F., Hay, J.M., Hull, R. (1992): An Improved Procedure for the Purification of Protein Fused with Glutathione S-Transferase. Biotechniques 13, 856–858.

Hakes, D.J., Dixon, J.E. (1992): New Vectors for High Level Expression of Recombinant Proteins in Bacteria. Anal. Biochem. 202, 293–298.

Handbuch zu: Bulk und RediPack GST Purification Modules, GE Healthcare.

Smith, D.B., Johnson, K.S. (1988): Single-Step Purification of Polypeptides Expressed in *Escherichia coli* as Fusions with Glutathione S-Transferase. Gene 67, 31–40.

14.2.1 Konstruktion des Expressionsvektors

Die Konstruktion des Expressionsvektors ist in Abb. 14–1 gezeigt; zum Verfahren der Vektorkonstruktion (Hydrolyse/Restriktion von Vektor und Insert sowie anschließende Ligation, Abschnitt 6.1.3). Im hier vorliegenden Falle wurde der Vektor pGEX-2TK (Amersham Biosciences) durch Hydrolyse mit der Restriktionsendonuclease Bam HI geöffnet. Inseriert wurde ein DNA-Fragment des FGF-BP-Gens (GenBank Accession Number M60047), das die komplette Sequenz des FGF-BP ohne Sekretions-Signalpeptid enthielt und gleichfalls mit Bam HI geschnitten war. Die Ligation erfolgte ebenfalls nach Abschn. 6.1.3, die Transformation von *E. coli*-JM-101-Zellen wurde gemäß Abschn. 5.3.3 und 5.3.4 durchgeführt. Bei Expression eines anderen Proteins muss die Klonierungsstrategie, insbesondere die Wahl der Restriktionsenzyme, der DNA-Sequenz, d.h. den jeweils zur Verfügung stehenden Restriktions-Schnittstellen, angepasst werden. Nach Selektion von Transformanten auf LB/amp-Platten wurde das Plasmid von einer Kolonie per DNA-Minipräparation gereinigt (Abschn. 3.2) und die korrekte Insertion des Gens per Sequenzierung (Kap. A1) überprüft. Das Plasmid kann bei –20 °C unbegrenzt gelagert werden.

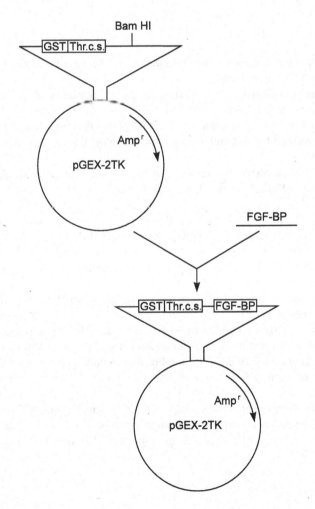

Abb. 14–1: Schema zur Konstruktion des Expressionsvektors zur Überproduktion eines GST-(FGF-BP)-Fusionsproteins in *E. coli*. Thr.c.s.: Thrombin cleavage site, Thrombin-Spaltstelle.

14.2.2 Expression des GST-Fusionsproteins

Materialien

- *E. coli*, transformiert mit dem Expressionsplasmid aus Abschn. 14.2.1 (Kultur auf LB/amp-Platte)
- LB-Medium: 10 g Trypton, 5 g Hefeextrakt, 10 g NaCl ad 1 l mit bidest. H_2O; pH-Wert ist 7,0 und braucht normalerweise nicht extra eingestellt zu werden, kann aber geschehen, wenn der pH-Wert abweicht; Medium nach Ansetzen autoklavieren (20 min, 121 °C); Medium kann bei RT gelagert werden
- LB/amp-Selektivmedium (enthält 100 µg × ml^{-1} Ampicillin, Abschn. 6.2.3); Antibiotika als sterilfiltrierte Stammlösung erst nach dem Erkalten des Mediums (am besten unmittelbar vor Benutzung) zusetzen
- PBS: 10 mM Na-Phosphat pH 7,5 (14,6 g × l^{-1} Na_2HPO_4, 2,6 g × l^{-1} NaH_2PO_4), 130 mM NaCl, autoklavieren (20 min, 121 °C)
- Triton X-100
- Isopropyl-β-D-Galactopyranosid (IPTG): 100-fach IPTG-Stammlösung (100–200 mM) in bidest. H_2O ansetzen und sterilfiltrieren (Spritzenfilter); Lösung sofort verwenden oder aliquotiert bei –20 °C aufbewahren
- Ultraschallgerät
- Spektralphotometer
- 37 °C-Schüttelinkubator

Durchführung

- 25 ml LB-Selektivmedium mit einer einzelnen Bakterienkolonie einer LB/amp-Platte beimpfen und über Nacht unter Schütteln bei 37 °C kultivieren
- 1.000 ml LB-Selektivmedium mit der Übernachtkultur beimpfen, unter Schütteln bei 37 °C inkubieren und Zellwachstum durch Trübungsmessung bei 600 nm verfolgen
- bei Erreichen einer optischen Dichte (OD_{600}, Abschn. 1.1.3) von 0,7 bis 0,9 Probe der Bakteriensuspension entnehmen (1,5 ml, Negativkontrolle vor Induktion); zur Induktion der Expression 1–2 mmol × l^{-1} IPTG zur Kultur steril zusetzen
- Kultur unter Schütteln bei 37 °C inkubieren und entweder zur Ermittlung der Zeitabhängigkeit der Expression oder für die präparative Herstellung des Proteins verwenden.

Ermittlung der geeigneten Kultivierungsdauer nach der Induktion

- zu verschiedenen Zeitpunkten nach der Induktion, z.B. nach 30 min sowie 1, 2, 3, 4, 5, 6, 8 und 10 h, je 1,5 ml Zellsuspension entnehmen
- entnommene 1,5 ml-Probenkulturen in 1,5 ml-Reaktionsgefäßen kurz zentrifugieren, Überstand verwerfen
- Sedimente in 300 µl kaltem PBS aufnehmen und 10 µl der Suspension für spätere SDS-PAGE (Abschn. 14.2.3 und 2.1.1) bei –20 °C aufbewahren
- Bakterienzellen mittels Ultraschall lysieren; Zeitdauer und evtl. Intervalle der Ultraschallbehandlung richten sich nach dem jeweiligen Fabrikat des Ultraschallgeräts; gut geeignet sind Ultraschallgeräte mit eintauchender Sonde; um Erwärmung zu vermeiden, sollte die Behandlung auf Eis und in kurzen Stößen mit Unterbrechungen erfolgen (z.B. fünfmal 10 s mit jeweils 10 s Pause); Schäumen vermeiden
- zur Sedimentierung unlöslicher Komponenten Reaktionsgefäße 5 min zentrifugieren; Überstände in neues Gefäß transferieren und Sedimente für spätere Gelelektrophorese bei –20 °C aufbewahren
- Fusionsprotein aus den Überständen reinigen gemäß Reinigungsprotokoll (Abschn. 14.2.3).

Expression großer Mengen rekombinanten Proteins nach Ermittlung optimaler Kulturbedingungen

- Bakterienkultur nach optimaler Inkubationszeit in Zentrifugenbecher (z.B. GSA) überführen und bei ca. $4.000 \times g$ und 4 °C für 15 min zentrifugieren
- Überstand verwerfen (hier wie bei allen anderen Schritten biologische Sicherheitsvorschriften beachten!); Sediment entweder bei –20 °C lagern oder direkt weiterverarbeiten
- Sediment in 100 ml kaltem PBS resuspendieren; Bakterienzellen mittels Ultraschall lysieren; Zeitdauer und evtl. Intervalle der Ultraschallbehandlung richten sich nach dem jeweiligen Fabrikat des Ultraschallgeräts; gut geeignet sind Ultraschallgeräte mit eintauchender Sonde; um Erwärmung zu vermeiden, sollte die Behandlung auf Eis und in kurzen Stößen mit Unterbrechungen erfolgen (z.B. fünfmal 10 s mit jeweils 10 s Pause); Schäumen vermeiden
- Triton X-100 bis zu einer Endkonzentration von 1 % (v/v) zusetzen; Suspension 30 min auf Eis unter leichtem Schütteln oder gelindem Rühren inkubieren
- Suspension in Zentrifugenröhren überführen (z.B. SS-34) und bei $12.000 \times g$ und 4 °C für 15 min zentrifugieren
- Überstand aufbewahren, Sediment verwerfen.

Alternative Durchführung

Sollte das Expressionsprodukt schwerlöslich sein und z.B. in Form von *inclusion bodies* vorliegen, kann eine denaturierende Reinigung gemäß Abschn. 14.3.8 erfolgen. In diesem Fall ist keine vorherige Ultraschallbehandlung der Bakterienzellen erforderlich; das Bakteriensediment wird vielmehr direkt in Aufschlusspuffer (Abschn. 14.3.8) resuspendiert.

Trouble Shooting

Üblicherweise werden hohe Ausbeuten an GST-Fusionsprotein erhalten (bis zu 50 mg $\times$ ml^{-1} Kultur, zur Bestimmung Abschn. 14.2.3). Ist die Ausbeute zu klein, kann die Verwendung eines anderen, z.B. Protease-negativen Bakterienstamms erwogen werden. Die Menge an Fusionsprotein lässt sich auch erhöhen, indem bei einer höheren OD induziert wird oder die Wachstumszeiten nach der IPTG-Induktion verlängert werden. Allerdings kann unter diesen Bedingungen bereits Zelllyse einsetzen. Dies sollte in Vorexperimenten getestet werden. Wird das Fusionsprotein hauptsächlich in schwerlöslichen *inclusion bodies* erhalten, lässt sich der Anteil an löslichem Protein erhöhen, indem die Wachstumstemperatur auf 30 °C bzw. in 5 °C-Schritten auf bis zu 15 °C abgesenkt wird. Zwar geht dies mit einer Verringerung der Gesamtausbeute an rekombinantem Protein einher, doch wird dieser Effekt oft durch den höheren Anteil an löslichem Fusionsprotein überkompensiert.

14.2.3 Reinigung des GST-Fusionsproteins

Materialien

- Fraktionen aus Abschn. 14.2.2
- Glutathion-Sepharose 4 B (Amersham Biosciences)
- PBS (Abschn. 14.2.2)
- 10 mM Glutathion (GSH) in PBS (bei –20 °C aufbewahren)
- 1 % (w/v) SDS
- Kühlraum oder Kühlschrank
- Schüttler
- passende Minisäulen (z.B. 10 ml Poly-Prep® Chromoatography Columns, Bio-Rad Laboratories)
- Ausrüstung für SDS-Polyacrylamind-Plattengelelektrophorese mit anschl. Coomassie Brillant Blue-Färbung (Abschn. 2.1.1 und 2.2.1)

Durchführung

- Alle Schritte auf Eis oder bei 4 °C durchführen, sofern nicht anders angegeben

Fraktionen aus Vorexperiment zur Ermittlung geeigneter Kultivierungsbedingungen

- Geeignete Menge (s.u.) Glutathion-Sepharose 4 B in 12 ml-Gefäß oder kleiner Säule vorlegen; im *batch*-Verfahren (mind. 3 Waschschritte durch kurze Zentrifugation bei geringer Geschwindigkeit (500–600 upm) und Resuspendieren in kaltem PBS) oder per Durchfluss mit zehnfacher Menge des Bettvolumens mit kaltem PBS waschen
- zu den 1,5 ml Überstand aus Abschn. 14.2.2 jeweils 10 µl gewaschenes Glutathion-Sepharose-Säulenmaterial zusetzen; 15 min unter Schütteln bei RT inkubieren
- Säulenmaterial durch kurze Zentrifugation bei geringer Geschwindigkeit (500–600 upm) sedimentieren, Überstand verwerfen
- Säulenmaterial dreimal mit je 100 µl PBS waschen wie oben beschrieben
- 10 µl 1 % (w/v) SDS-Lösung zusetzen und 10 min bei RT inkubieren
- nach Zentrifugation Überstand abpipettieren, mit SDS-Probenauftragspuffer vermischen, hitzedenaturieren und über denaturierende, reduzierende SDS-Polyacrylamid-Plattengelelektrophorese (Abschn. 2.1.1) auftrennen
- ebenso können die unlöslichen Sedimente nach der Ultraschallbehandlung der Zellen mit 1 % (w/v) SDS extrahiert werden; bei großen Sedimenten Gel nicht überladen
- Gel nach Coomassie-Färbung (Abschn. 2.2.1) auf Anwesenheit der erwarteten Proteinbande des GST-Fusionsproteins untersuchen (GST alleine: 29 kDa) und so günstigste Kultivierungsbedingungen ermitteln.

Reinigung großer Mengen an GST-Fusionsprotein

- Geeignete Menge Glutathion-Sepharose 4 B zweimal mit mindestens zehnfacher Menge des Bettvolumens mit kaltem PBS waschen; Anhaltspunkt: 500 µl Bettvolumen pro l Bakterienkultur
- Säulenmaterial im Überstand aus Abschn. 14.2.2 resuspendieren; Suspension 30 min bei RT unter Schütteln inkubieren
- Suspension in geeignete Säule füllen, Säulendurchlauf abfließen lassen, Probe des Säulendurchlaufs aufbewahren
- Säulenmaterial zweimal mit mindestens zehnfacher Menge des Bettvolumens mit 4 °C kaltem PBS waschen
- Säule verschließen und 1 ml 10 mM Glutathion pro 500 µl Bettvolumen zusetzen
- 15 min bei RT inkubieren, dann Eluat (GSH-Eluat 1) sammeln
- Prozedur mit der halben Menge 10 mM Glutathion wiederholen (GSH-Eluat 2)
- Säule verschließen und 1 ml 1 % (w/v) SDS auf 500 µl Bettvolumen zusetzen
- 5 min bei RT inkubieren, dann Eluat (SDS-Eluat) sammeln
- Eluate über SDS-Platten-Gelelektrophorese auf Reinheit des Expressionsprodukts analysieren.

Die Ausbeute kann über die Nachweisgrenze im Coomassie gefärbten Gel (ca. 0,5–2 µg pro Bande), den CDNB-Test (CDNB: 1-Chloro-2,4-Dinitrobenzol, Amersham Biosciences) oder, bei vollständiger Reinheit des rekombinanten Proteins, über jede Methode zur Bestimmung der Proteinkonzentration (Bradford, Messung der E_{280}, BCA-Test, Lowry etc.) ermittelt werden. Der CDNB-Test (Amersham Biosciences) ist ein spezifisches GST-Detektionssystem auf Basis einer GST katalysierten Substratreaktion.

Alternative Durchführung

Nach der Elution des Fusionsproteins mit 10 mM Glutathion kann die Stringenz des Elutionsschritts durch Zusatz von NaCl (500 mM, 1 M, 2 M) erhöht werden. Die Elution mit 1 % (w/v) SDS kann unterbleiben, wenn bereits das gesamte Protein eluiert wurde bzw. das denaturierte Expressionsprodukt nicht gewünscht wird. Die Reinigung des rekombinanten Proteins aus *inclusion bodies* kann denaturierend nach Abschn. 14.3.8 erfolgen. Wird ausschließlich das native Protein gewünscht, so sollte als chaotropes Reagenz 6–8 M Harnstoff gewählt werden, da dies in manchen Fällen eine anschließende Renaturierung gestattet.

Trouble Shooting

Eine zu geringe Ausbeute bei der Proteinreinigung kann u.a. durch unvollständige Solubilisierung des Fusionsproteins nach der Zelllyse, durch unvollständige Bindung an die Säulenmatrix oder durch proteolytischen Abbau hervorgerufen werden. Im letzten Fall sollte besonders darauf geachtet werden, dass möglichst alle Schritte auf Eis erfolgen; ebenso ist der Zusatz von Proteaseinhibitoren (z.B. Complete Proteaseinhibitorcocktail-Tabletten, Roche Diagnostics) hilfreich. Eine unvollständige Bindung des Proteins an das Glutathion-Sepharose-Säulenmaterial kann durch Verlängerung der Inkubationszeit zur Proteinbindung vermieden werden. Auch eine Vorbehandlung des Säulenmaterials mit 10 mM Glutathion zur vollständigen Reduktion des immobilisierten Glutathions ist möglich. Bei unvollständiger Solubilisierung des Fusionsproteins während der Zelllyse kann die Ultraschallbehandlung verlängert werden. Hierbei ist jedoch ein Abbau des Fusionsproteins zu vermeiden. Auch die Anwesenheit kontaminierender bakterieller Proteine in den gereinigten Fraktionen deutet auf zu lange Ultraschallbehandlung hin.

14.2.4 Spaltung eines GST-Fusionsproteins

Für die Spaltungsreaktion kann entweder das mit Fusionsprotein beladene Säulenmaterial oder das Glutathioneluat eingesetzt werden. Der hier verwendete Vektor codiert für eine Spaltstelle für Thrombin zwischen GST und FGF-BP.

Materialien
- Eluat oder beladenes Säulenmaterial aus Abschn. 14.2.3
- PBS (Abschn. 14.2.3), auf 4 °C vorkühlen
- Thrombin aus Rind, gelöst in PBS und in kleinen Portionen bei –70 °C gelagert
- Schüttler

eventuell:
- Glutathion-Sepharose 4 B
- Ausrüstung zur Übernachtdialyse einer Proteinlösung

Durchführung

Spaltung von säulengebundenem Fusionsprotein
- Beladenes Säulenmaterial mit zehnfachem Bettvolumen PBS waschen
- pro Milliliter Bettvolumen 50 U Thrombin in 1 ml PBS aufnehmen
- Säulenmaterial in der Thrombinlösung resuspendieren und unter gelindem Schütteln bei RT inkubieren (2–16 h)
- Suspension in geeignete Säule füllen, Säulendurchlauf auffangen; zur vollständigen Gewinnung des abgespaltenen rekombinanten Proteins mit zweifachem Säulenvolumen PBS nachwaschen.

Spaltung von eluiertem Fusionsprotein
- Gesamtmenge an Fusionsprotein im Eluat bestimmen (s.o.)
- 10 U Thrombin pro mg Fusionsprotein zusetzen und bei RT inkubieren (2 h bis ÜN).

Falls die Abtrennung des abgespaltenen GST gewünscht ist:

- Spaltansatz bei 4 °C unter Rühren gegen die mindestens 100-fache Menge vorgekühltes PBS dialysieren; hierbei Dialyseschläuche bzw. -membranen mit einer Ausschlussgrenze unterhalb des Molekulargewichts des abgespaltenen rekombinanten Proteins verwenden und Benutzungshinweise des Herstellers beachten

- Glutathion-Sepharose 4 B wie oben mit dem Spaltansatz beladen (Abschn. 14.2.3), dabei Säulendurchlauf auffangen

- Säule mit zweifachem Säulenvolumen PBS nachwaschen und die Durchläufe der Beladung und des Waschschritts vereinigen.

● *Trouble Shooting*

- Nach der Thrombinspaltung werden zwei Proteinbanden (GST und das interessierende Protein) im SDS-Gel erwartet. Werden mehr Banden erhalten, kann dies auf weitere Thrombinspaltstellen im rekombinanten Protein hindeuten. In diesem Fall sollte ein anderer Vektor z.B. mit einer Spaltstelle für Faktor Xa verwendet werden.

- Unspezifische Proteolyse oder die Instabilität von rekombinanten Proteinen, die nicht N-terminal durch den GST-Fusionspartner geschützt sind, können zum vollständigen Verlust des interessierenden Proteins führen. In diesem Falle können dem Spaltansatz Proteaseinhibitoren (kein Thrombininhibitor) zugesetzt werden. Wird keine vollständige Spaltung erreicht, können andere Vektoren der pGEX-Serie verwendet werden, die eine leichtere Zugänglichkeit der Thrombinspaltstelle gewährleisten.

14.3 Baculovirussystem: Expression eines eukaryotischen Proteins in Insektenzellen

Beim Baculovirus-Expressionssystem werden Insektenzellen mit einem rekombinanten Baculovirus infiziert und dann das rekombinante Virus und somit das interessierende Fremdprotein vermehrt (Vorteile: Tab. 14–1). Am häufigsten wird das verpackte, lytische ds-DNA-Virus *Autographa californica nuclear polyhedrosis* verwendet. Die Zellen werden durch adsorptive Endocytose des Virus mit nachfolgender Freisetzung der viralen DNA im Zellkern der Wirtszelle infiziert. Rund 6 h nach der Infektion beginnt die DNA, sich zu replizieren. Die Virushüllproteine werden exprimiert.

So häufen sich neue Viruspartikel im Zellkern an. Zunächst werden die von der Zelle sekretierten, sog. extrazellulären Viruspartikel gebildet. Zu einem späteren Zeitpunkt (ab ca. 18 h nach der Infektion) entstehen in der Zelle verbleibende und dort in proteinhaltigen viralen *occlusions* (Polyhedra) eingebettete Viren. Diese werden, vor proteolytischer Inaktivierung durch ihre Ummantelung geschützt, bei der schließlich erfolgenden Zelllyse freigesetzt.

Zur Herstellung eines rekombinanten Virus wird das interessierende Gen zunächst in einen Transfervektor kloniert, der meist den starken Polyhedrinpromotor enthält. Der rekombinante Vektor mit dem Fremdgen, das 5' und 3' von virusspezifischen Sequenzen flankiert ist, wird anschließend zusammen mit der DNA des Wildtypvirus in Insektenzellen transfiziert. Hier wird unter Verlust des Polyhedrinrings der Wildtyp-DNA das interessierende Fremdgen in das virale Genom des Wildtypvirus durch homologe Rekombination integriert. Es wird somit später unter der Kontrolle des verbliebenen Polyhedrinpromotors exprimiert. Die homologe Rekombination wird wesentlich verbessert und somit die Ausbeute an rekombinantem Virus erhöht, indem virale Wildtyp-DNA linearisiert und bestimmte Bereiche gelöscht werden. Nach der Deletion kann sich die Wildtypvirus-DNA nicht mehr vermehren und somit ausschließlich durch homologe Rekombination mit Plasmid-DNA replikationskompetente virale DNA entstehen. Dennoch müssen anschließend die rekombinanten Viren gereinigt werden (zweimalige Plaquereinigung, ca. 2–3 Wochen), bevor deren Titer durch Infektion von Zellen erhöht werden kann.

Das BAC-TO-BAC Baculovirussystem (Invitrogen) selektiert als kombiniertes System rekombinante Viren mit. Das rekombinante Donorplasmid wird in kompetente Bakterienzellen transformiert, die schon einen Baculovirus *shuttle* Vector (Bacmid) enthalten. Das Fremdgen wird durch sogenannte Transposition in die Bacmid-DNA inseriert. Über Blau/Weiß-Selektion (Abschn. 5.3.4) werden die Klone mit dem rekombinanten Bacmid identifiziert. Sie werden vermehrt, die rekombinante Bacmid-DNA isoliert und direkt für die Transfektion von Insektenzellen eingesetzt. Da nach der Blau/Weiß-Selektion ausschließlich rekombinante Bacmide weiterverwendet werden, kann eine Selektion rekombinanter Viren unterbleiben.

Infizierte Insektenzellen geben vor und nach deren Lyse wiederum rekombinante Baculoviren ins Medium ab. Mit diesen konditionierten Überständen werden:

- der virale Titer bestimmt
- der virale Titer amplifiziert
- Insektenzellen zur Expression des interessierenden Fremdgens mit anschließender Reinigung des rekombinanten Proteins neu infiziert.

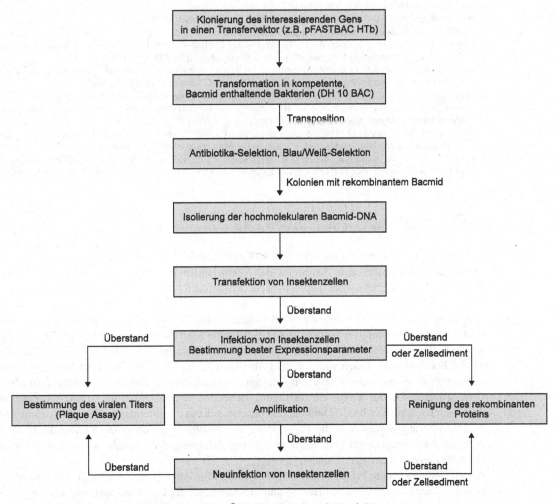

Abb. 14–2: BAC-TO-BAC Baculovirussystem. Übersicht über die Arbeitsschritte.

Als Beispiel wird im Folgenden die Expression eines humanen, FGF-bindenden Proteins (FGF-BP, Abschn. 14.2) erläutert. Ziel ist in diesem Falle die Gewinnung des bioaktiven Proteins, d.h. eines bFGF-bindenden Expressionsprodukts, für Zellkulturstudien (Aigner *et al.*, 2001, Tassi *et al.*, 2001). Wichtige Kriterien sind somit posttranslationale Modifikationen, eine Reinigung möglichst unter nativen Bedingungen und das Fehlen großer, eventuell die Bioaktivität unterbindender Fusionspartner. Weniger entscheidend sind eine besonders hohe Raum-Zeit-Ausbeute oder die Immunogenität des Produkts. Aus diesen Gründen wird das Protein mit einem His-*tag* in Insektenzellen exprimiert.

Dazu wird hier das oben erwähnte BAC-TO-BAC Baculovirussystem von Invitrogen verwendet (Abb. 14-2, Übersicht der Arbeitsschritte). Abschn. 14.3.2 beschreibt spezifisch die Herstellung der rekombinanten Bacmid-DNA dieses Systems. Die anderen Protokolle beziehen sich hingegen auf allgemeine Verfahren zum Arbeiten mit Baculoviren und Insektenzellen und sind daher universell einsetzbar.

Literatur

Aigner, A., Butscheid, M., Czubayko, F., Kunkel, P., Krause, E., Lamszus, K., Wellstein, A. (2001): An FGF-Binding Protein (FGF-BP) Exerts its Biological Function by Parallel Paracrine Stimulation of Tumor Cell and Endothelial Cell Proliferation through FGF-2 Release. Int. J. Cancer 92, 510–517.

Ausubel, F.M., Brent, R., Kingston, R.E., Moore, D.D., Seidman, J.G., Smith, J.A., Struhl, K. (Hrsg.) (2002): Short Protocols in Molecular Biology. John Wiley & Sons, New York.

Handbuch zu „BAC-TO-BAC Baculovirus Expression Systems", Invitrogen.

Handbuch „The QIAexpressionist", Qiagen GmbH, Hilden.

Hochuli, E., Dobeli, H., Schacher, A. (1987): New Metal Chelate Adsorbent Selective for Proteins and Peptides Containing Neighbouring Histidine Residues. J. Chromatography 411, 177–184.

Hoffman, A., Roeder, R.G. (1991): Purification of His-Tagged Proteins in Non-Denaturing Conditions Suggests a Convenient Method for Protein Interaction Studies. Nucl. Acids Res. 19, 6337–6338.

Luckow, V.A., Lee, S.C., Barry, G.F., Olins, P.O. (1993): Efficient Generation of Infectious Recombinant Baculoviruses by Site-Specific Transposon-Mediated Insertion of Foreign Genes into a Baculovirus Genome Propagated in *Escherichia coli*. J. Virol. 67, 4566-4579.

Luckow, V.A., Summers, M.D. (1988): Signals Important for High-Level Expression of Foreign Genes in Autographa Californica Nuclear Polyhedrosis Virus Expression Vectors. Virology 167, 56–71.

Tassi, E., Al-Attar, A., Aigner, A., Swift, M.R., McDonnell, K., Karavanov, A., Wellstein, A. (2001): Enhancement of Fibroblast Growth Factor (FGF) Activity by an FGF-Binding Protein. J. Biol. Chem. 276, 40247–40253.

14.3.1 Konstruktion des Expressionsvektors

Das Fremdgen (FGF-BP) wurde über *Eco*RI/*Bam*HI gemäß Abb. 14–3 in einen pFASTBAC-HT-Expressionsvektor kloniert; zum Verfahren der Vektorkonstruktion (Hydrolyse/Restriktion von Vektor und Insert sowie anschließende Ligation) siehe Abschnitt 6.1.3. Im hier vorliegenden Falle wurde der Vektor pFASTBAC-HT (Invitrogen) durch Hydrolyse mit den Restriktionsendonucleasen *Eco*RI und *Bam*HI geöffnet. Inseriert wurde ein DNA-Fragment des FGF-BP-Gens (GenBank Accession Number M60 047), das die komplette Sequenz des FGF-BP ohne Sekretions-Signalpeptid enthielt und gleichfalls mit *Eco*RI/*Bam*HI geschnitten war. Die Ligation erfolgte ebenfalls nach Abschn. 6.1.3, die Transformation von *E. coli*-JM-101-Zellen wurde gemäß Abschn. 5.3.3 und 5.3.4 durchgeführt. Bei Expression eines anderen Proteins muss die Klonierungsstrategie, insbesondere die Wahl der Restriktionsenzyme, der DNA-Sequenz, d.h. der jeweils zur Verfügung stehenden Restriktionsschnittstellen, angepasst werden. Beim neueren BAC-TO-BAC TOPO Expressionssystem kann das interessierende Gen als *blunt-end* PCR-Produkt inseriert werden, was die Verwendung sog. *proofreading* Polymerasen (Abschn. 4.1.1) für den PCR-Amplifizierungsschritt gestattet. Zur späteren Reinigung des rekombinanten Proteins tragen die Plasmide einen N- oder C-terminalen His-*tag*.

Der hier verwendete Vektor pFASTBAC-HT codiert für einen N-terminalen His-*tag* (His-6). Er trägt auch eine *spacer region* zwischen His-*tag* und Fremdgen mit der Erkennungssequenz für eine spezifische Protease (rekombinante TEV-Protease). Das System stellt für diese Insertion drei Expressionsvektoren

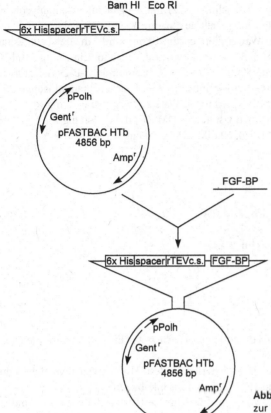

Abb. 14–3: Schema zur Konstruktion des Expressionsvektors zur Überproduktion von FGF-BP in Insektenzellen. rTEVc.s.: rTEV cleavage site, Spaltstelle der rTEV-Protease.

(HTa, HTb, HTc) zur Verfügung, die hinter der ATG-Translations-Startsequenz und vor der *multiple cloning site* eine unterschiedliche Zahl von Nucleotiden besitzen. Somit wird eine durch die Klonierung eventuell auftretende Verschiebung des Leserahmens wieder ausgeglichen. Im vorliegenden Fall musste pFASTBAC HTb verwendet werden, um eine Expression im korrekten Leserahmen zu gewährleisten. Nach der Isolierung des rekombinanten Plasmids über eine Minipräparation (Abschn. 3.2) wurde die korrekte Insertion des Gens per Sequenzierung (Kap. A1) überprüft; das Plasmid kann bei −20 °C unbegrenzt gelagert werden.

14.3.2 Herstellung der rekombinanten Bacmid-DNA zur Transfektion von Insektenzellen

Materialien
- Kompetente *E. coli*-Zellen DH10Bac (Invitrogen)
- rekombinantes Plasmid aus Abschn. 14.3.1
- 1 M Glucoselösung, in bidest. H_2O ansetzen, sterilfiltrieren
- SOC-Medium: 20 g Trypton, 5 g Hefeextrakt, 0,5 g NaCl, 2,5 g $MgCl_2$ × 6 H_2O, mit bidest. H_2O auffüllen auf 980 ml, pH 7,0 einstellen, autoklavieren (20 min, 121 °C), dann 20 ml sterile 1 M Glucoselösung zusetzen

- LB/gent/kan/tet-Medium: LB-Medium (Abschn. 14.2.2) mit 7 µg × ml^{-1} Gentamycin, 50 µg × ml^{-1} Kanamycin, 10 µg × ml^{-1} Tetracyclin, hergestellt aus Stammlösungen (Gentamycin: 7 mg × ml^{-1} in Wasser; Kanamycin: 10 mg × ml^{-1} in Wasser; Tetracyclin: 10 mg × ml^{-1} in 70 % (v/v) Ethanol)
- LB-Mix-Agarplatten: LB-Agar (Abschn. 6.2.3) mit 7 µg × ml^{-1} Gentamycin, 50 µg × ml^{-1} Kanamycin, 10 µg × ml^{-1} Tetracyclin sowie 100 µg × ml^{-1} Bluo-Gal (5-Bromoindolyl-β-D-Galactopyranosid) und 40 µg × ml^{-1} IPTG (Isopropyl-β-D-Galactopyranosid), hergestellt aus Stammlösungen (Gentamycin: 7 mg × ml^{-1} in Wasser; Kanamycin: 10 mg × ml^{-1} in Wasser; Tetracyclin: 10 mg × ml^{-1} in 70 % (v/v) Ethanol; Bluo-Gal: 20 mg × ml^{-1} in Dimethylsulfoxid (DMSO); IPTG: 200 mg × ml^{-1} in Wasser)
- RNase A-Lösung: 15 mM Tris-HCl pH 8,0, 10 mM EDTA, 100 µg × ml^{-1} RNase A
- 200 mM NaOH/1 % (w/v) SDS-Lösung
- 3 M Kaliumacetatlösung pH 5,5
- Isopropanol
- 70 % (v/v) Ethanol
- TE-Puffer: 10 mM Tris-HCl pH 8,0, 1 mM EDTA
- 37 °C-Brutschrank oder -Brutraum
- Ausrüstung für 0,5 % Agarosegel (Abschn. 2.3.1)
- Wasserbad
- 37 °C-Schüttelinkubator
- Vibromischer

Durchführung

- Kompetente, bei –80 °C gelagerte DH10Bac-Bakterienzellen auf Eis auftauen und je 100 µl in vorgekühlte 15 ml-Röhrchen vorlegen
- ca. 1 ng des rekombinanten Plasmids in 5 µl sterilem bidest. H$_2$O zusetzen, vorsichtig durch leichtes Bewegen des Röhrchens mischen und 15–30 min auf Eis inkubieren
- Röhrchen für exakt 45 s in ein 42 °C-Wasserbad überführen (Zeit und Temperatur sind entscheidend für die Transformation der Zellen) und anschließend sofort abkühlen (Eis, 2 min)
- 900 µl SOC-Medium zusetzen und Suspension unter Schütteln für 4 h bei 37 °C inkubieren
- 100 µl einer 1:10-, 1:100- und 1:1.000-Verdünnung der Suspension in SOC-Medium auf den LB-Mix-Agarplatten ausplattieren und Platten für mind. 24 h bei 37 °C inkubieren
- weiße, das rekombinante Bacmid enthaltende Kolonien identifizieren und zur sicheren Unterscheidung weiße und blaue Kolonien erneut auf LB-Mix-Agarplatten ausstreichen
- mit einer sicher als weiß identifizierten Kolonie 2 ml LB/gent/kan/tet-Medium inokulieren und 24 h, mindestens aber über Nacht bei 37 °C unter Schütteln inkubieren
- 1,5 ml der Suspension in Reaktionsgefäß überführen, zentrifugieren (1 min, max. Geschwindigkeit) und Überstand verwerfen
- Sediment in 300 µl RNase A-Lösung aufnehmen und durch kräftiges Mischen (Vibromischer) vollständig resuspendieren
- 300 µl einer 200 mM NaOH/1 % (w/v) SDS-Lösung zusetzen, vorsichtig mischen und 5 min bei RT inkubieren; die ursprünglich sehr trübe Lösung sollte hierbei klar werden
- unter gleichzeitigem Mischen 300 µl einer 3 M Kaliumacetatlösung pH 5,5 zusetzen, kurz vibromischen und Probe 10 min auf Eis inkubieren; bereits bei der Zugabe der Kaliumacetatlösung bildet sich ein voluminöses, weißes Präzipitat bakterieller genomischer DNA
- 10 min zentrifugieren (max. Geschwindigkeit)
- Überstand in neues Reaktionsgefäß überführen in dem bereits 800 µl Isopropanol vorgelegt sind (kein weißes Präzipitat mitnehmen); vorsichtig mischen und 10 min auf Eis inkubieren
- 15 min zentrifugieren (max. Geschwindigkeit, 4 °C), Überstand verwerfen
- Sediment mit 500 µl 70 % Ethanol durch mehrmaliges Invertieren des Reaktionsgefäßes waschen
- 15 min zentrifugieren (max. Geschwindigkeit, 4 °C), Überstand so vollständig wie möglich abpipettieren, ohne dabei das Sediment zu verlieren

- Sediment bei RT trocknen und, wenn keine Flüssigkeit mehr sichtbar, in 40 µl TE-Puffer aufnehmen; durch gelindes Schütteln vollständig lösen
- Reinheit und Ausbeute der Bacmid-DNA über 0,5 % (w/v) Agarose-Gelelektrophorese (Abschn. 2.3.1) überprüfen; bei Auftragung von 5 µl der DNA-Lösung sollte eine einzige starke Bande (23 kb) sichtbar sein. Die DNA kann für einige Tage bei 4 °C, für längere Zeit bei –20 °C gelagert werden.

Trouble Shooting

- Werden zu wenig Transformanten erhalten, so kann dies auf Verunreinigungen der rekombinanten DNA, auf eine nicht optimale Durchführung der Transformation oder auf eine zu niedrige Kompetenz der Zellen zurückgeführt werden. Daher sollte bei der Transformation eine Positivkontrolle (kommerziell erhältliches Plasmid mit Antibiotikumresistenz; wird meist vom Hersteller der kompetenten Zellen mit beigelegt) mitgeführt werden.
- Ist die Transformationseffizienz, unabhängig von der verwendeten DNA, zu niedrig, sollte eine andere Charge Zellen mit höherer Kompetenz verwendet bzw. die genaue Einhaltung des Protokolls überprüft werden.
- Bei alleinigem Auftreten weißer oder blauer Kolonien kann die Inkubationszeit der Platten verlängert werden. Werden dann immer noch keine Farbunterschiede beobachtet, sollten neue Platten, eventuell mit frischen Chemikalien und höherer Bluo-Gal-Konzentration, verwendet werden.
- Schlechte Ausbeuten an Bacmid-DNA können durch Verlust von DNA während der Reinigungsprozedur oder geringe Ausgangsmengen hervorgerufen werden. Im letzten Fall sollten die Antibiotikakonzentrationen der ÜN-Flüssigkultur überprüft werden.
- DNA-Degradation deutet auf mechanische Scherung der DNA durch unsachgemäße Handhabung oder auf Nucleasekontamination hin.

14.3.3 Handhabung, Kultivierung und Infektion von Insektenzellen

Materialien

- Sf9-Insektenzellen (American Tissue Culture Collection (ATCC))
- Sf-900-II-SFM-Medium (Life Technologies)
- Zellkulturflaschen
- 27 °C-Inkubator ohne CO_2-Zusatz (gilt für alle Experimente mit Insektenzellen)
- fötales Kälberserum (FKS)
- Sterilbank für Zellkultur

Durchführung

- Außer zur Transfektion (Abschn. 14.3.4) Sf9-Insektenzellen am besten in Zellkulturflaschen in Sf-900-II-SFM-Medium/10 % FKS kultivieren. Die Größe der Flaschen richtet sich nach der Zellzahl (ca. 4 × 10^5 Zellen pro cm² Fläche. Die optimale Temperatur beträgt 27 °C. Die Kultivierung kann im Prinzip unbegrenzt erfolgen und die Zellen können auch überkonfluent werden. Obwohl Insektenzellen auch in Suspension wachsen, ist für den Laborgebrauch die Kultivierung anhaftender Zellen vorteilhaft, da sich so vor allem der Verlauf einer Infektion besser verfolgen lässt. Unter dem Mikroskop sind infizierte Zellen größer als nichtinfizierte, lösen sich häufig vom Boden ab und schwimmen frei im Medium. Nichtinfizierte Zellen haften hingegen bis zum Erreichen von Zellkonfluenz am Flaschenboden.
- Resuspendierung von nicht infizierten Sf9-Insektenzellen, z.B. zum Passagieren in neue Flaschen, gelingt rein mechanisch durch wiederholtes Überströmen der Zellen mit Medium. Die suspendierten Zellen können dann überführt werden und heften sich selbständig an den Boden der neuen Zellkulturflasche an.
- Zur Infektion am besten subkonfluente Insektenzellen mit frischem Medium und mit Baculoviren enthaltendem Medium (Abschn. 14.3.4) überschichten und bei 27 °C inkubieren. Abhängig von der

Zielsetzung des Experiments (Amplifikation des viralen Titers oder Gewinnung rekombinanten Proteins) unterschiedliche virale Titer für die Infektion und damit unterschiedliche Mengen an infektiösem Medium wählen.

- Für die Amplifikation des viralen Titers sind MOI-Werte (*multiplicity of infection*) relevant. Der MOI-Wert beschreibt das zahlenmäßige Verhältnis von Viruspartikeln zu Zielzellen. Im vorliegenden Fall sind MOIs zwischen 0,1 und 0,01 PFU (*plaque forming units*, Plaque bildende Einheiten) pro Zelle geeignet; die niedrigen MOI-Werte verhindern die ungewollte Amplifikation von Wildtyp-Viren. Für die Gewinnung des rekombinanten Proteins werden hingegen höhere MOI-Werte gewählt (Abschn. 14.3.5). Das für die Infektion notwendige Volumen an virushaltigem Medium bekannten Titers berechnet sich dann nach folgender Formel:

$$V = Z \times MOI \times T^{-1}$$

V = benötigtes Volumen [ml]
Z = Gesamtzahl der Zellen
MOI = angestrebte MOI [PFU $\times$ Zelle^{-1}]
T = Titer des virushaltigen Mediums [PFU $\times$ ml^{-1}]

Die Gesamtzahl der Zellen ist am besten aus der Suspension vor dem Anheften zu ermitteln. Eine Probe der Zellsuspension kann mittels einer Zählkammer ausgezählt und die Zahl mit dem Eichfaktor der Zählkammer sowie dem Volumenverhältnis Gesamtvolumen/Probenvolumen multipliziert werden. Die Titerbestimmung des virushaltigen Mediums erfolgt nach Abschn. 14.3.6.

Grundsätzlich empfiehlt es sich, eine hochtitrige Virus-Stammlösung in ausreichender Menge herzustellen, die für alle Experimente verwendet werden kann und so reproduzierbare Ergebnisse liefert. Sie kann über Monate lichtgeschützt bei 4 °C und für mindestens 1–2 Jahre bei −70 °C gelagert werden. Häufiges Einfrieren/Auftauen sollte vermieden werden (in kleinen Portionen einfrieren). Die sicherste Aufbewahrungsform ist jedoch die Lagerung der gereinigten viralen rekombinanten DNA, die dann jederzeit wieder zur Transfektion von Zellen benutzt werden kann.

Trouble Shooting

- Lassen sich die Zellen durch Überströmen von Medium nur schlecht ablösen, kann vorsichtig ein Zellschaber verwendet werden. Erneutes Aussäen von Zellen in einer bereits benutzten Kulturflasche führt häufig zu verschlechtertem Anheften der Zellen am Boden, hat jedoch keine Auswirkung auf deren Wachstum. Überkonfluente oder teilweise abgestorbene Zellpopulationen können einfach in neue Kulturflaschen passagiert werden; nur gesunde Zellen werden sich wieder anheften.
- Beim fortgesetzten Auftreten nicht gesund aussehender Zellen sollte das Medium überprüft und ggf. ausgetauscht werden, ebenso bei Kontaminationen aller Art. Bei der Infektion der Zellen ist stets darauf zu achten, dass Frischmedium nicht durch Baculoviren kontaminiert wird.

14.3.4 Transfektion von Sf9-Insektenzellen mit rekombinanter DNA

Materialien

- Sf9-Insektenzellen
- Sf-900-II-SFM-Medium
- Streptomycin
- Penicillin
- 6-Lochplatten
- Cellfectin-Transfektionsreagenz (Invitrogen)
- 27 °C-Inkubator ohne CO_2-Zusatz

- fötales Kälberserum (FKS)
- Sterilbank für Zellkultur

Durchführung

- Zur Handhabung und Kultivierung von Sf9-Insektenzellen Abschn. 14.3.3
- in 6-Lochplatten ca. 9×10^5 Sf9-Insektenzellen pro Kavität in 2 ml Sf-900-II-SFM-Medium mit 50 U × ml^{-1} Penicillin und 50 µg × ml^{-1} Streptomycin aussäen und mind. 1 h anheften lassen
- pro Transfektion 5 µl der präparierten Bacmid-DNA aus Abschn. 14.3.2 in einem Reaktionsgefäß in 100 µl Sf-900-II-SFM-Medium aufnehmen
- Cellfectin-Transfektionsreagenz gut schütteln und pro Transfektionsansatz in einem 15 ml-Röhrchen 6 µl der Emulsion in 100 µl Sf-900-II-SFM-Medium aufnehmen
- im 15 ml-Röhrchen beide Lösungen vereinigen und 45 min bei RT inkubieren
- weitere 800 µl Sf-900-SFM-II-Medium zugeben und vorsichtig mischen
- anhaftende Zellen mit 2 ml Sf-900-SFM-II-Medium waschen, Waschmedium absaugen und Zellen sofort mit der Transfektionsmischung überschichten
- Transfektionsansatz 5 h bei 27 °C inkubieren, dann Medium entfernen
- Zellen mit 2 ml Sf-900-SFM-II-Medium waschen, Waschmedium absaugen
- Zellen mit 2 ml Sf-900-II-SFM-Medium/10 % FKS mit 50 U × ml^{-1} Penicillin und 50 µg × ml^{-1} Streptomycin überschichten und 48 h bei 27 °C inkubieren
- Baculoviren enthaltenden Überstand ernten und zur Amplifikation des viralen Titers benutzen.

Trouble Shooting

Geringe virale Titer deuten auf eine nicht optimale Transfektion hin. In diesem Fall sollten die Qualität der eingesetzten DNA, die eingestellte Zelldichte und die verwendete Menge Transfektionsreagenz überprüft werden. Ebenso kann die Inkubationszeit des Transfektionsansatzes verlängert werden. Auch bei geringer Ausbeute an rekombinantem Virus sollte geprüft werden, ob durch mehrere aufeinanderfolgende Amplifikationen nicht ebenfalls ein befriedigendes Ergebnis erzielt werden kann.

14.3.5 Bestimmung günstiger Expressionsparameter

Für die Infektion von Insektenzellen zur Gewinnung großer Mengen rekombinanten Proteins werden MOI-Werte gewählt (Abschn. 14.3.3), die über denen der Amplifikation liegen. Optimale MOI-Werte sowie die günstigste Inkubationszeit nach Infektion sollten in Vorexperimenten mit kleinen Ansätzen ermittelt werden. Anhaltspunkte sind MOI-Werte zwischen 1 und 10 PFU pro Zelle sowie Inkubationszeiten zwischen 1 und 6 Tage. Die Infektion kann durch mikroskopische Betrachtung der Zellen verfolgt werden. Die Kontrolle der Expression des interessierenden Fremdproteins bedarf der Analyse über SDS-Polyacrylamid-Plattengelelektrophorese (Abschn. 2.1).

Materialien

- Sf9-Insektenzellen
- virushaltiger Überstand (Abschn. 14.3.4)
- 24-Lochplatten
- Sf-900-II-SFM-Medium
- fötales Kälberserum (FKS)
- Sterilbank für Zellkultur
- Lysepuffer: 62,5 mM Tris-HCl pH 6,8, 2 % (w/v) SDS
- Ausrüstung für Reinigung des Expressionsprodukts unter denaturierenden Bedingungen (Abschn. 14.3.8)

- Ausrüstung für SDS-Polyacrylamidplatten-Gelelektrophorese (Abschn. 2.1)
- 27 °C-Inkubator ohne CO_2-Zusatz

Durchführung

- In einer 24-Lochplatte ca. 6×10^5 Sf9-Insektenzellen aussäen und anheften lassen (ca. 1 h)
- altes Medium abziehen und Zellen mit 0,3 ml frischem Medium überschichten
- zur Infektion 0,2 ml virushaltiges Medium zusetzen und Zellen bei 27 °C inkubieren
- nach gewünschten Inkubationszeiten Medium abziehen und aufbewahren (Abschn. 14.3.3)

Bei sekretierten Proteinen:
- Probe des Mediums direkt oder nach Reinigung des rekombinanten Proteins im kleinen Ansatz (Abschn. 14.3.7 und 14.3.8) über SDS-Polyacrylamind-Plattengelelektrophorese analysieren (Abschn. 2.1)

Bei nicht sekretierten Proteinen:
- Zellen mit serumfreiem Medium waschen, Medium abziehen; die anschließenden Schritte müssen nicht mehr steril durchgeführt werden
- 400 µl Lysepuffer zusetzen, Zellen vollständig resuspendieren und in Reaktionsgefäß überführen
- Suspension 5 min bei 100 °C inkubieren und anschließend zentrifugieren (5 min, max. Geschwindigkeit)
- Probe über SDS-Polyacrylamidplatten-Gelelektrophorese (Abschn. 2.1) analysieren.

Trouble Shooting

- Sowohl die Inkubationszeit nach Infektion als auch das Volumen infektiösen Mediums richten sich nach dem Titer und müssen jeweils angepasst werden. MOI-Werte zwischen 5 und 10 sind optimal und sollten nicht wesentlich unter- bzw. überschritten werden. Bei sehr langen Inkubationszeiten ist darauf zu achten, dass die Zellen nicht zu dicht wachsen und das Medium nicht an Nährstoffen verarmt. Ebenso führt eine zu lange Infektion zu Zelllyse und damit einhergehender Freisetzung von Proteasen und eventuell des nicht sekretierten Expressionsprodukts.
- Unbefriedigende Proteinausbeuten deuten auf geringe Expression oder Abbau des rekombinanten Proteins hin. In diesem Fall sollte die Temperatur überprüft (Abweichungen von mehr als 0,5 °C können auch bei offensichtlich infiziert aussehenden Zellen zu verminderter Expression führen) oder eine andere Insektenzelllinie verwendet werden (z.B. Sf21, MG1 oder HF).
- Wird kein sekretiertes Protein erhalten, kann auch die Expression des interessierenden Genprodukts als nicht sekretiertes Protein versucht werden. Im hier beschriebenen Fall des FGF-BP konnte nur so das Protein stabil exprimiert werden.

14.3.6 Bestimmung des viralen Titers über Plaque-Test

Die hier beschriebene Methode beruht auf der Beobachtung und Quantifizierung der Plaquebildung in einer immobilisierten Insektenzellkultur nach deren Infektion.

Materialien

- Sf9-Insektenzellen
- virushaltiger Überstand (Absch 14.3.4)
- 6-Lochplatten
- 4 % (w/v) Agarose in bidest. H_2O, autoklavieren (20 min, 121 °C)
- Sf-900-II-SFM-Medium

- 1,3 × Sf-900-Medium (Invitrogen)
- sterile Glasflasche (100 ml)
- Wasserbäder 40 °C und 70 °C
- 27 °C-Inkubator mit 100 % Luftfeuchtigkeit ohne CO_2-Zusatz
- Sterilbank für Zellkultur

Durchführung

- In 6-Lochplatten ca. 1×10^6 Sf9-Insektenzellen pro Kavität in Sf-900-II-SFM-Medium aussäen und anheften lassen; die Gesamtzahl der Kavitäten sollte so gewählt werden, dass jede Verdünnung (s.u.) mindestens doppelt, besser aber dreifach quantifiziert wird; nach vollständigem Anheften der Zellen sollte die geschätzte Zelldichte etwa 50 % betragen
- in 12 ml-Röhrchen eine Verdünnungsreihe (10^{-1} bis 10^{-8}) des virushaltigen Mediums in Sf-900-II-SFM-Medium herstellen; hierzu jeweils 4,5 ml Medium vorlegen und 500 µl des virushaltigen Mediums bzw. der vorherigen Verdünnung zusetzen; für den Test werden die Verdünnungen 10^{-3} bis 10^{-8} verwendet; Einzelkavitäten der 6-Lochplatten entsprechend beschriften
- Mediumüberstand aus den Kavitäten abziehen und Zellen sofort mit 1 ml pro Kavität der hergestellten Verdünnungen 10^{-3} bis 10^{-8} überschichten, 1 h bei RT inkubieren.

Währenddessen:

- Sterile 4 % (w/v) Agarose im 70 °C-Wasserbad verflüssigen; eventuell kann die Agarose kurz in der Mikrowelle erwärmt und dann in das Wasserbad überführt werden; es ist dann jedoch darauf zu achten, dass die Agarose bei Verwendung nicht wärmer als 70 °C ist
- 1,3 × Sf-900-Medium und sterile, leere 100 ml-Flasche im 40 °C-Wasserbad temperieren
- Agarosemischung für die Agarosedeckschicht herstellen: in temperierter Flasche 30 ml warmes 1,3 × Sf-900-Medium und 10 ml 4 % (w/v) Agarose ohne Schaumbildung mischen und sofort wieder in das 40 °C-Wasserbad transferieren; jegliche zum Erstarren der Agarose führende Abkühlung der Mischung ist zu vermeiden.

Nach Beendigung der 1 h-Inkubation:

- Infektiöses Medium aus den Kavitäten abziehen und Zellen sofort mit 2 ml der Medium-Agarose-Mischung überschichten; hierbei immer nur eine 6-Lochplatte bearbeiten, um das Austrocknen der Zellen zu vermeiden; Medium-Agarose-Mischung stets im 40 °C-Wasserbad belassen; beim Pipettieren eventuell entstehende Blasen sofort entfernen
- 6-Lochplatten bis zum Aushärten der Agarosedeckschicht ca. 20 min nicht bewegen und abgedeckt bei RT stehen lassen
- 6-Lochplatten in Inkubator (27 °C, 100 % Luftfeuchtigkeit) überführen und 4–10 d inkubieren
- täglich Plaques (milchig trüb) zählen; Experiment beenden, wenn die Zahl über 2 d hinweg konstant bleibt.

Nach Erreichen der Konstanz Titer nach folgender Formel bestimmen:

$$T = PFU \times Verd.^{-1} \times V^{-1}$$

(Titer der Ausgangslösung (PFU $\times$ ml^{-1}) = Zahl der Plaques in der Kavität pro Verdünnungsfaktor (s.o.) pro Volumen eingesetzter Infektionslösung (ml)).

Günstig sind Plaquezahlen zwischen 3 und 20; können mehrere Verdünnungen sicher ausgezählt werden, erhöht dies die Genauigkeit der Bestimmung. Das Volumen der eingesetzten Infektionslösung ist hier 1 ml, sodass sich die Formel vereinfacht zu:

Titer der Ausgangslösung (PFU $\times$ ml^{-1}) = Zahl der Plaques in der Kavität pro Verdünnungsfaktor

Trouble Shooting

- Das am häufigsten auftretende Problem ist, dass Plaques ausbleiben. Werden auch nach verlängerter Inkubationszeit keine Plaques beobachtet, sollten die Zellzahl (zu viele Zellen können Plaques überwachsen) sowie die Qualität und die korrekte Temperatur des Agars während des Ausplattierens überprüft werden. Eventuell sollten andere Verdünnungen des infektiösen Mediums verwendet werden, da zu geringe Titer zum völligen Ausbleiben von Plaques, zu hohe Titer zu kompletter Lyse aller Zellen führen können.
- Eine unebene Oberfläche der Agarosedeckschicht ist auf eine zu niedrige Temperatur bzw. eine kurzzeitige Abkühlung der Agarosemischung während des Gießens zurückzuführen und erschwert die Auswertung.

14.3.7 Reinigung eines sekretierten Expressionsprodukts mit His-*tag* unter nativen Bedingungen

Sekretierte Proteine lassen sich generell leicht reinigen, vor allem, wenn die Menge an Fremdproteinen im Medium gering ist (eventuell FKS-Gehalt verringern). Ein Problem stellt in manchen Fällen jedoch die Instabilität des rekombinanten Proteins dar, sodass die Expression des sekretierten Produkts nicht immer erfolgreich ist. Bei dem hier als Beispiel gewählten sekretierten FGF-BP konnte auch mit sensitiven Methoden kein Produkt im Medium nachgewiesen werden. Daher musste auf die Expression des nicht sekretierten Proteins ausgewichen werden.

Von dieser Ausnahme abgesehen, kann die affinitätschromatographische Reinigung unter nativen Bedingungen nach dem folgenden Protokoll durchgeführt werden. Es muss nur bezüglich der Stringenz der Wasch- und Elutionsschritte eventuell an das jeweilige Protein angepasst werden. Zur Vermeidung proteolytischen Abbaus sollten alle Schritte bei 4 °C erfolgen, ebenso können Proteaseinhibitoren zugesetzt werden. Die Verwendung von EDTA und anderen Chelatbildnern sowie von DTT muss allerdings unterbleiben, um die Ni^{2+}-Ionen des Säulenmaterials nicht zu chelatisieren bzw. zu reduzieren.

Materialien

- Ni-NTA-Superflow-Säulenmaterial (Qiagen)
- proteinhaltiger Zellkulturüberstand
- Waschpuffer: 50 mM Na-Phosphat pH 8,0, 300 mM NaCl, 20 mM Imidazol
- Elutionspuffer 1: 50 mM Na-Phosphat pH 8,0, 300 mM NaCl, 250 mM Imidazol
- Elutionspuffer 2: 50 mM Na-Phosphat pH 8,0, 300 mM NaCl, 500 mM Imidazol
- passende Minisäulen (z.B. 10 ml Poly-Prep® Chromoatography Columns, Bio-Rad Laboratories)
- Ausrüstung zur Membranfiltration (z.B.Centricon-Röhrchen oder Amicon-Rührzellen (Millipore))

 Durchführung

- Geeignete Menge Ni-NTA-Superflow-Säulenmaterial in kleiner Säule vorlegen und mit zehnfachem Säulenvolumen Waschpuffer äquilibrieren; Anhaltspunkt für Mengenabschätzung: ca. 5–10 mg His-*tagged* Protein pro ml Säulenmaterial
- proteinhaltiges Medium zentrifugieren (1.000 × g, 5 min); sedimentierte Zellen abtrennen und Überstand eventuell über Membranfiltration einengen; 1:1 mit Waschpuffer mischen
- Säule beladen: bei großem Volumen Mischung langsam durch die Säule fließen lassen; bei Volumen bis ca. 30 ml das Säulenmaterial in der Probenmischung suspendieren, Suspension 1 h unter Schütteln inkubieren, in Säule füllen und Durchlauf verwerfen
- Säulenmaterial mit zehnfachem Bettvolumen Waschpuffer nachwaschen
- 1. Elutionsschritt: Säule verschließen, einfaches Bettvolumen Elutionspuffer 1 zusetzen und Säulenmaterial darin resuspendieren; kurz inkubieren (2 min), dann Säule öffnen und Eluat auffangen

- Prozedur zweimal mit gleicher Menge Elutionspuffer 1 wiederholen, Eluate vereinigen
- 2. Elutionsschritt: Durchführung mit Elutionspuffer 2 wie vormals; Eluate der 2. Elutionsstufe vereinigen
- Eluate überprüfen (Abschn. 14.2.3).

Trouble Shooting

Wird in den Eluaten trotz nachgewiesener Expression kein rekombinantes Genprodukt erhalten, kann dies auf eine unzureichende Bindung des His-*tagged*-Proteins an das Säulenmaterial oder umgekehrt auf eine nicht erfolgende Elution zurückgeführt werden. Im letzteren Fall kann die Stringenz des Elutionsschritts durch Erhöhung der Imidazol- oder, bei unspezifischer Wechselwirkung des Proteins mit der Säulenmatrix, der NaCl-Konzentration im Elutionspuffer auf 1-2 M gesteigert werden. Die NaCl-Konzentration im Waschpuffer wird man hingegen dann erhöhen, wenn kontaminierende Proteine im Eluat erhalten werden. Unterbleibt die Bindung des His-*tagged*-Proteins an das Säulenmaterial, sollten Waschpuffer (insbesondere pH und Imidazolkonzentration) und Säulenmaterial überprüft und eventuell die Beladungszeit verlängert werden. Wird auch nach einer Verringerung der Imidazolkonzentration im Waschpuffer (bis 0 mM) keine Bindung erzielt, ist der His-*tag* möglicherweise durch das Protein abgeschirmt. Eine milde Denaturierung mit 6 M Harnstoff kann dann die Zugänglichkeit erhöhen. Grundsätzlich lässt sich eine Bindung des Proteins an das Säulenmaterial leicht überprüfen, indem man eine geringe Menge der beladenen Ni-NTA-Agarose vor der Elution analog zu Abschn. 14.2.3 mit 1 % (w/v) SDS extrahiert und über SDS-Polyacrylamind-Plattengelelektrophorese (Abschn. 2.1) analysiert.

14.3.8 Reinigung eines nicht sekretierten Expressionsprodukts mit His-*tag* unter denaturierenden Bedingungen

Bei weitem nicht alle nicht sekretierten Proteine sind schwerlöslich; häufig gelingt eine Reinigung unter milden Bedingungen aus Zelllysaten (alternative Durchführung). Erweist sich das interessierende Fremdprotein jedoch als schwerlöslich, so kann es unter stark (6 M Guanidiniumhydrochlorid) oder schwach (8 M Harnstoff) denaturierenden Bedingungen ohne Detergenzien in Lösung gebracht und über Nickel-Affinitätschromatographie gereinigt werden.

Die Gefahr proteolytischen Abbaus besteht bei der Verwendung denaturierender Puffer aufgrund der ebenfalls erfolgenden Denaturierung von Proteasen im Allgemeinen nicht; die Zugabe von Proteaseinhibitoren kann also unterbleiben.

Materialien
- Infizierte Insektenzellen
- Ultraschallgerät
- Dounce Glasschliff-Homogenisator (*tight fitting pistil*)
- Lysepuffer: 6 M Guanidiniumhydrochlorid, 100 mM Na-Phosphat, 10 mM Tris, mit NaOH ad pH 8,0
- Elutionspuffer: 8 M Harnstoff, 100 mM Na-Phosphat, 10 mM Tris, mit NaOH ad pH 8,0, pH 6,3, pH 5,9 bzw. pH 4,5 oder 30 mM Na-Citrat, 300 mM NaCl mit NaOH ad pH 8,0, pH 6,3, pH 5,9 bzw. pH 4,5
- 1 % (w/v) SDS
- Schüttler
- passende Säule (z.B. 10 ml)
- Ni-NTA-Superflow-Säulenmaterial (Qiagen)
- Lysepuffer für alternative Durchführung: 50 mM Tris-HCl pH 8,5 bei 4 °C, 10 mM β-Mercaptoethanol, 1 mM PMSF, 1 % Nonidet P-40

Durchführung

- Infizierte Insektenzellen durch mehrmaliges Überströmen des überstehenden Mediums vollständig resuspendieren; ggf. Zellschaber zum vorsichtigen vollständigen Ablösen der Zellen verwenden; Suspension steril in Zentrifugengefäß überführen und zentrifugieren (1.000 × g, 10 min)
- Überstand steril in neues Gefäß überführen und für neue Infektion verwenden
- Sediment in ca. 5 ml Lysepuffer pro g Sediment (Feuchtgewicht) resuspendieren
- Suspension 30 min auf Eis unter gelindem Rühren oder Schütteln inkubieren
- Suspension mit Ultraschall behandeln: Finger des Ultraschallgeräts (max. Leistung einstellen) 5 × je 10 s in die Suspension eintauchen und darin leicht bewegen; um Erwärmung zu vermeiden, die Suspension dabei auf Eis halten und zwischen jeder 10 s-Behandlung mind. 10 s pausieren
- Lysat 30 min auf Eis inkubieren
- Lysat homogenisieren: Dounce Glasschliff-Homogenisator, 5 Hübe
- Lysat 30 min auf Eis inkubieren
- Lysat zentrifugieren (10.000 × g, 15 min), Überstand in neues Gefäß dekantieren, Sediment verwerfen
- geeignete Menge Ni-NTA-Säulenmaterial in kleiner Säule vorlegen und mit zehnfachem Säulenvolumen Lysepuffer äquilibrieren; Anhaltspunkt für Mengenabschätzung: ca. 5–10 mg His-*tagged*-Protein pro ml Säulenmaterial
- äquilibriertes Säulenmaterial in zentrifugiertem Lysat resuspendieren und Suspension 1 h auf Eis unter leichtem Schütteln inkubieren
- Suspension in passende Säule füllen, Säulendurchlauf verwerfen; mit zehnfachem Bettvolumen Lysepuffer nachwaschen
- beladenes Säulenmaterial mit zehnfachem Bettvolumen Elutionspuffer pH 8,0 waschen
- beladenes Säulenmaterial mit Elutionspuffer pH 6,3 waschen, bis kein Protein mehr ausgewaschen wird (E_{280} nahe Null)
- 1. Elutionsstufe: Säule unten verschließen, einfaches Bettvolumen Elutionspuffer pH 5,9 zusetzen und Säulenmaterial darin resuspendieren; kurz inkubieren (2 min), dann Säule unten öffnen und Eluat auffangen
- Prozedur zweimal mit derselben Menge Elutionspuffer pH 5,9 wiederholen, Eluate der 1. Elutionsstufe vereinigen
- 2. Elutionsstufe: Durchführung mit Elutionspuffer pH 4,5 wie vormals; Eluate der 2. Elutionsstufe vereinigen
- Eluate nach Bestimmung der Proteinkonzentration (Bradford, Messung der E_{280}, BCA-Test, Lowry, 1.1.2) über SDS-Polyacrylamind-Plattengelelektrophorese (Abschn. 2.1) auf Ausbeute und Reinheit analysieren; zur Überprüfung, ob das interessierende Protein vom Säulenmaterial gebunden wurde und die Elution vollständig war, kleine Proben des beladenen Säulenmaterials vor und nach der Elution mit 1 % (w/v) SDS extrahieren und Überstand gleichfalls auf das Gel auftragen.

Alternative Durchführung

Ist das interessierende Protein nicht schwerlöslich, kann eine Reinigung unter milderen Bedingungen erfolgen:

- Geerntete Zellen auf Eis mit 5 ml Lysepuffer pro g Feuchtgewicht des Zellsediments versetzen und 5 min unter leichtem Schütteln lysieren
- im Falle unvollständiger Lyse (insbesondere bei größeren Ansätzen) Ultraschallbehandlung und/oder Homogenisierung mit Dounce Glasschliff-Homogenisator (s.o.) durchführen
- Lysat 10 min bei 10.000 × g zentrifugieren, Überstand in einem Überschuss Waschpuffer (Abschn. 14.3.7) aufnehmen und das rekombinante Protein nach Abschn. 14.3.7 reinigen.

Trouble Shooting

- Der exakte pH-Wert für die Elution des Genprodukts muss eventuell für das jeweilige Protein angepasst werden. Beim Auftreten kontaminierender Proteine im Eluat können die Waschschritte verlängert und eventuell deren Stringenz durch Absenkung des pH-Werts im Waschpuffer erhöht werden. Ebenfalls können vor der Elution des interessierenden Proteins weitere Elutionsschritte mit anderen pH-Werten eingeführt werden, um kontaminierende Proteine mit geringerer Affinität zuerst zu entfernen. Bei Verfügbarkeit einer FPLC-Anlage kann die Säulenchromatographie auch automatisiert durchgeführt werden, wobei dann anstelle der oben beschriebenen Stufenelution auch ein linearer oder zur Erhöhung der Trennleistung ein nicht linearer pH-Gradient (pH 8 - pH 4,5) angelegt werden kann.

- Unabhängig vom gewählten Verfahren sollten die pH-Werte der Puffer regelmäßig überprüft und ggf. nachgestellt werden. Es sollte, gerade bei nicht erfolgender Bindung des His-*tagged*-Proteins, darauf geachtet werden, dass das Lysat vor der Auftragung auf die Säule nicht mehr viskos ist. Ist dies noch der Fall, kann nach Zusatz von mehr Lysepuffer die Ultraschallbehandlung und die Homogenisierung wiederholt werden. Wird unter keinen Umständen eine Bindung des His-*tagged*-Proteins erreicht, sollte der Expressionsvektor auf die korrekte Expression des His-*tags* (Leserahmen beachten) überprüft werden.

15 Das *Pichia pastoris*-Expressionssystem

(Christoph Reinhart, Christoph Krettler)

Die methylotrophe Hefe *Pichia pastoris* (*P. pastoris*, Abb. 15–1) wurde in den letzten Jahren weltweit erfolgreich als System zur heterologen Genexpression etabliert und gehört mittlerweile neben *Escherichia coli* (Kap. 14), *Saccharomyces cerevisiae*, *Hansenula polymorpha*, dem Baculovirus-Expressionssystem (Kap. 14), Säugerzellsystemen (Kap. 12) und den zellfreien Systemen in vielen Laboren zum Standardrepertoire der Proteinproduktion (Cregg *et al.*, 1993, Romanos, 1995, Higgins und Cregg, 1998, Gellissen, 2000, Cereghino und Cregg, 2000, Daly und Hearn, 2005, Schwarz *et al.*, 2007). Neben einer Vielzahl löslicher Proteine wurden auch Membranproteine erfolgreich produziert und für biochemische sowie biophysikalische Untersuchungen isoliert (Reinhart und Krettler, 2006). Hierbei konnte sowohl für eine Reihe löslicher Proteine als auch für einige Membranproteine Material in ausreichender Menge und Qualität für Strukturanalysen produziert werden (Xu *et al.*, 2002, Thoma *et al.*, 2003, Binda *et al.*, 2004). Auch die Isotopenmarkierung von rekombinanten Proteinen für NMR-Experimente wurde in *P. pastoris* bereits erfolgreich durchgeführt (Wood und Komives, 1999, Pickford und O'Leary, 2004). Eine Übersicht der in *P. pastoris* produzierten Proteine findet sich unter: http://faculty.kgi.edu/cregg/.

Zu den Vorteilen des *Pichia*-Expressionssystems zählen:
- einfache genetische Manipulation
- Sequenz des *P. pastoris* Genoms ist frei zugänglich
- hohe genetische Stabilität der rekombinanten Klone
- Anzuchtbedingungen vergleichbar mit einfachen prokaryotischen Systemen
- kurze Generationszeit (Verdoppelungszeit ca. 2–4 h in Vollmedien)
- im Fermenter können sehr hohe Zelldichten erreicht werden (> 600 g feuchte Zellmasse je Liter Kultur)
- Verfügbarkeit eines sehr starken, streng regulierten Promotors

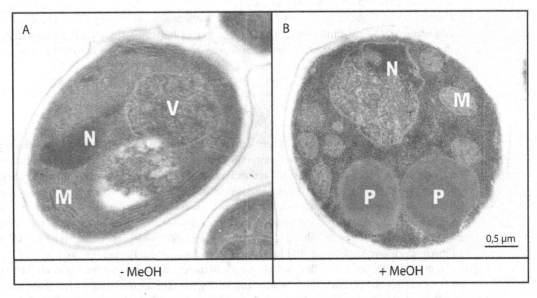

Abb. 15–1: Elektronenmikroskopische Aufnahme von *Pichia pastoris*. A) in BMGY-Medium (mit Glycerin). B) in BMMY-Medium (mit Methanol); M: Mitochondrium, N: Nucleus, P: Peroxisom, V: Vakuole

- extrem hohe Produktionsraten bei intrazellulärer Produktion
- viele Proteine können effektiv in das nahezu proteinfreie Medium sezerniert werden
- die meisten posttranslationalen Modifikationen höherer eukaryotischer Zellen sind möglich

15.1 Die Charakteristika des *Pichia pastoris*-Systems

15.1.1 Vergleich mit anderen Expressionssystemen

Die Kultivierung von *P. pastoris* erfolgt, ähnlich wie *E. coli*, auf preiswerten, definierten Medien und genetische Manipulationen sind einfach durchzuführen. Im Gegensatz zu bakteriellen Expressionssystemen ermöglichen Hefen wie *P. pastoris, S. cerevisiae, H. polymorpha* und *Schizosaccharomyces pombe* fast alle eukaryotischen ko- und posttranslationalen Modifikationen (Bildung von Disulfidbrücken, Glykosylierungen, Phosphorylierungen, Palmitoylierung etc.).

Zu den typischen Problemen der Proteinproduktion in prokaryotischen Systemen zählen: Translationsabbrüche durch eine andere *codon usage*, Aggregation falsch gefalteter Proteine (*inclusion bodies*), fehlerhafte ko- und posttranslationale Prozessierung sowie das Fehlen der Maschinerie für die Insertion von eukaryotischen Membranproteinen. Durch die Verwendung eines Hefesystems können in vielen Fällen diese Hürden überwunden werden.

Im Vergleich zum klassischen *S. cerevisiae*-System bietet das *P. pastoris*-System folgende Vorteile:

- Der üblicherweise für die Expression von Fremdgenen benutzte *AOX1*-Promotor (Alkoholoxidase I Promoter) unterliegt einer sehr effizienten Regulation. Er wird durch Glucose vollständig reprimiert, bei Anwesenheit von Methanol als alleiniger Kohlenstoffquelle hingegen induziert. Aufgrund der Stärke des Promotors kann die Alkohol-Oxidase I unter Induktionsbedingungen bis zu 30 % des Gesamtzellproteins ausmachen.
- Da die Hefe *P. pastoris* im Gegensatz zu *S. cerevisiae* eine stark reduzierte ethanolische Gärung besitzt, entstehen selbst bei sehr hohen Zelldichten (>100 g feuchte Zellmasse je Liter Kultur im Fermenter) keine toxischen Ethanolkonzentrationen.
- Rekombinante Proteine werden in *P. pastoris* wesentlich seltener hyperglykosyliert als in *S. cerevisiae* (Bretthauer und Castellino, 1999). Ein weiterer Vorteil besteht darin, dass *P. pastoris* keine der stark immunogenen α-1,3-mannosidischen Bindungen ausbilden kann (Cereghino und Cregg, 2000).

15.1.2 *Pichia pastoris*-Expressionsvektoren

P. pastoris besitzt keine episomalen Plasmide. Stattdessen wird nach Transformation eines geeigneten Vektors die für das heterolog zu produzierende Protein kodierende Expressionskassette mittels doppelthomologer Rekombination stabil ins Wirtsgenom integriert. Durch mehrfache homologe Rekombinationen kann es zu multiplen Integrationen der Expressionskassette kommen (Higgins *et al.*, 1998). In den letzten Jahren wurden die Vektoren entscheidend verbessert, sodass heute für die unterschiedlichsten Anwendungen ein geeigneter Vektor gefunden werden kann. Eine Auswahl an Expressionsvektoren mit ihren charakteristischen Eigenschaften ist in Tab. 15–1 aufgeführt, die Karten zweier repräsentativer Expressionsvektoren mit ihren jeweiligen Merkmalen sind in Abb. 15–2 wiedergegeben. Bei den meisten dieser Vektoren steht das Fremdgen unter der Kontrolle des starken, induzierbaren *AOX1*-Promotors. Als Alternative stehen auch Vektoren mit konstitutiv aktivem Promotor zur Verfügung (Glycerinaldehyd-3-phosphat-Dehydrogenase, *GAP*-Promotor, Waterham *et al.*, 1997; Sunga und Creeg, 2004). Grundsätzlich sind *P. pastoris*-Vektoren so genannte *shuttle*-Vektoren und damit für die Propagierung in *E. coli* geeignet. In vielen Fällen dient das *P.*

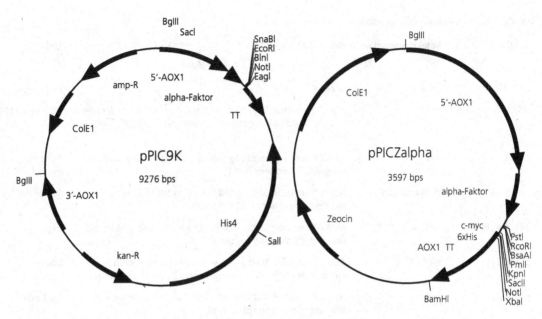

Abb. 15–2: *P. pastoris*-Expressionsvektoren. Zwei typische Vektoren für die Sekretion von löslichen Proteinen. amp-R: Ampicillin-Resistenzgen; kan-R: Kanamycin-Resistenzgen; Zeocin: Zeocin-Resistenzgen; ColE1: Replikations-ursprung *E. coli*; alpha-Faktor: *S. cerevisiae*-α-Faktor-Preprosignalsequenz; 3'-AOX1: 3'-AOX1-Fragment; 5'-AOX1: 5'-AOX1-Promoter-Fragment; TT: 3'-AOX1-Transkriptionsterminator; His4: *P. pastoris*-Histidinol-Dehydrogenase-gen; c-myc: myc-Tag; 6xHis: Hexahistidin-Tag.

pastoris-Histidinol-Dehydrogenase-Gen (*His4*-Gen) als Selektionsmarker nach der Transformation (Komplementation der Histidinauxotrophie entsprechender Wirtsstämme, Cregg *et al.*, 1985). Zusätzlich tragen einige Vektoren ein Kanamycin-Resistenzgen, welches in *P. pastoris* eine Resistenz gegen G-418 vermittelt. Selektion auf G-418-Hyperresistenz kann dann zur Auffindung von Klonen mit mehrfacher Integration der Expressionskassette (oft verbunden mit höherer Proteinproduktion) verwendet werden (Scorer *et al.*, 1994). Für die Sekretion von Proteinen ins Kulturmedium stehen als Alternative zu einem eventuell vorhandenen eigenen Signalpeptid des Fremdproteins verschiedene Signalpeptidsequenzen zur Verfügung: die *P. pastoris*-*PHO1*-Signalsequenz (pHIL-S1) und die *S. cerevisiae*-α-Faktor-Preprosignalsequenz (pPIC9, pPIC9K, pPICZα, pPIC6α, pGAPZα, pPICZα-E), sowie *Aspergillus niger*-α-Amylase-, *Aspergillus awamori*-Gluco-amylase-, *Homo sapiens*-Serumalbumin-, *Kluyveromyces maxianus*-Inulinase-, *S. cerevisiae*-Invertase-, *S. cerevisiae*-Killerprotein- und *Gallus gallus*-Lysozym-Signalsequenz (Invitrogen, Secretion Signal Kit).

Als Besonderheit sollte hier noch der duale pZPARS-T7RGSHisHA Vektor erwähnt werden, der sowohl in *E. coli* als auch in *P. pastoris* für die rekombinante Proteinproduktion verwendet werden kann (Lueking *et al.*, 2000). Die neuen Vektoren pPICZ-E und pPICZα-E sind Teil des Echo®Cloning-Systems (http://www.invitrogen.com), welches das schnelle Klonieren mittels Rekombination zwischen Vektoren der verschiedenen Expressionssysteme (*E. coli*, Hefen, Insektenzellen, Säugerzellen) ermöglicht.

15.1.3 Integration der rekombinanten Vektoren ins *Pichia pastoris*-Genom

Wie unter 15.1.2 erwähnt wurde, erfolgt die Integration der Expressionskassette in das Wirtsgenom mittels homologer Rekombination. Hierzu ist eine Linearisierung der Vektoren vor der Transformation erforderlich. Bestimmte Vektoren, wie z.B. pAO815, pPICZ, pPIC6 und pGAPZ erlauben die gezielte *in vitro*-

Tab. 15–1: *P. pastoris*-Expressionsvektoren

Vektor	Selektionsmarker	Eigenschaften	Literatur
		Intrazellulär	
pHIL-D2	*HIS4*	*AOX1*-Promotor	Invitrogen
pAO815	*HIS4*	*AOX1*-Promotor; Bam HI- und Bgl II- Schnittstellen für die *in vitro*-Multimerisierung der Expressionskassette (*in vitro*-Mult)	Thill et al. 1990
pPIC3.5	*HIS4*	*AOX1*-Promotor; multiple Klonierungsstelle für die Klonierung des Fremdgens (MKS)	Scorer et al. 1994
pPIC3.5K	*HIS4* und *kan*[r]	*AOX1*-Promotor; MKS; G418-Selektion für Klone mit multiplen Insertionen (G418-Mult)	Scorer et al. 1994
pPICZ A, B, C	*ble*[r]	*AOX1*-Promotor; MKS; Zeocin-Selektion; *in vitro*-Mult; *His*6 und c-*myc* Epitoptag (optional)	Higgins et al. 1998
pPICZ-E	*ble*[r]	*AOX1*-Promotor; Vektor für *in vitro*-Rekombination im Rahmen des Echo-Klonierungssystems; Zeocin-Selektion	Invitrogen
pPIC6 A, B, C	*bsd*[r]	*AOX1*-Promotor; MKS; Blasticidin-Selektion; *in vitro*-Mult, *His*6 und c-*myc* Epitoptag (optional)	Invitrogen
pHWO10	*HIS4*	*GAP*-Promotor	Waterham et al. 1997
pGAPZ A, B, C	*ble*[r]	*GAP*-Promotor; MKS; Zeocin-Selektion; *in vitro*-Mult; *His*6 und c-*myc* Epitoptag (optional)	Invitrogen
		Sekretion	
pHIL-S1	*HIS4*	*AOX1*-Promotor; *PHO1*-Signalsequenz; MKS	Invitrogen
pPIC9	*HIS4*	*AOX1*-Promotor; *S. cerevisiae* α-Faktor-Signalsequenz (α-FSS); MKS	Scorer et al. 1994
pPIC9K	*HIS4* und *kan*[r]	*AOX1*-Promotor; α-FSS; MKS; G418-Mult	Scorer et al. 1994
pPICZα A, B, C	*ble*[r]	*AOX1*-Promotor; α-FSS; MKS; Zeocin-Selektion; *in vitro*-Mult; *His*6 und c-*myc* Epitoptag (optional)	Higgins et al. 1998
pPICZα-E	*ble*[r]	*AOX1*-Promotor; α-FSS; Vektor für *in vitro*-Rekombination im Rahmen des Echo-Klonierungssystems; Zeocin-Selektion	Invitrogen
pPIC6α A, B, C	*bsd*[r]	*AOX1*-Promotor; α-FSS; MKS; Blasticidin-Selektion; *in vitro*-Mult; *His*6 und c-*myc* Epitoptag (optional)	Invitrogen
pGAPZα A, B, C	*ble*[r]	*GAP*-Promotor; α-FSS; MKS; Zeocin-Selektion; *in vitro*-Mult; *HIS*6 und c-*myc* Epitoptag (optional)	Invitrogen
pPink-HC	*ADE2*	AOX-Promotor, MKS, Selektion auf Adenin-Prototrophe Revertanten, Sekretion, HC= hohe Kopienzahl	Invitrogen
pPink-LC	*ADE2*	AOX-Promotor, MKS, Selektion auf Adenin-Prototrophe Revertanten, LC= niedrige Kopienzahl	Invitrogen
pFLD	*ble*[r]	FLD1-Promotor, Zeocin-Selektion, V5-Epitop, 6His-Tag	Invitrogen
pFLDα	*ble*[r]	FLD1-Promotor, Zeocin-Selektion, V5-Epitop, 6His-Tag, α-Faktor	Invitrogen

Modifiziert nach Cregg 1999 und erweitert. Die meisten der hier aufgeführten Vektoren können von der Firma Invitrogen bezogen werden. Die kompletten Sequenzen und Karten der Vektoren können über das Internet (http://www.invitrogen.com) erhalten werden.

Multimerisierung von Expressionskassetten zur Herstellung von Mehrfachinsertionsklonen. In diesen Vektoren kann die gesamte Genkassette herausgeschnitten (*Bgl*II, *Bam*HI) und wiederholt in denselben Vektor (*Bam*HI) religiert werden.

Über die Wahl der zur Linearisierung verwendeten Schnittstelle kann der Ort der homologen Rekombination bestimmt werden. Kommt es bei der homologen Rekombination zur Insertion in den AOX1-Locus und damit zur Ausschaltung der Alkoholoxidase I der Wirtszelle, ändert sich deren *methanol utilization (Mut)*-Phänotyp: Zellen ohne funktionelles AOX1-Gen können Methanol nur langsam verwerten (*Mut*^{s}-Phänotyp) und zeichnen sich durch eine langsame Generationszeit (18–20 h) bei Wachstum auf Methanol aus. Ist hingegen eine funktionelle Kopie des AOX1-Gens bei den Transformanden vorhanden, liegt der *Mut*$^+$-Phänotyp vor (schnelle Generationszeit, 4–6 h). Detaillierte Informationen zu den hierbei wichtigen Eigenschaften der verschiedenen Vektoren finden sich in dem Handbuch für *Pichia pastoris* (www.invitrogen.com).

15.1.4 *Pichia pastoris*-Wirtsstämme

Tab. 15–2 enthält eine Auswahl von *P. pastoris*-Wirtsstämmen. Die meisten Stämme sind histidinauxotroph. Diese Auxotrophie kann nach der Transformation entsprechender *His4*-Vektoren durch Rekombination komplementiert werden. Bei der Transformation von Vektoren mit Zeocin- oder Blasticidinresistenz kann diese Auxotrophie hingegen nicht zur Selektion verwendet werden.

Ein gängiger Stamm für die Transformation mit *His4*-basierten Vektoren ist GS115. Auch proteasedefiziente Stämme stehen zur Verfügung (z.B. SMD1163, SMD1165, SMD1168; Gleeson *et al.*, 1998, Cereghino und Cregg, 2000). Diese Stämme besitzen Deletionen in verschiedenen Protease-Genen z.B. dem Protease A-Gen (*pep4*) und dem Proteinase B-Gen (*prb1*). In vielen Fällen konnte durch Verwendung dieser Stämme die Ausbeute an funktionellem, rekombinantem Protein erhöht werden, insbesondere auch bei Membranproteinen (Weiß *et al.*, 1995). Besonders bei hohen Zelldichten kann die Verwendung proteasedefizienter Stämme der Degradation sezernierter Proteine vorbeugen.

Tab. 15–2: *P. pastoris*-Wirtsstämme

Stamm	Relevanter Genotyp	Relevanter Phänotyp	Literatur
GS115	*his4*	Mut$^+$His$^-$	Cregg et al. 1985
X33	Wildtyp	Wildtyp	Invitrogen
KM71	*aox1Δ::SARG4 his4 arg4*	Mut^{s}His$^-$	Cregg und Madden 1987
KM71H	*aox1Δ::SARG4 arg4*	Mut^{s}His$^+$	Invitrogen
SMD1168	*pep4 his4*	Mut$^+$His$^-$; proteasedefizient	White et al. 1995
SMD1168H	*pep4Δ*	Mut$^+$His$^+$; proteasedefizient	Invitrogen
SMD1163	*pep4Δ his4 prbΔ*	Mut$^+$His$^-$; proteasedefizient	Gleeson et al. 1998
PichiaPink1	*ade2*		Invitrogen
PichiaPink2	*ade2, pep4Δ*	proteasedefizient	Invitrogen
PichiaPink3	*ade2, prb1Δ*	proteasedefizient	Invitrogen
PichiaPink4	*ade2, pep4, prb1Δ*	proteasedefizient	Invitrogen

Modifiziert nach Cregg 1999.

Literatur

Binda, C., Hubálek, F., Li, M., Edmondson, D.E., Mattevi, A. (2004): Crystal Structure of Human Monoamine Oxidase B, a Drug Target Enzyme Monotopically Inserted into the Mitochondrial Outer Membrane. FEBS Letters 564, 225–228.

Bretthauer, R.K., Castellino, F.J. (1999): Glycosylation of *Pichia pastoris*-Derived Proteins. Biotechnol. Appl. Biochem. 30, 193–200.

Cavener, D.R., Ray, S.C. (1991): Eukaryotic Start and Stop Translation Sites. Nucleic Acids Research 19, 3.185–3.192.

Cereghino, J.L., Cregg, J.M. (2000): Heterologous Protein Expression in the Methylotrophic Yeast *Pichia pastoris*. FEMS Microbiology Reviews 24, 45–66.

Cregg, J.M., Barringer, K.J., Hessler, A.Y., Madden, K.R. (1985): *Pichia pastoris* as a Host System for Transformations. Mol. Cell. Biol. 5, 3.376–3.385.

Cregg, J.M., Vedvick, T.S., Raschke, W.C. (1993): Recent Advances in the Expression of Foreign Genes in *Pichia pastoris*. Biotechnology 11, 905–910.

Daly, R., Hearn, M.T.W. (2005): Expression of Heterologous Proteins in *Pichia pastoris*. A Useful Experimental Tool in Protein Engineering and Production. J. Mol. Recognit. 18, 119–138.

Gellissen, G. (2000): Heterologous Protein Production in Methylotrophic Yeasts. Appl. Microbiol. Biotechnol. 54, 741–750.

Gleeson, M.A.G., White, C.E., Meininger, D.P., Komives, E.A. (1998): Generation of Protease-Deficient Strains and Their Use in Heterologous Protein Expression in: Higgins, D.R., Cregg, J.M. (Hrsg.): *Pichia* Protocols. Methods in Molecular Biology. Vol. 103, Chapter 7. Humana Press, Totowa, New Jersey, 81–94.

Higgins, D.R., Busser, K., Comiskey, J., Whittier, P.S., Purcell, T.J., Hoeffler, J.P. (1998): Small Vectors for Expression Based on Dominant Drug Resistance with Direct Multicopy Selection in: Higgins, D.R., Cregg, J.M. (Hrsg.): *Pichia* Protocols. Methods in Molecular Biology. Vol 103, Chapter 4. Humana Press, Totowa, New Jersey, 41–53.

Higgins, D.R., Cregg, J.M. (Hrsg.) (1998): *Pichia* Protocols: Methods in Molecular Biology. Vol. 103. Humana Press, Totowa, New Jersey.

Lueking, A., Holz, C., Gotthold, C., Lehrach, H., Cahill, D. (2000): A System for Dual Protein Expression in *Pichia pastoris* and *Escherichia coli*. Protein Expression and Purification 20, 372–378.

Pickford, A.R., O'Leary, J.M. (2004): Isotopic Labelling of Recombinant Proteins from the Methylotrophic Yeast *Pichia pastoris*. Methods Mol. Biol. 278, 17–33.

Reinhart C., Krettler C. (2006): Expression of Membrane Proteins in Yeasts. In: Structural Genomics on Membrane Proteins. K. H. Lundstrom, Marcel Dekker (Hrsg.), Inc. 270 Madison Avenue, New York, NY 10 016. 115–152.

Romanos, M. (1995): Advances in the Use of *Pichia pastoris* for High-Level Gene Expression. Curr. Opin. Biotechnol. 6, 527–533.

Scorer, C.A., Clare, J.J., McCombie, W.R., Romanos, M.A., Sreekrishna, K. (1994): Rapid Selection Using G-418 of High Copy Number Transformants of *Pichia pastoris* for High-Level Foreign Gene Expression. Biotechnology 12, 181–184.

Schwarz D., Junge, F., Durst, F., Frölich, N., Schneider, B., Reckel, S., Sobhanifar S., Dötsch, V., Bernhard, F., (2007):. Preparative scale expression of membrane proteins in Escherichia coli-based continuous exchange cell-free systems. Nature Protocols 11, 2.945-2.957.

Sunga, A.J., Cregg, J.M. (2004): The *Pichia pastoris* Formaldehyde Dehydrogenase Gene (*FLD1*) as a Marker for Selection of Multicopy Expression Strains of *Pichia pastoris*. Gene 330, 39–47.

Thoma, R., Löffler, B., Stihle, M., Huber, W., Ruf, A., Hennig, M. (2003): Structural Basis of Proline-Specific Exopeptidase Activity as Observed in Human Dipeptidyl Peptidase-IV. Structure 11, 947–959.

Waterham, H.R., Digan, M.E., Koutz, P.J., Lair, S.L., Cregg, J.M. (1997): Isolation of the *Pichia pastoris* Glyceraldehyde-3-Phosphate Dehydrogenase Gene and Regulation and Use of its Promoter. Gene 186, 37–44.

Weiß, H.M., Haase, W., Michel, H., Reiländer, H. (1995): Expression of Functional Mouse 5-HT5A Serotonin Receptor in the Methylotrophic Yeast *Pichia pastoris*: Pharmacological Characterization and Localization. FEBS Lett. 377, 451–456.

Wood, M.J., Komives, E.A. (1999): Production of Large Quantities of Isotopically Labeled Protein in *Pichia pastoris* by Fermentation. Journal of Biomolecular NMR 13, 149–159.

Xu, B., Munoz, I.G., Janson, J., Ståhlberg, J. (2002): Crystallization and X-Ray Analysis of Native and Selenomethionyl β-Mannanase Man5A from Blue Mussel, *Mytilus edulis*, Expressed in *Pichia pastoris*. Acta Cryst. D58, 542–545.

Weiterführende Literatur:

Cregg, J.M. (1999): Expression in Methylotrophic Yeast *Pichia pastoris* in: Hoeffler, J., Fernandez, J. (Hrsg.): Nature. The Palette for the Art of Expression. Academic Press, San Diego, 157–191.

Cregg, J.M., Madden, K.R. (1987) in: Stewart, G.G., Russell, I., Klein, R.D., Hiebsch, R.R. (Hrsg.): Biological Research on Industrial Yeasts. Vol II. CRC Press, Boca Raton, Fl, 1–18.

Cregg, J.M., Madden, K.R., Barringer, K.J., Thill, G.P., Stillman, C.A. (1989): Functional Characterization of the Two Alcohol Oxidase Genes from the Yeast *Pichia pastoris*. Mol. Cell. Biol. 9, 1.316–1.323.

Haase, W., Weiß, H.M., Reiländer, H. (1998): Localization of the myc-Tagged 5HT5A Receptor by Immunogold Staining of Ultrathin Sections in: Higgins, D.R., Cregg, J.M. (Hrsg.): *Pichia* Protocols: Methods in Molecular Biology. Vol. 103, Chapter 16. Humana Press, Totowa, New Jersey, 241–247.

Kimura, M., Takatsuki, A., Yamaguchi, I. (1994): Blasticidin S Deaminase Gene from *Aspergillus terreus* (BSD). A New Drug Resistance Gene for Transfection of Mammalian Cells. Biochem. Biophys. Acta 1 219, 653–659.

Thill, G.P., Davis, G.R., Stillman, C., Holtz, G., Brierley, R., Engel, M., Buckholz, R., Kennedy, J., Provow, S., Vedvick, T., Siegel, R.S. (1990) in: Heslot, H., Davies, J., Florent, J., Bobichon, L., Durand, G., Penasse, L. (Hrsg.): Proceedings of the 6th International Symposium on Genetics of Microorganisms. Vol. II. Societé Française de Microbiologie, Paris, 477–490.

Weiß, H.M., Haase, W., Reiländer, H. (1998): Expression of an Integral Membrane Protein, the 5-HT5A Receptor in: Higgins, D.R., Cregg, J.M. (Hrsg.): *Pichia* Protocols: Methods in Molecular Biology. Vol. 103, Chapter 15. Humana Press, Totowa, New Jersey, 227–239.

White, C.E., Hunter, M.J., Meininger, D.P., White, L.R., Komives, E.A. (1995): Large-Scale Expression, Purification and Characterization of Small Fragments of Thrombomodulin. the Roles of the Sixth Domain and of Methionine 388. Protein Eng. 8, 1.177–1.187.

15.2 Proteinexpression mit dem *Pichia pastoris*-System

Für den nun folgenden experimentellen Teil wird vorausgesetzt, dass die Klonierung des Expressionsvektors abgeschlossen ist. Hierbei wird davon ausgegangen, dass das Plasmid auf Basis der *AOX1*-Vektoren konstruiert wurde, d.h. das zu exprimierende Fremdgen wurde unter die transkriptionelle Kontrolle des *AOX1*-Promotors gestellt. Die bei Verwendung von Vektoren mit anderen Promotoren nötigen Anpassungen der gegebenen Protokolle (vor allem hinsichtlich der Selektions- und Induktionsbedingungen) lassen sich unter Zuhilfenahme der entsprechenden Anleitungen jedoch leicht vornehmen. Grundkenntnisse der Mikrobiologischen Arbeitsmethoden werden vorausgesetzt (Sambrook und Russell, 2001).

15.2.1 Transformation von *Pichia pastoris*

Die bei weitem effizienteste Methode zur Transformation von *Pichia pastoris* ist die Elektroporation (10^3–4×10^4 Transformanden pro µg DNA, Cregg und Russel, 1998). Sollte die Möglichkeit zur Elektroporation nicht gegeben sein, dann bietet sich die LiCl-basierte Methode an (10^2–10^3 Transformanden pro µg DNA). Die im Folgenden beschriebene Elektroporationsmethode beinhaltet die Optimierungen nach Wu und Letchworth, 2004 (Effizienzsteigerung um 2–3 Größenordnungen auf bis zu 3×10^6 Transformanden pro µg DNA).

Bei Verwendung eines Vektors mit *His4*-Gen erfolgt die Selektion positiver Transformanden auf Minimalmedium-Agarplatten ohne Antibiotikum. Im Falle der Zeocin- bzw. Blasticidinvektoren werden die transformierten Zellen hingegen auf Vollmedium-Agarplatten mit entsprechendem Antibiotikum ausgebracht. Im Vergleich der beiden Methoden hat die Selektion mittels *His*-Komplementation den Vorteil, dass sie auch dann noch reproduzierbar funktioniert, wenn die Koloniedichte sehr hoch ist. Ergänzend zu diesen Selektionsmethoden kann die Integration der Expressionskassette in das Genom der Hefe auch mittels PCR nachgewiesen werden.

Materialien

- gewünschter *P. pastoris*-Wirtsstamm auf Agarplatte (max. 2–3 Tage alt)
- rekombinanter, linearisierter Expressionsvektor
- sterile 15 ml- und 50 ml-Röhrchen (z.B. Sarstedt, Greiner)
- Schüttelinkubator ($\geq$ 250 upm)
- 10 × D-Lösung: 200 g D-Glucose *ad* 1 l H_2O lösen und mit einem 0,2 µm-Filter sterilfiltrieren
- YPD-Medium (*yeast extract peptone dextrose medium*) für Flüssigkultur und Agarplatten: 10 g Hefeextrakt und 20 g Pepton *ad* 900 ml H_2O lösen und nach dem Autoklavieren (20 min bei 121 °C) mit 100 ml steriler 10 × D-Lösung auffüllen; für Agarplatten 20 g Agar mit Hefeextrakt und Pepton einwiegen
- steriles, entmineralisiertes oder destilliertes H_2O
- TE-Puffer: 10 mM Tris-HCl pH 7,4, 1 mM EDTA
- YPDS-Antibiotikum-Agarplatten (*yeast extract peptone dextrose sorbitol medium*):
  - 20 g Agar, 10 g Hefeextrakt, 182 g Sorbitol, 20 g Pepton *ad* 900 ml bidest. H_2O geben und autoklavieren (20 min bei 121 °C)
  - auf ca. 55 °C abkühlen lassen und 100 ml 10 × D-Lösung und 1 ml einer 100 mg × ml^{-1} Zeocinlösung bzw. 30 ml einer 10 mg × ml^{-1} Blasticidinlösung zugeben
  - Platten mit Zeocin und Blasticidin im Dunkeln bei 4 °C aufbewahren (Haltbarkeit 1–2 Wochen)

Für *His4*-Vektoren:

- 10 × YNB: Pro 1 l Endvolumen 134 g *yeast nitrogen base* (YNB) mit Ammoniumsulfat ohne Aminosäuren unter Erwärmen in H_2O lösen und sterilfiltrieren; alternativ 34 g YNB ohne Ammoniumsulfat und ohne Aminosäuren mit 100 g Ammoniumsulfat in H_2O lösen und sterilfiltrieren; bei 4 °C ist die Lösung für ca. ein Jahr stabil
- 500 × B-Lösung: 20 mg Biotin *ad* 100 ml H_2O lösen und sterilfiltrieren; bei 4 °C ist die Lösung für ca. ein Jahr stabil
- MD-Agarplatten (Minimal-Dextrose-Medium): 15 g Agar *ad* 800 ml H_2O autoklavieren und nach Abkühlung auf ca. 60 °C 100 ml 10 × YNB, 2 ml 500 × B-Lösung und 100 ml 10 × D-Lösung zugeben

Für Zeocin- und Blasticidinvektoren:

- Beim Propagieren eines Zeocin-Shuttlevektors in *E. coli* muss die Zeocinkonzentration in den Agarplatten zur Plattierung von transformierten *E. coli*-Zellen 25 µg × ml^{-1} betragen. Hierbei muss auf jeden Fall mit einem salzarmen LB-Medium (pro Liter: 10 g Trypton, 5 g NaCl, 5 g Hefeextrakt; pH 7,5 eingestellt mit 1 M NaOH) gearbeitet werden, da sich bei höherer Salzkonzentration die Wirkung von Zeocin abschwächt und somit eine gezielte Antibiotikaselektion nicht mehr möglich ist.
- In anderen Medien mit höherem Salzgehalt muss die Zeocinkonzentration auf 50 µg × ml^{-1} erhöht werden. Bei Verwendung eines Blasticidinvektors muss bei der Selektion ebenfalls mit salzarmem LB-Medium gearbeitet werden (pro Liter: 10 g Trypton, 5 g NaCl, 5 g Hefeextrakt; pH 7,0 eingestellt mit 1 M NaOH). Die Konzentration des Antibiotikums beträgt hier ebenfalls 50 µg × ml^{-1}.

15.2.1.1 Optimierte Elektroporation von *Pichia pastoris*

Die Expressionsvektoren sollen nach der Linearisierung mit einem geeigneten Restriktionsenzym durch Phenol/Chloroform-Extraktion und anschließender Ethanolfällung gereinigt werden. Die zur Transformation eingesetzte DNA (in TE-Puffer oder H_2O) sollte eine Konzentration von ca. 1 µg × μl^{-1} besitzen.

Bei der optimierten Elektroporation ist eine Transformationseffizienz von bis zu 3 × 10^6 pro µg DNA zu erwarten.

Materialien

Zusätzlich zu Materialien aus 15.2.1:
- sterile 2 l-Erlenmeyerkolben mit Schikanen
- sterile Zentrifugenbecher für ≥ 250 ml
- 1 M Sorbitol (steril)
- Transformationspuffer: 10 mM Tris-HCl (pH 7,5), 0,6 M Sorbitol, 100 mM LiAc, 10 mM DTT
- Elektroporationsgerät (z.B. Gene Pulser der Firma BioRad) mit entsprechenden Küvetten (0,2 cm Elektrodenabstand)

Durchführung

- Eine einzelne *P. pastoris*-Kolonie (nicht älter als 2–3 Tage) wird in 5 ml YPD-Medium überführt und in einem 50 ml-Röhrchen über Nacht bei 30 °C unter Schütteln in einem 500 ml Erlenmeyerkolben mit Schikanen inkubiert
- 20 µl dieser Kultur werden in 100 ml YPD-Medium überführt und bei 30 °C mit 250 upm geschüttelt bis eine OD_{600} von 1–2 erreicht ist (die Messung erfolgt in entsprechenden Verdünnungen)
- die Zellzahl wird berechnet mit 1 OD_{600} = 5 × 10^7 Zellen × ml^{-1}
- die Zellen werden 5 min bei 1.500 × g und 4 °C zentrifugiert
- Überstand verwerfen
- pro 8 × 10^8 Zellen werden 8 ml Transformationspuffer zum Resuspendieren verwendet
- 30 min bei Raumtemperatur inkubieren
- Zentrifugationsschritt wiederholen
- die Zellen (8 × 10^8) in 1,5 ml eiskaltem 1 M Sorbitol resuspendieren
- Sorbitol-Waschschritt 3 × wiederholen
- Zellen in 1 M eiskaltem Sorbitol resuspendieren mit einer finalen Zelldichte von 10^{10} Zellen × ml^{-1} (ergibt ca. 120 µl)
- die so behandelten Zellen mit 1-10 µg linearisierter DNA (in max. 10 µl H_2O) mischen und in eine auf Eis vorgekühlte Elektroporationsküvette geben
- den Ansatz in der Küvette für 5 min auf Eis inkubieren
- Zellen elektroporieren; hierbei nach den Angaben des Herstellers für das jeweils verwendete Elektroporationsgerät verfahren; für den bereits genannten Gene Pulser von Bio-Rad haben sich folgende Einstellungen bewährt: Spannung: 1.500 V; Kapazität: 25 µF; Widerstand: 200 Ohm
- sofort nach Elektroporation 1 ml eiskaltes 1 M Sorbitol direkt in die Küvette pipettieren.

Für His-Vektoren
- Inhalt der Küvette in ein steriles 1,5 ml-Reaktionsgefäß überführen
- von einer 1:10 Verdünnung (in 1 M Sorbitol) werden Aliquots von 50–200 µl auf MD-Agarplatten ausplattiert
- Agarplatten bei 30 °C bis zum Erscheinen von Kolonien inkubieren (etwa zwei Tage).

Für Zeocin- und Blasticidinvektoren
- Inhalt der Küvette in 15 ml-Röhrchen überführen und bei 30 °C für 1–2 h inkubieren
- 50, 100 und 200 µl Aliquots auf YPDS-Agarplatten mit entsprechendem Antibiotikum ausplattieren (zu hohe Zelldichten können zum Auftreten von falsch positiven Transformanden führen)
- Agarplatten bei 30 °C bis zum Erscheinen von Kolonien inkubieren (2–3 Tage).

15.2.1.2 LiCl-Transformation von Pichia pastoris

Bei dieser Methode ist eine Transformationseffizienz von 1 × 10^2 bis 1 × 10^3 Transformanden pro µg linearisiertem Expressionsvektor zu erwarten.

Materialien

Zusätzlich zu Materialien aus Abschn. 15.2.1:

- 1 M und 100 mM LiCl in bidest. H_2O; Lösungen mit 0,2 μm-Filter sterilfiltrieren
- 50 % (w/v) PEG 3350 in bidest. H_2O lösen und mit einem 0,2 μm-Filter sterilfiltrieren
- 2 mg × ml^{-1} denaturierte, fragmentierte Heringssperma-DNA (Serva) in TE-Puffer (Lösung für fünf Minuten aufkochen und anschließend auf Eis stellen)

Für *His*-Vektoren s. Abschn. 15.2.1.
Für Zeocin- und Blasticidinvektoren:

- YPD-Antibiotikum-Agarplatten: YPD-Medium wie oben angegeben vorbereiten; auf ca. 55 °C abkühlen lassen und 100 ml 10 × D-Lösung (Abschn. 15.2.1) und 1 ml einer 100 mg × ml^{-1} Zeocinlösung bzw. 30 ml einer 10 mg × ml^{-1} Blasticidinlösung zugeben

Durchführung

- Eine einzelne *P. pastoris*-Kolonie (nicht älter als 2–3 Tage) wird in 5 ml YPD überführt und in einem 50 ml-Röhrchen über Nacht bei 30 °C unter Schütteln inkubiert
- 20 μl dieser Kultur werden in 50 ml YPD-Medium in einem 250 ml-Schikanekolben überführt und bei 30 °C mit 250 upm geschüttelt bis eine OD_{600} von 1 crrcicht ist
- Zellsuspension für 10 min bei 1.500 × g und Raumtemperatur zentrifugieren, den Überstand verwerfen und die Zellen in 25 ml sterilen bidest. H_2O suspendieren
- Zellen zentrifugieren, in 1 ml 100 mM LiCl aufnehmen und Zellsuspension in ein Reaktionsgefäß überführen
- Zellen erneut sedimentieren (max. Geschwindigkeit in der Tischzentrifuge, 15 s), Überstand abnehmen und verwerfen
- Zellen in 400 μl 100 mM LiCl resuspendieren
- 50 μl Aliquots der resuspendierten Zellen in 1,5 ml-Reaktionsgefäße aufteilen
- kurz vor der Transformation Zellen zentrifugieren und LiCl-Lösung über den Zellen abnehmen
- zur Transformation die folgenden Lösungen in der angegebenen Reihenfolge zu den Zellen pipettieren: 240 μl 50 % (w/v) PEG 3350, 36 μl 1 M LiCl, 25 μl 2 mg × ml^{-1}fragmentierte Heringssperma-DNA und 5–10 μg Plasmid-DNA in 50 μl sterilem bidest. H_2O
- Reaktionsgefäß bis zum vollständigen Resuspendieren der Zellen schütteln (etwa 1 min Vibromischer)
- zunächst 30 min ohne Schütteln bei 30 °C, anschließend 20–25 min bei 42 °C (Hitzeschock) inkubieren.

Für His-Vektoren

- Zellen zentrifugieren (4.000 × g für 5 min) und das Sediment in 1 ml sterilem bidest. H_2O resuspendieren
- gesamte Probe auf MD-Agarplatten ausplattieren (2–4 Platten)
- Agarplatten bei 30 °C bis zum Erscheinen von Kolonien inkubieren (zwei Tage).

Für Zeocin- und Blasticidinvektoren

- Zellen zentrifugieren (4.000 × g für 5 min) und Überstand verwerfen
- Zellen in 1 ml YPD resuspendieren und bei 30 °C, 250 upm schütteln
- nach 1 h und nach 4 h jeweils 25, 50 und 100 μl Aliquots auf YPD-Agarplatten mit entsprechendem Antibiotikum ausplattieren
- Agarplatten bei 30 °C bis zum Erscheinen von Kolonien inkubieren (2–3 Tage).

Literatur

Cregg, J.M., Russell, K.A. (1998): Transformation in: Higgins, D.R., Cregg, J.M. (Hrsg.): *Pichia* Protocols. Methods in Molecular Biology. Vol. 103, Chapter 3. Humana Press, Totowa, New Jersey, 27–39.

Sambrook, J., und Russell, D.W. (2001): Molecular Cloning, A Laboratory Manual. Cold Spring Harbor Laboratory Press; 3rd edition.

Wu, S., Letchworth, G.J. (2004): High Efficiency Transformation by Electroporation of *Pichia pastoris* Pretreated with Lithium Acetate and Dithiothreitol. BioTechniques 36, 152–154.

Weiterführende Literatur:

Cregg, J.M., Barringer, K.J., Hessler, A.Y. (1985): *Pichia pastoris* as a Host System for Transformations. Mol. Cell. Biol. 5, 3 376–3 385.

Hinnen, A., Hicks, J.B., Fink, G.R. (1978): Transformation of Yeast. Proc. Natl. Acad. Sci. USA 75, 1.929–1.933.

Ito, H., Fukuda, Y., Murata, K., Kimura, A. (1983): Transformation of Intact Yeast Cells Treated with Alkali Cations. J. Bacteriol. 153, 163–168.

15.2.2 Analyse des *Mut*-Phänotyps rekombinanter *Pichia pastoris*-Klone

Werden Vektoren verwendet, die nach entsprechender Linearisierung in den *AOX*-Locus integrieren können (betrifft zur Zeit nur Vektoren mit *His4*-Gen als Selektionsmarker), kann sich unter Umständen bei der Transformation der *methanol utilization*-Phänotyp der Zellen ändern (Abschn. 15.1.3). Bei Verwendung von Zeocin- oder Blasticidinvektoren bestimmt allein der verwendete Stamm den *Mut*-Phänotyp (Tab. 15–2). Prinzipiell lässt sich jeder *Pichia pastoris*-Klon mit dem hier beschriebenen Protokoll auf seinen *Mut*-Phänotyp überprüfen. Dies ist vor allem dann angeraten, wenn ein *Mut*+-Stamm (alle *P. pastoris*-Stämme außer KM71) mit *Not*I linearisiertem pHIL-D2 oder mit *Bgl*II linearisiertem pHIL-S1, pPIC9, pPIC3.5K, pPIC9K transformiert wurde. Mithilfe eines einfachen Wachstumstests lassen sich *His*+-Transformanten, bei denen die Integration in den *AOX1*-Locus erfolgte (*His*+ *Mut*^{s}), von denen mit intakter AOX1 (*His*+ *Mut*+) unterscheiden.

Grundsätzlich haben alle *His*+-Klone nach Transformation in den *P. pastoris*-Stamm KM71 den Phänotyp *Mut*^{s}. In diesem Stamm ist das *AOX1*-Gen durch Integration einer Genkassette (*AOX1::ARG4*) schon vor der Transformation ausgeschaltet worden.

Materialien

- MD-Agarplatten (Abschn. 15.2.1.)
- 10 × M-Lösung: 5 ml Methanol zu 95 ml H_2O geben und sterilfiltrieren; die Lösung kann für ca. zwei Monate bei 4 °C gelagert werden
- MM-Agarplatten (Minimal-Methanol-Medium): 15 g Agar in 800 ml H_2O autoklavieren und nach Abkühlung auf ca. 60 °C 100 ml 10 × YNB (Abschn. 15.2.1), 2 ml 500 × B-Lösung (Abschn. 15.2.1) und 100 ml 10 × M-Lösung zugeben

Durchführung

- Von den Transformationsplatten mit einem sterilen Zahnstocher vereinzelte Kolonien picken und parallel auf MM- und MD-Agarplatten in regelmäßigem Muster ausstreichen (pro Kolonie jeweils neuen sterilen Zahnstocher verwenden, maximal 100 Klone pro Platte, immer zuerst auf der MM-Platte ausstreichen)

- Agarplatten für mindestens zwei Tage bei 30 °C inkubieren (bei den MM-Platten nach einem Tag zum Ausgleich der Verdunstung 100 µl Methanol in den Deckel pipettieren)
- Kolonien durchmustern, Klone sollten alle auf MD-Platten wachsen (*His⁺*); Klone, die auf den MM-Platten schnell wachsen, haben einen *Mut⁺*-Phänotyp, solche mit reduziertem Wachstum haben einen *Mutˢ*-Phänotyp.

15.2.3 Selektion von *Pichia pastoris*-Klonen mit mehrfach integrierten Expressionskassetten

Eine Selektion von Klonen mit Mehrfachinsertionen ist bei Verwendung eines Zeocin- oder Blasticidin-vektors nur bedingt möglich. Hingegen liefert die Selektion auf G-418-Hyperresistenz reproduzierbare Ergebnisse und wird daher im Folgenden beschrieben.

Ausgangspunkt sind eine oder mehrere Transformationsplatten (15.2.1) mit möglichst vielen positiven Klonen (am besten Platten mit über 1.000 Klonen verwenden). Zur Transformation wurde ein Vektor (z.B. pPIC9K) mit Kanamycin-Resistenzgen eingesetzt, das in *P. pastoris* eine Resistenz gegen Geneticin-418 (G-418) vermittelt und damit die Grundlage für die Selektion von Klonen mit multiplen Integrationsereignissen bildet (Scorer *et al.*, 1994, Romanos *et al.*, 1998). Die G-418-Hyperresistenz ist dabei proportional zur Anzahl der ins Genom integrierten Expressionskassetten. Eine ins Genom integrierte Einzelkopie einer solchen Kassette mit Kanamycin-Resistenzgen vermittelt dem *Pichia pastoris*-Stamm GS115 eine Resistenz gegen G-418 bis zu einer Konzentration von ca. 0,25 mg × ml⁻¹, dem Stamm SMD1163 dagegen nur bis zu einer Konzentration von etwa 0,025 mg × ml⁻¹ (Weiß *et al.*, 1998). Mehrfachkopien heben die Resistenz bis auf mehrere mg × ml⁻¹ G-418 an. In den Stämmen GS115, KM71 oder SMD1168 werden multiple Integranten auf G-418-Konzentrationen von 0,5–4 mg × ml⁻¹ selektiert, im Stamm SMD1163 hingegen auf G-418-Konzentrationen von 0,05–0,5 mg × ml⁻¹. Auf diese Weise wurden bereits Hefeklone mit bis zu 30 Kopien einer Expressionskassette gefunden (Clare *et al.*, 1991).

Materialien

- Geneticin-418-Lösung: 100 mg G-418 pro ml bidest. H_2O; die Lösung kann von einigen Herstellern fertig bezogen werden; wird sie selbst hergestellt, sollte sie sterilfiltriert, aliquotiert und bei –20 °C aufbewahrt werden
- 10 × D-Lösung (Abschn. 15.2.1)
- Glycerin, steril
- YPD-G-418-Agarplatten (*yeast extract peptone dextrose medium*):
  - 2,5 g Hefeextrakt, 5 g Pepton und 5 g Agar in 225 ml H_2O lösen und nach dem Autoklavieren mit 25 ml 10 × D-Lösung auffüllen
  - nach dem Abkühlen auf ca. 60 °C wird G-418 in variablen Konzentrationen zugegeben; für die Stämme GS115, KM71 und SMD1168 werden folgende Endkonzentrationen in den Agarplatten empfohlen: 0,25, 0,5, 0,75, 1, 1,5, 1,75, 2, 3 und 4 mg × ml⁻¹, für den Stamm SMD1163 wird eine jeweils zehnfach niedrigere Endkonzentration empfohlen
  - werden die Platten bei 4 °C gelagert, sind sie etwa sechs Monate lang verwendbar

Durchführung

- 1–2 ml steriles H_2O auf jede Transformationsplatte geben
- mit einem sterilen Spatel die *His⁺*-Transformanten von der Agarplatte lösen und die Zellen in ein steriles 50 ml-Röhrchen überführen (Klone von mehreren Platten eines Transformationsansatzes vereinigen)
- nach gründlichem Mixen (Vibromischer; 10 s) die OD_{600} bestimmen (hierfür ca. 1:50 bis 1:100 mit H_2O verdünnen, der Messwert sollte sich im Bereich 0,1–0,8 bewegen)

- Zellen in sterilem bidest. H_2O so verdünnen, dass pro 200 µl 1×10^5 Zellen vorliegen (OD_{600} von 1 entspricht 5×10^7 Zellen pro ml, die Verdünnung kann hier im Bereich 1:500 bis 1:5.000 liegen)
- je 200 µl dieser Suspension auf die verschiedenen YPD-G-418-Agarplatten ausstreichen, pro G-418-Konzentration sollten 2–3 Platten ausplattiert werden; da hierbei ein großer Teil der Zellsuspension übrig bleibt, kann der Rest nach Zugabe von Glycerin (Endkonzentration bis zu 15 % (v/v)) schockgefroren und bei –75 °C gelagert werden
- Platten für 3–6 Tage bei 30 °C inkubieren
- unter Umständen wachsen nur einige wenige G-418 resistente Kolonien auf den Agarplatten, die zum Teil auch unterschiedliche Größe haben können; auf den Platten mit hoher G-418-Konzentration findet man grundsätzlich nur selten Klone, wenn nicht von Anfang an einige tausend Klone von den Transformationsplatten eingesetzt wurden
- um falsch positive Klone zu vermeiden, sollten diese zur Vereinzelung auf einer G-418-Platte gleicher Antibiotikakonzentration wie die der Ausgangsplatte ausgestrichen werden.

Literatur

Clare, J.J., Romanos, M.A., Rayment, F.B., Rowedder, J.E., Smith, M.A., Payne, M.M., Sreekrishna, K., Henwood, C.A. (1991): Production of Mouse Epidermal Growth Factor in Yeast. High-Level Secretion Using *Pichia pastoris* Strains Containing Multiple Gene Copies. Gene 105, 205–212.

Romanos, M., Scorer, C., Sreekrishna, K., Clare, J. (1998): The Generation of Multicopy Recombinant Strains in: Higgins, D.R., Cregg, J.M. (Hrsg.): *Pichia* Protocols. Methods in Molecular Biology. Vol. 103, Chapter 5. Humana Press, Totowa, New Jersey, 55–72.

Scorer, C.A., Clare, J.J., McCombie, W.R., Romanos, M.A., Sreekrishna, K. (1994): Rapid Selection Using G-418 of High Copy Number Transformants of *Pichia pastoris* for High-Level Foreign Gene Expression. Biotechnology 12, 181–184.

Weiß, H.M., Haase, W., Michel, H., Reiländer, H. (1998): Comparative Biochemical and Pharmacological Characterization of the Mouse 5-HT5A 5′-Hydroxytryptamine Receptor and the Human β_2-Adrenergic Receptor Produced in the Methylotrophic Yeast *Pichia pastoris*. Biochem J. 330, 1.137–1.147.

15.2.4 Proteinproduktion im 20 ml-Maßstab zur Durchmusterung mehrerer *Pichia pastoris*-Klone

Die Produktion des rekombinanten Proteins kann von Klon zu Klon stark schwanken. Die Produktionsmenge wird unter anderem beeinflusst von der Zahl der inserierten Expressionskassetten (Einzel- oder Mehrfachinsertionen), dem *Mut*-Phänotyp (*Mut*+ oder *Mut*ˢ) und dem zur Transformation benutzten *Pichia*-Stamm. Es empfiehlt sich daher immer, möglichst viele Klone hinsichtlich ihrer tatsächlichen Proteinproduktion zu durchmustern, um den optimalen Klon für weitere Versuche zu finden (Boettner *et al.*, 2002).

Die Produktion des Fremdproteins wird aber auch von den Kultivierungsbedingungen bestimmt. Kritisch ist vor allem die Sauerstoffversorgung. Daher sollten bei der Proteinproduktion Erlenmeyerkolben mit Schikanen verwendet werden, die nur zu 1/10 bis 1/5 des Gesamtvolumens gefüllt sind. Es empfiehlt sich für die ersten Versuche eine konstante Temperatur von 30 °C zu wählen (bei Temperaturen über 32 °C kommt die Proteinproduktion zum Erliegen). Vor allem bei anspruchsvoll zu produzierenden Proteinen kann es vorteilhaft sein, die Temperatur während der Induktionsphase zu senken (16–22 °C), um die Ausbeute zu steigern (André *et al.*, 2006). Weiterhin kann die Methanolkonzentration variiert werden. Hierbei ist darauf zu achten, dass bei Überschreiten einer bestimmten Konzentration (ca. 3 %) Methanol toxisch auf die Zellen wirkt. Auch der Wechsel von einem Komplex- zu einem Minimalmedium kann sich in einigen Fällen positiv auf das Produktionsniveau auswirken. Ein weiterer Vorteil der Expression im Minimalmedium ergibt sich durch den geringen Anteil von unerwünschten Proteinen und weiteren Substanzen, die bei der anschließenden Proteinreinigung entfernt werden müssen. Bei sekretierten Proteinen ist auch darauf zu achten, für das Medium einen pH-Wert zu wählen, in dem das heterologe Protein stabil ist, wobei ein niedriger pH-Wert (pH ≤ 3) den Vorteil bietet, viele Proteasen zu inhibieren. Bei einem pH ≥ 6,5 können hauptsächlich in komplexen Medien nach einiger Zeit Phosphatverbindungen ausfallen. Bei Verwendung von ungepufferten Medien muss berücksichtigt werden, dass der pH-Wert im Laufe der Anzucht stark fällt. Zusammenfassend empfiehlt sich für die ersten Versuche ein komplexes, gepuffertes Medium mit einem pH-Wert von 6 (s. Materialien).

Der Produktionsverlauf des heterologen Proteins sollte zuerst für einige wenige Klone ermittelt werden, damit der optimale Erntezeitpunkt dann zum Durchmustern einer größeren Anzahl von Klonen verwendet werden kann. Sinnvolle Zeitpunkte für eine Probenentnahme bei einer Zeitreihe sind z.B. 0, 6, 12, 24, 36, 48, 72 und 96 Stunden nach Induktion für *Mut*+-Klone, bzw. 0, 24, 48, 72, 96 und 120 Stunden für *Mut*ˢ-Klone.

Nach Selektion geeigneter Klone kann aufgrund der hohen genetischen Stabilität auf den zusätzlichen Selektionsdruck durch Antibiotika (G-418, Zeocin oder Blasticidin) verzichtet werden.

Materialien

- sterile 50 ml-Röhrchen für *Mut*+-Klone bzw. 1 l-Erlenmeyerkolben mit Schikanen für *Mut*ˢ-Klone
- sterile 100 ml-Erlenmeyerkolben mit Schikanen
- temperierbarer Schüttelinkubator (≥ 250 upm)
- 10 × GY-Lösung: 10 % (v/v) Glycerin in H_2O, autoklaviert
- 10 × Phosphatpuffer: 1 M Kaliumphosphat pH 6,0, autoklaviert; zur Herstellung werden 132 ml 1 M K_2HPO_4 und 868 ml 1 M KH_2PO_4 gemischt und der pH-Wert kontrolliert; falls nötig kann der pH-Wert mit verdünnter Phosphorsäure oder KOH eingestellt werden
- BMGY-Medium: 10 g Hefeextrakt, 20 g Pepton in 700 ml H_2O lösen und autoklavieren (121 °C für 20 min); nach dem Abkühlen 100 ml 10 × GY-Lösung, 100 ml 10 × YNB (Abschn. 15.2.1), 100 ml 10 × Phosphatpuffer und 2 ml 500 × B-Lösung (Abschn. 15.2.1) zugeben
- BMMY-Medium: wie BMGY-Medium, aber mit 10 × M-Lösung (Abschn. 15.2.2) anstelle von 10 × GY-Lösung
- Aufschlusspuffer: 50 mM Kaliumphosphat pH 7,4, 1 mM EDTA, 55 % (v/v) Glycerin
- Proteaseinhibitor: 100 × PMSF: 100 mM Phenylmethylsulfonylfluorid in Dimethylsulfoxid (Vorsicht, sehr giftig!) Lagerung bei –20 °C, kann für ca. 1 Jahr benutzt werden
- Glasperlen 500 µm Durchmesser, in Säure gewaschen (z.B. in 1 M HCl, dann mit deionisiertem Wasser oder schwachem Puffer bis zur Neutralität waschen)
- Potter-Homogenisator (nach Potter-Elvehjem)
- Methanol (p.a.)
- Reagenzien für die Proteinbestimmung: z.B. BCA-Assay (Firma Pierce oder Uptima)
- Apparatur zur Durchführung einer SDS-PAGE (Abschn. 2.1)

Tab. 15–3: Optimierungsparameter bei der Proteinproduktion in *P. pastoris*

Parameter	Zu testender Bereich
Temperatur	16–30 °C
Methanolkonzentration	0,1–2,5 %
pH-Wert Medium	3–9
Dimethylsulfoxid	0–5 %
Histidin	+/– (0,04 mg × ml^{-1})
Induktionsdauer	0–120 h
Proteinspezifische Liganden	individuell

Durchführung

Anzucht von rekombinanten Hefeklonen

- 10 ml BMGY-Medium in einem 50 ml-Röhrchen (*Mut*+-Klone) bzw. 200 ml BMGY-Medium in einem 1 l-Erlenmeyerkolben mit Schikanen (*Mut*s-Klone) mit einer einzelnen Kolonie animpfen und über Nacht bei ≥ 250 upm und 30 °C inkubieren
- wenn die OD_{600} im Bereich 2–6 ist (nach ca. 16 h, Messung der OD erfolgt in entsprechenden Verdünnungen), die Zellen durch Zentrifugation (5 min, ca. 2.000 × g, RT) ernten und in BMMY-Medium resuspendieren, so dass sich eine OD_{600} von ca. 1 (*Mut*+-Klone) bzw. ca. 20 (*Mut*s-Klone) ergibt
- 20 ml der Suspension in einen 100 ml-Erlenmeyerkolben mit Schikanen geben, der mit sterilem Mull oder einer sehr locker aufgesetzten Aluminiumfolie abgedeckt wird (Belüftung!); bei 30 °C und ≥ 250 upm schütteln
- um die Induktionsbedingungen aufrecht zu erhalten, sollte alle 12 h 0,5 % des Kulturvolumens an reinem Methanol zur Kultur pipettieren werden (da das Kulturvolumen durch Verdunstung und durch die Entnahme von Proben abnimmt, sollte das Volumen der Kultur vor der Zugabe des Methanols zumindest grob bestimmt werden)
- zu den gewünschten Zeitpunkten Proben entnehmen
- Zellen der entnommenen Proben werden in Reaktionsgefäßen 2–3 min bei ≥ 3.000 × g sedimentiert; für intrazellulär produzierte Proteine werden nur die Zellsedimente eingefroren (in Ethanol-Trockeneis oder flüssigem Stickstoff schockgefrieren und bei –75 bis –80 °C aufbewahren); für die Analyse sezernierter Proteine immer Zellüberstand und Zellen getrennt aufbewahren.

Aufarbeitung der entnommenen Proben

Intrazellulär produzierte Proteine:
- Zum Aufschluss der Zellen das Zellsediment der entnommenen Probe (Zellen aus 1 ml Kultur) auftauen und im Reaktionsgefäß auf Eis mit 100 µl Aufschlusspuffer mischen
- zur Suspension ungefähr das gleiche Volumen an Glasperlen und 1 µl 100 × PMSF geben (PMSF ist in wässriger Lösung zwar nur sehr kurze Zeit wirksam, inaktiviert andererseits aber einige Hefeproteasen sehr gut)
- 30 s kräftig mischen (Vibromischer), anschließend die Probe für mindestens 30 s auf Eis stellen; diese Schritte achtmal wiederholen
- 10 min bei maximaler Geschwindigkeit und 4 °C abzentrifugieren; Überstand abnehmen und auf Eis aufbewahren
- zur Analyse mittels SDS-PAGE (Abschn. 2.1) einen Teil des Überstandes mit Probenpuffer (5 ×) mischen und nach dem Kochen der Proben 5–10 µl pro Spur auf das Gel auftragen
- falls ein Nachweis des produzierten Proteins nach Coomassie-Färbung (Abschn. 2.2.1) nicht möglich ist, kann ein Teil der Probe für eine Western Blot-Analyse (Towbin *et al.*, 1979), einen Aktivitäts- oder Bindungstest oder einen anderen, für das jeweilige Protein geeigneten Test verwendet werden
- die längere Lagerung der Proben sollte bei –80 °C erfolgen.

Sezernierte Proteine:
- Auch hier erfolgt eine erste Analyse über SDS-PAGE (Abschn. 2.1), Western Blot (Abschn. 10.1) oder einen Aktivitätstest; so lange unklar ist, ob das heterolog produzierte Protein effektiv sezerniert wird, sollte man neben der Analyse des Überstandes auch die Zellen selbst aufschließen und analysieren (s.o., intrazellulär produzierte Proteine)
- zur Analyse mittels SDS-PAGE kann der Überstand mit Probenpuffer gemischt, kurz aufgekocht und auf das Gel aufgetragen werden; falls diese Analyse zu keinem Ergebnis führt, kann der Überstand konzentriert (z.B. durch Proteinfällung (Tornqvist *et al.*, 1976, Wessel *et al.*, 1984) oder Membrankonzentratoren) und erneut analysiert werden.

Membranproteine:

Für die Präparation von Membranen und die anschließende Analyse der Membranproteine sollten mindestens 5–10 ml der Expressionskultur aufgearbeitet werden; hierbei sind ca. 2–5 mg Gesamtmembranprotein (gemessen mit einem BCA-Protein-Assay) zu erwarten. Sämtliche Arbeiten werden auf Eis oder bei 4 °C durchgeführt. Alle eingesetzten Puffer und Lösungen werden vorgekühlt.

- Zellen der entnommenen Proben werden 2–3 min bei ≥ 3.000 × g sedimentiert und in 5 ml Aufschlusspuffer resuspendiert
- die Zellen werden erneut 2–3 min bei ≥ 3.000 × g sedimentiert und der Überstand vollständig abgenommen
- das Feuchtgewicht der Zellen wird bestimmt und eine 30 %ige Suspension in Aufschlusspuffer (mit 1 mM PMSF) hergestellt
- je 700 µl dieser Suspension werden in ein 2 ml-Reaktionsgefäß überführt und Glasperlen zugegeben bis noch mindestens 2 mm Zellsuspension über den Perlen verbleibt
- zum Zellaufbruch wird nun das Reaktionsgefäß (bei 4 °C) auf einem Vibromischer für 5 min ohne Unterbrechung kräftig gemischt
- die Suspension wird anschließend mit 3.000 × g bei 4 °C für 5 min zentrifugiert
- der Überstand wird mit einer Pipette entnommen und in ein separates Reaktionsgefäß überführt; um die Ausbeute zu erhöhen, können die Glasperlen mit 200–500 µl Aufschlußpuffer gewaschen und erneut zentrifugiert werden
- die Überstände werden vereinigt und mit ≥ 100.000 × g bei 4 °C für 1 h zentrifugiert; das erhaltene Sediment (die Membranen) wird nun in 200–500 µl Puffer (z.B. Membranpuffer, Abschn. 15.2.7 mit 1 mM PMSF) resuspendiert; hierzu eignet sich besonders ein so genannter Potter-Homogenisator
- für die Analyse auf einem SDS-Gel (oder für Western Blot-Analyse) werden ca. 20 µg Membranprotein (Proteinbestimmung) mit dem Auftragspuffer gemischt (vorher 1 µl 100 × PMSF zugeben!); auf das Kochen der Probe sollte verzichtet werden, da viele Membranproteine bei höheren Temperaturen aggregieren.

Literatur

André, N., Cherouati, N., Prual, C., Steffan, T., Zeder-Lutz, G., Magnin, T., Pattus, F., Michel, H., Wagner R., Reinhart, C. (2006): Enhancing Functional Production of G Protein-Coupled Receptors in *Pichia pastoris* to Levels Required for Structural Studies via a Single Expression Screen. Protein Science 15, 1–12.

Boettner, M., Prinz, B., Holz, C., Stahl U., Lang C. (2002): High-Throughput Screening for Expression of Heterologous Proteins in the Yeast *Pichia pastoris*. J. Biotechnol. 99, 51–62.

Tornqvist, H., Belfrage, P. (1976): Determination of Protein in Adipose Tissue Extracts. J. Lipid Res. 17, 542–545.

Towbin, H., Staehelin, T., Gordon, J. (1979): Electrophoretic Transfer of Proteins from Polyacrylamide Gels to Nitrocellulose Sheets: Procedure and Some Applications. Proc. Natl. Acad. Sci. U.S.A. 76, 4.350–4.354.

Wessel, D., Flügge, U.I. (1984): A Methode for the Quantitative Recovery of Protein in Dilute Solution in the Presence of Detergents and Lipids. Anal. Biochem. 138, 141–143.

Weiterführende Literatur

Grünewald, S., Haase, W., Molsberger, E. (2004): Production of the Human D_{2s} Receptor in the Methylotrophic Yeast *P. pastoris*. Receptors and Channels 10, 37–50.

Higgins, D.R., Cregg, J.M. (Hrsg.) (1998): *Pichia* Protocols. Methods in Molecular Biology. Humana Press, Totowa, New Jersey.

Maeda, Y., Kuroki, R., Suzuki, H., Reiländer, H. (2000): High-Level Secretion of Biologically Active Recombinant Human Macrophage Inflammatory Protein-1α by the Methylotrophic Yeast *Pichia pastoris*. Protein Expression and Purification 18, 56–63.

15.2.5 Proteinproduktion im 1 l-Maßstab

Ist ein gut produzierender Klon gefunden und charakterisiert worden, geht man bei der Proteinproduktion zu größeren Kulturvolumina über. Kulturbedingungen, die im kleinen Maßstab optimiert wurden, können in der Regel gut auf einen größeren Produktionsmaßstab übertragen werden. Besonders bei größeren Kulturvolumina ist während der Induktion für einen ausreichenden Sauerstoffeintrag zu sorgen. Hierbei sind Erlenmeyerkolben mit Schikanen geeignet, die maximal bis zu einem Fünftel Kulturvolumen gefüllt sein sollten und luftdurchlässig verschlossen sind. Das nachfolgende Protokoll bezieht sich auf einen *Mut*[+]-Klon und kann auch für die Produktion sezernierter Proteine verwendet werden.

Materialien
- sterile 5 und 3 l-Erlenmeyerkolben mit Schikanen
- sterile 50 ml-Röhrchen
- BMGY- und BMMY-Medien (Abschn. 15.2.4)
- Schüttelinkubator ($\geq$ 250 upm)

Durchführung
- 10 ml BMGY-Medium in einem 50 ml-Röhrchen mit einer einzelnen Kolonie animpfen und über Nacht oder für mindestens 8 h bei 30 °C, 250 upm inkubieren
- von dieser Vorkultur am nächsten Tag die OD_{600} bestimmen
- 500 ml BMGY-Medium in einem 3 l-Erlenmeyerkolben mit Schikanen auf ca. 30 °C vortemperieren und mit der Vorkultur so animpfen, dass am nächsten Vormittag die OD_{600} bei 2–6 liegt (in komplexem Medium beträgt die Verdoppelungszeit ca. 2 h; hat die Vorkultur beispielsweise eine OD_{600} von 4 und es werden 16 h für das Wachstum der 500 ml Kultur veranschlagt, so wird diese, mit 2 ml der Vorkultur angeimpft, nach 16 h eine OD_{600} von ca. 4 erreicht haben)
- die 500 ml Kultur über Nacht bei 30 °C und $\geq$ 250 upm inkubieren
- OD_{600} der BMGY-Kultur bestimmen (sollte zwischen 2 und 6 liegen)
- berechnen, welche Menge der BMGY-Kultur geerntet werden muss, um bei Aufnahme in ein Liter eine OD_{600} von ca. 1 zu erreichen (z.B. liegt die OD_{600} bei 4, werden die Zellen aus 250 ml Kultur geerntet und anschließend in 1 l Induktionsmedium resuspendiert)
- Zellen des berechneten Kulturvolumens ernten (ca. 2.000 × g, RT, 5min)
- Zellen in etwas BMMY-Medium resuspendieren, in einen 5 l-Erlenmeyerkolben mit Schikanen überführen und mit BMMY-Medium bis auf einen Liter auffüllen (OD_{600}=1)
- Zellen bei 30 °C und $\geq$ 250 upm für die in den Vorversuchen ermittelte Zeit induzieren (alle 12 h Methanol auf 0,5 % Endkonzentration zugeben)
- Zellen ernten (ca. 2.000 × g, RT, 5 min) und anschließend das Zellpellet entweder direkt weiter verarbeiten oder in flüssigem Stickstoff einfrieren und bei -80 °C lagern

15.2.6 *Pichia pastoris* im Fermenter

Pichia pastoris lässt sich gut im Fermenter zur Produktion rekombinanter Proteine einsetzen (Anleitung für die Fermentation unter http://products.invitrogen.com/ivgn/product/K175001). Der Fermenter hat gegenüber der Schüttelkultur den Vorteil, dass hier mit definierten Medien (Minimalmedium) unter kontrollierten Bedingungen gearbeitet wird. Zudem lassen sich bis zu 500 g feuchte Zellmasse pro Liter Kulturvolumen erreichen (Siegel und Brierley, 1989). Diese hohe Zelldichte ist vor allem deshalb möglich, weil die methylotrophe Hefe *Pichia pastoris* im Gegensatz zu *Saccharomyces cerevisiae* bei der Fermentation kaum Ethanol freisetzt, der bei Anreicherung toxisch wirkt.

Wichtig für die erfolgreiche Fermentation von *Pichia* ist die Kontrolle der einzelnen Prozessparameter. Der Fermenter sollte über Sensorik und Regelkreise für pH-Wert, Gelöstsauerstoffkonzentration (*dissolved oxygen*, DO) und Temperatur verfügen. Für die Kontrolle der Induktionsphase wird ein Methanolsensor empfohlen. Weiterhin ist eine aktive Kühlung notwendig, da bei der Methanol *Fed Batch*-Phase erhebliche Prozesswärme entsteht, die möglichst effizient abgeführt werden muss. Eine Temperatur über 30 °C wirkt sich in der Regel negativ auf die Proteinproduktion in *Pichia* aus. Eine gute Durchmischung der Fermenterkultur ist wichtig (bis 1.500 upm), da bei der zu erwartenden hohen Zelldichte eine gute Sauerstoffversorgung der Hefekultur essentiell ist. Das erfordert in den späteren Phasen der Fermentation neben Druckluft die Zufuhr von reinem Sauerstoff. Der Fermenter sollte eine Möglichkeit zur sterilen Probeentnahme bieten um während des Fermenterlaufs kontinuierlich Zelldichten bestimmen zu können und während der Induktionsphase die Produktion des rekombinanten Proteins zu verfolgen.

Die Fermentation lässt sich in drei Phasen einteilen:

Glycerin-*Batch*-Phase

Die Glycerin-*Batch*-Phase zeichnet sich dadurch aus, dass die Hefezellen das im Ausgangsmedium enthaltene Glycerin als Kohlenstoffquelle nutzen und zunächst ein exponentielles Wachstum zeigen. Das Ende dieser Phase ist dadurch zu erkennen, dass die Gelöstsauerstoffkonzentration im Kulturmedium innerhalb kurzer Zeit stark ansteigt (DO-S*pike*).

Glycerin-Fütterungsphase

Nach Ende der Glycerin-*Batch*-Phase wird Glycerin zugefüttert. Dadurch wird eine massive Zunahme der Zellmasse erreicht. Hierbei ist darauf zu achten, dass keine Akkumulation des Glycerins im Medium erfolgt (Fütterung mit wachstumslimitierender Rate). Um das zu testen, wird in Abständen kurzzeitig die Glycerinzufuhr unterbrochen. Bei Nichtakkumulation sollte innerhalb weniger Minuten ein DO-*Spike* auftreten. Die Glycerinfütterung wird fortgesetzt bis ein Zellfeuchtgewicht von 250–350 $g \times l^{-1}$ erreicht ist. In dieser Phase ist bereits eine gute Durchmischung zur Aufrechterhaltung der Gelöstsauerstoffkonzentration notwendig.

Induktionsphase

Zum Einleiten der Induktionsphase wird die Glycerinzufuhr gestoppt. Um sicher zu stellen, dass das Glycerin im Medium vollständig verbraucht ist, wird auf das Auftreten eines DO-*Spikes* gewartet und eine kurze Hungerperiode von ca. 15 min eingelegt.

Anschließend wird mit der Methanolfütterung begonnen. Durch die nötige Umstellung des Stoffwechsels in der Hefe akkumuliert sich das Methanol während der nächsten 2–3 Stunden im Fermenter. In dieser kritischen Phase ist eine genaue Kontrolle der Prozessparameter, insbesondere die Methanolkonzentration, entscheidend (toxische Konzentrationen müssen verhindert werden). Die Adaption an das Methanol macht sich durch erhöhten Methanolumsatz bemerkbar (schnelle Reaktionszeit bei Test auf DO-*Spike*). Wenn ein Methanolsensor vorhanden ist, sollte eine Methanolkonzentration von 0,5–1,5 % für den Rest der Induktionsphase aufrechterhalten werden.

In einem ersten Fermenterlauf sollte durch regelmäßige Probeentnahme während der Induktionsphase über einen Zeitraum von mindestens 70 h der optimale Erntezeitpunkt für spätere Fermentationen bestimmt werden.

Materialien

- 50 ml-Röhrchen (steril)
- 1 l-Erlenmeyerkolben mit Schikanen
- Schüttelinkubator (≥ 250 upm)
- 10 l Fermenter mit Sauerstoffelektrode, Temperatursensor, pH-Elektrode und Methanolsensor

- automatische Regulation von Gelöstsauerstoffkonzentration, pH-Wert und Temperatur
- Druckluft und Sauerstoff
- BMGY Medium (Abschn. 15.2.4)
- Spurenelementsalze für die Fermentation: 0,2 g Biotin, 0,5 g $CoCl_2$, 6 g $CuSo_4 \times 5\ H_2O$, 65 g $Fe(II)SO_4 \times 7\ H_2O$, 0,02 g H_3BO_3, 5 ml H_2SO_4, 3 g $MnSO_4 \times 1\ H_2O$, 0,08 g NaI, 0,2 g Na_2MoO_4, 20 g $ZnCl_2$ mit H_2O auf 1 Liter auffüllen und sterilfiltrieren (die Lösung sollte im Dunklen und nicht länger als 6 Monate gelagert werden)
- 25 %ige Ammoniaklösung
- 50 %ige Glycerinlösung mit 12 ml Spurenelementsalze pro Liter
- Induktionslösung: 100 % Methanol mit 12 ml Spurenelementsalze pro Liter
- Basalsalzmedium (präzipitationsfrei): 0,93 g $CaSo_4 \times 2\ H_2O$, 18,2 g K_2SO_4, 14,9 g $MgSO_4 \times 7\ H_2O$, 9 g Ammoniumsulfat, 40 g Glycerin mit H_2O auf 900 ml (pro Liter Fermentermedium) auffüllen und im Fermenter autoklavieren; pro Liter Fermentermedium (Endvolumen) 25 g Na-Hexametaphosphat langsam in 100 ml H_2O lösen, sterilfiltrieren und dem Fermentermedium hinzufügen (über einen sterilen Zugang des Fermenters)
- Schaumverhinderer

Durchführung

Bei dem hier beschriebenen Fermentationsprozess wird von einem Expressionsklon mit *Mut*[+]-Phänotyp ausgegangen.

- 1–2 Tage vor dem Fermenterlauf wird das Fermentergefäß (10 l Maximalvolumen) mit 3,6 l Basalsalzmedium gefüllt und geschlossen
- der Temperatursensor und die Sauerstoffelektrode werden montiert
- die pH-Elektrode und der Methanolsensor (wenn vorhanden) werden nach Angaben des Herstellers angeschlossen und kalibriert
- drei Zugänge für Ammoniak, Glycerin und Methanol werden vorbereitet
- der Fermenter wird autoklaviert
- nach dem Abkühlen Na-Hexametaphosphat-Lösung zugeben (400 ml)
- die Sauerstoffelektrode wird nach Angaben des Herstellers kalibriert (Polarisationszeit beachten)
- 10 ml BMGY-Medium in einem 50 ml-Röhrchen mit einer Kolonie des Expressionsklons animpfen und über Nacht bei 30 °C im Schüttler (250 upm) anziehen
- von dieser Vorkultur am nächsten Tag die OD_{600} bestimmen
- 100 ml BMGY-Medium in einem 1 l-Erlenmeyerkolben mit Schikanen mit der Vorkultur so animpfen, dass mit dieser Kultur am nächsten Vormittag 4 Liter Fermenterkultur mit einer OD_{600} von 1 angeimpft werden können
- am nächsten Tag: pH-Regelung auf 5–6 einstellen (mit der 25 %igen Ammoniaklösung)
- Druckluft anschließen und Fermenter mit ca. 1 l $\times$ min^{-1} pro l belüften (hier: 4 l $\times$ min^{-1})
- Temperaturregelung auf 30 °C einstellen
- 4 l Fermentationsmedium mit OD_{600} = 1 animpfen

Glycerin-*Batch*-Phase

Bei der ersten Phase der *Pichia*-Fermentation verbraucht die Kultur das im Fermentermedium enthaltene Glycerin.

- Rührgeschwindigkeit auf ca. 600 upm einstellen
- das Ende dieser Phase ist erreicht, wenn das Glycerin aufgebraucht ist und daher ein DO-*Spike* beobachtet wird (die Dauer dieser ersten Phase liegt in der Regel zwischen 20–30 h)

Glycerin-Fütterungsphase

Nach Ende der Glycerin-*Batch*-Phase wird Glycerin (50 % w/v mit Spurenelementsalzen versetzt) zugeführt. Hierbei ist darauf zu achten, dass keine Akkumulation des Glycerins im Medium erfolgt.

- Rührgeschwindigkeit auf ca. 900 upm erhöhen
- Gelöstsauerstoffkonzentration bei 20 % halten; falls erforderlich zusätzlich zur Druckluft reinen Sauerstoff zuführen
- im Verlauf dieser Phase wird die Glycerin-Fütterungsrate gesteigert und dabei so eingestellt, dass keine Akkumulation erfolgt; dies in regelmäßigen Abständen mit Tests auf DO-*Spikes* überprüfen
- Glycerinfütterung fortsetzen bis ein Zellfeuchtgewicht von 250–350 g $\times$ l^{-1} erreicht ist

Induktionsphase

Beim Übergang der Induktionsphase wird zunächst die Glycerinzufuhr gestoppt und es folgt eine 15-minütige Hungerperiode ohne Zufuhr einer Kohlenstoffquelle. Erst dann wird mit der Methanolfütterung begonnen.

- Glycerinzufuhr stoppen
- nach Auftreten des DO-*Spikes* weitere 15 min abwarten
- zu Beginn die Induktionslösung (Methanol mit Spurenelementsalzen) für die ersten zwei Stunden mit 3,6 ml $\times$ h^{-1} pro Liter derzeitigem Kulturvolumen zuführen
- anschließend in regelmäßigen Abständen mittels Test auf DO-Spikes überprüfen ob die Methanol-Zufütterung unter limitierenden Bedingungen erfolgt
- Gelöstsauerstoffkonzentration auf mind. 20 % halten (Erhöhen der Rührgeschwindigkeit und/oder Sauerstoffzufuhr)
- Fütterungsrate während der weiteren Induktion kontinuierlich so weit steigern, wie dies jeweils ohne Akkumulation von Methanol möglich ist (Test auf DO-*Spikes*)
- während der gesamten Induktion werden alle 2 h Proben entnommen und auf das Produktionsniveau des rekombinanten Proteins analysiert
- beim ersten Fermenterlauf erfolgt die Induktion für 70 h
- zum Ernten der Zellen werden diese für 15 min bei $\geq$ 3.000 $\times$ g sedimentiert; das Zellpellet wird entweder direkt weiter verarbeitet oder in flüssigem Stickstoff eingefroren und bei -80 °C gelagert

Literatur

Anleitung für die Fermentation unter http://products.invitrogen.com/ivgn/product/K175001

Siegel, R. S. and Brierley, R. A. (1989) Methylotrophic Yeast *Pichia pastoris* Produced in High-cell-density Fermentations With High Cell Yields as Vehicle for Recombinant Protein Production. Biotechnol. Bioeng. 34: 403-404.

Weiterführende Literatur

Brierley, R. A. (1998) Secretion of recombinant human insulin-like growth factor I. In *"Pichia Protocols"* Serie: Methods in Molecular Biology Vol. 103 (Higgins, D. R. & Cregg, J. M., Editoren), Humana Press, Totowa, New Jersey, 241-247.

Brierley, R. A., Bussineau, C., Kosson, R., Melton, A., and Siegel, R. S. (1990) Fermentation Development of Recombinant *Pichia pastoris* Expressing the Heterologous Gene: Bovine Lysozyme. Ann. New York Acad. Sci. 589: 350- 362.

Cregg, J. M., Vedvick, T. S. and Raschke, W. C. (1993) Recent Advances in the Expression of Foreign Genes in Pichia pastoris. Bio/Technology 11: 905-910.

15.2.7 Zellaufschluss und Präparation von Rohmembranen in größerem Maßstab

Bei Membranproteinen und intrazellulär produzierten löslichen Proteinen müssen bei Produktion im präparativen Maßstab (Abschn. 15.2.5 und 15.2.6) größere Zellmengen aufgeschlossen werden, um an das Zielprotein zu gelangen. Dazu eignen sich insbesondere sog. Kugelmühlen (sie funktionieren prinzipiell wie das (starke) Mixen mit Glaskugeln) aber auch ein Microfluidizer (Bezugsquelle für Kugelmühlen: http://www.biotechnologie-euler.de/start.html; Bezugsquelle für Microfluidizer: http://www.microfluidicscorp.com/). Andere Methoden wie Ultraschall oder French-Press sind in der Regel nicht gut geeignet, die stabilen Hefezellen aufzubrechen. Im Folgenden wird eine Methode zum Zellaufschluss von ca. 20 g Zellen (feuchte Zellmasse) erläutert, wie sie aus einem Liter BMMY-Kultur geerntet werden können. Bei dieser Methode ist keine besondere Apparatur zum Aufschluss nötig, die Zellen werden allein durch starkes Mixen (Vibromischer) mit Glaskugeln aufgeschlossen.

Sowohl im Falle eines löslichen, intrazellulär produzierten Proteins als auch bei einem Membranprotein erfolgt der Zellaufschluss zunächst in gleicher Weise. Der Zentrifugationsschritt direkt nach dem Aufschluss wird bei ersterem jedoch bei etwas höheren g-Zahlen (z.B. 10 min, 10.000 × g, 4 °C) durchgeführt. Handelt es sich bei dem heterolog produzierten Protein hingegen um ein Membranprotein, so wird die nach dem Zellaufschluss erfolgende Präparation von Rohmembranen als optionaler Schritt beschrieben.

Materialien

- Zellpellet der präparativen Expressionskultur (frisch geerntet oder auf Eis aufgetaut; Abschn. 15.2.5)
- Aufschlusspuffer (Abschn. 15.2.4)
- Proteaseinhibitor: 500 × PMSF: 500 mM Phenylmethylsulfonylfluorid in Dimethylsulfoxid (Vorsicht, sehr giftig!) Lagerung bei –20 °C, kann für ca. 1 Jahr benutzt werden
- Glasperlen 500 µm Durchmesser, in Säure gewaschen (Abschn. 15.2.4), auf 0–4 °C vorkühlen
- Kühlzentrifuge

Bei Präparation von Rohmembranen zusätzlich:
- Ultrazentrifuge
- Membranpuffer: 50 mM Tris pH 7,4; 150 mM NaCl
- Potter-Homogenisator mit ≥ 25 ml Volumen

Durchführung

Zellaufschluss:
- Zellpellet der Expressionskultur (Abschn. 15.2.5) in 60 ml eiskaltem Aufschlusspuffer resuspendieren
- Suspension auf sechs 50 ml-Röhrchen verteilen, diese auf Eis stellen
- zu jedem der 50 ml Röhrchen zuerst 10–12 ml vorgekühlte Glasperlen und dann 25 µl 500 × PMSF geben
- jeweils zwei der Röhrchen für 30 s kräftig mixen (Vibromischer), diese dann auf Eis stellen und die nächsten zwei mixen; dies so oft wiederholen, bis alle sechs Röhrchen jeweils achtmal behandelt wurden (es empfiehlt sich, hierbei im Kühlraum zu arbeiten)
- zu jedem Röhrchen weitere 10 ml kalten Aufschlusspuffer und 20 µl 500 × PMSF geben und jedes nochmals für 20 s stark mixen
- Röhrchen bei 10.000 g, 4 °C für 10 min zentrifugieren (Membranproteine: 2.000 × g, 4 °C für 5 min)
- Überstände (cytosolische Proteine und Membranfraktion) abnehmen und vereinigen

Präparation von Rohmembranen (optional):
- Membranen durch einen Ultrazentrifugationsschritt sedimentieren (≥ 100.000 × g, 4 °C, 60 min)
- Membranpellet in 25 ml eiskaltem Membranpuffer mit 50 µl 500 × PMSF (frisch zugeben!) aufnehmen
- Membranen in vorgekühltem Potter-Homogenisator resuspendieren (auf Eis arbeiten)
- Membransuspension in 10 ml-Reaktionsgefäße aliquotieren (2–5 ml) und schockgefrieren (Ethanol-Trockeneis oder flüssiger Stickstoff); es ist empfehlenswert für analytische Zwecke einige kleine Aliquots mit je 50–100 µl Membransuspension in 1,5 ml-Reaktionsgefäße abzufüllen und ebenfalls einzufrieren; Lagerung bei –75 °C; die Gesamtproteinkonzentration einer derartigen Membransuspension liegt üblicherweise bei ca. 30 mg × ml^{-1}.

15.2.8 Lagerung von *Pichia pastoris*

Transformationsplatten mit den ausplattierten, rekombinanten Klonen können für einige Wochen bei 4 °C aufbewahrt werden. Auf YPD-Agarplatten kann die Lagerung der *Pichia pastoris*-Stämme und auch der rekombinanten *Pichia*-Klone bei 4 °C für einige Monate erfolgen (s.o.). Für die langfristige Lagerung der Stämme und Klone sollten allerdings immer Glycerinkulturen angelegt werden. Zum Animpfen einer Expressionskultur wird empfohlen, einen Klon von einer möglichst frischen Platte zu nehmen (< 3 Tage).

Materialien

- sterile 50 ml-Röhrchen
- YPD-Medium (Abschn. 15.2.1)
- steriles 80 % (v/v) Glycerin

Durchführung

- 15 ml YPD-Medium in einem 50 ml-Röhrchen mit dem zu lagernden *P. pastoris*-Stamm oder Klon animpfen
- bei 30 °C unter starkem Schütteln über Nacht inkubieren und anschließend die OD_{600} bestimmen
- Zellen durch Zentrifugation (2.000 × g, 5 min) ernten
- Zellen in YPD-Medium mit 15 % (v/v) Glycerin resuspendieren, sodass die OD_{600} 50–100 beträgt, aliquotieren und schockgefrieren (Ethanol-Trockeneis oder flüssiger Stickstoff); die Lagerung erfolgt bei –80 °C

15.2.9 Trouble Shooting für den gesamten praktischen Teil

Die potentiellen Probleme bei der heterologen Proteinproduktion sind mannigfaltig und in der Regel stark vom jeweiligen Zielprotein abhängig bzw. mehr oder weniger spezifisch für dieses. Dennoch soll im Folgenden versucht werden, einige allgemeine Lösungsansätze zu geben, die eine breitere Gültigkeit besitzen.

Kein rekombinantes Protein nachweisbar

- Expressionskonstrukt erneut überprüfen; Expressionsvektor sequenzieren; bei Verwendung von Signalpeptid-Vektoren insbesondere auf die Einhaltung des korrekten Leserahmens achten
- gegebenenfalls die Transformation von *P. pastoris* wiederholen (Abschn. 15.2.1) und/oder neue Transformanden selektieren
- in *P. pastoris* können AT-reiche DNA-Regionen zur vorzeitigen Termination der Transkription führen; in diesem Fall werden nur verkürzte mRNAs hergestellt, die nicht zum vollständigen Protein translatiert werden können; eine Northern-Analyse durchführen, um die Länge der gebildeten mRNA zu überprüfen (Abschn. 10.2).

Die Produktion des rekombinanten Proteins lässt sich zwar nachweisen, die Ausbeute ist jedoch sehr gering

- Klone mit Mehrfachinsertionen verwenden, bzw. neue Klone mit höherer Kopienzahl selektieren (Abschn. 15.2.3)
- eine eingehendere Optimierung jener Parameter durchführen, die die Expression beeinflussen (Abschn. 15.2.4)
- eventuell von Sekretion auf intrazelluläre Produktion wechseln; bei der intrazellulären Produktion nimmt die Produktionsmenge an rekombinantem Protein meist linear mit der Kopienzahl zu, dies ist bei sezernierten Proteinen nicht unbedingt der Fall (Romanos, 1995)

- bei Produktion eines sezernierten Proteins überprüfen, wie viel von diesem Protein in der Zelle zu finden ist; gegebenenfalls einen Vektor mit einem anderen Signalpeptid verwenden (das eigene Signalpeptid eines Fremdproteins muss in *P. pastoris* nicht unbedingt zur richtigen Prozessierung führen)
- *Mut*-Phänotyp ändern; dazu entweder andere Stämme für die Transformation wählen (Stamm KM71 oder KM71H für *Mut^s*, alle anderen *P. pastoris*-Stämme für *Mut$^+$*) oder bei Verwendung der *His*-Vektoren andere Schnittstelle zur Linearisierung vor der Transformation wählen; im Falle der Zeocin oder Blasticidinvektoren gelingt eine Änderung des *Mut*-Phänotyps nur durch Transformation in einen geeigneten Stamm.

Das rekombinante, sezernierte Protein wird abgebaut
- pH-Wert des Mediums senken; *P. pastoris* wächst auch bei einem pH ≤ 3 noch sehr gut; im Medium vorhandene Proteasen sind bei niedrigerem pH-Wert allerdings weniger aktiv
- zur Produktion auf einen proteasedefizienten Stamm (SMD1168, SMD1168H, SMD1163, SMD1165) ausweichen
- Zugabe von 1 % (w/v) Casaminosäuren ins Medium hemmt Proteasen.

Starke Proteolyse bei einem intrazellulär produzierten Protein
- Produktion in einem proteasedefizienten Stamm (SMD1168, SMD1168H, SMD1163, SMD1165) testen
- während des Zellaufschlusses und der nachfolgenden Reinigung alle 20–30 min PMSF zugeben (in wässrigem Milieu hat PMSF nur eine kurze Halbwertszeit)
- zusätzlich andere Proteaseinhibitoren während des Zellaufschlusses und der Reinigung verwenden (Leupeptin, Pepstatin, Chymostatin, etc.).

Literatur

Romanos, M. (1995): Advances in the use of *Pichia pastoris* for High-Level Gene Expression. Curr. Opin. Biotechnol. 6, 527–533.

Weiterführende Literatur

Reiländer, H., Reinhart, C., Szmolenszky, A. (1999): Large-Scale Expression of Receptors in Yeast in: Haga, T., Berstein, G. (Hrsg.): G Protein-Coupled Receptors. CRC Press, Boca Raton, 282–310.
Reinhart, C., Weiss, H.M., Reiländer, H. (2003): Purification of an Affinity-Epitope Tagged G-Protein Coupled Receptor in: Hunte, C., v. Jagow, G., Schägger, H. (Hrsg.): Membrane Protein Purification and Crystallization: A Practical Guide. Elsevier Science (USA), 167–178.

16 Verminderung der Genexpression über Ribozym-Targeting

(Achim Aigner)

Die Funktionsanalyse eines bestimmten Gens bzw. Genprodukts in einer Zelle, einem Organ oder einem Organismus ist eine häufige Fragestellung in der molekularbiologischen bzw. biochemischen Forschung. Die Ermittlung einer biologischen Bedeutung kann z.B. durch Überexpression des entsprechenden Proteins *in vitro* oder *in vivo* erfolgen. Auch die Herstellung des rekombinanten Proteins mit anschließendem Test im untersuchten System ist möglich. Im umgekehrten Fall stehen die Verminderung der Genexpression, die Inaktivierung des betreffenden Proteins durch Inhibitoren bzw. Antikörper oder die Überexpression von Defektmutanten im Vordergrund. Die Verwendung spezifischer Inhibitoren oder inhibierender Antikörper bzw. die Herstellung von Defektmutanten ist allerdings auf bestimmte Proteine begrenzt, häufig sehr aufwändig und von ihrer Anwendungsbreite stark limitiert.

Eine sehr attraktive und wesentlich allgemeiner einsetzbare Methode stellt die selektive Verminderung der Expression des Genprodukts dar. Dies kann über RNAi (Kap. 8) oder über das Ribozym-Targeting geschehen. Ribozyme sind RNA-Moleküle, die als Enzyme wirken und damit also bestimmte Reaktionen katalysieren können (engl. *ribozyme, ribonucleic acid-derived enzyme*). Die hier beschriebenen Hammer-

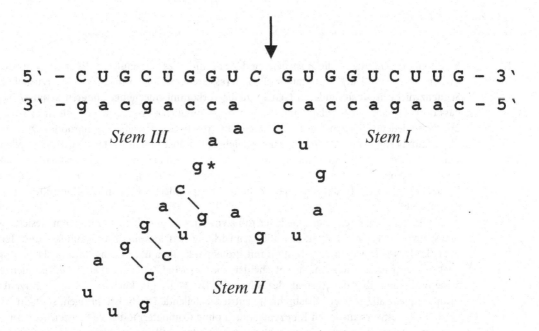

Abb. 16–1: Struktur und Hybridisierung eines Hammerhead-Ribozyms (unten) an die Ziel-mRNA (oben). Die Bereiche I und III (Stem I und Stem III) sind über Watson-Crick-Basenpaarung für die Bindung des Ribozyms verantwortlich, Stem II ist Träger der katalytischen Aktivität (g* ist eine mutationssensitive Base, die bei einem Austausch das Ribozym inaktiviert). Der Pfeil markiert die Position der durch das Ribozym hervorgerufenen Spaltung der RNA.

head-Ribozyme sind kleine RNA-Moleküle, die sich sequenzspezifisch über Watson-Crick-Basenpaarung an ihre Ziel-RNA anlagern und diese RNA an einer genau vorherbestimmten Stelle schneiden. Erfolgt dies in einer Zelle, wird die so geschnittene RNA, die nun zwei neue, ungeschützte Enden besitzt, nach Abdissoziation des Ribozyms rasch durch intrazelluläre Nucleasen abgebaut. Durch die so hervorgerufene Verminderung der Menge der betreffenden mRNA wird die Translation und damit die Expression des entsprechenden Proteins eingeschränkt und das gewünschte Ziel erreicht.

Hammerhead-Ribozyme, die von der Originalstruktur nach Haseloff und Gerlach (1988) abgeleitet und auf ihre minimal notwendige katalytische Domäne verkürzt worden sind (Czubayko *et al.*, 1994), bestehen aus drei Abschnitten (Abb. 16–1): Die Sequenzen der Bereiche I und III sind frei wählbar und entscheiden durch Watson-Crick-Basenpaarung über die spezifische Bindung an die interessierende Ziel-RNA. Festgelegt ist hingegen der Bereich II mit dem katalytisch aktiven Zentrum des Ribozyms, über das die Spaltung erfolgt. Durch die freie Wählbarkeit der Sequenzen der Abschnitte I und III sind nach bestimmten Auswahlregeln hochspezifische Ribozyme gegen praktisch jedes beliebige Genprodukt herstellbar. Anders als bei *antisense*-Strategien beruht die Ribozymwirkung auf einem katalytischen Mechanismus, sodass theoretisch geringere Mengen ausreichen. Dies kann einen höheren Effekt bei geringerer unspezifischer Wirkung bedeuten.

Da Ribozyme selbst RNA-Moleküle mit in den meisten Fällen nur geringer Stabilität sind, wird für Forschungszwecke auf die exogene Applikation des Ribozyms häufig verzichtet. Stattdessen wird ein Ansatz gewählt, bei dem die betreffenden Zellen das jeweilige Ribozym selbst herstellen. Dies gelingt durch stabile Transfektion eines Ribozym-Expressionsvektors in die Zelle. Die Herstellung des Ribozyms, das damit gleich am Ort seiner gewünschten Wirkung gebildet wird, kann je nach Wahl des Expressionsvektors konstitutiv oder stimulierbar erfolgen. Dies ermöglicht die dauerhaft gleichbleibende oder die von außen durch einen Stimulus gesteuerte Verminderung der Expression des entsprechenden Genprodukts.

16.1 Vorüberlegungen zur Ableitung von Ribozymen

Von hoher Bedeutung ist die Absicherung der Spezifität des verwendeten Ribozyms. Aus diesem Grund ist bei der Auswahl der Zielsequenz des interessierenden Gens unbedingt sicherzustellen, dass diese Sequenz nicht in einem anderen Gen ebenfalls vorkommt oder einer anderen Sequenz so ähnlich ist, dass dort ebenfalls eine Anlagerung des Ribozyms möglich wäre. Ferner empfiehlt es sich, mindestens drei verschiedene Ribozyme gegen verschiedene Abschnitte desselben Genprodukts zu generieren und diese dann bezüglich ihrer Wirkung zu vergleichen. Darüber hinaus sollten Negativkontrollen mitgeführt werden: ein identisches, aber durch eine Punktmutation im aktiven Zentrum katalytisch inaktives Ribozym (s.* in Abb. 16–1) zum Ausschließen einer *antisense*-Wirkung sowie ein *nonsense*-Ribozym oder ein Ribozym gegen ein von der jeweiligen Zelle nicht exprimiertes Protein zur Kontrolle gegen Transfektionsartefakte.

Die Ableitung mehrerer verschiedener Ribozyme empfiehlt sich auch unter dem Gesichtspunkt erwartungsgemäß unterschiedlich starker Ribozymwirkungen. Die komplexe Sekundär- und Tertiärstruktur der (Ziel-)RNAs sowie ihre Assoziation mit Proteinen können über Computermodelle bislang nur unzureichend vorhergesagt werden. Sie entscheiden aber über die Zugänglichkeit der Zielsequenzen für Ribozyme und damit über das Ausmaß der Ribozymaktivität. Da glücklicherweise die Mehrzahl der aus der Primärsequenz abgeleiteten Zielabschnitte zufriedenstellende Ergebnisse bringen, sind eine Auswahl von ca. drei bis fünf verschiedenen Ribozymen auch ohne Computermodell voll ausreichend zur Gewinnung mindestens eines Ribozyms mit hervorragenden *in vitro*- und *in vivo*-Effizienzen. Bedacht werden muss schließlich noch, dass die stabile Integration des Ribozym-Expressionsvektors in das zelluläre Genom an verschiedenen Stellen erfolgen und dies Auswirkungen auf die Expressionshöhe des Ribozyms haben wird. Dies bedeutet, dass nach der Massentransfektion von Zellen eine Population von Zellen mit etwas unterschiedlichen Ribozymaktivitäten und folglich mit unterschiedlichen Restgehalten des spezifisch verminderten Genprodukts auftreten. Unter Umständen wird man daher eine klonale Selektionierung anschließen, um Zelllinien mit besonders hoher Ribozymwirkung zu erhalten. In manchen Fällen wird man auch ganz bewusst mehrere Zelllinien mit verschiedenen Restgehalten des interessierenden Genprodukts isolieren, um biologische Effekte in Abhängigkeit von der „Gendosis" untersuchen zu können (Czubayko *et al.*, 1997, Abuharbeid *et al.*, 2004).

Zu beachten ist schließlich, dass von manchen Genen verschiedene natürlich vorkommende, durch alternatives *splicing* entstehende Transkripte unterschiedlicher Länge bekannt sind. Unterscheiden sich die RNA-Moleküle wenigstens in einem kleinen Bereich ihrer Sequenz, erlaubt dies die Ableitung von Ribozymen, die spezifisch nur gegen ein bestimmtes Transkript des Gens gerichtet ist. Es kann so eine Feinunterscheidung zwischen verschiedenen Produkten desselben Gens (z.B. *full-length* im Vergleich zu verkürzter (trunkierter) Form eines Proteins) vorgenommen werden (Aigner *et al.*, 2001).

Die Schritte zur Herstellung und zur Verwendung von Ribozymen sind in nachstehendem Fließdiagramm zusammengestellt (Abb. 16–2).

16.2   Herstellung von Ribozymen gegen den HER-2-Rezeptor

Der HER-2 (c-erbB2)-Rezeptor (*human epidermal growth factor receptor*) gehört neben EGF-R (HER-1), HER-3 und HER-4 zur Familie der HER-Rezeptor-Tyrosinkinasen. Es bildet mit anderen Mitgliedern der HER-Familie Heterokomplexe und ist darüber an wichtigen zellulären Prozessen wie Proliferation und Differenzierung vor allem während der Embryogenese und in der Tumorbildung beteiligt.

Da HER-2 in 20–30 % aller humanen Adenokarzinome der Lunge, der Brust und des Ovars überexprimiert ist und hohe HER-2-Level in vielen Krebserkrankungen mit einer verschlechterten Prognose korreliert sind, ist der Rezeptor ein vielversprechendes Zielmolekül für Ribozym-Targeting. Durch seine enge Verwandtschaft mit anderen Rezeptor-Tyrosinkinasen und insbesondere mit anderen Mitgliedern der HER-Familie werden in diesem Fall an die Spezifität der Ribozyme besonders hohe Anforderungen gestellt, da nur HER-2 herunter reguliert werden soll.

16.2.1   Identifizierung geeigneter Zielsequenzen und Ableitung der Ribozymsequenzen

Durchführung
- Abrufen der mRNA- oder cDNA-Sequenz des Zielgens aus einer Datenbank (z.B. BLASTN, Kap. 20)
- Markierung aller theoretisch möglicher Ribozym-Spaltstellen in der Sequenz; für ihre katalytische Aktivität benötigen Hammerhead-Ribozyme auf der Ziel-RNA eine Erkennungssequenz 5'-NUX-3' mit N = A,C,G oder U und X = A,C oder U. Gut geeignet ist das Motiv GUC auf mRNA-Ebene (entspricht GTC in der cDNA-Sequenz); alle vorhandenen GUC/GTC sollten in der Sequenz farbig hervorgehoben werden
- Untersuchung der 5' und 3' angrenzenden Sequenzen unter folgenden Kriterien:
  - die acht Basen, die sich der Erkennungssequenz GUC/GTC rechts bzw. links anschließen, sollten jeweils einen Schmelzpunkt von ca. 24 °C bis 28 °C aufweisen (Berechnung: G bzw. C = 4 °C, A bzw. T = 2 °C)
  - sie sollten mindestens bis auf 2 °C gleich sein
  - gegebenenfalls kann die Länge dieser Sequenzen noch um ca. +/– eine Base variiert werden, um den gewünschten Schmelzpunkt zu erreichen

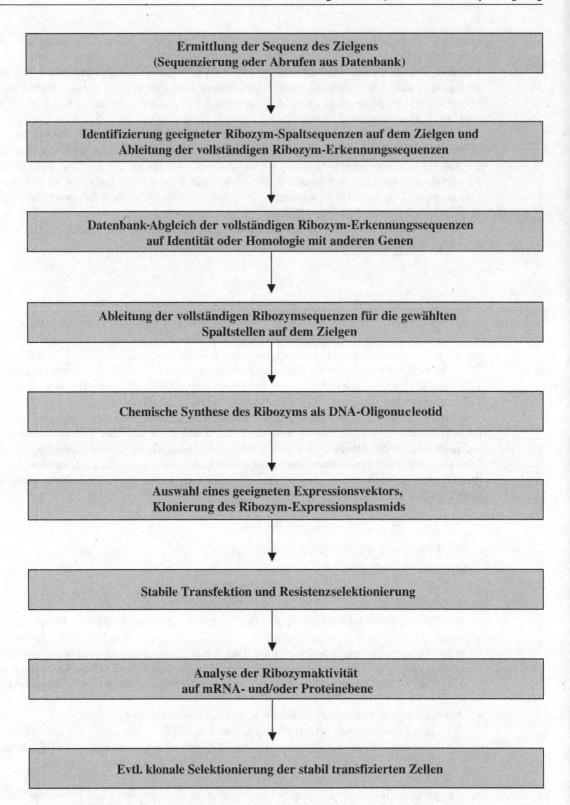

Abb. 16–2: Flussdiagramm zur Herstellung und Verwendung von Ribozymen.

- die Sequenzen sollten keine komplementären Regionen aufweisen, damit nicht ein Sequenzabschnitt intramolekular durch Rückfaltung mit einem anderen Sequenzabschnitt hybridisieren kann
- Identifizierung aller in Frage kommender Zielsequenzen, die diesen Kriterien entsprechen
- Abgleich der gefundenen Sequenzen in einer Datenbank (z.B. BLASTN) sowie wenn möglich Zuordnung der Sequenzen zu bestimmten Domänen des Proteins; Zielsequenzen sollten verworfen werden, wenn
  - sie identisch sind zu Sequenzen auf einem Gen, das nicht das Zielgen ist
  - sie nur bei drei oder weniger Nucleotiden Abweichungen zu einem Gen besitzen, das nicht das Zielgen ist; dies gilt auch dann, wenn die Erkennungssequenz GUC/GTC nicht vorkommt, aber ansonsten große Ähnlichkeiten bestehen (Gefahr einer *antisense*-Wirkung des Ribozyms)
  - sie in einem Sequenzabschnitt des Gens vorkommen, der einer typischerweise hochkonservierten Domäne des Proteins entspricht (Beispiele sind manche Kinasedomänen, Transmembrandomänen oder Bindestellen für Cofaktoren).

Jedoch ist bezüglich der ersten zwei Ausschlusskriterien folgendes zu beachten:
- manche Gene erscheinen in der Datenbank mehrfach unter verschiedenen Bezeichnungen; evtl. lohnt es sich zu klären, ob tatsächlich ein anderes Gen vorliegt
- Treffer in der Datenbank brauchen dann nicht berücksichtigt werden, wenn die Datenbank „plus/minus" anzeigt, die Identität oder Ähnlichkeit sich also auf eine invertierte Sequenz bezieht, die natürlicherweise nicht vorkommt
- wird eine ähnliche oder identische Sequenz ausschließlich in einer Spezies gefunden, in der das Ribozym nicht angewendet werden soll, kann die Zielsequenz evtl. doch verwendet werden.

- Auswahl von 3 bis 5 Zielsequenzen, die allen Kriterien entsprechen; diese Sequenzen stammen aus möglichst unterschiedlichen Bereichen des Gens; es ist hierbei nicht notwendig, sich auf den translatierten Bereich eines Gens zu beschränken: da die Ziel-RNA nach der Spaltung intrazellulär ohnehin vollständig abgebaut wird, ist die Lokalisation der Spaltstellen vermutlich nebensächlich

Restr.	Rz-Stem I	Ribozym-Core (Stem II)	Rz-Stem III	Restr.

```
        Hind III                                                    Not I
as   5'-agctt xxxxxxxx ctgatgagtccgttaggacgaa xxxxxxx  gc      -3'

se   3'-    a xxxxxxxx gactactcaggcaatcctgctt xxxxxxx  cgccgg  -5'
```

Beispiel: HER-2 Ribozym Rz 2 (s. auch Abb. 16-1)

```
as   5'-agctt caagaccac ctgatgagtccgttaggacgaa accagcag  gc      -3'

se   3'-    a gttctggtg gactactcaggcaatcctgctt tggtcgtc  cgccgg  -5'
```

as = „Ribozym-Strang", se = Gegenstrang

Abb. 16–3: Ribozym-Klonierungskassette mit den für alle Ribozyme geltenden Sequenzabschnitten (oben). Darunter die vollständige Sequenz der beiden DNA-Oligonucleotide (se = sense und as = antisense) für das Beispielribozym HER-2 Rz-2.

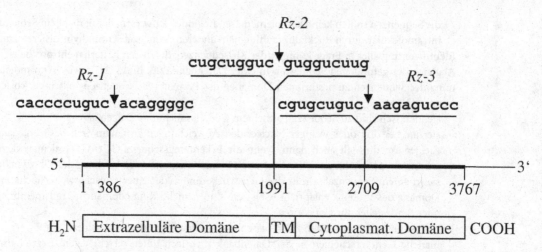

Abb. 16–4: Struktur des HER-2-Gens (unten) und Positionen der Ribozym-Zielsequenzen der HER-2-Ribozyme Rz-1, Rz-2 und Rz-3 (oben).

- Auswahl von Erkennungssequenzen für Restriktionsenzyme, die die spätere Klonierung gestatten; die DNA-Oligonucleotide werden so hergestellt, dass sie nach dem *annealing* automatisch schon überhängende Enden wie nach einer Restriktion liefern und der neu gebildete Doppelstrang also nicht noch restringiert werden muss; welche Schnittstellen generiert werden, richtet sich nach dem gewählten Expressionsvektor (Beispiel unten)
- Zusammenstellung der Sequenz eines DNA-Oligonucleotids nach folgendem Schema (Abb. 16–3):
  - Ableitung des exakt komplementären DNA-Oligonucleotids (Gegenstrang für die später erfolgende Klonierung)
  - chemische Synthese der DNA-Oligonucleotide; dies wird von vielen Firmen, die biochemische Reagenzien, Diagnostika, Dienstleistungen oder Geräte vertreiben, kommerziell angeboten und kann häufig direkt per Internet bestellt werden; eine Menge von 40 pmol von jedem Oligonucleotid, das unbedingt HPLC gereinigt sein sollte, ist ausreichend.

Im Beispiel des HER-2 wurden drei Ribozym-Zielsequenzen in unterschiedlichen Bereichen des Gens ausgewählt (Juhl *et al.*, 1997, Hsieh *et al.*, 2000; Abb. 16–4). Die vollständige Sequenz der Oligonucleotide für Ribozym HER-2 Rz-2 ist in Abb. 16–3 gezeigt.

16.2.2 Auswahl des Expressionsvektors und Klonierung der Ribozyme

Soll die Expression des Ribozyms konstitutiv erfolgen, kann beispielsweise der Vektor pRc/CMV2 von Invitrogen verwendet werden. Als Restriktionsschnittstellen bieten sich dann Not I und Hind III an, die entsprechend auch in das chemisch synthetisierte Oligonucleotid einbezogen werden (s.o.). Die Herstellung eines Systems zur induzierbaren Expression des Ribozyms ist aufwändiger; benutzt werden können hier z.B. Tetracyclin regulierbare Systeme wie das *tet-on/tet-off*-System (Gossen und Bujard, 1992).

Materialien

- *annealing*-Puffer: 100 mM KCl, 10 mM K-Phosphat, pH 7,8: 1 M Kaliumphosphatpuffer zusammenmischen aus 1 M KH_2PO_4 und 1 M K_2HPO_4 bis pH 7,8 erreicht ist; diese Stammlösung verwenden für den 10 mM Kaliumphosphat pH 7,8 *annealing*-Puffer

- Hitzeblock
- Plasmide: pRc/CMV2 (Invitrogen) mit Ampicillinresistenz
- chemisch synthetisierte Ribozym-Oligonucleotide
- Restriktionsenzyme Not I und Hind III mit passenden Puffern, Ligase
- Kompetente *E. coli*-Bakterienzellen, z.B. DH5α
- LB/amp-Platten (Abschn. 6.2.3)
- 37 °C-Brutschrank für Bakterien
- Hybridisierröhren und -ofen
- evtl. UV-Transilluminator
- Haushaltsfolie
- Hybond-N-Membran
- 6 Petrischalen mit je einer Lage 3MM-Filterpapier (Whatman) darin
- Denaturierungspuffer: 500 mM NaOH, 1,5 M NaCl
- Neutralisierungspuffer: 500 mM Tris, 1,5 M NaCl, pH 7,5
- 1 × SSC (Abschn. 10.2.2.3)
- 2 × SSC/0,1 % SDS
- 0,5 × SSC/0,1 % SDS
- Radioaktiv markierte DNA (Abschn. 1.9.1)
- Hybridisierlösung (Abschn. 10.2.2.3)
- Waschlösungen (s.u.)
- Röntgenfilm zur Detektion von ^{32}P

Durchführung

- Je 10 µg der beiden komplementären Oligonucleotide in 100 µl *annealing*-Puffer mischen und im Hitzeblock auf 85 °C erwärmen; dann Hitzeblock abschalten und die Reaktionsmischung langsam auf RT abkühlen lassen
- Doppelrestriktion des gewählten Expressionsvektors durchführen nach Standardprotokoll für die gewählten Restriktionsenzyme (Abschn. 3.2.2.6, Beiblatt des Enzymherstellers beachten, z.B. NEB); Restriktionsansatz über Agarose-Gelelektrophorese (Abschn. 2.3.1.2) trennen und linearisiertes Plasmid eluieren (Abschn. 2.5)
- Ligationsansatz nach Standardprotokoll durchführen (Abschn. 6.1.3)
- Transformation der Ligationsreaktion in kompetente DH5α-Bakterienzellen (Life Technologies) gem. Standardprotokoll (Abschn. 5.3.3 und 5.3.4); Ausstreichen auf LB/amp-Platte
- von den über Nacht bebrüteten Platten: Transfer von ca. 50 Einzelkolonien auf eine neue LB/amp-Platte

Koloniehybridisierung zur Identifikation von Bakterienklonen mit inseriertem Ribozym wie folgt:
- Hybond-N-Membran auf Plattenmaße zuschneiden, mit wasserfestem Stift beschriften (Punkte und Striche am Rand) und luftblasenfrei auf die Agarplatte legen; Beschriftungen der Membran auf den Plattenboden kopieren, damit später die Signale auf dem Filter den Kolonien auf der Platte zugeordnet werden können
- Membran vorsichtig von der Platte entfernen und, mit der den Kolonien zugewandten Seite nach oben, in eine Petrischale überführen, in der sich bereits ein mit Denaturierungslösung überschichteter Bogen Whatman 3MM-Papier befindet; 5 min inkubieren, dann in eine neue, ebenso vorbereitete Petrischale transferieren; erneut 5 min inkubieren
- Filter analog zur Denaturierung (s.o.) 2 × 5 min in Petrischalen mit Neutralisierungslösung inkubieren
- Filter analog zur Denaturierung (s.o.) 2 × 5 min in Petrischalen mit 1 × SSC inkubieren; beim letzten Inkubationsschritt kann das Volumen vorsichtig etwas erhöht werden, um dem Filter anhaftende Bakterienzelltrümmer abzuwaschen, ohne dabei die DNA zu entfernen

- Filter lufttrocknen, in Haushaltsfolie einschlagen und zur Fixierung der DNA 5 min auf einen Transilluminator legen oder 2 h bei 80 °C inkubieren
- die Koloniehybridisierung erfolgt gemäß Standardvorschrift (Abschn. 10.2.4.1), wobei als Sonde eine Probe der chemisch synthetisierten DNA nach Endmarkierung mit γ ^{32}P-ATP (Abschn. 1.9.1) eingesetzt wird; da die Sonde kurz ist, wird der Hybridisierungslösung 25 % Formamid zugesetzt (Hybridisierlösung II in Abschn. 10.2.2.3) und der Filter wird nur mit niedrigerer Stringenz gewaschen: zweimal 15 min 2 × SSC/0,1 % SDS bei 42 °C und dann zweimal 15 min 0,5 × SSC/0,1 % SDS bei 42 °C
- Detektion und Dokumentation (Abschn. 10.2.2.3), wobei sehr starke Signale erwartet werden und die Filmexposition daher unter Umständen nur einige Minuten erfolgen sollte; dabei die vorher auf die Membran aufgebrachten Beschriftungen (s.o.) auf den Film übertragen; so können nach Entwicklung des Films die Signale auf dem Film den Kolonien auf der Platte zugeordnet werden
- Vereinzelung und Vermehrung positiver Klone; Plasmidpräparation gemäß Standardvorschrift (Abschn. 3.2.2) zur Gewinnung des Expressionsplasmids für die Transfektion
- Sequenzierung beider Stränge mit kommerziell erhältlichen Primern (z.B. T7-Sequenzierprimer; richtet sich nach dem verwendeten Plasmid und den Herstellerangaben zu Primerbindestellen) zur Überprüfung der Richtigkeit der Insertion.

16.2.3 Herstellung stabiler ribozymtransfizierter Zelllinien mit konstitutiver Ribozymexpression

Die interessierende Zelllinie wird gemäß Abschn. 12.3 mit dem Ribozym-Expressionsvektor transfiziert. Im Allgemeinen ist eine Transfektion mit Lipiden oder mit komplexen Transfektionsreagenzien angebracht, sie muss aber für jede Zelllinie angepasst werden. Bei der Verwendung des hier beschriebenen Vektors pRc/CMV2 kann anschließend für ca. 4 Wochen mit Geneticin G-418 selektioniert werden. Die optimale G-418-Konzentration ist abhängig vom Zelltyp, liegt ca. zwischen 500 und 1.500 µg × ml^{-1} und muss für jede Zelllinie in einem Vorexperiment (Dosis/Wirkungskurve zur Bestimmung der minimalen vollständig letalen Konzentration LD$_{100}$) ermittelt werden, falls sie nicht aus anderen Experimenten oder Vorpublikationen bereits bekannt ist.

Im Falle der hier beschriebenen HER-2-Ribozyme wurde die HER-2-positive Ovarialkarzinom-Zelllinie SKOV-3 eingesetzt.

Materialien

- Zellkulturflaschen und Zellkultur-Einwegmaterial
- Optimem-Medium (z.B. PAA Laboratories, Cölbe)
- IMDM-Medium (z.B. PAA Laboratories, Cölbe)
- fötales Kälberserum (FKS, z.B. PAA Laboratories, Cölbe)
- PBS (Abschn. 5.2.4.1)
- 37 °C-Inkubator für die Zellkultur, CO_2 begast
- Transfektionsreagenz, z.B. Lipofectamine (Life Sciences)
- Plasmide (Abschn. 3.2.2)
- G-418 Geneticin: sterilfiltrierte Stammlösung, 100 mg × ml^{-1}

Durchführung

- 100.000 Zellen je Vertiefung in Sechslochplatten (*sixwells*) aussäen und über Nacht bei 37 °C und 5 % CO_2 in serumhaltigem Medium (IMDM mit 10 % (v/v) FKS) kultivieren
- Ribozym-Expressionsplasmid mit Lipofectamin mischen (Herstellerangaben beachten)

- Zellen in serumfreiem Optimem-Medium 5 h bei 37 °C mit der Transfektionslösung inkubieren. Bei Verwendung anderer Transfektionsreagenzien können die Transfektionsbedingungen abweichen (Herstellerangaben beachten)
- Überstand abziehen, Zellen mit PBS waschen und normales IMDM-Medium mit 10 % (v/v) FKS zusetzen
- 24–48 h nach Beendigung der Transfektion Medium abziehen und durch IMDM-Medium mit 10 % (v/v) FKS mit 1.000 μg × ml^{-1} G-418 ersetzen
- Zellen kultivieren und, besonders in den ersten Tagen, aufgrund des Auftretens vieler abgestorbener Zellen Medium täglich wechseln
- nach ca. 4 Wochen stabile Zelllinien in normalem Medium weiterkultivieren und analysieren.

Ausgehend von den massentransfizierten Zelllinien kann sich gegebenenfalls noch eine klonale Selektionierung anschließen. Vorteil ist, dass dabei Klone mit besonders niedrigem Restgehalt des interessierenden Gens erhalten werden können. Nachteil ist, dass sich das Risiko unspezifischer Zellkultur-Artefakte aufgrund der unterschiedlichen genomischen Integration des Expressionsplasmids erhöht, die in Einzelfällen zufällig die Expression anderer wichtiger Gene beeinträchtigen kann. Daher ist vor allem bei klonalen Zelllinien besonders wichtig, in alle anschließenden Versuche mehr als einen Klon einzubeziehen und so dieses Risiko zu minimieren. Die klonale Selektionierung kann über Klonierungsringe (Abschn. 12.4.5) oder limitierte Verdünnung erfolgen. Bei der limitierten Verdünnung wird in 96-Lochplatten eine Zellsuspension in so hoher Verdünnung eingesät, dass statistisch jede Kavität nur noch eine Zelle enthält. Nach lichtmikroskopischer Analyse, in welchen Wells dies tatsächlich der Fall ist, werden in diesen Kavitäten die jetzt als einzelne Zellklone wachsenden Zellen kultiviert und dann heraus gesplittet.

16.2.4 Analyse und Vergleich der Ribozymaktivität

Wenn gewünscht, kann die stabile Integration des Ribozyms in das Genom der Zielzellen über quantitative RT-PCR (Abschn. 4.2.3) mit für den Ribozym-Expressionsvektor spezifischen Primern nachgewiesen werden (Grzelinski *et al.*, 2009). Die sehr wichtige Analyse der Ribozymaktivität in den stabilen Zelllinien erfolgt indirekt über die Bestimmung des Restgehalts des Genprodukts des interessierenden Gens. Hierzu sind alle Verfahren geeignet, die eine Quantifizierung der mRNA bzw. des Proteins gestatten. Welche Methoden für die konkrete Fragestellung geeignet sind, hängt von dem jeweiligen Genprodukt, dessen initialem Expressionslevel und der Verfügbarkeit der verschiedenen Detektionssysteme ab. So kommen u.a. in Frage:
- für RNA: Northern-Blotting (Abschn. 10.2), quantitative RT-PCR (Abschn. 4.2.3), RNase *protection assay* (Abschn. 7.3),
- für Protein: Western-Blotting (Abschn. 10.1), FACS-Analyse, ELISA, Aktivitätstests (bei Enzymen), Bioaktivitätstests (bei Wachstumsfaktoren o.ä.).

Besonders sinnvoll ist die parallele Bestimmung von RNA- und Proteinleveln des interessierenden Genprodukts und der Vergleich der Ergebnisse. Dies sichert eine beobachtete Ribozymwirkung zusätzlich ab und gilt insbesondere auch unter dem Gesichtspunkt, dass aufgrund von z.B. posttranslationalen Modifikationen am Protein die Ribozym bedingte Reduktion der RNA nicht unbedingt auch eine entsprechende Verringerung des Proteins bedeuten muss.

Zur Analyse der in diesem Beispiel durch Ribozym vermittelten HER-2-Verminderung wurde Northern-Blotting auf RNA-Ebene und Western-Blotting sowie FACS-Analyse auf Proteinebene gewählt (Aigner *et al.*, 2000, Hsieh *et al.*, 2000).

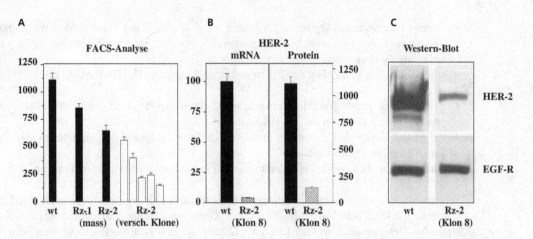

Abb. 16–5: Nachweis des Effekts der HER-2-Ribozyme Rz-1 und Rz-2. A) FACS-Analyse (Fluorescence-activated cell sorting) zur Quantifizierung der HER-2-Proteinlevels in verschiedenen ribozymmassentransfizierten bzw. klonal selektionierten SKOV-3-Zelllinien. B) Vergleich des HER-2 mRNA- und Proteingehalts in der Zelllinie mit der stärksten Ribozymwirkung (Wildtyp wt = 100%). C) Nachweis der Ribozymspezifität im Western-Blot: nach Ribozymtransfektion erfolgt eine Verminderung von HER-2 (oben), aber nicht von EGF-R (HER-1, unten).

Northern-Blotting (nicht gezeigt) und FACS-Analyse (Abb. 16–5a) von zwei verschiedenen Ribozymen in massentransfizierten sowie klonal selektionierten SKOV-3-Zelllinien zeigt einen großen Bereich unterschiedlicher Restlevel von HER-2. Der Vergleich zwischen den Wildtyp-Zellen und der Zelllinie mit der stärksten Verringerung von HER-2 demonstriert die hohe Übereinstimmung zwischen der Reduktion von HER-2-mRNA und HER-2-Protein (Abb. 16–5b). Die Reduktion von HER-2-Protein wird auch im Western-Blot deutlich (Abb. 16–5c, oben); hier wird gleichzeitig die Spezifität des Ribozyms überprüft und gezeigt, dass die Proteinlevel des nahe verwandten HER-1 (EGF-R) durch die Ribozymtransfektion nicht verändert werden (Abb. 16–5c).

Trouble Shooting

Werden nach Transfektion mit den Ribozym-Expressionsvektoren keine stabilen, G-418 resistenten Zelllinien erhalten, so sollte die Qualität der verwendeten Plasmid-DNA überprüft und evtl. auf ein anderes Transfektionsreagenz übergegangen werden. Führt die Ausschaltung des interessierenden Gens zu einem erheblichen Wachstumsnachteil für die betroffenen Zellen, so können die Zelllinien mit der höchsten Ribozymaktivität mit fortgesetzter Dauer der Kultur massentransfizierter Zellansätze von Zellen mit geringerer Ribozymaktivität überwachsen werden. Dies spiegelt sich in einer über einen bestimmten Zeitraum scheinbaren Verringerung des Ribozymeffekts in der Gesamt-Zellpopulation wider. Es sollte, um dies zu vermeiden, gegebenenfalls frühzeitig bereits eine klonale Selektionierung erfolgen. Werden überhaupt keine oder nur geringe Ribozymeffekte beobachtet, so sollte zunächst die Ribozymsequenz im Expressionsvektor überprüft werden und evtl. neue Ribozyme abgeleitet werden. Gegebenenfalls kann die Ribozymaktivität auch *in vitro* in einem *cleavage-assay* überprüft werden; zur Durchführung wird auf die Spezialliteratur verwiesen. Ein besonders schlechtes Wachstum der mit einem katalytisch aktiven Ribozym transfizierten Zellen kann auch auf eine ungewollte, vom Zielgen unabhängige Ribozymwirkung gegen ein überlebensnotwendiges Genprodukt hinweisen, wenn das Zielgen selbst nicht als überlebensnotwendig eingestuft werden kann. Die Klonierung der Ribozyme erfolgt nach Standardmethoden; bezüglich der Vorschriften inklusive des Trouble Shootings wird auf die entsprechenden Kapitel in diesem Buch verwiesen.

Literatur

Abuharbeid, S., Apel, J., Sander, M., Fiedler, B., Langer, M., Zuzarte, M.-L., Czubayko, Aigner, A. (2004): Cytotoxicity of the Novel Anti-Cancer Drug rViscumin Depends on HER-2 Levels in SKOV-3 Cells. Biochem. Biophys. Res. Commun. 321, 403–412.

Aigner, A., Juhl, H., Malerczyk, C., Thybusch, A., Benz, C.C., Czubayko, F. (2001): Expression of a Truncated 100 kDa HER2 Splice Variant Acts as an Endogenous Inhibitor of Tumour Cell Proliferation. Oncogene 20, 2101–2111.

Aigner, A., Hsieh, S.S., Malerczyk, C., Czubayko, F. (2000): Reversal of HER-2 Over-Expression Renders Human Ovarian Cancer Cells Highly Resistant to Taxol. Toxicology 144, 221–228.

Czubayko, F., Riegel, A.T., Wellstein, A. (1994): Ribozyme-*Targeting* Elucidates a Direct Role of Pleiotrophin in Tumor Growth. J. Biol. Chem. 269, 358–363.

Czubayko, F., Liaudet-Coopman, E.D.E., Aigner, A., Tuveson, A., Berchem, G.J., Wellstein, A. (1997): A Secreted FGF-Binding Protein Can Serve as the Angiogenic Switch in Human Cancer. Nature Med. 3, 1137–1140.

Gossen, M., Bujard, H. (1992): Tight control of gene expression in mammalian cells by tetracycline-responsive promoters. Proc. Natl. Acad. Sci. USA 89, 5547–5551.

Grzelinski, M., Steinberg, F., Martens, T., Czubayko, F., Lamszus, K., Aigner, A. (2009): Enhanced antitumorigenic effects in glioblastoma on double targeting of pleiotrophin and its receptor ALK. Neoplasia 11, 145-156.

Haseloff, J., Gerlach, W.L. (1988): Simple RNA Enzymes with New and Highly Specific Endoribonuclease Activities. Nature 334, 585–591.

Hsieh, S.S., Malerczyk, C., Aigner, A., Czubayko, F. (2000): ERbB-2 Expression is Rate-Limiting for Epidermal Growth Factor-Mediated Stimulation of Ovarian Cancer Cell Proliferation. Int. J. Cancer 86(5), 644–651.

Juhl, H., Downing, S.G., Wellstein, A., Czubayko, F. (1997): HER-2/neu is Rate-Limiting for Ovarian Cancer Growth. Conditional Depletion of HER-2/neu by Ribozyme Targeting. J. Biol. Chem. 272 (47), 29482–29486.

17 Analyse der Genregulation

(Korden Walter, Monika Lichtinger)

Nach der Sequenzierung des humanen Genoms (The International Human Genome Sequencing Consortium, 2003) besteht die nächste große wissenschaftliche Herausforderung darin, die Regulation der etwa 20.000–25.000 Protein kodierenden Gene zu verstehen. Obwohl jeder Zelle die gleiche genetische Information zugrunde liegt (Ausnahmen bilden B- und T-Lymphocyten), sorgt ein spezifisches intrinsisches Programm für die Ausprägung unterschiedlicher Zelltypen (Hager *et al.*, 2009). Die Fehlregulation der Transkription ist häufig für die Entstehung von Krebszellen verantwortlich (Sotiriou und Pusztai, 2009).

Die Epigenetik beschreibt alle Vorgänge, die sich ‚epi' (jenseits der Grundprinzipien der Genetik) vollziehen und dazu führen, dass die in einem Gen festgelegte (kodierte) Information auch realisiert (exprimiert) wird. Im engeren Sinne beschäftigt sich die Epigenetik mit der Frage, welche Mechanismen für die Regulation, d.h. für die Aktivierung oder Reprimierung von Genen verantwortlich sind und wie dieser Zustand von Zelle zu Zelle weitergegeben wird. Der zugrunde liegende epigenetische Code (Turner, 2007) bezeichnet anders als der genetische Code somit keine direkte Kodierung von Informationen, sondern etabliert sich als Sammelbegriff für epigenetische Modifikationen wie beispielsweise DNA-Methylierung und Histonmodifikationen (Bernstein *et al.*, 2007). Seit 2003 soll das Projekt ENCODE (Encyclopedia of DNA elements) alle funktionellen Elemente des menschlichen Genoms sowie das Transkriptom identifizieren und charakterisieren. In der Pilotphase wurde 1 % des humanen Genoms analysiert (The ENCODE Project Consortium, 2007). Dabei wurde das Transkriptom kartiert und beispielsweise Transkriptionsstartpunkte für kodierende RNA, nichtkodierende RNA (ncRNA) sowie Promotoren, Enhancer, Silencer, Bindestellen für Transkriptionsfaktoren, DNA-Methylierungsstellen, DNase I hypersensitive Stellen (DHS) und Chromatinmodifikationen identifiziert.

In eukaryotischen Zellen werden die langen chromosomalen DNA-Stränge durch Komplexbildung mit Strukturproteinen in ihrer Länge um das rund 10.000- bis 50.000-fache verkürzt (kondensiert), so dass sie in den Zellkern passen. Die komplexe Aufgabe der DNA-Verpackung wird durch spezialisierte Proteine, sogenannte Histone, erreicht. Der Histon-DNA-Komplex wird Chromatin genannt. Bereits 1974 entwickelte Roger Kornberg ein Modell, wonach Chromatin aus sich wiederholenden Einheiten (Nucleosomen) besteht, die sich aus 200 bp DNA und je zwei Molekülen H2A, H2B, H3 und H4 zusammensetzen. Der größte Teil der DNA (146 bp) ist dabei 1,65-mal um den Histon-*Core* gewickelt. Die übrige DNA ist häufig mit dem Histonprotein H1 assoziiert, welches als Linker benachbarte Nucleosomen verbindet und somit zur Flexibilität der Chromatinfaser beiträgt. Chromatin besitzt daher eine sehr kompakte Organisation, in der die meisten DNA-Sequenzen strukturell unzugänglich und damit funktionell inaktiv sind. Zahlreiche Beobachtungen sprechen für eine Beteiligung der Chromatinstruktur an der Regulation genetischer Aktivität. So liegen aktive Gene meist im Bereich des lockeren Euchromatins, während stumme Gene im dicht gepackten Heterochromatin vorkommen.

Die aminoterminalen Enden der Histone stehen aus dem Histon-*Core* hervor und unterliegen kovalenten Modifikationen wie z.B. Acetylierung und Methylierung. 2000 haben Strahl und Allis postuliert, dass die Modifikationen von Histonen auf Grund der Vielfältigkeit und Komplexität ein epigenetisches Markierungssystem darstellen. Der Histoncode repräsentiert somit ein fundamentales Regulationssystem, welches eine große Bedeutung bei der Umsetzung von Signalen in genetische Aktivität und somit auf das gesamte Zellschicksal hat (Jenuwein und Allis, 2001).

Die Kombination aus DNA-Methylierung, Nucleosomenposition und chemischen Histonmodifikationen sind dabei die Schlüsselelemente der genomischen Regulation. Durch modernste DNA-Sequenzierungs- und Microarray-Technologien konnte bereits die Lokalisation von Nucleosomen und Chromatinmodifikationen im humanen Genom ermittelt werden (Abb. 17–1, Barski *et al.*, 2007, Schones *et al.*, 2008).

Die folgenden Abschnitte stellen eine Auswahl von Methoden dar, mit denen Mechanismen der Genregulation charakterisiert werden können. Aktive Chromatinabschnitte, d.h. DNA-Regionen mit erhöhter Genaktivität, werden mit Hilfe der Endonuclease DNase I ermittelt (Abschn. 17.1). *In silico*-Analysen dieser DNA-Bereiche helfen dann dabei, Transkriptionsfaktoren zu ermitteln, die in diesen Bereichen binden können (Abschn. 17.2). Zum experimentellen Nachweis der Protein/DNA-Interaktionen werden Proteinextrakte aus Zellen benötigt (Abschn. 17.3). Die nucleären bzw. cytoplasmatischen Proteinextrakte werden anschließend direkt in *in vitro*-Bindungsstudien wie *Electrophoretic mobility shift assay* (EMSA, Abschn. 17.4) und DNase I-*Footprinting* (Abschn. 17.5) eingesetzt. Die regulatorischen Funktionen der DNase I hypersensitiven DNA-Bereiche können daraufhin *in vivo* mittels Transfektionsexperimenten und entsprechender Reportergensysteme nachgewiesen werden (Kap. 12, Abschn. 17.6). Durch Chromatin-Immunpräzipitation (ChIP) kann außerdem die Bindung von Transkriptionsfaktoren an spezifische DNA-Fragmente im Chromatinkontext lebender Zellen bestätigt werden. Darüber hinaus können mittels ChIP die chemischen Modifikationen von Histonen innerhalb regulatorischer DNA-Bereiche analysiert und der Austausch von Histonvarianten nachgewiesen werden (Abschn. 17.7). Die genaue Lokalisation der Nucleosomen erfolgt durch die Behandlung mit MNase (Abschn. 17.8). Als eine der gängigsten Methoden zur Bestimmung der DNA-Methylierung wird die Bisulfitsequenzierung beschrieben (Abschn. 17.9).

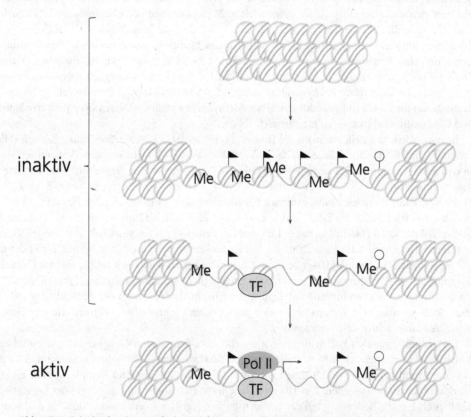

Abb. 17–1: Prinzip der Genregulation. Inaktive Gene liegen in dicht gepacktem, durch inaktive Histonmodifikationen (Lollipops) und DNA-Methylierung (Me) gekennzeichnetem, Heterochromatin. Aktive Histonmodifikationen (Fähnchen) führen zu einer Auflockerung der Chromatinstruktur und ermöglichen den Zugang von Transkriptionsfaktoren (TF). Dadurch kommt es im Bereich regulatorischer DNA-Elemente zur Verschiebung von Nucleosomen und zum Verlust der DNA-Methylierung. Der Aufbau des RNA-Polymerase II-Transkriptionskomplexes (Pol II) führt schließlich zur Genaktivierung und Transkription.

Literatur

Barski, A., Cuddapah, S., Cui, K., Roh, T.Y., Schones, D.E., Wang, Z., Wei, G., Chepelev, I., Zhao, K. (2007): High-resolution profiling of histone methylations in the human genome. Cell 129, 823-837.

Bernstein, B.E., Meissner, A., Lander, E.S. (2007): The mammalian epigenome. Cell 128, 669-681.

Hager, G.L., McNally, J.G., Misteli, T.: (2009): Transcription dynamics. Mol Cell 35, 741-753.

Jenuwein, T. , Allis, C.D. (2001): Translating the Histone Code. Science 293, 1.074-1.080.

Kornberg, R.D. (1974): Chromatin structure: a repeating unit of histones and DNA. Science 184, 868-871.

Schones, D.E., Cui, K., Cuddapah, S., Roh, T.Y., Barski, A., Wang, Z., Wei, G., Zhao, K. (2008): Dynamic regulation of nucleosome positioning in the human genome. Cell 132, 887-898.

Sotiriou, C., Pusztai, L. (2009): Gene-expression signatures in breast cancer. N Engl J Med 360, 790-800.

Strahl, B.D., Allis, C.D. (2000): The language of covalent histone modifications. Nature 403, 41-45.

Turner, B.M. (2007): Defining an, epigenetic code. Nat Cell Biol 9, 2-6.

The ENCODE Project Consortium (2007): Identification and analysis of functional elements in 1 % of the human genome by the ENCODE pilot project. Nature 447, 799-816.

The International Human Genome Sequencing Consortium (2004): Finishing the euchromatic sequence of the human genome. Nature 431, 931-945.

17.1 Bestimmung von DNase I hypersensitiven Stellen

Desoxyribonuclease I (DNase I) ist eine 31 kDa große Endonuclease, die die kleine Furche der DNA bindet und die Phosphodiesterbindung zwischen der 5'-Phosphat- und der 3'-Hydroxylgruppe spaltet. DNase I benötigt für die Aktivierung bivalente Kationen wie Mg^{2+} und Ca^{2+} (Drew, 1984). Chromosomale DNA kann erst dann durch DNase I hydrolysiert werden, wenn sie für die Endonuclease zugänglich, d.h. frei von DNA-bindenden Proteinen und Nucleosomen, ist.

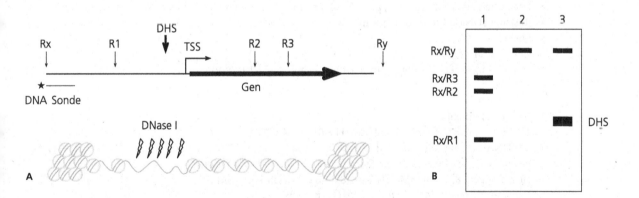

Abb. 17–2: Prinzip der Bestimmung DNase I hypersensitiver Stellen. (Rx, Ry, R1–3: Restriktionsendonucleasen x, y, 1–3; TSS: Transkriptionsstartstelle; DHS: DNase I hypersensitive Stelle). A) Die mit DNase I behandelte DNA wird mit den Restriktionsendonucleasen Rx und Ry gespalten und mittels einer radioaktiv markierten DNA-Sonde im Southern Blot nachgewiesen. B) Die schematische Darstellung des Southern Blots zeigt die *in vitro*-Kontrolle (Spur 2) und die *in vivo* mit DNase I hydrolysierte DNA (Spur 3). Banden, die nur in der *in vivo*-Reaktion auftauchen, sind auf eine DHS zurückzuführen. Anhand der Spaltung der genomischen DNA mit geeigneten Restriktionsendonucleasen kann die DHS genau kartiert werden (Spur 1).

Die DNA inaktiver Gene befindet sich in Bereichen des Chromatins, die eine starke Kondensation aufweisen und daher für die Transkriptionsmaschinerie der Zelle nicht zugänglich sind. Die Aktivierung dieser inaktiven Gene setzt voraus, dass das Chromatin in eine "offene" Struktur umorganisiert werden muss, in der die DNA von Transkriptionsfaktoren erkannt und gebunden werden kann. Die Chromatinstruktur aktiver Genloki weist daher gegenüber DNase I eine erhöhte Sensitivität auf und kann infolgedessen effektiver hydrolysiert werden. Neben dieser relativ gering erhöhten Nucleasesensitivität aktiver Gene gibt es Stellen im Chromatin, die gegenüber einem Angriff von DNase I hundert- bis tausendmal empfindlicher sind. Diese Bereiche werden als DNase I hypersensitive Stellen (DHS) bezeichnet und liegen fast ausschließlich im Bereich von Promotoren und Enhancern aktiver Gene. Im folgenden Protokoll wird eine Methode beschrieben, mit der DNase I hypersensitive Stellen in permeabilisierten Zellen detektiert werden können. Dazu werden Zellen mit DNase I behandelt, die DNA isoliert, mit geeigneten Restriktionsendonucleasen hydrolysiert und anschließend mittels Southern Blot nachgewiesen (Abb. 17–2). Mit dieser Methode können nach Amplifikation der DNA durch LM-PCR (*ligation mediated PCR*) Protein/DNA-Interaktionen in der Zelle als DNase I-*Footprints* nachgewiesen werden (Tagoh *et al.*, 2006). 2008 konnten mit Hilfe modernster DNA-Sequenzierungs- und Microarray-Technologien alle DNase I hypersensitiven Stellen im humanen Genom kartiert werden (Boyle *et al.*, 2008).

Materialien

- Säugerzellen
- $10 \times$ PBS, pH 7,4: 43 mM Na_2HPO_4, 14 mM K_2HPO_4, 1,37 M NaCl, 27 mM KCl
- 100 mM $K-PO_4$-Puffer, pH 7,4: 6,5 ml 1 M K_2HPO_4, 3,5 ml KH_2PO_4, 90 ml bidest. H_2O
- DNase I-Puffer (frisch ansetzen): 11 mM $K-PO_4$-Puffer, pH 7,4, 108 mM KCl, 22 mM NaCl, 5 mM $MgCl_2$, 1 mM $CaCl_2$, 1 mM DTT
- DNAse I-Reaktionspuffer: 80 µl DNase I-Puffer + 1 mM ATP, 4 µl 10 % (v/v) NP-40, 12 µl bidest. H_2O
- Nuclease-Verdünnungspuffer: 10 mM Tris-HCl, pH 7,4, 10 mM NaCl, 2 mM $MgCl_2$, 1 mM $CaCl_2$, 50 % (v/v) Glycerol
- DNase I (Worthington Biochemical Corp., USA): DNase I (lyophilisiert) in Nuclease-Verdünnungspuffer lösen, so dass eine Konzentration von 20.000 U $\times$ ml^{-1} erhalten wird; als 10 und 20 µl Einwegaliquots bei –80 °C lagern. **Wichtig:** Aliquots nur einmal auftauen und nicht erneut einfrieren. Aufgetaute Aliquots können für einige Wochen bei 4 °C gelagert werden.
- Lysepuffer: 100 mM Tris-HCl, pH 8,0, 40 mM EDTA, 2 % (w/v) SDS, 200 µg $\times$ ml^{-1} Proteinase K
- RNase A (DNase I frei), 10 mg $\times$ ml^{-1}
- Phenol
- Chloroform
- PCI-Lösung: Phenol/Chloroform/Isoamylalkohol, 25/24/1 (v/v/v)
- 5 M NaCl
- 2-Propanol
- 70 % (v/v) Ethanol
- TE-Puffer, pH 8,0: 10 mM Tris-HCl, pH 8,0, 1 mM EDTA
- $6 \times$ DNA-Probenpuffer: 10 mM Tris-HCl, pH 8,0, 50 mM EDTA, 10 % (v/v) Ficoll® 400, 0,25 % (w/v) Bromphenol Blau, 0,25 % (w/v) Xylen Cyanol FF, 0,4 % (w/v) Orange G
- $10 \times$ TBE, pH 8,0: 890 mM Tris Base, 890 mM Borsäure, 20 mM EDTA
- *Random Primers DNA Labeling System* (Invitrogen)
- $[\alpha^{32}P]$-dCTP
- Restriktionsendonuclease(n) mit geeignetem Restriktionspuffer (z.B. KpnI mit NEBuffer 1 und BSA oder HindIII mit NEBuffer 2, New England Biolabs)
- Zellschaber
- 1 kb DNA-Standardmarker
- Materialien für Agarose-Gelelektrophorese (Abschn. 2.3.1)
- Materialien für Southern Blot (Abschn. 10.2)

Durchführung

Isolierung von Säugerzellen

Das Protokoll ist für 6×10^7 Zellen in der logarithmischen Wachstumsphase (log-Phase) ausgelegt. Werden mehr Zellen eingesetzt, müssen die Volumina entsprechend angepasst werden.

Isolierung von adhärenten Zellen

- Zellen bei einer Konfluenz von 70–80 % ernten
- Zellen zweimal mit PBS waschen und je nach Kulturgefäß mit 5–15 ml PBS bedecken
- mit einem Zellschaber von der Kulturgefäßoberfläche abschaben und in 50 ml-Zentrifugenröhrchen überführen
- Zellsuspension 5 min bei 300 × g zentrifugieren und Überstand vollständig entfernen.

Isolierung von Suspensionszellen

- Zellen in 50 ml-Zentrifugenröhrchen überführen
- 5 min bei 500 × g zentrifugieren und Überstand entfernen
- Zellen in 20 ml PBS resuspendieren, 5 min bei 300 × g zentrifugieren und Überstand vollständig entfernen.

DNase I-Behandlung

- Zellen in 20 ml eiskaltem PBS resuspendieren, 5 min bei 300 × g und 4 °C zentrifugieren und Überstand entfernen
- Zellen in 20 ml eiskaltem DNase I-Puffer resuspendieren, 5 min bei 300 × g und 4 °C zentrifugieren und Überstand entfernen
- Zellen auf Eis in 600 µl eiskaltem DNase I-Puffer und 1 mM ATP resuspendieren (entspricht 100 µl Puffer pro 1×10^7 Zellen).

Anmerkung: Es empfiehlt sich, die Zellen mit unterschiedlichen DNase I-Konzentrationen zu behandeln. Je nach Zelltyp werden zwischen 10 und 50 U DNase I benötigt. Als Negativkontrolle erfolgt eine Reaktion ohne DNase I.

- DNase I-Verdünnungsreihe in 1,5 ml-Reaktionsgefäßen wie folgt auf Eis vorbereiten:

Tab. 17–1: DNase I Verdünnungsreihe: Pipettierschema der einzelnen Reaktionsansätze mit zunehmender DNase I Konzentration

	Nr. 1	Nr. 2	Nr. 3	Nr. 4	Nr. 5	Nr. 6
µl DNase I (6.250 U × ml⁻¹)	0	1	2	4	6	8
µl Nuclease-Verdünnungspuffer	8	7	6	4	2	0
µl DNase I-Reaktionspuffer	96	96	96	96	96	96

- auf Eis 100 µl der Zellsuspension zu 104 µl der DNase I-Verdünnungsreihe hinzufügen
- Reaktionsansätze aus dem Eis herausnehmen und 6 min bei RT inkubieren
- Reaktion durch Zugabe von 200 µl Lysepuffer stoppen und ÜN bei 55 °C inkubieren.

DNA-Extraktion

- Zelllysat mit einfachem Volumen Phenol versetzen und vorsichtig durch Invertieren des Reaktionsgefäßes mischen
- 10 min bei 15.000 × g zentrifugieren und wässrige (obere) Phase (DNA-Lösung) in ein neues 1,5 ml-Reaktionsgefäß überführen

Anmerkung: Die DNA-Lösung ist sehr viskos! Die wässrige Phase am besten mit weiten Pipettenspitzen sehr vorsichtig ohne Beeinträchtigung der Interphase in ein neues Reaktionsgefäß überführen. Die genomische DNA so lange mit Phenol extrahieren (s.o.), bis die wässrige Phase keine Trübung mehr aufweist.

- DNA-Lösung mit einfachem Volumen Chloroform versetzen und vorsichtig durch Invertieren des Reaktionsgefäßes mischen
- 10 min bei 15.000 × g zentrifugieren und wässrige (obere) Phase in ein neues 1,5 ml-Reaktionsgefäß überführen
- nach Zugabe von 1 μl RNase A für 1 h bei 37 °C inkubieren
- DNA-Lösung nacheinander mit je einfachem Volumen Phenol, PCI-Lösung und Chloroform extrahieren; dazu jeweils 10 min bei 15.000 × g zentrifugieren und wässrige (obere) Phase in ein neues 1,5 ml-Reaktionsgefäß überführen
- DNA durch Zugabe von 1/10 Volumen 5 M NaCl und einfachem Volumen 2-Propanol 30 min bei RT präzipitieren
- 20 min bei 5.000 × g zentrifugieren, Überstand entfernen und Präzipitat mit 500 μl 70 %-igem Ethanol waschen
- 5 min bei 5.000 × g zentrifugieren, Überstand entfernen und DNA bei RT trocknen lassen.

Wichtig: DNA nicht vollständig trocknen lassen, da ansonsten gerade die intakte genomische DNA der Negativkontrolle sehr schwer wieder in Lösung zu bekommen ist!

- DNA in 100 μl 0,1 × TE-Puffer lösen und bei 4 °C lagern.

Wichtig: Um Scherkräfte zu vermeiden, sollte die DNA nicht durch Auf- und Abpipettieren in Lösung gebracht werden. Die DNA sollte am besten ÜN bei RT in 0,1 × TE-Puffer gelöst werden. DNA nicht einfrieren, da hierdurch DNA-Strangbrüche induziert werden. Die Strangbrüche verursachen vor allem bei *Footprinting*-Experimenten einen unerwünschten Hintergrund (Tagoh *et al.*, 2006).

Herstellung der in vitro-Kontrolle

Im Unterschied zur *in vivo*-DNase I-Behandlung wird für die *in vitro*-Kontrolle die genomische DNA zuerst aufgereinigt und anschließend mit DNAse I hydrolysiert.

- Adhärente oder Suspensionszellen wie oben beschrieben ernten
- Zellen in PBS resuspendieren (1 ml PBS pro 1 × 10^7 Zellen), mit einfachem Volumen Lysepuffer mischen und ÜN bei 55 °C inkubieren
- DNA wie unter DNA-Extraktion beschrieben aufreinigen und fällen
- DNA in 0,1 × TE-Puffer lösen (10 μl 0,1 × TE-Puffer pro 1 × 10^6 Zellen) und DNA-Konzentration bestimmen
- für die DNase I-Behandlung 150 μg genomische DNA wie unter DNA-Extraktion beschrieben präzipitieren, in 300 μl DNase I-Puffer lösen und als 100 μl Aliquots in 1,5 ml-Reaktionsgefäße überführen
- DNase I-Lösungen mit unterschiedlichen DNase I-Konzentrationen in 1,5 ml-Reaktionsgefäßen frisch vorbereiten:

Tab. 17–2: DNase I Verdünnungsreihe der *in vitro*-Kontrolle: Pipettierschema der einzelnen Reaktionsansätze mit zunehmender DNase I Konzentration

	Nr. 1	Nr. 2	Nr. 3
μl DNase I (200 E × ml^{-1})	1	2	4
μl DNase I-Puffer	99	98	96

- 100 μl DNase I-Lösung zu jeweils 100 μl DNA-Lösung hinzufügen und die verschiedenen Ansätze 3 min auf Eis inkubieren
- Reaktion durch Zugabe von 200 μl Lysepuffer stoppen

- DNA hintereinander mit einfachem Volumen PCI-Lösung und einfachem Volumen Chloroform extrahieren, nach jedem Zentrifugationsschritt (10 min bei 15.000 × g) wässrige Lösung in ein neues 1,5 ml-Reaktionsgefäß überführen
- DNA wie unter DNA-Extraktion beschrieben fällen, in 50 µl 0,1 × TE-Puffer lösen, DNA-Konzentration bestimmen und bei 4 °C lagern.

Kartierung DNase I hypersensitiver Stellen mittels Southern Blot

Nach der Isolierung der mit DNase I behandelten DNA (*in vivo*- und *in vitro*-Ansätze mit unterschiedlicher DNase I-Menge) erfolgt die Spaltung mit geeigneten Restriktionsendonucleasen. Die DNA sollte nach der Spaltung eine Größe von 2 bis maximal 15 kb aufweisen. Zur Kartierung der DNase I hypersensitiven Stellen mittels Southern Blot sollte eine DNA-Sonde mit einer Länge zwischen 200–600 bp verwendet werden, die am 5'- oder 3'-Ende der gespaltenen DNA hybridisiert. Die DNA-Sonde kann mittels PCR direkt aus genomischer DNA amplifiziert und nach Aufreinigung mit Hilfe des *Random Primers DNA Labeling System* mit [α^{32}P]-dCTP radioaktiv markiert werden.

- 20 µg DNase I behandelte DNA in 200 µl Restriktionspuffer mit 40 bis 60 U der (den) entsprechenden Restriktionsendonuclease(n) ÜN unter optimalen Bedingungen hydrolysieren
- Hydrolyse mittels Agarose-Gelelektrophorese überprüfen (Abschn. 2.3.1)
- DNA mit 500 µl PCI-Lösung extrahieren, 10 min bei 15.000 × g zentrifugieren und wässrige Phase in ein neues 1,5 ml-Reaktionsgefäß überführen
- DNA wie unter DNA-Extraktion beschrieben fällen.

Anmerkung: Werden Restriktionsendonucleasen eingesetzt, die verschiedene Puffersysteme benötigen, muss die DNA sequenziell hydrolysiert werden. Dazu wird die DNA nach der ersten Spaltung in 100 µl 0,1 × TE-Puffer gelöst, mit der zweiten Restriktionsendonuclease gespalten und die DNA wie zuvor beschrieben isoliert.

- DNA in 20 µl 1 × TE-Puffer lösen und mit 4 µl 6 × DNA-Probenpuffer versetzen
- neben den zu analysierenden DNA-Proben sowohl DNA-Leiter als auch 1 kb DNA-Standardmarker als Größenstandards auf das Gel auftragen
- Agarose-Gelelektrophorese wie in Abschn. 2.3.1 beschrieben durchführen; dazu ein etwa 25 cm großes Gel mit einer Agarosekonzentration von 0,8–1 % in 0,5 × TBE-Puffer verwenden und die Elektrophorese bei einer Spannung von 1–2 V × cm^{-1} für 16–20 h bei RT durchführen (der Farbstoffmarker Bromphenol Blau sollte etwa 80 % des Gels zurückgelegt haben)
- Southern Blot wie in Abschn. 10.2 beschrieben durchführen.

Allgemeine Arbeitshinweise

- Um den Einfluss endogener Nucleasen zu minimieren, sollten alle Schritte bis zur Behandlung der Proben mit DNase I zügig und auf Eis bzw. bei 4 °C durchgeführt werden. Als Kontrolle sollte die Reaktion unter gleichen Bedingungen ohne DNase I durchgeführt werden (siehe DNase I-Verdünnungsreihe).
- DNase I weist gegenüber bestimmten DNA-Sequenzen eine erhöhte Reaktivität auf (Drew, 1984). Daher empfiehlt es sich, genomische ("nackte") DNA mit DNase I zu behandeln und als Kontrolle einzusetzen (siehe Herstellung der *in vitro*-Kontrolle). Hierdurch kann unterschieden werden, ob DNase I hypersensitive Stellen das Resultat der Chromatinstruktur oder bestimmter DNA-Sequenzen darstellen. Hierbei sollte beachtet werden, dass Protein freie DNA gegenüber DNase I wesentlich (etwa 200-fach) empfindlicher ist.
- Das Chromatin sollte vorsichtig mit DNase I hydrolysiert werden. Lange Inkubationszeiten und/oder hohe DNase I-Konzentrationen haben zur Folge, dass die DNA zu stark hydrolysiert wird. Daher sollten die Reaktionsbedingungen so gewählt werden, dass die DNA nur partiell hydrolysiert wird.
- Der optimale DNase I-Konzentrationsbereich kann stark variieren und sollte für jeden Zelltyp im Vorfeld ermittelt werden. Die Nucleaseaktivität kann durch cytoplasmatische Komponenten, wie z.B. Actin inhibiert werden. Daher ist das Protokoll für actinreiche Zellen, wie z.B. Fibroblasten (120–140 U

DNase I) oder Makrophagen (60–80 U DNase I) unter Umständen nur bedingt geeignet. Da lediglich monomeres G-Actin DNase I inhibiert, enthält der DNase I-Reaktionspuffer ATP, um die Polymerisation von G-Actin zu fadenförmigem F-Actin zu fördern (Blikstad *et al.*, 1978). Alternativ kann das Protokoll auch mit isolierten Zellkernen durchgeführt werden (Cockerill, 2000).

- Zur genauen Lokalisierung von DNase I hypersensitiven Stellen empfiehlt es sich, eine genomische DNA-Leiter als internen Standard herzustellen. Dazu wird genomische DNA mit entsprechenden Restriktionsendonucleasen gespalten (Abb. 17–2) und für die fertige Leiter die gespaltene DNA dieser einzelnen Reaktionsansätze miteinander gemischt.
- Da einige Restriktionsendonucleasen nicht oder nur bedingt dazu in der Lage sind, genomische DNA zu hydrolysieren, sollte z.B. mit Hilfe der Software NEBcutter (http://tools.neb.com/NEBcutter2) überprüft werden, ob und welche Restriktionsenzyme überhaupt in Frage kommen.

Literatur

Blikstad, I., Markey, F., Carlsson, L., Persson, T., Lindberg, U. (1978): Selective assay of monomeric and filamentous actin in cell extracts, using inhibition of deoxyribonuclease I. Cell 15, 935-943.

Boyle, A.P., Davis, S., Shulha, H.P., Meltzer, P., Margulies, E.H., Weng, Z., Furey, T.S., Crawford, G.E. (2008): High-resolution mapping and characterization of open chromatin across the genome. Cell 132, 311-22.

Drew, H.R. (1984): Structural specificities of five commonly used DNA nucleases. J Mol Biol 176, 535-557.

Cockerill, P.N. (2000): Identification of DNaseI hypersensitive sites within nuclei. Methods Mol Biol 130, 29-46.

Tagoh, H., Cockerill, P.N., Bonifer, C. (2006). In vivo genomic footprinting using LM-PCR methods. Methods Mol Biol 325, 285-314.

17.2 *in silico*-Identifizierung von regulatorischen DNA-Elementen und DNA-Bindungsstellen für Transkriptionsfaktoren

Die Decodierung des humanen Genoms und damit die Möglichkeit zur Identifizierung regulatorischer Netzwerke stellt eine enorme wissenschaftliche Herausforderung dar. In Eukaryoten wird die Genexpression durch das komplexe Zusammenspiel von Proteinen (trans-Regulatoren) und spezifischen DNA-Sequenzen (cis-Elemente) gesteuert. Durch intensive Forschung konnten die DNA-Bindungsstellen vieler Transkriptionsfaktoren experimentell ermittelt werden. Das Hauptproblem bei der Vorhersage von DNA-Bindungsstellen besteht aber darin, dass es sich meist um sehr kurze (6–12 bp) degenerierte DNA-Motive handelt, die infolgedessen mit hoher Frequenz im Genom vorkommen. Daher werden für eine zuverlässige Vorhersage die Bindungsspezifitäten als PWM (*position weight matrices*) angegeben und sind in Datenbanken wie z.B. TRANSFAC® (http://www.biobase.de) zusammengestellt (Wingender *et al.*, 2001). Programme zur DNA-Mustererkennung (z.B. MatInspector, http://www.genomatix.de) verwenden diese Bibliotheken, um Transkriptionsfaktor-Bindungsstellen innerhalb von DNA-Sequenzen zu ermitteln (Quandt *et al.*, 1995). Diese Programme erweisen sich als sehr hilfreich bei der Planung von Mutationen zur Untersuchung von DNA-Bindungsstellen in EMSA-Analysen (*electrophoretic mobility shift assay*) und Reportergenanalysen (Abschn. 17.4 und 17.6). So wird sichergestellt, dass durch die Mutation nicht zufällig neue Bindungsstellen generiert wurden.

Mit Hilfe von rVISTA (http://rvista.dcode.org) können durch den Vergleich orthologer DNA-Sequenzen potentielle regulatorische Sequenzen und Transkriptionsfaktor-Bindungsstellen innerhalb nicht kodierender Sequenzen des humanen Genoms identifiziert werden (Loots und Ovcharenko, 2004). Das Programm Gene2Promoter eignet sich speziell für die Analyse von Promotoren (http://www.genomatix.de).

Der UCSC Genome Browser (http://genome.ucsc.edu) wiederum stellt ein überaus potentes Werkzeug für das Durchsuchen ganzer Genome nach Informationen über Struktur (z.B. Introns, Exons, 5'- und 3'-UTRs (*untranslated regions*), CpG-Inseln, konservierte DNA Bereiche, usw.) und Expression von Genen dar (Kent *et al.*, 2002). Darüber hinaus repräsentiert der UCSC Genome Browser das Portal für das ENCODE-Projekt (Abschn. 17).

Literatur

Wingender, E., Chen, X., Fricke, E., Geffers, R., Hehl, R., Liebich, I., Krull, M., Matys, V., Michael, H., Ohnhäuser, R., Prüss, M., Schacherer, F., Thiele, S., Urbach, S. (2001): The TRANSFAC system on gene expression regulation. Nucleic Acids Res 29, 281-283.

Quandt, K., Frech, K., Karas, H., Wingender, E., Werner, T. (1995): MatInd and MatInspector: new fast and versatile tools for detection of consensus matches in nucleotide sequence data. Nucleic Acids Res 23, 4878-4884.

Kent, W.J., Sugnet, C.W., Furey, T.S., Roskin, K.M., Pringle, T.H., Zahler, A.M., Haussler, D. (2002): The human genome browser at UCSC. Genome Res 6, 996-1.006.

Loots, G.G., Ovcharenko, I. (2004): rVISTA 2.0: evolutionary analysis of transcription factor binding sites. Nucleic Acids Res 32, W217-221.

17.3 Präparation von Proteinextrakten aus Säugerzellen

Voraussetzung für die Untersuchung von Protein/DNA-Komplexen *in vitro* ist die Präparation von Proteinextrakten aus Zellen. Grundsätzlich können hierfür cytoplasmatische, Kern- oder Gesamtzellextrakte verwendet werden. Da die meisten DNA-Bindeproteine ausschließlich im Zellkern lokalisiert sind, werden für EMSA- oder DNase I-*Footprinting*-Experimente überwiegend Kernextrakte eingesetzt. Es empfiehlt sich jedoch zu überprüfen, ob auch im Cytoplasma der untersuchten Zellen DNA-Bindeproteine lokalisiert sind. Einige Transkriptionsfaktoren, wie z.B. verschiedene Mitglieder der Steroidhormon-Rezeptorfamilie oder der Transkriptionsfaktor NFκB, lokalisieren erst nach Hormonaktivierung bzw. Dissoziation des Inhibitors IκB im Zellkern.

Das hier beschriebene Protokoll für die Präparation von Zellkern- und cytoplasmatischen Extrakten beruht auf der Methode von Dignam (1983). Hierzu werden die Zellkerne isoliert, die löslichen Kernproteine mit einer Hochsalzlösung aus den Kernen extrahiert und die Salzkonzentration des Proteinextraktes durch Dialyse erniedrigt. Die meisten Protokolle zur Herstellung von Proteinextrakten basieren auf dieser Methode. Sie sind jedoch mit zahlreichen Modifikationen an entsprechende Fragestellungen angepasst. Eine Modifikation, die häufig zu schnelleren und ebenso zuverlässigen Resultaten führt, ist in Abschn. 17.3.3 beschrieben. Für die Präparation von Gesamtzellextrakten sei auf die Methode von Manley (1980) verwiesen, in der sowohl die cytoplasmatischen als auch die nucleären Proteine isoliert werden.

Allgemeine Arbeitshinweise

- Bei der Präparation der Zellextrakte sollte strikt darauf geachtet werden, dass alle Arbeitsschritte bei 4 °C oder auf Eis erfolgen und alle Puffer und Lösungen gekühlt sind.
- Starke Turbulenzen in der Proteinlösung, z.B. durch intensives Mischen, sollten vermieden werden. Diese Vorsichtsmaßnahmen reduzieren Proteolyse und Denaturierung der präparierten Proteine.
- Die Salzkonzentration von Puffer B sollte nicht überschritten werden, damit möglichst wenige chromosomale Proteine (z.B. Histone) aus dem Kern extrahiert werden. Diese oftmals stark basischen Proteine können den Nachweis von sequenzspezifischen DNA-Bindeproteinen in EMSA- oder DNase I-*Footprinting*-Experimenten stören (Abschn. 17.4 und 17.5).
- Tritt bei EMSA- oder DNase I-*Footprinting*-Experimenten (Abschn. 17.4 und 17.5) ein verstärkter Abbau des radioaktiv markierten DNA-Fragments auf, enthält der Zellextrakt möglicherweise eine sehr hohe Konzentration an Nucleasen oder Phosphatasen. In diesem Fall kann bei der Proteinpräparation eine höhere EDTA-Konzentration oder eine verringerte Konzentration an zweiwertigen Kationen (Puf-

fer ohne MgCl$_2$) eingesetzt bzw. die Präparation in Gegenwart von Phosphataseinhibitoren durchgeführt werden.

- Durch Dialyse der Proteinextrakte mit Puffer D wird die Salzkonzentration der Extrakte so eingestellt, dass sie direkt in EMSA- (Abschn. 17.4) oder DNase I-*Footprinting*-Experimenten (Abschn. 17.5) eingesetzt werden können.
- Häufig lassen sich die Proteinextrakte auch direkt (ohne Dialyse) einsetzen.

17.3.1 Präparation von Zellkernextrakten

Materialien

- Säugerzellen
- PBS (Abschn. 17.1)
- PIC: *Complete Protease Inhibitor Cocktail* Tabletten (Roche Applied Science)
- Puffer A: 10 mM HEPES-KOH, pH 7,8, 15 mM KCl, 2 mM MgCl$_2$, 0,1 mM EDTA, 0,1 mM EGTA, 1 mM DTT, PIC
- Puffer C: 20 mM HEPES-KOH, pH 7,8, 420 mM NaCl, 1,5 mM MgCl$_2$, 0,1 mM EDTA, 0,1 mM EGTA, 1 mM DTT, 25 % (v/v) Glycerol, PIC
- Puffer D: 20 mM HEPES-KOH, pH 7,8, 100 mM KCl, 0,2 mM EDTA, 1 mM DTT, 20 % (v/v) Glycerol, PIC
- Zellschaber
- Dounce-Glasschliff-Homogenisator (Pistill B)
- Dialyseschlauch oder -kammer (Ausschlussvolumen 14 kDa)
- Trypanblau (Abschn. 12.2.4)
- Mikroskop
- flüssiger Stickstoff

Durchführung

- Die Isolierung von adhärenten Zellen oder Suspensionszellen erfolgt wie unter 17.1 beschrieben
- Zellsediment in dreifachem Zellvolumen (ZV) eiskaltem Puffer A resuspendieren und 10 min auf Eis inkubieren (das ZV kann abgeschätzt werden, indem man ein zweites 50 ml-Zentrifugenröhrchen mit der Menge Wasser auffüllt, die dem Volumen des Zellsediments entspricht, und anschließend das Volumen des Wassers mit einer Pipette bestimmt)
- Zellsuspension in einen gekühlten Dounce-Glasschliff-Homogenisator überführen und Zellen durch 3–10 Hübe aufschließen.

Anmerkung: Die Anzahl der Hübe hängt von der Zelllinie ab. Der Zellaufschluss kann mit dem Mikroskop überprüft werden. Dazu ein Aliquot der Zellsuspension mit einem Tropfen Trypanblau mischen. Intakte Zellen nehmen den Farbstoff nicht auf, lysierte Zellen sind durch eine Blaufärbung des Kerns gekennzeichnet (Abschn. 12.2.4). Idealerweise sollten mehr als 80 % der Zellen lysiert sein.

- Zelllysat in ein Zentrifugenröhrchen überführen und 5 min bei 3.000 × g und 4 °C zentrifugieren, Überstand abnehmen und für cytoplasmatische Extrakte aufheben (Abschn. 17.3.2)
- Sediment in zweifachem ZV eiskaltem Puffer C resuspendieren und die Suspension anschließend 30 min bei 4 °C (Kühlraum) unter leichtem Schütteln inkubieren
- Suspension 5 min bei 27.000 × g und 4 °C zentrifugieren und Überstand (Zellkernextrakt) abnehmen
- Zellkernextrakt gegen Puffer D (mindestens 50-faches Extraktvolumen) ÜN bei 4 °C (Kühlraum) unter mehrmaligem Pufferwechsel dialysieren (für kleine Volumina eignet sich die Dialysekammer von Pierce, für größere Volumina Dialyseschläuche verwenden)

- Dialysat 5 min bei 27.000 × g und 4 °C zentrifugieren
- Überstand (Zellkernextrakt) in Portionen zu 50 µl in flüssigem Stickstoff schockgefrieren und bei −80 °C lagern.

17.3.2 Präparation von cytoplasmatischen Extrakten

Materialien
- Überstand der Zellkernpräparation (Abschn. 17.3.1)
- PIC (Abschn. 17.3.1)
- Puffer B: 300 mM HEPES-KOH, pH 7,8, 1,4 M KCl und 30 mM MgCl$_2$, PIC
- Puffer D (Abschn. 17.3.1)
- Dialyseschlauch oder -kammer (Abschn. 17.3.1)
- flüssiger Stickstoff

Durchführung
- Volumen des Überstands der Zellkernpräparation bestimmen
- Überstand mit dem 0,11-fachen Volumen eiskaltem Puffer B mischen und 1 h bei 100.000 × g und 4 °C zentrifugieren (Überstand = cytoplasmatischer Extrakt)
- cytoplasmatischen Extrakt gegen Puffer D (mindestens 50-faches Extraktvolumen) ÜN bei 4 °C (Kühlraum) unter mehrmaligem Pufferwechsel dialysieren (Abschn. 17.3.1)
- Dialysat 5 min bei 27.000 × g und 4 °C zentrifugieren
- Überstand (cytoplasmatischer Extrakt) in Portionen zu 50 µl in flüssigem Stickstoff schockgefrieren und bei 80 °C lagern.

17.3.3 Kurzprotokoll zur Präparation von Zellkernextrakten

Materialien
- Säugerzellen
- PBS (Abschn. 17.1)
- PIC (Abschn. 17.3.1)
- NE-Puffer A: 10 mM HEPES-KOH, pH 7,6, 15 mM KCl, 2 mM MgCl$_2$, 0,1 mM EDTA, 1 mM DTT, PIC
- NE-Puffer B: 20 mM HEPES-KOH, pH 7,9, 420 mM NaCl, 0,2 mM EDTA, 25 % (v/v) Glycerol, 1 mM DTT, PIC
- Zellschaber
- flüssiger Stickstoff

Durchführung
- Zellen ernten (Abschn. 17.3.1) und zweimal mit PBS waschen
- Zellsuspension 5 min bei 500 × g und 4 °C zentrifugieren und Überstand vollständig entfernen
- Zellen in 1 ml eiskaltem NE-Puffer A resuspendieren und 10 min auf Eis inkubieren
- Zellsuspension 5 min bei 700 × g zentrifugieren und Überstand (cytoplasmatische Fraktion) vollständig abnehmen
- Sediment in einfachem ZV (Abschn. 17.3.1) eiskaltem NE-Puffer B resuspendieren und 15 min bei 4 °C (Kühlraum) unter leichtem Schütteln inkubieren
- Suspension 10 min bei 10.000 × g und 4 °C zentrifugieren

- Überstand (Zellkernextrakt) in flüssigem Stickstoff schockgefrieren (keine Dialyse) und bei −80 °C lagern.

Literatur

Dignam, J.D., Lebovitz, R.M., Roeder, R.G. (1983): Accurate Transcription Initiation by RNA Polymerase II in a Soluble Extract from Isolated Mammalian Nuclei. Nucl Acids Res 11, 1.475–1.489.

Manley, J.L., Fire, A., Cano, A., Sharp, P.A., Gefter, M.L. (1980): DNA-Dependent Transcription of Adenovirus Genes in a Soluble Whole-Cell Extract. Proc Natl Acad Sci USA 77, 3.855–3.859.

17.4 EMSA (*Electrophoretic mobility shift assay*)

EMSA stellt nach wie vor die Standardmethode zur Identifizierung und Charakterisierung von Protein/DNA-Komplexen *in vitro* dar. Hierzu wird ein radioaktiv markiertes DNA-Fragment (Abschn. 17.4.1) mit Proteinextrakten (Abschn. 17.3) inkubiert und die entstandenen Protein/DNA-Komplexe mit Hilfe eines

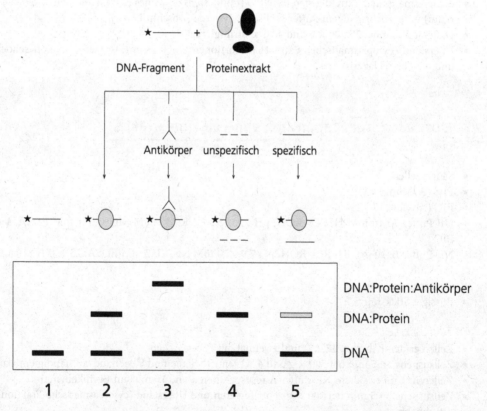

Abb. 17–3: Prinzip von EMSA-Experimenten. Ein radioaktiv markiertes DNA-Fragment wird mit einem Proteinextrakt inkubiert und die entstandenen Protein/DNA-Komplexe (Spur 2) in einem nativen Polyacrylamidgel getrennt. Die Bindung in Gegenwart eines spezifischen Antikörpers (Spur 3), eines unspezifischen (Spur 4) bzw. spezifischen Kompetitors (Spur 5) dient zum Nachweis der Bindungsspezifität.

nativen Polyacrylamidgels (Abschn. 17.4.3) getrennt und analysiert. Neben dem Signal des freien, nicht komplexierten DNA-Fragments tritt bei der Ausbildung eines Protein/DNA-Komplexes eine zusätzliche Bande mit deutlich verändertem Laufverhalten auf (Abb. 17–3). Die Spezifität der Protein/DNA-Interaktion wird mittels Kompetitions- und *Supershift*-Experimenten bestimmt (Abschn. 17.4.4). EMSA wurde ursprünglich zur Untersuchung von gereinigten prokaryotischen DNA-Bindeproteinen etabliert (Garner und Revzin, 1981, Fried und Crothers, 1981) und später zur Identifizierung eukaryotischer DNA-Bindeproteine aus Zellextrakten weiterentwickelt (Singh *et al.*, 1986).

Allgemeine Arbeitshinweise

- Ein grundsätzliches Problem von EMSA-Experimenten mit Proteinextrakten besteht in der unspezifischen DNA-Bindungsaktivität der Extrakte. Diese Sequenz unspezifische Bindung kann in Gegenwart eines unspezifischen Kompetitors, z.B. Poly(dI-dC) × poly(dI-dC) oder alternativ Poly(dG-dC) × poly(dG-dC) verhindert werden. Daher empfiehlt es sich, zu Beginn des EMSA-Experiments eine Titration mit steigenden Mengen an unspezifischem Kompetitor (Richtlinie: 0,5 μg pro μg Proteinextrakt) bei konstanter Menge an Protein und DNA-Fragment durchzuführen. Banden, die mit steigender Menge an unspezifischem Kompetitor erhalten bleiben oder neu erscheinen, können anschließend auf spezifische DNA-Bindung hin untersucht werden.
- Falls nach der Gelelektrophorese ausschließlich gebundenes und kein freies DNA-Fragment detektiert wird, wurde möglicherweise zu viel Protein im EMSA-Experiment eingesetzt. Dies kann einfach durch eine Titration der Proteinmenge (1, 2, 5, 10 und 20 μg) bei konstanter Menge des DNA-Fragments getestet werden. Zusätzlich sollte auch die eingesetzte Menge des unspezifischen Kompetitors überprüft werden.
- Werden synthetisch hergestellte Oligonucleotide verwendet, sollten diese auf ihre Qualität hin überprüft werden. Dies kann durch Endmarkierung mit [γ-^{32}P]-ATP (Abschn. 1.9) und anschließender Gelelektrophorese (Abschn. 2.3.1) erfolgen. Den höchsten Reinheitsgrad weisen PAGE-gereinigte Oligonucleotide auf, da mittels PAGE unvollständig synthetisierte Oligonucleotide (sogenannte (n-x)-Produkte) abgetrennt werden können. Bei korrekt synthetisierten und gereinigten Oligonucleotiden sollte nur eine diskrete Bande nach der Elektrophorese detektiert werden.
- Die verwendeten DNA-Fragmente sollten doppelsträngig und ohne überstehende Enden (*blunt ends*) vorliegen. An DNA-Einzelsträngen oder überstehenden DNA-Enden (*sticky ends*) erfolgen häufig unspezifische Bindungen.
- Einige Proteine benötigen für die Bindung spezielle Salzkonzentrationen, einen bestimmten pH-Wert oder bivalente Kationen, wie z.B. Mg^{2+} oder Zn^{2+}.
- Bei unstabilen Protein/DNA-Komplexen sollte die EMSA-Reaktion auf Eis erfolgen und die Gelelektrophorese bei 4 °C im Kühlraum durchgeführt werden.

17.4.1 Selektion und radioaktive Markierung der DNA-Fragmente

Zur Aufklärung genregulatorischer Prozesse werden DNA-Bereiche, die zuvor als DNase I hypersensitive Stellen identifiziert werden konnten (Abschn. 17.1), hinsichtlich der Bindung von sequenzspezifischen DNA-Bindeproteinen untersucht. Die DNA-Fragmente sollten dabei eine Länge zwischen 15 bis maximal 300 bp aufweisen. Lange Fragmente sollten jedoch nur für initiale Experimente eingesetzt werden. Mit Hilfe der *in silico*-Analyse können die DNA-Bereiche im Vorfeld auf potenzielle Bindungsstellen untersucht werden (Abschn. 17.2). Für die genaue Identifizierung von Transkriptionsfaktoren sind Fragmentlängen von 20–35 bp optimal. Diese DNA-Fragmente werden üblicherweise durch Hybridisierung zweier synthetisch hergestellter komplementärer einzelsträngiger Oligonucleotide erhalten. Die radioaktive Markierung der DNA-Fragmente kann durch 5'-Phosphorylierung mit [γ-^{32}P]-ATP oder mittels 3'-Endmarkierung mit [α-^{32}P]-dNTP (Abschn. 1.9) durchgeführt werden. Prinzipiell besteht die Vorgehensweise bei beiden

Methoden aus drei Schritten: Hybridisierung der beiden komplementären Oligonucleotide, radioaktive Markierung und Reinigung des radioaktiv markierten doppelsträngigen DNA-Fragments. Im Folgenden ist die Aufreinigung mittels nativer Polyacrylamid-Gelelektrophorese beschrieben. Auf diese Weise können im Gegensatz zur Aufreinigung mittels *Sephadex G-25 Quick Spin Columns* (Roche Applied Science) neben nicht eingebautem [γ-^{32}P]-ATP auch einzelsträngige DNA abgetrennt werden kann.

Materialien

- komplementäre Oligonucleotide
- 10 × Hybridisierungspuffer: 100 mM Tris-HCl, pH 7,8, 200 mM NaCl, 1 mM EDTA
- Aceton
- Wasserbad
- Materialien für native Polyacrylamid-Gelelektrophorese (Abschn. 2.3.1)

Durchführung

- Hybridisierungsansatz in 1,5 ml-Reaktionsgefäß zusammen pipettieren: x µl Oligonucleotid A (100 pmol), y µl Oligonucleotid B (100 pmol), 5 µl 10 × Hybridisierungspuffer und mit bidest. H$_2$O auf 50 µl auffüllen
- Hybridisierungsansatz 2 min bei 95 °C im Wasserbad inkubieren und nach Abschalten des Wasserbads auf RT abkühlen lassen
- DNA direkt für die radioaktive Markierung einsetzen oder bei −20 °C lagern
- radioaktive 5'-Markierung (Abschn. 1.9)
- radioaktiv markierte DNA über ein natives 8 %-iges Polyacrylamidgel (Abschn. 2.1) elektrophoretisch von überschüssigem [γ-^{32}P]-ATP und einzelsträngiger DNA trennen
- Position der DNA durch Autoradiographie ermitteln, entsprechende Bande ausschneiden und DNA in 500 µl 1 × Hybridisierungspuffer unter Schütteln 2 h bei RT eluieren
- Eluat mit 1,5 ml Aceton versetzen, 20 min bei 15.000 × g zentrifugieren, Überstand entfernen, DNA bei RT trocknen und in 20 µl 1 × Hybridisierungspuffer aufnehmen.

17.4.2 EMSA-Reaktion

Materialien

- 5 × EMSA-Bindungspuffer: 35 mM HEPES-KOH, pH 7,8, 50 mM KCl, 125 mM NaCl, 4,6 mM EDTA, 10 % (v/v) Glycerol
- 20 mM DTT
- 1 µg × µl^{-1} Poly(dI-dC) × poly(dI-dC)
- Proteinextrakt (Abschn. 17.3)
- radioaktiv markiertes DNA-Fragment (Abschn. 17.4.1)
- spezifischer Antikörper
- Kompetitor-DNA

Durchführung

- EMSA-Reaktionsansatz in 1,5 ml-Reaktionsgefäß zusammen pipettieren: 8 µl Proteinextrakt (4 µg Protein, verdünnt mit Puffer D, Abschn. 17.3.1), 4 µl 5 × EMSA-Bindungspuffer, 2 µl Poly(dI-dC) × poly(dI-dC), 1 µl 20 mM DTT und 4 µl bidest. H$_2$O (optional: spezifischer Antikörper, Kompetitor-DNA); die Reaktion ohne Proteinextrakt fungiert als Negativkontrolle
- 20 min bei RT inkubieren
- 1 µl radioaktiv markiertes DNA-Fragment (20.000 cpm × µl^{-1}) hinzufügen
- 20 min bei RT inkubieren und auf das Gel auftragen (Abschn. 17.4.3).

17.4.3 Nachweis der DNA-Bindeproteine durch native Polyacrylamid-Gelelektrophorese

Materialien

- EMSA-Reaktionsansatz (Abschn. 17.4.2)
- 40 % (w/v) Acrylamid/Bis-Lösung (19:1, Biorad)
- EMSA-Stammpuffer: 800 mM Tris-CH$_3$CO$_2$H, pH 7,8, 100 mM NaOAc, 20 mM EDTA
- 2 × EMSA-Gelpuffer: 50 ml EMSA-Stammpuffer, 200 ml Glycerol, 750 ml bidest. H$_2$O
- EMSA-Laufpuffer: 12,5 ml EMSA-Stammpuffer mit bidest. H$_2$O auf 1 l auffüllen
- 10 % (w/v) APS
- TEMED
- Gel-Fixierungslösung: 10 % (v/v) Methanol, 10 % (v/v) Essigsäure in bidest. H$_2$O
- Vertikal-Gelelektrophorese-Apparatur
- Geltrockner
- Haushaltsfolie
- Filterpapier 3MM (Whatman)

Durchführung

- Präparation eines 4 %-igen Polyacrylamidgels: 25 ml 2 × EMSA-Gelpuffer, 5 ml 40 % (w/v) Acrylamid/Bis-Lösung (19:1) und 20 ml bidest. H$_2$O mischen, 500 µl 10 % (w/v) APS und 50 µl TEMED zugeben, mischen, Gel luftblasenfrei gießen, Taschenschablone einfügen und Gel etwa 1 h polymerisieren lassen
- Vorelektrophorese 30 min bei 200 V durchführen
- Taschen spülen, EMSA-Reaktionsansatz auftragen und die Elektrophorese 90 min bei 200 V durchführen
- obere Glasplatte und Abstandhalter entfernen und Gel 10–20 min in Gel-Fixierungslösung inkubieren
- Fixierungslösung abtropfen lassen, Filterpapier auf das Gel legen; Gel mit Filterpapier vorsichtig von der unteren Glasplatte ablösen und mit Haushaltsfolie auf der Gelseite abdecken
- Gel etwa 1 h bei 80 °C unter Vakuum trocknen und durch Autoradiographie (Abschn. 1.3) analysieren.

17.4.4 Bestimmung der Spezifität

Die Spezifität der Protein/DNA-Interaktion wird durch Kompetitions- und *Supershift*-Experimente nachgewiesen. Bei Kompetitionsexperimenten wird dem Reaktionsansatz nicht markierte DNA im Überschuss hinzugefügt und der Einfluss auf die Bindung untersucht. Hierbei unterscheidet man zwei Formen der Kompetition: spezifisch und unspezifisch. Im Falle der spezifischen Reaktion besitzt die nicht markierte Kompetitor-DNA die gleiche Sequenz wie die markierte Original-DNA oder es handelt sich um die Consensussequenz des DNA-Bindeproteins. Bei der nicht-spezifischen Reaktion unterscheidet sich die Sequenz der Kompetitor-DNA von der Original-DNA. Ergebnisse von Kompetitionsexperimenten sind in der Regel leicht zu interpretieren. Handelt es sich um eine spezifische Protein/DNA-Interaktion, so sollte die Signalintensität der Bande in Gegenwart von spezifischer Kompetitor-DNA abnehmen. Ist die Interaktion unspezifisch, nimmt die Signalintensität sowohl in Gegenwart der spezifischen als auch der unspezifischen Kompetitor-DNA ab. Eine spezifische Bindung kann auch mit spezifischer Kompetitor-DNA, bei der die Bindungsstelle mutiert ist, nachgewiesen werden. Ist die Bindung des Proteins spezifisch, so erfolgt keine Kompetition. Die *Supershift*-Analyse stellt eine weitere Möglichkeit dar, die Spezifität der Protein-DNA-Interaktion zu überprüfen. Dabei wird das EMSA-Experiment in Gegenwart eines Antikörpers durchgeführt, der gegen ein bereits bekanntes DNA-Bindeprotein gerichtet ist. Wird hierbei entweder eine zusätzliche Bande mit verzögertem Laufverhalten (*Supershift*) oder eine deutliche Ab- oder Zunahme der Signalintensität des *Bandshifts* erhalten, weist dies darauf hin, dass es sich bei dem DNA-Bindeprotein um den bereits bekannten Faktor handelt oder dass dieser Faktor indirekt an der DNA-Interaktion beteiligt ist.

Literatur

Fried, M., Crothers, D.M. (1981): Equilibria and Kinetics of *Lac* Repressor-Operator Interactions by Polyacryl-amide Gel Electrophoresis. Nucl Acids Res 9, 6.505–6.525.

Garner, M.M., Revzin, A. (1981): A Gel Electrophoresis Method for Quantifying the Binding of Proteins to Specific DNA Regions. Application to Components of the *Escherichia coli* Lactose Operon Regulatory System. Nucl Acids Res 9, 3.047–3.060.

Singh, H., Sen, R., Baltimore, D., Sharp, P.A. (1986): A Nuclear Factor that Binds to a Conserved Sequence Motif in Transcriptional Control Elements of Immunoglobulin Genes. Nature 319, 154–158.

17.5   *in vitro*-DNase I-*Footprinting*

DNase I-*Footprinting* stellt eine Methode zur genauen Lokalisierung von Proteinbindungsstellen innerhalb der DNA dar (Galas und Schmitz, 1978). Das Prinzip dieser Methode beruht darauf, dass durch die Bindung eines Proteins ein spezifischer Bereich der DNA vor der Hydrolyse durch DNase I geschützt wird.

Bei dieser Methode wird das DNA-Bindeprotein an ein DNA-Fragment, das an einem Ende radioaktiv markiert ist, gebunden und die DNA in Gegenwart von DNase I hydrolytisch gespalten. Die Reaktionsbedingungen werden dabei so gewählt, dass jedes DNA-Molekül statistisch nur einmal durch das Enzym hydrolysiert wird. Nach der Reaktion werden die Proteine entfernt, die (einzelsträngigen) DNA-Fragmente mit Hilfe eines Polyacrylamid-Sequenziergels (Abschn. 2.1) getrennt und durch Autoradiographie analy-

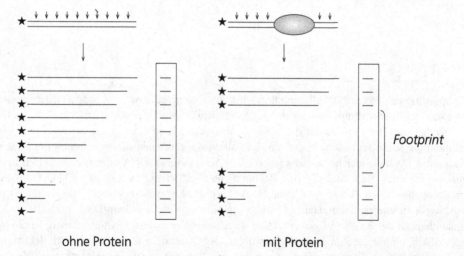

ohne Protein   mit Protein

Abb. 17–4: Prinzip von DNase I-*Footprinting*-Experimenten. Ein radioaktiv markiertes DNA-Fragment wird in Abwesenheit und in Gegenwart des DNA-Bindeproteins durch DNase I hydrolysiert. Nach der gelelektrophoretischen Trennung entsteht im Vergleich zur Kontrolle beim Protein-DNA-Komplex eine Lücke (*Footprint*) in der resultierenden DNA-Leiter.

siert. Ungeschützte DNA wird mehr oder weniger zufällig geschnitten und erscheint deshalb als Leiter von Banden, die sich jeweils um ein Nucleotid voneinander unterscheiden. Bei DNA-Sequenzen, die durch das Protein vor dem DNase I-Abbau geschützt waren, fehlen die entsprechenden Banden, und es resultiert eine charakteristische Lücke (*Footprint*) innerhalb der DNA-Leiter (Abb. 17–4). Für die eindeutige Zuordnung protektierter DNA-Bereiche wird die DNA parallel nach Maxam-Gilbert sequenziert und als Referenz eingesetzt (Maxam und Gilbert, 1977, 1980).

Darüber hinaus gewährt diese Methode einen Einblick in die Topologie der Protein/DNA-Interaktion. Treten Banden auf, die in Gegenwart des Proteins eine höhere Intensität aufweisen, ist dies ein Hinweis dafür, dass durch die Bindung des Proteins eine Änderung der DNA-Struktur induziert wurde. Diese hyperreaktiven Stellen kommen dadurch zustande, dass durch die Änderung der DNA-Struktur einige Bereiche für DNase I besser zugänglich sind und dadurch effektiver hydrolysiert werden.

Allgemeine Arbeitshinweise

- Vor dem eigentlichen DNase I-*Footprinting*-Experiment sollten die optimalen Bedingungen für die DNA-Bindung (Salzkonzentration, pH-Wert, Poly(dI-dC) × poly(dI-dC) und Temperatur) mit Hilfe von EMSA-Experimenten (Abschn. 17.4) ermittelt werden.
- Es ist absolut notwendig, die optimale DNase I-Konzentration zu ermitteln. Dabei sollte die Konzentration so gewählt werden, dass jedes DNA-Molekül statistisch nur einmal durch das Enzym hydrolysiert wird (*single-hit kinetic*). Als Faustregel gilt, dass etwa 25 bis maximal 50 % der DNA durch DNase I gespalten werden dürfen, um dieser Kinetik zu entsprechen. Dazu wird die DNA in Gegenwart unterschiedlicher DNase I-Konzentrationen hydrolysiert, die Proben mit Hilfe eines Polyacrylamid-Sequenziergels getrennt (Abschn. 2.1) und die Bandenintensität der Negativkontrolle (ohne DNase I) mit der Intensität der entsprechenden nichtgespaltenen Bande (mit DNase I) verglichen. Weist die nicht gespaltene Bande eine Intensität von 75 bis maximal 50 % auf, wurde die Reaktion mit der optimalen DNase I-Konzentration durchgeführt.
- Im Gegensatz zu EMSA-Experimenten wird nur ein Strang der DNA radioaktiv markiert. Das DNA-Fragment sollte eine Länge von weniger als 500 bp aufweisen und die Proteinbindungsstelle mindestens 25 bis 200 bp vom markierten Ende entfernt sein. Bindungsstellen, die mehr als 200 bp vom markierten Ende entfernt sind, benötigen längere Laufzeiten und liefern in der Regel unscharfe Banden. Normalerweise werden die DNA-Fragmente aus den entsprechenden Reportergen-Konstrukten erhalten (Abschn. 17.6). DNase I-*Footprinting*-Experimente können jedoch auch mit Oligonucleotiden durchgeführt werden (Göhler *et al.*, 2002, Walter *et al.*, 2005).
- Mit Proteinextrakten sollte zunächst die optimale Proteinmenge (absolute Sättigung der DNA-Bindung) durch Titration ermittelt werden (10, 20, 40, 80 und 160 μg). Darüber hinaus sollte auch bedacht werden, dass Proteinextrakte in der Regel Nucleaseaktivitäten aufweisen, die das Ergebnis verfälschen können.
- Da DNase I aus sterischen Gründen nicht in der Lage ist, Nucleotide in direkter Nähe zur gebundenen Stelle zu hydrolysieren, erscheint die protektierte Region größer als sie tatsächlich ist. Eine weitaus höhere Auflösung liefern *Footprinting*-Experimente, bei denen die DNA chemisch gespalten wird (Papavassiliou, 1995, Pogozelski und Tullius, 1998).

17.5.1 DNase I-*Footprinting*

Materialien

- Proteinextrakt (Abschn. 17.3)
- 5'- oder 3'-radioaktiv markiertes DNA-Fragment (Abschn. 17.4.1, Abschn. 1.9)
- 5 × EMSA-Bindungspuffer (Abschn. 17.4.2)
- 1 μg × μl^{-1} Poly(dI-dC) × poly(dI-dC)

- DNase I-Reaktionslösung: 0,001–1 U DNase I (RQ1 RNase-free DNase, Promega), 10 mM Tris-HCl, pH 7,8, 50 mM KCl, 8,4 mM $MgCl_2$, 4,2 mM $CaCl_2$, 0,1 mM EDTA, 1 mM DTT, 5 % (v/v) Glycerol
- DNase I-Stopplösung: 100 mM Tris-HCl, pH 8,0, 300 mM NaOAc, 100 mM NaCl, 1 % (w/v) SDS, 10 mM EDTA, 200 µg × ml^{-1} Proteinase K, 100 µg × ml^{-1} t-RNA
- PCI-Lösung: Phenol/Chloroform/Isoamylalkohol; 25/24/1 (v/v/v)
- Ethanol (absolut)
- 70 % (v/v) Ethanol
- Formamid-Farbmarker: 98 % (v/v) Formamid, 0,05 % (w/v) Bromphenolblau, 0,05 % (w/v) Xylencyanol

Durchführung

Es empfiehlt sich, DNase I-*Footprinting*-Experimente mit unterschiedlichen Proteinkonzentrationen durchzuführen. Da als Kontrollen die Reaktionen ohne Protein und ohne DNase I durchgeführt werden sollten, erhöht sich die Zahl der Reaktionsansätze entsprechend um zwei.

- DNA-Bindungsreaktion wie unter 17.4.2 beschrieben durchführen
- um die kurzen Reaktionszeiten einhalten zu können, werden die Reaktionsansätze nacheinander durchgeführt: Reaktion durch Zugabe von 30 µl DNase I-Reaktionslösung starten, exakt 1 min bei RT inkubieren und durch Zugabe von 50 µl DNase I-Stopplösung stoppen
- 15 min bei 37 °C inkubieren (während der Inkubation die anderen Reaktionsansätze in 1 min-Abständen durchführen)
- DNA mit 100 µl PCI-Lösung extrahieren und wässrige Phase in ein neues 1,5 ml-Reaktionsgefäß überführen
- 250 µl Ethanol (absolut) zugeben, 10 min bei RT inkubieren und 30 min bei 15.000 × g zentrifugieren
- Überstand entfernen, Sediment mit 500 µl 70 %-igem Ethanol waschen und 10 min bei 15.000 × g zentrifugieren
- Überstand entfernen und DNA etwa 10 min bei RT trocknen
- DNA in Formamid-Farbmarker aufnehmen und mit Hilfe eines Polyacrylamid-Sequenziergels trennen (Abschn. 2.1).

Anmerkung: Die Proben können bis zu fünf Tagen bei −20 °C gelagert werden.

17.5.2 DNA-Sequenzierung nach Maxam-Gilbert

Die DNA-Sequenzierung nach Maxam-Gilbert beruht auf der basenspezifischen Spaltung von DNA mit Hilfe chemischer Reagenzien (Maxam und Gilbert, 1977). Dazu wird das radioaktiv markierte DNA-Fragment in vier verschiedenen Reaktionen basenspezifisch gespalten. Die Reaktionsbedingungen werden so gewählt, dass statistisch nur ein Strangbruch pro DNA-Molekül erfolgt. Die in den vier Reaktionen erzeugten DNA-Fragmente werden zur genauen Lokalisierung der DNA-*Footprints* als Referenz eingesetzt.

Materialien

- 5'- oder 3'-radioaktiv markiertes DNA-Fragment (Abschn. 17.4.1, Abschn. 1.9)
- Dimethylsulfid (DMS)
- DMS-Puffer: 50 mM Na-Cacodylat, pH 8,0, 1 mM EDTA
- G-Stopp: 1,5 M NaOAc, pH 7,0, 1 M ß-Mercaptoethanol, 100 µg × ml^{-1} t-RNA
- Ameisensäure
- Hydrazin
- 5 M NaCl
- ATC-Stopp: 300 mM NaOAc, pH 7,0, 100 mM EDTA, 100 µg × ml^{-1} t-RNA

- Piperidin
- 70 % (v/v) Ethanol
- Ethanol (absolut)
- 3 M NaOAc, pH 4,6
- Formamid-Farbmarker: 98 % (v/v) Formamid, 0,05 % (w/v) Bromphenolblau, 0,05 % (w/v) Xylencyanol
- 1 × Hybridisierungspuffer (Abschn. 17.4.1)

Durchführung

Je Reaktionsansatz 1 µl DNA-Fragment (20.000 cpm × µl^{-1}) in 1 × Hybridisierungspuffer einsetzen:

G-Reaktion

- 5 µl der DNA-Lösung werden mit 200 µl DMS-Puffer versetzt, nach Zugabe von 1 µl DMS 10 min bei RT inkubiert und die Reaktion durch Zugabe von 50 µl G-Stopp gestoppt

AG-Reaktion

- 20 µl der DNA-Lösung werden mit 50 µl Ameisensäure versetzt, 10 min bei RT inkubiert und die Reaktion durch Zugabe von 200 µl ATC-Stopp gestoppt

TC-Reaktion

- 20 µl der DNA-Lösung werden mit 30 µl Hydrazin versetzt, 45 min bei RT inkubiert und die Reaktion durch Zugabe von 200 µl ATC-Stopp gestoppt

C-Reaktion

- 20 µl der DNA-Lösung in 3,75 M NaCl werden mit 30 µl Hydrazin versetzt, 1 h bei RT inkubiert und die Reaktion durch Zugabe von 200 µl ATC-Stopp gestoppt
- nach Zugabe der entsprechenden Stopplösung Proben mit 4-fachem Volumen Ethanol (absolut) versetzen und 30 min bei RT inkubieren
- 30 min bei 15.000 × g zentrifugieren, Überstand entfernen und DNA mit 500 µl 70 %-igem Ethanol waschen
- 15 min bei 15.000 × g zentrifugieren, Überstand entfernen und DNA bei RT trocknen
- DNA in 100 µl 1 M Piperidin lösen und 30 min bei 90 °C inkubieren
- Proben auf Eis abkühlen lassen, mit je 11 µl 3 M NaOAc und 1 ml Ethanol (absolut) versetzen und DNA wie zuvor beschrieben präzipitieren, waschen und trocknen
- DNA in Formamid-Farbmarker aufnehmen und als Referenz einsetzen (Abschn. 17.5.1).

Literatur

Galas, D.J., Schmitz, A. (1978): DNase Footprinting. A Simple Method for the Detection of Protein-DNA Binding Specificity. Nucleic Acids Res 5, 3.157–3.170.

Göhler, T., Reimann, M., Cherny, D., Walter, K., Warnecke, G., Kim, E., Deppert, W. (2002): Specific Interaction of p53 with Target Binding Sites Is Determined by DNA Conformation and Is Regulated by the C-Terminal Domain. J Biol Chem 277, 41.192–41.203.

Maxam, A.M., Gilbert, W. (1977): A new method for sequencing DNA. Proc Natl Acad Sci U S A. 74, 560–564.

Maxam, A.M., Gilbert, W. (1980): Sequencing end-labeled DNA with base-specific chemical cleavages. Methods Enzymol 65, 499–560.

Papavassiliou, A.G. (1995): Chemical nucleases as probes for studying DNA-protein interactions. Biochem J 305, 345–357.

Pogozelski, W.K., Tullius, T.D. (1998): Oxidative Strand Scission of Nucleic Acids: Routes Initiated by Hydrogen Abstraction from the Sugar Moiety. Chem Rev 98, 1.089–1.108.

Walter, K., Warnecke, G., Bowater, R., Deppert, W., Kim, E. (2005): Tumor suppressor p53 binds with high affinity to CTG:CAG trinucleotide repeats and induces topological alterations in mismatched duplexes. J Biol Chem 280, 42.497–42.507.

17.6 Funktionelle Analyse von DNase I hypersensitiven Stellen und Transkriptionsfaktoren

Die Bindung eines Transkriptionsfaktors an die regulatorische(n) Region(en) eines Gens kann grundsätzlich sowohl zu einer Aktivierung als auch zur Repression der Transkription des Zielgens führen. Bei der funktionellen Analyse von DNase I hypersensitiven Stellen (Abschn. 17.1) werden Reportergene als Indikatoren der transkriptionellen Aktivität in Zellen herangezogen. Reportergen-Vektoren erlauben die funktionelle Identifizierung und Charakterisierung von Promotoren und Enhancern, da die Expression des Reporters mit seiner transkriptionellen Aktivität korreliert. Dazu werden Promotoren *upstream* und Enhancer *upstream* oder *downstream* des Reportergens kloniert (Kap. 6) und das chimäre Reportergen-Konstrukt mittels Standardtransfektion in Zellen transferiert (Kap. 12). Mit Hilfe von entsprechenden Deletionsmutanten kann dann die minimale DNA-Sequenz identifiziert werden, die für die Regulation verantwortlich ist. Durch Transfektionsexperimente, bei denen der Reporter zusammen mit dem zu untersuchenden Transkriptionsfaktor co-transfiziert wird, kann dabei der direkte Einfluss auf die Transkription untersucht werden. Durch gerichtete Mutation der entsprechenden DNA-Bindungsstelle lässt sich die Funktion des Transkriptionsfaktors im Kontext der vollständigen regulatorischen Region für die Transkription des Zielgens ermitteln. Dabei ist zu beachten, dass durch die Mutation keine alternative Bindungsstelle für einen anderen Transkriptionsfaktor generiert werden darf. Dies sollte im Vorfeld durch eine *in silico*-Analyse überprüft werden (Abschn. 17.2). In Abb. 17–5 ist das Prinzip der funktionellen Analyse eines Transkriptionsfaktors schematisch dargestellt.

Ein idealer Reporter sollte nicht endogen in der zu untersuchenden Zelle vorkommen und ein sensitives und quantitatives Signal liefern. In der Vergangenheit wurden zahlreiche Reportersysteme, wie z.B. CAT (Chloramphenicol-Acetyltransferase), β-Galactosidase, AP (Alkalische Phosphatase), GFP und Luciferase entwickelt (Groskreutz und Schenborn, 1997, Schenborn und Groskreutz, 1999). Zur internen Normalisierung der Transfektionseffizienz wird ein Kontroll-Reportergen eingesetzt, das unter der Kontrolle eines starken Promotors steht und konstitutiv exprimiert wird. Dieser Kontrollvektor wird dann zusammen mit dem eigentlichen Reportergen transfiziert.

Das Enzym Luciferase, das vom *luc* Gen des amerikanischen Leuchtkäfers *Photinus pyralis* kodiert wird, hat sich als Standard für Reportergensysteme zur Charakterisierung regulatorischer DNA-Bereiche

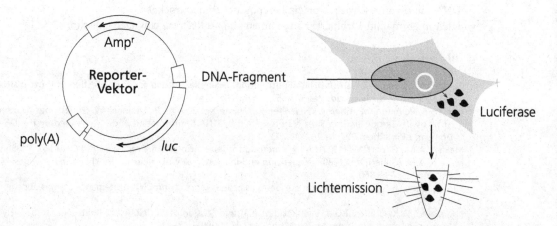

Abb. 17–5: Strategie zur funktionellen Charakterisierung von DNA-Fragmenten und Transkriptionsfaktoren. Das zu untersuchende DNA-Fragment, das durch DHS identifiziert wurde, wird in einen Reportergen-Vektor insertiert, das chimäre Produkt in Zellen transfiziert und die Expression des Reportergens (hier Luciferase) durch den entsprechenden enzymatischen Test quantifiziert.

etabliert. Aufgrund der relativ geringen Halbwertszeit in transfizierten Zellen eignet sich Luciferase vor allem für transiente Untersuchungen. Luciferase katalysiert eine Reaktion bei der Energie in Form von Licht abgegeben wird (Biolumineszenz). Dabei wird D-Luciferin in Gegenwart von Sauerstoff, ATP und Mg^{2+} als Cofaktoren oxidativ decarboxyliert. Die Lichtausbeute wird mit Hilfe eines Luminometers bestimmt. Die Lichtmenge in einem bestimmten Zeitintervall ist direkt proportional zur Luciferasemenge. Die Methode weist im Gegensatz zu anderen Reportergen-Systemen eine überaus hohe Sensitivität (sub-attomolarer Bereich 10^{-18}) auf und liefert innerhalb von Sekunden Ergebnisse. Beim *Dual-Luciferase® Reporter Assay* (DLR™) von Promega wird als Kontroll-Reportergen zur Normalisierung ein Luciferaseenzym aus der Seefedernart *Renilla reniformis* eingesetzt, welches Luciferin Coelenterazin als Substrat umsetzt. Bei diesem System wird in einem Reaktionsansatz zunächst *Photinus pyralis* Luciferase bestimmt, die Reaktion gestoppt und danach *Renilla reniformis* Luciferase gemessen. Promega bietet eine ganze Reihe von pGL4 Reportervektoren (4. Generation von Reportergen-Vektoren) für die Untersuchung regulatorischer DNA-Elemente in Säugerzellen an.

Literatur

Groskreutz, D., Schenborn, E.T.(1997): Reporter systems. Methods Mol Biol 63, 11–30.
Schenborn E, Groskreutz D. (1999): Reporter gene vectors and assays. Mol Biotechnol 13, 29–44.

17.7 Chromatin-Immunpräzipitation (ChIP)

Chromatin-Immunpräzipitation (ChIP) stellt mittlerweile die Standardmethode dar, mit der die Lokalisation modifizierter Histone und anderer chromatinassoziierter Faktoren (wie Transkriptionsfaktoren) in lebenden Zellen nachgewiesen werden kann (Orlando *et al.*, 1997, Orlando, 2000, Collas, 2009).

Dazu werden Zellen mit Formaldehyd behandelt. Formaldehyd ist ein hochreaktives Reagenz, das auf Grund der Membrangängigkeit zur reversiblen Quervernetzung von Proteinen und DNA in lebenden Zellen eingesetzt werden kann. Nach Zelllyse und Fragmentierung der chromosomalen DNA erfolgt die Anreicherung der DNA-Elemente, die spezifisch von DNA-Bindeprotein gebunden wurden, durch selektive Immunpräzipitation (IP) mit geeigneten Antikörpern. Die DNA-Elemente werden nach Hydratisierung (Umkehrreaktion der Quervernetzung) mittels PCR nachgewiesen (Abb. 17–6).

Mit Hilfe dieser Technik sind heutzutage genomweite Analysen von DNA-Bindungsstellen bestimmter Transkriptionsfaktoren oder die Lokalisation von modifizierten Histonen möglich (Farnham, 2009, Li *et al.*, 2007). Dazu werden die im ChIP-Experiment angereicherten DNA-Fragmente durch sogenanntes *Next generation sequencing* (NGS) im Hochdurchsatz sequenziert (Kap. A1, Park, 2009) oder im Falle von *ChIP on chip* mittels Microarray detektiert (Kap. 19, Buck und Lieb 2004). Die Auswertung der Daten stellt hohe Anforderungen an die Bioinformatik. Die Ergebnisse tragen allerdings signifikant zum besseren Verständnis der Genregulation bei.

ChIP stellt die Grundlage der 3C-Technologie (*Chromosome conformation capture*) dar. Mittels 3C kann die Interaktion regulatorischer DNA-Bereiche, die durch mehrere hundert kb voneinander getrennt sind, nachgewiesen werden (Simonis *et al.*, 2007, Miele und Dekker, 2009).

Allgemeine Arbeitshinweise

- Histone, die stark mit der DNA assoziiert sind, werden in der Regel für nur 5 min bei RT quervernetzt. Wohingegen Proteine, die nur wenige direkte Kontakte mit der DNA aufweisen, deutlich längere Reaktionszeiten benötigen. Als Faustregel gilt, dass sich bei einer Temperaturerhöhung um 10 °C die Reaktionsgeschwindigkeit verdoppelt. Daher kann als Richtlinie die Quervernetzung bei 37 °C für 5 min, bei RT für 10 min oder bei 4 °C für 30 min erfolgen.

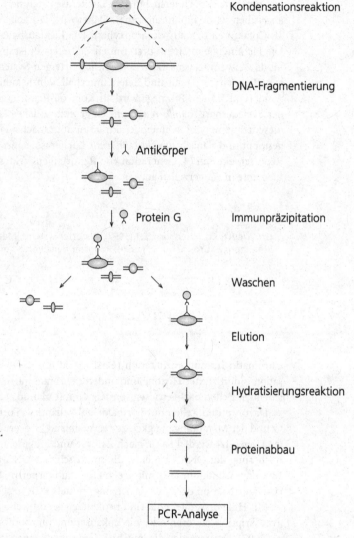

Kondensationsreaktion

DNA-Fragmentierung

Antikörper

Protein G

Immunpräzipitation

Waschen

Elution

Hydratisierungsreaktion

Proteinabbau

PCR-Analyse

Abb. 17–6: Prinzip der Chromatin-Im-munpräzipitation. Nach dem Querver-netzen von Proteinen und DNA in der Zelle wird das Chromatin fragmentiert. Durch die anschließende Immunprä-zipitation mit einem spezifischen An-tikörper gegen das zu untersuchende DNA-Bindeprotein werden die gebun-denen DNA-Sequenzen angereichert und können nach der Umkehrreaktion mittels PCR nachgewiesen werden.

- Zunächst müssen die optimalen Bedingungen für das Scheren der mit Formaldehyd quervernetzten chromosomalen DNA mittels Ultraschall ermittelt werden. Dies kann sowohl durch Variation der Leistung (Watt) als auch durch Variation der Anzahl der Ultraschallpulse erreicht werden. Das Er-gebnis wird nach der Umkehrreaktion mittels Agarose-Gelelektrophorese bestimmt. Dabei sollten die DNA-Fragmente eine Länge zwischen 200 bis maximal 2.000 bp aufweisen. Als Faustregel gilt: Je stärker die chromosomale DNA mit Formaldehyd quervernetzt wurde, desto schwieriger lässt sie sich scheren. Da die Effizienz der Quervernetzung von der Formaldehydkonzentration abhängt, sollten ChIP-Experimente hinsichtlich der Reproduzierbarkeit mit frischem Formaldehyd (Methanol freies Formaldehyd unter Schutzgas in luftdichten Ampullen erhältlich von Pierce) durchgeführt werden. Nach Bestimmung der optimalen Ultraschallbedingungen sollten die folgenden ChIP-Experimente unter identischen Quervernetzungsbedingungen mit der gleichen Zelllinie und Zellzahl durchgeführt werden.

- Der Nachweis der immunpräzipitierten DNA kann mittels konventioneller semiquantitativer PCR oder Real-Time PCR erfolgen (Abschn. 4.2.3.2). Die PCR sollte im Vorfeld zunächst mit chromosomaler DNA optimiert werden. Der Nachweis der DNA-Fragmente erfolgt im linearen Bereich der PCR. Bei der semiquantitativen PCR empfiehlt es sich 1, 2, 5 und 10 μl der immunpräzipitierten DNA pro Reaktion einzusetzen. Nach der gelelektrophoretischen Trennung der PCR-Produkte wird anhand der Bandenintensität ermittelt, ob die Produktmenge proportional zur eingesetzten DNA-Menge ist. Ist dies der Fall, kann davon ausgegangen werden, dass die DNA im linearen Bereich der PCR amplifiziert wurde. Im Falle der Real-Time PCR werden 5 μl DNA eingesetzt.
- Die Wahl der richtigen Kontrollen ist bei ChIP-Experimenten essenziell. Bei der Analyse von Histonmodifikationen sollten entsprechend aktive bzw. inaktive Genloki herangezogen werden. Als Kontrollen für aktive Regionen eignen sich generell Haushaltsgene, wie z.B. der TBP-Promotor (*TATA-box binding protein*). Wohingegen inaktive DNA-Regionen zelltypabhängig sind (z.B. Involucrin-Promotor in hämatopoetischen Zellen). Bei der Untersuchung von Transkriptionsfaktoren sollten bekannte DNA-Bindungsstellen als Kontrollen eingesetzt werden.
- Sollte die PCR lediglich für die DNA-Kontrolle, nicht aber für die eigentliche Probe ein Signal liefern, kann dies mehrere Gründe haben: Die DNA ist während der Isolierung verloren gegangen oder die Konzentration der DNA war zu gering. Letzteres ist häufig der Fall, wenn die Bindung von Proteinen untersucht wird, die in der Zelle nur in geringer Konzentration vorliegen. In diesem Fall kann durch Erhöhung der Zellzahl die Konzentration der gebundenen DNA entsprechend erhöht werden. Es ist jedoch auch möglich, dass das Protein für die DNA-Bindung aktiviert werden muss. Daher ist es unter Umständen notwendig, die Zellen vor der Kondensationsreaktion mit Formaldehyd entsprechend zu stimulieren. (Die Art der Stimulation z.B. durch DNA-Schädigung, Hypoxie oder Zugabe spezifischer Hormone richtet sich nach dem zu untersuchenden DNA-Bindeprotein und muss zuvor durch Literaturrecherche ermittelt werden.) In diesem Fall sollte das Experiment auch mit nicht stimulierten Zellen als Kontrolle durchgeführt werden. Möglicherweise ist ein negatives PCR-Resultat auch auf einen schlechten Antikörper, der zur Immunpräzipitation eingesetzt wurde, zurückzuführen. In diesem Zusammenhang sollte beachtet werden, dass der Antikörper keine Epitope des DNA-Bindeproteins erkennt, die an der DNA-Bindung involviert sind. In der Regel empfiehlt es sich (wenn möglich) verschiedene Antikörper auszutesten. Treten hingegen PCR-Signale in der Negativkontrolle auf, die nicht auf Kontaminationen zurückzuführen sind, sollte der Waschvorgang optimiert werden.

Materialien

- Säugerzellen
- spezifischer Antikörper
- PBS (Abschn. 17.1)
- PIC (Abschn. 17.3.1)
- ChIP-Puffer A: 10 mM HEPES-NaOH, pH 8,0, 10 mM EDTA, 0,5 mM EGTA, 0,25 % (v/v) Triton X-100, PIC
- ChIP-Puffer B: 10 mM HEPES-NaOH, pH 8,0, 200 mM NaCl, 1 mM EDTA, 0,5 mM EGTA, 0,01 % (v/v) Triton X-100, PIC
- ChIP-Puffer: 25 mM Tris-HCl, pH 8,0, 150 mM NaCl, 2 mM EDTA, 1 % (v/v) Triton X-100, 0,25 % (w/v) SDS, PIC
- ChIP-Verdünnungspuffer: 25 mM Tris-HCl, pH 8,0, 150 mM NaCl, 1 mM EDTA, 1 % (v/v) Triton X-100, 7,5 % (v/v) Glycerol, PIC
- ChIP-Waschpuffer 1: 20 mM Tris-HCl, pH 8,0, 150 mM NaCl, 2 mM EDTA, 1 % (v/v) Triton X-100, 0,1 % (w/v) SDS
- ChIP-Waschpuffer 2: 20 mM Tris-HCl, pH 8,0, 500 mM NaCl, 2 mM EDTA, 1 % (v/v) Triton X-100, 0,1 % (w/v) SDS
- ChIP-Waschpuffer 3: 10 mM Tris-HCl, pH 8,0, 250 mM LiCl, 1 mM EDTA, 0,5 % (v/v) NP-40, 0,5 % (w/v) Natriumdesoxycholat

- TE/NaCl-Puffer: 10 mM Tris-HCl, pH 8,0, 50 mM NaCl, 1 mM EDTA
- ChIP-Elutionspuffer: 100 mM $NaHCO_3$, 1 % (w/v) SDS (frisch ansetzen!)
- TE-Puffer, pH 8,0 (Abschn. 17.1)
- 16 %-ige Methanol freie Formaldehydlösung (Pierce)
- 2 M Glycin in PBS
- 125 mM Glycin in PBS
- Dynabeads® Protein G (Invitrogen); alternativ Protein-G Sepharose: 1,5 mg Protein-G Sepharose in 4,5 ml TE-Puffer pH 8,0, 500 µg BSA, 500 µg Lachssperma-DNA, 0,05 % (w/v) Natriumazid
- DynaMag™ (Invitrogen)
- 100 mM Na-PO$_4$-Puffer, pH 8,0 (Herstellung 1 M Na-PO$_4$-Stammpuffer, pH 8,0: 93 ml 1 M Na_2HPO_4 und 7 ml 1 M NaH_2PO_4)
- BSA, 50 mg × ml^{-1}
- 5 M NaCl
- 1 M Tris-HCl, pH 6,5
- 500 mM EDTA
- Proteinase K, 50 mg × ml^{-1}
- PCI-Lösung: Phenol/Chloroform/Isoamylalkohol; 25/24/1 (v/v/v)
- 3 M NaOAc, pH 5,3
- GenElute® LPA (Sigma)
- Ethanol (absolut)
- Zellschaber
- Ultraschallgerät (Bioruptor™, Diagenode)
- flüssiger Stickstoff
- Materialien für Agarose-Gelelektrophorese (Abschn. 2.3.1)
- Materialien für PCR (*real time* PCR, Abschn. 4.2.3.2)

Durchführung

Kondensationsreaktion von adhärenten Zellen

- Zellzahl von einer extra dafür angelegten Zellkulturschale bestimmen
- je nach Zelllinie 0,5–2 × 10^7 Zellen in 25 ml Kulturmedium (15 cm Zellkulturschale) mit 1,7 ml 16 %-iger Formaldehydlösung (1 % Endkonzentration) versetzen und 10 min bei RT inkubieren
- Reaktion durch Zugabe von 1,7 ml 2 M Glycin in PBS (125 mM Endkonzentration) stoppen und 5 min bei RT inkubieren
- Überstand abnehmen und Zellen zweimal mit je 10 ml eiskaltem 125 mM Glycin in PBS waschen
- Zellen auf Eis mit 15 ml eiskaltem PBS überschichten, mit Zellschaber von der Kulturgefäßoberfläche abschaben und in 50 ml-Zentrifugenröhrchen überführen
- Zellen 5 min bei 300 × g und 4 °C zentrifugieren und Überstand vollständig entfernen.

Kondensationsreaktion von Suspensionszellen

- Zellen ernten und Zellzahl bestimmen
- 1 × 10^7 Zellen in 50 ml-Zentrifugenröhrchen überführen
- Zellen 5 min bei 300 × g zentrifugieren, Überstand abnehmen und in 2,5 ml Kulturmedium resuspendieren
- Zellsuspension mit 170 µl 16 %-iger Formaldehydlösung (1 % Endkonzentration) versetzen und 10 min bei RT inkubieren
- Reaktion durch Zugabe von 170 µl 2 M Glycin in PBS (125 mM Endkonzentration) stoppen
- Zellen 5 min bei 300 × g und 4 °C zentrifugieren und Überstand entfernen
- Zellen zweimal mit je 10 ml eiskaltem 125 mM Glycin in PBS waschen
- Zellen 5 min bei 300 × g und 4 °C zentrifugieren und Überstand vollständig entfernen.

Chromatinpräparation

- Zellsediment in 5 ml eiskaltem ChIP-Puffer A resuspendieren und 10 min bei 4 °C (Kühlraum) unter Rotation inkubieren
- Zellen 5 min bei 500 × g und 4 °C zentrifugieren und Überstand entfernen
- Zellsediment in 5 ml eiskaltem ChIP-Puffer B resuspendieren und 10 min bei 4 °C (Kühlraum) unter Rotation inkubieren
- Zellen 5 min bei 750 × g und 4 °C zentrifugieren und Überstand entfernen (das Sediment der fixierten Zellen kann in flüssigem Stickstoff schockgefroren und bei –80 °C gelagert oder direkt weiterverarbeitet werden)
- Zellen in 500 µl eiskaltem ChIP-Puffer resuspendieren und 10 min auf Eis inkubieren
- Chromatin durch Ultraschall bis zu einer Länge zwischen 200 und 2.000 bp scheren (Bioruptor™: 240 W, 10 bis 30 Zyklen: 30 s ON, 30 s OFF bei 4 °C).

Anmerkung: Zur Optimierung der DNA-Scherung werden nach 10, 15, 20, 25 und 30 Zyklen jeweils 50 µl abgenommen, mit 2 µl 5 M NaCl versetzt und 4 h bei 65 °C inkubiert. Anschließend wird die DNA mit 150 µl TE-Puffer verdünnt, mit 200 µl PCI-Lösung extrahiert und die wässrige Phase in ein neues 1,5 ml-Reaktionsgefäß überführt. Jeweils 10 µl werden mit Hilfe einer 1,5 %-igen Agarose-Gelelektrophorese getrennt und die DNA-Fragmentlängen überprüft (Abschn. 2.3.1).

- Suspension 10 min bei 15.000 × g und 4 °C zentrifugieren und Überstand abnehmen
- Überstand mit 1 ml (zweifaches Volumen) ChIP-Verdünnungspuffer versetzen und 250 µl Aliquots in 1,5 ml-Reaktionsgefäße überführen
- geschertes Chromatin in flüssigem Stickstoff schockgefrieren und bei –80 °C lagern.

Immunpräzipitation

- Pro Immunpräzipitation 10 µl Dynabeads® Protein G verwenden
- Dynabeads® zweimal mit 100 mM Na-PO$_4$-Puffer waschen und in 100 mM Na-PO$_4$-Puffer resuspendieren (10 µl pro IP)
- 1–2 µg spezifischer Antikörper (Negativkontrolle ohne spezifischen Antikörper) und 1 µl BSA hinzufügen und 2 h bei 4 °C (Kühlraum) unter Rotation inkubieren
- Antikörper-Dynabeads®-Mix zu 200–500 µl Chromatin (10–25 µg DNA) hinzufügen und 2 h bei 4 °C (Kühlraum) unter Rotation inkubieren.

Wichtig: Zum späteren DNA-Nachweis 20 µl Chromatin zurückstellen und als DNA-Kontrolle (*Input*) bis zur Umkehrreaktion bei –20 °C lagern.

- Dynabeads® magnetisch (DynaMag™) separieren und Überstand vollständig entfernen
- Dynabeads® hintereinander einmal mit 1 ml ChIP-Waschpuffer 1, zweimal mit 1 ml ChIP-Waschpuffer 2, einmal mit 1 ml ChIP-Waschpuffer 3 und einmal mit 1 ml TE/NaCl-Puffer für jeweils 10 min bei 4 °C (Kühlraum) unter Rotation waschen
- Dynabeads®-Suspension nach jedem Waschschritt magnetisch separieren, Überstand entfernen und den entsprechenden Waschpuffer zugeben
- Dynabeads® in 1 ml TE/NaCl-Puffer resuspendieren und in ein neues 1,5 ml-Reaktionsgefäß überführen
- Dynabeads® magnetisch separieren, Überstand vollständig entfernen und Protein-DNA-Komplexe durch Zugabe von 100 µl frisch angesetztem ChIP-Elutionspuffer 15 min bei RT unter Schütteln eluieren
- Dynabeads® magnetisch separieren und Überstand (Eluat) in ein neues 1,5 ml-Reaktionsgefäß überführen
- Elutionsschritt wiederholen und die beiden Eluate vereinen (Totalvolumen 200 µl).

Wichtig: 20 µl DNA-Kontrolle (*Input*) ebenfalls mit 180 µl ChIP-Elutionspuffer versetzen.

Umkehrreaktion

- Eluat mit 4 µl 5 M NaCl, 2 µl 0,5 M EDTA und 1 µl Proteinase K versetzen und ÜN bei 55 °C unter Schütteln inkubieren
- 2 µl 1 M Tris-HCl, pH 6,5 hinzufügen.

DNA Isolierung

- DNA mit 500 µl PCI-Lösung extrahieren und wässrige Phase in ein neues 1,5 ml-Reaktionsgefäß überführen
- DNA durch Zugabe von 20 µl 3 M NaOAc, pH 5,3, 1 µl GenElute® LPA (als inerter Carrier eignet sich auch Glykogen) und 550 µl Ethanol (absolut) fällen und 10 min bei 15.000 × g zentrifugieren
- Überstand entfernen, DNA etwa 10 min bei RT trocknen und in 50 µl 0,1 × TE-Puffer aufnehmen
- DNA-Nachweis: Die optimalen Mengen zum Nachweis der DNA mittels PCR müssen empirisch ermittelt werden (Allgemeine Arbeitshinweise).

Literatur

Buck, M.J., Lieb, J.D. (2004): ChIP-chip: considerations for the design, analysis, and application of genome-wide chromatin immunoprecipitation experiments. Genomics 83, 349-360.

Collas, P. (2009): The state-of-the-art of chromatin immunoprecipitation. Methods Mol Biol 567, 1-25.

Farnham, P.J. (2009): Insights from genomic profiling of transcription factors. Nat Rev Genet 10, 605-616.

Li, B., Carey, M., Workman, J.L. (2007): The Role of Chromatin during Transcription. Cell 128, 707-719.

Miele, A., Dekker, J. (2009): Mapping Cis- and Trans- Chromatin Interaction Networks Using Chromosome Conformation Capture (3C). Methods Mol Biol 464, 105-121.

Orlando, V., Strutt, H., Paro, R. (1997): Analysis of Chromatin Structure by In Vivo Formaldehyde Cross-Linking. Methods 11, 205–214.

Orlando, V. (2000): Mapping Chromosomal Proteins In Vivo by Formaldehyde-Crosslinked-Chromatin Immunoprecipitation. Trends Biochem Sci 25, 99–104.

Park, P.J. (2009): ChIP–seq: advantages and challenges of a maturing technology. Nat Rev Genet 10, 669-680.

Simonis, M., Kooren, J., de Laat, W. (2007): An evaluation of 3C-based methods to capture DNA interactions. Nat Methods 4, 895-901.

17.8   Bestimmung der Position von Nucleosomen mittels MNase

MNase (S7 Nuclease) ist eine etwa 17 kDa große Endonuclease aus *Staphylococcus aureus*, die sowohl DNA als auch RNA hydrolysiert. Die resultierenden Fragmente enthalten freie 5'-Hydroxylgruppen. Die Aktivität ist abhängig von Ca^{2+}. Die Eigenschaft, DNA-Doppelstrangbrüche in Linker- bzw. Nucleosomen freien Regionen chromosomaler DNA zu induzieren, macht dieses Enzym bei der Analyse der Chromatinstruktur unentbehrlich (Telford und Stewart, 1989).

Mit dieser Methode kann nach Behandlung isolierter Zellkerne mit MNase die Position von Nucleosomen mittels PCR bestimmt werden. Hierzu wird die DNA von Mononucleosomen mittels präparativer Agarose-Gelelektrophorese isoliert (Abschn. 2.5) und mit einer Reihe sich überlappender Primer, die die zu untersuchende Region abdecken, analysiert. Erfolgt eine Amplifikation der MNase-behandelten DNA, so liegt die Region innerhalb des Nucleosomen-*Cores*; ist die Amplifikation hingegen deutlich verringert, muss sich die Region in der Linkersequenz befinden (Lefevre *et al.*, 2008). Mittels LM-PCR (*ligation mediated PCR*) können mit dieser Methode die Positionen von Nucleosomen mit sehr hoher Auflösung nachgewiesen werden (Tagoh *et al.*, 2006).

Allgemeine Arbeitshinweise

- Um den Einfluss endogener Nucleasen abschätzen zu können sollte als Kontrolle die Reaktion unter gleichen Bedingungen ohne MNase durchgeführt werden (siehe MNase-Verdünnungsreihe).
- Für die Kartierung von DNA-Regionen, die mittels PCR nicht spezifisch amplifiziert werden können (z.B. repetitive DNA-Sequenzen), kann die Position von Nucleosomen klassisch durch Southern Blot ermittelt werden.

Materialien

- Säugerzellen
- Zellkern-Präparationspuffer: 10 mM Tris-HCl, pH 7,4, 300 mM Sucrose, 60 mM KCl, 15 mM NaCl, 5 mM $MgCl_2$, 0,1 mM EDTA, 0,1 % NP-40, 0,15 mM Spermin, 0,5 mM Spermidin, 0,5 mM PMSF (frisch hinzufügen!)
- MNase-Reaktionspuffer: 10 mM Tris-HCl, pH 7,4, 300 mM Sucrose, 60 mM KCl, 15 mM NaCl, 5 mM $MgCl_2$, 0,1 mM EDTA, 0,15 mM Spermin, 0,5 mM Spermidin
- MNase-Verdünnungspuffer: 10 mM Tris-HCl, pH 7,4, 300 mM Sucrose, 60 mM KCl, 15 mM NaCl, 5 mM $MgCl_2$, 1 mM $CaCl_2$, 0,1 mM EDTA, 0,15 mM Spermin, 0,5 mM Spermidin, 0,1 mg × ml^{-1} BSA
- Lysepuffer: 50 mM Tris-HCl, pH 8,0, 20 mM EDTA, 1 % (w/v) SDS, 500 µg × ml^{-1} Proteinase K
- MNase (Worthington Biochemical Corp.): MNase (lyophylisiert) in Nuclease-Verdünnungspuffer (Abschn. 17.1) lösen, so dass eine Konzentration von 15.000 U × ml^{-1} erhalten wird; als 10 und 20 µl Aliquots bei −80 °C lagern.
  Wichtig: Aliquots nur einmal auftauen und nicht erneut einfrieren. Aufgetaute Aliquots können für einige Wochen bei 4 °C gelagert werden.
- 16 %-ige Methanol freie Formaldehydlösung (Pierce)
- PBS (Abschn. 17.1)
- 2 M Glycin in PBS
- TE-Puffer, pH 8,0 (Abschn. 17.1)
- 1 M $CaCl_2$
- Phenol
- PCI-Lösung: Phenol/Chloroform/Isoamylalkohol, 25/24/1 (v/v/v)
- Chloroform
- RNase A (DNase frei), 10 mg × ml^{-1}
- 70 % (v/v) Ethanol
- 5 M NaCl
- 2-Propanol
- Materialien für Agarose-Gelelektrophorese (Abschn. 2.3.1)
- *QIAquick Gel-Extraction Kit* (Qiagen)
- Materialien für PCR (*real time* PCR, Abschn. 4.2.3.2)

Durchführung

Quervernetzung adhärenter Zellen:

- Zellzahl von einer extra dafür angelegten Zellkulturschale bestimmen
- je nach Zelllinie 0,5–2 × 10^7 Zellen in 25 ml Kulturmedium (15 cm Zellkulturschale) mit 1,7 ml 16 %-iger Formaldehydlösung (1 % Endkonzentration) versetzen und 5 min bei RT inkubieren
- Reaktion durch Zugabe von 1,6 ml 2 M Glycin in PBS (125 mM Endkonzentration) stoppen, Überstand abnehmen und Zellen mit 10 ml eiskaltem PBS waschen
- Zellen auf Eis mit 15 ml eiskaltem PBS überschichten, mit Zellschaber von der Zellkulturschale abschaben und in 50 ml-Zentrifugenröhrchen überführen
- Zellen 5 min bei 300 × g und 4 °C zentrifugieren und Überstand entfernen.

Quervernetzung von Suspensionszellen:

- Zellen in 50 ml-Zentrifugenröhrchen überführen und Zellzahl bestimmen
- 6×10^7 Zellen 5 min bei $300 \times g$ zentrifugieren, Überstand abnehmen und in 30 ml Kulturmedium resuspendieren
- Zellsuspension mit 2 ml 16 %-iger Formaldehydlösung (1% Endkonzentration) versetzen und 5 min bei RT inkubieren
- Reaktion durch Zugabe von 2 ml 2 M Glycin in PBS (125 mM Endkonzentration) stoppen
- Zellen 5 min bei $300 \times g$ und 4 °C zentrifugieren und Überstand entfernen
- Zellen mit 25 ml eiskaltem PBS waschen
- Zellen 5 min bei $300 \times g$ und 4 °C zentrifugieren und Überstand entfernen.

Zellkernpräparation

- Zellen zunächst in 5 ml eiskaltem Zellkern-Präparationspuffer resuspendieren, mit Zellkern-Präparationspuffer auf ein Volumen von 30 ml auffüllen und 3 min auf Eis inkubieren
- 5 min bei $500 \times g$ und 4 °C zentrifugieren und vorsichtig den Überstand entfernen
- 1 min bei $500 \times g$ und 4 °C zentrifugieren und restlichen Puffer vollständig entfernen
- Zellkerne in 3 ml eiskaltem MNase-Reaktionspuffer resuspendieren und auf Eis lagern
- MNase-Verdünnungsreihe in 2 ml-Reaktionsgefäßen wie folgt auf Eis vorbereiten:

Tab. 17–3: MNase I Verdünnungsreihe: Pipettierschema der einzelnen Reaktionsansätze mit zunehmender MNase I Konzentration

	Nr. 1	Nr. 2	Nr. 3	Nr. 4	Nr. 5	Nr. 6
µl MNase (12.500 U $\times$ ml^{-1})	0	1	2	4	6	8
µl MNase-Verdünnungspuffer	50	49	48	46	44	42
µl 1 M CaCl$_2$	1	1	1	1	1	1

- je 500 µl Zellkernsuspension zu einem Reaktionsgefäß der MNase-Verdünnungsreihe hinzugeben, vorsichtig mit der Pipette mischen und 15 min bei 37 °C inkubieren
- Reaktion durch Zugabe von 500 µl Lysepuffer stoppen und ÜN bei 55 °C inkubieren
- 10 µl RNase A hinzufügen und 1 h bei 37 °C inkubieren
- DNA mit 750 µl Phenol versetzen und vorsichtig durch Invertieren des Reaktionsgefäßes mischen
- 10 min bei $5.000 \times g$ zentrifugieren und wässrige Phase in ein neues 2 ml-Reaktionsgefäß überführen
- Extraktion nacheinander mit 750 µl Phenol, 750 µl PCI-Lösung und 750 µl Chloroform wiederholen
- wässrige Phase mit 100 µl 5 M NaCl und 1 ml 2-Propanol 2 h bei RT präzipitieren
- 30 min bei $10.000 \times g$ zentrifugieren, Überstand abnehmen und DNA mit 500 µl 70 %-igem Ethanol waschen
- 10 min bei $10.000 \times g$ zentrifugieren, Überstand abnehmen und DNA bei RT trocknen lassen
- DNA in 50 µl 0,1 × TE-Puffer lösen und bei 4 °C lagern.

Isolierung von Mononucleosomen

- Agarose-Gelelektrophorese wie in Abschn. 2.3.1 beschrieben durchführen
- DNA mit einer Größe zwischen 145 und 200 bp aus dem Gel herausschneiden und mittels *QIAquick Gel Extraction Kit* (Qiagen) isolieren.

Lokalisation der Nucleosomenposition mittels PCR

Zur Kartierung der Nucleosomenposition mittels PCR wird eine Reihe von Primerpaaren so gewählt, dass die Länge ihrer Amplifikationsprodukte unter 150 bp liegt und die einzelnen PCR-Fragmente überlappend

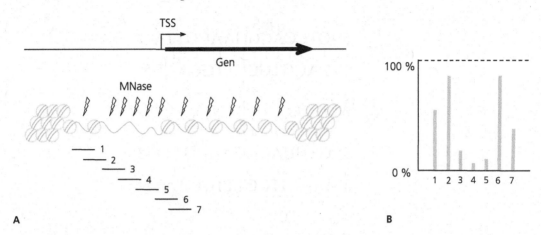

Abb. 17–7: Prinzip zum Nachweis von Nucleosomenpositionen mittels MNase. A) Die Behandlung von Zellen mit MNase führt zur DNA-Fragmentierung zwischen Nucleosomen sowie in Nucleosomen-freien Regionen. B) Nach der gelelektrophoretischen Isolierung der DNA von Mononucleosomen werden lediglich die DNA-Fragmente, die durch Nucleosomen vor der Hydrolyse geschützt wurden, in der PCR-Reaktion amplifiziert (Amplikon 2 und 6).

(um etwa 15 bp versetzt) aufeinander folgen. Wird die MNase behandelte DNA amplifiziert, so liegt die Region innerhalb des Nucleosomen-*Cores*; wird sie hingegen nicht oder nur ungenügend amplifiziert, ist die Region Nucleosomen frei (Abb. 17–7). Der Nachweis kann mittels konventioneller semiquantitativer PCR oder Real-Time PCR erfolgen (Kap. 4). Eine PCR mit unbehandelter genomischer DNA dient als Standardreaktion, anhand derer die relative MNase-Empfindlichkeit der DNA abgeschätzt werden kann.

Literatur

Lefevre, P., Witham, J., Lacroix, C.E., Cockerill, P.N., Bonifer, C. (2008): The LPS-induced transcriptional upregulation of the chicken lysozyme locus involves CTCF eviction and noncoding RNA transcription. Mol Cell 32, 129-139.

Telford, D.J., Stewart, B.W. (1989): Micrococcal nuclease: its specificity and use for chromatin analysis. Int J Biochem 21, 127-37.

Tagoh, H., Cockerill, P.N., Bonifer, C. (2006). In vivo genomic footprinting using LM-PCR methods. Methods Mol Biol 325, 285-314.

17.9 DNA-Methylierung

Im Unterschied zur unmethylierten DNA von Bakterien liegt eukaryotische DNA größtenteils methyliert vor. DNA-Methylierung stellt eine chemische Modifikation des Dinucleotids 5-CpG-3 dar. Dabei ist der Cytosinring an Position C5 kovalent mit einer Methylgruppe verknüpft (m5C). Diese bisher am besten untersuchte epigenetische Modifikation von Promotoren und Enhancern geht mit einer Genrepression einher. Zum einen verhindert die Methylierung der DNA und die Assoziation mit DNA-Methyl-Binde-proteinen die Zugänglichkeit von Transkriptionsfaktoren zur DNA, andererseits wird durch die Rekrutierung von HDACs (*histone deacetylases*) der Aufbau eines aktiven Chromatinzustandes verhindert. In einer hohen Konzentration auftretende CpGs, sogenannte *CpG Islands* (CGI), sind normalerweise nicht methyliert (meist Haushaltsgene). In vielen entwicklungs- oder gewebespezifischen Genen ist die Methylierung streng reguliert. DNA-Methylierung ist außerdem auch in X-Chromosom *Silencing* und *Genomic*

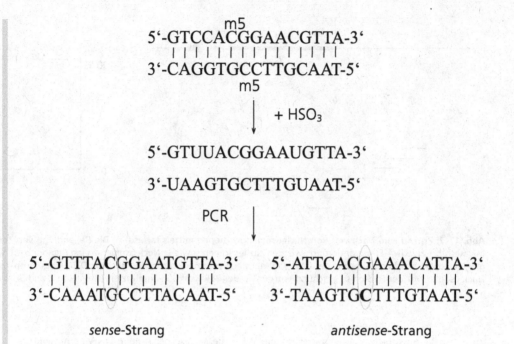

Abb. 17–8: Bisulfitkonvertierung. Durch die Behandlung von DNA mit Bisulfit (HSO₃⁻) erfolgt eine Konvertierung von Cytosin zu Uracil. In der anschließenden PCR erfolgt die Amplifikation des *sense-* und *antisense*-Stranges und der Austausch von Uracil zu Thymin. Methylierte Cytosine (mC5) sind vor der chemischen Reaktion geschützt und bleiben infolgedessen als Cytosine erhalten.

Imprinting involviert. Genomweit sind insgesamt etwa 80 % aller CpGs methyliert (Illingworth und Bird, 2009).

Eine der gängigsten Methoden zur Methylierungsanalyse ist die Bisulfitsequenzierung (Frommer *et al.*, 1992). Das zugrundeliegende Prinzip besteht in der DNA-Bisulfitkonvertierung gefolgt von einer analytischen Sequenzierreaktion. Durch die Behandlung von DNA mit Natriumbisulfit erfolgt eine Deaminierungsreaktion am Cytosinring und folglich die Umwandlung zu Uracil. Ausgenommen davon ist das modifizierte Nucleosid m5C, das durch die Methylgruppe vor dieser Reaktion geschützt ist. Die anschließende Amplifikation mit genspezifischen Primern führt zu einer (CT)-Konvertierung, wobei jedes erhaltene Cytosin in der Sequenzierreaktion auf eine ursprüngliche Methylierung zurückgeführt werden kann (Abb. 17–8). Für genomweite Analysen konnten bereits Sequenzierungen im Großmaßstab durchgeführt werden (Eckhardt *et al.*, 2006).

Im folgenden wird die Pyrosequenzierung (www.pyrosequencing.com) als eine sehr schnelle Methode zur hochquantitativen Bestimmung von genspezifischer DNA-Methylierung beschrieben (Ronaghi *et al.*, 1996). Alternativ können die PCR-Fragmente auch in einen Vektor subkloniert (TA-Klonierung) und zur Analyse auf herkömmliche Weise sequenziert werden. Weitere Methoden zur genomweiten Bestimmung von DNA-Methylierung sind MedIP (Methyl-DNA-Immunpräzipitation) oder der Einsatz von DNA-methylierungssensitiven Restriktionsendonucleasen (Suzuki und Bird, 2008).

Allgemeine Arbeitshinweise

- Ein grundlegendes Problem bei der Amplifizierung bisulfitkonvertierter DNA stellt die Spezifität der PCR dar. Nach der Bisulfitkonvertierung ist die DNA nicht mehr komplementär und liegt daher einzelsträngig vor. Aufgrund des hohen (A/T)-Gehalts weisen die Primer geringe Spezifitäten und niedrige

Schmelztemperaturen auf. Die niedrige Temperatur bei der Primer-Hybridisierung hat zur Folge, dass die Ausbildung von DNA-Sekundärstrukturen eventuell nicht verhindert werden kann.

- Im Falle einer zu geringen Menge an spezifischem PCR-Produkt können 1–3 μl der Reaktion in einer zweiten PCR-Reaktion mit 20–25 Zyklen nochmals eingesetzt und amplifiziert werden. Um die Spezifität der PCR zu erhöhen, kann, sofern es die Genregion zulässt, eine *Nested PCR* durchgeführt werden (Kap. 4.). Eine unvollständige Desulphonierungs-Reaktion nach der Bisulfitbehandlung resultiert ebenfalls in einer starken Beeinträchtigung der Amplifikation.
- Misslingt die Pyrosequenzierreaktion aufgrund einer fehlerhaften, nicht vollständigen Synthese, kann dies oftmals auf die DNA-Sequenz, z.B. viele und lange Thyminwiederholungen, zurückgeführt werden. Möglicherweise kann das Problem durch die entsprechende Reaktion des Gegenstranges umgangen werden.
- Eine unvollständige Bisulfitkonvertierung führt zu falsch positiven Ergebnissen. Die automatische Konvertierungskontrolle der Software bestimmt, ob die Reaktion vollständig war. Dazu wird automatisch ein Cytosin, das nicht als CpG vorkommt, bestimmt. An dieser Stelle darf ausschließlich Thymin sequenziert werden. Spuren von Cytosin deuten daher auf eine unvollständige (CT)-Konvertierung hin.

Materialien

- genomische DNA
- *EZ DNA Methylation Kit* (Zymo Research)
- genspezifische Primer (Salz gereinigt)
- *HotStar Master Mix* (Qiagen)
- Materialien für Agarose-Gelelektrophorese (Kap. 2)
- Zugang zu einem Pyrosequenziergerät (PyroMark, Qiagen)

Bisulfitkonversion

Die Behandlung der DNA mit Natriumbisulfit wird am einfachsten und effektivsten mit dem *EZ DNA Methylation Kit* (Zymo Research) nach Angaben des Herstellers durchgeführt. Optimal sind 500 ng genomische DNA als Startmaterial, mindestens jedoch 500 pg.

- Sulphonierung und Deaminierung zu Uracilsulphonat ÜN (12–16 h)
- Aufreinigung der DNA über Säulchen
- alkalische Desulphonierung zu Uracil
- Elution der Bisulfit konvertierten DNA mit 2 × 10 μl Elutionspuffer oder bidest. H_2O.

Anmerkung: Die einzelsträngige DNA kann kurzfristig bei –20 °C, ansonsten besser bei –80 °C für ca. 3 Monate, aufbewahrt werden.

Primer-Design

Primer werden mit Hilfe der *Pyrosequencing Assay Design Software* oder der für CpG-Methylierung neu entwickelten *Pyro Q-CpG Software* entworfen. Für einen Gen-spezifischen Assay werden ein *sense* und *antisense* Primer benötigt, von denen einer zur späteren Aufreinigung des PCR-Produktes mit Biotin markiert ist. Ein gutes Amplifikationsprodukt liegt zwischen 100 und 300 bp und kann mehrere CpGs enthalten. Der Sequenzierprimer liegt schließlich innerhalb des PCR Produktes und sollte keine CpGs enthalten. Im Optimalfall können bis zu 100 bp sequenziert werden.

PCR und PCR-Optimierung

Da die DNA nach der Konvertierung einzelsträngig vorliegt und daher leicht Sekundärstrukturen bilden kann, empfiehlt es sich für die Präparation der Zielsequenz, eine HotStart Polymerase zu verwenden. PCR und PCR-Optimierung (Gradienten-PCR von 50–57 °C) werden unter folgenden Bedingungen durchgeführt:

Tab. 17–4: PCR der Bisulfit-DNA: Pipettierschema für einen PCR-Ansatz der Bisulfit-DNA

Bisulfit-DNA	1 µl
100 µM *sense* Primer	0,05 µl
100 µM *antisense* Primer	0,05 µl
25 mM MgCl$_2$	0,5 µl
2 × HotStar Taq Mastermix	12,5 µl
bidest. H$_2$O	10,9 µl

Das Programm sollte wie folgt ablaufen:

Tab. 17–5: PCR der Bisulfit-DNA: PCR-Programm für die Amplifikation der Bisulfit-DNA

95 °C	12 min	
95 °C	10 sec	
50–57 °C	20 sec	40 Zyklen
72 °C	20 sec	

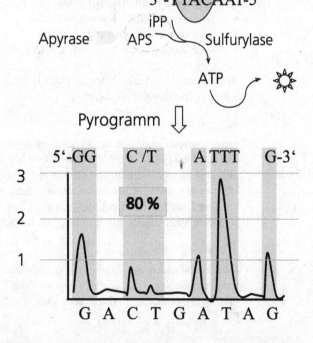

Abb. 17–9: Pyrosequenzierung zum Nachweis von DNA-Methylierungen (*Sequencing by synthesis*). Bei der PCR-Reaktion einzelsträngiger bisulfitkonvertierter DNA wird jeder Elongationsschritt der Polymerase (Pol) entlang des Sequenzierprimers enzymatisch erfasst. Freigewordenes Pyrophosphat (iPP) wird in einer enzymatischen Kaskadenreaktion unter Beteiligung von Luciferase in Licht umgewandelt. Pyrase inaktiviert nicht verbrauchte Nucleotide und ATP vor jedem neuen Elongationsschritt. Mit Hilfe des Pyrogramms lässt sich der genaue Methylierungsgrad einzelner CpGs bestimmen.

17

Zur Kontrolle werden 2–3 µl des PCR-Ansatzes mittels Agarose-Gelelektrophorese (Kap. 2) analysiert. Nur ein deutlich sichtbares und spezifisches Produkt ist für die Pyrosequenzierung geeignet.

Pyrosequenzierung

Die Technik für das Pyrosequenzieren (*Sequencing by Synthesis*) macht sich die Tatsache zunutze, dass beim Einbau eines Nucleotids ein Molekül anorganisches Pyrophosphat (iPP) entsteht. Das Enzym Sulfurylase katalysiert die Reaktion von ATP aus iPP und APS (Adenosin-5'-Phosphosulfat). ATP wird wiederum von dem Enzym Luciferase als Substrat benötigt. Luciferase katalysiert eine Reaktion, bei der Licht emittiert wird (Abschn. 17.6). Ausgehend vom Sequenzierprimer erfolgt die Strangverlängerung durch kontrollierte Zugabe von Nucleosidtriphosphaten (NTPs). Bei Zugabe des passenden (komplementären) Nucleotids wird ein Signal erhalten, bei nichtkomplementären NTPs bleibt das Signal aus. Die Lichtausbeute korreliert direkt mit der Menge an eingebautem Nucleotid. Nichteingebaute Nucleotide und freies ATP werden schließlich durch das Enzym Apyrase abgebaut bevor das nächste Nucleotid zugegeben wird. Mit Hilfe eines internen Standards analysiert die Software die Sequenz. Im Falle der CpG-Methylierung gibt das Verhältnis von eingebautem C (methyliert) zu T (nicht methyliert) den prozentualen Methylierungsgrad (von 100 % methyliert bis 0 % nichtmethyliert) an (Abb. 17–9). Diese Methode erlaubt eine sehr detaillierte und genaue Echtzeitquantifizierung und kann je nach Gerät im 24- oder 96-Lochformat durchgeführt werden.

Bevor die Reaktion ausgehend von dem PCR-Produkt gestartet werden kann, wird das biotinmarkierte Fragment mittels Streptavidin-*Beads* immobilisiert, an einer eigenen automatisierten Waschstation aufgereinigt und mit NaOH denaturiert. Als Kontrolle sollte für jeden Versuch immer eine Leerreaktion (ohne DNA) durchgeführt werden.

Literatur

Illingworth, R.S., Bird, A.P. (2009): CpG islands – ‚A rough guide'. FEBS Letters 583, 1.713-1.720.
Frommer, M., McDonald, L.E., Millar, D.S., Collis, C.M., Watt, F., Grigg, G.W., Molloy, P.L., Paul, C.L. (1992): A genomic sequencing protocol that yields a positive display of 5-methylcytosine residues in individual DNA strands. Proc Natl Acad Sci USA 89, 1.827-1.831.
Eckhardt, F., Lewin, J., Cortese, R., Rakyan, V.K., Attwood, J., Burger, M., Burton, J., Cox, T.V., Davies, R., Down, T.A., Haefliger, C., Horton, R., Howe, K., Jackson, D.K., Kunde, J., Koenig, C., Liddle, J., Niblett, D., Otto, T., Pettett, R., Seemann, S., Thompson, C., West, T., Rogers, J., Olek, A., Berlin, K., Beck, S. (2006): DNA methylation profiling of human chromosomes 6, 20 and 22. Nat Genet 38, 1.378-85.
Ronaghi, M., Karamohamed, S., Pettersson, B., Uhlén, M., Nyrén, P. (1996): Real-time DNA sequencing using detection of pyrophosphate release. Anal Biochem 242, 84-89.
Suzuki, M.M., Bird, A. (2008): DNA methylation landscapes: provocative insights from epigenomics. Nat Rev Genet 9, 465-76.

18 Peptid-Arrays auf Cellulosemembranen

(Niels Röckendorf, Steffen Bade, Hans-Heiner Gorris, Andreas Frey)

Beinahe zeitgleich mit der Entwicklung der DNA-Chip-Technologie durch Fodor *et al.* (1991) an der Stanford University in Kalifornien wurde von Ronald Frank am Helmholtz-Zentrum für Infektionsforschung (HZI) in Braunschweig ein Verfahren zur Herstellung von Peptid-Arrays entwickelt, das als *spot*-Synthese bezeichnet wird (Frank, 1992). Bei diesem Verfahren können Peptide auf einer Cellulosemembran in einem für jedes Peptid genau definierten Areal (*spot*) in nanomolaren Mengen bis zu einer Kettenlänge von 25 Aminosäuren parallel synthetisiert werden. Je nach Art der Verankerung an der Cellulosemembran bleibt das gebildete Peptid entweder irreversibel an den Träger gebunden oder kann individuell abgespalten werden (Frank, 1992). Letztere Option besitzt allerdings nur untergeordnete Bedeutung, denn die Mehrzahl der Anwender nutzt die ortsgerichtet synthetisierte Peptidbibliothek direkt als Peptid-Array.

Die zentrale Anwendung der Methode liegt in der Kartierung von linearen Aminosäure-Sequenzmotiven, welche in der spezifischen Interaktion des dazugehörigen Proteins mit anderen Biomolekülen eine wichtige Rolle spielen. Auch die Identifizierung bestimmter Aminosäuren in solchen Sequenzmotiven, die für die Interaktion essentiell sind, ist von Bedeutung *(positional scanning)*. Angewandt wurde das Verfahren bisher hauptsächlich für die Kartierung linearer B-Zell-Epitope (z.B. Chatchatee *et al.*, 2001, Frank, 1992, Mahler *et al.*, 2003, Selag *et al.*, 2003) sowie für die Aufklärung linearer Kontaktstellen bei Protein/Protein-Wechselwirkungen (z.B. Boeddrich *et al.*, 2006, Carlson *et al.*, 2006, Hultschig *et al.*, 2004,). Aufgrund der hohen Peptiddichte im *spot* lassen sich in bestimmten Fällen auch niedrig affine Interaktionen erfassen, wie z.B. von linearen Bereichen diskontinuierlicher Bindestellen (Eichler, 2004, Reineke *et al.*, 1996, 1998). Außerdem können durch die Synthese von zwei oder mehr verschiedenen Peptiden in einem *spot*, verzweigten oder verbrückten Peptiden auch synergistische Effekte der einzelnen Sequenzmotive untersucht (Espanel *et al.*, 2003, Espanel *et al.*, 2005) oder diskontinuierliche Bindestellen charakterisiert werden (Reineke *et al.*, 1999). Des Weiteren wurden *spot* synthetisierte Peptidbibliotheken mit Erfolg zur Aufklärung von Metall- und Nucleinsäurebindestellen in Proteinen (Maier *et al.*, 2003; Reuter *et al.*, 1999) sowie als Substratbibliotheken für Enzyme, wie z.B. Kinasen, eingesetzt (z.B. Dostmann *et al.*, 1999, Rodriguez *et al.*, 2004, Schutkowski *et al.*, 2005, Tegge *et al.*, 1995).

Eine zunehmend an Bedeutung gewinnende, über die Fragestellung der Kartierung hinausgehende Anwendung der *spot*-Synthese liegt im Einsatz der Peptidbibliotheken bei der Suche nach oder der Verbesserung von Peptidliganden mit spezifischer biologischer Aktivität (z.B. Dostmann *et al.*, 1999, Huang *et al.*, 2003, Hilpert *et al.*, 2005, Kopecky *et al.*, 2005, Reineke *et al.*, 2002, Röckendorf *et al.*, 2007, Singh *et al.*, 2006).

Informative Übersichtsartikel zur Synthese und Anwendung von Peptid-Arrays wurden u.a. von Frank *et al.* (2002a, b), Reineke *et al.* (2001, 2002) oder Volkmer (2009) veröffentlicht.

18.1 Synthese der filtergebundenen Peptidbibliothek

Festphasenpeptidsynthesen verlaufen im Gegensatz zur Proteinbiosynthese von carboxyterminaler in aminoterminale Richtung, wobei die carboxyterminale Aminosäure über einen Linker mit der festen Phase eines Trägermaterials verknüpft ist. Linker und Träger müssen dabei so gewählt werden, dass sie allen Reagenzien und Lösungsmitteln, mit denen sie während der Synthese in Kontakt kommen, widerstehen. Die Synthese der Peptidkette erfolgt dann in einem zyklischen Prozess, bei dem eine Aminosäure nach der anderen unter Bildung einer Peptidbindung auf die carboxyterminale Aminosäure bzw. die wachsende Peptidkette aufgebracht wird. Um unerwünschte Nebenreaktionen zu vermeiden, müssen die funktionellen Gruppen der Aminosäuren mit Ausnahme des Carboxylatrestes durch Schutzgruppen blockiert sein. Die Schutzgruppen müssen dabei so gewählt werden, dass die α-Aminofunktion selektiv entschützt werden kann, während die Seitenketten-Schutzgruppen bis zum Ende der Synthese auf der wachsenden Peptidkette verbleiben. In jedem Zyklus wird zunächst die freie Carboxylatgruppe einer geschützten Aminosäure in eine reaktivere Form überführt, bevor sie mit dem Aminoterminus der wachsenden Peptidkette verknüpft wird. Nicht reagierte Aminogruppen werden abgesättigt (*capping*), um Fehlstellen in der Peptidsequenz zu vermeiden. Die α-Aminofunktion der neu aufgebrachten Aminosäure wird selektiv entschützt, bevor der Zyklus wieder von neuem beginnt. Zum Abschluss der Synthese werden in der Regel endständige freie α-Aminofunktionen abgesättigt (End-*capping*) und die Seitenketten-Schutzgruppen abgespalten.

18.1.1 Aminoderivatisierung des planaren Trägers und Definition der *spots*

Im Falle der *spot*-Synthese dient eine Cellulosemembran als Träger. Die Membran sollte eine hohe Nassreißfestigkeit sowie eine große innere Oberfläche aufweisen und durch die Aminoderivatisierung nicht in ihrer chemischen Resistenz und räumlichen Struktur beeinträchtigt werden. Daher bietet sich nur die Funktionalisierung über die freien Hydroxylfunktionen der Cellulose an, und zwar durch Einführung einer Ester- oder Etherbrücke. Beide Strategien wurden schon mit Erfolg angewandt (Frank, 1992, Ast *et al.*, 1999).

Die Verankerung über Aminosäureester besitzt den Nachteil, dass die Peptidbibliothek dadurch empfindlich gegen Säuren und Basen wird, und deshalb nur wässrigen Lösungen um den Neutralpunkt für längere Zeiträume ausgesetzt sein darf. Aminoalkanether derivatisierte Cellulosemembranen sind nicht so empfindlich. Beide Membrantypen sind kommerziell erhältlich.

Bei beiden Funktionalisierungsstrategien wird zunächst die gesamte Membran derivatisiert, um dem Anwender die Möglichkeit zu lassen, die Position der *spots* selbst zu bestimmen. Dies ist insbesondere dann von Vorteil, wenn ein Pipettierroboter benutzt wird, denn andernfalls müsste der Roboter bezüglich der vorgegebenen Synthesereale der Cellulosemembran kalibriert werden. Durch die Definition der Syntheseorte mithilfe einer weiteren Ankeraminosäure entfällt dieser Schritt, da der Roboter durch den Ort des Aufbringens des Ankers den Syntheseort selbst festlegt. Als Ankeraminosäure wird zu diesem Zweck häufig die Aminosäure β-Alanin eingesetzt.

Derivatisierungsreaktion: Die Einführung eines Esterankers mit Aminofunktion erfolgt am einfachsten durch Veresterung der Cellulose mit einer Aminosäure, wobei deren Aminofunktion geschützt sein muss, um die Bildung von Polyaminosäuren zu vermeiden. Die geschützte Aminosäure wird zunächst in eine Form überführt, in der sie reaktiv genug ist, um mit den Hydroxylgruppen der Cellulose zu reagieren. Dies geschieht durch die Kondensation der geschützten Aminosäure zu dem entsprechenden symmetrischen Anhydrid. Das *in situ* entstandene Anhydrid wird dann in Gegenwart von Methylimidazol mit der Cellulose umgesetzt. Theoretisch sind alle Aminosäuren für die Herstellung eines Ester verbrückten Ankers geeignet. In der Praxis hat sich jedoch gezeigt, dass z.B. bei Glycyl-Glycin-Celluloseesterankern technische Probleme bei der Abspaltung der Aminosäureseitenketten-Schutzgruppen und bei der Nachweisreaktion auftreten (Frank, 1992). Aus diesen Gründen wird bei der Aminoderivatisierung des Trägers β-Alanin eingesetzt und so ein β-Alanyl-β-Alaninanker aufgebaut.

Die Einführung eines Etherankers mit Aminofunktion erfolgt in einem zweistufigen Prozess, in dem zunächst die Cellulose in Gegenwart von Perchlorsäure mit Epibromhydrin derivatisiert und der Oxiranring danach mit einem PEG-Diamin geöffnet wird. Überschüssige Oxirane werden anschließend mit Natriummethanolat abgesättigt. Dieses Derivatisierungsverfahren sollte nur unter Einhaltung der Sicherheitsbestimmungen für den Umgang mit gefährlichen Chemikalien unter einem für chemische Arbeiten zugelassenen Abzug durchgeführt werden.

Absättigen der unreagierten funktionellen Gruppen des Trägers: Das Absättigen der unreagierten OH-Gruppen des Trägers blockiert bei unvollständiger Kopplung noch verbliebene freie OH-Gruppen und verhindert so eine Aminosäureester-Derivatisierung der Cellulose zu einem späteren Zeitpunkt der Synthese. Die Absättigungsreaktion erfolgt mittels Essigsäureanhydrid. In der Praxis hat sich allerdings gezeigt, dass diese Reaktion unvollständig verläuft und es aus diesem Grunde im späteren Verlauf der Synthese zu Peptidketten-Neustarts kommen kann.

Entschützen des Membranankers: Im Falle des Esterankers trägt dessen Aminofunktion eine Schutzgruppe, die vor dem Aufbringen des zweiten Ankers entfernt werden muss. Die Aminoschutzgruppe, die bei der *spot*-Synthese verwendet wird, ist die Fluorenylmethyloxycarbonyl-Gruppe (FMOC-Schutzgruppe), die basisch, z.B. durch primäre oder sekundäre Amine abgespalten werden kann. Als Abspaltungsreagenz dient in der Praxis meist Piperidin. Der Etheranker trägt keine Schutzgruppe und kann direkt mit einer FMOC geschützten Aminosäure umgesetzt werden.

Analyse des Derivatisierungsgrades: Vor Beginn der Peptidsynthese muss festgestellt werden, ob die Cellulosemembran in ausreichendem Maße derivatisiert werden konnte. Dies wird erreicht, indem man die FMOC-Schutzgruppen der ersten auf die Cellulosemembran gekoppelten freien Aminofunktion abspaltet und die Abspaltlösung spektralphotometrisch untersucht.

Definition der *spots* und Verlängerung des Ankers: Die Ortskoordinaten, an denen die einzelnen Peptide synthetisiert werden, werden beim Koppeln des zweiten β-Alaninankers festgelegt. Dies geschieht dadurch, dass die Aminosäure nicht wie bei der initialen Esterderivatisierung mit der ganzen Cellulosemembran in Kontakt gebracht, sondern in kleinen Mengen an die entsprechenden Ortskoordinaten pipettiert wird. Es bilden sich kleine *spots* von Dipeptiden, die wieder eine FMOC-Schutzgruppe am Aminoterminus tragen, während die Regionen, auf die keine weitere Ankeraminosäure pipettiert wurde, noch die freie Aminofunktion des Membranankers aufweisen. Zur Bildung der Amid- bzw. Peptidbindung zwischen Membrananker und Aminosäureanker wird ein FMOC-β-Alanin-Pentafluorphenylester (Pfp-Ester) eingesetzt. Dieser Pfp-Aktivester ist in der Lage, ohne Zusatz anderer Reagenzien mit primären Aminen unter Freisetzung von Pentafluorphenol zu reagieren. Man gibt jedoch meist noch geringe Mengen N-Hydroxybenzotriazol (HOBt) zu, um die Reaktion zu beschleunigen und die Kopplungsausbeute zu verbessern. Für weitere Details über Aktivester und die Bildung der Peptidbindung siehe Abschn. 18.1.2.

Absättigen der unreagierten Aminofunktionen außerhalb der *spots*: Das Absättigen der unreagierten Aminogruppen außerhalb der *spots* beschränkt den Bereich der Synthese auf die Größe des *spots* und verhindert so einen erneuten Start der Peptidkette zu einem späteren Zeitpunkt der Synthese außerhalb des *spots*. Es ermöglicht außerdem, bei der nachfolgenden Synthese der Peptidkette größere Volumina an Aminosäurelösung zu pipettieren. Damit kann sich die Lösung über den *spot* hinaus in der Cellulosemembran ausbreiten und so eine gleichmäßige Synthese im ganzen *spot*-Bereich sicherstellen.

Entschützen des weiteren β-Alaninankers: Der kovalent an den Träger gebundene β-Alaninanker, der nach der initialen Ester- oder Etherderivatisierung der Membran aufgebracht wird, trägt ebenfalls eine FMOC-Schutzgruppe, die vor Beginn der Synthese der Peptidkette entfernt werden muss.

18.1.2 Synthese der Peptidkette

Die Synthese der Peptidkette ist ein zyklischer, repetitiver Prozess, der im Gegensatz zur Proteinbiosynthese nicht quantitativ abläuft. So entstehen in jedem Zyklus Verluste, die sich über die gesamte Synthese potenzieren. Die Gesamt- oder Endausbeute (G) errechnet sich nach der Formel: $G = A^n$, wobei A die Ausbeute eines Zyklus und n die Gesamtzahl aller Synthesezyklen ist. Bei der *spot*-Synthese liegt die Kopplungsausbeute pro Zyklus bei Verwendung von Pfp-Estern bei 74,4–87,5 % und bei Einsatz von *in situ* gebildeten HOBt-Estern bei 87,5–91,3 % (Molina *et al.*, 1996), während bei der Oligonucleotidsynthese mittlerweile Ausbeuten von 99 % und mehr erreicht werden können (Hayakawa *et al.*, 1996). Folglich liefert z.B. die Synthese eines 30-mer Oligonucleotids ca. 75 % Endausbeute, während ein gleichlanges

Peptid im Mittel via Pfp-Esterkopplung nur mit 0,2 % und via HOBt-Esterkopplung mit 3,5 % Gesamtausbeute erhalten werden kann. Für die *spot*-Synthese gilt daher eine Kettenlänge von 20–25 Aminosäuren als oberstes Limit (Frank, 1992), und die obengenannten Ausbeuten werden auch nur dann erreicht, wenn in jedem Kopplungsschritt die Aktivester mindestens zweimal appliziert werden (Molina *et al.*, 1996).

Bildung der Peptidbindung: Die Bildung der Amid- bzw. Peptidbindung erfolgt formal unter Abspaltung einer äquimolaren Menge Wasser. Da der Kondensationsvorgang nicht freiwillig abläuft, müssen Reagenzien zugesetzt werden, die dem Reaktionsgemisch Wasser entziehen, indem sie mit dem freiwerdenden Wasser chemisch reagieren. Als wasserentziehende Mittel kommen dabei vor allem Carbodiimide zum Einsatz, welche sich mit Wasser unter Bildung von Harnstoffderivaten irreversibel umsetzen. Der Kondensationsvorgang kann bereits durch den alleinigen Zusatz von Carbodiimid erreicht werden, er ist allerdings ineffizient und die Racemisierungsrate relativ hoch. Um die Kopplungsrate zu erhöhen und zugleich die Racemisierungsrate zu senken, führt man deshalb die Kopplung über Aminosäureaktivester durch. Dazu wird die Carboxylatfunktion der anzuknüpfenden Aminosäure mit der Hydroxylfunktion von N-Hydroxybenzotriazol oder Ethylcyanoglyoxylat-2-oxim (ECO) mithilfe von Carbodiimid unter Wasserabspaltung in ein entsprechendes Carbonsäurederivat überführt. Dieses Derivat ist so reaktiv, dass es ohne weitere Aktivierung mit der immobilisierten Aminofunktion reagiert, wobei das Reagenz (HOBt

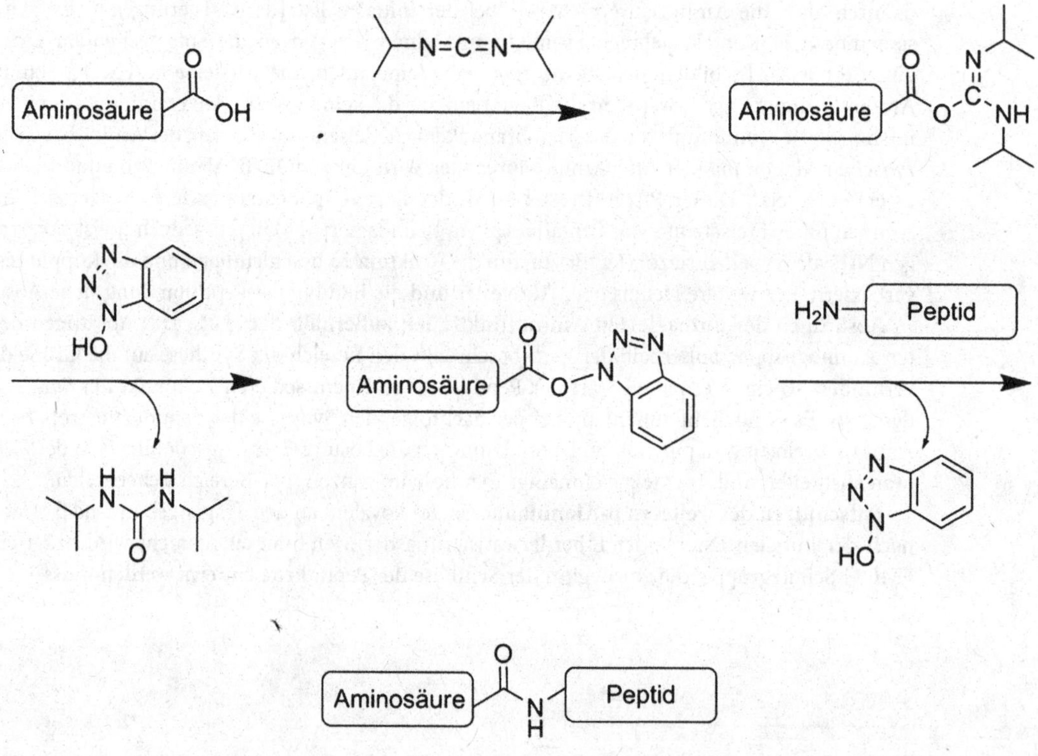

Abb. 18-1: Schematische Darstellung der Bildung der Amid- bzw. Peptidbindung während der Synthese. Als Kondensationsreagenz kann dabei Diisopropylcarbodiimid (DICD) zum Einsatz kommen, welches sich formal mit Wasser unter Bildung von Diisopropylharnstoff irreversibel umsetzt. Der Kondensationsvorgang kann bereits durch den alleinigen Zusatz von Carbodiimid erreicht werden, er ist dann allerdings ineffizient und die Racemisierungsrate relativ hoch. Um die Kopplungsrate zu erhöhen und zugleich die Racemisierungsrate zu senken, führt man deshalb die Kopplung über Aminosäureaktivester durch. Dazu wird die Carboxylatfunktion der anzuknüpfenden Aminosäure mit der Hydroxylfunktion von N-Hydroxybenzotriazol (HOBt) oder Ethyl-cyanoglyoxylat-2-oxim (ECO) in ein entsprechendes reaktives Carbonsäurederivat überführt, das die Peptidkette N-terminal um eine Aminosäure verlängert.

bzw. ECO) wieder freigesetzt wird. Der Ablauf dieser Kondensationsreaktion ist in Abbildung 18-1 am Beispiel einer Diisopropylcarbodiimid vermittelten Reaktion dargestellt, aufgrund ihrer besseren Kopplungsausbeute sind für die *spot*-Synthese *in situ* gebildete HOBt-Ester oder Oxime den kommerziellen, voraktivierten Aminosäurederivaten vorzuziehen.

Um zu überprüfen, ob z.B. bei einer manuellen Synthese eine Kopplung stattgefunden hat, können die *spots*, in denen die α-Aminogruppen des Ankers oder der wachsenden Peptidkette frei vorliegen, mit Bromphenolblau gefärbt werden. Im Verlauf der Kopplungsreaktion werden die α-Aminogruppen dann verbraucht und die Farbe der *spots* schlägt von blau über grün nach gelb um. Eine Ausnahme bilden dabei solche Aminosäuren, deren Seitenkette trotz Schutzgruppe eine basische Reaktion zeigt, wie z.B. Histidin. In diesem Fall bleibt der *spot* blau, obwohl eine Reaktion stattgefunden hat.

Absättigen der unreagierten Aminofunktionen innerhalb der *spots* (*capping*): Das Absättigen der unreagierten Aminogruppen innerhalb der *spots* terminiert die Peptidketten, bei denen die letzte Peptidbindung nicht gebildet wurde und die auch nach der Behandlung mit dem Aktivester noch eine freie α-Aminogruppe besitzen. So entstehen zwar Kettenabbruchprodukte in der Synthese, die Bildung von Peptiden, denen bestimmte Aminosäuren in der Kette fehlen, wird aber unterdrückt.

Entschützen der α-Aminofunktion in der Peptidkette: Die neu an die Cellulosemembran gekoppelte Aminosäure, deren α-Aminofunktion mit einer FMOC-Schutzgruppe geschützt ist, wird wie zuvor mit Piperidin entschützt.

18.1.3 N-terminale Modifikation der fertigen Peptide und Entschützen der Aminosäureseitenketten

Nach Abschluss des letzten Synthesezyklus liegen die Peptide mit freiem Aminoterminus und geschützten Seitenketten vor. Der Zustand der α-Aminofunktion hat erheblichen Einfluss auf die Bindung von Nachweisreagenzien und kann nach dem Abspalten der Seitenkettenschutzgruppen nicht mehr verändert werden. Daher muss man an dieser Stelle entscheiden, den Aminoterminus zu modifizieren oder nicht. Ist das Peptid identisch mit dem aminoterminalen Bereich des dazugehörigen Proteins und ist dieses Protein normalerweise am Aminoterminus nicht modifiziert, so sollte auch der Aminoterminus des Peptides für die Nachweisreaktion in freier Form beibehalten werden. In der Mehrzahl der Fälle wird das Peptid aber aus dem Inneren des Proteins stammen und an dieser Stelle normalerweise keine protonierbare freie Aminogruppe tragen. In der Regel sollte der Aminoterminus deshalb vor dem Entschützen der Aminosäureseitenketten modifiziert werden, sodass die Peptide in ihrer N-α-Acetylform in die vorgesehenen Untersuchungen gehen.

Die Schutzgruppen der Seitenketten sind so gewählt, dass sie während des Aufbaus der Peptidkette erhalten bleiben. Man bezeichnet solche Schutzgruppen als orthogonal zur Schutzgruppe der α-Aminofunktion. Allerdings ist nicht jede Seitenketten-Schutzgruppe, die orthogonal zur FMOC-Schutzgruppe ist, auch für die *spot*-Synthese geeignet, denn die Entschützungsbedingungen für die Seitenketten-Schutzgruppen müssen kompatibel mit Trägermaterial und Anker sein. Schutzgruppen, die diese Anforderungen erfüllen und sich zum Schutz der Aminosäureseitenketten bei der *spot*-Synthese eignen, sind in Tab. 18–1 zusammengefasst. Im Falle des Cysteins wurde mit Acetamidomethyl (Acm) eine Schutzgruppe für die Thiolseitenkette gewählt, die unter den Bedingungen, die zur Entschützung der anderen Aminosäureseitenketten führen, stabil ist. So können sich keine Disulfidbrücken innerhalb eines *spots* bilden, die die Bindestudien stören könnten.

Absättigen der fertigen Peptide: Zum Abschluss der Synthese werden die Peptide mit Essigsäureanhydrid N-terminal modifiziert (End-*capping*).

Entschützen der Aminosäureseitenketten: Im Gegensatz zur FMOC-Schutzgruppe, die sich unter basischen Bedingungen vom Aminoterminus löst, erfordert die Entfernung der Seitenketten-Schutzgruppen stark saure Bedingungen sowie die Anwesenheit von Triisobutylsilan, um Carbeniumionen, die bei der Abspaltreaktion aus Fragmenten der Seitenketten-Schutzgruppen entstehen, abzufangen.

Tab. 18–1: Aminosäureseitenketten-Schutzgruppen

Seitenketten-Schutzgruppe	Abkürzung	für Seitenketten von
Acetamidomethyl-	Acm	Cystein
tert.-Butyl-	tBu	Serin, Threonin, Tyrosin
tert.-Butyloxy-	OtBu	Asparaginsäure, Glutaminsäure
tert.-Butyloxycarbonyl-	Boc	Lysin, Tryptophan
Pentamethyldihydro- benzofuran-5-sulfonyl-	Pbf	Arginin
Trityl-	Trt	Asparagin, Glutamin, Histidin

18.1.4 Praktische Vorbereitungen und Materialien

Allgemeiner Sicherheitshinweis: Alle Arbeiten mit Lösungsmitteln oder flüchtigen Chemikalien müssen in einem Abzug, der für chemische Arbeiten zugelassen ist, durchgeführt werden. Arbeiten, wie z.B. Arbeitsschritte mit einem Pipettierroboter, die aus technischen Gründen nicht in einem solchen Abzug durchgeführt werden können, sollten in einem gut belüfteten Raum erfolgen oder der Pipettierroboter sollte mit einer Absaugvorrichtung ausgestattet sein.

Materialien

Geräte

Alle wiederverwendbaren Glas-, Kunststoff- oder Metallgefäße und -geräte, die mit den für die Synthese benötigten Chemikalien in Kontakt kommen, gründlich reinigen, mit H$_2$O bidest. abspülen und sorgfältig trocknen.

Hier sind die wichtigsten Geräte zur Durchführung der Synthese gelistet, die nicht zur Basisausstattung eines biochemischen Labors zählen:

- Applikationsstation mit Applikationstisch und Schablonen mit 96 Bohrungen im Mikrotiterplattenformat aus nicht korrodierendem Metall oder lösungsmittelresistentem Kunststoff (wie z.B. Edelstahl, Titan, eloxiertes Aluminium oder Teflon (PTFE)); Markierschablone: 8 × 12 Bohrungen mit 2 mm Durchmesser, auf die Bohrungen in der Pipettierschablone zentriert; Pipettierschablone: 8 × 12 Bohrungen mit 7,5 mm Durchmesser (Aufbau Abb. 18–2)
- Dispenser (lösungsmittelresistent, 10–50 ml mit Normgewinde für Chemikalienflaschen; z.B. Dispensette® organic, Brand; Varispenser Plus, Eppendorf)
- Exsikkatoren (ohne angelegtes Vakuum luftdicht schließende Gefäße)
- Glas- oder Quarzküvetten (mit 1 cm Strahlengang)
- Kaltluftgebläse
- Locheisen, Hammer und Schneidematte oder Lochzange (aus dem Werkzeughandel)
- Präzisionsmikropipetten für den Bereich von 0,1 bis 2,5 µl (z.B. Pipetman®, Gilson; Reference (variabel) oder Research (variabel), Eppendorf; Transferpette® S (digital), Brand; Finnpette® (variabel), Thermo)
- Trockenschrank
- Vakuumexsikkatoren
- Flachbodengefäße (verschließbare, rechteckige Glas-, Polyethylen (PE)- oder Polypropylen (PP)-Behälter)
- Wippschüttler (z.B. Duomax, Heidolph)
- **Optional:** Pipettierroboter (z.B. AutoSpot, MultiPep, Intavis; Syro, Multisyntech)

Reagenzien

Die Qualität der Reagenzien ist für das Gelingen der Synthese von entscheidender Bedeutung. Aus diesem Grunde sollten nur Chemikalien bzw. FMOC Aminosäure Bausteine der in Tab. 18–2 und 18–3 ange-

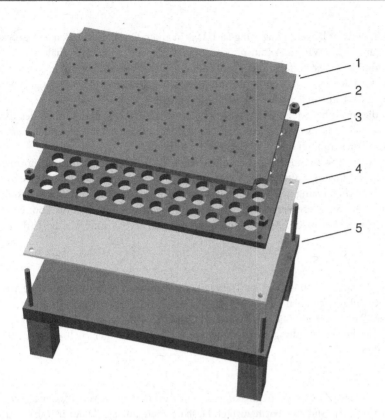

Abb. 18-2: Aufbau der Applikationsstation zur manuellen Synthese von Membran gebundenen Peptid-Arrays. 1: **Markierschablone** mit 8 × 12 Bohrungen von 2 mm Durchmesser, zentriert auf die Bohrungen in der Pipettierschablone und mit vier Aussparungen in den Ecken zum passgenauen Auflegen auf die verschraubte Pipettierschablone; 2: **Muttern** aus nichtkorrodierendem Metall zum Befestigen der Pipettierschablone; 3: **Pipettierschablone** aus nichtkorrodierendem Metall oder lösungsmittelresistentem Kunststoff mit 8 × 12 Bohrungen von 7,5 mm Durchmesser und mit vier passgenauen Bohrungen in den Ecken zum Aufstecken auf die Filterhalterung bzw. die Gewindestehbolzen; 4: **Aminoderivatisierte Cellulosefiltermembran** mit ausgestanzten Löchern zum Aufstecken auf die Filterhalterung bzw. die Gewindestehbolzen; 5: **Tisch** mit Teflonoberfläche, vier Standfüßen und vier Gewindestehbolzen aus nichtkorrodierendem Metall zur Aufnahme und Positionierung der Filtermembran und der Schablonen. (Das nur bei der Definition der Spots (Abschn. 18.1.5.3) erforderliche, in diesem Fall unter der aminoderivatisierten Filtermembran liegende Whatman 3MM-Papier ist aus Gründen der Übersichtlichkeit in dieser Schemazeichnung nicht dargestellt.)

gebenen Qualität verwendet werden. Im Folgenden werden alle Maßnahmen, die zur Vorbereitung und Lagerung der Reagenzien erforderlich sind, beschrieben.

Alle Amid basierenden Lösungsmittel (Dimethylformamid (DMF) und N-Methylpyrrolidon (NMP)) müssen vor ihrer Verwendung einem Amintest unterzogen werden (s.u.).

Die meisten Reagenzien und Lösungen, die bei der Synthese eingesetzt werden, müssen unter Ausschluss von Feuchtigkeit gelagert werden.

Ist die Lagerung in Glasgefäßen nicht möglich, nur Gefäße aus PP, PE, PFTE oder PA (Polyallomer) benutzen. Die meisten anderen Kunststoffe wie z.B. Polystyrol werden von den bei der Synthese verwendeten Lösungsmitteln angegriffen und kontaminieren die Reagenzien. Im Zweifelsfall Kompatibilitätstabellen zu Rate ziehen.

• Feuchtigkeitsempfindliche Flüssigkeiten in gut schließenden Gefäßen mit lösungsmittelresistenten Deckeln und Dichtungen aufbewahren. Die Gefäße immer fest verschlossen halten, am Verschluss mit

Parafilm abdichten und zur längeren Lagerung (> 1 Tag) in einen Exsikkator stellen, der Trockenmittel (z.B. Kieselgel (Orangegel, VWR) oder Phosphorpentoxid (Sicapent®, Merck)) enthält

- Feuchtigkeitsempfindliche Feststoffe in dicht schließenden Behältern aufbewahren. Die Behälter immer fest verschlossen halten, am Verschluss mit Parafilm abdichten und zur längeren Lagerung (> 1 Tag) in einen Exsikkator stellen, der Trockenmittel enthält

- Alle Reagenzien, die im Kühl- oder Gefrierschrank gelagert werden, vor dem Öffnen des Exsikkators auf Raumtemperatur (RT) anwärmen lassen (über Nacht oder mindestens für 3 Stunden), um Kondensatbildung auf dem Trockenmittel und dem Reagenz zu verhindern.

- **Aminnachweis:** Der Test weist auf die Anwesenheit von basischen Verbindungen in Lösungsmitteln hin. Zum Testen: 1 ml Lösungsmittel (NMP, DMF) und 6 µl Bromphenolblau (BPB)-Stammlösung (s. u.) mischen. Bleibt die Lösung gelb, ist das getestete Lösungsmittel frei von Aminen und anderen Basen und kann in der Synthese verwendet werden. Bei positivem Testergebnis können allerdings auch andere Basen wie Hydroxide, Ammoniumionen oder tertiäre Amine für die Färbung verantwortlich sein.

Cellulosemembran Whatman 540

Membranen vom Typ Whatman 540 werden als Träger für die Peptidarrays verwendet. Diese Membranen aus säuregehärteter Cellulose zeichnen sich durch eine hohe chemische Widerstandsfähigkeit und eine besonders gute Nassreißfestigkeit aus. Die Spotgrösse auf Cellulosemembranen hängt von der applizierten Lösungsmittelmenge ab, bei Verwendung anderer Membranen müssen daher auch die Spotabstände im Array angepasst werden.

Diisopropylcarbodiimid (DICD)

Diisopropylcarbodiimid (DICD) ist stark hygroskopisch und wird bei Zutritt von Wasser zu Diisopropylharnstoff zersetzt, der oft in kristalliner Form ausfällt. Deshalb sollte nur DICD der in Tab. 18–2 genannten Qualität verwendet und das Reagenz nach dem Öffnen der Originalflasche sofort portioniert werden; Lagerung: ca. 9–12 Monate über Orangegel bei RT.

Essigsäureanhydrid (Ac$_2$O)

Essigsäureanhydrid (Ac$_2$O) ist stark hygroskopisch und wird bei Zutritt von Wasser zu Essigsäure zersetzt. Deshalb sollte nur Ac$_2$O der in Tab. 18–2 genannten Qualität verwendet und das Reagenz nach dem Öffnen der Originalflasche sofort portioniert werden; Lagerung: ca. 9–12 Monate über Orangegel oder Sicapent® bei RT.

Ethylcyanoglyoxylat-2-oxim (ECO)

Ethylcyanoglyoxylat-2-oxim (ECO) ist eine nicht explosive Alternative zu HOBt. Im Gegensatz zu HOBt ist es in wasserfreier Form leicht verfügbar und bietet Vorteile bei Peptid-Kopplungsreaktionen hinsichtlich Racemisierungsrate und Kopplungsausbeute. Lagerung: unbegrenzt bei 4 °C im Exsikkator über Orangegel.

Membranfilter Whatman 3MM

Membranfilter vom Typ Whatman 3MM sind deutlich dicker als die Cellulosemembranen für die Herstellung der Peptidarrays, sie zeichnen sich durch ihre hohe Saugfähigkeit aus. Diese Membranfilter dienen einer Fokussierung der Spots auf den Cellulosemembranen bei der Definition der Spots.

Natriummethanolat (NaOMe)

Natriummethanolat (NaOMe) ist stark basisch und liegt in Form eines stark ätzenden, hygroskopischen Pulvers vor. NaOMe muss daher auf jeden Fall in Gegenwart von starken Trockenmitteln gelagert werden; Lagerung: unbegrenzt im Exsikkator über Phosphorpentoxid (Sicapent®).

Tab. 18-2: Chemikalien

Reagenz	Abkürzung	Qualität	Hersteller[a]	Menge pro Filter[b]
Bromphenolblau MW[c] 669,98	BPB	ACS	Merck; Acros Organics; Sigma-Aldrich	100 mg
N,N'-Diisopropylcarbodiimid MW 126,20 / ϱ[d] 0,806	DICD	≥ 98 %	Sigma Aldrich; Acros Organics; Lancaster Synthesis; Merck	2 ml
1,4-Dioxan MW 88,11 / ϱ 1,034	Dioxan	p.a.; .; ≥ 99,8%	Merck; Sigma Aldrich; Acros Organics	63 ml
N,N'-Dimethylformamid MW 73,10 / ϱ 0,944	DMF	ACS; p.a.; ≥ 99,7% zur Peptid Synthese	Biosolve; Acros Organics; Sigma Aldrich; Merck	3,5 l
Ethanol MW 46,07 / ϱ 0,785	EtOH	p.a.; ≥ 99,8%	Sigma Aldrich; Merck; Roth	700 ml
Ethyl-cyanoglyoxylat-2-oxim MW 142,11	ECO	p.a.; ≥ 98%	Merck	2,5 g
N-Hydroxybenzotriazol MW 135,13	HOBt	1 M in NMP	Sigma-Aldrich	15 ml
Methylenchlorid (Dichlormethan) MW 84,93 / ϱ 1,325	DCM	99,9% zur Peptid Synthese	Roth; Merck; Sigma Aldrich; Acros Organics;	100 ml
1-Methylimidazol (N-Methylimidazol) MW 82,11 / ϱ 1,030	MeIm	≥ 99%	Aldrich; Lancaster Synthesis; Merck	50 µl
1-Methyl-2-pyrrolidon (N-Methyl-2-pyrrolidon) MW 99,13 / ϱ 1,033	NMP	p.a.; ≥ 99% zur Peptid Synthese	Biosolve; Acros Organics; Sigma Aldrich; Merck; Roth	20 ml
mixed bed ion exchange resin / Mischbett-Ionenaustauschharz	–	analytical grade	Bio Rad Laboratories	~10 g
Molekularsieb, Kugeln, $\varnothing$ 2 mm (10 mesh); Porengr. 3 Å	–	–	Sigma Aldrich; Acros Organics; Lancaster Synthesis; Merck	~10 g
Piperidin MW 85,15 / ϱ 0,861		p.a.; ≥ 99%	Sigma Aldrich; Lancaster Synthesis; Merck	30 ml
4,7,10-Trioxa1,13-tridecandiamin MW 220,31 / ϱ 1,005		Purum, ≥ 97%	Sigma Aldrich	6,5 ml
Trifluoressigsäure MW 114,02 / ϱ 1,480	TFA	≥ 99,5% zur Peptid Synthese	Roth; Acros Organics; Lancaster Synthesis; Merck;	25 ml
Triisobutylsilan MW 200,44 / ϱ 0,764	TIBS	98,5%	Sigma Aldrich; Acros Organics	1,5 ml
Whatman-Cellulosemembran Typ 540	–	–	GE Healthcare	117 cm²

[a] Die Chemikalien der erstgenannten Hersteller wurden von den Autoren bereits mit Erfolg bei der Synthese von Peptid-Arrays auf Cellulosemembranen eingesetzt. Vertrieb: Acros Organics über Thermo Fisher Scientific; Biosolve über Internet (http://biosolve-chemicals.com); Lancaster Synthesis über Alfa Aesar/Johnson Mattey; Merck über VWR International.
[b] Für die Synthese einer Bibliothek von 10-mer Peptiden auf einer Cellulosemembran von 9 x 13 cm; für längere Peptide und/oder mehrere Cellulosemembranen sind entsprechend größere Mengen erforderlich.
[c] Molmasse (Molekulargewicht) in Dalton
[d] Dichte in g × ml^{-1}

Sicherheitshinweise: NaOMe bildet beim Umfüllen ätzende Stäube, die auf keinen Fall eingeatmet werden dürfen, NaOMe daher nur unter dem Abzug handhaben! Phosphorpentoxid ist eines der stärksten wasseranziehenden Mittel, die man kennt. Bei Aufnahme von Wasser bildet sich konzentrierte Phosphorsäure. Deshalb: Auf keinen Fall Phosphorpentoxid auf die Haut, in die Augen bringen oder den Staub einatmen. Bei

Haut- oder Augenkontakt sofort mit viel Wasser abspülen! Als Trockenmittel daher am besten Sicapent® oder ein ähnliches Phosphorpentoxid-Trockenmittel verwenden, um Staubbildung zu vermeiden.

N-Hydroxybenzotriazol (HOBt)

N-Hydroxybenzotriazol (HOBt) ist stark hygroskopisch und kann bei unsachgemäßer Lagerung bis zu 12 % (w/w) Wasser anziehen, welches in Form von Kristallwasser (HOBt × 1 H_2O) fest gebunden und nur beim Lösen des HOBt freigesetzt wird. Wasserfreies HOBt muss daher auf jeden Fall in Gegenwart von starken Trockenmitteln gelagert werden; Lagerung: unbegrenzt bei 4 °C im Exsikkator über Sicapent®.

Sicherheitshinweise: Trockenes HOBt ist explosiv, es kann sich beim Erhitzen über 150 °C spontan zersetzen! HOBt deshalb niemals erhitzen, möglichst durch Ethylcyanoglyoxylat-2-oxim (ECO) substituieren!

N-Methylimidazol (MeIm)

N-Methylimidazol (MeIm) ist stark hygroskopisch, darf aber nur eingesetzt werden, wenn es frei von Wasser oder Zersetzungsprodukten ist. Deshalb sollte nur MeIm der in Tab. 18–2 genannten Qualität verwendet und das Reagenz nach dem Öffnen der Originalflasche sofort portioniert und in fl. Stickstoff eingefroren werden; Lagerung: ca. 9–12 Monate über Orangegel oder Sicapent® bei –70 °C.

Trifluoressigsäure (TFA)

Trifluoressigsäure (TFA) ist lichtempfindlich, wasseranziehend und oxidationsempfindlich. Deshalb nur TFA der in Tab. 18–2 genannten Qualität verwenden, nach dem Öffnen der Originalflasche den Inhalt portionieren, den Raum über der Flüssigkeit mit einem sachten Stickstoffstrom von Sauerstoff befreien und Gefäß sofort verschließen; Lagerung: ca. 1–2 Jahre dunkel über Orangegel bei RT.

Sicherheitshinweis: TFA ist eine extrem toxische, ätzende und flüchtige Verbindung. Deshalb immer Schutzbrille, Kittel und Handschuhe tragen und TFA nur im Abzug handhaben!

Triisobutylsilan (TIBS)

Triisobutylsilan (TIBS) ist hydrolyseempfindlich und bildet bei fortgeschrittener Zersetzung oft eine zweite Phase aus. Deshalb nur TIBS der in Tab. 18–2 genannten Qualität verwenden, nach dem Öffnen der Originalflasche den Inhalt portionieren und Gefäß sofort verschließen; Lagerung: ca. 1–2 Jahre über Orangegel bei RT.

Ansetzen der Reagenzien

Bromphenolblau-Färbelösung (BPB-Färbelösung)

Die Bromphenolblau-Färbelösung (BPB-Färbelösung) muss immer frisch bereitet werden und sollte unmittelbar nach dem Ansetzen eine gelbe Farbe haben. 50 ml DMF und 0,5 ml BPB-Stammlösung zusammen geben. Endkonzentration: ~0,01 % (w/v) BPB in DMF; Lagerung: ≤ 1 Woche bei RT.

Bromphenolblau-Stammlösung (BPB-Stammlösung)

Die Bromphenolblau-Stammlösung (BPB-Stammlösung) sollte unmittelbar nach dem Ansetzen eine gelbe Farbe haben. 100 mg BPB und 10 ml DMF zusammen geben. Endkonzentration: ~1 % (w/v) BPB in DMF; Lagerung: ≤ 1 Monat bei RT.

Wichtig: Beginnende Zersetzung äußert sich durch eine zunehmende Grün- und dann Blaufärbung der Lösung. Grün oder blau gefärbte BPB-Stammlösungen oder solche, die beim Verdünnen zur BPB-Färbelösung nach grün oder blau umschlagen, sollten nicht mehr verwendet werden! Zur Herstellung der Lösung ist nur die freie Säure, nicht das BPB-Natriumsalz geeignet!

Capping-Lösung

300 μl Essigsäureanhydrid (Ac₂O) und 15 ml DMF zusammen geben. Endkonzentration: ~2 % (v/v) Ac_2O in DMF; Lagerung: ≤ 1 Woche bei RT.

DBU-Lösung

1 ml 1,8-Diazabicyclo[5,4,0]undec-7-en (DBU) in ein PP-Gefäß geben, 49 ml DMF zugeben, mischen. Endkonzentration: 120 mM DBU in DMF; Lagerung: ≤ 5 Tage bei RT.

Sicherheitshinweis: DBU ist eine stark ätzende Verbindung, deshalb immer Schutzbrille, Kittel und Handschuhe tragen und DBU nur im Abzug handhaben!

ECO-Stammlösung

2,485 g Ethyl-cyanoglyoxylat-2-oxim und 22,515 ml NMP mischen, portionieren und in fl. Stickstoff einfrieren. Endkonzentration: ~0,7 M Ethylcyanoglyoxylat-2-oxim in NMP; Lagerung: ≤ 12 Monate dunkel bei –70 °C über Orangegel.

1M-Essigsäure

- 57,2 ml (60,05 g) Essigsäure (99 %), ad 800 ml mit H_2O bidest.
- pH mit 0,1 M Salzsäure auf 1,9 einstellen
- auf 1.000 ml mit H_2O bidest. auffüllen

Endkonzentration: 1 M Essigsäure, pH 1,9; Lagerung: unbegrenzt bei RT

HOBt-Stammlösung

17,5 ml HOBt (1 M in NMP, Fluka 54810) und 7,5 ml NMP mischen, portionieren und in fl. Stickstoff einfrieren. Endkonzentration: ~0,7 M HOBt in NMP; Lagerung: ≤ 12 Monate dunkel bei –70 °C über Orangegel.

FMOC-Aminosäureaktivester-Lösungen

Für die Synthese der Peptidkette werden frisch bereitete Lösungen von *in situ* gebildeten FMOC-Aminosäure-ECO Derivaten benötigt, die durch Zugabe von DICD zu den Aminosäure-ECO-Mischungen (s.u.) hergestellt werden.

- Für jeden Synthesezyklus: anhand der Planung (Abschn. 18.1.5) erforderliche Aminosäure-ECO-Mischungen vor dem Öffnen auf RT anwärmen lassen (mindestens 30 min)
- ca. 45 min vor der geplanten Verwendung 4 µl DICD pro 100 µl Aminosäure-ECO-Mischung zusetzen, mischen
- bei RT für 30 min stehen/reagieren lassen
- Mischungen bei ~15.000 × g für 1 min bei RT zentrifugieren.

Endkonzentration: ~0,20 M FMOC-Aminosäure-OH, ~0,35 M ECO, ~0,26 M DICD in NMP; *in situ*: ~0,20 M FMOC-Aminosäure-ECO in NMP; Lagerung: nicht lagerfähig.

FMOC-Aminosäure-ECO-Mischungen

Um eine ausreichende Lagerfähigkeit zu gewährleisten, werden zunächst nur DICD freie Mischungen von FMOC-Aminosäuren und ECO in NMP bereitet, die dann unmittelbar vor der Synthese durch Zusatz von DICD aktiviert werden.

Je Synthesezyklus: Anhand der Planung (Abschn. 18.1.5) erforderliche Menge an Aminosäurestammlösung 1:1 mit ECO-Stammlösung mischen, in fl. Stickstoff einfrieren. Endkonzentration: 0,20 M FMOC-Aminosäuren, 0,35 M ECO in NMP; Lagerung: ca. 6–9 Monate dunkel bei –70 °C über Kieselgel.

Wichtig: Für die manuelle Synthese einen Überschuss von ca. 20 % des erforderlichen Volumens als Pipettierverlust einplanen, für die halbautomatische Synthese mit Pipettierrobotern das Totvolumen des Roboters berücksichtigen sowie zusätzliche 5–10 % Pipettierverlust einplanen!

FMOC-Aminosäure-Stammlösung

Der Bedarf an Aminosäure-Stammlösungen wird anhand der Peptidsequenzen und unter Berücksichtigung von etwaigen Pipettierverlusten für jede Aminosäure individuell bestimmt. Dann werden die Lösungen nach den in Tab. 18–3 angegebenen Angaben hergestellt, die angegebenen Mengen [mg] und

NMP Volumina [µl] ermöglichen die Herstellung von 1 ml der entsprechenden FMOC-Aminosäure Stammlösung. Die hergestellten Lösungen werden entweder sofort weiterverarbeitet oder in fl. Stickstoff schockgefroren. Endkonzentration: ~0,4 M FMOC-Aminosäure-OH; Lagerung: ca. 6–9 Monate dunkel bei –70 °C über Orangegel.

FMOC-β-Alanin-Membranankerlösung

Für das Koppeln des ersten β-Alaninankers wird eine frisch bereitete Lösung von *in situ* gebildetem FMOC-β-Alanin-Anhydrid benötigt.

- Je Cellulosemembran von 9 × 13 cm: 140 mg FMOC-β-Alanin-OH (Tab. 18–3) einwiegen, 2,25 ml DMF, 105 µl DICD, mischen, 10 min stehen lassen
- 45 µl MeIm zugeben, mischen. Endkonzentration: ~0,18 M FMOC-β-Alanin-OH, ~0,27 M DICD, ~0,23 M MeIm in DMF; in situ: 0,09 M FMOC-β-Alanin-Anhydrid, 0,23 M MeIm; Lagerung: nicht lagerfähig

FMOC-β-Alanin-Zweitankerlösung

Für das Koppeln des zweiten β-Alaninankers zur Spotdefinition wird eine frisch bereitete Lösung FMOC-β-Alanin-OPfp-Ester benötigt.

Für 192 *spots* (2 Cellulosemembranen) bei manueller Synthese oder 425 *spots* (1 Cellulosemembran) bei halbautomatischer Synthese mit einem AutoSpot Pipettierroboter:

- 29 mg FMOC-β-Alanin-OPfp in 1,5 ml-Reaktionsgefäß einwiegen
- 21 µl 0,7 M Ethylcyanoglyoxylat-2-oxim (ECO) in NMP, 150 µl NMP, 4 µl BPB-Stammlösung, 10 µl DICD, mischen
- 30 min stehen/reagieren lassen
- Mischung bei ~15.000 × g für 15 min bei RT zentrifugieren. Endkonzentration: ~0,28 M FMOC-β-Alanin-OPfp, ~0,07 M Ethylcyanoglyoxylat-2-*oxim* (ECO), ~0,30 M DICD in NMP); Lagerung: nicht lagerfähig

N-Methylpyrrolidon (NMP)

N-Methylpyrrolidon (1-Methyl-2-pyrrolidon, NMP) dient als Lösungsmittel im Kopplungsansatz. Es sollte daher immer deionisiert und entwässert werden. NMP ist lichtempfindlich.

- Zum Deionisieren ca 5 g trockenes Mischbett-Ionenaustauschharz (z.B. AG 501-X8 (D), Bio Rad) zusetzen, und die Mischung langsam bei RT im Dunkeln 12 h mit einem Hantelrührstab rühren; Amintest durchführen
- das deionisierte Filtrat in eine saubere trockene Glasflasche (Duran) geben, den Boden der Flasche ca. 1 cm mit aktiviertem Molekularsieb bedecken und ÜN bei RT im Dunkeln stehen lassen; dabei den Inhalt der Flasche in den ersten 5 h jeweils stündlich kurz aufschütteln. (Den Inhalt nicht kontinuierlich schütteln oder rühren, um die Bildung von Abrieb zu vermeiden!)
- Molekularsieb durch Filtration über eine doppelte Lage Faltenfilter durch einen Glastrichter entfernen; dabei die ersten 20–50 ml des Filtrats verwerfen
- das deaminierte/deionisierte Filtrat sofort in eine saubere trockene Glasflasche (Duran) geben, eine kleine Probe NMP entnehmen und nochmals auf die Anwesenheit von Aminen testen
- ist das NMP aminfrei, wird es sofort portioniert; Lagerung: ca. 12 Monate dunkel bei –70 °C über Orangegel

Molekularsieb

Um einer Flüssigkeit mit Molekularsieb Wasser entziehen zu können, muss das Molekularsieb durch Ausheizen (Ausglühen) aktiviert werden. Außerdem sollte der feine Abrieb von den Molekularsiebperlen entfernt werden, um Kontaminationen von Lösungsmittel und Reagenzien zu vermeiden.

- Zur Entfernung von Abrieb und Staub das Molekularsieb auf einer Filternutsche oder durch vorsichtiges Schwenken in einer Schale mit H_2O bidest. solange waschen, bis das Waschwasser fast klar ist

- nasses Molekularsieb in einen hitzefesten Behälter geben und ≥ 18 h bei 120 °C trocknen
- das vorgetrocknete Molekularsieb in trockne 250 ml Glasflaschen (Duran) überführen, die Flaschen mit perforierter Aluminiumfolie abdecken und 24 h bei 200 °C ausheizen
- Temperatur im Trockenschrank auf 170 °C senken, 1 h äquilibrieren lassen, Aluminiumfolie entfernen und auf die Flaschen trockene, hitzebeständige (dunkelrote) Glasflaschendeckel (Duran) locker aufsetzen; weitere 60 min bei 170 °C äquilibrieren lassen
- 170 °C heiße Flaschen mit locker aufgesetztem Deckel in einen Vakuumexsikkator (Glas) überführen, mindestens 3 cm Abstand von Exsikkatorwand und Deckel lassen und sofort Vakuum anlegen; Flaschen im Exsikkator über Nacht unter Vakuum auf RT abkühlen lassen.

Tab. 18–3: Fmoc Aminosäure Bausteine

Aminosäure Baustein[a]	Code[b]	MW[c]	Menge[d] [mg]	NMP[e] [µl]
FMOC-Alanin-OH	A	311,3	125	925
FMOC-β-Alanin-OH[f]	-	311,3	-	-
FMOC-β-Alanin-OPfp[f]	-	477,4	-	-
FMOC-Arginin(Pbf)-OH	R	648,8	260	844
FMOC-Asparagin(Trt)-OH	N	596,7	239	857
FMOC-Asparaginsäure(OtBu)-OH	D	411,5	165	901
FMOC-Cystein(Acm)-OH	C	414,5	166	900
FMOC-Glutaminsäure(OtBu)-OH	E	425,5	170	898
FMOC-Glutamin(Trt)-OH	Q	610,7	244	854
FMOC-Glycin-OH	G	297,3	119	929
FMOC-Histidin(Trt)-OH	H	619,7	248	851
FMOC-Isoleucin-OH	I	353,4	141	915
FMOC-Leucin-OH	L	353,4	141	915
FMOC-Lysin(Boc)-OH	K	468,5	187	888
FMOC-Methionin-OH	M	371,5	149	911
FMOC-Phenylalanin-OH	F	387,4	155	907
FMOC-Prolin-OH	P	337,4	135	919
FMOC-Serin(tBu)-OH	S	383,4	153	908
FMOC-Threonin(tBu)-OH	T	397,5	159	905
FMOC-Tryptophan(Boc)-OH	W	526,6	211	874
FMOC-Tyrosin(tBu)-OH	Y	459,6	184	890
FMOC-Valin-OH	V	339,4	136	918

[a] Die Reinheit der verwendeten Aminosäurederivate sollte ≥ 98% betragen. Die Lagerung sollte wasserfrei, trocken und je nach Angaben des Herstellers gekühlt erfolgen. Aminosäurederivate der Hersteller Merck (Novabiochem), Iris Biotech und Bachem wurden von den Autoren bereits mit Erfolg bei der Synthese von Peptid-Arrays auf Cellulosemembranen eingesetzt. Weitere Hersteller und Vertrieb: Advanced ChemTech, Anaspec, Sigma-Aldrich.
[b] Ein-Buchstaben-Code
[c] Molmasse (Molekulargewicht) in Dalton
[d] Eingewogene Menge an Aminosäure in mg für 1 ml 0,4 M Stammlösung
[e] Das NMP-Volumen (N-Methylpyrrolidon) zum Lösen der jeweiligen Aminosäure entspricht der Differenz aus eingewogener Aminosäure [in mg] multipliziert mit dem Korrekturfaktor 0,6 zu 1000 µl Gesamtvolumen.
[f] Die beiden Aminosäurederivate zur Herstellung des Esterankers werden in anderer Konzentration und in anderen Mengen benötigt. Für β-Alanin existiert keine allgemeingültige Abkürzung im Ein-Buchstaben-Code.

- Exsikkator langsam im Stickstoffstrom belüften, öffnen, Flaschen sofort gut zudrehen und mit Parafilm versiegeln; Lagerung: unbegrenzt bei RT über Phosphorpentoxid. **Sicherheitshinweis:** Glasflaschen (Duran) sind nicht vakuumfest! Deckel locker auflegen, um Explosion der Flaschen im Exsikkator zu vermeiden! Beim Umgang mit evakuierten Exsikkatoren immer Schutzbrille tragen!

Natriummethanolatlösung

21,6 g Natriummethanolat (NaOMe) in ein PP-Gefäß einwiegen, 80 ml DMF zugeben, mischen. Endkonzentration: 5 M NaOMe in Methanol; Lagerung: ≤ 1 Tag bei RT.

Sicherheitshinweis: NaOMe ist eine stark ätzende Verbindung, die beim Einwiegen Stäube bilden kann. Deshalb immer Schutzbrille, Kittel und Handschuhe tragen und NaOMe nur im Abzug handhaben!

PEG-Membranankerlösungen

Für die Ethermodifikation der Cellulosemembranen werden frisch bereitete Lösungen von Epibromhydrin und Perchlorsäure in Dioxan sowie von 4,7,10-Trioxa-1,13-tridecandiamin in DMF benötigt.

- PEG-Membranankerlösung 1: Je Cellulosemembran von 9 × 13 cm: 300 µl Epibromhydrin, 3 ml Dioxan, 30 µl Perchlorsäure, mischen.

Endkonzentration: ~1 M Epibromhydrin, ~0,1 mM Perchlorsäure in Dioxan; Lagerung: nicht lagerfähig.

- PEG-Membranankerlösung 2: Je Cellulosemembran von 9 × 13 cm: 6,5 ml 4,7,10-Trioxa-1,13-tridecandiamin in 33,5 ml DMF lösen, mischen.

Endkonzentration: ~0,75 M 4,7,10-Trioxa-1,13-tridecandiamin in DMF; Lagerung: nicht lagerfähig.

PEG-Membran-capping-Lösung

Die PEG-Membran-capping-Lösung muss immer frisch bereitet werden und sollte unmittelbar nach dem Ansetzen farblos sein. 3,8 ml Essigsäureanhydrid (Ac_2O), 7,7 ml Diisopropylethylamin (DIPEA) und 38,5 ml DMF zusammen geben. Endkonzentration: ~0,8 M Ac_2O, ~0,8 M DIPEA in DMF; Lagerung: nicht lagerfähig.

Piperidinlösung

20 ml Piperidin und 80 ml DMF zusammen geben. Endkonzentration: 20 % (v/v) Piperidin in DMF; Lagerung: ≤ 3 Monate bei RT.

Seitenkettenschutzgruppen-Abspaltlösung

Die Abspaltlösung ist eine licht-, oxidations- und feuchtigkeitsempfindliche Mischung. Da sie selbst Wasser enthält, zersetzt sie sich rasch und muss frisch bereitet werden. Je Cellulosemembran von 9 × 13 cm: 10 ml Methylenchlorid (Dichlormethan), 600 µl TIBS, 10 ml TFA, 400 µl H_2O bidest., mischen; Endkonzentration: ~3 % (v/v) TIBS, ~2 % (v/v) H_2O, ~50 % (v/v) TFA in Methylenchlorid; Lagerung: nicht lagerfähig.

Wichtig: Die oben angegebene Reihenfolge beim Ansetzen der Abspaltlösung muss beibehalten werden.

18.1.5 Durchführung

Theoretische Aspekte zur Planung der Bibliothek

Neben praktischen Aspekten sollte man sich an dieser Stelle auch darüber Gedanken machen, welche Informationen das nachfolgende biologische Experiment liefern soll, mit welchen Methoden man die zu synthetisierende Bibliothek analysieren möchte (*screening*) und wie die Resultate ausgewertet werden sollen. Fehlt beispielsweise eine wichtige Kontrolle, muss in der Regel das gesamte Experiment inklusive der Synthese einer neuen Bibliothek wiederholt werden.

Um den Erfolg des Synthesevorgangs selbst beurteilen zu können, ist es wichtig, in jeder Bibliothek Peptide für die Qualitätskontrolle vorzusehen. Diese Peptide sollten einen spaltbaren Membrananker aufweisen, so dass die betreffenden Peptide für die chemische Analytik von der Membran abgelöst werden können. Die Identität der synthetisierten Peptide kann dann massenspektrometrisch (z.B. Elektrospray Ionisation (ESI)-MS) überprüft werden. Die Reinheit der Peptide kann mit Hilfe von chromatographischen Verfahren (z.B. High Performance Liquid Chromatography (HPLC)) untersucht werden (Kramer *et al.*, 1999).

Ein weiteres wichtiges Kriterium ist die Unterscheidung von positiven und negativen Nachweisreaktionen. In den seltensten Fällen wird beim *screening* der Bibliothek an bestimmten *spots* überhaupt keine Färbung zu beobachten sein. Daher sollten zur Bestimmung des Hintergrundes eine Reihe von *spots* eingeplant werden, die z.B. nur die beiden Anker aufweisen oder Peptide mit einer irrelevanten Sequenz gleicher Länge enthalten. Auf der Basis dieser *spots* wird ein *cut-off*-Wert (Schwellenwert) für das Auftreten eines positiven Signals bestimmt. Frey *et al.* (1998) beschrieb ein Verfahren, das einen *cut-off*-Wert statistisch definiert. So wird eine Aussage über die Wahrscheinlichkeit getroffen, mit der ein über dem *cut-off*-Wert liegendes Signal tatsächlich eine spezifische Bindung bedeutet.

Um für den umgekehrten Fall, d.h. das komplette Ausbleiben von Signalen, gewappnet zu sein, empfiehlt es sich, Positivkontrollen mitzuführen. In Fällen, in denen keine interne Positivkontrolle bekannt ist, kann man z.B. eine Sequenz als Positivkontrolle verwenden, gegen die monoklonale Antikörper verfügbar sind. Solche externen Positivkontrollen positioniert man am besten am Rand der Membran, so kann der *spot* gegebenenfalls abgetrennt und separat überprüft werden. Idealerweise sollten mehrere Positiv- und Negativkontrollen nach dem Zufallsprinzip gleichmäßig über die gesamte Membran verteilt werden, sodass man regionale Trends in den Signalintensitäten erfassen kann. Dies ist insbesondere dann von Bedeutung, wenn man Resultate von verschiedenen Membranen vergleichen, Signalintensitäten zueinander ins Verhältnis setzen oder Rückschlüsse auf die Bindungsaffinität des Liganden aus den Signalintensitäten ableiten möchte (Weiser *et al.*, 2005).

Weiterhin sollte berücksichtigt werden, ob die Cellulosemembran als Ganzes oder in Teilen untersucht werden soll. Die *spots* tendieren dazu, sich während der Synthese zu vergrößern, sodass insbesondere bei längeren Peptiden kaum noch Freiraum zum Schneiden der Cellulosemembran zwischen den *spots* existiert. Es sollten daher gegebenenfalls Leerreihen zum Schneiden und Markieren der Cellulosemembran eingeplant werden.

Soll die Bedeutung einzelner Aminosäuren innerhalb eines Sequenzmotivs für die Bindung von Liganden untersucht werden, muss man in der Regel einen kombinatorischen Ansatz wählen. Im einfachsten Fall reicht ein konsekutives Mutieren jeder einzelnen Sequenzposition mit Alanin (Alanin-*scan*) oder ein Verkürzen des Motivs (z.B. Laune *et al.*, 1997). Dabei sinkt das Signal, sobald eine für die Ligandenbindung essentielle Aminosäureseitenkette fehlt oder durch die „neutrale" Methylgruppe des Alanins ersetzt wird, wobei das Ausmaß des Signalverlustes die Bedeutung der jeweils fehlenden bzw. ersetzten Aminosäure reflektiert. Weitergehende Informationen, z.B. zu erlaubtem oder Affinitäts verbesserndem Austausch erhält man durch einen kompletten Positional-*scan*, bei dem jede Position konsekutiv mit jeder der verbleibenden 19 proteinogenen Aminosäuren mutiert wird (z.B. Huang *et al.*, 2003, Hilpert *et al.*, 2005). Liefert der Positional-*scan* keine eindeutige Aussage über die für die Ligandenbindung essentiellen Aminosäuren oder führt die Kombination der jeweils besten Punktmutationen nicht zu einem verbesserten Peptid, basiert die Ligandenbindung vermutlich auf der Kooperation mehrerer Aminosäuren des Peptids. Zur Aufklärung solcher Effekte sind noch komplexere kombinatorische Ansätze erforderlich, für die Mischpopulationen von Peptiden benötigt werden. Bei ihnen werden an bestimmten Sequenzpositionen mehrere oder alle proteinogenen Aminosäuren bei der Synthese eingesetzt (z.B. Rodriguez *et al.*, 2004). Um sicherzustellen, dass die Bibliothek an solchen Positionen repräsentativ bleibt, sollte man die FMOC-Aminosäureaktivester-Mischungen in mehreren Applikationsrunden jeweils im molaren Unterschuss zum Anker pipettieren, da ansonsten reaktivere Aktivester die Kopplung dominieren (Frank *et al.*, 1996). In solchen Mischpopulationen sinkt die Menge an relevantem Peptid relativ schnell, sodass auch die Affinität des Liganden, die Sensitivität des Nachweissystems und die Zahl aller möglichen Permutationen berücksichtigt werden muss.

Dies sind allerdings nicht die einzigen Randbedingungen, die für das korrekte Design einer kombinatorischen Bibliothek von Bedeutung sind. In der Regel sind hier umfassende theoretische Überlegungen im Vorfeld der Synthese erforderlich, die den Rahmen dieses Kapitels sprengen würden. Anwender mit kombinatorischen Fragestellungen werden daher auf die umfangreiche Fachliteratur zur kombinatorischen Chemie allgemein und zur Anwendung der *spot*-Synthese für kombinatorische Probleme verwiesen (z.B. Bracci *et al.*, 2001, Dostmann *et al.*, 1999, Frank *et al.*, 1996, Koch und Mahler, 2002, Kopecky *et al.*, 2005, Kramer *et al.*, 1995, Rodriguez *et al.*, 2004).

Praktische Aspekte zur Planung der Bibliothek

Wie aus Tab. 18–4 ersichtlich, hängt die Zahl der kontaminationsfrei pro Flächeneinheit synthetisierbaren Peptide von der Art des Celluloseträgers sowie von den Volumina der zu applizierenden β-Alanin-Zweitankerlösung bzw. der Aminosäureaktivester-Lösungen ab.

Da bei manueller Synthese die Applikation mithilfe einer Mikropipette erfolgt und der Pipettierfehler bei kleinen Volumina stark ansteigt, sollten zur Definition der β-Alanin-Zweitanker und zur Applikation der Aminosäureaktivester-Lösungen nicht weniger als 0,3 μl bzw. 0,6 μl pro *spot* appliziert werden. Außerdem kann die positionsgenaue Applikation der Lösungen auch für den geübten Experimentator nie mit der gleichen Präzision wie mit einem Pipettierautomaten erfolgen und das Risiko von Verwechslungen steigt mit zunehmender Zahl von Pipettierschritten. Daher sollte man für manuell synthetisierte Bibliotheken größere Abstände zwischen den *spot*-Positionen einplanen und nicht mehr als 96 Peptide für einen Whatman 540 Cellulosemembran von 9 × 13 cm vorsehen.

Nach der Platzzuordnung für jedes Peptid wird, mit den Carboxytermini der zu synthetisierenden Peptide beginnend, für jeden Synthesezyklus ein Pipettierschema erstellt, in dem die Art und Position der in dem jeweiligen Zyklus erforderlichen Aminosäuren in ein Raster eingetragen wird. Eine elegante Lösung ist, die Schemata im Maßstab 1:1 zum verwendeten Dot-Blot-Apparat oder zur Pipettierschablone der Applikationsstation abzubilden und die Positionen für jede einzelne Aminosäure für jeden Zyklus mithilfe eines Locheisens oder einer Lochzange auszustanzen. Das Schema verhindert dann, als Maske über die Pipettierschablone gelegt, Fehlpipettierungen und dokumentiert gleichzeitig den Syntheseverlauf (Abb. 18–2).

Auf Basis der Pipettierschemata wird die erforderliche Menge an Aminosäure- und HOBt- oder ECO-Stammlösungen bzw. Aminosäure/ECO-Mischungen bestimmt. In natürlichen Proteinen seltener vorkommende Aminosäuren, deren Derivate meist recht teuer sind (z. B. Tryptophan oder Cystein), werden sicherlich in geringerer Menge benötigt als häufige, kostengünstige Aminosäuren (z.B. Alanin

Tab. 18–4: Peptid-Array-Konfigurationen[a]

Anzahl Spots	Membran-typ[b]	Dicke [mm]	Anker[c] [μmol × ml⁻¹]	Pipettier-volumen[d] [μl]	*spot*-Größe [mm]	*spot*-Abstand [mm]	Ausbeute[e] [nmol]
8 x 12 = 96	540	0,16	0,2-0,4	0,5/0,7	7	9	25
7 x 10 = 70	Chrl	0,18	0,4-0,6	1,0/1,5	8	10	50
17 x 25 = 425	540	0,16	0,2-0,4	0,1/0,15	3	4	6
40 x 50 = 2000	50	0,12	0,2-0,4	0,03/0,05	1	2	1

[a] Angaben für eine Filtermembran von 9 x 13 cm nach Frank et al. (1996). Die in dieser Tabelle angegebenen Werte zu Derivatisierungsrate, Pipettiervolumen, *spot*-Größe und Ausbeute können sich von den Angaben in diesem Kapitel unterscheiden

[b] Cellulosemembran (Whatman)

[c] Durchschnittliche Derivatisierungsrate mit erstem ß-Alanin-Anker

[d] Pipettiervolumen zur *spot*-Definition / Pipettiervolumen für den Aufbau der Peptidkette

[e] Syntheseausbeute pro *spot*, Durchschnittswerte

oder Glycin). Es ist allerdings aufgrund der Verwechslungsgefahr nicht ratsam, immer nur exakt so viel Aminosäure-ECO-Mischung für jeden Zyklus vorzubereiten, wie auch tatsächlich benötigt wird. Es wären dann für eine Bibliothek mit 10-mer Peptiden 200 verschiedene Aminosäure-ECO-Mischungen erforderlich, die alle mit unterschiedlichen Mengen DICD unmittelbar vor der Synthese aktiviert werden müssen. Sinnvoller ist hier eine Aufteilung in seltene und häufige Aminosäuren, wobei für jede Aminosäure immer so viel Aminosäure/Oxim-Mischung vorbereitet werden sollte, dass die Menge in jedem der vorgesehenen Synthesezyklen ausreichen würde.

Da die Gesamtsyntheseausbeute von der Ausbeute der einzelnen Schritte und ihrer Zahl, also der Länge der Peptide, abhängt, ist es ratsam, bei Synthesen von Peptiden über 10 bis 12 Aminosäuren Länge, 3 statt 2 Wiederholungen jeder Kopplung durchzuführen.

Optional: Steht ein Pipettierroboter, wie z.B. der AutoSpot, zur Verfügung, dann muss die Platzzuordnung für jedes Peptid, die Abfolge der Synthesezyklen sowie die Festlegung der Ortskoordinaten (x-, y- und z-Position) für jeden Applikations- und Ansaugschritt mit der vom Hersteller des Pipettierroboters gelieferten Software vor Beginn der gesamten Synthese erfolgen.

18.1.5.1 Routine-Arbeitsschritte

Alle Reaktions- und Waschschritte, die während der manuellen oder semiautomatisierten Peptidsynthese mit der kompletten Peptidbibliothek (Cellulosemembran) durchgeführt werden, erfolgen in verschließbaren Wannen auf einem langsam laufenden Wippschüttler. Die Lösungen werden nach der Inkubation abgesaugt. Die Cellulosemembranen sollten mit einer Filterpinzette oder mit Handschuhen gehandhabt werden, immer so gut von Flüssigkeit bedeckt sein, dass beim Schütteln eine kleine Welle über den Cellulosemembran läuft, und gelegentlich gewendet werden. In der vollautomatisierten Peptidsynthese werden diese Arbeitsschritte vom Syntheseroboter durchgeführt.

Durchführung

Im Folgenden sind alle Arbeitsschritte, die mehrfach im nachfolgenden Versuchsprotokoll vorkommen, in allgemeiner Form beschrieben:

- Trocknen: In Ethanol gewaschene Cellulosemembran abtropfen lassen und zunächst zwischen zwei Membranfilter (Whatman, 3MM) legen; dann Ethanol mit dem Kaltluftgebläse bei RT vollständig entfernen
- In Lösungsmittel waschen: In entsprechendem Lösungsmittel waschen; 15 ml pro Cellulosemembran (zuerst ca. 30 s, nachfolgende Waschschritte 2 min oder länger). **Wichtig:** Die Waschzeiten richten sich nach der Zahl der zu waschenden Cellulosemembranen! Die Cellulosemembranen sollen gut mit Waschlösung bedeckt sein und leicht einzeln in der Wanne hin- und herschwimmen können. Je mehr Cellulosemembranen parallel behandelt werden, desto gründlicher muss gewaschen werden, da sich die Reagenzien länger zwischen den Filtern halten können!
- Entschützen, 5 min: Jeweils bis zu 2 Cellulosemembranen in einer Glas- oder PP-Schale unter dem Abzug platzieren; je Cellulosemembran 10 ml Piperidinlösung zugeben und 5 min bei RT inkubieren
- *Capping:* In *capping*-Lösung fünfmal waschen, max. 20 min; maximal zwei Cellulosemembranen in eine Glas- oder PP-Schale mit jeweils 15 ml *capping*-Lösung pro Cellulosemembran legen und fünfmal so lange waschen (zweimal ~30 s, zweimal ~5 min, einmal ~10 min), bis die Färbung der *spots* beinahe verschwunden ist. **Wichtig:** Maximal 2 Cellulosemembranen zusammen waschen und die ersten beiden Waschschritte kurz halten, um die überschüssige FMOC-Aminosäure möglichst schnell herauszuwaschen! Je länger die Peptidkette wird, desto schwieriger wird eine vollständige Entfernung!
- Färben: Je Cellulosemembran 15 ml Färbelösung zugeben und so lange bei RT inkubieren, bis die *spots* tiefblau und die überstehende Lösung gelb gefärbt sind; dabei die Färbelösung so oft austauschen, bis sie ihre gelbe Farbe behält
- Weiterarbeiten mit eingelagerten Filtern: Vor dem Weiterarbeiten mit eingelagerten Filtern diese in der verschlossenen Verpackung mindestens für 15–30 min auf RT anwärmen lassen.

18.1.5.2 Aminoderivatisierung des Celluloseträgers

Sowohl Aminosäureester- als auch Aminoalkanether derivatisierte Cellulosemembranen sind auch kommerziell erhältlich (AIMS Scientific Products, Rapp Polymere, Sigma Genosys). Bei Verwendung bereits aminoderivatisierter Cellulosemembranen entfallen die hier beschriebenen Arbeitsschritte.

Durchführung

Aminoderivatisierung der Cellulosemembran mit dem β-Alaninanker

- Cellulosemembranen (Whatman 540) vorbereiten (Größe: 13 × 9 cm = 117 cm²) und zusätzlich mehrere Membranschnipsel von exakt 1 cm² Fläche ausschneiden
- Cellulosemembranen und Membranschnipsel über Nacht (ÜN) in einem Exsikkator im Hochvakuum (Ölpumpe) trocknen
- frische FMOC-β-Alanin-Membranankerlösung bereiten
- Cellulosemembranen und Membranschnipsel in eine Glaswanne oder PP-Schale legen
- ÜN bei RT derivatisieren: FMOC-β-Alaninankermischung auf maximal 4 übereinanderliegende Cellulosemembranen und Membranschnipsel pipettieren, Wanne mit Deckel gut abschließen, gegebenenfalls mit Parafilm versiegeln und Cellulosemembranen ÜN bei RT inkubieren; das Gefäß muss auf ebener Unterlage stehen und es dürfen keine Luftblasen zwischen den einzelnen Cellulosemembranen verbleiben; am nächsten Morgen werden die vier Cellulosemembranen alle einmal gewendet und über Tag weiter inkubiert. **Wichtig:** Zeigt die Analyse des Derivatisierungsgrades eine unzureichende Derivatisierung, können die Cellulosemembranen noch eine weitere Nacht mit frischer Lösung inkubiert werden!

Spektralphotometrische Analyse des Derivatisierungsgrades

- Membranschnipsel entnehmen: 1–2 h vor Ende der Derivatisierungszeit und vor dem Cellulose-*capping* (s.u.) ein oder zwei Membranschnipsel entnehmen und in ein kleines Schnappdeckelglas geben
- dreimal ca. 1 min mit jeweils 2 ml DMF unter leichtem Schwenken und Schütteln waschen
- Entschützen: jeweils genau 1 ml DBU-Lösung pro Membranschnipsel zugeben und 30 min bei RT schwenken
- FMOC-Gehalt (DBU-Fulvenaddukt) der Piperidinlösung bestimmen: Lösung in eine Küvette überführen und im Spektralphotometer bei 304 nm vermessen (Messküvette) und den Hintergrund einer FMOC freien DBU-Lösung (Vergleichsküvette) abziehen
- FMOC-Gehalt der DBU-Lösung berechnen: der FMOC-Gehalt der Lösung wird nach dem Lambert-Beerschen-Gesetz (E = ε × c × d) mit dem Extinktionskoeffizient ε von FMOC, dem Strahlengang d, dem Volumen der DBU-Lösung V und dem Verdünnungsfaktor n bestimmt; die resultierende Gleichung lautet:

$$\mu\text{mol A min pro cm}^2 = \frac{OD_{304} \times n \times V \text{ [ml]}}{\varepsilon_{304} \times S \text{ [cm}^2\text{]} \times d \text{ [cm]}}$$

Unter Berücksichtigung der obengenannten Werte $[\varepsilon]_{304}$ = 7.624 M^{-1} cm^{-1}, d = 1 cm, V = 1 ml, n = 1 und S = Membranschnipselfläche [cm²] ergibt sich folgende vereinfachte Gleichung für einen 1 cm² großen Membranschnipsel:

nmol Amin pro cm² = nmol FMOC pro Filterschnipsel = OD_{304} × 131

Angestrebtes Ergebnis: Für Whatman 540 Membranen sollte die Derivatisierung bei ~ 50–200 nmol Amin pro cm² Cellulosemembran liegen.

Cellulose-capping (Absättigen verbliebener Hydroxylgruppen)

Nach Erreichen des gewünschten Derivatisierungsgrades die Cellulosemembranen wie folgt weiterbehandeln:

- Dreimal in DMF waschen (Abschn. 18.1.5.1)
- *capping* ÜN bei RT: Zunächst dreimal in *capping*-Lösung waschen, dann die Cellulosemembranen in 15 ml frische *capping*-Lösung pro Cellulosemembran legen, Wanne mit Deckel gut verschließen, ggf. mit Parafilm umkleben und die Cellulosemembranen ÜN bei RT unter Schwenken bzw. Schütteln auf einem Wippschüttler inkubieren; am nächsten Morgen sowie am Nachmittag nochmals einen Wechsel der *capping*-Lösung vornehmen und bis zum Abend weiter inkubieren
- viermal in DMF waschen (Abschn. 18.1.5.1)
- dreimal in Ethanol waschen (Abschn. 18.1.5.1)
- Trocknen (Abschn. 18.1.5.1)

Optional: Da sich beladene Cellulosemembranen mit geschützten Aminotermini besser lagern lassen, werden die FMOC-Schutzgruppen nur abgespalten, wenn unmittelbar mit den Filtern weitergearbeitet werden soll; andernfalls werden die Cellulosemembranen wie unter 18.1.5.6 beschrieben eingelagert.

Entschützen des β-Alaninankers

Getrocknete oder trocken gelagerte FMOC-β-Alanin derivatisierte Cellulosemembranen wie folgt weiterbehandeln:

- Entschützen, 5 min (Abschn. 18.1.5.1)
- fünfmal in DMF waschen (Abschn. 18.1.5.1)
- dreimal in Ethanol waschen (Abschn. 18.1.5.1)
- Trocknen (Abschn. 18.1.5.1)

Aminoderivatisierung der Cellulosemembran mit dem PEG-Membrananker

- Cellulosemembranen (Whatman 540) vorbereiten (Größe: 13 × 9 cm = 117 cm²) und zusätzlich mehrere Membranschnipsel von exakt 1 cm² Fläche ausschneiden
- Cellulosemembranen und Membranschnipsel über Nacht (ÜN) in einem Exsikkator im Hochvakuum (Ölpumpe) trocknen
- frische PEG-Membranankerlösungen bereiten
- Cellulosemembranen und Membranschnipsel in eine Glaswanne legen
- 4 h bei RT derivatisieren: (PEG-Membranankerlösung 1) auf maximal 4 übereinanderliegende Cellulosemembranen und Membranschnipsel pipettieren, Wanne mit Deckel gut abschließen, Cellulosemembranen 2 h bei RT inkubieren; das Gefäß muss auf ebener Unterlage stehen und es dürfen keine Luftblasen zwischen den einzelnen Cellulosemembranen verbleiben; danach werden die vier Cellulosemembranen alle auf einmal gewendet und 2 h weiter inkubiert
- die Cellulosemembranen und Membranschnipsel in 2 Glasschalen verteilen und mit je 20 ml Dioxan pro Cellulosemembran 3 × 5 min waschen; die Cellulosemembranen unter dem Abzug mit dem Kaltluftgebläse vortrocknen und 1h im Exsikkator am Ölpumpenvakuum trocknen
- 3 h bei RT derivatisieren: (PEG-Membranankerlösung 2) auf maximal 2 übereinanderliegende Cellulosemembranen und Membranschnipsel verteilen, Wanne mit Deckel gut abschließen, Cellulosemembranen auf dem Wippschüttler bei RT 3 h inkubieren; die Cellulosemembranen alle 30 min wenden
- 30 min bei RT derivatisieren: Natriummethanolatlösung auf die Schalen mit den Filtern verteilen und 30 min unter Schwenken inkubieren, die Cellulosemembranen hin und wieder wenden; die Membranen 7 × mit je 20 ml Methanol pro Cellulosemembran waschen, beim letzten Waschvorgang den pH-Wert der Waschlösung kontrollieren, liegt der pH-Wert noch über 8 die Schalen wechseln und weitere 3 × mit Methanol waschen

- je 1 ml β-Alanin-Zweitankerlösung zur Analyse des Derivatisierungsgrades zu je einem Membranschnipsel zugeben und 30 min bei RT inkubieren, anschließend 3 × mit je 1 ml DMF waschen (mit der Hand schütteln); beim letzten Waschvorgang die Lösung vollständig aus dem Gefäß entfernen, es dürfen keine Tropfen an den Gefäßwänden zurückbleiben
- genau 1 ml DBU-Lösung pro Membranschnipsel zu den Membranschnipseln geben und 30 min bei RT inkubieren, in einem Photometer bei 304 nm gegen eine frische DBU-Lösung wie oben beschrieben vermessen. **Wichtig:** Analyse des Derivatisierungsgrades, das angestrebte Ergebnis für die PEG-Cellulosemembranen sollte bei ca. ~50–200 nmol Amin pro cm² liegen.

18.1.5.3 Definition der *spots* und Verlängerung der Membrananker

Durchführung

Vorbereitung der aminoderivatisierten Cellulosemembran
- Zur Markierung der Cellulosemembran und ihrer Orientierung bei der Synthese mit der Schere am Rand der Membran ein Stück ausschneiden oder eine Bleistiftmarkierung anbringen
- an der Cellulosemembran und an einem im Exsikkator getrockneten Membranfilter (Whatman, 3MM) gleicher Größe Löcher zur Aufnahme von Membranfilter und Cellulosemembran in der Halterung der Applikationsstation markieren und mit einem Locheisen oder einer Lochzange ausstanzen
- zunächst Membranfilter (Whatman, 3MM), dann markierte Cellulosemembran auf die Teflonplatte der Applikationsstation legen bzw. auf die Filterhalterungen stecken; Pipettierschablone auf der Cellulosemembran fixieren, Markierschablone darüber legen (Abb. 18–2); die Position der *spots* mit einem weichen Bleistift markieren und Markierschablone wieder abnehmen. **Optional:** Ist keine Applikationsstation verfügbar, kann stattdessen auch ein 96 Well-Dot-Blot-Apparat (Abschn. 10.1.4) aus lösungsmittelresistentem Kunststoff oder Metall zur *spot*-Positionsmarkierung verwendet werden. **Wichtig:** Zur Markierung der Cellulosemembran keine Kugelschreiber, Filzstifte oder ähnliches verwenden, da die Farbe durch die in der Synthese verwendeten Lösungsmittel schnell herausgewaschen wird!

Optional (für die halbautomatische Synthese von max. 425 Peptiden pro Whatman 540 Cellulosemembran mit dem AutoSpot Pipettierroboter):
- Pipettierroboter vorbereiten und Funktionsfähigkeit durch einen Testlauf ohne Cellulosemembran und Reagenzien überprüfen
- mit dem Membrananker derivatisierte Cellulosemembranen und getrocknete Membranfilter (Whatman, 3MM) wie für die manuelle *spot*-Definition beschrieben markieren, und falls erforderlich die Löcher zur Aufnahme in der Halterung des Roboters ausstanzen
- Membranfilter (Whatman, 3MM) und markierte Cellulosemembranen auf die Arbeitsfläche des Pipettierroboters legen bzw. auf die Halterung stecken und die Metallrahmen auf die Membranen und die darunter liegenden Membranfilter (Whatman, 3MM) auflegen.

Definition der spots und Verlängerung der Membrananker
- FMOC-β-Alanin-Zweitankerlösung bereiten
- falls ein Sediment nach der Zentrifugation auftritt, die Lösung in ein frisches Reaktionsgefäß überführen, ohne das Sediment aufzuwirbeln.
- 0,3 µl FMOC-β-Alanin-Zweitankerlösung bei RT auf jede *spot*-Position pipettieren und jeden *spot* ≥ 30 min reagieren lassen
- Applikation in gleicher Reihenfolge noch zweimal wiederholen und die Cellulosemembran nach letzter Applikation noch ≥ 30 min ausreagieren lassen. **Anmerkung:** Wird für die Applikation immer die gleiche Reihenfolge eingehalten, gilt die Reaktionszeit des ersten spots, d.h. dauert die Applikation 30 min,

dann hat der erste *spot* beim Abschluss der ersten Applikation bereits 30 min reagiert und die zweite Applikationsrunde kann unmittelbar angeschlossen werden! Die Farbe der *spots* sollte nach erfolgreicher Kopplung des zweiten β-Alaninankers von blau über grün nach gelb umschlagen.

Optional (für halbautomatische Synthese von max. 425 Peptiden pro Cellulosemembran (Whatman, 540) mit dem AutoSpot Pipettierroboter):

- FMOC-β-Alanin-Zweitankerlösung bereiten, Deckel des Reaktionsgefäßes abschneiden und Gefäß ohne eventuell auftretendes Sediment aufzuwirbeln in die dafür vorgesehene Position des Pipettierroboters stellen
- Sequenz- und Positions-*files* (0,1 µl Pipettiervolumen; 1 Pipettierzyklus; 3 Wiederholungen, x y z-Koordinaten) am Computer aufrufen und Pipettiervorgang starten
- jeden *spot* ≥ 30 min reagieren lassen
- Applikation noch zweimal wiederholen und die Cellulosemembran nach letzter Applikation noch ≥ 30 min ausreagieren lassen. **Anmerkung:** Werden mehr als 400 *spots* definiert, erfordert der Pipettiervorgang auch mit dem AutoSpot Pipettierroboter mehr als 30 min, sodass die zweite und dritte Applikation unmittelbar angeschlossen werden kann!

Membran-capping außerhalb der spots

Estermodifizierte β-Alanin-Cellulosemembranen:

- In *capping*-Lösung fünfmal waschen, max. 20 min
- *capping* ÜN bei RT: 15 ml je Cellulosemembran *capping*-Lösung auf die Cellulosemembranen geben, Wanne mit Deckel gut abschließen, ggf. mit Parafilm umkleben und Cellulosemembranen ÜN bei RT unter Schütteln auf einem Wippschüttler inkubieren
- dreimal in DMF waschen (Abschn. 18.1.5.1)

Ethermodifizierte PEG-Cellulosemembranen:

- In *capping*-Lösung fünfmal waschen, max. 20 min
- *capping* 2 h bei RT: 15 ml je Cellulosemembran PEG-Membran-*capping*-Lösung auf die Cellulosemembranen geben, Wanne mit Deckel gut abschließen und Cellulosemembranen 2 h bei RT unter Schwenken auf einem Wippschüttler inkubieren
- fünfmal in DMF waschen (Abschn. 18.1.5.1). **Optional:** An dieser Stelle kann die Synthese unterbrochen und die Cellulosemembranen können nach dreimaligem Waschen in Ethanol (Abschn. 18.1.5.1) und Trocknen (Abschn. 18.1.5.1) eingelagert werden, wie unter 18.1.5.6 beschrieben

Entschützen des zweiten β-Alaninmembranankers

- Entschützen, 5 min (Abschn. 18.1.5.1)
- fünfmal in DMF waschen (Abschn. 18.1.5.1)

Färben der β-Alanin-spots

- Färben (Abschn. 18.1.5.1)
- dreimal in Ethanol waschen (Abschn. 18.1.5.1)
- Trocknen (Abschn. 18.1.5.1)

18.1.5.4 Synthesezyklus

Durchführung

Verlängerung der Peptidkette um eine Aminosäure

- Trockene Cellulosemembran mit definierten, entschützten *spots* (mit bereits aufgebrachtem, entschütztem zweiten β-Alaninmembrananker) auf die Teflonplatte der Applikationsstation legen bzw. auf die

Membranhalterungen stecken, Pipettierschablone auf der Cellulosemembran fixieren, und gegebenen-falls die für den entsprechenden Zyklus und die erste Aminosäure individuell gelochte Papiermaske auflegen

- FMOC-Aminosäureaktivester-Lösungen bereiten. **Anmerkung:** Die Haltbarkeit der FMOC-Amino-säureaktivester ist in verschlossenen Reaktionsgefäßen auf jeden Fall so hoch, dass alle FMOC-Amino-säureaktivester-Lösungen für einen Synthesezyklus zusammen unmittelbar vor dem Zyklus angesetzt werden können. FMOC-Argininaktivester sind am labilsten und sollten daher zuerst pipettiert werden. FMOC-Aminosäureaktivester-Lösungen für jeden Synthesezyklus frisch ansetzen!
- 0,6 µl der FMOC-Aminosäureaktivester-Lösungen bei RT auf jede dafür vorgesehene *spot*-Position pipettieren und jeden *spot* ≥ 30 min reagieren lassen
- Applikation in gleicher Reihenfolge noch einmal oder zweimal (bei ≥ 10–12mer Peptiden) wiederholen und Cellulosemembran nach letzter Applikation ≥ 30 min ausreagieren lassen. **Anmerkung:** Wird für die Applikation immer die gleiche Reihenfolge eingehalten, gilt die Reaktionszeit des ersten *spots*, d.h. dauert die Applikation 30 min, dann hat der erste *spot* beim Abschluss der ersten Applikation bereits 30 min reagiert und die zweite Applikationsrunde kann unmittelbar angeschlossen werden. Nach erfolg-reicher Kopplung sollte die Farbe der *spots* von blau über grün nach gelb umschlagen!

Wichtig: Bei Arginin, Glutamin, Asparagin und insbesondere Histidin wird kein vollständiger Farbum-schlag im betreffenden Zyklus und den ersten Zyklen danach beobachtet!

Optional (für halbautomatische Synthese von max. 425 Peptiden pro Cellulosemembran (Whatman, 540) mit dem AutoSpot Pipettierroboter):

- FMOC-Aminosäureaktivester-Lösungen bereiten, Deckel der Reaktionsgefäße abschneiden und Gefä-ße, ohne das evtl. auftretende Sediment aufzuwirbeln, in die dafür vorgesehene Position des Pipettier-roboters stellen. **Anmerkung:** Die Haltbarkeit der FMOC-Aminosäureaktivester ist auch in offenen Reaktionsgefäßen bei normaler Luftfeuchtigkeit so hoch, dass alle FMOC-Aminosäureaktivester-Lösungen für einen Synthesezyklus zusammen unmittelbar vor dem Zyklus angesetzt werden können. FMOC-Argininaktivester sind am labilsten und sollten daher zuerst pipettiert werden. Für jeden Syn-thesezyklus frisch aktivierte Aminosäureaktivester-Lösungen verwenden!
- Sequenz- und Positions-*files* (0,2 µl Pipettiervolumen; erforderliche Pipettierzyklen; drei Wiederho-lungen; x y z-Koordinaten) am Computer aufrufen und Pipettiervorgang starten. **Wichtig:** Beachten, dass die Syntheseorte durch die Koordinaten des β-Alaninmembrananker-*files* schon vorgegeben sind!
- jeden *spot* ≥ 30 min reagieren lassen
- Applikation zweimal wiederholen und Cellulosemembranen nach letzter Applikation noch ≥ 30 min ausreagieren lassen.

Anmerkung: Werden mehr als 400 *spots* synthetisiert, erfordert der Pipettier- und Waschvorgang für jede Aminosäure mehr als 30 min, sodass die zweite und dritte Applikation unmittelbar angeschlossen werden können!

Capping unreagierter Aminotermini
- In *capping*-Lösung fünfmal waschen, max. 20 min (Abschn. 18.1.5.1)
- dreimal in DMF waschen (Abschn. 18.1.5.1)

Entschützen der Peptid-spots
- Entschützen, 5 min (Abschn. 18.1.5.1)
- fünfmal in DMF waschen (Abschn. 18.1.5.1)

Färben der Peptid-spots
- Färben (Abschn. 18.1.5.1)
- dreimal in Ethanol waschen (Abschn. 18.1.5.1)
- Trocknen (Abschn. 18.1.5.1)

18.1.5.5 End-*capping* und Abspaltung der Aminosäureseitenketten-Schutzgruppen

Durchführung

End-capping

Beim End-*capping* werden die Peptide aminoterminal mit einer Acetylgruppe versehen. Dieser Schritt wird in der Regel durchgeführt, ist aber nicht zwingend notwendig. Das Verfahren ist identisch mit den *capping*-Schritten während des Synthesezyklus.

Abspalten der Aminosäureseitenketten-Schutzgruppen
- Frische Seitenketten-Schutzgruppen-Abspaltlösung ansetzen
- Cellulosemembran in Seitenketten-Schutzgruppen-Abspaltlösung legen: je Membran 10 ml Lösung vorlegen und Membran in die Abspaltlösung hineingleiten lassen
- zweimal 1 h Seitenketten-Schutzgruppen abspalten: Cellulosemembran durch Schwenken vollständig benetzen; Wanne gut verschließen, gegebenenfalls mit Parafilm umkleben (um das Verdunsten der Lösung zu verhindern) und 1 h bei RT schwenken; nach 1 h Seitenketten-Schutzgruppen-Abspaltlösung erneuern und eine weitere Stunde inkubieren
- viermal in Methylenchlorid waschen (Abschn. 18.1.5.1)
- dreimal in DMF waschen (Abschn. 18.1.5.1)
- zweimal in Ethanol waschen (Abschn. 18.1.5.1)
- dreimal in 1 M Essigsäure waschen, pH 1,9 (Abschn. 18.1.5.1)
- dreimal in Ethanol waschen (Abschn. 18.1.5.1)
- Trocknen (Abschn. 18.1.5.1).

18.1.5.6 Lagerung der Peptidbibliotheken

Nach dem vollständigen Trocknen der Cellulosemembranen im Luftstrom können die Membranen einzeln oder zu mehreren in Polyethylenfolie eingeschweißt werden und bei −20 °C oder bei −70 °C gelagert werden. Es ist wichtig, dass die Membranen dabei trocken und frei von Eiskristallen bleiben. Für die längere Lagerung ist es daher empfehlenswert, die eingeschweißten Membranen zusammen mit Trockenmittel (Orangegel) in einem Exsikkator im Gefrierschrank zu lagern; Lagerung: ≥ 9 Monate.

18.2 Screening der Peptidbibliotheken

Auf Cellulosemembranen synthetisierte Peptidbibliotheken unterscheiden sich nicht nur optisch kaum vom klassischen Protein-Dot-Blot (Abschn. 10.1.4). Auch das *screening* der Peptidbibliothek mit löslichen Liganden kann im Prinzip nach den für Protein-Blots beschriebenen Verfahren erfolgen (Abschn. 10.1.6–10.1.7). Es gibt allerdings einige wesentliche Unterschiede zwischen einer *spot*-synthetisierten Peptidbibliothek und einem Protein-Dot-Blot, die bei der Wahl und dem Aufbau eines Nachweis- und Visualisierungssystems berücksichtigt werden müssen.

Einer der für die Beurteilung einer Peptid/Ligand-Wechselwirkung bedeutsamsten Unterschiede ist die Menge an Peptid pro *spot* bzw. Protein pro Dot. Während beim Dot-Blot üblicherweise 0,1–10 µg Protein pro Dot aufgebracht werden, was bei einem mittelgroßen Protein wie Rinderserumalbumin (MW ~68.000) etwa 1,5–150 pmol entspricht, liefert die *spot*-Synthese bei der Herstellung eines 96 *spot*-Arrays via Aktivesterkopplung ca. 25 nmol pro *spot* (Tab. 18–4). Diese 150- bis 15.000-fach höhere Menge an Bindungspartner pro *spot* stellt sicher, dass in den meisten Fällen der immobilisierte Bindungspartner in deutlichem Überschuss zu dem eingesetzten Liganden vorliegt. Obwohl diese Situation dem Endpunkt einer ELISA-Titrationskurve gleicht, bei der die Ligandenkonzentration weitgehend unabhängig von der Bindungskonstante bestimmt werden kann (Nimmo *et al.*, 1984), scheint auf *spot*-Bibliotheken neben der Menge an Ligand durchaus auch seine Affinität für die jeweilige Signalintensität eine Rolle zu spielen (Weiser *et al.*, 2005).

Ein weiterer wichtiger Unterschied zu Blot-Experimenten ist auch die Dicke der Filtermembran. Die bei der *spot*-Synthese verwendeten Cellulosemembranen sind erheblich dicker als die beim Dot-Blot verwendeten Nitrocellulosemembranen. Damit ist in cellulosegebundenen Peptid-Arrays der Stoffaustausch mit der Umgebung erheblich langsamer als beim Dot-Blot, was längere Inkubationszeiten beim *screening* der Bibliothek zur Folge hat. Der erschwerte Stoffaustausch bei diesem Membrantyp wird bei der Visualisierung der Ligandenbindung mittels Chemilumineszenz unter Umständen sogar optisch sichtbar. Da die Membran hier zwischen zwei Kunststofffolien entwickelt wird, kann Substrat nur durch laterale Diffusion zum Reaktionsort gelangen. Ist sehr viel Nachweisreagenz an dem *spot* gebunden, fängt es frisch zuströmendes Substrat ab, sodass das Zentrum des *spots* an Substrat verarmt, was optisch zu einer Ringbildung führt (Kramer *et al.*, 1999).

Ringbildung wird gelegentlich auch bei colorogenen- oder fluoreszenzoptischen Visualisierungsverfahren beobachtet, bei denen Substrat aus allen Raumrichtungen zum Reaktionsort gelangen kann. Auffällig ist, dass das Phänomen bevorzugt bei hohen Syntheseausbeuten auftritt. Daher ist anzunehmen, dass der Ligand aufgrund seiner Größe nicht bis zum Zentrum des *spots* vordringen kann. Im Bereich des Rings, also am Rand des *spots*, wird die Peptiddichte geringer sein und die Diffusion des Liganden weniger behindern. Das beschriebene Phänomen ist peptid- und ligandenspezifisch und sein Auftreten kann nicht vorhergesagt werden (Kramer *et al.*, 1999). Bei fluoreszenzoptischer Visualisierung der Ligandbindung an der Cellulosemembran ist der Effekt nur selten zu beobachten (Röckendorf *et al.*, 2007).

Ein weiterer sehr wichtiger Punkt ist die Frage, ob der Peptid-Array einmal oder mehrfach benutzt werden soll. Wie unter 18.3 beschrieben, können nicht kovalent gebundene Liganden von der Bibliothek wieder entfernt werden. Dies gelingt mit den meisten Liganden, nicht jedoch mit allen bei der Visualisierungsreaktion gebildeten Farbstoffen. Das im Folgenden beschriebene Visualisierungsverfahren mit alkalischer Phosphatase, 5-Brom-4-chlor-3-indolylphosphat (BCIP) und Thiazolylblau-Tetrazoliumbromid (MTT) erlaubt die Wiederverwendung der Peptidbibliothek nach der Regeneration. Die Methode ist allerdings etwas weniger sensitiv als z.B. die Visualisierung der Bindung mittels Chemilumineszenz, da die Reaktion unter Rücksichtnahme auf die Stabilität des Aminosäureesterankers nicht bei dem pH-Optimum der alkalischen Phosphatase durchgeführt werden kann.

Eine interessante Alternative zu dem hier vorgestellten direkten *screening* des Peptid-Arrays ist die von Reineke *et al.* (1998) verwendete indirekte Methode, bei der der gebundene Ligand zunächst durch Elektro-Blotting auf eine Polyvinylidendifluorid (PVDF)-Membran transferiert und anschließend wie ein Protein-Blot entwickelt wird.

Da die Kartierung von linearen B-Zell-Epitopen eine häufige Anwendung eines Cellulosemembran gebundenen Peptid-Arrays darstellt, ist im Folgenden beispielhaft ein Protokoll wiedergegeben, in dem die auf Cellulosemembran synthetisierte Peptidbibliothek zur Bestimmung von Antikörperbindestellen eingesetzt wird.

18.2.1 Durchführung des *screenings*

 Materialien

Geräte
- Absaugvorrichtung (Abschn. 18.1.4)
- Scanner mit hohem dynamischen Messbereich (Farbtiefe ≥ 42 bit)

- Wannen, deren Innenmaße nur geringfügig größer sind als die des Filters (Abschn. 18.1.4)
- Wippschüttler

Reagenzien

Außer den im Folgenden angegebenen Spezialreagenzien sollten nur Chemikalien von sehr guter Qualität (p.a., ACS oder besser) verwendet werden:

- 10 × *blocking*-Puffer (Sigma über Sigma-Aldrich); nach dem Öffnen Lösung portionieren, in fl. Stickstoff schockgefrieren; Lagerung: ungeöffnete Gebinde, nach Herstellerangaben; gefrorene Portionen, ≤ –20 °C, unbegrenzt)
- Erstantikörper; Lagerung nach Herstellerangaben
- Zweitantikörperkonjugat: Meerrettichperoxidase (HRP bzw. PO)-Konjugat oder alkalische Phosphatase(AP)-Konjugat; Lagerung nach Angabe des Herstellers
- BCIP-Stammlösung: 100 mg BCIP (5-Brom-4-chlor-3-indolylphosphat, p-Toluidinsalz) in 1,9 ml DMF (Endkonzentration ~50 mg × ml⁻¹) lösen; Lagerung (4 °C) ≤ 1 Jahr
- MTT (Thiazolylblau Tetrazoliumbromid, 3-(4,5-Dimethyl-2-thiazolyl-)2,5-diphenyl-2H-tetrazoliumbromid, z.B. ≥ 98 % von Sigma-Aldrich); Lagerung nach Herstellerangaben
- Natriumazid- oder Thimerosal-Stammlösung: 3,25 g Natriumazid (NaN_3) mit 100 ml H_2O bidest. (Endkonzentration: 500 mM) lösen; Lagerung (RT) unbegrenzt; 2 g Natriummethylmercurithiosalicylat (Thimerosal) in 100 ml H_2O bidest. (Endkonzentration 2 % (w/v) Thimerosal) lösen; Lagerung im Dunkeln (4 °C): unbegrenzt
- Tween 20 Stammlösung: 10 ml Tween 20 in 90 ml H_2O bidest. (Endkonzentration: 10 % (v/v) Tween 20) lösen; Lagerung (4 °C) ≤ 1 Jahr
- 10 × TBS: 80 g Natriumchlorid, 2 g Kaliumchlorid, 61 g Tris-Base, ad 900 ml mit H_2O bidest.; pH-Wert mit Salzsäure auf 7,0 einstellen; auf 1.000 ml mit H_2O bidest. auffüllen (Endkonzentration: 1,37 M NaCl, 27 mM KCl, 500 mM Tris-HCl, pH 7,0); Lagerung; (4 °C) ≤ 1 Jahr
- TBS: 100 ml 10 × TBS auf 1.000 ml mit H_2O bidest. auffüllen; bei 4 °C liegt der pH-Wert bei ~7,5 (Endkonzentration: 137 mM NaCl, 2,7 mM KCl, 50 mM Tris-HCl, pH 7,0); Lagerung: (4 °C) ≤ 1 Jahr
- CBS: 8 g Natriumchlorid, 0,2 g Kaliumchlorid, 2,1 g Zitronensäure × 1 H_2O, ad 900 ml mit H_2O bidest.; pH-Wert mit Natronlauge auf 7,0 einstellen; auf 1.000 ml mit H_2O bidest. auffüllen (Endkonzentration: 137 mM NaCl, 2,7 mM KCl, 10 mM Natrium-Citratpuffer, pH 7,0); Lagerung: (4 °C) ≤ 1 Jahr
- *blocking*-Puffer: 10 ml 10 × TBS, 5 g Saccharose, ~50 ml H_2O bidest., mischen, 20 ml 10 × *blocking*-Puffer zugeben, unter Rühren den pH-Wert mit Natronlauge auf 6,9–7,0 einstellen, mit H_2O bidest. auf 100 ml auffüllen, Lösung portionieren und in fl. Stickstoff schockgefrieren (Endkonzentration: 5 % (w/v) Saccharose, einfach *blocking*-Puffer in TBS, pH 7,0); Lagerung: unbegrenzt bei ≤ –20 °C
- Erstantikörperlösung: Verdünnung des Erstantikörpers in *blocking*-Puffer; Menge an Puffer ca. 100–200 µl pro cm² Grundfläche der Inkubationsschale; doppelt so konzentriert wie die für die Verdünnung von Erstantikörpern für Dot-Blot Anwendungen angegebenen Richtwerte (Tab. 10-4); Lagerung: Lösung/ Suspension unmittelbar vor Verwendung frisch bereiten
- Zweitantikörperlösung: Verdünnung des Zweitantikörpers in *blocking*-Puffer; Menge an Puffer ca. 100–200 µl pro cm² Grundfläche der Inkubationsschale; Verdünnung des Zweitantikörpers, doppelt so konzentriert wie vom Hersteller für Western Blotting empfohlen, ansonsten 1:500–1:2.000; Lagerung: Lösung/Suspension unmittelbar vor Verwendung frisch bereiten
- BCIP-Stammlösung: 120 mg 5-Brom-4-chlor-3-indolylphosphat, p-Toluidinsalz, in 1,88 ml DMF lösen (Endkonzentration: ~60 mg × ml⁻¹ BCIP in DMF); Lagerung: ≤ 1 Jahr bei –20 °C
- MTT-Stammlösung: 100 mg Thiazolylblau Tetrazoliumbromid in 1,9 ml 70 % (v/v) DMF lösen (Endkonzentration: ~50 mg × ml⁻¹ MTT in 70 % (v/v) DMF); Lagerung: ≤ 1 Jahr bei –20 °C
- BCIP/MTT-Visualisierungslösung: 10 ml CBS vorlegen und unter Rühren/Schwenken 60 µl MTT-Stammlösung, 40 µl BCIP-Stammlösung und 50 µl 1 M $MgCl_2$ zugeben (Endkonzentration: ~0,03 % (w/v) MTT, ~0,024 % (w/v) BCIP, ~5 mM $MgCl_2$ in CBS); Lagerung: ≤ 1 h bei RT

Durchführung

Die folgenden Angaben gelten für eine Peptidbibliothek (Cellulosemembran) in den Maßen 9 × 13 cm und Wannen mit nur geringfügig größeren Innenmaßen. Für kleinere Membranen und Inkubationswannen sind die Mengen entsprechend zu reduzieren. Alle Inkubationen und Waschschritte erfolgen auf einem langsam laufenden Wippschüttler. Die Lösungen werden nach erfolgter Inkubation abgesaugt. Cellulosemembranen sollten einzeln immer mit der „Syntheseseite" nach oben in der Inkubationswanne platziert und nur mit einer Flachpinzette und mit Handschuhen gehandhabt werden. Die Wanne sollte verschlossen und die Membran immer so gut von Flüssigkeit bedeckt sein, dass eine kleine Welle über die Membran läuft. Waschschritte und Inkubationen unter 8 h erfolgen bei RT, längere Inkubationen erfolgen bei 4 °C in Gegenwart von 1 mM Azid oder 0,02 % (w/v) Thimerosal.

- Trockene Cellulosemembran in 10 ml 100 % Ethanol für 10 min hydratisieren
- dreimal für 10 min in 15 ml TBS waschen
- Cellulosemembran ÜN in einer verschlossenen Wanne bei 4 °C in 10–20 ml *blocking*-Puffer blocken
- einmal für 10 min in 15 ml TBS waschen
- Erstantikörperlösung unter Schwenken zügig auf die feuchte Cellulosemembran geben und 2–18 h inkubieren
- dreimal für 10 min in 15 ml TBS waschen
- Zweitantikörperlösung unter Schwenken zügig auf die feuchte Cellulosemembran geben und 2–4 h inkubieren
- Reagenzien zur Visualisierung der Zweitantikörperbindung vorbereiten (Abschn. 10.1.7)
- zweimal für 10 min in 15 ml TBS waschen
- zweimal für 10 min in 15 ml CBS waschen
- Visualisierungslösung unter Schwenken in die Schale geben und unter konstantem Schwenken oder Schütteln bis zur gewünschten Intensität entwickeln, *spots* sollten je nach der Menge des gebundenen Antikörpers nach 1–30 min erscheinen
- zweimal für 10 min in 15 ml TBS waschen
- feuchte Cellulosemembran aus der Schale entnehmen und zwischen zwei Overhead-Projektorfolien scannen oder im Auflicht fotografieren
- Cellulosemembran trocknen lassen, in Folie einschweißen und im Dunkeln bei RT lagern. **Optional:** Ist die Membran zur Wiederverwendung vorgesehen, Membran, ohne sie zwischenzeitlich antrocknen zu lassen, entweder sofort regenerieren oder ≤ 24 h in TBS zwischenlagern.

18.3 Regeneration (*stripping*) der Peptidbibliothek

Da die Liganden im Gegensatz zu den Peptiden in der Regel über nicht kovalente Bindungen mit der Cellulosemembran verbunden sind, kann man die Liganden in den meisten Fällen unter Erhalt der Bibliothek wieder vom Träger lösen und den Peptid-Array erneut zum *screening* einsetzen. Für das Aufbrechen der nicht kovalenten Bindungen zwischen Peptid und Ligand kommen klassische chaotrope Reagenzien, wie z.B. hochmolare Harnstofflösungen, sowie reduzierende Agenzien, welche die dreidimensionale Struktur des Liganden zerstören können, zum Einsatz. Darüber hinaus ist noch eine Behandlung mit organischen Solvenzien erforderlich, welche die bei der Visualisierungsreaktion gebildeten Farbstoffpräzipitate entfernen können.

Dabei ist darauf zu achten, dass die eingesetzten Reagenzien weder den Träger und die Anker noch die darauf synthetisierten Peptide beschädigen. Aus diesem Grund sollte der eingesetzte Harnstoff auf jeden Fall deionisiert werden, um darin befindliches Ammoniumcyanat zu entfernen, das in der Lage ist, unter den pH- und Temperaturbedingungen des Regenerationsprozesses freie Amino- und andere funktionelle

Gruppen von Peptiden zu carbamylieren (Stark *et al.*, 1960). Darüber hinaus sollte der pH-Wert der verwendeten Lösungen bei der Regeneration von Peptid-Arrays mit Esterankern im Neutralbereich liegen, um eine Hydrolyse der Ester zu vermeiden. Die Bibliothek sollte durch die Ultraschallbehandlung, welche das Ablösen der Liganden erleichtern soll, nicht über 40–45 °C erwärmt werden. Dies gilt insbesondere für die Beschallung in Puffer A, denn das Risiko der Carbamylierung steigt rapide mit zunehmender Temperatur.

Die obengenannten möglichen Schäden durch unsachgemäßes *stripping* können erfasst werden, dazu ist es allerdings erforderlich, den Peptid-Array durch Entnahme (Ausstanzen) eines *spots* teilweise zu zerstören. Das Peptid im entnommenen *spot* muss unter Verwendung von gasförmigem Ammoniak (β-Alanin-Esteranker) von der Membran abgelöst und massenspektrometrisch untersucht werden (Kramer *et al.*, 1999).

18.3.1 Vorbereitung

Allgemeiner Sicherheitshinweis: Alle Arbeiten mit Lösungsmitteln oder flüchtigen Chemikalien müssen in einem Abzug durchgeführt werden, der für chemische Arbeiten zugelassen ist.

🝠 *Materialien*

Geräte
- Absaugvorrichtung (Abschn. 18.1.4)
- Schüttelwasserbad, temperierbar
- Ultraschallbad mit ca. 20 × 20 cm Grundfläche
- Wannen (verschließbare, rechteckige PE-, PP- oder Edelstahlbehälter, wie z.B. Edelstahlkästen zum Autoklavieren chirurgischer Instrumente)
- Wippschüttler

Reagenzien
Es sollten nur Chemikalien von p.a.-, ACS- oder besserer Qualität verwendet werden
- 10 M Harnstoff, deionisiert: 600,6 g Harnstoff ad 900 ml mit H_2O bidest.; den Messzylinder, der sich bei Wasserzugabe stark abkühlt, in ein 37 °C warmes Bad stellen und die Mischung gelegentlich schütteln; wenn sich der Harnstoff weitgehend gelöst hat, einen Hantelrührstab zugeben, die Mischung unter Rühren auf RT abkühlen lassen und dann schrittweise mit H_2O bidest. auf 1.000 ml auffüllen; zum Deionisieren ca. 5 g Mischbett-Ionenaustauschharz (Tab. 18–2) zusetzen und die Mischung bei RT langsam mit einem Hantelrührstab rühren; ändert sich die Farbe des Ionenaustauschharzes von blau nach orangebraun, muss weiterer Ionenaustauscher zugesetzt werden; erst wenn eine kleine Probe der Lösung Mischbett-Ionenaustauschharz nicht mehr verfärbt, ist die Deionisierung abgeschlossen; die Mischung wird über einen Faltenfilter abfiltriert, wobei die ersten 30–50 ml des Filtrates verworfen werden; Lagerung: ≤ 1 Jahr bei ≤ –20 °C
- Puffer A: 160 ml 10 M Harnstoff, 20 ml 10 % (w/v) Natriumdodecylsulfat, 1 ml β-Mercaptoethanol, mischen, auf 37–40 °C erwärmen, pH-Wert mit Essigsäure (99 %) auf 6,9–7,0 einstellen, auf 200 ml mit H_2O bidest. auffüllen (Endkonzentration: 8 M Harnstoff, 1 % (w/v) SDS, 0,5 % (v/v) β-Mercaptoethanol, Essigsäure, pH 7,0); Lagerung: nicht lagerfähig; **Wichtig:** Lösung vor Verwendung unbedingt auf 37–40 °C anwärmen
- Puffer B: 100 ml Essigsäure (99 %), 500 ml Ethanol, ad 900 ml mit H_2O bidest. auffüllen, mischen, auf 1.000 ml mit H_2O bidest. auffüllen (Endkonzentration: 10 % (v/v) Essigsäure, 50 % (v/v) Ethanol, 40 % (v/v) Wasser); Lagerung: ≤ 1 Monat bei RT

18.3.2 Durchführung

Die folgenden Angaben gelten für eine oder zwei Peptidbibliotheken (Cellulosemembranen) in den Maßen 9 × 13 cm in einer Wanne von 10 × 20 cm. Für kleinere Cellulosemembranen und Inkubationswannen sind die Mengen entsprechend zu reduzieren. Die Membranen sollten immer mit der „Syntheseseite" nach oben in der Waschwanne platziert und nur mit einer Flachpinzette und mit Handschuhen gehandhabt werden. Sie sollten immer so gut von Flüssigkeit bedeckt sein, dass bei Verwendung eines Wippschüttlers eine kleine Welle über die Membranen laufen kann. Alle Waschschritte bei RT erfolgen auf einem Wippschüttler. Werden zwei Cellulosemembranen in einer Wanne gleichzeitig „gestrippt", ist darauf zu achten, dass die Membranen während der Wasch- und Beschallungsschritte nicht aneinander haften. Die Lösungen werden nach jedem Waschschritt abgesaugt.

- Dreimal für 10 min in 60 ml H$_2$O bidest. bei RT waschen
- einmal für 10 min in 60 ml DMF bei RT waschen
- einmal für 10 min in 60 ml DMF bei 30 °C in der Wanne im Ultraschallbad beschallen. **Anmerkung:** Durch die Beschallung erwärmt sich das DMF auf ca. 40 °C. Erfahrungsgemäß ist nach dieser Ultraschallbehandlung die Färbung verschwunden. Ist sie es nicht, muss so lange weiter beschallt werden, bis die Farbe verschwunden ist. Die Temperatur des DMF sollte dabei jedoch 45 °C nicht überschreiten!
- Einmal für 10 min in 60 ml DMF bei RT waschen
- dreimal für 10 min in 60 ml H$_2$O bidest. bei RT waschen
- zweimal für 10 min in 60 ml Puffer A waschen und beschallen, dabei zunächst 5 min bei RT waschen, dann 5 min bei 30 °C in der Wanne im Ultraschallbad beschallen
- dreimal für 10 min in 60 ml Puffer B waschen
- zweimal für 10 min in 60 ml Ethanol waschen
- Cellulosemembranen abtropfen lassen und zunächst zwischen zwei Membranfilter (Whatman, 3MM) legen; Ethanol im Luftstrom ohne Heizung bei RT vollständig entfernen, und Membranen wie unter Abschn. 18.1.5.6 beschrieben einlagern

Optional: Ist die Cellulosemembran zur sofortigen Wiederverwendung vorgesehen, kann sie, ohne sie zwischenzeitlich antrocknen zu lassen, in eine mit TBS gefüllte Wanne zum screening überführt werden.

Trouble Shooting

- Hilfe bei Problemen der Synthese eines Peptid-Arrays zu geben, ist relativ schwierig. Viele Fehler können auftreten, ohne erkannt zu werden, während sichtbare Probleme wiederum sehr unterschiedliche Ursachen haben können. In den meisten Fällen werden Probleme bei der Synthese durch „menschliches Versagen", d.h. durch Verwechslung oder Vergessen von Reagenzien verursacht. Eine weitere Fehlerquelle ist die mangelhafte Qualität, Lagerung und Vorbereitung der Reagenzien, wobei insbesondere die Begriffe „aminfrei" und „wasserfrei" bzw. „trocken" häufig unterschätzt werden. So reicht z.B. bereits 1 µl Wasser aus, um 250 µl einer 0,2 M Aktivesterlösung vollständig zu hydrolysieren. Die Kontaminationsquellen sind hier nahezu unerschöpflich und erstrecken sich von der Synthese neben einem dampfenden Wasserbad, über Speicheltröpfchen durch das Reden vor geöffneten Reagenzienbehältern bis hin zur Kondensatbildung durch vorzeitiges Öffnen von nicht lange genug angewärmten Reagenzienbehältern, um nur einige Beispiele zu nennen
- Treten Probleme beim *screening* eines Peptid-Arrays auf, können sowohl unerkannte Fehler bei der Synthese, als auch Fehler bei Design und Durchführung des *screening*-Experiments die Ursache sein. Da sich das *screening* nicht wesentlich vom Entwickeln eines Protein-Blots unterscheidet, sei für solche Fälle auf das Unterkapitel „Trouble Shooting" des Kapitels 10 verwiesen.
- Bei der Regeneration der Bibliothek können nur zwei Probleme auftreten: die unvollständige Regeneration des Arrays oder seine Zerstörung durch Überhitzung und/oder schlechte Reagenzien. Letzteres kann bei genauer Befolgung des Protokolls praktisch ausgeschlossen werden. Ersteres tritt allerdings häufig auf und wird meist durch hochaffine Liganden verursacht. Eine zweite Regenerationsbehandlung löst manchmal das Problem.

Literatur

Ast, T., Heine, N., Germeroth, L., Schneider-Mergener, J., Wenschuh, H. (1999): Efficient Assembly of Peptomers on Continuous Surfaces. Tetrahedron Lett. 40, 4317–4318.

Boeddrich, A., Gaumer, B., Haacke, A., Tzvetkov, N., Albrecht, M., Evert, B.O., Muller, E.C., Lurz, R., Breuer, P., Schugardt, N., Plassmann, S., Xu, K.X., Warrick, J.M., Suopanki, J., Wullner, U., Frank, R., Hartl, U.F., Bonini, N.M. and Wanker, E.E. (2006) An arginine/lysine-rich motif is crucial for VCP/p97-mediated modulation of ataxin-3 fibrillogenesis. Embo Journal, 25, 1547–1558.

Chatchatee, P., Järvinen, K.-M., Bardina, L., Vila, L., Beyer, K., Sampson, H.A. (2001): Identification of IgE and IgG Binding Epitopes on β- and κ-Casein in Cow's Milk Allergic Patients. Clin. Exp. Allergy 31, 1256–1262.

Carlson, C.R., Lygren, B., Berge, T., Hoshi, N., Wong, W., Tasken, K. and Scott, J.D. (2006) Delineation of type I protein kinase A-selective signaling events using an RI anchoring disruptor. Journal of Biological Chemistry, 281, 21535-21545.

Dostmann, W.R.G., Nickl, C., Thiel, S., Tsigelny, I., Frank, R., Tegge, W.J. (1999): Delineation of Selective Cyclic GMP-Dependent Protein Kinase Iα Substrate and Inhibitor Peptides Based on Combinatorial Peptide Libraries on Paper. Pharmacol. Ther. 82, 373–387.

Eichler, J. (2004) Rational and random strategies for the mimicry of discontinuous protein binding sites. Protein and Peptide Letters, 11, 281-290.

Espanel, X., van Huijsduijnen, R.H. (2005): Applying the Spot Peptide Synthesis Procedure to the Study of Protein Tyrosine Phosphatase Substrate Specificity. Probing for the Heavenly Match In Vitro. Methods 35, 64–72.

Espanel, X., Wälchli, S., Rückle, T., Harrenga, A., Huguenin-Reggiani, M., van Huijsduijnen, R.H. (2003): Mapping of Synergistic Components of Weakly Interacting Protein-Protein Motifs Using Arrays of Paired Peptides. J. Biol. Chem. 278, 15162–15167.

Fodor, S.P.A., Read, J.L., Pirrung, M.C., Stryer, L., Lu, A.T., Solas, D. (1991): Light-Directed, Spatially Addressable Parallel Chemical Synthesis. Science 251, 767–773.

Frank, R. (1992): Spot-Synthesis. An Easy Technique for the Positionally Addressable, Parallel Chemical Synthesis on a Membrane Support. Tetrahedron 48, 9217–9232.

Frank, R. (2002a): The Spot-Synthesis Technique. Synthetic Peptide Arrays on Membrane Supports – Principles and Applications. J. Immunol. Methods 267, 13–26.

Frank, R. (2002b): High-Density Synthetic Peptide Microarray.: Emerging Tools for Functional Genomics and Proteomics. Comb. Chem. High Throughput Screen. 5, 429–440.

Frank, R., Hoffmann, S., Kieß, M., Lahmann, H., Tegge, W., Behn, C., Gausepohl, H. (1996): Combinatorial Synthesis on Membrane Supports by the Spot-Technique. Imaging Peptide Sequence and Shape Space in: Jung, G. (Hrsg.): Combinatorial Peptide and Nonpeptide Libraries. A Handbook. VCH, Weinheim, 363–386.

Frey, A., Di Canzio, J., Zurakowski, D. (1998): A Statistically Defined Endpoint Titer Determination Method for Immunoassays. J. Immunol. Methods 221, 35–41.

Hayakawa, Y., Kataoka, M., Noyori, R. (1996): Benzimidazolium Triflate as an Efficient Promoter for Nucleotide Synthesis via the Phosphoramidite Method. J. Org. Chem. 61, 7996–7997.

Hilpert, K., Volkmer-Engert, R., Walter, T., Hancock, R.E.W. (2005): High-Throughput Generation of Small Antibacterial Peptides with Improved Activity. Nature Biotechnol. 23, 1008–1012.

Huang, W., Beharry, Z., Zhang, Z., Palzkill, T. (2003): A Broad-Spectrum Peptide Inhibitor of β-Lactamase Identified Using Phage Display and Peptide Arrays. Protein Eng. 16, 853–860.

Hultschig, C., Hecht, H.-J., Frank, R. (2004): Systematic Delineation of a Calmodulin Peptide Interaction. J. Mol. Biol. 343, 559–568.

Koch, J., Mahler, M. (Hrsg.) (2002): Peptide Arrays on Membrane Supports. Springer Verlag, Berlin, Heidelberg.

Kopecky, E.-M., Greinstetter, S., Pabinger, I., Buchacher, A., Römisch, J., Jungbauer, A. (2005): Combinatorial Peptides Directed to Inhibitory Antibodies Against Human Blood Clotting Factor VIII. Thromb. Haemost. 94, 933–941.

Kramer, A., Reineke, U., Dong, L., Hoffmann, B., Hoffmüller, U., Winkler, D., Volkmer-Engert, R., Schneider-Mergener, J. (1999): Spot Synthesis. Observations and Optimizations. J. Peptide Res. 54, 319–327.

Kramer, A., Vakalopoulou, E., Schleuning, W.-D., Schneider-Mergener, J. (1995): A General Route to Fingerprint Analyses of Peptide-Antibody Interactions Using a Clustered Amino Acid Peptide Library. Comparison with a Phage Display Library. Mol. Immunol. 32, 459–465.

Mahler, M., Bluthner, M. and Pollard, K.M. (2003) Advances in B-cell epitope analysis of autoantigens in connective tissue diseases. Clinical Immunology, 107, 65-79.

Maier, T., Yu, C., Küllertz, G., Clemens, S. (2003): Localization and Functional Characterization of Metal-Binding Sites in Phytochelatin Synthases. Planta 218, 300–308.

Molina, F., Laune, D., Gougat, C., Pau, B., Granier, C. (1996): Improved Performances of Spot Multiple Peptide Synthesis. Peptide Res. 9, 151–155.

Nimmo, G.R., Lew, A.M., Stanley, C.M., Steward, M.W. (1984): Influence of Antibody Affinity on the Performance of Different Antibody Assays. J. Immunol. Methods 72, 177–187.

Reineke, U., Ivascu, C., Schlief, M., Landgraf, C., Gericke, S., Zahn, G., Herzel, H., Volkmer-Engert, R., Schneider-Mergener, J. (2002): Identification of Distinct Antibody Epitopes and Mimotopes From a Peptide Array of 5 520 Randomly Generated Sequences. J. Immunol. Methods 267, 37–51.

Reineke, U., Sabat, R., Kramer, A., Stigler, R.-D., Seifert, M., Michel, T., Volk, H.-D., Schneider-Mergener, J. (1996): Mapping Protein-Protein Contact Sites Using Cellulose-Bound Peptide Scans. Mol. Divers. 1, 141–148.

Reineke, U., Sabat, R., Misselwitz, R., Welfle, H., Volk, H.-D., Schneider-Mergener, J. (1999): A Synthetic Mimic of a Discontinuous Binding Site on Interleukin-10. Nature Biotechnol. 17, 271–275.

Reineke, U., Sabat, R., Volk, H.-D., Schneider-Mergener, J. (1998): Mapping of the Interleukin-10/Interleukin-10 Receptor Combining Site. Protein Science 7, 951–960.

Reineke, U., Volkmer-Engert, R., Schneider-Mergener, J. (2001): Applications of Peptide Arrays Prepared by the Spot-Technology. Curr. Opin. Biotechnol. 12, 59–64.

Reuter, M., Schneider-Mergener, J., Kupper, D., Meisel, A., Mackeldanz, P., Krüger, D.H., Schroeder, C. (1999): Regions of Endonuclease EcoRII Involved in DNA Target Recognition Identified by Membrane-Bound Peptide Repertoires. J. Biol. Chem. 274, 5213–5221.

Röckendorf, N., Bade, S., Hirst, R.T., Gorris, H.-H., Frey, A. (2007): Synthesis of a Fluorescent Ganglioside G_{M1} Derivative and Screening of a Synthetic Peptide Library for G_{M1} Binding Sequence Motifs, Bioconjugate Chem., 18, 573-578.

Rodriguez, M., Li, S.S.-C., Harper, J.W., Songyang, Z. (2004): An Oriented Peptide Array Library (OPAL) Strategy to Study Protein-Protein Interactions. J. Biol. Chem. 279, 8802–8807.

Schutkowski, M., Reineke, U., Reimer, U. (2005): Peptide Arrays for Kinase Profiling. Chem. Biochem. 6, 513–521.

Selak, S., Mahler, M., Miyachi, K., Fritzler, M.L. and Fritzler, M.J. (2003) Identification of the B-cell epitopes of the early endosome antigen 1 (EEA1). Clinical Immunology, 109, 154-164.

Singh, Y., Dolphin, G.T., Razkin, J. and Dumy, P. (2006) Synthetic peptide templates for molecular recognition: Recent advances and applications. Chembiochem, 7, 1298-1314.

Stark, G.R., Stein, W.H., Moore, S. (1960): Reactions of the Cyanate Present in Aqueous Urea with Amino Acids and Proteins. J. Biol. Chem. 235, 3177–3181.

Tegge, W., Frank, R., Hofmann, F., Dostmann, W.R.G. (1995): Determination of Cyclic Nucleotide-Dependent Protein-Kinase Substrate Specificity by the Use of Peptide Libraries on Cellulose Paper. Biochemistry 34, 10569–10577.

Volkmer, R. (2009): Synthesis and Application of Peptide Arrays: Quo Vadis SPOT Technology. ChemBioChem, 2009, 10, 1431-1442.

Weiser, A.A., Or-Guil, M., Tapia, V., Leichsenring, A., Schuchhardt, J., Frömmel, C., Volkmer-Engert, R. (2005): Spot-Synthesis. Reliability of Array-Based Measurement of Peptide Binding Affinity. Anal. Biochem. 342, 300–311.

19 Genexpressionsanalyse mit Microarrays

(Susanne Kneitz)

Das Prinzip der Microarray-Analyse beruht auf einer spezifischen Erkennung zweier DNA- oder RNA-Stränge. Ist die Sequenz einer Probe zu dem zu analysierenden RNA- oder DNA-Fragment komplementär, kann sie aufgrund der Watson-Crick-Basenpaarung selektiv hybridisieren. Die Detektion erfolgt anhand von Markierungen mit (Fluoreszenz-) Farbstoffen.

Die Microarray-Genexpressionsanalyse geht auf die Hybridisierungsmethoden des Southern- und Northern-Blots zurück. Bei diesen klassischen Blot-Verfahren werden die zu detektierenden oder quantifizierenden Zielmoleküle (*targets*) auf eine Membran transferiert und fixiert. Anschließend erfolgt die Hybridisierung mit den radioaktiv- oder fluoreszenzmarkierten Sonden (Abschn. 10.2). Im Unterschied dazu werden bei den Microarrays die bekannten DNA-Moleküle oder Oligonucleotide (Sonden, *probes*) auf einer festen Phase immobilisiert und mit den zu untersuchenden, fluoreszenzmarkierten *target*-Nucleinsäuren hybridisiert.

Als feste Phase werden Glas- und Kunststoffträger verwendet, worauf DNA- oder Oligonucleotidsonden aufgebracht werden (*spotting*). Die *spot*-Dichte liegt zwischen mehreren zehntausend und hunderttausend Molekülen pro cm². Die Detektion bzw. quantitative Erfassung hybridisierter *targets* kann mittels Scanner und einer Auswertungssoftware erfolgen. Hauptsächlich werden so genannte Oligonucleotid-Microarrays verwendet, deren Nucleotide eine Länge zwischen 20 und 80 Basen aufweisen.

Zum anderen können lange DNA-Fragmente auf der Festphase immobilisiert werden, z.B. PCR-Fragmente oder cDNAs. Mit ihnen lassen sich hohe Signalintensitäten nach der Hybridisierung erhalten, was für die Detektion vor allem schwach exprimierter Gene wichtig ist. cDNA basierte Microarrays besitzen in der Regel eine relativ geringe *spot*-Dichte (oft nur einige hundert Sonden pro cDNA-Molekül) und werden daher auch als Macroarrays bezeichnet.

Microarrays ermöglichen die gleichzeitige Analyse einer großen Anzahl von Sequenzen auf kleinstem Raum. Auf diese Weise ist die Analyse ganzer Genome mit Hilfe von Arrays möglich. Anwendungsgebiete sind neben Genexpressionsanalysen die Untersuchung von DNA z.B. für Genomtypisierungen, die SNP-Analyse (*single nucleotide polymorphism*-Analysen) zur Detektion von Mutationen sowie die Identifizierung verschiedener Bakterienstämme. DNA-Arrays werden darüber hinaus in zunehmenden Maße zur Untersuchung von epigenetischen Veränderungen, wie z.B. Methylierungsstudien, verwendet (Fassbender et al., 2010).

Häufige Anwendungen für Genexpressionsanalysen sind die Identifizierung von Molekülen in Stoffwechsel- oder Signaltransduktionskaskaden (Hughes *et al.*, 2000), die Tumorklassifizierung (Golub *et al.*, 1999, Perou *et al.*, 2000, Alizadeh *et al.*, 2000, Bittner *et al.*, 2000, Ross *et al.*, 2000, Notterman *et al.*, 2001) oder die Suche nach Zielgenen von Medikamenten in der Pharmaindustrie (Young, 2000, Scherf *et al.*, 2000). Eine umfassende Analyse von Genen, die in bestimmten Signalkaskaden induziert oder reprimiert werden, kann mit der Microarray-Analyse sehr elegant erstellt werden (Fambrough *et al.*, 1999). Ebenso wird der Einfluss eines einzelnen Gens (Proteins) oder eines Medikaments auf die Expression von zahlreichen Zielmolekülen untersucht.

Es kann jedoch nicht nur die differenzielle Expression von mRNA gemessen werden, sondern auch der Einfluss sogenannter micro-RNAs. Das sind kleine, nicht kodierende RNA-Stücke mit einer Länge von ca. 21 bis 23 Nucleotiden, die bei der Regulation der Genexpression eine Rolle spielen, wie z.B. bei der Krebsentstehung (Croce, 2009).

Besonders wirkungsvoll ist der Einsatz, wenn die Expression oder Aktivität eines einzelnen Gens (Proteins) modifiziert wird (Kumar *et al.*, 2003). So kann eine Überexpression oder die Reduktion bzw. Eliminierung eines bestimmten Proteins mittels *antisense*-, Ribozym- oder siRNA-Technologie induziert werden. Anschließend identifiziert man die von diesem Gen (Protein) auf Transkriptionsebene regulierten Gene. Abhängig von dem untersuchten System können mittels Microarray-Analyse Expressionszeitverläufe von induzierten oder reprimierten Genen erstellt werden. Eine potenzielle Anwendung ist die Expressionsanalyse von Genen, die durch Hormone reguliert werden. Diese werden z.B. nach der Hormoninduktion von Steroidhormonrezeptoren zu unterschiedlichen Zeitpunkten mit den entsprechenden Microarrays analysiert.

Bei Genexpressionsstudien geht man im Prinzip so vor, dass die mRNA eines Organismus z.B. vor und nach Behandlung mit einem Medikament isoliert wird. Diese RNA wird in cDNA umgeschrieben, die dann als Zielmolekül (*target*) bei der Microarray-Analyse dient. Die zu untersuchenden RNA-Proben werden hierbei meist getrennt voneinander mit zwei unterschiedlichen Fluoreszenzfarbstoffen (z.B. Cy5 und Cy3) markiert. Anschließend werden beide Proben gemischt und auf dem Array kompetitiv hybridisiert. Dabei geht man davon aus, dass bei einer stärkeren Genexpression mehr RNA markiert und hybridisiert wird als in einer Probe mit geringerer Genexpression. Die Messung der Stärke der hybridisierten Signale erfolgt anschließend durch Detektion mit einem speziellen Microarray-Scanner bei verschiedenen Wellenlängen (Cy3 bei 550 nm, Cy5 bei 649 nm). Über unterschiedliche Signalstärken einzelner Gene wird bei der Datenanalyse versucht, Rückschlüsse auf die molekularen Grundlagen bzw. auf den Wirkungsmechanismus eines Medikaments zu schließen. Der gesamte Ablauf einer solchen Microarray-Analyse ist exemplarisch als Flussdiagramm in Abb. 19–1 dargestellt. Bei der Verwendung von Arrays der Firma

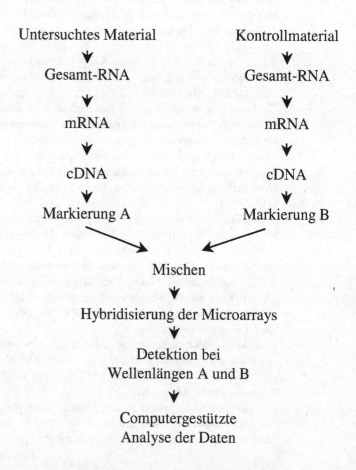

Abb. 19–1: Flussdiagramm für den Ablauf einer Microarray-Analyse.

Affymetrix kann nur ein Farbstoff (Phycoerythrin) und damit eine Probe je Array verwendet werden. Der weitere Ablauf ist jedoch grundsätzlich vergleichbar.

Unabhängig von der verwendeten Microarray-Technologie sollte bei allen Experimenten und Studien auf die Qualität der verwendeten RNA geachtet werden (Medeiros *et al.*, 2007). Aussagekräftige Daten können nur erhalten werden, wenn die dabei verwendete RNA von hoher Qualität ist. Besondere Bedeutung bekommt die Qualität der RNA bei der Analyse von klinischen Proben (z.B. Tumorgewebeproben oder spezifischer Zellpräparationen aus Blut). Bei klinischen Studien sollte unbedingt darauf geachtet werden, nur hochqualitative, standardisierte klinische Proben zur Präparation der zu untersuchenden RNA zu verwenden. Speziell in vergleichenden klinischen Studien (z.B. zur Identifizierung von Krankheitsfrüherkennungsmarkern und zur Identifizierung von prädikativen oder therapiebegleitenden Genexpressionsprofilen) ist es essentiell, nur unter standardisierten Bedingungen gewonnenes Probenmaterial zu verwenden. Wichtig hierbei sind z.B. einheitliche Protokolle zur RNA/DNA-Aufreinigung, eine einheitliche Lagerung der Proben oder ein einheitliches, möglichst kurzes Zeitintervall zwischen Probenentnahme und Konservierung (s.u.). Unterschiedliche Probenqualität kann zu einer erhöhten Anzahl falsch positiver Ergebnisse führen. Ein weiterer wichtiger Punkt zur Vermeidung von falschen Interpretationen der Ergebnisse ist eine sehr gründliche Randomisierung der Proben vor dem Experiment. Dafür sollten z.B. Arrays mit unterschiedlichen Chargennummern oder Arrays die an unterschiedlichen Tagen bearbeitet werden möglichst gleichmäßig auf die unterschiedlichen biologischen Gruppen verteilt werden. Bei größeren Studien ist es sinnvoll, einen Hybridisierungsplan zu erstellen, um später den Hybridisierungszeitpunkt zurückverfolgen zu können. Da es sich bei der Microarray-Technologie um eine sehr sensitive Methode handelt, können andernfalls unerwünschte Effekte, wie z.B. Tageseffekte oder Chargenunterschiede der Arrays bzw. der Reagenzien zu Unterschieden führen, die sich nicht von biologisch interessanten Veränderungen unterscheiden lassen.

Ein weiterer wichtiger Faktor bei der Genexpressionsanalyse von Gewebeproben ist die Ischämiezeit, d.h. das Zeitintervall zwischen Probenentnahme und Konservierung (z.B. durch Schockgefrieren), da Genexpressionsprofile schon innerhalb der ersten 30 Minuten nach Resektion des Probengewebes signifikanten Veränderungen unterworfen sind (Spruessel *et al.*, 2004).

Ein weiterer wichtiger Aspekt bei der Analyse von Proben ist die Einbeziehung der zu den Proben gehörenden korrespondierenden Daten, wie z.B. klinische Patientendaten oder genaue Protokollierung vorbereitender Versuche. Umfassende weitere Daten wie das Wissen über medikamentöse Behandlungen von Patienten, Effektivität der Überexpression bzw. Reduktion eines Gens in zu vergleichenden Proben oder die zelluläre Zusammensetzung der Proben können zusätzliche Hinweise liefern, ob reale Unterschiede in Genexpressionsmustern existieren oder diese nur durch unterschiedliche Vorbehandlung oder ungleiche Zusammensetzung des Ausgangsmaterials hervorgerufen werden.

Literatur

Alizadeh, A.A., Eisen, M.B., Davis, R.E., Ma, C., Lossos, I.S., Rosenwald, A., Boldrick, J.C., Sabet, H., Tran, T., Yu, X., Powell, J.I., Yang, L., Marti, G.E., Moore, T., Hudson, J. Jr., Lu, L., Lewis, D.B., Tibshirani, R., Sherlock, G., Chan, W.C., Greiner, T.C., Weisenburger, D.D., Armitage, J.O., Warnke, R., Levy, R., Wilson, W., Grever, M.R., Byrd, J.C., Botstein, D., Brown, P.O., Staudt, L.M. (2000): Distinct Types of Diffuse Large B-Cell Lymphoma Identified by Gene Expression Profiling. Nature 403, 503–511.

Bittner, M., Meltzer, P., Chen, Y., Jiang, Y., Seftor, E., Hendrix, M., Radmacher, M., Simon, R., Yakhini, Z., Ben-Dor, A., Sampas, N., Dougherty, E., Wang, E., Marincola, F., Gooden, C., Lueders, J., Glatfelter, A., Pollock, P., Carpten, J., Gillanders, E., Leja, D., Dietrich, K., Beaudry, C., Berens, M., Alberts, D., Sondak, V. (2000): Molecular Classification of Cutaneous Malignant Melanoma by Gene Expression Profiling. Nature 406, 536–540.

Croce, C.M. (2009): Causes and concequences of microRNA dysregulation in cancer. Nat Rev Genet, Oct; 10 (10):704-714. Review

Fambrough, D., McClure, K., Kazlauskas, A., Lander, E.S. (1999): Diverse Signaling Pathways Activated by Growth Factor Receptors Induce Broadly Overlapping, Rather than Independent, Sets of Genes. Cell 97, 727–741.

Fassbender, A., Lewin, J., König, T., Rujan, T., Pelet, C., Lesche, R., Distlr, J., Schuster, M., (2010): Quantitative DNA methylation profiling on a high-density oligonucleotide microarray. Methods Mol Biol; 576, 155-170.

Golub, T.R., Slonim, D.K., Tamayo, P., Huard, C., Gaasenbeek, M., Mesirov, J.P., Coller, H., Loh., M.L., Downing, J.R., Caligiuri, M.A., Bloomfield, C.D., Lander, E.S. (1999): Molecular Classification of Cancer. Class Discovery and Class Prediction by Gene Expression Monitoring. Science 286, 531–537.

Hughes, T.R., Marton, M.J., Jones, A.R., Roberts, C.J., Stoughton, R., Armour, C.D., Bennett, H.A., Coffey, E., Dai, H., He, Y.D., Kidd, M.J., King, A.M., Meyer, M.R., Slade, D., Lum, P.Y., Stepaniants, S.B., Shoemaker, D.D., Gachotte, D., Chakraburtty, K., Simon, J., Bard, M., Friend, S.H. (2000): Functional Discovery via a Compendium of Expression Profiles. Cell 102, 109–126.

Kumar, R., Conklin, D.S., Mittal, V. (2003): High-throughput selection of effective RNAi probes for gene silencing. Genome Res. Oct;13(10):2333-2340.

Medeiros, F., Rigl, C.T., Anderson, G.G., Becker, S.H., Halling, K.C. (2007): Tissue handling for genome-wide expression analysis; a review of the issues, evidence, and opportunities. Arch Pathol Lab Med 2007, Dec; 131 (12): 1805-1816

Notterman, D.A., Alon, U., Sierk, A.J., Levine, A.J. (2001): Transcriptional Gene Expression Profiles of Colorectal Adenoma, Adenocarcinoma, and Normal Tissue Examined by Oligonucleotide Arrays. Cancer Res. 61, 3124–3130.

Perou, C.M., Sorlie, T., Eisen, M.B., van de Rijn, M., Jeffrey, S.S., Rees, C.A., Pollack, J.R., Ross, D.T., Johnsen, H., Akslen, L.A., Flug, O., Pergamenschikov, A., Williams, C., Zhu, S.X., Lonning, P.E., Borresen-Dale, A.L., Brown, P.O., Botstein, D. (2000): Molecular Portraits of Human Breast Tumours. Nature 406, 747–752.

Ross, D.T., Scherf, U., Eisen, M.B., Perou, C.M., Rees, C., Spellman, P., Iyer, V., Jeffrey, S.S., Van de Rijn, M., Waltham, M., Pergamenschikov, A., Lee, J.C., Lashkari, D., Shalon, D., Myers, T.G., Weinstein, J.N., Botstein, D., Brown, P.O. (2000): Systematic Variation in Gene Expression Patterns in Human Cancer Cell Lines. Nature Genetics 24, 227–235.

Scherf, U., Ross, D.T., Waltham, M., Smith, L.H., Lee, J.K., Tanabe, L., Kohn, K.W., Reinhold, W.C., Myers, T.G., Andrews, D.T., Scudiero, D.A., Eisen, M.B., Sausville, E.A., Pommier, Y., Botstein, D., Brown, P.O., Weinstein, J.N. (2000): A Gene Expression Database for the Molecular Pharmacology of Cancer. Nature Genetics 24, 236–244.

Spruessel, A., Steimann, G., Jung, M., Lee, S.A., Carr, T., Fentz, A.-K., Spangenberg, J., Zornig, C., Juhl, H., David, K. (2004): Tissue Ischemia Time Affects Gene and Protein Expression Patterns within Minutes Following Surgical Tumor Excision. BioTechniques 36, 1030–1037.

Young, R.A. (2000): Biomedical Discovery with DNA Arrays. Cell 102, 9–15.

19.1 Genexpressions-Arrays mit *on-chip* synthetisierten Oligonucleotiden

Bei der Herstellung von Microarrays werden grundsätzlich zwei Formate verwendet. Die Sonden können als kurze Oligonucleotide (25-mere) direkt auf dem Array synthetisiert werden. Längere Oligonucleotide (50 bis 70-mere) bzw. PCR-Produkte werden auf speziell beschichtete Objektträger gedruckt. Die verschiedenen Anwendungen von DNA-Microarrays stellen unterschiedliche Ansprüche an die Sensitivität und Spezifität der Sonden. Beide Parameter verhalten sich gegenläufig. Die Sensitivität nimmt mit der Länge der Sonde zu, während die Spezifität zunächst zunimmt, aber dann mit größerer Länge wieder abnimmt. Kürzere Oligonucleotide (z.B. 20- bis 25-mere) haben eine geringere Sensitivität im Vergleich zu längeren Oligonucleotiden. Hohe Sensitivität und hohe Spezifität zugleich zeigen 50- bis 70-mere (*longmers*). Sie sind lang genug, um eine zu cDNA-Sonden vergleichbare Sensitivität zu erreichen, können jedoch im Gegensatz zu diesen einzelne Mitglieder von Genfamilien, überlappende Gene und Spleißvarianten unterscheiden. Longmers werden vor allem in der Genexpressionsanalyse verwendet, finden aber auch in der vergleichenden Genomhybridisierung (CGH, *comparative genomic hybridisation*) Anwendung.

Affymetrix-Microarrays

Das Affymetrix GeneChip System ist eine Microarray-Plattform, die auf einer hochdichten Anordnung von genspezifischen 25-mer Oligonucleotiden auf einer Silikon-Chipoberfläche basiert. Jedes Gen oder *expressed sequence tag* (EST) ist dabei durch ein Set von mehreren Proben repräsentiert, die direkt auf der Array-Oberfläche synthetisiert werden. Bei den älteren sog. 3' IVT-Arrays leiten sich die Oligonucleotide aus den gesamten Regionen des jeweiligen Genabschnitts, jedoch mit einer Tendenz zum 3'-Ende hin ab. Um auch eventuelle Spleißvarianten zu erfassen werden sog. Exon-Arrays bzw. ST-Arrays (*sense target*-Arrays) angeboten. Bei den Exon-Arrays wird jedes Exon durch mindestens vier Oligonucleotide abgedeckt, bei den ST-Arrays durch mind. ein Oligonucleotid. Die ST-Arrays stellen somit die kostengünstigere Alternative zu den Exon-Arrays dar, weisen jedoch eine geringere Sicherheit bei der Detektion von Spleißvarianten auf. Bei den 3'IVT Expressions-Arrays setzt sich jedes Gen aus ca. 20 Probenpaaren mit jeweils einem *perfect match*- (PM) und einem *mismatch*-Oligonucleotid (MM) zusammen. Das *mismatch*-Oligonucleotid unterscheidet sich hierbei vom *perfect match*-Oligonucleotid durch einen einzelnen, in der Mitte der Oligonucleotidsequenz eingeführten Basenaustausch. Dieser Austausch führt zu einer niedrigeren Hybridisierungseffizienz mit den komplementären Nucleinsäuresequenzen, in Abhängigkeit von der Komplexität und dem GC-Gehalt der restlichen Oligonucleotidsequenz. Es soll somit die Messung eines sondenspezifischen Hintergrunds und damit eine Spezifitätskontrolle ermöglichen. Bei den Exon-Arrays/ST-Arrays wurde auf *mismatch*-Oligonucleotide verzichtet. Zur Abschätzung des Hintergrunds befindet sich auf den Arrays ein sehr viel kleineres Set mit speziell für diesen Zweck geeigneten Oligonucleotiden. Durch diese Platzersparnis wurde die höhere Anzahl an Oligonucleotiden je Gen, die für eine Abdeckung jedes Exons notwendig ist, ermöglicht. Zudem befinden sich auf der Chipoberfläche aller Array-Typen eine Vielzahl von Kontrollprobenpaaren verschiedenster Referenzgene, um Standards zur Evaluierung der Hybridisierungsbedingungen, zur Normalisierung und zur Quantifizierung zu generieren.

Damit erlaubt das System die simultane und quantitative Untersuchung der Expression von tausenden von Genen/ESTs bis hin zur kompletten Genexpressionsanalyse von verschiedenen Organismen. Ein Vorteil des Affymetrix Systems gegenüber nicht kommerziellen Systemen liegt in der angebotenen Komplettlösung, die ein hohes Maß an Standardisierung und bei guter Qualität der RNA-Proben, eine sehr gute Reproduzierbarkeit ermöglicht (Park *et al.*, 2004). Sie umfasst alle notwendigen und aufeinander abgestimmten Geräte (Hybridisierungsofen, *fluidics station*, Scanner), die benötigten Assay-Reagenzien mit validierten Protokollen, sowie die zur Auswertung notwendigen Softwarepakete. Zudem ist ein breites Spektrum an Arrays erhältlich (z.B. für Mensch, Maus, Ratte, *E. coli*, Hefe, *Arabidopsis*). Nachteilig wirken sich hingegen die hohen Investitions- und Materialkosten für die Geräte und Arrays aus. Weiterhin basiert das System auf einer Einfarben-Fluoreszenzanalyse, d.h. es erfolgt keine gleichzeitige Hybridisierung von experimenteller und Referenz-RNA. Dies macht parallele Hybridisierungsansätze notwendig, was einen erhöhten Material- und Kostenaufwand bedingt.

Das Analyseprinzip der Expressions-Arrays beruht auf dem Nachweis von komplementärer RNA (cRNA), die mittels *in vitro*-Transkription aus komplementärer DNA (cDNA) erhalten wurde. Als Matrize zur cDNA-Synthese dient Gesamt-RNA. Durch den *in vitro*-Transkriptionsschritt erfolgt eine Amplifikation des Ausgangsmaterials, was die Analyse auch geringer RNA-Ausgangsmengen (> 50 ng) ermöglicht. Anschließend wird durch Zusatz von Biotin markierten Nucleotiden die cDNA in cRNA umgeschrieben und spezifisch für den späteren Nachweis markiert. Die Biotin markierte cRNA wird mit den auf der Chipoberfläche verankerten Oligonucleotidpaaren hybridisiert und mit Phycoerythrin gekoppeltem Streptavidin, das sich selektiv an Biotin bindet, inkubiert. Das gebundene Phycoerythrin wird durch Laserbestrahlung angeregt, das resultierende Fluoreszenzsignal mittels Scanner detektiert und das erhaltene Hybridisierungsmuster mit geeigneter Software ausgewertet.

Durch Kombination von Chromatin-Immunpräzipitation (ChIP) mit der Array-Technologie (Chip) in der sog. ChIP-on-Chip Technik können genomweit Bindungsstellen von Proteinen auf DNA erkannt werden. Dabei wird die über ChIP extrahierte DNA anschließend auf Microarrays hybridisiert, um diese zu charakterisieren. Nur DNA, die eine Proteinbindungsstelle besitzt, zeigt ein positives Signal (Yoder *et al.*, 2009, Eeckhoute *et al.*, 2009).

Sogenannte genomweite Assoziationsstudien (GWAS) mittels SNP-Arrays erlauben genomweite Typisierungen und haben zu erheblichen Fortschritten in der Aufklärung komplexer genetischer Erkrankungen geführt (Wellcome Trust Case Control Consortium, 2007). Dabei wird nach grundsätzlichen Unterschieden in der Erbinformation gesucht, die in einem ursächlichen Zusammenhang mit einer Erkrankung bzw. einem bestimmten Phänotyp stehen. So können u.a. Zusammenhänge zwischen der Reaktion von

Patienten auf Medikamente und deren Genotyp untersucht und auf individuelle Patienten angepasste Therapien entwickelt werden (individualisierte Medizin). Heutige Ansätze z.B. auf der Affymetrix Plattform erlauben derzeit die parallele Analyse von 906.600 *single nucleotide polymorphisms* (SNPs), sowie von *copy number variations* (CNVs), die an weiteren 744.000 Positionen im Humangenom abgefragt werden. Dabei wird die zu untersuchende DNA zuerst mit Hilfe eines oder mehrerer Restriktionsenzyme verdaut und die dabei entstandenen Bindungsstellen an Adaptoren gebunden. Ein PCR-Primer, der die Adaptorensequenz erkennt, wird benutzt, um diese DNA-Fragmente zu amplifizieren. Dabei sind die PCR-Bedingungen so gewählt, dass bevorzugt Fragmente mit einer Länge von 250–1.000 bp amplifiziert werden. Die amplifizierte DNA wird anschließend fragmentiert, biotinyliert und auf die Arrays hybridisiert. Die Arrays werden anschließend mit Phycoerythrin gefärbt, gewaschen und eingescannt.

Im Folgenden werden Protokolle zur RNA-Isolation und Qualitätsüberprüfung beschrieben, wie sie allgemein für die Durchführung von Array-Experimenten gültig sind. Protokolle zur DNA-Isolation sind an anderer Stelle beschrieben (Kap. 3).

Literatur

Park, P.I., Ca,o Y.A., Lee, S.Y., Kim, J.W., Chan, M.S., Har,t R., Choi, S. (2004): Current issues for DNA microarrays: platform comparison, double linear amplification, and universal RNA reference. J Biotechnol. Sep 9; 112 (3): 225-245.

Yoder, S.J., Enkemann, S.A. (2009): ChIP-on-Chip Analysis methods for Affymetrix Tiling Arrays. Methods Mol Biol. 523: 367-381.

Eeckhoute J, Lupien M, Brown M. (2009): Combining chromatin immunoprecipitation and oligonucleotide tiling arrays (ChIP-Chip) for functional genomic studies. Methods Mol Biol.; 556: 155-164.

Wellcome Trust Case Control Consortium (2007) Genome-wide association study of 14,000 cases of seven common diseases and 3,000 shared controls. Nature. 2007 Jun 7; 447 (7145): 661-678.

19.1.1 Präparation von Gesamt-RNA aus Geweben und Zellen

Generell gilt für alle Genexpressionsstudien, dass die Analyseergebnisse in höchstem Maße von der Qualität der eingesetzten RNA abhängig sind. Zur Minimierung von experimentellen Varianzen sollten die RNA-Proben am gleichen Tag mit den entsprechenden Reagenzien unter Verwendung von Mastermixen prozessiert werden. Ein Mastermix wird für mehrere Reaktionen gleichzeitig hergestellt. Er enthält alle Komponenten, die in allen Reaktionsansätzen gleich sind. Die Volumina der Einzelreaktionen werden mit der Anzahl der Reaktionen multipliziert und die entsprechende Menge der Einzelkomponenten zusammen pipettiert und gemischt. Der entsprechende Anteil dieses Vorgemischs wird dann auf die einzelnen RNA-Proben gegeben. Dadurch kann der Einfluss von Pipettierschwankungen minimiert werden. Üblicherweise wird bei einem Mastermix eine etwas höhere Menge (plus 10 %) hergestellt. Eine gute Randomisierung bei der Bearbeitung der Proben sollte beachtet werden. Zudem sollte die Bearbeitung, wenn möglich, von der gleichen Person unter Verwendung von kalibrierten Gerätschaften und unter Beachtung von standardisierten Protokollen (*Standard Operating Procedures*) durchgeführt werden.

Alle im Folgenden aufgeführten Schritte zur Präparation und Behandlung von RNA sind mit RNase freien Lösungen und Behältern durchzuführen. Die hier beschriebene Methodik eignet sich zur Isolation von Gesamt-RNA aus Zellen und Gewebe. Eine Übersicht über die allgemeine Arbeitsweise mit RNA wird in Kap. 7 gegeben.

Materialien

- sterile RNase freie 1,5 ml-Reaktionsgefäße (z.B. Sarstedt)
- Sterilfilterspitzen (Sarstedt)
- Laborkühlzentrifuge
- UV-Spektralphotometer

- Thermoblock (alternativ Thermocycler)
- Polytron Homogenisator/UltraThurax
- 2.100 Bioanalyzer (Agilent)
- IKA Vortexer mit Adapter für Agilent Chips (Agilent)
- RNA 6.000 Nano Labchip Kit (Agilent)
- Chip priming station (Agilent)
- RNase Zap (Ambion)
- RNA-STAT-60 (AMS Biotechnology); alternativ Trizol (Invitrogen Life Technologies)
- RNeasy Mini Kit (Qiagen)
- RNase free DNase I Set (Qiagen)
- Ethanol p.a.
- Isopropanol
- Chloroform
- RNase freies Wasser (Ambion)
- Glykogen (Sigma-Aldrich)
- β-Mercaptoethanol (Sigma-Aldrich)
- 70 % (v/v) und 75 % (v/v) Ethanol (mit RNase freiem Wasser ansetzen)
- Etiketten für Reaktionsgefäße, 9mm (z.B. Roth)

Durchführung

Aufreinigung der RNA

- 1 ml RNA-STAT-60 zur Lyse von 5×10^6 bis 1×10^7 Zellen verwenden; alternativ 1 ml RNA-STAT-60 zur Homogenisierung von bis zu 100 mg Gewebe unter Zuhilfenahme eines Polytron Homogenisators einsetzen; danach die Lysate in 1,5 ml-Reaktionsgefäße überführen
- Zugabe von 0,2 ml Chloroform (1/5 Volumen für je 1 ml RNA-STAT-60), intensiv mischen, Suspension für 5 min bei Raumtemperatur inkubieren und danach bei 4 °C und $12.000 \times g$ für 15 min zentrifugieren
- vorsichtige Abnahme der oberen, farblosen wässrigen Phase (ca. 50 % des eingesetzten RNA-STAT-60-Volumens, bei 1 ml ca. 500–600 µl) und Überführung in neues Reaktionsgefäß (Interphase nicht mit überführen); alternativ kann die Separation der Phasen in Phase Lock Gefäßen durchgeführt werden
- Zugabe von 0,5 ml Isopropanol je 1 ml RNA-STAT-60-Lösung, gut durchmischen und 5–10 min bei Raumtemperatur inkubieren (bei geringen Ausgangsmengen (< 5 mg Gewebe, $< 10^5$ Zellen) Zugabe von 1 µl 20 µg $\times$ µl^{-1} Glykogen als Fällungshilfe)
- Präzipitation der RNA durch Zentrifugation bei $12.000 \times g$ für 10 min bei 4 °C (weißes Präzipitat sollte am Reaktionsgefäßboden sichtbar sein)
- Entfernung des Überstandes und Waschen des Präzipitats mit mindestens 1 ml 75 % (v/v) Ethanol pro ml RNA-STAT-60-Einsatzvolumen
- Zentrifugation der Reaktionsgefäße bei 4 °C und $7.500 \times g$ für 10 min, Überstand entfernen (vollständig, eventuell mit Mikropipettenspitzen) und RNA-Präzipitat für 10 min lufttrocknen (nicht komplett durchtrocknen lassen sonst Verringerung der RNA-Lösbarkeit)
- Aufnahme der RNA je nach Zell- bzw. Gewebemenge in 25 µl RNase freiem Wasser
- die RNA sollte zur weiteren Konzentrations- und Qualitätsuntersuchung vollständig gelöst sein, Lösungsvorgang durch intensives Auf- und Abpipettieren unterstützen
- Abnahme eines Aliquots zur spektralphotometrischen Vermessung (Abschn. 1.1)
- Lagerung der RNA bis zur weiteren Aufarbeitung bei –80 °C möglich
- die spektroskopische Vermessung sollte eine erhaltene RNA-Gesamtmenge von mindestens 20 µg ergeben ($OD_{260/280}$-Verhältnis von > 1,8, $OD_{260/230}$-Verhältnis von > 1,8), um genügend Ausgangsmaterial für die folgenden Schritte zur Verfügung zu haben (1 OD_{260} entspricht Konzentration von 40 µg RNA $\times$ ml^{-1}).

Zur weiteren Aufreinigung der RNA und zur DNase-Behandlung werden RNeasy-Säulen des RNeasy Mini Kits (Qiagen) und des DNase I Set (Qiagen) verwendet. Die nachfolgend aufgeführten Pufferlösungen sind Bestandteile der aufgeführten Kits und dort in ihrer Zusammensetzung beschrieben.

- Zugabe von 350–400 µl RTL-Puffer (nach Zusatz von 10 µl β-Mercaptoethanol zu je 1 ml RTL-Puffer) zu jeweiligen RNA-Proben (maximal 100 µg RNA pro Säule einsetzen!), mischen und nach Zusatz des gleichen Volumens (350–400 µl) 70 % (v/v) Ethanol nochmaliges Mischen
- Aufgabe von maximal 700 µl der Lösung je RNeasy-Säule; 15 s bei 8.000 × g zentrifugieren, Durchfluss verwerfen
- Vorgang mit restlichem Lösungsvolumen wiederholen
- Aufgabe von 350 µl RW1-Puffer, wiederum 15 s bei 8.000 × g zentrifugieren
- 10 µl DNase I-Stammlösung mit 70 µl RDD-Puffer versetzen und die gesamten 80 µl mittig auf Säule-material geben; 15 min bei Raumtemperatur inkubieren
- Aufgabe von 350 µl RW1-Puffer; 15 s bei 8.000 × g zentrifugieren, Durchfluss und Auffanggefäß ver-werfen
- Säule in neues Auffanggefäß transferieren, 500 µl RPE-Puffer zugeben; 15 s bei 8.000 × g zentrifugieren und aufgefangenen Durchfluss verwerfen
- erneut 500 µl RPE-Puffer aufgeben und Zentrifugation für 15 s mit 8.000 × g, aufgefangenen Durch-fluss verwerfen
- Überführen der Säule in neues Auffanggefäß und 1 min bei 10.000 × g zentrifugieren; eventuell vor-handene Tropfen an Säulenausgang entfernen
- Säule erneut in neues Auffanggefäß überführen, 25 µl RNase freies Wasser direkt auf Säulenmitte ge-ben, 1 min inkubieren und danach mit 8.000 × g für 1 min zentrifugieren; Vorgang mit 25 µl RNase freiem Wasser wiederholen; Endvolumen der vereinigten Eluate 50 µl
- Abnahme eines Aliquots zur spektralphotometrischen Vermessung (das OD260/280-Verhältnis sollte nach der Säulenreinigung > 1,8 sein, Abschn. 1.1) für die Qualitätskontrolle mittels Agarose-Gelelekt-rophorese (Abschn. 2.3.1) oder Agilent Chipanalyse (s.u.).

Konzentrations- und Reinheitsbestimmung der RNA mittels Agilent Chipanalyse

Zur Analyse der RNA im 2.100 Bioanalyzer (Agilent) benötigt man nur 1µl RNA-Probenvolumen mit einer Konzentration von 25 bis max. 500 ng × µl⁻¹. Die empfohlene Höchstkonzentration sollte un-bedingt eingehalten werden, da es sonst zu einer Verunreinigung der Elektroden kommen kann. Vor jedem Lauf empfiehlt sich die Dekontamination und Reinigung der Elektroden mit RNase ZAP und RNase freiem Wasser. Alle Reagenzien sollten vor der Benutzung für 30 min auf Raumtemperatur äqui-libriert werden. Die nachfolgend aufgeführten Lösungen sind Bestandteile des RNA 6.000 Nano Lab Chip Kits von Agilent.

- 550 µl RNA-6.000-Nano-Gelmatrix in *spin*-Filtereinheit geben und in Laborzentrifuge bei 1.500 × g (ca. 4.000 upm) für 10 min filtrieren
- intensives Mischen des RNA-6.000-Nano-Farbstoffkonzentrats für 10 s, kurz herunterzentrifugieren und danach Zugabe von 1 µl des Farbstoffs zu 65 µl filtriertem Gel; das restliche Gel kann ohne den Farbstoff in 65 µl Aliquots bei 4 °C ca. 4 Wochen aufbewahrt werden
- nach intensivem Mischen 10 min Zentrifugation bei 13.000 × g; das Gel/Farbstoff-Gemisch innerhalb eines Tages verbrauchen und immer direkt vor dem Gebrauch nochmals zentrifugieren
- RNA NanoChip in Chip Priming Station einsetzen, 9 µl des Gel/Farbstoff-Gemisches in den Boden der mit einem weißen G markierten Vertiefung unter Vermeidung von Luftblasen pipettieren (dabei darauf achten nicht an den Rand zu pipettieren)
- 1 ml-Spritze bis zum Einrasten pressen, für 30 s unter gleichmäßigem Druck mithilfe der Priming Station das Gel in den Chip einpressen; nach Druckentlastung noch weitere 5 s warten, die Spritze langsam mit der Hand bis zur 1 ml-Marke hoch ziehen und danach *chip station* öffnen und jeweils 9 µl des Gel/Farbstoff-Gemisches in die beiden anderen mit einem schwarzen G markierten Vertiefungen pipettieren

- 5 µl des RNA-6.000-Nano-Markers in jede Chipvertiefung (Nummern 1–12) und in Öffnung mit Leitersymbol pipettieren (Achtung, jede Vertiefung des Chips muss befüllt sein; wenn keine Probenbeladung in eine Vertiefung erfolgen sollte, Einfüllung von 6 µl RNA 6.000-Nano-Marker erforderlich)
- nach Hitzedenaturierung für 2 min bei 70 °C 1 µl RNA-Größenstandard in Vertiefung mit Leitersymbol, sowie RNA-Proben in jeweilige Öffnungen (Nummern 1–12) pipettieren
- schütteln des Chips für 1 min bei 2.400 upm (spezieller IKA-Vortexer mit Adapter dafür erforderlich), Einsetzen des Chips in Agilent 2.100 Bioanalyzer und starten des Laufs innerhalb von 5 min.

Das erhaltene Spektrum sollte distinkte 18S/28S-Banden im Verhältnis 1:2 bei geringer Basislinienabsorption zeigen. Die erhaltenen RIN-Zahlen (RNA Integrity Number, Bereich: 1–10) sollten möglichst hoch sein. Auch hier ist wieder eine gute Vergleichbarkeit der RIN-Zahlen für ein aussagekräftiges Ergebnis der Expressionsanalyse wichtig. Einzelne Proben, die sich stark unterscheiden, sollten nach Möglichkeit ersetzt werden. Weiterhin sollten bei Verwendung des 3'IVT-express Kits keine genomische DNA-Verunreinigungen erkennbar sein, da Random Primer verwendet werden. Diese stellt sich häufig durch einen Anstieg der Absorbtionslinie im Verlauf nach den 18S/28S-Banden dar.

Trouble Shooting für Bioanalyzer

- Anstieg der Absorptionslinie am Ende des Messbereichs, sonst jedoch eine interpretierbare Kurve: Verunreinigung der RNA mit DNA. Lösung: DNAse-Verdau der Proben.
- Kurvenverlauf ist nicht interpretierbar, evtl. tritt das Problem erst ab einer bestimmten Probe ein: Zu hohe RNA/DNA-Konzentrationen wurden eingesetzt, bzw. Verunreinigung der RNA durch DNA. Lösung: Messen der Konzentration mittels Photometer, Verdünnen der RNA/DNA. Tritt das Problem weiterhin auf, ist evtl. ein Reinigen der Elektroden notwendig. Dazu den Deckel der Bajonettfassung mit den Elektroden vorsichtig aus dem Gerät nehmen, die Elektroden mit einer weichen Bürste und

Tab. 19–1: Unterschiedliche Array-Anwendungen.

	mRNA	miRNA	SNP	ChIP on Chip
Probenmaterial	Gesamt-RNA, mRNA	Gesamt-RNA, miRNA	DNA	Mittels z.B. Immunpräzipitation angereicherte DNA
Verwendung	Differenzielle Genexpression	Differenzielle Expression der miRNA	Assoziationsstudien, vergleichende Genomhybridisierung (CGH), Copy Number Variation (CNV)	Methylierungsstudien, ChIP on Chip allgemein
Arrays	Oligonucleotid-Arrays, cDNA-Arrays	Oligonucleotid-Arrays	Oligonucleotid-Arrays	Tiling-Arrays, spezielle Promotor-Arrays
Kommerzielle Arrays (Auswahl)	Affymetrix, Agilent Technologies, Roche Applied Science, Miltenyi Biotec	Affymetrix, Agilent Technologies, Applied Biosystems, Exiqon, Invitrogen	Affymetrix	Affymetrix, Nimblegen
Verfügbare Arrays von Affymetrix (GeneChip®)	(3'IVT) Genome-Array, Gene ST-Array, Exon-Array	miRNA-Array	SNP-Array	Tiling-Array-Set, Promotor-Array
Ausgangsmenge	3'IVT: > 50 ng in 3 µl, Exon/ST: 100 ng in 3 µl	1–3 µg Gesamt-RNA in 8 µl	250 ng in 5 µl	unterschiedlich

H$_2$O dest. oder Isopropanol bzw. bei RNAse-Verunreinigung mit RNAse Zap reinigen. Dabei unbedingt darauf achten, dass die Elektroden nicht beschädigt werden. Anschließend mit H$_2$O dest. gründlich nachspülen, über Nacht im Exsikkator komplett trocknen lassen. Vorsicht: Auch kleinste Flüssigkeitsreste können den Hochspannungsanschluss beschädigen.

Wichtig: Nicht alle Zellen bzw. Organismen zeigen die typische 18S/28S-Bandenverteilung. In diesem Fall wird keine zuverlässige RIN-Nummer berechnet.

- Falls nur verdünnte RNA-Lösungen zur Verfügung stehen, ist eine Konzentrierung durch Fällung mit Ethanol p.a. unter Verwendung von Glykogen möglich.

Die Protokolle für Fluoreszenzmarkierung, Hybridisierung, Waschen, Färben und Einscannen unterscheiden sich je nach Array-Typ. Aufgrund der ständig wachsenden Auswahl an unterschiedlichen Array-Typen wird an dieser Stelle auf eine einzelne Beschreibung der Protokolle verzichtet und auf Protokolle der Firma Affymetrix verwiesen (http://www.affymetrix.com/support/technical/manuals.affx). Da diese Protokolle sehr stark auf die einzelnen Arrays optimiert und sehr detailliert beschrieben sind, empfiehlt sich bei Verwendung von Arrays der Firma Affymetrix die Anwendung der Firmenprotokolle. Einen Überblick über mögliche Anwendungen zeigt Tabelle 19–1.

19.1.2 Analyse der Genexpressionsdaten

Affymetrix bietet als Systemlösung die Verwendung eines Scanners sowie die spezialisierte Auswertungssoftware an (u.a. die Command Console Software, Expression Console Software und für DNA-Daten die Genotyping Console Software). Das Auswertesystem ist auf die Arrays abgestimmt. Auf verschiedenen Webseiten (http://www.nslij-genetics.org/microarray/soft.html) ist zudem nicht kommerzielle Auswertungssoftware erhältlich oder benutzbar. An dieser Stelle kann zur Analyse der Array-Experimente nur auf diese Werkzeuge verwiesen werden, da die Auswerteparameter und Vorgaben von Experiment zu Experiment verschieden und von der jeweiligen Fragestellung abhängig sind. Am Einstieg in die Analyse sollte jedoch eine visuelle Qualitätsüberprüfung der Rohdaten auf Artefakte, Kratzer oder Luftblasen stehen, sowie zunächst Regionen mit hohem unspezifischen Signalhintergrund oder Bereiche mit geringen Signalintensitäten näher untersucht werden. Zudem sollten die Signale der Oligo B2-Kontrollen zur Hybridisierungsuniformität und zur Überprüfung von Eck- und Randregionen des Chips herangezogen werden.

Weitere Anhaltspunkte für die Qualität der Array-Hybridisierungen liefern außerdem die Prozentzahl der detektierten Gene, der *scaling*-Faktor, der Rauschwert (RawQ) und die Präsenz und die gemessenen Intensitäten der *spike in*-Kontrollen (BioC, BioD, BioE, Cre). Diese Werte können zwar von Experiment zu Experiment relativ stark variieren und sind abhängig vom Ausgangsmaterial, sie sollten jedoch wenige Unterschiede innerhalb einer Studie aufweisen. Das Verhältnis der Signalintensität am 3'-Ende zu 5'-Ende (3'/5'-Verhältnis) von GAPDH (bedingter: ß-Aktin) sollte möglichst nahe bei 1 liegen.

Zum Vergleich mit anderen Datensätzen sollten die vom MGED-Konsortium (Microarray Gene Expression, http://www.mged.org/Workgroups/MIAME/miame.html) entwickelten Standards und Richtlinien zur eindeutigen Beschreibung von Microarray-Datensätzen (MIAME, *minimum information about a microarray experiment*) erfasst und beachtet werden.

✸ *Trouble Shooting*

- Falls die aus den aufgeführten Parametern erhaltenen Werte (zum Beispiel eine geringe Prozentzahl an detektierten Genen (Minimum 30–40 %) oder hohe 3'/5'-Verhältnisse (> 3)) bei den Referenzgenen auf eine schlechte Datenqualität hinweisen, lässt dies auf eine Degradation der RNA schließen und man sollte mit frischem Ausgangsmaterial starten. Bei einem vorangehenden zweiten Amplifikationsschritt aufgrund geringer RNA-Ausgangsmenge können jedoch die 3'/5'-Verhältnisse deutlich erhöht sein.

- Fehlende oder geringe Intensitätsabstufung der zugegebenen *spike in*-Kontrollpräparationen (Affymetrix 900 433 GeneChip Eucaryotic Poly A-RNA Control Kit) lassen auf geringe Markierungseffizienzen schließen.

- Dunkle Arrays oder dunkle Eckbereiche lassen auf ein Hybridisierungsproblem (Kontroll B2-Oligonucleotidsignale betrachten) oder auf ein Pumpenproblem der Fluidics Station schließen. Ein weiterer Grund dafür könnte im Austreten von Hybridisierungslösung durch beschädigte Dichtungen sein. Um dies zu verhindern sollten die Befüllungsvorrichtungen der Arrays während der Hybridisierung und während des Einscannens zusätzlich mit Etiketten für Reaktionsgefäße (z.B. von Roth) abgedichtet werden.

- Kreisförmige Strukturen können während der Hybridisierung durch ein Rotieren von Staubpartikeln oder durch inkorrekte Befüllung der Arrays verursacht werden.

- Die durch den *in vitro*-Transkriptionsschritt eventuell eingeführten Verfälschungen gegenüber der Original-RNA-Population (unter- bzw. überproportionale Amplifikation von RNAs) lassen sich gegebenenfalls durch quantitative *real time*-PCR mit ausgewählten Genen unter Einsatz von amplifizierten bzw. nichtamplifizierten RNA-Proben abschätzen.

19.2 Gespottete Microarrays mit synthetischen Oligonucleotiden (50- bis 70-meren) oder PCR-Produkten

Die eigene Herstellung von gespotteten *whole genome arrays* für Expressionsstudien an Mensch, Maus oder Ratte ist durch das breite Angebot kommerzieller Arrays und durch deren starken Preisrückgang in den letzten Jahren deutlich gesunken. Jedoch spielt die Herstellung kleinerer Arrays mit einer Auswahl interessanter Gene aufgrund der immer noch niedrigeren Herstellungs- und Hybridisierungskosten weiterhin eine Rolle. Firmen wie z.B. Operon Biotechnologies bieten zu diesem Zweck spezielle, kundenspezifische Oligonucleotidsets sowie bei Bedarf, das Design der Oligonucleotide an. Beim Design von sog. *custom design*-Arrays ist allerdings auf eine ausreichende Anzahl von *housekeeping*-Genen bzw. Kontrollsequenzen zu achten (deren komplementäre Sequenz gleichzeitig mit der RNA-Probe prozessiert wird). Diese werden später für die Normalisierung der Datensätze verwendet, um Verzerrungen bei der Beurteilung differenzieller Expression zu vermeiden.

Tab. 19–2: Vergleich von Oligonucleotid-Microarrays und cDNA-Microarrays

	Oligonucleotid-Microarray	cDNA-Microarray
Anzahl der Gene/Sonden (oft pro Gen mehrere Sonden)	mehrere Tausend bis zu Hunderttausenden	Dutzende bis über Tausend
Trägermaterial	Glas bzw. Kunststoff	Glas, Kunststoff bzw. (Nylon-) Membran
Sondenmoleküle	synthetische Oligonucleotide	cDNA/PCR-Fragmente
Größe der Sondenmoleküle	20- bis 100-mere	200–5.000 bp
Markierung der Zielmoleküle (*targets*)	mit Fluoreszenzfarbstoffen	mit Fluoreszenzfarbstoffen, radioaktiv
relative Sensitivität	hoch	sehr hoch (bei ^{32}P-Markierung)
relative Auflösung	sehr hoch	hoch
Unterscheidung von homologen Genen (Mutationen)	sehr gut	eingeschränkt

Üblicherweise werden die Oligonucleotide bzw. PCR-Produkte zur Herstellung von Microarrays auf speziell beschichtete Objektträger aufgebracht. Für das Aufbringen im Picolitermaßstab auf modifizierte Glasoberflächen ist die Verwendung von so genannten Mircoarray-Spottern notwendig. Diese ermöglichen die erforderliche Positioniergenauigkeit und exakte Dosierung kleinster Volumina. Es gibt zwei grundsätzliche Prinzipien beim Drucken von Microarrays. Beim Kontaktdruckverfahren werden zum Aufbringen der Oligonucleotide Stahlnadeln, sogenannte *pins*, verwendet. Zur Aufnahme der Oligonucleotide tauchen die *pins* in die Oligonucleotidlösung ein und setzen die Lösung, durch die Adhäsionskräfte, die beim Kontakt der Flüssigkeit mit der Glasträgeroberfläche wirken, auf der Glasoberfläche ab (z.B. Gene Machine, Perkin Elmer). Durch Variation in der Dauer des Kontakts, aber auch die Art der Beschichtung des Glasträgers und die Komponenten des Puffers, in dem die Oligonucleotide gelöst wurden, kann die *spot*-Größe beeinflusst werden. Je länger die Verweildauer des *pins* auf dem Glasträger, desto größer ist der resultierende *spot*. Für die Microarray-Auswertung ist ein kleiner, klar abzugrenzender *spot* (Durchmesser ca. 100 μm) vorteilhafter als ein zu großer *spot*.

Im Gegensatz zum oben beschriebenen Kontaktdruckverfahren werden beim kontaktlosen Druckverfahren die Oligonucleotide entweder mittels InkJet Technologie (z.B. ArrayJet, Midlothian, UK), Piezotechnik (z.B. GeSiM, Dresden, Deutschland) oder mittels Druckluft (z.B. Top Spotter von IMTEK, Freiburg, Deutschland) auf der Glasoberfläche abgesetzt. Tab. 19–2 zeigt einen Vergleich von Oligonucleotid-Microarrays und cDNA-Microarrays.

19.2.1 Microarray-Analyse mit synthetischen Oligonucleotiden

19.2.1.1 Oligonucleotid-Design

Die Auswahl geeigneter Oligonucleotidsequenzen für die Herstellung von Microarrays ist die Voraussetzung, um verlässliche und genspezifische Hybridisierungsergebnisse erzielen zu können. Es gibt verschiedene Parameter, die beim Oligonucleotid-Design in Betracht gezogen werden müssen, um optimale Ergebnisse zu erzielen. Um hier nur einige Parameter zu nennen, sollten Schmelztemperatur, Bildung von Sekundärstrukturen und mögliche Kreuzhybridisierungen zu fremden Genen Beachtung finden. Diese Oligonucleotide werden lyophilisiert in 384-Lochplatten geliefert und sind nach Rekonstitution in geeignetem *spotting*-Puffer für die Microarray-Herstellung gebrauchsfertig. Die 70-mere sind am 5'-Ende aminomodifiziert, um eine kovalente Bindung der Oligonucleotide über die endständige primäre Aminogruppe an „aktive" Glasbeschichtungen wie z.B. Epoxy oder Aldehyde zu ermöglichen. Die Vorbereitung der Oligonucleotide für das Drucken der Microarrays ist unten beschrieben.

Es werden jedoch auch bereits gespottete Oligonucleotid-Arrays angeboten (z.B. Agilent). Bei diesen empfiehlt es sich, die angegebenen Protokolle zu verwenden, da diese auf die Arrays angepasst sind und so die Etablierung der Versuchsdurchführung erleichtern.

Alle im Folgenden aufgeführten Schritte zur Behandlung von RNA sind mit RNase freien Lösungen und Behältern durchzuführen. Für Wasch- bzw. Blockschritte der Arrays kann H_2O bidest. verwendet werden.

19.2.1.2 Resuspendieren, Drucken und Lagerung der Oligonucleotide

Materialien

- 5'-aminomodifizierte 70-mer Oligonucleotide (z.B. Operon Biotechnologies, in 384-Lochplatten, Genetix 7.020)
- *spotting*-Puffer (z.B. Nexterion 70-mer Oligo-*spot*-Puffer, Schott Nexterion)

- selbstklebende Folie für 384-Lochplatten (z.B. Genetix)
- Orbitalschüttler
- beschichtete Objektträger (*slides*, z.B. Schott Nexterion Slide E)
- Microarrayer oder Printer (Arrayit®, Genetix)
- Rotations-Vakuumkonzentrator (z.B. Speed-Vac)
- eventuell Pipettierautomat
- eventuell Entionisierungsbürste
- eventuell Diamantstift
- alternativer *spotting*-Puffer
  - 5 M Betain (Sigma-Aldrich)
  - 20 × SSC
  - RNase freies Wasser
  - *spotting*-Puffer für 6,5 ml (ausreichend für eine 384-Lochplatte, Endkonzentration: 3 × SSC, 1,5 M Betain): 6,3 ml RNase freies Wasser, 1,95 ml 5 M Betain, 975 μl 20 × SSC

Durchführung

- Nach Lagerung bei −20 °C Platten langsam bei Raumtemperatur auftauen lassen
- bei 175 g für 5 min zentrifugieren (die Oligonucleotidpellets können sich an anderer Stelle als am Boden der Wells befinden).

Vorsicht: Beim Abziehen der Versiegelung vorsichtig sein! Die getrockneten Oligonucleotide können aufgrund von statischen Wechselwirkungen, vor allem bei niedriger Luftfeuchtigkeit, an der Versiegelung haften. Das Tragen von Handschuhen sollte vermieden werden, um die statischen Wechselwirkungen nicht zu erhöhen. Vor dem Entfernen der Folie bzw. beim Öffnen der Platten sollte Metall berührt und Entionisierungsbürsten oder Antistatic Instruments (z.B. Sigma-Aldrich) verwendet werden.

- Zum Öffnen werden die Platten auf einer ebenen Oberfläche platziert; die Platte mit einer Hand festhalten, während mit der anderen Hand die Versiegelung vorsichtig von der Platte entfernt wird.

Wichtig: Die Menge der von Operon Biotechnologies gelieferten Oligonucleotide beträgt 300 pmol pro Well (Standard).

- Die Oligonucleotide in einem entsprechenden *spotting*-Puffer resuspendieren (z.B. Oligonucleotide in 15 μl Puffer lösen, um eine 20 μM Oligonucleotidlösung zu erhalten); der *spotting*-Puffer sollte sich nach den Angaben des *slide*-Herstellers richten (z.B. Slide E von Schott Nexterion mit dem zugehörigen Nexterion 70-mer Oligo *spotting*-Puffer verwenden)
- nach Zugabe des Puffers die Platten mit einer entsprechenden Folie wieder verschließen (z.B. von Genetix) und über Nacht bei Raumtemperatur oder bei 4 °C auf einem Orbitalschüttler bei 60 upm schütteln, um Oligonucleotide vollständig zu lösen
- danach die Platten bei 175 g für 10 min zentrifugieren, um Verdunstungsniederschlag im Well zu sammeln.

Zwischen verschiedenen Druckvorgängen können die Platten mit den gelösten Oligonucleotiden für maximal 2 Wochen bei −20 °C im Puffer gelöst gelagert werden. Bei längerer Lagerung empfiehlt es sich, die Platten zu trocknen bzw. zu lyophilisieren und bei −20 °C zu lagern. Beim erneuten Resuspendieren sollte destilliertes Wasser verwendet werden und das Resuspensionsvolumen um die schon entnommene Menge reduziert werden.

19.2.2 Array-Herstellung

Einstellung der Druckparameter des Microarray-Spotters nach Herstellerangaben.
Wichtig: Eventuell muss die Entfernung zwischen Glasträgeroberfläche und *spotting-pins* neu eingestellt werden.

Vorsicht: Bei Verwendung eines Diamantstiftes zur Markierung der Glasträger: Es können Glassplitter entstehen, die ggf. Teile des Microarrays beschädigen können. Es empfiehlt sich, die Arrays erst nach dem Spotten zu beschriften. Textmarker sollten nicht für die Beschriftung verwendet werden, da sich die Farbe lösen und als Hintergrund nach der Hybridisierung sichtbar sein kann.

Das Drucken der Oligonucleotide sollte bei 40–50 % relativer Luftfeuchtigkeit und bei 20 bis 25 °C erfolgen.

Die folgenden Protokolle eignen sich grundsätzlich zur Herstellung von Oligonucleotid-Arrays oder, mit leichten Modifizierungen, für Arrays mit PCR-Produkten. Auf die Unterschiede der Behandlung der Arrays beim Spotten von PCR-Produkten wird an entsprechender Stelle hingewiesen.

Als *spotting*-Puffer für PCR-Produkte eignet sich z.B. ein Puffer aus 3 × SSC und 1,5 molarem Betain. Die Bedingungen beim Drucken entsprechen dem beim Druck von Oligonucleotiden.

19.2.2.1 DNA-Immobilisierung

Materialien

- Feuchtigkeitskammer (90 % relative Luftfeuchtigkeit)
- bei Verwendung von nicht aminomodifizierten Oligonucleotiden bzw. betainhaltigen *spotting*-Puffern: Trockenschrank verwenden
- zur Lagerung der Arrays: Exsikkator

Durchführung

- Inkubation der gedruckten Microarrays in einer Feuchtigkeitskammer bei > 90 % relativer Luftfeuchtigkeit und Raumtemperatur für 30 min, damit die kovalente Bindung der Oligonucleotide an die Oberfläche vollständig ablaufen kann
- bei Verwendung von nicht aminomodifizierten Proben werden die Proben anschließend 30 min bei 120 °C gebacken
- bei Verwendung von betainhaltigem *spotting*-Puffer werden die Proben anschließend 60 min bei 60 bis 120 °C gebacken.

Wichtig: Nach dem Drucken und Immobilisieren können die Microarrays entweder sofort weiter verwendet werden oder aber trocken (in einem Exsikkator) und dunkel bei Raumtemperatur bis zu 6 Monaten gelagert werden. Die nun folgenden Waschschritte sollten erst kurz vor der Hybridisierung durchgeführt werden.

19.2.2.2 Prähybridisierung und Waschen der Microarrays

Wichtig: Stellen Sie sicher, dass die Microarrays zwischen den einzelnen Waschschritten bzw. vor dem Blockierungsschritt nicht austrocknen.

Wichtig: Das Volumen der Waschlösungen sollte mindestens 250 ml für 5 Microarrays betragen.

Materialien

- Triton-X 100 (Sigma)
- 0,1 % (v/v) Triton-X 100-Lösung: 250 µl Triton-X 100 (evtl. erwärmen) in 250 ml H_2O bidest.
- 1 N HCl
- 1 mM HCl: 250 µl 1 N HCl in 250 ml H_2O bidest.
- 1 M KCl
- 100 mM KCl: 25 ml 1 M KCl in 225 ml H_2O bidest.
- H_2O bidest.
- Orbitalschüttler

- Glasträgerständer
- Waschgefäß für Objektträger
- 25 % (v/v) HCl
- Blocking Solution: Nexterion Block E (4 ×)
- Heizplatte
- Thermometer für *blocking*-Lösung
- *blocking*-Lösung: für 5 Arrays 25 ml Blocking Solution, 75 ml H$_2$O bidest., 29,6 µl 25 % (v/v) HCl
- 50 ml-Reaktionsgefäße (Falcon)

Durchführung

Waschen

Das Waschen der Microarrays erfolgt, um nichtgebundene Oligonucleotide und Puffersubstanzen zu entfernen, die mit der nachfolgenden Hybridisierung wechselwirken könnten. Außer dem zusätzlichen Schritt bei Verwendung von Arrays mit gespotteten PCR-Produkten werden alle Waschschritte bei Raumtemperatur auf dem Schüttler durchgeführt.

Waschlösungen vorbereiten:

- Inkubation der Microarrays in einem Waschgefäß für 5 min in 0,1 % (v/v) Triton-X 100-Lösung

Wichtig: Es ist eine ausreichende Menge Puffer zu verwenden, so dass der gesamte Glasträger im Waschgefäß mit Puffer bedeckt ist.

- 2 min in 1 mM HCl
- in einem neuen Behälter noch einmal: 2 min in 1 mM HCl
- 10 min in 100 mM KCl
- nur bei Verwendung von gespotteten PCR-Proben erfolgt die Denaturierung der PCR-Produkte in kochendem Wasser: 3 min in H$_2$O bidest. bei 95–100 °C
- 1 min in H$_2$O bidest.
- direkt zum Blocken übergehen

Blocken

Je Objektträger ist eine Menge von 20 ml *blocking*-Lösung nötig, die Arrays sollen jedoch immer komplett mit Flüssigkeit bedeckt sein.

- Inkubation der Microarrays für 15 min in *blocking*-Lösung bei 50 °C (Temperatur messen! gelegentlich bewegen)
- 30 s in 250 ml H$_2$O bidest. auf Orbitalschüttler waschen
- Waschvorgang einmal in einem neuen Behälter wiederholen
- danach werden die Microarrays in einer ölfreien Luft- oder Stickstoffströmung getrocknet; alternativ können die Microarrays auch 5 min in 50 ml-Reaktionsgefäße, mit der bedruckten Fläche nach außen und der Beschriftung nach unten, bei 200 × g zentrifugiert werden; bei kühlbaren Zentrifugen sollte darauf geachtet werden, dass die Zentrifuge Raumtemperatur hat, da die Arrays sonst beim Herausnehmen beschlagen, was zu einem erhöhten Hintergrund führen kann.

19.2.2.3   Überprüfung der *spot*-Morphologie

Bevor die Hybridisierung mit den komplexen Hybridisierungs-*targets* durchgeführt wird, sollte überprüft werden, ob die *spot*-Morphologie über den gesamten Array hinweg homogen ist. Dies ist die Voraussetzung, um verlässliche Ergebnisse der Hybridisierungsexperimente zu erhalten.

Die Morphologie der Oligonucleotid-*spots* kann mittels einer Hybridisierung mit einem mit dem Scanner lesbaren fluoreszenzmarkierten Randomer überprüft werden (N-9-mer, z.B. Panomer™ 9 Random Oligodesoxynucleotides, Molecular Probes).

Materialien

- Alexa Fluor® 546 markiertes N-9-mer (z.B. Panomer™ 9 Random Oligodeoxynucleotides, Molecular Probes)
- sterile RNase freie 1,5 ml-Reaktionsgefäße (z.B. Sarstedt)
- Herstellung einer 100 µM N-9-mer-Stammlösung: Lösen des markierten N-9-mers (10 nM) in 100 µl H_2O bidest.
- Hybridisierungspuffer (z.B. Nexterion® Oligo Hyb, Schott Nexterion)
- 20 × SSC
- 10 % (v/v) SDS
- H_2O bidest.
- Heizplatte
- Deckgläschen (z.B. Lifter Cover Slip, Erie Scientific)
- 50 ml-Reaktionsgefäße (Falcon)
- Waschlösung 1: 2 × SSC, 0,2 % (v/v) SDS (100 ml 20 × SSC, 20 ml 10 % (v/v) SDS, 880 ml H_2O bidest.)
- Waschlösung 2: 0,05 × SSC (2,5 ml 20 × SSC, 997,5 ml H_2O bidest.)
- Scanner (z.B. GenePix von Axon)

Durchführung

- Verdünnen der N-9-mer-Stammlösung 13,3-fach in einem Hybridisierungspuffer, um eine 7,5 µM Hybridisierungslösung zu erhalten (z.B. bei einem Hybridisierungsvolumen von 20 µl: 1,5 µl N-9-mer-Stammlösung, 18,5 µl Hybridisierungspuffer)
- die Hybridisierungslösung 15–30 s auf 90 °C erhitzen
- kurz herunterzentrifugieren.

Wichtig: Nicht auf Eis abkühlen, da SDS sonst ausfällt.

- Die Hybridisierungslösung auf den Microarray pipettieren und mit einem Deckgläschen blasenfrei abdecken
- bei Raumtemperatur für 5–10 min im Dunkeln inkubieren.

Wichtig: Die Waschschritte werden bei Raumtemperatur durchgeführt und sollten in ausreichend Waschpuffervolumen durchgeführt werden (ca. 50 ml Puffer pro Microarray). Die Waschschritte können z.B. in einem 50 ml-Reaktionsgefäß erfolgen.

- Mit Waschlösung 1 40 s waschen (das Deckgläschen sollte sich gelöst haben)
- mit Waschlösung 2 in einem neuen Gefäß 20 s waschen
- den Glasträger in einem frischen 50 ml-Reaktionsgefäß bei 200 × g für 5 min zentrifugieren, damit Pufferrückstände entfernt werden und der Glasträger vollständig getrocknet ist.

Die Signaldetektion kann nun bei einer Wellenlänge von 550 nm erfolgen. Die *spots* sollten eine homogene Signalintensität über die gesamte *spot*-Fläche besitzen. Ein so genannter *donut*-Effekt, ein Signalanstieg zum Rand des *spots*, sollte vermieden werden (Trouble Shooting); er weist auf suboptimale Konditionen beim Drucken des Arrays hin. Unterschiede der Signalintensität von einem *spot* zum anderen lassen keine Rückschlüsse auf Unterschiede in der Menge der immobilisierten Sonden zu, da diese Methode keine quantitative Aussage erlaubt.

19.2.3 Markierung und Hybridisierung der Zielmoleküle (*targets*) für die Expressionsanalyse

Für die Expressionsanalyse erfolgt eine Hybridisierung mit zwei unterschiedlichen RNA-Populationen, die verglichen werden sollen. Es wird im Folgenden die Markierung von cDNA-*targets* mit Cyaninfarbstoffen dargestellt. Anschließend folgt die gemeinsame Hybridisierung der *targets* auf den Microarrays. Die verschiedenen Farbstoffe dienen dabei der Unterscheidung der beiden cDNA-Populationen. Die Detektion der Fluoreszenz erfolgt bei den entsprechenden Wellenlängen.

Für die Markierung der zu untersuchenden cDNA-Gemische mit den Fluoreszenzfarbstoffen Cy3 und Cy5 wird im Folgenden ein Protokoll verwendet, bei dem die Markierung indirekt über Aminoallyl-dUTP erfolgt. Mithilfe des Enzyms Reverse Transkriptase wird während der Umschreibung von mRNA in cDNA Aminoallyl-dUTP (aa-dUTP) in den neu synthetisierten cDNA-Strang eingebaut. Die Aminoallylgruppe dient der späteren chemischen Kopplung der Farbstoffe. Daneben existieren weitere Protokolle, bei denen beispielsweise Cy3- bzw. Cy5-dUTP direkt während der reversen Transkription eingebaut werden.

Methoden zur Isolierung von Gesamt- und mRNA sind an anderer Stelle beschrieben (Kap. 7).

Materialien

Da für einige der nachfolgend beschriebenen Versuchsdurchführungen kommerziell erhältliche Kits verwendet werden, kann nicht für alle Lösungen die genaue Zusammensetzung angegeben werden. In diesem Falle werden alle benötigten Komponenten mit dem Kit zur Verfügung gestellt. Für die Kits und Materialien wird jeweils der Hersteller angegeben, mit dessen Materialien das folgende Protokoll etabliert worden ist. Es sollten Laborhandschuhe getragen werden (bitte Herstellerangaben beachten). Alle Lösungen sollten RNase frei sein.

- Reverse Transkriptase (Omniscript® Reverse Transcriptase, Qiagen)
- Cy3 Mono-Reactive Dye Pack (Amersham)
- Cy5 Mono-Reactive Dye Pack (Amersham)
- Ultrafiltrationseinheiten (z.B. Microcon® YM-30, Millipore)
- QIAquick PCR Purification Kit (Qiagen)
- sterile RNase freie 1,5 ml-Reaktionsgefäße (z.B. Sarstedt)
- Oligo(dT)-Primer (Operon, 5 mg × ml^{-1})
- DMSO
- Wärmeblock
- RNase freies Wasser
- Wasserbad, 37 °C
- Rotations-Vakuumkonzentrator (z.B. Speed-Vac)
- Photometer
- 4 M Hydroxylamin (Sigma)
- 100 mM dNTP Set, PCR *grade* (Life Technologies)
- 5-(3-Aminoallyl)-2'-Desoxyuridin-5'-triphosphat (AA-dUTP, Sigma)
- 50 × dNTP-Mix mit einem aa-dUTP und dTTP Verhältnis von 2:3: 5 μl 100 mM dATP, 5 μl 100 mM dCTP, 5 μl 100 mM dGTP, 3 μl 100 mM dTTP, 2 μl 100 mM aa-dUTP, der nicht verbrauchte dNTP-Mix kann bei -20 °C gelagert werden
- 1 N NaOH
- 0,5 M EDTA
- 1 M Tris, pH 7,4 (oder 1 M HEPES, pH 7,0)
- 0,1 M Na$_2$CO$_3$
- 0,1 M NaHCO$_3$
- 0,1 M Carbonatpuffer, pH 8,5–9,0: 0,1 M Na$_2$CO$_3$ ansetzen; pH-Wert mit 0,1 M NaHCO$_3$ einstellen
- 100 mM NaOAc, pH 5,2
- 70 % (v/v) Ethanol
- H$_2$O bidest.
- Bioanalyzer (Agilent Technologies) oder Nanodrop (Biorad).

Durchführung

Folgende Schritte werden bei der cDNA-Synthese und -Markierung durchlaufen: Umschreibung der mRNA in cDNA und gleichzeitiger Einbau von aa-dUTP mittels Reverse Transkriptase, Hydrolyse der

RNA unter alkalischen Bedingungen, Aufreinigung der Reaktionen I, Kopplung der Cy-Farbstoffe, Quenchen der nicht reagierten Farbstoffmoleküle durch Zugabe primärer Amine, Aufreinigung der Reaktionen II und abschließend die Überprüfung der Qualität der markierten cDNA durch photometrische Messung mithilfe des Bioanalyzers oder Nanodrop .

Vor der cDNA-Synthese sollte die Qualität und die Reinheit der RNA getestet werden. Die kann z.B. mithilfe des Bioanalyzers erfolgen. Nur wenn die RNA intakt ist, kann sie zur cDNA-Synthese eingesetzt werden.

- 1 bis 2 µg mRNA in 14,5 µl RNase freiem H_2O lösen und 1 µl Oligo(dT)-Primer (5 mg × ml^{-1}) zugeben; durch Erhitzen auf 70 °C für 10 min und anschließendem Abkühlen auf Eis denaturieren
- für die Reverse Transkriptase-Reaktion 3 µl 10 × Puffer, 0,6 µl 50 × dNTP-Mix, 9 µl RNase freies H_2O und 1,9 µl Reverse Transkriptase zugeben und 2 h bei 37 °C inkubieren (der Puffer wird mit der Reverse Transkriptase mitgeliefert)
- zur alkalischen Hydrolyse der RNA 10 µl 1 N NaOH und 10 µl 0,5 M EDTA mischen und zur Reaktion geben; 15 min bei 65 °C inkubieren; durch Zugabe von 25 µl 1 M Tris (pH 7,4) oder 1 M HEPES (pH 7,0) neutralisieren
- zum Aufreinigen der Reaktionsansätze 450 µl H_2O in eine Ultrafiltrationseinheit geben und den Reaktionsansatz dazugeben
- 12 min bei 1.000 × g zentrifugieren; das Filtrat im Auffangröhrchen verwerfen
- zum Waschen diesen Schritt zweimal mit H_2O wiederholen
- Ultrafiltrationseinheit umgekehrt in ein neues Auffangröhrchen platzieren und gereinigten Reaktionsansatz durch Zentrifugation bei 11.000 × g für 20 s eluieren; das erhaltene Volumen kann zwischen 4 und 40 µl schwanken
- im Rotations-Vakuumkonzentrator (Speedvac) vollständig eintrocknen (Lagerung ist bis zur weiteren Verwendung bei –20 °C möglich)
- Cy-Farbstoffe in insgesamt 72 µl DMSO resuspendieren (siehe Angaben des Herstellers); jeweils 4,5 µl in 16 Reaktionsgefäße portionieren; im Vakuumkonzentrator lyophilisieren; bei 4 °C in einem Exsikkator im Dunkeln aufbewahren.

Wichtig: DMSO beeinträchtigt die Kopplungsreaktion nicht. Wenn die Farbstoffe sofort eingesetzt werden sollen, ist es also nicht nötig, sie einzutrocknen.

- Zur Kopplung der Farbstoffe die jeweilige cDNA in 4,5 µl RNase freiem H_2O resuspendieren
- eine Probe des jeweiligen Cy-Farbstoffs in 4,5 µl 0,1 M Carbonatpuffer (pH 8,5–9,0) resuspendieren
- cDNA und Farbstoff mischen und 1 h bei Raumtemperatur im Dunkeln inkubieren
- durch Zugabe von 4,5 µl 4 M Hydroxylamin und anschließende Inkubation für 15 min bei Raumtemperatur im Dunkeln nicht reagierte Farbstoffmoleküle quenchen (reversible Fluoreszenzlöschung ohne Zerstörung des Fluorophors).

Aufreinigung der markierten cDNA unter Verwendung des QIAquick PCR Purification Kits

- Zur Einstellung des pH-Wertes 35 µl 100 mM NaOAc (pH 5,2) zugeben; die Aufreinigung erfolgt hier über die selektive Bindung von DNA an eine Silikamembran; da diese Bindung nur bei einem pH-Wert von 7,5 erfolgen kann, ist es notwendig, zuvor den pH-Wert des Reaktionsgemisches einzustellen
- beide Reaktionsansätze in einem Reaktionsgefäß zusammengeben
- 500 µl PB-Puffer zugeben und auf eine QIAquick *spin*-Säule (*spin column*) laden
- 30–60 s bei 13.000 upm zentrifugieren (~10.000 × g); den Durchfluss verwerfen
- 750 µl PE-Puffer zugeben und erneut für 1 min zentrifugieren
- Durchfluss verwenden und für 1 min zentrifugieren um Pufferreste zu entfernen
- QIAquick *spin*-Säule in ein neues Reaktionsgefäß platzieren
- 50 µl EB-Puffer oder H_2O auf die Membran geben
- durch 1 min Zentrifugation eluieren.

Die Qualität der markierten cDNA kann mittels photometrischer Messung überprüft werden. Für diesen Schritt ist es essenziell, dass alle nicht gekoppelten Farbstoffmoleküle aus der Probe entfernt wurden. Mit dem QIAquick PCR Purification Kit wird ein sehr hoher Reinheitsgrad erzielt. Bei Verwendung eines anderen Kits sollte sichergestellt werden, dass das Entfernen des nicht gekoppelten Farbstoffs effizient ist, da sonst an dieser Stelle freie Farbstoffmoleküle mit gemessen werden. Das Ergebnis würde dadurch verfälscht.

Eine weitere Möglichkeit zur Überprüfung der markierten cDNA und der erfolgreichen Abtrennung der freien Farbstoffmoleküle ist der Auftrag von 1 µl des Eluats auf ein „Miniagarosegel" (1,5 % (w/v) Agarose auf einem gereinigten Objektträger gießen) und anschließende Elektrophorese. Das Gel kann je nach zur Verfügung stehendem Detektionsgerät direkt gescannt oder zuvor auf dem Mikroskopträger getrocknet werden. Freier Cy-Farbstoff wird als so genannter *dye blob* am unteren Ende des Gels sichtbar.

- Nach diesem Schritt kann die cDNA direkt für die Hybridisierung eingesetzt oder im Vakuumkonzentrator lyophilisiert und bei –20 °C aufbewahrt werden.

19.2.4 Hybridisierung der Microarrays

Die Hybridisierung der Nucleinsäuren erfolgt bei den DNA-Microarrays nach den gleichen Prinzipien wie bei herkömmlichen Hybridisierungsmethoden, z.B. beim Southern-Blot. Die Detektion basiert auf der Basenpaarung der als Hybridisierungs-*targets* eingesetzten und markierten cDNA-Moleküle mit den auf dem Glasträger immobilisierten Oligonucleotidsonden (*probes*).

Im Unterschied zu den klassischen Blot-Verfahren sind bei Microarray-Hybridisierungen die Volumina der verwendeten Lösungen extrem klein und die Reaktionszeiten für die einzelnen Schritte sehr kurz. Nach der Hybridisierung erfolgen mehrere Waschschritte, um nicht oder nur unspezifisch gebundene Moleküle zu entfernen. Im Folgenden wird die Verwendung des Nexterion 70-mer Oligo Microarraying Kit beschrieben.

Materialien

- 20 × SSC
- 3 × SSC
- 10 % (w/v) SDS
- H_2O bidest.
- Wasserbad
- Hybridisierungspuffer (bei Verwendung von Oligonucleotid-Arrays: Nexterion® 70-mer Oligo Hyb (Schott Nexterion))
- Hybridisierungspuffer (bei Verwendung von cDNA-Arrays: Nexterion® Hyb (Schott Nexterion))
- Rotations-Vakuumkonzentrator (z.B. Speed-Vac) oder Ultrafiltrationseinheit (Microcon YM-30)
- Hybridisierungskammer
- Lifter Cover Slip (z.B. Erie Scientific)
- Glasträgerständer
- Becherglas für ca. 100 ml Volumen
- 3 große Bechergläser für den Glasträgerständer
- 50 ml-Reaktionsgefäße (Falcon)
- Heizplatte
- Orbitalschüttler
- 70 % (v/v) Ethanol
- Waschlösung 1: 2 × SSC, 0,2 % (v/v) SDS (für 1.000 ml: 100 ml 20 × SSC, 20 ml 10 % (v/v) SDS, 880 ml H_2O bidest.)
- Waschlösung 2: 2 × SSC (für 1.000 ml: 100 ml 20 × SSC, 900 ml H_2O bidest.)
- Waschlösung 3: 0,2 × SSC (für 1.000 ml: 10 ml 20 × SSC, 990 ml H_2O bidest.)
- Microarray-Scanner und Auswertungs-Software (z.B. GenePix® 4.000A, Axon Instruments)

Durchführung

Beim Umgang mit Microarrays sollten immer puderfreie Laborhandschuhe getragen werden, um Verschmutzungen, die zu Hintergrundsignalen bei der Detektion führen können, zu vermeiden. Im hier beschriebenen Protokoll werden als Deckgläschen so genannte Lifter Cover Slips verwendet, die Teflonränder an zwei gegenüberliegenden Seiten haben. Hierdurch wird eine verbesserte Verteilung der Hybridisierungslösung unter dem Deckgläschen erreicht. Um eine optimale Verteilung der Hybridisierungslösung auf dem Microarray zu erreichen, ist es empfehlenswert, eine Hybridisierungsstation zu verwenden.

Wichtig: Während der Hybridisierung und zwischen der Hybridisierung und den Waschschritten darf der Microarray nicht austrocknen. Ein Austrocknen verursacht starke Hintergrundsignale.

- Zur Vorbereitung der Hybridisierungs-*targets* das markierte cDNA-Gemisch mit dem Hybridisierungspuffer mischen, sodass die Endkonzentration des Hybridisierungspuffers im Hybridisierungsgemisch mindestens 90 % (v/v) beträgt; das Endvolumen des Gesamtansatzes sollte bei Verwendung von Lifter Cover Slips 20 µl betragen (für herkömmliche Deckgläser werden 12–15 µl benötigt); sollte das Volumen des cDNA-Gemisches zu groß sein, kann dieses im Vakuumkonzentrator oder unter Verwendung von Ultrafiltrationseinheiten (Microcon YM-30) entsprechend eingeengt werden
- das Hybridisierungsgemisch bei 95 °C für 3 min denaturieren
- kurz herunterzentrifugieren
- falls mit Referenzglasträger gearbeitet wird, den Microarray-Glasträger auf den Referenzglasträger legen, um den Microarray-Bereich besser lokalisieren zu können und ein mit 70 % (v/v) Ethanol gereinigtes Lifter Cover Slip Deckgläschen mit den Teflonrändern nach unten auf den Microarray-Bereich legen
- zum Auftragen die Pipettenspitze an einer der offenen Seiten des Deckgläschens ansetzen und die Probe langsam aufgeben (die Flüssigkeit wird durch Kapillarwirkung unter das Deckgläschen gezogen)
- Glasträger in die Hybridisierungskammer legen; 15 µl 3 × SSC in die Nähe des Randes des Glasträgers pipettieren, um die Feuchtigkeit in der Hybridisierungskammer konstant zu halten und einem Austrocknen des Microarrays vorzubeugen
- Hybridisierungskammer verschließen und 16 h bei 42 °C inkubieren
- statt der Hybridisierung unter dem Deckgläschen kann auch eine Hybridisierungsstation verwendet werden; hierbei das vom Hersteller angegebene Hybridisierungsvolumen beachten
- nach der Hybridisierung die Glasträger aus der Hybridisierungskammer entnehmen und zuerst in einem kleinen Becherglas mit Waschlösung 1 abschwenken, sodass das Deckgläschen abfällt (vorsichtig in Waschlösung 1 auf und ab bewegen); sofort in einen Mikroskopglasständer platzieren, der in einem größeren Becherglas mit ca. 250 ml Waschpuffer 1 steht
- 15 min waschen bei Raumtemperatur im Dunkeln (Schachtel zum Abdecken) auf einem Orbitalschüttler bei ca. 100 upm

Für die folgenden Waschschritte sollte mindestens 50 ml Waschlösung pro Glasträger verwendet werden; die Waschschritte werden bei Raumtemperatur im Dunkeln auf einem Orbitalschüttler durchgeführt.

- Mikroskopglasständer zügig in ein neues Becherglas mit Waschlösung 2 transferieren
- 15 min waschen
- Mikroskopglasständer sofort in ein neues Becherglas mit Waschlösung 3 transferieren
- 15 min waschen
- zum Trocknen die Glasträger 5 min bei 200 × g zentrifugieren, wobei die bespottete Fläche nach außen und die Beschriftung nach unten zeigen sollte; die hybridisierten Microarrays können nun direkt ausgewertet werden; die zwischenzeitliche Lagerung der Microarrays sollte in einem lichtdichten Behälter bei Raumtemperatur erfolgen.

Aufgrund der geringen Stabilität der Cy-Farbstoffe sollte das Scannen der Microarrays möglichst bald nach der Hybridisierung erfolgen. Die Microarrays sollten in getrocknetem Zustand bei Raumtemperatur im Dunkeln nicht länger als 2 Tage aufbewahrt werden.

19.2.5 Auswertung

Die Auswertung der Microarrays erfolgt mithilfe eines Microarray-Scanners, der die Fluoreszenz der hybridisierten und markierten *target*-Moleküle misst. Die Detektion von Cy3 erfolgt bei 550 nm, die von Cy5 bei 649 nm. Wurden z.B. Cy3-markierte cDNA-Moleküle von nicht behandelten Organismen und Cy5-markierte cDNA-Moleküle von Organismen, die mit einem bestimmten Medikament behandelt wurden, eingesetzt, lässt sich anhand der unterschiedlichen Signalstärken bei den entsprechenden Wellenlängen eine Aussage darüber treffen, welche Gene durch die Behandlung an- oder abgeschaltet wurden. Die Datenanalyse wird aufgrund der großen anfallenden Datenmenge durch Software unterstützt, die meist zusammen mit dem Microarray-Scanner geliefert wird (z.B. GenePix). Auf verschiedenen Webseiten (http://www.nslij-genetics.org/microarray/soft.html) ist zudem nicht-kommerzielle Auswertungssoftware erhältlich oder benutzbar.

Trouble Shooting (Einflussgrößen bei der Etablierung von Microarrays)

Allgemein: Oberflächenchemie, *spotting*-Lösung, *spotting*-Konzentration, Verweildauer der *pins* auf dem Glasträger sowie Luftfeuchtigkeit (in einigen Microarrayern einzustellen) beeinflussen das Verhalten der Oligonucleotide auf dem Glasträger. Die Optimierung sollte sorgfältig vorgenommen werden, um reproduzierbare Daten aus den Microarray-Experimenten ziehen zu können und anschließend verlässliche Aussagen treffen zu können.

- Uneinheitliche Spotmorphologie, geringe Hybridisierungseffizienz: Als Startpunkt für die geeignete *spotting*-Lösung sollten die Angaben des jeweiligen Slide-Herstellers beachtet werden. Eine Optimierung ist dennoch oft erforderlich. Die eingesetzten Salze beeinflussen die Hybridisierungseffizienz und ggf. zugefügte Detergenzien sorgen für eine verzögerte Verdunstung und somit für eine uniforme Morphologie der aufgebrachten *spots*. Diese sollte angestrebt werden, um die Auswertung zu erleichtern.
- Schwache Signalintensität allgemein: Ursache können eine schlechte Qualität des Ausgangsmaterials (Qualitätskontrolle mittels Bioanalyzer), Reste von Proteinen in der Probe (die freie Bindungsstellen blocken, $OD_{260/280}$ sollte größer als 1,8 sein), Probleme bei der Umschreibung der mRNA in cDNA (besonders nach Phenol/Chloroform-Aufreinigung sollte die $OD_{260/230}$ größer als 1,8 sein), Probleme bei der Kopplung der Cy-Farbstoffe oder suboptimale Hybridisierungsbedingungen sein.
- Schwache Intensität von Cy5 bei guter Cy3-Intensität: Cy5 ist deutlich stärker empfindlich gegenüber Ozon, deshalb ist es am besten, die Arrays im Labor (mit geschlossenen Fenstern) einzuscannen.

19.3   Isolation und Anreicherung von micro-RNA

Micro-RNAs sind kleine, 18 bis 24 Nucleotide (nt) lange, hoch konservierte, nicht kodierende RNAs, die an den 3'-untranslatierten Bereich von mRNAs binden. Erst in den letzten Jahren wurde ihre Bedeutung bei der Feinregulation von Genen entdeckt. Die hier vorgestellte Methode basiert auf dem mirVana System zur Isolation und Anreicherung von miRNA-Arrays (Applied Biosystems, http://www.ambion.com/catalog/SubApps.html?pkApp=29). Die Expression kann anschließend mit real-time PCR bestätigt werden. Hierfür stehen bereits vorgefertigte Primersets (z.B. von Applied Biosystems, Exiqon) zur Verfügung. Alternativ werden bereits bespottete Arrays von anderen Firmen (z.B. Agilent Technologies, Affymetrix) angeboten. Bei diesen ist es sinnvoll, die empfohlenen Protokolle zu verwenden, da diese auf die Arrays angepasst sind und so die Etablierung der Protokolle erleichtern.

19.3.1 Isolation von Gesamt-RNA aus Paraffinmaterial

Im Folgenden wird die Extraktion von Gesamt-RNA aus Paraffinmaterial (RecoverAll™ Total Nucleic Acid Isolation Kit) beschrieben.

Wichtig: Bei der Extraktion von Gesamt-RNA aus Frischmaterial bzw. Zellen muss darauf geachtet werden, eine Methode zu verwenden, bei der die kleinen RNA-Stücke nicht abgetrennt und verworfen werden. Günstig ist z.B. der erste Teil des in Kapitel 19.1.1 beschriebenen Protokolls mittels Trizol, jedoch darf auf keinen Fall die weitere Aufreinigung mit RNeasy Säulen durchgeführt werden.

Aus der Gesamt-RNA kann anschließend direkt miRNA angereichert werden (z.B. mittels flashPage™ Fractionator System). Falls parallel zu dem miRNA-Screen eine mRNA-Expressionsanalyse aus dem gleichen Probenmaterial durchgeführt werden soll, können davor mit Hilfe des mirVana™ Isolations Kits kleinere RNAs mit einer Länge bis zu 200 nt und Gesamt-RNA getrennt werden. Aus der Fraktion mit den kleineren RNA Stücken wird anschließend miRNA angereichert (flashPage™ Fractionator System), die Fraktion mit der Gesamt-RNA kann für mRNA-Expressionsanalysen (Abschn. 19.1 und 19.2) verwendet werden.

Materialien

Viele der Materialien sind in dem RecoverAll™ Total Nucleic Acid Isolation Kit (Applied Biosystems) enthalten.
- RNase freies Wasser
- sterile RNase freie 2 ml-Reaktionsgefäße (z.B. Sarstedt)
- Ethanol p.a.
- Heizblock
- Xylol

Durchführung

- Aus dem Paraffinblock 2 Schnitte von je 40 µm Dicke schneiden, in ein 2 ml-Reaktionsgefäß geben
- 1 ml Xylol dazu geben und mäßig vortexen
- Paraffin für 3 min bei 50 °C schmelzen lassen
- 2 min bei max. Geschwindigkeit (13.000 upm) zentrifugieren (wenn das Pellet noch schwimmt, nochmals 2 min zentrifugieren)
- Xylol abpipettieren
- 1 ml Ethanol zugeben, vortexen, für 2 min bei max. Geschwindigkeit zentrifugieren, Ethanol abnehmen
- nochmals 1 ml Ethanol zugeben, vortexen, für 2 min bei max. Geschwindigkeit (ca. 13.000 upm) zentrifugieren, Ethanol abnehmen
- nochmal kurz zentrifugieren, und dann restliches Ethanol abnehmen
- Pellet für 10–15 min lufttrocknen lassen.

RNA-Isolation:

- 400 µl Digestion Puffer, 4 µl Protease zur Probe geben, vortexen
- 3 h bei 50 °C inkubieren
- 480 µl Isolation Additive zugeben, vortexen (bis die Probe weiß, wolkig wird)
- 1,1 ml Ethanol zugeben
- durch Auf- und Abpipettieren sorgfältig mischen (Probe wird klar)
- größere, unverdaute Gewebeteile mit einer Pipettenspitze herausnehmen, da diese sonst den Filter verstopfen
- 700 µl der Probe auf die Filter (im Sammelröhrchen) geben
- 30–60 s bei 10.000 upm zentrifugieren
- Durchfluss verwerfen, Filter wieder zurück in das Sammelröhrchen legen
- Vorgang noch 2 × wiederholen, bis die ganze Probe gefiltert wurde

- 700 µl wash 1 (darauf achten, dass vor dem ersten Benutzen 21 ml Ethanol zur Waschstammlösung zugegeben wurde) auf den Filter geben
- 30–60 s bei 10.000 upm zentrifugieren, Durchfluss verwerfen, Filter zurück in das Sammelröhrchen
- 500 µl wash 2/3 (darauf achten, dass vor dem ersten Benutzen 40 ml Ethanol zur Waschstammlösung zugegeben wurde) auf den Filter geben, Durchfluss verwerfen, Filter zurück in das Sammelröhrchen
- nochmals 30 s zentrifugieren, um die restliche Flüssigkeit zu entfernen
- Mastermix herstellen: je Probe: 6 µl 10 × DNase Puffer, 4 µl DNase, 50 µl RNase freies Wasser
- 60 µl Mastermix auf die Mitte des Filters geben, den Deckel schließen
- 30 min bei Raumtemperatur inkubieren
- 700 µl wash 1 auf den Filter geben
- 30–60 s inkubieren
- 30 s bei 10.000 upm zentrifugieren, Durchfluss verwerfen, Filter zurück in Sammelröhrchen legen
- 500 µl wash 2/3 auf den Filter geben, zentrifugieren wie oben, Durchfluss verwerfen, Filter zurück in das Sammelröhrchen legen
- das Waschen wiederholen: 500 µl wash 2/3 auf den Filter geben, Durchfluss verwerfen, Filter zurück in das Sammelröhrchen legen
- nochmals 30 s zentrifugieren, um die restliche Flüssigkeit zu entfernen
- Filter in neues Sammelröhrchen legen
- 30 µl RNase freies Wasser (vorgewärmt auf 95 °C) dazugeben
- 1 min inkubieren
- 1 min bei max. Geschwindigkeit (ca. 13.000 upm) zentrifugieren
- nochmals 30 µl RNase freies Wasser (vorgewärmt auf 95 °C) dazugeben
- 1 min inkubieren
- 1 min bei max. Geschwindigkeit (ca. 13.000 upm) zentrifugieren (Menge des Eluats < 60 µl, nachmessen)
- Abnahme eines Aliquots zur spektralphotometrischen Vermessung (Abschn. 1.1).

19.3.2 Auftrennung von Gesamt-RNA und kurzen RNA-Stücken (< 200 nt)

Materialien

Viele der Materialien sind in dem mirVanaTM miRNA Isolation Kit (Applied Biosystems) enthalten.
- RNase freies Wasser (vorgewärmt auf 95 °C)
- Ethanol p.a.
- Heizblock
- sterile RNase freie 1,5 ml-Reaktionsgefäße (z.B. Sarstedt)
- Phosphate-Buffered Saline pH 7,4 (PBS, 1 ×, z.B. Invitrogen)

Durchführung

- 10^2 bis max. 10^7 Zellen für eine RNA-Aufreinigung verwenden
- Zellen 5 min bei 1.500 upm zentrifugieren, Überstand abkippen
- mit 1 ml PBS waschen und nochmals 5 min bei 1.500 upm zentrifugieren.
- PBS abnehmen
- entsprechend der Zellzahl 300–600 µl lysis/binding buffer dazugeben
- kräftig vortexen
- 1/10 Volumen des Lysepuffers an miRNA Homogenate Additive dazugeben (wenn 600 µl Lysepuffer, dann 60 µl miRNA Homogenate Additive)
- mischen und danach 10 min auf Eis
- gleiches Volumen wie lysis/binding buffer an Acid-Phenol:Chloroform dazugeben (z.B. bei 600 µl Lysepuffer, 600 µl Acid-Phenol:Chloroform).

- 30–60 s kräftig vortexen, 5 min bei max. Geschwindigkeit (ca. 13.000 upm) zentrifugieren (falls keine 2 Phasen entstanden sind, Zentrifugation wiederholen)
- obere, wässrige Phase in neues 1,5 ml-Reaktionsgefäß überführen, Volumen messen
- 1/3 des gemessenen Volumens an Ethanol (RT) dazu geben, vortexen
- max. 700 µl der Probe auf den Filter im Sammelgefäß (beides beigefügt) geben, ca. 15 s bei 10.000 upm zentrifugieren.

Wichtig: Die Filter für miRNA Isolation und miRNA Labeling Kit sind nicht austauschbar.

- Ist das Volumen der Probe größer als 700 µl, das restliche Volumen nach und nach auf den gleichen Filter geben und zentrifugieren; dieser Filter enthält nun die Fraktion der RNA, die frei von RNA < 200 nt ist; um die Gesamt-RNA zu isolieren, den Filter aufbewahren
- für die RNA < 200 nt das Filtrat auffangen, bei Volumina größer als 700 µl das Filtrat in einem neuen Reaktionsgefäß sammeln, Volumen messen
- 2/3 des gemessenen Filtrates an Ethanol (RT) dazu geben, vortexen
- einen weiteren Filter in ein neues Sammelgefäß geben, wieder nur max. 700 µl der Probe auf den Filter pipettieren, ca. 15 s bei 10.000 upm zentrifugieren, Durchfluss verwerfen.; ist das Volumen der Probe größer als 700 µl, das restliche Volumen nach und nach auf den gleichen Filter geben und zentrifugieren; gleiches Sammelgefäß auch für die folgenden Waschschritte verwenden

Falls die Gesamt-RNA ebenfalls isoliert werden soll, den Filter gemäß den nachfolgend angegebenen Waschschritten waschen und eluieren.

- Auf die Filter 700 µl *wash* 1 geben und 15 s bei 10.000 upm zentrifugieren, Durchfluss verwerfen
- Filter 2 × mit je 500 µl *wash* 2 bzw. wash 3 waschen, jeweils 15 s bei 10.000 upm zentrifugieren, Durchfluss verwerfen
- Filter 1 min bei 10.000 upm trocken zentrifugieren
- Filter in ein neues Sammelgefäß geben
- zum Eluieren 100 µl RNase freies Wasser (vorgewärmt auf 95 °C) auf den Filter geben, 20–30 s bei max. Geschwindigkeit (ca. 13.000 upm) zentrifugieren
- Abnahme eines Aliquots zur spektralphotometrischen Vermessung (Abschn. 1.1), bei –80 °C lagern.

19.3.3 Anreicherung von kurzen Sequenzen (10 bis 40 nt)

Eine schnelle und einfache Methode, RNA-Stücke mit einer Länge bis zu 40 nt anzureichern, bietet das flashPage™ Fractionator System (Applied Biosystems).

Materialien

Viele der Materialien sind in dem flashPage™ Fractionator System (Applied Biosystems) enthalten.

- RNase freies Wasser
- sterile RNase freie 1,5 ml-Reaktionsgefäße (z.B. Sarstedt)
- ElectroZap Dekontaminationslösung
- Heizblock

Wichtig: Vor und nach jedem Lauf den flashPAGE Fractionator gut reinigen.

Durchführung

- Untere Pufferkammer mit 1 ml ElectroZap Dekontaminationslösung spülen (mit Pipette)
- danach 2 × mit je 1 ml RNase freiem Wasser spülen
- 260 µl FlashPAGE unterer Laufpuffer in die untere Pufferkammer luftblasenfrei pipettieren
- mit einer Pinzette ein flashPAGE pre-cast Gel aus dem Glas nehmen, mit Kimwipe trockentupfen; kontrollieren, ob das Gel am unteren Rand mit dem Plastik abschließt; evtl. mit der flachen Seite einer Pipettenspitze von oben das Gel nachschieben, so dass das Gel sich auf der Höhe des Plastikrands be-

findet und sich keine Luftblasen festsetzen können; Gelkassette mit der offenen Seite nach oben luftblasenfrei in die untere Pufferkammer einsetzen, Fractionator und Gelkassette dabei leicht schräg halten, so dass die Luft nach einer Seite hin entweichen kann

- 250 µl FlashPAGE oberen Laufpuffer in die flashPAGE pre-cast Gelkassette pipettieren
- zur RNA (Einsatz 1–100 µg, max. Volumen 50 µl) die gleiche Menge flashPAGE Gel Ladepuffer geben (max. Gesamtvolumen von 100 µl)
- für 2 min bei 95 °C die RNA denaturieren, danach sofort auf Eis
- Probe laden, indem man die RNA mit dem Ladepuffer auf den oberen Laufpuffer pipettiert
- Fractionator schließen und das Gel mit 75–80 V laufen lassen; ist Spannung angelegt, leuchtet der Boden des Fractionators
- nach ca. 12 min, wenn die blaue Farbe aus dem Gel in den unteren Laufpuffer herausläuft, Fractionator öffnen und somit den Stromkreislauf unterbrechen; danach die Stromzufuhr unterbrechen; der blaue Farbstoff im Ladepuffer läuft gemeinsam mit der RNA einer Sequenzlänge von 40 nt; man erhält Sequenzen < 40 nt, wenn der Lauf abgebrochen wird, sobald der Ladepuffer das Gel durchlaufen hat unteren Laufpuffer (jetzt blau, enthält RNA-Stücke < 40 nt) in ein neues RNase freies Reaktionsgefäß pipettieren und sofort auf Eis setzen.

Wichtig: Die Gesamtmenge des unteren Laufpuffers sollte ca. 230–260 µl nicht überschreiten; ein zu hohes Volumen deutet auf ein defektes Gel hin.

- Anschließend Fällung bei –20 °C über Nacht mit NaOAc (RNA-Präzipitation, Abschn. 7.1.6)
- untere Pufferkammer mit 1 ml ElectroZap Dekontaminationslösung spülen (mit Pipette)
- danach 2 × mit je 1 ml RNase freiem Wasser spülen.

20 Webbasierte Sequenzanalyse und Datenbankabfragen

(Josef Hermanns, Gerd Moeckel)

Umfassende praktische Arbeiten mit DNA- und Proteinsequenzen machen eine Analyse in molekularbiologischen Datenbanken und den Zugriff auf zahlreiche theoretische Methoden erforderlich. Die Gesamtheit der molekularbiologischen Daten sowie die theoretischen Verfahren zur Untersuchung und Generierung neuen Wissens basierend auf Sequenzinformation wird unter dem Begriff Bioinformatik zusammengefasst. Sie ermöglicht damit ganz allgemein die Evolution, d.h. Verwandtschaft und Unterschiede zwischen Organismen auf Sequenzebene zu untersuchen und zu verstehen. Davon können beispielsweise Funktionsvorhersagen von noch nicht genauer charakterisierten Sequenzen abgeleitet werden. Nicht zuletzt deswegen ist heute in den meisten molekularbiologischen Veröffentlichungen eine Bioinformatikkomponente enthalten, um mit Hilfe der sequenzbasierten evolutionären Verwandtschaftsverhältnisse die gewonnenen Erkenntnisse zu verallgemeinern.

Der steile Anstieg der elektronisch verfügbaren Menge biologischer Daten in den letzten 30 Jahren ist die Basis der modernen Bioinformatik. 1982 passte die Information aller publizierten Nucleinsäuresequenzen auf eine Diskette. Heute nimmt sie alleine beim EMBL (European Molecular Biology Laboratory) mehr als 1.000 Gigabyte ein. Dabei ist noch zu berücksichtigen, dass Sequenzdaten nicht die einzigen Informationen sind, die durch die Molekularbiologie und angrenzende Wissenschaften erzeugt werden.

Diese als Primärdaten bezeichneten Informationen werden in großen Datenbanksystemen an verschiedenen Orten weltweit gesammelt und im Anschluss theoretisch analysiert. Hierbei werden weitere Informationen (Sekundärdaten) wie Sequenzmotive extrahiert und in speziellen Datenbanken abgelegt. Die meisten dieser Datenquellen sowie verschiedenste Sequenzanalysemethoden sind über das Internet zugänglich und für Anwender aus dem akademischen Bereich meist frei verfügbar. Ein aktueller Überblick zu den derzeit im *life science*-Bereich verwendeten Datenbanken (1230 Datenbanken (2010)) wird in der jährlich erscheinenden und frei zugänglichen Januarausgabe, dem Database Issue von Nucleic Acid Research (NAR) gegeben. Eine weitere, ebenfalls frei verfügbare Quelle zu Web-Services stellt die Juliausgabe von NAR dar. In der Ausgabe von 2010 werden fast 1.500 Web-Server mit unterschiedlichsten Anwendungen gelistet (Abb. 20-1).

In diesem Kapitel werden anhand von exemplarischen Strategien einige der am häufigsten im Labor vorkommenden Anwendungen in der Bioinformatik vorgestellt. Der erste Teil dieses Kapitels stellt die wichtigsten Datenbanken vor. Neben den Originaldatenbanken und deren Abfragemöglichkeiten werden die wesentlich komplexeren Systeme der großen Datenanbieter wie des EBI (*European Bioinformatics Institute*) und des NCBI (*National Center for Biotechnology Information*) eingeführt. Ein Schwerpunkt bildet dabei das im akademischen Bereich häufig verwendete SRS (*Sequence Retrieval System*), das unterschiedlichste molekularbiologische Datenbanken integriert und ein einheitliches Abfragesystem anbietet. Der zweite Teil dieses Kapitels behandelt die Sequenzanalyse und führt verschiedene Methoden zur Bearbeitung von DNA-Sequenzen ein. Die Auswahl der von den Autoren vorgestellten Methoden und Datenbanken stellt keine Wertung dar. Die Beispiele beziehen sich auf einen Informationsstand vom Sommer 2010.

Für vertiefende Informationen sei auf einige umfangreichere Werke verwiesen: Attwood, T. und Parry-Smith, D., 1999; Baldi, P. und Brunak, S., 1998; Baxevanis, A.D. und Ouellette, B.F.F., 2001; Mount, D.W., 2001; Rashidi, H.H. und Bühler, L.K., 2001; Selzer, P.M, Marhöfer, R. und Rohwer, A., 2008. Immer häufiger findet man im Internet bei den jeweiligen Datenanbietern sowie bei Hochschulen und Forschungseinrichtungen neben den spezifischen auch allgemeine Informationen zur Bioinformatik.

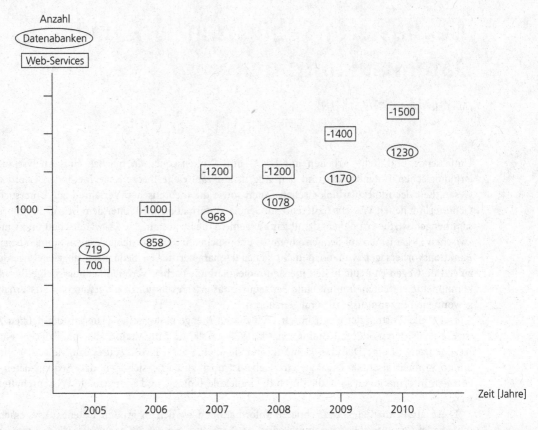

Abb. 20–1: Zunahme von Datenbanken und Web-Services im Internet (Quelle: Nucleic Acids Research, 2005-2010).

20.1 Allgemeine Datenbankabfragen

Beim Durchsuchen von molekularbiologischen Datenbanken unterscheidet man zwei Vorgehensweisen. Zum einen wird bei textbasierten Abfragen mit Suchbegriffen wie „Krebs" oder „Lunge" nach „lesbarer" Information in den Datenbanken gesucht. Zum anderen wird die Sequenzinformation in entsprechenden Sequenzdatenbanken mit speziellen Suchverfahren der Bioinformatik analysiert.

Zur Einarbeitung in ein neues Projekt aber auch parallel zur Sequenzanalyse erfolgt in der Praxis eine umfassende textbasierte Recherche in den verschiedensten molekularbiologischen Datenbanken, um die experimentellen Arbeiten entsprechend planen und optimieren zu können. Dabei werden sowohl reine Text- als auch Sequenz- oder Strukturdatenbanken durchsucht. Im Folgenden werden zunächst Abfragen nach Textinformationen in molekularbiologischen Datenbanken beschrieben. Dabei können die großen Abfragesysteme wie am NCBI (www.ncbi.nlm.nhi.gov) oder am EBI (www.ebi.ac.uk) verwendet werden. Diese Systeme bieten einen weitgehend vordefinierten und automatisierten Zugriff auf die vorhandenen Datenbanken sowie auf die weiterführenden Zuordnungen. „Entrez" am NCBI ist eines der am häufigsten verwendeten Systeme dieser Art (http://www.ncbi.nlm.nih.gov/Database). Eine Möglichkeit, spezifische und selbstdefinierte Abfragen in unterschiedlichen Datenbanken durchzuführen, stellt das SRS am EBI zur Verfügung (http://srs.ebi.ac.uk).

Aber auch Systeme von Originaldaten-Anbietern können in der Sequenzanalyse eingesetzt werden wie beispielsweise die „Protein Information Resource" PIR (http://pir.georgetown.edu/). Zusammen mit dem EBI und dem „Swiss Institute of Bioinformatics" hat PIR die „UniProt" Datenbank geschaffen. Aus den Datenbanken Swiss-Prot, Trembl und Pir ist 2008 dadurch die größte Datensammlung zu Proteininformationen entstanden (www.uniprot.org). Ein weiteres Beispiel für ein Abfragesystem, das vom Originaldatenanbieter zur Verfügung gestellt wird, findet sich bei der „Protein Data Bank" PDB (www.pdb.org), die darüber den Zugriff auf die größte, frei verfügbare 3D-Strukturdatensammlung ermöglicht.

20.1.1 Molekularbiologische Datenbanken

In umfassenden Bioinformatikanalysen werden Informationen, die mit der Fragestellung in Zusammenhang stehen, aus unterschiedlichen Datenbanken gesammelt und ausgewertet. In den letzten Jahren sind in der Biologie große Mengen von Daten produziert und in unterschiedlichen Datenbanken abgelegt worden. Eine möglichst genaue Kenntnis der verschiedenen molekularbiologischen Datenbanken, deren Inhalte und Qualität ist darum sehr hilfreich, um die richtigen Information herauszufiltern. In diesen Datenbanken sind die verschiedenen Datentypen in unterschiedlichen Systemen, von einfachen tabellarischen, relationalen oder Objekt orientierten Datenbanken abgelegt.

Die Datenbanken lassen sie sich in folgende Kategorien einteilen (Tab. 20-1: Datenbankkategorien und Beispiele):
- Primärdatenbanken (reine Sequenzdaten)
- Sekundärdatenbanken (Sequenzmotive)
- Tertiärdatenbanken (Strukturinformationen)
- Datenbanken zur biologischen Funktion
- Literaturdatenbanken

Die Grenzen zwischen diesen Datenbanken verschwinden scheinbar, da weiterführende Informationen, sogenannte Metainformationen, direkt den Primärdaten, beispielsweise in Form von Annotationen (Zusatzinformationen), zugewiesen werden. Dadurch entstehen weit verzweigte, dichte Netzwerke von verlinkten Informationen im *life science*-Bereich. Versucht man allerdings neben diesen vordefinierten „Querverweisen" eigene Suchstrategien zu verwenden, ist die Kenntnis der Datenbankkategorien eine wichtige Voraussetzung.

20.1.1.1   DNA-Sequenzdatenbanken

In den Sequenzdatenbanken werden die experimentell bestimmten DNA- und die entsprechenden Proteinsequenzinformationen abgelegt. Die *International Nucleic Acid Sequence Database Collaboration* fasst die drei großen DNA-Sequenzdatenbanken ENA (*European Nucleotide Archive*) vom EBI/EMBL (*European Bioinformatics Institute /European Molecular Biology Laboratories*), die GENBANK vom NCBI (*National Center for Biotechnology Information*) und die DDBJ *(DNA Databank of Japan)* zusammen. Die von regionalen Forschergruppen bei der jeweiligen Datenbank abgelegten Sequenzinformationen werden innerhalb von 24 Stunden mit den anderen Banken abgeglichen. Dabei ist die Güte der Sequenzinformation sehr heterogen.

Neben qualitativ hochwertigen cDNA-Sequenzen befinden sich stärker fehlerbehaftete einfach sequenzierte ESTs (*expressed sequence tags*) in den Datenbanken. Gerade bei ESTs sind Mehrfacheinträge ein Problem, was zu der Entwicklung von sogenannten *cluster*-Datenbanken wie Unigene geführt hat.

Wegen der zunehmend großen Zahl vollständig sequenzierter Genome können kleinere, gegebenenfalls fehlerhafte Teilsequenzen immer leichter zugeordnet werden. Komplette Genomdatenbanken sind daher

Tab. 20–1: Datenbankkategorien und Beispiele

Name	Kurzbeschreibung	Internetadresse
Primärdatenbanken, Sequenzdatenbanken		
Datenzentren		
DDBJ (DNA Data Bank of Japan)	DNA- und Proteinsequenzdatenbank, Daten- und Methodenzentrum	http://www.ddbj.nig.ac.jp/
EMBL/EBI (European Molecular Biology Laboratory / European Bioinformatics Institute)	Daten- und Methodenzentrum	http://www.embl-heidelberg.de/ http://www.ebi.ac.uk/
NCBI (National Center for Biotechnology Information)	Daten- und Methodenzentrum	http://www.ncbi.nih.gov/
JCVI (J.Craig Venter Institute)	Sequenzdatenzentrum, insbesondere komplette Genome	http://cmr.jcvi.org/
Sanger Institute	Sequenzdatenzentrum	http://www.sanger.ac.uk/
DNA-Sequenzdatenbanken		
DBEST (Expressed Sequence Tags Database)	Humane EST-Datenbank, ein Teil von GenBank	http://www.ncbi.nlm.nih.gov/dbEST/
EMBL	DNA-Sequenzdatenbank	http://www.ebi.ac.uk/embl/
GENBANK	DNA-Sequenzdatenbank	http://www.ncbi.nih.gov/Genbank/
UNIGENE	DNA-Sequenz-*cluster*-Datenbank basierend auf der NCBI EST-Datenbank	http://www.ncbi.nlm.nih.gov/unigene
Proteinsequenzdatenbanken		
SWISSPROT	sehr gut annotierte Proteinsequenzdatenbank, nun Teil von UniProt	http://www.expasy.org/sprot/
TREMBL (Translated EMBL)	Automatisch übersetzte *coding sequences* der EMBL-Nucleotiddatenbank, nun Teil von UniProt	http://www.ebi.ac.uk/uniprot/
PIR (Protein Information Resource)	gut annotierte Proteinsequenzdatenbank, nun Teil von UniProt	http://pir.georgetown.edu/
UniProt	Die Proteinsequenzdatenbank zusammengestellt aus SwissProt, PIR und TrEMBL	http://www.uniprot.org/
Sekundärdatenbanken, Sequenzmotivdatenbanken		
PROSITE	Motivdatenbank	http://www.expasy.org/prosite/
BLOCKS	kleine lückenlose Sequenzbereiche aus Proteinfamilien; inzwischen durch InterPro abgelöst	http://blocks.fhcrc.org/
PFAM (Protein FAMilies)	Proteinfamilien und entsprechende Hidden-Markov-Modelle (HMM)-Modelle	http://pfam.sanger.ac.uk/ /
SMART (Simple Modular Architecture Research Tool)	Motive und Domänen aus Proteinfamilien	http://smart.embl-heidelberg.de/
PRINTS (Protein Fingerprints Database)	Konservierte Motive aus Proteinfamilien	http://umber.embnet.org/dbbrowser/PRINTS/

Tab. 20–1: *Fortsetzung*

Name	Kurzbeschreibung	Internetadresse
PRODOM (PROtein DOMaine Database)	Motive und Domänen aus Proteinfamilien	http://prodom.prabi.fr/
INTERPRO (Integrated resource of Protein Families, Domains and Sites)	Integration von oft benutzten Motivdatenbanken	http://www.ebi.ac.uk/interpro/
Strukturdatenbanken		
RSCB-PDB (Protein Data Bank)	3D-Proteinstrukturdatenbank	http://www.pdb.org/
HSSP Homology derived Secondary Structure of proteins	Sekundärstrukturelemente von Proteinsequenzen	http://swift.cmbi.kun.nl/gv/hssp/
Datenbanken zu biologischen Funktionen		
KEGG (Kyoto Encyclopedia of Genes and Genomes)	Datenbanksammlung mit Stoffwechselwegen, Enzymen, Substraten	http://www.genome.jp/kegg/
TAXONOMY	Taxonomy von sequenzierten Organismen	http://www.ncbi.nlm.nih.gov/Taxonomy/taxonomyhome.html/
Literaturdatenbanken		
MEDLINE/PUBMED	NCBI's Literatursuchsystem für Medline, der Literaturdatenbank der National Library of Medicine (NLM)	http://www.ncbi.nlm.nih.gov/pubmed
MEDLINE	EBI's Zugriff auf Medline	http://www.ebi.ac.uk/citexplore/
OMIM (Online Mendelian Inheritance in Man)	Literaturdatenbank für genetisch bedingte Krankheiten beim Menschen	http://www.ncbi.nlm.nih.gov/omim
OMIA (Online Mendelian Inheritance in Animals)	Literaturdatenbank für genetisch bedingte Krankheiten bei Tieren	http://www.ncbi.nlm.nih.gov/omia
GENECARDS	Funktion menschlicher Gene	http://www.genecards.org/index.shtml

eine wichtige Gruppe von Sequenzdatenbanken. Eine Übersicht über alle komplett sequenzierten Genome aber auch die nur zum Teil fertiggestellten Genome von großen Sequenzierprojekten präsentiert das NCBI auf seinen Genomseiten der *Genome Database* (www.ncbi.nlm.nih.gov/sites/genome). Mehr als 6.500 Organismen sind dort erfasst. Die *Genome Project Database* dient als organismusspezifischer Ausgangspunkt zu allen anderen sequenzbezogenen Datenbanken am NCBI. Insgesamt sind derzeit mehr als 1.300 mikrobielle Genome als Referenzgenome für weitere Sequenzanalysen sequenziert. Zusätzlich zu diesen zusammenfassenden Datenbankportalen gibt es für viele der komplett sequenzierten Genome eigene Portale, die in der Übersicht aufgeführt sind (Tab. 20–5 im Anhang).

20.1.1.2 Proteinsequenz-Datenbanken

Eine der am besten gewarteten Proteinsequenz-Datenbanken ist die UniProt Datenbank (www.uniprot.org), die aus der qualitativ hochwertigen SwissProt Datenbank, der PIR-PSD und der automatisch annotierten (und nicht extra geprüften) TrEMBL Datenbank entstanden ist. Dadurch ist die größte Sammlung sorgfältig geprüfter und weitgehend nicht redundanter Proteinsequenzen entstanden. Zudem sind die Sequenzen mit zum Teil sehr ausführlicher Zusatzinformation (Annotation) wie Proteinfunktion und -domänenstruktur, posttranslationale Modifizierungen, Zusammenhänge mit Krankheiten, Ontologie, Sekundärstruktur und

Verknüpfungen mit anderen Datenbanken versehen (z.B. 3D-Struktur- oder Literaturdatenbanken). Die Erstellung und Wartung einer solch qualitativ hochwertigen Datenbank erfordert einen hohen Arbeitsaufwand und bedeutet, dass neue Proteinsequenzen erst nach einiger Zeit integriert werden. Aktuellere, aber nicht so sorgfältig geprüfte und annotierte Proteinsequenzen können aus den translatierten CDS (*CoDing Sequences*) erhalten werden, die ursprünglich in den Proteinteilen der Sequenzdatenbanken wie beispielsweise TREMBL (*translated* EMBL, heute in UniProt) oder GENPEPT (von GENBANK, NCBI) abgelegt sind. Die *Protein Database* des NCBI enthält entsprechend Informationen wie die translatierten Sequenzen von der UniProt Datenbank und weiteren Datensammlungen (www.ncbi.nlm.nih.gov/protein).

Kommerzielle und nicht kommerzielle Patentsequenz-Datenbanken liefern trotz der zeitlichen Verzögerung zwischen Patenteinreichung und -veröffentlichung von ca. 18 Monaten weitere, äußerst wertvolle Informationen. Neben der Neuheit von Sequenzen sowie gegebenenfalls deren Mutanten, die oftmals nicht in den großen öffentlich zugänglichen Sequenzdatenbanken enthalten sind, werden Funktionen und mögliche Anwendungen beschrieben. Eine solche Patentsequenz-Datenbank sollte deshalb in eine allgemeine Suchstrategie eingeschlossen werden, um ein komplettes Bild der verfügbaren Information zu bekommen. Am EBI sind Patentinformationen von Sequenzen, chemischen Verbindungen und Zusatzinformationen frei verfügbar und können beispielsweise mit SRS in die Suchstrategie im Rahmen einer Sequenzanalyse eingebunden werden (www.ebi.ac.uk/patentdata).

20.1.1.3 Charakteristische Sequenzbereiche/Sequenzmotive

Im Gegensatz zu der rasanten Zunahme von Sequenzdaten hat sich die Anzahl der neu beschriebenen Proteinfamilien stetig verringert. In absehbarer Zeit können somit alle proteinkodierenden Sequenzen einer bestimmten Proteinfamilie zugeordnet werden. Diese Zuordnung erfolgt durch Sequenzvergleiche mithilfe besonders charakteristischer Sequenzbereiche, so genannter Sequenzmotive, die in einer Proteinfamilie immer vorkommen. Allerdings wird eine solche Zuordnung erschwert durch die in der Natur häufig auch mehrfach vorkommenden Sequenzmotive. Aus diesem Grund wurden verschiedene Ansätze verfolgt, um Datenbanken mit solchen charakteristischen Bereichen zu erstellen, die innerhalb einer Proteinfamilie konserviert, d.h. unverändert vorliegen. Die nachfolgenden, wichtigsten Datenbanken unterscheiden sich zwar in ihrer Breite, ihrem Bereich und vor allem der zugrunde liegenden Methode, überlappen jedoch teilweise im Ergebnis.

PROSITE (*PROtein SITES*), PRINTS (*Protein Fingerprints Database*), PFAM-A (*Protein FAMilies*) und die SMART (*Simple Modular Architecture Research*) gehören zu den am besten gepflegten Datenbanken, die jeweils über ein eigenes Expertensystem zur Unterscheidung von Proteinfamilien verfügen. Die PROSITE-Einträge stellen dabei eine Art variabler Konsenussequenz dar, die aus unveröffentlichten, multiplen Alignierungen von Sequenzen einer Proteinfamilie erhalten wurden. Die jeweiligen Proteinfamilien werden ausführlich beschrieben. PROSITE enthält fast 1500 Einträge, die charakteristische Sequenzbereiche, funktionale Stellen und Proteinfamilien beschreiben.

PRINTS-Einträge werden hingegen für eine Familie aus einem Satz von zusammenhängenden multiplen Sequenzalignierungen gebildet, die den gemeinsamen konservierten Bereichen entsprechen. Diese PRINTS-Alignierungen können zur Generierung individueller „Fingerabdrücke", aber auch von Gewichtungsmatrizen für die Suche mit verschiedenen Algorithmen verwendet werden. Immerhin werden bei PRINTS mehr als 2.000 Einträge zur Detektion von über 12.000 kleinen Sequenzmotiven vorgehalten.

Zur Erzeugung eines PFAM-A-*seed*-Eintrags wird ein halbautomatisches multiples Alignierungsverfahren eingesetzt. Mit diesem *seed-alignment* werden die Sequenzdaten abgesucht und das Modell der jeweiligen Proteinfamilie durch weitere Sequenzen verfeinert. Im Gegensatz zu den Verfahren zur Generierung der PROSITE- oder der PRINTS-Daten, die sich auf konservierte Bereiche innerhalb der Proteinfamilien beziehen, berücksichtigen PFAM-Algorithmen auch längere unspezifische Bereiche in den multiplen Alignierungen (*gapped multiple alignments*). Die Verwendung von Hidden-Markov-Modellen ermöglicht es, auch entfernte Verwandte einer Proteinfamilie aufzuspüren.

Die ersten drei Datenbanken werden auf ein breites Spektrum von Proteinen mit den verschiedensten zellulären Funktionen angewendet. Diese Allgemeingültigkeit wird auf Kosten einer optimalen Sensitivität, Spezifität und Qualität beim Auffinden von Mitgliedern einiger Proteinfamilien erreicht. Für Funktionen, die bestimmten Sequenzbereichen zugeordnet sind (z.B. Signalübertragung), wurden daher spezielle Methoden entwickelt und Datenbanken wie SMART (http://smart.embl-heidelberg.de/) aufgebaut. Die optimierten charakteristischen Sequenzbereichseinträge in der SMART-Datenbank enthalten zahlreiche und ausführliche Querverweise auf weiterführende Annotationsdatenbanken. Es sind zum Beispiel Phylogenetische Stoffwechselwege aus der KEGG Datenbank oder das STRING Datenbank- und Analysesystem (http://string-db.org/) für Protein/Protein-Interaktionen sowohl auf physikalischer als auch funktionaler Ebene zu finden. Damit werden zahlreiche weiterführende spezifische Links erreicht, die eine umfassende Analyse eines charakteristischen Sequenzbereiches ermöglichen.

Wegen der großen Anzahl von Datenbanken charakteristischer Sequenzbereiche gibt es häufig Überlappungen und damit Wiederholungen. Zudem ist die Zuweisung von Proteinfunktionen, die auf diesen Datenbanken basieren, schwierig, da teilweise unterschiedliche Definitionen dieser Proteinfamilien sowie unterschiedliche Suchalgorithmen verwendet werden. Die InterPro Datenbank am EBI (http://www.ebi.ac.uk/interpro/) wurde entwickelt, um eine einheitliche Basis zu bilden. Aus den Mitgliedsdatenbanken ProDom, UniProt, PROSITE, PRINTS, SMART und anderen werden vereinheitlichte Informationen zu Proteinfamilien, Domänen sowie weiteren charakteristischen Sequenzbereichen zur Verfügung gestellt. Mit Hilfe dieser Proteinfamilien wird die Funktionszuweisung im Allgemeinen, aber besonders für die EMBL-Sequenzen, vertieft und entsprechend verbessert.

20.1.1.4 3D-Strukturdatenbanken

Um die Gewinnung von 3D-Strukturen in der ganzen Welt voranzutreiben werden große Forschungsprojekte aufgelegt. Die erhaltenen Daten können ähnlich wie bei den drei großen Sequenzdatenzentren an ursprünglich drei 3D-Strukturdatenzentren hinterlegt werden, der *Protein Data Bank Japan* (PDBj), der *Macromolecular Structure Base* am *European Bioinformatics Institute* (EBI) als *Protein Data Bank Europe* (PDBe) und insbesondere die an der *Research Collaboratory for Structural Biology* (RSCB) beheimatete RSCB-PDB. Weitere Zentren sind inzwischen zur *World Wide Protein Data Bank* hinzugekommen (www.wwpdb.org/). Für eine vertiefte Untersuchung von Protein/Protein- oder Enzym/Substrat-Wechselwirkungen eignen sich besonders Informationen, die aus 3D-Strukturdaten erhalten werden. Die *Protein Data Bank* (PDB) mit ihren (mindestens) drei Zentren ist die derzeit einzige öffentlich verfügbare Datenbank, die solche 3D-Strukturinformationen von biologischen Makromolekülen enthält und die dort abgerufen werden können. Die Anzahl der Einträge steigt nach wie vor stark an und beträgt zurzeit fast 70.000 3D-Strukturen (Stand Ende 2010), die mittels Röntgen-Beugungsexperimenten sowie durch NMR-Untersuchungen gewonnen wurden.

Zur Darstellung der in der Datenbank abgelegten Molekülstruktur-Informationen werden 3D-Struktur-Anzeigeprogramme verwendet, die als separate Programme gestartet werden können oder direkt im Webbrowser als Anwendung verfügbar sind. Beispiele können aus verschiedenen Systemen gestartet werden, beispielsweise JMol von der RSCB-PDB oder Astex von der PDBe (Abb. 20-2). Auch aus Proteindatenbanken wie InterPro können die entsprechenden 3D-Strukturen mittels der Daten aus der PDB und einem entsprechenden „Anzeigeprogramm" erhalten werden.

20.1.1.5 Literaturdatenbanken

Für eine ausführliche Literaturanalyse eignen sich in der Regel mehrere Einstiegspunkte. Allgemeine Informationen zu molekularbiologischen Fragestellungen werden in der Regel über PUBMED oder

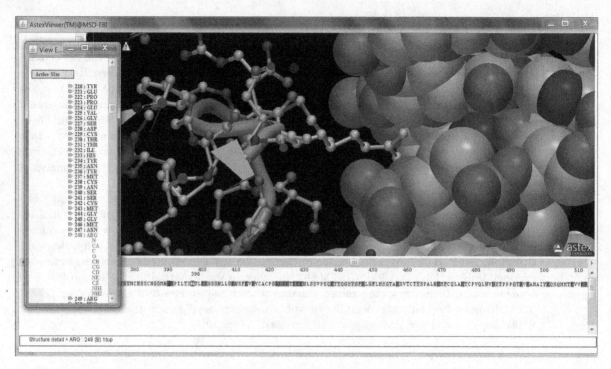

Abb. 20–2: Darstellung mittels Astex der 3D-Struktur des Tumor Suppressor Proteins P53 gebunden an die Bindungsstelle der DNA.

EMBASE gefunden. Daneben gibt es eine Reihe spezialisierter Literaturdatenbanken, wie beispielsweise Mutations- und „Krankheits"-Datenbanken oder Patentdatenbanken. Zu den am häufigsten für Standardliteratursuchen genutzten Datenbanken gehört MEDLINE. Die zentrale Literaturdatenbank enthält mehr als 18 Millionen Verweise zu medizinisch-naturwissenschaftlichen Artikeln aus ungefähr 5.400 amerikanischen und internationalen Zeitschriften der *National Library of Medicine* (NLM). Dabei wird die Zeitspanne seit dem Jahr 1947 abgedeckt (http://www.nlm.nih.gov/pubs/factsheets/medline.html). Der Zugriff auf diese Datenbank erfolgt in der Regel über das PUBMED Interface, das am NCBI zur Verfügung gestellt wird. PUBMED ermöglicht die kostenfreie Suche in MEDLINE sowie einigen anderen Literaturdatenquellen wie Klinische Studien, noch nicht oder nicht mehr in MEDLINE verfügbare Artikel, dem eingeschränkten Bucharchiv des NCBI sowie rein elektronische Inhalte von PUBMED Central. Als Ergebnis werden die entsprechende bibliographische Information wie Zeitschrift, Erscheinungszeitpunkt, Autoren, Titel und das Abstract angezeigt. Einige frei verfügbare Inhalte werden vollständig dargestellt, wie beispielsweise der jährlich erscheinende Datenbank- und Methodenüberblick von NAR. Eine weitere umfassende Literaturdatenbank für biomedizinische und pharmakologische sowie weiterführende Informationen ist EMBASE (*Experta Medica Database*) vom Verlag Elsevier. Diese Datenbank umfasst mehr als 25 Millionen Einträge (ebenfalls seit 1947) und enthält mehr als 7.000 biomedizinische Zeitschriften aus mehr als 70 Ländern. Zugriff auf EMBASE und weitere Datenbanken erhält man beispielsweise über das Deutsche Institut für Medizinische Dokumentation und Information (http://www.dimdi.de/).

Für weiterführende genetische und krankheitsbezogene Untersuchungen existieren eine Reihe von Mutationsdatenbanken. Eine der am besten bekannten Literaturdatenbanken in diesem Bereich ist die OMIM Bank (*Online Mendelian Inheritance in Man*) des NCBI, die umfangreiche medizinische Informationen inklusive weiterführender Literatur zu genetisch bedingten Krankheiten enthält. Neben den wenigen vollständig korrelierten Geno- und Phänotypen listet die sorgfältig kurierte Datenbank krankheitsbedingte, genetisch bestimmte Phänotypen mit Links zu weiteren Datenbanken am NCBI (DNA- und Proteinsequenzdaten) sowie zu UniGene und anderen auf (http://www.ncbi.nlm.nih.gov/omim). Eine weitere wichtige Datenquelle für Sequenz- und weiterführende Information stellen die schon erwähnten Patentdatenbanken dar, die z.T. frei verfügbar sind.

Das Auffinden von zusammenhängenden Informationen zu einer Fragestellung wird dadurch erleichtert, dass einige der sehr gut gepflegten Datenbanken Verknüpfungen über das Internet zu entsprechenden Einträgen in anderen Datenbanken enthalten. Zudem bieten die großen Datenzentren (NCBI, EBI) Systeme an, die diese Funktionalität besonders unterstützen. Entrez am NCBI bietet neben direkten Verknüpfungen auch die Möglichkeit, ähnliche Einträge zu finden. Das SRS, das am EBI, aber auch an vielen anderen akademischen Forschungseinrichtungen eingesetzt wird, erlaubt es, Verknüpfungen über mehrere Datenbanken hinweg zu verfolgen. Neben den Originalanbietern mit ihren individuellen Abfragesystemen sind über das Internet komplexe Datenbankabfragesysteme verfügbar, die mit einer einheitlichen Benutzerschnittstelle die Abfragen in einen weiten Bereich molekularbiologischer Datenbanken abdecken. Neben den reinen Datenbankabfragen bieten sie zudem entsprechende Programme für eine Vielzahl von Bioinformatik-Analysen an, die direkt auf die Suchergebnisse angewendet werden können. Zwei solcher Systeme, das am NCBI verwendete Entrez und das am EBI eingesetzte SRS werden im Folgenden zusammen mit den jeweiligen Informationsquellen vorgestellt.

20.2 Textbasierte Suche

20.2.1 NCBI und Entrez

Das NCBI (*National Center for Biotechnology Information*), das als Abteilung der NLM (*National Library of Medicine*) am NIH (*National Institute of Health*) etabliert wurde, versteht sich als umfassende nationale Quelle für molekularbiologische Informationen. Dabei können sowohl Sequenzinformationen hinterlegt als auch aus den zur Verfügung stehenden Sequenz-, Struktur- und Literaturdatenbanken Informationen abgerufen werden. Als nationales Informationszentrum für molekularbiologische Forschung im Bereich Gesundheit stellt das NCBI entsprechende Infrastrukturen zur Verfügung und ermöglicht weitere Forschung, Entwicklung und Ausbildung in den computergestützten Verfahren der Lebenswissenschaften.

Die größte Datenbank am NCBI ist GENBANK mit mehr als 100 Millionen Nucleotidsequenz-Einträgen. Die Sequenzinformation wird innerhalb von 24 Stunden mit den anderen Sequenzdatenbanken der großen Datenzentren EBI und DDBJ ausgetauscht.

Neben DNA- und Proteinsequenz-Datenbanken werden am NCBI in der MMDB (*Molecular Modelling Database*) 3D-Strukturen von Proteinen sowie die entsprechenden 3D-Darstellungswerkzeuge vorgehalten. Von allgemeinem Interesse sind die sehr umfangreichen Literaturdatenbanken wie OMIM (*Online Mendelian Inheritance in Man*) oder MEDLINE mit über 18 Millionen Zeitschriftbeiträgen aus dem *life science*-Bereich, die über PubMed abgefragt werden können. Zu den wichtigen Datenbanken zählt auch *Taxonomy* mit phylogenetischen Informationen zu den fast 400.000 (Herbst 2010) erfassten Organismen, deren Sequenzen in Datenbanken abgelegt wurden.

Zwei Besonderheiten zeichnen die verfügbaren Informationen aus. Zum einen versucht das NCBI, Eintragswiederholungen auszuschließen. Zum anderen werden wenn möglich verwandte Informationen in unterschiedlichen Datenbanken verknüpft, und dadurch spezifische Informationsnetze aufgebaut. So erhält man zu einer gefundenen DNA-Sequenz beispielsweise sofort die entsprechende Proteinsequenz, eine 3D-Struktur oder sofern vorhanden die Literaturstelle. Abb. 20–3 zeigt die wichtigsten Datenbanken und ihre Verknüpfungen am NCBI.

Für die gezielte Suche in den vorhandenen Datenbanken steht am NCBI das Abfragesystem Entrez zur Verfügung. Neben verschiedenen Suchmethoden (allgemeine Abfragen, eingegrenzte Abfragen, Index-

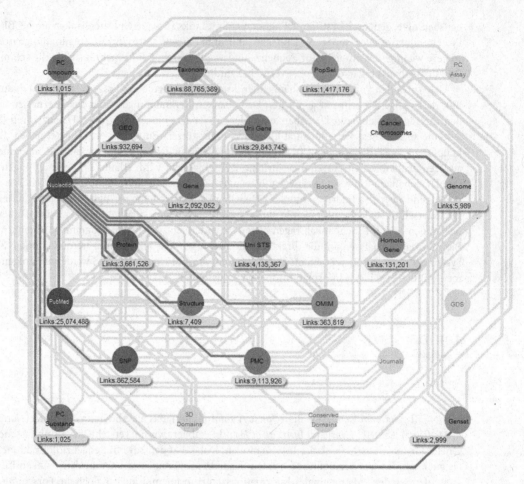

Abb. 20-3: Die wichtigsten Datenbanken am NCBI und ihre Verknüpfungen (http://www.ncbi.nlm.nih.gov/Database/).

suchen, usw.) erlaubt Entrez auch die Anzeige von Suchergebnissen in verschiedenen Darstellungen und ermöglicht das Speichern der erhaltenen Informationen. Unter *„Education"* werden neben einer Reihe von Trainingsmaterialien mehrere Tutorials unter anderem zum Entrez-System angeboten. Als Einstieg zu Entrez sind das allgemeine „Entrez" Tutorial sowie das „Entrez Gene" Tutorial zu empfehlen (http://www. ncbi.nml.nih.gov/Education/).

Häufig erhält man für eine Abfrage zu viele unspezifische Antworten. Mit verschiedenen Strategien lassen sich dann die Suchen verfeinern. Neben der Verwendung mehrerer Suchbegriffe, die mit Boolschen Operatoren (*and, or, but not*) verknüpft sind, lassen sich auch Suchergebnisse kombinieren.

20.2.2 EBI und SRS

Der Datenbankanbieter EBI (*European Bioinformatics Institute*) wurde 1992 als Außenstelle des EMBL auf dem *Wellcome Trust Genome* Campus im britischen Cambridge etabliert. Zusammen mit dem Sanger Center und dem HGMPRC (*Human Genome Mapping Project Resource Center*) stellen diese Institute

20

weltweit die größten Ansammlungen von Knowhow in der Genomik und der Bioinformatik dar. Das EBI hat dabei die Aufgabe, sowohl akademische als auch kommerzielle Forschungseinrichtungen und Firmen mit dem rasch steigenden Wissen in diesen Bereichen zu versorgen. Am EBI werden insbesondere molekularbiologische Datenbanken und entsprechende Dienste angeboten. Die erste Datenbank, die vom EBI verwaltet wurde, ist die 1980 am EMBL in Heidelberg gegründete DNA-Sequenzdatenbank EMBL *Nucleotide Sequence Database* (Stoesser, G. *et al.*, 2002). Ende 2010 enthält sie fast 200 Millionen Einträge, die mit den anderen beiden großen Sequenzdatenbanken Genbank und DDBJ synchronisiert sind. Auf der Proteinebene steht am EBI die UniProt-Datenbank zur Verfügung. Diese enthält die ehemalige SWISSPROT Datenbank für sehr gut annotierte Sequenzen und die TrEMBL Datenbank für nicht bzw. noch nicht in SWISSPROT erfasste automatisch erzeugte Proteinsequenzen (Bairoch, A. und Apweiler, R., 2000). Neben den großen öffentlich zugänglichen Datenbanken werden am EBI eine ganze Reihe kleiner spezialisierter Datenbanken vorgehalten (http://www.ebi.ac.uk/Databases/). Ein Beispiel ist die p53-Mutationsdatenbank (Hollstein, M. *et al.*, 1991), die am IARC (*International Agency for Research on Cancer*, http://www-p53.iarc.fr/index.html) gewartet wird.

Für die text- als auch sequenzbasierte Abfrage dieser Datenbanken stellt das EBI einer Reihe öffentlich zugänglicher Verfahren, aber auch kommerziell erhältlicher Systeme zur Verfügung. Zu den sequenzbasierten Suchverfahren zählen BLAST (Altschul, S.F. et al., 1990), FASTA (Pearson, 1990) sowie auch der Smith & Waterman-Suchalgorithmus (Smith, T.F. und Waterman, M.S., 1981). Sie werden eingesetzt, um ähnliche bzw. homologe Sequenzen in Datenbanken aufzufinden. Ein weiteres Sequenzanalyseverfahren CLUSTALW (Thompson, J.D. *et al.*, 1994) kann eingesetzt werden, um ähnliche und eventuell konservierte Bereiche in mehreren Sequenzen zu identifizieren. Weitere Analyse- und Abfrageverfahren können von den entsprechenden *Sequence Analysis, Similarity & Homology, Structural Analysis*-Seiten am EBI abgerufen werden (http://www.ebi.ac.uk/Tools/).

Wegen seiner universellen Verwendbarkeit beim Abfragen von molekularbiologischen Datenbanken und dem weltweiten Einsatz wird im Folgenden das SRS vorgestellt und in einem praktischen Beispiel eingesetzt (Abb. 20-4, 5, 6). Es wurde ursprünglich am EMBL entwickelt, um Sequenzinformation aus den großen Datenbanken zu extrahieren und weiter zu analysieren (Etzold, T. *et al.*, 1996).

Inzwischen wird SRS am EBI als Standardsystem verwendet, um einerseits molekularbiologische Datenbanken zu integrieren und zu warten (z.B. aktualisieren) und andererseits ein schnelles Durchsuchen dieser Datenbanken nach Textinformationen zu ermöglichen (http://srs.ebi.ac.uk/). In SRS sind zudem die wichtigsten Bioinformatik-Homologie-Suchverfahren integriert, sodass auch sequenzbasierte Abfragen an die Datenbanken möglich sind.

Vor einer Suche muss mindestens eine Datenbank ausgewählt werden. Dann können Abfragen nach Schlüsselwörtern wie beispielsweise „Krebs" oder „p53" über drei verschiedene Masken eingegeben werden, z.B. *quick search*, die am häufigsten verwendete *standard query form* oder die steckbriefartige *extended query form*. Bei der *quick search* werden alle Textfelder der selektierten Datenbanken durchsucht. Mit den beiden anderen Suchmasken können einzelne Datenfelder angesprochen werden. Die Ergebnisse der Suchen sind von der *result page* abrufbar und können mithilfe vordefinierter oder eigener *views* dargestellt werden. Suchergebnisse lassen sich über Boolsche Operatoren kombinieren und gegebenenfalls weiter einschränken. Ergebnisse von Suchen in Sequenzdatenbanken können mit den integrierten Bioinformatikverfahren weiter analysiert werden. Beispielsweise lassen sich mit BLAST oder FASTA ähnliche bzw. homologe Sequenzen in den Sequenzdatenbanken identifizieren. Dabei sind einzelne oder mehrere Sequenzen gleichzeitig über BLAST identifizierbar. Neben dem *multiple sequence alignment*-Verfahren CLUSTALW2 sind Programme zur Lokalisation konservierter Sequenzbereiche, Sequenzmotive oder Domänen vorhanden.

Diese Ergebnisse wie auch die Suchstrategien lassen sich abspeichern, letztere auch wieder einladen, sodass die Analyse jederzeit fortgesetzt werden kann. Eine besondere Eigenschaft von SRS ist die Möglichkeit, über spezielle *views* individuelle und festlegbare Verknüpfungen zu verwandten Informationen in anderen Datenbanken herzustellen. Diese Funktionalität wird in den folgenden Beispielen eingehend verwendet.

Public SRS Installations

If you maintain a publicly accessible SRS server, and would like to have it added to this list, please send a message to srs_support@biowisdom.com

Site description	Libraries	url	version
BIPS: BioInformatics Platform of Strasbourg, France	33 libraries 3 tools	bips.u-strasbg.fr/srs/	8.3
EMBL: European Molecular Biology Lab, Heidelberg, Germany	85 libraries 6 tools	srs.embl.de/srs/	8.3
AFFRC: Agriculture, Forestry and Fisheries Research Council, Japan	46 libraries 2 tools	srs.dna.affrc.go.jp/srs8/	8.1
SAS: Slovak Academy of Sciences, EMBnet Slovakia, Bratislava, Slovakia	47 libraries 145 tools	www.embnet.sk:8080/srs81/	8.1
CEINGE: Bioteconlogie Avanzate - Naples, Italy	59 libraries	bioinfo.ceinge.unina.it/srs7131/	7.1.3.2
EBI: European Bioinformatics Institute, Hinxton, UK	117 libraries 164 tools	srs.ebi.ac.uk	7.1.3.2
NBIC: Netherlands Bioinformatics Centre, Amersfoort, the Netherlands	49 libraries	srs.bioinformatics.nl/	7.1.3.1
WBW: Wageningen Bioinformatics Webportal, the Netherlands	49 libraries	www.bioinformatics.nl/srs7/	7.1.3.1
IUBIO: IUBio, Indiana	74 libraries	iubio.bio.indiana.edu/srs/	7.1.3.1
CBP: Clinical and Biomedical Proteomics group, University of Leeds, UK	29 libraries 20 tools	proteomics.leeds.ac.uk/srs71/	7.1.3
SCUT: Bioinformatics Centre of South China University of Technoogy, Guangzhou, China	Could not access site	biogrid.scut.edu.cn/srs71/	7.1.3
CABRI: Common Access to Biological Resources and Information, International	42 libraries	srs71.cabri.org/	7.1.3

Abb. 20-4: Anfang der Liste der weltweiten SRS Installationen mit den jeweiligen Datenbanken und Bioinformatik Analyseverfahren (http://www.biowisdom.com/download/srs-parser-and-software-downloads/public-srs-installations/).

20.2.3 Anwendungsbeispiel

Hier soll die Vorgehensweise bei der Abfrage molekularbiologischer Datenbanken mit dem SRS-System gezeigt werden. Technische Voraussetzungen: Webbrowser und Internetzugang, eventuell ein Programm zur Betrachtung von 3D-Strukturen auf dem Arbeitsplatzrechner (z.B. JMOL (http://jmol.sourceforge.net/). Für das Beispiel wird der SRS-Server am EBI (http://srs.ebi.ac.uk/) gewählt, um die dortigen Datenbanken abzufragen (Abb. 20-5).

Beispiel: Auffinden von DNA- und Proteinsequenz zu einer Struktur von Kinesin, die von F.J. Kull in *Nature* veröffentlicht wurde. Wenn möglich, soll die entsprechende dreidimensionale (3D)-Molekülstruktur gezeigt werden.

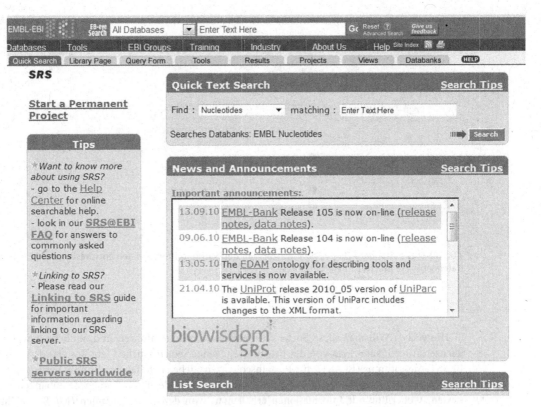

Abb. 20–5: Startseite des SRS am EBI. Die Verknüpfung ‚*worldwide Public SRS server*' zeigt auf eine tabellarische Übersicht aller weltweit für text- sowie sequenzbasierte Datenbankabfragen zur Verfügung stehenden Servern in Life-Science-Informatics.

Lösung: Nach dem Start von SRS am EBI wird auf der Library Page zunächst die Literaturdatenbank MEDLINE selektiert und dann die *standard query form* aufgerufen. Entsprechend Abb. 20–6 werden die Suchbegriffe „Kull" (Autoren), „Kinesin" (Name des Proteins), und „Nature" (Journal) in die freien Textboxen eingetragen und die entsprechenden Felder ausgewählt. Mit „*search*" wird die Suche abgeschickt.

Zwei Treffer werden angezeigt: „Kull et al., Nature 380, 6 574:550–555" und „Sablin et al. Nature 380, 6 574:555–559". Von dieser Ergebnisseite ausgehend geht es über die Verknüpfung „*Link*" zu verwandten Informationen aus anderen Datenbanken. Nach Anklicken des Verknüpfungssymbols „*Link*" öffnet sich die entsprechende Seite. Die Proteinsequenzen werden erhalten, wenn die Proteinsequenz-Datenbank UniProtKB selektiert wird und diese Abfrage mit der Voreinstellung „*Find related entries*" mit „*Search*" abgeschickt wird. Ergebnis: „UniProtKB: KINH_HUMAN, UniProtKB: NCD_DROME". Mithilfe der Verknüpfung „*link*" lassen sich die entsprechenden DNA-Sequenzen aus EMBL extrahieren.

Um eventuell vorhandene 3D-Strukturinformationen zu erhalten, verfährt man analog dem eben gesagten. Unter „*Link to related information*" wird „*link*" selektiert. Auf der Verknüpfungsseite wird die Proteindatenbank PDB unter „*Protein function, structure and interaction databases*" ausgewählt und mit „*search*" abgeschickt. Ergebnis: „PDB:1BG2, PDB:1CZ7, PDB:3L1C, PDB:1MKJ, PDB:1N6M, PDB:2NCD, PDB:2P4N, PDB:1OZX, PDB:1SYJ, PDB:1SYP, PDB:1SZ4, PDB:1SZ5".

Wenn ein geeignetes Programm zum Betrachten von 3D-Strukturen wie beispielsweise JMOL installiert ist, kann die 3D-Struktur von der humanen Kinesin-Motor-Domäne dargestellt werden. Dazu wird die erhaltene Strukturinformation aus dem PDB-Eintrag 1BG2 mit „*save*" auf dem Arbeitsplatzrechner gespeichert und an die Applikation JMOL übergeben (Abb. 20-7).

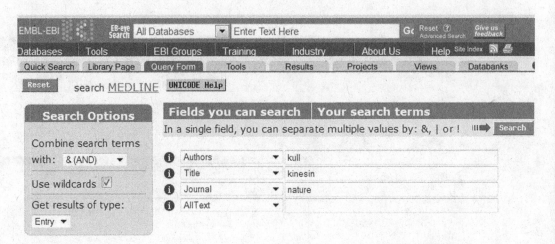

Abb. 20–6: Die ,*Standard Query Form*' von SRS mit den Suchbegriffen und den entsprechenden Feldern der Medline-Datenbank, die durchsucht werden sollen.

Hinweis 1: Will man diese Suche auf Sequenzebene durchführen und ähnliche bzw. homologe Sequenzen finden, kann man von der Ergebnisseite einer Sequenzsuche (Tab: Results) den entsprechenden BLAST-Algorithmus (BLASTP für Proteinsequenzen, siehe auch Tabelle: BLAST-Versionen für Homologiesuchen von Protein- oder DNA-Sequenzen in Protein- oder DNA-Sequenzdatenbanken) mit „*launch*" starten. Weiterführende Informationen erhält man von den entsprechenden *Help* Seiten (http://srs.ebi.ac.uk/srs/doc/index.html).

Hinweis 2: Falls bei einer anderen Abfrage zu viele Ergebnisse gefunden werden, kann die Suche eingeschränkt werden, indem nur bestimmte Felder in der jeweiligen Datenbank durchsucht werden (wie im Beispiel Literatursuche in MEDLINE oben). Informationen über die möglichen Feldeinträge erhält man mithilfe des *info about field*, dem i-Symbols oben auf der *standard query form*.

Das SRS Abfrage und Analyse System ermöglicht mit einer Benutzeroberfläche die Verwendung unterschiedlichster Datenbanken und Bioinformatik Verfahren. Diese können auf eine Sequenz oder auch auf eine Gruppe von Sequenzen angewendet werden. Zwischenergebnisse lassen sich in Form der Resultate aber auch in Form einer Skriptsprache abspeichern, wodurch sich ein weiterer Mehrwert gegenüber vordefinierten Analyseportalen ergibt.

20.3 Sequenzinformationen

Die Analyse von Sequenzinformationen mittels bioinformatischer Verfahren ergänzt die textbasierten Datenbankrecherchen und ermöglicht es so, auch neuen Sequenzen Funktionen zuzuweisen oder diese anderweitig zu analysieren. Der folgende Abschnitt beschäftigt sich daher mit den wichtigsten Werkzeugen, die für die Bearbeitung und Auswertung von Nucleinsäure- oder Proteinsequenzen benötigt werden.

Grundsätzlich unterscheidet man zwischen zwei Aufgabenstellungen. Zum einen soll die Bioinformatik den Laborwissenschaftler bei seinen Modifikationen der Primärsequenz unterstützen, z.B. für die Klonierung durch Restriktionsschnittstellen-Analyse. Zum anderen dient die Bioinformatik dazu, einen sinnvollen Überblick über die Funktionsbausteine, die Sekundärstruktur, die zelluläre Lokalisation oder Modifikationsstellen bereitzustellen. Während im ersten Fall von einer exakten Wissenschaft gesprochen werden

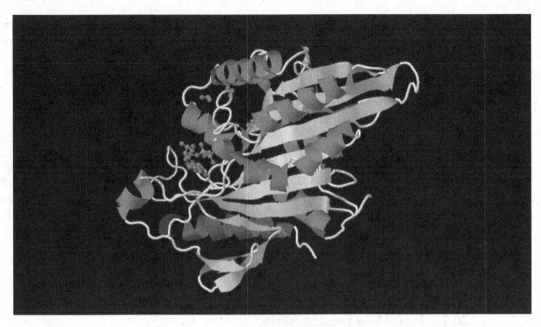

Abb. 20–7: Darstellung der 3D-Struktur von der humanen Kinesin-Motor-Domäne aus der PDB Datenbank mit Hilfe von JMOL.

kann, deren Ergebnisse hoch verlässlich sind, reden wir im zweiten Fall von Vorhersagen mit bestimmten Wahrscheinlichkeitswerten, die in der Regel auch als Ergebnis dieser Methoden mitgeliefert werden. Hier beginnt im Übrigen das enge Zusammenspiel zwischen Labor und Bioinformatik, da die Vorhersagemethoden auf Basis von Laborwerten entwickelt und mithilfe dieser Daten auch verifiziert wurden. Je nach Qualität und Zielsetzung dieser Zusammenarbeit können die dabei entwickelten Werkzeuge nur speziell zur Beantwortung einer ganz spezifischen Fragestellung eingesetzt werden oder aber sie haben allgemeine Gültigkeit. Die Kunst für den Anwender ist nun, genau für seine Fragestellung das richtige Werkzeug zu identifizieren. Eine ungeeignete Methode liefert nicht nur keine Ergebnisse, sondern auch manchmal völlig falsche Resultate, die nicht immer sofort als solche erkennbar sind. Diese Aussage soll niemanden abschrecken, sondern nur zur Vorsicht mahnen. Wenn kein Standardwerkzeug verwendet wird, lohnt es sich, die zugehörige Publikation zu lesen oder sich mit dem Entwickler in Verbindung zu setzen, ob die Methode zur Beantwortung der Fragestellung überhaupt geeignet ist. In diesem Teil des Kapitels werden daher nur Methoden vorgestellt, denen eine globale Bedeutung unterstellt werden kann.

20.3.1 Internetportale

Die Datenmenge in den biologisch relevanten Datenbanken liegt inzwischen jenseits der Terabyte-Grenze, also einer Größenordnung, deren Installation und Aktualisierung sich nur noch finanzkräftige Unternehmen oder große öffentlich geförderte Institute leisten können.

Für die wissenschaftliche Gemeinschaft wurden daher internetfähige Datenbankportale geschaffen, die allen Nutzern dieses Dienstes das Durchsuchen der jeweiligen Datenbanken erlaubt. Für alle anderen Anwendungen gibt es entsprechende Programme. In der Regel gilt hier, dass alle Programme, die unter Unix oder Linux laufen, für Hochschulen kostenlos sind. Alle MS-Windows oder Mac kompatiblen Programme müssen meist gebührenpflichtig lizenziert werden. Eine Zusammenstellung vieler öffentlich zugänglicher Werkzeuge findet sich z.B. auf den Seiten des *European Bioinformatics Institute* (http://www.ebi.ac.uk/ services/ oder direkt unter Werkzeugen http://www.ebi.ac.uk/Tools/). Das *Swiss Institute of Bioinformatics* verfügt ebenso über eine Zusammenstellung der wichtigsten Web-basierten Werkzeuge (http://ca.expasy. org/tools/) wie auch das *National Institute for Biotechnology Information* (NCBI). Hier liegt der Schwerpunkt mehr auf den Datenbanken als auch den Werkzeugen.

Nutzer, die mehr Werkzeuge benötigen, sollten sich Zugriff zu den Bioinformatikportalen verschaffen. Für Deutschland stellt das Deutsche Krebsforschungszentrum in Heidelberg unter http://genius.dkfz-heidelberg.de einen solchen Server zur Verfügung.

Wer sich eine eigene Umgebung schaffen will, kann sich z.B. die Programme der *European Molecular Biology Open Software Suite* (EMBOSS-) installieren (http://emboss.sourceforge.net/). Dieses Paket kann entweder auf einem eigenen UNIX-System installiert oder über Internetportale direkt benutzt werden. Das EBI-Portal befindet sich unter http://srs.ebi.ac.uk.

20.3.2 Sequenzanalyse

20.3.2.1 DNA-Sequenzbausteine

In einer typischen DNA-Sequenz können neben den Basenabkürzungen A, C, G, T auch andere Buchstaben auftauchen. Ergibt die DNA-Sequenzierung keine Entscheidung für eine definierte Base, so wird entweder ein N oder × für eine beliebige Base gesetzt oder die Möglichkeiten weiter eingeschränkt (Tab. 20–2).

20.3.2.2 Sequenzformate

Sequenzen können in unterschiedlichsten Formaten gespeichert werden. Da nicht alle Programme die volle Auswahl beherrschen, sollte man sich auf die zwei gängigsten Formate GCG und FASTA beschränken. Beide sind reine ASCII-Textformate und können somit auch mit allen Textverarbeitungsprogrammen

Tab. 20–2: Abkürzungen zur DNA-Sequenzbausteinsuche

Kürzel	Basen	Bemerkung
G	G	Guanin
A	A	Adenin
T	T	Thymin
C	C	Cytosin
R	G; A	Purin
Y	C; T	Pyrimidin
M	A; C	Amino
K	G; T	Keto
S	G; C	starke Interaktionen (3 H Brücken)
W	A; T	schwache Interaktionen (2 H Brücken)
H	A; C; T	ohne G = H
B	G; T; C	ohne A = B
V	G; C; A	ohne T = V
D	G; A; T	ohne C = D
N	G; A; T; C	

bearbeitet und erzeugt werden. Die Namen leiten sich von den Programmen bzw. Programmpaketen ab, für die diese Formate das erste Mal beschrieben wurden.

GCG: Eine kurze Beschreibung der Sequenz wird gefolgt von zwei Punkten, nach dem Zeilenumbruch folgt dann die Sequenz.
Beispiel: lacZ Gen Escherichia coli ..¶
                 ATGGTAGTAGTG (…)

FASTA: In der ersten Zeile folgt nach einem „>" die Beschreibung der Sequenz, in der zweiten Zeile dann die Sequenz.
Beispiel: >lacZ Gen Escherichia coli ¶
                 ATGGTAGTAGTG (…)¶

20.3.3 Anwendungsbeispiele

In den Beispielen konzentrieren wir uns auf die allgemein zugänglichen Werkzeuge in den großen Web-Portalen. Die Portale sind in der Lage, auch komplexe Analysefolgen abzuwickeln, so dass der Wissenschaftler bei Einzelanalysen dort unterstützt wird. Bei Massenanalysen sollten jedoch entweder eigene Umgebungen vorhanden sein oder eine Zusammenarbeit mit Bioinformatik-Arbeitsgruppen angestrebt werden.

20.3.3.1 Datenbankrecherchen mit BLAST

Die Entfernung von Vektoranteilen aus Sequenzen sollte Standard sein. Vor einer Sequenzvergleichsrecherche sollte jedoch sichergestellt werden, dass die Sequenz keine Vektoranteile mehr trägt. Hierzu bietet sich ein Vergleich der Sequenz mit der entsprechenden Vektorsequenz durch *Align* oder einem ähnlichen Programm an. Vektorsequenzen sind entweder über die Internetportale der Vertreiber dieser Vektoren oder durch Auszug aus den biologischen Datenbanken, z.B. über SRS, erhältlich. Verbleiben die Vektoranteile an der Sequenz, so wird ihre *BLAST* Analyse sehr unspezifisch werden.

Der *BLAST*-Algorithmus (Altschul, S.F. *et al.,* 1990) eignet sich auch dafür, große Datenbanken in kurzer Zeit mit der Sequenz zu vergleichen. *BLAST* verwendet hierbei eine lokale Alignierung, d.h. auch konservierte Domänen, wie z.B. der Vektorsequenzanteil, werden angezeigt. Für die Interpretation der Daten ist zu beachten, dass selbst über die gesamte Sequenz reichende Alignierungen in der Regel in mehreren Teilalignierungen dargestellt werden. Sowohl das NCBI (http://www.ncbi.nlm.nih.gov/BLAST/) als auch das EBI stellen entsprechende Portale zur Verfügung.

Beim EBI kann zwischen einer in SRS integrierten Version (http://srs.ebi.ac.uk/), die über das *launch application*-Fenster gestartet wird, oder einer *stand alone*-Version (http://www.ebi.ac.uk/Tools/blast/) gewählt werden.

Der *BLAST*-Algorithmus wurde inzwischen auf sämtliche Kombinationen von biologischen Sequenzdaten hin angepasst. So lassen sich daher ohne weiteres DNA- gegen Proteinsequenzen und auch Protein- gegen DNA-Sequenzen vergleichen. Eine Zusammenfassung gibt Tab. 20–3.

Wichtige Parameter

scoring matrix: Gibt Ähnlichkeiten von Aminosäuren vor und bewertet somit konservierte Austausche; Standard für Proteine ist BLOSUM62. Je größer die Zahl der Matrix desto stringenter ist sie eingestellt, d.h. für sehr weit entfernt verwandte Sequenzen sind Matrizen wie BLOSUM30 oder 40 besser geeignet.

gap open penalty:	Legt den Fehlerwert für die Einfügung eines Platzhalters oder einer Lücke in einem Sequenzvergleich fest. Ein hoher Wert erzwingt einen möglichst lückenlosen Abgleich, ein zu niedriger Wert kann zu sehr zerstückelten und damit zu nicht sehr aussagekräftigen Vergleichen führen. Je näher zwei Sequenzen verwandt sind, desto unerheblicher wird dieser Wert.
gap extension penalty:	Nach Anlage eines Platzhalters wird die Erweiterung der entstehenden Lücke anders bewertet als die Neuentstehung. Dies ermöglicht erst einen Abgleich von Proteinsequenzen mit ausgesprochen konservierten funktionalen Bereichen, die durch sehr unterschiedliche Zwischenregionen getrennt sind. Eine zu hohe Bewertung der Unterschiede bei Wegfall mehrerer Aminosäuren hätte einen Abbruch des Abgleichs zur Folge. Der *gap extension*-Fehlerwert ist daher immer kleiner als der *gap open*-Fehlerwert.
Filter:	Aktiviert die Maskierung der *low complexity*-Regionen. Ein Ausschalten des Filters senkt die Spezifität, daher ist es empfehlenswert, zunächst die Analyse mit Filter durchzuführen und erst danach ohne Filter abzufragen.
Datenbank:	Sehr wichtiger Parameter, da hier die Datenmenge festgelegt wird, gegen die verglichen werden soll. Bitte vor dem Start der Applikation informieren, welche Datenbank die sinnvollsten Ergebnisse liefern kann! Voreingestellt sind in der Regel die vollständigsten Nucleinsäure-(NR, EMBL/Genbank) oder Proteindatenbanken (UniProt).
Ausgabe:	Je nach Suchmaschine werden unterschiedliche grafische bzw. verknüpfungsbasierte Unterstützung gegeben. Die Original-Textausgabe des Programms in einer verkürzten Form ist unten dargestellt.

Zunächst bietet die Ausgabe einen Blick auf alle ähnlichen Sequenzen, die über einem kritischen Schwellenwert liegen; bei den Portalen ist das in der Regel eine fixe Anzahl an Alignierungen, z.B. die besten 50 Treffer gegen die Datenbank. Bewertet werden *BLAST*-Analysen nach dem *score*- und *expectation*-Wert

Tab. 20–3: *BLAST*-Versionen für Homologiesuchen von Protein- oder DNA-Sequenzen in Protein- oder DNA-Sequenzdatenbanken

Programm	Sequenz (Query)	Datenbank (Subject)	Kommentar
BlastN	Nucleinsäure	Nucleinsäure	Generiert große Ausgabedateien aufgrund der umfangreichen Datenbanken; sehr niedrige Spezifität und Sensitivität aufgrund niedriger Komplexität der DNA-Sequenz
BlastP	Aminosäure	Aminosäure	Hohe Spezifität und Sensitivität
BlastX	Nucleinsäure	Aminosäure	Translatiert die Eingabesequenz in allen sechs Leserastern und vergleicht dann gegen die Proteinsequenz-Datenbank. Ergibt deutlich spezifischere Resultate als bei Nutzung der blastN-Option.
TblastN	Aminosäure	Nucleinsäure	Vergleicht die Aminosäuresequenz gegen die in allen sechs Leserastern translatierte Nucleinsäure-DB. Zeitaufwändiger Vergleich für alle, die sichergehen wollen, keinen Treffer zu verpassen, niedrige Spezifität, hohe Sensitivität.
TblastX	Nucleinsäure	Nucleinsäure	Vergleicht alle sechs translatierten Leseraster der Eingabesequenz gegen alle sechs translatierten Leseraster der Nucleinsäuredatenbank, ultimativer Vergleich, der die Rechenkapazität selbst der großen Institute auf eine harte Probe stellt.

(E-Wert). Der *score*-Wert berechnet sich aus dem Verhältnis der identischen zu den nicht identischen Bausteinen, d.h. je höher der *score*-Wert, desto besser die Alignierung. Der E-Wert gibt eine Auskunft darüber, wie hoch die Wahrscheinlichkeit ist, einen solchen Treffer per Zufall in der Datenbank zu landen. Je niedriger der E-Wert ist, desto unwahrscheinlicher ist ein Zufall. Der E-Wert wird in Potenzschreibweise angegeben. Ein Wert von e-161 entspricht also 10^{-161}; 0 wird durch einen rechnerischen Überlauf generiert ($1 \times$ unendlich^{-1}) und stellt den bestmöglichen Wert dar. Alle Alignierungen mit E-Werten größer 0,01 sind mit Vorsicht zu interpretieren, da hier auch ein Zufallstreffer vorliegen kann, d.h. Funktionsvorhersagen lassen sich nicht schlüssig begründen. Zu beachten ist, dass die *query*-Sequenz dem Nutzer gehört, die *subject*-Sequenz aber der Datenbank.

20.3.3.2 Domänen-Strukturanalysen

Nach Abschluss der Datenbankrecherche mit *BLAST* stellt sich zumeist die Frage: Kann ich aufgrund der *BLAST*-Daten alleine schon auf eine Funktion schließen? Da dies nicht der Fall ist, wurden diverse Datenbanken geschaffen, die Informationen über funktionale Domänen der Proteine enthalten. Diese Daten können zur Bestätigung der Funktionsvorhersage aufgrund der *BLAST*-Daten hinzugezogen werden. Wie bereits in Abschn. 20.1.1.3 beschrieben, stehen dazu eine Reihe von Domänendatenbanken wie PROSITE, SMART, PRINTS, PFAM, BLOCKS oder PRODOM zur Verfügung. Die Suche wird aber durch die Inter-Pro-Meta-Datenbank (Apweiler, R. *et al*., 2001) erleichtert, die über die Routine *InterProSearch* (http://www.ebi.ac.uk/interpro/ oder http://srs.ebi.ac.uk/) durchsucht werden kann (Abb. 20–8).

Ausgabe: InterPro-Recherchen werden sowohl graphisch als auch rein textbasierend ausgegeben. Alle untersuchten Domänen-Datenbanken sind durch ihr Kürzel repräsentiert. Durch Umschalten auf die Textansicht können den jeweiligen getroffenen Domänen entsprechende Positionen zugeordnet werden. Durch Vergleich der Domänenzusammensetzung zwischen der Sequenz und den Treffern aus der *DLAST*-Analyse auf Zusammensetzung und/oder Reihenfolge der Domänen kann eine wesentlich verbesserte Vorhersage der Funktion/en des Proteins bzw. Gens durchgeführt werden.

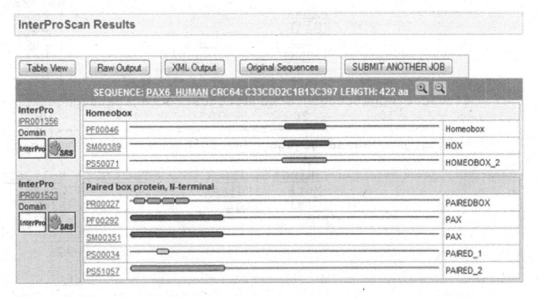

Abb. 20–8: Graphische Repräsentierung eines *InterProScans* (http://www.ebi.ac.uk/interpro/)

20.3.3.3 Restriktionsanalyse als Basis der Klonierung

Für eine Restriktionsanalyse bieten sich folgende Programme an:
EMBOSS: *remap, restrictionmap, showseqn*

Wichtige Parameter

Start bzw End:	definiert die Grenzen der Analyse auf der Sequenz
overhang:	5', 3' oder *blunt end*
Minimum bzw Maximum:	Anzahl der minimalen und maximalen Schnittstellen für ein Enzym; für *single cutter* also Min=0; Max=1
bases in recognition side:	Länge der Erkennungsstelle, d.h. 4–8
Circular:	bei Plasmidsequenzen kann hier die Analyse des Übergangs zwischen Ende und Anfang der Sequenz erzwungen werden

Zusätzlich besteht bei diesen Programmen die Möglichkeit, alle sechs Leseraster anzeigen zu lassen. Zumeist kann auch eine tabellarische Liste der Schnittstellen und Fragmentgrößen ausgegeben werden (Abb. 20-9). In einigen Fällen gibt es hierzu Spezialprogramme.

20.3.3.4 Auswahl von PCR-Primern

Eine Auswahl kurzer Oligonucleotide gehört in das Standardrepertoire eines jeden molekularbiologischen Labors. Die gängigsten Anwendungen sind hier Sequenzierung und PCR (Polymerase Kettenreaktion, Kap. 4).

```
                                                          AluI
                                                          CviJI
                                                          Ecl136I
       Hin6I                                              | SetI
       |GlaI                                              | SduI
       |MstI                  BsmI                         | SacI
       ||HhaI                 | Hin4I                      | HgiAI
       |||      TaqI          |  |  DdeI   TspGWI          | HgiJI
       \\\                    \  \  \                      \ \
attcacactccgtttttgcgcactcgattggcattcttagtgatttgagctccgt
         10        20        30        40        50
----:----|----:----|----:----|----:----|----:----|----:
taagtgtgaggcaaaaacgcgtgagctaaccgtaagaatcactaaactcgaggca
         ///       / //              /            / /
       ||Hin6I    | |BsmI          TspGWI    | Ecl136I
       |MstI      | Hin4I          DdeI      | CviJI
       |GlaI      TaqI                       | AluI
       HhaI                                  HgiJII
                                             HgiAI
                                             SacI
                                             SduI
                                             SetI
```

Abb. 20-9: Ergebnis einer Restriktionsanalyse

Bei der Auswahl der Oligonucleotide bietet sich folgendes Programm an: EMBOSS: *eprimer3*
Für *in vitro* Mutagenese kann z.B. auch ein Werkzeug wie *PrimerX* bei http://www.bioinformatics.org/
genutzt werden.

Wichtige Parameter

start bzw. *end*:	definiert die Grenzen der Analyse auf der Sequenz
target region:	legt die zu amplifizierende Region fest
excluded region:	verhindert, dass Primer in diese Region gelegt werden
product size ranges:	legt die Produktgröße fest, muss größer als die zu amplifizierende Region sein
primer size:	eine Faustregel ist 18–22 Basen für Sequenzierung und 23–27 Basen für PCR
melting temp.:	für die Sequenzierung 50–55 °C; PCR 60–65 °C
GC *content*:	am besten ausgeglichen (40–60 %)

Ergebnis:

```
EMBOSS explorer

OUTPUT FILE  outfile

  # EPRIMER3 RESULTS FOR raw::/geninf/prog/www/htdocs/tools/emboss/output/213520/.sequence

  #                         Start  Len   Tm     GC%   Sequence

    1 PRODUCT SIZE: 199
      FORWARD PRIMER        305    20   59.72  60.00   CTCCAACACCCAGGTACCAG

      REVERSE PRIMER        484    20   60.13  45.00   TCGTCAGCAGCAATTCTTTG
```

Abb. 20-10: Ausgabe des EMBOSS Programms *eprimer3*

20.3.3.5 Vergleich zweier Sequenzen (*align, dotplot*)

Bei diesen so genannten *pairwise alignments* ist zu beachten, dass zwischen lokalen und globalen Vergleichen unterschieden wird. Ein globaler Sequenzvergleich versucht, die zwei Sequenzen in ihrer gesamten Länge anzupassen, während ein lokaler Vergleich nur die besten Teile anzeigt. Hierzu verwendbar sind am EBI *align* oder EMBOSS *needle* (http://www.ebi.ac.uk/Tools/emboss/align/) oder für eine Dotplot Analyse *dotmatcher* (EMBOSS Werkzeug z.B. über den SRS Sever des EBI). Der Vorteil der Dotplot Methode ist, dass direkte oder invertierte Wiederholungen sofort erkennbar sind und sich als Diagonalen in der Matrix des Dotplots abbilden.

Wichtige Parameter

scoring matrix:	Gibt Ähnlichkeiten von Aminosäuren vor und bewertet somit konservierte Austausche, Standard für Proteine ist BLOSUM62.
gap open penalty:	Legt den Fehlerwert für die Einfügung eines Platzhalters oder Lücke in einem Sequenzvergleich fest. Ein hoher Wert erzwingt einen möglichst lückenlosen Abgleich, ein zu niedriger Wert kann zu sehr zerstückelten und damit nicht sehr aussagekräftigen Vergleichen führen. Je näher zwei Sequenzen verwandt sind, desto unerheblicher wird dieser Wert.

```
CAA36327.1        1 ---MMNLRGFISLYKKQFKEEKFFFMAKIKFNNNDIRSISTVQIGSTDPL    47
                    ::|        ::.....:.:.|.|..|.....|...|::..:.|.||...
CAA72340.1      101 YNTLLN-----NITSTHMEGKLFHFTFKHSMYGNVYSSVQILTIDSTFTA   145

CAA36327.1       48 EVLR------LLEAITSIYMHT-----HTGISEAVSEPFEYELFSLGDGL    86
                    ::|.      :.:.:..|.|    .|.:....|..:..:.|
CAA72340.1      146 DLLEKIMTADMKDLMERYLMETDDDDLKTSVEIKITSTKDYEPVMGSEYL   195
```

Abb. 20-11: Ausgabe des EMBOSS Programms needle

gap extension penalty:	Nach Anlage eines Platzhalters wird die Erweiterung der entstehenden Lücke anders bewertet als die Neuentstehung. Dies ermöglicht erst einen Abgleich von Proteinsequenzen mit ausgesprochen konservierten funktionalen Bereichen, die durch sehr unterschiedliche Zwischenregionen getrennt sind. Eine zu hohe Bewertung der Unterschiede bei Wegfall mehrerer Aminosäuren hätte einen Abbruch des Abgleichs zur Folge. Der *gap extension*-Fehlerwert ist daher immer kleiner als der *gap open*-Fehlerwert.

Ergebnis

Identische Aminosäuren werden mit dem Symbol„:" bewertet, konservierte Austausche mit einem „." (Abb. 20–11). Bei anderen Programmen sind auch Kombinationen wie „|" und „:"möglich. *Gaps* werden entweder mit einem „–" oder „." bzw. „*" angezeigt. Zusätzlich wird immer eine Angabe zur relativen Identität vorgenommen und ein *score*-Wert vergeben.

Bei DNA-Sequenzvergleichen kann auf die Matrix verzichtet werden, sodass hier nur die beiden GAP-Fehlerwerte gesetzt werden müssen. In vielen Fällen kann auch die mehr grafisch ausgelegte *dotplot*-Analyse wertvolle Informationen über zwei oder auch nur eine Sequenz beitragen. Während einer solchen Analyse werden die zu vergleichenden Sequenzen in 2–10 Nucleotide lange „Worte" zerlegt und dann in einer zweidimensionalen Matrix verglichen. Ein Dotplot vergleicht daher jede Position n auf der x-Achsensequenz mit jeder Position m einer y-Achsensequenz.

20.3.3.6   Vergleich mehrerer Sequenzen untereinander mit CLUSTALW

Bei multiplen Sequenzvergleichen ist die *scoring*-Matrix von noch größerem Einfluss als bei dem Vergleich zweier Sequenzen. Das Standardprogramm für diese Fragestellung ist *CLUSTALW*. Multiple Sequenzvergleiche werden auch als Vorstufe für die Erstellung phylogenetischer Stammbäume verwendet, die Auswahl an einstellbaren Parametern ist daher entsprechend groß. Im Normalfall empfiehlt sich die Übernahme der Standardparameter. Die Erstellung phylogenetischer Abstammungsbäume ist mit den heutigen Rechnern zwar kein Problem mehr, die Interpretation der Ergebnisse und das Aufsetzen der Datensätze sollte man aber erfahrenen Nutzern überlassen (Thompson, J.D. *et al.*, 1994).

Wichtige Parameter

Da *CLUSTALW* auf paarweisen Sequenzvergleichen beruht, werden hier die gleichen Standardparameter gesetzt wie schon unter Abschn. 20.3.3.5. Hinzu kommen noch Angaben für die multiplen Abgleiche, die jedoch der gleichen Logik unterliegen.

Ausgabe

In der Standardeinstellung fasst *CLUSTALW* wie im Beispiel ersichtlich in multiplen Alignierungen Aminosäuren nach Ähnlichkeiten zusammen (Abb. 20–12).

```
P33541    FNPIFLDATCSGVQHFAAMLLDLELGKYVNLIN----SGESVN--DFYSQLIPAIN----    513    RPOP_NEUI
O03685    FNPIFLDATCSGVQHFAAMLLDLELGKYVNLIN----SGESVN--DFYSQLIPAIN----    533    RPOP_GELS
P33540    HLPILMDATCNGLQHLSAMVNDFVLAEKVNLLK----STENDNPRDLYSEVIPHIK----    591    RPOP_NEUC
P33539    SNPILFDASCSGIQHIAALTLEKELASNVNLYT----DSSNPK--EDYPQDFYTYA----    777    RPOP_AGAB
Q01521    YLPIQMDATCNGFQHLSLLSLDSNLSKELNLSE----STWDDVPKDFYTFLVVCFIDYLK    649    RPOP_PODA
P05472    NKIIVGKCLYLALRHQVDDKVQFRNGGNIDIVTKQPVSGRKRSGGLRFGQMERDILIGLG    642    RPOL_KLUL
P74918    KVKSLITPNRPIARTIKANPIAVKLWELIGLLVGDGNWGGQSNWAKYYVGLSCGLDKAEI    1079   DPOL_THEF
```

Abb. 20-12: CLUSTALW basierter multipler Proteinsequenzvergleich

20.3.3.7 Bestimmung der offenen Leseraster in einer Sequenz

Die Vorhersage von Genen aus genomischen Sequenzen ist zumindest für die Eukaryoten sehr komplex. Hier machen alternative Spleißstellen und Spleißvarianten, diverse benutze Polyadenylierungssignale und zusätzlich noch alternative Start-Codons den Entwicklern von ORF-*predicting programs* (ORF, *open reading frame*) das Leben schwer. Eine Liste der erhältlichen Programme findet sich im Anhang. Bei eukaryotischen Genomen sollte man sich nicht auf ein *gene prediction*-Werkzeug allein verlassen, sondern mehrere verwenden und den Synergieeffekt ausnutzen. Ein Beispiel für eine solche Zusammenstellung ist das Metagene-Projekt der *Rat-Genome-Database*.

Für bakterielle Genome und cDNAs vereinfacht sich die Vorhersage, da zumindest die Spleißderivate und PolyA-Signale wegfallen. Ein Leseraster kann hier klassisch von Start- bis Stopp-Codon repräsentiert werden. Da jedoch das Codon ATG nicht ausschließlich als Startsignal gewertet wird, sondern auch andere Signale zulässig sind, sollte eine umfassende Analyse zur Sicherheit immer von Stopp zu Stopp laufen. Hier ist unbedingt die abweichende Benutzung von Codons bei einigen Organismen und mitochondrialen Genomen zu beachten. Daher stellen alle Programme *codon usage tables* zur Verfügung. Die Tabellen können z.B. über http://www.ebi.ac.uk/cgi-bin/mutations/trtables.cgi erfragt werden. Die Qualität der Gen vorhersagenden Programme ist inzwischen so hoch, dass nicht nur ORFs vorhergesagt werden, sondern auch eine Wahrscheinlichkeit für die Benutzung dieses Rasters ermittelt wird. Ein Auswahlkriterium sind hier z.B. Dinucleotidfrequenzen, die sich zwischen Genen und ORFs unterscheiden. Beschrieben wird hier die einfachste Form, die Translation aller sechs möglichen Leseraster. Verwendet werden kann z.B. das Werkzeug *transeq*, welches die korrespondierenden Proteinsequenzen in fasta Format wiedergibt, oder *remap* bzw. *showseqN*, welche alle sechs Raster translatieren und gleichzeitig dazu die Restriktionsschnittstellen anzeigen.

Wichtige Parameter

translation table:	In der Translationstabelle ist die *codon usage* abgelegt, d.h. hier ist jedem Codon ein Satzzeichen oder eine Aminosäure zugewiesen (s.o.).
frame to translate:	Legt das Leseraster auf der DNA fest, welches übersetzt werden soll. In der Regel sind die Raster 1–3 auf dem Plusstrang, die Raster 4–6 auf dem Minusstrang, F steht für die *forward*-Raster (1–3), R für *reverse* (4–6) und *all* bzw. *six* erfasst alle Raster.
Ausgabe:	Die Ausgabe ist je nach Programm völlig unterschiedlich. Es werden entweder die translatierten Sequenzen im FASTA-Format als Text gezeigt oder eine grafische Repräsentation mit Anzeige der Start- und Stopp-Codons. Im NCBI-Interface kann direkt aus der grafischen Ansicht heraus eine ORF-spezifische Datenbankrecherche gestartet werden.

20.3.3.8   Analyse repetitiver Sequenzen

Repetitive Sequenzen stellen bei Datenbank-Recherchen die Aussagekraft der getroffenen Einträge häufig in Frage. Daher ist es immer von Vorteil, bei Standardapplikation wie *BLAST* die Option *filter sequences* auf „*on*" zu setzten. Je nach Einbindung des BLAST-Algorithmus kann zwischen reinen *low complexity*-Filtern und/oder *repeat*-Filtern unterschieden werden. Unabhängig davon stehen eine Reihe von Werkzeugen zur Verfügung, die *repeat*-Analysen durchführen. Hierbei unterscheidet man zwischen sequenzinternen repetitiven Elementen (direkte (*tandem*) oder invertierte Sequenzduplikationen) und externen repetitiven Elementen. Zu den externen Elementen zählt man die Regionen niedriger Komplexität, also Regionen, die z.B. aus Wiederholungen eines Sequenzmotivs bestehen (Oligo(AC)), sowie Elemente, die aufgrund ihrer Häufigkeit in den Datenbanken als repetitive Sequenzen erkannt wurden. Dies sind in der Regel Sequenzen, die sich evolutionär auf Transposons, Retrotransposons, Insertionselemente sowie Retroviren zurückführen lassen.

Interne *repeats*
EMBOSS: *etandem, einverted*
Externe *repeats*
http://www.repeatmasker.org/.

Wichtige Parameter

masking:	Ist der Befehl *masking* aktiviert, so werden in der eingegebenen Sequenz alle Bereiche, die vom Programm als Regionen niedriger Komplexität oder repetitivem Charakter erkannt wurden, maskiert, indem für jede Base ein „×" eingefügt wird.
Ausgabe:	Eine Sequenz im FASTA-Format und ein Report über die erkannten repetitiven Elemente und Regionen niedriger Komplexität.

20.3.4 Genomanalyse

Der Fortschritt in der Sequenzierungs- und Assemblytechnik hat sich nicht nur auf die Anzahl und Qualität der Sequenzen in den Datenbanken ausgewirkt, sondern stellt eine wachsende Anzahl kompletter genomischer Sequenzen (Genome) und der davon abgeleiteten vorhergesagten Proteine (Proteome) zur Verfügung. Das Vorliegen der gesamten genomischen Information eines Organismus erlaubt es, andere Werkzeuge zur Vorhersage der Funktion seiner Gene einzusetzen.

20.3.4.1   Orthologie

Die klassische Ableitung einer Funktion aufgrund der Sequenzinformation beruht auf dem Grundsatz der Homologie, d.h. die Sequenzeähnlichkeit zwischen einem unbekannten Protein A und dem Protein B mit bekannter Funktion. Die Ähnlichkeit wird als Kriterium verwendet, auch Protein A diese Funktion zuzuweisen. Ungenauigkeiten treten hier immer dann auf, wenn die Sequenzen phylogenetisch weit voneinander entfernt sind oder eine neue Funktion beschrieben wird. Die vollständige genomische Sequenz erlaubt es nun ein weiteres Kriterium heranzuziehen, die Orthologie. Orthologe Gene bzw. Proteine sind solche, die bei einer Homologieanalyse zweier vollständiger Genome bzw. Proteome wechselseitig als beste Treffer gefunden werden. Man spricht hier auch von orthologen Paaren. Bündelt man die Orthologieinformationen mehrerer Genome über eine *cluster*-Analyse so erhält man *cluster* orthologer Gruppen (COG), die mit sehr hoher Wahrscheinlichkeit die gleiche Funktion haben. Das gilt auch, wenn der Grad der Homologie zwischen den einzelnen Sequenzen nicht sehr hoch ist. Datenbanken der Orthologieinformationen werden am NCBI (http://www.ncbi.nlm.nih.gov/COG/) bereitgehalten. Das System erlaubt auch Fremdsequenzen gegen die bestehenden COGs abzugleichen. Hierbei ist zu berücksichtigen, dass in diesem Fall nur Homologieinformationen als Resultat zurückgegeben werden, diese allerdings gegen Sequenzen gleicher Funktion.

20.3.4.2 Genomanalyse

Die Anzahl vollständig sequenzierter und assemblierter genomischer Sequenzen steigt stark an. 900 Genome sind bereits vollständig sequenziert worden (Sommer 2010, Tab. 20–4). Die Varianz der Komplexität dieser Genome ist sehr unterschiedlich, von einer „handvoll" Gene und Transkripte bei den kleinen viralen Genomen bis zu den 10 tausenden Genen bei Eukaryonten. Aktuell sind z.B. beim menschlichen Genom 530.906 verschiedene Exone identifiziert, die sich wiederum auf 142.707 Transkripte abbilden und auf 22.286 Gene zurückführen lassen (ENSEMBL 57.37b). Um dieser Datenflut Herr zu werden, wurden die Genindices entwickelt. Basis ist hier eine konsequente genzentrische Sicht auf ein Genom. Der bekannteste Index eukaryontischer Genome in Europa ist die ENSEMBL-Datenbank, für Prokaryonten die *Comprehensive Microbial Resource* (CMR) am J.Craig Venter Institite (JCVI).

Genindex

Ein wichtiges Werkzeug der bioinformatischen Auswertung ganzer Genome sind die Gen-Indices. In einem Genindex wie z.B. der ENSEMBL-Datenbank werden alle Informationen auf Genebene zusammengezogen (Abb. 20–13).

Die Erstellung eines Gen-Indexes ist ein sehr rechenaufwändiges Verfahren, welches im Augenblick daher nur durch die beiden großen Institute der öffentlichen Hand, dem EBI und dem NCBI, in regelmäßigen Intervallen durchgeführt wird. Der Genindex des EBI findet sich in den ENSEMBL-Datenbanken wieder (http://www.ensembl.org), der des NCBI in den dortigen Genomdatenbanken (http://www.ncbi.nih.gov/ Genomes/). Ziel eines Gen-Indexes ist es, zu einem Gen die Exone und Introne, die hieraus gespleißten Transkripte und daraus übersetzten Proteine abzuleiten und so einen eindeutigen Zusammenhang zwischen diesen drei Objekten herzustellen (Abb. 20-13). Der Vorteil für den Nutzer liegt darin, dass er sofort von einem Protein auf das Transkript und auf das Gen schließen kann. Zur Erstellung eines Genindexes wird in der Regel zweigleisig vorgegangen. Zum einen wird ausgehend von der genomischen Sequenz eine Vorhersage der potenziellen Gene betrieben. Zum anderen werden die bekannten Protein- und cDNA-Sequenzen gegen die genomische Sequenz verglichen und daraus die entsprechenden Loci berechnet. Als zusätzliche Information werden danach die 3'- und 5'-EST-Sequenzen herangezogen und ebenfalls in die Kartierung

Tab. 20–4: Anzahl der zum Stand Sommer 2010 sequenzierten oder in Arbeit befindlichen genomischen Sequenzen

	fertiggestellt	in Bearbeitung
Eukaryoten	39	569
Bacteria	852	1115
Archaea	78	37
Viren	2537	
Plastide	193	
Mitochondrien	2108	

Quellen: http://www.ncbi.nlm.nih.gov/genomes/static/gpstat.html;
http://www.ncbi.nlm.nih.gov/genomes/GenomesHome.cgi?taxid=10239&hopt=stat;
http://www.ncbi.nlm.nih.gov/genomes/GenomesHome.cgi?taxid=2759&hopt=stat&opt=organelle;

eingebracht. Dies kann auch unter Einbeziehung eines Transkriptindexes wie der UniGene Datenbank (http://www.ncbi.nlm.nih.gov/UniGene) erfolgen, bei dem ja schon die Abgleiche auf Transkriptebene erfolgt sind. Bei ausreichender Rechenkapazität http://www.ncbi.nlm.nih.gov/UniGene wird jedoch immer der volle Abgleich gefahren und die Daten des Transkriptindexes zur Verifizierung eingesetzt. Ähnlich wird ein Proteinindex wie z.B. die UniProt Datenbank eingesetzt (http://www.uniprot.org/). In der ENSEMBL-Datenbank werden die Typen schon in der Bezeichnung unterschieden. Die Bezeichnung ENSxxxGNummer bezeichnet eindeutig ein Gen, wobei die „xxx" für den Organismus stehen. Aus historischen Gründen hat das menschliche Genom kein Organismuskürzel erhalten. ENSxxxTNummer und ENSxxxPNummer bezeichnen die Transkripte und Proteine des entsprechenden Gens. Aus der Nummerierung der Gene, Transkripte und Proteine lässt sich kein Zusammenhang ableiten, dieser wird in der Datenbank gehalten und kann sich z.B. zwischen den einzelnen Releases ändern. Die Bezeichnung bleibt jedoch immer erhalten, sodass externe Referenzen, wie z.B. in Publikationen oder anderen Datenbanken stets valide bleiben.

Genmodell

Aufgrund der Vorhersagen und der Sequenzabgleiche lässt sich nun ein Genmodell erstellen. Unter einem Genmodell versteht man die Nutzung der einzelnen Exone eines Gens auf Transkript- und Protein-Ebene. Dargestellt wird dies entweder in einem speziellen Viewer, z.B. den Model Maker am NCBI oder im Genome Browser z.B. im ENSEMBL-Genome Browser. Die Darstellung entspricht einer schematischen Übersicht eines multiplen alignments und gibt dem Betrachter die Information, welches Exon sich in welcher Ausprägung in den Transkriptions- bzw. Translationsprodukten wiederfindet. Die für den experimentellen Ansatz wichtigen Exon/Intron-Übergänge werden entweder direkt im Viewer als Sequenz angezeigt oder in einer separaten Sicht, z.B. im ENSEMBL-Gene_Summary (Abb. 20–14), oder auch im ENSEMBL-Splice-Variants vermittelt.

Gendatenblatt

Das ENSEMBL-Datenbankprojekt stellt dem Nutzer eine Vielzahl von Informationen in strukturierter Form als Datenblatt zur Verfügung (Abb. 20–15). Diese Datenblätter gibt es für alle Sequenzobjekte vom

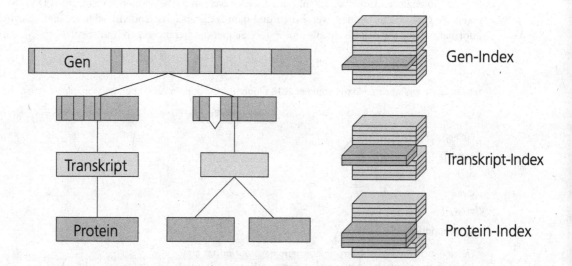

Abb. 20-13: Zusammenhang zwischen den verschiedenen bioinformatischen Indices

20

Gen bis zum Protein. Sie enthalten eine Zusammenstellung aller sinnvoll zum jeweiligen Datenobjekt passenden Informationen. Da im Gendatenblatt (*gene summary*) ein Gesamtüberblick erzeugt wird, bietet es in der Regel den passenden Einstieg. Neben den üblichen Informationen zur ID, der Lage im Genom, dem Gennamen und der Funktionsvorhersage, bekommt man direkt einen Überblick über die anhängenden Transkripte und Proteine, die orthologen Gene in anderen ENSEMBL-Organismen, Referenzen in anderen Sequenzdatenbanken, die Einstufungen in der Genontologie sowie über die Zugehörigkeit zu Proteinfamilien und deren Proteindomän-Informationen.

Genome-Browser

Genomische Daten erschließen sich dem Betrachter entweder durch die Sammlung der entsprechenden Datenblätter, d.h. als klassischer Sequenzdatenbank im Stil der EMBL- oder Genbank-Datenbank, oder in graphischer Art und Weise über Genome-Browser. Hier wird ausgenutzt, dass mit der genomischen Sequenz Nachbarschaften von Genen deutlich gemacht werden können und damit ein Genom linear erschlossen werden kann. Der Einstieg in die Analyse der Genome kann daher über eine Datenbankrecherche und dem Gendatenblatt starten oder mit einer Region und deren Betrachtung im Browser (Abb. 20–16). Der ENSEMBL-Genome-Browser verfügt über unterschiedlich detaillierte Sichten. So wird im *Gene Summary View* der genomische Lokus dargestellt, im *Splice Variant View* die unterschiedlichen Spleißvarianten mit ihren jeweils annotierten konservierten Motiven. Im *Gene Tree View* sind die homologen Gene der andern ENSEMBL Organismen in einem Abgleich zueinander graphisch dargestellt. In der Variationsübersicht werden alle bekannten Variationen der beschriebenen Transkripte inklusive Polymorphismen (SNPs), Deletionen und Insertionen gelistet und kurz beschrieben.

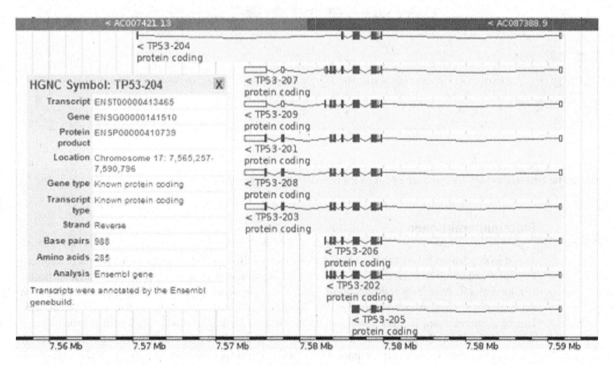

Abb. 20-14: Genmodell des human Tumorsuppressorgens p53 als Auszug aus ENSEMBL

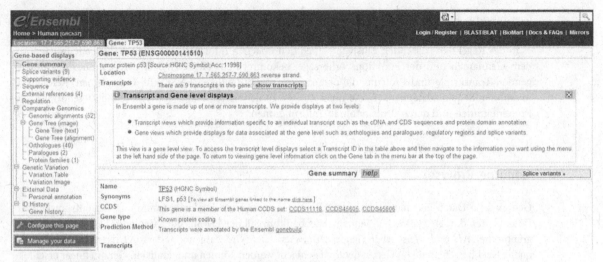

Abb. 20-15: ENSEMBL Gene Summary am Beispiel des humanen Tumorsuppressorgens p53

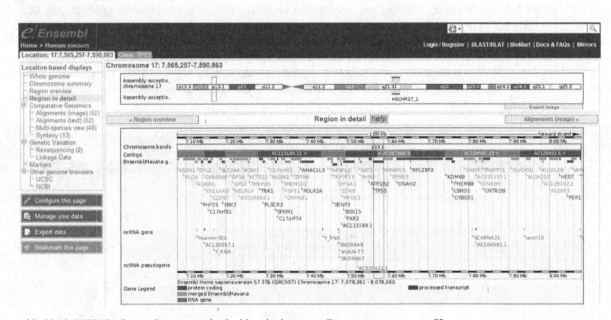

Abb. 20-16: ENSEMBL Genom Browser an der Position des humanen Tumorsuppressorgens p53

Proteininteraktionen

In den letzten Jahren haben sich die Möglichkeiten zur Analyse von Interaktionen und Wechselwirkungen erheblich weiterentwickelt, sodass mit Hilfe von Massenanalysen inzwischen sehr viele Daten vorliegen. Die hierbei z.B. über *Two-Hybrid-Screens* erkannten Wechselwirkungen werden in den Datenbanken bei den entsprechenden Proteinen aufgelistet. Zusätzlich gibt es jedoch auch Ansätze, diese Wechselwirkungen vorherzusagen. Das EBI bietet hierzu über das Werkzeug STRING (http://string.embl.de/) eine solche Methode an. Eingabe ist hier entweder eine Datenbank-ID oder eine Proteinsequenz im FASTA Format. Die Ausgabe unterstützt graphisch die Auswertung eines Interaktionsnetzwerks und erlaubt somit erste Vorhersagen, die dann jedoch experimentell belegt werden sollten.

20.4 Anhang

Tab. 20–5: Kurzbeschreibung nützlicher Bioinformatik-Internetadressen (diese Auswahl ist keine Wertung und stellt nur einen ersten Anfangspunkt für weitere Recherchen dar)

Name	Kurzbeschreibung	URL
Forschungseinrichtungen		
CMBI (Centre for Molecular and Biomolecular Informatics)	Bioinformatik-Services incl. Online-Training und Forschungsprogrammen	http://www.cmbi.kun.nl/bioinf/index.shtml
SANBI (South African National Bioinformatics Institute	Schwerpunkte: Genomanalyse, Computational Biology, EST *clustering;*	http://www.sanbi.ac.za/
SIB (Swiss Institute of Bioinformatics)	*bioinformatics research* und *services,* EXPASY (Expert Protein Analysis System)	http://www.isb-sib.ch/
Weizmann-Institut	Genome and *Bioinformatics; tools* für Molekularbiologie und Genomanalyse, GeneCards	http://bioinfo.weizmann.ac.il/bioinfo.html
Workbenches		
NCBI	*tools bioinformatics research*	http://www.ncbi.nlm.nih.gov/Tools/index.html
EMBL	EBI *tools home*	http://www.ebi.ac.uk/Tools/index.html
San Diego Supercomputer Center	*biology* WorkBench 3.2	http://biowb.sdsc.edu/CGI/BW.cgi
EMBOSS	EMBOSS-Program-Paket	http://www.emboss.org/
CMS	*Molecular Biology Resource:*	http://www.unl.edu/stc-95/ResTools/cmshp.html
ORF-Vorhersage		
NCBI	ORF-Vorhersage in allen sechs Leserastern	http://www.ncbi.nlm.nih.gov/gorf/gorf.html
ORNL	prokaryotische ORF-Vorhersage mittels Generation	http://compbio.ornl.gov/generation/
TIGR	prokaryotische ORF-Vorhersage mittels Glimmer	http://www.tigr.org/tdb/glimmerm/glmr_form.html
RGD	eukaryotische ORF-Vorhersage mittels MetaGene (Zusammenstellung unterschiedlicher Programme)	http://rgd.mcw.edu/METAGENE/
MIT	eukaryotische ORF-Vorhersage mittels GenScan	http://genes.mit.edu/GENSCAN.html
ORNL	eukaryotische ORF-Vorhersage mittels GrailEXP	http://grail.lsd.ornl.gov/grailexp/
BDGP	eukaryotische ORF-Vorhersage mittels Genie	http://www.fruitfly.org/seq_tools/genie.html
ITBA	eukaryotische ORF-Vorhersage mittels WebGene	http://www.itba.mi.cnr.it/webgene/
CBS	eukaryotische ORF-Vorhersage mittels HMMgene	http://www.cbs.dtu.dk/services/HMMgene/
Sanger Center	eukaryotische ORF- & Promoter-Vorhersage mittels FGenes	http://genomic.sanger.ac.uk/gf/gf.shtml
Homologiesuchverfahren		
NCBI	BLAST	http://www.ncbi.nlm.nih.gov/BLAST/
EBI	WU-Blast2	http://www.ebi.ac.uk/blast2/
EBI	NCBI-BLAST2	http://www.ebi.ac.uk/blastall/
EBI	Mpsearch – Smith Waterman	http://www.ebi.ac.uk/MPsrch/
EBI	Bic_SW Smith Waterman	http://www.ebi.ac.uk/bic_sw/
EBI	Afasta3	http://www.ebi.ac.uk/fasta33/
EBI	Fasta3	http://www.ebi.ac.uk/fasta33/genomes.html
***multiple-sequence-aligment*-Verfahren**		
EBI	Clustalw	http://www.ebi.ac.uk/clustalw/
3D-Molekülstruktur-Betrachter		
SwissPro	PDB-Viewer	http://www.expasy.ch/spdbv/ http://www.expasy.ch/spdbv/

Tab. 20–5: Fortsetzung

Name Forschungseinrichtungen	Kurzbeschreibung	URL
WhatIf am CMBI	WhatIF, komplettes *molecular-modelling*-Program	http://www.cmbi.kun.nl/whatif/
SYBYL von Tripos	SYBYL, komplettes *molecular-modelling*-Program	http://www.tripos.com/
InsightII von Accelrys	InsightII, komplettes *molecular-modelling*-Program	http://www.accelrys.com/insight/
CHIME von MDL	3D-Molekülstruktur-Betrachter	http://www.mdlchime.com/chime/
Promoter Analysen NIH	Promoter-Scan	http://bimas.dcrt.nih.gov/molbio/proscan/index.html
Genomatix	Promoter-Inspector	http://genomatix.gsf.de/products/PromoterInspector.html
Wellcome Trust & Univ. Oxford Center for Genomics and Bioinformatics Karolinska Institutet, Schweden	Promoter-Scan ConSite	http://zeon.well.ox.ac.uk/git-bin/proscan http://forkhead.cgr.ki.se/cgi-bin/consite
Andere WashU	*repeatmasker*	http://repeatmasker.genome.washington.edu/cgi-bin/RepeatMasker
Wellcome Trust & Univ. Oxford	Primer3 – Primerdesign	http://zeon.well.ox.ac.uk/git-bin/primer3_www.cgi
WashU	tRNAscan	http://www.genetics.wustl.edu/eddy/tRNAscan-SE/
Genom-Projekte TIGR CMR	*comprehensive microbial resource*	http://www.tigr.org/tigr-scripts/CMR2/CMRHomePage.spl
LISTERIA	Listeria *genome sequencing project*	http://www.lionbioscience.com/solutions/genomescout/listeria
Stanford U. SGD	*Saccharomyces cerevisiae: Saccharomyces genome database*	http://genome-www.stanford.edu/Saccharomyces/
IMB Jena	*Dictyostelium discoideum: genome analysis*	http://genome.imb-jena.de/dictyostelium/
The Jackson Laboratory	Mus musculus: *mouse genome informatics*	http://www.informatics.jax.org/
RGD Rat Genome Database	*Rattus norvegicus: rat genome database*	http://rgd.mcw.edu/
FlyBase	*Drosophila melanogaster: FlyBase*	http://flybase.bio.indiana.edu/
TAIR (The Arabidopsis Information Resource)	*Arabidopsis thaliana: the Arabidopsis information resource*	http://www.arabidopsis.org/
WDB (WormBase)	*Caenorhabditis elegans: WormBase*	http://www.wormbase.org/
MRC HGMP-RC: The Fugu Genomics Project	*Fugu rubripes: Fugu genomics project*	http://fugu.hgmp.mrc.ac.uk/
Neurospora Genome Project University of New Mexico	*Neurospora crassa: the Neurospora genome project (NGP)*	http://biology.unm.edu/biology/ngp/home.html
ENSEMBLE	*Homo sapiens: ensembl genome server*	http://www.ensembl.org/
UCSC Human Genome Project Working Draft	*Home sapiens: golden path database*	http://genome.ucsc.edu/
NCBI The Human Genome	*Homo sapiens: the human genome – NCBI online information resource*	http://www.ncbi.nlm.nih.gov/genome/guide/human/
PlasmoDB	*Plasmodium falciparum: the Plasmodium genome resource*	http://plasmodb.org/
RGP (Rice Genome Research Program)	*Oryzae sativa*	http://rgp.dna.affrc.go.jp/

Literatur

Altschul, S.F., Gish, W., Miller, W., Myers, E.W. Lipman, D.J. (1990). Basic Local Alignment Search Tool. J Mol Biol 215(3), 403–410.

Apweiler, R., Attwood, T.K., Bairoch, A., Bateman, A., Birney, E., Biswas, M., Bucher, P., Cerutti, L., Corpet, F., Croning, M.D., Durbin, R., Falquet, L., Fleischmann, W., Gouzy, J., Hermjakob, H., Hulo, N., Jonassen, I., Kahn, D., Kanapin, A., Karavidopoulou, Y., Lopez, R., Marx, B., Mulder, N.J., Oinn, T.M., Pagni, M., Servant, F. The InterPro Database, an Integrated Documentation Resource for Protein Families, Domains and Functional Sites. (2001) Nucleic. Acids. Res. 29 (1):37–40.

Attwood, T., Parry-Smith, D. (1999): Introduction to Bioinformatics, Addison Wesley.

Bairoch, A., Apweiler, R. The SWISS-PROT Protein Sequence Database and its Supplement TrEMBL in 2000. (2000) Nucleic. Acids. Res. 28 (1):45–48.

Baldi, P., Brunak, S. (1998): Bioinformatics. The Machine Learning Approach. Massachusetts Institute of Technology.

Baxevanis, A.D., Ouellette, B.F.F. (2001): Bioinformatics: A Practical Guide to the Analysis of Genes and Proteins, John Wiley & Sons.

Etzold T., Ulyanov A., Argos P., (1996): SRS: Information Retrieval System for Molecular Biology Data Banks, Methods Enzymol. Vol. 266, 114.

Hollstein, M., Sidransky, D., Vogelstein, B., Harris, C.C. (1991): p53 Mutations in Human Cancers. Science. 253, 5 015:49–53.

Mount, D.W. (2001): Bioinformatics: Sequence and Genome Analysis, Cold Spring Harbour Laboratory Press.

Pearson (1990), Rapid and Sensitive Sequence Comparison with FASTP and FASTA, Methods Enzymol. Vol. 183:63–98.

Rashidi, H.H., Bühler, L.K. (2001): Grundriss der Bioinformatik: Anwendungen in den Biowissenschaften und in der Medizin. Spektrum Akademischer Verlag.

Selzer, P.M., Marhöfer, R.J., und Rower, A.(2008): Applied Bioinformatics: An Introduction, Springer Verlag.

Smith, T.F., Waterman, M.S. (1981). Identification of common molecular subsequences. J Mol Biol 147(1), 195–197.

Stoesser, G., Baker, W., van Den Broek, A. et al. (2002): The EMBL Nucleotide Sequence Database, Nucleic Acids Res 30 (1).21–26.

Thompson, J.D., Higgins, D.G, Gibson, T.J. (1994): CLUSTALW. Improving the Sensitivity of Progressive Multiple Sequence Alignment through Sequence Weighting, Position-Specific Gap Penalties and Weight Matrix Choice. Nucleic Acids Res 22(22), 4 673–4 680.

Anhang 1 Sequenzierung von DNA

(Carolina Río Bártulos, Hella Tappe)

Zur Bestimmung der Basensequenz von DNA existieren unterschiedliche Verfahren. Die ersten routinemäßigen Sequenzierungen erfolgten nach der Methode von A.M. Maxam und W. Gilbert (Maxam und Gilbert, 1977, 1980). Sie erfordert die Präparation relativ großer Mengen an DNA (>100 µg). Anschließend erfolgt die radioaktive Endmarkierung von DNA-Fragmenten einer Länge bis maximal 400 Nucleotiden mit ^{32}P, basenspezifische Modifikationen sowie die Spaltung der DNA. Abschließend werden die Reaktionsprodukte im Polyacrylamidgel aufgetrennt und das Gel nach Autoradiographie ausgewertet. Dieses relativ aufwändige und in seiner Anwendbarkeit ziemlich limitierte Verfahren wird allerdings heute nur noch in Ausnahmefällen benutzt. Inzwischen ist das DNA-Sequenzierungsverfahren nach F. Sanger (Sanger *et al.*, 1977) etabliert. Hierfür werden sehr viel geringere DNA-Mengen benötigt (im Falle der Zyklussequenzierung nur wenige ng). Die Durchführung ist wesentlich schneller und anstelle des ^{32}P kann zur radioaktiven Markierung ^{33}P oder ^{35}S eingesetzt werden. Alternativ dazu kann ganz auf den Einsatz von Radioaktivität verzichtet werden. Die Markierung der DNA erfolgt dann mit Fluoreszenzfarbstoffen. Nicht zuletzt deswegen eignet sich das Verfahren hervorragend zur Automatisierung. Dies hat inzwischen zur Entwicklung spezieller Sequenzierautomaten und zur Etablierung einer Reihe von Dienstleistungsunternehmen geführt, die das Sequenzieren von DNA im Kundenauftrag kommerziell anbieten.

Die DNA-Sequenzierung nach Sanger *et al.* (1977) wird auch als Kettenabbruch- oder Didesoxynucleotidverfahren bezeichnet. Es handelt sich um eine enzymatische Methode, bei der die zu analysierende DNA als Matrize für die Synthese neuer DNA-Fragmente mithilfe einer DNA-Polymerase dient. Die DNA wird zuerst in eine einzelsträngige Form überführt. Diese Matrizen-DNA wird mit einem Oligonucleotid, dem Sequenzierprimer, hybridisiert. Ausgehend von diesem Primer erfolgt die Synthese des zur Matrize komplementären Stranges. Abhängig von den an das System gestellten Anforderungen (Schnelligkeit, Sensitivität, Genauigkeit, Thermostabilität) können dabei verschiedene, speziell für die DNA-Sequenzierung optimierte DNA-Polymerasen eingesetzt werden. Das Prinzip der Sequenzierreaktion ist dabei aber in jedem Fall identisch.

Die DNA-Synthese wird parallel in vier Mikroreaktionsgefäßen durchgeführt. Jedes Gefäß enthält Matrizen-DNA, Primer, Enzym, alle vier 2'-Desoxynucleotidtriphosphate (dNTPs) und zusätzlich jeweils ein 2',3'-Didesoxynucleotidtriphosphat (ddNTPs: ddATP, ddCTP, ddGTP oder ddTTP). In jedem der vier Reaktionsansätze laufen nun gleichzeitig zahlreiche Primerverlängerungen ab. Das Enzym akzeptiert dabei sowohl die dNTPs als auch das jeweilige ddNTP als Substrat zur Kettenverlängerung. Wird ein ddNTP eingebaut, stoppt die Reaktion danach (Kettenabbruch), denn aufgrund der fehlenden 3'-Hydroxygruppe kann kein weiteres Nucleotid angefügt werden. Man erhält damit in jedem der vier Reaktionsansätze eine Mischung an DNA-Fragmenten unterschiedlichster Kettenlängen. Das 5'-Ende eines jeden Fragments wird vom Sequenzierprimer gebildet, während das 3'-Ende aus dem für jeden Reaktionsansatz spezifischen Didesoxynucleotid besteht.

Zur späteren Analyse wird jeder neu synthetisierte DNA-Strang entweder radioaktiv oder mit einem Fluoreszenzfarbstoff markiert. Dies geschieht entweder durch Derivatisierung des Sequenzierprimers mit einem Radionuclid bzw. einem Farbstoffmolekül (Fluoreszenzmarker) oder durch Einbau des entsprechenden Markers in die wachsende DNA-Kette. Zur Erzeugung radioaktiv markierter DNA-Fragmente wird i.a. eine dNTP-Mischung für die Synthese verwendet, bei der dATP oder dCTP an der α-Phosphatgruppe ein Radionuclid (^{32}P, ^{33}P, ^{35}S) trägt. Die Syntheseprodukte werden dann in einem Polyacrylamidgel nach ihrer Größe aufgetrennt und mithilfe der Autoradiographie sichtbar gemacht. Durch Auftragen der vier Reaktionsansätze nebeneinander kann dem Bandenmuster die fortlaufende Nucleotidsequenz zugeordnet werden (Abb. A1–1). Neben der Primer-Derivatisierung besteht die gebräuchlichste Methode darin, mit Hilfe von Fluorophor markierten ddNTPs eine Fluoreszenzmarkierung in den neu synthetisierten Strang einzubringen. Die Reaktionsprodukte können analog zu den radioaktiven Markierungsansätzen in vier nebeneinander liegenden Spuren im Polyacrylamidgel aufgetrennt und detektiert werden. Das Gel wird dazu nach der Elektrophorese mit einem fluoreszenzempfindlichen Scanner abgetastet. Bei der Verwendung spezieller Sequenzierautomaten erfolgt die

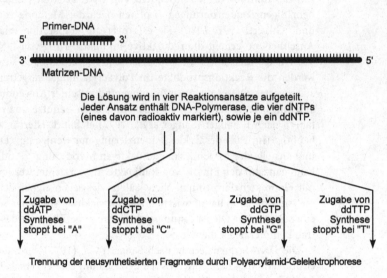

Die Lösung wird in vier Reaktionsansätze aufgeteilt. Jeder Ansatz enthält DNA-Polymerase, die vier dNTPs (eines davon radioaktiv markiert), sowie je ein ddNTP.

Zugabe von ddATP Synthese stoppt bei "A"

Zugabe von ddCTP Synthese stoppt bei "C"

Zugabe von ddGTP Synthese stoppt bei "G"

Zugabe von ddTTP Synthese stoppt bei "T"

Trennung der neusynthetisierten Fragmente durch Polyacrylamid-Gelelektrophorese

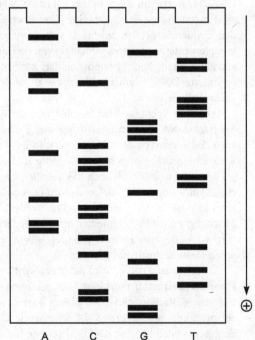

Abb. A1–1: Schema zur Sequenzierung von DNA nach Sanger.

Die Sequenz des zur Matrizen-DNA komplementären Stranges läßt sich aus diesem Gel direkt ablesen:

5'...GGCCTGTGCTCAACCAGTTCCACGGGTTTACATTGCA...3'

Detektion der Syntheseprodukte während der Elektrophorese jeweils an einer definierten Position jeder Spur mit einem Laseranregungs- und Detektionssystem.

Da mittlerweile Reagenzien zur Verfügung stehen, die es erlauben, jedes der vier ddNTPs mit einem unterschiedlichen Fluorophor markiert in die Synthese einzusetzen, kann die Sequenzierreaktion auch in einem einzigen Reaktionsgefäß durchgeführt und das Reaktionsprodukt nach Auftrennen in nur einer Gelspur mit einem auf die vier Farbstoffe adaptierten laseroptischen System detektiert werden.

A1.1 Vorüberlegungen

Die richtige Auswahl des Primers ist für das Gelingen der Sequenzierreaktion von entscheidender Bedeutung. Als Sequenzierprimer dient ein Oligonucleotid, das mit der einzelsträngigen Matrizen-DNA hybridisiert und an dessen 3'-Ende die Synthese des komplementären Stranges beginnt. Eine Reihe von Sequenzierprimern sind kommerziell erhältlich. Sie wurden speziell für die Sequenzierung von Insertionen in häufig verwendeten Vektoren (pUC, M13-DNA, Plasmide mit T7-, T3- oder SP6-Promotor) entwickelt. Anbieter von Expressionsvektoren liefern oft die dazu passenden Sequenzierprimer.

Oligonucleotidsynthesen im Kundenauftrag werden von einer Vielzahl kommerzieller Firmen, aber auch relativ preisgünstig an vielen Hochschulen bzw. Instituten angeboten (Kontaktadressen im Internet). Prinzipiell ist es möglich, jedes Oligonucleotid als Sequenzierprimer einzusetzen, solange es folgende Bedingungen erfüllt:

- Hybridisierung mit der Matrize an nur einer Position. Falls ein DNA-Insert in einem Plasmid analysiert wird, sollte die Plasmidsequenz auf weitere mögliche Hybridisierungspositionen hin untersucht werden. Ein Oligonucleotid, das eine zusätzliche Hybridisierung mit mehr als ca. 65 % Basenpaarungen erlaubt, ist als Primer ungeeignet. Vor allem das 3'-Ende sollte an keiner anderen Stelle hybridisieren.
- Das 3'-Ende des Primers sollte ca. 20–40 Nucleotide vor Beginn des zu sequenzierenden Bereichs liegen (5'-stromaufwärts).
- Die optimale Länge des Primers liegt bei 20–25 Nucleotiden, der GC-Gehalt sollte 50–55 % betragen, die Schmelztemperatur Tm 55–65 °C. Längere Oligonucleotide, eventuell mit geringerem GC-Gehalt, können verwendet werden, solange ihre Spezifität gewährleistet ist.
- Oligonucleotide, die innerhalb einer Polylinkerregion, eines *inverted repeats* oder einer repetitiven Sequenz hybridisieren, sind als Sequenzierprimer ungeeignet.

Mit einem Primer kann immer nur ein Strang sequenziert werden. Zur Sequenzierung des entsprechenden Gegenstrangs muss entweder die Orientierung der Insertion geändert oder ein zweiter Primer, der hinter der Insertion an den komplementären Strang hybridisiert, eingesetzt werden. Beispielsweise hybridisieren die für die Analyse einer Insertion im Polylinker von pUC-Plasmiden geeigneten käuflichen Oligonucleotide an unterschiedlichen Positionen des *lacZ*-Gens zu beiden Seiten des Polylinkers.

Zur Sequenzierung einer cDNA oder in Verbindung mit der Oligonucleotid gerichteten Mutagenese bietet sich das System des Einzelstrang-Phagen M13 an. Die Präparation der DNA in guten Ausbeuten und ausreichender Reinheit ist einfach (Kap. 3). Außerdem entfällt die Denaturierung des Doppelstrangs und somit die Konkurrenzreaktion der Renaturierung bei der Hybridisierung des Primers. Der Nachteil des Systems liegt darin, dass viele Insertionen in M13 nicht stabil sind und der Aufwand einer Umklonierung oft hoch ist. Die Sequenzierung mit M13 kann nur von einem Strang (Plusstrang) erfolgen. Zur Sequenzierung des Gegenstranges muss immer umkloniert und beide Insertorientierungen müssen mit demselben Primer sequenziert werden.

Eine weitere Möglichkeit zur direkten Gewinnung einzelsträngiger DNA bieten Phagemide: Plasmide, welche zusätzlich den Replikationsursprung eines filamentösen Phagen, z.B. M13, enthalten. Durch Cotransfektion der Bakterienzelle mit Phagemiden und Helferphagen kann wie bei M13 einzelsträngige DNA gewonnen werden.

Der Erfolg der Sequenzierung hängt wesentlich von der Reinheit der DNA ab. Die enzymatische Reaktion wird schon durch geringe Verunreinigungen (Phenol, PEG, Fremdprotein, einige Salze, Alkohol) empfindlich gestört. Dies kann zu niedrigen Syntheseraten oder unspezifischem Einbau führen. Herkömmliche Aufreinigungsmethoden wie die Isolierung von Plasmiden mit der Minipräparation (Abschn. 3.2) sind für die heute gängigen automatisierten Sequenzierungsverfahren ausreichend. Bei geringen DNA-Mengen kann zur Aufreinigung auch eine Sperminpräzipitation (Abschn. A1.2.1) erfolgreich sein. DNA, die über PCR amplifiziert wurde (Kap. 4), sollte ebenfalls einem Reinigungsschritt unterzogen werden (Abschn. 1.8).

A1.2 Vorbereitung der DNA zur Sequenzierreaktion

Doppelsträngige DNA muss durch Inkubation bei 100 °C oder durch alkalische Denaturierung in die einzelsträngige Form überführt werden. Soll ein Plasmid hitzedenaturiert werden, muss es zuerst mit einem Restriktionsenzym linearisiert und danach durch Phenolextraktion (Abschn. 1.6) und Sperminpräzipitation (Abschn. A1.2.1) gereinigt werden. Aufgrund des relativ hohen Aufwands wird im Falle von zirkulärer Plasmid-DNA eine alkalische Denaturierung durchgeführt (Chen und Seeburg, 1985). Eine typische Vorschrift zur alkalischen Denaturierung von Plasmid-DNA ist hier vorgestellt.

Materialien

- 3–5 µg (ca. 0,5 pMol) zirkuläre Plasmid-DNA
- 2 M NaOH
- 3 M NaOAc, pH 5–5,2
- Ethanol, 96 % (v/v) und 70 % (v/v)

Durchführung

- 3–5 µg (ca. 0,5 pMol) Plasmid-DNA in einem Volumen von 30–300 µl in einem 1,5 ml-Reaktionsgefäß vorlegen
- 1/10 Volumen 2 N NaOH zugeben, mischen und 15 min bei 37 °C inkubieren
- 1/10 Volumen 3 M NaOAc, pH 5–5,2, 3 Volumina 96 % (v/v) Ethanol zugeben, mischen und zur Präzipitation der DNA mindestens 1 h bei –20 °C oder 10 min bei –70 °C inkubieren
- 15 min bei maximaler Geschwindigkeit in der Tischzentrifuge zentrifugieren und den Überstand verwerfen, das DNA-Präzipitat mit 1 ml 70 % (v/v) Ethanol waschen, zentrifugieren und Überstand verwerfen
- DNA-Präzipitat kurz trocknen (5 min Vakuumzentrifuge (Speed-Vac) oder Trockenschrank bei 60 °C)
- denaturierte Plasmid-DNA direkt in der Sequenzierung einsetzen.

A1.2.1 Sperminpräzipitation

Eine Abwandlung des folgenden Protokolls ist in Abschnitt 2.5.1 zu finden.

Materialien

- zu reinigende DNA-Lösung
- 0,1 M Sperminlösung (Sigma Aldrich)

- Extraktionspuffer: 75 % (v/v) Ethanol, 0,3 M Natriumacetat, 10 mM Magnesiumacetat
- 70 % (v/v) Ethanol

Durchführung

- Zur DNA-Lösung (maximal 1 ml in 1,5 ml-Reaktionsgefäß) 1/9 Volumen 0,1 M Spermin zugeben, mischen und mindestens 1 h in Eis inkubieren
- 20 min bei maximaler Geschwindigekeit in der Tischzentrifuge zentrifugieren
- Überstand vorsichtig abheben, nicht kippen, das Präzipitat ist oft nicht sichtbar!
- Sediment in 1 ml Extraktionspuffer suspendieren, kräftig schütteln, inkubieren wie zuvor
- erneut zentrifugieren (siehe oben), dann den Überstand vorsichtig abheben
- mit 70 % (v/v) Ethanol waschen, erneute Zentrifugation und den Überstand vorsichtig abheben
- das erhaltene Sediment kurz im Vakuum trocknen.

A1.3 Sequenzierreaktion

Für die Synthese des neuen DNA-Strangs in der Sequenzierreaktion stehen verschiedene Enzyme zur Auswahl. Neben dem Klenow-Fragment der *E. coli*-DNA-Polymerase I (Sanger *et al.*, 1977) können auch Reverse Transkriptasen unterschiedlicher Herkunft oder thermostabile DNA-Polymerasen eingesetzt werden (Innis *et al.*, 1988, Sears *et al.*, 1992). Das häufig benutzte Enzym Sequenase ist eine modifizierte T7-DNA-Polymerase, die neben hoher Umsatzgeschwindigkeit sehr geringe 3'-5'-Exonucleaseaktivität aufweist (Tabor und Richardson, 1987, Fuller, 1989). Für jedes Enzym müssen die Reaktionsbedingungen optimiert werden (Menge von Plasmid-DNA, Desoxy- und Didesoxynucleotiden, Verhältnis der Komponenten). Aus diesem Grund empfiehlt sich die Verwendung so genannter Sequenzierkits, die von verschiedenen Herstellern angeboten werden. Selbstverständlich können die Enzyme, Desoxy- und Didesoxynucleotide sowie alle weiteren benötigten Reagenzien auch einzeln erworben werden.

A1.3.1 Basisprotokoll

Die folgende Vorschrift ist ein Basisprotokoll (Tabor und Richardson, 1987, Fuller, 1989) zur Sequenzierung mit Sequenase (Sequenase™ 2.0 DNA-Polymerase, USB). Es verwendet [α^{35}S]-dATP in der Synthesereaktion, um eine radioaktive Markierung einzuführen. Bei der Reaktion mit Sequenase™ gliedert sich die DNA-Synthese in zwei Schritte: Die Markierungsreaktion (*labeling step*) in Gegenwart limitierender Konzentrationen an dNTPs dient dazu, den neuen DNA-Strang vom Primer ausgehend zu verlängern und die radioaktive Markierung einzubauen. Die entstehenden Produkte variieren in der Länge von wenigen bis zu mehreren hundert Nucleotiden. Im zweiten Schritt, der Kettenabbruchreaktion (*termination step*), wird die Konzentration der dNTPs erhöht und zusätzlich ein ddNTP zugesetzt. Die Synthese setzt sich fort, bis alle wachsenden Ketten durch Einbau eines ddNTPs terminiert sind (Maxam und Gilbert, 1980). Bei Verwendung eines Sequenzierkits (z.B. Sequenase™ Version 2.0 DNA Sequencing Kit, USB) sollte das Protokoll des Herstellers befolgt werden.

Materialien

- Einzelsträngige DNA: ca. 1 µg M13- oder Phagemid-DNA bzw. 3–5 µg denaturierte Plasmid-DNA (als Ergebnis von A1.2)
- Sequenzierprimer: 1–2 pMol × µl^{-1} in H$_2$O
- 5 × Sequenasepuffer: 200 mM Tris-HCl, pH 7,5, 250 mM NaCl, 100 mM MgCl$_2$, 25 mM DTT

- [α³⁵S]-dATP (spezifische Aktivität 500–1.000 Ci × mmol⁻¹, 10 mCi × ml⁻¹); alternativ: [α³³P]-dATP (spezifische Aktivität 1.000 Ci × mmol⁻¹, 10 mCi × ml⁻¹)
- Sequenase™: die benötigte Enzymmenge unmittelbar vor der Markierungsreaktion in eiskaltem Verdünnungspuffer auf eine Endkonzentration von 1 U × µl⁻¹ verdünnen; **Wichtig:** Die Sequenasestammlösung sollte niemals Temperaturen über −20 °C ausgesetzt sein, also Verdünnung am besten direkt am Gefrierschrank ansetzen!
- dNTP-Mix (*labeling-mix*): 1,5 µM dCTP, 1,5 µM dGTP, 1,5 µM dTTP
- ddA-Terminationsmix: 8 µM ddATP, 80 µM dATP, 80 µM dCTP, 80 µM dGTP, 80 µM dTTP, 50 mM NaCl
- ddC-Terminationsmix: 8 µM ddCTP, 80 µM dATP, 80 µM dCTP, 80 µM dGTP, 80 µM dTTP, 50 mM NaCl
- ddG-Terminationsmix: 8 µM ddGTP, 80 µM dATP, 80 µM dCTP, 80 µM dGTP, 80 µM dTTP, 50 mM NaCl
- ddT-Terminationsmix: 8 µM ddTTP, 80 µM dATP, 80 µM dCTP, 80 µM dGTP, 80 µM dTTP, 50 mM NaCl
- Stopplösung: 95 % Formamid (v/v), 20 mM EDTA, 0,05 % Bromphenolblau (v/v), 0,05 % Xylencyanol (v/v)
- optional: 0,1 M MnCl$_2$
- optional: 0,15 M Natriumisocitrat
- optional: Verlängerungsmix (*extending-mix*): 180 µM dATP, 180 µM dCTP, 180 µM dGTP, 180 µM dTTP, 50 mM NaCl

Durchführung

Hybridisieren (annealing) von Matrize und Primer:
- 3–5 µg denaturierte Plasmid-DNA (Abschn. A1.2) in 7 µl H$_2$O lösen bzw. 1 µg einzelsträngige M13- oder Phagemid-DNA in einem Gesamtvolumen von 7 µl in einem 1,5 ml-Reaktionsgefäß vorlegen
- 2 µl 5 × Sequenasepuffer und 1 µl Primer (1–2 pMol) zugeben, Mischung für 2 min bei 65 °C inkubieren und langsam (30 min) auf Raumtemperatur abkühlen lassen
- danach kann der Ansatz bis zur Durchführung der Markierungsreaktion für maximal 2 h auf Eis gelagert werden; während der Hybridisierung von Matrize und Primer die Reaktionsgefäße für die Kettenabbruchreaktion vorbereiten.

Markierungsreaktion (labeling step)
- Hybridisierte Matrize/Primer-Mischung (10 µl) kurz zentrifugieren, um Kondensat zu sammeln
- Zugabe (in dieser Reihenfolge) von 2 µl dNTP-Mix, 0,5–1 µl [α³⁵S]-dATP bzw. [α³³P]-dATP und 2 µl Sequenaselösung, durch Pipettieren mischen (Luftblasen vermeiden) und 5 min bei Raumtemperatur inkubieren.

Kettenabbruchreaktion (termination step)
- Zur Kettenabbruchreaktion während der Hybridisierung von Matrize und Primer vier 0,5 ml- oder 1,5 ml-Reaktionsgefäße mit A, C, G und T beschriften und jeweils 2,5 µl des entsprechenden Terminationsmixes vorlegen. Die Gefäße bis zur Verwendung bei RT lagern und unmittelbar vor Ablauf der Markierungsreaktion für 1 min bei 37 °C inkubieren
- nach Ablauf der Markierungsreaktion in jedes der vier vorbereiteten Mikroreaktionsgefäße jeweils 3,5 µl des Markierungsansatzes geben, durch Pipettieren mischen und für 5–10 min bei 37 °C inkubieren.
- in jedes der vier Reaktionsgefäße 4 µl Stopplösung geben und mischen, die Proben auf Eis lagern (wenn die Gelelektrophorese am selben Tag erfolgt) oder bei −20 °C. Proben, die mit ³⁵S markiert sind, können bis zu zwei Wochen gelagert werden.

Allgemeine Hinweise zur Durchführung der Sequenzierreaktion

- Beim Arbeiten mit $[\alpha^{35}S]$-dATP bzw. $[\alpha^{33}P]$-dATP die Bestimmungen für den Umgang mit Radioaktivität einhalten und entsprechende Schutzkleidung tragen!
- Werden mehrere Sequenzierreaktionen parallel angesetzt, muss die Zugabe von Reagenzien zu den einzelnen Ansätzen immer in der gleichen Reihenfolge geschehen; damit bleiben die Reaktionszeiten in allen Ansätzen in etwa gleich.
- Um Sequenzinformation möglichst nahe am Primer zu erhalten, sollte die DNA-Synthese bevorzugt kurze Fragmente liefern. Dies kann durch eine Verringerung der dNTP-Konzentrationen während der Markierungsreaktion (z.B. 1,0 oder 0,5 µM) und/oder durch Zusatz von Mn^{2+} zum Reaktionsansatz erreicht werden. In Gegenwart von Mn^{2+} werden die ddNTPs gegenüber den dNTPs bevorzugt von der Sequenase™ eingebaut, sodass die Kettenabbrüche früher erfolgen (Tabor und Richardson, 1989). Unmittelbar vor der Zugabe von Sequenase™ werden 1 µl 0,1 M $MnCl_2$ und 0,15 M Natriumisocitrat direkt zum Markierungsreaktionsansatz gegeben.
- Um Sequenzbereiche lesen zu können, die 300 Nucleotide vom Primer entfernt sind, kann analog dazu die dNTP-Konzentration in der Markierungsreaktion auf bis zu 7,5 µM erhöht werden.
- In diesem Fall sollte auch die Konzentration des radioaktiven dATP erhöht werden, d.h. es werden 1–2 µl $[\alpha^{35}S]$-dATP oder $[\alpha^{33}P]$-dATP in den Markierungsansatz gegeben. Alternativ dazu kann in der Kettenabbruchreaktion der jeweilige Terminationsmix ersetzt werden durch eine Mischung aus 1–2 µl Terminationsmix plus 1,5–0,5 µl Verlängerungsmix (Gesamtvolumen der Mischung immer 2,5 µl).

A1.3.2 Alternativprotokoll: Sequenzierung in 96 Well-Platten

Alternativ zur Verwendung von Reaktionsgefäßen können die Kettenabbruchreaktionen auch in den Kavitäten spezieller 96 Well-Platten (Mikrotiterplatten) durchgeführt werden (Zeitgewinn, verringerte Kontaminationsgefahr). Das Fassungsvermögen der einzelnen Kavitäten von 96 Well-Platten ist unterschiedlich (25–250 µl). Bei kleinen Platten muss besonders vorsichtig pipettiert und gemischt werden.

Materialien

Zusätzlich zu den im Basisprotokoll (Abschn. A1.3.1) angegebenen Materialien werden benötigt:
- 96 Well-Platten mit Deckel
- Heizblock oder Thermocycler für 96 Well-Platten

Durchführung

- Hybridisierung und Markierungsreaktion erfolgen wie im Basisprotokoll, Heizblock auf 37 °C vorheizen
- für die Kettenabbruchreaktionen eine 96 Well-Platte vorbereiten: jeweils eine Reihe Kavitäten am oberen Plattenrand mit A, C, G, und T beschriften; 2,5 µl des jeweiligen Terminationsmixes in die Kavitäten vorlegen; unmittelbar vor Ablauf der Markierungsreaktion 96 Well-Platte für ca. 1 min auf Heizblock anwärmen
- jeweils 3,5 µl Markierungsansatz in jede der Kavitäten geben und durch vorsichtiges Pipettieren mischen
- 96 Well-Platte 5–10 min bei 37 °C auf dem Heizblock inkubieren
- in jede Kavität 4 µl Stopplösung geben und vorsichtig mischen, 96 Well-Platte mit Deckel verschließen
- die 96 Well-Platten können bei –20 °C gelagert werden, dabei müssen die Platten vollkommen flach stehen, um ein Vermischen der Ansätze in den verschiedenen Kavitäten zu vermeiden während der Reaktionen in der 96 Well-Platte tritt ein gewisser Verlust an Flüssigkeit durch Verdunstung auf, es verbleibt aber auf jeden Fall genügend Lösung für bis zu drei Gelelektrophorese-Ansätze.

A1.3.3 Alternativprotokoll: Sequenzierung mit dem Klenow-Fragment der *E. coli*-DNA-Polymerase I

In diesem Protokoll (Sanger, 1977) setzt sich die Sequenzierreaktion ebenfalls aus zwei Schritten zusammen, die sich aber prinzipiell von denen im Basisprotokoll unterscheiden. Der erste Reaktionsschritt wird bei limitierenden dNTP-Konzentrationen und in Gegenwart von jeweils einem ddNTP durchgeführt. Dabei wird der an die Matrize hybridisierte Sequenzierprimer verlängert und eine radioaktive Markierung eingebaut, bis die Synthese durch Einbau eines ddNTPs beendet wird. In einem zweiten Reaktionsschritt (*chase reaction*) wird durch Zugabe von hohen Konzentrationen an dNTPs erreicht, dass alle neu synthetisierten DNA-Fragmente, die nicht durch den Einbau eines ddNTPs terminiert wurden, bis in den hochmolekularen Bereich verlängert werden. Sie können bei der nachfolgenden Gelelektrophorese nicht mehr aufgelöst werden. Bei der Sequenzierung mit dem Klenow-Fragment der *E. coli*-DNA-Polymerase I sollte ein Enzym verwendet werden, bei dem die 5'-3'- und die 3'-5'-Exonucleaseaktivitäten fehlen.

Materialien

- Einzelsträngige DNA: ca. 1 µg M13- oder Phagemid-DNA bzw. 3–5 µg denaturierte Plasmid-DNA (Abschn. A1.2)
- Sequenzierprimer: 1–2 pMol × ml^{-1} in H$_2$O
- 10 × Klenow–Puffer: 70 mM Tris-HCl, pH 7,5, 70 mM MgCl$_2$, 300 mM NaCl, 100 mM DTT, 1 mM EDTA
- [α^{35}S]-dATP (spezifische Aktivität 500–1.000 Ci × mmol^{-1}, 10 mCi × ml^{-1}); alternativ: [α^{33}P]-dATP (spezifische Aktivität 1.000 Ci × mmol^{-1}, 10 mCi × ml^{-1})
- Klenow-Fragment: Klenow-Fragment der *E. coli*-DNA-Polymerase I, Exonuclease Minus (z.B. Promega; Stratagene) unmittelbar vor der Sequenzierung in eiskaltem Klenow-Puffer auf eine Endkonzentration von 2 U × µl^{-1} verdünnt
- Klenow-Mix A: 100 µM ddATP, 100 µM dCTP, 100 µM dGTP, 100 µM dTTP
- Klenow-Mix C: 100 µM ddCTP, 10 µM dCTP, 100 µM dGTP, 100 µM dTTP
- Klenow-Mix G: 120 µM ddGTP, 100 µM dCTP, 5 µM dGTP, 100 µM dTTP
- Klenow-Mix T: 500 µM ddTTP, 100 µM dCTP, 100 µM dGTP, 5 µM dTTP
- dNTP-Chase-Mix: 125 µM dATP, 125 µM dCTP, 125 µM dGTP, 125 µM dTTP
- Stopplösung: 95 % Formamid (v/v), 10 mM NaOH, 0,05 % Bromphenolblau (v/v), 0,05 % Xylencyanol (v/v)

Durchführung

Hybridisieren (annealing) von Matrize und Primer

- 3–5 µg denaturierte Plasmid-DNA (Abschn. A1.2) in 7,5 µl H$_2$O lösen bzw. 1 µg einzelsträngige M13- oder Phagemid-DNA in einem Gesamtvolumen von 7,5 µl in einem 1,5 ml-Reaktionsgefäß vorlegen
- 1,5 µl 10 × Klenow-Puffer und 1 µl Primer (1–2 pMol) zugeben, Mischung für 2 min bei 65 °C inkubieren und langsam, über 30 min, auf Raumtemperatur abkühlen lassen; während der Hybridisierung von Matrize und Primer die Mikroreaktionsgefäße für die Sequenzierreaktion vorbereiten.

Sequenzierreaktion

- Vier 0,5 ml- oder 1,5 ml-Reaktionsgefäße mit A, C, G, T beschriften und 2 µl des jeweiligen Klenow-Mixes vorlegen
- hybridisierte Matrize/Primer-Mischung kurz zentrifugieren, um Kondensat zu sammeln, dann 2 µl [α^{35}S]-dATP oder [α^{33}P]-dATP und 1 µl Klenow-Fragment zugeben und durch Pipettieren mischen.
- jeweils 2,5 µl dieser Mischung in jedes der A-, C-, G-, T-Reaktionsgefäße geben, mischen und 10 min bei 37 °C oder 20 min bei Raumtemperatur inkubieren.

Chase-Reaktion

- In jedes Reaktionsgefäß 2 µl dNTP-Chase-Mix geben, mischen und Inkubation für 10–20 min fortsetzen
- 4 µl Stopplösung zugeben. Proben, die mit ^{35}S markiert sind, können bis zu zwei Wochen bei –20 °C gelagert werden.

A1.3.4 Alternativprotokoll: Sequenzierung mit thermostabilen DNA-Polymerasen

Die Verwendung von thermostabilen DNA-Polymerasen ist sinnvoll, wenn die Matrizen-DNA Sekundärstrukturen bildet, die bei der Elongationsreaktion der Sequenase™ Probleme machen. Die Reaktionen können bei höheren Temperaturen durchgeführt werden, bei denen Sekundärstrukturen destabilisiert sind. Dazu werden DNA-Polymerasen aus thermophilen Organismen, wie z.B. Taq-DNA-Polymerase aus *Thermus aquaticus* (Innis *et al.*, 1988), Vent DNA-Polymerase aus *Thermococcus litoralis* (Sears *et al.*, 1992), Pfu DNA-Polymerase aus *Pyrococcus furiosus* (Stratagene), Bca DNA-Polymerase aus *Bacillus caldotenax*, oder gentechnisch modifizierte, thermostabile DNA-Polymerasen (z.B. SequiTherm EXCEL™ II DNA-Polymerase, Epicentre) eingesetzt. Da diese Polymerasen, im Gegensatz zur Sequenase™, dNTPs gegenüber ddNTPs stark bevorzugen, müssen bei der Sequenzierung höhere ddNTP-Konzentrationen im Terminationsmix eingesetzt werden. Im folgenden Protokoll sind die Reaktionsbedingungen für Taq-DNA-Polymerase und Vent DNA-Polymerase angegeben; für andere thermostabile Polymerasen empfiehlt es sich, auf die fertigen Reaktionsmischungen und die Arbeitsprotokolle der Enzymhersteller zurückzugreifen.

Materialien für die Sequenzierung mit Taq-DNA-Polymerase

Zusätzlich zu den im Basisprotokoll (Abschn. A1.3.1) angegebenen Materialien werden benötigt:

- 5 × Taq-Sequenzierungspuffer: 250 mM Tris-HCl, pH 9, 75 mM MgCl$_2$
- Taq-DNA-Polymerase (z.B. AmpliTaq DNA-Polymerase, Applied Biosystems; Reader Taq DNA-Polymerase, MBI Fermentas; Takara Taq DNA-Polymerase, Panvera; Taq DNA-Polymerase Sequencing Grade, Promega; Taq2000 DNA-Polymerase, Stratagene): die benötigte Enzymmenge unmittelbar vor der Markierungsreaktion in eiskaltem Taq-Sequenzierungspuffer auf eine Konzentration von 1–2 U × µl^{-1} verdünnen
- ddA-Terminationsmix für Taq: 120 µM ddATP, 80 µM dATP, 80 µM dCTP, 80 µM dGTP, 80 µM dTTP
- ddC-Terminationsmix für Taq: 55 µM ddCTP, 80 µM dATP, 80 µM dCTP, 80 µM dGTP, 80 µM dTTP
- ddG-Terminationsmix für Taq: 16 µM ddGTP, 80 µM dATP, 80 µM dCTP, 80 µM dGTP, 80 µM dTTP
- ddT-Terminationsmix für Taq: 100 µM ddTTP, 80 µM dATP, 80 µM dCTP, 80 µM dGTP, 80 µM dTTP

Materialien für die Sequenzierung mit Vent DNA-Polymerase

Zusätzlich zu den im Basisprotokoll angegebenen Materialien werden benötigt:

- 5 × Vent-Sequenzierungspuffer: 100 mM Tris-HCl, pH 8,8, 50 mM KCl, 50 mM (NH$_4$)$_2$SO$_4$, 25 mM MgSO$_4$
- Vent DNA-Polymerase (z.B. VentR*(exo-)DNA Polymerase, NEB): die benötigte Enzymmenge unmittelbar vor der Markierungsreaktion in eiskaltem Vent-Sequenzierungspuffer auf eine Konzentration von 1–2 E × µl^{-1} verdünnen
- Vent-dNTP-Mix (*labeling-mix*): 25 µM dATP, 25 µM dCTP, 25 µM dGTP, 25 µM dTTP
- ddA-Terminationsmix für Vent: 900 µM ddATP, 30 µM dATP, 100 µM dCTP, 100 µM dGTP, 100 µM dTTP in Vent-Sequenzierungspuffer
- ddC-Terminationsmix für Vent: 480 µM ddCTP, 30 µM dATP, 37 µM dCTP, 100 µM dGTP, 100 µM dTTP in Vent-Sequenzierungspuffer
- ddG-Terminationsmix für Vent: 400 µM ddGTP, 30 µM dATP, 100 µM dCTP, 37 µM dGTP, 100 µM dTTP in Vent-Sequenzierungspuffer

- ddT-Terminationsmix für Vent: 720 µM ddTTP, 30 µM dATP, 100 µM dCTP, 100 µM dGTP, 33 µM dTTP in Vent-Sequenzierungspuffer

Durchführung

Die Durchführung entspricht dem Basisprotokoll (Abschn. A1.3.1), mit folgenden Abweichungen:

- In der Hybridisierungsreaktion von Matrizen-DNA und Primer 5 × Taq- bzw. 5 × Vent-Sequenzierungspuffer anstelle des 5 × Sequenasepuffers einsetzen
- In der Markierungsreaktion für die Sequenzierung mit Vent DNA-Polymerase Vent dNTP-Mix (*labeling-mix*) einsetzen; für die Taq-Polymerase ist der dNTP-Mix identisch zum Basisprotokoll.
- In der Markierungsreaktion Taq-DNA-Polymerase bzw. Vent DNA-Polymerase anstelle der Sequenase™ einsetzen und bei 45 °C inkubieren.
- In die vier Reaktionsgefäße für die Kettenabbruchreaktion die entsprechenden Terminationsmixe für Taq bzw. Vent vorlegen und die Reaktion 10 min bei 65–72 °C durchführen.

A1.3.5 Alternativprotokoll: Zyklussequenzierung (*thermal cycle sequencing*)

Bei der Zyklussequenzierung (*thermal cycle sequencing*, Sears *et al.*, 1992, Slatko, 1994) wird eine relativ geringe Menge an Matrizen-DNA mit einem großen Überschuss an Primer, dNTPs und ddNTPs und einer thermostabilen DNA-Polymerase inkubiert. Es werden 20–30 Zyklen von Denaturierung, Primer-Hybridisierung und DNA-Synthese durchgeführt. Durch die lineare Amplifikation der DNA in den wiederholten Zyklen sind femtoMol-Mengen an Matrizen-DNA ausreichend für eine erfolgreiche Sequenzierung. Das Material entspricht z.B. DNA-Mengen aus einer Bakterienkolonie oder einem Phagen-Plaque. Zu bedenken ist allerdings, dass die normalerweise geringe Reinheit der DNA, die daraus gewonnen werden kann, in der Sequenzierreaktion ein Problem darstellen kann. Die thermostabilen DNA-Polymerasen reagieren zwar weniger empfindlich auf Verunreinigungen als die Sequenase™, dennoch ist die aus solchem Material erhältliche Sequenzinformation bisweilen vergleichsweise gering.

Der Vorteil der Zyklussequenzierung liegt neben der geringen Menge an Matrizen-DNA in der Automatisierbarkeit. Separate Denaturierungs- und Hybridisierungsschritte entfallen und es wird möglich, mehrere Sequenzierreaktionen parallel durchzuführen. Auch für die Durchführung der Zyklussequenzierung werden gebrauchsfertige Kits angeboten (z.B. SequiTherm EXCEL™ II Cycle Sequencing Kit, Epicentre; CycleReader™ DNA Sequencing Kit, MBI Fermentas; *fmol* DNA Cycle Sequencing System, OmniBase®; DNA Cycle Sequencing System, Promega; Thermo-Sequenase™ Cycle Sequencing Kit, USB). Im Folgenden ist ein Protokoll für die Zyklussequenzierung unter Verwendung von Taq-DNA-Polymerase oder Vent DNA-Polymerase wiedergegeben.

Materialien

- Thermocycler
- 0,05–0,15 pMol einzel- oder doppelsträngige DNA (Abschnitt A1.3)
- Sequenzierprimer: 2–5 pMol (Abschnitt A1.1)
- $[\alpha^{35}S]$-dATP (spezifische Aktivität 500–1.000 Ci × mmol^{-1} bzw. 10 mCi × ml^{-1}); alternativ: $[\alpha^{33}P]$-dATP (spezifische Aktivität 1.000 Ci × mmol^{-1}, 10 mCi × ml^{-1})
- 3 % (w/v) Triton X-100
- Cycle-Stopplösung: 95 % Formamid (v/v), 12 mM EDTA, 0,3 % Bromphenolblau (v/v), 0,3 % Xylencyanol (v/v)

Zusätzliche Materialien für die Zyklussequenzierung mit Taq-DNA-Polymerase:

- 5 × Taq-Sequenzierungspuffer und Taq-DNA-Polymerase (Abschn. A1.3.4)
- Cycle-Mix A für Taq: 150 µM ddATP, 2 µM dATP, 20 µM dCTP, 20 µM dGTP, 20 µM dTTP

- Cycle-Mix C für Taq: 500 µM ddCTP, 2 µM dATP, 20 µM dCTP, 20 µM dGTP, 20 µM dTTP
- Cycle-Mix G für Taq: 222 µM ddGTP, 2 µM dATP, 20 µM dCTP, 20 µM dGTP, 20 µM dTTP
- Cycle-Mix T für Taq: 520 µM ddTTP, 2 µM dATP, 20 µM dCTP, 20 µM dGTP, 20 µM dTTP

Zusätzliche Materialien für die Zyklussequenzierung mit Vent DNA-Polymerase:
- 5 × Vent-Sequenzierungspuffer und Vent DNA-Polymerase (Abschn. A1.3.4)
- Cycle-Mix A für Vent: 900 µM ddATP, 30 µM dATP, 100 µM dCTP, 100 µM dGTP, 100 µM dTTP in Vent-Sequenzierungspuffer
- Cycle-Mix C für Vent: 480 µM ddCTP, 30 µM dATP, 37 µM dCTP, 100 µM dGTP, 100 µM dTTP in Vent-Sequenzierungspuffer
- Cycle-Mix G für Vent: 400 µM ddGTP, 30 µM dATP, 100 µM dCTP, 37 µM dGTP, 100 µM dTTP in Vent-Sequenzierungspuffer
- Cycle-Mix T für Vent: 720 µM ddTTP, 30 µM dATP, 100 µM dCTP, 100 µM dGTP, 33 µM dTTP in Vent-Sequenzierungspuffer

Durchführung
- Thermocycler auf 20 Zyklen mit jeweils 30 s 95 °C, 30 s 55 °C (je nach Primer), 1 min 70 °C programmieren
- vier 0,5 ml-Reaktionsgefäße mit A, C, G, T beschriften und jeweils 3 µl des entsprechenden Cycle-Mixes für Taq oder für Vent vorlegen
- in einem 0,5 ml-Reaktionsgefäß die DNA und den Sequenzierprimer (Mengenangaben s. oben) in einem Gesamtvolumen von 8 µl mischen
- 3 µl 5 × Taq-Sequenzierungspuffer oder 5 × Vent-Sequenzierungspuffer, 1 µl 3 % (w/v) Triton X-100 und 1–2 µl [α^{35}S]-dATP bzw. [α^{33}P]-dATP zugeben und durch Pipettieren mischen
- 1 µl Taq-DNA-Polymerase oder Vent DNA Polymerase zugeben und mischen
- jeweils 3,2 µl dieser Mischung in jedes der vier Mikroreaktionsgefäße mit den Cycle-Mixes geben und mischen
- Mikroreaktionsgefäße in vorbereiteten Thermocycler setzen und Programm starten; nach Programmende in jedes der Mikroreaktionsgefäße 4 µl Cycle-Stopplösung pipettieren; die Proben können bis zu zwei Wochen bei –20 °C gelagert werden.

Hinweis zur Zyklussequenzierung: der *annealing*-Schritt (30 s bei 55 °C) ist fakultativ; abhängig von der Länge und Zusammensetzung des Primers kann er wegfallen oder eine andere *annealing*-Temperatur ist sinnvoll. *Annealing* bei zu geringer Temperatur kann zu erhöhtem Hintergrund führen. Bei zu hoher *annealing*-Temperatur sind die Banden eventuell zu schwach.

A1.3.6 Alternativprotokoll: Sequenzierung mit 5'-markierten Primern

Alternativ zum Einbau eines radioaktiven Nucleotids in den neuen DNA-Strang können markierte Oligonucleotide als Sequenzierprimer verwendet werden. Dabei kann eine radioaktive Markierung durch 5'-Phosphorylierung mit [γ^{32}P]-, [γ^{33}P]- oder [γ^{35}S]-ATP eingeführt werden (T4-Polynucleotidkinase, Abschn. 5.1.1.4). Da nach der Sequenzierreaktion alle DNA-Fragmente die gleiche radioaktive Markierung tragen, wird diese Methode oft gewählt, wenn Sequenzinformation direkt in Primer-Nähe erhalten werden soll. Weitere Anwendungsgebiete sind die Sequenzierung von PCR-Produkten, bei denen die PCR-Primer nicht vollständig abgetrennt wurden (s.u.) oder die Sequenzierung besonders langer doppelsträngiger DNA (z.B. λ-DNA), bei der eine DNA-Neusynthese außer am Primer auch an eventuell auftretenden Einzelstrangbruchstellen (*nicks*) initiiert werden kann. In beiden Fällen wird bei den kompetitierenden Nebenreaktionen keine radioaktive Markierung eingebaut und nur die Syntheseprodukte aus der Verlängerung des Sequenzierprimers werden in der Autoradiographie sichtbar.

5'-Fluorophor markierte Primer werden in Sequenzierreaktionen eingesetzt, die nach der Elektrophorese mithilfe von Scannern oder mit automatischen DNA-Sequenziergeräten analysiert werden sollen (s.u.). Die Auswahl des Fluorophors ist dabei abhängig von dem zur Detektion verwendeten Scanner bzw. dem DNA-Sequenziergerät. Eine Zusammenstellung von für die Markierung von Primern verwendeten Fluorophoren ist in Tabelle A1–1 gegeben. Ebenso gibt es Energietransfer-Fluorophore (Ju *et al.*, 1995, Hung *et al.*, 1997). Dabei wird an das 5'-Ende des Oligonucleotidprimers ein Donorfluorophor gekoppelt, während ein Akzeptorfluorophor im Abstand von einigen Nucleotiden angebracht ist (der optimale Abstand ist abhängig von der Art des Akzeptorfluorophors). Dabei können unterschiedliche Akzeptorfluorophore verwendet werden, die alle von demselben Donorfluorophor angeregt werden. Der Vorteil von Energietransfer-Fluorophor-Primern liegt darin, dass auch zur Detektion von vier unterschiedlichen (Akzeptor-) Fluorophoren nur eine Anregungswellenlänge (für den Donorfluorophor) im Detektionsgerät notwendig ist. Zudem werden durch „Zwischenschaltung" eines Donorfluorophors stärkere Fluoreszenzsignale erzielt als bei der Primer-Markierung mit einem einzelnen (Akzeptor-) Fluorophormolekül.

Die meisten kommerziellen Anbieter von Oligonucleotiden haben auch fluoreszenzmarkierte Oligonucleotide im Programm. Es können aber auch Oligonucleotide, die mit einem eigenen DNA-Synthesegerät synthetisiert werden, entsprechend modifiziert werden. Dazu wird im letzten Synthesezyklus am 5'-Ende

Tab. A1–1: Kommerziell erhältliche Fluorophore, die zur Markierung des neu synthetisierten DNA-Strangs bei der Sanger-Sequenzierung eingesetzt werden

Fluorophor[1]	Anregungs-maximum	Emissions-maximum	Markierungs-methode[2]	Geeignet für DNA-Sequenziergerät
5-Carboxyfluorescein (FAM)	490–495 nm	515–525 nm	ETP-A; ETP-D	ABI 373, ABI Prism-Serie; MegaBace-Serie
Rhodamin 110 (R110)	520–525 nm	540–545 nm	ETP-A	ABI 373, ABI Prism-Serie; MegaBace-Serie
2',7'-Dimethoxy-4',5'-dichlor-6-carboxyfluorescein (JOE)	525–530 nm	550–555 nm	P; ETP-A; DT	ABI 373, ABI Prism-Serie; MegaBace-Serie
6-Carboxyrhodamin (R6G)	525–530 nm	555–560 nm	P; ETP-A; DT	ABI 373, ABI Prism-Serie; MegaBace-Serie
N,N,N',N'-Tetramethyl-6-carboxyrhodamin (TAMRA)	550–555 nm	580–585 nm	P; ETP-A; DT	ABI 373, ABI Prism-Serie; MegaBace-Serie
6-Carboxy-X-Rhodamin (ROX)	580–585 nm	605–610 nm	P; ETP-A; DT	ABI 373, ABI Prism-Serie; MegaBace-Serie
Texas Red	585–595 nm	605–615 nm	P	Vistra 725
Cy 5	650–655 nm	665–670 nm	P	Long-Read Tower; ALFexpress
Cy 5.5	670–675 nm	690–695 nm	P	Long-Read Tower
IRDye 700	680–690 nm	710–715 nm	P; DT	IR2
IRDye 800	790–800 nm	810–820 nm	P; DT	IR2

[1] Die BigDye Energietransfer-Systeme der Firma Applied Biosystems bestehen aus einem Fluorescein Donorfluorophor (FAM) und Dichlor-Rhodaminen (dR110, dR6G, dTAMRA, dROX) als Akzeptorfluorophoren bzw. als Terminatorfluorophoren. Sie sind kompatibel mit den Sequenziergeräten ABI 373 (nach Aufrüstung mit entsprechendem Filterrad) und den Geräten der ABI Prism-Serie.
Die DYEnamic Energietransfer-Systeme von GE Healthcare (ehemals: Amersham Pharmacia) haben FAMals Donorfluorophor und FAM, TAMRA, ROX und das Carboxyrhodaminderivat REG als Akzeptorfluorophore.
Die WellRED Dyes von Beckman-Coulter sind auf das CEQ 2000XL DNA-Sequenziergerät optimiert. Sie werden mit 650 bzw. 750nm angeregt und haben Emissionswellenlängen von 670nm, 705nm, 770nm und 815nm.
[2] P: 5'-Markierung des Primers; ETP-A: Akzeptorfluorophor in Energietransfer-Primern; ETP-D: Donorfluorophor in Energie-Transfer-Primern; DT: Verwendung als Fluorophor-markierter Terminator

des Oligonucleotids beispielsweise eine Mercapto- oder Aminofunktion eingeführt, die in einem weiteren Reaktionsschritt mit einem entsprechend aktivierten Fluorophor umgesetzt wird (Ansorge *et al.*, 1986, Smith *et al.*, 1985). Auch für diesen Reaktionsschritt werden fertige Kits kommerziell angeboten (z.B 5'-EndTag Labelling System, Vector Laboratories).

Für die DNA-Sequenzierung mit Fluorophor markierten Primern sind ebenfalls eine Reihe von Fertigreaktionsmischungen bzw. Sequenzierkits erhältlich, die z.T. bereits auf bestimmte DNA-Sequenziergeräte abgestimmt sind. Generell greifen diese Sequenzierkits aber auf die bereits vorgestellten Reaktionsprinzipien zurück: isotherme Reaktion bei Raumtemperatur bzw. 37 °C (z.B. Thermo Sequenase™ Primer Cycle Sequencing Kit, GE Healthcare), isotherme Reaktion bei erhöhter Temperatur (z.B. SequiTherm Excel II DNA Sequencing Kit, Epicentre) oder Zyklussequenzierung (z.B. DYEnamic Direct Cycle Sequencing Kit, GE Healthcare; SequiTherm Excel II DNA Sequencing Kit, Epicentre; Thermo Sequenase DyePrimer Cycle Sequencing Kit, USB).

Im Folgenden ist ein Protokoll für die DNA-Sequenzierung mit 5'-markierten Primern unter der Verwendung von Sequenase™ angegeben, das für radioaktiv markierte wie auch für Fluorophor derivatisierte Oligonucleotide gilt. Da bei der Verwendung von 5'-markierten Primern der Markierungsschritt entfällt, wird das Basisprotokoll entsprechend abgewandelt. In den Terminationsmixen wird die Konzentration der dNTPs erhöht, da sonst nur sehr kurze Produkte erhalten werden.

Materialien

- DNA: z.B. ca. 1 µg M13- oder Phagemid-DNA bzw. 3–5 µg denaturierte Plasmid-DNA (Abschn. A1.2) oder ca. 1 µg PCR-Produkt
- Sequenzierprimer: 1–2 pMol × µl^{-1} in H$_2$O, 5'-markiert mit [γ^{32}P]-ATP (3.000–6.000 Ci × mmol^{-1}), [γ^{33}P]-ATP (> 1.000 Ci × mmol^{-1}) oder [γ^{35}S]-ATP (1.300 Ci × mmol^{-1}) oder Fluorophor derivatisiert
- 5 × Sequenasepuffer und Sequenase (Abschn. A 1.3.1)
- ddA-Terminationsmix: 8 µM ddATP, 160 µM dATP, 160 µM dCTP, 160 µM dGTP, 160 µM dTTP, 50 mM NaCl
- ddC-Terminationsmix: 8 µM ddCTP, 160 µM dATP, 160 µM dCTP, 160 µM dGTP, 160 µM dTTP, 50 mM NaCl
- ddG-Terminationsmix: 8 µM ddGTP, 160 µM dATP, 160 µM dCTP, 160 µM dGTP, 160 µM dTTP, 50 mM NaCl
- ddT-Terminationsmix: 8 µM ddTTP, 160 µM dATP, 160 µM dCTP, 160 µM dGTP, 160 µM dTTP, 50 mM NaCl
- Stopplösung (Abschn. A1.3.1)
- alternativ: Stopplösung bei Fluorophormarkierung: 95 % (v/v) Formamid, 10 mM EDTA, 0,1 % (w/v) basisches Fuchsin, pH 9

Durchführung

Hybridisieren (annealing) von Matrize und Primer

- 3–5 µg denaturierte Plasmid-DNA in 6 µl H$_2$O lösen bzw. 1 µg einzelsträngige M13- oder Phagemid-DNA oder PCR-Produkt in einem Gesamtvolumen von 6 µl in einem 1,5 ml-Reaktionsgefäß vorlegen
- 2 µl 5 × Sequenasepuffer und 2 µl Primer (2–4 pMol) zugeben, Mischung für 2 min bei 65 °C inkubieren und langsam, über 30 min, auf RT abkühlen lassen; bei der Sequenzierung von PCR-Produkten Mischung für 2 min bei 100 °C inkubieren und schnell in Eis oder Trockeneis abkühlen
- hybridisierte Matrize/Primer-Mischung kurz zentrifugieren; während der Hybridisierung von Matrize und Primer die Reaktionsgefäße für die Sequenzierreaktion vorbereiten (s.u.)

Sequenzierreaktion

- Zur Vorbereitung der Sequenzierreaktion vier 0,5 ml- oder 1,5 ml-Reaktionsgefäße mit A, C, G und T beschriften und jeweils 3,5 µl des entsprechenden Terminationsmixes vorlegen

- nach Ablauf der Primer-Hybridisierung in jedes der vier vorbereiteten Reaktionsgefäße jeweils 2,5 µl der hybridisierten Matrize/Primer-Mischung geben, durch Pipettieren mischen und für 1 min bei 37 °C inkubieren
- in jedes Reaktionsgefäß 1 µl Sequenase™ geben, mischen und für 10 min bei 37 °C inkubieren
- in jedes der vier Reaktionsgefäße 4 µl Stopplösung geben und mischen
- da eventuelle Radiolyseprodukte in diesem Fall keine radioaktiven Fragmente liefern, die bei der nachfolgenden Auswertung stören könnten, können auch Proben, die mit ^{32}P markiert sind, mehrere Tage bei –20 °C gelagert werden; Proben, die mit ^{35}S markiert sind, können bis zu zwei Wochen bei -20 °C gelagert werden.

Hinweise zur Sequenzierung mit 5'-markierten Primern

- Generell können 5'-markierte Primer auch in den Sequenzierreaktionen mit Klenow-Fragment, thermostabilen Polymerasen und in der Zyklussequenzierung eingesetzt werden. Da kein [α^{35}S]-dATP zugesetzt wird, muss in den entsprechenden dNTP/ddNTP-Mischungen die dATP-Konzentration auf die der anderen dNTPs erhöht werden. Sollte die Sequenzierung unter den hier beschriebenen Bedingungen zu wenig Sequenzinformation liefern (zu kurze Syntheseprodukte), kann die dNTP-Konzentration in den Terminationsmixen weiter erhöht werden.
- Fluorophor markierte Oligonucleotide sind lichtempfindlich. Stammlösungen immer im Dunkeln aufbewahren bzw. Gefäße mit Aluminiumfolie umwickeln. Die Sequenzierreaktionen müssen nicht im Dunkeln durchgeführt werden, die Reaktionsansätze sollten aber möglichst bald auf das Gel aufgetragen oder im Dunkeln bei –20 °C gelagert werden.
- Bromphenolblau und Xylencyanol (in der Stopplösung) besitzen eine Eigenfluoreszenz und können bei der Detektion von Fluorophoren mit Emission im Wellenlängenbereich von 600–800 nm stören. In diesem Fall sollte die Fuchsin haltige Stopplösung (Abschn. A1.3.6) verwendet werden.

A1.3.7 Hinweise zur Sequenzierung mit Fluorophor derivatisierten Didesoxynucleotidtriphosphaten (dye terminator sequencing)

Alternativ zur Verwendung eines markierten Primers kann eine Fluorophormarkierung bei der Sequenzierreaktion in die neu synthetisierten DNA-Fragmente eingebracht werden, indem Fluorophor derivatisierte Didesoxynucleotidtriphosphate in die Terminationsreaktionen eingesetzt werden (Prober *et al.*, 1987; Lee *et al.*, 1992). Für ein akkurates Auslesen der Sequenz in DNA-Sequenziergeräten ist es wichtig, dass für die unterschiedlichen DNA-Fragmente gleichmäßig hohe Peaks bzw. gleichmäßige Bandenintensitäten erreicht werden. Deshalb, und wegen der relativ hohen Kosten für Fluorophor markierte ddNTPs, sollte für dieses Verfahren ein Enzym verwendet werden, das ddNTPs effizient einbaut (z.B. Sequenase™). So kann mit relativ geringen Mengen an ddNTPs gearbeitet werden und es werden relativ gleichmäßige Markierungen für alle Fragmente erzielt.

Prinzipiell kann die Markierung der neu synthetisierten DNA-Fragmente erfolgen, indem jedes der vier ddNTPs mit demselben Fluorophor derivatisiert wird. Die Sequenzierreaktion wird dann analog zur radioaktiven Markierung parallel in vier Reaktionsgefäßen durchgeführt und die Reaktionsansätze werden in vier Gelspuren nebeneinander aufgetrennt. Es ist aber auch möglich, jedes der vier ddNTPs individuell mit einem unterschiedlichen Fluorophormolekül zu versehen. Dann kann die Sequenzierreaktion als Eintopfreaktion durchgeführt und die Reaktionsprodukte können in einer Gelspur aufgetrennt werden. Die 3'-Nucleotide aller DNA-Fragmente werden dann anhand der Fluoreszenz der unterschiedlichen Fluorophore identifiziert. Diese Markierungsmethode stellt allerdings hohe Anforderungen an das zur Auswertung verwendete DNA-Sequenziergerät, da die Emissionsspektren der Fluorophore teilweise überlappen und aufwändige Filteranordnungen zur Detektion der vier unterschiedlichen Fluoreszenzen notwendig sind. Fluorophor derivatisierte Didesoxynucleotidtriphosphate werden als Komponenten von Sequenzierkits angeboten. Sie sind bereits für bestimmte DNA-Sequenziergeräte optimiert. Anbieter finden sich am leichtesten über das Internet.

Zur Durchführung der Sequenzierreaktionen sollten die von den Herstellern der Reagenzien mitgelieferten Protokolle genau befolgt werden. Auf jeden Fall muss bei der Auswahl des Sequenzierkits bzw. der markierten Terminatormoleküle darauf geachtet werden, dass die Emissionswellenlänge des/der verwendeten Fluorophors/e mit dem/den Filter(n) in der Detektionseinheit des verwendeten DNA-Sequenziergeräts kompatibel ist (Tab. A1–1).

A1.3.8 Hinweise zur direkten Sequenzierung von PCR-Produkten

Im Prinzip können alle oben beschriebenen Protokolle zur Sequenzierung von DNA verwendet werden, die über PCR amplifiziert wurde (Innis *et al.*, 1988, Gyllensten, 1989, Rao, 1994). Um gute Ergebnisse bei der Sequenzierung zu erzielen, sollten allerdings Nucleotide und PCR-Primer vor der Sequenzierung vollständig abgetrennt werden. In einer PCR werden typischerweise Nucleotidkonzentrationen von 200 µM eingesetzt (Kap. 4), von denen während der Reaktion nur ein geringer Anteil verbraucht wird. Die Gegenwart dieser dNTPs würde eine nachfolgende Sequenzierreaktion stören, da in der Markierungsreaktion (Basisprotokoll) mit limitierenden dNTP-Konzentrationen gearbeitet werden muss, um eine ausreichende Anzahl kurzer markierter Syntheseprodukte für die Terminationsreaktion zur Verfügung zu stellen. Überschüssige dNTPs würden außerdem das ddNTP/dNTP-Verhältnis, das für die verschiedenen Enzyme optimiert sein muss, verändern und die spezifische Aktivität des radioaktiven dNTPs verringern.

Analog zu den dNTPs bleibt die Mehrzahl der Primer-Moleküle in einer PCR ungenutzt. Sie können in einer nachfolgenden Sequenzierung mit dem Sequenzier-Primer konkurrieren und ebenfalls Neusynthesen starten. Bei Einbau der radioaktiven Markierung in die wachsende Kette (Basisprotokoll) wird dabei ein nicht auswertbares Gemisch von unterschiedlichen Sequenzen generiert. Bei Verwendung eines 5'-markierten Primers bleiben die von den PCR-Primern gestarteten Syntheseprodukte im Gel zwar unsichtbar, aber die Gesamtausbeute an Sequenzierprodukten ist durch die Konkurrenzreaktionen stark verringert.

Eine Reinigung der PCR-Produkte durch Ethanolfällung ist zwar relativ rasch durchzuführen, das Ergebnis ist aber oft unbefriedigend. Während dNTPs bei Temperaturen über –20 °C großteils (aber nicht vollständig) im Überstand verbleiben, werden die Oligonucleotid-Primer meist zusammen mit den PCR-Produkten gefällt. Am einfachsten lassen sich dNTPs und Primer aus einem PCR-Reaktionsansatz mithilfe von kleinen Ionenaustauschsäulen oder Molekularsiebsäulen abtrennen.

Verschiedene Hersteller bieten speziell zu diesem Zweck so genannte *spin-columns* an, die in 1,5 ml-Reaktionsgefäße eingesetzt werden und an denen die chromatographische Reinigung der DNA durch Zentrifugation zum Teil auf wenige Minuten verkürzt wird (Abschn. 3.2). Möglich ist auch eine Auftrennung der PCR-Reaktionsprodukte im *low-melting*-Agarosegel mit anschließender Elution des entsprechenden DNA-Fragments (Abschn. 2.5.1). Diese Methode hat zudem den Vorteil, dass eventuelle unspezifische PCR-Produkte abgetrennt werden können.

Bei der Sequenzierung doppelsträngiger PCR-Produkte ist eine alkalische Denaturierung nicht erfolgreich. In diesem Fall wird für die Hybridisierung das PCR-Produkt mit etwa der 5–10-fachen molaren Menge an Sequenzierprimer versetzt und für 5 min bei 100 °C inkubiert. Um eine Reassoziation des thermodynamisch begünstigten DNA-Doppelstranges zu minimieren, wird die Mischung schnell in Eis abgekühlt oder in Trockeneis schockgefroren. In diesem Fall erfolgt die kinetisch favorisierte Hybridisierung des Sequenzierprimers.

Eine weitere Möglichkeit, eine geeignete Sequenziermatrize über PCR zu erzeugen, ist die Anwendung der asymmetrischen PCR. Dabei wird einer der beiden verwendeten PCR-Primer im relativen Unterschuss eingesetzt (molares Verhältnis der beiden Primer 1:50–1:100). Der limitierende Primer wird dabei üblicherweise in einer Ausgangskonzentration von 0,002–0,02 µM eingesetzt (je nach Ausgangsmenge an DNA und Zyklenzahl) und ist schon nach wenigen Zyklen verbraucht. Danach erfolgt nur noch eine lineare Amplifikation der DNA mit dem zweiten Primer, sodass nur wenig doppelsträngiges und hauptsächlich einzelsträngiges Produkt entsteht. Wenn die PCR-Bedingungen entsprechend optimiert werden (verringerte dNTP-Konzentrationen, nahezu vollständiger Einbau auch des zweiten Primers), kann das Produkt der asymmetrischen PCR auch direkt in eine Sequenzierreaktion eingesetzt werden. Die eventuell noch vorhandene Menge an dNTPs sollte dabei berücksichtigt und die Konzentration in den Sequenziermixen entsprechend angepasst werden.

A1.4   Gelelektrophorese

Die in der Sequenzierreaktion synthetisierten DNA-Fragmente werden anschließend gelelektrophoretisch aufgetrennt und entweder durch Autoradiographie oder durch laseroptisches Abtasten der Fluoreszenz detektiert. Zur Auftrennung der Reaktionsprodukte werden meist denaturierende Polyacrylamidgele einer Länge von 40–50 cm und einer Dicke von 0,1–0,6 mm eingesetzt, die 5–8 % (w/v) Acrylamid und 7 M Harnstoff enthalten.

DNA-Fragmente legen im Gel eine Wanderungsstrecke zurück, die proportional zum Logarithmus ihres Molekulargewichtes ist. Daraus ergibt sich, dass die Banden im unteren Gelbereich einen sehr großen Abstand voneinander haben. Im oberen Molekulargewichtsbereich laufen die Banden dagegen so eng beieinander, dass sie kaum mehr zu unterscheiden sind und die Sequenz nicht mehr lesbar ist.

Bei einem Keilgel, das in seinem unteren Bereich bis zu viermal dicker ist als am oberen Ende, wird ein in Richtung des unteren Endes abnehmender Feldstärkegradient erzielt. Dieser bewirkt, dass die Abstandsvergrößerung zwischen den Banden niedrigen Molekulargewichts nahezu aufgehoben wird. So können auf einem 40 cm langen Gel bis zu 300 Nucleotide gelesen werden (Ansorge und Labeit, 1984, Olsson et al., 1984).

Ein ähnlicher Effekt lässt sich durch den Einsatz eines Puffer-Gradientengels erzielen (Biggin et al., 1983). Hier wird für den unteren Teil des Gels eine Polyacrylamidmischung verwendet, die eine höhere Pufferkonzentration, also eine höhere Ionenstärke, aufweist als im oberen Teil des Gels. Da die Pufferionen die hauptsächlichen Ladungsträger während der Gelelektrophorese sind und der Strom über die ganze Länge des Gels konstant ist, wird der Spannungsabfall pro cm, und damit auch die Wanderungsgeschwindigkeit der DNA-Fragmente, im unteren Gelbereich abnehmen.

Die Herstellung eines solchen Puffer-Gradientengels ist allerdings etwas aufwändiger als bei einem normalen oder einem Keilgel und soll hier nicht näher beschrieben werden. Eine genaue Vorschrift findet sich in der Literatur bei Biggin et al. (1983).

Zur Durchführung der Gelelektrophorese genügt eine einfache Elektrophoreseapparatur mit einem Satz dazu passender Glasplatten, Abstandhalter etc. und ein Hochspannungsnetzgerät. Alle Bestandteile sind einzeln oder als Set von vielen Anbietern erhältlich. Die Systeme sind nur zum Teil untereinander kompatibel, d.h. bei der Anschaffung und beim Nachkauf z.B. von Glasplatten ist unbedingt darauf achten, dass die Abmessungen für die Elektrophoreseapparatur geeignet sind.

Im Folgenden ist ein Protokoll für die Gelelektrophorese von Sequenzier-Reaktionsansätzen, die eine radioaktive Markierung tragen, vorgestellt. In diesem Fall erfolgt die Visualisierung der Banden durch Autoradiographie (Abschn. 1.3). Für die Analyse von Fluorophor markierten DNA-Fragmenten werden meist spezielle DNA-Sequenziergeräte verwendet (s.u.). Prinzipiell ist es allerdings auch möglich, die fluoreszierenden Reaktionsmischungen analog zu den radioaktiv markierten im Polyacrylamidgel aufzutrennen und das Gel nach Beendigung der Elektrophorese mit einem Fluoreszenz fähigen Scanner (z.B. Typhoon 9400, GE Healthcare; FMBIO II Fluorescence Imaging System, Hitachi) abzutasten. Bei diesem Verfahren sollte nach Anleitung des Geräteherstellers vorgegangen werden.

A1.4.1 Herstellung des Sequenziergels

Im folgenden Basisprotokoll ist beispielhaft die Herstellung eines Keilgels mit einem Acrylamidgehalt von 6 % (w/v) beschrieben. Ein solches Gel ist als Standardgel für die meisten Sequenzieransätze geeignet. Für die Auftrennung besonders kurzer oder langer Fragmente kann die Acrylamidkonzentration entsprechend verändert werden.

Materialien

- 2 Glasplatten, 20 cm × 40 cm, eine davon mit einem ca. 16 cm × 2,5 cm tiefen Einschnitt (Öhrchenplatte)
- Abstandhalter aus Kunststoff: ein Abstandhalter der Größe 0,4 mm × 1 cm × 20 cm; je zwei Abstandhalter der Größen 0,2 mm × 1 cm × 40 cm; 0,2 mm × 1 cm × 15 cm; es können auch direkt zwei 0,2–0,4 mm große keilförmige Abstandhalter verwendet werden
- Taschenformer der Dicke 0,2 mm (Haifischzahn-Kamm oder Taschenkamm)
- Andruckklammern, Korkring, 60 ml-Spritze, 200 µl-Pipettenspitze, Skalpell, Parafilm
- Sterilfiltrationsapparatur mit Filter der Porengröße 0,45 µm
- Silikonlösung: 5 % (v/v) Dimethyldichlorsilan (in Heptan oder $CHCl_3$)
- alternative Silikonlösung: nicht toxische Ersatzstoffe gleicher Wirkung werden als Fertiglösung kommerziell angeboten (z.B. PlusOne Repel-Silane ES, Serva; Sigmacote, Sigma; Acrylease Nonstick Plate Coating, Stratagene)
- Aceton, Ethanol
- Abdichtagarose: 1 % (w/v) Agarose in H_2O, alternativ Paketklebeband (braun)
- 40 % (w/v) Acrylamid-Stammlösung:
- 38 g Acrylamid, 2 g N,N-Bismethylenacrylamid in etwa 60 ml H_2O lösen und mit H_2O auf 100 ml auffüllen; die Lösung ist im Dunkeln und bei 4 °C gelagert für mehrere Wochen haltbar. Deionisierung der Lösung ist nicht notwendig, wenn ultrapure Reagenzien verwendet werden; falls gewünscht, werden zur Deionisierung ca. 5 g Amberlite MB-1 zugesetzt, 30 min bei RT gerührt und über einen Faltenfilter filtriert
- 10 × TBE-Puffer: 107,8 g Tris-Base, 55,0 g Borsäure, 8,2 g Na_2-EDTA × 2 H_2O in 800 ml H_2O lösen und mit H_2O auf 1 l auffüllen; der pH-Wert des Puffers liegt bei 8,2–8,6; nicht mit HCl oder NaOH einstellen!
- alternativ: 10 × Tris-Taurinpuffer (Glycerin unempfindlicher Puffer): 216 g Tris-Base, 4 g Na_2-EDTA × 2 H_2O, 72 g Taurin (2-Aminoethansulfonsäure) in 800 ml H_2O lösen und mit H_2O auf 1 l auffüllen
- Harnstoff
- 10 % (w/v) Ammoniumperoxodisulfat (APS)
- N,N,N',N'-Tetramethylethylendiamin (TEMED)

Durchführung

- Beide Glasplatten mit Detergenz gründlich waschen, mit H_2O bidest. abspülen und mit Papiertüchern trocken reiben; es ist wichtig, dass keinerlei partikuläre Rückstände (Polyacrylamidreste) auf den Platten verbleiben
- beide Platten mit Aceton abwischen, die Platten müssen völlig fettfrei sein; ca. 5 ml Ethanol auf den Platten verteilen und mit Papiertüchern polieren
- auf die Öhrchenplatte ca. 2–3 ml Silikonlösung verteilen (Handschuhe tragen!) und mit Papiertüchern polieren; **ACHTUNG!** Viele Silanisierungsreagenzien sind in $CHCl_3$ gelöst, wegen der gesundheitsschädlichen Dämpfe sollte dieser Schritt daher unter einem Abzug durchgeführt werden; das ist nicht notwendig, wenn eine $CHCl_3$ freie Silikonlösung, z.B. Acrylease Nonstick Plate Coating oder Blue Slick, verwendet wird
- 5 ml Ethanol auf der Öhrchenplatte verteilen und mit Papiertüchern polieren
- Öhrchenplatte flach auf die Arbeitsbank legen (silanisierte Seite nach oben), den einzelnen 0,4 mm dicken Abstandhalter entlang des unteren Randes auflegen; entlang der Ränder an beiden Längsseiten zuerst die kürzeren, darüber die längeren 0,2 mm dicken Abstandhalter auflegen; die Abstandhalter sollten unten jeweils bündig aufliegen und etwa 1–2 mm oberhalb des quer gelegten Abstandhalters enden

- zweite Glasplatte (geputzte Seite nach innen) vorsichtig auflegen, ohne die Position der Abstandhalter zu verändern; mit Klammern an drei Seiten (zwei Klammern je Seite) fixieren; dabei die Klammern so aufsetzen, dass der größte Druck auf den Abstandhaltern, nicht auf der Glasplatte zwischen den Abstandhaltern liegt
- Abdichtagarose schmelzen und mit Pasteurpipette eine dünne Schicht auf die drei Kanten auftragen; darauf achten, dass die Lücke zwischen quer und längs verlaufenden Abstandhaltern abgedichtet ist; alternativ kann die Platte vor dem Befestigen der Halteklammern an drei Seiten komplett mit dem braunen Paketklebeband abgeklebt werden, um ein Auslaufen des Gels zu verhindern
- Glasplatten auf einen Korkring o.ä. legen, so dass Öhrchenplatte oben liegt.

Alle folgenden Schritte mit Handschuhen durchführen:

- Acrylamidlösung ansetzen: 25,2 g Harnstoff, 6 ml 10 × TBE-Puffer (bzw. 10 × Tris-Taurinpuffer) und 9 ml Acrylamid-Stammlösung mit H_2O auf 60 ml auffüllen; Harnstoff lösen; Lösung zur Entfernung von Partikeln durch Sterilfiltrationsapparatur filtrieren und dabei gleichzeitig entgasen
- unmittelbar vor dem Gießen des Gels 500 µl 10 % APS und 50 µl TEMED zugeben und mischen; Gel sofort gießen
- Spitze einer 200 µl-Pipette mit einem Skalpell abschneiden (ca. 2–3 mm); die Spitze auf eine 60 ml-Spritze aufsetzen, mit Parafilm fixieren.
- Stempel aus der Spritze entfernen, Acrylamidlösung einfüllen und sofort zwischen die Glasplatten gießen; dabei die Glasplatten in einem Winkel von etwa 45° anheben und die 200 µl Spitze in der Innenecke eines „Öhrchens" ansetzen
- Acrylamidlösung langsam am Rand entlang nach unten laufen lassen; darauf achten, dass der Fluss nicht abreißt; kleinere Luftblasen können entfernt werden, indem man die Glasplatten etwas steiler aufrichtet und direkt unterhalb der Luftblase leicht gegen die Glasplatte klopft.
- wenn die Acrylamidlösung die Oberkante der Öhrchenplatte erreicht hat, die Glasplatten in einem leichten Winkel auf dem Korkring ablegen, sodass das obere Ende etwa 5 cm über die Tischoberfläche angehoben ist
- Taschenformer einschieben: Der Haifischzahnkamm wird mit dem flachen Ende nach unten, der Taschenkamm mit dem gezackten Ende nach unten eingesetzt, beide Taschenformer werden zwischen die Glasplatten bis 3–5 mm unterhalb der Oberkante der Öhrchenplatte geschoben; darauf achten, dass keine Luftblasen eingeschlossen werden
- Einige ml Acrylamidlösung über den Taschenformer pipettieren
- Glasplatten mit 3–4 Klammern direkt über dem Taschenformer zusammendrücken; das verhindert, dass sich während der Polymerisation eine Haut in den Taschen bildet
- Gel flach ablegen und polymerisieren lassen; es sollte innerhalb von 30 min polymerisieren; um vollständige Polymerisation zu garantieren, sollte es allerdings nicht vor Ablauf von zwei Stunden verwendet werden
- das Gel kann bis zu 48 h gelagert werden; in diesem Fall die Klammern über dem Taschenformer entfernen, einige mit Wasser gut angefeuchtete Papiertücher über den Taschenformer legen und den oberen Teil des Gels in Klarsichtfolie verpacken; Gel bei 4 °C lagern und vor Verwendung auf RT anwärmen lassen.

A1.4.2 Elektrophorese

 Materialien

- Sequenzier-Reaktionsansätze in Stopplösung
- Sequenziergel, Vertikal-Gelelektrophoreseapparatur und Hochspannungsnetzgerät
- 20 ml-Spritze mit 20 g-Nadel, 20 µl-Pipette mit Pipettenspitzen oder Gelauftragsspitzen
- 10 × TBE-Puffer (Abschn. A1.4.1) alternativ: 10 × Tris-Taurinpuffer (Glycerin unempfindlicher Puffer; Abschn. A1.4.1)

Durchführung

- Sequenziergel eventuell auf RT anwärmen lassen, alle Klammern entfernen und Gelplatten unter fließendem Wasser abspülen, um Acrylamid- und Harnstoffreste zu entfernen; Gelklammern ebenfalls sofort säubern, Harnstoffverschmutzung führt sehr schnell zu Rostbildung!
- unteren Abstandhalter entfernen und den Leerraum mit H_2O ausspülen (Spritzflasche); es dürfen keine Acrylamid- oder Agarosereste hängen bleiben
- Taschenformer aus dem Gel ziehen (sofort säubern) und geformte Tasche(n) vorsichtig mit H_2O ausspülen; Glasplatten außen mit Papiertüchern trocknen
- TBE-Puffer (bzw. Tris-Taurinpuffer) ansetzen, die benötigte Menge richtet sich nach der verwendeten Elektrophoreseapparatur
- Puffer in die untere Kammer der Elektrophoreseapparatur füllen, es sollte so viel Puffer verwendet werden, dass das Gel etwa 2–3 cm eintaucht
- Gel mit der Öhrchenplatte nach innen in die Apparatur einsetzen; um das Verfangen von Luftblasen unterhalb des Gels zu vermeiden, das Gel schräg halten und zuerst eine Ecke auf dem Boden der Kammer absetzen; dann langsam absenken, bis auch die zweite Ecke aufsitzt
- 20 ml-Spritze mit Puffer füllen und 20 g-Nadel aufsetzen; Nadel zu einem Winkel von 90° verbiegen, sodass die Öffnung nach oben zeigt; Puffer vorsichtig von unten zwischen die Glasplatten spritzen und dabei eventuell noch vorhandene Luftblasen zur Seite wegdrücken
- Gel mit Klammern in der Apparatur fixieren; besonders darauf achten, dass die Glasplatte an der oberen Pufferkammer dicht anliegt; eventuell vorhandene Gummidichtung leicht fetten
- Puffer in die obere Kammer füllen bis etwa 3 cm oberhalb des Gels
- Tasche(n) mithilfe einer Pasteurpipette vorsichtig, aber gründlich mit Puffer spülen; bei Verwendung eines Haifischzahnkammes diesen mit den Zähnen nach unten einsetzen, sodass die Zahnspitzen gerade in die Geloberfläche eindringen; die Zwischenräume zwischen den Zähnen nochmals mit Puffer ausspülen
- Vorelektrophorese: 30 min bei 1.200 V; dabei sollte sich das Gel auf ca. 50 °C erwärmen
- Hochspannung abschalten und nochmals alle Taschen gründlich mit Puffer spülen; Positionen der Taschen auf der äußeren Glasplatte mit Filzstift markieren
- Proben auftragen: zur Denaturierung die mit Farbmarker versetzten DNA-Proben für 3 min bei 100 °C im Wasserbad inkubieren und sofort auf Eis abkühlen; kurz zentrifugieren, um Kondensat zu sammeln
- pro Tasche 2–4 µl Probe auftragen, 200 µl-Pipettenspitze dabei leicht schräg von hinten auf die Oberkante der Öhrchenplatte, direkt über der Tasche bzw. zwischen zwei Haifischzähnen aufsetzen; wird eine extra dünne Gelauftragsspitze verwendet, diese direkt in die Tasche einsetzen; wenn Proben aufgetragen werden sollen, die aus einer Zyklussequenzierung stammen, die Pipette bis zum Boden des Reaktionsgefäßes eintauchen und 2 µl Reaktionsansatz entnehmen
- alle vier Reaktionsansätze einer Sequenzierung in festgelegter Reihenfolge direkt nebeneinander auftragen; danach Hochspannung einschalten und Proben für 3 min bei 1.000 V in das Gel einwandern lassen
- Hochspannung abschalten und Auftrag analog mit weiteren Sequenzieransätzen wiederholen, dabei immer vor Auftragen die Taschen ausspülen
- Elektrophorese bei 1.200–1.600 V (konstante Spannung) und 20–30 mA durchführen, die Spannung hängt von der verwendeten Elektrophoreseapparatur ab (Herstellerangaben)
- während der Elektrophorese sollte eine Geltemperatur von ca. 60 °C aufrechterhalten werden
- die Dauer der Elektrophorese hängt davon ab, welcher Sequenzbereich von Interesse ist, die Wanderung der Fragmente im Gel kann durch Beobachtung der Farbmarker verfolgt werden (Tab. A1–2)
- um aus einem Sequenzier-Reaktionsansatz möglichst viel Sequenzinformation zu erhalten, können die gleichen Reaktionsansätze nochmals in vier neue Probentaschen aufgetragen werden, sobald der Bromphenolblaumarker etwa 2 cm vom unteren Gelrand entfernt ist; die Elektrophorese wird so lange fortgesetzt, bis auch der zweite Bromphenolblaumarker den unteren Gelrand erreicht hat
- Hochspannung abschalten und Pufferkammern entleeren (radioaktiver Abfall!)

- Gel aus der Elektrophoreseapparatur entnehmen, dabei mit einem Papierhandtuch die untere Kante trocken wischen, um Kontaminationen durch Pufferreste zu vermeiden
- Gel flach auf die Arbeitsplatte legen (Öhrchenplatte nach oben) und auf RT abkühlen lassen.

Tab. A1–2: Ungefähre Wanderung der Farbmarker in denaturierenden Polyacrylamidgelen, relativ zu der Position von DNA-Fragmenten

Polyacrylamid [%]	Bromphenolblau [Nucleotide]	Xylencyanol [Nucleotide]
5	35	130
6	26	106
8	19	75
10	12	55

A1.4.3 Gelbehandlung und Exposition eines Gels mit radioaktiv markierten DNA-Fragmenten

Wenn ^{35}S oder ^{33}P zur radioaktiven Markierung verwendet wurde, sollte der Harnstoff aus dem Gel entfernt werden, da er das Signal zu sehr stört. Dies geschieht durch Fixierung des Gels in Essigsäure. Bei Verwendung einer ^{32}P-Markierung ist dieser Schritt nicht notwendig, obwohl das Entfernen des Harnstoffs auch hier zu schärferen Banden führt. Das Gel wird zur Exposition auf ein Filterpapier transferiert und getrocknet.

Materialien

- Sequenziergel nach Beendigung der Elektrophorese (Abschn. A1.4.2)
- Plastikschale, Klarsichtfolie
- Filterpapier (Whatman 3 MM, Whatman No.1)
- Geltrockner mit Kühlfalle, Expositionskassette, Röntgenfilm (Kodak XAR5)
- Fixierer: 10 % (v/v) Essigsäure

Durchführung

- Abstandhalter mithilfe eines Spatels seitlich aus den Gelplatten herausziehen
- langen Spatel am unteren Ende des Gels von der Seite zwischen die beiden Glasplatten einführen und die Öhrchenplatte vorsichtig anheben, das Gel soll vollständig auf der unten liegenden Platte haften; falls das Gel an einer Stelle an der Öhrchenplatte klebt, kann es durch vorsichtiges Ansprühen mit H_2O (Spritzflasche) abgelöst werden; niemals das Gel mit trockenen Handschuhen berühren und zu lösen versuchen, es klebt sofort am Handschuh und reißt
- Glasplatte mit anhaftendem Gel in Plastikwanne mit Fixierer legen und 10–20 min fixieren, dabei mehrmals leicht bewegen
- Glasplatte mit Gel vorsichtig aus der Plastikwanne entnehmen und auf Arbeitsplatte legen; **Wichtig:** Hier muss besonders darauf geachtet werden, dass das Gel, das sich meist schon an einigen Stellen von der Platte gelöst hat, nicht herunterrutscht!
- das Gel sollte ganz glatt auf der Glasplatte aufliegen; Luftblasen unter dem Gel können durch vorsichtiges Ansprühen mit H_2O oder durch leichtes Blasen entfernt werden; **Wichtig:** Falls das Gel verschoben werden muss, mit H_2O gut anfeuchten und nur mit nassem Handschuh berühren!
- überschüssige Flüssigkeit rund um das Gel mit Papierhandtüchern abnehmen
- Filterpapier etwas größer als Gelgröße zurechtschneiden; Filterpapier ohne Luftblasen und Faltenbildung vorsichtig auf das Gel legen; das trockene Filterpapier am unteren Ende auf das Gel aufsetzen und langsam absenken (mit einer Hand gespannt halten und nach unten führen)

- alternativ dazu kann das Filterpapier mit Fixierer angefeuchtet und nass aufgelegt werden; dabei wird es an beiden schmalen Enden gehalten, mit der Mitte zuerst auf das Gels aufgesetzt und die Enden langsam abgesenkt; unter dem nassen Filterpapier können notfalls Luftblasen noch vorsichtig herausgedrückt werden
- überschüssige Flüssigkeit entfernen
- Filterpapier mit dem anhaftenden Gel von der Glasplatte abheben und mit der Gelseite nach oben auf Geltrockner auflegen; mit Klarsichtfolie faltenfrei abdecken
- Gel für 60 min bei 70–80 °C im Vakuum trocknen
- Klarsichtfolie entfernen und Gel in lichtdichter Kassette mit Röntgenfilm exponieren; Exposition über Nacht bei RT oder –20 °C; bei schwacher Markierung mehrere Tage.

A1.4.4 Allgemeine Hinweise zur Gelelektrophorese

- Es kann auch ein Gel konstanter Dicke (z.B. 0,25 oder 0,4 mm) oder ein Keil anderer Abmessung (z.B. durch Aufeinanderlegen von drei oder vier Abstandhaltern unterschiedlicher Länge) verwendet werden. Einige Anbieter von Elektrophoresezubehör haben auch fertige keilförmige Abstandhalter im Programm. Falls kein Abstandhalter geeigneter Dicke für das untere Gelende zur Hand ist, kann dieses mithilfe von breitem Klebeband verschlossen werden. Das Klebeband dabei unbedingt noch einige Zentimeter um die Ecke ziehen, um völlige Dichtheit zu garantieren.
- Die Abstandsvergrößerung zwischen den Banden im unteren Teil eines Gels konstanter Dicke kann auch verringert werden, indem während der Elektrophorese ein Elektrolytgradient aufgebaut wird (Sheen und Seed, 1988). Dazu wird ein konstant dickes Sequenziergel mit TBE-Puffer (Abschn. A1.4.1) gegossen. Für die Elektrophorese wird in die obere Pufferkammer 0,5 × TBE, in die untere TBE gefüllt. Zusätzlich werden in die untere Pufferkammer zu Beginn der Elektrophorese (falls die ersten 300 Nucleotide gelesen werden sollen) oder nach 2 h Elektrophorese (falls die Nucleotide 200–500 gelesen werden sollen) 0,5 Volumina 3 M Natriumacetat gegeben (ungepuffert, Endkonzentration 1 M). Die Elektrophorese wird wie üblich durchgeführt. Allerdings sollte die Temperatur des Gels häufig überprüft werden. Wird die Glasplatte im oberen Gelbereich zu heiß, muss die Stromstärke reduziert werden, da die Glasplatte sonst springen kann. Die Elektrophorese dauert länger als unter Normalbedingungen; Farbmarker beobachten!
- Um eine gleichmäßige Temperaturverteilung über das gesamte Gel zu erzielen und einen *smile*-Effekt der Banden im äußeren Gelbereich zu vermeiden, kann eine auf entsprechende Größe zurechtgeschnittene Aluminiumplatte auf der äußeren Glasplatte festgeklemmt werden. Es sind auch Sequenziergelsets mit einer Aluminiumplatte erhältlich.
- Bei der Verwendung von TBE-Puffer im Polyacrylamidgel und zur Elektrophorese kann es zu einer Verzerrung des Bandenmusters im Bereich der Fragmente von 300 bis 600 Nucleotiden kommen, falls die aufgetragenen Reaktionsprodukte einen zu hohen Glyceringehalt aufweisen (z.B. wenn Enzym mit hohem Glyceringehalt verwendet wurde oder die Proben nach der Synthese durch Vakuum eingeengt wurden). Daher ist es in einem solchen Fall ratsam, einen Glycerin unempfindlichen Puffer (Tris-Taurinpuffer, Abschn. A1.4.1) für die Herstellung des Gels wie auch für die Elektrophorese zu verwenden.
- Es gibt vorgefertigte Acrylamid-Stammlösungen, die speziell für Sequenziergele entwickelt wurden (z.B. Long Ranger, FMC; RapidGel, RapidGel XL, USB). Obwohl fertige Lösungen teurer sind als die selbst hergestellte Stammlösung, kann ihre Anschaffung sich lohnen. Sie bieten meist eine bessere Auflösung der Banden und eine Verringerung der Abstandsvergrößerung auch im konstant dicken Gel. Zudem kann häufig auf das Entfernen des Harnstoffs verzichtet werden, d.h. der Fixierungsschritt entfällt auch bei Verwendung von ^{35}S und ^{33}P.

A1.4.5 Lesen der Sequenz

Die Sequenz wird auf dem Röntgenfilm von unten nach oben gelesen. Man erhält damit die 5'-3'-orientierte Sequenz des neusynthetisierten Stranges. Durch den Vergleich der Abstände von benachbarten Banden lassen sich auch schwache Banden, die sonst leicht übersehen werden, erkennen.

Treten mehrere Cytosine hintereinander auf, ist die erste dieser C-Banden oft schwach gegenüber den anderen. Umgekehrt ist das erste A in einem Cluster meist stärker als die folgenden. Ein T nach einem A tritt immer als starke Bande auf.

A1.4.6 Trouble Shooting

Keine Banden erkennbar
- Die Sequenzierreaktion hat nicht stattgefunden; Gründe hierfür können sein: zu altes/inaktives Enzym; falscher Sequenzier-Primer; es wurde vergessen, eine Komponente (DNA, Primer, radioaktives dNTP) zuzugeben.

Nur sehr schwache Banden erkennbar
- Die DNA-Synthese war sehr schlecht; mögliche Gründe: altes Enzym; Verunreinigungen der DNA (Phenol, PEG); die DNA sollte dann eventuell nochmals einer Sperminpräzipitation unterzogen werden (Abschn. A1.2.1)
- zu wenig Matrizen-DNA oder Primer: Konzentrationen überprüfen
- das eingesetzte radioaktive dNTP war zu alt
- Klarsichtfolie wurde vor der Exposition des Gels nicht entfernt
- Harnstoff wurde nicht aus dem Gel entfernt: Gele mit ^{35}S- und ^{33}P-markierten Proben sollten vor der Autoradiographie fixiert werden.

Zu früher Abbruch der Banden oder sehr schwache Banden in einer Spur
- Das Verhältnis Didesoxynucleotid zu Desoxynucleotid bei der Kettenabbruchreaktion stimmt nicht; die eingesetzte Menge an Didesoxynucleotid ist zu hoch, die optimale Menge muss in diesem Fall empirisch ermittelt werden
- bei Zyklussequenzierung: ungleichmäßige Temperaturverteilung in den einzelnen Reaktionskammern des Thermocyclers: Sequenzierreaktion in einem anderen Thermocycler wiederholen.

Spezifisches Bandenmuster, aber alle Banden diffus
- Gel vor der Elektrophorese nicht vollständig auspolymerisiert: mindestens 2 h Polymerisationszeit lassen
- DNA-Proben vor dem Auftragen nicht denaturiert
- Geltemperatur während der Elektrophorese zu hoch: Temperatur sollte 60 °C nicht übersteigen
- zu hohe Salzkonzentration in Proben: Proben zur Konzentrierung mit Ethanol präzipitieren, nicht im Vakuum einengen.

Spezifische Banden jeweils in zwei Spuren
- Der Sequenzier-Primer hat an zwei Positionen hybridisiert (siehe Vorbemerkungen zur Auswahl des Primers)
- es wurden zwei Matrizen-DNAs parallel sequenziert; dieser Effekt tritt besonders dann auf, wenn bei M13 eine spontane Deletion stattgefunden hat: es muss frische DNA nach einer erneuten Ausplattierung präpariert werden.

Unspezifische Banden in mehreren Spuren

- Ziehen sich in jeder Spur die Banden ohne spezifisches Muster über das ganze Gel, so hat während der Sequenzierreaktion wahrscheinlich ein nucleolytischer Abbau der DNA stattgefunden: die verwendeten Reagenzien sollten auf das Vorhandensein von Nucleasen überprüft werden.

Banden deutlich erkennbar bis zu einer bestimmten Position, danach plötzlich sehr schwach

- DNA-Bereiche, die längere Palindrome oder einen hohen GC-Gehalt aufweisen, bilden oft sehr stabile Sekundärstrukturen aus (Schleifen, Haarnadelstrukturen). Dies kann zu Fehlern während der Sequenzierreaktion führen: Das Enzym „springt" an solchen Positionen von der DNA. Im Gel finden sich dann an dieser Position, oft über mehrere Basen hinweg, Banden in jeder Spur, da die Synthese hier nicht durch den Einbau eines ddNTPs, sondern durch den Fehler des Enzyms gestoppt wurde. Danach sind die Banden meist nur noch sehr schwach. Besonders Klenow-Polymerase ist gegenüber derartigen Strukturen störanfällig. In einem solchen Fall empfiehlt es sich, die Sequenzierreaktion bei erhöhter Temperatur, eventuell mit einer thermostabilen Polymerase, durchzuführen (s. o.).

Zusammenlaufen von Banden in allen vier Spuren, danach Bereich mit vergrößertem Bandenabstand

- Selbst wenn in der Sequenzierreaktion eine palindromische oder GC-reiche Region korrekt repliziert wurde, kann es sein, dass die entsprechenden DNA-Fragmente während der Elektrophorese nicht vollständig denaturiert werden. Ihr Wanderungsverhalten im Gel wird allerdings nur dann beeinflusst, wenn sich die Sekundärstrukturen am 3'-Ende dieser DNA-Fragmente befinden; das stellt sich im Gel als ein Zusammenlaufen der Banden in allen vier Spuren mit einem darauf folgenden Bereich ohne Banden dar (Kompression). Einige Basen weiter verläuft die Sequenz dann wieder korrekt: Elektrophorese bei erhöhter Temperatur (60 °C) durchführen oder dem Polyacrylamidgel 40 % Formamid zusetzen.
- Falls Kompressionen auftreten ist manchmal auch die Sequenzierung des Gegenstrangs erfolgreicher. Andernfalls kann dieser Effekt oft dadurch minimiert werden, dass in der Sequenzierreaktion an Stelle von dGTP das Nucleotidanalog 7-deaza-dGTP (Mizusawa et al., 1986) oder dITP (Mills und Kramer, 1979) verwendet wird. Beide Nucleotidanaloga bilden instabilere Basenpaarungen aus als dGTP und führen daher in wesentlich geringerem Maß zur Bildung von Sekundärstrukturen.
- Zur Kontrolle sollte allerdings in jedem Fall auch ein Satz von Sequenzierreaktionen mitgeführt werden, in denen dGTP verwendet wurde und die im Gel direkt neben den deaza-dGTP- bzw. dITP-Ansätzen aufgetragen werden. Bei Verwendung von Taq-DNA-Polymerase oder Vent DNA-Polymerase kann deaza-dGTP ebenfalls verwendet werden, dITP wird von diesen Enzymen allerdings nicht als Substrat akzeptiert.

A1.5 Verwendung von automatischen DNA-Sequenziergeräten

Es wurden unterschiedliche DNA-Sequenziergeräte entwickelt, die dazu dienen, die Prozesse der Gelelektrophorese, der Rohdatenerfassung und der Auswertung zu automatisieren. Diese Instrumente basieren auf der Detektion von Fluorophor markierten DNA-Fragmenten direkt im Gel nach Aktivierung mit einem Laser. Bei diesem Verfahren entfallen die Gelbehandlung, die Exposition und selbst das Ableiten der Sequenz aus dem Bandenmuster, denn die detektierten Signale werden computerunterstützt direkt in die Sequenz umgewandelt. Während die erste Generation der DNA-Sequenziergeräte das klassische flache Polyacrylamidgel zur Probentrennung verwendete, wird die Elektrophorese heute in Kapillaren durchgeführt. Die Vorteile dieser Methode liegen in einer besseren Automatisierbarkeit, einem kleineren Probenvolumen und in geringeren Kosten pro Probenlauf als beim flachen Gel. Hinzu kommt, dass bei der Elektrophorese in einer Kapillare aufgrund des hohen Oberfläche/Volumen-Verhältnisses die entstehende Wärme viel besser abgeleitet wird. Daher können höhere Feldstärken verwendet werden, was die Elektrophoresedauer verkürzt. Während bei der Elektrophorese im flachen Gel bei Laufzeiten zwischen 6 und 18 h im Schnitt zwischen 600 und 1.200 Nucleotide gelesen werden können (Ausnahme: Long-Read Tower, Visible Genetics), kommt man mit der Kapillare bei Laufzeiten von 1 bis 4 h auf Leselängen von 500 bis 900 Nucleotiden.

Der Nachteil, dass in einer Kapillare nur eine Probe bzw. ein Reaktionsansatz aufgetrennt werden kann, wird in den meisten Geräten dadurch ausgeglichen, dass Kapillarbündel (*capillary arrays*) mit 8 bis maximal 6 × 64 Kapillaren verwendet werden.

Unabhängig von der Trennmatrix (flaches Gel oder Kapillare) erfolgt die Anregung der Fluorophormoleküle in den meisten Fällen durch einen Argonlaser bei 488 nm. Diese Anregungswellenlänge ist für die meisten von Fluorescein abgeleiteten Fluorophore gut geeignet, weniger günstig für Rhodaminderivate, deren Absorptionsmaximum meist im längerwelligen Bereich liegt (Tab. A1–1). Bei diesen Fluorophoren ergibt sich bei einer Anregung bei 488 nm eine geringere Fluoreszenzausbeute.

Das Problem wird bei einigen DNA-Sequenziergeräten dadurch umgangen, dass sie über eine zweite Anregungswellenlänge verfügen (ABI Prism, Perkin Elmer/Applied Biosystems). Alternativ dazu kann man die Rhodaminfluorophore als Akzeptoren in Kombination mit einem Fluoresceindonor im Energietransfersystem einsetzen, wo die bei der Fluoreszenz des Donors emittierte Energie sehr effizient für die Anregung der benachbarten Akzeptorfluorophore genutzt wird. Fluorophore wie Cy5 oder Cy5.5 oder die im infraroten Wellenlängenbereich absorbierenden Farbstoffe IRDye 700, IRDye 800 und die WellRED Dyes erfordern andere Laser und werden daher mit DNA-Sequenziergeräten analysiert, die andere Anregungswellenlängen aufweisen (ALFexpress, GE Healthcare; GenomeLab™ GeXP Genetic Analysis System, Beckman-Coulter; IR^2, LI-COR, Long-Read Tower, Visible Genetics; Tab. A1–1).

Abhängig von der Detektionseinheit des DNA-Sequenziergerätes können in einer Gelspur bzw. einer Kapillare ein bis vier unterschiedliche Fluorophore parallel detektiert werden. Wird nur ein Fluorophor in allen vier Kettenabbruchreaktionen eingesetzt, werden die Reaktionsansätze nachfolgend in vier Gelspuren bzw. Kapillaren aufgetrennt und die fluoreszierenden DNA-Fragmente bei nur einer Wellenlänge detektiert (*single-label, four lane approach*). Dieses Prinzip ist in dem am EMBL entwickelten ALF DNA-Sequenziergerät verwirklicht (Ansorge, 1986). Eine Weiterentwicklung ist als ALFexpress II (GE Healthcare) auf dem Markt. Die Anregung des Fluorophors (Cy5) erfolgt mittels Laser über die gesamte Gelbreite. Für die Erfassung der Fluoreszenz sind identische Detektoren in einer Reihe über dem Gel positioniert, ein Detektor für jede Gelspur.

Die Detektion zweier unterschiedlicher Fluorophore in einer Gelspur ermöglicht beispielsweise die gleichzeitige Sequenzierung von Strang und Gegenstrang unter Verwendung zweier unterschiedlich markierter Primer. Die Kettenabbruch-Reaktionsansätze für jede Base werden dabei wieder in vier nebeneinander liegende Gelspuren aufgetragen. Dieses Verfahren kann bei dem IR2 Sequenziergerät von LI-COR angewandt werden. Dabei werden die individuellen Gelspuren nacheinander gescannt und dabei die im infraroten Wellenlängenbereich absorbierenden Fluorophore IRDye 700 und 800 mit zwei Diodenlasern angeregt und die Fluoreszenz mit zwei separaten Detektoren gemessen. Im Gegensatz dazu besitzt das Long-Read Tower Sequenziergerät (Visible Genetics) für jede Gelspur eine eigene Detektionseinheit aus Laser (eine Anregungswellenlänge) und Detektor (Zweifachfiltersystem für Cy5 und Cy5.5).

Die meisten DNA-Sequenziergeräte sind in der Lage, vier verschiedene Fluorophore gleichzeitig zu detektieren. Dies bedeutet, dass in der Sequenzierreaktion unterschiedliche Fluoreszenzmarkierungen in jeder der vier Kettenabbruchreaktionen eingebracht und alle vier Ansätze anschließend in einer Spur bzw. Kapillare aufgetrennt werden (*single-label, four lane approach*; Smith *et al.*, 1986, Prober *et al.*, 1987). Während der Elektrophorese werden die Produkte eines jeden Reaktionsansatzes an ihrer spezifischen Fluoreszenz erkannt. Die Reihenfolge der Farben, die einen Fluoreszenzdetektor am unteren Gelende bzw. Kapillarende passieren, wird direkt in die DNA-Sequenz übersetzt. Dieses Verfahren stellt sehr hohe Anforderungen an die Optik des Detektionssystems, denen die verschiedenen Geräte in unterschiedlicher Weise gerecht werden. Beim ABI Prism 377DNASequenziergerät (Applied Biosystems) werden die individuellen Gelspuren mit einem bewegten Laser abgetastet. Die Detektion der unterschiedlichen Fluoreszenzen erfolgt nach Passieren spezieller Filtereinheiten mit einer CCD-Kamera. In den Kapillar-Gelektrophorese-Geräten der ABI Prism Serie erfolgt die Anregung der Proben mit einem stationären Laser. Zur Detektion der unterschiedlichen Fluoreszenzen wird wiederum eine CCD-Kamera verwendet. Allen DNA-Sequenziergeräten gemeinsam ist, dass die detektierten Fluoreszenzsignale mit teilweise hohem Computeraufwand direkt in die DNA-Sequenz übersetzt werden. Die „Ausbeute" an Sequenzinformation pro Sequenzierreaktion ist dabei i.a. höher als sie bei manueller Elektrophorese und Auswertung eines Autoradiogramms erreicht werden kann. Daher wird die Sequenzierung mit Hilfe dieser Automatisierung auch als High-Throughput (HT)-DNA-Sequenzierung bezeichnet.

A1.6 Next-Generation-Sequencing (NGS)

Unter Next-Generation-Sequencing (NGS) werden Verfahren zur Automatisierung von Sequenzanalysen zusammengefasst. Ein Anwendungsgebiet für das NGS ist z.B. nach dem im HT-DNA-Sequenzierungsverfahren abgeschlossenen Humangenomprojekt, das seit Januar 2008 laufende *1000 genomes project*. Dessen Ziel ist es, die Genome von Menschen mit unterschiedlichen genetischen Hintergründen zu entschlüsseln. So können Unterschiede zwischen Afrikanern, Asiaten und Europäern z.B. im Bezug auf die Medikamentenverträglichkeit auf genetischer Ebene verstanden werden, was eine Grundlage für die personalisierte Medizin darstellt. Neben der Medizin profitieren auch andere Bereiche der Wissenschaft vom NGS. So können Evolutionsbiologen ganze Genome von Organismen vergleichen. Ökologen können Arten sequenzieren, die sich im Labor nur schlecht etablieren lassen und einzelne Gene dann molekularbiologisch in Modellorganismen untersuchen. Ebenso ist die Analyse des Transkriptoms vielleicht zukünftig mit diesem Verfahren als Nachfolger für die Arrayanalyse zu betrachten.

Die Weiterentwicklung des Sequenzierverfahrens beruht beim NGS auf dem Wegfall der klassischen Klonierung der DNA zur Gewinnung von genügend Ausgangsmaterial und dem gleichzeitigen Verzicht auf die Gelelektrophorese zum Auslesen der Sequenz. Die Verringerung des Ansatzvolumens führt zur Zeitersparnis. Auch der Einsatz von Reagenzien wird reduziert und dadurch werden Kosten gespart. NGS beruht auf drei unterschiedlichen Prinzipien, die jeweils unterschiedliche Anwendungsbereiche der Genomforschung bedienen (GS 454 Life Sciences von Roche, SOLiD von ABI/Life Technologies und GAIIx von Illumina). Da alle Verfahren kontinuierlich weiterentwickelt werden und zudem herstellerabhängig durchgeführt werden, folgt hier nur eine allgemeine Beschreibung der Verfahren (Haken *et al.*, 2009). Für konkrete Vorschriften wird auf die Angaben der jeweiligen Hersteller verwiesen.

Das Verfahren von Roche wendet das Prinzip der Pyrosequenzierung an, welches Anfang der 1990 Jahre von Ronaghi und Kollegen entwickelt worden ist. Dabei wird zunächst das in Bruchstücken vorliegende Genom an 20 μm-Beads gekoppelt. In einer PCR-Reaktion werden die an Beads gekoppelten Stücke des Genoms amplifiziert, so dass schließlich jedes Bead mehrere Kopien „seines" Genomabschnitts trägt. Jedes der Beads wird dann einzeln in einer Picotiterplatte plaziert. Im Anschluss folgt die Pyrosequenzierreaktion, bei der durch den Einbau eines komplementären Nucleotids das freigesetzte Pyrophosphat (PPi) mit Hilfe eines Enzymtests nachgewiesen wird. Dabei wird das PPi zunächst in ATP umgewandelt und dann die dort gespeicherte Energie in Form eines Lichtblitzes freigesetzt und ausgelesen. D.h auf alle Beads in der Picotiterplatte wird zB. GTP gegeben. Nur wenn dieses Nucleotid zur Synthese des komplementären DNA-Strangs eingebaut werden kann, kommt es zu einem nachweisbaren Lichtblitz. Anschließend folgten ein Waschschritt und die Zugabe eines weiteren Nucleotids. Sollte in der Sequenz ein Baustein mehrfach hintereinander folgen, so ist die Intensität des Lichtblitzes proportional stärker. Das Verfahren kann durchschnittlich etwa 400 Nucleotide pro Well lesen. Geplant sind ca. 1000 Nucleotide. Damit eignet sich die 454-Technik von Roche sowohl zur Analyse völlig unbekannter DNA-Sequenzen als auch zur Re-Sequenzierung bekannter Genome. In einem 10 Stundenversuch lassen sich bis zu 500 Mega-Basenpaare entschlüsseln. Wenn Sequenzfolgen aus vielen Kopien ein und desselben DNA-Bausteins bestehen, stößt das System an seine Grenze. Die Lichtintensität, die durch den Einbau von 22 C-Nucleotiden entsteht, ist kaum von der zu diskiminieren, welche durch den Einbau von 23 C-Nucleotiden induziert wird. Solche Wiederholungen kommen jedoch in codierenden Bereichen der DNA eher selten vor.

Beim Solexa/Illumina-Verfahren wird das Sequenzieren nach Sanger dadurch weiterentwickelt, dass nach dem bekannten Einbau eines Terminatornucleotids und dem damit verbundenen Abbruch der Synthese die Fluoreszenz des Terminatornucleotids ausgelesen wird. Jeder Baustein hat dabei eine eigene Fluoreszenzfarbe. Im Anschluss daran wird die Fluoreszenz und der Terminator entfernt, um die DNA auf den nächsten Sequenzierschritt vorzubereiten. Die zu sequenzierenden DNA-Fragmente werden statt an Beads an solide Träger gebunden (sog. *Bridge*-PCR). Mit dem GAllx von Illumina lassen sich so pro Lauf bis zu 50 Gb Sequenz generieren. Die Leselängen sind allerdings mit nur 36–105 Nucleotiden relativ gering. Das Verfahren ist hauptsächlich beim Vergleich von Sequenzen mit vorhandenen Referenzgenomen vorteilhaft, wenn die Referenz beim Assemblieren der neu gewonnenen Sequenz als Gerüst dient.

Das dritte Verfahren führt die Sequenzierung mit Hilfe von Ligationen farbmarkierter Oktamernucleotide durch. Beim SOLiD-System von ABI/Life Technologies wird zunächst das zu sequenzierende DNA-Fragment an 1 µm-Kügelchen gebunden und dann in einer Wasser-in-Öl-Emulsion (emPCR) klonal vermehrt. Diese Kügelchen werden anschließend auf einen festen Träger aufgebracht und die farblich markierten Oktamer-Nucleotide unterschiedlicher Sequenzen zu den Einzelsträngen hinzugegeben. Passt die Sequenz der Oktamere genau zu der auf der zu lesenden DNA, werden sie durch Ligation fest gebunden. Seine Farbe zeigt dann die Sequenz an. Nach dem Abspalten der Fluoreszenz kann eine erneute Zugabe von Oktameren die weitere Sequenz aufklären. Bisher werden auf diesem Weg 50–75 bp am Stück ausgelesen. Durch eine spezielle Kombination an Farbstoffen wird eine sehr gute Lesegenauigkeit erreicht. Die hohe Zahl parallel durchgeführter Sequenzierungen führt zu einer Datenmenge von ca. 30 Gb pro Lauf. Einsatzbereich für dieses Verfahren ist z.B. die Expressionsanalyse von Genen.

Das NGS wird ständig weiterentwickelt und dabei vom NNGS ergänzt. Das Next-next-Generation-Sequenzing oder auch Sequenzieren der dritten Generation befindet sich allerdings noch in den Kinderschuhen und wird noch einige Jahre brauchen, bis es tatsächlich Marktreife erreicht. Es wird hier daher nicht weiter erläutert.

Literatur

Ansorge, W., Labeit, S. (1984): Field Gradients Improve Resolution on DNA Sequencing Gels. J. Biochem. Biophys. Meth. 10, 237–243.

Ansorge, W., Sproat, B.S., Stegemann, J., Schwager, C.H. (1986): A Non-Radioactive Automated Method for DNA Sequence Determination. J. Biochem. Biophys. Meth. 13, 315–323.

Biggin, M.D., Gibson, T.J., Hong, G.F. (1983): Buffer Gradient Gels and 35S Label as an Aid to Rapid DNA Sequence Determination. Proc. Natl. Acad. Sci. USA 80, 3963–3965.

Chen, E.Y., Seeburg, P.H. (1985): Supercoil Sequencing. A Fast and Simple Method for Sequencing Plasmid DNA. DNA 4, 165–170.

Fuller, C.W. (1989): Modified T7 DNA-Polymerase for DNA Sequencing. Methods Enzymol. 216, 329–354.

Gyllensten, U.B. (1989): PCR and DNA Sequencing. Biotechniques 7, 700–708.

Haken, T., Zichner, H., Schmidt, E.R., Technologierevolution in der Genomforschung. Natur & Geist 2, 2009, 33- 37

Hung, S.-C., Mathies, R.A., Glazer, A.N. (1997): Optimization of Spectroscopic and Electrophoretic Properties of Energy Transfer Primers. Anal. Biochem. 252, 78–88.

Innis, M.A., Myambo, K.B., Gelfand, D.H., Brow, M.A.D. (1988): DNA Sequencing with *Thermus aquaticus* DNA-Polymerase and Direct Sequencing of Polymerase Chain Reaction-Amplified DNA. Proc. Natl. Acad. Sci. USA 85, 9436–9440.

Ju, J.Y., Ruan, C.C., Fuller, C.W., Glazer, A.N., Mathies, R.A. (1995): Fluorescence Energy-Transfer Dye-Labeled Primers for DNA-Sequencing and Analysis. Proc. Natl. Acad. Sci. USA 92, 4347–4351.

Lee, L.G., Connell, C.R., Woo, S.L., Cheng, R.D., McArdle, B.F., Fuller, C.W., Halloran, N.D., Wilson, R.K. (1992) DNA Sequencing with Dye-Labeled Terminators and T7 DNA-Polymerase. Effect of Dyes and NTPs on Incorporation of Dyeterminators and Probability Analysis of Termination Fragments. Nucleic Acids Res. 20, 2471–2483.

Maxam, A.M., Gilbert, W. (1977): A New Method for Sequencing DNA. Proc. Natl. Acad. Sci. USA. 74, 560–564.

Maxam, A.M., Gilbert, W. (1980): Sequencing End-Labeled DNA with Base-Specific Chemical Cleavages. Methods Enzymol. 65, 499–560.

Mills, D.R., Kramer, F.R. (1979): Structure Independent Nucleotide Sequence Analysis. Proc. Natl. Acad. Sci. USA 76, 2232–2235.

Mizusawa, S., Nishimura, S., Seela, F. (1986): Improvement of the Dideoxy Chain Termination Method of DNA Sequencing by Use of Deoxy-7-Deazaguanosine Triphosphate in Place of dGTP. Nucl. Acids Res. 14, 1319–1324.

Olsson, A., Moks, T., Uhlen, M., Gaal, A.B. (1984): Uniformly Spaced Banding Pattern in DNA Sequencing Gels by Use of Field-Strength Gradient. J. Biochem. Biophys. Meth. 10, 83–90.

Prober, J.M., Trainor, G.L., Dam, R.J., Hobbs, F.W., Robertson, C.W., Zagursky, R.J., Cocuzza, A.J., Jensen, M.A., Baumeister, K. (1987): A System for Rapid DNA Sequencing with Fluorescent Chain-Terminating Dideoxynucleotides. Science 238, 336–341.

Ronaghi M, Karamohamed S, Pettersson B, Uhlén M, Nyrén P. (1996): Real-time DNA sequencing using detection of pyrophosphate release. Analytical Biochemistry Nov 1;242(1):84-9.Rao, V.B. (1994): Direct Sequencing of Polymerase Chain Reaction-Amplified DNA. Anal. Biochem. 216, 1–14.

Sanger, F., Nicklen, S., Coulson, A.R. (1977): DNA-Sequencing with Chain-Terminating Inhibitors. Proc. Natl. Acad. Sci. USA 74, 5463–5467.

Sears, L.E., Moran, L.S., Kissinger, C., Creasey, T., Perry-O'Keefe, H., Roskey, M., Sutherland, E., Slatko, B.E. (1992): Circum Vent Thermal Cycle Sequencing and Alternative Manual and Automated DNA Sequencing Protocols Using the Highly Thermostable VentR(exo-)DNA-Polymerase. Biotechniques 13, 626–633.

Sheen, J.-Y., Seed, B. (1988): Electrolyte Gradient Gels for DNA Sequencing. Biotechniques 6, 942–944.

Slatko, B.E. (1994): Thermal Cycle Dideoxy DNA Sequencing. Meth. Mol. Biol. 31, 35–45.

Smith, L.M., Fung, S., Hunkapiller,M.W., Hunkapiller, T.J., Hood, L.E. (1985): The Synthesis of Oligonucleotides Containing an Aliphatic Amino Group at the 5'-Terminus. Synthesis of Fluorescent DNA Primers for Use in DNA Sequence Analysis. Nucl. Acids Res. 13, 2399–2412.

Smith, L.M., Sanders, J.Z., Kaiser, R.J., Hughes, P., Dodd, C., Connell. C.R., Heiner, C., Kent, S.B.H., Hood, L.E. (1986): Fluorescence Detection in Automated DNA Sequence Analysis. Nature 321, 674–679.

Tabor, S., Richardson, C.C. (1987): DNA Sequence Analysis with a Modified Bacteriophage T7 DNA-Polymerase. Proc. Natl. Acad. Sci. USA 84, 4767–4771.

Tabor, S., Richardson, C.C. (1989): Effect of Manganese Ions on the Incorporation of Dideoxynucleotides by Bacteriophage T7 DNA-Polymerase and E. coli DNA-Polymerase I. Proc. Natl. Acad. Sci. USA 86, 4076–4080.

Anhang 2 Proteinidentifizierung und Sequenzierung

(Sabine Wolf)

Das klassische Verfahren zur Identifizierung und Sequenzermittlung von Proteinen ist der Edman-Abbau. Er hat allerdings an Bedeutung verloren, da im Bereich der Bioanalytik eine enorme Entwicklung der massenspektrometrischen Methoden stattgefunden hat.

Welche Methode letztendlich für die Sequenzierung bzw. Identifizierung eines Proteins herangezogen werden sollte, ist von einer Reihe von Faktoren abhängig. Ist allein die Identifizierung eines Proteins von Interesse, bedient man sich der Massenspektrometrie. Dies ist schneller und kostengünstiger als der chemische Abbau von Proteinen und Peptiden nach Edman. Allerdings ist dieses klassische Verfahren noch die Methode der Wahl, wenn die Frage nach der richtigen Prozessierung an erster Stelle steht. Dies ist z.B. bei rekombinanten Proteinen der Fall. Gleiches gilt für chemische sowie enzymatische Verfahren zur carboxyterminalen Sequenzierung.

Auch die zur Verfügung stehende apparative Ausstattung ist oft ausschlaggebend für die Art der Analyse. Natürlich sind die zur Proteinsequenzierung benötigten Apparate wie Mikro-HPLC, Proteinsequenzer oder gar ein Massenspektrometer nicht in jedem Labor vorhanden. Viele Arbeitsgruppen und Unternehmen bieten diese Techniken als Dienstleistung an. Auf die ausführliche Beschreibung dieser apparativ aufwendigen Methoden zur Sequenzermittlung oder Identitätsklärung wird deshalb an dieser Stelle verzichtet. Eine Tabelle am Ende des Kapitels (Tab. A2–4) fasst die Methoden zusammen und gibt eine Entscheidungshilfe.

Die im Folgenden beschriebenen Methoden behandeln Techniken, die in einem Labor mit einer allgemeinen Grundausstattung durchführbar sind und insbesondere der Probenvorbereitung dienen.

A2.1 Massenspektrometrie

Die Identifizierung und Sequenzierung von Proteinen durch massenspektrometrische Methoden (MS-Analyse) erfordert die Kombination von drei Basistechnologien:
- Proteinchemie zur Trennung komplexer Proteingemische (1D- und 2D-Gelelektrophorese) und zur enzymatischen Hydrolyse ausgewählter Banden oder Spots
- Massenspektrometrie (MALDI- und ESI-Technik)
- Bioinformatik (Abb. A2–1).

Die proteinchemischen Verfahren zur Trennung von Proteingemischen sind in Abschn. 2.1 ausführlich beschrieben. Dennoch gilt für die Vorbereitung zur MS-Analyse der Hinweis, dass hier auf besondere Sauberkeit (Geräte, Handschuhe, Schutzkleidung) und auf sehr gute Qualität der Chemikalien zu achten ist. Die MS-Analyse zeichnet sich durch hohe Empfindlichkeit aus. Diese hohe Sensitivität bringt aber auch Nachteile. Da meist komplette Hydrolyseansätze (tryptische Peptide eines Proteins) untersucht werden, sind Kontaminationen vor und während der Hydrolyse zu vermeiden. Häufig findet man in unsauberen Proben humanes Keratin (Haut, Haarschuppen), Schafkeratin (Wollpullover) oder Glucoseoligomere (Stärke gepuderter Handschuhe). Da Keratinpeptide besonders gut ionisiert werden, überdecken sie oft das eigentliche Signal der Probe. Keratine sind ein Hauptbestandteil von Staub und gut löslich in β-Mercaptoethanol. Wird bei der Elektrophorese oder Fokussierung unter denaturierenden Bedingungen

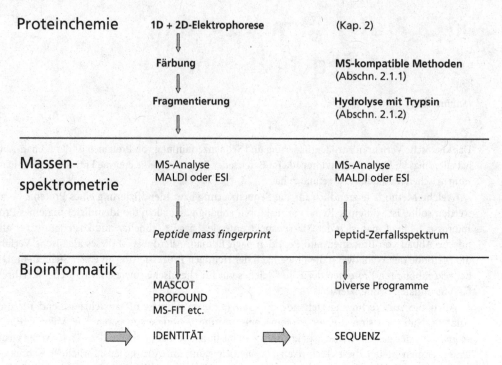

Abb. A2–1: Überblick MS-Analyse.

gearbeitet, sollte daher ausschließlich DTT verwendet werden. Zur Vermeidung von Kontaminationen werden die Proben mit Chemikalien hoher Reinheit vorzugsweise unter Sterilbänken oder in Reinräumen vorbereitet.

Auch Färbetechniken sind in Abschn. 2.2.1 und 2.2.2 bereits beschrieben. An dieser Stelle werden drei Färbemethoden für Proteingele vorgestellt, die sich besonders in der Proteomanalyse durchgesetzt haben. Sie zeichnen sich nicht nur durch eine hohe Empfindlichkeit, sondern auch durch ihre Kompatibilität gegenüber der MS-Analyse aus. Proteinmodifikationen, die eine Auswertung erschweren, werden dabei weitgehend vermieden.

Man unterscheidet zwischen zwei unterschiedlichen Verfahren für die massenspektrometrische Identifizierung und Sequenzierung von Proteinen. Der Unterschied in den beiden Techniken beruht vor allem auf der Ionisierungsmethode. Bei der Matrix-Assisted-Laser-Desorption-Ionisations-MS (MALDI-MS) wird die Probe in eine kristalline, organische Matrix eingebettet. Die Ionisierung der Probe erfolgt durch gepulsten Laserbeschuss. Die Matrix, bei Peptidanalysen häufig α-Cyano-4-hydroxyzimtsäure, absorbiert das Laserlicht, verdampft und überführt die eingebetteten Probenmoleküle schonend und fragmentierungsarm in die Gasphase. Die sauren Matrixmoleküle sorgen gleichzeitig für die Ionisierung der Probenmoleküle. Mit dieser Methode werden überwiegend einfach geladene Peptidionen erzeugt. Die MALDI-MS ist außerdem wenig anfällig für Salze.

Bei der Elektro-Sprayionisation (ESI-MS) geht man von einer gelösten Probe aus, die unter Atmosphärendruck durch eine dünne Kapillare gesprüht wird. Die Potenzialdifferenz von einigen kV zur nahegelegenen Elektrode sorgt für eine hohe elektrische Feldstärke. Die Probe wird dadurch in kleine, elektrisch geladene Tröpfchen zerstäubt. Durch Anwesenheit von Puffern, Salzen oder Detergenzien kann der Ionisierungsprozess empfindlich gestört werden. Außerdem können aus Begleitsubstanzen und Probe Addukte entstehen, die eine Auswertung der Massenspektren unmöglich machen. Eine vorangehende Entsalzung der Probe ist daher ratsam. Oft ist ein ESI-Massenspektrometer bereits mit einem chromatographischen Trennsystem gekoppelt (LC-ESI-MS).

Die massenspektrometrische Identifizierung von Proteinen beruht generell auf dem Molmassenvergleich von experimentell erzeugten Peptidfragmenten eines gesuchten Proteins (*peptide mass fingerprint*) mit den theoretischen Massen von Peptidfragmenten bekannter Proteine. Eine eindeutige Identifizierung des untersuchten Proteins mit solchen statistischen Verfahren gelingt nur, wenn das Protein, Homologe oder verwandte Proteine bzw. die entsprechende DNA bereits in Datenbanken annotiert sind. Die gängigsten bioinformatischen Tools zur Identifizierung von Proteinen mittels *peptide mass fingerprint* sind die Programme PROFOUND (URL: http://prowl.rockefeller.edu/profound_bin/WebProFound.exe), Mascot (URL: http://www.matrixscience.com/cgi/search_form.pl?FORMVER=2&SEARCH=PMF) und MS-FIT (URL:http://prospector.ucsf.edu/ucsfhtml4.0/msfit.htm).

Führt eine Fragmentanalyse nicht zur Identifizierung, so kann mittels MS-Analyse auch eine *de novo*-Sequenzierung durchgeführt werden. Enthält der *peptide mass fingerprint* der Probe Peptide mit ausreichend hoher Intensität, so können abhängig vom jeweiligen Massenspektrometer so genannte Fragment-Ionenspektren aufgenommen werden. Mithilfe von ESI-Triple-Quadrupol-Massenspektrometern können aus der zu analysierenden Probe einzelne Peptide herausgefiltert werden. Durch Kollision mit neutralen Gasen werden Fragmentionen erzeugt. Die häufigsten Fragmentierungen treten zwischen dem Carbonyl-kohlenstoff und dem Amidstickstoff der Peptidkette auf. Wird eine komplette Zerfallsserie erhalten, lässt sich daraus direkt die Sequenz des Peptides ermitteln. Etwas zeitaufwändiger ist die Aufnahme so genannter PSD-Spektren mit dem MALDI-Massenspektrometer. Die metastabile Fragmentierung von Peptiden, die in der feldfreien Driftstrecke hinter der Ionenquelle auftritt (*post source decay*), kann ebenfalls zur Sequenzermittlung herangezogen werden.

Vorteile der MS-Methoden sind:
- geringer Probenverbrauch
- Cystein ist auch ohne vorherige Derivatisierung identifizierbar
- posttranslationale Modifikationen wie Phosphorylierung und Glykosylierung sind leichter aufzufinden

Die massenspektrometrische Sequenzierung hat neben den Vorteilen aber auch einige Einschränkungen. Die Methoden sind weder quantitativ noch semiquantitativ und verschiedene Peptide sind unterschiedlich leicht ionisierbar. Die aminoterminale Sequenzinformation wird nur bei zufälliger Analyse des N-terminalen Peptids erhalten. Auf die Einheitlichkeit (Reinheit oder einheitlicher N- bzw. C-Terminus) des Aminoterminus lassen sich daraus keine Rückschlüsse ziehen. C-terminale Peptide dagegen sind im Peptidspektrum auffindbar, wenn man die tryptische Hydrolyse in Gegenwart von schwerem Wasser durchführt, vorausgesetzt dieses Peptid endet nicht mit Arginin oder Lysin. Durch den Einbau von zwei Atomen ^{18}O in internen Peptiden, unterscheiden sich C-terminale Peptide von internen durch den fehlenden Massenshift von +4 Da. Aufschlüsse über die Einheitlichkeit eines Proteins kann die Aufnahme eines Massenspektrums von unhydrolysiertem Protein geben. Limitationen bestehen bezüglich der Molekülgröße, die bei MALDI-MS bei etwa 150 kDa, bei ESI-Techniken bei mehreren 100 kDa liegt.

Nachteilig bei diesen Methoden ist auch, dass aufgrund gleicher Molmassen Isoleucin und Leucin nicht eindeutig voneinander zu unterscheiden sind; gleiches gilt für die drei isobaren Hydroxyprolinisomere. Die Länge der sequenzierbaren Peptide ist auf ca. 30 Aminosäuren beschränkt, daher werden vor allem trypsinhydrolysierte Proteine untersucht. Des Weiteren stören Detergenzien wie Triton X-100 und Natriumionen die Analyse. Ein Umstand, der besonders bei der Probenvorbereitung (z.B. enzymatische Hydrolyse von geblotteten Proben) eine Rolle spielt.

Literatur

Schnölzer, M. Jedrzejewski, P., Lehmann, W.D. (1996): Protease-catalyzed incorporation of 18O into peptide fragments and its application for protein sequencing by electrospray and matrix-assisted laser desorption/ionization mass spectrometry. Electrophoresis 17(5), 945-953.

A2.1.1 Massenspektrometrie kompatible Färbemethoden für Proteingele

Zur vergleichenden Analyse von Proteinmustern wurden für die Proteomanalyse sensitive Färbemethoden von Proteingelen entwickelt. Auch das lineare Verhältnis von optischer Dichte und Proteinmenge über einen möglichst weiten Konzentrationsbereich ist entscheidend. Da in der Proteomanalyse vorwiegend massenspektroskopische Verfahren herangezogen werden, soll eine Modifizierung und starke Fixierung des Proteins im Gel vermieden werden. Im Folgenden sind MS-kompatible Färbungen für Gele mit Coomassie, Silber und Sypro-Ruby beschrieben. Für alle drei Methoden gilt, dass zur Vermeidung von Keratinkontaminationen unbedingt Färbeschalen mit Deckel verwendet werden sollten.

A2.1.1.1 Kolloidale Coomassie-Färbung

Die wenig sensitiven Färbungen mit Coomassie R-250 und G-250 zeigen einen weiteren linearen Messbereich als die Silberfärbung. Allerdings liegt die Nachweisgrenze hier bei 0,1–2 µg Protein (Abschn. 2.2.1). Das kolloidale Coomassie G-250, die dimethylierte Form von Coomassie Brilliant Blue (CBB) R-250, detektiert Proteine bis zu einer Konzentration von 10 ng und kommt damit der Sensitivität der Silberfärbung sehr nahe. Entsprechende Färbekits werden von verschiedenen Herstellern angeboten (z.B. BioRad, Invitrogen und Pierce). Das hier beschriebene Protokoll ist modifiziert nach einer Vorschrift des EMBL (EMBL Proteomics visitor facility URL:http://www.proteomics.efil.org/x3fd4474867506/). Eine Fixierung des Gels vor der Färbung ist nicht erforderlich. Eine Modifikation der Proteine und eine zu starke Fixierung im Gel, die eine anschließende Elution erschweren, werden dadurch verhindert.

Materialien

- ortho-Phosphorsäure, ≥ 85 % (v/v)
- Stammlösung I (ca. 2 % (v/v) ortho-Phosphorsäure, ca. 10 % (w/v) Ammoniumsulfat): 768 ml dest. H_2O mit 16 ml ortho-Phosphorsäure versetzen, 80 g Ammoniumsulfat darin lösen
- Stammlösung II (5 % (w/v) CBB G-250-Lösung): 1 g CBB G-250 in 20 ml dest. H_2O lösen
- Stammlösung III: 16 ml Stammlösung II mit Stammlösung I auf ein Endvolumen von 800 ml auffüllen, nicht filtrieren; die Stammlösung III kann mehrere Wochen bei Raumtemperatur gelagert werden
- CBB-Färbelösung: unmittelbar vor der Färbung 200 ml Methanol unter Rühren zur Stammlösung III geben; Endkonzentration Methanol 20 % (v/v), Endvolumen der Färbelösung 1000 ml
- Entfärbelösung: dest. H_2O, optional mit Essigsäure 1 % (v/v)

Durchführung

- Unmittelbar nach der Elektrophorese werden die Gele bei RT in der CBB-Färbelösung (6 h bis über Nacht) geschüttelt
- Gele anschließend mit Entfärbelösung behandeln; Lösung mehrmals wechseln bis zum gewünschten Signal/Hintergrund-Verhältnis.

A2.1.1.2 Silberfärbung

Mit Silber-Färbemethoden lässt sich weniger als 1 ng Protein pro Bande nachweisen. Viele Methoden arbeiten jedoch zur Steigerung der Nachweisempfindlichkeit mit Sensitzern und vernetzenden Reagenzien, die bei der MS-Analyse zu ungewünschten Nebenprodukten führen können. Oxidierende Substanzen, wie z.B. Kaliumdichromat und Vernetzer wie Glutardialdehyd sind deshalb unbedingt zu vermeiden. Das hier beschriebene Protokoll nach Shevchenko *et al.* (1996) hat sich in der MS-Analytik durchgesetzt.

Materialien

- Fixierungslösung: 50 % (v/v) Methanol, 5 % (v/v) Essigsäure, 45 % (v/v) deionisiertes Wasser
- Waschlösung I: 50 % (v/v) Methanol, 50 % (v/v) deionisiertes Wasser
- Waschlösung II: deionisiertes Wasser
- Sensitizer: 0,02 % (w/v) $Na_2S_2O_3 \times 5\ H_2O$ in deionisiertem Wasser
- Silberreagenz: 0,1 % (w/v) Silbernitrat in kaltem (4 °C) deionisiertem Wasser
- Entwickler (0,04 % (w/v) Formaldehyd, 2 % (w/v) Na_2CO_3): 20 g Natriumcarbonat in 1000 ml deionisiertem Wasser lösen, 0,4 ml Formaldehyd (37 % (w/v)) unmittelbar vor Gebrauch zusetzen
- Stopplösung: 5 % (v/v) Essigsäure
- Aufbewahrungslösung: 1 % (v/v) Essigsäure

Durchführung

Gel unter leichtem Schütteln bei Raumtemperatur nacheinander inkubieren in:

- Fixierlösung, 20 min
- Waschlösung I, 10 min
- Waschlösung II, mehr als 2 h oder über Nacht
- Sensitizer, 1 min
- Waschlösung II, zweimal je 1 min
- Silberreagenz, 20 min bei 4 °C, anschließend das Gel in eine neue Schale überführen
- Waschlösung II, 1 min
- Entwickler, dreimal ca. 5 min; Farbe des Entwicklers beobachten und wechseln, sobald der Entwickler nach gelb umschlägt
- Stopplösung, dreimal 5 min
- Gel kann anschließend bis zum Ausschneiden der Banden/Spots in Aufbewahrungslösung mehrere Wochen bei 4 °C gelagert werden.

A2.1.1.3 Fluoreszenzfärbung mit Sypro-Ruby

Die Sypro-Ruby-Färbelösung ist über eine Reihe kommerzieller Anbieter erhältlich. Sie enthält einen fluoreszierenden Metallchelat-Farbstoff, der Ruthenium als Bestandteil eines organischen Komplexes aufweist. Die Anregungsmaxima des Farbstoffs liegen bei 300 und 480 nm, die Wellenlänge des emittierten Lichtes liegt bei 618 nm. Für Dokumentationszwecke müssen die gefärbten Gele mit einem Laser-Fluoresszenzscanner mittels Blaulichtlaser angeregt und mit geeigneten Filtern untersucht werden. Der Vorteil des Farbstoffs liegt zum einen in seiner hohen Sensitivität. Andererseits ist die Korrelation zwischen Proteinmenge und Farbintensität im Bereich von 1 ng bis 1000 ng linear. Deshalb hat sich die Methode vor allem in der Proteomanalyse durchgesetzt.

Kommt es nicht auf eine vergleichende Analyse an und kann auf eine Dokumentation verzichtet werden, so ist eine Sichtbarmachung auch auf einem UV-Tisch mit geeigneter Wellenlänge möglich, allerdings mit deutlich reduzierter Empfindlichkeit. Bessere Ergebnisse werden beim Ausschneiden der Banden/Spots auf einem Blaulichttisch erzielt (Dark Reader, Clare Chemical Research beziehbar über Mobitec). Die Hersteller und Vertreiber von Sypro-Ruby empfehlen die einmalige Verwendung des Farbstoffs. Wird keine vergleichende oder quantitative Analyse durchgeführt, kann der Farbstoff in einem lichtundurchlässigen Gefäß aufbewahrt und ein- bis zweimal wiederverwendet werden. Die Empfindlichkeit nimmt allerdings ab.

Materialien

- SR-Fixierungslösung: 40 % (v/v) Methanol, 10 % (v/v) Essigsäure, 50 % (v/v) deionisiertes Wasser
- Sypro-Ruby-Färbelösung (z.B. BioRad, Mobitec, Perkin Elmer)

Durchführung

Gel aus Kassette nehmen, kurz mit deionisiertem Wasser abspülen (Spritzflasche) und in eine Kunststoff-schale überführen (Polypropylen, keine Glasschalen). Anschließend unter leichtem Schütteln (Rotation bevorzugt) bei Raumtemperatur nacheinander inkubieren in:

- SR-Fixierungslösung, 20 min
- 500 ml Sypro-Ruby-Färbelösung (empfohlene Lösungsmenge für ein Gel der Größe 250 mm × 200 mm × 1 mm); bis zu drei Gele dieser Größe können gleichzeitig gefärbt werden; die Färbeschale muss lichtdicht (Alufolie) verschlossen werden; Färbedauer 3 h bis über Nacht
- vor der Dokumentation bzw. dem Ausschneiden ca. 5 min in SR-Fixierungslösung inkubieren.

Literatur

Kolloidale Coomassie-Färbung:
Neuhoff, V., Arold, N., Taube, D., Erhardt, W. (1988): Improved staining of proteins in polyacrylamide gels including isoelectric focusing gels with clear background at naonogram sensitivity using coomassie Brilliant Blue G-250 and R-250. Electrophoresis 9, 255-262.

Silberfärbung:
Shevchenko, A., Wilm, M., Vorm, O., Mann, M. (1996): Mass spectrometric sequencing of proteins from silver-stained polyacrylamide gels. Anal. Chem. 68, 850-858.

Fluoreszenzfärbung mit Sypro-Ruby:
Berggren, K., Chernokalskaya, E., Steinberg, T.H. Kemper, C., Lopez, M.F., Diwu, Z., Haugland, R.P., Patton, W.F. (2000): Bachground-free, high sensitivity staining of proteins in one- and two-dimensional sodium dodecyl sulfate-polyacrylamide gels using a luminescent ruthenium complex. Electrophoresis 21, 2509-2521.

A2.1.2 Fragmentierungsmethoden der Massenspektrometrie-Analyse

Prinzipiell sind alle chemischen und enzymatischen Fragementierungsmethoden für die MS-Analyse einsetzbar (s. auch Abschn. A 2.3). Die am häufigsten verwendete Methode ist die enzymatische Hydrolyse mit Trypsin. Einerseits liefert das Enzym aufgrund der statistischen Verteilung der basischen Aminosäuren Lysin und Arginin Peptide im optimalen Messbereich (zwischen 700 und 3000 Da). Andererseits tragen alle Fragmentpeptide carboxyterminal eine protonierbare Aminosäure. Die Peptide sind damit gut ionisierbar.

A2.1.2.1 Hydrolyse mit Trypsin

Für die Hydrolyse sollte ausschließlich modifiziertes Trypsin in Sequenzierqualität verwendet werden, da hier weniger autolytische Fragmente des Enzyms selbst entstehen. Die Autolyse ist dennoch nicht ganz unerwünscht. Porcines Trypsin liefert typische autolytische Fragmentpeptide (108–115; M-H$^+$ = 842,5094 m/z und 58–77; M-H$^+$ = 2211,1040 m/z), die zur internen Kalibrierung herangezogen werden können. Diese interne Kalibrierung kann die Massengenauigkeit der Analyse deutlich erhöhen.

Materialien

- silikonisierte Reaktionsgefäße (0,6 ml, Biozym)
- Wasser (HPLC-*grade*, Roth)
- Acetonitril (HPLC-*grade*, Roth); Verdünnung herstellen: 20 % und 50 % (v/v)
- NH$_4$HCO$_3$ p.a.
- Hydrolysepuffer: 50 mM NH$_4$HCO$_3$, pH-Wert nicht einstellen, sollte bei pH 8,0–9,0 liegen; Lösung stets frisch ansetzen

- Trypsin (porcine, *sequencing grade*, modified, Promega)
- Salzsäure p.a.
- Trypsinstammlösung: 500 ng $\times$ μl^{-1} Trypsin in 1 mM HCl; Aliquots bei –20 °C lagern
- Trypsinlösung: Stammlösung 1:10 mit 1 mM HCl verdünnen; Lösung stets frisch ansetzen
- Trockenschrank oder Wasserbad: 37 °C

Durchführung

- Proteinbande oder Spot (Gelstück sollte nicht größer als 2 mm² sein) in silikonisiertes 0,6 ml-Reaktionsgefäß überführen
- 100 µl Wasser zugeben und 20 min bei RT schütteln, Überstand abziehen und verwerfen, Vorgang wiederholen
- dieser Zwischenschritt gilt nur für Coomassie gefärbte Gelstücke: mit 100 µl 20 %igem (v/v) Acetonitril versetzten, 20 min bei RT schütteln, Überstand abziehen und verwerfen
- je zweimal mit 100 µl 50 %igem (v/v) Acetonitril 20 min bei RT schütteln, Überstand abziehen und verwerfen
- einmal mit 100 µl 100 % Acetonitril versetzen, 15 min bei RT schütteln, Überstand abziehen und verwerfen
- Proben bei geöffnetem Deckel ca. 10 min trocknen lassen
- 1 µl Trypsinlösung und 20 µl Hydrolysepuffer zugeben und 6 bis 18 h bei 37 °C im Trockenschrank oder Wasserbad inkubieren
- Probe nach der Hydrolyse direkt für die Analyse verwenden oder bis zur Verwendung bei –20 °C lagern.

Trouble Shooting

Werden beim *peptide mass fingerprint* keine Ergebnisse erhalten, so kann das unterschiedliche Ursachen haben. Die häufigsten Ursachen werden hier vorgestellt.

Das Spektrum zeigt intensive Signale, eine Identifizierung schlägt dennoch fehl

- Die Signale stammen aus Verunreinigungen (Keratine, Glucoseoligomere). Gelstück ohne Protein mitführen und analysieren. Bestätigt sich das Ergebnis auch hier, Präparation wiederholen und Verunreinigung vermeiden.
- Protein wurde während der Aufarbeitung zu stark modifiziert (z.B. durch Erwärmen in harnstoffhaltigen Puffern, Oxidationsmitteln und Vernetzern). Bei der routinemäßigen Abfrage werden solche Modifikationen nicht berücksichtigt. Erneute Präparation unter entsprechenden Vorkehrungen wiederholen.
- Protein bzw. DNA-Sequenz ist noch nicht annotiert. Falls die vermutete Sequenz laborintern bekannt ist, virtuelles Fragmentierungsmuster mittels PeptideMass (URL: http://www.expasy.org/tools/peptidemass.html) erzeugen und mit Messdaten vergleichen. Ist das Protein gänzlich unbekannt, kann eine *de novo*-Sequenzierung im Massenspektrometer Sequenzinformation liefern.

Das Spektrum zeigt keine oder nur kleine Signale

- Proteinmenge ist zu gering. Anhand der verwendeten Färbemethode ungefähre Proteinmenge abschätzen. Dienstleister garantieren häufig nur eindeutige Spektren, wenn 10 bis 100 pmol Protein geliefert werden. Man halte sich dabei vor Augen, dass 10 pmol eines Proteins mit 100 kDa Molmasse bereits einem µg entspricht, ein schwacher Spot (je nach Färbemethode) aber nur wenige ng-Mengen enthalten kann.
- Trypsin ist inaktiv, durch unsachgemäße Lagerung oder falsch angesetzten Hydrolysepuffer (falscher pH-Wert). Vergleichsprobe (z.B. BSA-Standardbande) mitführen. Werden hier auch keine Peptide gefunden, Puffer überprüfen oder neues Trypsin verwenden.
- Trypsinhydrolyse war unvollständig, es sind zu wenige Fragmente entstanden. Vergleichsprobe (BSA) mitführen und Hydrolysedauer eventuell verlängern bzw. Trypsinzugabe erhöhen.

- Probe enthält zu viele Salze und Begleitsubstanzen, die eine Ionisierung stören; Proben sollten beim Dienstleister routinemäßig entsalzt werden (durch Zip-Tips).
- Probe wurde vor der Analyse nicht angesäuert. Das Ansäuern gehört zur routinemäßigen Vorbehandlung vor der Auftragung im Massenspektrometer. Die Ionisierung wird dadurch entscheidend verbessert.
- Das untersuchte Protein enthält wenige (saurer isoelektrischer Punkt) oder sehr viele (basischer elektrischer Punkt) basische Aminosäuren. Im üblichen Massenfenster von 700 bis 3000 Da werden daher keine oder nur wenige Peptide beobachtet. Abhilfe: alternative Protease nach Herstellerangaben einsetzen, z.B. Chymotrypsin oder Endoproteinase Lys-C (bei stark basischen Proteinen entstehen hier größere Fragmente).

A2.2 Chemische Sequenzierung nach Edman

Der schrittweise, aminoterminale Abbau von Proteinen und Peptiden nach Edman war über Jahrzehnte die beherrschende Methode für die Sequenzermittlung. Diese automatisierte, chemische Methode wurde im letzten Jahrzehnt mehr und mehr von der Massenspektrometrie verdrängt. Dennoch, die N-terminale Sequenzierung liefert nicht nur wichtige Hinweise bezüglich der Identität eines Proteins, sondern es lassen sich auch posttranslationale Prozessierungen durch Proteasen eindeutig nachweisen. Die N-terminale Sequenz unbekannter Proteine ist zudem für das Ableiten von Oligonucleotid-Primern hilfreich. Sie werden für die anschließende molekularbiologische Amplifikation der cDNA eingesetzt, denn nach wie vor lässt sich die Totalsequenz von Proteinen auf cDNA-Ebene schneller und kostengünstiger ermitteln.

Problematisch bei der N-terminalen Sequenzermittlung ist die Blockierung durch Pyroglutamat-, Acetyl- oder Formylreste, die bei eukaryotischen Proteinen in bis zu 80 % der Fälle vorliegen kann. *In vivo* dient diese Modifikation der Verlängerung der Halbwertszeit z.B. als Schutz vor dem Abbau durch Aminopeptidasen. Auch in Bakterien überproduzierte Proteine tragen häufig noch den initialen N-Formyl-Methioninrest. Ein blockierter Aminoterminus lässt sich erst nach der ergebnislosen Sequenzierung feststellen, falls ausreichende Mengen an Protein eingesetzt wurden. Bereits sequenzierte Proben, die kein Ergebnis lieferten, sollten aber keineswegs verworfen werden. Nach chemischer (N-Acetyl-Serin, N-Acetyl-Threonin, Formyl-Methionin) oder enzymatischer Deblockierung (Pyroglutamat, N-Acetylaminosäuren) lohnt sich ein zweiter Sequenzierungsversuch. Einschränkend muss bemerkt werden, dass die Ausbeuten der Deblockierungen sehr unterschiedlich ausfallen können und bei den chemischen Methoden, die im Sauren durchgeführt werden, oft interne Hydrolysen zu beobachten sind.

Eine alternative Methode, die allerdings nur zur Proteinidentifizierung, nicht zur Bestimmung der aminoterminalen Sequenz herangezogen werden kann, ist das so genannte *mixed peptide sequencing*. Hier werden die Proben nach erfolgloser Sequenzierung mit Bromcyan (Met) oder BNPS-Skatol [3-Brom-3-methyl-2-(2-nitrophenylmercapto)-3H-indol] (Trp) behandelt (Abschn. A2.3.1). Aufgrund der geringen Häufigkeit von Methionin (ca. 2,4 %) und Tryptophan (ca. 1,3 %) in Proteinen entstehen nur wenige Fragmente, die anschließend ein zweites Mal sequenziert werden. Die Analyse liefert dann in jedem Abbauschritt mehrere Aminosäuren. Die Identität des entsprechenden Proteins kann über spezielle kostenfreie Auswerteprogramme FASTF und TFASTF (ftp://ftp.virginia.edu/pub/fasta) ermittelt werden.

Die Chemie des sequenziellen, aminoterminalen Abbaus von Peptiden und Proteinen im Automaten, die erstmals von Pehr Edman 1967 veröffentlicht wurde, ist auch heute noch in modernen Analysegeräten erhalten geblieben. Zu Edmans Zeiten arbeitete das erste Gerät noch mit 250 nmol Protein als Ausgangsmaterial. Heutige Geräte benötigen im Standardbetrieb 10 pmol Protein/Peptid, High-Sensitivity-Geräte nur 1 pmol bis 500 fmol. Diese Angaben beziehen sich auf die Menge nachweisbarer PTH-Aminosäure nach Abbau und HPLC-Analyse. Die tatsächlich aufgetragene Proteinmenge liegt etwa um den Faktor 2 höher. Der so genannte *initial yield*, der sequenzierbare Anteil eines Proteins in der Probe, beträgt im

Schnitt ca. 50 %. Bei geblotteten Proben kann nur bis zu 20 % der Probe für eine Sequenzierung zugänglich sein. Dadurch lässt sich die benötigte Menge an gelöstem Protein bzw. Peptid für eine Sequenzierung mit bekanntem Proteingehalt einfach kalkulieren. Bei geblotteten Proben gilt eine Faustregel: Ist die Protein- oder Peptidbande mit einer Molmasse von bis zu 50 kDa mit Coomassie nachweisbar, ist in aller Regel auch eine Sequenzierung (mit Standardgeräten, 10 pmol) möglich. Dabei darf aber keine aminoterminale Blockierung vorliegen. Je nach Probenmenge, Reinheit und Sequenz sind bis zu 70 Abbauschritte möglich. Bei der Sequenzierung bekannter Proteine, z.B. für die Überprüfung der Identität, reichen oft wenige Abbauschritte aus. Sollen unbekannte Proteine identifiziert werden, ist eine Analyse von mindestens 10 Abbauschritten zu empfehlen, damit sich aus den Ergebnissen der nachfolgenden Datenbankrecherchen eindeutigere Aussagen machen lassen.

Darüber hinaus werden folgende Anforderungen an die Probe gestellt:

- Das Protein bzw. Peptid sollte mindestens zu 80 % sauber sein und einen einheitlichen Aminoterminus haben, da sonst die Auswertung sehr erschwert wird. Sollte diese Reinheit nicht mit konventionellen Trenntechniken erreicht werden, ist die SDS-Elektrophorese mit anschließendem Elektro-Blotting (Abschn. A2.2.1) die Methode der Wahl.
- Kontaminationen wie Salze, Detergenzien und freie Aminosäuren sollten möglichst vermieden werden. Bei pufferhaltigen, gelösten Proben empfiehlt sich eine Entsalzung über ProSorb-Röhrchen (Abschn. A2.2.3.1). Die Entsalzung entfällt bei RP-HPLC (reversed phase HPLC) gereinigten Proben immer dann, wenn Lösungsmittel wie 0,1 % (v/v) TFA (Trifluoressigsäure)/Acetonitril verwendet wurden, die sich im Vakuum problemlos abziehen lassen.
- Bei geblotteten Proben ist auf ein ausreichendes Waschen bzw. Entfärben der PVDF-Membran zu achten, da es gerade beim Blotten von SDS-Gelen im Tris/Glycin-System zu einer Verschleppung von Glycin kommen kann. Dies erschwert die Datenauswertung bei kleinen Probenmengen.
- Cystein ist ohne vorherige Derivatisierung nicht nachweisbar (Abschn. A2.2.2). Liegen Cystinbrücken vor, so kann es an solchen Positionen zu drastischen Ausbeuteverlusten kommen. Die Zahl der möglichen Abbauschritte wird reduziert.
- Die Ermittlung interner Sequenzinformation setzt nicht nur eine Fragmentierung (Abschn. A2.3) sondern auch eine Peptidtrennung mittels Elektrophorese und Elektro-Blotting oder chromatographischer Methoden (Abschn. A2.4) voraus. Eine vorangehende Modifizierung von Cysteinresten (Abschn. A2.2.2) ist ebenfalls empfehlenswert. Damit erfordert diese Vorgehensweise deutlich mehr Material und ist sehr zeit- und kostenintensiv. Ist die Probenmenge begrenzt, kann auf Mikromethoden (Fragmentierung im Gel oder auf der Blot-Membran) zurückgegriffen werden (Abschn. A2.3.1.1 und A2.3.2.3).

Literatur

Deblockierung:
Matsudaira, P. (ed.) (1993): A Practical Guide to Protein and Peptide Purification for Microsequencing, 2nd Ed. Academic Press.

Mixed peptide sequencing:
Damer, C.K., Partridge, J., Pearson, W.R., Haystead, T.A.J. (1998): Rapid identification of protein phosphatase 1-binding proteins by mixed peptide sequencing and data base searching. J. Biol. Chem. 273 (38), 24396-24405.

A2.2.1 Elektro-Blotting auf PVDF-Membranen

Sofern die erforderliche Reinheit eines Proteins für die chemische Sequenzierung (> 80 %) nicht mit chromatographischen Methoden erzielt werden kann, können teilgereinigte Fraktionen zunächst mittels SDS-Gelelektrophorese getrennt werden (Abschn. 2.1). Anschließend werden die Proteine elektrophoretisch auf eine Blot-Membran übertragen. Für die Verwendung des Blots im Edman-Abbau muss die chemisch inerte Polyvinylidendiflourid (PVDF)-Membran benutzt werden. Nitrocellulose wird von den Chemikalien des chemischen Abbaus aufgelöst. Die Technik des Elektro-Blottings ist nicht auf Proteine beschränkt. Die Methode eignet sich auch für größere Fragmentpeptide, die zuvor in Tricin- oder Gradientengelen getrennt wurden. Im Folgenden ist ein diskontinuierliches Blotten im Semi-Dry-Verfahren beschrieben. Der Elektro-Blot kann aber auch ohne weiteres in Tanks durchgeführt werden.

Materialien

- Methanol p.a.
- Anodenpuffer I: 0,3 M Tris, 20 % (v/v) Methanol
- Anodenpuffer II: 25 mM Tris, 20 % (v/v) Methanol
- Kathodenpuffer: 40 mM ε-Aminocapronsäure, 0,1 % (w/v) SDS, 25 mM Tris, 20 % (v/v) Methanol
- Coomassie Brilliant Blue-Färbelösung: 0,1 % (w/v) Coomassie Brilliant Blue R250 in 50 % (v/v) Methanol
- Entfärbelösung: 50 % (v/v) Methanol, 10 % (v/v) Essigsäure
- Blot-Membran: PVDF-Membran (BioRad, Millipore, Schleicher & Schuell, Pall Gelman Laboratory); Porengröße 0,45 oder 0,2 μm; für Peptide ausschließlich 0,2 μm verwenden
- Semi Dry Blot-Apparatur und Stromgeber (z.B. BioRad)
- Filterpapier (3MM, Whatmann)

Durchführung

- Proteine bzw. Peptide durch SDS-Polyacrylamid-Gelelektrophorese trennen (Abschn. 2.1.1)
- PVDF-Membran und 7 Filterpapiere auf die Größe des Trenngels zuschneiden
- PVDF-Membran einige Sekunden in Methanol p.a. schwenken und anschließend 5 min in Anodenpuffer II tränken, Membran muss untergetaucht und benetzt sein
- Filterpapier tränken: je 2 Stück in Anodenpuffer I bzw. Anodenpuffer II, 3 Stück in Kathodenpuffer
- Blot-Sandwich zusammenbauen (Abb. A2–2), dabei Gel auf der zur Membran gewandten Seite mit H₂O abspülen; Filterpapiere vor dem Einlegen in die Apparatur gut abtropfen lassen
- Luftblasen zwischen den einzelnen Lagen vermeiden; gegebenenfalls durch vorsichtiges Rollen mit einem Glasstab entfernen; überschüssige Flüssigkeit um das Blot-Sandwich abtupfen
- obere Elektrodenplatte auflegen und Apparatur verschließen
- mit 2–5 mA × cm² blotten; die Spannung darf 25 V nicht überschreiten; die Blot-Dauer liegt je nach Probe zwischen 1–2 h
- Blot-Apparatur auseinander bauen und Membran sofort (d.h. ohne vorheriges Trocknen) 5 min in Coomassie Brilliant Blue-Färbelösung färben; evtl. das Gel ebenfalls färben (Abschn. 2.2.1 oder 2.2.2), um die Effektivität des Blottens zu überprüfen
- Entfärbelösung mehrmals wechseln, bis sich die Banden vom Hintergrund abheben

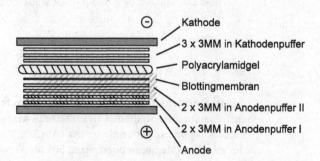

Abb. A2–2: Schema zum Aufbau eines Blotting-Sandwich im Semi-Dry-Verfahren.

- Membran zwischen zwei Filterpapieren trocknen (bei RT in der Regel einige Stunden)
- Banden ausschneiden und bis zur Sequenzierung in 1,5 ml-Mikroreaktionsgefäßen bei –20 °C aufbewahren
- bei einigen Membranen ist der Hintergrund im feuchten Zustand noch dunkelblau gefärbt, im trockenen Zustand hellt er auf.

Literatur

Kyhse-Andersen, J. (1984): Electroblotting of multiple gels:Asimple apparatus without buffer tanks for rapid transfer of proteins from polyacrylamide to nitrocellulose. J. Biochem. Biophys. Methods 10, 203-209.
Matsudaira, P. (1987): Sequence from picomole quantities of proteins electroblotted onto polyvinylidene difluoride membranes. J. Biol. Chem. 262, 10035-10038.

A2.2.2 Alkylierung von Cysteinresten

Ein wichtiger Punkt im Hinblick auf eine anschließende Edman-Sequenzierung ist die Instabilität des Cysteins, das ohne vorherige Derivatisierung nicht identifizierbar ist. Klassische Derivatisierungsreagenzien sind Iodacetamid, Iodessigsäure sowie N-Ethylmaleinimid. Wird die Probe für die MS-Analyse mittels zweidimensionaler Elektrophorese gewonnen, so impliziert diese Methode routinemäßig bereits die Umsetzung mit Jodacetamid nach der ersten Dimension.

Außerdem ist die Überführung von Cystein und Cystin in stabile Derivate bei der internen Sequenzierung vor der Hydrolyse mit chemischen und vor allem enzymatischen Methoden (Abschn. A2.3) zweckmäßig. Die gleichzeitige Denaturierung des Proteins gewährleistet eine größere Zugänglichkeit für die Protease zu allen potenziellen Spaltstellen. Die Alkylierung der Cystein- und Cystinseitenketten verhindert zudem, dass vernetzte Peptide erhalten werden, deren Sequenzen nicht eindeutig interpretierbar sind. Für die eindeutige Identifizierung des Cysteins im maschinellen Edman-Abbau existieren zwei Modifikationen. Einmal mit 4-Vinylpyridin oder die Umsetzung mit Acrylamid. Die entsprechenden Cysteinderivate eluieren im PTH-Chromatogramm (Phenylthiohydantoin) an Positionen, die mit keiner der anderen Aminosäuren überlappen. Wie alle Modifizierungsreaktionen an Cysteinseitenketten verlaufen die Reaktionen unter denaturierenden und reduzierenden Bedingungen im pH-Bereich von 8,0 bis 8,5. Die Umsetzung mit 4-Vinylpyridin verlangt ein schnelles Entsalzen zur Abtrennung der überschüssigen Reagenzien, da in Nebenreaktionen auch Histidin, Tryptophan und Methionin umgesetzt werden können und das Reagenz leicht zur Polymerisation neigt. Eine zweite Methode, die empfehlenswerter ist, ist die nachfolgend beschriebene Umsetzung mit Acrylamid.

Literatur

4-Vinylpyridin:
Raferty, M.A., Cole, R.D. (1966): On the aminoethylation of proteins. J. Biol. Chem. 241, 3457-3461.

A2.2.2.1 Alkylierung mit Acrylamid

Überschüssige Acrylamidmonomere in Proteingelen können Cysteinseitenketten modifizieren. Das resultierende Cys-S-Pam-Derivat (Cys-S-β-propionamid) eluiert im PTH-Elutionsprofil zwischen Glutaminsäure und Alanin und ist eindeutig zu identifizieren. Für die quantitative Umsetzung mit Acrylamid, etwa vor der Fragmentierung eines Proteins, ist die Modifizierung nach Brune (1992) geeignet. Eine anschließende Entsalzung ist hier, wie bei allen Modifizierungsreaktionen, erforderlich. Entsalzungsmethoden sind in Abschn. A2.2.3 beschrieben.

Materialien

- 1,5 ml-Reaktionsgefäß
- Denaturierungspuffer: 2 % (w/v) SDS, 0,3 M Tris-HCl, pH 8,3
- Reduktionspuffer: 15,4 mg DTT in 1 ml Denaturierungspuffer lösen (stets frisch ansetzen)
- Alkylierungslösung: 40 % (w/v) Acrylamidlösung
- N_2-Gas
- Wasserbäder 65 °C und 37 °C

Durchführung

- Protein in 1,5 ml-Reaktionsgefäß in 1 Volumenanteil Reduktionspuffer lösen (maximal 10 mg Protein × ml^{-1})
- mit N_2-Gas überspülen und im geschlossenen Gefäß 1 h bei 65 °C denaturieren und reduzieren
- auf Raumtemperatur abkühlen
- 2 Volumenanteile Alkylierungslösung zugeben und eine weitere Stunde bei 37 °C inkubieren
- Reaktionsansatz entsalzen (Abschn. A2.2.3).

Literatur

Brune, D.C. (1992): Alkylation of cysteine with acrylamide for protein sequence analysis. Anal. Biochem. 207, 285-290.

A2.2.3 Entsalzungsmethoden

Überschüssige Reagenzien aus der Umsetzung mit Alkylierungsmitteln müssen vor einer Spaltung, insbesondere mit Proteasen, entfernt werden. Auch bei der direkten Sequenzierung eines modifizierten Proteins stört z.B. SDS durch Schaumbildung in der Reaktionskammer. Außerdem müssen aminhaltige Komponenten eines Puffers vor dem Edman-Abbau entfernt werden. Soll das Protein ohne weitere Fragmentierung sequenziert werden, so kann die Probe mittels einer ProSorb®-Filtereinheit direkt auf eine PVDF-Membran transferiert und anschließend gewaschen werden. Soll das modifizierte Protein einer Spaltung unterzogen werden, so empfiehlt sich die Entfernung der überschüssigen Reagenzien durch Ionenpaar-Extraktion mit anschließender Fällung.

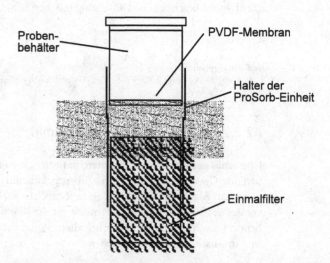

Abb. A2–3: ProSorb-Filtereinheit. Der Einmalfilter, der bis zu 700 µl Flüssigkeit aufnehmen kann, ist auswechselbar, sodass auch größere Proben- bzw. Waschlösungs-Volumina aufgetragen werden können.

A2.2.3.1   Entsalzung mit ProSorb®-Filtereinheit

Die Konzentrierung und Entsalzung von Proteinen und Peptiden auf einer PVDF-Membran wurde speziell für die Vorbereitung zum maschinellen Edman-Abbau entwickelt. Die ProSorb®-Filtereinheit (Applied Biosystems) besteht aus einem 400 µl-Probenreservoir mit PVDF-Membraneinsatz, Einmalfilter und Halterung (Abb. A2–3). Der Einmalfilter, der bis zu 700 µl Flüssigkeit aufnehmen kann, ist auswechselbar, sodass auch größere Probenvolumina bzw. Waschlösungsvolumina aufzutragen sind.

Materialien

- 0,1 % (v/v) TFA (Trifluoressigsäure)/Wasser
- MetOH (HPLC-*grade*)
- ProSorb®-Filtereinheit (Applied Biosystems)
- N_2- oder Argongas

Durchführung

- Einmalfilter in die längere Hülse des Röhrchenhalters der ProSorb®-Filtereinheit schieben und die zum Probenbehälter gewandte Seite des Filters mit 10 µl 0,1 %iger (v/v) TFA benetzen
- Innenseite der PVDF-Membran des Probenbehälters mit 10 µl MetOH benetzen, 10 s einwirken lassen und anschließend überschüssiges MetOH durch Ausschütteln entfernen
- Probenbehälter in die obere, kürzere Hülse des Röhrchenhalters stecken und bis zu 400 µl Probe auftragen
- Deckel des Probenbehälters schließen und den Behälter nach unten zum Einmalfilter drücken, sodass die PVDF-Membran Kontakt zum Filter hat
- durch die Wirkung der Kapillarkräfte wird der Probenpuffer in den Filter gezogen, das Protein/Peptid haftet an der PVDF-Membran
- Salze und Detergenzien durch dreimaliges Waschen mit je 100 µl 0,1 %iger (v/v) TFA aus der Probe entfernen, bei Auftragung größerer Probenmengen Einmalfilter auswechseln
- Membran im Gasstrom (N_2-Gas oder Argon) trocknen, mit Skalpell ausschneiden und für die Sequenzierung des immobilisierten Proteins/Peptids verwenden

A2.2.3.2   Ionenpaar-Extraktion mit gleichzeitiger Fällung

Die Ionenpaar-Extraktion mit gleichzeitiger Fällung durch Aceton eignet sich besonders zur Abtrennung von Detergenzien. Hohe Konzentrationen an SDS (wie bei der Cysteinmodifikation mit Acrylamid, Abschn. A2.2.2.1) stören bei einer anschließenden enzymatischen Fragmentierung.

Materialien

- Fällungslösung: Aceton/Triethylamin/CH_3CO_2H/H_2O (85/5/5/5, v/v/v/v)
- trockenes Aceton
- je nach Probenvolumen 1,5 ml-Reaktionsgefäß oder 12 ml-Probengefäß
- Tischzentrifuge

Durchführung

- Getrocknete Probe mit der Fällungslösung versetzen und 1 h auf Eis stellen; das Fällungsreagenz löst bis zu 30 mg SDS × ml^{-1} (s. Anmerkungen)
- 10 min bei 14.000 rpm und 4 °C zentrifugieren, Überstand abziehen
- zweimal mit frischer Fällungslösung waschen, danach jeweils zentrifugieren
- Präzipitat zweimal mit trockenem Aceton waschen, zentrifugieren und Überstand abziehen
- Präzipitat an der Luft trocknen lassen

Anmerkungen

- Die Fällungslösung löst bis zu 30 mg SDS pro ml, beste Ergebnisse werden erhalten, wenn der SDS-Gehalt unter 10 mg × ml^{-1} bleibt. Für die Extraktion ist also der Proteingehalt zweitrangig, der SDS-Gehalt der Probe bestimmt das Volumen des Ansatzes.
- Im Allgemeinen sind die so erhaltenen Präzipitate in Puffern wieder gut löslich.
- Die Probe muss nicht im getrockneten Zustand eingesetzt werden, sondern kann auch mit der wasserfreien Fällungslösung versetzt werden, d.h. 5 % Wasser stammen aus der Probe selbst.
- Generell ist das Arbeiten in den kleinen Reaktionsgefäßen günstiger, da das Sediment hier besser sichtbar ist und sich bei der Zentrifugation in der Spitze konzentriert. Ein unbeabsichtigtes Abziehen des Präzipitats wird dabei vermieden.

Literatur

Henderson, L.E., Oroszlan, S., Konigsberg, W. (1979): Amicromethod for complete removal of dodecyl sulfate from proteins by ion-pair extraction. Anal. Biochem. 93, 153-157.

A2.3 Fragmentierung von Proteinen

Im maschinellen Edman-Abbau lassen sich Proteine/Peptide mit mehr als 80 Aminosäuren im Allgemeinen nicht durchgehend sequenzieren. Außerdem ist oftmals eine aminoterminale Sequenzierung wegen Blockierung des Proteins/Peptids nicht möglich. Die Spaltung in kleinere Teilstücke durch chemische oder enzymatische Methoden ermöglicht nach Trennung der Fragmente den Erhalt interner Sequenzinformationen. Für die interne Sequenzierung ist etwa 5–10 mal so viel Ausgangsmaterial erforderlich wie bei der direkten N-terminalen Methode. Sowohl die Fragmentierung selbst als auch die anschließende Trennung der Fragmente sind stets mit Materialverlusten verbunden. In diesem Abschnitt werden ausschließlich Methoden zur internen Peptidsequenzierung mittels Edman-Abbau behandelt. Die für die MS-Analyse gebräuchlichste Methode wurde bereits in A2.1.2.1 beschrieben.

Da moderne Edman-Sequencer mit 10 pmol Protein/Peptid im Routinebetrieb arbeiten, sollte die Ausgangsmenge an Protein vor der Spaltung und Fragmenttrennung 50–100 pmol betragen. Entsprechend

Tab. A2-1: Reagenzien und Enzyme zur Fragmentierung von Proteinen und Peptiden

Reagenz bzw. Enzym	Spaltstelle
Chemische Fragmentierung	
BrCN	Met-Xaa
2-Iodosobenzoesäure	Trp-Xaa (Tyr-Xaa)
BNPS-Skatol	Trp-Xaa (Tyr-Xaa, His-Xaa)
partielle Hydrolyse mit verdünnter Ameisensäure	Asp-Pro
Spaltung mit Hydroxylamin	Asn-Gly
Enzymatische Fragmentierung durch Endoproteinasen	
Endoproteinase Lys-C	Lys-Xaa
Endoproteinase Arg-C	Arg-Xaa
Trypsin	Lys-Xaa und Arg-Xaa
Endoproteinase Glu-C (*Staphylococcus*-V8-Protease)	Glu-Xaa und Asp-Xaa
Endoproteinase Asp-N	Xaa-Asp (Xaa-Cys0$_3$H)
Chymotrypsin	Trp-Xaa, Tyr-Xaa, Phe-Xaa, Leu-Xaa u.a.
Thermolysin	Xaa-Leu, Xaa-Phe und Xaa-Ile

lassen sich die Ausgangsmengen für High-Sensitivity-Geräte (1 pmol im Standardbetrieb) kalkulieren. In Tab. A2–1 sind einige gebräuchliche Fragmentierungsmethoden aufgeführt. Bei der Wahl der Fragmentierungsmethode sind folgende Abwägungen zu treffen:

- Die Spaltung an Aminosäuren, die in geringer Zahl im Protein vorkommen (Met, Trp), erzeugt wenige aber relativ große Fragmente. Die Fragmente lassen sich im Allgemeinen gut isolieren (z.B. durch Gelelektrophorese, Abschn. 2.1, und anschließendes Blotten, Abschn. 10.1 und Abschn. A2.2.1). Die Zuordnung innerhalb der Primärstruktur bereitet wenig Schwierigkeiten. Die Fragmente sind allerdings häufig so groß, dass sie nicht komplett durchsequenziert werden können.

- Die Spaltung mit unspezifisch hydrolysierenden Agenzien liefert kleine Fragmente, deren Sequenz meist komplett bestimmbar ist. Ein weiterer Vorteil dieser Methoden ist, dass seltene Aminosäuren wie Met und Trp innerhalb der Peptidsequenzen liegen; für das Ableiten von Oligonucleotid-Primern ist das ein entscheidender Vorteil wegen der Eindeutigkeit des codierenden Tripletts dieser Aminosäuren. Nachteilig bei den unspezifischeren Spaltungsmethoden ist die aufwändigere Isolierung der Peptide mittels HPLC-Techniken und die oft schwierigere Zuordnung der Peptide innerhalb der Proteinsequenz.

A2.3.1 Chemische Spaltungen

Die chemische Fragmentierung von Proteinen erlaubt die Hydrolyse an Aminosäureresten, für die kein Enzym erhältlich ist. Die Reaktionen sind außerdem nahezu unempfindlich gegenüber Salzen und Detergenzien, sodass unter Bedingungen gearbeitet werden kann, die eine Verwendung von Enzymen ausschließt. Durch chemische Spaltung entstehen meist große Fragmente, da die betroffenen Aminosäuren (Methionin bei BrCN, Tryptophan bei BNPS-Skatol [3-Brom-3-methyl-2-(2-nitrophenylmercapto)-3H-indol] oder Iodosobenzoesäure) bzw. Peptidbindungen (Asn-Gly bei Hydroxylaminspaltung, Asp-Pro bei partieller Säurehydrolyse mit Ameisensäure) relativ selten in Proteinen/Peptiden vorkommen. Von den o.g. Methoden sind die Bromcyanspaltung und die partielle Säurehydrolyse im Detail beschrieben, alternative Methoden siehe weiterführende Literatur.

Literatur

Spaltung an Tryptophan mit BNPS-Skatol:
Fontana, A. (1972): Modification of Tryptophan with BNPS-Skatole (2-(2-Nitrophenylsulphenyl)-3-methyl-3-bromoindolenine). Methods Enzymol. 25, 419-423.
Hunziker, P.E., Hughes, G.J., Wilson, K.J. (1980): Peptide fragmentation suitable for solid-phase microsequencing. Use of N-bromosuccinimide and BNPS-skatole (3-bromo-3-methyl-2-[(2-nitrophenyl)thio]-3H-indole). Biochem. J. 187, 515-519.

Spaltung an Tryptophan mit Iodosobenzoesäure:
Mahoney, W.C., Smith, P.K., Hermodson, M.A. (1981): Fragmentation of proteins with o-iodosobenzoic acid: chemical mechanism and identification of o-iodoxybenzoic acid as a reactive contaminant that modifies tyrosyl residues. Biochemistry 20, 443-448.

Spaltung von Asn-Gly-Bindungen mit Hydroxylamin:
Bornstein, P., Balian, G. (1977): Methods Enzymol. 47, 132-145.
Stephenson, R.C., Clarke, S. (1989): Succinimide formation from aspartyl and asparaginyl peptides as a model for the spontaneous degradation of proteins. J. Biol. Chem. 264, 6164-6170.

Diverse chemische Fragmentierungen im Gel:
Mahboub, S., Richard, C., Delacourte A., Han, K.K. (1986): Applications of chemical cleavage procedures to the peptide mapping of neurofilament triplet protein bands in sodium dodecyl sulfate-polyacrylamide gel electrophoresis. Anal. Biochem. 154, 171-182.

A2.3.1.1   Spaltung mit Bromcyan

Bromcyan spaltet Proteine und Peptide spezifisch C-terminal von Methioninresten. Die Hydrolyse erfolgt mit Ausnahme von Met-Thr- und Met-Ser-Bindungen quantitativ. Das Methionin wird in Homoserinlacton überführt. Methionin wird oft während der Isolierung von Proteinen und Peptiden oder aber in Polyacrylamidgelen zu Methioninsulfoxid oxidiert. Vor der Spaltung mit Bromcyan können oxidierte Seitenketten mit β-Mercaptoethanol reduziert werden. Methioninsulfon ist nicht zu reduzieren, weshalb dort keine Spaltung erfolgt (Abb. A2–4). Bei der anschließenden Bromcyanspaltung in 70 %iger Ameisensäure, einem starken Lösungsmittel für Proteine/Peptide, kann aufgrund der Reaktionsbedingungen auch eine Hydrolyse an Asp-Pro-Bindungen auftreten.

Materialien

- 1,5 ml-Reaktionsgefäß
- Reduktionslösung: 2,9 M β-Mercaptoethanol, 5 % (v/v) Essigsäure
- BrCN: 1 g $\times$ ml^{-1}, gelöst in Acetonitril
- 70 % (v/v) HCOOH
- Ölpumpe mit Kühlfalle zur Gefriertrocknung
- N_2-Gas
- Natriumhypochloritlösung: 13 % Natriumhypochlorit in Wasser

Durchführung

- Gefriergetrocknetes Protein im 1,5 ml-Reaktionsgefäß in Reduktionslösung lösen (0,1–10 mg $\times$ ml^{-1})
- mit N_2 begasen und über Nacht bei 37 °C inkubieren
- Reaktionsansatz gefriertrocknen
- gefriergetrocknetes Protein/Peptid in 1,5 ml-Reaktionsgefäß in 70 % HCOOH lösen (0,1–10 mg $\times$ ml^{-1})
- mindestens 60-fachen molaren Überschuss an BrCN (bezogen auf Methioninreste) hinzufügen
- Reaktionsansatz mit N_2-Gas spülen, Gefäß verschließen und 4–24 h bei RT im Dunkeln inkubieren
- Lösungsmittel und überschüssiges Bromcyan durch Gefriertrocknen abziehen
- Probe in H_2O (0,1–1 ml, je nach Probenmenge) aufnehmen, erneut gefriertrocknen
- Peptide mittels Gelelektrophorese oder HPLC trennen.

Anmerkungen

- **Achtung:** Bromcyan ist sehr toxisch! Kontaminierte Gegenstände und den Inhalt der Kühlfalle mit Natriumhypochloritlösung zur Inaktivierung von BrCN behandeln.
- Alle Arbeiten mit BrCN unbedingt im Abzug durchführen!
- BrCN ist sehr gut löslich in Acetonitril. Stammlösung ansetzen, mit Stickstoff überspülen und zum späteren Gebrauch bei –20 °C aufbewahren. Auskristallisiertes BrCN löst sich leicht wieder bei RT.
- Alternativ zur Ameisensäure kann auch 0,1–0,2 N HCl verwendet werden.

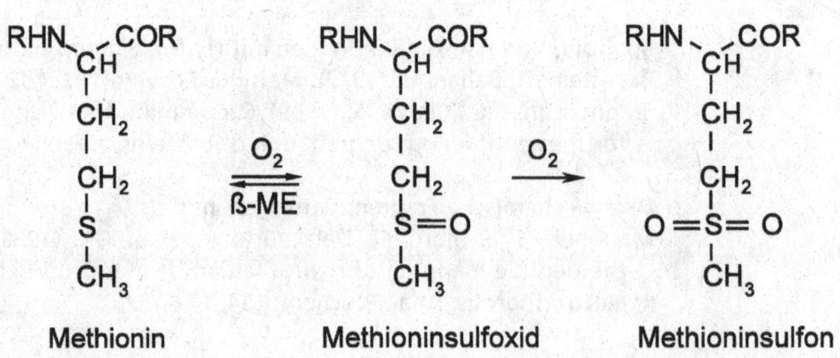

Abb. A2–4: Methionin und Oxidationsprodukte.

Mikromethode

Die Bromcyanspaltung lässt sich auch mit Coomassie gefärbten Gelbanden oder PVDF-Blot-Streifen durchführen (s. Literatur). Wie bei den enzymatischen Fragmentierungen (Abschn. A2.3.2) ist die Methode aus dem Gel vorteilhafter, die Ausbeuten von der Membran sind in der Regel niedriger, sehr hydrophobe Peptide sind u.U. nur sehr schlecht zu extrahieren.

Materialien

- 1,5 ml-Reaktionsgefäß
- BrCN: 1 g × ml^{-1}, gelöst in Acetonitril
- Trispuffer: 125 mM Tris-HCl, pH 6,8
- 0,6 N HCl
- Ölpumpe mit Kühlfalle zur Gefriertrocknung
- N_2-Gas
- 13 % Natriumhypochloritlösung
- Auftragspuffer für SDS-PAGE (Abschn. 2.1.1)

Durchführung

- Ausgeschnittene, Coomassie gefärbte Gelbande in Reaktionsgefäß überführen, 20 µl Bromcyanlösung, 200 µl Trispuffer und 200 µl 0,6 N HCl zugeben
- mit N_2-Gas überspülen und Gefäß gut verschließen
- 4–24 h bei Raumtemperatur im Dunkeln unter leichtem Schütteln inkubieren
- Reaktionslösung abziehen und mit Natriumhypochlorit inaktivieren
- Gelbande viermal mit je 1 ml Trispuffer für 30 min waschen, Waschlösung abziehen und inaktivieren
- Gelbande in der Vakuumzentrifuge oder Gefriertrocknung trocknen, dabei wird auch restliches Bromcyan abgezogen
- Gelbande in 100 µl Auftragspuffer rehydratisieren; falls der Indikator (Bromphenolblau des Auftragspuffers) nach gelb umschlägt, muss der Waschvorgang noch dreimal wiederholt werden oder die Probe wird mit NaOH auf pH 7,0 eingestellt
- Gelbande in Auftragspuffer 10 min bei 65 °C inkubieren und anschließend komplett in die Geltasche eines SDS-Tricin- oder Gradientengels (Abschn. 2.1.2 bzw. 2.1.4) überführen
- nach beendeter Elektrophorese wird das Gel geblottet, mit Coomassie Brilliant Blue gefärbt (Abschn. A2.2.1) und die Fragmentbanden zur Sequenzierung ausgeschnitten.

Anmerkungen

- Durch Reste von nicht abreagiertem Radikalstarter (Ammoniumperoxodisulfat) können Methioninseitenketten während der ersten Elektrophorese (zur Isolierung der zu fragmentierenden Bande) oxidiert werden. Um Oxidationsreaktionen zu vermeiden, sollten die Gele 24 h vor Gebrauch hergestellt werden; der Probe muss ausreichend β-Mercaptoethanol zugesetzt werden (10 µl pro 50 µl Auftragspuffer).
- Außerdem kann dem oberen Kammerpuffer (Kathodenpuffer) Natriumthioglykolat (100 mM) zugesetzt werden. Die Substanz wandert im elektrischen Feld vor dem Protein und bewirkt so einen zusätzlichen Oxidationsschutz.

Literatur

Bromcyanspaltung:
Gross, E. (1967): The cyanogen bromide reaction. Methods Enzymol. 11, 238-255.

Reduktion von Methioninsulfoxid:
Houghten, R.A., Li, C.H. (1983): Reduction of sulfoxides in peptides and proteins. Methods Enzymol. 91, 549-559.

Bromcyanspaltung von der PVDF-Membran:
Yuen, S.W., Chui, A.H.,Wilson, K.J., Yuan, P.M. (1989): Microanalysis of SDS-PAGE electroblotted proteins. Bio-techniques 7, 74-83.

Bromcyanspaltung im Gel:
Nikodem, V., Fresco, J.R. (1979): Protein fingerprinting by SDS-gel electrophoresis after partial fragmentation with CNBr. Anal. Biochem 97, 382-386.

A2.3.1.2 Partielle Säurehydrolyse mit Ameisensäure

Peptidbindungen zwischen Asparaginsäure und Prolin werden durch Säuren sehr viel schneller hydrolysiert als Peptidbindungen zwischen anderen Aminosäuren. Diese Labilität wird zur spezifischen Spaltung von Asp-Pro-Bindungen ausgenutzt. Wie bei der Bromcyanspaltung entstehen auch hier meist große Fragmente. Obwohl die partielle Säurehydrolyse wenig spezifisch ist und je nach Wahl der Hydrolysebedingungen auch andere Peptidbindungen betroffen sind, wird sie häufig dann angewendet, wenn andere Fragmentierungsversuche fehlgeschlagen sind. Das Ausmaß der Hydrolyse ist schwer vorhersagbar und von Protein zu Protein unterschiedlich. Beobachtete Nebenreaktionen (nur im geringen Ausmaß) sind die Hydrolyse von Amidbindungen (Asparagin und Glutamin werden in die entsprechenden Säuren überführt) und die Zerstörung von Tryptophan.

Materialien

- 1,5 ml-Reaktionsgefäß
- Hydrolyselösung: 70 % (v/v) HCOOH oder 70 % (v/v) HCOOH mit 6 M Guanidinhydrochlorid
- 1 N NaOH-Lösung (oder eventuell Verdünnung davon)

Durchführung

- Protein/Peptid in Hydrolyselösung (0,1–5 mg × ml^{-1}) im 1,5 ml-Reaktionsgefäß aufnehmen
- Gefäß verschließen und 48 h bei 37 °C inkubieren
- zum Abstoppen der Hydrolyse die Lösung mit NaOH (1 N oder verdünnt) neutralisieren oder das Lösungsmittel im Vakuum abziehen bzw. den Spaltungsansatz direkt zur Fragmenttrennung einsetzen
- falls es die Proteinmenge erlaubt, 20–120 h inkubieren und den Hydrolyseverlauf durch SDS-Gelelektrophorese (Abschn. 2.1) oder alternative Verfahren verfolgen.

Literatur

Asp-Pro-Spaltung:
Landon, M. (1977): Cleavage at aspartyl-prolyl bonds. Methods Enzymol. 47, 147-149.
Mahboub, S., Richard, C., Delacourte, A., Han, K.K. (1986): Applications of chemical cleavage procedures to the peptide mapping of neurofilament triplet protein bands in sodium dodecyl sulfate-polyacrylamide gel electrophoresis. Anal. Biochem. 154, 171-182.

Mikromethode:
Vanfleteren, J.R., Raymakers, J.G., Vanbun, S.M., Meheus, L.A. (1992): Peptide mapping and microsequencing of proteins separated by SDS-PAGE after limited in situ acid hydrolysis. Biotechniques 12, 550-557.

A2.3.2 Enzymatische Hydrolysen mit Endoproteinasen

Endoproteinasen bauen Proteine und Peptide innerhalb des Proteinrückgrats ab. Einige Proteasen spalten sehr spezifisch in Nachbarschaft zu geladenen Seitenresten (z.B. Endoproteinase Lys-C und Glu-C), andere haben breitere Spaltungspräferenzen (z.B. Chymotrypsin und Thermolysin). Für vergleichende Studien

A2

können die so genannten *fingerprints* oder *peptide maps* herangezogen werden, die nach Trennung der Peptide erhalten werden. Für ein bestimmtes Substrat ist diese *peptide map* (HPLC-Chromatogramm oder Fragmentmuster im Gel) charakteristisch. Für alle enzymatischen Methoden ist generell eine Leerprobe mitzuführen. Bei der anschließenden Trennung der Peptide lassen sich so Autolysefragmente des Enzyms leichter identifizieren und die Hydrolyse kann hinsichtlich der Vermeidung von Autolysereaktionen optimiert werden. Alle in Tab. A2-1 aufgeführten Enzyme sind in *sequencing grade*-Qualität erhältlich und enthalten keine Nebenaktivitäten anderer Proteasen. Exemplarisch sind hier die am häufigsten verwendeten Fragmentierungen mit Trypsin und Endoproteinase Lys-C vorgestellt. Grundsätzlich kann bei jedem Enzym nach Herstellerangaben gearbeitet werden.

Alle enzymatischen Fragmentierungsmethoden lassen sich auch als Mikromethode anwenden. Die Vorgehensweise bei der Hydrolyse im Gel oder von der PVDF-Membran ist dabei identisch und in Abschn. A2.3.2.3 oder A2.3.2.4 beschrieben.

Mikromethoden

Die Fragmentierung von Proteinbanden oder Spots im Gel bzw. von der PVDF-Membran liefert genügend Material für eine interne Sequenzierung. Der Grund hierfür liegt in der Sensitivität der automatisierten Techniken des Edman-Abbaus. Die Hydrolyse im Gel ist die Basistechnik in der proteinanalytischen Massenspektrometrie. Für die Edman-Sequenzierung werden die Peptide nach der Fragmentierung entweder durch Elektrophorese getrennt und geblottet (Peptidtrennung mittels Elektrophorese in Abschn. A2.4.2) oder extrahiert und durch Umkehrphasen-Chromatographie getrennt (Abschn. A2.4.1). Die Trennmethode richtet sich dabei nach der Größe der erwarteten Fragmente. Generell ist die Spaltung im Gel der Fragmentierung vom Blot vorzuziehen, da hierbei meist höhere Ausbeuten zu erhalten sind.

Die im Folgenden beschriebenen Mikromethoden sind auf alle in Tab. A2-1 aufgeführten Endoproteinasen anwendbar, entsprechend muss der jeweilige Puffer eingesetzt werden.

A2.3.2.1 Spaltung in Lösung: Trypsin

Die Endoproteinase Trypsin spaltet interne Peptidbindungen C-terminal der basischen Aminosäuren Arginin und Lysin.

Materialien
- 1,5 ml-Reaktionsgefäß
- Trypsin (*sequencing grade,* Roche Diagnostics, Promega)
- 0,01 % (v/v) TFA oder 1 mM HCl zum Lösen des lyophlisierten Enzyms
- Hydrolysepuffer: 50 mM NH_4HCO_3/NH_4OH, pH 8,5; bei schwerlöslichen Proteinen kann SDS (0,001–0,1 % (w/v)), Harnstoff (0,1–1 M), Guanidinhydrochlorid (0,1–1 M) oder Acetonitril (1–10 % (v/v)) zugesetzt werden
- Wasserbad 37 °C
- CH_3CO_2H zum Abstoppen

Durchführung
- Protein/Peptid in 1,5 ml-Reaktionsgefäß überführen und in Hydrolysepuffer lösen oder suspendieren (0,5–10 mg × ml^{-1})
- Trypsin im Verhältnis 1:20 bis 1:100 zum Substrat hinzufügen; falls die Probe in Suspension vorliegt, sollte der Hydrolyseansatz gerührt oder mehrmals während der Hydrolyse geschüttelt werden
- Ansatz 2–18 h bei 37 °C inkubieren; bei schwerlöslichen Proteinen kann die Hydrolyse nach erneuter Zugabe von Trypsin bis zu 6 h fortgeführt werden

- Abstoppen der Enzymreaktion durch Zugabe von Essigsäure oder durch sofortige Gefriertrocknung; alternativ dazu kann der Hydrolyseansatz direkt zur Peptidtrennung eingesetzt werden.

Anmerkungen

- siehe auch Abschn. A2.3.2.2
- Eine einmal gelöste Trypsinportion kann für mehrere Hydrolyseansätze verwendet werden. Für Wiederholungsexperimente sollte jedoch eine neue Probe des gefriergetrockneten Enzyms gelöst werden.

Literatur

Kostka, V., Carpenter, F.H. (1964): Inhibition of chymotrypsin activity in crystalline trypsin preparations. J. Biol. Chem. 239, 1799-1803.
Datenblatt Trypsin *sequencing grade*, Roche Diagnostics.

A2.3.2.2 Spaltung in Lösung: Endoproteinase Lys-C

Die Endoproteinase Lys-C spaltet Proteine und Peptide ausschließlich C-terminal an Lysinresten.

Materialien

- 1,5 ml-Reaktionsgefäß
- Endoproteinase Lys-C (Roche Diagnostics, Sigma)
- Hydrolysepuffer: 50 mM NH_4HCO_3/NH_4OH, 1 mM EDTA, pH 8,5; bei schwerlöslichen Proteinen kann SDS (0,001–0,1 % (w/v)), Harnstoff (0,1–1 M), Guanidinhydrochlorid (0,1 M) oder Acetonitril (1–10 % (v/v)) zugesetzt werden
- Wasserbad 37 °C
- CH_3CO_2H zum Abstoppen

Durchführung

- Protein/Peptid in 1,5 ml-Reaktionsgefäß überführen und Hydrolysepuffer zugeben (0,5–10 mg $\times$ ml^{-1})
- Enzym im Verhältnis 1:20 bis 1:100 zum Substrat hinzufügen
- Ansatz 2–18 h bei 37 °C inkubieren; bei schwerlöslichen Proteinen kann die Hydrolyse nach erneuter Zugabe von Endoproteinase Lys-C weitere 10 h fortgesetzt werden
- Abstoppen der Enzymreaktion durch Zugabe von CH_3CO_2H oder durch sofortige Gefriertrocknung; alternativ dazu kann der Hydrolyseansatz direkt zur Peptidtrennung eingesetzt werden

Anmerkungen

- Nach der Hydrolyse eventuell unlösliches Material abzentrifugieren. Pellet nicht verwerfen, es enthält die im Hydrolysepuffer unlöslichen Peptide.
- Wegen seiner leichten Flüchtigkeit ist der NH_4HCO_3/NH_4OH-Hydrolysepuffer einem entsprechenden Trispuffer vorzuziehen.
- Zur Vermeidung von Autolysereaktionen sollte die Reaktionstemperatur 37 °C nicht überschreiten.

Literatur

Datenblatt Endoproteinase Lys-C *sequencing grade*, Roche Diagnostics.
Jekel, P., Weijer, J., Beintema, J. (1983): Use of endoproteinase Lys-C from *Lysobacter* enzymogenes in protein sequence analysis. Anal. Biochem. 134, 347-354.

A2.3.2.3 Enzymatische Fragmentierung im Gel

Bei der Fragmentierung aus Gelbanden sollte eine Färbemethode gewählt werden, die Proteine nicht zu stark in der Gelmatrix fixiert. Unter den Silber-Färbungsmethoden ist eine Variante ohne Vorbehandlungen zur Sensitivitätssteigerung zu wählen. Hier kann auf die MS-kompatiblen Färbemethoden verwiesen werden, die diesen Ansprüchen genügen (Abschn. A2.1.1)

Materialien

- 40 % (v/v) n-Propanol
- Waschpuffer: 200 mM NH_4HCO_3, 50 % (v/v) Acetonitril
- Hydrolysepuffer: 100 mM Tris-HCl, pH 9,0 für Lys-C oder entsprechender Puffer bei anderer Proteinase
- Endoproteinase Lys-C (*sequencing grade*, Roche Diagnostics, Sigma) oder anderes Enzym aus Tab. A2–1
- Auftragspuffer für SDS-PAGE (Abschn. 2.1.1) oder Extraktionspuffer: 100 mM NH_4HCO_3
- 80 % (v/v) Acetonitril, 0,05 % (v/v) TFA in H_2O (HPLC-*grade*)
- 0,1 % (v/v) TFA in H_2O (HPLC-*grade*)
- 1,5 ml-Reaktionsgefäß
- Wasserbad 37 °C
- Vakuumzentrifuge

Durchführung

- Proteinbanden mit einem Skalpell ausschneiden und bei –20 °C lagern oder direkt für die Fragmentierung weiterverwenden
- ausgeschnittene Proteinbande in Reaktionsgefäß überführen und zweimal mit je 250 µl 40 % (v/v) n-Propanol für je 5 min waschen, den Überstand abziehen und verwerfen
- Gelbande anschließend zweimal je 5 min mit Waschpuffer extrahieren, Puffer abziehen und verwerfen
- überschüssiges Ammoniumbicarbonat und Acetonitril in der Vakuumzentrifuge entfernen, die Gelstücke sollten dabei noch feucht bleiben
- pro Gelstück 0,5 µg Lys-C in 30 µl Hydrolysepuffer zusetzen und 18 h bei 37 °C inkubieren
- Trennung der Fragmente durch SDS-Elektrophorese/Blotting: Gelbanden in der Vakuumzentrifuge trocknen, mit 40 µl Auftragspuffer versetzen und für 20 min bei 100 °C denaturieren; anschließend gesamtes Gelstück mit Puffer in die Auftragstasche eines Tricin- oder Gradientengels überführen (Abschn. 2.1.2 bzw. 2.1.4)
- alternative Trennung durch Umkehrphasen-Chromatographie: Hydrolysepuffer abziehen und die Gelstücke je zweimal mit Extraktionspuffer und 80 % (v/v) Acetonitril, 0,05 % TFA 15 min bei RT unter Schütteln extrahieren; alle Überstände anschließend vereinen und trocknen, getrocknete Probe in 20 µl 0,1 % (v/v) TFA lösen und durch RP-HPLC trennen (Abschn. A2.4.1).

Anmerkungen

- Das Mitführen einer Vergleichsprobe (Gelstück ohne Protein) erleichtert die Zuordnung spezifischer Peptide.
- Zur Vermeidung von Autolysereaktionen sollte die Reaktionstemperatur 37 °C nicht überschreiten.

A2.3.2.4 Enzymatische Fragmentierung von der PVDF-Membran

Auch die Fragmentierung von geblotteten Proben ist auf alle in Tab. A2–1 aufgeführten Endoproteinasen zu adaptieren.

Materialien

- Endoproteinase Lys-C (*sequencing grade*, Roche Diagnostics, Sigma)
- Hydrolysepuffer: 1 % (v/v) reduziertes Triton X-100 (RTX-100), 10 % (v/v) Acetonitril, 100 mM Tris-HCl, pH 8,0
- 0,1 % (v/v) TFA in H_2O (HPLC-*grade*)
- 1,5 ml-Reaktionsgefäß
- Wasserbad 37 °C
- Ultraschallbad
- Tischzentrifuge
- Vakuumzentrifuge

Durchführung

- Gefärbte Proteinbanden (Ponceau S, Amidoschwarz oder Coomassie) in ca. 1 × 1 mm große Stücke schneiden, zuvor Proteinmenge ungefähr abschätzen und in Reaktionsgefäß überführen
- 50 µl Hydrolysepuffer und 0,015 U Lys-C pro µg Protein (nach Abschätzung) zusetzen, Probe für 22–24 h bei 37 °C inkubieren
- Probe für 5 min im Ultraschallbad beschallen und die Membranstückchen anschließend bei 1.700 rpm 5 min abzentrifugieren
- Überstand abziehen und die Membranstückchen je einmal mit 50 µl Hydrolysepuffer, gefolgt von 100 µl 0,1 % (v/v) TFA waschen; beschallen und zentrifugieren wie oben
- vereinte Überstände (insgesamt 200 µl) trocknen, in 20 µl 0,1 % (v/v) TFA aufnehmen und für die Trennung der Peptide mittels RP-HPLC verwenden.

Anmerkungen

- siehe Abschn. A 2.3.2.3

Literatur

Fragmentierung im Gel:
Jenö, P., Mini, T., Moes, S., Hinthermann, E., Horst, M. (1995): Internal sequences from proteins digested in polyacrylamide gels. Anal. Biochem. 224, 75-82.

Fragmentierung von geblotteten Proteinen:
Fernandez, J., Andrews, L., Mische, S.M. (1994): An improved procedure for enzymatic digestion of polyvinylidene difluoride-bound proteins for internal sequence analysis. Anal. Biochem. 218, 112-117.

A2.4 Isolierung von Peptiden

Für die Isolierung von Fragmentpeptiden für die anschließende Sequenzierung bieten sich zwei alternative Methoden an. Große Peptide können mittels Elektrophorese getrennt, geblottet und nach Ausschneiden der Banden direkt in den Sequenzierautomaten überführt werden (Abschn. A2.2.1). Apparativ aufwendiger ist die Trennung mittels Hochdruck-Flüssigchromatographie (HPLC), die im Folgenden erläutert wird. Auch hier wird auf die Beschreibung von Versuchsprotokollen verzichtet.

A2.4.1 Peptidtrennung mittels HPLC

Die hochauflösende Umkehrphasen-Chromatographie (*reversed phase* Chromatographie, RPC) mittels HPLC ist die Methode der Wahl bei der Trennung von Fragmentpeptiden. Aufgrund hydrophober Wechselwirkungen binden Peptide an eine Silikamatrix, die mit unterschiedlich langen Kohlenwasserstoff-Ketten (von C_3 bis C_{18}; RP-C_3 bis RP-C_{18}) beladen ist. Für diese Trenntechnik stehen eine Reihe von Matrizes unterschiedlicher Poren- und Partikelgröße sowie Belegungsgrade zur Verfügung.

Für große Fragmente (20 kDa) werden Träger der Porengröße 300–500 Å (*wide pore*), für kleinere Peptide solche von 100 bis 300 Å (*small pore*) verwendet. Es gibt Materialien mit Partikelgrößen von 2–20 μm. Mit abnehmender Partikelgröße nimmt die Auflösung zu, der Rückdruck allerdings steigt. Bei der Trennung von Peptiden sind Partikelgrößen von 5–10 μm ein guter Kompromiss. Bei der Wahl des Säulenmaterials sollte folgendes beachtet werden:

- Sind die erwarteten Fragmente vorwiegend hydrophob, sollte auf kurzkettig substituierte Säulenmaterialien (RP-C_3 bis RP-C_8) zurückgegriffen werden.
- Entstehen bei der Fragmentierung vorwiegend kleine Peptide (bis 50 Reste), so eignen sich RP-C_8- bis RP-C_{18}-*small pore*-Säulen.
- Werden vorwiegend große Fragmente erwartet, sollten RP-C_3- oder RP-C_8-*wide pore*-Säulen verwendet werden.
- Ist keinerlei Abschätzung über die Fragmentgröße zu machen, wird zunächst die Verwendung von RP-C_8-*wide pore*-Säulen empfohlen.
- Falls es die Proteinmenge erlaubt, sollte nach Spaltungen mit Bromcyan oder verdünnter Säure eine analytische SDS-PAGE (Tricin- oder Gradientengel) durchgeführt werden (Abschn. 2.1.2 und 2.1.4); deren Ergebnis erleichtert die Auswahl der Trennsäule aufgrund der Kenntnis der molekularen Massen der Fragmente. Für die Trennung von Peptiden ist außerdem der Durchmesser der Trennsäule ein entscheidender Parameter. Die Empfindlichkeit, d.h. die minimal detektierbare Menge ist zum Säulendurchmesser umgekehrt proportional. Konventionelle Trennsäulen haben einen Innendurchmesser von 4,6 mm und sind für die meisten Trennprobleme ausreichend. Bei geringer Probenmenge, z.B. bei der Mikrosequenzierung von im Gel oder vom Blot fragmentierten Proben, sind oft nur Picomolmengen zu trennen. In diesen Fällen sollten Säulen mit kleineren Innendurchmessern eingesetzt werden. Einen Überblick über die erhältlichen Trennsäulen, den Innendurchmesser mit den typischen Flussraten und die Kapazitäten gibt Tab. A2–2 wieder.

Konventionelle HPLC-Anlagen sind meist noch im *Micropore*-Betrieb (Flussraten unter 0,1 ml × ml^{-1}) einsetzbar. Für den Einsatz im Kapillar- und Nano-Betrieb können solche Anlagen umgerüstet werden. Durch sog. *Flow-Splitter* wird der Eluent vor der Säule auf die entsprechende Flussrate gedrosselt, so dass nur ein Teil des Puffers über die Säule gelangt. Um Verluste in der Nachweisempfindlichkeit zu vermeiden, sollten dabei UV-Durchflußzellen mit kleinem Zellenvolumen benutzt werden. Nahezu alle derzeit am Markt befindlichen Photometer sind durch den Einbau solcher Nanozellen umrüstbar.

Tab. A2-2: HPLC-Säulen zur Peptidtrennung

Säulentyp	I.D. [mm]	Flußrate [μl × min^{-1}]	Kapazität [mg]
konventionell	4,6	400–2000	1,4–2,0
Narrowbore	2	50–400	0,25–1,8
Microbore	1	20–100	0,04–0,3
kapillar	0,1–1	1–100	<0,04
nano	0,05–0,1	0,1–1	<0,01

Die Detektion der Peptide erfolgt durch Messung der UV-Absorption der Peptidbindungen (λ_{max} 187 nm) oder der aromatischen Aminosäuren (λ_{max} 250–290 nm). Um Interferenzen mit den Puffern zu vermeiden, wird im allgemeinen bei 214–220 nm detektiert. Hierbei werden alle Peptide erfasst, während bei einer Wellenlänge von 280 nm ausschließlich Peptide mit aromatischen Aminosäuren, insbesondere Tryptophan, detektiert werden.

Die Peptide werden in einem polaren Lösungsmittel (Eluent A) aufgetragen und an die Säule gebunden. Die Elution erfolgt durch kontinuierliche Erhöhung der Konzentration eines organischen Modifiers (Eluent B). Die Elution der Peptide kann im kontinuierlichen Gradienten erzielt oder, je nach Anforderung an die Auflösung, auch stufenweise erhöht werden. Die meisten Peptide eluieren von RP-Materialien bis zu einer Konzentration von 50 % Modifier im Eluenten. Die beste Auflösung innerhalb eines Gradienten liegt zwischen 15–40 % des Modifiers. Alle verwendeten Lösungsmittel und Additive sollten HPLC-Qualität besitzen, sterilfiltriert (0,2 μm-Membranfilter) und entgast sein.

Gebräuchliche Elutionssysteme sind:

- Eluent A: 0,1 % (v/v) TFA; Eluent B: 0,085 % (v/v) TFA in Acetonitril
- Eluent A: 10 mM Ammoniumacetat, pH 6,5; Eluent B: Acetonitril

Daneben werden auch Propanol, Isopropanol oder Methanol als Modifier verwendet. Der Zusatz von bis zu 20 % (v/v) Eluent A in Eluent B trägt zur pH-Stabilisierung des Gradienten bei.

A2.5 Bestimmung der carboxyterminalen Sequenz

Für die Ermittlung der carboxyterminalen Sequenz unterscheidet man massenspektrometrische, chemische, enzymatische und kombinierte Verfahren. Eine Methode zur Auffindung carboxyterminaler Peptide im Massenspektrum wurde bereits in A2.1 angesprochen. Die Sequenz kann anschließend durch das entsprechende Fragmentspektrum ermittelt werden.

Die chemische Methode zur carboxyterminalen Sequenzierung ist wie der Edman-Abbau automatisiert (AppliedBiosystems) und beruht auf der Derivatisierung der carboxyterminalen Aminosäure mit Tetrabutylammoniumthiocyanat in Gegenwart von TFA zur Thiohydantoin-Aminosäure. Nach Alkylierung entsteht daraus eine gute Austrittsgruppe, die unter milden Bedingungen, unter gleichzeitiger Thiohydantoinbildung des folgenden Aminosäurerestes, abgespalten wird.

Auch bei der C-terminalen Sequenzierung muss Cystein derivatisiert werden, vorzugsweise mit Acrylamid (Abschn. A2.1.1), damit es von Serin zu unterscheiden ist. Die Anforderungen an die Probenreinheit sind die gleichen wie bei der N-terminalen Sequenzierung. Allerdings wird bei der C-terminalen Methode sehr viel mehr Protein benötigt (ca. 1–2 nmol). Die Zahl der möglichen Abbauschritte ist dabei sehr von der Sequenz abhängig. Bei gut zu analysierenden Proben können bis zu 10 Aminosäuren abgebaut werden. Ser- und Thr-Reste nahe dem Carboxyterminus führen zu schlechten Ausbeuten. Gleiches gilt für die sauren Aminosäuren Asp und Glu. Prolinreste können nicht abgebaut werden, weshalb die Sequenzierung bei dieser Aminosäure abbricht.

Der im Folgenden näher beschriebene enzymatische Abbau mit Carboxypeptidasen erfordert eine anschließende Aminosäure-Analyse (Abschn. A2.6) oder kann mit der Massenspektrometrie (Abschn. A2.7) kombiniert werden.

Literatur

Boyd, V.L., Bozzini, M., Zon, G., Noble, R.L., Mattaliano, R.J. (1992): Sequencing of peptides and proteins from the carboxy terminus. Anal. Biochem. 206, 344-352.

A2.5.1 Endgruppenbestimmung mittels Carboxypeptidasen

Im Gegensatz zu Endoproteinasen bauen Exopeptidasen ihre Substrate schrittweise vom Aminoende (Aminopeptidasen) oder vom carboxyterminalen Ende (Carboxypeptidasen) ab. Die Aminopeptidasen haben für die Sequenzierung bzw. Charakterisierung von aminoterminalen Resten in Proteinen und Peptiden längst nicht die Bedeutung erreicht wie Carboxypeptidasen.

Zur Bestimmung der C-terminalen Aminosäuresequenz eines Proteins oder Peptides mit Carboxypeptidasen werden die Aminosäuren sukzessive enzymatisch abgebaut und dann mithilfe der Aminosäure-Analyse (Abschn. A2.6) bestimmt. Aus der zeitlichen Abfolge der Freisetzung der Aminosäuren kann die C-terminale Sequenz abgeleitet werden. Aufgrund der unterschiedlichen Substratspezifitäten und Hydrolyseraten müssen mitunter verschiedene Carboxypeptidasen verwendet werden.

Die gebräuchlichen Carboxypeptidasen A(CPA), B(CPB), Y(CPY) und P(CPP) unterscheiden sich in Substratspezifität und Hydrolyserate. CPA zeigt eine Präferenz für aromatische und hydrophobe Aminosäuren. Die Hydrolyserate für die Aminosäuren Tyr, Phe, Trp, Leu, Ile, Met, Thr, Gln, His, Val und Ala ist hoch, langsamer Abbau erfolgt bei Asn, Ser und Lys. Kaum gespalten werden die sauren Aminosäuren Asp und Glu, keine Spaltung erfolgt bei Pro, Gly und Arg. CPB spaltet bevorzugt an Lysin und Arginin, keine Hydrolyse erfolgt an Glycin und Prolin. Oft ist es zweckmäßig, eine gemeinsame CPA/CPB-Hydolyse durchzuführen. Beide Enzyme haben ihr Wirkungsoptimum bei pH 8,0.

CPY hydrolysiert im Gegensatz zu CPA und CPB auch Peptidbindungen von Glycin und Prolin. Zusätzlich ist bei CPY eine Präferenz für bestimmte Aminosäuren in Abhängigkeit vom pH-Wert festzustellen. An Gly-Arg-Gly oder Pro-Gly sowie bei Arginin tritt keine oder nur eine geringe Hydrolyse auf. Das Wirkoptimum von CPY liegt um pH 6,0. Eine gemeinsame Hydrolyse mit CPA und/oder CPB ist nur bedingt möglich. Gleiches gilt für CPP. Das Enzym ist im pH-Bereich von 2,5–6,0 aktiv und spaltet sukzessive alle Aminosäuren einschließlich Prolin. Die Hydrolyse an Serin- und Glycinresten ist stark verlangsamt.

Die einzusetzende Peptidmenge für die Carboxypeptidase-Reaktion ist abhängig vom Aminosäurenanalysator bzw. der angewandten Nachweismethode (Abschn. A2.6) für die abgespaltenen Aminosäuren.

Materialien

- Carboxypeptidase A, B, Y (Roche Diagnostics, E. Merck, Sigma)
- Hydrolysepuffer: 0,1 M N-Ethylmorpholin-Acetat (pH 8,0 für CPA und CPB, pH 6,5 für CPY)
- interner Standard, z.B. Norleucin 0,1 nmol $\times$ µl^{-1} H$_2$O
- 0,1 % (w/v) Na$_2$CO$_3$ (je nach Enzymhersteller, Packungsbeilage beachten!)
- 0,1 M HCl (je nach Enzymhersteller, Packungsbeilage beachten!)
- 0,1 M NaOH (je nach Enzymhersteller, Packungsbeilage beachten!)
- Wasserbad 35 °C und 80 °C
- 1,5 ml-Reaktionsgefäß

Durchführung

- Das getrocknete Peptid (z.B. 1 nmol) in 35 µl Hydrolysepuffer lösen (pH-Wert entsprechend Carboxypeptidase)
- 10 µl Norleucinlösung und 5 µl Carboxypeptidaselösung zusetzen und Hydrolyseansatz bei 35 °C inkubieren
- Proben von jeweils 5 µl nach 30, 60, 120 und 240 s entnehmen, in 1,5 ml-Reaktionsgefäße überführen und die enzymatische Reaktion durch Erhitzen (80 °C, 5 min) abstoppen
- Proben gefriertrocknen und die Art und Menge der freigesetzten Aminosäuren ermitteln; die Probenvorbereitung ist abhängig vom Aminosäurenanalysator und der Nachweismethode.

Anmerkungen

- CPA wird in modifizierter Form angeboten, dadurch ist es in Wasser und niedermolaren Puffern gut löslich, aktiv und kann im Hydrolysepuffer in der gewünschten Konzentration gelöst werden.

- Die empfohlene Enzymmenge liegt bei 1/10 bis 1/100 der Gewichtsmenge an eingesetztem Protein.
- Jeweils einen Kontrollansatz für das Peptid (ohne Carboxypeptidase) und die Carboxypeptidase (ohne Peptid) mitführen.
- Zur genaueren Quantifizierung und Normierung immer einen internen Standard zusetzen, z.B. Norleucin.
- Bei schwerlöslichen Proteinen/Peptiden können Denaturierungsmittel in verschiedenen Konzentrationen eingesetzt werden (Toleranzgrenze s. jeweilige Datenblätter); darauf achten, dass das gewählte Denaturierungsmittel nicht die jeweilige Derivatisierungsmethode der Aminosäure-Analyse stört.

Literatur

Ambler, R.P. (1972): Enzymatic hydrolysis with carboxypeptidases. Methods Enzymol. 25, 143-154.
Datenblatt Carboxypeptidase A, B und Y, Roche Diagnostics.
Hayashi, R. (1977): Carboxypeptidase Y in sequence determination of peptides. Methods Enzymol. 47, 84-93.
Tschesche, H. (1977): Carboxypeptidase C. Methods Enzymol. 47, 73-84.

A2.6   Aminosäure-Analyse

Die Aminosäurezusammensetzung ist für jedes Protein charakteristisch. Aus den Daten der Aminosäure-Analyse lassen sich wichtige Hinweise für die Strategie und Methodik der Fragmentierung von Proteinen ableiten. Außerdem lässt sich die Anzahl der erwarteten Fragmente bestimmen. Bei Peptiden sichert die Kenntnis der Aminosäurezusammensetzung das Sequenzierungsergebnis ab. Beides verliert allerdings durch die Massenspektrometrie mehr und mehr an Bedeutung. Die Technik der Aminosäure-Analyse ist mit höherem apparativen Aufwand verbunden. So ist immer eine automatisierte Chromatographieanlage notwendig, um die Aminosäuren zu trennen. Die Quantifizierung erfolgt durch Integration der Signale mittels Datenverarbeitungs-Systemen. Die Etablierung einer Methode ist nur für den Routinebetrieb sinnvoll, einzelne Analysen sollten daher von darauf spezialisierten Laboratorien durchgeführt werden. Die folgende vergleichende Übersicht über die Analysemethoden soll der Entscheidungsfindung dienen, z.B. wenn die Anschaffung einer Anlage für den Routinebetrieb geplant ist oder eine Probe im Auftrag analysiert werden soll.

A2.6.1 Hydrolyse

Der erste Schritt bei der Bestimmung der Aminosäurezusammensetzung eines Proteins/Peptides ist die Freisetzung der einzelnen Aminosäuren durch die Spaltung der Peptidbindungen. Beim enzymatischen Abbau durch Carboxypeptidasen (Abschn. A2.5.1) wird das Hydrolysegemisch direkt aufgetragen.

Die Hydrolyse von Proteinen und Peptiden kann durch alkalische und enzymatische Totalhydrolyse erzielt werden, wird aber im Allgemeinen im Sauren in 6 M HCl bei 100 °C während 20–96 h durchgeführt. Sauerstoffausschluss ist dabei Bedingung, um Oxidationsreaktionen zu vermeiden.

Trotzdem hat die HCl-Hydrolyse folgende Nachteile:

- Tryptophan wird meist vollständig zerstört. Auch der Zusatz von Thiodiglycol zur Säure liefert nicht immer befriedigende Tryptophan-Werte, aber die Oxidation von Methionin wird dadurch verhindert. Bei Verwendung von organischen Säuren, z.B. 4 M Methansulfonsäure, kann die Ausbeute an Tryptophan auf 93 % gesteigert werden.

- Bereits nach einer Hydrolysedauer von 20 h sind Serin und Threonin merklich zerstört, während andererseits Peptidbindungen zwischen langkettigen aliphatischen Aminosäuren (Isoleucin, Leucin, Valin) nur unvollständig hydrolysiert werden. Die Aufnahme einer Kinetik (z.B. 24, 48 und 72 h) für die Zerstörung bzw. Freisetzung dieser Aminosäuren ist daher in bestimmten Fällen zweckmäßig. Die Extrapolation auf die Hydrolysedauer 0 h liefert den ursprünglichen Gehalt an Serin und Threonin. Bei Isoleucin, Leucin und Valin nähert sich die Ausbeute mit zunehmender Hydrolysedauer einem Endwert; hier liefert die Extrapolation auf die Hydrolysezeit 100 h den tatsächlichen Aminosäuregehalt.
- Aufgrund ihrer Säurelabilität und Oxidationsempfindlichkeit lassen sich Cystein und Cystin nicht hinreichend genau bestimmen. Wie bei der Vorbereitung zur Fragmentierung und Sequenzierung kann Cystein in stabile Derivate überführt werden (z.B. Carboxymethylcystein). Für die Bestimmung der Gesamtsumme an Cystein und Cystin ist die Perameisensäureoxidation die einfachste und sicherste Methode. Diese überführt beide Aminosäuren in Cysteinsäure (und Methionin in Methioninsulfon). Die schwefelhaltigen Aminosäuren können danach exakt quantifiziert werden. Da Tryptophan ganz, andere Aminosäuren teilweise zerstört werden, muss stets ein paralleler Ansatz ohne Oxidation zur Quantifizierung der übrigen Aminosäuren durchgeführt werden.
- Asparagin und Glutamin werden immer vollständig zu den entsprechenden Säuren hydrolysiert und sind nur als solche quantifizierbar.

A2.6.2 Derivatisierung

In der Aminosäureanalytik werden Aminosäuren auf verschiedene Weise derivatisiert, um ihre chromatographischen Eigenschaften zu ändern und/oder ihre Nachweisgrenze zu erhöhen. Man unterscheidet dabei zwischen zwei verschiedenen Strategien, der Vorsäulen- und Nachsäulen-Derivatisierung.

Tab. A2-3: Techniken zur Aminosäuren-Derivatisierung

Reagenz/Methode	Nachweis/Empfindlichkeit	Bemerkungen
Nachsäulen-Derivatisierung Ninhydrin	UV: 570 nm prim. AS 440 nm sek. AS 50 pmol/AS	
Orthophthaldialdehyd (OPA)	UV: 230 und 335 nm Fluoreszenz: ex 335/em 445 nm 10 pmol/AS	Derivate sind instabil sek. AS reagieren nicht, bzw. nur nach Chloramin-T-Behandlung
Vorsäulen-Derivatisierung Phenylisothiocyanat (PITC)	UV: 245 nm 1 pmol/AS	die am häufigsten verwendete Methode bei der Vorsäulen-Derivatisierung
Orthophthaldialdehyd (OPA)	UV: 230 nm unterer Picomolbereich Fluoreszenz: ex 335/em 445 nm 100 fmol/AS	Derivate sind instabil sek. AS reagieren nicht, bzw. nur nach Chloramin-T-Behandlung
Fluorenylmethylchloroformiat (FMOC)	UV: 260 nm Fluoreszenz: ex 266/em 305 nm 50 fmol	Extraktion von Reagenz nach Derivatisierung ist erforderlich
4-Dimethylamino-azobenzol-4-sulfonylchlorid (DABS-Cl)	UV: 436 nm subpicomolar	Dabsyl-Aminosäuren sind stabil für mehrere Wochen Derivatisierung bislang nicht automatisiert

Bei der älteren Technik der Nachsäulen-Derivatisierung werden die Aminosäuren auf Ionenaustauscher-Harzen mit mehrstufigen Gradientensystemen getrennt und das Derivatisierungsreagenz wird dem Eluenten nach dem Passieren der Säule zudosiert. Diese Mischung durchströmt anschließend eine so genannte *reaction coil*, bevor sie in den Detektor gelangt. Die klassische Nachsäulen-Derivatisierung erfolgt mit Ninhydrin. Auch Orthophthaldialdehyd und in begrenztem Maße Fluorescamin werden verwendet.

Die Vorsäulen-Derivatisierungstechnik beruht auf der Trennung der derivatisierten Aminosäuren auf Umkehrphasen und wurde mit der HPLC entwickelt. Von Vorteil sind hier die kürzeren Analysenzeiten und die höhere Auflösung. Durch die Entwicklung empfindlicher Detektoren für die HPLC können daher auch höhere Nachweisempfindlichkeiten erreicht werden.

Die häufigsten Techniken, die dafür verwendeten Derivatisierungsreagenzien und die Nachweisempfindlichkeit der Methoden sind in Tab. A2–3 gegenübergestellt.

Literatur

Nachsäulen-Derivatisierung mit Ninhydrin:
Moore, S., Stein, W.H. (1963): Chromatographic determination of amino acids by the use of automatic recording equipment. Methods Enzymol. 6, 819-831.

Nachsäulen-Derivatisierung mit OPA:
Garcia Alvarez-Coque, M.C., Medina Hernández, M.J., Villanueva Camañas, R.M., Mongay Fernández, C. (1989): Formation and instability of o-phthalaldehyde derivatives of amino acids. Anal. Biochem. 178, 1-7.
Simmons, S.S., Johnson, D.F. (1978): Reaction of o-phthaldehyde and thiols with primary amines: formation of 1-alkyl(and aryl)thio-2-alkylisoindoles. J. Org. Chem. 43, 2886-2891.

Vorsäulen-Derivatisierung mit PITC:
Ebert, R.F. (1986): Amino acid analysis by HPLC: optimized conditions for chromatography of phenylthiocarbamyl derivatives. Anal. Biochem. 154, 431-435.

Vorsäulen-Derivatisierung mit OPA:
Hill, D.W., Walters, F.H., Wilson T.D., Stuart, J.D. (1979): High performance liquid chromatographic determination of amino acids in the picomole range. Anal. Chem. 51, 1338-1341.
Lindroth, P., Mopper, K. (1979): Anal. Chem. 51, 1667-1674.

Vorsäulen-Derivatisierung mit FMOC:
Einarsson, S., Josefsson, B., Lagerkvist, S. (1983): Determination of amino acids with 9-fluorenylmethyl chloroformate and reversed-phase high-performance liquid chromatography. J. Chrom. 282, 609-618.
Miller, E.J. (1990): Amino acid analysis of collagen hydrolysates by reverse-phase high-performance liquid chromatography of 9-fluorenylmethyl chloroformate derivatives. Anal. Biochem. 190, 92-97.

Vorsäulen-Derivatisierung mit DABS-Cl:
Vendrell, J., Avilés, F.X. (1986): Complete amino acid analysis of proteins by dabsyl derivatization and reversed-phase liquid chromatography. J. Chrom. 358, 401-413.

A2.7 Kombinierte Techniken

Steht sowohl für den aminoterminalen Edman-Abbau als auch für C-terminale Sequenzermittlung mittels Carboxypeptidasen kein Sequenzierautomat bzw. Aminosäureanalysator zur Verfügung, so ist die Analyse der Reaktionsansätze auch durch die Massenspektrometrie möglich.

A2.7.1 N-terminale Leitersequenzierung: Kopplung von Massenspektrometrie und Edman-Chemie

Nachteilig beim Edman-Abbau im Sequenzierautomaten ist der hohe Zeitbedarf für die Analyse. Pro Abbauschritt muss im Standardgerät (10 pmol) mit 30 min, im High-Sensitivity-Gerät (1 pmol) mit 60 min pro Aminosäurerest gerechnet werden. Für Hochdurchsatz-Sequenzierung ist die Methode daher ungeeignet. Die Kopplung von manuellem oder durch Robotertechnik durchgeführten Edman-Abbau mit anschließender massenspektrometrischer Analyse (MALDI-MS) führte zur Beschleunigung und gleichzeitig zur Empfindlichkeitssteigerung des klassischen Edman-Abbaus. Das Verfahren ist unter dem Namen *peptide ladder sequencing* (Leitersequenzierung) bekannt.

Im Gegensatz zum klassischen Edman-Abbau, wo eine möglichst hohe Kopplungsausbeute erwünscht ist, wird bei diesem Verfahren ein unvollständiger Abbau durch den Zusatz von 5 % PIC (Phenylisocyanat) erzielt. Die PIC-gekoppelte Aminosäure verbleibt am Peptid, eine weitere Kopplung und Abbau kann somit nicht erfolgen. In jedem Abbauschritt werden zu einem gewissen Anteil blockierte Peptide gebildet, es entsteht letztlich ein Gemisch aus unterschiedlich langen Abbaupeptiden, die Peptidleiter. Das Gemisch wird mit MALDI-MS analysiert, die Identifizierung der Aminosäuresequenz erfolgt über den Massenabstand der aufeinander folgenden Ionensignale. Hier dauert ein Abbauzyklus nur ca. 5 min, die Empfindlichkeit der Methode liegt im Femtomolbereich. Allerdings bleibt die Methode, auch mit modernen, hochauflösenden Massenspektrometern (MALDI-TOF), auf Peptide mit Molmassen bis zu 5000 Da beschränkt und zwischen den isobaren Aminosäuren Leucin und Isoleucin kann nicht eindeutig unterschieden werden.

Literatur

Bartlet-Jones, M., Jeffery W.A., Hansen, H.F., Pappin, D.J. (1994): Peptide ladder sequencing by mass spectrometry using a novel, volatile degradation reagent. Rapid Commun. Mass Spectrom. 8(9), 737

A2.7.2 C-terminale Leitersequenzierung

Neben dem chemischen Abbau im Automaten und dem klassischen Carboxypeptidase-Abbau (Abschn. A2.5.1) sind auch C-terminale Leitersequenzierungen beschrieben, bei denen der chemische Abbau oder die Carboxypeptidase-Hydrolyse mit der massenspektrometrischen Identifizierung der Sequenz gekoppelt wird. Auch hier wird eine Steigerung der Empfindlichkeit erzielt, die Methoden sind aber ebenfalls auf Peptide beschränkt und gehören nicht zur Routineanalytik.

Literatur

Leitersequenzierung/Carboxypeptidase:
Patterson, D.H., Tarr, G.E., Regnier, F.E., Martin, S.A. (1995): C-terminal ladder sequencing via matrix-assited laser desorption mass spectrometry coupled with carboxypeptidase Y time-dependent and concentration-dependent digestions. Anal. Chem. 67 (21), 3971-3978.
Thiede, B.,Wittmann-Liebold, B., Bienert, M., Krause, E. (1995): MALDI-MS for C-terminal sequence determination of peptides and proteins degraded by carboxypeptidase Y and P. FEBS Lett. 357 (1), 65-69.

Leitersequenzierung/Chemischer Abbau:
Thiede, B., Salnikow, J.,Wittmann-Liebold, B. (1997): C-terminal ladder sequencing by an approach combining chemical degradation with analysis by matrix-assisted-laser-desorption ionization mass spectrometry. Eur. J. Biochem. 244, 750-754.

A2.8 Zusammenfassung

Das Methodenspektrum der Proteinanalytik hat sich in den letzten Jahren enorm erweitert. Zur Sequenzierung oder Identifizierung von Proteinen stehen eine Reihe moderner Verfahren zur Verfügung, über deren Leistungsfähigkeit, Sensitivität, apparativen Aufwand und Aussagekraft dem Laien oft die notwendige Information fehlt. In der folgenden Tabelle soll deshalb abschließend ein Überblick gegeben werden, der alle Methoden hinsichtlich dieser Parameter zusammenfasst.

Tabelle A2–4: Methodenüberblick der Proteinanalytik

Methode	Apparative Voraussetzung	Probenbedarf	Information	Einschränkungen/ Bemerkungen
N-terminale Sequenzierung N-terminale Sequenzierung nach Edman (4.6.1.1)	Edman-Sequencer, z.B. Procise 491–494 (Applied Biosystems) Procise cLc (Applied Biosystems)	≤ 10 pmol ≤ 1 pmol	Bis zu 80 Reste	Nur bei nichtblockiertem Aminoterminus; sonst interne Sequenzierung nach Hydrolyse und Peptidtrennung (s. unten).
C-terminale Sequenzierung Chemische C-terminale Sequenzierung im Automaten (4.6.2.1)	Procise 491–494 (Applied Biosystems)	1–2 nmol	10–12 Reste	Abhängig von Sequenz, kein Abbau bei Pro, schlechte Abbauraten bei Thr, Ser, Glu und Asp. Keine Routinemethode.
C-terminale Sequenzbestimmung mit Carboxypeptidasen	Aminosäureanalysator Je nach Gerät (A 2.3) Massenspektrometer (A 2.6.2.1) (Leitersequenzierung)	50 fmol-50 pmol 10 pmol	4–6 Reste	
C-terminale Sequenzierung nach tryptischer Hydrolyse in schwerem Wasser und MALDI-PSD oder MS/MS	MALDI oder ESI Massenspektrometer (A 2.6.3)	≤ 10 pmol	10–12 Aminosäuren	Keine Routinemethode.
Interne Sequenzierung Probenvorbereitung: Peptidtrennung	Blotapparatur (nach chemischem Abbau s. A 2.4.2) HPLC-Anlage (nach enzymatischem Abbau s. A 2.4.1)	10–100 pmol	Je nach Analysemethode	Routinemethoden. Anschließend lassen sich alle oben beschriebenen Methoden anwenden. Bei massenspektrometrischer Analyse lässt sich die Peptidtrennung umgehen (siehe unten). Inzwischen Routinemethode.
Interne Sequenzierung im Massenspektrometer (4.6.3)	MALDI mit PSD-Option oder ESI (z.B. Triple Quadrupol)	≤ 1 pmol	10–12 Reste, in Ausnahmefällen mehr	
Proteinidentifizierung Fragmentmassenamalyse (4.6.4)	MALDI oder ESI-Massenspektrometer	≤ 1 pmol	„Massenfingerprint"	Routinemethode; nur bei bekannter Sequenz möglich.

Register

Aus der Praxis:
von Laboranten für Laboranten

6. Aufl. 2010, 390 S., 145 Abb., kart.
€ [D] 32,95 / € [A] 33,87 / CHF 44,50
ISBN 978-3-8274-2312-2

Hubert Rehm
Der Experimentator: Proteinbiochemie/Proteomics
Dieser Steadyseller gibt Ihnen einen Überblick über die
Methoden in Proteinbiochemie und Proteomics. Das Buch
ist jedoch mehr als eine Methodensammlung: Es zeigt
Auswege aus experimentellen Sackgassen und weckt
ein Gespür für das richtige Experiment zur richtigen Zeit.
Neu in der **6. Auflage** sind Abschnitte zur Strukturbestim-
mung und Rekonstitution von Proteinen. Des Weiteren
werden neue Tricks zur Proteinbestimmung, Gelfärbung,
Blottechnik, Phasentrennung von Membranproteinen
und zur Isolierung von Vesikeln vorgestellt.

3. Aufl. 2009, 310 S., 85 Abb., kart.
€ [D] 32,95 / € [A] 33,87 / CHF 44,50
ISBN 978-3-8274-2026-8

W. Luttmann / K. Bratke / M. Küpper / D. Myrtek
Der Experimentator: Immunologie
Auch die **3. Auflage** des Immunologie-Experimentators
Werk präsentiert die methodische Vielfalt der Immunologie, indem es die gängigen Methoden auf einfache Weise
erklärt und auf Vor- und Nachteile sowie auf kritische
Punkte eingeht. Auf eine Einführung über Antikörper,
deren Funktion und Quelle in vivo sowie über deren Anwendung als immunologisches Tool folgen u.a. Methoden
wie die Durchflusscytometrie, Immuno Blot, ELISA und
ähnliche Immunoassays bis hin zu Zellseparationstechni-
ken und In-situ-Immunlokalisation.

6. Aufl. 2009, 316 S., 66 Abb., kart.
€ [D] 32,95 / € [A] 33,87 / CHF 44,50
ISBN 978-3-8274-2036-7

Cornel Mülhardt
Der Experimentator: Molekularbiologie / Genomics
Protokoll-Sammlungen gibt es viele, aber wer erklärt
einem, was sich hinter den Methoden verbirgt? Dieses
Buch richtet sich an alle Experimentatoren, die molekularbiologische Versuche durchführen wollen und gern nach-
vollziehen möchten, was sich in ihrem Reaktionsgefäß
abspielt. Das ganze Spektrum der üblichen molekularbiologischen Methoden wird vorgestellt, kommentiert und
Alternativen aufgezeigt. Die **6. Auflage** wurde aktualisiert
und um neue Entwicklungen in den Bereichen Sequenzierung und miRNA ergänzt.

1. Aufl. 2004, 216 S., 8 Abb., kart.
€ [D] 32,95 / € [A] 33,87 / CHF 44,50
ISBN 978-3-8274-1438-0

Hans-Joachim Müller / Thomas Röder
Der Experimentator: Microarrays
MicroArray-Technologie setzt sich als schnelles Analysesystem in allen molekularbiologischen Labors durch,
sodass Knowhow dazu sehr gefragt ist. Das Buch widmet
sich dieser aktuellen Labortechnik mit unentbehrlichen
Tipps, Tricks und Anwendungsempfehlungen und einer
übersichtlichen Darstellung der zur Zeit verfügbaren
Instrumente und Biochips. Durch verständlichen Erklärungen und hohen Informationsgehalt ist das Buch eine
unerläßliche Stütze bei der Einführung und Etablierung
der MikroArray-Techniken in Praxis und Forschung.

Printed in the United States
By Bookmasters